国家科学技术学术著作出版基金资助出版

木材材质改良的物理与化学基础

吕建雄　赵荣军　刘盛全
曹金珍　谢延军　饶小平　等　著

科学出版社
北　京

内 容 简 介

本书聚焦木材材质改良重大科学问题，以木材细胞壁为靶标，系统解析了木材细胞壁结构与性能，探明了木材细胞壁结构与性能的构效关系，揭示了木材细胞壁结构及其调控对材质的影响机制。在材质遗传改良方面，系统阐述了木材品质性状的遗传基础和次生代谢产物的合成与转化机制，探明了人工林杨树、杉木和楸树不同无性系木材材性指标遗传变异规律，揭示了颜色、香味等相关次生代谢产物的生物合成与转化机制。在材质加工改良方面，系统阐述了木材改性与功能化修饰调控机制，揭示了改性剂在细胞壁中的反应模式及其对木材性能改良的影响机制，构筑了木质纤维素基异质复合界面，诠释了多尺度界面键合机理以及改性与功能化修饰实现机制，最终阐明了人工林木材材质改良的物理与化学基础。本书为优质人工林选育和木材资源的高效加工利用技术创新提供了理论支撑。

本书可供高等院校和科研单位从事林木育种、木材科学及加工利用的科技工作者、教师和研究生等参考。

图书在版编目（CIP）数据

木材材质改良的物理与化学基础/吕建雄等著. —北京：科学出版社，2024.6
ISBN 978-7-03-077457-6

Ⅰ. ①木… Ⅱ. ①吕… Ⅲ. ①改良木-物理化学-研究 Ⅳ. ①TS653.3

中国国家版本馆 CIP 数据核字（2024）第 009220 号

责任编辑：张会格 薛 丽/责任校对：杨 赛
责任印制：肖 兴/封面设计：刘新新

科学出版社 出版
北京东黄城根北街 16 号
邮政编码：100717
http://www.sciencep.com
北京市金木堂数码科技有限公司印刷
科学出版社发行 各地新华书店经销
*
2024 年 6 月第 一 版 开本：889×1194 1/16
2024 年 6 月第一次印刷 印张：32 1/2
字数：1 052 000

定价：428.00 元

前　言

木材是人类社会四大材料领域唯一来自于可再生资源的生物质材料。随着人民生活水平的提高，我国木材年消耗量逐年增加，从 2010 年的 0.76 亿 m^3 上升至 2021 年的 1.94 亿 m^3。近年来，我国进口木材数量逐渐增加，进口木材与国内木材消耗量的比例由 2010 年的 40.6%上升至 2021 年的 51.4%，国家木材安全形势十分严峻。与此同时，第九次全国森林资源清查（2014—2018 年）结果表明，我国人工林面积 7954.28 万 hm^2，位居世界第一，人工林立木蓄积量 33.88 亿 m^3，占森林蓄积量的 19.29%。因此，全面提高人工林质量、高效利用人工林木材资源是缓解木材供需矛盾、保障国家木材安全的根本途径，这已成为我国社会绿色可持续发展的重要任务之一。

杉木和杨树是我国重要的速生人工林树种，其分布地区广、种植面积大，其中杉木种植面积 990.20 万 hm^2，蓄积量 7.56 亿 m^3，杨树种植面积 757.07 万 hm^2，蓄积量 5.46 亿 m^3，其种植面积和蓄积量分别占据我国人工林的第一位和第二位[数据来源：第九次全国森林资源清查（2014—2018 年）]，为缓解木材供需矛盾，保障国家木材安全作出了重要贡献。目前，杉木主要用于门窗、家具、建筑等领域，杨树主要用作人造板、制浆造纸等的原材料，市场潜力巨大。但由于人工林木材材质软、尺寸稳定性差、强度低等原因，导致产品的附加值低，迫切需要提升人工林木材材质。因此，如何提升木材材质已成为林木选育和木材加工领域的一个重要研究方向。

提高人工林木材材质，促进低质木材的高效利用是当今世界林业和木材加工行业亟待解决的难题。而木材是由各种类型细胞的细胞壁组成的复杂生物材料，其主要性能与细胞壁结构密切相关。无论是先期的林木遗传基因改良还是后期的材料性能改良，均需以细胞壁为靶标。鉴于此，“十三五”国家重点研发计划项目“木材材质改良的物理与化学基础”旨在以木材细胞壁结构及其调控对性能影响的研究为中心，围绕遗传改良和加工改良两个关键材质改良手段，在材质遗传改良方面开展木材品质性状的遗传基础和次生代谢产物的合成与转化机理研究，揭示木材品质性状的遗传变异规律和分子调控机制；在材质加工改良方面开展木材改性与木质纤维素功能化修饰实现机制研究，阐明木材多尺度界面键合机理，最终形成木材材质改良理论与技术体系。作为重要成果之一，本书重点围绕“木材细胞壁结构与性能的构效关系、木材品质性状的遗传基础和次生代谢产物的合成与转化机制、多尺度界面键合机理以及改性与功能化修饰实现机制”三个科学问题，从木材细胞壁结构及其调控对性能的影响、木材品质性状的遗传基础、林木次生代谢产物对木材品质的影响、实体木材化学改性基础、木质纤维素多尺度结构及界面功能化修饰等方面进行系统论述，为优质人工林选育和木材资源的高效加工利用技术创新提供理论支撑。

本书共分为六章：第一章绪论由赵荣军、吕建雄撰写，第二章木材细胞壁结构及其调控对性能的影响由吕建雄、赵荣军、蒋佳荔、李珠、张耀丽、苌姗姗、王小青、卢芸、郭娟、漆楚生、石江涛、詹天翼、彭辉、杨昇、高鑫、高玉磊、姚利宏、陈太安、周贤武、任素红撰写，第三章速生人工林木材品质性状的遗传基础由刘盛全、余敏、周亮、胡建军、王玉荣、荆艳萍、黄华宏、卢楠、高慧、刘亚梅、储德淼、严涵薇、关莹、林二培、张磊、张苗苗撰写，第四章林木关键次生代谢产物对木材品质的影响与调控由饶小平、赵平、邵芬娟、欧阳嘉、焦骄、郑兆娟、周昊撰写，第五章实体木材化学改性基础由曹金珍、马尔妮、李改云、肖泽芳、闫丽、曹永建、杨甜甜、王佳敏、张亮亮、王望、林剑、郭登康、郭文君、毕振举撰写，第六章木质纤维素多尺度结构解译及界面功能化修饰调控由谢延军、梁大鑫、孙庆丰、王立娟、黄占华撰写，本书统稿由吕建雄研究员、赵荣军研究员等完成。在本书的编写过程中，科学出版社给予了大力支持和帮助，在此对张会格等各位编辑的辛勤工作与敬业精神表示由衷的感谢和深深的敬意！本书的出版还得到了国家科学技术学术著作出版基金项目的资助，特此致以衷心感谢。感谢项目组冯启明、燕力榕、王志平等研究生的辛勤劳动！最后，向所有关心和参与本书编写的同行表示衷心感谢，并对书中所引用参考文献的作者表示感谢！

本书的出版，旨在向读者展示近年来木材材质改良研究领域的最新研究进展和成果，为我国优质人工林选育及其木材资源的高效加工利用提供理论支撑。全书以人工林杨树和杉木木材品质改良为主线，深入地揭示了木材细胞壁的微细结构及其物理和化学性能的响应机理，对木材品质性状的遗传基础、林木次生代谢产物化学生物合成与利用基础，以及木材功能化改良基础进行了系统性归纳，丰富了木材材质改良的基础理论体系，对于从事木材科学与技术、林木育种科学研究的科技工作者、教师和研究生等具有重要的参考价值。

本书欠妥之处，有待今后林业与木材科学工作者进一步深入研究并予以完善、补充和更新。由于作者水平所限，不足之处在所难免，敬请读者批评指正。

著　者

2022 年 11 月

目　　录

第一章 绪 论

第一节 木材材质改良研究的概念和内涵

木材材质是木材特性或性质的总称，是木材本身所具有的根本属性，是认知、理解和科学利用木材的基础。木材材质主要包括木材构造性质、物理性质、化学性质、力学性质、遗传变异特性等。

木材材质改良以往研究的内容主要包括短周期工业用材林木材性质研究、木材流体渗透性及其可控制原理和控制途径、人工林木材性质及其生物形成与功能性改良机理、人工林木材的近红外技术材性预测及增值利用等，以阐明木材宏观性质对其加工利用的影响与响应机理，为我国人工林培育及其木材资源的合理利用提供科学依据。随着科学技术提高和先进设备的迅速发展，以及我国人工林选育和木材资源高效利用的需求，基于木材品质遗传改良和加工改良方法的木材材质改良研究逐步发展起来，成为木材科学研究的热点和重要分支。不同于传统的木材性质改良研究，“木材材质改良的物理与化学基础”项目针对木材材质改良中所涉及的关键科学问题，综合运用木材细胞壁微纳尺度表征技术、比较基因组学、木材及木质纤维素原位修饰等技术和手段，以木材细胞壁结构及其对性能影响的研究为中心点，系统研究木材材质遗传改良和加工改良调控机理，构建木材细胞壁结构与性能的构效关系，揭示木材细胞壁结构及其调控对材质的影响机制，探明人工林杨树、杉木和楸树不同无性系木材材性指标遗传变异规律，揭示颜色相关黄酮类次生代谢产物的生物合成与转化机制，揭示改性剂在细胞壁中的反应模式及其对木材性能改良的影响机制，构筑木质纤维素基异质复合界面，诠释多尺度界面键合机理以及改性与功能化修饰实现机制，最终阐明人工林木材材质改良的物理与化学基础，为实现人工林资源培育及其木材资源高效加工利用技术创新、保障国家木材安全提供理论支撑。

第二节 木材材质改良的研究现状与发展趋势

提高人工林木材材质，促进低质木材的高效利用是当今世界木材科学领域亟待解决的难题。运用现代物理、化学以及基因改良技术，在分子水平上改变木材微观与超微观界面属性，是提升木材品质的重要手段。木材是由各种类型细胞的细胞壁组成的复杂生物材料，其主要性能与细胞壁结构密切相关。无论是先期的林木遗传基因改良还是后期的材料性能改良，以往研究多数关注木材的宏观结构特征和性能，而从细胞壁水平开展木材材质改良研究尚少。因此，以细胞壁为靶标，解译木材细胞壁精细结构及其对木材性能的影响规律，揭示材质遗传改良和加工改良对木材细胞壁结构与性能的调控机制，是实现人工林木材高效利用和优质林木选育的关键。

一、木材材质改良的研究现状

1925 年，Hoffman 为了获得纸张中纤维之间的结合强度和纤维本身的强度，首次提出在夹具紧密接触条件下对纸片进行拉伸性能测试，以该方法获得的拉伸强度来评价纸浆纤维强度；1960 年，Stone 和 Clayton 将零距拉伸技术应用于木材强度的研究。自 2004 年，国内学者采用零距拉伸技术和纳米压痕技术开展了木材细胞壁力学研究（江泽慧等，2004；余雁等，2006），并综合概述了木材细胞壁力学的测试方法以及不同方法的优缺点（黄艳辉等，2010；上官蔚蔚等，2011a）。近年来，随着分析测试技术的发展，木材细胞壁结构与性能研究领域取得了较大进展，已分别从宏观、微纳米和分子水平多层次多角度对木材细胞壁有了更深入的认识。Cosgrove（2005）的研究揭示了植物细胞如何合成细胞壁多糖组分，以及在细胞生长过程中调节细胞壁物质的堆积和延伸规律；研究者通过综述植物细胞壁物理生物学的最新研究成果，总结了初生和次生细胞壁之间的本质差异，确定了细胞壁结构和生物力学知识的关键差距，发现生长过程中初生细胞壁的膨胀机制与含水木材在外部张力下的变形机制高度相似，并采用高空间分辨率技术测量了植物表面力/挠度曲线，表明细胞壁应力反馈可以调节微管组织、生长素运输、纤维素沉积等（Cosgrove and Jarvis，2012；Cosgrove，2016）。由于植物种类不同，其细胞结构不尽相同，植物细胞壁层级构造、组分排列等细胞结构特性最终影响其力学性能，三类植物如马铃薯（薄壁细胞）、乔木（木材）和棕榈树力学性能差异大，其杨氏模量分别为 0.3～14 MPa、1～30 GPa（纵向）、0.01～30 GPa，抗压强度分别为 0.3～1.3 MPa、40～100 MPa（纵向）、0.3～300 MPa（Gibson，2012）。植物细胞壁中纤维素、半纤维素和木质素主要组分的分子排列与相互作用，以及如何影响其纤维性能是将来研究的重点（Sorieul et al.，2016）。蒋佳荔和吕建雄（2014）研究了湿热耦合作用对木材动态黏弹性的影响，研究表明，湿热耦合作用可以降低木材半纤维素和木质素的玻璃化转变温度。Zhan 等（2016a，2016b，2016c）、詹天翼等（2016）对水分吸着、解吸过程中杉木黏弹行为变化规律及其频率依存性进行了系列研究，阐明了木材细胞壁流变行为的机械吸湿蠕变效应以及化学组分的弛豫加速机制。然而，木材细胞壁组分的空间分布及其相互作用，以及细胞壁壁层构造、微纤丝取向、微区化学分布等结构参数与木材性能之间的构效关系仍不明晰。今后针对细胞壁复杂构造，需集成应用高空间分辨率细胞壁表征手段以及微尺度力学分析技术，从组织切片、单根纤维和细胞壁等不同层次开展研究，解析木材细胞壁结构特征，揭示木材细胞壁多层次结构与性能的构效关系。

众所周知，林木先期遗传改良是木材品质调控的重要途径。木材品质性状主要受遗传基因控制，长期以来，木材品质性状的遗传基础一直是国内外林木遗传改良的研究重点。在桉树生长和木材质量的基因组选择方面，通过拟合全基因组标记，可以捕获数量性状位点和关联图谱通常无法解释的复杂性状的大部分“缺失遗传力”。Resende 等（2012）利用随机回归最佳线性无偏预测因子，建立了树木周长和高度生长、木材比重和纸浆产量的预测模型。Fukatsu 等（2013）采用全双列交配试验，用软 X 射线密度仪记录木材密度，计算遗传参数和遗传增益，就木材密度而言，6 年树龄时日本落叶松（*Larix kaempferi*）的早期选择将占 28 年树龄时直接选择遗传增益的 69%。Porth 等（2013a）采用综合方法测试了大量遗传、基因组和表型信息，预测了毛果杨（*Populus trichocarpa*）木材特性，揭示了天然毛果杨材料的木材性质、基因表达水平和基因型之间的关系。木材形成是植物次生（径向）生长衍生的动态过程，在模式植物中使用遗传操作方法和全基因组分析大大提高了人们对木材形成的理解。Zhang 等（2014a）采用多种实验系统研究了木材形成及其调控。其实木材形成是一个理想的系统生物建造过程，因为在转录和代谢组分性状中观察到的强相关性模式和相互关联性有助于形成复杂的表型，如细胞壁化学组成和超微结构；Mizrachi 和 Myburg（2016）通过对成年树木分子组成特征的高通量分析，首次深入了解了木材的系统遗传学。以往遗传基础研究局限于植物基因与木材形成或与木材宏观特性的相关研究，缺乏对木本植物特有基因的挖掘和对生长发育特异调控机制的解析。随着基因编辑、全基因组关联分析等高新生物技术的快速发展，长久以来阻碍植物发育与遗传研究发展的物种限制被迅速打破。借助新生物技术解析树木的生长发育以及关键木材性状形成的分子机理，已成为引领林木发育与遗传改良前沿研究及突破目前研究瓶颈的迫切需要。从葡萄糖的实验中获得的紫杉醇远程 ^{13}C 耦合分析表明，分子内重排参与了类异戊二烯前体的生物合成过程，其合成途径与甲羟戊酸途径不一致；紫杉醇数据与在某些真菌中运行的类异戊二烯生物合成的替代途径具有相同的重要特征（Eisenreich et al.，1996）。抗癌药物紫杉醇的生物合成涉及 19 个来自于通用的二萜前体香叶基香叶基二磷酸的酶促反应。这种前体由质体中的甲基赤藓糖醇磷酸途径获得，用于类异戊二烯前体的供应。Jennewein 等（2004）的研究揭示了紫杉醇生物合成的 12 个已定义的基因中几个基因惊人的转录丰度，产生了编码两个以前未描述的细胞色素 P450 紫杉烷羟化酶的 cDNA，并为这一延伸反应序列提供了候选基因。细胞色素 P450 单加氧酶在二萜类抗癌药物紫杉醇的生物合成中起到了关键作用，结合经典的生化和分子方法，包括无细胞酶研究和 mRNA-反转录聚合酶链反应（RT-PCR）的差异显示，基于同源性的搜索和来自诱导的细胞及 cDNA 库随机测序，发现了 6 个新的细胞色素 P450 类固醇羟化酶，这些基因显示出不同寻常的高序列相似性（>70%）；尽管它们有很高的相似性，但对这些羟化酶的功能分析表明，在 C5 处对紫杉烷核心骨架进行初步羟化后，生物合成途径出现了不同的底物特异性，形成了一个由相互竞争但相互联系的分支组成的生物合成网络（Kaspera and Croteau，2006）。类黄酮是植物中主要的色素，基因突变导致无色类黄酮化合物黄酮醇和花瓣中花青素的减少，鉴定出的基因具有提高类黄酮含量的作用，它和编码产生类黄酮酶的结构基因的时空表达很相似；类黄酮基因广泛分布在陆地植物中，矮牵牛等植物中类黄酮同源物的 RNAi 敲除突变体的花朵颜色淡，花青素含量低，这表明类黄酮蛋白在确保类黄酮化合物生产的类黄酮生物合成途径的早期步骤中作出了一定贡献（Morita et al.，2014）。次级代谢产物具有很多的生物活性，为了实现其功能，其跨膜转运至关重要；阐明它们在细胞中的转运机制对于改善其生产方式也很关键（Lv et al., 2016）。国内对于植物次生代谢途径和相关产物的生物合成研究刚刚起步，在林木次生代谢产物调控及其对材质影响机制方面有待深入研究。

事实上，后期加工改良也是提高木材材质的重要手段。国内外学者在木材功能性改良方法及其机理、多尺度木材成分解析和利用方面开展了相关研究工作。崔会旺和杜官本（2008）概述了木材等离子体改性的研究进展，包括等离子体表面改性技术、木材亲水性和疏水性、木材表面形貌和表面化学组成等，经等离子体处理可使木材表面产生大量的自由基或使木材表面活化，从而进一步引入特定官能团，达到改善木材表面特性的目的。木材化学功能改良旨在通过物理或化学的方法，对木材细胞壁成分进行永久改变或对木材细胞进行物理填充，由此改善木材的物理力学性能，并赋予其特定的新功能（谢延军等，2012）。Jiang 等（2014）研究发现，采用二甲醇/（2-羟乙基）脲进行改性处理可以提高木材尺寸稳定性，但不改变其可燃性，经多种药剂联合处理可以显著降低改性木材的火灾风险。He 等（2016）以柠檬酸或二甲醇/二羟基亚乙基脲作为交联剂用葡萄糖改性杨木后，葡萄糖容易渗透木材细胞壁，处理后的木材细胞壁被充胀，表明交联剂联合葡萄糖处理是一种可行的木材改性方法。Xie 等（2016）用酚醛和三聚氰胺甲醛树脂改性处理欧洲赤松（*Pinus sylvestris*）木材，研究其热氧化和燃烧行为，处理后边材的重量增加；两种方法处理的欧洲赤松木材分解速度减小，热稳定性提高，并导致不同的火灾风险模式。以往研究结果对树脂浸渍、热处理、乙酰化、单体原位聚合等改性木材的性能和机理有了一定的认识，如采用二甲基醇/二羟基乙烯脲对欧洲水青冈（*Fagus sylvatica*）木材进行改性处理，发现处理后木材的平衡含水率降低（Dieste et al.，2010）。Esteves 等（2011）用 70%的糠醇混合溶液处理海岸松（*Pinus pinaster*）木材，发现处理后木材平衡含水率下降、尺寸稳定性提高，对抗弯强度和弹性模量的影响不大，表明糠醇改性松木在提高实木产品质量方面有一定潜力。热处理可以影响木材的临界应力强度因子和断裂能并最终影响材料的力学行为（Majano et al.，2012）。研究发现，乙酰化木材中亲水性的羟基被乙酰基所取代，形成疏水性基团酯基来减少水分吸收，糠醇化则降低了试样的溶胀和空隙体积，从而提高了材料的尺寸稳定性（柴宇博等，2015；Moghaddam et al.，2016）。但是，改性剂在木材内的微区分布及其与细胞壁结构成分之间的相互作用机制仍不明确。开发天然或绿色木材改性体系，构建多尺度界面修饰与异质复合新技术体系，诠释木材改性和功能化调控机理，是材质加工改良的重要发展趋势。

二、木材材质改良的发展趋势

尽管过去半个多世纪木材宏观结构和性能、林木遗传改良及木材加工改良等取得了可喜进展和成果，但仍然面临着诸多具有挑战性的基础科学问题，尤其是以木材细胞壁为靶标，其基础理论和技术体系迫切需要加以关注并深入研究，以解决木材高效加工利用过程中的理论和实际问题。

（一）以木材细胞壁为靶标，揭示细胞壁结构及其调控对材质影响的机制

以人工林杨树和杉木为研究对象，利用高分辨率透射电镜、红外和拉曼光谱、气体吸附-脱附等分

析技术从壁层构造、孔隙尺寸与分布、化学微区分布、定向排列及其互作方式、有效羟基数量等方面解译木材细胞壁多尺度结构；通过定向基质脱除和温和氧化处理，获得聚集体薄层；揭示壁层厚度及模量与细胞壁力学性能密切相关、孔隙尺寸与分布影响水分扩散和细胞壁结构调控效果、有效羟基数量影响吸湿性和化学反应效果、微纤丝角和纤维素-葡甘露聚糖/木质素互作方式影响细胞壁物理力学性能的机理；建立木材细胞壁结构与性能的构效关系，探明木材细胞壁物理力学性能的关键因子，建立基于木材细胞壁结构参数的微观和宏观物理力学预测模型。通过细胞壁结构的生物、物理和化学手段调控，揭示细胞壁骨架结构、细胞壁孔隙结构，以及细胞壁主成分木质素等不同层级结构的调控机制。为木材遗传改良和加工改良提供理论基础和科学依据。

（二）聚焦木材品质形成的关键遗传物质，阐明木材品质性状的遗传基础和次生代谢产物的合成与转化机制

我国人工林面积位居世界第一，通过对人工林杨树、杉木和楸树木材主要品质性状的测定分析，揭示木材主要品质性状的径向变异规律，获得杨树、杉木和楸树材性性状无性系重复力；采用受激拉曼散射显微镜揭示杨树木质部细胞壁主要成分的动态沉积规律；基于杉木基因组重测序数据开发分子标记，明确杉木无性系育种群体的遗传结构，并克隆获得杉木木质素生物合成负调控因子——*NAC1* 基因；构建木材品质性状检索数据库。基于对木材颜色、香味、耐腐等相关品质次生代谢产物的相关研究，构建木材颜色相关品质的特色林木树种心材挥发性成分气相色谱（gas chromatography，GC）指纹图谱，揭示萜烯类等次生代谢途径关键酶对芳樟醇等香味次生代谢产物生物合成的影响机制，构建木材耐腐相关品质的松木中萜类气相色谱-质谱（gas chromatography-mass spectrometer，GC-MS）、松木中酚类高效液相色谱（high performance liquid chromatography，HPLC）指纹图谱，阐明人工林木材相关品质次生代谢产物合成机理和调控机制。为优质人工林选育提供理论基础，为高通量材性分析提供技术支撑，为木材材质相关遗传信息系统分析和分子设计育种提供科学依据。

（三）诠释木材改性和功能化调控机理，构建多尺度界面修饰与异质复合新方法

木材改性和功能化调控机理一直是人工林木材高值化加工利用的重要基础研究。从提升木材品质角度开展材质加工改良调控研究，探明糠醇、水溶性丙烯酸酯等绿色单体改性剂在木材细胞壁中的分布规律，揭示改性剂在细胞壁中的固着增强机理，提出木材细胞壁化学成分重构的尺寸稳定化机制、木材细胞壁糠醇复合改性系列新方法。利用原子力显微镜（atomic force microscope, AFM）和核磁共振波谱仪（nuclear magnetic resonance spectrometer, NMR）等从微纳和分子尺度下解析木质纤维素的形态、大分子间键合方式和表面结构，探明木质纤维素结晶区/非结晶区间列和高长径比等物理结构、木质纤维素多糖和木质素分子网络中醇/酚羟基等活性位点数量等化学性状；利用木质纤维素可塑性强、易氢键桥接、活性位点易修饰等特点，发明柔性可塑木质纤维素/无机功能助剂嵌入式交织密实网络结构、木质纤维素羟基氢键桥接多孔网络包覆凝胶结构、氨基化木质纤维素/金属离子络合三维骨架结构等木质纤维素基异质复合界面构筑新方法。揭示功能化成效与木质纤维素形貌、孔隙率、官能团及异质复合界面互作模式之间的构效关系，阐明木质纤维素的负氧离子释放、电磁屏蔽、光催化降解等功能化修饰实现机制。为我国人工林木材材质改良及木材资源的高效加工利用提供理论支撑。

第三节　木材材质改良研究的意义

细胞壁是木材的实际承载结构，对木材的宏观物理力学性能有着极其重要的影响。因此，解译木材细胞壁精细结构及其对性能的调控机制，已成为当今世界木材科学领域亟待解决的科学难题。遗传改良是木材品质调控的重要途径，木材品质性状主要受遗传基因控制，长期以来木材品质性状的遗传基础一

直是国内外林木遗传改良的研究重点。以往遗传基础研究局限于模式植物基因的同源克隆与跟踪研究，缺乏对木本植物品质性状特有基因的挖掘和对生长发育的特异调控机制的解析。此外，木材细胞壁组分含有大量吸湿性基团，可以吸着水分，从而造成木材尺寸不稳定及微生物劣化等问题，化学改性和功能化修饰是人工林木材高效利用的有效手段。目前，国内外已开展用单体或低聚物对木材进行浸渍后引发聚合的改性方法研究并均有相关工业化应用，但是，改性剂在木材中的分布并未得到有效调控，从而影响改性效果；改性工艺、改性剂分布、改性剂与木材细胞壁的反应模式以及木材性能之间的关系尚不清楚。鉴于此，本项目立足解决木材材质改良的重大科学问题，以木材细胞壁结构及其调控对材质的影响为中心点，在材质遗传改良方面开展木材品质性状的遗传基础和次生代谢产物的合成与转化机制研究，在材质加工改良方面开展多尺度界面键合机理以及改性与功能化修饰调控机制研究，以揭示木材品质性状的遗传变异规律和分子调控机制，阐明木材多尺度界面键合机理，系统诠释木材材质改良的物理和化学基础。项目研究成果可为木材材质遗传改良和加工改良的策略设计提供理论指导，为速生人工林木材的品质提升奠定基础，为拓展人工林木材应用领域、提升增值利用水平、实现行业绿色健康发展、保障国家木材安全提供重要理论支撑，具有重要的经济和社会效益。

第二章 木材细胞壁结构及其调控对性能的影响

木材是由各种类型细胞的细胞壁组成的复杂生物材料，其主要性能与细胞壁结构密切相关。无论是先期的林木遗传基因改良还是后期的材料性能改良，均需以细胞壁为靶标。近年来，随着分析测试技术的发展，木材细胞壁结构与性能研究领域取得了较大进展，已分别从宏观、微纳米和分子水平多层次多角度对木材细胞壁有了更深入的认识。然而，木材细胞壁组分的空间分布及其相互作用、壁层构造、微纤丝取向、微区化学分布等结构参数与木材性能之间的构效关系仍不明晰。围绕“木材细胞壁结构及其调控对材质的影响机制”这一科学问题，本章从细胞壁层构造、聚集体薄层、孔隙尺寸与分布、纤维素结晶度与晶区尺寸、微纤丝角、有效羟基数量、化学微区分布、主成分定向排列及其互作方式等方面系统解译了木材细胞壁不同层级结构，建立了木材细胞壁结构与性能的构效关系，探明了决定木材细胞壁物理力学性能的关键因子，构建了基于细胞壁结构参数的木材微观和宏观物理力学性质预测模型；揭示了细胞壁骨架层状结构和主成分木质素调控机制，为实体木材改性和木质纤维素功能化修饰提供了理论基础，为木材遗传改良和加工改良的策略设计提供了科学依据。

第一节 木材细胞壁结构解译

本节从细胞壁层构造、聚集体薄层、孔隙尺寸与分布、纤维素结晶度与晶区尺寸、微纤丝角、有效羟基数量、化学微区分布、主成分定向排列及其互作方式等方面系统解译了木材细胞壁的多尺度结构。

一、细胞壁层构造

（一）试验材料

人工林杉木（*Cunninghamia lanceolata*），取自浙江开化，树龄 17 年，在树干处截取厚度 6 cm 的圆盘，沿髓心锯取 2 cm 宽的径向木条。杨木（*Populus deltoides*）取自河南焦作，无性系杨木应拉木，树龄 10 年，在树干倾斜位置截取 2 cm 厚的圆盘，并沿圆盘的南北向锯取 2 cm 宽的木条（年轮明显偏宽处为应拉区，另一侧为对应区）。

（二）试验方法

在杉木第 8 生长轮处早晚材位置和杨木第 7 生长轮处的应拉区和对应区，分别制备 1 mm×1 mm×2 mm 的小木条。使用 1%的高锰酸钾溶液对试样染色 30 min，之后冲洗干净，并用丙酮进行梯度脱水。对脱水后的试样用 Epon-812 树脂包埋，烘箱固化。固化完全的试样用超薄切片机切取厚 50～100 nm 的切片，利用透射电子显微镜 JEM-1400 观察分析。

（三）结果与讨论

1. 杉木壁层厚度

利用透射电子显微技术观察超薄切片，实现杉木管胞壁层厚度的定量分析。杉木早晚材管胞壁层结构均为典型的初生壁（P）和次生壁（$S_1+S_2+S_3$）结构，次生壁 S_2 最厚（图 2-1a，图 2-1b），且在细胞壁内表面上具有丰富的瘤层（图 2-1c）。

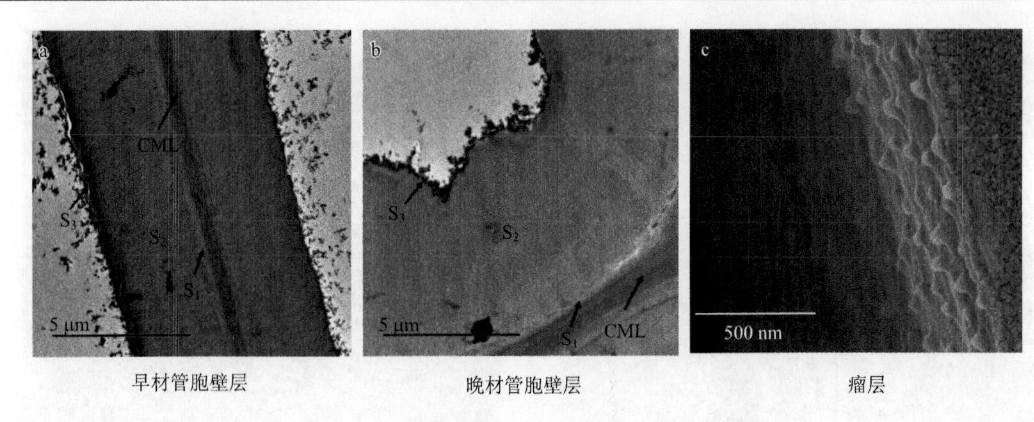

图 2-1　杉木早材和晚材管胞及瘤层的壁层结构

杉木是早晚材稍急变树种，早材和晚材细胞壁厚度差异大，即使在同一位置不同管胞的细胞壁厚度也存在差别。杉木早材和晚材管胞次生壁各层厚度的数值都存在一定的变幅（图 2-2）。早材管胞次生壁各层（S_1、S_2、S_3）平均厚度分别为 0.29 μm、2.74 μm 和 0.11 μm；晚材的分别为 0.42 μm、6.15 μm 和 0.20 μm。早材初生壁特别薄，其复合胞间层（CML）平均厚度为 0.16 μm；晚材 CML 厚度比早材的大，平均厚度为 0.42 μm。

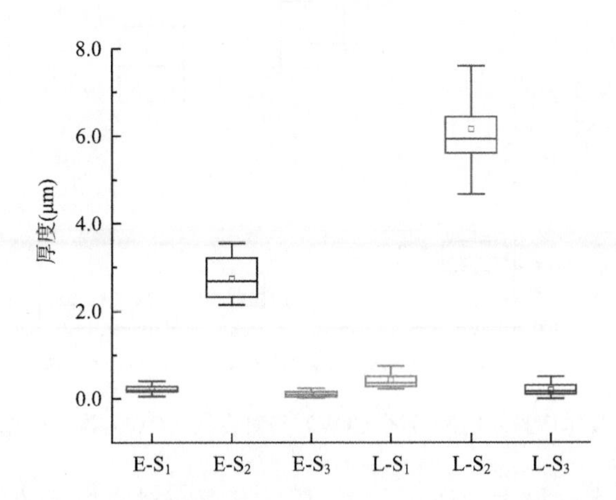

图 2-2　杉木早材（E）和晚材（L）管胞次生壁壁层厚度

2. 杨木应拉木壁层结构

一般来说，在树木生长过程中，新细胞形成后，初生壁（P）在胞间层两侧沉积。在细胞生长末期，新的纤维素微纤丝开始在初生壁内侧不断沉积，逐渐加厚形成次生壁外层（S_1 层）、次生壁中层（S_2 层）和次生壁内层（S_3 层）。应拉木受到重力和生长激素等影响会在靠近细胞腔的内侧生成胶质层（G 层）。G 层是应拉木的特殊构造，应拉木在性能上的不同也源自于此。从图 2-3a 中可见，应拉区次生壁结构呈现为常见的 S_1+S_2+G 结构；而图 2-3b 所示的对应区次生壁壁层结构与正常材一致，为典型的 $S_1+S_2+S_3$ 结构，表明应拉区木纤维中 G 层取代了 S_3 层。

透射电镜图片能够清楚地区分杨木细胞壁中的分层结构，如胞间层和角隅等，以此为基础可测量各壁层的厚度。图 2-4 为杨木应拉木的应拉区和对应区各壁层的厚度。与对应区相比，杨木应拉区有着更厚的细胞壁，主要原因是 G 层厚度较大。G 层壁厚的平均值为 2.56 μm，占总壁层厚度的一半以上。杨木应拉木的对应区存在 S_3 层，但 S_3 层厚度较薄，约为 0.15 μm，且并非在所有细胞中都清晰可见。相较于对应区 S_1 层厚度（0.33 μm），应拉区的 S_1 层厚度更大，约为 0.61 μm。总体来看，杨木应拉区有着更厚的细胞壁层，其中 G 层为最厚层，S_1 层的厚度增大，S_2 层的厚度减小。

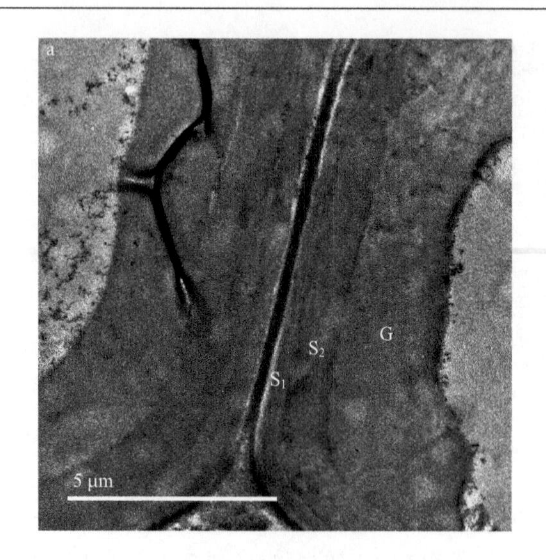

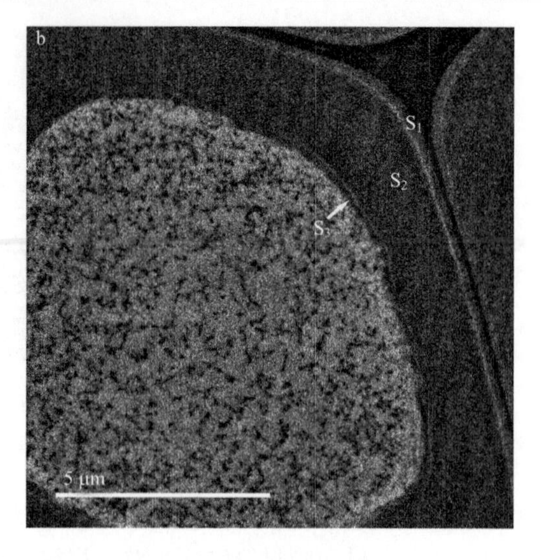

图 2-3 杨木应拉木的应拉区（a）和对应区（b）的木纤维透射电镜图

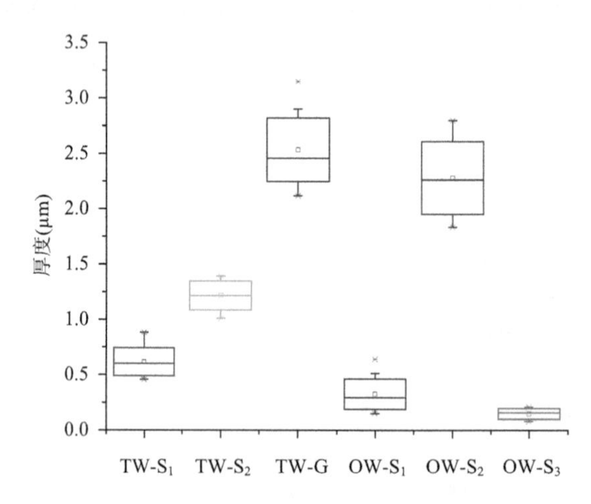

图 2-4 杨木应拉木的应拉区（TW）与对应区（OW）次生壁壁层厚度

应拉木在微观细胞结构上的最大特征在于 G 层，其存在对应拉木的物理力学特性起决定性作用（Yamamoto，2004）。但是这种应力的具体产生机制至今仍不十分清楚，学者尝试用各种假说来解释（Yamamoto et al.，1992；Okuyama et al.，1994；Chang et al.，2015）：当树木在生长过程中受到重力的作用，以及在生长激素的作用下，木材都能形成应力木。

二、木质纤维素三维可视化模型

木材的多孔结构取决于树木生长中的多细胞组成。不同类型细胞之间有内在的联系网络，而且这种联系是立体的、三维的和多尺度的，比如导管分子之间、导管与纤维细胞之间、细胞角隅、细胞壁层之间等（李万兆和石江涛，2021）。木质纤维素聚集体，作为木材精细化和功能化利用的重要中间体，具有化学结构复杂、原位细胞构型精巧、细胞内在联系多样等特点。这些特点不仅与木材的三维构造有关，也受木质纤维素聚集体制备过程中的预处理、测试分析技术等因素影响。本小节以人工林杉木和杨木为对象，采用典型的化学方法对其进行纤维素纯化，利用 X 射线高分辨断层扫描技术，采集木质纤维素聚集体三维结构信息，并以二维的荧光和偏光显微结果验证，结合专业软件重构了木质纤维素纯化过程中的三维结构变化规律，建立了木质纤维素三维可视化模型，可为木质纤维素的原位改性提供理论依据。

（一）材料与方法

1. 试剂与仪器

杨木采自河南焦作林场和辽宁绥中林场，杉木采自浙江开化林场。浓硫酸、亚氯酸钠、氢氧化钠、氢氧化钾、30%过氧化氢和冰醋酸均为分析纯。分析仪器有扫描电子显微镜（Hitachi TM1000，日本）、傅里叶变换红外光谱仪（Nicolet 360，Thermo Scientific，美国）、三维 X 射线显微镜（Xradia 510 Versa，Zeiss，德国）、光学显微镜（BX50，OLYMPUS，日本）。

2. 木材细胞微米尺度三维结构解析

为了探明木材细胞在微米水平上的三维结构，采用了氧化剂（弱酸）溶液体系，逐步脱除杨木细胞壁基质，冷冻干燥后，使用普通光学、荧光、偏光和三维 X 射线显微镜观察量化。化学预处理样品（细条状木材）流程为，使用 30%过氧化氢和冰醋酸混合溶液（1∶1，*V*/*V*），分别处理 3 h、5 h 和 8 h。观察样品之前，树脂包埋切片。依次脱蜡、透明后显微观察。在三维 X 射线显微镜上采集三维空间结构数据。数据采集方法的主要参数有：加速电压为 50～60 kV，体素分辨率 0.3 μm，扫描区域 180°，曝光 2～3 s，耗时 3.5～6 h。单个样品采集约 2000 张二维图。

3. 木质纤维素纯化与三维结构扫描

利用细条状杉木进行木质纤维素纯化。化学纯化方法简介如下：①亚氯酸钠/冰醋酸溶液 75℃处理 5 h；②2%氢氧化钾 90℃处理 2 h；③亚氯酸钠/冰醋酸溶液 75℃处理 1 h；④2%氢氧化钾 90℃处理 2 h。处理后样品水洗至中性，冷冻真空干燥。在三维 X 射线显微镜上采集三维空间结构数据，采集方法同上。

将断层扫描图片导入专业软件（Dragonfly 2020，Object Research Systems Inc.，加拿大），图像采集区域 *X*=1、*Y*=1、*Z*=1，找到对应域后裁剪出合适的大小。对于噪点较大的图片需先进行平滑和滤波处理。使用图像分割功能选取恰当灰度值区间将细胞壁全选中，选取灰度值为 24 875～65 535 创建新的兴趣区域（region of interest，ROI）。将所得 ROI 进行连通性单元分类后导出 Multi-ROI 群，进行二次降噪滤波处理手动删除杂点。使用厚度网格（Thickness Mesh）功能建立新模型。Thickness Mesh 与 Mesh 的区别为：Mesh 所得为纯色模型，Thickness Mesh 所得为渐变色模型，其颜色变化规律与 ROI 内原图的灰度值成正比/反比。最后将每个三维结构拼接组合成视频动画，直观展示木质纤维素纯化过程中其三维结构的变化规律。

（二）木材与木质纤维素三维结构

1. 纤维素纯化中木材细胞微米尺度结构变化规律

利用二维和三维的显微成像技术，研究了氧化剂（弱酸）溶液体系中，木材细胞结构的变化规律，为木质纤维素三维可视化模型构建奠定了基础。杨木木质纤维素在微米尺度上保持细胞结构，其长径比在 41.37～50.01。在不同溶液体系中，木质纤维素呈现细胞相对位置分离和细胞壁降解，但程度随溶液与条件而异。这主要是因为木质纤维素细胞之间存在复合胞间层与细胞角隅结构。氧化剂（弱酸）处理后，杨木木质纤维素射线细胞和胞间层最先降解分离（图 2-5），细胞间裂隙面积随着处理时间延长从 10.66%增加到最大的 46.05%。与木纤维厚壁细胞相比，导管细胞壁更容易被破坏。荧光强度从未处理的 66.07%降到最低的 1.92%。偏光结果表明细胞壁层中纤维素结晶结构也发生了变化。木质素含量从 23.5%降低到 1.8%，证实了木质纤维素结构的变化受其基质物质降解脱除的影响。这也使得木质纤维素具有更薄的细胞壁、更多的孔隙结构。

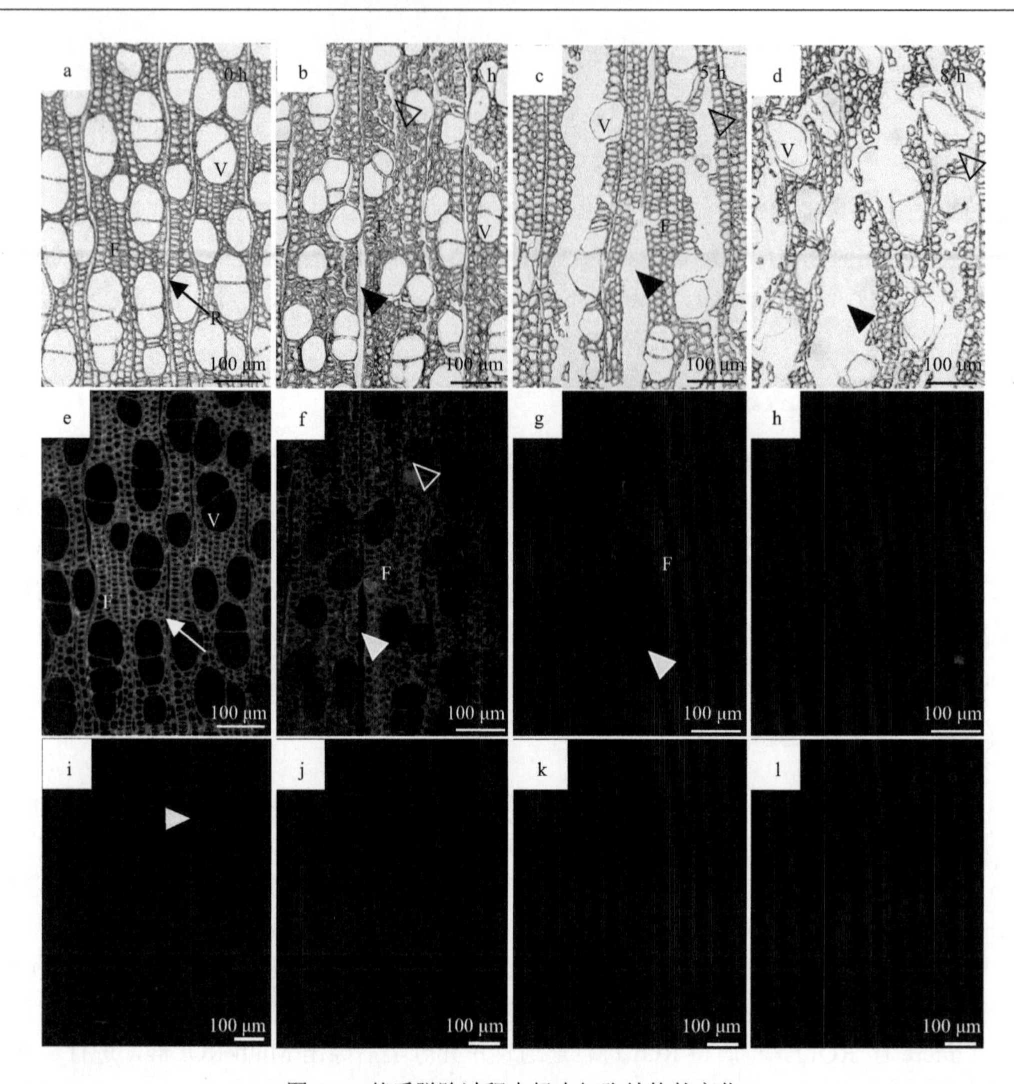

图 2-5　基质脱除过程中杨木细胞结构的变化

a、b、c、d 为普通光学显微图，e、f、g、h 为荧光显微图，i、j、k、l 为偏光显微图，a、e、i 是未处理样品，b、f、j 是基质脱除处理 3 h，c、g、k 是基质脱除处理 5 h，d、h、l 是基质脱除处理 8 h。F 表示木纤维细胞，R 表示射线细胞，V 表示导管细胞。黑色和白色箭头指示纯化中产生的细胞间裂隙

纤维素纯化中，木材细胞三维结构变化如图 2-6 所示。在软件中对获得的 X 射线断层扫描图像进行定量分析，根据木材组织内部具有明显 X 射线吸收率差别的现象，对不同灰度值的部分进行阈值分割，通过选取不同的阈值范围将扫描背景、细胞壁层、细胞孔隙和细胞裂隙分割为不同的部分。因为计算机断层扫描（CT）图像由体素点组成，所以根据体素点之间的相连性，利用连通性分析和形态学腐蚀操作将零星细小的体素点去除，以减少误差。为了清晰地展示细胞之间的连接关系，在 3D 界面采用形状变化工具进行裁剪和调整显示参数，进而获得了不同处理时间下杨木细胞结构的空间渲染视图。

选取基质脱除过程中的未处理样品、步骤 1 样品（亚氯酸钠/冰醋酸溶液 75℃处理 5 h）和步骤 4 样品（2%氢氧化钾 90℃处理 2 h），量化杉木细胞壁基质脱除过程。处理后的样品进行包埋切片，然后进行传统解剖构造分析（图 2-7），发现步骤 1 脱除大部分木质素后，细胞整体结构平整，细胞间隙随处理程度逐渐增大。而经过步骤 4 酸碱交替处理脱除绝大多数半纤维素和木质素后，细胞产生弯曲变形现象，沿木射线方向的相邻细胞产生明显间隔。在荧光显微镜下观察到木质素的蓝色自发荧光大幅度变暗，证实木质素在逐渐脱除。而在偏光显微镜下，纤维素双折射变亮，这可能是因为在半纤维素和木质素被脱除后，纤维素逐渐暴露出来而产生的现象。鉴于传统切面在细胞长度方向上的局限性，本研究采用 X 射线高分辨断层扫描技术量化了杉木细胞壁基质脱除过程中的结构变化（图 2-8）。对断层扫描数据进行测

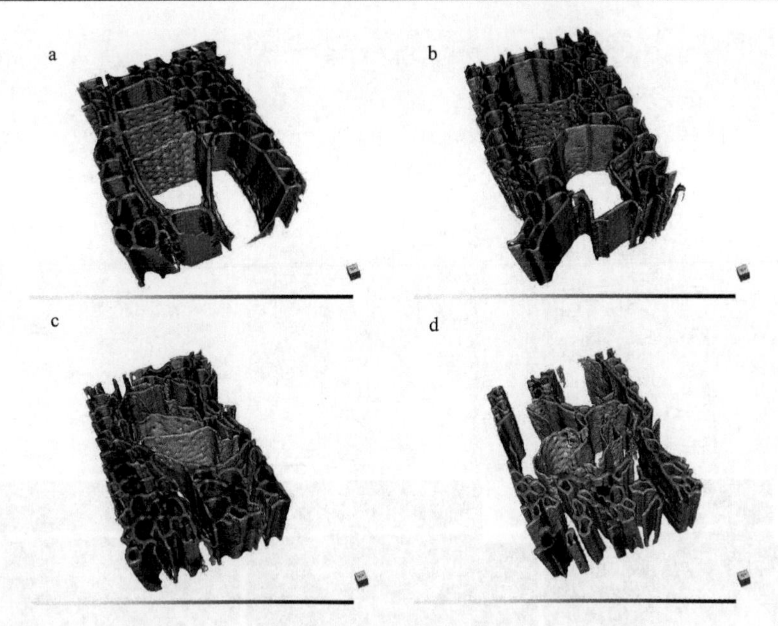

图 2-6　基质脱除过程中杨木木材细胞三维结构变化

a. 未处理；b. 基质脱除处理 3 h；c. 基质脱除处理 5 h；d. 基质脱除处理 8 h

量发现，细胞壁厚度从未处理的 2.66 μm 降低到最小的 1.29 μm，主要组别之间在 0.01 水平上达到极显著差异，同时，由断层扫描数据可知，在木材内部，并非全部细胞都产生变形和裂隙，因为化学试剂在木材内部的渗透能力和处理效果是不均匀的。因此，所有数据均是进行多个细胞测量后的平均值。基于灰度级阈值化法量化了细胞形态变化规律：细胞圆度值从未处理的 0.89 降低到最小的 0.77，主要组别之间在 0.01 水平上达到极显著差异；细胞长短轴比值从未处理的 1.29 增加到最大的 1.80，主要组别之间在 0.01 水平上达到极显著差异。说明细胞木质纤维素基质脱除过程中，细胞之间空间位置分离、细胞形态扁平化，细胞壁降解。

2. 木质纤维素三维可视化方法

木质纤维素三维可视化方法直接选择木材组织，自上而下化学处理，建立了基于 X 射线高分辨断层扫描技术的木材组织三维结构数据采集方法，首次在 0.3 μm 高分辨率上动态呈现了木质纤维素纯化过程，并重构了复合聚集体的三维可视化模型。

三维可视化模型构建有 3 个步骤：三维数据采集、图像量化处理和可视化。①三维数据采集。采用 X 射线高分辨断层扫描技术直接采集木质纤维素的三维结构数据，原理如图 2-9 所示，解决了传统二维观察制样中造成的结构变形或破坏的问题，也弥补了基于模型预测的不足。数据采集方法的主要参数有：加速电压为 50～60 kV，体素分辨率 0.3 μm，扫描区域 360°，曝光 2～3 s，耗时 3.5～6 h。单个样品采集约 1000 张二维图。②图像量化处理。在二维界面上结合灰度级阈值化、直方图和形态学变换、分水岭算法分析、连通性分析、边缘检测算法分析等得到优化的二维图。③可视化。在三维视图中重建结构图，调整场景视图属性，形成可视化模型。本方法确定了细胞形态、细胞间位置、细胞壁厚度是木质纤维素三维结构模型的 3 个关键参数。本研究基于木质纤维素实体结构，首次在 0.3 μm 高分辨率上动态呈现了木质纤维素细胞壁解离路径，在微米尺度上真实反映了木质纤维素细胞结构变化规律，具有普遍适用意义，木质材料三维扫描技术达到了国际先进水平。

（三）三维可视化模型在木质纤维功能材料中的应用

利用本研究建立的木质纤维素 X 射线高分辨断层扫描方法，实现了木制品和定向刨花板等材料在载荷过程中的三维结构解析，并将之动态过程表征为四维水平，揭示了压缩应变与载荷之间的关系，有助

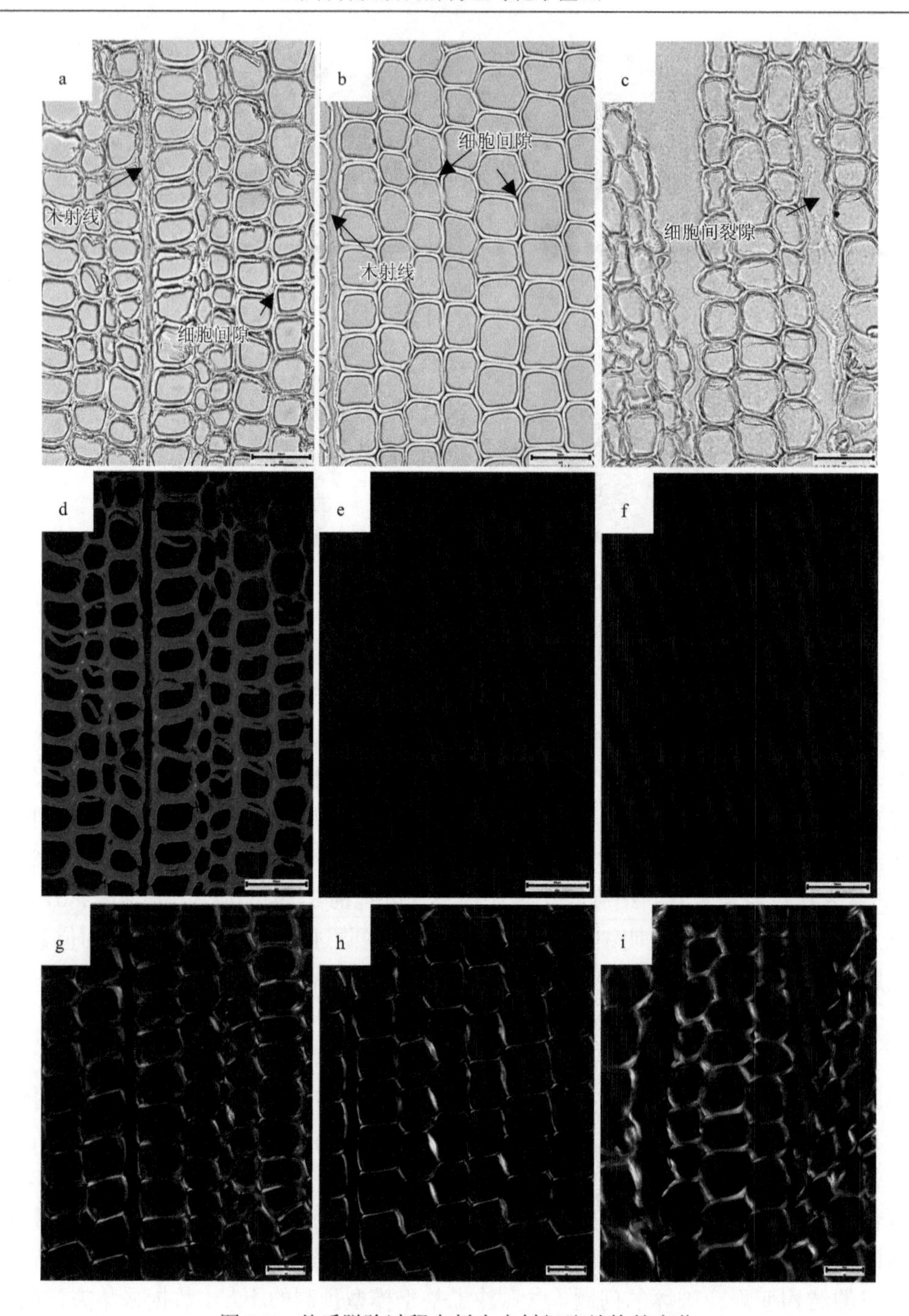

图 2-7　基质脱除过程中杉木木材细胞结构的变化

a、b、c 为普通光学显微图；d、e、f 为荧光显微图；g、h、i 为偏光显微图；a、d、g 是未处理；b、e、h 是基质脱除过程的步骤 1；c、f、i 是基质脱除过程的步骤 4

于提升木质复合材料制造工艺，为在微米尺度揭示木质功能材料的制备机制、性能本质等奠定了理论基础。图 2-10a 揭示了压缩前后的木材内部结构和酚醛胶黏剂的分布变化。根据 X 射线断层扫描图像，压缩过程中木材内部结构的变化与早材和晚材的比例和位置以及组合方式有关（Li et al.，2018c）。在晚材/早材样品中，胶黏剂在早材中的渗透可能比晚材中的渗透更远；在早材/晚材样品中，早材中的破坏剖面与晚材中的剖面密切相关，胶黏剂主要通过木射线穿透晚材。对断层扫描数据进一步分析发现，在整个压缩过程中，胶合线附近区域的密度（灰度值）变化很小，说明胶黏剂的存在可以提高木材的机械强度。

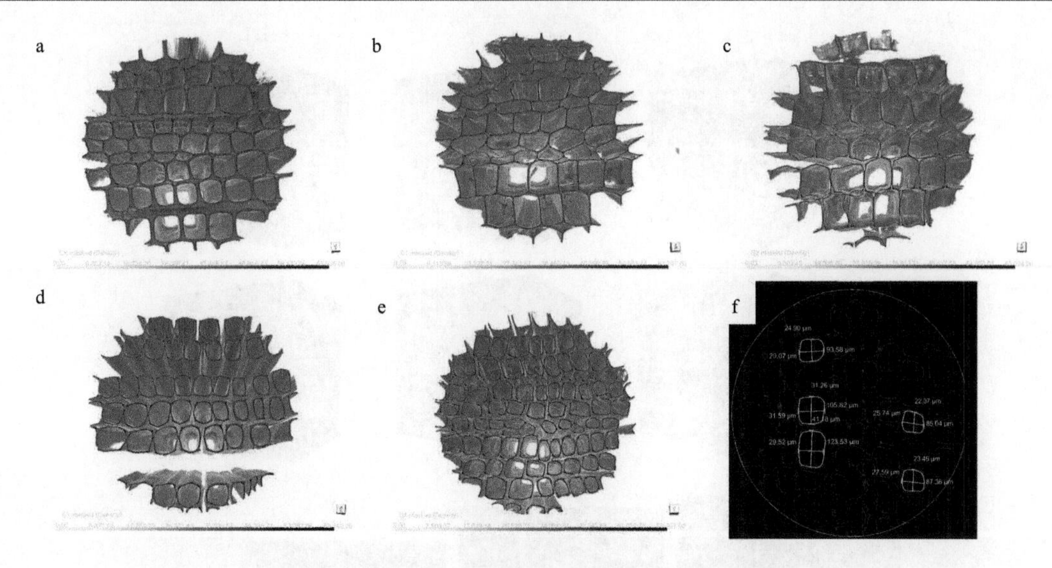

图 2-8　基质脱除过程中杉木木材细胞三维结构变化

a. 未处理；b. 基质脱除过程的步骤 1；c. 基质脱除过程的步骤 2；d. 基质脱除过程的步骤 3；e. 基质脱除过程的步骤 4；f. 未处理木材滤波处理后的数值测量

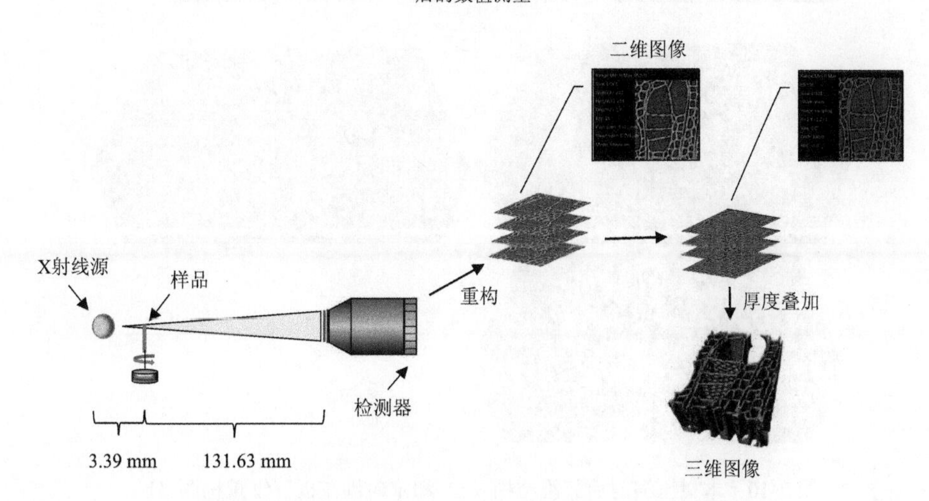

图 2-9　木质纤维素显微 CT 数据采集与三维重构方法

图 2-10b 为定向刨花板三维重构图。定向刨花板的内部结构由片状刨花、线间空隙和各种非木质物质组成，这些元素在刨花板中的比例及分布对抗压强度均有影响。将无杂质区域放大，线间空隙首先被破坏，而导管（用红色箭头表示）只有在压缩强度（CS）达到 3.15 N/mm^2 后才被破坏；在压缩的最后一步，导管几乎完全塌陷，但线间空隙仍然存在。这意味着，在特定的压缩步骤中，内部木结构变得不像最初定向刨花板中的碎木条排列得那么僵硬，压缩后会在碎木材之间留下空隙。由于导管周围木材组织的机械强度不同以及木材解剖结构的不同，导管的破坏在各个刨花之间并不一致，这可能与导管的体积或胶黏剂渗透率有关。除了木材的力学性能和胶黏剂的渗透性外，木材刨花和空隙之间的相互作用还与刨花板三维结构有关（Li et al.，2020）。红色箭头所示的大空隙的大小和形状均随抗压强度的增加而改变。在定向刨花板的 3 个压缩阶段，空隙的高度分别为 0.23 mm、0.21 mm 和 0.15 mm，但空隙并不是简单地沿纤维长度方向被挤压。在相同的压缩步长下，空隙的宽度分别为 0.19 mm、0.19 mm 和 0.21 mm，这是因为与空隙相邻的木材刨花分层。这种现象可能是压缩试验中当样本量较小时会产生剪应力所致。在刨花板制造过程中，我们可以假设这些空隙是由片状刨花排列形成的。因此，利用所选择的空隙分布，可以通过设计制造策略来增加板材的刚度。

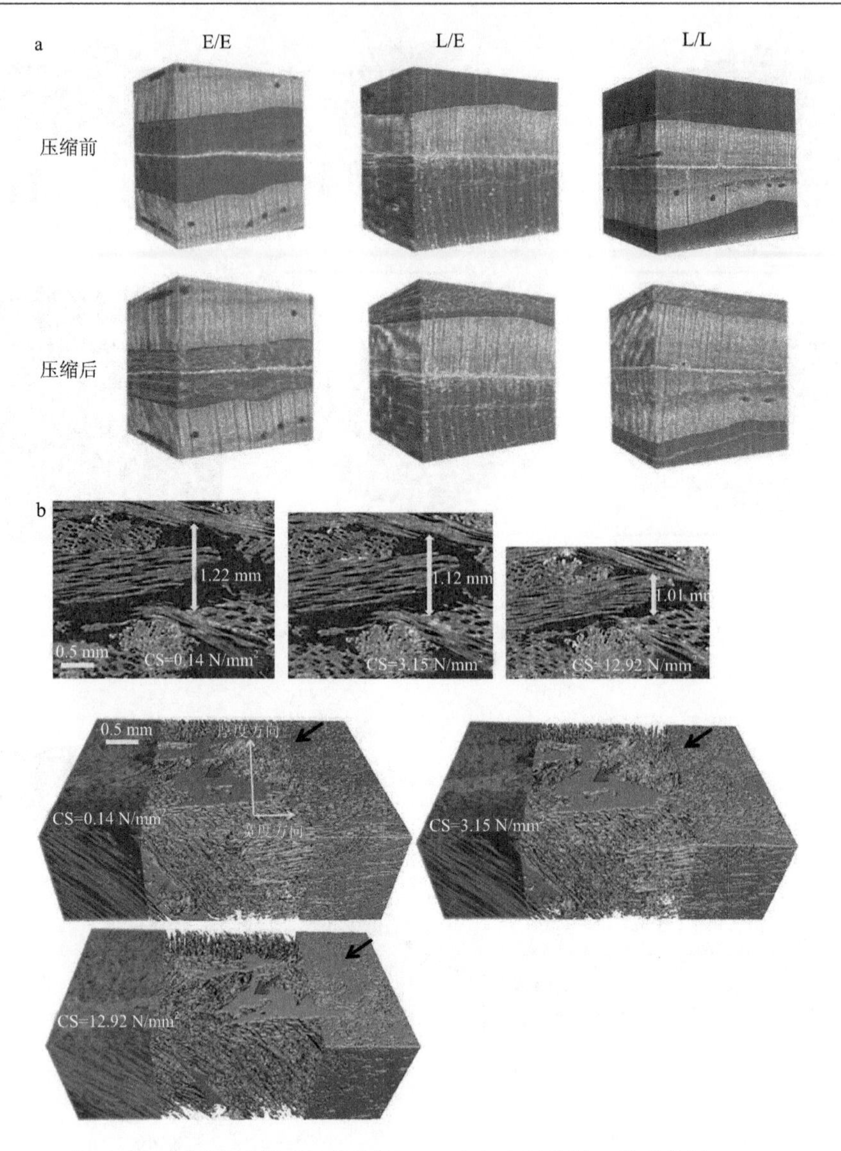

图 2-10　木材压缩前后三维结构（a）和定向刨花板三维重构图（b）

蓝色表示线间空隙，黄色表示木材组织；红色箭头指示线间空隙，黑色箭头指示木材组织；E/E 胶合界面是早材与早材，L/E 胶合界面是晚材与早材，L/L 胶合界面是晚材与晚材，CS 表示压缩强度

三、细胞壁聚集体薄层

（一）试验材料

杉木取自浙江开化林场，裁切成尺寸为 5 mm×1 mm×1 mm 的木条备用。亚氯酸钠（$NaClO_2$，80%）、次氯酸钠（NaClO，5%有效氯）、2,2,6,6-四甲基哌啶-1-氧自由基（TEMPO，98%）和氢氧化钾（KOH）购自上海阿拉丁生化科技股份有限公司。乙酸（CH_3COOH，36%）和过氧化氢（H_2O_2，30%）购自国药控股股份有限公司，磷酸盐缓冲液购自国家化学试剂质量监督检验中心。

（二）试验方法

1. 化学处理

称取 1 g 杉木条装入烧杯中，分别进行碱处理、氧化处理、脱除木质素处理，随后用去离子水彻底清洗样品，除去残余的化学试剂。

2. 高频超声剥离

将化学处理后的木条分散在 500 ml 水中，然后放入超声波细胞粉碎仪中进行一定时间的破碎处理。

（三）结果与讨论

1. 聚集体薄层的分离与表征

通过对人工林杉木细胞壁进行定向基质脱除和温和氧化处理，经高频超声剥离后，可以制得长度、宽度 1000 μm 以上，厚度仅为 10 nm 的二维片层材料。这种二维片层是从细胞壁上原位分离而成的，主要由纤维素及部分连接基质构成。通过光学显微镜、场发射扫描电子显微镜（FESEM）探究了木材细胞壁在基质脱除过程中的形貌变化，利用透射电子显微镜（TEM）、原子力显微镜（AFM）对原位分离的二维片层的形貌和厚度进行表征分析，并通过激光共聚焦拉曼光谱仪、X 射线衍射（XRD）仪、Brunauer-Emmett-Teller（BET）比表面积分析仪逐步揭示细胞壁中原位分离的薄层材料的化学组成和结构特征。

细胞壁薄层原位剥离的流程如图 2-11 所示：先通过基质定向脱除去除部分薄层间的基质，随后通过超声的空化作用，沿着基质脱除后形成的孔隙进行空穴内爆，利用内爆形成的冲击波破坏壁层间的氢键和范德华力（范德瓦耳斯力），从而实现对细胞壁薄层的原位剥离，将厚度为微米级的细胞壁分离成厚度约为 10 nm 的薄层。

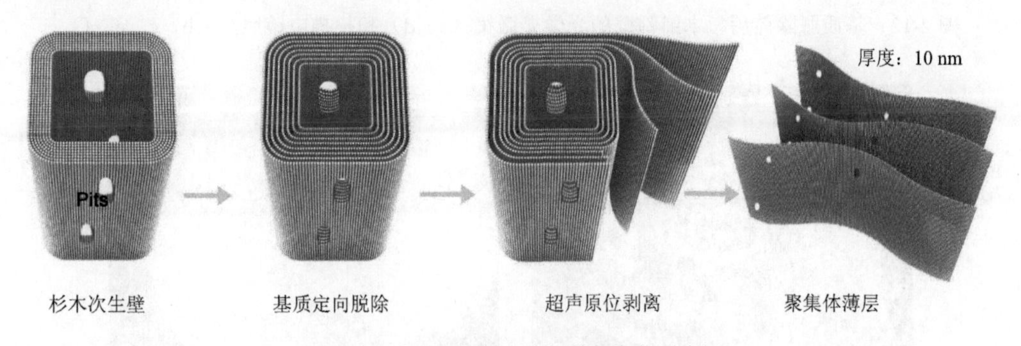

图 2-11　细胞壁薄层原位剥离流程示意图

Pits 为纹孔

2. 基质脱除过程中细胞壁的结构变化

如图 2-12 所示，细胞壁基质脱除前后，杉木细胞形态会发生一定的变化，主要为细胞壁厚度变薄、管胞发生变形塌陷、胞间层明显减少（Salmén，2015；Neale and Wheeler，2019）。从光学显微镜下可观察到细胞间发生胞间分离。其中，管胞壁平均厚度从 4.38 μm 减小到 3.13 μm，管胞平均弦径从 32.46 μm 减小到 31.55 μm。

3. 聚集体薄层的形貌特征

如图 2-13 所示，从扫描电子显微镜（SEM）图像观察到，分离的聚集体薄层形态均匀、表面光滑密实，具有纹孔的结构，从而进一步证实是从细胞壁上原位剥离的。TEM 进一步观察到薄层的主体结构柔软均匀，边缘呈现出基本纤丝的网络结构。通过 AFM 分析了薄层厚度，在基底上的薄层大部分呈现出能折叠的形态，通过探针进行薄片厚度检测，分析后得到薄层的单层厚度约为 10 nm，折叠后厚度为 20～30 nm。

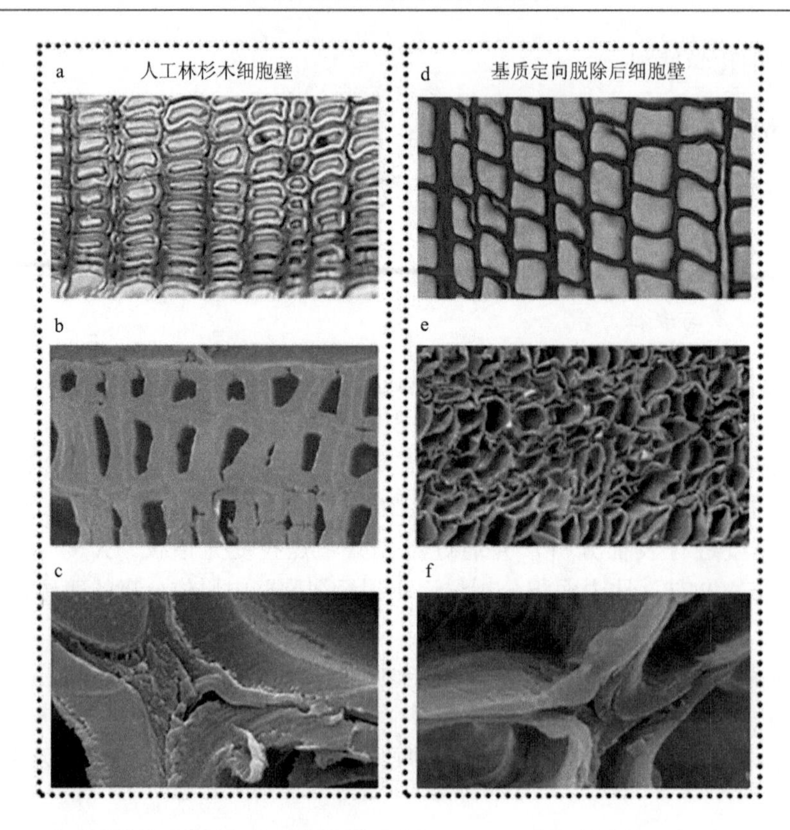

图 2-12　基质脱除前后杉木细胞壁的光学显微镜（a、d）和扫描电镜照片（b、c、e、f）

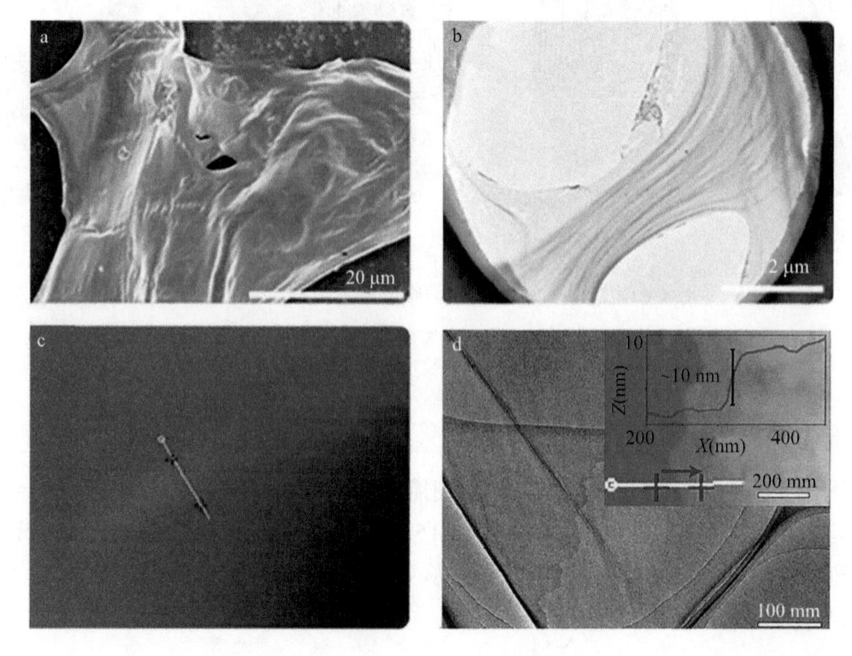

图 2-13　聚集体薄层的 SEM（a）、TEM（b）、AFM 照片（c）和厚度统计（d）

X：横向扫描距离；*Z*：扫描厚度

4. 聚集体薄层的化学组成与结构特征

通过化学成分定量分析可知（图 2-14），由于层间基质（主要是半纤维素）的脱除，聚集体薄层的主要组分为纤维素（质量分数 54.0%），其次是木质素（质量分数 24.3%）和半纤维素（质量分数 13.8%）。

聚集体薄层的 XRD 图谱上分别出现了代表纤维素 I_β 晶体（101）、I_β 晶体（$10\bar{1}$）、I_β 晶体（002）和 I_β 晶体（040）晶面的特征信号峰（Zhang et al.，2017），说明化学处理和机械剥离没有改变纤维素的晶型，其结晶指数为 53.6%。聚集体薄层具有相对较高的 BET 比表面积（33.0 m^2/g）和以微孔为主（0～2.3 nm）的孔结构。聚集体薄层的局部放大 SEM 图像和小角度 XRD 图谱证实了薄层上具有高度有序的纳米级微孔结构（Lu et al.，2017）。

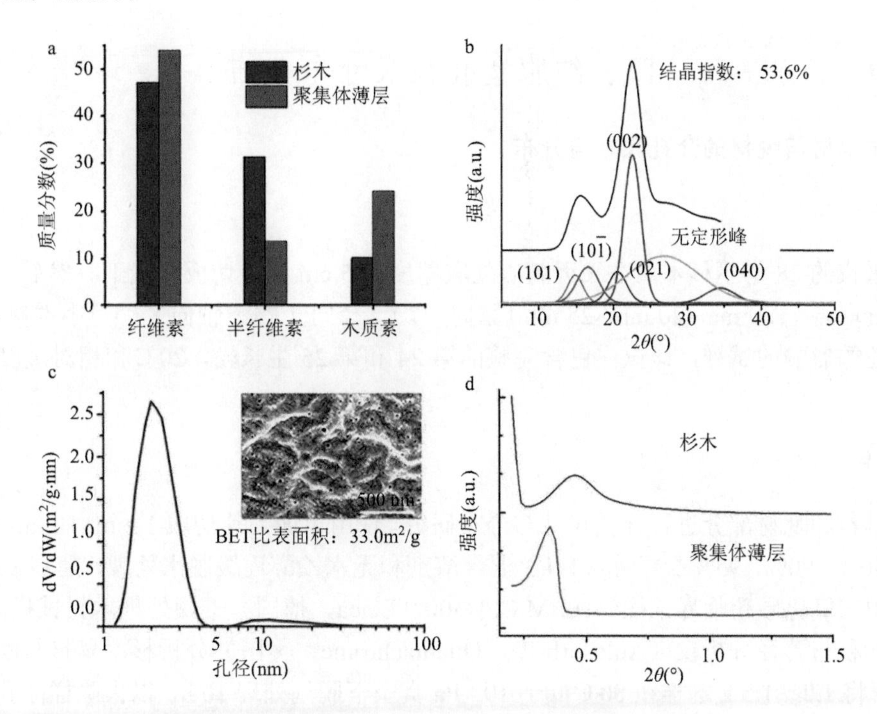

图 2-14　聚集体薄层的化学组分（a）及结构特征（b～d）

dW 为孔径；dV 为孔体积，dV/dW 为孔面积

从激光共聚焦拉曼光谱成像结果可知（图 2-15），聚集体薄层表面出现了木质素在 1600 cm^{-1} 以及碳水化合物（纤维素和半纤维素）在 2897 cm^{-1} 和 1100 cm^{-1} 的特征峰（Zhang et al.，2020a）。高分辨率透射电子显微镜（HRTEM）图像表明，直径在 3～5 nm 的纤维素基本原纤丝平行组装在聚集体薄层中，并且大部分被无定形基质覆盖。纤维素 I_β（002）晶面的晶格间距为 3.32 Å，形成高度有序的亚纳米通道（Lu et al.，2021）。

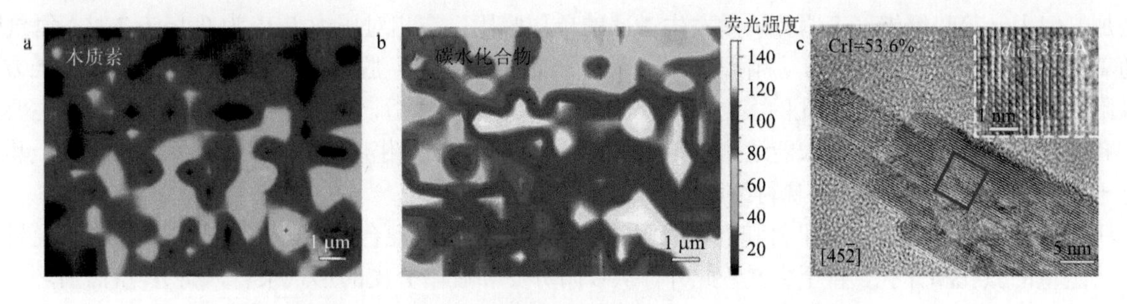

图 2-15　聚集体薄层的激光共聚焦拉曼图谱（a、b）和 HRTEM 图像（c）

CrI 表示结晶度；方框表示选中区域

从木材细胞壁中首次分离出聚集体薄层，为解析细胞壁次生壁的构效关系及组分相互作用开辟了新途径，这代表对木材细胞壁的研究进入了超分子时代。此外，这种具有天然结构的薄层可用来制备高强度的气体与水蒸气阻隔膜，也可用于制备各种纳米层状结构的功能复合材料，在电化学储能领域具有很

大潜力。研究结果表明，由聚集体薄层制成的固态电解质界面膜可以调节锂金属的沉积和溶解，从而获得稳定高效的锂金属电池。以聚集体薄层保护的锂金属电极制备锂对称电池，表现出极佳的循环稳定性。与商用 $LiFePO_4$ 正极匹配时，全电池可提供约 140 mAh/cm^2 的高比容量和 99.6%的高平均库伦效率，并稳定循环 800 圈。此外，这种聚集体薄层固态电解质界面膜应用于 0.5 Ah 级锂金属软包电池可使其循环寿命增加 75%以上，显示出在电池商品中的巨大应用潜力。

四、细胞壁孔径尺寸与分布

（一）杉木早材与晚材的介孔尺寸与分布

1. 试验材料

中国南方采伐的 28 年生杉木，在靠近髓心处取厚度为 5 cm 的径切板，气干。然后，在靠近树皮的最外侧边材部分取若干 20 mm×20 mm×25 mm［弦向（*T*）×径向（*R*）×轴向（*L*）］小木块，选取无节子、应力木和假年轮等影响的试样，该试样包含完整的第 24 和第 25 生长轮，20℃和相对湿度（RH）65%环境保存。

2. 试验方法

选取杉木早材和晚材部分进行介孔尺寸与分布研究。使用单面刀片切成 1 mm×1 mm×5 mm（*R*×*T*×*L*）小木条，使用 80%、90%、95%乙醇/水（*V*/*V*）混合溶剂和无水乙醇逐级脱水处理，随后参照文献（Yin et al.，2017）利用二氧化碳超临界干燥仪（EM CPD300，Leica，德国）干燥处理木材试样。

采用比表面积与孔径分析仪（Autosorb-iQ，Quantachrome，美国）分析杉木早材与晚材的介孔尺寸与分布。首先，将 1.0～1.5 g 木样在 80℃低于 10^{-5} Pa 真空下脱气处理 10 h，以去除样品孔隙表面借由物理形式黏附的气体及其他吸附杂质，使样品表面洁净，确保介孔尺寸与分布测试结果的准确性。然后，以氮气作为吸附介质，在 77 K 和 0.01～0.995 P/P_0 条件下，测得不同压强的氮气吸附曲线。采用 BET 吸附理论推算 BET 比表面积，利用 Barrett-Joyner-Halenda（BJH）方程计算介孔的尺寸分布。杉木早材与晚材的测试重复数为 3 个样品。

3. 结果与讨论

杉木早材和晚材的吸附-脱附等温曲线见图 2-16。氮气吸附量在低相对压强下迅速上升，表明此阶段主要发生微孔的填充，说明试样存在微孔结构；当 P/P_0 大于 0.1 以后，吸附量随着相对压力的增大继续增加，但上升趋势缓慢，表明此阶段发生微孔的单层吸附；在相对压力 P/P_0 为 0.4～0.7 时，氮气吸附量随着 P/P_0 的增大而迅速上升，脱附等温线与吸附等温线不重合，脱附等温线在吸附等温线的上方，产生吸附滞后，主要为介孔和大孔的多层吸附；当 P/P_0 大于 0.7 以后，吸附量又一次迅速上升，主要是由于大孔的填充，在较高分压处未能达到吸附饱和，且出现吸附-脱附滞后回线，从吸附滞后环看，其类型接近于 H_3 型，表明杉木早材和晚材细胞壁孔隙形状接近狭缝形。

研究结果表明，杉木试样早材和晚材吸附等温线属于Ⅱ、Ⅳ混合型吸附等温线，且早材和晚材中均存在一定量的微孔和介孔，直至大孔。此外，从吸附分支和脱附分支的形状来看，属 H_3 型滞后环，表明杉木早材和晚材具有平行壁的狭缝状毛细孔。早材和晚材的 BET 比表面积分别为 2.088 m^2/g 和 1.255 m^2/g，其中微孔比表面积分别为 0.077 m^2/g 和 0.068 m^2/g，介孔比表面积分别为 2.011 m^2/g 和 1.189 m^2/g。早材和晚材的孔体积分别为 4.610×10^{-3} cm^3/g 和 3.004×10^{-3} cm^3/g。研究结果表明，杉木早材和晚材 BET 比表面积和介孔比表面积差异明显，孔体积差异较明显。早材较晚材具有更大的 BET 比表面积、介孔比表面积和孔体积。而二者间微孔比表面积差异不明显。

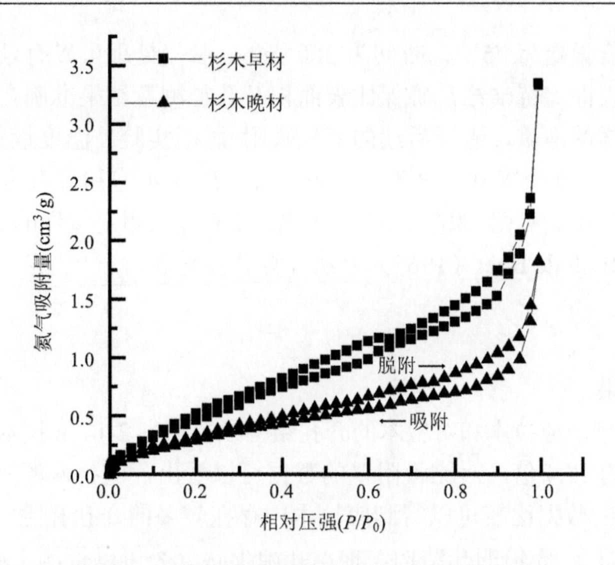

图 2-16　杉木早材和晚材的吸附-脱附等温曲线

（二）杨树应拉木与对应木的介孔尺寸与分布

1. 试验材料

选取河南焦作林场树干弯曲的杨木为试验材料，平均树高 19.5 m、胸径 22.6 cm，用氯碘化锌试剂法证明样本中存在应拉木。将采集的试样放入冰柜保存并始终保持试样湿润。在弯曲树干的上侧取应拉木，在弯曲树干的下侧取对应木（通过生长应力应变测量确认弯曲树干的下侧具有较高的生长应力，应力应变水平均高于正常木，因此本研究将倾斜树干下侧的试样称为对应木），并在显微镜下确保应拉木区含有胶质纤维，而对应木区中缺少胶质纤维。

2. 试验方法

1）CO_2超临界干燥

将需要干燥的木材试样用梯度乙醇（30%、50%、70%、85%、95%和 100%）多次进行脱水置换，每隔 5 h 进行溶液的更换，直到水分完全被置换。然后放入英国 Quorum 公司 K850 超临界干燥仪中进行干燥处理。操作步骤如下：打开电源，确认仪器的状态，确认冷却阀、进气阀、排气阀处于关闭状态。打开液体CO_2钢瓶的阀门，缓慢打开冷却阀使腔室冷却。当腔室内压强为 0 psi（1 psi=6.895 kPa）时，将样品迅速装入反应釜中。打开进气阀，通入液态CO_2浸没样品且处于仪器所标识的红线之内，将样品浸泡 7~8 min。然后缓慢打开液体排出阀，将置换出的乙醇排出。此时再缓慢打开进气阀向反应釜注入CO_2，这一过程持续 1～2 min，起净化作用，重复上述步骤多次直至样品中水分被完全置换。置换结束后通过控温系统进行加热，打开加热开关使腔室内升温至大约 35℃、1250 psi 的稳定状态。在升温的过程中，CO_2到达临界状态，木材孔隙中的液态CO_2全部转化为超临界液体，保持该状态约 30 min。最后，关闭加热开关并放气减压，使CO_2缓慢释放，压强逐渐降到 0 psi，即完成CO_2超临界干燥。将样品取出，放入硅胶袋中密封保存。

2）压汞法

压汞仪选用美国麦克默瑞提克 AutoPore IV510 型孔隙分析仪。测量时，称取 2～3 g 经超临界干燥后的试样放入样品管内并密封。将样品管装入仪器低压站，开启系统。低压实验结束后，将样品管取出，放入高压站。测试完成后合并高压及低压数据进行后续分析处理。

3）氮气吸附-脱附法

选用英国贝克曼库尔特商贸（中国）有限公司 SA3100 比表面积/孔径孔隙分析仪对试样的介孔孔隙结构进行氮气吸附-脱附测定。在测定前，首先准确称取 1.0～1.5 g 经超临界CO_2干燥后的试样装入专用的样品管中脱气，脱气温度设定为 75℃，时间为 300 min。脱气处理可以有效地除去吸附于试样孔隙表面的气体和杂质，使样品表面保持洁净，确保比表面积及孔径测量结果准确。脱气结束，等待样品自然冷却后重新称重并计算试样的净重，进行后续的氮气吸附-脱附实验。温度设置为 77.4 K，吸附-脱附的相对压强（P/P_0）在 0.01～0.995，其中，P 表示吸附压强，P_0 表示饱和蒸汽压。设置 P/P_0 为横坐标，单位质量样品吸附量为纵坐标得到吸附-脱附等温线。根据 BET 方法测定试样的 BET 比表面积（Brunauer et al.，1938），采用 Broekhoff 和 de Boer（1967）方法计算孔径分布。

3. 结果与讨论

1）氮气吸附-脱附结果

运用 BET 方法计算得到的应拉木和对应木的介孔结构参数见表 2-1。应拉木的比表面积为 51.77 m^2/g，约是对应木（4.18 m^2/g）的 12.4 倍。对比吸附量的数据可以看出，应拉木的氮气吸附量为 86.16 cm^3/g，为对应木的 41.8 倍。直观的数据比较可以得到应拉木中存在较多的介孔孔隙。从表 2-1 中可看出，杨木应拉木中存在孔腔大于孔口 2～3 倍的孔结构，根据孔隙形状分类可以推测主要为“墨水瓶”状的孔隙，这类孔隙有利于气体吸附，但不利于气体通过。而杨木对应木中具有孔腔和孔口直径近似的“筒形”孔和孔腔直径约为孔口 2 倍的“锥形”孔结构。

表 2-1　杨木应拉木和对应木的介孔结构参数

试样类型	吸附量（cm^3/g）	比表面积（m^2/g）	D_a（nm）	D_d（nm）	由 t 图法计算得到的孔结构参数		
					中孔体积（cm^3/g）	总表面积（m^2/g）	外部表面积（m^2/g）
对应木	2.06	4.18	5～9	3.81	0.018	7.82	5.055
应拉木	86.16	51.77	10～16	3.78	0.13	55.37	35.79

注：D_a 为依据吸附曲线计算的平均中孔孔腔尺寸；D_d 为依据脱附曲线计算的平均中孔孔口尺寸

图 2-17a 为杨木应拉木和对应木试样的氮气吸附-脱附等温线。根据 IUPAC 分类（Thommes et al.，2015），杨木应拉木吸附等温线属于Ⅳ型，存在大量 2～50 nm 的介孔。在低相对压强区（P/P_0< 0.01）吸附量出现了迅速上升的情况，可以由此判断应拉木中含有微孔；当 P/P_0 大于 0.1 后，吸附量上升曲线的斜率变小，上升速率明显变小，这一阶段主要发生了介孔的多层吸附；当 P/P_0 在 0.45 左右时，由于氮气在木材孔隙中发生了毛细管凝聚使等温线上升迅速变快，观察整个吸附-脱附曲线可以发现该压强区间内出现了回滞环，具有典型的Ⅳ型等温线的特点；随着 P/P_0 继续增加，直到 P/P_0 在 0.99 左右时，吸附量迅速上升，并形成最终饱和吸附平台（平台长度较短，为一个拐点）。

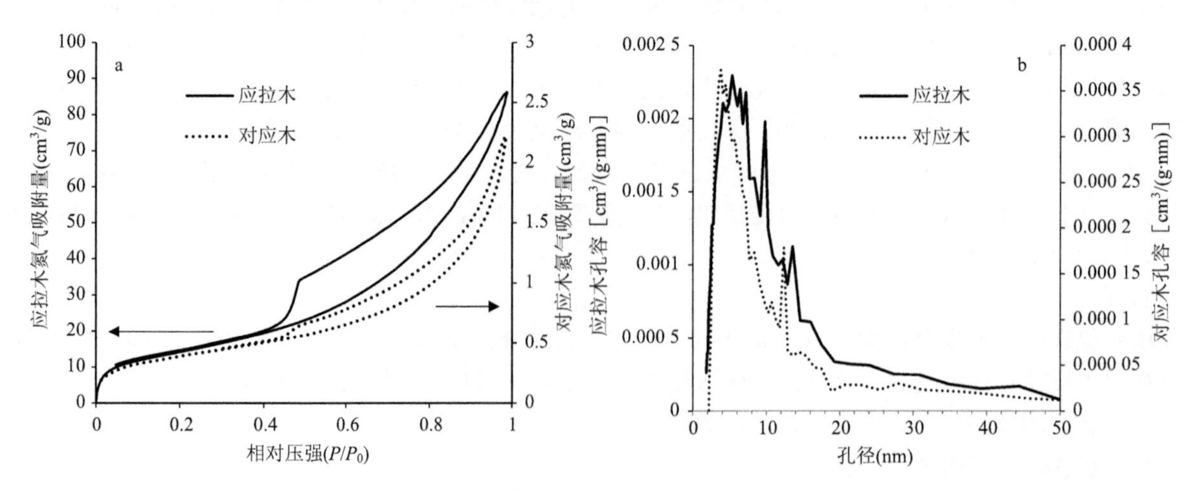

图 2-17　杨木应拉木（实线）和对应木（虚线）试样的氮气吸附-脱附等温线（a）和孔径分布曲线（b）

应拉木的等温吸附曲线中出现了回滞现象，根据 IUPAC 分类，属于 H_3 型滞后环，为一种层状结构的聚集体，具狭缝状介孔。应拉木的回滞环在 P/P_0 为 0.5 左右存在突降，说明孔径和孔腔直径存在差异，应拉木中存在孔口直径小于孔腔的“墨水瓶”状孔隙。对应木吸附等温线为Ⅲ型，相对压强较小时未出现等温线急速上升的情况，由此可见几乎没有微孔，在低相对压强区间（$0.01<P/P_0<0.4$）并未出现拐点，主要以大孔为主，回滞环为 H_3 型，反映试样含有狭缝状大孔结构。

由图 2-17b 可知，杨木应拉木和对应木均在孔径 3.8 nm 左右出现波峰，说明在应拉木和对应木中最可几孔径为 3～5 nm。由表 2-1 可知应拉木中孔的体积为 0.13 cm^3/g，约为对应木（0.018 cm^3/g）的 7.2 倍。与对应木相比，杨木应拉木中含有更丰富的介孔孔隙。

2）压汞法结果

根据图 2-18a 中的杨木应拉木和对应木的压强与累积进汞量曲线可得，应拉木和对应木压强与累积进汞量曲线较类似，退汞曲线位于进汞曲线的上方，表明两种木材大孔孔隙结构非常相似。在压强为 0～10 psi 阶段，随着压强的逐渐增加，汞逐渐进入木材孔隙。这一阶段主要进行大孔的填充，表明两种试样均存在大孔。压强为 10 psi 左右时，应拉木的进汞量为 0.85 ml/g，对应木的进汞量为 1.15 ml/g。表明对应木的大孔体积大于应拉木。随着压强继续增加，进汞量增加非常缓慢，这一阶段的能量消耗基本用于压缩材料颗粒。压强增加至 100 psi 以后，对应木进汞量迅速增加，而应拉木在 200 psi 后，进汞量开始迅速增加，说明应拉木和对应木中含有毛细孔。压强持续增加，更小的小孔也在强大的压强下注满汞。之后逐渐减小压强，汞从木材孔隙中退出（马东民等，2012）。

在压汞曲线中，值得注意的是 0～10 psi 阶段两种试样的增加趋势相似，但对应木的曲线增长较迅速，观察后续平稳后的曲线，可以得到较稳定的差异距离。结合图 2-18b 孔径和累积孔体积的曲线可以看出，从 85 μm 开始，对应木和应拉木的累积孔体积迅速增加，而对应木的增加速度较快，当孔径约为 38 μm 时两者增速均趋于稳定。由此得到，对应木在 38～85 μm 孔径范围内孔隙多于应拉木。结合显微测量结果可以得到，该范围主要为导管，说明对应木的导管较发达。

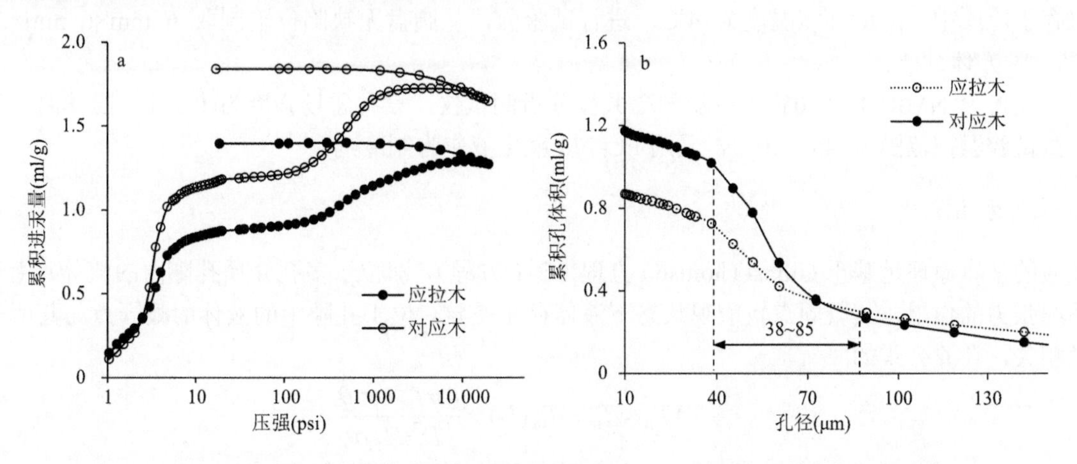

图 2-18　杨木应拉木和对应木的压强与累积进汞量曲线（a）和累积孔体积与孔径曲线（b）

根据图 2-19 孔径与积分孔体积关系可得，杨木对应木和应拉木最可几孔径均为 52 μm，即在此处的进汞量最大，孔容最大。

表 2-2 显示了杨木应拉木和对应木的大孔结构参数。对应木的平均孔隙率和总孔体积分别为 71.3% 和 1.73 ml/g，分别大于应拉木的 65.1%和 1.29 ml/g，即表明对应木的大孔更发达，气体可流动空间较大。应拉木小于 30 μm 的孔隙较多，而对应木 30～90 μm 的孔隙占比为 46.08%，大于应拉木，这与对应木具有较大的导管直径和较高的组织比量相对应。

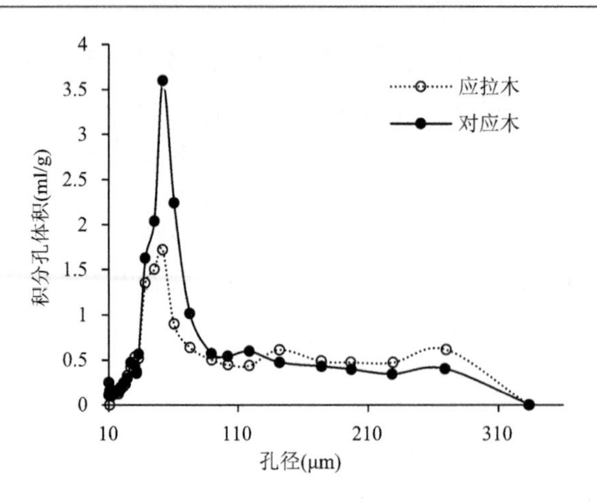

图 2-19　压汞法测得的杨木应拉木和对应木孔径与积分孔体积关系图

表 2-2　杨木应拉木和对应木的大孔结构参数

试样类型	<30 μm（%）	30～90 μm（%）	90～150 μm（%）	>150 μm（%）	平均孔隙率（%）	总孔体积（ml/g）
应拉木	44.27	32.81	7.98	14.94	65.1	1.29
对应木	37.69	46.08	8.21	8.02	71.3	1.73

（三）杉木和杨树木材细胞壁润胀饱和状态的孔径分布

1. 试验材料与设备

人工林杨木与杉木，立木采伐后从原木胸径（约 1.5 m）位置取圆盘，其后用密封袋保存，试验前一直保存于冷库中，冷库环境温度为–4℃。进行试验前，从圆盘无缺陷位置制取 6 mm×6 mm×20 mm（R×T×L）长方体试样。

试验设备为 NMRC12-010V 型低温核磁共振分析测试仪，设备磁场强度为 0.3 T，磁体温度设定为 32℃，测试腔温控范围为–45～40℃，采用 FC-770 氟化液作为制冷剂。

2. 试验方法

试验的基本原理是基于 Gibbs-Thomson 方程（G-T 方程），即位于多孔介质孔隙内的流体，由于渗透压与毛细张力的作用，其凝固点较宏观状态下液体存在差异。位于孔隙中的液体的凝固点与其所处孔隙的孔径相关，计算公式如

$$\Delta T_{\mathrm{m}} = T_{\mathrm{m}} - T_{\mathrm{m}}(D) = \frac{4\sigma T_{\mathrm{m}} \cos\theta}{D \Delta H_{\mathrm{f}} \rho} \tag{2-1}$$

式中，T_{m}为宏观状态下液体凝固点温度（K），T_{m}（D）为孔径为 D 的孔隙中液体的凝固点温度（K），σ 为液体表面张力（mJ/m^2），θ 为接触角（°），ρ 为液体密度（g/cm^3），H_{f}为液体溶解焓（J/g），ΔT_{m}为孔隙中液体凝固点下降值（Park et al.，2006；Östlund et al.，2010）。

将多孔介质孔隙内充满液体，再对试样进行不同温度冷冻处理，获得试样内液体冻融过程相变比例，即可由此确定孔径分布。利用核磁共振可以很好地实现这一过程。木材内的核磁共振信号一般有 3 种来源：木材基质、细胞壁内吸着水与细胞腔内自由水。木材基质的横向弛豫时间（T_2）较短，一般仅有几十微秒，吸着水和自由水的 T_2 时间为微秒级别，从几微秒至几十微秒不等（Telkki et al.，2013）。而木材水分的核磁共振信号量又与木材内水分含量呈高度线性关系，因此，通过低温核磁共振分析仪测试一系列不同温度条件下木材内水分冻结比例的变化情况，即可由此分析出木材孔隙分布情况。

为了确定细胞壁内孔径分布情况，首先需确定细胞壁内吸着水的饱和含量，即确定一个临界温度保

证细胞腔内自由水冻结，而细胞壁内吸着水仍为液态。一般选择–3℃作为临界温度，这是因为木材细胞腔尺寸一般大于 10 μm，尺寸效应导致的凝固点降低约为 0.004℃，木材内含物导致的凝固点降低为 0.1～2℃。如以水作为参考液体，对应 Gibbs-Thomson 方程中对应参数为：T_m=273.15 K，σ=12.1 mJ/m^2，θ=0，ρ=10^6 g/m^3，H_f=333.6 J/g（Park et al.，2006；Östlund et al.，2010），由此可以得到：

$$D=\frac{k}{\Delta T_m}\approx\frac{39.6}{\Delta T_m} \tag{2-2}$$

式中，D 为孔隙直径；k 为比例系数（nm·K）；ΔT_m 为小孔隙中液体凝固点与宏观状态液体凝固点差值。

考虑到木材细胞壁内可能存在的不可冻结水平均层厚，式（2-2）的计算结果应增加 2 个水分子厚度，约 0.6 nm。由此采用一系列不同低温对试样进行冷冻处理，获得不同温度状态下试样中的核磁共振信号即可分析细胞壁内孔隙分布。

3. 结果与讨论

图 2-20 为不同温度下杉木和杨木试样的 T_2 弛豫分布。常温状态杉木和杨木都存在 3 个特征峰，其中 2 个弛豫时间较长的特征峰来源于细胞腔内自由水。当温度降低至–3℃后细胞腔内自由水被冻结，杉木和杨木试样均呈现出 1 个特征峰，其来源于木材细胞壁内吸着水（Thygesen and Elder，2008）。

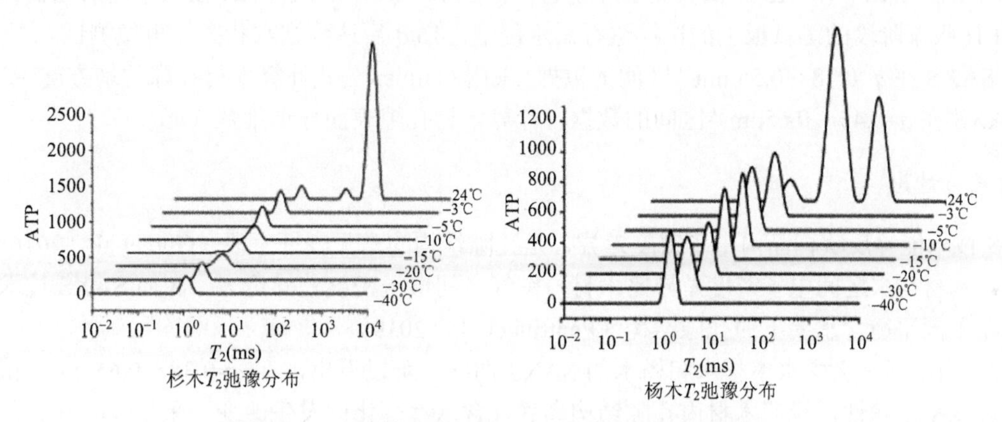

图 2-20　杉木和杨木试样不同温度状态 T_2 弛豫分布

ATP 为核磁共振信号强度

根据不同温度条件冷冻处理后木材内水分核磁信号的变化情况可计算出细胞壁润胀饱和状态孔隙分布情况。从表 2-3 可以看出，杉木和杨木细胞壁润胀饱和状态孔径小于 1.59 nm 的孔隙占细胞壁孔隙总体积比例分别为 74.9%和 70.0%；孔径在 1.59～4.56 nm 的孔隙占细胞壁孔隙总体积比例分别为 22.0%和 22.1%，孔径在 4.56～13.80 nm 的孔隙占比分别为 3.1%和 6.0%，通过 NMR 冻融技术测定的细胞壁润胀状态孔隙分布情况与溶剂排出法结果较为接近（Walker，2006）。

表 2-3　杉木和杨木试样细胞壁润胀饱和状态孔隙分布比例

孔径（nm）	杉木（%）	杨木（%）
4.56～13.80	3.1	6.0
2.58～4.56	9.7	6.3
1.59～2.58	12.3	15.8
<1.59	74.9	70.0

（四）杉木和杨树木材细胞壁孔隙结构的含水率依存性

1. 试验材料

试验所用中国浙江地区杉木和甘肃地区青杨（*Populus cathayana*）选自中国林业科学研究院木材标本馆。徒手制备 0.8 mm 厚度弦向面切片后，置于去离子水 3 周直至其质量稳定，达到饱水态。

2. 试验方法

将饱水态木材试样固定在自制小角 X 射线散射/广角 X 射线散射（SAXS/WAXS）测试板后，采用 SAXS 技术（S-Max3000，Rigaku，日本）研究杉木和杨木木材细胞壁孔隙结构的含水率依存性。在配置 MM002+铜靶 Cu-K_α（波长 $\lambda = 0.154$ nm）并设置圆形光斑尺寸 400 μm 条件下，分别将 Triton200 多线探测器置于样品远端 500 mm 处用于采集样品的 SAXS 强度信号，测试时间为 1200～3600 s，具体依据样品的散射强度计算。SAXS 散射测试区间 0.3～8 nm^{-1}，测试重复数为 2 个。

在解吸阶段，将自制 SAXS/WAXS 测试板先后置于 21℃盐溶液调制的相对湿度（RH）81%、57%和 37%的环境仓内约 16 d，待平衡后取出自制 SAXS/WAXS 测试板完成该 RH 环境的测试。在吸湿阶段，同样地，将自制 SAXS/WAXS 测试板置于环境仓，按 37%、57%和 81% RH 依次平衡后测试，对经历过 3 个不同 RH 吸湿阶段的测试板上的试样进行滴水浸泡，16 d 后达到饱水状态，再做测试。

针对 SAXS 在 q=0.38～0.55 nm^{-1} 区间的数据，采用 Guinier 公式计算木材孔隙的均方旋转半径（R_g），并针对 SAXS 在 q=0.45～0.65nm^{-1} 区间的数据，计算木材孔隙表面分形维数（n）。

3. 结果与讨论

SAXS 技术能够反映样品内电子密度差异，是孔隙结构的常见表征手段（Guo et al.，2016）。当孔隙充满水时，木材与水之间电子密度差异比木材与空气之间电子密度差异更大，因而 SAXS 技术能够用来研究木材在不同平衡含水率下的孔隙结构（Penttilä et al.，2019）。

图 2-21 为不同平衡含水率杉木和杨木的 SAXS 曲线，可以看出，在 q=0.38～0.65 nm^{-1} 试样均表现出显著的含水率依赖性，说明木材内孔隙结构会受其含水率变化而发生改变。采用 Guinier 公式测量木材孔隙的均方旋转半径（R_g），饱水态杉木的孔隙均方旋转半径为（1.7±0.04）nm。随着自由水迁出和吸着水解吸，杉木在 81%、57%和 37% RH 的平衡含水率条件下，其孔隙均方旋转半径增大，分别为（3.6±0.1）nm、（3.9±0.1）nm 和（3.7±0.1）nm。随着试样再次吸湿，杉木孔隙均方旋转半径在 57%和 81% RH

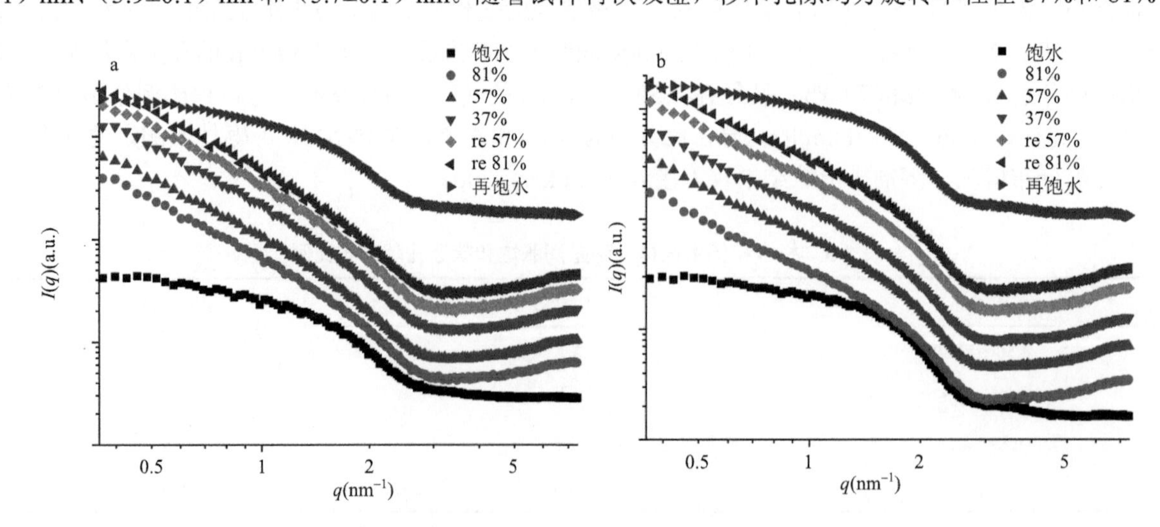

图 2-21 不同平衡含水率条件下杉木（a）和杨树（b）的 SAXS 曲线

re 表示再吸湿；I（q）是散射强度；q 是散射矢量

的平衡含水率条件下略有减少，分别为（3.5±0.1）nm 和（3.5±0.1）nm。再次饱水时，杉木孔隙均方旋转半径回复到起始值，为（1.5±0.07）nm。相应地，杉木孔隙的表面分形维数也随着含水率的变化而发生改变。饱水态时杉木孔隙的表面分形维数为 0.6，随着自由水迁出和吸着水解吸，孔隙的表面分形维数升高到 2.0，伴随着再吸湿孔隙的表面分形维数变化不大，但再次饱水时，其降低并回复到饱水态起始值（0.6）。

同样地，饱水态杨木的孔隙均方旋转半径为（1.3±0.1）nm。随着自由水迁出和吸着水解吸，杨木在 81%、57%和 37% RH 的平衡含水率条件下，其孔隙均方旋转半径增大，分别为（3.5±0.02）nm、（3.7±0.001）nm 和（3.5±0.02）nm。而伴随着再吸湿，杨木孔隙均方旋转半径在 57% 和 81% RH 的平衡含水率条件下略有减少，分别为（3.3±0.02）nm 和（3.4±0.001）nm，再次饱水时，杉木孔隙均方旋转半径回复到起始值[（1.0±0.2）nm]。相应地，杨木孔隙的表面分形维数也随着含水率的变化而发生改变。饱水态时杨木孔隙的表面分形维数为 0.5，随着自由水迁出和吸着水解吸，孔隙的表面分形维数升高到 1.8，伴随着再吸湿孔隙的表面分形维数变化不大，但再次饱水时，其降低并回复到饱水态起始值（0.5）。

研究发现，不同平衡含水率条件下杨木和杉木的孔隙平均尺寸为 3.5～4.0 nm，而饱水状态下二者的瞬时孔隙平均尺寸为 1.0～1.5 nm，同时二者孔隙表面分形维数也有差异。此外，受水分迁移的影响，润胀-干燥-再润胀的纤维角质化（hornification）现象造成了孔隙尺寸与表面结构的改变。

五、纤维素晶区特征与微纤丝角

（一）杉木早材与晚材的结晶度、晶区尺寸和微纤丝角

1. 试验材料

中国南方采伐的 28 年生杉木，在靠近髓心处取厚度为 5 cm 的径切板，气干。在靠近树皮的最外侧边材部分取若干 20 mm×20 mm×25 mm（$T×R×L$）小木块，选取无节子、应力木和假年轮等影响的试样，该试样包含完整的第 24 和第 25 生长轮，20℃和 65% RH 环境保存。

2. 试验方法

制备厚度为 200 μm 的径切片，采用小角 X 射线散射技术（S-Max3000，日本理学株式会社，日本），配置 MM002+铜靶 Cu-K$_\alpha$（波长 λ = 0.154 nm，电压 45 kV，电流 0.88 mA），圆形光斑尺寸调制为 160 μm 或 210 μm。将广角 X 射线散射的 Rigaku R-AXIS IV++体系（150 mm×150 mm 影像板）置于距离样品 26 mm 处采集散射强度信号。测试重复为 3 个。结晶度使用峰面积法求解，晶面尺寸采用 Scherrer 分析（Guo et al.，2016）。

微纤丝角采用木材切片测试（尹江苹等，2017），使用 X 射线衍射仪（X'pert Pro，Panalytical，荷兰），扫描条件为铜靶（波长 λ = 0.154 nm），辐射管电流 40 mA、电压 40 kV，扫描时间 3 min。样品测试重复数至少 3 次。

3. 结果与讨论

木材的微纤丝角自髓心沿着径向方向逐渐减小，而后在成熟材部分趋于稳定（Yin et al.，2011）。本研究所选取试材来自成熟材部分，以排除木材本身对试验的影响。杉木晚材的微纤丝角为（10±0.2）°。

杉木早材纤维素晶区特征是相对结晶度（46±1）%，晶面（200）晶区宽度（29.0±0.3）Å，晶面（004）晶区宽度（197±6）Å，而杉木晚材纤维素晶区特征是相对结晶度（49±3）%，晶面（200）晶区宽度（31.6±1.0）Å，晶面（004）晶区宽度（185±22）Å。杉木早晚材纤维素晶区特征存在差异（P<0.05），早材相对结晶度和晶面（200）晶区宽度均略小于晚材，与前人研究结果一致（Andersson et al.，2005；Guo et al.，2016）。

（二）杨树应拉木与对应木的结晶度、晶区尺寸和微纤丝角

1. 试验材料

试材取自河南焦作林场，10 年生无性系杨木应拉木，在树木倾斜处锯取 2 cm 厚的圆盘，并沿圆盘的南北向锯取 2 cm 宽木条待用。

2. 试验方法

1）相对结晶度和晶区尺寸测定

按生长轮分组，利用磨粉机将样品磨成粉末，选取通过 200 目筛网的木粉，利用 XRD 测试样品。采用铜靶 Cu-K_α 辐射，设定电压为 40 kV，电流为 30 mA，2θ（θ 为衍射角）为 5°～45°，步长 0.02°，扫描速度为 5°/min。样品的结晶度（CrI）根据式（2-3）计算：

$$\text{CrI} = \frac{I_{(002)} - I_{(\text{am})}}{I_{(002)}} \times 100\% \tag{2-3}$$

式中，$I_{(002)}$ 为（002）晶面衍射峰的最大强度，在 2θ=22°附近；$I_{(\text{am})}$ 是在 2θ=18°附近处的无定形区域的衍射峰强度。

根据谢乐公式（Scherrer formula）计算晶体平均尺寸，见式（2-4）：

$$D = \frac{K \cdot \lambda}{B_{\text{hkl}} \cdot \cos\theta} \tag{2-4}$$

式中，D 为结晶区的长度或宽度（nm）；K 为 Scherrer 常数，一般取 0.89；λ 为 X 射线的波长，λ=0.154 06 nm；B_{hkl} 为（002）晶面或（040）晶面的半峰宽（弧度）。一般用（002）晶面计算晶区宽度，（040）晶面计算晶区长度（nm）。

2）微纤丝角的测定

按生长轮分组，每个生长轮沿径向方向分为外、中、内三份，并将每份试样加工成 0.5～0.6 mm 厚的弦切面薄片，然后用 X 射线衍射仪器测定木材微纤丝角，按每组取得的数据求平均值。

3. 结果与讨论

1）相对结晶度和晶体尺寸

杨木应拉区和对应区试样具有典型的（101）、（002）和（040）特征晶面（图 2-22），这种结晶类型都属于典型的纤维素Ⅰ晶型（李坚，2003）。利用 Segal 法测得的杨木应拉区和对应区相对结晶度分别为 48.06%和 41.01%，应拉区的相对结晶度明显比对应区高。

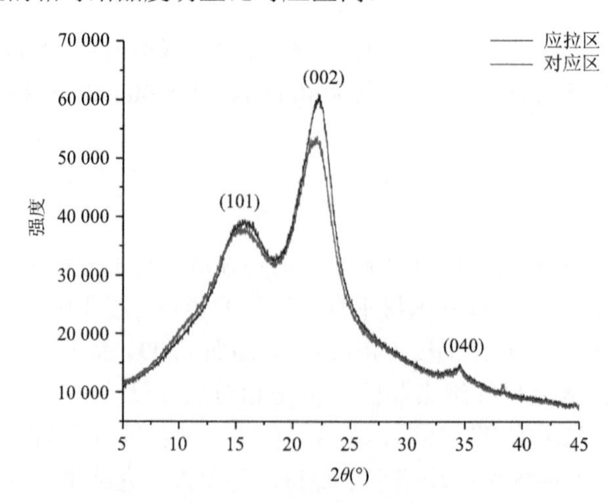

图 2-22　杨木应拉区和对应区试样的 X 射线衍射图

由于应拉区中存在大量胶质木纤维，其中 G 层的微纤丝角基本与树轴方向平行，同时木质素和半纤维素等不定型高聚物含量减少，使得纤维素结晶度增加。利用谢乐公式得出，杨木应拉区的晶区宽度为 2.66 nm，长度为 8.84 nm；对应区的晶区宽度为 2.65 nm，长度为 9.87 nm。根据正常天然纤维素的晶胞参数 c=0.78nm，可推断杨木应拉区和对应区纤维素晶区宽度均由 3 个晶胞构成。因为晶胞参数 b=1.03 nm，所以杨木应拉区和对应区纤维素晶区长度分别由 8 个和 9 个晶胞构成。从数据来看，杨木应拉区与对应区纤维素结晶区尺寸的差异并不显著。

2）微纤丝角

微纤丝角是细胞壁结构中的一个微观表征量，是影响木材物理力学性能的重要因素。利用 X 射线衍射仪对试样进行测定，并采用 Boyd（1977）所述方法和 0.6 T 法分别对杨木应拉木试样进行测算，获得微纤丝角平均值（阮锡根等，1993；Cave，1997；Donaldson，2008）。表 2-4 为杨木应拉区和对应区细胞壁的平均微纤丝角。由表 2-4 可知，杨木应拉区细胞壁 S_2 层的平均微纤丝角为 16.89°，G 层的平均微纤丝角为 5.69°，对应区 S_2 层的平均微纤丝角为 17.27°。此外，在通过 X 射线衍射图对应拉区木材进行微纤丝角的计算时发现，并非所有生长轮木材都富含胶质木纤维。

表 2-4　杨木应拉区和对应区细胞壁的平均微纤丝角

样品	平均值（°）	标准差	变异系数（%）
应拉区（S_2）	16.89	5.22	30.92
应拉区（G）	5.69	0.71	12.50
对应区（S_2）	17.27	3.33	19.24

杨木应拉区细胞壁 S_2 层微纤丝角的变异系数为 30.92%，数值较大，表明应拉区不同生长轮的 S_2 层微纤丝角相差较大。进一步对杨木 S_2 层微纤丝角的径向变异进行了分析，沿髓心向树皮的方向，杨木应拉区和对应区的 S_2 层微纤丝角的变化趋势基本相同（图 2-23a，图 2-23c），均呈现逐渐减小的趋势，而应拉木 G 层的微纤丝角较小，在 4°～7°（图 2-23b），其趋势变化不明显。

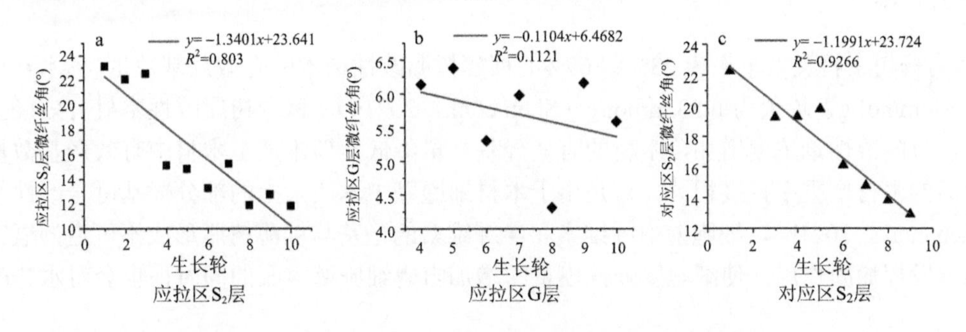

图 2-23　杨木应拉区和对应区木材壁层微纤丝角的径向变异

六、有效羟基数量

（一）杨木及其糠醇改性材的有效羟基数量

1. 试验材料

速生意杨 I-214（*Populus*×*euramevicana*，‘I-214’）采伐于河北省保定市易县的孙家庄林场，树龄为 12 年，胸径为 35～40 cm，截取胸径高度以上边材部分，平均气干密度为 0.40 g/cm^3。糠醇、马来酸酐和硼砂均为分析纯，均购自国药集团化学试剂有限公司。

2. 试验方法

1）糠醇改性液制备

利用糠醇单体及蒸馏水配制质量分数为10%和30%的糠醇溶液，加入糠醇单体质量6.5%的马来酸酐及糠醇单体质量4%的硼砂制成改性剂用于木材试样处理。

2）木材浸渍处理

将杨木试材置于浸渍罐中（SBK-450B，日本），抽真空到–0.10 MPa，保持0.5 h，随后加压至0.8 MPa，保持3 h。取出试材，擦净处理材表面溶液，并用铝箔密封静置24 h。

3）木材内糠醇单体固化及改性材干燥

将浸渍处理得到的木材置于103℃烘箱中加热3 h，使木材内糠醇单体固化。随后，拆除试材外包裹的铝箔，并将其气干5 d。然后温度40℃保持12 h，温度60℃保持12 h，温度103℃保持24 h，以使试材达到绝干。

4）有效羟基数量测定

采用氘置换法测定糠醇改性材有效羟基数量。将待测试材粉碎，收集20～40目木粉备用。将动态水蒸气吸附仪（DVS Intrinsic，英国）储水池内蒸馏水完全排空后引入氘代水。称量约15 mg样品置于样品仓中。设置DVS设备初始相对湿度（RH）为0%，当样品达到湿度平衡后，初始RH仍保持6 h。然后RH增加至95%，样品达到湿度平衡后仍保持12 h。然后RH降低为0%，样品达到湿度平衡后仍保持6 h。试验过程中保持温度为25℃。当试样质量在10 min内的变化小于0.002%时即可认为该相对湿度下的样品达到平衡。有效羟基数量计算方法如式（2-5）。

$$\mathrm{OH_A} = \frac{\Delta m_{\mathrm{dry}}}{\Delta m_{0,\mathrm{dry}} \Delta M_{\mathrm{hydrogen}}} \tag{2-5}$$

式中，$\mathrm{OH_A}$为有效羟基数量(g/mol)；Δm_{dry}为氘代水置换前后木材有效羟基上的氢的试样绝干质量差(g)；$\Delta m_{0,\mathrm{dry}}$为试样氘置换前绝干质量（g）；$\Delta M_{\mathrm{hydrogen}}$为氘与氕摩尔质量之差（1.006 g/mol）。

3. 结果与讨论

图2-24为杨树素材及增重率为23%和69%的糠醇树脂改性杨木的有效羟基数量。杨木素材的有效羟基数量为6～8 mmol/g，均值为6.53 mmol/g（Shen et al.，2021a）。糠醇树脂改性木材有效羟基数量显著低于对照材，且随改性剂浓度增加，木材的有效羟基数量降低，但本质上木材中有效羟基数量在一定范围内与改性后的木材增重率直接相关。这是由于木材细胞壁中木质素上的部分羟基可与改性剂发生反应被封闭（Shen et al.，2021b），细胞壁中纤维素和半纤维素的羟基与糠醇树脂形成不可逆的氢键，且改性剂进入细胞壁发挥加固作用，使细胞壁弹性模量的增加阻碍细胞壁溶胀的同时，也会对水分产生物理阻

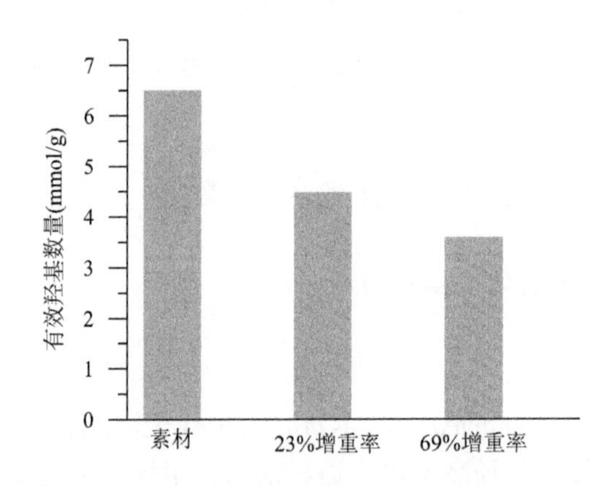

图2-24　素材及增重率为23%和69%的糠醇改性杨木的有效羟基数量

隔作用，从而减少有效羟基的暴露，降低木材细胞壁对水分的响应（Hosseinpourpia et al.，2016；Barsberg and Thygesen，2017；Lillqvist et al.，2019）。有效羟基数量随细胞壁中改性剂量的增加而减少，但改性剂在细胞壁中容留量达到饱和后，有效羟基数量不再减少。

（二）杉木及其热处理材的有效羟基数量

1. 试验材料

杉木采伐于浙江开化林场，树龄 20 年，胸径约为 20 cm，基本密度 0.29 g/cm^3。气干后，在心材部位的 6～8 生长轮区域内锯解尺寸为 150 mm×15 mm×15 mm（L×R×T）的无疵试样。试样随机分为 5 组，其中，对照组试样数为 15 个，高温热处理的 4 组试样数为每组 25 个。高温热处理温度分别为 160℃（HT160）、180℃（HT180）、200℃（HT200）和 220℃（HT220），处理时间 2 h，以蒸汽作为保护气体，目标温度处氧气含量不高于 2%。热处理结束后，利用滑走切片机在上述试材的早材部分制取厚度为 80 μm 的木材弦向切片，之后用剪刀剪成边长约为 2 mm 的小片，放置于装有五氧化二磷的干燥器内备用。

2. 试验方法

利用动态吸附重水测试法，通过氢氘置换的方式进行有效羟基数量测定（Thybring et al.，2017）。采用高精度动态水蒸气吸附仪（DVS Intrinsic，英国），试验前确保设备内达到完全干燥。试验时，向贮水瓶内加入重水，称取约 25 mg 试样置于样品仓中，相对湿度调为 0%，将试样干燥至恒重后继续保持 6 h。然后将相对湿度调整至 95%，在试样质量恒定后维持 10 h，确保木材上有效羟基上的氢全部被氘取代，之后将相对湿度降至 0%，在质量恒定后继续维持 5 h。试验结束后，通过试样两次绝干质量的差值计算其有效羟基的数量，计算公式为

$$\mathrm{OH_{access}}=\frac{\Delta m_{\mathrm{dry}}}{m_{\mathrm{dry}}\cdot\Delta M_{\mathrm{hydrogen}}} \tag{2-6}$$

式中，$\mathrm{OH_{access}}$ 为有效羟基的数量（g/mol）；Δm_{dry} 为用重水将试样中的有效羟基上的氢置换前后试样的绝干质量差（g）；m_{dry} 为试样最初的绝干质量（g）；$\Delta M_{\mathrm{hydrogen}}$ 为氘与氕的摩尔质量差（1.006 g/mol）。

3. 结果与讨论

图 2-25 为杉木对照材及 160～220℃热处理材试样的有效羟基数量。杉木对照材有效羟基的平均数量为 9.50 mmol/g，与以往研究中学者报道的不同木材有效羟基数量变化范围 6.8～10.3 mmol/g 相符

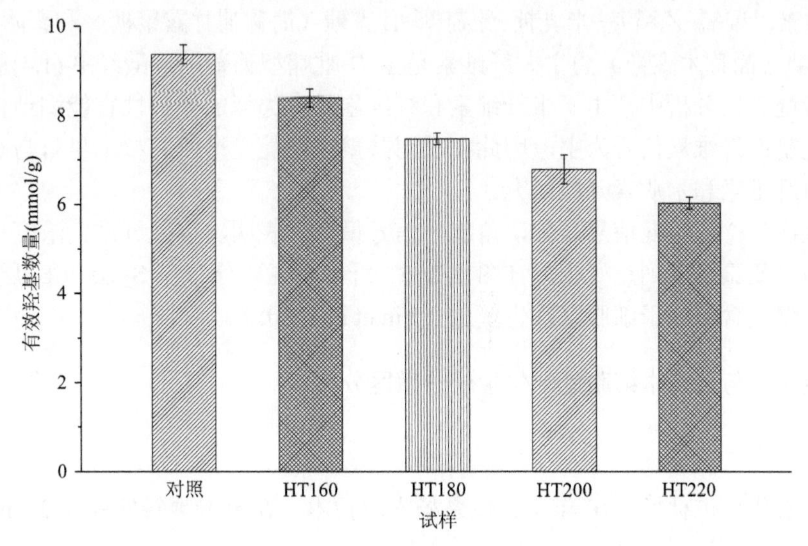

图 2-25　对照材及高温热处理材试样有效羟基数量

（Rautkari et al.，2013；Thybring et al.，2017；Altgen et al.，2018）。经过热处理后，各处理材试样有效羟基数量随处理温度的升高呈逐渐下降趋势，其平均值分别为 8.39 mmol/g、7.46 mmol/g、6.80 mmol/g 和 6.03 mmol/g，相比于对照材试样分别减少了 11.68%、21.47%、28.42%和 36.53%，这与高温热处理导致木材细胞壁化学组分发生变化有关。

高温热处理导致木材细胞壁中半纤维素降解，进而可能会致使木材中有效羟基的数量发生变化。木材细胞壁主要组成成分中，半纤维素吸湿性最强，其与木材中有效羟基的数量直接相关。而高温热处理过程中半纤维素受温度作用的影响最为明显，因此，经过 160℃高温热处理后杉木木材中的有效羟基数量即出现了明显下降。随着热处理温度的升高，半纤维素的降解逐渐加剧，同时还会发生木质素交联、纤维素结晶度升高等反应，从而导致热处理温度越高木材中有效羟基数量下降幅度越大。

七、化学微区分布

（一）杉木早材与晚材细胞壁的化学成分微区分布

1. 试验材料

试验材料为中国南方采伐的 28 年生杉木，在靠近髓心处取厚度为 5 cm 的径切板，气干。然后，在靠近树皮的最外侧边材部分取若干 20 mm×20 mm×25 mm（*T*×*R*×*L*）小木块，选取无节子、应力木和假年轮等影响的试样，该试样包含完整的第 24 和第 25 生长轮，20℃和 65% RH 环境保存。

2. 试验方法

使用滑走切片机切取厚度为 10 μm 的杉木早材和晚材横截面切片，固定在载玻片上，滴蒸馏水后，用指甲油将盖玻片与载玻片固封。采用共聚焦显微拉曼光谱仪（Horiba Jobin Yvon，Longjumeau，法国），在 *X* 轴、*Y* 轴扫描步长 0.1 μm，Z 轴扫描步长 1 μm，激光波长 532 nm，功率 8 mW，100 倍油浸显微镜物镜，空间分辨率 0.26 μm，拉曼光谱范围 3000～1000 cm^{-1}，分辨率 2 cm^{-1} 条件下，随机选取 3 个 100 μm× 100 μm 区域，原位检测杉木早材和晚材管胞细胞壁的化学成分微区分布。纤维素的空间分布成像图选择 2897 cm^{-1}（2920～2830 cm^{-1}）峰强分析，木质素的空间分布成像图选择 1600 cm^{-1}（1690～1560 cm^{-1}）峰强分析（尹江苹，2016）。

3. 结果与讨论

杉木的半纤维素以聚氧-乙酰基-半乳糖-葡萄糖-甘露糖（简称葡甘露聚糖）和聚阿拉伯糖-4-*O*-甲基-*D*-葡萄糖醛酸-木糖（简称木聚糖）为主。纤维素是由 *D*-吡喃型葡萄糖醛酸经 β-(1,4)糖苷键连接的直链高分子。木材的拉曼光谱分析中，由于半纤维素和纤维素具有类似的非极性官能团结构，且半纤维素特征峰信号较弱，几乎以纤维素信号为主，因此在采用共聚焦拉曼光谱研究杉木早材与晚材间结构与分布差异时，分别针对纤维素和木质素开展研究。

杉木纤维素在次生壁的拉曼信号最强，角隅区信号最弱，表明次生壁纤维素浓度最高而角隅区的纤维素浓度最低，而木质素浓度则正好相反（图 2-26）。纤维素主要分布在 S_2 层和 S_2 层与 S_3 层之间的区域，木质素则为角隅区含量高于细胞壁次生壁层（Yin et al.，2021）。

（二）杨树应拉木与正常木细胞壁的化学成分微区分布

1. 试验材料

试材取自河南省焦作市林场，10 年生无性系杨木应拉木，在树木倾斜处锯取 2 cm 厚的圆盘，并沿圆盘的南北向锯取 2 cm 宽木条待用。

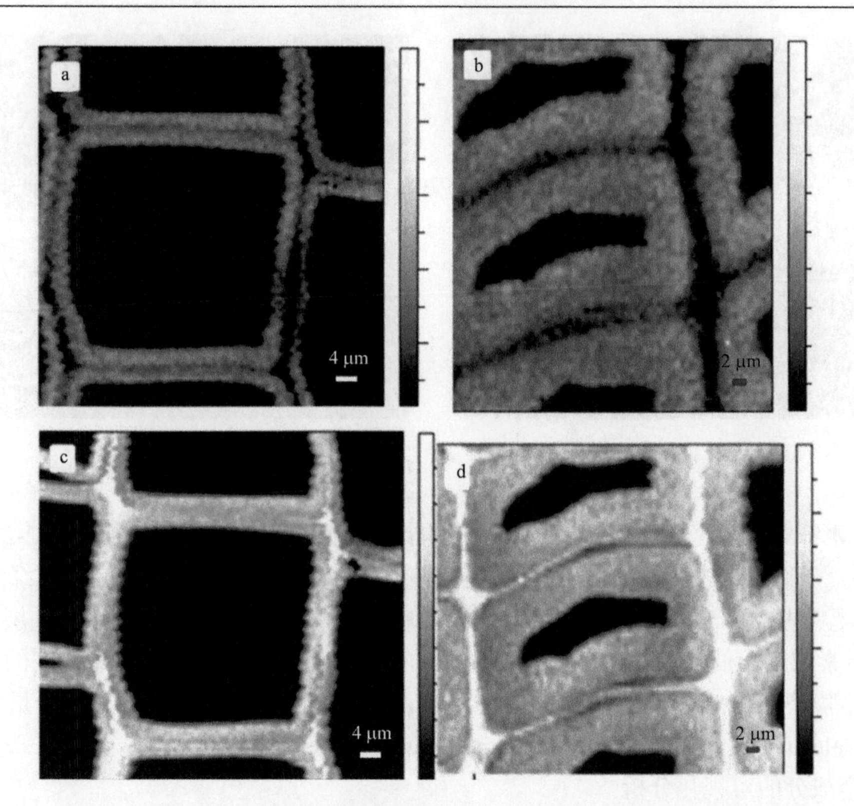

图 2-26　杉木早材（a）和晚材（b）的纤维素拉曼成像图及杉木早材（c）和晚材（d）的木质素拉曼成像图

颜色越明亮标度数值越大，颜色越暗标度数值越小

2. 试验方法

1）荧光显微分析

在应拉区和对应区分别截取小木块并软化，用滑走切片机切取厚 10 μm 和 20 μm 的切片。10 μm 的切片直接采用 OLYMPUS BX51 荧光显微镜进行横切面细胞壁木质素浓度的分析；20 μm 的切片采用番红-固绿双染色法，酒精梯度脱水，甘油封片，用 OLYMPUS BX51 荧光显微镜观察样品横切面。

2）区域化学成分分析

在杨木试样的应拉区和对应区分别截取小木块并软化，用滑走切片机切取厚 5 μm 的切片，置于载玻片上滴加适量重水，用盖玻片封片。利用显微拉曼成像光谱仪（DXRxi）进行观察分析，波长 532 nm。

3）主要化学成分含量测定

采用美国可再生能源实验室（NREL）的标准方法（Sluiter et al.，2012），即先用浓硫酸后用稀硫酸水解的方法，测定绝干样品的纤维素、半纤维素和木质素含量。其中，纤维素和半纤维素含量通过高效液相色谱仪（HPLC）测定，酸溶木质素由紫外分光光度计测定，酸不溶木质素由高温热解的方法测定。

4）红外光谱测定

用磨粉机将试样磨成木粉，选择通过孔径为 0.18 mm 筛网的木粉，采用溴化钾压片法测定，红外光谱仪（VERTEX 80V，Bruker）分析，扫描范围 4000～400 cm^{-1}，分辨率 4 cm^{-1}，扫描次数为 16 次。

3. 结果与讨论

1）荧光显微分析

木材中木质素的浓度与其自发光强度成正比，故可直接利用荧光显微镜显示细胞壁中木质素的分布情况。杨木应拉区和对应区木纤维荧光强度最高位置都在细胞角隅（CC）处，其次为复合胞间层（CML），如图 2-27 所示，这是由于木纤维细胞木质化由细胞角隅开始，且在细胞角隅和胞间层沉积大量木质素。

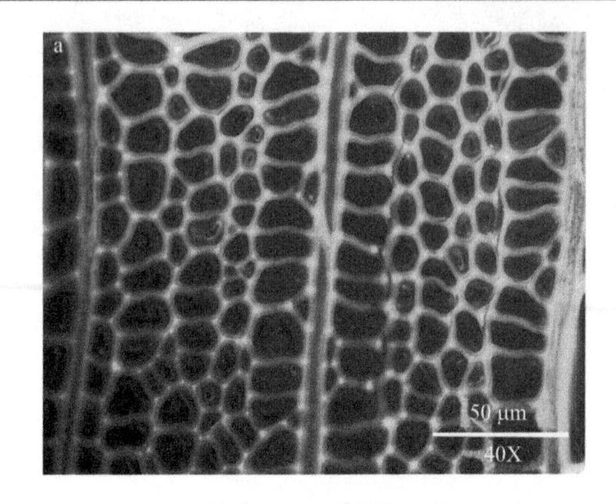

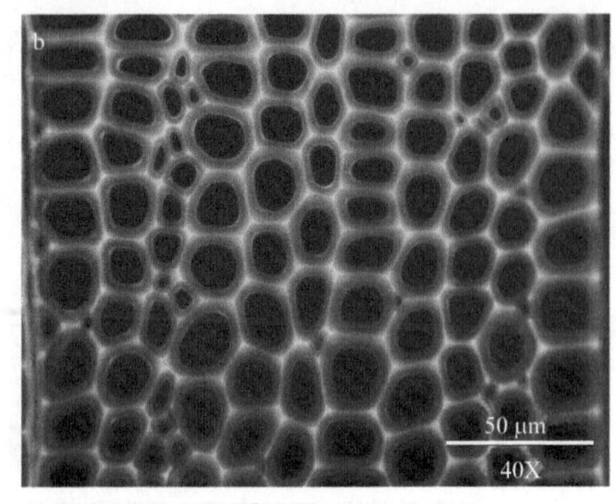

图 2-27　杨木应拉木的应拉区（a）和对应区（b）木纤维荧光图

杨木应拉区木纤维中除了胶质层（G 层）外，其余壁层荧光强度的强弱规律（图 2-27a）与对应区木纤维（图 2-27b）一致，这表明其他壁层的木质化并不受胶质层的影响，与对应区木纤维的木质化过程一致，且木质化程度极高（Pilate et al.，2004）。杨木应拉区木纤维细胞壁中特有的 G 层荧光强度较弱，表明 G 层的木质素浓度较低。前人对 G 层化学成分的研究初期认为，其仅由高结晶度的纤维素组成，且微纤丝角小（苌姗姗等，2018）。随着实验技术的进步，多种方法都证实 G 层中存在少量木质素（Bentum et al.，1969；Joseleau et al.，2004；Gierlinger and Schwanninger，2006）。

2）区域化学成分的可视化分析

由于木质素芳香环的对称伸缩振动会在 1600 cm^{-1} 产生非常明显的拉曼特征峰，因此对 1600 cm^{-1} 位移处进行积分便可得到木质素的拉曼成像图（王旋等，2018）。图 2-28 为选定区域的杨木应拉区与对应区细胞壁中木质素分布的拉曼成像图。其中颜色越明亮（即标度数值越大）的区域说明拉曼信号强度越强，表示细胞壁中木质素的浓度越高；相反，颜色越暗（即标度数值越小），木质素浓度越低。杨木应拉区与对应区的木质素的分布规律基本一致，在细胞角隅和复合胞间层处沉积了大量木质素，其中细胞角隅处的木质素含量最高，次生壁 S 层中的木质素含量相对较低，且应拉区细胞壁中木质素的相对含量要明显低于对应区细胞壁中木质素的相对含量。

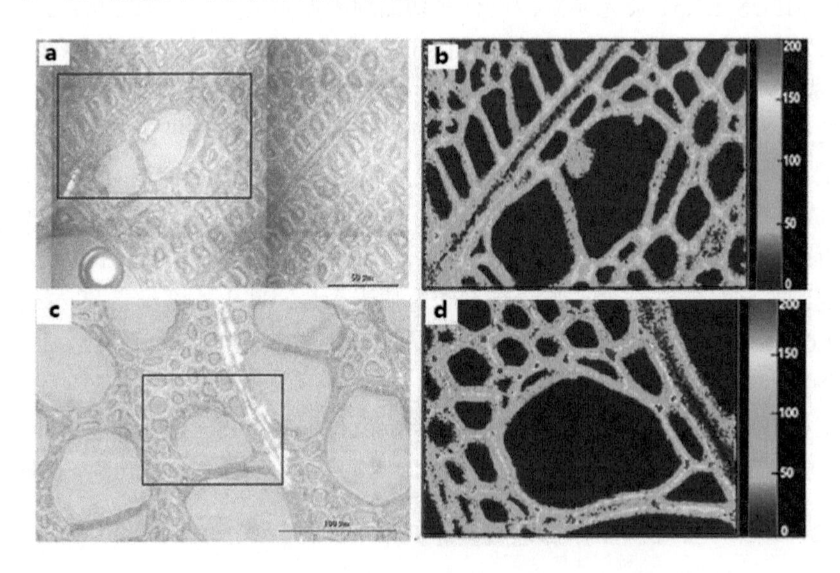

图 2-28　杨木细胞壁中木质素的拉曼成像图

a. 应拉区光镜图；b. 应拉区显微拉曼图；c. 对应区光镜图；d. 对应区显微拉曼图。
方框表示拉曼光谱区域

3）主要化学成分含量分析

杨木应拉区与对应区相比，化学成分含量具有明显差异。应拉区中纤维素、半纤维素和木质素的含量分别为58.91%、12.01%、21.99%，对应区中则分别为41.53%、17.08%、28.10%。应拉区中纤维素的含量明显比对应区高，半纤维素和木质素含量则比对应区低。杨木应拉区与对应区的化学成分明显不同的原因在于应拉区中存在大量的胶质木纤维。胶质木纤维细胞壁结构上具有特殊的G层，且G层的厚度大于其他壁层（朱玉慧等，2020）。研究发现，G层主要以纤维素微纤丝的形态构成骨架结构，骨架间隙由多糖基质填充，含有少量的木质素，且化学成分与相邻壁层存在很大差异。

4）红外光谱图分析

图2-29为杨木应拉木应拉区和对应区的红外光谱图，可以看出，应拉区与对应区木材红外光谱图具有明显差异。应拉区在1594 cm^{-1}和1509 cm^{-1}处的苯环碳骨架振动（木质素）的吸收峰强度明显低于对应区，这说明在应拉区中木质素的含量低于对应区（李坚，2003；Chang et al.，2014）。在1730 cm^{-1}附近的C═O伸缩振动（半纤维素乙酰基CH_3C═O）是半纤维素区别于其他组分的特征（李坚，2003），图2-29中显示应拉区在此处强度减弱，这表明应拉区木材的半纤维素含量比对应木低。

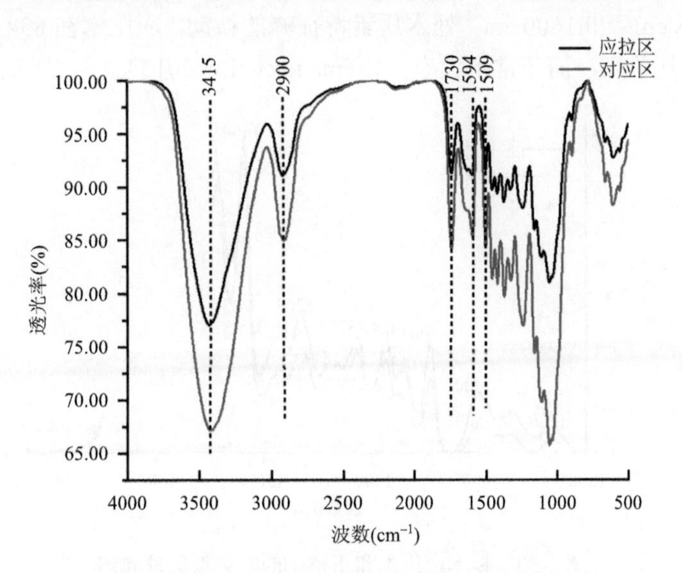

图2-29　杨木应拉木的应拉区和对应区的红外光谱图

八、主成分定向排列与互作方式

（一）试验材料

以人工林杉木的应压木和正常木为试验材料。在10～16年轮区域内取材，制成25 mm×15 mm×10 mm（*L*×*T*×*R*）的木块，利用滑走切片机制得尺寸为30 μm×15 mm×25 mm（*R*×*T*×*L*）的组织切片，置于两个载玻片间气干后用于红外光谱测定。

（二）试验方法

1. 静态红外光谱分析

利用红外成像光谱分析仪进行静态红外光谱分析测试。采用自带的CCD相机选择细胞壁测量区域，每一试样选择8个25 μm×25 μm区域进行非偏振和0°～180°偏振红外光谱扫描，其中0°为管胞轴向方向。利用金属线栅偏振器获得偏振红外光：在0°～180°，以10°为阶梯，测定与管胞轴向成19个角度（0°、10°、20°、…180°）的偏振红外光谱。为了比较静态红外光谱中官能团的红外吸收强度，光谱先在1800 cm^{-1}、

1550 cm^{-1} 和 840 cm^{-1} 波数处进行基线校正，随后在 1164 cm^{-1} 波数 C—O—C 振动处进行归一化处理。

2. 动态红外光谱分析

采用带有拉伸附件的 FTS6000 型红外光谱分析仪进行动态红外光谱分析。采用透射模式，碲化汞镉（MCT）探测器进行测试。为增强拉伸载荷作用下红外光谱中峰的信号强度，利用金属线栅偏振器分别获得与应压木和正常木轴向拉伸方向成 45°和 0°的偏振光源。拉伸夹具夹头之间的试样长度为 18.5 mm，载荷方向与试样轴向平行。以 0.3%应变振幅、16 Hz 频率进行不同载荷下动态红外光谱测试。在步进扫描模式下，光谱分析仪扫描频率为 0.5 Hz，相位调制频率为 400 Hz。光谱分辨率为 4 cm^{-1}，光谱范围为 4000～760 cm^{-1}，扫描次数为 32 次。通过采用设备自带的 Varian Resolution Pro 5.1 软件，获得二维红外光谱。

（三）结果与讨论

图 2-30 为应压木和正常木在 1800～760 cm^{-1} 波数的平均非偏振红外光谱图，可看出应压木和正常木最主要的区别在于 1508 cm^{-1} 和 1600 cm^{-1} 处木质素特征峰的振动。应压木在 834 cm^{-1} 处出现特征峰，意味着应压木存在对羟苯基单元，而正常木没有（Brémaud et al.，2013）。

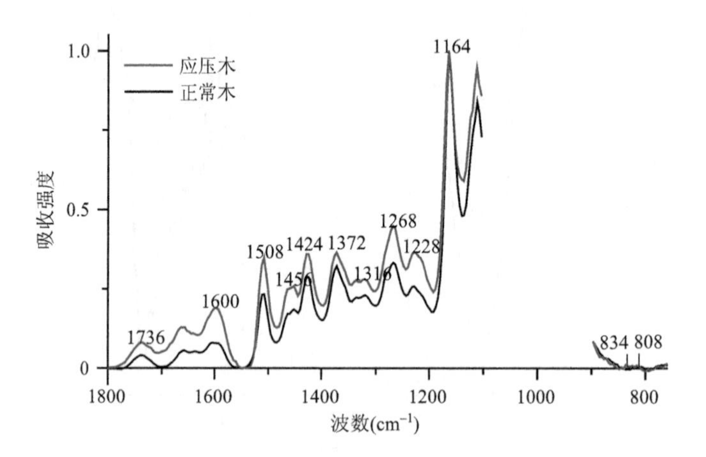

图 2-30　杉木应压木和正常木的非偏振红外光谱

为了深入研究主组分的排列定向性，在此引入相对吸收强度（RA）参数，计算公式如式（2-7）。

$$RA = (I_p - I_{min})/(I_{max} - I_{min}) \tag{2-7}$$

式中，I_p 为某一偏振角度下特征峰的吸收强度，I_{max} 和 I_{min} 分别为 0°～180°偏振下特征峰的最大和最小吸收强度。

图 2-31 为应压木和正常木中纤维素、半纤维素和木质素分子基团的偏振红外光 RA。从图 2-31a 纤维素在 1164 cm^{-1}、1372 cm^{-1} 和 1424 cm^{-1} 处特征峰的 RA 与偏振光角度可看出：应压木和正常木纤维素排列方向不一致，即细胞壁 S_2 层微纤丝角差别较大。纤维素在 1316 cm^{-1} 处的特征峰与其他特征峰的变化趋势呈 90°相反变化，这是由于其对应基团 CH_2 与纤维素主链方向呈垂直摇摆振动。通过图 2-31a 中偏振光角度与纤维素官能团的RA关系可推测出：应压木和正常木的微纤丝角分别为40°～45°和0°～10°。

半纤维素分子链的排列定向可从图 2-31b 分析出：葡甘露聚糖在 808 cm^{-1} 处的振动是甘露糖残基中 C_2 原子上等距排列的氢振动，其与葡甘露聚糖骨架垂直。木聚糖在 1736 cm^{-1} 和 1456 cm^{-1} 处的振动与木聚糖主链垂直。在应压木和正常木中，葡甘露聚糖和木聚糖均与偏振光角度保持较好的同一相关性，表明两者分子链排列定向相同。此外，图 2-31b 中半纤维素官能团 RA 变化趋势与图 2-31a 纤维素在 1316 cm^{-1} 处特征峰的垂直振动相同。这一结果说明：应压木和正常木中半纤维素平行于纤维素排列。对于木质素的排列定向而言，从图 2-31c 可看出应压木木质素主链（1508 cm^{-1} 处芳香环 C═C 的振动）与管胞轴向最大呈 50°排列。结合从图 2-31a 发现的应压木纤维素与管胞轴向呈 40°～45°可知，应压木木质素与纤维素排列定向差异约 0°～10°，即木质素在一定程度上与纤维素排列方向平行。在正常木中，尽管木质素呈现出与纤维素平行的定向趋势，但其定向性并不明显。

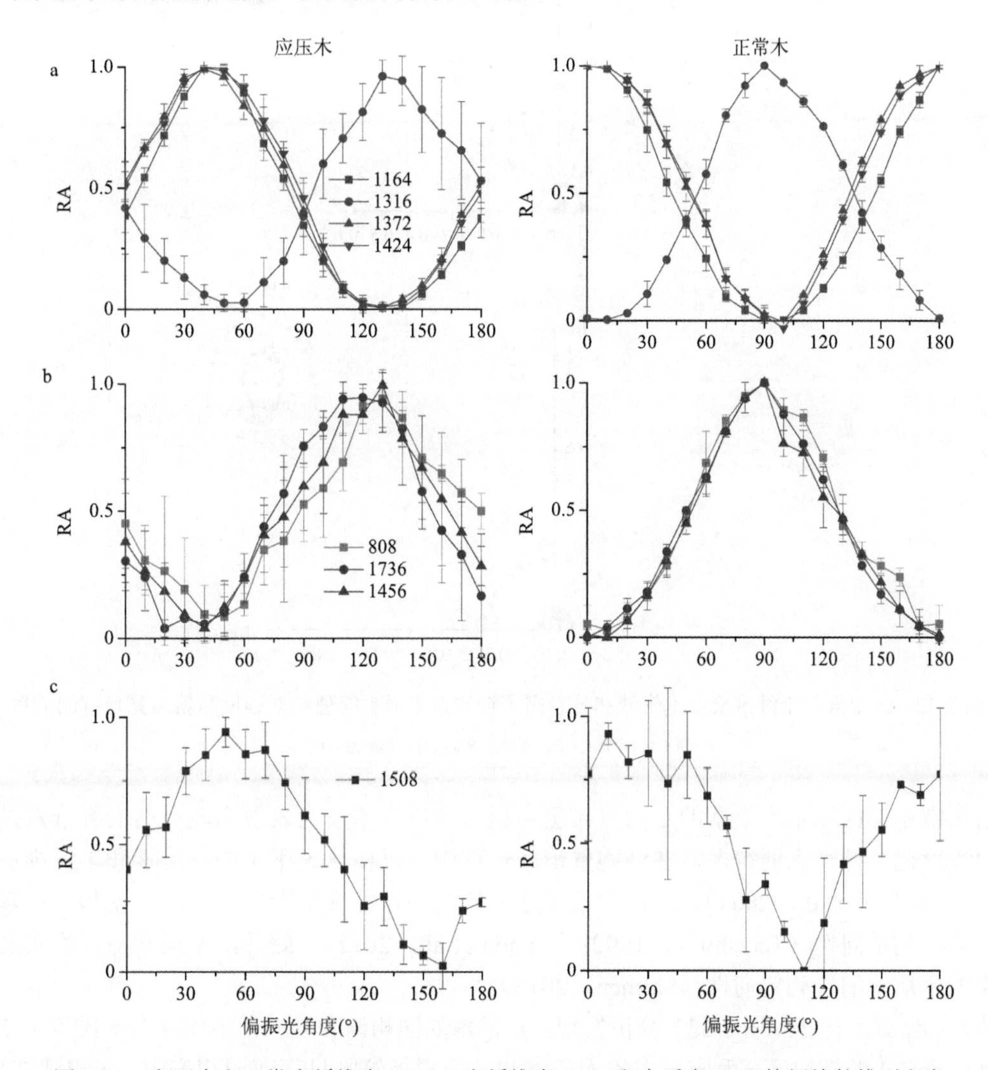

图 2-31　应压木和正常木纤维素（a）、半纤维素（b）和木质素（c）特征峰的排列定向

纤维素（a），1164cm^{-1} 处 C—O—C 桥拉伸，1316cm^{-1} 处 CH_2 摇摆，1372cm^{-1} 处 C—H 弯曲，1424cm^{-1} 处 C—OH 弯曲；半纤维素（b），808cm^{-1} 处甘露糖残基中 C_2 原子上等距排列的氢振动，1736cm^{-1} 处木聚糖 C═O 拉伸，1456cm^{-1} 处 CH_2 对称弯曲；木质素（c），1508cm^{-1} 处芳香环 C═C 振动

为了比较各化学组分的排列定向程度，观察了偏振光角度与纤维素、半纤维素和木质素官能团的红外光绝对吸收强度的关系，如图 2-32 所示。与各向同性的材料（虚线）对比，应力木和正常木纤维素分子链具有明显的排列定向性，分别与管胞轴向呈 45°和 0°～5°。由于半纤维素（木聚糖和葡甘露聚糖）在 1736 cm^{-1}、1456 cm^{-1} 和 808 cm^{-1} 处的振动方向与其分子链垂直，所以半纤维素与 1164 cm^{-1} 处纤维素曲线变化方向相反，说明应力木和正常木的半纤维素（木聚糖和葡甘露聚糖）均表现出与纤维素分子链平行的排列定向。这一结果可能与木材生长过程中细胞壁中半纤维素与纤维素微纤丝同时沉积有关（Atalla et al.，1993）。此外，木聚糖与葡甘露聚糖的平行排列也表明半纤维素的多糖之间可能存在紧密连接。对比木聚糖和葡甘露聚糖（图 2-32）可知，应力木与正常木的葡甘露聚糖曲线的曲率更大，即呈现更强的排列定向性，表明半纤维素中葡甘露聚糖与纤维素连接更紧密。这一结论证实了在半纤维素中，葡甘露聚糖与纤维素微纤丝紧密连接，且参与纤维素微纤丝的组装（Åkerholm and Salmén，2001）。

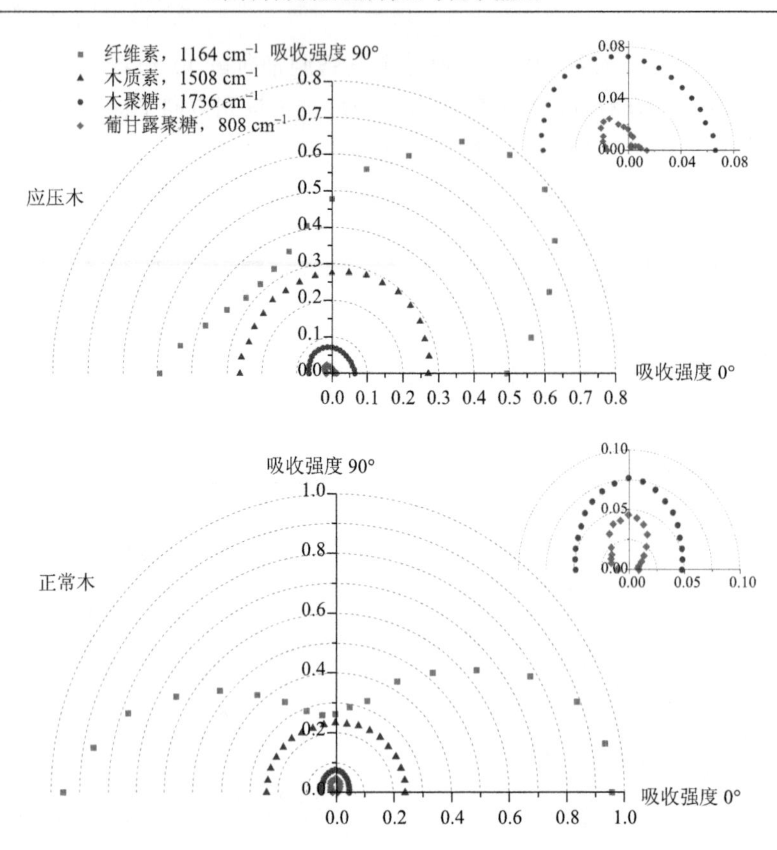

图 2-32　纤维素、半纤维素（木聚糖和葡甘露聚糖）、木质素峰值绝对强度与偏振光角度的关系

0°为管胞轴向；虚线表示各向同性的排列定向

相较于正常木，应压木木质素的定向分布更明显。应压木木质素表现出轻微的沿纤维素排列方向分布，但定向程度比半纤维素弱得多。在细胞壁形成过程中，纵横比大于 1 的纤维素和半纤维素纺锤形聚集体先形成（Bardage et al.，2004），随后木质素才开始沉积在纺锤形聚集体内部，使得木质素受到制约而呈现一定的排列定向性（Terashima，1990；Salmén et al.，2012）。此外，木质素与纤维素之间的连接形式也会影响木质素的排列定向性（Salmén，2015）。

结合动态二维红外光谱（图 2-33）分析发现：正常木的同相谱和异相谱中均存在木质素（1510 cm^{-1}）、纤维素（1430 cm^{-1}）的指纹区；而应压木的木质素和纤维素指纹区只存在同相谱中，未出现在异相谱中，揭示了正常木木质素可能是通过半纤维素与纤维素相连，而在应压木中木质素和纤维素存在直接连接。这一结果也解释了相较于正常木，应压木木质素排列定向更明显的原因。

通常在载荷作用下，纤维素对轴向起应力传递作用，而木质素并没有。鉴于应压木木质素与纤维素的直接连接，进一步解析了应压木木质素是否对轴向应力传递有贡献。图 2-34 为正常木在轴向拉伸载荷作用下的动态红外光谱，可看出，纤维素在 1430 cm^{-1} 处存在劈裂峰，而木质素在 1510 cm^{-1} 处未发现劈裂峰，说明木质素在正常木中并未参与应力传递。而应压木的动态红外光谱（图 2-35）表明，纤维素（1430 cm^{-1}）和木质素（1510 cm^{-1}）均存在劈裂峰，且随着载荷的增加，分子链变形响应程度增加。图 2-36 为纤维素在 1430 cm^{-1} 和木质素在 1510 cm^{-1} 处劈裂峰高及劈裂峰高比值（H_{1510}/H_{1430}）与应力之间的关系，可以看出，随着应力的增加，劈裂峰高增加，表明木质素和纤维素的分子变形增加。劈裂峰高与应力呈非线性关系，且木质素和纤维素的劈裂峰高比值（H_{1510}/H_{1430}）随应力的增加而增加，说明木质素在应压木应力传递中的贡献量在变形程度高时明显增加。

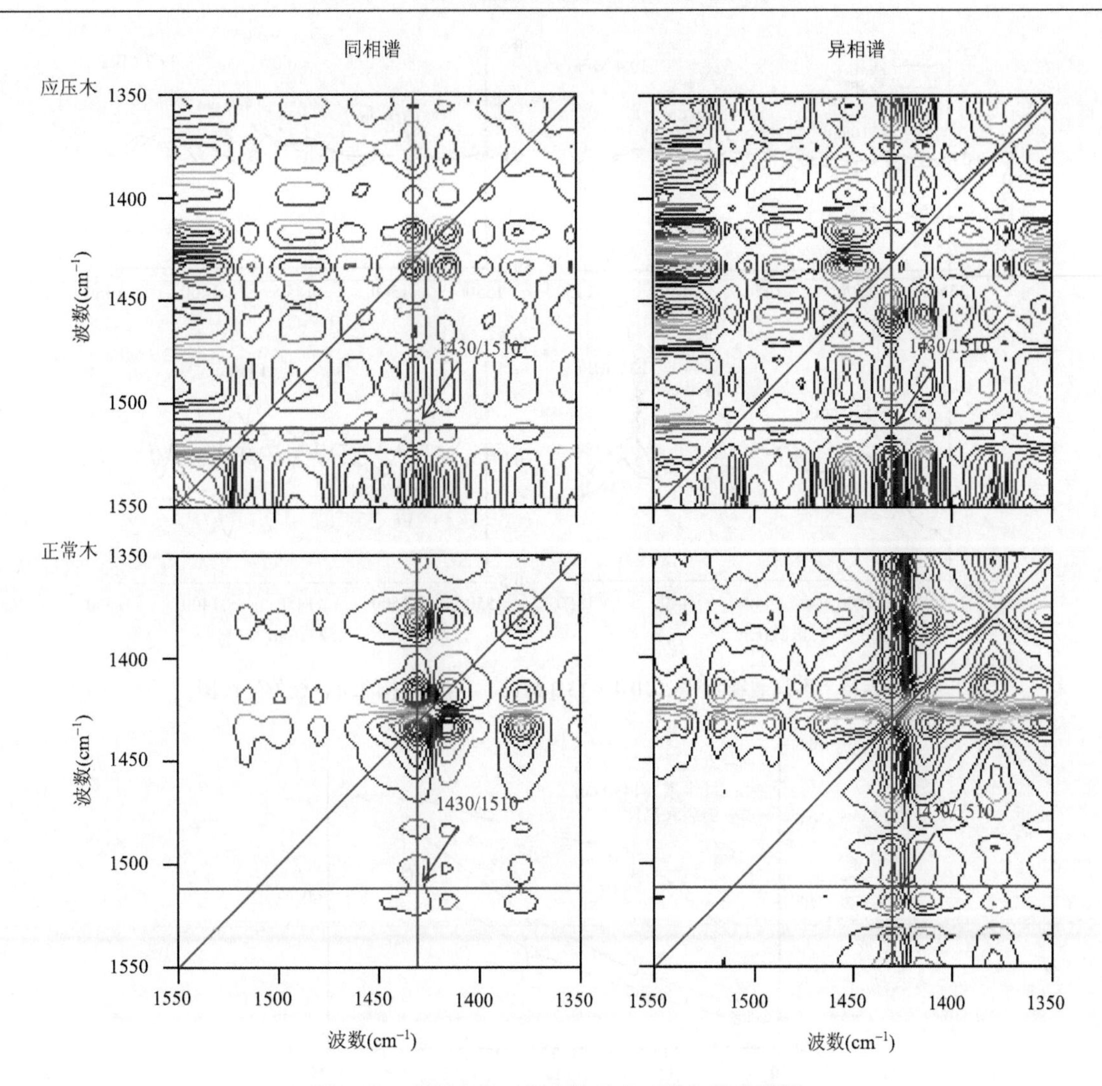

图 2-33　应压木和正常木的动态二维红外光谱图

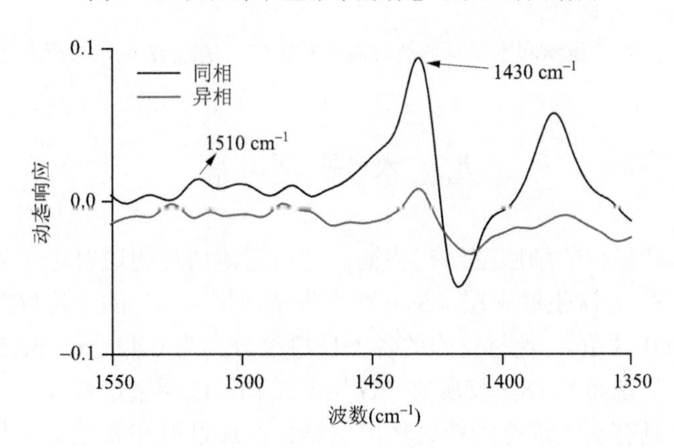

图 2-34　轴向拉伸载荷作用下正常木的动态红外光谱图

综上可知，应力木与正常木纤维素分子链具有明显的排列定向性，半纤维素与纤维素分子链平行排列。而且，对比木聚糖和葡甘露聚糖可知，葡甘露聚糖曲线的曲率更大，即呈现更强的排列定向性，证明了半纤维素中葡甘露聚糖与纤维素连接更紧密。此外，与正常木相比，应压木中木质素排列定向性更显著，这与应压木中木质素与纤维素的直接连接有关。动态红外光谱研究，揭示了纤维素在应压木与正常木中起到主要的应力传递作用，而木质素仅在应压木中对应力的传递存在贡献。

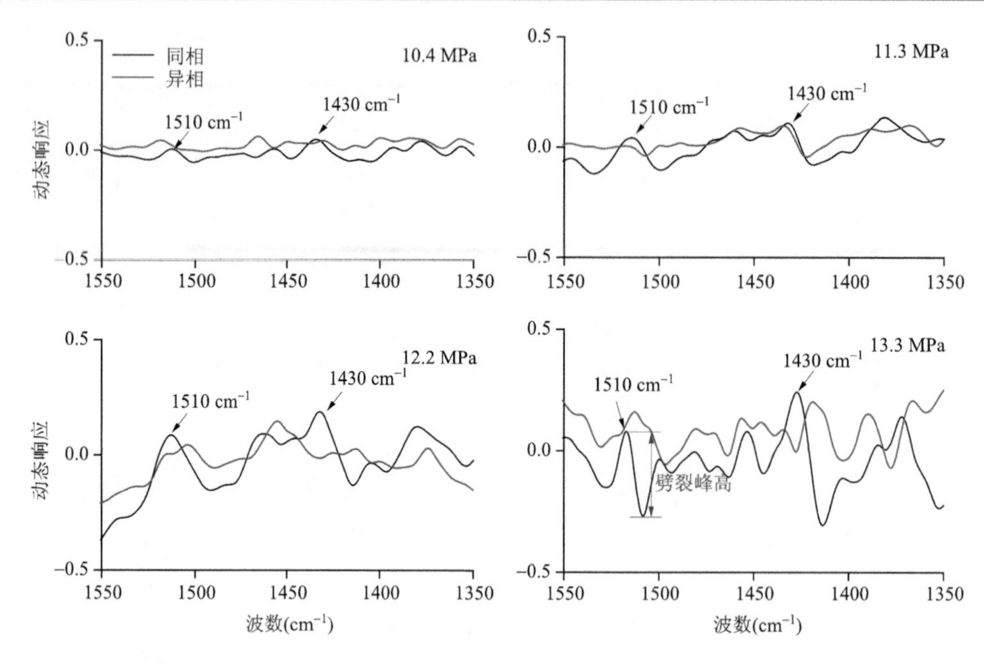

图 2-35 不同载荷水平（10.4～13.3 MPa）下应压木的动态红外光谱图

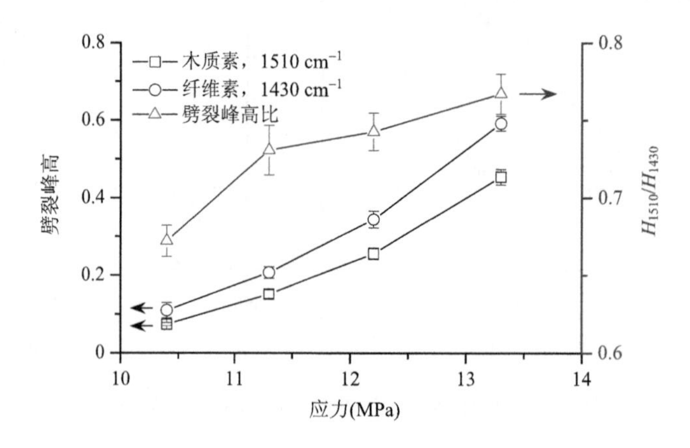

图 2-36 应压木纤维素和木质素劈裂峰高及其比值（H_{1510}/H_{1430}）与应力之间的关系

九、本 节 小 结

本章深入解译了杉木和杨树的细胞壁结构特征，利用超薄切片的透射电子显微技术获得了杉木早材和晚材管胞次生壁外层（S_1）、次生壁中层（S_2）和次生壁内层（S_3）的平均厚度，早材管胞各壁层厚度分别 0.29 μm、2.74 μm 和 0.11 μm；晚材管胞的各壁层厚度分别为 0.42 μm、6.15 μm 和 0.20 μm。杨木应拉区木纤维的次生壁结构呈现为 S_1+S_2+胶质层（G 层）结构，G 层壁层最厚，其平均值为 2.56 μm。

证实了杉木管胞壁中具有层状堆叠的聚集体薄层结构；通过温和氧化定向脱除细胞壁基质技术，首次从木材细胞次生壁中精准剥离厚度为 10 nm，长度、宽度 1000 μm 以上的聚集体薄层，其主要组分为纤维素（质量分数 54.0%）、木质素（质量分数 24.3%）和半纤维素（质量分数 13.8%），具有相对较高的比表面积（33.0 m^2/g）和以微孔为主（2.3 nm）的孔结构。

利用氮气吸附仪测定的全干状态下杉木早材和晚材介孔的平均孔径分别为 3.5 nm 和 3.2 nm，早材较晚材具有更大的 BET 比表面积、介孔比表面积和孔体积，而二者间微孔比表面积差异不明显。杨树应拉木与对应木介孔孔径范围分别为 2～50 nm 和 3～9 nm，应拉木的比表面积为 51.77 m^2/g，约是对应木（4.18 m^2/g）的 12.4 倍，表明应拉木中存在较多的介孔孔隙。利用低场核磁共振弛豫技术，揭示了杉木和杨树木材细胞壁润胀饱和状态的大部分孔隙小于 5 nm，并以小于 2 nm 的孔隙占主导。利用小角 X 射线散射技术，阐明了杉木和杨树木材细胞壁孔隙受吸着水含量的影响，其平均孔隙尺寸为 3.5～4.0 nm，饱水状态的孔隙平均尺寸 1.0～1.5 nm。

采用小角/广角 X 射线散射技术测定了杉木早材和晚材的微纤丝角、结晶度和晶区尺寸，杉木晚材微纤丝角为（10±0.2）°；杉木早材纤维素晶区的相对结晶度为（46±1）%，晶面（200）晶区宽度为（29.0±0.3）Å，晶面（004）晶区宽度为（197±6）Å，而晚材纤维素晶区的相对结晶度为（49±3）%，晶面（200）晶区宽度为（31.6±1.0）Å，晶面（004）晶区宽度为（185±22）Å。杨木应拉区和对应区 S_2 层的平均微纤丝角分别为 16.89°和 17.27°，其中应拉区 G 层平均微纤丝角为 5.69°；杨木应拉区和对应区相对结晶度分别为 48.06%和 41.01%；应拉区的晶区宽度为 2.66 nm，长度为 8.84 nm；对应区的晶区宽度为 2.65 nm，长度为 9.87 nm。

利用动态吸附重水测试法测得杨树和杉木细胞壁有效羟基数量的平均值分别为 6.53 mmol/g 和 9.50 mmol/g。借助共聚焦拉曼成像光谱仪，揭示了杉木早材与晚材管胞次生壁纤维素浓度最高，而角隅区的木质素浓度最高；杨树木材细胞角隅区的木质素含量最高，应拉区细胞壁中木质素相对含量低于对应区。

利用静态和动态红外光谱分析技术解析了杉木应压木和正常木主要化学成分（纤维素、木聚糖、葡甘露聚糖和木质素）的分子链定向排列与互作方式，阐明了纤维素与葡甘露聚糖结合较木聚糖更紧密，应压木中木质素沿纤维主轴呈较强的定向排列；揭示了纤维素在应压木与正常木中起到主要的应力传递作用，而木质素仅在应压木中对应力的传递存在贡献，并且其应力传递贡献量随着变形程度增大更加明显。

第二节　木材细胞壁微观物理力学性能解析

在研究细胞壁吸湿特性与水分扩散、干缩/湿胀、流体渗透性、细胞壁力学性质、单根纤维力学性质、温湿度场中木材黏弹行为响应规律等的基础上，揭示了壁层厚度及模量与细胞壁力学性能密切相关，孔隙尺寸与分布影响水分扩散和细胞壁结构调控效果，有效羟基数量影响吸湿性和化学反应效果，微纤丝角和纤维素-葡甘露聚糖/木质素互作方式影响细胞壁物理力学性能。

一、吸湿特性与水分扩散

（一）试验材料

本研究以毛白杨、杉木和毛竹为试验材料。从杨木、杉木的边材和毛竹沿壁厚 1/2 处进行取样，取样尺寸为 20 mm×20 mm×20 mm。3 种试材的绝干密度分别为（0.45±0.02）g/cm³、（0.37±0.02）g/cm³ 和（0.81±0.04）g/cm³。采用滑走式切片机沿试材弦向制备厚度为 50 μm 的试样。各树种分别制备试样 27 个，置于蒸馏水中待用。

（二）试验方法

1. 水分吸附（MS）测试

MS 使用动态水蒸气吸附仪（DVS Intrinsic）进行测试。将样品修整成直径为 15 mm 的圆形，并置于 DVS 试验仓内。在 MS 测试之前，首先将试样绝干处理。DVS 的相对湿度（RH）设置为 0%，直至试样质量变化比（d*m*/d*t*）小于 0.0001%/min 且超过 10 min，此时可以认为样品几乎绝干。之后，DVS 的 RH 水平分别调整为 10%、20%、30%、40%、50%、60%、70%、80%和 90%，对样品进行 MS 测试。MS 时间由 d*m*/d*t* 决定（＜0.0001%/min 且超过 10 min）。不同 RH 水平下的 MS 时间从 30 h 至 60 h 不等。

根据试样在 MS 测试前后的质量，计算其平衡含水率（EMC）。测试温度为 25℃，任一树种在任一 RH 水平的试样重复数为 3 个。

2. 水分扩散（MD）测试

MS 测试结束后，将试样组装于 Payne 套件中，如图 2-37 所示。Payne 套件由杯盖和杯体组成。常见的干燥剂，如硅胶、沸石或无水氯化钙，置于杯体中。将试样置于“O”形橡胶圈间。根据单位时间内干燥剂的质量增加或降低量，可以计算出试样的水分扩散速率。在本研究中，将 100 mg 硅胶置于杯体中，试样放置完成后，将杯盖与杯体旋紧。之后，将装有试样、硅胶的 Payne 套件置于 DVS 仓中，然后进行与 MS 测试中相同的 RH 程序。

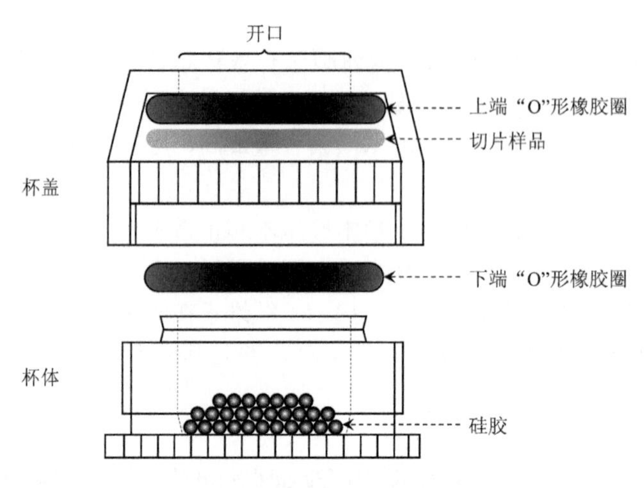

图 2-37　水分扩散试验用 Payne 套件示意图

3. 稳态（D_{SS}）与非稳态（D_{US}）水分扩散系数的计算

根据 MS 和 MD 测试，硅胶质量（$m_{silica\ gel}$）随时间（t）的变化可以通过式（2-8）进行计算：

$$m_{silica\ gel}(t)=m_{total}(t)-m_{sample}(t) \tag{2-8}$$

式中，m_{total} 表示 MD 测试过程中试样和硅胶的总质量（kg），m_{sample} 表示 MS 测试过程中试样的质量（kg）。

在本研究中，假设 MD 和 MS 测试中试样质量的变化相同。m_{sample} 在 MS 测试开始时迅速增加，并逐渐达到恒定值（图 2-38a）。采用 MS 和 MD 第 180～200 min 的数据计算 D_{SS}。该区域被定义为稳态区域（如图 2-38a 紫红色阴影所示）。在稳态区域中，dm/dt 在任一湿度水平均小于 0.001%/min。在整个 MD 测试过程中，当相对湿度处于 70%或以下时，可以发现 $m_{silica\ gel}$ 和 m_{total} 随时间呈线性关系；当相对湿度为 80%或 90%时，MD 测试时间超过 200 min。因此，计算 180～200 min 的 D_{SS} 数值及其与相对湿度的依存关系。D_{SS}（m^2/s）根据菲克第一定律进行计算（Siau，2012），计算公式如式（2-9）。

$$D_{SS}=\frac{100\Delta mL}{\Delta tAG\rho_w\Delta MC} \tag{2-9}$$

式中，Δm 和 Δt 分别为 180～200 min 硅胶质量（$m_{silica\ gel}$）的变化及其时间，L 和 A 分别是试样的厚度（m）和表面积（m^2），G 是试样在稳态时的比重，ρ_w 是水的名义密度（1000 kg/m^3），ΔMC 是试样上下两表面的含水率之差（%）。上表面含水率与仓内相对湿度对应的平衡含水率基本一致，考虑到空气的扩散阻力，下表面含水率根据标准 ISO 12572（2016）进行计算。

D_{US}（m^2/s）根据菲克第二定律进行计算（Avramidis et al.，1992；Siau 2012）。

$$D_{US}=\frac{(\bar{E})^2L^2}{5.1\Delta t} \tag{2-10}$$

$$\overline{E}=\frac{\mathrm{MC_{ave}}-\mathrm{MC_i}}{\mathrm{MC_f}-\mathrm{MC_i}} \tag{2-11}$$

式中，$\overline{E}$ 是含水率的无量纲变化量，Δt 是试样处于非稳态的时间（s）。$\mathrm{MC_{ave}}$ 是试样在非稳态吸附期间的平均含水率（%），$\mathrm{MC_i}$ 是初始含水率，$\mathrm{MC_f}$ 是试样达到平衡时的 EMC，5.1 为常数。在非稳态过程中，试样下表面暴露于比上表面低的 RH 环境（归因于套件内的硅胶作用）。因此，沿着试样厚度方向具有明显的含水率梯度。考虑到上下表面间的含水率，$\overline{E}$ 由公式（2-11）确定。($\overline{E}$)^2 的时间依存关系见图 2-38a 中插图，以用来观察其线性非稳态区域。线性非稳态区域的中点（标记为星号）用来计算 D_{US} 数值。

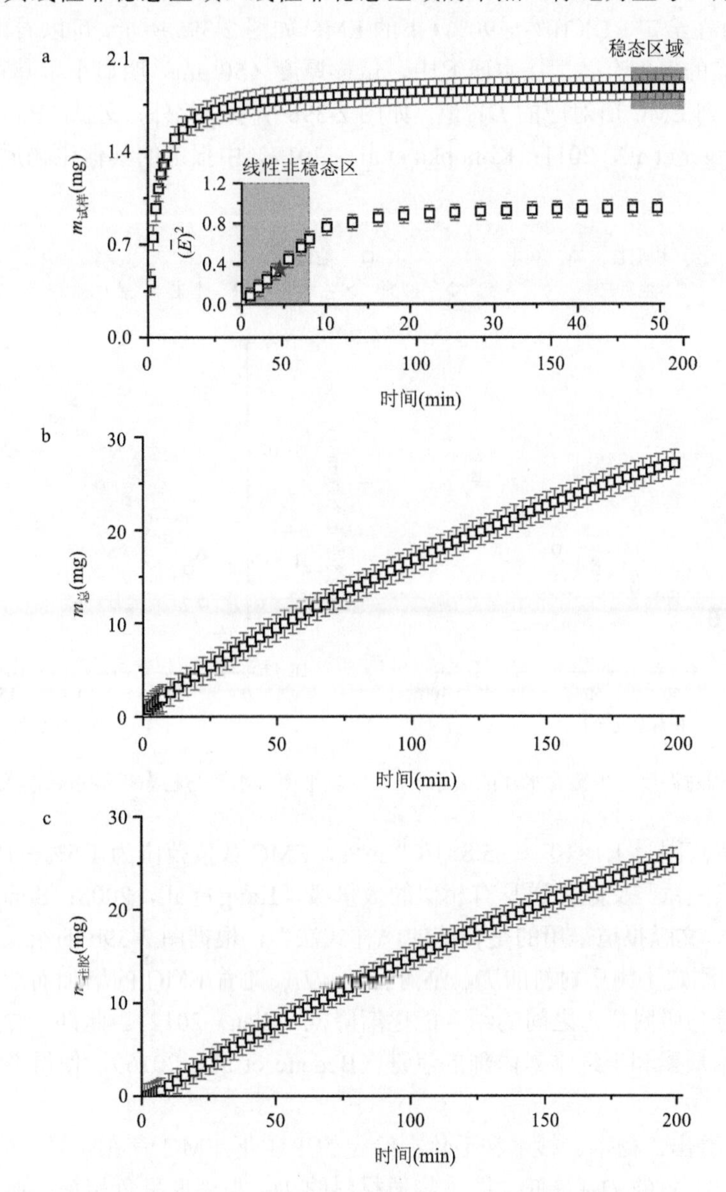

图 2-38　试样质量（a）、试样和硅胶总质量（b）以及硅胶质量（c）的典型变化

稳态和线性非稳态区域见 a 中插图

（三）结果与讨论

1. 典型的吸附与扩散曲线

图 2-38a 和 2-38b 分别显示了当 RH 为 90%时杨木试样在 MS 和 MD 测试中 m_{sample} 和 m_{total} 的典型变

化。相应地，计算得出的硅胶质量（$m_{silica\ gel}$）如图 2-38c 所示。在 MS 测试过程中，当环境 RH 发生变化时，试样质量也随之发生变化，表现为一条渐进地接近 EMC 的曲线。事实上，在恒定 RH 下获得“真正”EMC 的吸附时间相当长，假设试样质量与时间之间的准线性关系（图 2-38a 中的紫红色区域）代表了水分吸附的稳定状态。在 MD 测试过程中，除了木质纤维细胞壁内的羟基吸附水分，硅胶也可以接触并吸收水分。因此，观察到 m_{total} 的增加（图 2-38b）。

2. 稳态水分扩散系数（D_{SS}）

杨木、杉木和毛竹在给定 RH（10%～90%）下的 EMC 如图 2-39a 所示，可以看出 EMC 的非典型“S”形曲线，这可能与样品的厚度有关。在本研究中，试样厚度（50 μm）明显小于其直径（15 mm）。基于式（2-9），计算了一系列 EMC 所对应的 D_{SS} 值，如图 2-39b 所示。此外，文献（Bao and Hu，1990；Kang et al.，2008；Sonderegger et al.，2011；Konopka et al.，2017）中报道的其他生物质材料的 D_{SS} 也一并展示在图 2-39b 中。

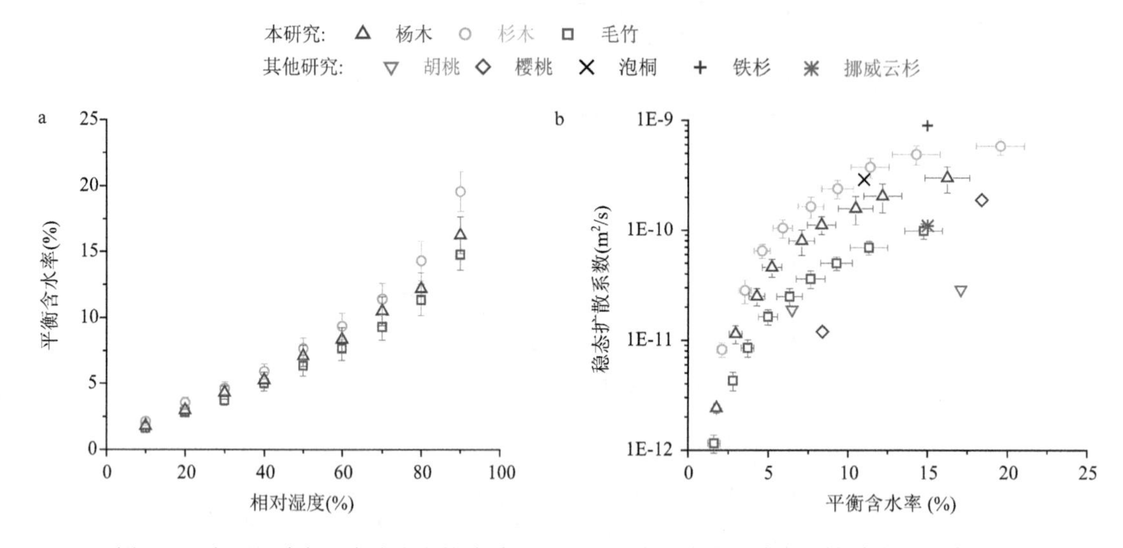

图 2-39　相对湿度与平衡含水率的关系（a）以及平衡含水率与稳态扩散系数的关系（b）

本研究的 D_{SS} 数值范围为 1.1×10^{-12}～5.8×10^{-10} m²/s，EMC 数值范围为 1.6%～19.5%。杨木、杉木和毛竹 D_{SS} 的含水率依赖关系与文献报道具有相似的数量级（Kang et al.，2008；Sonderegger et al.，2011；Konopka et al.，2017）。文献报道采用的是传统的“杯式法”，根据图 2-39b 的结果，可以得出结论：采用 DVS 和 Payne 套件测定生物质材料的 D_{SS} 是可行的。D_{SS} 随着 EMC 的增加而增大，这主要是因为随着含水率的升高，水分与吸附位点之间的结合能逐渐降低（Siau，2012）。此外，含水率的升高，破坏了纤维素分子链间以及木质素和半纤维素内部的氢键（Bedane et al.，2016），使得细胞壁润胀并增加了可以发生扩散的区域。

从图 2-39 中可以看出，杨木、杉木和毛竹在给定的 RH 下 EMC 存在差异。假设达到相同的 EMC 时，杉木的 D_{SS} 最高，毛竹的 D_{SS} 最低，即生物质材料的 D_{SS} 与密度呈负相关。通常，较低的密度意味着细胞壁中的成分较少（即壁腔比较低）。细胞腔的传输阻力远低于细胞壁，细胞腔所占比例越大，水分扩散效率越高。薄、小试样的 D_{SS} 测试表明，采用 DVS 和 Payne 套件不仅可以比较早、晚材的水分扩散差异，还可以用来测试尺寸有限材料，如秸秆、藤或生物基薄膜等。

3. 非稳态水分扩散系数（D_{US}）

选取图 2-38a 非稳态的初始直线部分的数据，根据式（2-10）和式（2-11）计算 D_{US}。在任一相对湿度水平，选择了线性非稳态区域的中点（图 2-38a 中插图），其 D_{US} 展示在图 2-40 中。D_{US} 与瞬时含水率

（MC）的关系类似于 D_{SS} 与 EMC 之间的关系，即 D_{US} 随着瞬时 MC 的增加而增大。

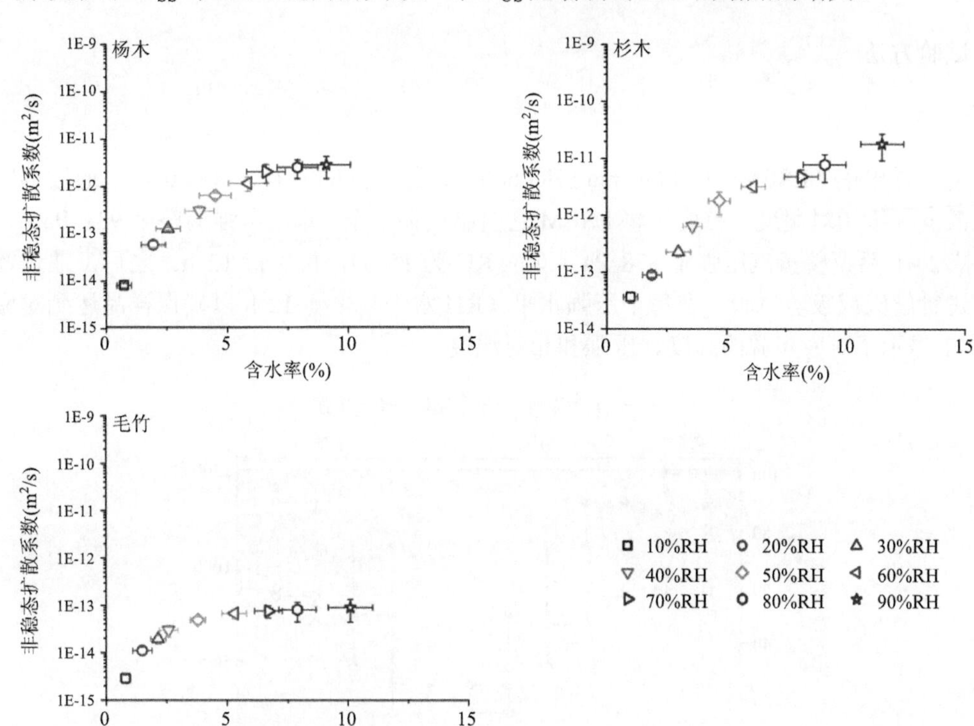

图 2-40　含水率与非稳态水分扩散系数的关系

在低湿环境时，水分在孔隙中的扩散效率要高于高湿环境的扩散效率（Bedane，2016）。此外，无论相对湿度水平高低，杉木的 D_{US} 最高，毛竹的 D_{US} 最低。根据 $\bar{E}$ 的变化率，可以解释不同树种间的 D_{US} 差异。毛竹复杂的解剖结构降低了其水分传输效率，使得毛竹沿厚度方向的水分梯度在 3 树种间最大。当相对湿度水平固定时，杉木 MC_{ave} 的增幅明显高于毛竹，确保单位时间内 $\bar{E}$ 更大的变化率。

本研究采用菲克第二定律测试非稳态水分扩散行为，尽管有研究报道瞬时 MC 下的水分扩散涉及非 Fickian 扩散（Wadsö，1993，1994，2007；Krabbenhoft and Damkilde，2004；Shi，2007）。水分在木材中的非 Fickian 扩散的主要原因可能是在吸附和扩散过程中介质施加了应力（Avramidis，2007）。应力与试样的尺寸湿胀甚至聚合物的结构湿胀直接相关（Espert et al.，2004；Krabbenhoft and Damkilde，2004）。此外，非 Fickian 扩散行为也与吸附热所引起的试样温度变化有关（Bergman et al.，2011；Willems，2017）。

在非稳态扩散过程中，DVS 装置可以实时记录质量变化，并确定整个过程中的扩散动力学行为。DVS 温度和相对湿度条件的高稳定性确保了可以在宽温/相对湿度范围内进行水分扩散测试，这也为模拟木材干燥、物流包装以及木质建筑维护过程中的水分扩散提供了理论数据支撑。

二、细胞壁的干缩与湿胀

（一）试验材料

本研究从浙江某林场获得了人工林杉木（29 年生）正常木和应压木若干，从心材第 11 个年轮区域制备尺寸为 6 mm×0.8 mm×0.5 mm（R×T×L）的无疵试样，确保在样品横截面内包含完整的第 11 个年轮（图 2-40）。分别制备 3 个正常木和 3 个应压木样品。采用冷冻切片机 HM560 对样品表面进行修整。修整后，样品置于蒸馏水中浸泡 7 d，以达到饱水的状态。此外，制备 20 μm 厚度的切片（横向、径向和弦向）和 150 μm 厚的弦向切片，分别用于解剖结构表征和微纤丝角测量。在微纤丝角测量之后，将切片切成碎屑（1 mm×0.8 mm×0.5 mm，*R*×*T*×*L*）用于等温吸附曲线测定。

（二）试验方法

1. 吸着、解吸试验

利用环境扫描电镜（ESEM，FEI Quanta FEG 600）进行水分的吸着、解吸试验。通过调整仓内的温度和压强以改变环境相对湿度。首先，将 ESEM 仓内温度调整至 6℃，压强调整至 931 Pa（对应 RH 为 100%），保持 24 h 后调整蒸汽压强至 878 Pa（对应 RH 为 95%），再保持 12 h。之后，通过逐步降低或升高压强，进行解吸或吸着试验。在每个压强水平（RH 水平）平衡 12 h 以确保样品达到对应的平衡含水率。图 2-41 显示了对应步骤的温度、压强和相对湿度。

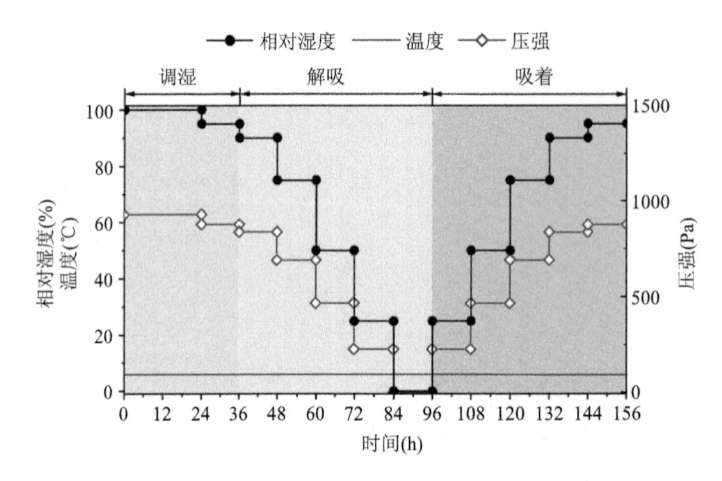

图 2-41　解吸、吸着过程中的温度、压强和相对湿度

2. 干缩湿胀的尺寸变化

在每个正常木和应压木试样中，分别选取表面平整的晚材、过渡材和早材区域，并在解吸和吸着过程中对上述区域进行实时监测。

3. 等温吸附曲线

采用动态蒸汽吸附仪（DVS Advantage 2）进行等温吸附曲线测定。采用约 30 mg 饱水木屑进行试验。温度设定为 25℃，相对湿度与吸着、解吸试验的 RH 设定一致（95%→90%→75%→50%→25%→0→25%→50%→75%→90%→95%）。在任一 RH 水平的平衡时间取决于质量变化率。当质量变化率小于 0.0002%/min，RH 自动调整至下一个水平。对正常木和应力木分别进行 3 次重复试验。

（三）结果与讨论

1. 解剖结构及微纤丝角

通常，木材细胞壁的壁腔比从早材到晚材逐渐增加。在正常木的早材中，壁腔比低至 10.6%，在晚材中增加到 56.5%。应压木的特点之一就是较大的壁腔比（Timell，1986），且早、晚材间的差异较小：早材为 24.8%，晚材为 44.2%。此外，应压木可能缺失 S_3 层（图 2-42e），且管胞壁上有螺纹裂隙（图 2-42b、e）。根据广角 X 射线衍射的结果分析，应压木的微纤丝角约为 40°，正常木的微纤丝角约为 11°。与正常木相比，应压木的管胞和射线细胞中充满了橙色物质——单宁，和其他细胞中的单宁颜色相似（Angyalossy et al.，2016）。

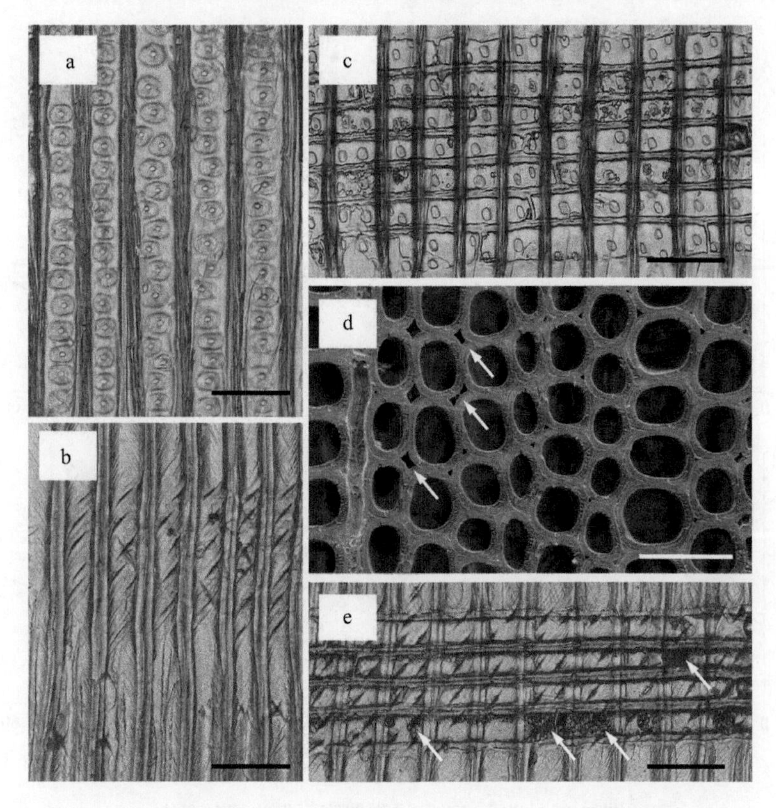

图 2-42　正常木（a、c）和应压木（b，d 和 e）的部分解剖特征

比例尺：50 μm

d 图中箭头所示为细胞角隅处空隙；e 图中箭头所示为单宁

2. 单一细胞的面积变化

图 2-43 为解吸和吸着过程中单一细胞横截面的面积变化。可以看出，细胞面积随 RH 的降低而缩小，随 RH 的升高而增大。当 RH 变化时，水分子从细胞壁表面解吸或被吸附到细胞壁表面。由于 S_2 层在细胞壁中的比例较大，因此 S_2 层对木材的干缩和湿胀影响程度最大（Siau，2012）。单一细胞的总面积变化是细胞壁和细胞腔变化的叠加。在吸着过程中，细胞、细胞壁以及细胞腔随 RH 的升高发生湿胀现象。但是，当 RH 从 95%降到 90%，甚至降到 75%时，细胞腔出现了膨胀行为，在之后的相对湿度降低过程中才能观察到干缩。其中，正常木的晚材表现出最明显的细胞腔膨胀，其膨胀量达到 1.57%。

细胞腔的膨胀行为不仅在杉木中可以观察到，且早在 1933 年已经有所争论。Beiser（1933）发现早、晚材的细胞腔均会在吸着过程中发生膨胀。Stamm 和 Loughborough（1942）提出细胞腔尺寸在水分变化过程中保持恒定。接着，Quirk（1984）观察到花旗松早材在干燥过程中细胞腔膨胀，但晚材细胞腔发生干缩。根据本研究结果可以看出，在吸着和解吸过程中，细胞腔的湿胀和干缩趋势一致，但幅度不同。在解吸过程的初始阶段，细胞的内壁（即细胞腔一侧）比细胞外壁更容易发生干缩，因为高度木质化的胞间层对细胞外壁的横向移动提供了阻力。此外，解吸过程中由于水分减少使得细胞壁硬度的增加可能也起到了额外作用。因此，细胞面积的变化是细胞壁和细胞腔以及次生壁中不同层之间相互权衡的结果。在不同的细胞类型（正常木或应压木，晚材、过渡材或早材）中，细胞面积的变化存在差异。随着壁腔比的减小，细胞的干缩率和湿胀率均有所减小。并且，细胞壁的面积变化要较细胞大，在 50%～90%RH，细胞和细胞壁的面积变化近似线性，这种结果在之前的研究中也有报道（Murata and Masuda，2006）。

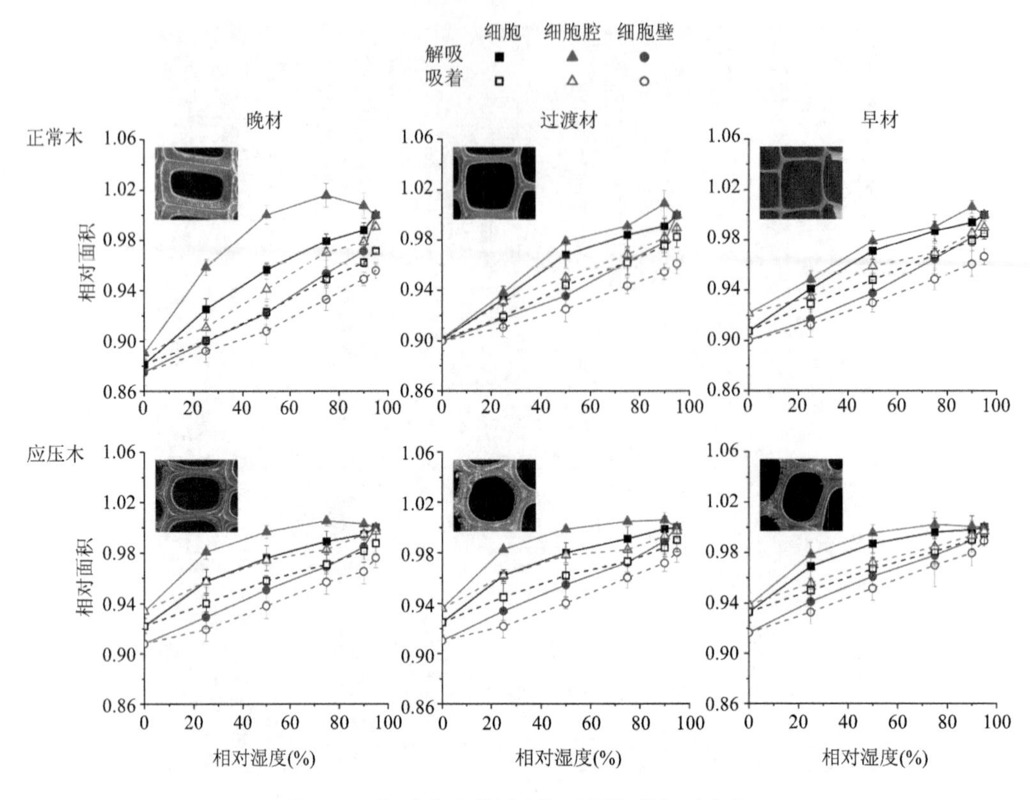

图 2-43　解吸和吸着过程细胞面积的相对变化

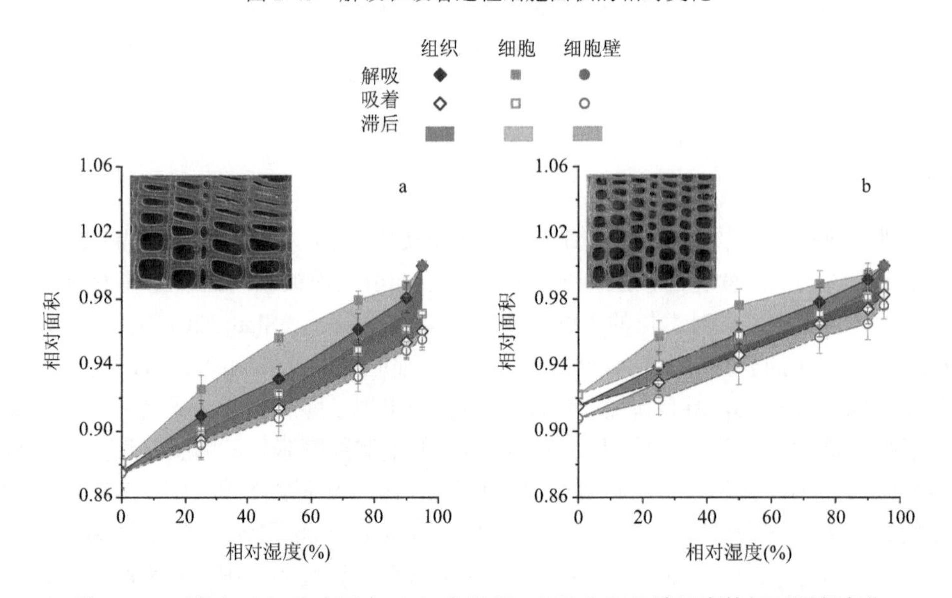

图 2-44　正常木（a）和应压木（b）在组织、细胞和细胞壁尺度的相对面积变化

3. 不同尺度的面积变化

图 2-44 比较了正常木和应力木在不同尺度的面积变化。在解吸过程中，组织尺度的相对面积变化介于细胞尺度和细胞壁尺度之间。在 0% RH 时，正常木晚材在组织、细胞和细胞壁尺度的相对面积分别为 0.876、0.881 和 0.875，应压木晚材在组织、细胞和细胞壁尺度的相对面积分别为 0.915、0.922 和 0.908。该结果反映了细胞壁、细胞和组织之间的相互依赖关系。

木材作为一个复杂的层级系统，有能力在不同尺度微调其结构（Fratzl and Weinkamer，2007）。在细胞尺度，细胞可以看作是细胞壁和细胞腔的复合体，细胞的尺寸变化是细胞腔和多层细胞壁变化的总和。

经过 12 h 的平衡时间，封闭的管胞假设已达到相同的 RH。在组织尺度上，管胞通过胞间层相互连接。随着含水率的变化，胞间层可以实现相邻细胞间的连接，同时，胞间层也有助于干缩或湿胀，根据 Nečesaný（1966）的研究结果，高度木质化的胞间层，其吸湿变形比细胞大，这可以解释为什么组织尺度的尺寸变化较细胞尺度的大。

4. 微纤丝角和壁腔比对干缩湿胀的影响

在生长过程中，树木通过调节解剖结构（微纤丝角、细胞大小和壁腔比）来优化水分运输和机械支持（Reiterer et al.，2001；Burgert et al.，2007；Eder et al.，2008）。为了解释微纤丝角和壁腔比的作用，分别分析了干缩率/湿胀率与微纤丝角、壁腔比的关系（图 2-45，图 2-46）。

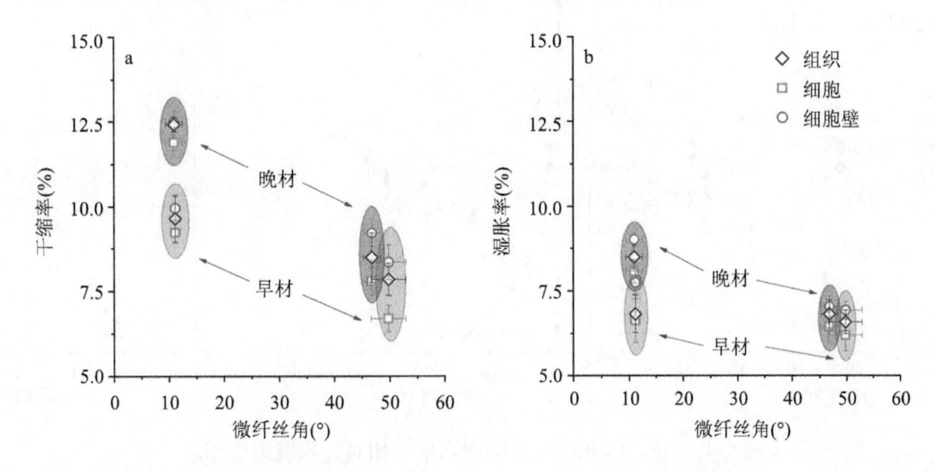

图 2-45　在组织、细胞与细胞壁尺度微纤丝角与干缩率（a. 95%→0%RH）及湿胀率（b. 0%→95%RH）的关系

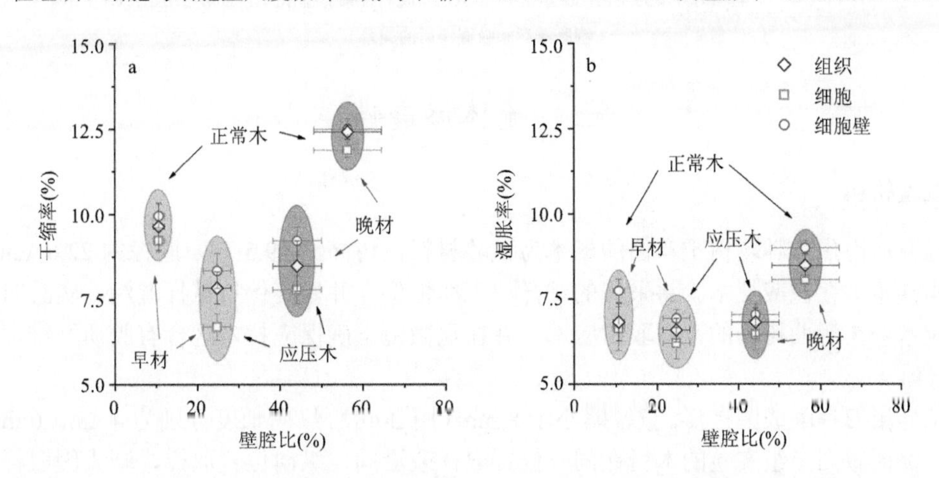

图 2-46　在组织、细胞和细胞壁尺度壁腔比与干缩率（a. 95%→0%RH）及湿胀率（b. 0%→95%RH）的关系

从图 2-45 中可以明显看到正常木晚材的干缩率明显大于早材，这主要与较大的壁腔比有关。应压木大微纤丝角明显反映出较小的细胞壁尺寸变化。由于湿胀滞后，样品的湿胀率明显小于干缩率（图 2-46）。在正常木的早、晚材间能够观察到组织尺度湿胀和干缩的显著差异（$P<0.05$），但应压木的早、晚材间不存在统计学差异。这主要是因为：①应压木较大的微纤丝角使得尺寸变化较小；②应压木的解剖结构也对尺寸变化具有缓解作用，包括管胞壁上的螺纹裂隙，以及细胞角隅处的空隙。

5. 湿胀滞后

正常木和应压木的含水率见图 2-47。在给定的相对湿度水平下，应压木的含水率较正常木高。应压木的高含水率可能与更多的半纤维素、木质素沉积有关（Plomion et al.，2001；Peng et al.，2019）。本研究中，等温吸附曲线从解吸开始进行，这与前人所采用的扫描等温法有所差异（Hill et al.，2010；Xie et al.，2011；Fredriks-son and Thybring，2018）。在给定的相对湿度水平下，应压木的吸湿滞后较正常木高。

根据含水率（图 2-47a）以及细胞壁的面积变化，建立了二者的关系，如图 2-47b 所示。正常木和应压木在低于 15%含水率时的面积变化呈线性，这在以往的研究中也有类似的发现（Ma and Rudolph，2006；Murata and Masuda，2006）。此外，在低含水率范围内（小于 10%），吸着、解吸过程中细胞壁面积的变化基本一致，这是因为吸着水分子直接与细胞壁表面相连。进一步构建了“吸湿滞后”和“湿胀滞后”之间的关系（图 2-47c）。这两个滞后呈现正相关关系，在相同的吸湿滞后数值，正常木的湿胀滞后明显高于应压木（图 2-47c）。吸湿滞后通常认为与含水率变化过程中细胞壁的干缩及湿胀力学有关（Hill et al.，2012；Engelund et al.，2013）。木质素含量越高，木材细胞壁的湿胀滞后现象越显著（Kulasinski et al.，2015；Derome et al.，2018）。

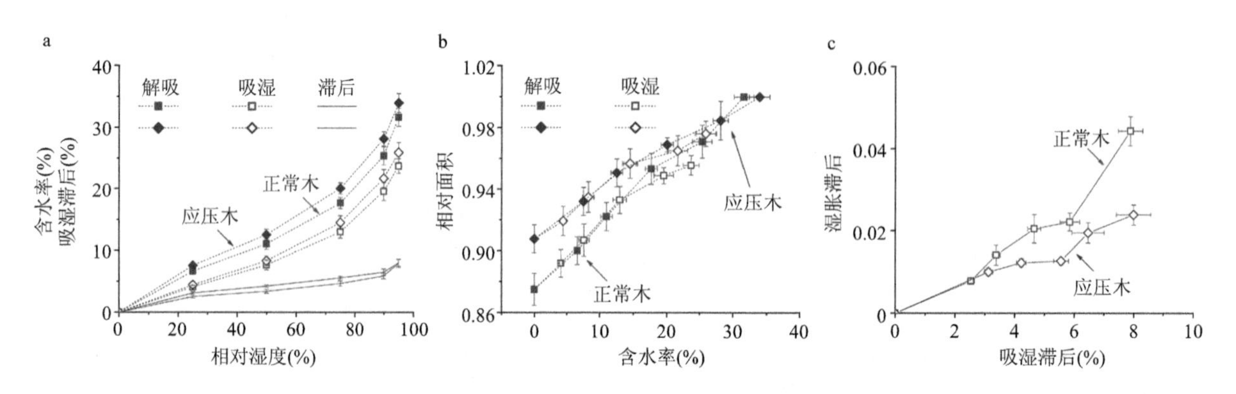

图 2-47　正常木和应压木的含水率、相对面积及湿胀滞后

a. 正常木与应压木的含水率和吸湿滞后随相对湿度的变化；b. 正常木和应压木晚材在细胞壁水平上的相对面积；c. 正常木与应压木晚材细胞壁湿胀滞后和吸湿滞后的关系

三、流体渗透性

（一）试验材料

本研究选取河南焦作林场树干弯曲的杨木为试验材料，树高约 19.5 m，胸径约 22.6 cm，用氯碘化锌试剂法证明样本中存在应拉木。将采集的试样放入冰柜保存并始终保持试样湿润。实验时在弯曲树干的上侧取应拉木，在弯曲树干的下侧取对应木，并在显微镜下确保应拉木区含有胶质纤维，而对应木区中缺少胶质纤维。

将待测试样用刀片削成圆柱形，直径略小于 8 mm（图 2-48）。纵向长度分别为 4 mm、6 mm 和 8 mm。选取试样时，保证做同一组实验的木材在同一位置取样或沿同一纵向位置取样，减少因取样位置不同带来的实验误差。所有试样均经过 CO_2 超临界干燥，保存在干燥器中。

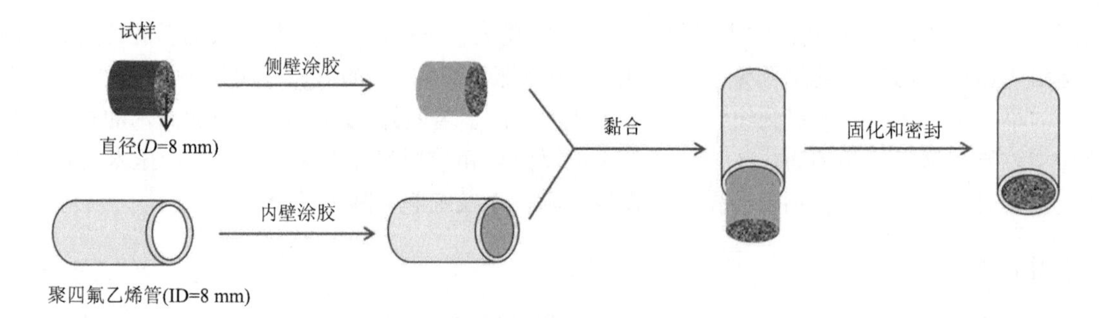

图 2-48　渗透性测试制样方法示意图

（二）试验方法

1. 制样方法

将已经干燥后的圆柱状试样侧壁涂 AB 胶，保证侧壁孔隙无法通过气体。之后迅速将聚四氟乙烯管[内径（ID）为 8 mm]的内壁涂 AB 胶，用镊子将试样放入管内黏合，放置的过程中要确保待测面不被污染。黏合后等待固化和密封，然后将粘好的试样放入干燥窑中固化 24 h。详细操作步骤如图 2-48。

2. 空气渗透性测试方法

空气渗透性的测量采用自制装置进行，该装置在多种木材和竹材上均具有很好的重复性，表明装置稳定、数据可靠，可用于本次气体渗透性实验。空气渗透性测试以达西定律为原理，在本研究中，根据自制实验仪器的实际情况进行改进：流体体积流率（Q）与压强梯度（ΔP）存在以下线性关系，K 为渗透系数，与流体自身特点和木材本身结构相关，当两者都不变时，流体体积流率（Q）与压强梯度（ΔP）成正比。

$$K = \frac{Q}{\Delta P} \tag{2-12}$$

空气渗透性测量装置（图 2-49）由真空泵、调节阀、数显流量计、变径转换接头和多孔式洗气瓶等组成，采用真空泵负压提供压差，使空气定向通过试样。测量时先打开真空泵，缓慢调节阀门观察真空表示数，使气体先通过洗气瓶，去除空气中的杂质，然后进入被测样品，等待真空表和数显流量计示数稳定后，读出该压强下数显流量计的示数。不断调节阀门，观察到真空表示数按梯度增加，记录下不同压强下数显流量计的示数。

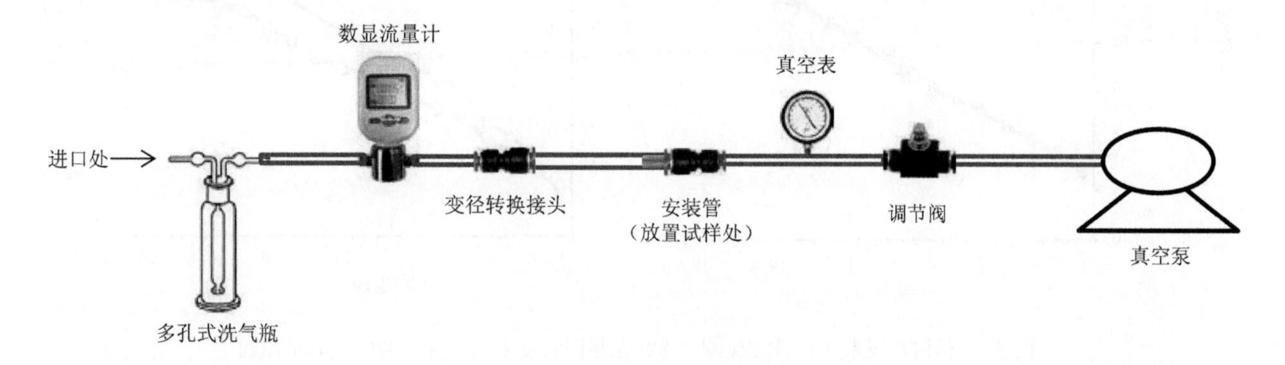

图 2-49　空气渗透性测量装置

3. 氮气渗透性测试方法

氮气渗透性测量采用自制装置进行，该装置经反复测试具有很好的稳定性和重复性。该装置与空气渗透性测试装置类似。以达西定律为原理，用氮气罐本身的压强来提供压强差和氮气。氮气渗透性测量装置如图 2-50 所示，由氮气罐、变径转换接头、调节阀、压力表、数显流量计构成。测量时打开氮气罐的阀门，调节气罐阀门使氮气压强能够保证后续实验用气，之后调节调节阀，观察压力表示数，使氮气在不同压强下通过试样，并读出不同稳定压强下数显流量计的示数。

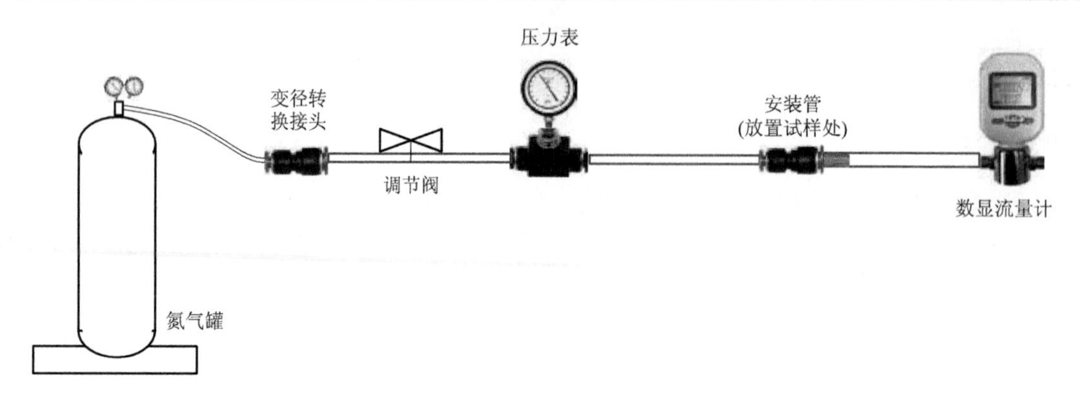

图 2-50　氮气渗透性测量自制装置

（三）结果与讨论

1. 应拉木和对应木空气渗透性结果

1）相同纵向长度试样空气渗透性测量结果

本研究分别对杨树应拉木和对应木纵向长度为 4 mm、6 mm 和 8 mm 的三组平行样的空气渗透性进行了测试。所有试样的渗透性测试结果均呈现出较高的稳定性，相同长度的平行试样结果重复性较高，表明该实验结果准确并且装置具有良好的稳定性。下面以对应木和应拉木 6 mm 试样的渗透性测试结果为例（图 2-51）。

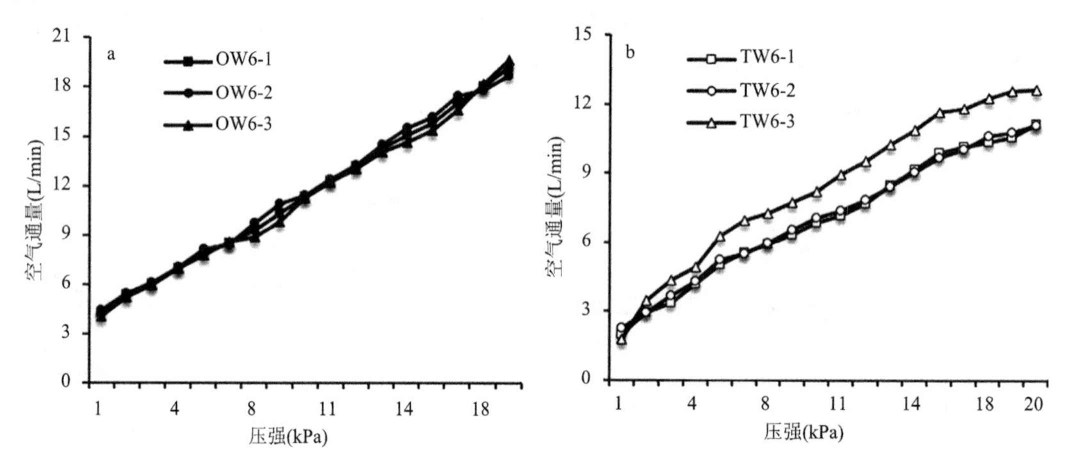

图 2-51　杨树对应木（a）和应拉木（b）在相同长度不同压强下的空气通量曲线

OW 为对应木，TW 为应拉木，下同；图例中 6-1/6-2/6-3 表示三组平行试样

从图 2-51 可以看出，在 1～20 kPa 压强下，随着压强的增加，杨树应拉木和对应木的空气通量也在稳步增加，呈现明显的线性趋势，这与达西定律公式体现的压强和通量的线性关系相吻合。应拉木的平均空气通量随着压强增加由 2 L/min 增加至 11 L/min，对应木的平均空气通量由 4 L/min 增加到 19.5 L/min。每一个相同的压强下，对应木的空气通量均高于应拉木。此外，应拉木和对应木 4 mm 与 8 mm 长度的测试结果也呈现相同的趋势，对应木试样表现出更好的空气渗透性。该结果与对应木更发达的大孔结构相对应，丰富的大孔孔隙使得对应木在空气流通中表现优异。

2）不同纵向长度试样空气渗透性测量结果

不同压强下不同纵向长度的杨木应拉木和对应木的空气量如图 2-52 所示。对应木 4 mm、6 mm 和 8 mm 三个纵向长度的空气通量呈现递减的趋势，压强最大值时对应木平均气体通量依次为 23.8 L/min、19.9 L/min 和 15.2 L/min。应拉木趋势与对应木相同，空气通量也随着试样长度的增加逐渐减小，4 mm、

6 mm 和 8 mm 的压强最大处平均气体通量分别为 14.9 L/min、11.1 L/min 和 7.0 L/min。由此可以得出，试样长度增加使空气的渗透路径变长，有效地降低了空气在木材中的通量。

对比图 2-52a 和图 2-52b，可以看出应拉木和对应木渗透通量的差异，相同长度的对应木的空气通量均高于应拉木，表现出更好的空气渗透性。木材作为一种天然的毛细多孔材料，其纹孔和细胞腔相互连接，为流体流通提供了便利的通道。流体在木材中的渗透主要通过细胞腔、导管和纹孔膜等来实现（鲍甫成和吕建雄，1992a，1992b；吕泽群，2018）。应拉木与对应木在孔隙和化学组成上存在较大差异，孔隙结构会影响气体通过木材的状态。

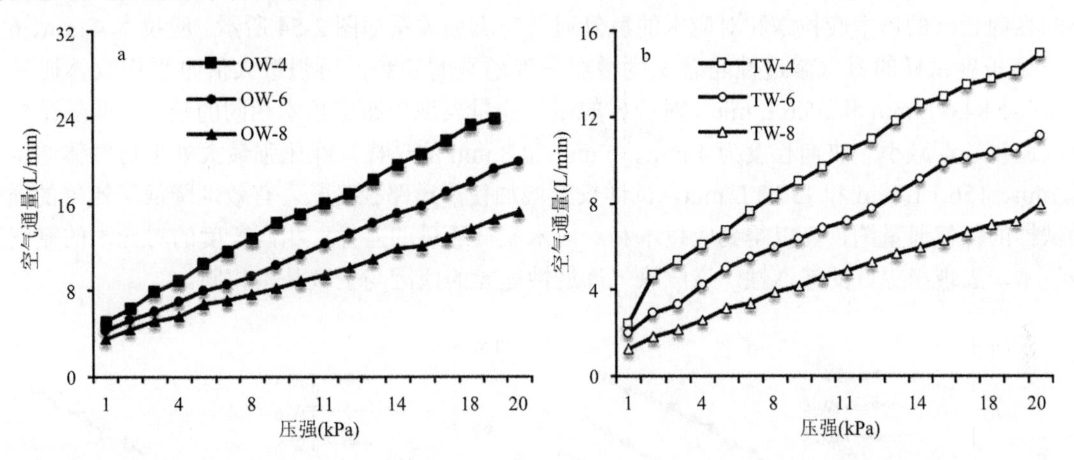

图 2-52　杨木对应木（a）和应拉木（b）在不同压强和纵向长度下的空气通量曲线

图例中-4/-6/-8 分别表示试样纵向长度为 4 mm/6 mm/8 mm

对应木导管组织比量高于应拉木并且导管直径大于应拉木，能够为空气通过提供更有利的通道，使得空气的渗透通量大于应拉木。应拉木尽管具有丰富的介孔孔隙（Clair et al.，2008；Chang et al.，2009，2015；苌姗姗等，2011），但在空气渗透中并没有表现出优势，由此推测介孔孔隙不是空气通过木材的主要通道。

2. 应拉木和对应木氮气渗透性结果

1）相同纵向长度试样氮气渗透性测量结果

图 2-53 为杨木应拉木和对应木 4 mm、6 mm 和 8 mm 三组平行样在不同压强下的氮气通量曲线，可以看出，平行样的试验结果重复性较高，数据可靠，说明该装置具有稳定性。下面以 6 mm 长的对应木（OW6）和应拉木（TW6）试样的氮气通量数据为例。

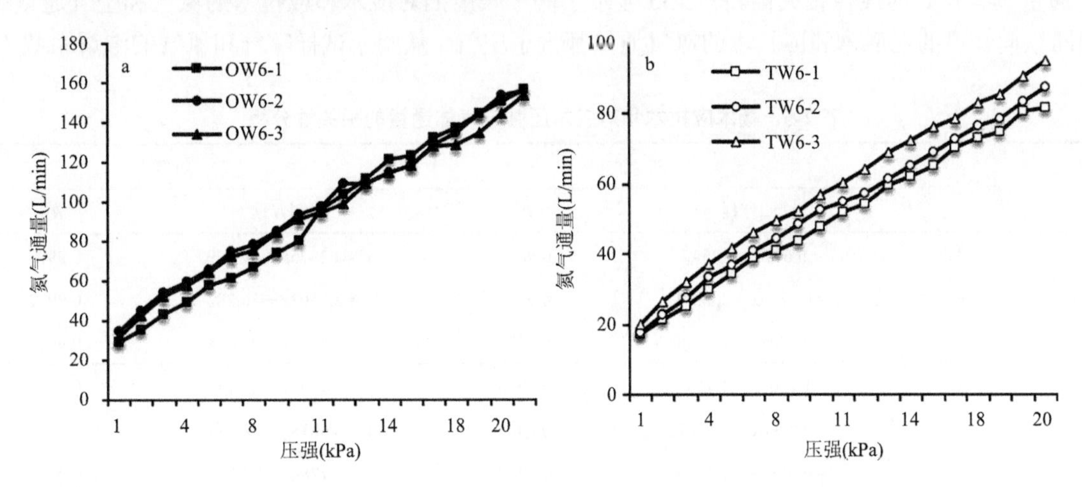

图 2-53　杨木对应木（a）和应拉木（b）在相同长度不同压强下的氮气通量曲线

图例中-1/-2/-3 表示三组平行试样

从图 2-53 可以看出，在 1～20 kPa 压强下，随着压强的增加，杨树应拉木和对应木的氮气通量也在增加，并呈现明显的线性趋势，与空气渗透性趋势相同，均遵循达西定律。应拉木的平均氮气通量随着压强增加由 17.5 L/min 增加到 85 L/min；对应木的平均氮气通量由 32 L/min 增加到 156 L/min。同一压强下，纵向长度为 4 mm 和 8 mm 的试验结果也呈现相同的趋势，不同纵向长度对应木其氮气通量均高于应拉木，即对应木表现出更好的氮气渗透性。由此可以得出，对应木的氮气渗透性优于应拉木，这可能归因于对应木较高的导管组织比量和较大的导管直径以及较短的导管长度。

2）不同纵向长度试样氮气渗透性测量结果

不同纵向长度的杨木应拉木和对应木的氮气通量与压强关系如图 2-54 所示。应拉木 4 mm、6 mm 和 8 mm 三个长度试样的氮气渗透性随着长度增加呈现递减的趋势，压强最大值时平均气体通量分别为 104.2 L/min、84.6 L/min 和 55.6 L/min。对应木的氮气通量表现出跟应拉木相同的趋势，即随试样长度增加，氮气通量逐渐减小。纵向长度为 4 mm、6 mm 和 8 mm 的试样，在压强最大处平均气体通量分别为 180.8 L/min、156.1 L/min 和 137.3 L/min。试样长度增加使渗透路径变长，有效地降低了氮气的通量。对比两种试样的氮气通量图，可以得到应拉木和对应木氮气通量的差异，相同长度的对应木的氮气通量均高于应拉木，表现出更好的渗透性，造成氮气渗透性差异的原因与空气基本相同。

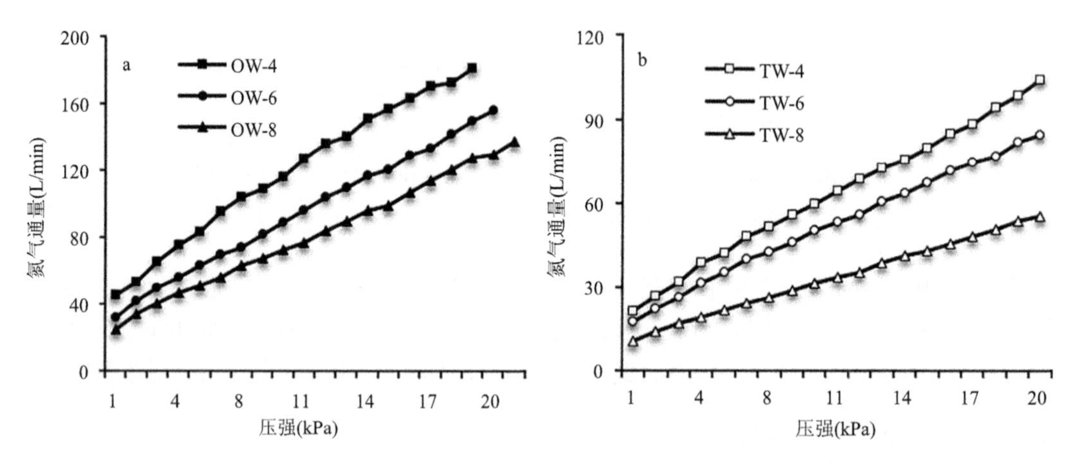

图 2-54　杨木对应木（a）和应拉木（b）在不同压强和纵向长度下的通量曲线

图例中-4/-6/-8 分别表示试样纵向长度为 4 mm/6 mm/8 mm

表 2-5 为杨木对应木和应拉木压强与气体通量的相关性分析。相关系数 R^2 均在 0.98 以上，表明压强和气体通量具有良好的线性相关性。图 2-55 显示了同一长度的对应木和应拉木的氮气和空气通量结果对比。相同纵向长度的对应木和应拉木的氮气通量都大于空气。从同一试样空气和氮气的渗透系数（K 值）

表 2-5　杨木应拉木和对应木压强与气体通量的相关性分析

	长度(mm)	空气		氮气	
		回归方程	R^2	回归方程	R^2
应拉木	4	$y = 0.679x + 3.2547$	0.9811	$y = 4.3975x + 19.629$	0.9972
	6	$y = 0.5273x + 2.0239$	0.9896	$y = 3.6503x + 16.282$	0.9972
	8	$y = 0.3541x + 1.2386$	0.9877	$y = 2.4575x + 9.1414$	0.9991
对应木	4	$y = 1.1706x + 4.3463$	0.9980	$y = 7.9973x + 43.141$	0.9918
	6	$y = 0.9206x + 3.1862$	0.9983	$y = 6.6818x + 28.634$	0.9987
	8	$y = 0.6683x + 2.9646$	0.9970	$y = 5.7286x + 21.722$	0.9979

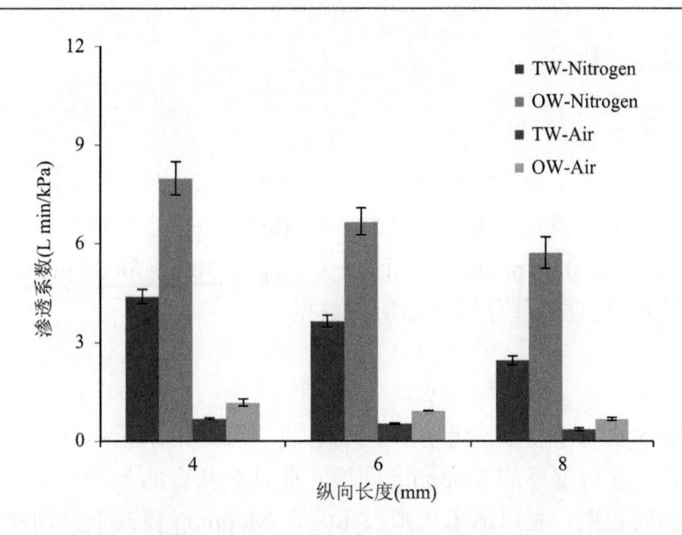

图 2-55　不同纵向长度的杨木应拉木和对应木之间的空气和氮气渗透系数的比较

TW-Nitrogen，应拉木-氮气；OW-Nitrogen，对应木-氮气；TW-Air，应拉木-空气；OW-Air，对应木-空气

的比值可得出，所有试样氮气和空气的比值为（87±2）%，差异基本相同，表明不同种类和长度的试样对氮气和空气的渗透通量差异影响程度基本相同。虽然应拉木中存在丰富的介孔孔隙，但气体沿纵向通过木材时，依然以导管等大毛细管系统为主要通道。

本研究运用自制装置对杨木应拉木和对应木的空气和氮气渗透性进行了测量，主要得出以下 3 点结论：①杨木对应木的气体渗透性优于应拉木，由于对应木中导管直径大、组织比量大，为空气通过木材提供了更好的通道。在给定的长度范围内，随着纵向长度的增加，空气渗透性逐渐减小，渗透路径的增加，一定程度上增加了气体在木材中的阻力，也使更多气体吸附在木材内部，从而降低了渗透性。在一定纵向长度范围内，随着试样长度的增加，木材的空气渗透性逐渐降低。氮气渗透性与空气渗透性趋势相同。②比较同种试样的氮气和空气的渗透性可以得知氮气的渗透性优于空气，原因可能是氮气密度低于空气，大分子杂质含量少于空气，并且在通过木材时摩擦力较小，使氮气更容易通过木材。③杨木应拉木与对应木的孔隙结构在大孔和介孔尺度均存在较大差异，而孔隙为气体通过的通道，其差异影响气体通过木材的结果。对应木在气体渗透性中表现出优势，表明气体在通过木材时会优先通过导管一类的大孔孔隙，发达的大孔结构能够为气体通过木材提供更优质的通道。而应拉木尽管具有丰富的介孔孔隙，但其空气和氮气渗透性均小于对应木，由此推测出介孔孔隙不是气体通过木材的主要通道。

四、细胞壁力学

（一）试验材料

试材取自河南省焦作市林场，选择 10 年生无性系杨木应拉木，在倾斜位置锯取 2 cm 厚的圆盘，沿南北向锯取 2 cm 宽木条（生长轮明显偏宽处为应拉区，另一侧为对应区）待用。

（二）试验方法

1. 纳米压痕样品制作

用羽毛刀片分别在应拉区木材和对应区木材上（第 7 生长轮处）截取 6 mm（R）×6 mm（T）×10 mm（L）的木块，用滑走切片机将木块切成 4 mm（R）×4mm（T）×8mm（L）的小木块（保证各个面的标准和平整），并在横切面修出一个金字塔形，金字塔顶端的区域为 1 mm×1 mm。最终利用超薄切片机先玻璃刀后钻石刀对小区域抛光待用。

2. Mapping 模式测试方法

将精抛后的试样固定到纳米压痕仪的样品台上，利用纳米压痕仪（Imicro，Nanomechanics，美国）的动态模量成像技术（Mapping 模式）进行测试。采用 Berkovich 三角锥钻石压头，模量映射模式最大加载载荷为 0.15 mN，热飘移为 0.05 nm/s，测试区域为 30 μm×30 μm 和 50 μm×50 μm，测试点数为 4900 个和 6400 个；同时利用数据处理软件分析样品所得数据。

（三）结果与讨论

杨木木纤维细胞壁除 S_2 层以外，其他壁层厚度都很薄，利用纳米压痕打点的方式很难获得精确的数据。因此需要在扫描方式下获得整体的 Mapping 图谱，通过对获得的几千个数据根据实际分布情况进行人工筛选，获得每个壁层的数据。利用纳米压痕技术，在 Mapping 模式下分别测试了杨木应拉区和对应区的多根木纤维，获得了木纤维细胞壁的弹性模量、刚度和硬度 Mapping 图谱（图 2-56）。同时对获得的数据进行人工筛选，解析了杨木木纤维各层的弹性模量和硬度（图 2-57，图 2-58）。

杨木应拉区细胞次生壁由 S_1 层+S_2 层+G 层构成，G 层为胶质层，未发现 S_3 层。在应拉区杨木木纤维细胞壁中 3 层的纵向弹性模量存在明显的差异（图 2-57），其中 G 层的平均纵向弹性模量最高，达到了 14.08 MPa，其次为 S_2 层，S_1 层细胞壁弹性模量最低。而在对应区，S_1 层和 S_3 层的弹性模量较为接近。虽然 S_2 层有着最高的 MOE 值，为 11.56 GPa，但是其实和应拉区的 S_2 层值保持一致。在细胞壁的硬度方面（图 2-58），应拉区木纤维中 G 层与次生壁 S_1 层、S_2 层相比稍高，但总体差异不大，都在 0.35～0.45 MPa。对应区的硬度整体低于应拉区。G 层的硬度高于应拉区 S_1 层，前者比后者高 21.62%。结合图 2-57 和图 2-58 可以看出，应拉区木纤维细胞壁中的平均纵向弹性模量、刚度和硬度与对应区细胞壁相比均有提高。

造成这些微观力学性能差异的原因可能来自 3 个方面，即微纤丝角、化学成分和相对结晶度。最主要影响来自微纤丝角，应拉区 G 层的微纤丝角小，几乎与纵向相平行，而 S_1 层和 S_2 层则相对较大，分别为 52.55°和 16.14°。微纤丝角越小，细胞壁的弹性模量越大（Cave and Hut，1968；Wu et al.，2009；Wang et al.，2016；Alméras et al.，2017）。应拉区和对应区弹性模量也遵循这一规律。因为微纤丝角越小，更加平行于主轴方向，则说明纤维都是竖向排列的，当测试时，探针也是垂直落下，所以微纤丝角小的木纤维有着更好的抵抗能力。此外，由于应拉区的纤维素含量比对应区高，木质素含量比对应区低，高纤维素低木质素含量的应拉区有着更好的力学性能。由此可见，纤维素更多地为木材细胞提供了力学强度。而木质素能对纤维素和半纤维素构成的结构空间起填充作用，也能提高细胞壁弹性模量。但是 G 层的厚度更厚，纤维素的增加量也更多，超出了木质素给对应区带来的贡献，所以应拉区的力学性能更好。除此之外，由于杨木应拉区的结晶度比对应区的高，这会对其微观力学产生影响。这是因为结晶度越高，结晶区域越大，排列紧密且相互之间作用力更大的纤维素大分子链相对含量越多，这就使得木材的力学性能更好。

五、单根纤维力学性质

（一）试验材料

选取较为常见、纤维利用广泛且性能相对优异的三种代表性针叶材树种，人工林杉木、白皮松（*Pinus bungeana*）、日本落叶松（*Larix kaempferi*）作为试验材料，基本信息见表 2-6。取样地分别位于浙江开化、北京、辽宁清原。

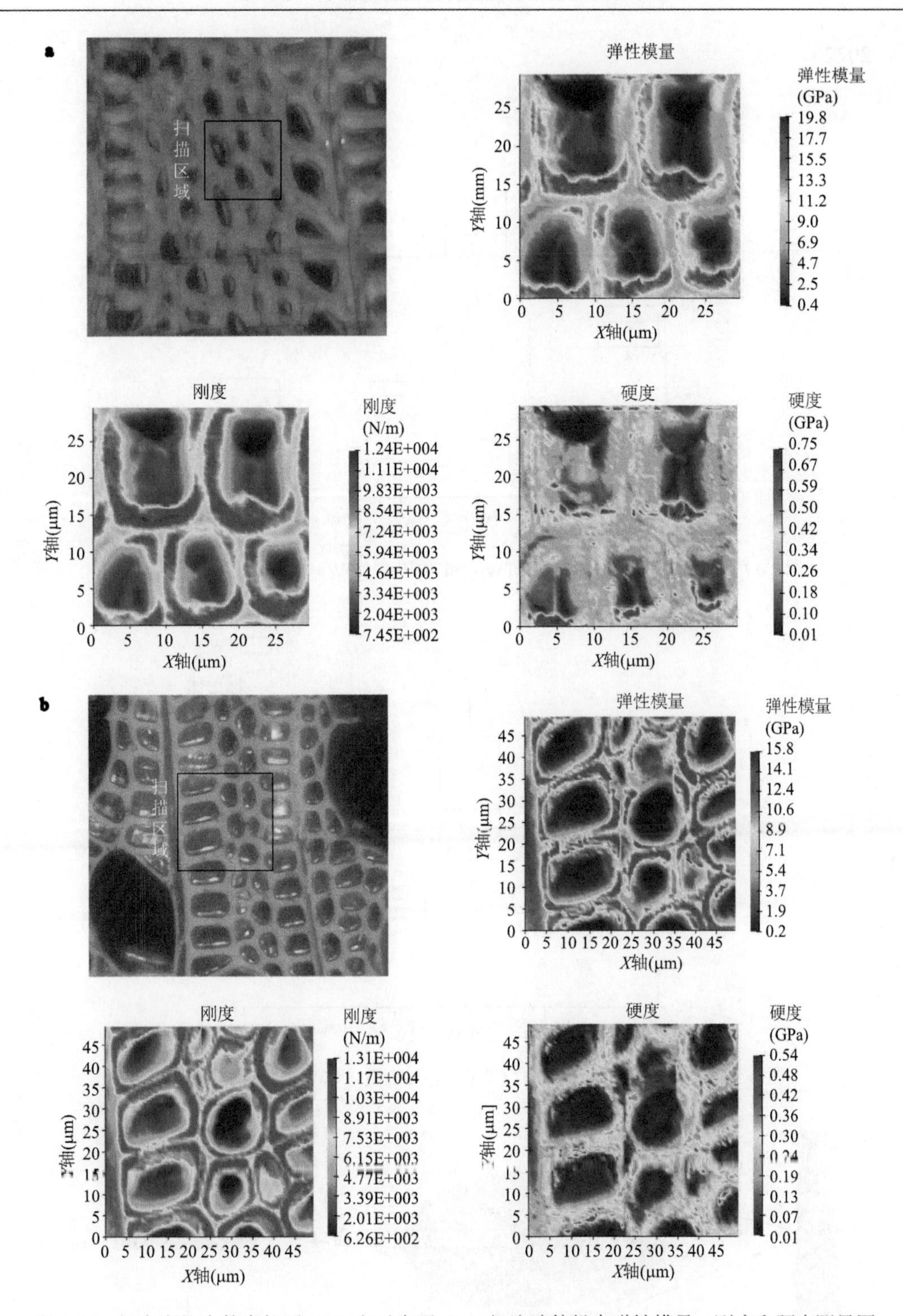

图 2-56　杨木应拉木的应拉区（a）和对应区（b）细胞壁的纵向弹性模量、刚度和硬度测量图

图中的 X 轴与 Y 轴显示纳米压痕扫描区域的大小

人工林杉木：选取 3 个无性系试材，具体信息见表 2-6。取大坝 8 号 1 株，分别在 1.3 m、3.5 m、5.5 m 和 7.5 m 高度截取 40 mm 厚圆盘，沿南北向过髓心锯取宽 20 mm 的毛坯中心条，将毛坯中心条锯切成宽度为 10 mm、高度为 30 mm 的中心条。根据前期对所选杉木、日本落叶松的研究数据及幼龄材与成熟材界定的研究理论，认为成熟年龄约为 14 年（Wang et al.，2021d）。因此，为区分成熟材和幼龄材，在北向中心条自髓心向树皮第 3、第 9 和第 15 生长轮处取样，切成 1 mm×1 mm×3 mm（R×T×L）的小木条备用（图 2-59）。其余 2 个无性系各取 1 株，试样取自 1.3 m 处，加工及制样方法同上（任素红等，2021；

冯启明等，2022）。

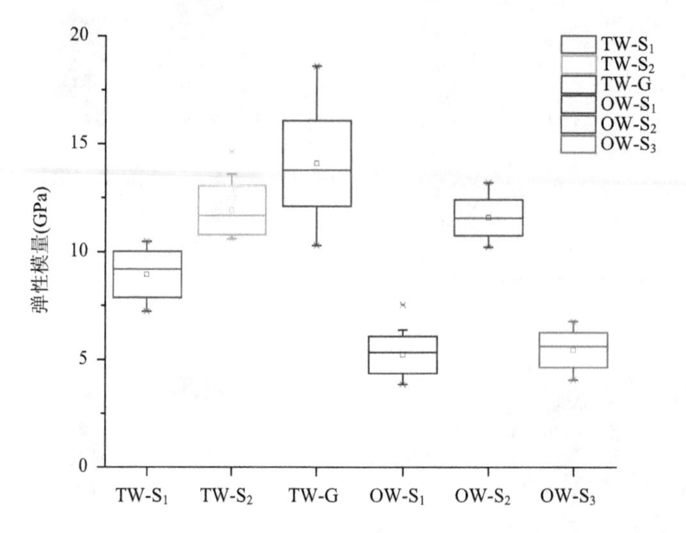

图 2-57　杨木应拉木的应拉区（TW）和对应区（OW）细胞壁各层的弹性模量

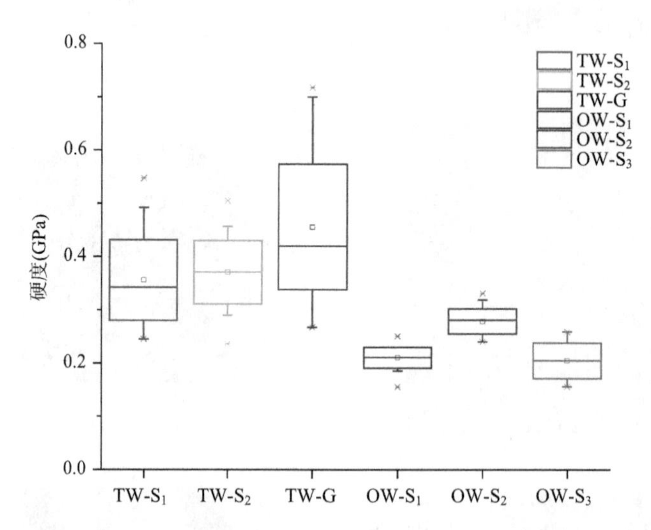

图 2-58　杨木应拉木的应拉区（TW）和对应区（OW）细胞壁各层的硬度

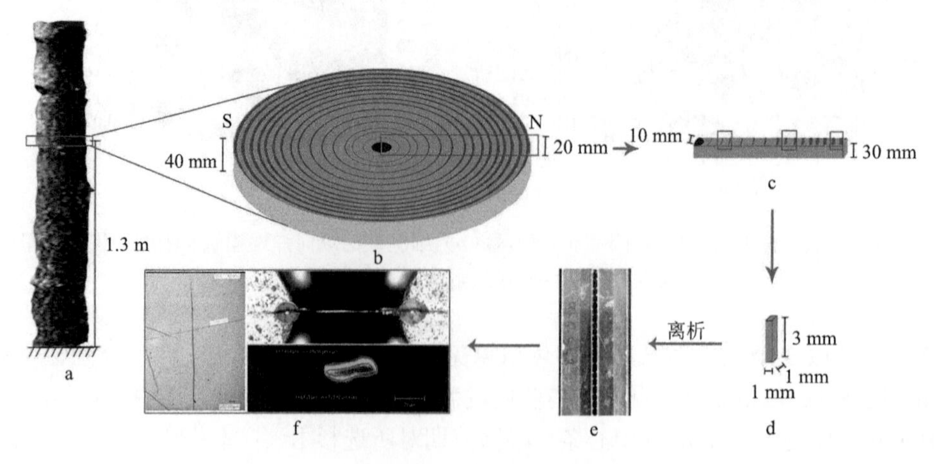

图 2-59　试验流程图

表 2-6　三种针叶材样木基本信息

树种	无性系	树龄	胸径（cm）	树高（m）
杉木（F）	大坝 8 号（8 号）	20	16.8	17.0
	开化 13 号（13 号）	20	15.8	15.1
	开林 24 号（24 号）	20	17.6	17.4
白皮松（P）	—	44	13.0	16.5
日本落叶松（L）	—	30	24.5	18.2

（二）试验方法

1. 试样制备

将小木条装入试管，倒入配制好的离析液（$V_{过氧化氢}:V_{冰醋酸}$=1∶1），在 60℃水浴锅中放置 20 h 左右，待小木条变成白色后取出，用蒸馏水反复洗涤，去除小木条中残留的离析液，然后用玻璃棒将试管中的小木条充分打散于水中，形成白色的悬浮液。用滴管吸取少量悬浮液滴于载玻片上，使杉木管胞细胞充分分散，将载玻片放入 60℃烘箱中烘干备用。在体视显微镜下用超精细镊子选取两端尖削的完整管胞，横放在开有凹槽的有机玻璃模板上，在管胞两端滴 AB 胶固定 12 h 后备用。

2. 单根纤维力学性质

采用高精度植物短纤维力学性能测试仪，测量单根管胞拉伸断裂荷载。传感器量程为 980.7 mN，拉伸载荷精度为 0.01 μN，拉伸速率为 0.05 mm/min。每个生长轮测量有效数据 15 个，结果取平均值。

3. 单根纤维横截面积

将力学性能测试后所得数据有效的 15 根断裂管胞置于吖啶橙（acridine orange）溶液中染色 1 min 后，固定在载玻片上，设置激光光源波长为 488 nm，利用激光共聚焦显微镜测量管胞横截面积（图 2-59）。基于管胞断裂荷载和横截面积，依据《植物单根短纤维拉伸力学性能测试方法》（GB/T 35378—2017）中的公式计算拉伸强度、弹性模量、断裂伸长率。

（三）结果与讨论

1. 杉木单根纤维拉伸性能株内变异

图 2-60 为 8 号杉木单根管胞拉伸性质的径向变异图。在径向，杉木无性系 8 号管胞拉伸强度和拉伸弹性模量均表现为从髓心向外逐渐增大，即 3 年<9 年<15 年；生长轮间拉伸性能差异显著，幼龄（3 年）管胞拉伸性能显著低于 9 年和 15 年。这主要是因为细胞壁 S_2 层的微纤丝角对单根管胞拉伸性能有显著影响，且呈负相关，即随微纤丝角减小，管胞力学性能提高（Wang et al.，2020a）。根据 Wang 等（2021d）的研究结果，杉木微纤丝角在髓心处显著大于边材，因此推测本研究中管胞拉伸性能的径向变异可能与微纤丝角径向变化有关。

8 号无性系杉木拉伸性能测试结果如表 2-7 所示。随树高从 1.3 m 增至 5.5 m，试样的拉伸性能逐渐增大，再向上至 7.5 m 时有所下降。方差分析结果表明，纵向单根管胞拉伸强度差异性均不显著，拉伸弹性模量仅在树高 3.5 m 和 7.5 m、5.5 m 和 7.5 m 之间存在显著差异（$P<0.05$）；任海青和中井孝（2006）的研究结果显示，人工林杉木不同高度间的宏观物理力学性能波动变化，且没有显著差异，说明木材微观力学和宏观力学性能的变异规律具有一致性，微观力学性能可以在一定程度上反映宏观力学性能，深入研究可建立微观-宏观力学性能的关系模型，为木材资源的精准加工利用提供参考依据。

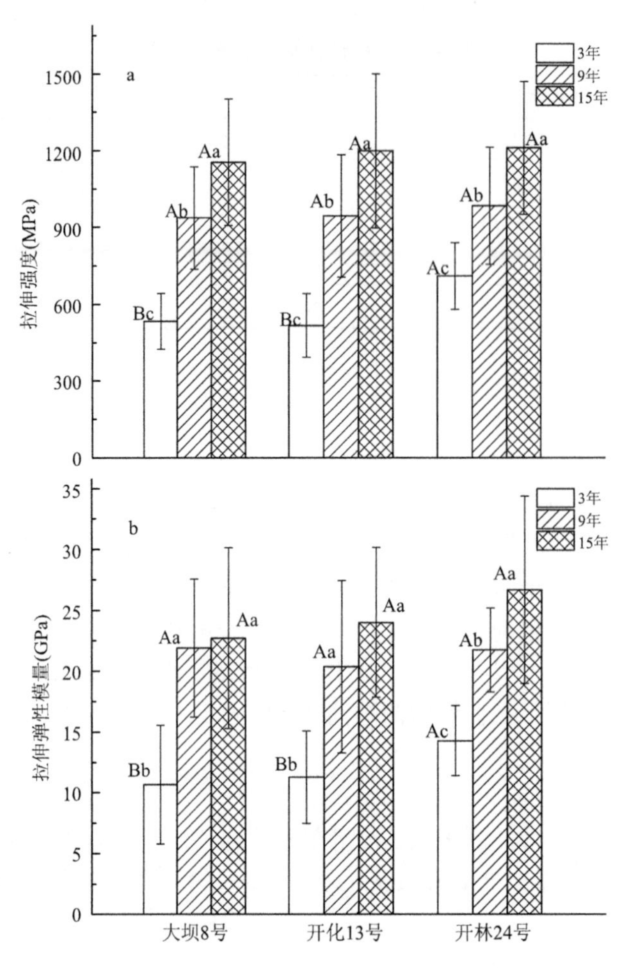

图 2-60　杉木径向单根管胞的拉伸性质

不同大写字母表示同一生长轮不同树高差异显著（$P<0.05$）；不同小写字母表示同一树高位置径向差异显著（$P<0.05$）

表 2-7　杉木纵向单根管胞的拉伸性能

树高位置（m）	拉伸强度（MPa）	拉伸弹性模量（GPa）
1.3	873.32±325.15A*	18.01±8.08AB
3.5	921.48±276.48A	18.85±6.10A
5.5	923.64±376.10A	18.94±5.65A
7.5	883.48±312.14A	16.01±4.94B

注：同列相同大写字母表示不同树高之间差异不显著

2. 杉木无性系单根管胞拉伸性能

表 2-8 和图 2-61 为 3 个杉木无性系单根管胞拉伸性能测试结果。杉木单根管胞拉伸强度和弹性模量均值分别为 910.08 MPa、18.80 GPa，变化范围分别为 336～2005 MPa、6～41 GPa。结果表明，开林 24 号管胞拉伸性能优于其他两个无性系，但 3 个无性系间差异并不显著（$P>0.05$）。在同一生长轮位置，大坝 8 号和开化 13 号、大坝 8 号和开林 24 号间在幼龄（3 年）处拉伸性能差异显著；9 年、15 年的拉伸性能在无性系间差异不显著（$P>0.05$）。无性系不同生长轮间管胞拉伸性能差异主要体现在幼龄时期，可能是由于幼龄材微纤丝角大且变异系数较大（Li et al.，2021b）。相对于成熟材，单根管胞拉伸性能在幼龄材中变化幅度大、变异系数高，说明杉木管胞拉伸性能在早期有筛选价值。

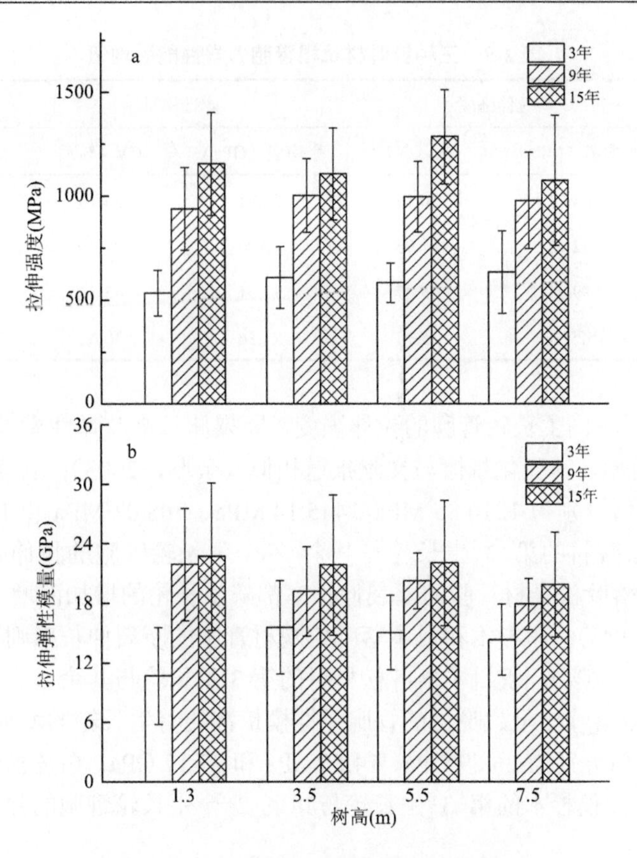

图 2-61 杉木无性系单根管胞拉伸性能

表 2-8 杉木无性系单根管胞拉伸性能

无性系	拉伸强度（MPa）	拉伸弹性模量（GPa）
大坝 8 号	873.32±325.15A	18.01±8.08A
开化 13 号	880.21±363.31A	18.43±7.86A
开林 24 号	968.63±293.84A	20.90±7.21A

注：同列相同大写字母表示不同品系间差异不显著

3. 三种针叶材单根纤维拉伸性能

3 种针叶材单根管胞力学性能（3 个生长轮）的平均值列于表 2-9。日本落叶松早、晚材拉伸强度与其他学者的研究结果（150～1780 MPa）基本一致（上官蔚蔚等，2011b）；弹性模量与其他学者测得的结果（11.44 GPa）略有不同（邵亚丽，2012）。日本落叶松晚材的拉伸强度、断裂伸长率与弹性模量平均值均为最高，且拉伸强度和弹性模量的变异系数相对较小（仅高于白皮松），但断裂伸长率的变异系数最大，说明日本落叶松晚材的力学性质不太稳定。日本落叶松晚材的拉伸强度与弹性模量为早材的 2～3 倍，这与其他学者的研究结果一致（赖猛，2014）。杉木管胞的拉伸强度和弹性模量测试结果与其他学者的研究结果（616.59 MPa、34.57 GPa）有所不同（高洪娜，2014）。这些差异可能是管胞取样的生长轮、树高，树木的生长环境、无性系等因素导致的。白皮松的拉伸强度、断裂伸长率与弹性模量平均值最低。

表 2-9　三种针叶材单根管胞力学性能平均值

试样	拉伸强度		弹性模量		断裂伸长率	
	平均值（MPa）	CV（%）	平均值（GPa）	CV（%）	平均值（%）	CV（%）
杉木	963.73	30.15	20.91	34.10	4.78	21.55
白皮松	442.92	21.95	12.90	22.95	3.33	33.63
日本落叶松早材	599.04	45.87	12.91	42.53	3.85	34.29
日本落叶松晚材	1529.28	25.73	21.36	30.62	5.63	36.06

图 2-62 为 3 种针叶材不同生长轮管胞的拉伸强度、断裂伸长率及弹性模量。3 种针叶材管胞拉伸强度均随生长轮的增加而增加，其变化规律与文献报道相似（余雁，2003）；在第 15 生长轮处分别达到最大值，F、P、LE、LL 均值分别为 1210.85 MPa、445.14 MPa、708.03 MPa 和 1847.45 MPa。显著性分析表明，杉木与日本落叶松晚材的第 3 生长轮与其余 2 个生长轮管胞的拉伸强度之间存在显著性差异（$P<0.05$）。白皮松和日本落叶松早材管胞的断裂伸长率都随生长轮的增加而增大，分别在第 15 生长轮处达到最大值（3.62%和 3.99%）；而杉木和日本落叶松晚材管胞的断裂伸长率则分别在第 3 和第 9 生长轮处达到最大值（5.07%和 7.06%）；仅日本落叶松早材的第 3 生长轮与其余 2 个生长轮之间存在显著性差异（$P<0.05$）。杉木与日本落叶松早、晚材的管胞弹性模量都随着生长轮的增加而增大，且均在第 15 生长轮处达到最大值，最大值分别为 26.69 GPa、14.65 GPa 和 23.17 GPa。白皮松管胞的弹性模量则随着生长轮的增加先减小后增大；仅杉木的第 3 生长轮与其余 2 个生长轮管胞的弹性模量间存在显著性差异（$P<0.05$）。

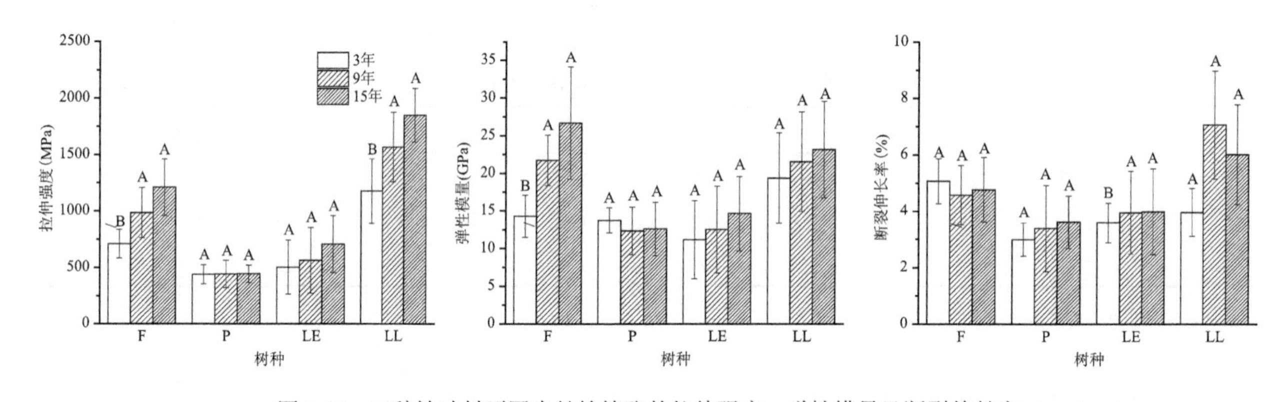

图 2-62　三种针叶材不同生长轮管胞的拉伸强度、弹性模量及断裂伸长率

F，杉木；P，白皮松；LE，日本落叶松早材；LL，日本落叶松晚材。不同大写字母表示同一树种不同生长轮间差异显著

力学性质的变化与细胞形态、化学组成、微纤丝角、结晶度及含水率等的变化有关，木质素含量越高，拉伸强度与断裂伸长率越小，弹性模量越大（张双燕等，2012）；微纤丝角越小，拉伸强度与弹性模量越大；结晶度越大，细胞壁弹性模量越大（孙海燕等，2019）。本研究中，管胞力学性能的径向变异可能受到管胞壁中综纤维素含量变化、微纤丝角从髓心至边材递减、结晶度变化等多重因素的影响，需要进一步深入探究。从图 2-62 中可知，日本落叶松晚材管胞的 3 种力学性能指标普遍较高，说明其刚度大、柔韧性好；另外，其变异系数也相对较小，说明其性能稳定，力学性能最为优异。

六、木材黏弹行为及其等效性

（一）木材蠕变行为“时间-温度-应力”等效

1. 试验材料

从浙江某林场获得了人工林杉木（29 年生）若干，从心材区域制备尺寸为 10 mm×10 mm×10 mm（$L\times R\times T$）的无疵小试样，并采用五氧化二磷干燥 9 周。试样含水率及密度分别为 0.6%和（0.39±0.02）g/cm^3。

2. 试验方法

1）蠕变试验

采用动态机械分析仪（Q800，TA，美国）进行蠕变试验。将经五氧化二磷干燥后的试样，放入动态机械分析仪内，选择压缩模式，并在弦向施加压缩载荷。施加的载荷分别为 3 N、6 N、9 N、12 N 或 15 N；相应地，压缩应力分别为 0.03 MPa、0.06 MPa、0.09 MPa、0.12 MPa 或 0.15 MPa。测试温度分别为 140℃、160℃、180℃、200℃和 220℃。测试时间为 60 min。在试验过程中，水分散失以及热膨胀所引起的变形未考虑。试验前（m_0）后（m_i）对试样进行称重，测得不同温度下的质量损失。

2）结构与组分表征

蠕变试验后，采用滑走式切片机，在试样横切面制备 15 μm 厚的样品。将样品放置于载玻片上，滴水滴，盖玻片覆盖，并用指甲油封边。利用 LabRAM XploRA 共聚焦拉曼光谱仪和共聚焦显微镜进行拉曼光谱的原位表征。切片后，剩余的样本喷金后，在扫描电子显微镜下进行解剖特征表征。

3. 结果与讨论

1）压缩蠕变

图 2-63 的左侧是一系列温度下压缩应变（ε）随时间的变化。在任一温度下，应力越大，ε 越大。180℃、0.15 MPa 下的 $\varepsilon_{60\min}$ 比 0.03 MPa 下的 $\varepsilon_{60\min}$ 增加了约 37%。此外，温度越高，相同蠕变时间后的 ε 越大。在 140℃、160℃、180℃、200℃和 220℃下，$\varepsilon_{60\min}$ 均值分别为 1.94%、2.34%、2.63%、2.68%和 2.73%。当应力低于 0.09 MPa，或温度不超过 180℃时，ε 呈现近似线性变化。然而，当温度为 200℃或 220℃时，ε 的变化率随蠕变时间的增加而增大，这表明出现了非线性蠕变行为（Jazouli et al.，2005）。在高温域内，随着温度的升高，聚合物组分获得了更多的热能，表现为硬度的降低和黏度的增加。

根据图 2-63 的结果可以看出，在压缩蠕变试验中，温度的升高或应力的增大对杉木 ε 的增加效果类似。“时温等效”原理（TTSP），作为一个被广泛接受的概念，连接了木材以及其他聚合物在时间和温度标度上的流变特性（Kelley et al.，1987）。不同的模型相继被提出，用来改变时间和温度标度特性。最常用的是 Williams-Landel-Ferry（WLF）模型（Williams et al.，1955）。根据 WLF 模型，ε 的温度（T）依赖性可以表示为

$$\varepsilon(t,T)=\varepsilon(t+\lg\Phi_T,T_0)=\varepsilon(\zeta,T_0) \tag{2-13}$$

$$\lg\Phi_T=\frac{-C_1(T-T_0)}{C_2+(T-T_0)} \tag{2-14}$$

与 TTSP 类似，TSSP（time-stress superposition principle）也可用于表征聚合物的黏弹特性（Luo et al.，2001）。基于 TTSP 的 WLF 模型，可改写为

$$\varepsilon(t,\sigma)=\varepsilon(t+\lg\Phi_\sigma,\sigma_0)=\varepsilon(\xi,\sigma_0) \tag{2-15}$$

$$\lg\Phi_\sigma=\frac{-C_1'(\sigma-\sigma_0)}{C_2'+(\sigma-\sigma_0)} \tag{2-16}$$

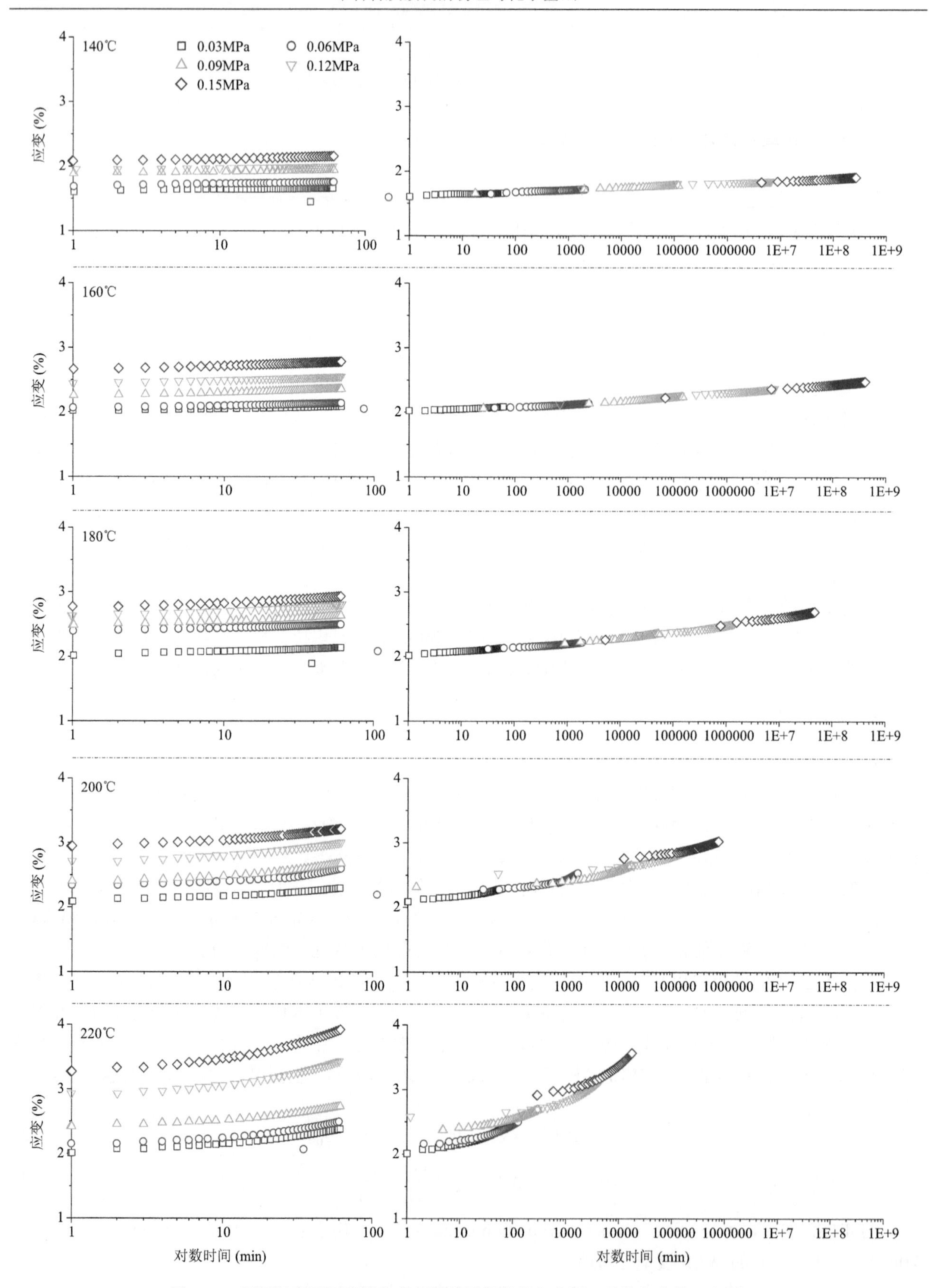

图 2-63　不同温度下压缩蠕变应变随时间的变化（左侧）及其主曲线（右侧）

式中，t 是蠕变时间，$\lg\Phi_T$ 和 $\lg\Phi_\sigma$ 是温度和应力相关的变化系数，ζ（$\zeta=t+\lg\Phi_T$）和 ξ（$\xi=t+\lg\Phi_\sigma$）分别是参考温度（t_0）和应力（σ_0）下的延长时间。C_1、C_2、C_1' 和 C_2' 为常数（Williams et al.，1955）。在本研究中，采用式（2-15）和式（2-16）用于构建参考应力和温度下的 TSSP 主曲线，进一步地，采用式（2-13）和式（2-14）构建基于 TSSP 主曲线的 TTSSP（time-temperature-stress-superposition-principle）的主曲线。

当 σ_0 为 0.03 MPa 时，分别构建了 140℃至 220℃的主曲线，如图 2-63 右侧所示。可以看出，在 140℃、160℃和 180℃下可以形成平滑的主曲线，而 200℃和 220℃下无法构建，这主要和非线性蠕变行为有关。在高温范围内，木材细胞壁中化学成分发生降解（Mburu et al.，2008；Wang et al.，2018b），使得横向抗压强度和塑性变形能力降低（Straže et al.，2016；Wang et al.，2017b）。图 2-64 为不同温度下的试样质量损失情况，可以看出，当温度达到或高于 200℃时，出现了明显的质量损失。此外，应力和高温的联合处理使得木材细胞结构发生开裂（Lee et al.，2018；Gao et al.，2018），破坏了结构的完整性。

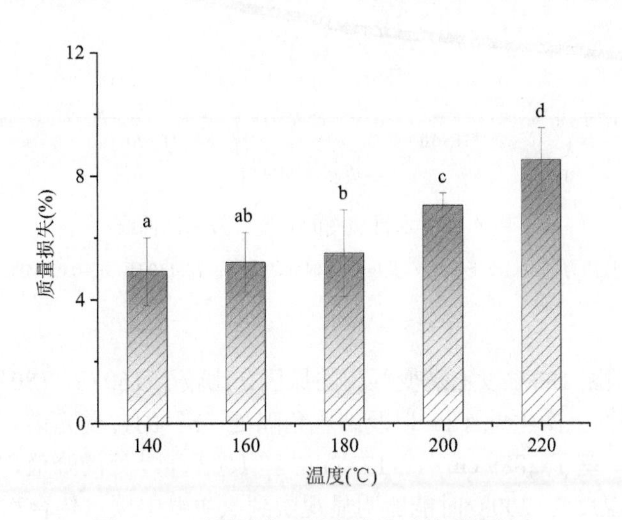

图 2-64　不同温度下蠕变试验后的质量损失

图中各字母代表方差分析结果，字母一致表示各温度水平间不存在显著差异，字母不一致表示各温度水平间存在显著差异（$P<0.05$）

根据 140℃至 180℃构建主曲线的加速情况，可以大致评估在相同应力下 200 年后的蠕变变形；换言之，如果需要预测高温（140℃、160℃和 180℃）和 0.03 MPa 下 10 年的蠕变变形，只需在高达 0.15 MPa 的应力下进行蠕变试验 3 min。根据式（2-16），可以计算 $\lg\Phi_\sigma$ 的数值。在 3 个温度下，$\lg\Phi_\sigma$ 与应力水平高度线性相关（图 2-65），与之前的研究结果类似（Chowdhury and Frazier，2013；Wan et al.，2018；Zhan et al.，2019a，2019b），可以归因于木材细胞壁组分的分子间协同作用。

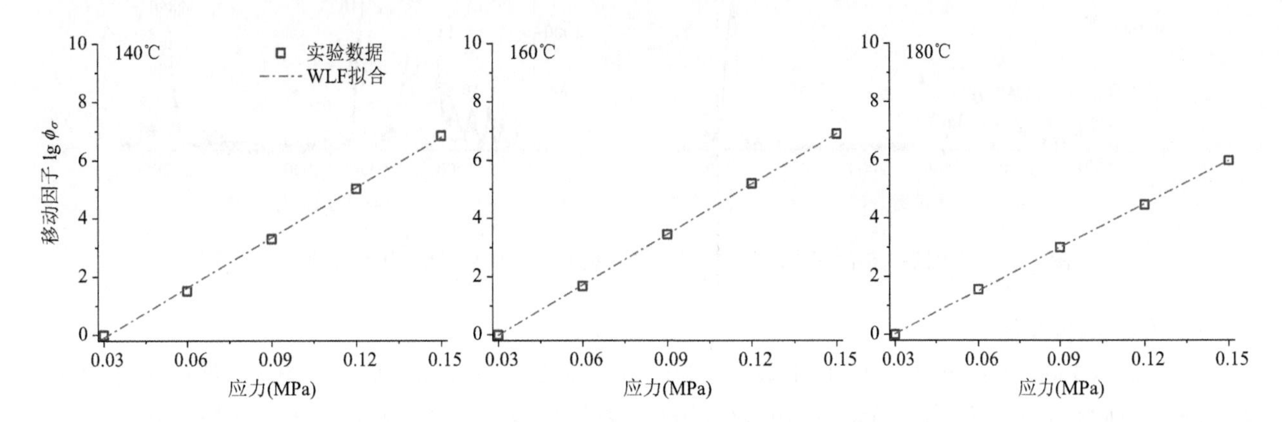

图 2-65　移动因子 $\lg\Phi_\sigma$ 随 σ_0=0.03 MPa 的应力的变化

根据图 2-63 和图 2-65，可以进一步构建 180℃的二次主曲线，图 2-66 为二次主曲线的构建结果。此外，将由式（2-14）计算的移动因子，绘制于图 2-66 插图中。由图 2-66 可以看出，TTSSP 可以预测木材在 140～180℃范围内的压缩蠕变。采用 TSSP 和 TTSSP 预测木材流变性能对于优化压缩密实化工艺提供了理论指导。

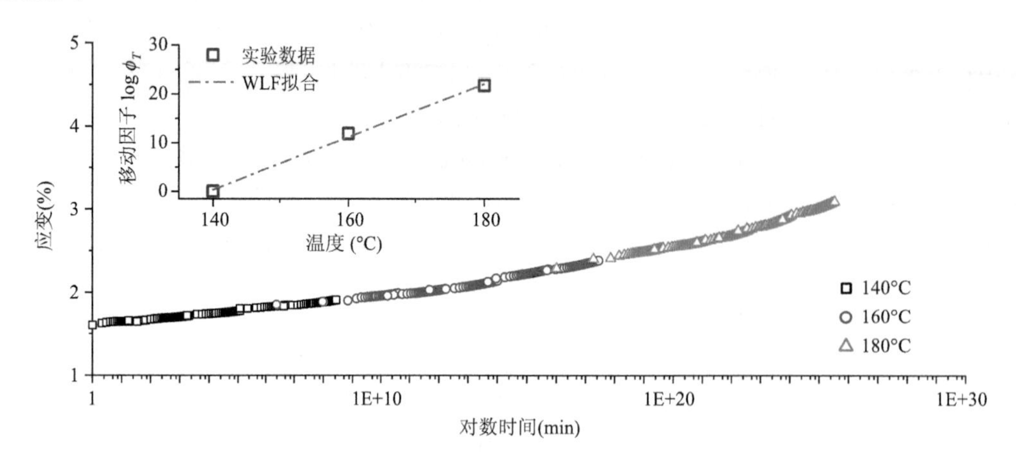

图 2-66　木材蠕变的时温等效二次曲线

插图为不同温度下移动因子 lgΦ_T随时间的变化；T_0=140℃，σ_0=0.03 MPa

2）化学成分变化

为了揭示 TSSP 无法预测 180℃以上蠕变行为的原因，比较了 160℃、180℃、200℃以及对照试样的拉曼光谱。图 2-67 是横截面上次生壁（a）以及细胞角隅处（b）的拉曼光谱。纤维素、木质素和半纤维素表现出不同的拉曼谱带。基于 2889 cm^{-1}、1123 cm^{-1} 和 1603 cm^{-1} 处的峰值，分析了碳水化合物、纤维素以及木质素的分布。当温度为 200℃时能够明显观察到次生壁中碳水化合物的降解，主要是纤维素和半纤维素的 β-（1，4）键的断裂（Yin et al.，2017）。因此，根据拉曼光谱结果，我们认为碳水化合物在 200℃以上时的剧烈降解是无法构建 TSSP 主曲线的主要原因之一。

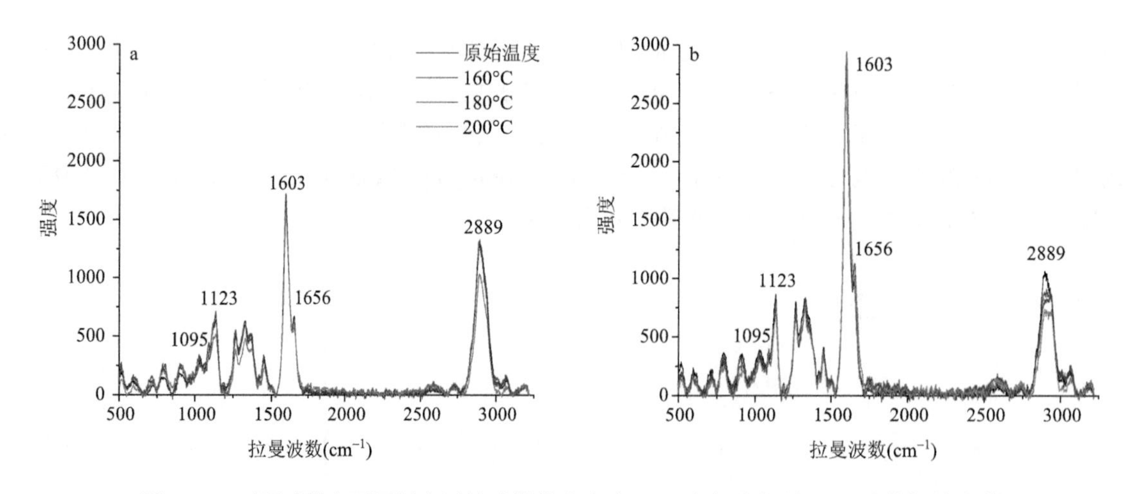

图 2-67　对照试样和不同温度压缩试样的次生壁（a）和细胞角隅（b）处的拉曼光谱

3）解剖结构变化

为了揭示 TSSP 无法预测 180℃以上蠕变行为的原因，研究了蠕变试验后试样的解剖结构变化：180℃和 200℃下晚材管胞的结构。当试验温度为 180℃时细胞壁或细胞之间基本上未发现裂纹或破裂（图 2-68a～c）。然而，在 200℃时发现细胞之间出现了裂纹（图 2-68d），并且在管胞壁上出现了破裂（图 2-68e，图 2-68f）。类似结果在应力超过 0.09 MPa 或温度超过 220℃时也能观察到。因此，我们认为高温下木材细胞结构的破坏是无法构建 TSSP 主曲线的另一原因。

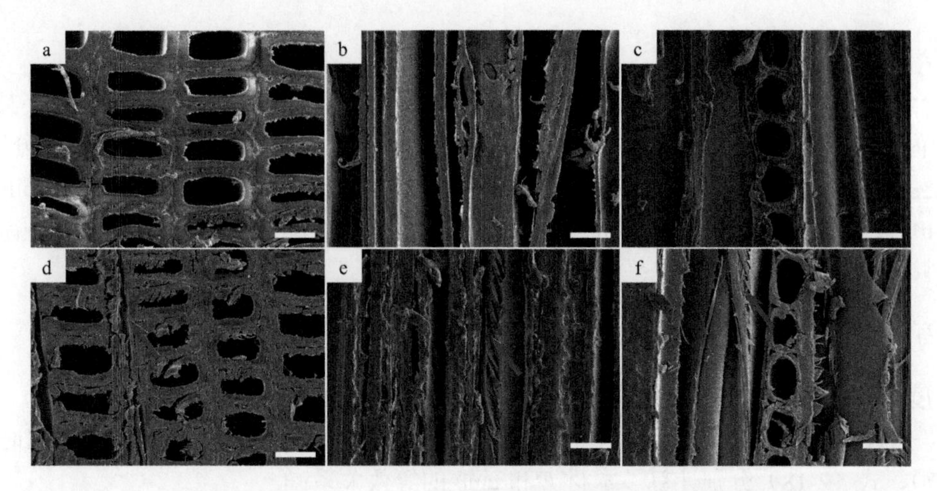

图 2-68　180℃（a～c）和 200℃（d～f）压缩试样的解剖结构

比例尺：50 μm

（二）木材黏弹行为“时间-温度-湿度”等效

1. 试验材料

从浙江某林场获得了人工林杉木（29 年）若干，从心材区域制备尺寸为 60 mm×12 mm×2.5 mm（$L\times R\times T$）的无疵试样。试验前，将所有试样置于含有 P_2O_5 或饱和盐溶液（$LiCl_2$、$MgCl_2$、NaBr、NaCl、KCl）的玻璃皿中，其 RH 分别为 0%、11%、33%、58%、75%和 85%。在室温（25℃）下进行，对应的含水率分别为 0.6%、3.2%、7.4%、13.1%、17.9%和 22.2%。

2. 试验方法

采用配有湿度附件的 DMA Q800 型动态机械分析仪（TA，美国）进行黏弹性测定，获得相关的三个参数：贮存模量（E'）、损耗模量（E''）和损耗因子（$\tan\delta$，$\tan\delta=E''/E'$）。选择三点弯曲形变模式进行测试，跨距为 50 mm。本试验的动态载荷振幅为 15 μm，测量频率由 50 Hz 减小至 1 Hz（50 Hz、41 Hz、34 Hz、29 Hz、24 Hz、20 Hz、17 Hz、14 Hz、11 Hz、10 Hz、8 Hz、7 Hz、5 Hz、4 Hz、3 Hz、2 Hz 和 1 Hz）。频率谱的测定分别在 6 个恒定温度（30℃、40℃、50℃、60℃、70℃和 80℃）以及 3 种水分状态（解吸过程、吸着过程和含水率平衡态）下进行。3 种水分状态下的频率谱测定方法如下。

1）解吸过程

将 22.2%含水率的木材试样安装于测试夹具上，测试炉体内的湿度由 0% RH 以 2% RH/min 升高至 85% RH 并保湿 30 min。之后，温度由 30℃以 1℃/min 的升温速度分别升高至 40℃、50℃、60℃、70℃和 80℃，到达目标温度后保温 30 min。此时为试验起始节点，之后，湿度以 2% RH/min 的降湿速率分别降低至 0% RH、30% RH 和 60% RH，到达目标湿度后恒湿 240 min。分别在解吸过程的 5 个时间节点（试验起始、降湿阶段结束、恒湿 60 min、恒湿 120 min 和恒湿 240 min）处进行频率扫描试验。同一测试条件下的试样数为 3 个，取平均值绘制试验曲线。

2）吸着过程

将 0.6%含水率的木材试样安装于测试夹具上，测试炉体内的湿度恒定为 0% RH，温度由 30℃以 1℃/min 的升温速度分别升高至 40℃、50℃、60℃、70℃和 80℃，到达目标温度后保温 30 min。此时为试验起始节点，之后，湿度以 2% RH/min 的升湿速率分别升高至 30% RH、60% RH 和 90% RH，到达目标湿度后恒湿 240 min。分别在吸着过程的 5 个时间节点（试验起始、升湿阶段结束、恒湿 60 min、恒湿 120 min 和恒湿 240 min）处进行频率扫描试验。同一测试条件下的试样数为 3 个，取平均值绘制试验曲线。

3）含水率平衡态

将不同含水率（0.6%、3.2%、7.4%、13.1%、17.9%和 22.2%）木材试样安装于测试夹具上，温度恒定为30℃，炉内湿度由0% RH以2% RH/min的升湿速率分别升高至目标湿度（对应的湿度分别为0% RH、11% RH、33% RH、58% RH、75% RH 和 85% RH）并保湿 30 min。之后，温度以 1℃/min 的升温速度分别升高至 40℃、50℃、60℃、70℃和 80℃。到达目标温度并保温 30 min 后立即进行频率扫描试验。同一测试条件下的试样数为 3 个，取平均值绘制试验曲线。

3. 结果与讨论

1）“温度-湿度-时间（TTHSP）”等效性

在研究“TTHSP”等效性之前，研究了“时间-湿度”等效性在描述木材刚度和阻尼时的适用性。根据式（2-17）、式（2-18）分别计算了木材 E'和 $\tan\delta$ 的等效关系：

$$E'(\mathrm{RH}, \lg f)= E'(\mathrm{RH_r}, \lg a_{\mathrm{RH/RHr}} + \lg f) \tag{2-17}$$

$$\tan\delta(\mathrm{RH}, \lg f)= \tan\delta(\mathrm{RH_r}, \lg a_{\mathrm{RH/RHr}} + \lg f) \tag{2-18}$$

式中，f 是测试频率，$\mathrm{RH_r}$ 为参考 RH，$\lg a_{\mathrm{RH/RHr}}$ 是水平位移因子。通过将一系列 RH 下的 E'和 $\tan\delta$ 转换至参考相对湿度（0%），构建了二者的主曲线，如图 2-69 和图 2-70 所示。由图 2-69 可以看出，在所有湿热环境下都可以观察到 E'的平滑主曲线，但 $\tan\delta$ 无法构建平滑的主曲线。由于木材是一个多相体系（Nakano，2013），细胞壁中的化学成分具有不同的松弛行为以及吸湿性。因此，在给定的湿度水平下，由湿胀引起的不同组分的自由体积量是不同的。为了验证木材刚度的 TTHSP 适用性，根据图 2-69 的结果，在 30℃的参考温度下，由式（2-19）得出二次主曲线：

$$E'(T, \lg f)= E'(T_r, \lg a_{T/T_r} +\lg f) \tag{2-19}$$

E'的二次主曲线如图 2-71 所示，可以看出 E'具有平滑的二次主曲线。这一结果表明，TTHSP 等效性适用于构建木材刚度的主曲线。此外，比较了在参考条件下（温度：30℃；RH：0%）由时温等效原

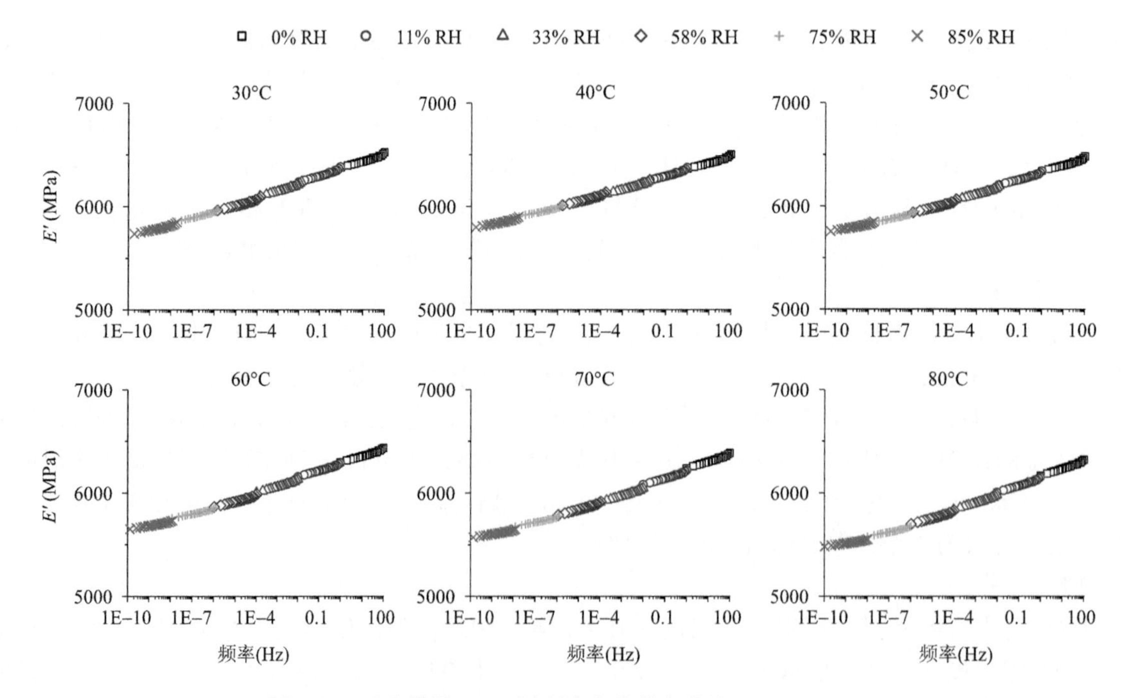

图 2-69　贮存模量（E'）随频率变化的主曲线（30～80℃）

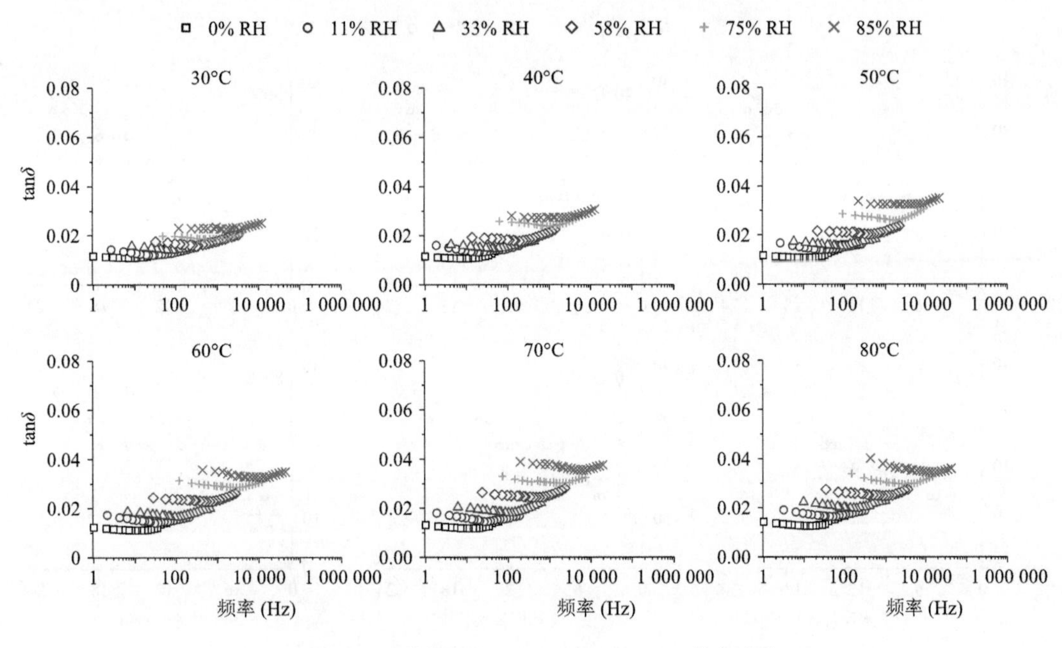

图 2-70　损耗因子（tanδ）在 30～80℃的主曲线

理和“时间-湿度”等效性绘制的主曲线（图 2-71 中插图）。在相同的参考条件下，当频率大于 0.01 Hz 时，两条主曲线基本重合。但在低频区域，二者略有差异。这种差异是由吸湿过程中的结构变化所引起的（Ishisaka and Kawagoe，2004）。

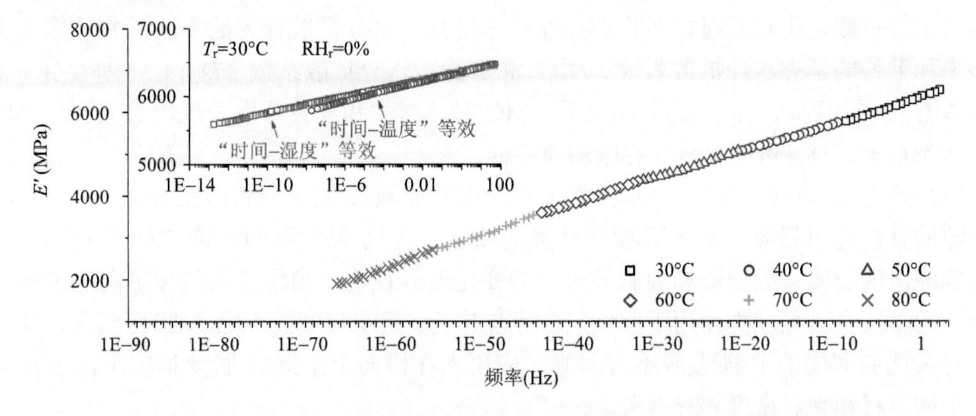

图 2-71　采用“时间-温度-湿度”等效性构建的贮存模量（E′）的主曲线

插图为“时间-温度”等效以及“时间-湿度”等效的对比

2）力学松弛

根据统计，特征频率（f_c）随相对湿度水平的增加而向高频方向移动。f_c和含水率间的关系如图 2-72 所示。在 30℃下，当含水率从 0.6%增加到 22.2%时，f_c从 8 增加到 34。f_c的移动说明了 α 和 β 弛豫过程转变的加速（即分子运动的弛豫时间缩短）。当水分子存在于细胞壁内时，细胞壁膨胀并释放出一些分子运动的自由空间。此外，水分子起到增塑剂作用，与半纤维素和无定型区纤维素形成氢键（Salmén，2015）。水分的塑化效应降低了链段运动所需的能量，使得聚合物的松弛时间缩短。为了阐明水分状态（平衡或非平衡）对松弛的影响，对水分非平衡状态（吸着和解吸）下的木材样品进行了松弛试验，f_c 的结果如图 2-72 所示。在所有温度下水分非平衡态下的 f_c 随含水率的增加而增大，并且始终高于水分平衡状态。

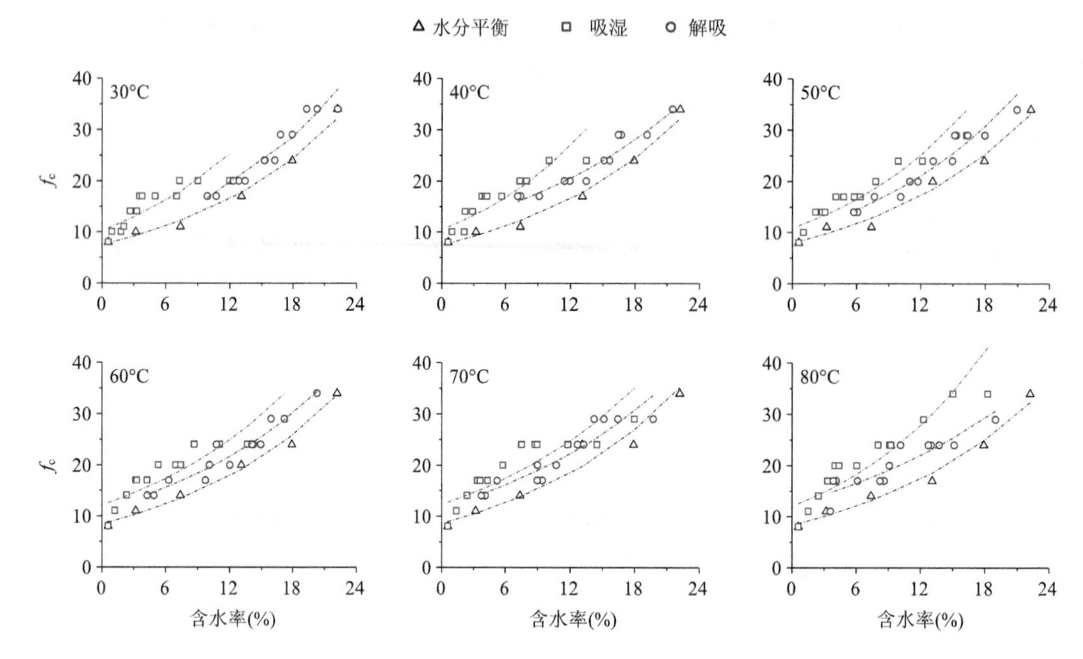

图 2-72　含水率与状态对特征频率（f_c）的影响

七、本节小结

本节提出了一种测定生物质材料在稳态与非稳态过程中水分扩散行为的方法，并计算了宽湿度范围内杨木、杉木和毛竹的稳态水分扩散系数（D_{SS}）和非稳态水分扩散系数（D_{US}）。3 种生物质材料的 D_{SS} 和 D_{US} 均随 MC 的增加而增大；当达到相同的 EMC 时，杉木和毛竹分别表现出最大和最小的 D_{SS} 值；在相同的瞬态 MC 下，D_{US} 随相对湿度的增加而降低。

利用环境扫描电镜，原位解析了杉木正常木和应压木细胞尺度的干缩/湿胀规律，揭示了微纤丝角较大及螺纹裂隙的存在是引起应压木干缩/湿胀率高的原因。在从 95%到 90%或 75%相对湿度的初始解吸过程中，细胞腔出现膨胀。细胞壁和细胞腔尺寸的变化差异说明了细胞非均匀和定向的干缩/湿胀过程，并表明细胞腔的膨胀有可能减少作用于胞间层的干燥应力。组织尺度的干缩/湿胀变形介于细胞和细胞壁尺度之间，这表明胞间层的干缩/湿胀不可忽略。应压木在横向上干缩/湿胀变形较小，主要与较大的微纤丝角、较小的早材和晚材密度差异有关。

运用自制装置对杨木应拉木和对应木的空气和氮气渗透性进行了测量，杨木对应木的空气和氮气渗透性优于应拉木，可能是由于对应木中导管直径大、组织比量大。应拉木尽管具有丰富的介孔孔隙，但其空气和氮气渗透性均小于对应木，由此推测出介孔孔隙不是气体通过木材的主要通道。

利用纳米压痕 Mapping 技术，解析了杨树木材应拉区和对应区木纤维细胞壁各层的弹性模量和硬度。杨树木材应拉区木纤维 G 层的平均纵向弹性模量最高，达到了 14.08 MPa，其次为 S_2 层，S_1 层细胞壁最低；而在杨树木材对应区，S_1 层和 S_3 层的弹性模量较为接近，S_2 层弹性模量值最高，为 11.56 GPa。对应区的硬度整体上低于应拉区，与 S_1 层和 S_2 层相比，应拉区木纤维中 G 层的硬度稍高。

采用单根纤维拉伸技术测定了人工林杉木、白皮松和日本落叶松的单根管胞拉伸力学性能。在径向，杉木单根管胞的拉伸强度、拉伸弹性模量随着年轮增加逐渐增大；在纵向，管胞拉伸强度和拉伸弹性模量在 5.5 m 处最大，1.3 m 处最小，拉伸性能在树高方向差异不显著。3 种针叶材管胞拉伸性能均随着生长轮增加而增大，第 3 年轮与其他生长轮间存在显著性差异。

利用动态微力学分析技术，揭示了温湿度场中木材轴向、径向和弦向承载时的黏弹性变化规律，分别构建了木材正交异向黏弹性的“时间-温度-应力”和“时间-温度-湿度”等效关系。证实了 TSSP 和

TTSSP 可以预测杉木在高温范围内的压缩蠕变行为，明确了压缩蠕变的“时间-应力”等效性的上限温度为 180℃；揭示了“时间-湿度”等效和“时间-温度-湿度”等效原理均适用于描述木材刚度的变化，但“时间-湿度”等效原理无法预测木材的阻尼特性。

第三节　木材细胞壁结构与性能构效关系

本研究在细胞壁多层级结构解译与细胞壁物理力学性能解析的基础上，揭示了壁层厚度及模量与细胞壁力学性能密切相关、孔隙尺寸与分布影响水分扩散与渗透、有效羟基数量影响吸湿性和化学反应效果、微纤丝角和纤维素-葡甘露聚糖/木质素互作方式影响细胞壁物理力学性能等现象，进而建立了细胞壁结构与性能之间的构效关系，并探明了决定木材细胞壁物理力学性能的 5 个关键因子：壁层厚度及模量、微纤丝角、孔隙尺寸、主成分互作方式及有效羟基数量。

本研究采用六步法，建立了多尺度无瑕疵木材弹性力学性能分析模型。根据连续介质微观力学理论，以主成分含量、主成分分布、主成分性能、纤维素结晶度、微纤丝长径比等为关键因子，建立了木材细胞壁初生壁与胞间层（PM）、S_1 层、S_2 层、S_3 层的性能预测模型；根据经典层合板理论，建立了木材细胞壁性能预测模型；根据 Malek-Gibson 分析模型（Malek and Gibson，2017）构建了木材早材、晚材和木射线单元的性能预测模型；根据 Rule-of-Mixture、Mori-Tanaka 理论（Mori and Tanaka，1973），构建了基于细胞壁结构参数的无瑕疵针叶材和阔叶材微观和宏观弹性力学性能预测模型。本小节符号含义如表 2-10 所示。

表 2-10　符号含义索引表

符号	释义	符号	释义
L	纵向/轴向	acm	无定型纤维素增强半纤维素-木质素基质
R	径向	ac	无定型纤维素
T	弦向	cc	结晶纤维素
cw	细胞壁	VO	体积，m^3
ew	早材细胞壁	V	体积占比
lw	晚材细胞壁	m	质量，kg
ray	木射线	ρ	密度，kg/m^3
PM	初生壁与胞间层	E	杨氏模量，MPa
S_1	次生壁外层	υ	泊松比
S_2	次生壁中层	G	剪切模量，MPa
S_3	次生壁内层	l/d	长径比
ce	纤维素	θ	微纤丝角，°
he	半纤维素	C_{ce}	纤维素结晶度
li	木质素		

一、构建多尺度无瑕疵木材弹性力学性能分析模型

（一）半纤维素-木质素基质力学预测模型构建

根据混合法则建立包含木质素和半纤维素的细胞壁基质弹性力学性能预测模型，木材细胞壁中木质素和半纤维素组成的基质示意图如图 2-73 所示。针对每一个 PM、S_1、S_2、S_3 细胞壁单层，其体积占比通过质量占比和密度进行转换获得，则有

$$\mathrm{VO_{ce}} = m_{\mathrm{ce}} / \rho_{\mathrm{ce}} \tag{2-20}$$

$$\mathrm{VO_{he}} = m_{\mathrm{he}} / \rho_{\mathrm{he}} \tag{2-21}$$

$$\mathrm{VO_{li}} = m_{\mathrm{li}} / \rho_{\mathrm{li}} \tag{2-22}$$

$$V_{\mathrm{he}} = \mathrm{VO_{he}} / (\mathrm{VO_{he}} + \mathrm{VO_{li}}) \tag{2-23}$$

$$V_{\mathrm{li}} = \mathrm{VO_{li}} / (\mathrm{VO_{he}} + \mathrm{VO_{li}}) \tag{2-24}$$

$$V_{\mathrm{he}} + V_{\mathrm{li}} = 1 \tag{2-25}$$

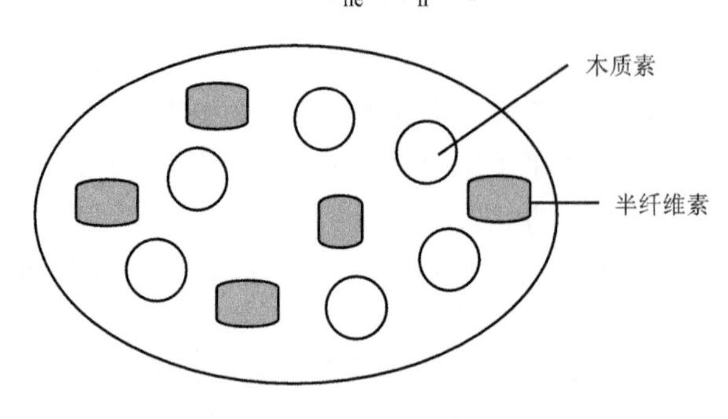

图 2-73　木材细胞壁中木质素和半纤维素组成的基质示意图

根据混合法则、半纤维和木质素的弹性力学性能，可分别获得 PM、S_1、S_2、S_3 层半纤维素-木质素基质的弹性力学性能，其计算公式如下：

$$E_{\mathrm{L}}^{m} = V_{\mathrm{he}} E_{\mathrm{L}}^{\mathrm{he}} + V_{\mathrm{li}} E_{\mathrm{L}}^{\mathrm{li}} \tag{2-26}$$

$$E_{\mathrm{R}}^{m} = V_{\mathrm{he}} E_{\mathrm{R}}^{\mathrm{he}} + V_{\mathrm{li}} E_{\mathrm{R}}^{\mathrm{li}} \tag{2-27}$$

$$E_{\mathrm{T}}^{m} = V_{\mathrm{he}} E_{\mathrm{T}}^{\mathrm{he}} + V_{\mathrm{li}} E_{\mathrm{T}}^{\mathrm{li}} \tag{2-28}$$

$$v_{\mathrm{LR}}^{m} = V_{\mathrm{he}} v_{\mathrm{LR}}^{\mathrm{he}} + V_{\mathrm{li}} v_{\mathrm{LR}}^{\mathrm{li}} \tag{2-29}$$

$$v_{\mathrm{LT}}^{m} = V_{\mathrm{he}} v_{\mathrm{LT}}^{\mathrm{he}} + V_{\mathrm{li}} v_{\mathrm{LT}}^{\mathrm{li}} \tag{2-30}$$

$$v_{\mathrm{RT}}^{m} = V_{\mathrm{he}} v_{\mathrm{RT}}^{\mathrm{he}} + V_{\mathrm{li}} v_{\mathrm{RT}}^{\mathrm{li}} \tag{2-31}$$

$$G_{\mathrm{LR}}^{m} = G_{\mathrm{LR}}^{\mathrm{he}} G_{\mathrm{LR}}^{\mathrm{li}} / (G_{\mathrm{LR}}^{\mathrm{he}} V_{\mathrm{li}} + G_{\mathrm{LR}}^{\mathrm{li}} V_{\mathrm{he}}) \tag{2-32}$$

$$G_{\mathrm{LT}}^{m} = G_{\mathrm{LT}}^{\mathrm{he}} G_{\mathrm{LT}}^{\mathrm{li}} / (G_{\mathrm{LT}}^{\mathrm{he}} V_{\mathrm{li}} + G_{\mathrm{LT}}^{\mathrm{li}} V_{\mathrm{he}}) \tag{2-33}$$

$$G_{\mathrm{RT}}^{m} = G_{\mathrm{RT}}^{\mathrm{he}} G_{\mathrm{LT}}^{\mathrm{li}} / (G_{\mathrm{RT}}^{\mathrm{he}} V_{\mathrm{li}} + G_{\mathrm{RT}}^{\mathrm{li}} V_{\mathrm{he}}) \tag{2-34}$$

除使用混合法则外，还可以使用连续微观介质理论建立木材细胞壁中木质素和半纤维素基质弹性力学性能预测模型。

（二）无定型纤维素增强基质弹性力学性能预测模型构建

将无定型纤维素视为各向同性增强材料，采用混合法则或 Mori-Tanaka 理论建立无定型纤维素增强基质的弹性力学性能预测模型。图 2-74 为木材细胞壁无定型纤维素增强基质示意图。

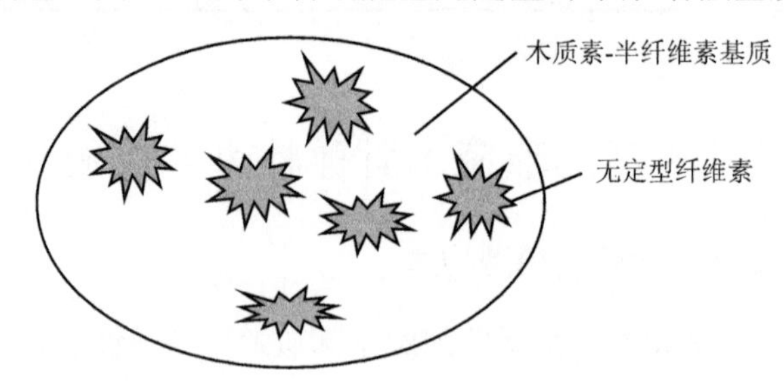

图 2-74　木材细胞壁无定型纤维素增强基质示意图

以无定型纤维素弹性力学性能以及 PM、S_1、S_2、S_3 层纤维素结晶度为输入参数，根据混合法则，分别获得 PM、S_1、S_2、S_3 层无定型纤维素增强半纤维素-木质素基质的弹性力学性能，其计算公式如下：

$$E_{\mathrm{L}}^{\mathrm{acm}} = V_m E_{\mathrm{L}}^m + V_{\mathrm{ac}} E_{\mathrm{L}}^{\mathrm{ac}} \tag{2-35}$$

$$E_{\mathrm{R}}^{\mathrm{acm}} = V_m E_{\mathrm{R}}^m + V_{\mathrm{ac}} E_{\mathrm{R}}^{\mathrm{ac}} \tag{2-36}$$

$$E_{\mathrm{T}}^{\mathrm{acm}} = V_m E_{\mathrm{T}}^m + V_{\mathrm{ac}} E_{\mathrm{T}}^{\mathrm{ac}} \tag{2-37}$$

$$\nu_{\mathrm{LR}}^{\mathrm{acm}} = V_m \nu_{\mathrm{LR}}^m + V_{\mathrm{ac}} \nu_{\mathrm{LR}}^{\mathrm{ac}} \tag{2-38}$$

$$\nu_{\mathrm{LT}}^{\mathrm{acm}} = V_m \nu_{\mathrm{LT}}^m + V_{\mathrm{ac}} \nu_{\mathrm{LT}}^{\mathrm{ac}} \tag{2-39}$$

$$\nu_{\mathrm{RT}}^{\mathrm{acm}} = V_m \nu_{\mathrm{RT}}^m + V_{\mathrm{ac}} \nu_{\mathrm{RT}}^{\mathrm{ac}} \tag{2-40}$$

$$G_{\mathrm{LR}}^{\mathrm{acm}} = G_{\mathrm{LR}}^m G_{\mathrm{LR}}^{\mathrm{ac}} / (G_{\mathrm{LR}}^m V_{\mathrm{ac}} + G_{\mathrm{LR}}^{\mathrm{ac}} V_m) \tag{2-41}$$

$$G_{\mathrm{LT}}^{\mathrm{acm}} = G_{\mathrm{LT}}^m G_{\mathrm{LT}}^{\mathrm{ac}} / (G_{LT}^m V_{\mathrm{ac}} + G_{\mathrm{LT}}^{\mathrm{ac}} V_m) \tag{2-42}$$

$$G_{\mathrm{RT}}^{\mathrm{acm}} = G_{\mathrm{RT}}^m G_{\mathrm{RT}}^{\mathrm{ac}} / (G_{\mathrm{RT}}^m V_{\mathrm{ac}} + G_{\mathrm{RT}}^{\mathrm{ac}} V_m) \tag{2-43}$$

式中，木质素和半纤维素基质体积占比（$\mathrm{VO_{he}+VO_{li}}$）和无定型纤维素体积占比（V_{ac}）计算公式如下：

$$V_m = \frac{\mathrm{VO_{he}+VO_{li}}}{\mathrm{VO_{he}} + \mathrm{VO_{li}} + (1-C_{\mathrm{ce}}) \times \mathrm{VO_{ce}}} \tag{2-44}$$

$$V_{\mathrm{ac}} = \frac{(1-C_{\mathrm{ce}}) \times \mathrm{VO_{ce}}}{\mathrm{VO_{he}} + \mathrm{VO_{li}} + (1-C_{\mathrm{ce}}) \times \mathrm{VO_{ce}}} \tag{2-45}$$

$$V_{\mathrm{PM}}^m + V_{\mathrm{PM}}^{\mathrm{ac}} = 1 \tag{2-46}$$

PM、S_1、S_2、S_3 层中 V_m 与 V_{ac} 的和均为 1。

（三）结晶纤维素增强细胞壁单层弹性力学预测模型构建

将微纤丝视为大长径比增强材料，图 2-75 为微纤丝增强细胞壁单层示意图。以结晶纤维素长径比以及结晶纤维素弹性力学性能为输入参数，根据 Halpin-Tsai 纤维增强理论（Affdl and Kardos，1976），可计算获得 PM、S_1、S_2、S_3 层弹性力学性能，包括杨氏模量、剪切模量和泊松比。

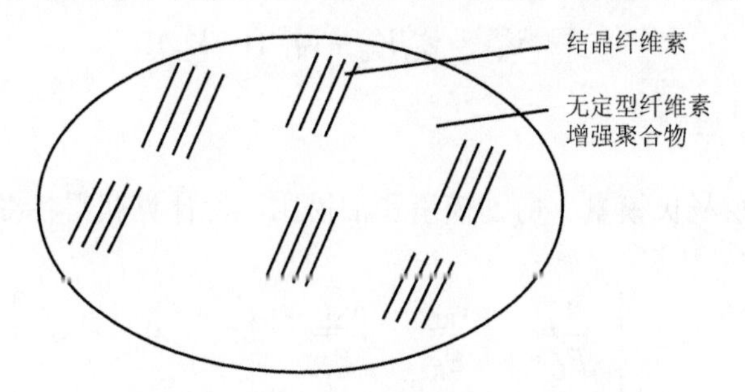

图 2-75　微纤丝增强细胞壁单层示意图

1. 杨氏模量

根据结晶纤维素长径比（l/d）、体积占比（V_{cc}）及其弹性力学性能，可计算得到细胞壁在轴向、径向和弦向的杨氏模量，计算公式如下：

$$E_{\mathrm{L}}^{\mathrm{ce}} = E_{\mathrm{L}}^{\mathrm{acm}} (1+\zeta_{E11}\eta_{\mathrm{L}} V_{\mathrm{cc}}) / (1-\eta_{\mathrm{L}} V_{\mathrm{cc}}) \tag{2-47}$$

$$\eta_{\mathrm{L}} = (E_{\mathrm{L}}^{\mathrm{cc}} / E_{\mathrm{L}}^{\mathrm{acm}} - 1) / (E_{\mathrm{L}}^{\mathrm{cc}} / E_{\mathrm{L}}^{\mathrm{acm}} + \zeta_{E11}) \tag{2-48}$$

$$\zeta_{E11} = 2 \times l / d \tag{2-49}$$

$$E_{\mathrm{R}}^{\mathrm{ce}} = E_{\mathrm{R}}^{\mathrm{acm}} (1+2\eta_{\mathrm{R}} V_{\mathrm{cc}}) / (1-\eta_{\mathrm{R}} V_{\mathrm{cc}}) \tag{2-50}$$

$$\eta_{\mathrm{R}}=(E_{\mathrm{R}}^{\mathrm{cc}}/E_{\mathrm{R}}^{\mathrm{acm}}-1)/(E_{\mathrm{R}}^{\mathrm{cc}}/E_{\mathrm{R}}^{\mathrm{acm}}+2) \tag{2-51}$$

$$E_{\mathrm{T}}^{\mathrm{ce}}=E_{\mathrm{T}}^{\mathrm{acm}}(1+2\eta_{\mathrm{T}}V_{\mathrm{cc}})/(1-\eta_{\mathrm{T}}V_{\mathrm{cc}}) \tag{2-52}$$

$$\eta_{\mathrm{T}}=(E_{\mathrm{T}}^{\mathrm{cc}}/E_{\mathrm{T}}^{\mathrm{acm}}-1)/(E_{\mathrm{T}}^{\mathrm{cc}}/E_{\mathrm{T}}^{\mathrm{acm}}+2) \tag{2-53}$$

式中，η_{L}、ζ_{E11}、η_{R}、η_{T} 为变量参数。

2. 剪切模量

与杨氏模量相似，可计算得到细胞壁 PM、S_1、S_2、S_3 层在轴向、径向和弦向的剪切模量，计算公式如下：

$$G_{\mathrm{LR}}^{\mathrm{ce}}=G_{\mathrm{LR}}^{\mathrm{acm}}(1+\eta_{\mathrm{LR}}V_{\mathrm{cc}})/(1-\eta_{\mathrm{LR}}V_{\mathrm{cc}}) \tag{2-54}$$

$$\eta_{\mathrm{LR}}=(G_{\mathrm{LR}}^{\mathrm{cc}}/G_{\mathrm{LR}}^{\mathrm{acm}}-1)/(G_{\mathrm{LR}}^{\mathrm{cc}}/G_{\mathrm{LR}}^{\mathrm{acm}}+1) \tag{2-55}$$

$$G_{\mathrm{LT}}^{\mathrm{ce}}=G_{\mathrm{LT}}^{\mathrm{acm}}(1+\eta_{\mathrm{LT}}V_{\mathrm{cc}})/(1-\eta_{\mathrm{LT}}V_{\mathrm{cc}}) \tag{2-56}$$

$$\eta_{\mathrm{LT}}=(G_{\mathrm{LT}}^{\mathrm{cc}}/G_{\mathrm{LT}}^{\mathrm{acm}}-1)/(G_{\mathrm{LT}}^{\mathrm{cc}}/G_{\mathrm{LT}}^{\mathrm{acm}}+1) \tag{2-57}$$

$$G_{\mathrm{RT}}^{\mathrm{ce}}=G_{\mathrm{RT}}^{\mathrm{acm}}(1+\zeta_{\mathrm{GRT}}\eta_{\mathrm{RT}}V_{\mathrm{cc}})/(1-\eta_{\mathrm{RT}}V_{\mathrm{cc}}) \tag{2-58}$$

$$\eta_{\mathrm{RT}}=(G_{\mathrm{RT}}^{\mathrm{cc}}/G_{\mathrm{RT}}^{\mathrm{acm}}-1)/(G_{\mathrm{RT}}^{\mathrm{cc}}/G_{\mathrm{RT}}^{\mathrm{acm}}+\zeta_{\mathrm{GRT}}) \tag{2-59}$$

$$\zeta_{\mathrm{GRT}}=(1+v_{\mathrm{RT}}^{\mathrm{acm}})/(3-v_{\mathrm{RT}}^{\mathrm{acm}}-4v_{\mathrm{LR}}^{\mathrm{acm}}v_{\mathrm{RL}}^{\mathrm{acm}}) \tag{2-60}$$

$$v_{\mathrm{RL}}^{\mathrm{acm}}=E_{\mathrm{R}}^{\mathrm{acm}}*v_{\mathrm{LR}}^{\mathrm{acm}}/E_{\mathrm{L}}^{\mathrm{acm}} \tag{2-61}$$

3. 泊松比

同理，可计算得到细胞壁 PM、S_1、S_2、S_3 层在轴向、径向和弦向的泊松比，计算公式如下：

$$v_{\mathrm{LR}}^{\mathrm{ce}}=v_{\mathrm{LR}}^{\mathrm{acm}}\left(1+\zeta_{E11}\eta_{\mathrm{L}}V_{\mathrm{cc}}\right)/(1-\eta_{\mathrm{L}}V_{\mathrm{cc}}) \tag{2-62}$$

$$\eta_{\mathrm{L}}=(v_{\mathrm{LR}}^{\mathrm{cc}}/v_{\mathrm{LR}}^{\mathrm{acm}}-1)/(v_{\mathrm{LR}}^{\mathrm{cc}}/v_{\mathrm{LR}}^{\mathrm{acm}}+\zeta_{E11}) \tag{2-63}$$

$$v_{\mathrm{LT}}^{\mathrm{ce}}=v_{\mathrm{LT}}^{\mathrm{acm}}\left(1+\zeta_{E11}\eta_{\mathrm{L}}V_{\mathrm{cc}}\right)/(1-\eta_{\mathrm{L}}V_{\mathrm{cc}}) \tag{2-64}$$

$$\eta_{\mathrm{L}}=(v_{\mathrm{LT}}^{\mathrm{cc}}/v_{\mathrm{LT}}^{\mathrm{acm}}-1)/(v_{\mathrm{LT}}^{\mathrm{cc}}/v_{\mathrm{LT}}^{\mathrm{acm}}+\zeta_{E11}) \tag{2-65}$$

$$v_{\mathrm{RT}}^{\mathrm{ce}}=v_{\mathrm{RT}}^{\mathrm{cc}}V_{\mathrm{cc}}+v_{\mathrm{RT}}^{\mathrm{acm}}(1-V_{\mathrm{cc}}) \tag{2-66}$$

4. 细胞壁层单层柔度矩阵

根据 PM、S_1、S_2、S_3 层杨氏模量、剪切模量和泊松比，可计算获得各细胞壁层单层的柔度矩阵 $\boldsymbol{S}$，每个单层的 $\boldsymbol{S}$ 通过式（2-67）计算。

$$\boldsymbol{S}=\begin{bmatrix} \frac{1}{E_{\mathrm{L}}} & -\frac{v_{\mathrm{RL}}}{E_{\mathrm{R}}} & -\frac{v_{\mathrm{TL}}}{E_{\mathrm{T}}} & 0 & 0 & 0 \\ -\frac{v_{\mathrm{LR}}}{E_{\mathrm{L}}} & \frac{1}{E_{\mathrm{R}}} & -\frac{v_{\mathrm{TR}}}{E_{\mathrm{T}}} & 0 & 0 & 0 \\ -\frac{v_{\mathrm{LT}}}{E_{\mathrm{L}}} & -\frac{v_{\mathrm{RT}}}{E_{\mathrm{R}}} & \frac{1}{E_{\mathrm{T}}} & 0 & 0 & 0 \\ 0 & 0 & 0 & \frac{1}{G_{\mathrm{RT}}} & 0 & 0 \\ 0 & 0 & 0 & 0 & \frac{1}{G_{\mathrm{LT}}} & 0 \\ 0 & 0 & 0 & 0 & 0 & \frac{1}{G_{\mathrm{LR}}} \end{bmatrix} \tag{2-67}$$

上述计算获得的细胞壁 PM、S_1、S_2、S_3 层在轴向、径向和弦向的杨氏模量、剪切模量和泊松比以及细胞壁层单层柔度矩阵，轴向方向为微纤丝的定向方向，径向和弦向垂直于微纤丝的定向方向，而非木材的轴向方向，后续需进行角度变换。

（四）细胞壁力学预测模型构建

在已知细胞壁 PM、S_1、S_2、S_3 层各层性能的基础上，使用经典层合板理论构建细胞壁的力学性能预测模型。图 2-76 为木材细胞壁层组成结构示意图。以 PM、S_1、S_2、S_3 层的厚度和各层微纤丝角度为输入参数，通过计算可获得木材早材和晚材细胞壁的弹性力学性能。

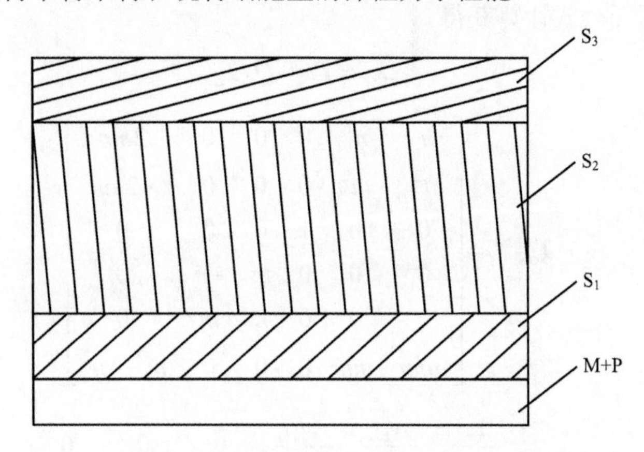

图 2-76　木材细胞壁层组成结构示意图

1. 柔度矩阵转为刚度矩阵

基于经典层合板理论，根据细胞壁层单层柔度矩阵 $\boldsymbol{S}$ 的计算公式，可获得细胞壁各单层的 $\boldsymbol{S}$ 矩阵及其逆矩阵 $\boldsymbol{Q}$，即将 PM 层柔度矩阵 $\boldsymbol{S}_{\mathrm{PM}}$、$S_1$ 层柔度矩阵 $\boldsymbol{S}_{\mathrm{S_1}}$、$S_2$ 层柔度矩阵 $\boldsymbol{S}_{\mathrm{S_2}}$、$S_3$ 层柔度矩阵 $\boldsymbol{S}_{\mathrm{S_3}}$ 转化为刚度矩阵，有

$$\boldsymbol{Q}_{\mathrm{PM}} = \boldsymbol{S}_{\mathrm{PM}}{}^{-1} \tag{2-68}$$

$$\boldsymbol{Q}_{\mathrm{S_1}} = \boldsymbol{S}_{\mathrm{S_1}}{}^{-1} \tag{2-69}$$

$$\boldsymbol{Q}_{\mathrm{S_2}} = \boldsymbol{S}_{\mathrm{S_2}}{}^{-1} \tag{2-70}$$

$$\boldsymbol{Q}_{\mathrm{S_3}} = \boldsymbol{S}_{\mathrm{S_3}}{}^{-1} \tag{2-71}$$

2. 坐标系变换

式（2-72）至式（2-75）中的柔度矩阵和刚度矩阵，其轴线方向为微纤丝定向方向，θ 设为单层的微纤丝角，将坐标系变换为木材坐标系，有

$$m = \cos\theta \tag{2-72}$$

$$n = \sin\theta \tag{2-73}$$

$$\boldsymbol{T}_{\varepsilon} = \begin{bmatrix} m^2 & n^2 & 0 & 0 & 0 & mn \\ n^2 & m^2 & 0 & 0 & 0 & -mn \\ 0 & 0 & 1 & 0 & 0 & 0 \\ 0 & 0 & 0 & m & -n & 0 \\ 0 & 0 & 0 & -n & m & 0 \\ -2mn & 2mn & 0 & 0 & 0 & m^2-n^2 \end{bmatrix} \tag{2-74}$$

$$
\boldsymbol{T}_{\sigma}=\begin{bmatrix} m^2 & n^2 & 0 & 0 & 0 & 2mn \\ n^2 & m^2 & 0 & 0 & 0 & -2mn \\ 0 & 0 & 1 & 0 & 0 & 0 \\ 0 & 0 & 0 & m & -n & 0 \\ 0 & 0 & 0 & n & m & 0 \\ -mn & mn & 0 & 0 & 0 & m^2-n^2 \end{bmatrix} \tag{2-75}
$$

根据$\bar{\boldsymbol{Q}}=\boldsymbol{T}_{\sigma}{}^{-1}\boldsymbol{Q}\boldsymbol{T}_{\varepsilon}$，得出细胞壁各单层在$X$，$Y$坐标系的刚度矩阵$\bar{\boldsymbol{Q}}$，以$S_1$层为例，$S_1$层在$X$，$Y$坐标系的刚度矩阵$\bar{\boldsymbol{Q}}_{S_1}$可由下面公式计算获得。

$$
\bar{\boldsymbol{Q}}_{S_1}=\boldsymbol{T}_{\sigma S_1}{}^{-1}\boldsymbol{Q}_{S_1}\boldsymbol{T}_{\varepsilon S_1} \tag{2-76}
$$

$$
\boldsymbol{T}_{\sigma S_1}{}^{-1}=\begin{bmatrix} m^2 & n^2 & 0 & 0 & 0 & 2mn \\ n^2 & m^2 & 0 & 0 & 0 & -2mn \\ 0 & 0 & 1 & 0 & 0 & 0 \\ 0 & 0 & 0 & m & -n & 0 \\ 0 & 0 & 0 & n & m & 0 \\ -mn & mn & 0 & 0 & 0 & m^2-n^2 \end{bmatrix}^{-1} \tag{2-77}
$$

$$
\boldsymbol{Q}_{S_1}=\begin{bmatrix} \frac{1}{E_L} & -\frac{\nu_{RL}}{E_R} & -\frac{\nu_{TL}}{E_T} & 0 & 0 & 0 \\ -\frac{\nu_{LR}}{E_L} & \frac{1}{E_R} & -\frac{\nu_{TR}}{E_T} & 0 & 0 & 0 \\ -\frac{\nu_{LT}}{E_L} & -\frac{\nu_{RT}}{E_R} & \frac{1}{E_T} & 0 & 0 & 0 \\ 0 & 0 & 0 & \frac{1}{G_{RT}} & 0 & 0 \\ 0 & 0 & 0 & 0 & \frac{1}{G_{LT}} & 0 \\ 0 & 0 & 0 & 0 & 0 & \frac{1}{G_{LR}} \end{bmatrix}^{-1} \tag{2-78}
$$

$$
\boldsymbol{T}_{\varepsilon S_1}=\begin{bmatrix} m^2 & n^2 & 0 & 0 & 0 & mn \\ n^2 & m^2 & 0 & 0 & 0 & -mn \\ 0 & 0 & 1 & 0 & 0 & 0 \\ 0 & 0 & 0 & m & -n & 0 \\ 0 & 0 & 0 & n & m & 0 \\ -2mn & 2mn & 0 & 0 & 0 & m^2-n^2 \end{bmatrix} \tag{2-79}
$$

同理，得出：

$$
\bar{\boldsymbol{Q}}_{S_2}=\boldsymbol{T}_{\sigma S_2}{}^{-1}\boldsymbol{Q}_{S_2}\boldsymbol{T}_{\varepsilon S_2} \tag{2-80}
$$

$$
\bar{\boldsymbol{Q}}_{S_3}=\boldsymbol{T}_{\sigma S_3}{}^{-1}\boldsymbol{Q}_{S_3}\boldsymbol{T}_{\varepsilon S_3} \tag{2-81}
$$

$$
\bar{\boldsymbol{Q}}_{PM}=\boldsymbol{T}_{\sigma PM}{}^{-1}\boldsymbol{Q}_{PM}\boldsymbol{T}_{\varepsilon PM} \tag{2-82}
$$

3. 计算 $\boldsymbol{A}_{ij}$

将变换坐标系后的细胞壁单层进行叠加，计算得到整个细胞壁的 $\boldsymbol{A}_{ij}$，有

$$\boldsymbol{A}_{ij}=\sum_{k=1}^{N}\overline{\boldsymbol{Q}}_{ijk}t_k \tag{2-83}$$

式中，$\boldsymbol{A}$ 和 $\boldsymbol{Q}$ 为 6×6 矩阵，ij 含义为矩阵的位置，比如 $\boldsymbol{A}_{12}$ 含义为 $\boldsymbol{A}$ 矩阵第 1 行第 2 列的数值；N 指代细胞壁层（PM、S_1、S_2 和 S_3 层）。将不同壁层 PM、S_1、S_2、S_3 层的 N 值代入，有

$$\boldsymbol{A}_{ij}=\overline{\boldsymbol{Q}}_{ij\ \mathrm{PM}}t_{\mathrm{PM}}+\overline{\boldsymbol{Q}}_{ij\ \mathrm{s}_1}t_{\mathrm{s}_1}+\overline{\boldsymbol{Q}}_{ij\ \mathrm{s}_2}t_{\mathrm{s}_2}+\overline{\boldsymbol{Q}}_{ij\ \mathrm{s}_3}t_{\mathrm{s}_3} \tag{2-84}$$

4. 细胞壁弹性力学参数计算

细胞壁的刚度矩阵（$\overline{\boldsymbol{Q}}_{ij\ \mathrm{cw}}$）、柔度矩阵（$\overline{\boldsymbol{S}}_{ij\ \mathrm{cw}}$）和弹性力学参数计算如式（2-85）。

$$\overline{\boldsymbol{Q}}_{ij\ \mathrm{cw}}=\boldsymbol{A}_{ij}/(t_{\mathrm{PM}}+t_{\mathrm{S}_1}+t_{\mathrm{S}_2}+t_{\mathrm{S}_3}) \tag{2-85}$$

$$\overline{\boldsymbol{S}}_{ij\ \mathrm{cw}}=\overline{\boldsymbol{Q}}_{ij\ \mathrm{cw}}^{-1} \tag{2-86}$$

根据式（2-87）～式（2-95）

$$\overline{\boldsymbol{S}}_{11\ \mathrm{cw}}=1/E_{\mathrm{L}}^{\mathrm{cw}} \tag{2-87}$$

$$\overline{\boldsymbol{S}}_{22\ \mathrm{cw}}=1/E_{\mathrm{R}}^{\mathrm{cw}} \tag{2-88}$$

$$\overline{\boldsymbol{S}}_{33\ \mathrm{cw}}=1/E_{\mathrm{T}}^{\mathrm{cw}} \tag{2-89}$$

$$\overline{\boldsymbol{S}}_{44\ \mathrm{cw}}=1/G_{\mathrm{RT}}^{\mathrm{cw}} \tag{2-90}$$

$$\overline{\boldsymbol{S}}_{55\ \mathrm{cw}}=1/G_{\mathrm{LT}}^{\mathrm{cw}} \tag{2-91}$$

$$\overline{\boldsymbol{S}}_{66\ \mathrm{cw}}=1/G_{\mathrm{LR}}^{\mathrm{cw}} \tag{2-92}$$

$$\overline{\boldsymbol{S}}_{21\ \mathrm{cw}}=-\nu_{\mathrm{LR}}^{\mathrm{cw}}/E_{\mathrm{L}}^{\mathrm{cw}} \tag{2-93}$$

$$\overline{\boldsymbol{S}}_{31\ \mathrm{cw}}=-\nu_{\mathrm{LT}}^{\mathrm{cw}}/E_{\mathrm{L}}^{\mathrm{cw}} \tag{2-94}$$

$$\overline{\boldsymbol{S}}_{32\ \mathrm{cw}}=-\nu_{\mathrm{RT}}^{\mathrm{cw}}/E_{\mathrm{R}}^{\mathrm{cw}} \tag{2-95}$$

则有

$$E_{\mathrm{L}}^{\mathrm{cw}}=1/\overline{\boldsymbol{S}}_{11\mathrm{cw}} \tag{2-96}$$

$$E_{\mathrm{R}}^{\mathrm{cw}}=1/\overline{\boldsymbol{S}}_{22\ \mathrm{cw}} \tag{2-97}$$

$$E_{\mathrm{T}}^{\mathrm{cw}}=1/\overline{\boldsymbol{S}}_{33\ \mathrm{cw}} \tag{2-98}$$

$$G_{\mathrm{LR}}^{\mathrm{cw}}=1/\overline{\boldsymbol{S}}_{66\ \mathrm{cw}} \tag{2-99}$$

$$G_{\mathrm{LT}}^{\mathrm{cw}}=1/\overline{\boldsymbol{S}}_{55\ \mathrm{cw}} \tag{2-100}$$

$$G_{\mathrm{RT}}^{\mathrm{cw}}=1/\overline{\boldsymbol{S}}_{44\ \mathrm{cw}} \tag{2-101}$$

（五）木材早材和晚材单元弹性力学性能预测模型构建

假设木材早材和晚材细胞壁为六边形结构，根据细胞形态参数，基于 Malek-Gibson 方程（Malek and Gibson，2017）建立早材和晚材单元的弹性力学性能预测模型，细胞壁六边形结构示意图如图 2-77 所示。

以木材早材、晚材基本单元六边形形态参数为输入参数，根据六边形几何图形，可获得以下参数关系：

$$l_{\mathrm{b}}=l-t/(2\cos\alpha) \tag{2-102}$$

$$h_{\mathrm{b}}=h-t(1-\sin\alpha)/\cos\alpha \tag{2-103}$$

细胞尺寸与密度换算关系为

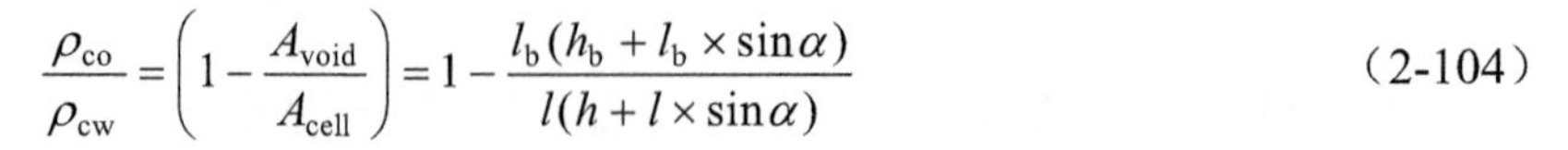

$$\frac{\rho_{\mathrm{co}}}{\rho_{\mathrm{cw}}}=\left(1-\frac{A_{\mathrm{void}}}{A_{\mathrm{cell}}}\right)=1-\frac{l_{\mathrm{b}}(h_{\mathrm{b}}+l_{\mathrm{b}}\times\sin\alpha)}{l(h+l\times\sin\alpha)} \tag{2-104}$$

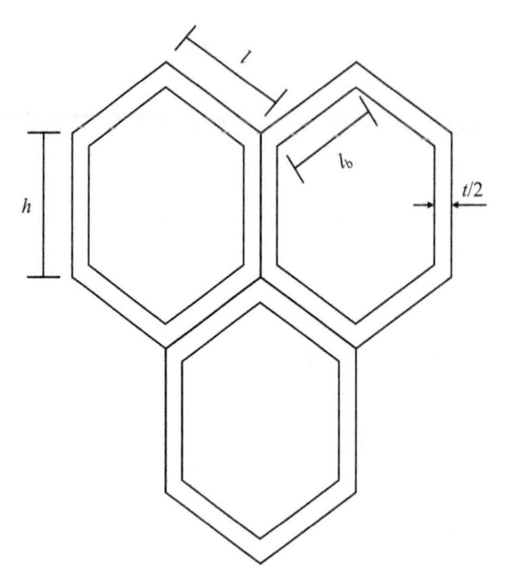

图 2-77　细胞壁六边形结构示意图

$t/2$ 为细胞壁厚度，h、l、l_{b} 为细胞各边的长度

$$\begin{aligned}\rho_{\mathrm{cw}}=&[(m_{\mathrm{PM}}^{\mathrm{ce}}\times\rho_{\mathrm{ce}}+m_{\mathrm{PM}}^{\mathrm{he}}\times\rho_{\mathrm{he}}+m_{\mathrm{PM}}^{\mathrm{li}}\times\rho_{\mathrm{li}})t_{\mathrm{PM}}+(m_{\mathrm{S_1}}^{\mathrm{ce}}\times\rho_{\mathrm{ce}}+m_{\mathrm{S_1}}^{\mathrm{he}}\times\rho_{\mathrm{he}}+m_{\mathrm{S_1}}^{\mathrm{li}}\times\rho_{\mathrm{li}})t_{\mathrm{S_1}}+(m_{\mathrm{S_2}}^{\mathrm{ce}}\times\rho_{\mathrm{ce}}\\&+m_{\mathrm{S_2}}^{\mathrm{he}}\times\rho_{\mathrm{he}}+m_{\mathrm{S_2}}^{\mathrm{li}}\times\rho_{\mathrm{li}})t_{\mathrm{S_2}}+(m_{\mathrm{S_3}}^{\mathrm{ce}}\times\rho_{\mathrm{ce}}+m_{\mathrm{S_3}}^{\mathrm{he}}\times\rho_{\mathrm{he}}+m_{\mathrm{S_3}}^{\mathrm{li}}\times\rho_{\mathrm{li}})t_{\mathrm{S_3}}]/(t_{\mathrm{PM}}+t_{\mathrm{S_1}}+t_{\mathrm{S_2}}+t_{\mathrm{S_3}})\end{aligned} \tag{2-105}$$

$$\rho_{\mathrm{co}}=\rho_{\mathrm{cw}}\times\left[1-\frac{l_{\mathrm{b}}(h_{\mathrm{b}}+l_{\mathrm{b}}\times\sin\alpha)}{l(h+l\times\sin\alpha)}\right] \tag{2-106}$$

式中，ρ_{co} 和 ρ_{cw} 分别为细胞和细胞壁密度，A_{void} 和 A_{cell} 分别为细胞腔和细胞壁面积。根据 Malek-Gibson 分析模型有

$$E_{\mathrm{L}}=E_{\mathrm{L}}^{\mathrm{cw}}(\rho_{\mathrm{co}}/\rho_{\mathrm{cw}}) \tag{2-107}$$

$$E_{\mathrm{R}}=E_{\mathrm{R}}^{\mathrm{cw}}\left(\frac{t}{l_{\mathrm{b}}}\right)^3\times\frac{(h/l+\sin\alpha)}{\cos^3\alpha}\left[\frac{1}{1+\left(2.4+1.5\nu_{\mathrm{LR}}^{\mathrm{cw}}+\tan^2\alpha+\dfrac{2(h_{\mathrm{b}}/l_{\mathrm{b}})}{\cos^2\alpha}\right)\left(\dfrac{t}{l_{\mathrm{b}}}\right)^2}\right] \tag{2-108}$$

$$E_{\mathrm{T}}=E_{\mathrm{T}}^{\mathrm{cw}}\left(\frac{t}{l_{\mathrm{b}}}\right)^3\times\frac{\cos\alpha}{(h/l+\sin\alpha)\sin^2\alpha}\left[\frac{1}{1+(2.4+1.5\nu_{\mathrm{LT}}^{\mathrm{cw}}+\cot^2\alpha)(t/l_{\mathrm{b}})^2}\right] \tag{2-109}$$

$$\nu_{\mathrm{TR}}=\frac{\cos^2\alpha}{(h/l+\sin\alpha)\sin\alpha}\left[\frac{1+(1.4+1.5\nu_{\mathrm{TR}}^{\mathrm{cw}})\left(\dfrac{t}{l_{\mathrm{b}}}\right)^2}{1+(2.4+1.5\nu_{\mathrm{TR}}^{\mathrm{cw}}+\cot^2\alpha)*(t/l_{\mathrm{b}})^2}\right] \tag{2-110}$$

$$\nu_{\mathrm{RT}}=\frac{\sin\alpha(h/l+\sin\alpha)}{\cos^2\alpha}\left[\frac{1+(1.4+1.5\nu_{\mathrm{RT}}^{\mathrm{cw}})(t/l_{\mathrm{b}})^2}{1+\left(2.4+1.5\nu_{\mathrm{RT}}^{\mathrm{cw}}+\tan^2\alpha+\dfrac{2(h_{\mathrm{b}}/l_{\mathrm{b}})}{\cos^2\alpha}\right)(t/l_{\mathrm{b}})^2}\right] \tag{2-111}$$

$$\nu_{\mathrm{LT}} = \nu_{\mathrm{LT}}^{\mathrm{cw}} \tag{2-112}$$

$$\nu_{\mathrm{LR}} = \nu_{\mathrm{LR}}^{\mathrm{cw}} \tag{2-113}$$

$$G_{\mathrm{RT}} = G_{\mathrm{TR}} = E_{\mathrm{L}}^{\mathrm{cw}}(t/l_{\mathrm{b}})^3 \times \frac{(h/l+\sin\alpha)}{(h_{\mathrm{b}}/l_{\mathrm{b}})^2\cos\alpha}\left(\frac{1}{C}\right) \tag{2-114}$$

$$G_{\mathrm{LT}} = G_{\mathrm{TL}} = G_{\mathrm{LT}}^{\mathrm{cw}}\frac{t/l}{(h/l+\sin\alpha)\cos\alpha})\left[\cos^2\alpha(l_{\mathrm{b}}/l)+\frac{3}{4}(t/l)\tan\alpha-\frac{\cos\alpha}{2}(t/l)(2\sin\alpha-1)\right] \tag{2-115}$$

$$G_{\mathrm{LR}} = G_{\mathrm{RL}} = G_{\mathrm{LR}}^{\mathrm{cw}}\frac{t/l}{(h/l+\sin\alpha)\cos\alpha})\left[\sin^2\alpha(l_{\mathrm{b}}/l)+h_{\mathrm{b}}/2l+\frac{3}{4}(t/l)\tan\alpha-\frac{\sin^2\alpha}{2\cos\alpha}(t/l)(2\sin\alpha-1)\right] \tag{2-116}$$

$$C = 1+2(h/l_{\mathrm{b}})+(t/l_{\mathrm{b}})^2\left[\frac{2.4+1.5\nu_{\mathrm{LT}}}{h_{\mathrm{b}}/l_{\mathrm{b}}}(2+h/l+\sin\alpha)+\frac{h/l+\sin\alpha}{(h_{\mathrm{b}}/l_{\mathrm{b}})^2}\left[\left(\frac{h}{l}+\sin\alpha\right)\tan^2\alpha+\sin\alpha\right]\right] \tag{2-117}$$

$$G_{\mathrm{LR}}^{\mathrm{cw}} = 1/(2[\bar{S}_{66}]_{\mathrm{cw}}) \tag{2-118}$$

$$G_{\mathrm{LT}}^{\mathrm{cw}} = 1/(2[\bar{S}_{55}]_{\mathrm{cw}}) \tag{2-119}$$

木射线为横切面上从髓心向树皮呈辐射状排列的射线薄壁组织，是木材的一种贮藏组织，将其近似为四边形结构，其壁层在 L、R、T 方向的弹性力学性能通过文献直接给出，并使用 Malek-Gibson 方程获得木射线单元的弹性力学性能。

（六）无瑕疵木材弹性力学性能预测模型构建

分别根据针叶材和阔叶材结构特性，使用 Rule-of-Mixture、Mori-Tanaka 理论建立包含早材、晚材、木射线在内的无瑕疵木材弹性力学性能预测模型。

1. 无瑕疵针叶材弹性力学性能预测模型

无瑕疵针叶材单元结构示意图如图 2-78 所示。以无瑕疵针叶材不同年轮尺度早材、晚材、木射线在试件横截面的体积占比均值为输入参数，无瑕疵针叶材弹性力学性能计算方法如下。

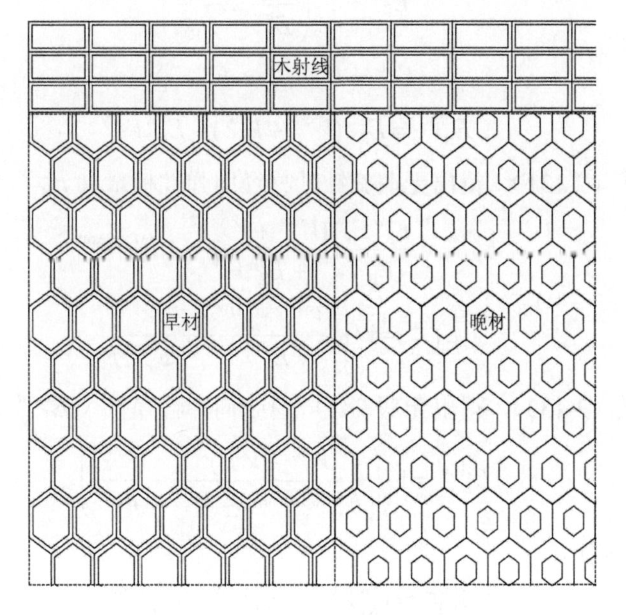

图 2-78　无瑕疵针叶材单元结构示意图

1）针叶材密度输出

根据早材、晚材以及木射线的密度及体积占比，可计算获得无瑕疵针叶材密度，计算公式如下：

$$V^{ew}+V^{lw}+V^{ray}=1 \tag{2-120}$$

早材和晚材细胞密度（ρ_{co}）计算公式为

$$\rho_{co}=\rho_{cw}\times\left[1-\frac{l_b(h+l_b\times\sin\alpha)}{l(h+l\times\sin\alpha)}\right] \tag{2-121}$$

早材单元密度（ρ_{ew}）计算公式为

$$\rho_{ew}=\rho_{ew}^{cw}\times\left[1-\frac{l_b(h+l_b\times\sin\alpha)}{l(h+l\times\sin\alpha)}\right] \tag{2-122}$$

晚材单元密度（ρ_{lw}）计算公式为

$$\rho_{lw}=\rho_{lw}^{cw}\left[1-\frac{l_b(h+l_b\times\sin\alpha)}{l(h+l\times\sin\alpha)}\right] \tag{2-123}$$

射线密度（ρ_{ray}）计算公式为

$$\rho_{ray}=1500\frac{2lh-(2l-t)(h-t)}{2lh} \tag{2-124}$$

无瑕疵针叶材密度（$\rho_{softwood}$）计算公式为

$$\rho_{softwood}=\rho_{ew}V^{ew}+\rho_{lw}V^{lw}+\rho_{ray}V^{ray} \tag{2-125}$$

2）弹性力学计算方法

早材和晚材称为早晚材，使用 EL 标识，无瑕疵针叶材纵向弹性模量（E_L^{clear}）计算公式为

$$E_L^{clear}=E_L^{ew}V^{ew}+E_L^{lw}V^{lw}+E_L^{ray}V^{ray} \tag{2-126}$$

$$V_{EL}^{ew}=\frac{V^{ew}}{V^{ew}+V^{lw}} \tag{2-127}$$

$$V_{EL}^{lw}=\frac{V^{lw}}{V^{ew}+V^{lw}} \tag{2-128}$$

$$E_R^{EL}=1/\left(\frac{V_{EL}^{ew}}{E_R^{ew}}+\frac{V_{EL}^{lw}}{E_R^{lw}}\right) \tag{2-129}$$

$$E_T^{EL}=E_T^{ew}V_{EL}^{ew}+E_T^{lw}V_{EL}^{lw} \tag{2-130}$$

$$E_R^{clear}=E_R^{EL}(V^{ew}+V^{lw})+E_R^{ray}V^{ray} \tag{2-131}$$

将式（2-129）代入式（2-131），得出无瑕疵针叶材径向弹性模量（E_R^{clear}）：

$$E_R^{clear}=\frac{E_R^{ew}E_R^{lw}(V^{ew}+V^{lw})^2}{E_R^{lw}V^{ew}+E_R^{ew}V^{lw}}+E_R^{ray}V^{ray} \tag{2-132}$$

$$E_T^{clear}=1/\left(\frac{(V^{ew}+V^{lw})}{E_T^{EL}}+\frac{V^{ray}}{E_T^{ray}}\right) \tag{2-133}$$

将式（2-130）代入式（2-133），得出无瑕疵针叶材弦向弹性模量（E_T^{clear}）：

$$E_T^{clear}=1/\left(\frac{(V^{ew}+V^{lw})^2}{E_T^{ew}V^{ew}+E_T^{lw}V^{lw}}+\frac{V^{ray}}{E_T^{ray}}\right) \tag{2-134}$$

同理得出主轴方向泊松比：

$$v_{RT}^{clear}=v_{RT}^{ew}V^{ew}+v_{RT}^{lw}V^{lw}+v_{RT}^{ray}V^{ray} \tag{2-135}$$

$$v_{LR}^{EL}=v_{LR}^{ew}V_{EL}^{ew}+v_{LR}^{lw}V_{EL}^{lw} \tag{2-136}$$

$$v_{LT}^{EL}=\frac{v_{LT}^{ew}v_{LT}^{lw}}{V_{EL}^{lw}v_{LT}^{ew}+V_{EL}^{ew}v_{LT}^{lw}} \tag{2-137}$$

$$\nu_{\mathrm{LR}}^{\mathrm{clear}}=\frac{\nu_{\mathrm{LR}}^{\mathrm{EL}}\nu_{\mathrm{LR}}^{\mathrm{ray}}}{V^{\mathrm{ray}}\nu_{\mathrm{LR}}^{\mathrm{EL}}+(V^{\mathrm{ew}}+V^{\mathrm{lw}})\nu_{\mathrm{LR}}^{\mathrm{ray}}} \tag{2-138}$$

$$\nu_{\mathrm{LT}}^{\mathrm{clear}}=\frac{\nu_{\mathrm{LT}}^{\mathrm{EL}}\nu_{\mathrm{LT}}^{\mathrm{ray}}}{V^{\mathrm{ray}}\nu_{\mathrm{LT}}^{\mathrm{EL}}+(V^{\mathrm{ew}}+V^{\mathrm{lw}})\nu_{\mathrm{LT}}^{\mathrm{ray}}} \tag{2-139}$$

将式（2-136）代入式（2-138），得出：

$$\nu_{\mathrm{LR}}^{\mathrm{clear}}=\frac{(\nu_{\mathrm{LR}}^{\mathrm{ew}}V^{\mathrm{ew}}+\nu_{\mathrm{LR}}^{\mathrm{lw}}V^{\mathrm{lw}})\nu_{\mathrm{LR}}^{\mathrm{ray}}}{(\nu_{\mathrm{LR}}^{\mathrm{ew}}V^{\mathrm{ew}}+\nu_{\mathrm{LR}}^{\mathrm{lw}}V^{\mathrm{lw}})V^{\mathrm{ray}}+(V^{\mathrm{ew}}+V^{\mathrm{lw}})^{2}\nu_{\mathrm{LR}}^{\mathrm{ray}}} \tag{2-140}$$

由

$$\nu_{\mathrm{LT}}^{\mathrm{clear}}=\nu_{\mathrm{LT}}^{\mathrm{EL}}(V^{\mathrm{ew}}+V^{\mathrm{lw}})+\nu_{\mathrm{LT}}^{\mathrm{ray}}V^{\mathrm{ray}} \tag{2-141}$$

得出：

$$\nu_{\mathrm{LT}}^{\mathrm{clear}}=\frac{\nu_{\mathrm{LT}}^{\mathrm{ew}}\nu_{\mathrm{LT}}^{\mathrm{lw}}}{V^{\mathrm{lw}}\nu_{\mathrm{LT}}^{\mathrm{ew}}+V^{\mathrm{ew}}\nu_{\mathrm{LT}}^{\mathrm{lw}}}(V^{\mathrm{ew}}+V^{\mathrm{lw}})^{2}+\nu_{\mathrm{LT}}^{\mathrm{ray}}V^{\mathrm{ray}} \tag{2-142}$$

无瑕疵针叶材剪切模量计算公式如下：

$$G_{\mathrm{LR}}^{\mathrm{clear}}=\frac{(G_{\mathrm{LR}}^{\mathrm{ew}}V^{\mathrm{ew}}+G_{\mathrm{LR}}^{\mathrm{lw}}V^{\mathrm{lw}})G_{\mathrm{LR}}^{\mathrm{ray}}}{(G_{\mathrm{LR}}^{\mathrm{ew}}V^{\mathrm{ew}}+G_{\mathrm{LR}}^{\mathrm{lw}}V^{\mathrm{lw}})V^{\mathrm{ray}}+(V^{\mathrm{ew}}+V^{\mathrm{lw}})^{2}G_{\mathrm{LR}}^{\mathrm{ray}}} \tag{2-143}$$

$$G_{\mathrm{LT}}^{\mathrm{clear}}=\frac{G_{\mathrm{LT}}^{\mathrm{ew}}G_{\mathrm{LT}}^{\mathrm{lw}}}{V^{\mathrm{lw}}G_{\mathrm{LT}}^{\mathrm{ew}}+V^{\mathrm{ew}}G_{\mathrm{LT}}^{\mathrm{lw}}}(V^{\mathrm{ew}}+V^{\mathrm{lw}})^{2}+G_{\mathrm{LT}}^{\mathrm{ray}}V^{\mathrm{ray}} \tag{2-144}$$

$$G_{\mathrm{RT}}^{\mathrm{clear}}=G_{\mathrm{RT}}^{\mathrm{ew}}V^{\mathrm{ew}}+G_{\mathrm{RT}}^{\mathrm{lw}}V^{\mathrm{lw}}+G_{\mathrm{RT}}^{\mathrm{ray}}V^{\mathrm{ray}} \tag{2-145}$$

2. 无瑕疵阔叶材弹性力学性能预测模型构建

阔叶材基本单元包括早材、晚材、木射线和导管，无瑕疵阔叶材单元结构示意图如图 2-79 所示。在无瑕疵针叶材弹性力学性能模型的基础上，基于 Mori-Tanaka 模型，将阔叶材导管引入模型，建立无瑕疵阔叶材弹性力学性能预测模型。

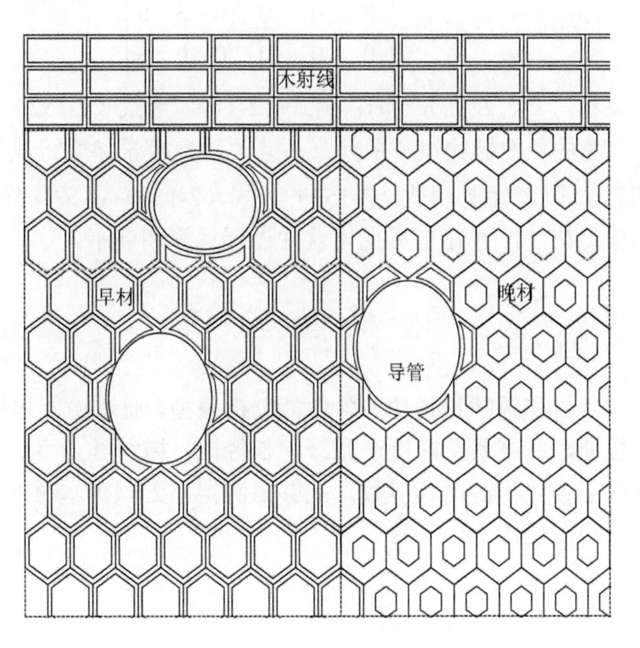

图 2-79　无瑕疵阔叶材单元结构示意图

无瑕疵阔叶材弹性力学性能公式推导过程如下。

$$L = L_1 + \left[\sum_{r=2}^{n} C_r \left(L_r - L_1 \right) T_r \right] \left[\sum_{s=1}^{n} C_s T_s \right]^{-1} \tag{2-146}$$

式中，L 为木材的刚度张量，L_r 为 r 相的材料刚度，T_s 为 s 相的集中张量，C_r、C_s 为 r、s 相的含量，n 为相的数量。将无瑕疵阔叶材视为两相材料，一相为早材、晚材和木射线组成的单元（L_1），另一相为导管（L_2），则有

$$L = L_1 + (1 - C_1)(L_2 - L_1)[I + C_1 P(L_2 - L_1)]^{-1} \tag{2-147}$$

$$T_r = [I + P(L_r - L_1)]^{-1} \tag{2-148}$$

$$P = (L^* + L_1)^{-1} \tag{2-149}$$

$$L^* = 3K^* J + 2G^* K \tag{2-150}$$

$$K^* = 4G_0 / 3 \tag{2-151}$$

$$G^* = \frac{3}{2} \left(\frac{1}{G_0} + \frac{10}{9K_0 + 8G_0} \right)^{-1} \tag{2-152}$$

$$\mathbf{3J} = \begin{bmatrix} 1 & 1 & 1 & 0 & 0 & 0 \\ 1 & 1 & 1 & 0 & 0 & 0 \\ 1 & 1 & 1 & 0 & 0 & 0 \\ 0 & 0 & 0 & 0 & 0 & 0 \\ 0 & 0 & 0 & 0 & 0 & 0 \\ 0 & 0 & 0 & 0 & 0 & 0 \end{bmatrix} \tag{2-153}$$

$$\mathbf{3K} = \begin{bmatrix} 2 & -1 & -1 & 0 & 0 & 0 \\ -1 & 2 & -1 & 0 & 0 & 0 \\ -1 & -1 & 2 & 0 & 0 & 0 \\ 0 & 0 & 0 & 3 & 0 & 0 \\ 0 & 0 & 0 & 0 & 3 & 0 \\ 0 & 0 & 0 & 0 & 0 & 3 \end{bmatrix} \tag{2-154}$$

式中，T_r 为稀疏解的集中张量，P、L^*、K^* 和 G^* 由式（2-149）至式（2-152）定义，I 为四阶单位张量，K_0 和 G_0 为阔叶材中早材、晚材和木射线组成单元（L_1）的弹性模量参数，其计算方法与无瑕疵针叶材弹性模量的计算方法相同。$\boldsymbol{J}$ 和 $\boldsymbol{K}$ 矩阵由式（2-153）和式（2-154）定义。至此，完成了多尺度无瑕疵木材的力学性能分析预测模型构建，并建立可视化软件进行运算和展示。

二、模 型 验 证

前一节构建了无瑕疵针叶材和阔叶材弹性力学性能分析模型，通过输入木材细胞纤维素、半纤维素、木质素的组成和弹性力学性能，纤维素结晶度、微纤丝长径比、微纤丝角度、细胞形态参数、早晚材和木射线体积占比、阔叶材中导管体积占比等参数，能够预测得出无瑕疵木材的弹性力学性能，包括主轴方向的弹性模量、剪切模量和泊松比。

（一）模型参数取值

通过分析文献（Shishkina et al.，2014；Malek and Gibson，2017），表 2-11 列出了用于模型验证的木材细胞壁主要成分密度、结晶纤维素、无定型纤维素、半纤维素和木质素的弹性力学性能。表 2-12 列出了用于模型计算所需的杉木、杨木和轻木的多尺度微宏观组成和结构参数，该参数是综合试验测试和文

献得出的，可能与具体样品的参数存在差异。

表 2-11　多尺度无瑕疵木材弹性力学性能分析模型默认参数值

类别	参数名称	数学符号	取值
密度	纤维素密度（kg/m^3）	ρ_{ce}	1600
	半纤维素密度（kg/m^3）	ρ_{he}	1500
	木质素密度（kg/m^3）	ρ_{li}	1400
无定型纤维素弹性力学性能	杨氏模量（GPa）	E^{ac}	28.2
	泊松比	v^{ac}	0.42
	剪切模量（GPa）	G^{ac}	3.1
结晶纤维弹性力学性能	长径比	l/d	12
	L 向杨氏模量（GPa）	E_L^{cc}	139
	R 向杨氏模量（GPa）	E_R^{cc}	28.2
	T 向杨氏模量（GPa）	E_T^{cc}	7.0
	LR 泊松比	v_{LR}^{cc}	0.1
	LT 泊松比	v_{LT}^{cc}	0.1
	RT 泊松比	v_{RT}^{cc}	0.42
	LR 剪切模量（GPa）	G_{LR}^{cc}	3.3
	LT 剪切模量（GPa）	G_{LT}^{cc}	7.5
	RT 剪切模量（GPa）	G_{RT}^{cc}	3.1
半纤维素弹性力学性能	L 向杨氏模量（GPa）	E_L^{he}	9.0
	R 向杨氏模量（GPa）	E_R^{he}	4.5
	T 向杨氏模量（GPa）	E_T^{he}	4.5
	LR 剪切模量（GPa）	G_{LR}^{he}	2.25
	LT 剪切模量（GPa）	G_{LT}^{he}	2.25
	RT 剪切模量（GPa）	G_{RT}^{he}	1.67
	LR 泊松比	v_{LR}^{he}	0.35
	LT 泊松比	v_{LT}^{he}	0.35
	RT 泊松比	v_{RT}^{he}	0.35
木质素弹性力学性能	杨氏模量（GPa）	E^{li}	5.68
	剪切模量（GPa）	G^{li}	2.06
	泊松比	v^{li}	0.38

表 2-12　多尺度无瑕疵木材弹性力学性能分析模型不同树种的变量取值

类别	参数名称	数学符号	杉木	杨木	轻木
细胞壁 PM 层成分	纤维素含量（%）	m_{PM}^{ce}	3	3	3
	纤维素结晶度（%）	C_{PM}^{ce}	0	0	0
	半纤维素含量（%）	m_{PM}^{he}	35	35	35
	木质素含量（%）	m_{PM}^{li}	62	62	62
细胞壁 S_1 层成分	纤维素含量（%）	$m_{S_1}^{ce}$	18	35	35
	纤维素结晶度（%）	$C_{S_1}^{ce}$	49	41	40

续表

类别	参数名称	数学符号	杉木	杨木	轻木
细胞壁 S_1 层成分	半纤维素含量（%）	$m_{S_1}^{he}$	19	23	30
	木质素含量（%）	$m_{S_1}^{li}$	63	42	35
细胞壁 S_2 层成分	纤维素含量（%）	$m_{S_2}^{ce}$	45	50	50
	纤维素结晶度（%）	$C_{S_2}^{ce}$	49	41	45
	半纤维素含量（%）	$m_{S_2}^{he}$	22.3	28	27
	木质素含量（%）	$m_{S_2}^{li}$	32.7	22	23
细胞壁 S_3 层成分	纤维素含量（%）	$m_{S_3}^{ce}$	38	47	45
	纤维素结晶度（%）	$C_{S_3}^{ce}$	49	41	40
	半纤维素含量（%）	$m_{S_3}^{he}$	37	33	35
	木质素含量（%）	$m_{S_3}^{li}$	25	20	20
早材细胞壁层厚度	PM 层（μm）	t_{PM}	0.13	0.17	0.13
	S_1 层（μm）	t_{S_1}	0.16	0.33	0.16
	S_2 层（μm）	t_{S_2}	1.16	2.28	1.09
	S_3 层（μm）	t_{S_3}	0.12	0.14	0.12
晚材细胞壁层厚度	PM 层（μm）	t_{PM}	0.13	0.18	0.13
	S_1 层（μm）	t_{S_1}	0.16	0.33	0.16
	S_2 层（μm）	t_{S_2}	2.20	2.28	1.09
	S_3 层（μm）	t_{S_3}	0.12	0.14	0.12
细胞壁层微纤丝角	PM 层（°）	θ^{PM}	70	70	70
	S_1 层（°）	θ^{S_1}	–70	–70	–70
	S_2 层（°）	θ^{S_2}	10	8	1.4
	S_3 层（°）	θ^{S_3}	70	70	70
早材细胞壁形态参数	六边形高（μm）	h	19.2	15	20
	六边形长（μm）	l	19.2	15	20
	六边形夹角（°）	α	30	30	30
晚材细胞壁形态参数	六边形高（μm）	h	14.7	15	20
	六边形长（μm）	l	14.7	15	20
	六边形夹角（°）	α	30	30	30
木射线细胞形态	四边形高（μm）	h	18	18	18
	四边形长（μm）	l	18	18	18
	四边形厚度（μm）	$t/2$	0.9	0.9	0.9
无瑕疵针叶材体积占比	早材	V^{ew}	0.5	—	—
	晚材	V^{lw}	0.45	—	—
	木射线	V^{ray}	0.05	—	—
无瑕疵阔叶材体积占比	早材	V^{ew}	—	0.30	0.35
	晚材	V^{lw}	—	0.30	0.47
	木射线	V^{ray}	—	0.10	0.1
	导管	Vve	—	0.30	0.08
密度（绝干）	kg/m^3		400	380	228

注：“—”表示不适用，无相关参数

（二）典型木材细胞壁和无瑕疵木材弹性力学性能预测结果

1. 微纤丝角的影响

图 2-80 分析了细胞壁 S_2 层微纤丝角对木材细胞壁和典型无瑕疵木材纵向和径向杨氏模量的影响，模拟结果表明，随着 S_2 层微纤丝角的增大，典型木材细胞壁和典型无瑕疵木材在纵向、径向的杨氏模量不断减小，表明微纤丝角是影响木材力学性能的关键因子。与纵向和径向相比，微纤丝角对弦向杨氏模量影响极小。

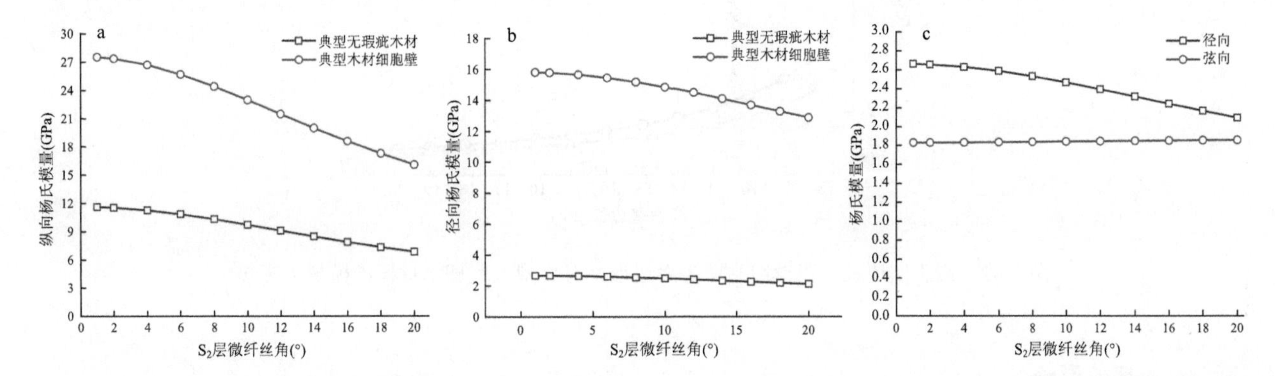

图 2-80　细胞壁 S_2 层微纤丝角对典型无瑕疵木材与细胞壁纵向（a）和径向（b）杨氏模量的影响以及对典型无瑕疵木材径向和弦向杨氏模量（c）的影响

2. S_2 层厚度的影响

S_2 层在木材细胞壁组成中占比最大，图 2-81 分析了 S_2 层厚度对典型无瑕疵木材和细胞壁纵向、径向和弦向杨氏模量的影响。模拟结果表明，典型无瑕疵木材细胞壁和木材在纵向、径向和弦向的杨氏模量随 S_2 层厚度的增大而增加。由于 S_2 层微纤丝与纵向夹角最小，S_2 层厚度对细胞壁纵向弹性力学性能的影响要明显高于横纹方向（径向和弦向）。图 2-81 中的模拟结果也表明，无瑕疵木材纵向方向的杨氏模量大于径向，弦向方向的杨氏模量最小，与木材在 3 个方向实际的力学性能排序一致。

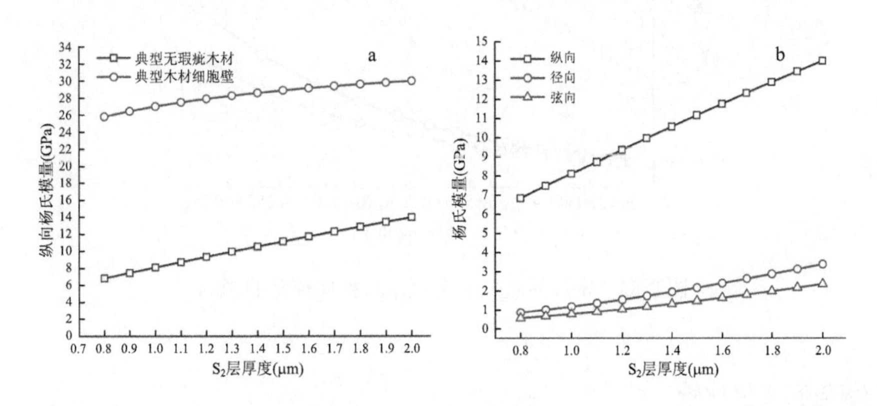

图 2-81　细胞壁 S_2 层厚度对典型无瑕疵木材与细胞壁纵向杨氏模量（a）和典型无瑕疵木材纵向、径向与弦向杨氏模量（b）的影响

3. 孔隙占比的影响

图 2-82 分析了细胞壁边长对典型无瑕疵木材杨氏模量的影响。假设无瑕疵木材细胞壁为六边形，细

胞壁边长增加，在细胞壁厚度不变的情况下，则孔隙占比增大。模拟结果表明，典型无瑕疵木材在纵向、径向和弦向的杨氏模量随细胞壁边长（孔隙占比）增大呈现非线性减小。

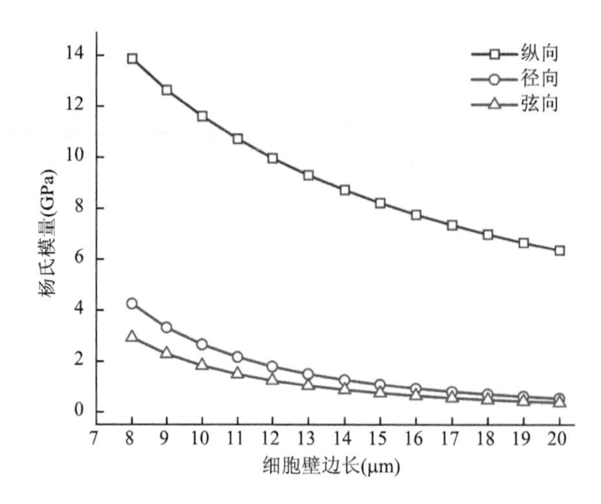

图 2-82　细胞壁边长（假设细胞壁为六边形）对典型无瑕疵木材杨氏模量的影响

4. 密度的影响

图 2-83 分析了木材密度对典型无瑕疵木材杨氏模量的影响，模拟结果表明，各方向杨氏模量随木材密度的增加而增大，其中，纵向杨氏模量随密度的增加呈线性增加，径向和弦向杨氏模量随密度的增加呈非线性增加。

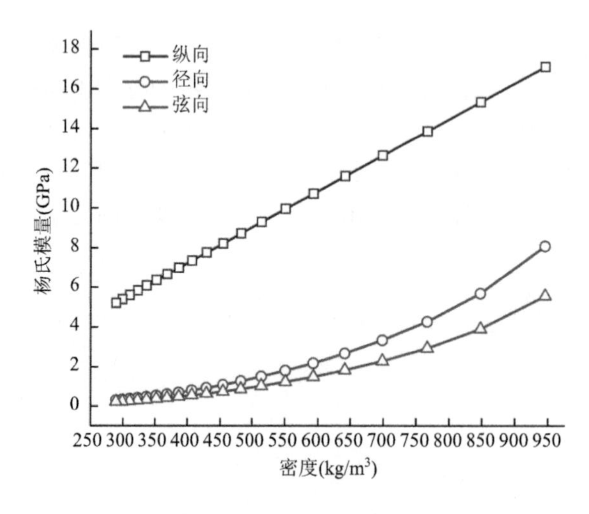

图 2-83　密度对典型无瑕疵木材杨氏模量的影响

（三）预测值与实测值比较

选取杉木、杨木以及轻木，利用前一节构建的模型并将表 2-11 和表 2-12 中的数据作为输入参数，预测得到无疵试样弹性力学性能，并与测试值或文献值进行对比，如图 2-84 所示，可以得出，无瑕疵木材预测值与测试值平均值接近，构建的分析模型能有效预测无瑕疵木材的弹性力学性能。

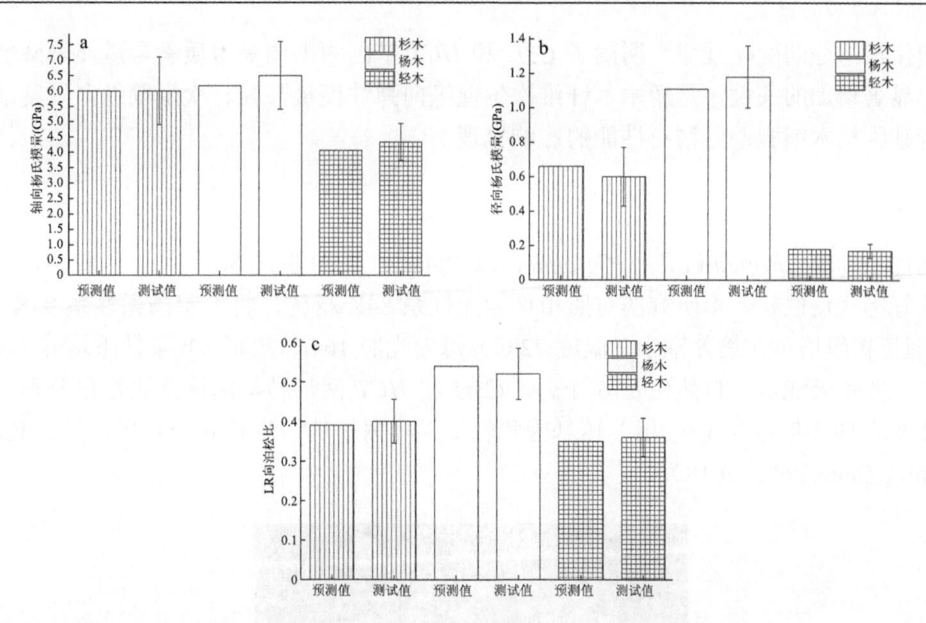

图 2-84　无瑕疵木材轴向（a）和径向（b）杨氏模量以及 LR 向泊松比（c）预测值与测试值对比（Qing and Mishnaevsky，2010；Shishkina et al.，2014；Jiang et al.，2018；李安鑫等，2019）

三、本节小结

本研究采用六步法，构建了基于细胞壁结构参数的木材微观和宏观物理力学性质预测模型。此预测模型为简化分析模型，还存在一些不足，比如没有考虑细胞壁的微孔及其分布，将射线细胞简化为固定形态的四边形结构，使用均值描述早晚材形态，缺少通过特定树种木材微观力学性能对模型进行验证等，后期还需进一步优化和验证模型的可靠性。此外，木材在形变较小的情况下，其可以被认为是一种弹性材料，然而一旦发生屈服，木材在不同方向上将发生不同的破坏和变形。木材纵向、径向和弦向拉伸以及平面剪力作用时发生脆性破坏，在压强作用下发生塑性变形，纵向压缩时发生延性软化破坏，径向和弦向压缩时发生延性硬化，且拉压强度不相等。木材在拉、压、剪等受力作用下均具有非常复杂的应力-应变关系，因此，假设木材为正交各向异性弹性材料，不适用于木材及其制品的塑性变形及破坏分析，非常有必要建立具有普遍适用性的多尺度木材弹塑性力学性能预测模型。

第四节　遗传与加工改良调控对木材细胞壁结构的影响机制

本研究利用生物、物理和化学手段调控了木材细胞壁不同层级结构，揭示了不同调控方式对细胞壁结构的影响机制，创制了木材细胞壁骨架层状结构调控、木材细胞壁主成分木质素调控新方法。

一、生物手段调控

随着分子生物学和遗传育种学等学科的发展，通过生物手段调控木材性质并提高木材品质，可最终实现林木定向培育及木材资源的高效利用。本节以转基因植株为研究对象，介绍遗传改良对转基因杨木细胞壁构造和化学组分等方面的影响。

（一）遗传改良调控细胞壁构造与化学组分

在遗传改良调控细胞壁结构方面，本研究揭示了遗传改良调控（转 *C3H* 和 *HCT* 基因）杨木细胞壁的微观构造和化学组分的变化规律，明确了 *C3H* 和 *HCT* 基因的下调是木质素含量显著降低、纤维素结晶度和胞壁率显著增加的关键，是杨木木纤维次生壁纵向弹性模量升高、次生壁纵向硬度减小的内在原因，阐明了转基因杨木细胞壁结构对性能的影响机理。

1. 试验材料

银腺杨无性系 84K（*Populus alba*×*P. glandulosa*‘84k’）于 20 世纪 80 年代引入我国，具有苗期生长快、木材材质好等优良性状。本研究的对照植株为无性系 84K 杨树，将银腺杨无性系 84K 转 *C3H* 基因和转 *HCT* 基因杨树组培苗在培养室中（温度 22℃）每天光照 16 h、黑暗 8 h 条件下培养 1.5 个月，然后移栽到温室中，并每天浇水，自然生长 6 个月。*C3H* 和 *HCT* 两种转基因株系表达量分别为非转基因植株的 54%和 37%。图 2-85 为本研究用非转基因和转基因杨树植株，生长 6 个月后，植株高度约 1.3 m，直径约 5.5 mm（Zhou et al.，2018）。

图 2-85　非转基因杨树（84K）、转 *C3H* 基因杨树和转 *HCT* 基因杨树植株

取对照组和两种转基因植株各 5 株，共 15 株。植株长出树叶在茎上形成节，节和节之间的部分称为节间（图 2-86）。通常，杨树植株生长到 3～4 个节间时，就会产生次生木质部，在第 9 节间以下的木材已充分木质化（图 2-86），因此本研究从树梢往下第 9 节间开始取样，依次取傅里叶变换红外光谱仪（FTIR）分析样品（9～10 节间）、乙酰溴法测木质素含量样品（11～12 节间）、X 射线光电子能谱（XPS）分析样品（13～14 节间）、光学显微镜观察解剖性质样品（15 节间）、扫描电镜（SEM）观察样品（16 节间）、纳米压痕测试样品（17～18 节间）、单糖组分分析法分析样品（19～23 节间）、X 射线衍射（XRD）法分析样品（28～31 节间）、排水法基本密度测试样品（32～36 节间）和二维核磁共振法（2D HSQC NMR）与热解-气相色谱/质谱联用（Py-GC/MS）法分析样品（剩余节间）。取样过程如图 2-86 所示。

2. 试验方法

1）纤维素结晶度

用 X 射线衍射（XRD）对相对结晶度进行测定，首先将非转基因杨木、转 *C3H* 基因杨木和转 *HCT* 基因杨木备用木段切成 1 mm×1 mm×30 mm（*R*×*T*×*L*）大小，并用木粉机将它磨成木粉。取 60～80 目的木粉，平衡含水率一周，然后置于 X 射线衍射仪中测试纤维素结晶度。X 光源来自铜靶（波长 0.154 nm）。

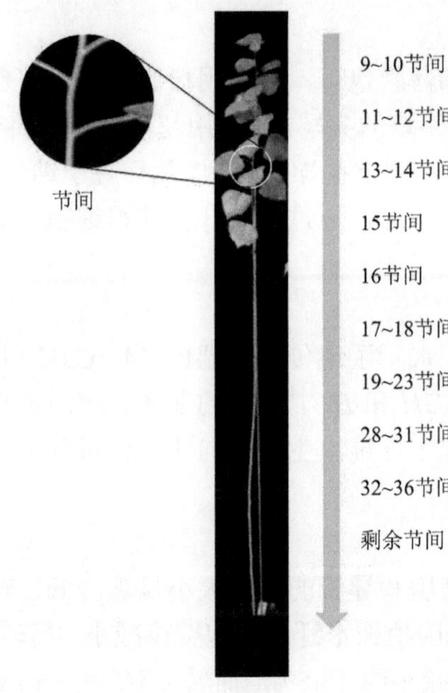

图 2-86　取样示意图

2）木质素含量

本研究所采用的转基因杨木主要抑制并调控木质素的合成，因此采用乙酰溴法对转基因杨木木质素含量进行重点分析，试验步骤如下。

（1）配制乙酰溴/乙酸溶液（体积比为 3∶7）和 2 mol/L 的 NaOH 溶液（8% NaOH）。

（2）取各组试样各 50 mg，研磨成粉末（过 80 目），103℃下干燥 6 h，取出后置于干燥器中冷却，备用。

（3）采用精度为 0.01 mg 的天平称取 5.00 mg 杨木样品及碱木质素标样 25 ml 于比色管中，加 5 ml 乙酰溴/乙酸溶液，并用移液枪加入 0.2 ml 高氯酸，盖紧瓶盖，用封口膜快速将瓶口密封。

（4）将比色管置于 70℃的电热恒温水浴锅中反应 1 h，以使比色管内的反应物混合均匀，促使其充分溶解。

（5）1 h 后将比色管中的反应液移入装有 10 ml 2mol/L NaOH 溶液和 10 ml 冰醋酸溶液的 50 ml 容量瓶中终止溴化反应，并用少量醋酸洗涤比色管，加入到容量瓶中，用冰醋酸稀释到 50 ml 刻度，摇匀。

（6）以相应反应条件下的无样品溶液为空白溶液，测定并比较不同反应条件下产物在 280 nm 处的紫外吸收值。

（7）木质素含量定量分析采用碱木质素做标准曲线：利用以上碱木质素溶液配制浓度为 0.01 g/L、0.02 g/L、0.03 g/L、0.04 g/L、0.05 g/L 的碱木质素标准溶液，用空白液调零，分别测定碱木质素的吸光度，通过木质素含量及对应的吸光度值进行一元线性回归，即得到木质素含量标准曲线，将各试验样品的吸光度值代入标准曲线中即得到相应的木质素含量。

3）单糖组分含量

为探讨木质素含量变化是否会影响其他化学组分含量，采用单糖组分分析法分析主要化学组分含量，将备用材料磨成木粉，然后按以下步骤制样、试验并进行单糖组分分析：首先制备细胞壁醇不溶残渣（AIR），一次取 2 mg 残渣用于实验，每一样品重复取 5 次；然后对残渣进行退浆处理，所用药品为普鲁兰酶 M3（0.5 U/mg）和 α-淀粉酶（0.75 U/mg），处理后，将样品置于 0.1 mol/L 醋酸钠缓冲液（pH=5）中 8 h；之后将 0.7 mg 退浆后的残余物浸没于 1 mol/L 甲醇溶液中进行甲醇分解，在 80℃条件下加热 8 h 使混合物蒸发，与此同时加入 TRI-SIL 试剂进行处理；最后在正己烷中提取甲硅烷基化糖用于气相色谱-质谱法（GC-MS）分析。

4）细胞壁力学

将样品用乙醇梯度脱水后用高密度聚乙烯薄膜包裹，然后用树脂包埋，将包埋后的样品在滑走切片机上削成金字塔形，使木材的晚材部分落在金字塔的尖端。之后用超薄切片机将包埋样品的尖端抛光（先用玻璃刀，再用钻石刀），制好样品后即可将样品固定在样品托上，然后置于纳米压痕仪的样品台上测试。根据加卸载过程中作用在压针上的载荷和压痕深度，通过理论计算获得细胞壁的痕量硬度和弹性模量。

3. 结果与讨论

本研究在遗传改良调控细胞壁结构方面，揭示了遗传改良调控（转 *C3H* 和 *HCT* 基因）杨木细胞壁的微观构造和化学组分的变化规律，明确了 *C3H* 和 *HCT* 基因的下调是木质素含量显著降低、纤维素结晶度和胞壁率显著增加的关键，是转基因杨木木纤维次生壁纵向弹性模量升高、次生壁纵向硬度减小的内在原因。

1）细胞形态

HCT 基因和 *C3H* 基因的下调使木纤维细胞和导管的细胞大小显著降低，转基因植株木纤维和导管细胞弦向腔径显著减小（图 2-87）。转 *HCT* 基因植株木纤维细胞壁厚减小，而转 *C3H* 基因植株木纤维细胞壁厚增大。转 *HCT* 基因杨木导管径向壁厚减小约 18.5%，而转 *C3H* 基因杨木导管径向壁厚仅减小约 3.1%，转基因对导管径向壁厚有极显著的影响（图 2-88）。

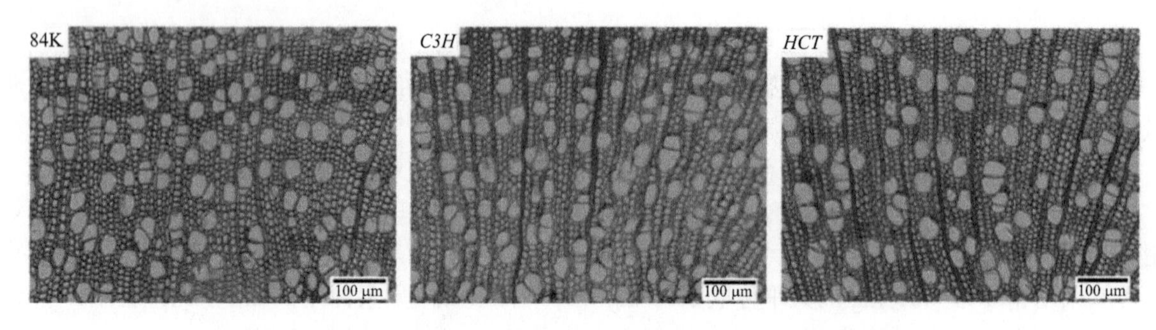

图 2-87　非转基因杨木（84K）和转基因杨木光学显微镜图

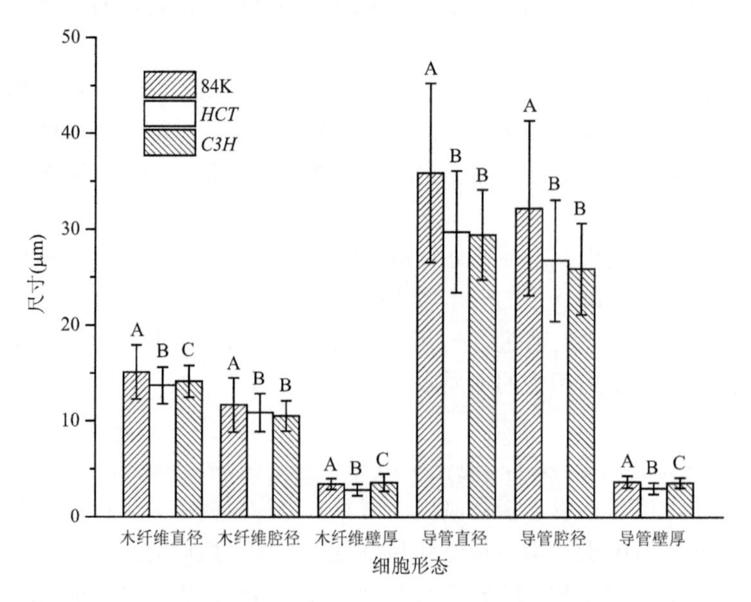

图 2-88　非转基因杨木和转基因杨木细胞形态

不同大写字母表示同一细胞形态不同树种间差异显著

2）纤维素结晶度

表 2-13 表明，非转基因杨木，转 *C3H* 基因杨木和转 *HCT* 基因杨木纤维素结晶度分别为 34.32%，40.67%和 39.85%。转 *C3H* 基因杨木和转 *HCT* 基因杨木纤维素结晶度均显著高于非转基因杨木（$P<0.05$），其中，转 *C3H* 基因杨木高出 18.5%，而转 *HCT* 基因杨木高出 16.1%，虽然转 *C3H* 基因杨木纤维素结晶度增加幅度略高于转 *HCT* 基因杨木，但两种转基因杨木间的纤维素结晶度差异并不显著（$P>0.05$）。这是由于木质素含量的降低会削弱木质素与纤维素无定形区的氢键结合，并促进结晶纤维素的更紧密堆积，从而使纤维素结晶区域增大（Pingali et al.，2010）。此外，木质素在木材中起黏结作用，纤维素分子链之间木质素含量减少，导致纤维素排序更有规则，纤维素结晶度提高。

表 2-13　非转基因杨木和转基因杨木纤维素结晶度

试样	纤维素结晶度（%）
非转基因杨木	34.32±1.74 A
转 *C3H* 基因杨木	40.67±0.27 B
转 *HCT* 基因杨木	39.85±1.05 B
P	1.77×10^{-4}

注：不同大写字母表示不同转基因植株间差异显著，*P* 表示差异显著性水平，下同

3）木质素含量

红外光谱法和乙酰溴法的研究结果表明：转基因杨木中苯环骨架相对纤维素和半纤维素中主要基团发生了明显的降低，即转基因杨木中木质素含量降低；转 *C3H* 基因杨木木质素含量相对非转基因杨木降低了 29.9%，而转 *HCT* 基因杨木木质素含量降低了 20.3%。

4）单糖组分含量

表 2-14 为非转基因杨木和转基因杨木植株单糖组分含量分析结果，可以看出，两种转基因一年生杨木与非转基因杨木相比，鼠李糖、岩藻糖和阿拉伯糖含量无显著差异；转 *HCT* 基因杨木的木糖含量显著增加，但转 *C3H* 基因杨木其含量无显著变化；转 *C3H* 基因杨木和转 *HCT* 基因杨木的甘露糖含量相同，均降低了 17.2%；此外，转 *C3H* 基因杨木的半乳糖含量显著增加，而转 *HCT* 基因杨木其含量显著降低；值得注意的是，转 *C3H* 基因杨木的葡萄糖含量急剧下降，但转 *HCT* 基因杨木却无显著变化。转 *C3H* 基因杨木纤维素含量显著增加，而转 *HCT* 基因杨木其含量变化不显著（$P>0.05$）；转 *C3H* 基因杨木和转 *HCT* 基因杨木木质素含量均显著降低。单糖含量总和可用于衡量综纤维素含量，通过计算可获得非转基因杨木、转 *C3H* 基因杨木和转 *HCT* 基因杨木的综纤维素含量分别为 74.3%、76.9%和 76.8%，由此可见，两种转基因幼龄杨木在木质素下降的同时，综纤维素含量补偿性增大。

表 2-14　非转基因杨木和转基因杨木植株单糖组分含量（mg/g）

试样	鼠李糖	岩藻糖	阿拉伯糖	木糖	甘露糖	半乳糖	葡萄糖	纤维素	木质素
非转基因杨木	4.00	0.83	2.97	221.58	14.67	5.92	62.36	431.01	110.65
转 *C3H* 基因杨木	4.05	0.91	2.85	219.27	12.14*	6.32*	46.14*	476.85*	106.97*
转 *HCT* 基因杨木	4.00	0.84	2.93	248.62*	12.14*	5.08*	63.92	430.51	100.23*

注：木材细胞壁单糖组分含量以平均值表示（单位醇不溶残余物中的含量，单位：mg/g）。表中变异系数均小于 12%

*表示非转基因杨木与转基因杨木间差异显著（*t* 检验，$P<0.05$）

5）基本密度和细胞壁基本密度

表 2-15 为非转基因杨木和转基因杨木基本密度和细胞壁基本密度，非转基因杨木、转 *C3H* 基因杨木和转 *HCT* 基因杨木的基本密度分别为 0.277 g/cm^3、0.263 g/cm^3 和 0.284 g/cm^3。经过转 *C3H* 基因和 *HCT*

基因后，杨木木材基本密度均发生了明显的变化，其中转 *C3H* 基因杨木基本密度变化极显著，相对非转基因杨木降低了 5.1%，而转 *HCT* 基因杨木基本密度则增加了 2.5%，变化在 $P<0.05$ 水平显著。可以假设木材基本密度样品在高度方向各截面胞壁率保持一致，在这种假设条件下，细胞壁实质物质饱水体积和木材饱水体积之比等于木材横截面胞壁率，而木材的绝干质量等于木材细胞壁实质物质的质量，所以基本密度除以胞壁率可以得到细胞壁基本密度。由表 2-15 可知，非转基因杨木、转 *C3H* 基因杨木和转 *HCT* 基因杨木细胞壁基本密度分别为 0.688 g/cm^3、0.579 g/cm^3 和 0.650 g/cm^3，转 *C3H* 基因杨木和转 *HCT* 基因杨木木材细胞壁基本密度均发生了显著减小（$P<0.05$），表明，由于转基因杨木木材木质素含量的降低，木材细胞壁变得更松弛。

表 2-15　非转基因杨木和转基因杨木基本密度和细胞壁基本密度

试样	基本密度（g/cm^3）	多重比较	细胞壁基本密度（g/cm^3）	多重比较
非转基因杨木	0.277±0.022	A	0.688±0.544	A
转 *C3H* 基因杨木	0.263±0.020	B	0.579±0.496	B
转 *HCT* 基因杨木	0.284±0.012	C	0.650±0.354	C
P	3.97×10^{-11}		1.62×10^{-3}	

6）细胞壁力学性能

用纳米压痕仪测量木材细胞壁的纵向弹性模量（MOE）和硬度，结果如表 2-16 所示。非转基因杨木、转 *C3H* 基因杨木和转 *HCT* 基因杨木的木纤维次生壁纵向弹性模量分别为 16.04 GPa、16.99 GPa 和 17.18 GPa；它们的木纤维次生壁纵向硬度分别为 0.528 GPa、0.474 GPa 和 0.527 GPa。转 *C3H* 基因杨木和转 *HCT* 基因杨木的纵向弹性模量均高于非转基因杨木，其中转 *C3H* 基因杨木比非转基因杨木高 5.9%，转 *HCT* 基因杨木比非转基因杨木高 7.1%。而转 *C3H* 基因杨木和转 *HCT* 基因杨木木材细胞壁硬度均发生了降低，其中转 *C3H* 基因杨木降低显著，降低了 10.2%，而转 *HCT* 基因杨木降低不显著。

表 2-16　非转基因杨木和转基因杨木纵向弹性模量和硬度

试样	纵向弹性模量（GPa）	硬度（GPa）
非转基因杨木	16.04±0.83 A	0.528±0.046 A
转 *C3H* 基因杨木	16.99±1.36 B	0.474±0.036 B
转 *HCT* 基因杨木	17.18±1.13 B	0.527±0.026 A
P	7.45×10^{-3}	3.44×10^{-4}

（二）遗传改良调控木质素结构和单体比例

在遗传改良调控木质素结构和单体比例方面，基于上述转基因杨木细胞壁结构和性能的研究结果，重点开展了转基因杨木木质素结构和单体比例研究，揭示了遗传改良调控（转 *C3H* 基因和 *HCT* 基因）杨木细胞壁中木质素的结构和单体比例的变化规律，明确了 *C3H* 基因和 *HCT* 基因的下调引起了与愈创木基（G）单体相连的 β-*O*-4 相对量减少。转 *C3H* 基因杨木紫丁香基（S）单体和对羟苯基（H）单体含量增加、G 单体含量降低、*S*/*G* 值增加，而转 *HCT* 基因杨木 S 单体含量降低、G 单体含量增加、*S*/*G* 值减小。

1. 试验材料

与遗传改良调控细胞壁构造与化学组分部分试验材料相同。

2. 试验方法

1）二维核磁共振法

木质素的二维核磁共振谱图使用 Bruker AVIII 400 MHz 超导核磁共振仪（德国）在 25℃条件下进行采集。数据采集时 ^{1}H 维度的谱宽为 5000 Hz，采样点数为 1024，弛豫时间为 1.5 s，累计 64 次。^{13}C 维度的谱宽为 20 000 Hz，采样点数为 256。碳氢耦合常数为 145 Hz。傅里叶变换前，将 ^{13}C 维度的数据点数通过填零凑至 1024。使用仪器自带软件进行数据分析。

2）热解-气相色谱/质谱法

取非转基因杨木、转 *C3H* 基因杨木和转 *HCT* 基因杨木的球磨木粉各 2 mg 置于日本 Frontier Lab 公司生产的热裂解仪（EGA/PY-3030D）中，在氦气气氛下，对样品进行热裂解，以 20℃/ms 的升温速率，从室温直接升至 450℃，并保持温度 15 s，以确保样品热裂解完全。然后利用日本岛津公司生产的 QP2010Ultra 型气相色谱-质谱联用仪（GC/MS）分析热裂解产物，载气为氦气，色谱柱为 0.25 mm 的 HP-5。色谱柱升温程序如下：先在 40℃保持 3 min，然后以 10℃/min 的升温速率从 40℃升至 280℃，在 280℃保持 5 min，进样口温度设定为 280℃，以 70 eV 的离子源以电子轰击的方式进行质谱测试，离子源温度保持在 250℃。利用 Turbomass Ver 6.1.0 软件可自动完成峰的检测、识别和合成。参考相关文献，木质素单体比例可根据选定的波峰面积进行计算（Zhou et al.，2020）。

3. 结果与讨论

1）木质素二维核磁共振分析

在非转基因杨木（84K）、转 *C3H* 基因杨木和转 *HCT* 基因杨木二维核磁共振谱图侧链区（δ_C/δ_H 50-90/2.4-6.0）发现了 OCH_3 结构、β-*O*-4 醚键结构单元（A_α，A_β，A_γ）、树脂醇 β-β 结构（B_β，B_γ）、苯基香豆满 β-5 结构（C_α，C_β）、对羟基肉桂醇末端基结构（I_γ）、螺环二烯酮结构（D'_α）等连接键的相关信号。经过转基因后侧链区各连接键的信号大部分依然存在，但是位于 δ_C/δ_H 84.0/4.37 的与 G 单体相连的 β-*O*-4 上 C_β-H_β 的相关信号仅出现在非转基因杨木样品中，而在转 *C3H* 基因杨木和转 *HCT* 基因杨木样品谱图中消失，这反映了在 *C3H* 基因和 *HCT* 基因下调的转 *C3H* 基因杨木和转 *HCT* 基因杨木中与 G 单体相连的 β-*O*-4 相对量减少，这与前人对转基因植株木质素样品的研究结果一致（Pu et al.，2009）。此外，可以检测到三组样品位于 δ_C/δ_H 85.0/4.71 的苯基香豆满上的 C_α-H_α 的相关信号，但在转 *C3H* 基因杨木谱图中其信号极其微弱，转 *C3H* 基因杨木样品中并未检测到位于 δ_C/δ_H 81.9/3.97 的螺环二烯酮上 C'_α-H'_α 的二维核磁信号，而在非转基因杨木和转 *HCT* 基因杨木中可以检测到。

关于木质素样品 *S/G* 值的计算，将 $S_{2,6}$ 位信号的积分强度的一半和 G_2 位信号的积分强度的比值作为最终结果，并结合 $H_{2,6}$ 位信号积分强度的一半计算 S、G 和 H 单体的比例，结果列于表 2-17。由表 2-17 可知非转基因一年生杨木 S、G 和 H 三种木质素单体比例分别为 65.79%、31.95%和 2.27%，转 *C3H* 基因一年生杨木以上比例分别为 67.15%、27.56%和 5.30%，转 *HCT* 基因一年生杨木以上比例则分别为 60.24%、32.61%和 7.15%。转 *C3H* 基因杨木 S 单体比例增加，而 G 单体比例下降；转 *HCT* 基因杨木以上两种单体比例的变化则相反，即 S 单体比例下降，G 单体比例增加。转 *C3H* 基因杨木和转 *HCT* 基因

表 2-17　二维核磁共振测试非转基因杨木和转基因杨木木质素单体比例和 *S/G*

试样	木质素单体比例（%）			*S/G*
	S	G	H	
非转基因杨木	65.79	31.95	2.27	2.06
转 *C3H* 基因杨木	67.15	27.56	5.30	2.44
转 *HCT* 基因杨木	60.24	32.61	7.15	1.85

杨木的 H 单体比例的变化则呈现相同的规律，即两者的 H 单体比例均增加。S 单体和 G 单体含量的比值（*S/G*）的变化，表现为转 *C3H* 基因杨木增加而转 *HCT* 基因杨木降低。

图 2-89 为非转基因杨木、转 *C3H* 基因杨木和转 *HCT* 基因杨木二维核磁共振谱图，在非转基因杨木（84K）、转 *C3H* 基因杨木和转 *HCT* 基因杨木 2D HSQC 谱图的芳香区（δ_C/δ_H 90-160/6.0-8.0）均能很明显地观察到紫丁香基单体上的 $C_{2,6}$-$H_{2,6}$（$S_{2,6}$）信号位于 δ_C/δ_H 103.7/6.73，愈创木基单体上的 C_2-H_2（G_2）信号位于 δ_C/δ_H 110.8/7.06，愈创木基单体上的 C_4-H_5（G_5）信号位于 δ_C/δ_H 115.2/6.84，愈创木基单体上的 C_6-H_6（G_6）信号位于 δ_C/δ_H 119.0/6.87，对羟苯基上的 $C_{2,6}$-$H_{2,6}$（$H_{2,6}$）信号位于 δ_C/δ_H 128.0/7.33 和对羟基苯甲酸（或酯）上的 $C_{2,6}$-$H_{2,6}$（$PB_{2,6}$）信号位于 δ_C/δ_H 131.1/7.70。不同的是，在非转基因杨木样品的芳香区谱图 δ_C/δ_H 106.7/7.24 处观察到了 α 位氧化紫丁香基单体上 $C_{2,6}$-$H_{2,6}$（$S'_{2,6}$）的显著信号，而在转 *C3H* 基因杨木和转 *HCT* 基因杨木的样品中并未显示。

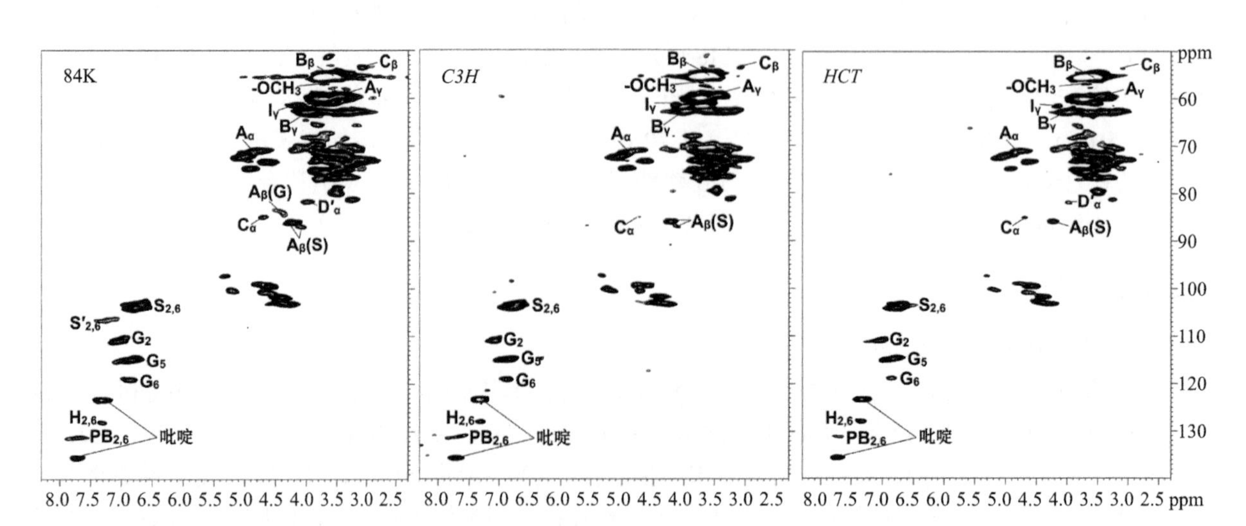

图 2-89　非转基因杨木、转 *C3H* 基因杨木和转 *HCT* 基因杨木二维核磁共振谱图

相应结构及连接符号参照图 2-90

2）木质素热解-气相色谱/质谱分析

由热裂解图（图 2-91）可知，非转基因杨木、转 *C3H* 基因杨木和转 *HCT* 基因杨木木质素主要由 S、G 和 H 三类单体组成（Jiang et al.，2010；Zhou et al.，2013）。无论非转基因杨木、转 *C3H* 基因杨木还是转 *HCT* 基因杨木，H 单体的主要热裂解产物为苯酚，它在以上 3 种杨木木质素所有热裂解产物中占比分别为 8.11%、8.27%和 6.84%。S 单体主要热裂解产物为紫丁香醇（占比分别为 14.42%、13.72%和 13.53%）、1,2,4 三甲氧基苯（占比分别为 3.96%、4.07%和 3.79%）、3,4-二甲氧基苯乙酮（占比分别为 19.22%、20.69%和 20.12%）和 4-烯丙基-2,6-二甲氧基苯酚（占比分别为 11.78%、11.27%和 11.11%）。

G 单体主要热裂解产物则为愈创木酚（占比分别为 5.16%、4.38%和 5.27%）、丁香酚（占比分别为 5.44%、5.47%和 5.41%）、2-甲氧基-4-丙烯基苯酚（占比分别为 3.63%、3.77%和 3.65%）和 4-丙烯醇-2 甲氧基苯酚（占比分别为 4.54%、4.57%和 4.82%）。

将各自归属于木质素 3 种单体的热裂解产物含量相加得到非转基因杨木、转 *C3H* 基因杨木和转 *HCT* 基因杨木的木质素单体占比，并进一步获得 S 单体和 G 单体含量的比值（*S/G*），结果见表 2-18。由表 2-18 可知，非转基因一年生杨木的 S、G 和 H 单体含量分别为 65.13%、25.89%和 8.98%；转 *C3H* 基因一年生杨木的 S、G 和 H 单体含量分别为 65.34%、25.33%和 9.33%，S 单体和 H 单体含量增加，而 G 单体含量降低；而转 *HCT* 基因一年生杨木 S、G 和 H 单体含量分别为 63.40%、28.82%和 8.04%，表明 *HCT* 基因下调，84K 一年生杨木 S 单体和 H 单体含量减小，而 G 单体含量增加。进一步观察其 *S/G* 值，发现非转基因一年生杨木、转 *C3H* 基因一年生杨木和转 *HCT* 基因一年生杨木的 *S/G* 值分别为 2.52、2.58

和 2.20，*C3H* 基因下调后，84K 杨木 *S/G* 值增加，而 *HCT* 基因下调后，84K 杨木 *S/G* 值减小。

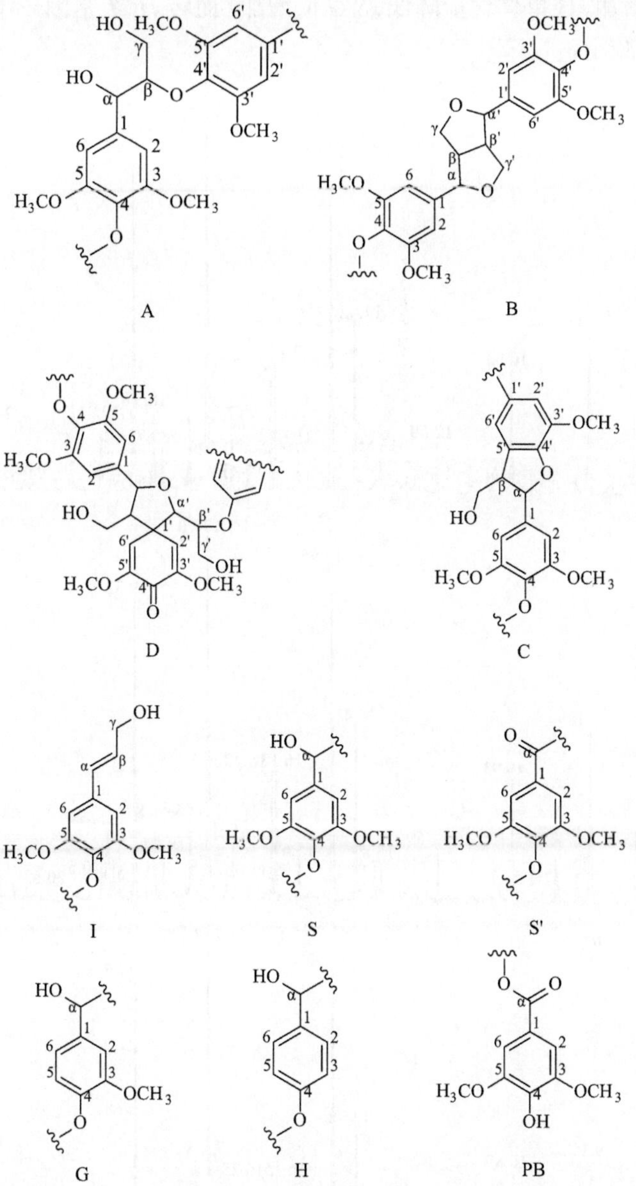

A　B　D　C　I　S　S'　G　H　PB

图 2-90　非转基因和转基因杨木木质素中主要结构的详细信息

A 为 β-*O*-4′连接；B 为 β-β′连接；D 为 β-1′连接；C 为 β-5′连接；I 为对羟基肉桂醇末端基；S、S′为紫丁香基单体及其衍生结构；G 为愈创木基单体；H 为对羟苯基单体；PB 为对羟基苯甲酯结构

表 2-18　热解–气相色谱/质谱分析测试非转基因杨木和转基因杨木木质素单体比例和 *S/G*

试样	木质素单体比例（%）			*S/G*
	S	G	H	
非转基因杨木	65.13±0.20	25.89±0.06	8.98±0.20	2.52±0.01
转 *C3H* 基因杨木	65.34±1.11	25.33±0.69	9.33±0.43	2.58±0.12
转 *HCT* 基因杨木	63.40±0.65	28.82±0.47	8.04±0.21	2.20±0.06

对比二维核磁共振法和热解–气相色谱/质谱法得到的非转基因一年生杨木和转基因一年生杨木木质素单体比例和 *S/G* 值，发现除转 *HCT* 基因杨木 H 单体变化趋势不一致外，其他单体比例和 *S/G* 值在转

C3H 基因一年生杨木和转 *HCT* 基因一年生杨木中都呈现出了相同的变化规律，即转 *C3H* 基因一年生杨木 S 单体和 H 单体含量增加、G 单体含量降低、*S/G* 值增加，而转 *HCT* 基因一年生杨木 S 单体含量降低、G 单体含量增加、*S/G* 值减小。

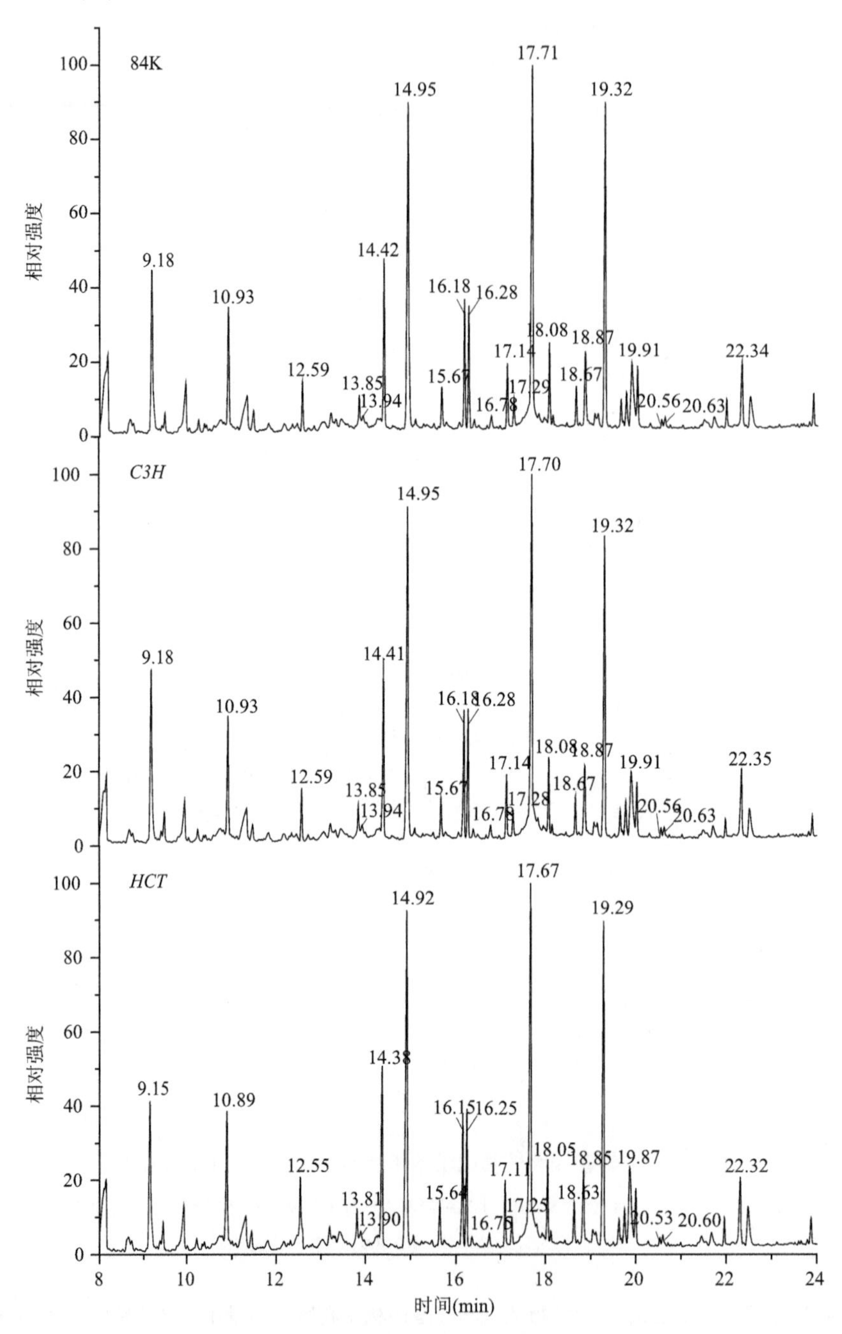

图 2-91 非转基因杨木和转基因杨木热裂解图

二、物理手段调控

（一）高温热处理方法调控细胞壁结构

1. 试验材料

以人工林杉木为试验材料，试材采伐于浙江省开化县，树龄 20 年，胸径约为 20 cm，基本密度

0.29 g/cm³。气干后在心材部位的 6～8 生长轮区域内锯解尺寸为 150 mm×15 mm×15 mm（$L\times R\times T$）的无疵试样。试样随机分为 5 组，其中对照组试样数为 15 个，高温热处理试样数为每组 25 个。高温热处理温度分别为 160℃（HT160）、180℃（HT180）、200℃（HT200）和 220℃（HT220），处理时间 2 h，以蒸汽作为保护气体，目标温度处氧气含量不高于 2%。

2. 试验方法

在热处理材及对照材试样中间位置截取长度为 50 mm 的小试样，利用环氧树脂胶封闭两径切面和两弦切面，使试样仅沿轴向吸收水分。试样在涂覆环氧树脂胶前后分别称量并记录其绝干质量，然后进行吸水试验。吸水试验过程中，每隔一定时间将试样取出，用吸水纸吸去表面多余水分后进行低场核磁共振测试。本试验使用的低场核磁共振仪为上海纽迈电子科技有限公司生产的低场核磁共振分析仪（MesoMR23-060H-I），磁场强度为 0.52 T，线圈直径 25 mm，测试温度 32℃，控温精度±0.1℃。

测试分为 3 个部分，分别为 Carr-Purcell-Meiboom-Gill（CPMG）衰减曲线测试、一维核磁共振成像测试和二维核磁共振成像测试。CPMG 衰减曲线测试的回波数为 15 000 个，扫描次数 64 次，回波时间 0.15 ms，循环延迟时间 4 s。一维核磁共振成像测试，使用的脉冲序列为一维频率编码，回波时间 0.2 ms，循环延迟时间 1 s。测试时沿着试样的吸水方向施加磁场梯度，场强梯度为 0.05 T/m。二维核磁共振成像测试采用多层自旋回波成像序列，通过使用不同的相位编码梯度实现沿试样轴向方向的无损分层，每层厚度为 2.5 mm，回波时间 9.4 ms，循环延迟时间 550 ms。本研究所使用的反演算法为 SIRT（simultaneous iterative reconstruction technique）算法，反演次数为 10 万次；利用一维频率编码和多层自旋回波成像序列获取的数据分别利用该公司自主研发的核磁共振成像处理软件，通过一维 FFT（fast fourier transformation）和二维 FFT 算法进行处理，即可将时域信号转成频域信号，进而获得水分的一维和二维核磁共振成像信息。

吸水各阶段木材中自由水与结合水含量参照式（2-155）进行计算。

$$\mathrm{MC}_i=\frac{(\mathrm{Area}_i/\sum\mathrm{Area})\times\mathrm{WM}}{\mathrm{OW}}\times 100(\%) \tag{2-155}$$

式中，MC_i 为吸水某一时刻自由水或结合水的含量；Area_i 是对应时刻自由水和结合水的水分分布峰面积；ΣArea 是对应时刻 T_2 分布曲线上所有水分分布峰的总积分面积；WM 是通过称重法获取的试样在对应时刻吸收的水分的总质量；OW 是试样的绝干质量。

3. 结果与讨论

利用低场核磁共振（LF-NMR）技术定性、定量表征木材中水分的变化情况，说明高温热处理引起的木材化学成分和孔隙结构变化不仅减少了木材吸收的水分含量，还会增加水分沿木材纵向传输的难度。

1）水分弛豫特性分析

木材细胞类型的多样性及其结构的特殊性导致水分在其内部存在多种状态，关于木材中水分的研究主要以结合水和自由水为主。木材中的结合水通过氢键作用被束缚于木材细胞壁物质上，与木材之间的结合力较强。自由水靠毛细管力作用存在于木材中，受木材的束缚作用较弱。由于这两种状态的水分与木材之间的相互作用存在差异，因此可以借助 LF-NMR 技术通过其弛豫特性的差异对这两种状态的水分进行区分。

图 2-92 为不同含水率下试样内水分弛豫状态的三维轨迹图。各试样吸水后内部水分主要存在两个分布峰，分别为平均弛豫时间约为 1 ms 的结合水以及平均弛豫时间大于 100 ms 的自由水（Menon et al.，1987；Labbé et al.，2002；Cox et al.，2010）。此外，各试样之间结合水弛豫时间的差别很小，自由水的弛豫时间随热处理温度的升高逐渐变长。根据经典 BT 模型，流体的弛豫行为同时受到表面流体弛豫机制、自由流体弛豫机制和分子自扩散弛豫机制 3 个因素的影响（Brownstein and Tarr，1979）。相近的弛

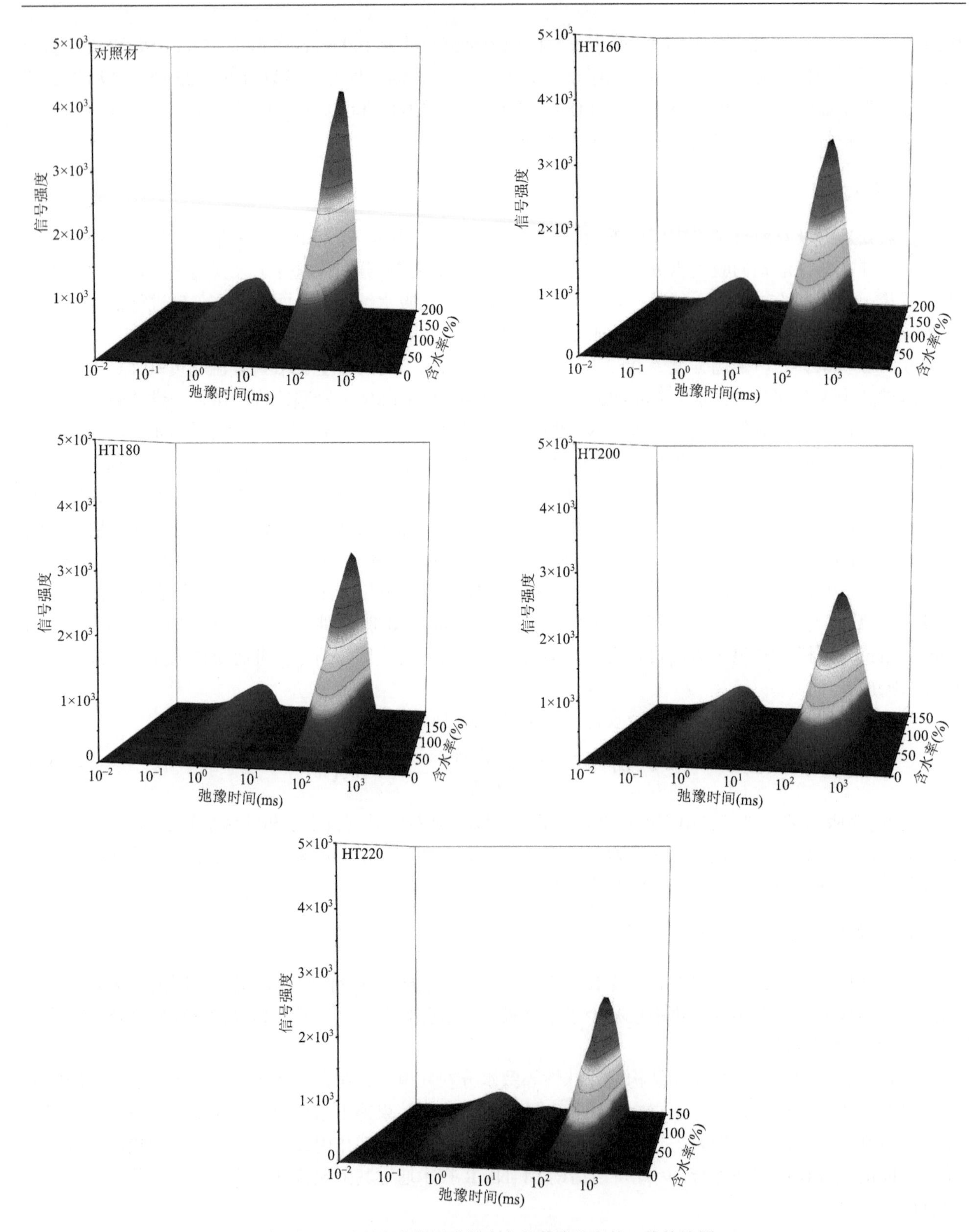

图 2-92　不同含水率下试样内水分弛豫状态的三维轨迹图

豫时间说明高温热处理并没有对结合水与木材之间的结合方式产生影响，对结合水弛豫时间的影响主要仍是表面弛豫作用。自由水以吸附的方式存在于木材中，与自然界中水分主要的区别是其受到木材细胞壁的作用而使运动受限，弛豫时间同时受到表面弛豫和体弛豫的双重影响（扩散弛豫主要由磁场均匀度决定）。处理材中自由水的弛豫时间变长可能的原因是木材细胞腔内壁与水分之间的相互作用受到了影响，使水分的表面弛豫作用减弱，体弛豫机制占主导地位而导致其弛豫时间变长。各试样内部结合水的含量在吸水初期迅速增加直至达到最大值，然后在后续的过程中基本维持恒定不变。而对照材与处理材试样内自由水的含量一直呈现快速增加的趋势。

2）自由水与结合水含量

图 2-93 为吸水不同阶段各试样内部结合水及自由水含量的变化情况。各状态水分含量基于试验不同阶段的水分 T_2 分布曲线及式（2-155）计算得出。由图 2-93 可知，热处理对木材对不同状态水分的吸收速率及其含量均有影响。吸水过程中，对照材内部结合水含量增加的速度最快。对于高温热处理材，热处理温度越高，木材吸收结合水的速度下降越明显。对照材内部结合水含量在吸水 9 d 后基本达到最大值，而 220℃处理材内部结合水含量约经过 20 d 达到饱和。对照材内部结合水含量的最大值约为 31%，经过 160℃和 180℃处理后结合水含量略有下降，均约为 29%左右。200℃热处理后木材吸收结合水的量受到明显影响，下降至 26%左右，而 220℃高温热处理则使结合水含量下降至 22%左右。与对照材相比，热处理材内部结合水含量下降了 6.45%～29.03%。

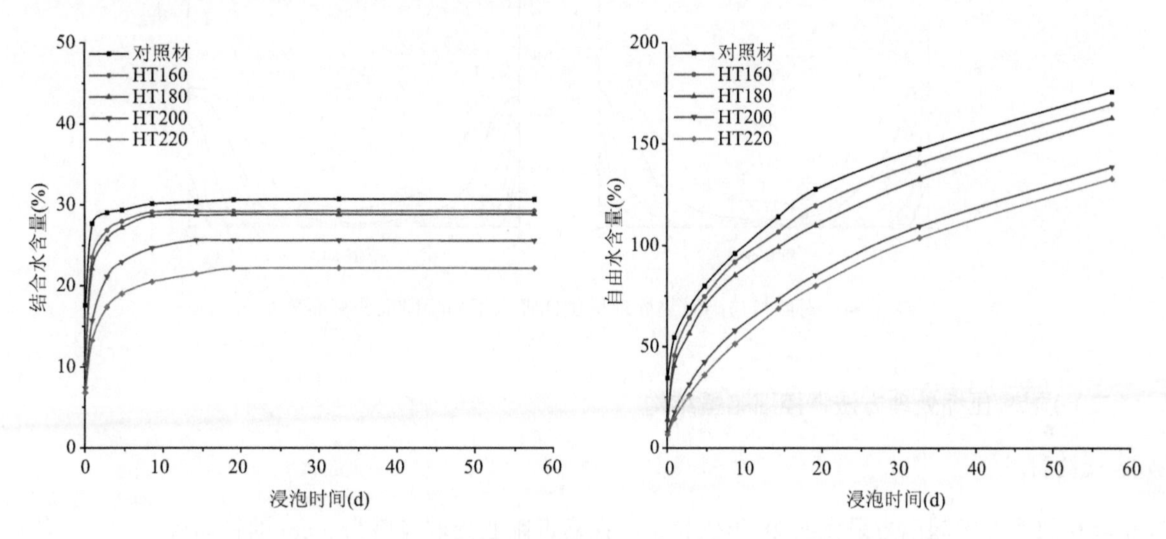

图 2-93　对照材及高温热处理材吸水过程中结合水及自由水含量变化

高温热处理材试样结合水含量的降低应主要由细胞壁组分的降解引起。一方面，半纤维素降解使得羟基、羰基等吸湿性基团减少（Hill，2006；Esteves et al.，2008；Mitsui et al.，2008）；另一方面，较高的热处理温度会使木质素交联缩合，木材细胞壁相邻高分子间可用于吸附水分的空间减小（Tjeerdsma et al.，1998；Boonstra et al.，2007），二者的作用均能导致木材吸附结合水的性能下降。高温热处理对木材吸收自由水的影响呈现出与结合水相似的变化趋势，随高温热处理温度升高，木材吸收自由水的量逐渐下降。高温热处理材吸收自由水速度变慢的原因，一方面是木材化学成分的变化使其亲水性下降，另一方面热处理高于 200℃后可能会使木材的部分纹孔闭合，导致自由水的迁移路径受阻（Telkki et al.，2010）。

图 2-94 为对照材和高温热处理材试样在吸水过程中的水分剖面分布情况。试样的两个横截面分别被定位为 x=0 和 x=50 mm，磁场的梯度场强沿着试样的纵向施加。由图 2-94 可知，相同的浸泡时间内，水分向高温热处理材试样内部运动的距离以及在相同距离处的信号幅度均小于对照材试样，在浸泡 9 d 后，对照材试样中心位置处的水分信号明显增加，而水分传输至 160℃和 180℃处理试样中心位置需要的时间约为 15 d。对于 200℃和 220℃高温热处理材，水分在其内部的运动则更加困难，浸泡 30 d 后样品中心位置处的水分信号仍然很弱。直至浸泡 60 d 后，220℃热处理材试样中心位置处的信号强度仅约为对照材的 28%。表明高温热处理加大了水分进入木材内部的难度，水分在木材内部传输会受到限制，Gezici-Koç 等（2017）也报道了类似的结果。高温热处理导致木材表面与水的接触角变大，表面张力降低，减弱了毛细管力的作用，且这一变化在木材纵向最为明显（Hakkou et al.，2005；Kocaefe et al.，2008）。

此外，孔隙变化对木材中水分迁移路径的影响也是一个重要原因。

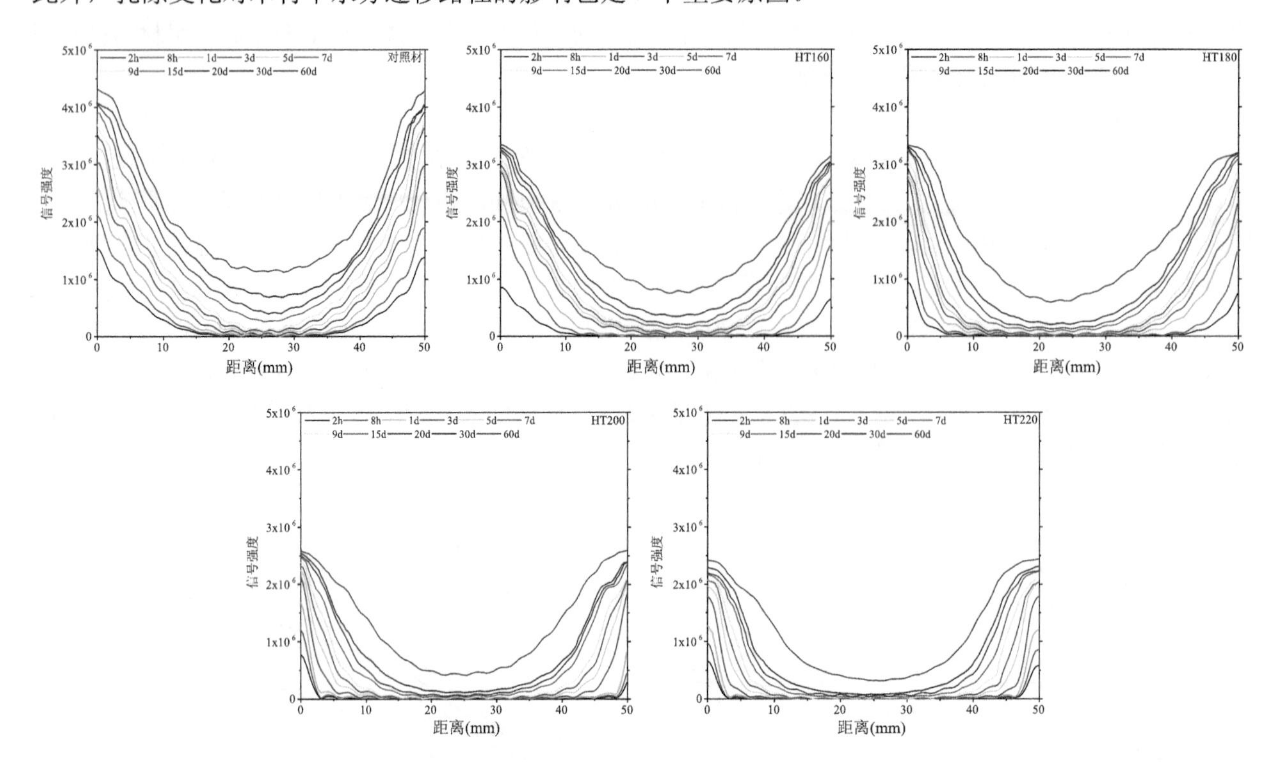

图 2-94　对照材与高温热处理材试样吸水不同阶段水分剖面分布

（二）湿热-压缩处理方法调控细胞壁结构

1. 试验材料

试验材料为在中国南方采伐的 28 年生杉木，在靠近髓心处取厚度为 5 cm 的径切板，气干。然后，在靠近树皮的最外侧边材部分取若干 20 mm×20 mm×25 mm（T×R×L）小木块，选取无节子、应力木和假年轮等影响的试样，该试样包含完整的第 24 和第 25 生长轮，20℃和 65% RH 环境中保存。

湿热-压缩处理工艺在日本京都大学生存圈研究所完成，采用径向压缩结合高温蒸汽方法。首先，将湿热-压缩反应釜在 110℃蒸汽温度下预热，时间为 3 min。然后，在设定径向压缩率（25%和 50%）的条件下对样品进行压缩处理，时间为 6 min。随后，在饱和蒸汽（140℃、160℃和 180℃）环境中，保压保温 30 min，完成湿热-压缩处理（表 2-19）。最后，将反应釜冷却至室温。样品存放于 20℃和 65% RH 的环境中。

表 2-19　杉木不同湿热-压缩处理条件一览表

样品名称	蒸汽温度（℃）	径向压缩比例（%）
S_{14025}	140	25
S_{14050}	140	50
S_{16025}	160	25
S_{16050}	160	50
S_{18025}	180	25
S_{18050}	180	50

注：S_{14025} 表示 140℃，压缩率 25%，以此类推

2. 试验方法

细胞壁的纤维素晶体结构研究，主要通过徒手制备厚度 200 μm 的木样径切片，采用小角 X 射线散射技术（S-Max3000，Rigaku，日本），配置 MM002+铜靶 Cu-K_α（波长 0.154 nm，电压 45 kV，电流 0.88 mA），圆形光斑尺寸调制为 160 μm 或 210 μm。将广角 X 射线散射的检测器 Rigaku R-AXIS IV++体系（150 mm×150 mm 影像板）置于距离样品 26 mm 处采集散射强度信号。试样重复数为 3 个。广角 X 射线散射数据用于分析样品的结晶度和晶面尺寸，前者使用峰面积法求解，后者采用 Scherrer 分析（Guo et al., 2016）。

细胞壁的化学组分与微区分布研究，主要是使用滑走切片机切取厚度为 10 μm 的木材横截面切片，将其固定在载玻片上，滴蒸馏水后，用指甲油将盖玻片与载玻片固封。采用共聚焦显微拉曼光谱仪（Horiba Jobin Yvon，Longjumeau，法国），在 X 轴、Y 轴扫描步长 0.1 μm，Z 轴扫描步长 1 μm，激光波长 532 nm，功率 8 mW，100 倍油浸显微镜物镜，空间分辨率 0.26 μm，拉曼光谱范围 3000～1000 cm^{-1}，分辨率 2 cm^{-1} 条件下，随机选取 3 个 100 μm×100 μm 区域，原位检测杉木早材和晚材管胞细胞壁的化学成分微区分布。纤维素的空间分布成像图选择 2897 cm^{-1}（2920～2830 cm^{-1}）峰强分析，木质素的空间分布成像图选择 1600 cm^{-1}（1690～1560 cm^{-1}）峰强分析（尹江苹，2016）。

细胞壁的孔隙结构研究，主要是采用比表面积与孔径分析仪（Autosorb-iQ，Quantachrome，美国）。首先，木样经乙醇逐级脱水处理，随后参照文献利用二氧化碳超临界干燥仪（EM CPD300，Leica，德国）干燥处理木样后，将 1.0～1.5 g 木样在 80℃低于 10^{-5} Pa 真空下脱气处理 10 h，以去除样品孔隙表面借由物理形式黏附的气体及其他吸附杂质，使样品表面洁净，确保介孔尺寸与分布测试结果的准确性。然后，以氮气作为吸附介质，在 77 K 温度和 0.01～0.995 P/P_0 相对压强条件下，测得不同压强的氮气吸附曲线。采用 Brunauer-Emmett-Teller（BET）吸附理论推算 BET 比表面积，利用 Barrett-Joyner-Halenda（BJH）方程计算介孔的尺寸分布。

湿热-压缩处理方法调控细胞壁结构对其吸湿行为的影响研究，主要是采用动态水蒸气吸附分析仪（DVS Intrinsic，SMS，英国）测量木材样品在 0～90% RH 的吸湿-解吸曲线，质量精度 0.1 μg，各湿度的平衡条件设定为 dm/dt 低于 0.002%。

3. 结果与讨论

木材湿热-压缩处理方法是一种环境友好型木材性质改良方法，通过在一定的湿度、温度和机械压力的共同作用下径向压缩木材，最终实现调控和改善木材固有缺陷、高效利用木材的目的（Guo et al., 2015）。采用湿热-压缩处理方法调控细胞壁结构，从分子、微纳尺度和宏观层面上建立起湿热-压缩处理方法调控细胞壁结构与其性能改良间的相互关系，揭示湿热-压缩处理方法调控细胞壁结构对性能影响的内在机制，将有利于采用木材湿热-压缩处理技术实现木材的材质改良。

研究表明，湿热-压缩处理导致了木材细胞壁壁层组分的化学结构、相对含量与微区分布的改变。采用共聚焦拉曼成像仪开展不同湿热-压缩处理条件下的样品木材细胞壁微区纤维素、半纤维素和木质素的原位检测，分析处理杉木早材和晚材间拉曼显微成像及光谱数据信息差异。以波数 2897 cm^{-1} 峰强变化分布作图，用 C—H 及 CH_2 伸缩振动的空间分布规律表明细胞中纤维素的化学分布（图 2-95），发现湿热-压缩处理后角隅区和次生壁纤维素信号均减弱，表明该区域纤维素浓度均降低。以 25%压缩率条件下不同蒸汽温度处理的杉木管胞细胞壁的拉曼成像图为例，清晰呈现出对照杉木的纤维素在次生壁的拉曼信号分布最强，角隅处拉曼信号分布最弱，表明次生壁纤维素浓度最高，而角隅处的纤维素浓度最低。但其胞间层的拉曼信号强度不一致，存在明显的差异，这可能是胞间层厚度较薄（约 0.14 μm），导致胞间层的纤维素拉曼信号会受到次生壁的纤维素拉曼信号影响。湿热-压缩处理后，纤维素在细胞壁的空间分布规律不变，仍然呈现次生壁浓度最高，角隅处较低的分布特点。值得注意的是，25%压缩率下，140℃和 160℃蒸汽温度处理材早材和晚材次生壁和角隅处信号强度几乎没有发生变化，而 180℃蒸汽温度处理材早材和晚材次生壁的信号强度明显下降，但角隅处信号强度变化不大，这表明湿热-压缩处理在较高温度时，次生壁纤维素将发生降解反应（Yin et al.，2021）。

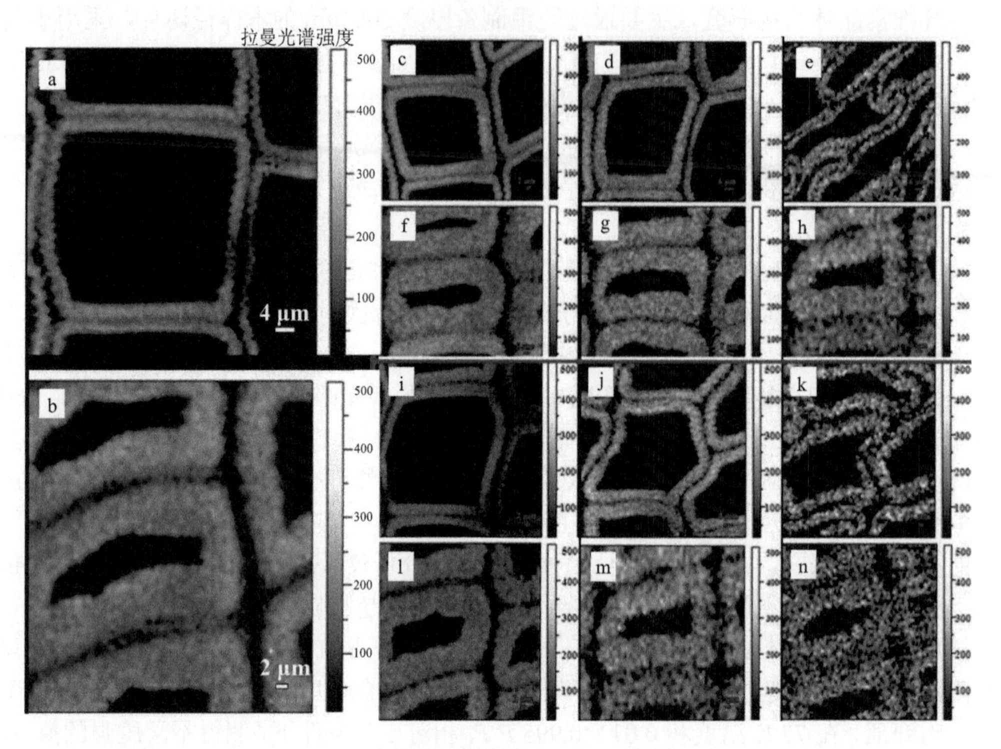

图 2-95　湿热-压缩处理杉木早材和晚材细胞壁纤维素分布的拉曼显微图像

a. 对照杉木早材，b. 对照杉木晚材，c. S_{14025}杉木早材，d. S_{16025}杉木早材，e. S_{18025}杉木早材，f. S_{14025}杉木晚材，g. S_{16025}杉木晚材，h. S_{18025}杉木晚材，i. S_{14050}杉木早材，j. S_{16050}杉木早材，k. S_{18050}杉木早材，l. S_{14050}杉木晚材，m. S_{16050}杉木晚材，n. S_{18050}杉木晚材

湿热-压缩处理杉木早材和晚材细胞壁木质素分布选择波数 1600 cm^{-1}进行拉曼成像（图 2-96），发现湿热-压缩处理后角隅区木质素信号增强，而次生壁木质素信号减弱。木质素同时经历了降解反应和交联反应，25%压缩率下，当蒸汽处理温度≤160℃，木质素中与芳香环相连的 C═O 断裂，而后紧接着发生交联反应致使愈创木基增多，木质素交联反应占主导地位；当蒸汽温度达到 180℃时，木质素热降解反应逐渐占据主导地位，早晚材 C═O 降幅分别为 19%和 27%。50%压缩率下，160℃蒸汽处理，早材仍以交联反应为主，晚材降解反应逐渐占据主导地位；180℃蒸汽处理早晚材均降解，C═O 降幅分别为 14%和 11%（Yin et al.，2021）。湿热-压缩处理前后杉木细胞壁的拉曼光谱差异表明，纤维素无定形区分子链发生 β-(1,4)糖苷键断裂，表明纤维素发生了解聚反应，而木质素拉曼特征吸收峰 1596 cm^{-1}强度的显著降低，1508 cm^{-1}和 1264 cm^{-1}强度略微降低，显示木质素发生了部分解聚和交联反应。

湿热-压缩处理造成了木材细胞壁壁层组分的化学结构、相对含量与微区分布的改变，进而改变了木材细胞壁纤维素晶体结构（表 2-20）。湿热-压缩处理导致了木材细胞壁纤维素结晶度的显著提高，除 50%径向压缩处理后木材早晚材细胞壁纤维素结晶度大体相当外，其他样品的晚材细胞壁纤维素结晶度均大于早材。但不同湿热-压缩处理条件间木材细胞壁纤维素结晶度无显著性差异，即目前研究的蒸汽温度和径向压缩比例对细胞壁结构调控无差异性影响。此外，湿热-压缩处理造成纤维素晶体尺寸显著增加。以 S_{18050} 样品为例，50%径向压缩及 180℃湿热处理后，早晚材细胞壁纤维素 D_{200} 分别增加了 30.2%和 19.1%，但处理后早晚材细胞壁纤维素 D_{004} 仅分别增加了 2.3%和 7.9%。同样地，处理后早晚材细胞壁纤维素晶粒长径比也显著降低（Guo et al.，2016）。湿热-压缩处理方法调控了木材细胞壁主要组分的含量与微区分布等结构，进而造成了细胞壁的孔隙结构改变。采用比表面积与孔径分析仪测量了杉木细胞壁介孔结构、分布和比表面积变化，分析了湿热-压缩处理对木材细胞壁孔隙结构的影响。发现湿热-压缩处理后，木材等温线类型没有发生变化，但是氮气吸附量增大，说明处理后介孔数量增多。湿热-压缩处理后，杉木早材和晚材的 BET 比表面积可分别增加至 7.169 m^2/g 和 11.480 m^2/g，相比对照材分别提高了 2.4 倍和 8.1 倍（Yin et al.，2021）。

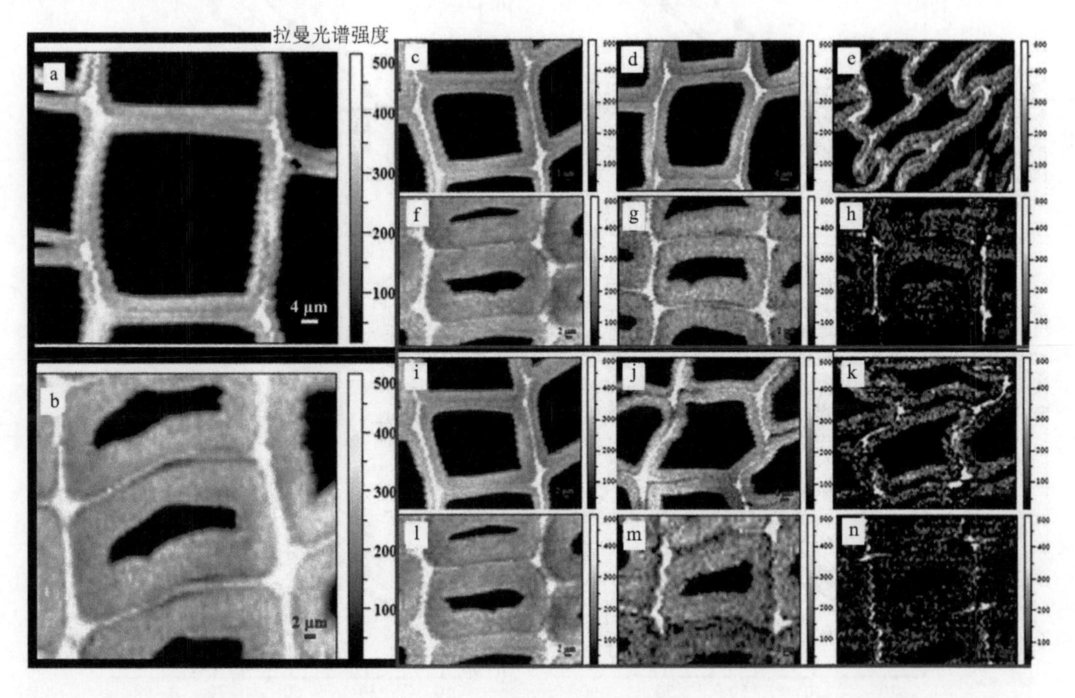

图 2-96　湿热-压缩处理杉木早材和晚材细胞壁木质素分布的拉曼显微图像

a. 对照杉木早材，b. 对照杉木晚材，c. S_{14025} 杉木早材，d. S_{16025} 杉木早材，e. S_{18025} 杉木早材，f. S_{14025} 杉木晚材，g. S_{16025} 杉木晚材，h. S_{18025} 杉木晚材，i. S_{14050} 杉木早材，j. S_{16050} 杉木早材，k. S_{18050} 杉木早材，l. S_{14050} 杉木晚材，m. S_{16050} 杉木晚材，n. S_{18050} 杉木晚材

表 2-20　细胞壁的结晶度、晶体尺寸（D_{200} 和 D_{004}）和晶粒长径比（D_{004}/D_{200}）一览表

样品	结晶度（%）		D_{200}（Å）		D_{004}（Å）		D_{004}/D_{200}	
	早材	晚材	早材	晚材	早材	晚材	早材	晚材
S_{14025}	51±2	55±3	33.3±0.8	34.0±0.4	121.0±4.0	115.3±4.7	3.64±0.08	3.39±0.15
S_{14050}	54±2	52±1	33.4±1.5	34.0±1.2	110.1±6.0	106.0±5.7	3.29±0.13	3.12±0.15
S_{16025}	51±2	55±2	34.3±0.4	35.0±0.6	120.6±9.4	130.1±3.9	3.51±0.24	3.72±0.15
S_{16050}	53±1	53±2	35.5±0.6	35.9±0.8	116.6±3.8	121.9±9.4	3.28±0.08	3.39±0.20
S_{18025}	50±1	56±1	39.2±0.8	39.1±2.3	129.6±11.5	134.9±7.8	3.31±0.26	3.46±0.26
S_{18050}	52±3	50±2	37.9±1.7	38.1±1.3	118.5±7.2	121.3±6.5	3.12±0.13	3.18±0.09

湿热-压缩处理方法调控了木材细胞壁结构，呈现出半纤维素降解、纤维素晶体重排且晶体尺寸略有增加、木质素微区含量相对提高且交联结构改变、孔隙数量与比表面积升高的结构特征，这造成了湿热-压缩处理后杉木早材和晚材的吸湿行为显著降低（图 2-97）。上述结果明确了木材细胞壁壁层组分化学结构的改变取决于蒸汽处理温度，但不受压缩比例与早晚材因素的影响；而木材细胞壁孔隙结构则同时受到蒸汽处理温度和压缩比例的影响。研究结果表明，木材细胞壁发生葡甘露聚糖骨架以及木聚糖侧链降解、纤维素结晶区变化、木质素交联结构部分解聚及形成新型交联结构等吸湿位点减少的改变是湿热与压缩处理后木材尺寸稳定性提升的关键。

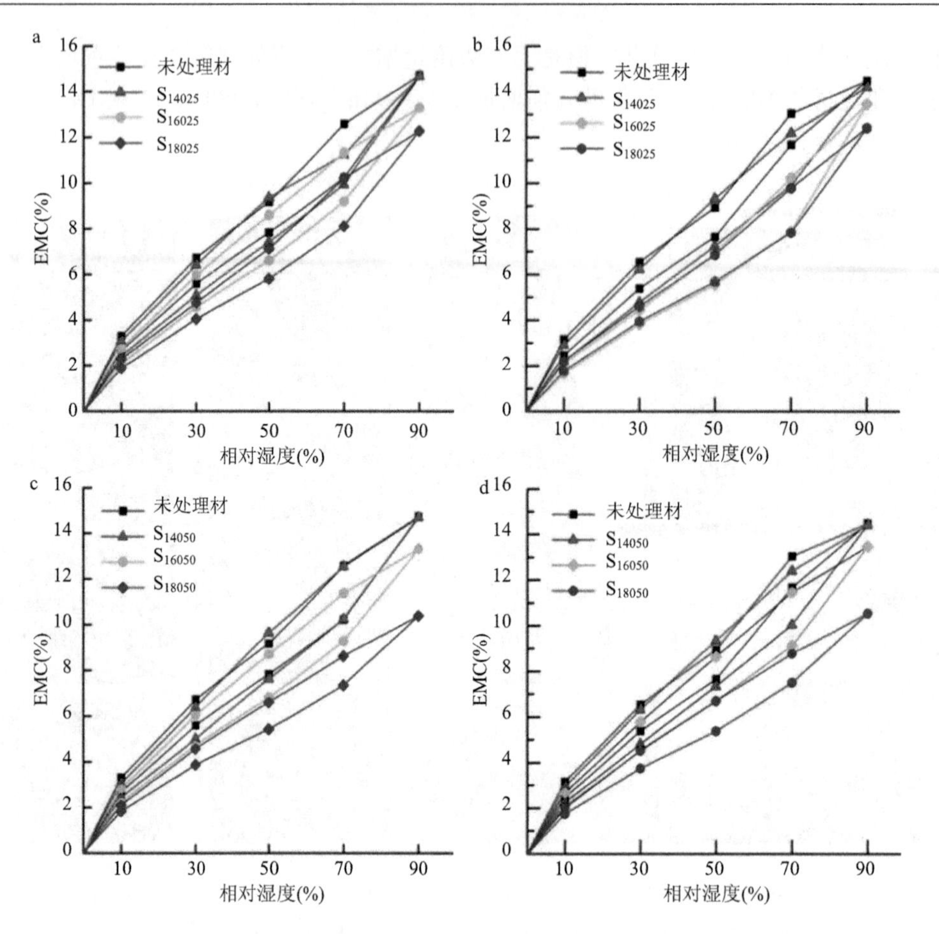

图 2-97　湿热-压缩处理杉木早材（a、c）和晚材（b、d）的吸湿-解吸曲线

三、化学手段调控

（一）细胞壁骨架结构调控

1. 试验材料

轻木（*Ochroma pyramidale*，密度约 90 mg/cm^3）、亚氯酸钠（$NaClO_2$，80%）、冰醋酸（分析纯）、氢氧化钠（NaOH，分析纯）、甲基三甲氧基硅烷（MTMS，98%）、正己烷（>95%）、石油醚（分析纯）、丙酮（98%）、甲苯（分析纯）、二甲基亚砜（分析纯）、二氯甲烷（色谱级）、三氯甲烷（色谱级）、二甲基硅油（黏度为 200 mPa・s）、机油、橄榄油。

2. 试验方法

1）木材海绵的制备

将轻木锯切成尺寸为 20 mm×20 mm×20 mm 的小方块，用蒸馏水洗涤后气干备用；配置浓度为 2% 的 $NaClO_2$ 溶液并通过滴加冰醋酸调节溶液 pH 至 4.6；将轻木浸没于 $NaClO_2$ 溶液中，在 80℃条件下进行脱木质素处理，处理时间为 6 h；脱木质素木材经蒸馏水洗涤后浸没于 8%的 NaOH 溶液中，在 60℃条件下处理 8 h 脱除半纤维素；化学处理后的样品经蒸馏水洗涤后放入冰箱中，在–20℃条件下冷冻 12 h，然后转移至冷冻干燥机中干燥 24 h 得到木材海绵。

2）形貌与结构表征

采用场发射扫描电镜（SEM）观察样品的微观形貌，结合 SEM 自带的 X 射线能谱仪（EDS）分析样品表面元素组成；采用傅里叶变换红外光谱仪（FTIR）表征化学处理前后样品官能团变化；通过氮气吸附法表征材料的纳米孔隙结构，根据Brunauer-Emmett-Teller（BET）方法计算材料的比表面积；依据相关国家标准测量化学处理前后样品三大素含量，酸不溶木质素的含量根据《造纸原料酸不溶木质素含量的测定》（GB/T 2677.8—1994）测量，综纤维素和纤维素的含量分别根据《造纸原料综纤维素含量的测定》（GB/T 2677.10—1995）和《纸浆α-纤维素的测定》（GB/T 744—1989）测量；按照式（2-156）计算样品的密度（ρ）。

$$\rho = m/V \tag{2-156}$$

式中，m代表质量，V代表体积。得到样品的密度后，进一步通过式（2-157）计算样品的孔隙度（Porosity）。

$$\text{Porosity}(\%) = (1-\rho/\rho_s)\times 100\% \tag{2-157}$$

式中，ρ为式（2-156）计算得到的样品密度；ρ_s代表材料的实质密度，纤维素的实质密度取1.5 g/cm^3。

3）力学性能表征

采用万能力学试验机表征木材海绵在压缩-回弹过程中的应力-应变（σ-ε）特征，设置多个压缩率（20%、40%和60%）进行测试，记录压缩-回弹过程中的σ-ε曲线；设置万能力学试验机的压缩循环次数为100次（压缩率为40%），并记录循环压缩过程的σ-ε曲线；根据循环压缩过程的σ-ε曲线计算材料在循环压缩过程中的回弹率及能量损耗因子的变化。

4）硅烷化木材海绵的制备

选用MTMS为改性剂，采用化学气相沉积法（CVD）对木材海绵进行疏水化处理。具体步骤如下：将1 ml的MTMS滴入小烧杯中，然后放入干燥器底部；在干燥器的上部放入若干木材海绵，然后盖上干燥器盖子使其密封；将干燥器放入烘箱中加热至70℃并保温两小时使MTMS充分沉积到木材海绵上；将处理完成后的样品放入真空干燥箱，在60℃下真空干燥两小时，除去残留在木材海绵表面多余的化学药剂；真空干燥完成后即得到硅烷化木材海绵。

5）吸油性能表征

将硅烷化木材海绵放入各种油及有机溶剂中浸泡1 min，随后取出并称量吸油前后木材海绵的质量，根据式（2-158）计算木材海绵的吸油量。

$$Q = (m - m_0)/m_0 \tag{2-158}$$

式中，Q为样品吸油量，m_0为样品吸油前的质量，m为样品吸油后的质量。用手指直接挤压吸附二甲基硅油后的木材海绵，将绝大部分硅油排出；将排油后的木材海绵再次放入硅油中浸泡1 min后取出并再次挤压排油，重复10次吸油-排油过程并计算每次的吸油量。

3. 结果与讨论

经过系统研究低密度人工林树种，如杨木、杉木、泡桐、轻木等，筛选出低密度的轻木为适合原料，通过“自上而下”策略对木材细胞壁骨架结构进行调控，采用化学处理有序剥离出木材细胞壁中木质素和半纤维素，保留纤维素骨架，并利用冷冻干燥物理处理过程中冰晶成核生长作用构筑了呈“波浪形”层状结构的木材海绵（图2-98）。

这种物理化学联合处理手段彻底改变了实体木材的结构形态，使其由原始的“蜂窝状”向“波浪形”层状结构转变，而且木材海绵的纤维素骨架遗传了实体木材的各向异性，其独特的层状结构赋予木材海绵优良的机械压缩弹性。木材海绵密度低（约30 mg/cm^3）、孔隙度高（约98%）、压缩弹性好，在吸附、保温隔热、储能、催化等领域具有潜在的应用前景。

1）木材海绵的结构与形貌

选用低密度（约90 mg/cm^3）轻木作为制备层状木材海绵的原料。天然轻木具有蜂窝状多孔结构，其细胞壁薄、孔隙度高；木材细胞壁主要由纤维素、半纤维素和木质素组成，其中排列有序的纤维素微纤丝起着骨架作用，而木质素和半纤维素作为基质成分填充在纤维素骨架之中，三大组分相互作用紧密交织在一起，形成致密的细胞壁并赋予其机械强度（图 2-99a）。

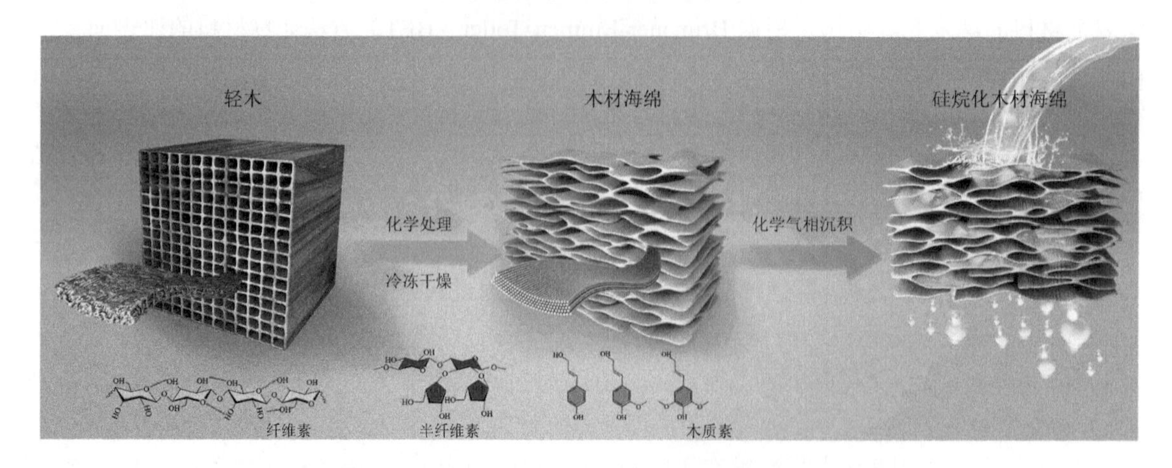

图 2-98　基于细胞壁骨架结构调控的木材海绵制备示意图

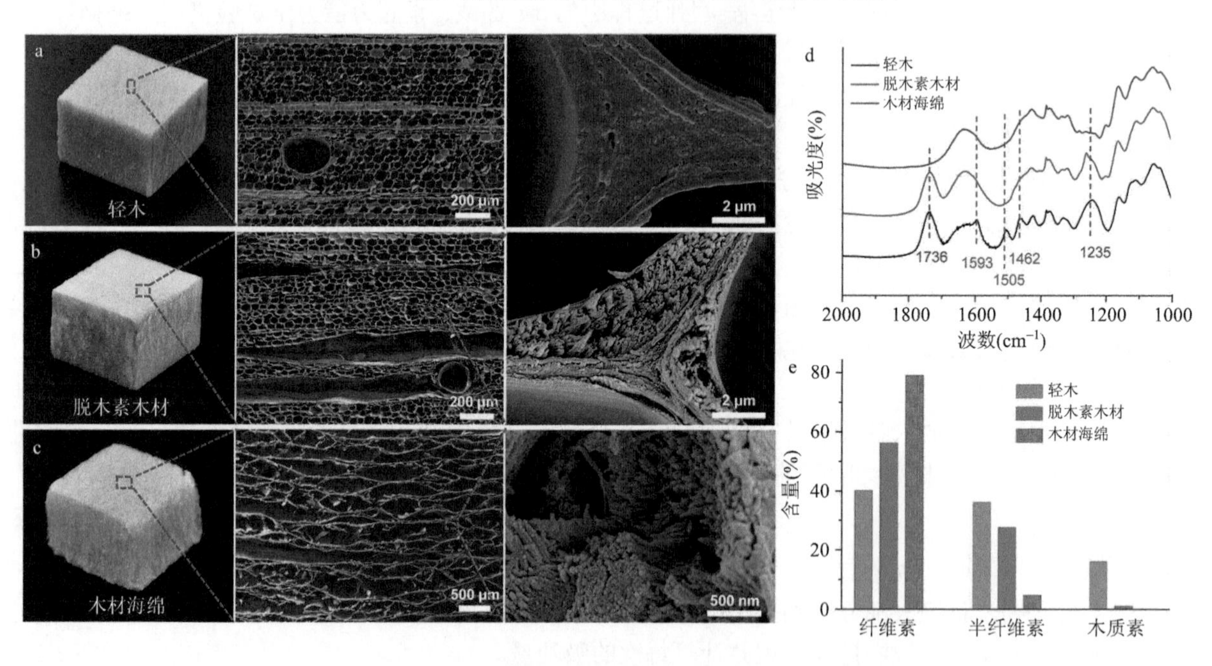

图 2-99　轻木、脱木质素木材和木材海绵的微观形貌与化学组成

为了制备木材海绵，首先采用酸性 $NaClO_2$ 溶液处理轻木，选择性脱除木材细胞壁中木质素，木材由浅黄色变为白色。红外光谱显示，1505 cm^{-1} 和 1462 cm^{-1} 处的特征峰消失，表明木质素成功脱除，同时半纤维素特征峰（1736 cm^{-1} 和 1235 cm^{-1}）基本保持不变（图 2-99d）。化学成分分析也进一步证实了细胞壁中木质素几乎完全脱除，同时半纤维素基本保留（图 2-99e）。SEM 图片显示，脱木质素处理后木材微观形貌发生了明显变化，部分区域沿木射线方向出现了分层（图 2-99b）。这是由于木射线细胞壁较木纤维更薄，在化学处理过程中易于发生细胞壁破裂从而形成分层。此外，木质素脱除后，结构致密的木材细胞壁出现大量纳米孔隙并暴露出纤维素纳米纤丝，因此相较于天然轻木，脱木质素木材的密度较低（约 44.9 mg/cm^3），比表面积较大（约 21.6 m^2/g）（表 2-21）。

采用 NaOH 溶液进一步处理脱木质素木材，脱除其中半纤维素，随后经冷冻干燥处理得到具有“波浪形”层状结构的木材海绵（图 2-99c）。红外光谱显示，经 NaOH 溶液处理后，半纤维素的特征峰（1736 cm^{-1} 和 1235 cm^{-1}）消失，表明半纤维素成功脱除（图 2-99d）。化学成分分析也进一步证实了半纤维素几乎完全脱除，同时保留纤维素骨架（图 2-99e）。随着基质成分的进一步脱除，细胞壁发生大量破裂，在后续冷冻干燥过程中由于冰晶成核生长的体积膨胀作用形成了“波浪形”层状结构。由于基质成分的脱除，最终形成的木材海绵实质上是由高度定向排列的纤维素纳米纤丝组成的，其密度约 29.8 mg/cm^3、孔隙度高达 98.1%、BET 比表面积为 23.4 m^2/g（表 2-21）。

表 2-21　轻木、脱木质素木材、木材海绵、硅烷化木材海绵的密度、孔隙率和 BET 比表面积

材料	密度（mg/cm^3）	BET 比表面积（m^2/g）	孔隙率（%）
轻木	92±0.8	1.1	93.8±0.25
脱木质素木材	44.9±4.6	21.6	97.1±0.56
木材海绵	29.8±3.8	23.4	98.1±0.12
硅烷化木材海绵	30.1±2.6	17.4	97.8±0.1

2）木材海绵的力学性能

得益于其独特的“波浪形”层状结构，木材海绵在垂直于薄层方向（弦向）表现出优良的机械压缩弹性，其压缩率高达 60%，并且在压力释放后可完全恢复其初始高度（图 2-100a）。图 2-100b 展示了木材海绵在 20%、40%和 60%压缩率下的应力-应变（σ-ε）曲线。与其他弹性气凝胶类似，木材海绵的压缩 σ-ε 曲线分为 3 个区域：ε<20%的线弹性区域；20%<ε<40%的平稳区，体现“波浪形”层状结构的屈曲；ε>40%的应力急剧增加区，源于层状结构的致密化（Qin et al.，2015；Gao et al.，2016；Si et al.，2016）。应力释放后，应变降至零，木材海绵恢复至初始尺寸，没有发生塑性变形。值得注意的是，木材海绵的压缩和回弹 σ-ε 曲线并不重合，存在明显的回滞环，这是木材海绵在压缩过程中相邻薄层发生滑动摩擦导致的能量耗散。图 2-100c 是木材海绵在循环加载下的 σ-ε 曲线（40%压缩率）。由图 2-100c 可知，经过 100 次循环压缩，木材海绵 σ-ε 曲线形状基本保持不变，但回滞环面积逐渐缩小，表明木材海绵在循环压缩过程中能够保持结构稳定。根据循环压缩 σ-ε 曲线可测算循环压缩过程中木材海绵回弹率和能量损耗因子的变化。如图 2-100d 所示，经过 100 次循环压缩，木材海绵的回弹率仍然保持在 90%以上，能量损耗因子由第一次压缩时的 0.54，逐渐降低并稳定在 0.25 左右，表现出良好的结构稳定性。循环压缩实验表明木材海绵不仅具有高弹性能，而且具有一定的压缩抗疲劳性能。木材海绵的压缩性能具有各向异性，其高弹性能只能体现在垂直于薄层的方向（弦向）上，当施加平行于薄层方向（径向或者纵向）的压力时，木材海绵的层状结构会被压溃。

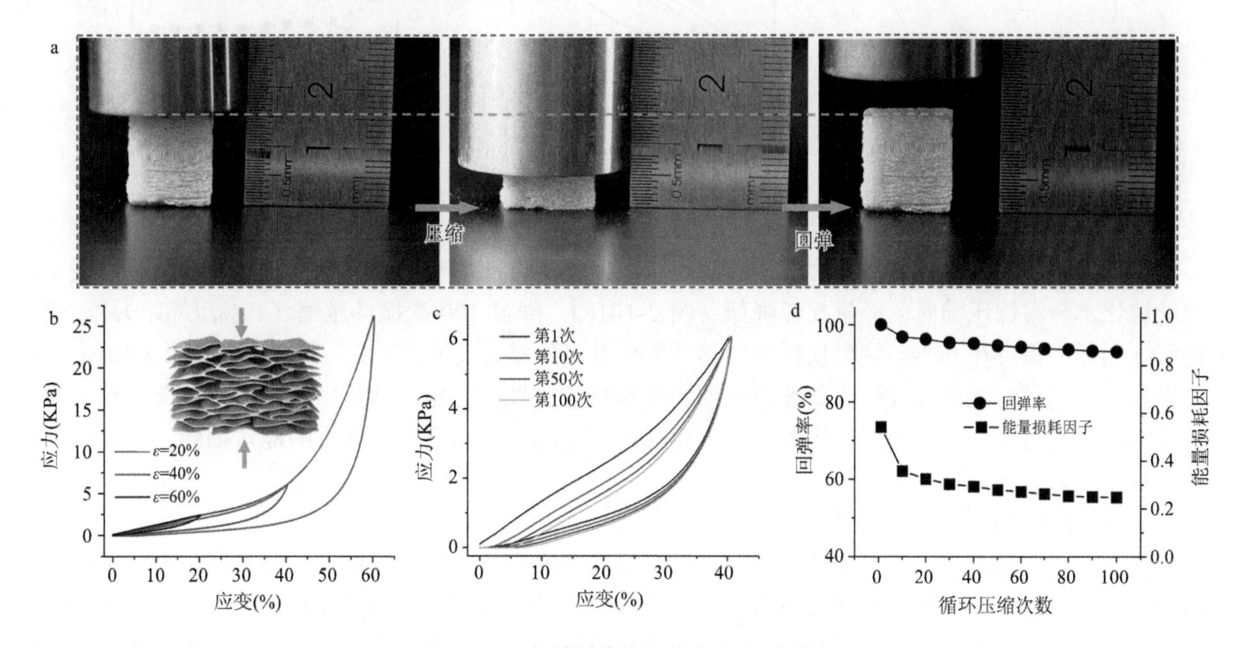

图 2-100　木材海绵的压缩应力-应变特征

3）木材海绵的硅烷化处理

木材海绵由纤维素组成，表面含有大量羟基，因此是一种既亲水又亲油的双亲材料，水滴和油滴均能被木材海绵迅速吸收，不能实现油/水的选择性分离（图 2-101a）。鉴于此，对木材海绵进行疏水化处理是实现油水分离的关键步骤。选用 MTMS 为改性剂，采用化学气相沉积法（CVD）对木材海绵进行疏水化处理。CVD 操作简单，且能最大程度保留木材海绵的孔隙结构（表 2-21）。硅烷化木材海绵表现出良好的疏水亲油性能，红色油滴可以迅速渗透进入材料内部，然而蓝色的水滴无法浸润材料，水滴接触角高达 151°（图 2-101b）。当把木材海绵和硅烷化木材海绵同时放入水中时，木材海绵的孔隙迅速充满水并沉入水中，而硅烷化木材海绵由于疏水而漂浮在水面上（图 2-101c）。有机硅烷 MTMS 通过 CVD 沉积在木材海绵薄层纤维素骨架表面，并形成聚硅氧烷超疏水涂层。EDS 能谱图显示，Si 元素均匀分布于木材海绵层状结构中，证明了聚硅氧烷可成功负载在木材海绵纤维素骨架上。

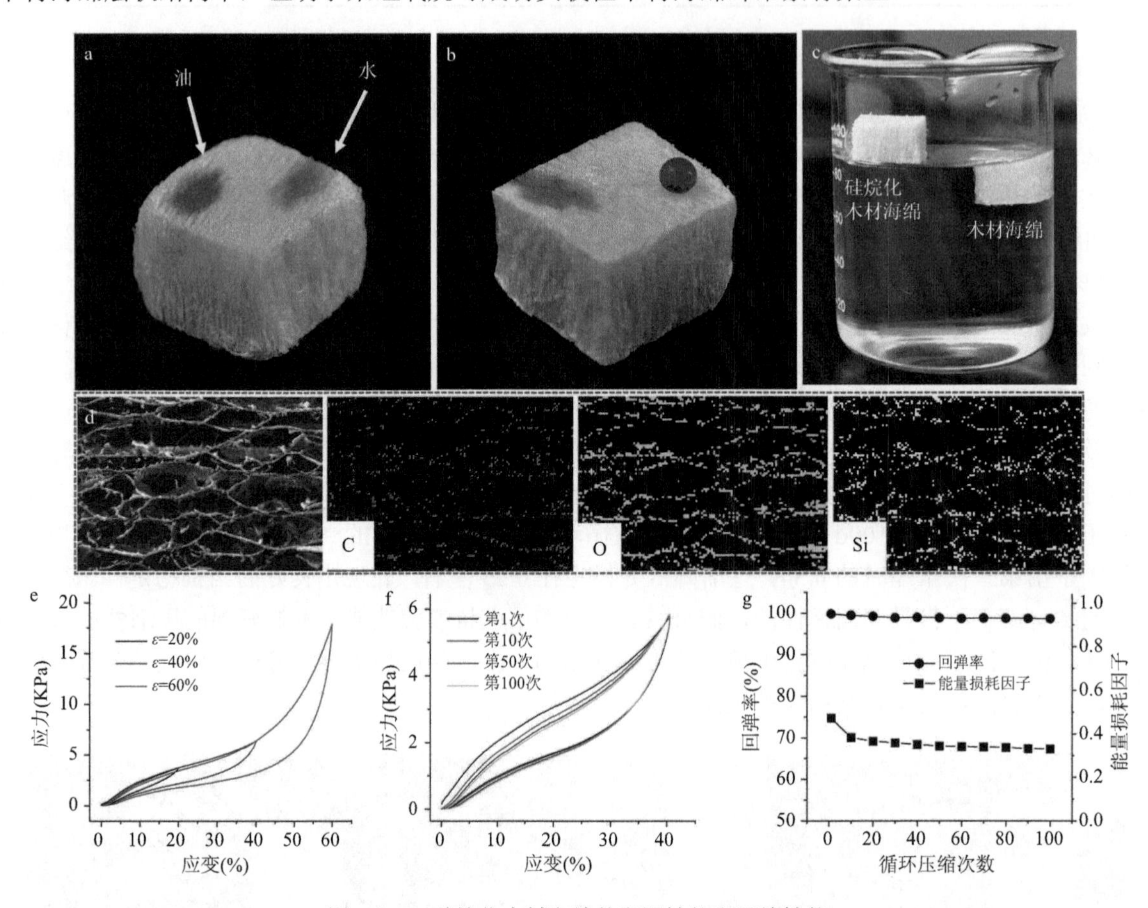

图 2-101　硅烷化木材海绵的润湿性能和压缩性能

木材海绵进行硅烷化处理后其力学性能发生了明显变化，压缩和回弹 σ-ε 曲线的回滞环面积减小，表明硅烷化木材海绵压缩时的能量损耗降低（图 2-101e）。经过 100 次循环压缩（40%压缩率），硅烷化木材海绵回弹率保持在 99%，能量损耗因子逐渐降低并最终稳定在 0.3 左右（图 2-101f，图 2-101g）。以上结果表明，木材海绵经过硅烷化处理后压缩弹性和抗疲劳性能更好，这是由于聚硅氧烷疏水涂层对纤维素骨架的包覆可以有效降低循环压缩过程中相邻薄层之间的滑动摩擦所导致的能量损耗，从而提高材料的抗疲劳性能。

4）硅烷化木材海绵的吸油性能

硅烷化木材海绵表现出疏水亲油性能，结合其高孔隙度和高弹性能等优点，其可以作为一种极具潜力的油水分离材料。图 2-102a 和图 2-102b 展示了硅烷化木材海绵吸附水面浮油（硅油）及水底重油（二氯甲烷）的过程。由于材料具有疏水性，硅烷化木材海绵在吸油过程中会排斥水分的吸入，从而实现选择性吸油。除了吸附硅油和二氯甲烷外，硅烷化木材海绵还可以吸附正己烷、石油醚、丙酮等多种油类和有机溶剂，依据吸附对象密度的不同，其吸油量为16～41 g/g（图2-102c）。尽管硅烷化木材海绵对各类油的吸油量不同，但其体积吸油量均达到70%～90%，即材料内部有70%～90%以上的空间被油填充。硅烷化木材海绵具有高吸油量的原因如下：首先，木材海绵具有低密度和高孔隙度，这些孔隙相互连通，为各种油及有机溶剂提供了收容空间；其次，硅烷化处理赋予了木材海绵疏水亲油性能，因此材料对各种有机溶剂具有良好的润湿性能，油类能够快速渗透进入材料内部并填充在孔隙之中。硅烷化木材海绵的吸油量与文献报道的聚氨酯海绵、三聚氰胺海绵等吸油材料相近（Zhu et al.，2013；Gao et al.，2014）。但与上述合成高分子海绵相比，木材海绵具有绿色环保、可生物降解等优势。

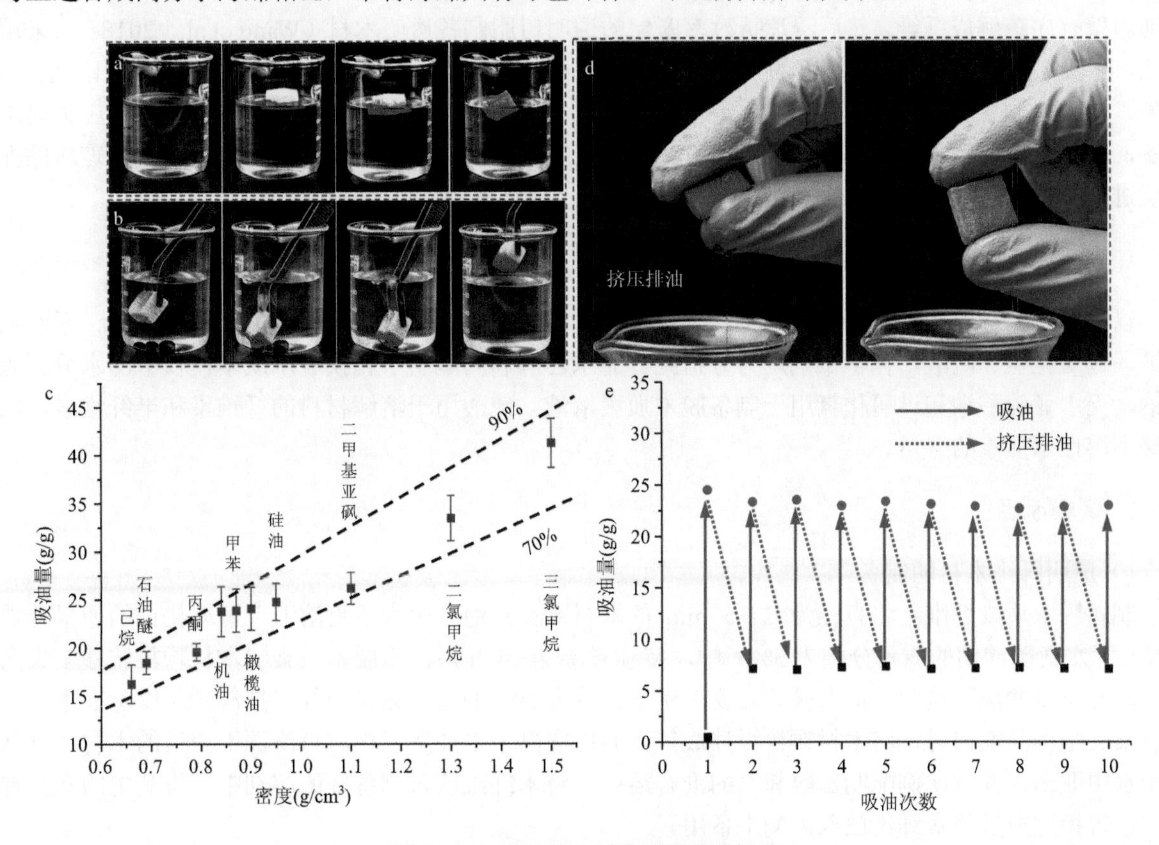

图2-102　硅烷化木材海绵的吸油性能

由于硅烷化木材海绵具有高压缩弹性，因此吸油后可以通过机械挤压的方式排油（图2-102d）。挤压木材海绵可将大部分油从海绵内部孔隙排出，挤压排油后木材海绵能够立即恢复至原始尺寸，且经过10次吸油-排油循环，其吸油量基本保持不变，展现出良好的重复使用性能（图2-102e）。值得注意的是，通过“自下而上”制备的纳米纤维素气凝胶由于纳米单元随机排列呈现无序多孔结构，力学性能总体较差，如果采用机械挤压的方式排油会导致孔隙结构破坏，使得第二次吸油量大大降低（Nguyen et al.，2013）。所以，此类材料一般需要通过蒸馏或者萃取的方式排油（Jiang and Hsieh，2014；Zhang et al.，2014b；Zhou et al.，2016），但这些回收方法不仅操作难度大而且需要引入其他化学试剂，容易造成二次污染。硅烷化木材海绵由于压缩回弹性好，因此可通过直接挤压排油的方法回收吸附的油，操作简便。此外，利用该材料液体传输的各向异性特性，以硅烷化木材海绵为过滤膜设计连续吸油装置，可实现对水面浮油的连续、高效收集。

（二）细胞壁主成分木质素调控

由于建筑能源的大量消耗和环境的过度污染，绿色建筑已成为目前的研究热点。透明木材具有优良的透光率和隔热性，用透明木材代替传统的玻璃成为此问题的重要解决方案。然而，之前所报道的透明木材样本较小且厚度薄，无法满足实际的应用要求。这主要是因为透明木材的制备需要完整的木材作为基材，而大型基材在脱木质素过程中，容易出现破损和脱不均匀。木质素主要分布在细胞角隅和胞间层，是连接木材细胞的关键物质。因此，木质素的去除必然会使细胞间的结合松弛。此外，厚度越大，浸渍难度越大。由于浸渍不充分，木材与聚合物之间的间隙较大，因此当光线通过透明木材时，会发生衰减。而且，去除吸光物质（主要是木质素）和浸渍聚合物是制备透明木材的必要步骤。因此，生产厚而大的透明木材具有挑战性。

针对以上问题，可将木材基材进行化学处理，去除木材细胞壁中的大部分木质素和半纤维素并使木材细胞壁有序疏解成纤维，然后浸渍折射率匹配的透明树脂制备透明木材（Wang et al.，2018c）。采用该方法，可以方便地制备出任意厚度的大尺寸透明纤维木材，其制备效率比以前的透明木材高出三倍左右。此外，该方法制备的透明纤维木材不需要高价值的原材料，甚至可直接利用木屑、树枝等加工废料进行制备，资源利用率较高。本研究将此透明纤维木材应用于房屋窗户，并与传统的透明木材和玻璃的保温性能进行了对比，很好地实现了节约能源的目标。

1. 试验材料

以河南焦作林场的无性系杨木为基材。试验用的化学试剂有无水乙醇、丙酮、氢氧化钠、无水亚硫酸钠、过氧化氢、硫酸，化学试剂均为分析纯。无水乙醇和丙酮用于置换脱木质素模板中的水分。氢氧化钠、无水亚硫酸钠和过氧化氢用于制备脱木质素溶液。硫酸用于溶解材料的纤维素和半纤维素，以测定酸不溶性木质素的含量。

2. 试验方法

1）透明纤维木材的制备

制备脱木质素纤维：将直径为 2～5 mm 的木材颗粒浸泡在脱木质素溶液（氢氧化钠的质量分数为10%，无水亚硫酸钠的质量分数为 5%）中，持续煮沸 2～4 h 后，将脱木质素的木材颗粒转移至去离子水中，并反复冲洗。随后，将木材颗粒放入质量分数为 30%的过氧化氢中并保持沸腾，以除去木材纤维的色素。当样品变白时，将木材颗粒搅拌成纤维并用去离子水冲洗三次。将清洗干净后的木材纤维从去离子水中取出，并按比例配制乙醇和水的混合溶剂，将木纤维放入制备好的溶剂中，将其中的水分置换出来，置换完成后将木纤维放入丙酮中备用。

脱木质素纤维预聚合：将不同含量的木材纤维（质量分数分别为 10%、20%和 30%）分别和质量分数 0.3%的偶氮二异丁腈加入装有甲基丙烯酸甲酯（MMA）的烧杯中，先用磁力搅拌器搅拌，水浴加热至 80℃，并持续搅拌，使其预聚合 15 min 左右，直至烧杯中的溶液变为黏稠的液体。随后，迅速将预聚合的 MMA 溶液移至冰水浴中终止聚合反应，冷却至室温。再将脱木质素的木材纤维浸泡在预聚合的 MMA 溶液中并转移至真空罐中，在真空状态下浸渍 10 min，使所有的木材纤维完全浸渍于预聚合 MMA 溶液。

制备透明纤维木材：将浸渍完成的木材纤维预聚合 MMA 溶液倒入自制的玻璃模具中，将玻璃模具放置在温度为 60℃的烘箱中加热 8 h 完成最终的聚合，制备出不同厚度的透明纤维木材。

常规透明木材的制备方法，是以杨木木材为基材，先制备脱木质素模板，再用 MMA 浸渍脱木质素模板，聚合获得透明木材，本研究制作了 1 mm 和 5 mm 厚的透明木材，用于与透明纤维木材对比。透明纤维木材（图 2-103a）和常规透明木材（图 2-103b）的制备流程见图 2-103。

2）纤维素、半纤维素和木质素含量测定

根据美国可再生能源实验室（NREL）的测定方法，用高效液相色谱（HPLC）系统（Agilent 1260，Agilent Technologies，美国）对脱木质素木材纤维中的纤维素、半纤维素、木质素的含量进行测定（Sluiter et al.，2008）。

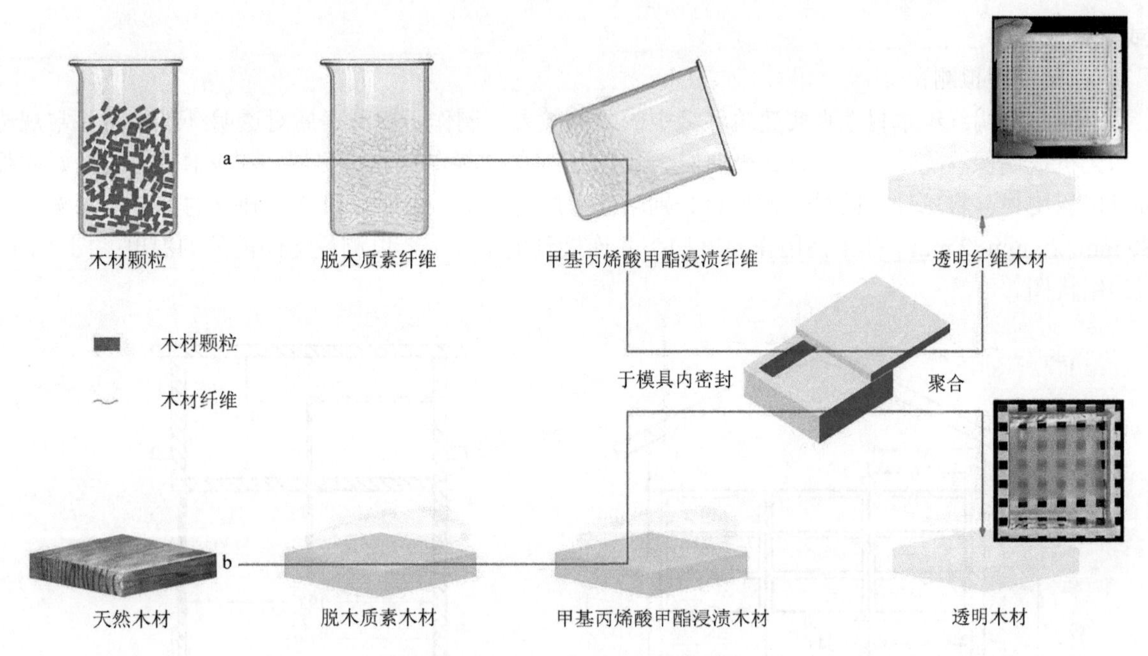

图 2-103　透明纤维木材（a）和常规透明木材（b）的制备流程图

3）透光率及雾度测试

根据 ASTM D1003“透明塑料的雾度和透光率的标准检测方法”，使用 UV/Vis 光谱仪（Lambda 950，PerkinElmer，美国）测量透光率和雾度。样品的透光率和雾度分别按照式（2-159）和式（2-160）计算：

$$透光率=\frac{T_2}{T_1}\times 100\% \tag{2-159}$$

$$雾度=\left(\frac{T_4}{T_2}-\frac{T_3}{T_1}\right)\times 100\% \tag{2-160}$$

式中，T_1 为入射光量，T_2 为样品透射的光量，T_3 为仪器散射的光量，T_4 为仪器和样品散射的光量。

4）透明纤维木材微观形态特征

使用 JSM-6700F 场发射扫描电子显微镜对样品的微观形态进行表征。

5）透明纤维木材力学性能测试

采用万能力学试验机进行测定，测试方法参照透明木材和天然木材的拉伸测试方式（Zhu et al.，2016；Song et al.，2018）。试样的尺寸约为 50 mm×10 mm×3 mm。将试样两端夹紧，以 5 mm/min 的拉伸速度沿试样长度方向拉伸，直至断裂。

样品断裂强度按式（2-161）计算：

$$\sigma=\frac{P_{\max}}{bt} \tag{2-161}$$

式中，σ 为样品的断裂强度（MPa）；$P_{\max}$ 为最大破坏载荷（N）；b 为样品的截面宽度（mm）；t 为样品的截面厚度（mm）。

6）透明纤维木材隔热特性测试

透明纤维木材的隔热性能通过导热系数测定仪（HC-074/200，LaserComp，美国）测量，样品的热导率通过式（2-162）计算：

$$\lambda=\frac{(Q_{\mathrm{u}}+Q_L)}{2}\frac{L}{\Delta T} \tag{2-162}$$

式中，λ 为样品的热导率，即导热系数[W/（m·K）或 W/（m·℃）]；Q_{u} 为上面热流传感器的热流输出（W/m^2）；Q_{L} 为下面热流传感器的热流输出（W/m^2）；L 为样品厚度（m）；ΔT 为样品上下表面的温度差

（K 或℃）。

7）保温性模拟测试

为了研究透明纤维木材在真实建筑环境中的隔热效果，制作了模型房屋对透明纤维木材、常规透明木材和无机玻璃保温隔热性能进行比较研究。用 1 cm 厚的木板制造模型房屋，这些木板通过良好的胶合连接以确保密封。将三种不同材料的窗户分别粘在房屋的前壁上，并分成 9 个独立的部分，每部分尺寸为 80 mm×25 mm×2 mm。热电偶用作温度探头并连接到电子显示器以测量房间内外的温度。图 2-104 为房屋的结构图。

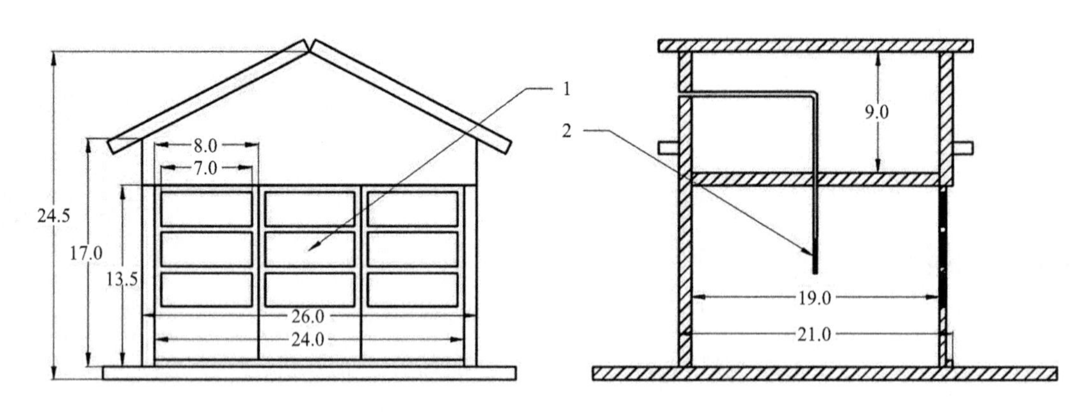

图 2-104　模型房屋结构图

1 表示窗户，2 表示温度计。图中保留一位小数的数据的单位是 cm

3. 结果与讨论

按照图 2-103 的制备流程，获得了尺寸为 300 mm（长度）×300 mm（宽度）×10 mm（厚度）的大尺寸透明纤维木材样品。图 2-105 显示了该透明纤维木材（放在印刷字母“NFU”的顶部）与 1 mm 厚的常规透明木材透明度的对比，可以看出，该透明纤维木材显示出了较高的透明度。

图 2-105　10 mm 厚透明纤维木材和 1 mm 厚常规透明木材透明度对比

1）木质素含量分析

木材脱木质素处理后会导致木材纤维素、半纤维素和木质素含量发生改变，木材中纤维素、半纤维素、木质素处理前后的含量变化见表 2-22。表 2-22 中显示，处理后的木材半纤维素和木质素的含量明显降低，均下降了约 90%；而脱木质素处理对木材纤维素的溶解度有限，下降了约 30%。木材经脱木质素处理后，纤维素是剩余的主要成分。

木材中木质素脱除后，木材仍然不透明，这可能是空气与纤维素之间折射率不同的缘故（Fink，1992），两者折射率分别为 1.0 和 1.53。作为高度透明的热固性树脂，聚甲基丙烯酸甲酯（PMMA）的折射率约为 1.5（Beadie et al.，2015）。将 MMA 浸渍到完整的脱木质素木材中制备的透明木材在厚度小于 1.0 mm 时透光性很好（如图 2-105 右下角所示），而当厚度为 2 mm 或更厚时，其透明度降低（Li et al.，2016b）。而使用木材纤维制备的透明纤维木材，在厚度 10 mm 的情况下也具有出色的透明度，如图 2-105 左上角所示。

表 2-22　对照材与脱木质素纤维中纤维素、半纤维素、木质素含量（%）

类别	纤维素	半纤维素	木质素
对照材	48.2	23.8	21.4
脱木质素纤维	34.9	2.7	2.8

2）透光率及雾度分析

透光率和雾度是透明木材的主要性能指标，图 2-106 为透明纤维木材及常规透明木材的光学透射率及雾度曲线图，可以看出，透明纤维木材具有很高的透光率。在可见光波长范围内，1 mm 厚的透明纤维木材总透射率达（92±2）%（图 2-106a），接近纯 PMMA 的透光率（约 95%），较 1 mm 厚的常规透明木材的透光率（85±2）%要高得多。随着厚度的增加，透明纤维木材比常规透明木材的透光率提高更为显著。厚度为 5 mm 的透明纤维木材，透射率在可见光波长范围内为（83±2）%，而常规透明木材的透射率仅为（40±4）%。造成这种现象的原因是 1 mm 厚的脱木质素基材比 5 mm 厚的基材更易渗透，即厚度为 1 mm 的 PMMA 和木质基材的组合更均匀紧密，光衰减和光散射现象减少。但透明纤维木材不需要完整的木材作为基材，每根纤维单独渗透，透明纤维木材的厚度不会受渗透难易程度的影响。因此透明纤维木材的透光率高于传统的透明木材，甚至高于乙酰化透明木材。

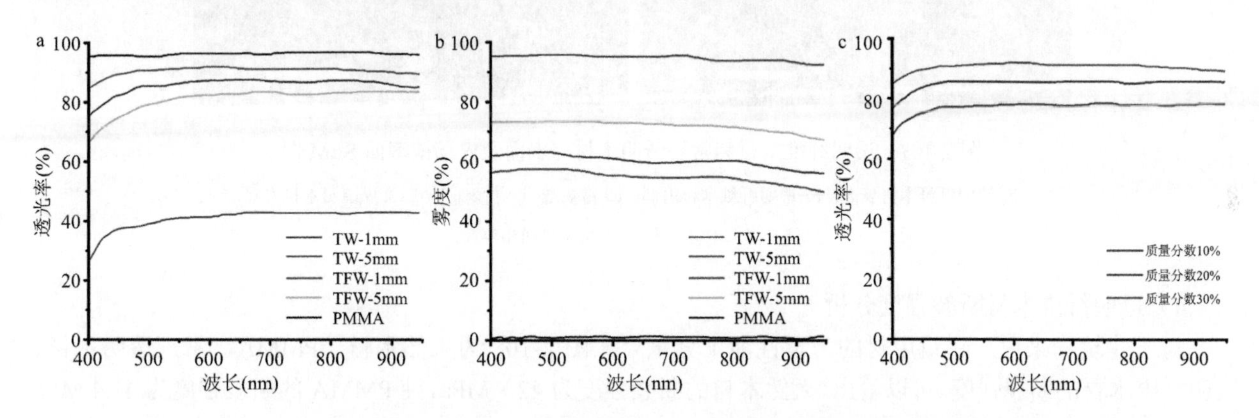

图 2-106　透明纤维木材、常规透明木材及 PMMA 的透光率及雾度曲线

a. 透光率曲线，b. 雾度曲线，c. 不同纤维素含量的透明纤维木材透光率；TW 表示常规透明木材，TFW 表示透明纤维木材

用单根纤维渗透制备的透明纤维木材，其纤维素含量可以通过增减纤维含量来控制。常规透明木材中的纤维素含量由木材自身的密度决定，即取决于木材种类。而透明纤维木材的提出使得使用者可以根据需求控制纤维素的含量，而纤维素含量是影响透光率的关键因素（Li et al.，2016c）。图 2-106c 显示了具有不同纤维素含量的透明纤维木材的透光率。当纤维素含量（质量分数）从 10%增加到 30%时，透光率从 92%降低到 78%。透明纤维木材在光学透明度和雾度之间具有极好的平衡，表明自然光可以进入到建筑物的内部，同时还可以很好地保持室内隐私。虽然在高透光率下透明纤维木材的光学雾度略低于常规透明木材，但仍远高于纯 PMMA，可以满足建筑材料的隐私要求。

3）透明纤维木材微观形貌分析

木材与 PMMA 界面的相容性直接影响着透明木材的透光度和雾度，图 2-107 为透明纤维木材和常规透明木材的表面及内部横截面 SEM 图。在常规透明木材大部分区域，PMMA 和细胞壁黏附良好，形成良好的相容界面（图 2-107c）。而在常规透明木材的内部横截面中，可以明显看出上述两种材料的交界面处存在间隙，且 PMMA 在一些细胞腔中没有能够很好地渗透（图 2-107d），Li 等（2018c）的研究也发现了类似的现象。如果界面间隙和木材细胞腔未完全浸渍 PMMA，则在常规透明木材内部产生光学不均匀性，导致常规透明木材具有较低的透光率和较高的雾度。相比之下，透明纤维木材几乎没有界面间隙，无论其表面还是内部，PMMA 都能均匀浸渍（图 2-107a，图 2-107b）。微观形态上的分析表明在厚度增加时，常规透明木材的透光率较透明纤维木材有大幅降低。

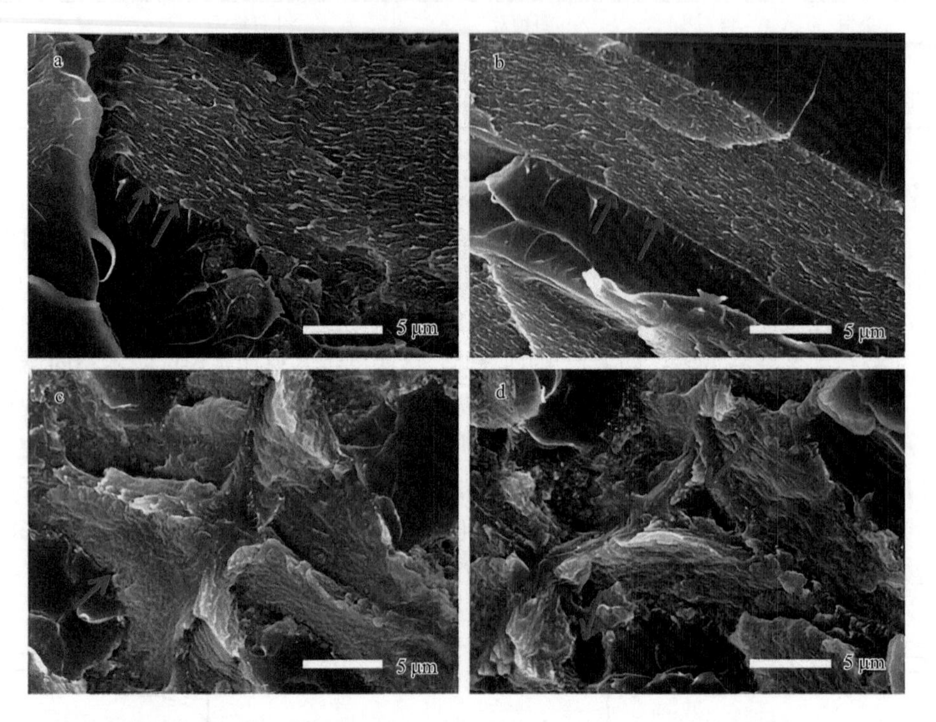

图 2-107　透明纤维木材和常规透明木材的表面及内部横截面 SEM 图

a. 透明纤维木材表面；b. 透明纤维木材内部；c. 常规透明木材表面；d. 常规透明木材内部

箭头指示木材纤维与 PMMA 界面相容性

4）透明纤维木材断裂强度分析

对于建筑物来说，建筑用材的力学性能十分重要。图 2-108 为天然木材、PMMA、常规透明木材、透明纤维木材的断裂强度。可以看出，天然木材的断裂强度为 42.8 MPa，纯 PMMA 的断裂强度为 41.4 MPa。

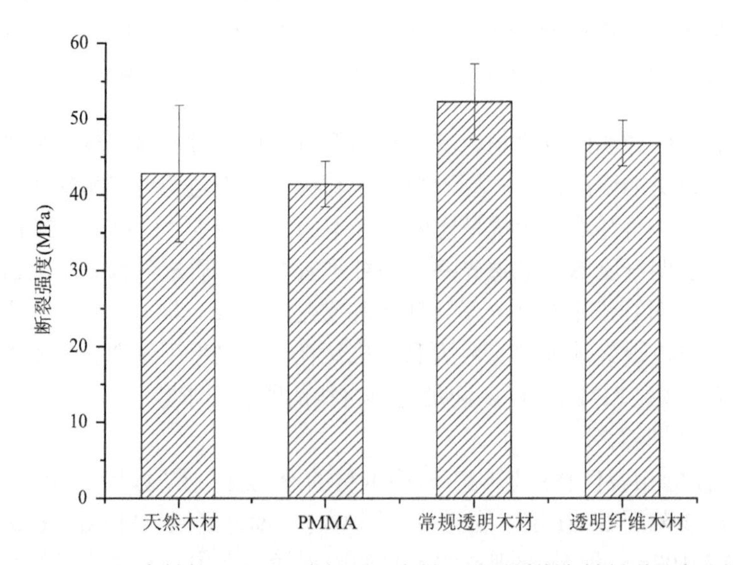

图 2-108　天然木材、PMMA、常规透明木材、透明纤维木材断裂强度比较

而透明纤维木材的力学性能与两者相比均得到改善，断裂强度达到 46.8 MPa。透明纤维木材强度的增加是由于纤维素自身的缠结结构以及纤维与 PMMA 之间良好的交联作用。

与常规透明木材相比，透明纤维木材的力学强度稍低。这是因为常规透明木材的制备基于完整的木材，木材本身是一种具有优异力学性能的各向异性材料，尤其是在顺纹方向，但在木材横向上较差。相比之下，透明纤维木材基于交织的纤维，使各向异性透明木材成为各向同性材料。因此，它在所有方向上都表现出相似的力学性能。

5）透明纤维木材隔热性能分析

作为一种节能建筑材料，除了需要有足够的力学强度外，还需要具有优异的隔热性能，特别是在严寒地区，良好的隔热效果可以有效降低建筑物制冷和供暖的能耗。目前，建筑物中通常用双层玻璃来降低导热系数以节省能源。但这种方法不仅会大大增加成本，还会增加重量。因此，开发低成本和可持续材料成为研究热点。研究发现透明纤维木材具有优异的隔热性能。从图 2-109 可以看出，透明纤维木材的导热率明显低于无机玻璃，略高于天然木材和常规透明木材。这可能是因为木材导管上声子的高电阻和多个界面的声子散射引起的。由于天然木材和常规透明木材均是各向异性材料，热流方向通常是沿着木材导管的径向和轴向，而径向和轴向传热都具有较强的声子散射效应，因此导热系数较低，尤其是径向更为明显（Li et al.，2016c）。

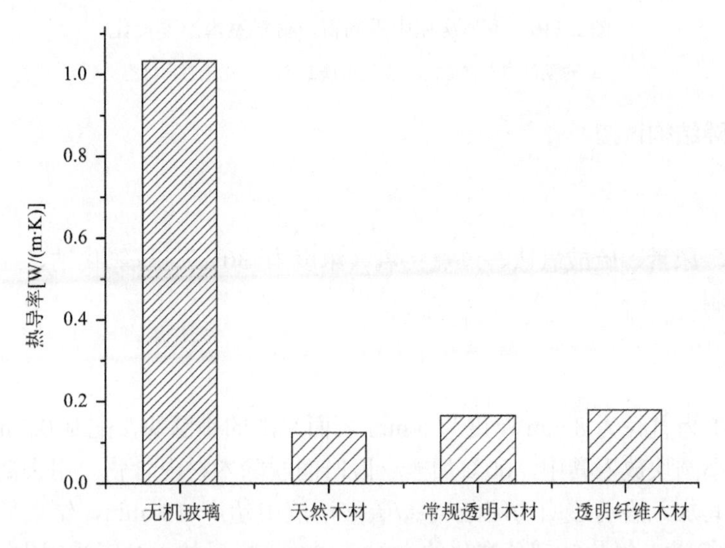

图 2-109　无机玻璃、天然木材、常规透明木材和透明纤维木材的热导率

为了测试透明纤维木材的保温性能，制作了模型房屋，对比分析透明纤维木材、常规透明木材和无机玻璃保温隔热性能（图 2-110）。图 2-110a、图 2-110b、图 2-110c 中模型房屋的窗户材料分别为透明纤维木材、无机玻璃和常规透明木材。首先，模拟地热系统对模型房屋连续加热 30 min，从图 2-110 上方 3 个模型房屋可以看出，30 min 后模型房屋的温度稳定在 35℃左右，接着关闭模拟地热系统，并将模型房屋置于环境温度（4℃）10 min。

图 2-110 下方三个图为冷却 10 min 后模型房屋的室内温度。可以看出，使用透明纤维木材窗户的模型房屋，在 10 min 内温度从 35.3℃降至 20.3℃，而使用无机玻璃窗的模型房屋，10 min 内室内温度从 35.1℃迅速降至 9.4℃。使用透明纤维木材窗户的模型房屋的温差（ΔT=15.0℃）约为使用无机玻璃的模型房屋的温差（ΔT=25.7℃）的一半，表明透明纤维木材相较于无机玻璃可以更有效延迟热流。因此，透明纤维木材作建筑窗户时使房屋与室外环境之间形成了有效的热阻隔，可以用作节能建筑材料。此外，使用常规透明木材窗户的模型房屋，室内温度在 10 min 内从 35.0℃降至 20.1℃，温差为 14.9℃，说明在真实环境中常规透明木材与透明纤维木材之间的隔热差异很小。除了上述优异的光学、力学、热学性能外，透明纤维木材的制备效率也有大幅提高。在相同的试验条件下，常规透明木材的脱木质素和漂白时

间为 18～26 h，而透明纤维木材仅需 5～8 h。此外，常规透明木材的真空浸渍时间为 30～90 min，而透明纤维木材仅需 10～15 min；且当制备的样品厚度越大时，该时间差也越大。

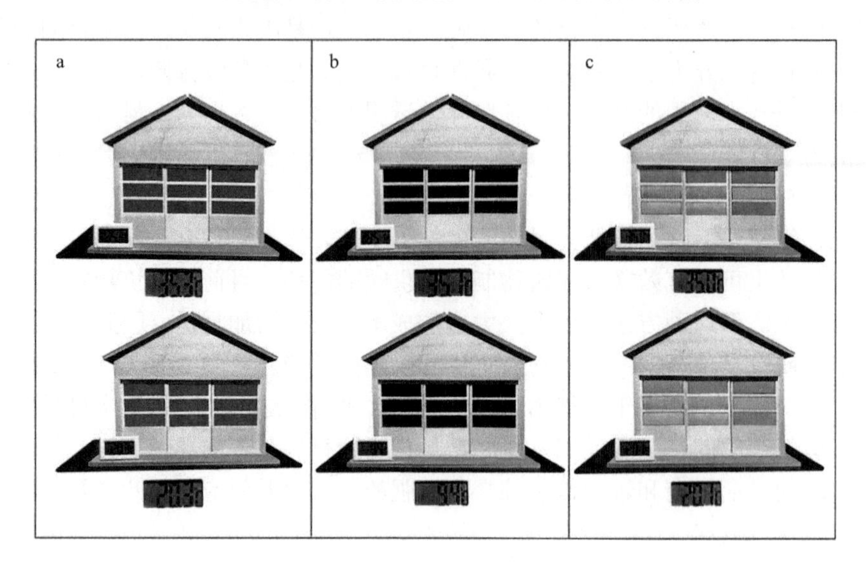

图 2-110　模型房屋中不同窗户材料室内温度变化

a. 透明纤维木材窗；b. 无机玻璃窗；c. 常规透明木材窗

（三）细胞壁孔隙结构调控

1. 试验材料

杉木、高锰酸钾、尿素、硫酸氧钛、过氧化氢（浓度为 30%）、氢氧化钠、亚硫酸钠、亚甲基蓝，去离子水为实验室自制。

2. 试验方法

首先，将杉木加工为直径为 8 mm 厚度为 6 mm 表面光滑的小圆块，配制 0.5 mol/L 的氢氧化钠和亚硫酸钠混合溶液，将小圆块放入其中，60℃加热一段时间脱除木材内含物。用去离子水洗涤脱除内含物的小圆块，干燥后将其加入澄清透明的硫酸氧钛/硫酸溶液中超声 10 min，结束后置于水热反应釜中，160℃反应 24 h，获得负载二氧化钛部分炭化的木材。洗净干燥后加入高锰酸钾/尿素混合溶液中，160℃水热反应 24 h，获得负载四氧化三锰的木材样品（Mn_3O_4/TiO_2/木材）。水处理测试过程使用自制反应装置，以亚甲基蓝溶液为目标污染物，测试其通量和截留率，具体测试方法见参考文献（Chen et al.，2017）。

3. 结果与讨论

1）Mn_3O_4/TiO_2/木材的形貌和结构表征分析

对所制备的 Mn_3O_4/TiO_2/木材进行形貌和结构表征分析。图 2-111 为样品的 SEM 及其 EDS 能谱分析，结果表明，杉木在两次水热处理后仍然保持了其完整的阵列孔隙结构，从放大的 SEM 图中可以看出有大量的纳米颗粒负载于经过部分炭化后的木材骨架表面。EDS 能谱结果进一步证实了 Ti 元素和 Mn 元素均匀分布于细胞腔壁面。

图 2-112 为不同方式处理木材样品的数码照片及其体视显微镜放大图。由图 2-112 可知，负载二氧化钛后木材样品从宏观上保持了很好的木材原有尺寸和结构，而没有负载二氧化钛的木材发生了严重的结构塌缩现象，这主要是由于二氧化钛无机纳米粒子在细胞腔壁的负载有利于提高木材细胞壁的结构稳定性。此外，从样品的颜色可以看出，酸存在条件下的水热处理木材颜色会明显变黑，说明了木材的炭化程度显著提高。

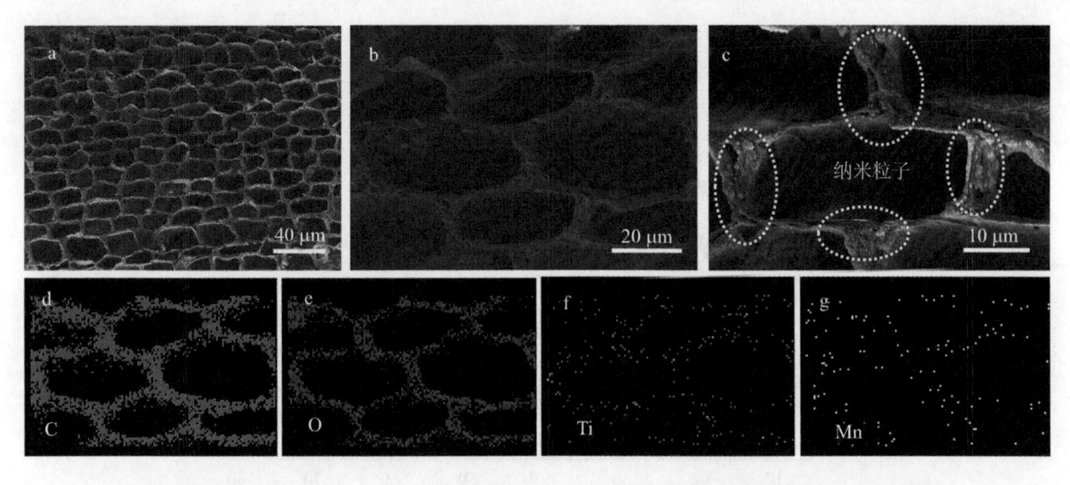

图 2-111　Mn_3O_4/TiO_2/木材的 SEM（a～c）及其 EDS 能谱（d～g）分析

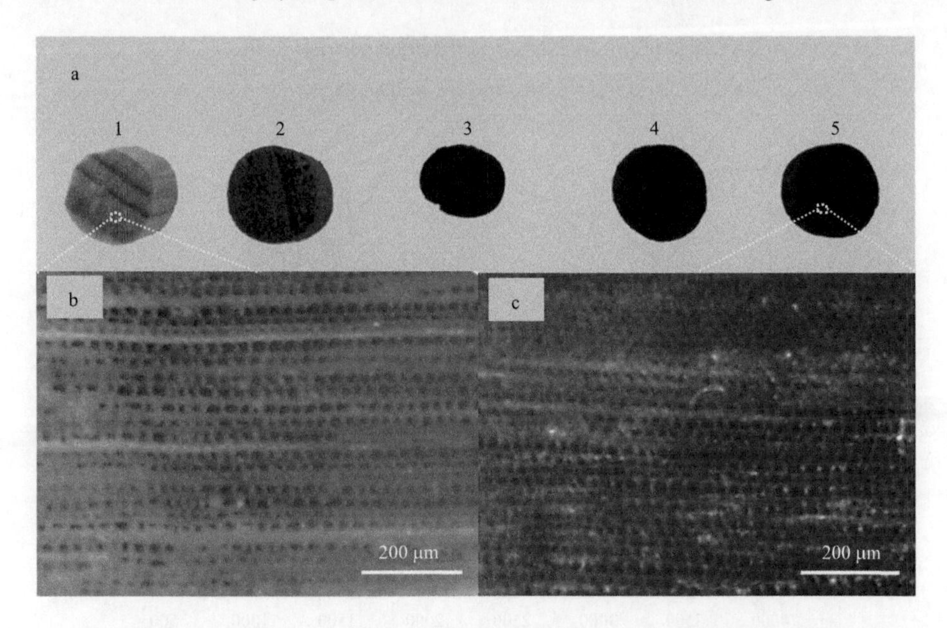

图 2-112　不同方式处理木材样品的数码照片及其体视显微镜放大图

a. 不同处理方式木材样品的数码照片；b. 对照材样品体视显微观察；c. Mn_3O_4/TiO_2/木材样品的体视显微观察。a 图中 1 为对照材，2 为未加入试剂的水热处理木材，3 为未负载二氧化钛的炭化木材，4 为 TiO_2/木材，5 为 Mn_3O_4/TiO_2/木材

图 2-113 为对照材，TiO_2/木材和 Mn_3O_4/TiO_2/木材样品的 XRD 分析结果。对照材在 16.5°和 22.5°处存在纤维素晶体的特征峰，TiO_2/木材在 2θ=25.3°、38.0°、47.9°和 54.7°出现了锐钛矿型 TiO_2 的特征峰（JCPDS 21-1272）。而 Mn_3O_4/TiO_2/木材不仅出现了纤维素晶体和锐钛矿型 TiO_2 的特征峰，还在 2θ=28.83°、32.30°、36.08°和 59.81°的位置出现了黑锰矿型 Mn_3O_4 的特征峰（PDF#24-0734）。由此说明，木材细胞腔壁表面负载的纳米颗粒为锐钛矿型 TiO_2 和黑锰矿型 Mn_3O_4（Li et al.，2015b）。固载的 TiO_2 可以起到稳定木材细胞腔结构的作用，而 Mn_3O_4 则可以作为催化剂活性组分参与到有机染料降解反应中。

2）Mn_3O_4/TiO_2/木材的表面化学组成表征分析

图 2-114 为对照材，水热炭化木材，TiO_2/木材和 Mn_3O_4/TiO_2/木材样品的红外分析。3385 cm^{-1} 归属于木材表面的羟基官能团。对比发现，经过水热炭化后羟基官能团的特征峰减弱，除此之外，归属于木材表面的含氧官能团 1737 cm^{-1}、1636 cm^{-1}、1425 cm^{-1}、1056 cm^{-1} 和 898 cm^{-1} 出现了明显的减弱（Müller et al.，2008）。但即使经过水热炭化后，木材仍保留有大量的含氧官能团，相比于高温碳化过程，保留的活性含氧官能团将大大有利于纳米粒子在木材细胞腔壁表面的负载。

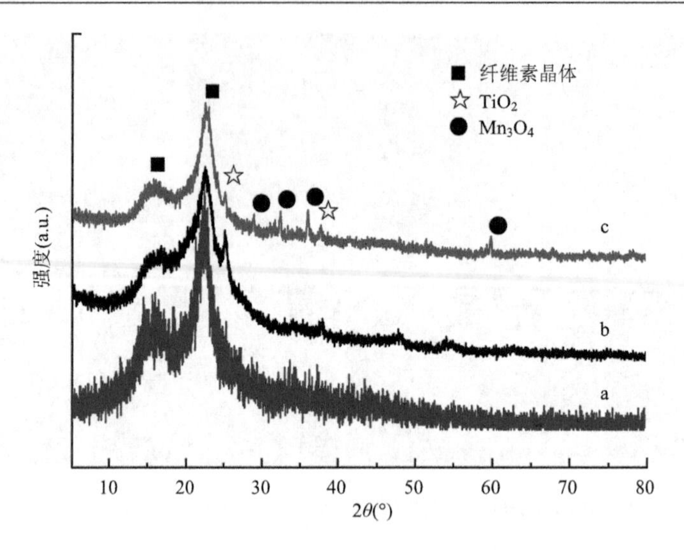

图 2-113　不同处理方式木材样品的 XRD 分析

a. 对照材；b. TiO_2/木材；c. Mn_3O_4/TiO_2/木材

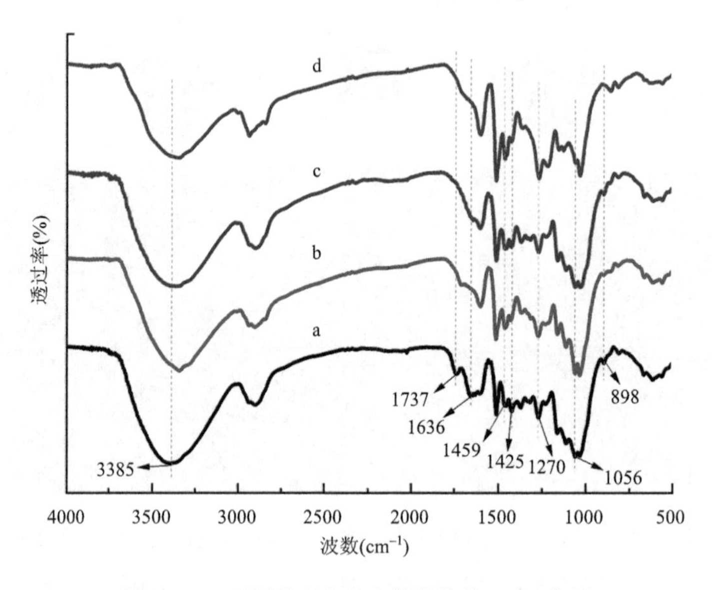

图 2-114　不同处理方式木材样品的 FTIR 分析

a、b、c 和 d 分别为对照材、水热炭化木材，TiO_2/木材和 Mn_3O_4/TiO_2/木材样品

为了进一步分析水热炭化及纳米粒子负载前后，木材样品的表面组成变化，对所制备的木材样品进行了 XPS 表征分析。如图 2-115a 所示，对比对照材、TiO_2/木材和 Mn_3O_4/TiO_2/木材的 XPS 全谱分析结果，可以看出 Mn_3O_4/TiO_2/木材中不仅有木材中的 C 元素和 O 元素（NguilaInari et al.，2006），还含有负载的 Mn 元素和 Ti 元素。由图 2-115b 分析可知，Mn 在 641.1 eV 和 652.8 eV 处有两处典型特征峰，且两处特征峰的能量间隔为 11.7 eV，这证明了 Mn_3O_4 的存在及 Mn 基活性组分在木材细胞壁的成功修饰。此外，从图 2-115c 和图 2-115d 中可以看出，经过水热炭化后的木材，其含氧官能团的数量减少了，发生了轻度炭化过程（Sevilla et al.，2009），但仍保留了大量的含氧官能团，这与红外结果相吻合。

以对细胞壁进行孔结构调控和化学组分调控的木材样品作为微反应器，应用于有机染料废水的降解处理，研究其催化性能。如图 2-116 所示，可以发现负载了 TiO_2 和 Mn_3O_4 催化剂活性组分后，Mn_3O_4/TiO_2/木材不仅可以获得较高通量，其截留率还能保持在较高水平，但在没有催化过程时 Mn_3O_4/TiO_2/木材有较大的通量衰减发生，这主要是由于大量污染物吸附堵孔（Altenor et al.，2009）。图 2-117a 为有无催化过程通量的衰减分析。催化反应的存在可以大大减缓 Mn_3O_4/TiO_2/木材通量的衰减，在 3 h 的过滤后仍保持在较高和稳定的水平。如图 2-117b 所示，由于 Mn_3O_4/TiO_2/木材具有催化降解染料功能，当吸附堵孔导致通量衰减后，经过催化降解反应赋予的去污染过程，其通量又可以得到较大的恢复。

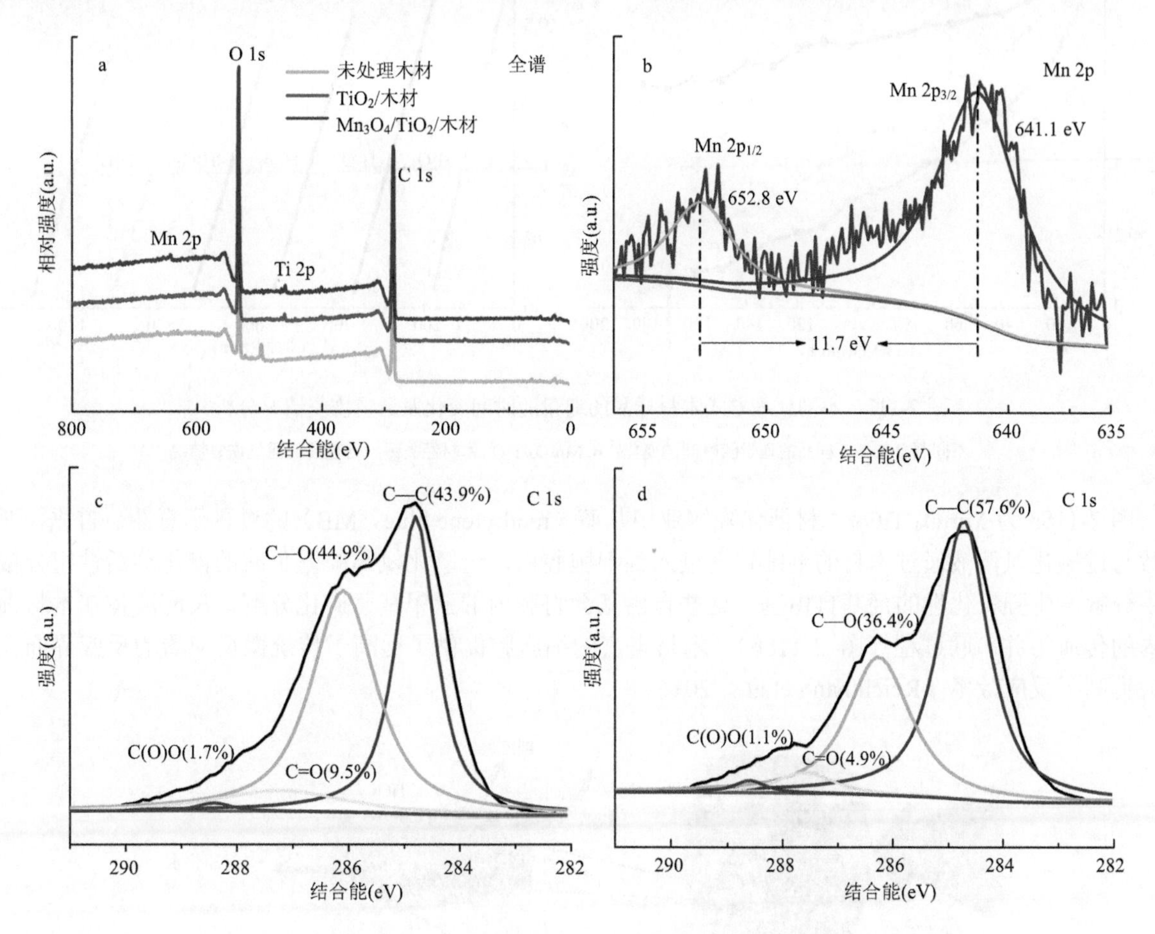

图 2-115　不同处理方式木材样品的 XPS 全谱分析、Mn 2p 分析和 C 1s 分析

a 为对照材、TiO_2/木材和 Mn_3O_4/TiO_2/木材的 XPS 全谱分析，b 为 Mn_3O_4/TiO_2/木材的 Mn 2p 分析，c 和 d 分别为对照材和 TiO_2/木材的 C 1s 分析

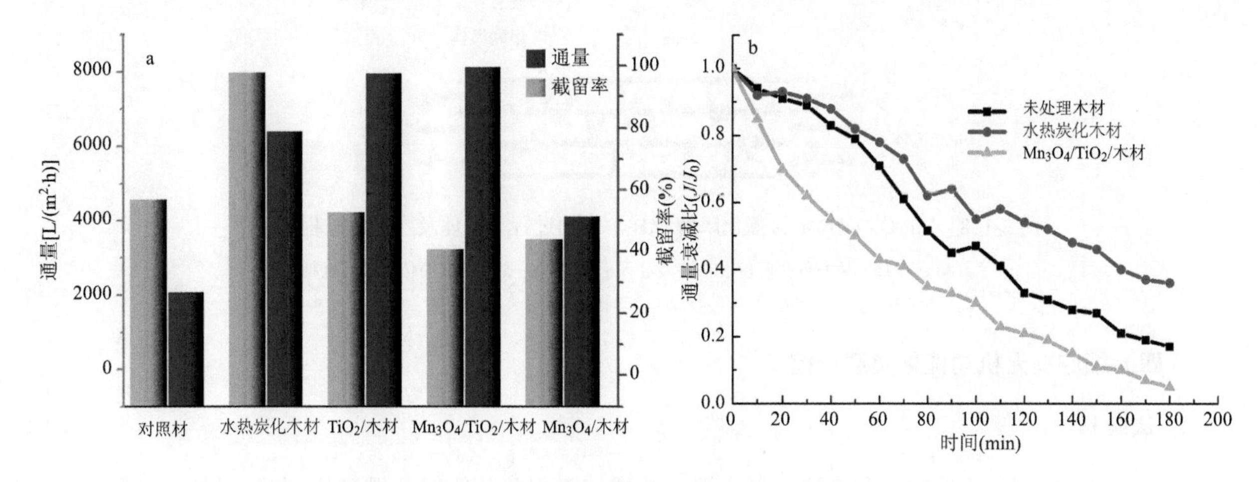

图 2-116　不同处理方式木材样品催化降解染料过程通量、截留率以及通量衰减分析

a 为对照材、水热炭化木材、TiO_2/木材和 Mn_3O_4/TiO_2/木材对亚甲基蓝催化降解的通量和截留率分析，b 为不同处理方式木材在 3 h 内的通量衰减过程分析

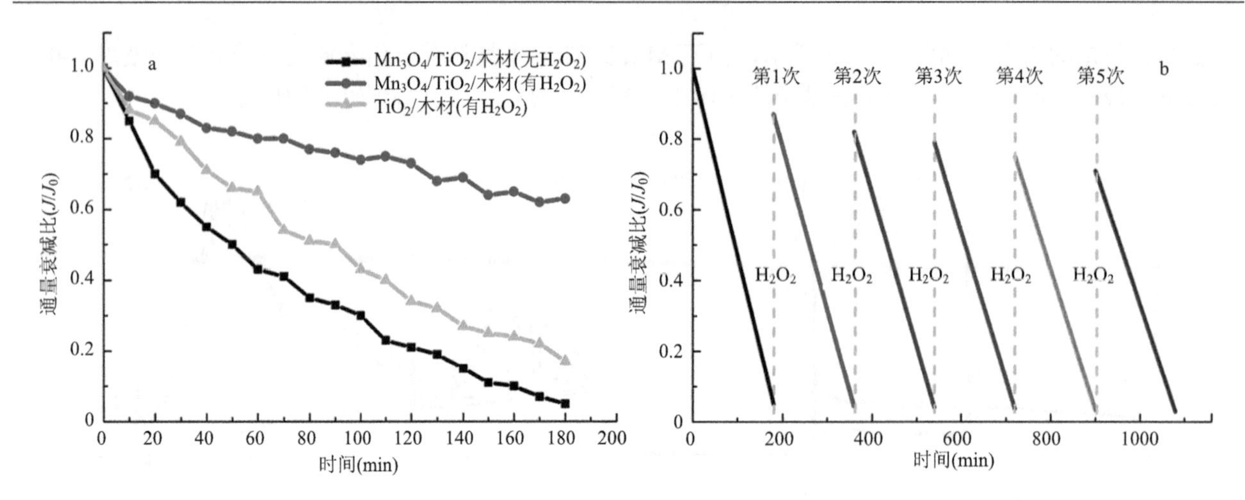

图 2-117　不同处理方式木材样品的通量随时间变化及通量恢复情况分析

a. 不同制备条件下样品的通量随时间的变化；b. Mn_3O_4/TiO_2/木材经去污染处理后的通量恢复情况

图 2-118a 为 Mn_3O_4/TiO_2/木材催化降解亚甲基蓝（methylene blue，MB）的过程示意图。首先，亚甲基蓝与过氧化氢溶液通过木材的毛细管孔进入到细胞腔内，过氧化氢与腔壁负载的催化剂活性组分接触发生分解产生强氧化性的羟基自由基，这些自由基会将腔内的亚甲基蓝矿化分解，反应流体在木材细胞腔内的传质为并串联过程（图 2-118b）。木材丰富的细胞腔提供了远高于传统微反应器的反应界面积，大大提高了反应效率（Reichmann et al.，2016）。

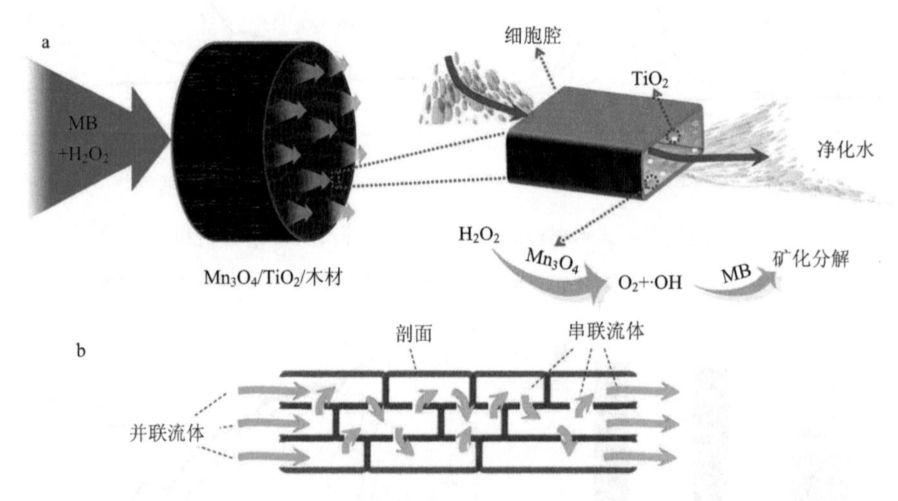

图 2-118　Mn_3O_4/TiO_2/木材催化降解 MB 溶液的过程与机理及水传输过程示意图

a. Mn_3O_4/TiO_2/木材催化降解 MB 溶液过程示意图；b. 微反应器的传质过程机制

（四）细胞壁无机功能化负载调控

1. 试验材料

厚度为 0.4 mm 的杨木皮、多巴胺、氯化钯、盐酸、亚甲基蓝染料、硼氢化钾等原材料和试剂。

2. 试验方法

首先，将厚度为 0.4 mm 的杨木皮裁剪为直径 5 cm 的圆片。将其烘干后置于 0.4 mg/ml 的多巴胺溶液中，向其中加入缓冲溶液后常温静置 24 h，使得多巴胺在杨木皮细胞腔壁发生聚合反应生成聚多巴胺（PDA），得到 PDA/杨木皮。烘干后加入到盐酸溶解的氯化钯溶液中，80℃加热 3 h，获得 Pd/PDA/杨木皮。以亚甲基蓝溶液为目标污染物，采用砂芯漏斗抽滤装置测试木皮催化膜的通量和截留率，评估其过滤性能。

3. 结果与讨论

1）Pd/PDA/木皮的形貌和结构表征分析

首先采用 SEM 对 Pd/PDA/木皮进行形貌表征，结果如图 2-119 所示，图 2-119a～f 为 Pd/PDA/木皮的膜面与横截面分析，图 2-119g 为其结构示意图，图 2-119h 为 Pd/PDA/木皮膜面与横截面的 EDS 能谱分析。可以看出，Pd/PDA/木皮膜面存在大量大小两种尺寸的管口，这些管口为杨木导管和纤维细胞的切口。除此之外，还能清晰观察到导管上的纹孔。从放大的 SEM 照片中还可以看到杨木细胞壁表面负载有大量的纳米颗粒，SEM 的能谱结果表明，这些纳米颗粒含 Pd 元素。

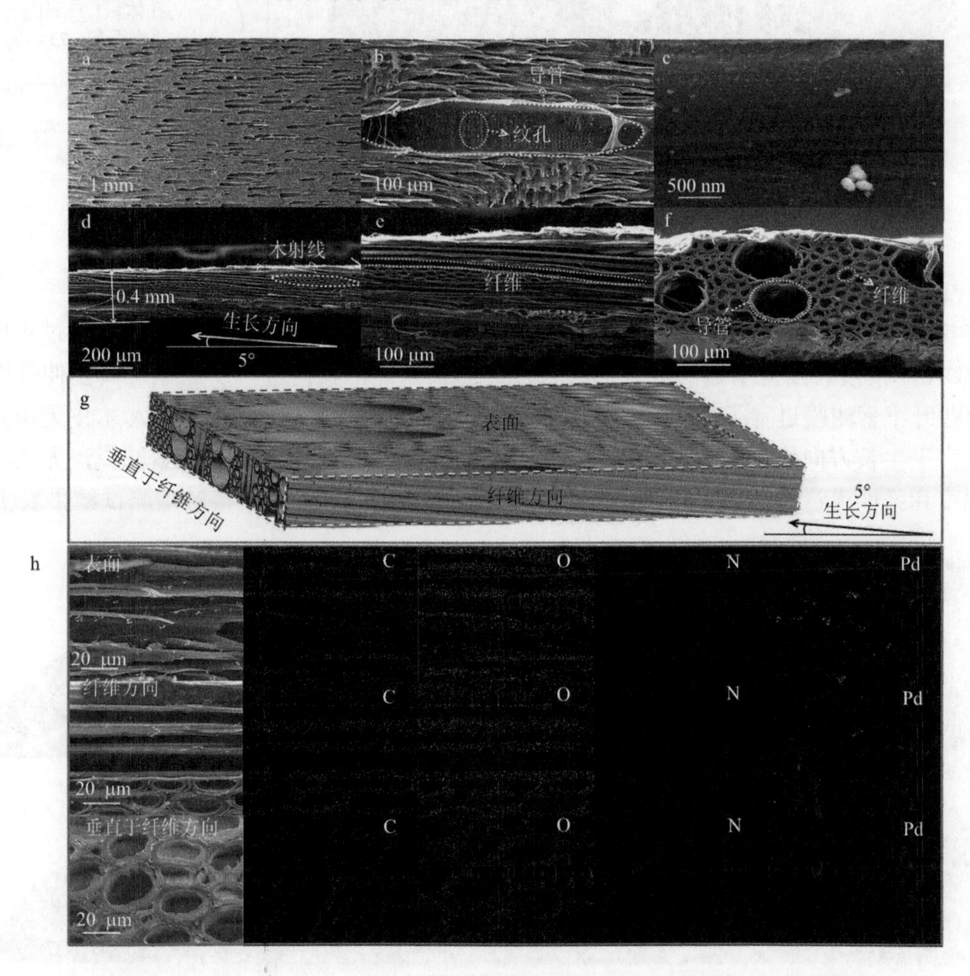

图 2-119　Pd/PDA/木皮膜面的 EDS 能谱分析、微观结构表征及其示意图

a～c 为 Pd/PDA/木皮膜面的 SEM 照片，d～f 为 Pd/PDA/木皮横截面的 SEM 照片，g 为 Pd/PDA/木皮膜面结构示意图，h 为 Pd/PDA/木皮膜面与横截面的 EDS 能谱分析

为进一步分析 Pd/PDA/木皮的结构和组成，采用 TEM 对其进行观察分析，结果如图 2-120 所示。可以很清晰地观察到细胞壁的表面分布有大量纳米颗粒，这些颗粒为 Pd 金属纳米粒子，粒径在 15 nm 左右。图 2-120e 为 XRD 分析，分析结果不仅说明了存在木材纤维素特征峰，还进一步验证了 Pd 金属纳米粒子的存在（Chen et al.，2018；Liu et al.，2019）。图 2-120f 中压汞测试分析结果说明了 Pd/PDA/木皮大的孔道主要集中于 20～80 μm，这与 SEM 观察到的导管和纤维尺寸相符。

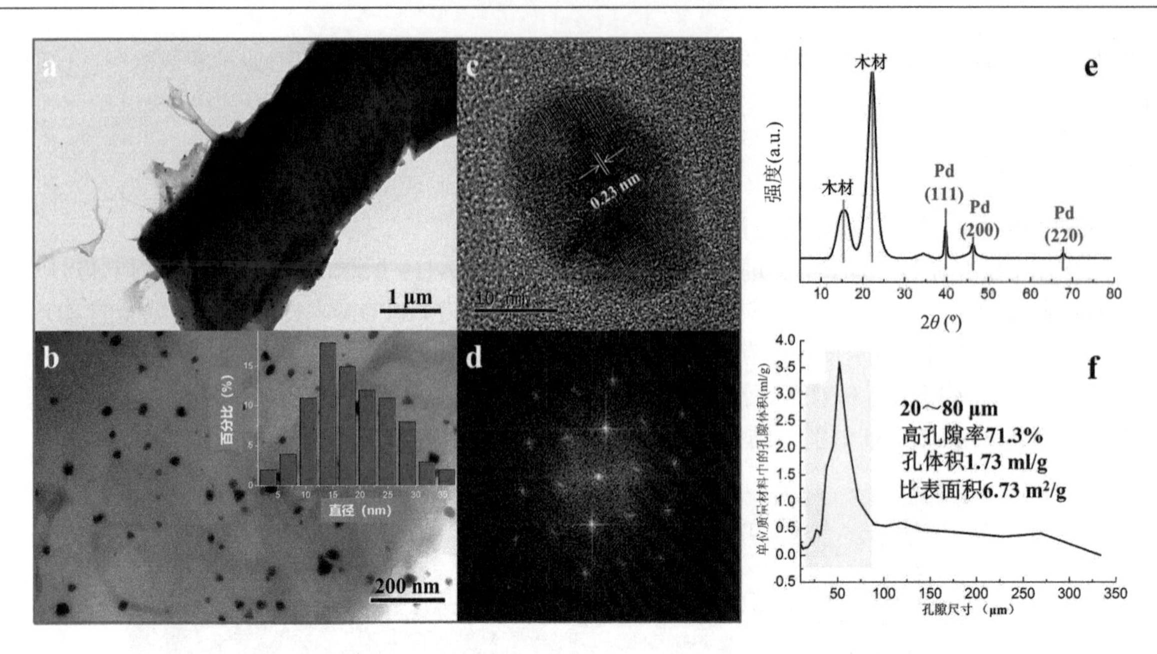

图 2-120　Pd/PDA/木皮的 TEM 分析（a～d）、XRD 分析（e）及压汞测试结果（f）

2）Pd/PDA/木皮的强度与亲疏水性能分析

对 Pd/PDA/木皮进行了弯折试验，分析其柔韧性。如图 2-121a 所示，可以看出，经过正向和反向弯折后，Pd/PDA/木皮没有发生明显的破裂，具有较好的柔韧性。我们进一步测试了其拉伸强度和弹性模量，并与商业纤维素滤膜进行了对比分析，结果如图 2-121c 所示。制备的 Pd/PDA/木皮无论是沿着生长方向还是垂直于生长方向均具有较高的拉伸强度和弹性模量，均高于商业纤维素滤膜，尤其是沿着生长方向拉伸强度和弹性模量可分别达到 28.83 MPa 和 6428 MPa（干态下）。接触角测试结果表明，木皮经

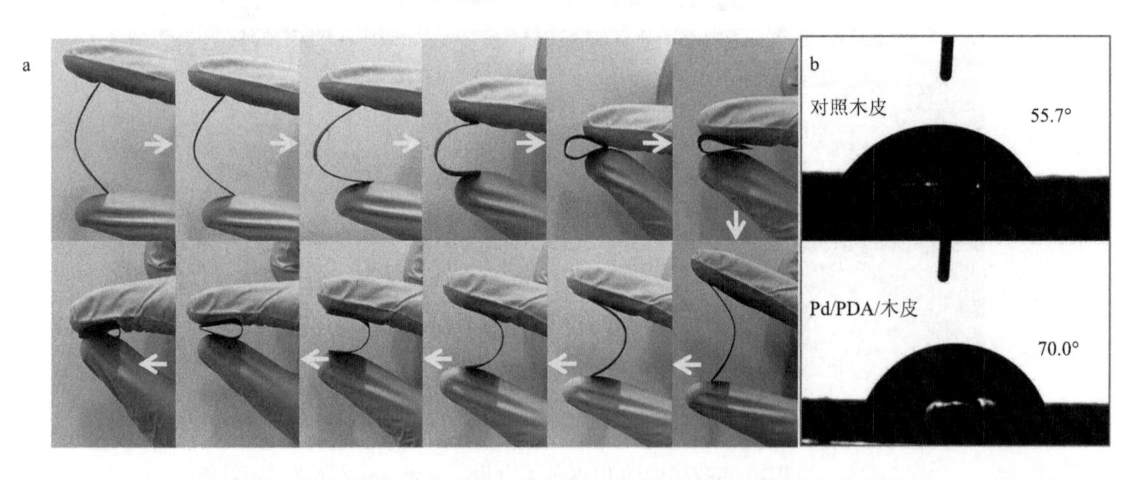

c

性能指标	Pd/PDA/木皮(干)	Pd/PDA/木皮(湿)	商业纤维素膜(干)	商业纤维素膜(湿)
拉伸强度(纤维方向)(MPa)	28.83	25.84	1.91	1.68
拉伸强度(垂直纤维方向)(MPa)	3.16	2.28	1.91	1.68
弹性模量(纤维方向)(MPa)	6428	5194	277	130
弹性模量(垂直纤维方向)(MPa)	1102	579	277	130

图 2-121　木皮力学性能与亲水性分析

a. Pd/PDA/木皮的弯折试验照片，箭头表示弯折方向与形变过程；b. 对照木皮和 Pd/PDA/木皮的接触角；c. Pd/PDA/木皮和商业纤维素滤膜在湿态和干态下的拉伸强度和弹性模量

过多巴胺和金属 Pd 纳米颗粒修饰后，接触角为 70.0°，相比于未经修饰木皮有所提高，但仍然保持较好的亲水性，而亲水性则有利于过滤过程中微通道内水分的快速传输。

3）Pd/PDA/木皮的膜过滤性能分析与模拟

通过在木材细胞壁面修饰多巴胺仿生涂层增加木材高活性基团（Wang et al.，2017a），进而负载 Pd 催化剂活性组分，研究木皮特殊的膜结构与膜内流体传输方向对有机染料废水的降解性能。木皮修饰前后的照片与膜过滤过程如图 2-122a 所示，可以很明显地看出经过多巴胺和 Pd 纳米粒子修饰后，木皮颜色由黄色变为黑色，而且在膜过滤过程中产生了大量的气泡，这些气泡来自 Pd 催化硼氢化钾释放的还原剂氢气，通过还原作用对亚甲基蓝染料进行脱色反应。如图 2-122b 和图 2-122c 所示，Pd/PDA/木皮同时具有较高的膜过滤通量和截留率，可实现亚甲基蓝溶液的高效脱除。木皮内部流体示意图如图 2-122d 所示，形成典型的“S”型蜿蜒反应和传输通道，该反应路径有利于催化剂活性组分与反应物的高效接触，最终能够在较薄的厚度条件下完成亚甲基蓝染料分子的完全降解，大大减少了木材的使用厚度，也为其他高效反应器的设计提供了很好的参考。

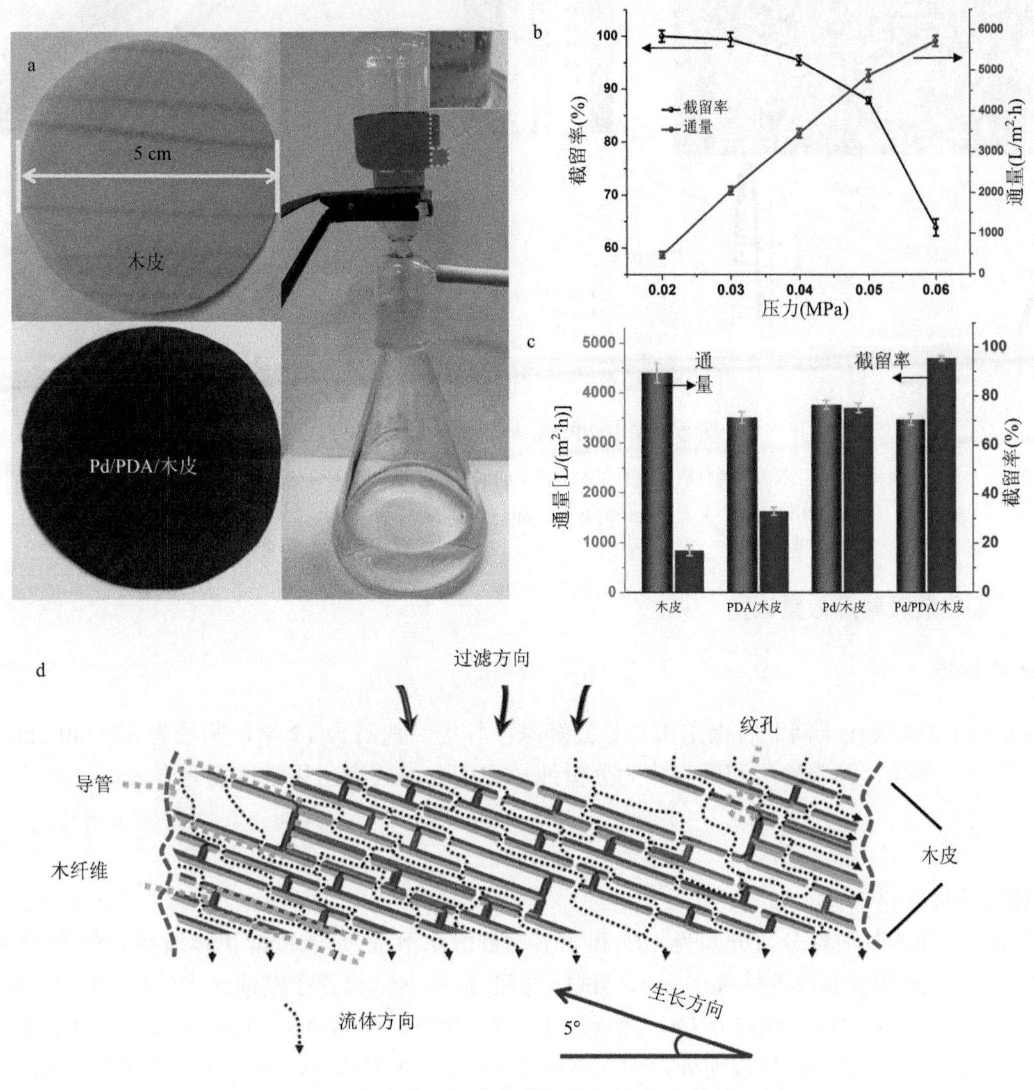

图 2-122　修饰前后杨木皮的图片及其膜过滤过程分析

a 为木皮修饰前后的照片与膜过滤过程，b 和 c 为不同压力和不同样品下膜过滤过程的通量和截留率，d 为流体在木皮内部通道流通的示意图为了进一步说明流体在木皮通道内的传输与反应规律，借助 Fluent 仿真模拟对通道内的有机染料降解反应进行模拟，结果如图 2-123 所示。由图 2-123c 和图 2-123d 可以看出，管胞尺寸越小，反应越充分，此外管胞与膜面形成的夹角越小，催化降解反应越完全。而所使用的木皮其纤维方向与膜面形成的夹角只有约 5°，使得膜内部构成了蜿蜒层叠的错流过滤与反应通道，显著提高了反应物与催化剂的接触效率，相比于其他研究结果（Chen et al.，2017；Liu et al.，2019），可以在减小木材使用厚度下增强化学反应效率。

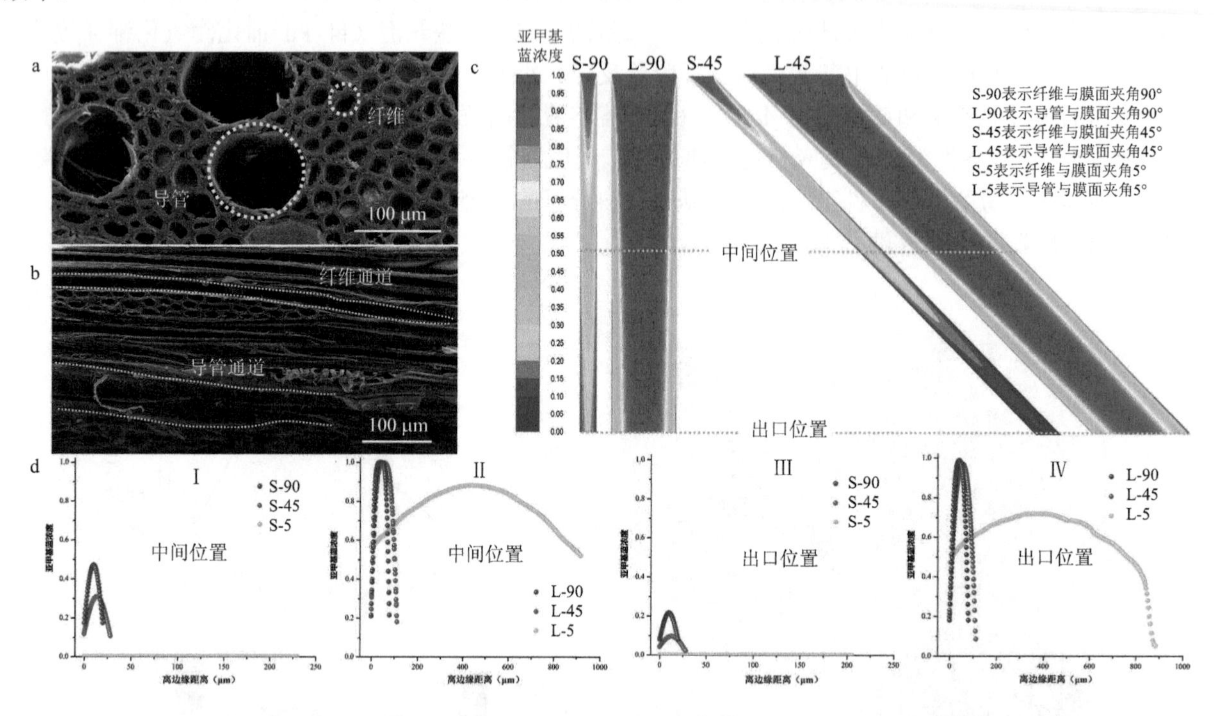

图 2-123 Pd/PDA/木皮的仿真模拟分析

a 和 b 为 Pd/PDA/木皮在垂直和平行于生长方向两种横截面的 SEM 照片，c 为模拟不同角度和尺寸管胞内的反应过程，d 为中间位置和出口位置的反应物浓度分析。S 表示 small，L 表示 large，S、L 分别表示小、大两种尺寸通道

（五）细胞壁吸着点数量调控

1. 试验材料

速生意杨 I-214 采伐于河北省保定市易县的孙家庄林场，树龄为 12 年，胸径为 35～40 cm，取胸高以上边材部分。糠醇、马来酸酐和硼砂均为分析纯，均购自国药集团化学试剂有限公司。

2. 试验方法

1）糠醇改性木材

利用糠醇单体配制质量分数分别为 10%和 40%的糠醇水溶液，加入糠醇单体质量 6.5%的马来酸酐及糠醇单体质量 4%的硼砂制成改性剂用于木材试样处理；将杨木试材置于浸渍罐中（SBK-450B instrument，日本），抽真空到–0.10 MPa，保持 0.5 h，随后加压至 0.8 MPa，保持 3 h。取出试材，擦净处理材表面溶液，并用铝箔密封静置 24 h；将浸渍处理的木材置于 103℃烘箱中加热 3 h，使木材内糠醇单体固化。随后拆除试材外包裹的铝箔，并将其气干 5 d；然后在 40℃条件下保持 12 h；温度 60℃保持 12 h；温度 103℃保持 24 h，使试材绝干。

2）改性材吸湿性分析

木材吸湿特性通过平衡含水率（EMC）体现。采用动态水蒸气吸附仪（DVS Intrinsic，英国）测定

木材等温吸湿曲线。为了消除木材内糠醇树脂增重带来的计算误差，改性材 EMC 采用 EMC_R 表示，其计算公式为

$$EMC_R = EMC \times (100\% + WPG) \tag{2-163}$$

式中，WPG 为增重率。

为了进一步验证糠醇树脂对木材吸湿性的影响，采用 Hailwood-Horrobin（H-H）模型分析吸湿曲线。H-H 模型详细理论和计算过程见参考文献所述（Hill et al.，2009；Xie et al.，2010）。

3）纤维饱和点分析

木材纤维饱和点采用 NMR 冻融法测定。制备直径约为 6 mm 的圆柱形试样，通过真空加压浸渍方式将制备的试样饱水处理，称量其质量并置于 10 mm 核磁管中。设置核磁共振分析仪（Niumag MicroMR-10，中国）测试模式为 Carr-Purcell- Meiboom-Gill 衰减曲线，其中回波数 15 000 个，连续两次扫描回波时间为 0.15 ms，扫描次数 16 次。冷冻温度分别为–3℃和 20℃。纤维饱和点（FSP）计算公式为

$$FSP = \frac{S_{-3}}{S_{20}} \times M \tag{2-164}$$

式中，M 为饱水状态时含水率（%）；S_{-3} 为温度–3℃时细胞壁结合水峰面积；S_{20} 为温度 20℃时细胞壁结合水和细胞腔自由水的总峰面积。

3. 结果与讨论

糠醇树脂改性木材的有效羟基数量是决定其水分吸着能力的重要因素之一，而改性材吸湿特性是其水分吸着位点数量最直接的体现，因此，通过对改性材吸湿特性的分析可间接明确改性过程对木材有效水分吸着位点的影响规律。

1）糠醇改性木材吸湿位点

纤维饱和点是表征木材吸湿特性的重要参数之一。采用 H-H 模型推算 100% RH 时的平衡含水率，计为木材纤维饱和点，同时采用核磁冻融法测定改性材的纤维饱和点，结果如图 2-124 所示。

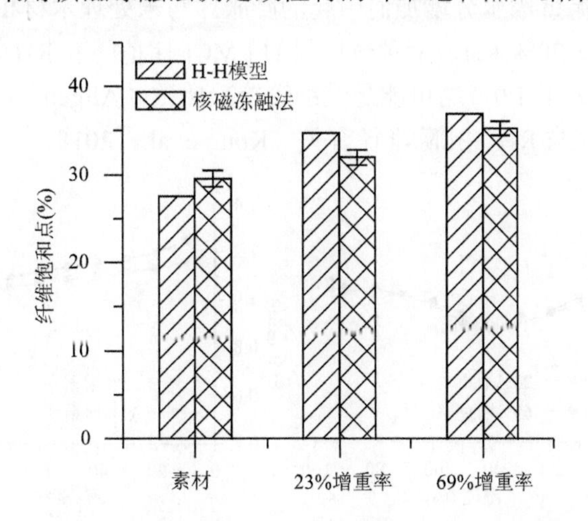

图 2-124　H-H 模型和核磁冻融法测得的素材、23%增重率和 69%增重率改性材的纤维饱和点

两种方法测得 23%增重率（WPG）改性材和 69%WPG 改性材的纤维饱和点均高于素材（Shen et al.，2021a）。Thygesen 等（2010）也发现 99.0%～99.9% RH 时改性材的 EMC_R 高于素材，这与改性对木材多级孔隙结构改变相关（Hill，2008；Altgen et al.，2016；Shen et al.，2021b）。

2）改性木材吸湿性

为了排除改性体系质量增加对平衡含水率测试的影响，改性材平衡含水率采用 EMC_R 值表示。图 2-125 为 23%WPG 糠醇单体改性材及 69%WPG 糠醇单体改性材的 EMC 与 RH 关系曲线，不同 WPG

改性材的 EMC_R 如图 2-125d 所示，数据表明，糠醇改性对木材 EMC_R 影响较小。

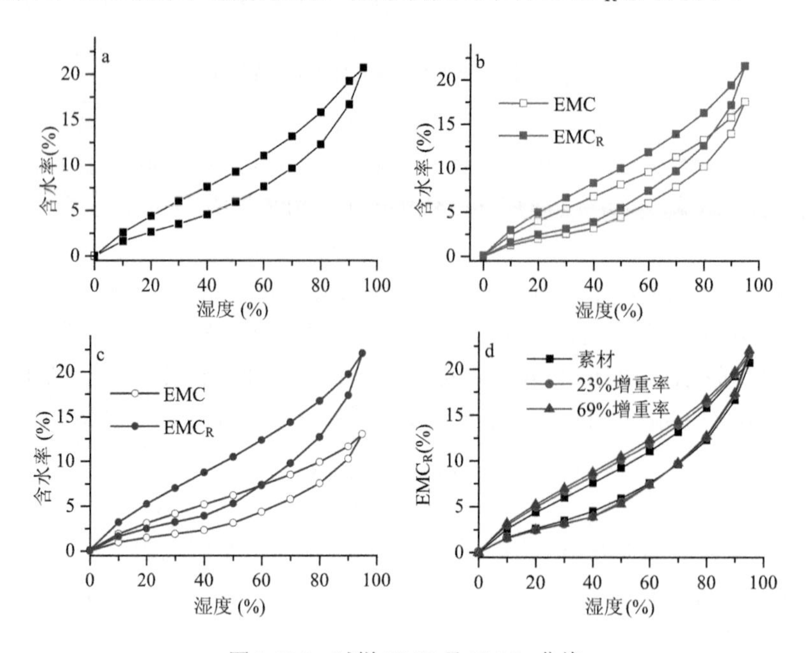

图 2-125　试样 EMC 及 EMC_R 曲线

a. 素材；b. 23%增重率改性材；c. 69%增重率改性材；d. EMC_R 曲线对比

图 2-126a 为不同 WPG 糠醇改性木材吸湿过程 EMC_R 比值。10%～70%RH 下，两种改性材 EMC_R 比值均小于 1.0，表明改性材 EMC_R 低于素材。10%～40%RH 下，EMC_R 比值随着 RH 增加而降低。由于木材具有可及羟基，可吸附周围环境中水分子。当周围环境水分含量增加时，木材细胞壁因吸附环境中水分子而发生膨胀，从而产生新的吸湿位点（Malmquist and Söderström，1996）。改性剂交联反应提高了细胞壁弹性模量，减少了细胞壁因水分增加而引起的膨胀。与未处理木材相比，改性材的细胞壁膨胀随着 RH 增加而降低。在 40%～70% RH，两种改性材的 EMC_R 比值随着 RH 增加而增加。70%～95% RH 两种改性材的 EMC_R 比值均大于 1.0，这可能是毛细管冷凝所致（Altgen et al.，2016；Hill，2008）。当 RH 大于 75%时，毛细管冷凝与 RH、孔隙半径有关（Kong et al.，2018）。

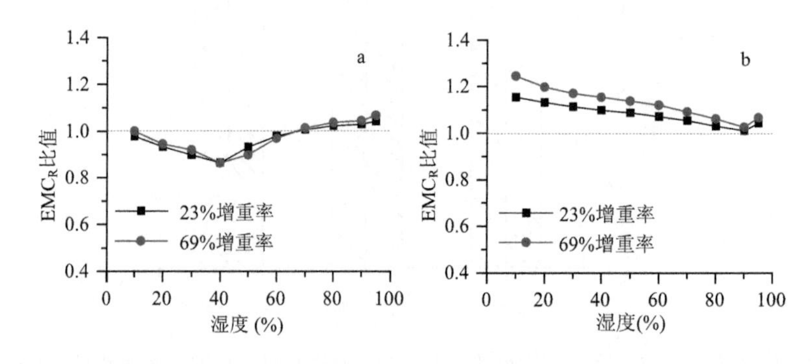

图 2-126　23%和 69%增重率改性材的 EMC_R 比值

a. 吸湿过程；b. 解吸过程

不同 WPG 糠醇树脂改性木材解吸过程 EMC_R 比值如图 2-126b 所示。解吸过程 EMC_R 比值随着 RH 降低而增加，这是因为改性剂交联反应提高了细胞壁弹性模量，进而减少了细胞壁聚合物的位移自由度（Hosseinpourpia et al.，2016）。吸湿过程中，69%WPG 改性材吸湿曲线和 EMC_R 比值与 23%WPG 改性材无显著差异（图 2-125d，图 2-126a）；解吸过程中，69%WPG 改性材 EMC_R 和 EMC_R 比值略高于相应 23%WPG 改性材（图 2-125d 和图 2-126b）。

素材、23%WPG 和 69%WPG 糠醇改性木材的吸湿滞后如图 2-127 所示。杨树素材最大吸湿值在 70%RH 处，而两种 WPG 改性材偏移到 50% RH。改性材湿度偏移可能是因为改性剂与木材发生了交联反应。在 10%～80%RH 两种改性材的吸湿滞后均大于素材，可能是交联反应和改性材细胞壁弹性模量增加所致。处于玻璃态的细胞壁聚合物的灵活性显著影响吸湿滞后（Hill et al., 2012），交联反应和细胞壁弹性模量提高会降低改性材细胞壁聚合物的灵活性，从而减少细胞壁吸湿过程润胀，进而减少新吸湿位点的数量。细胞壁聚合物在解吸过程中发生收缩时，由于细胞壁聚合物移动性降低，部分聚合物吸湿位点“关闭”的时间滞后增加。

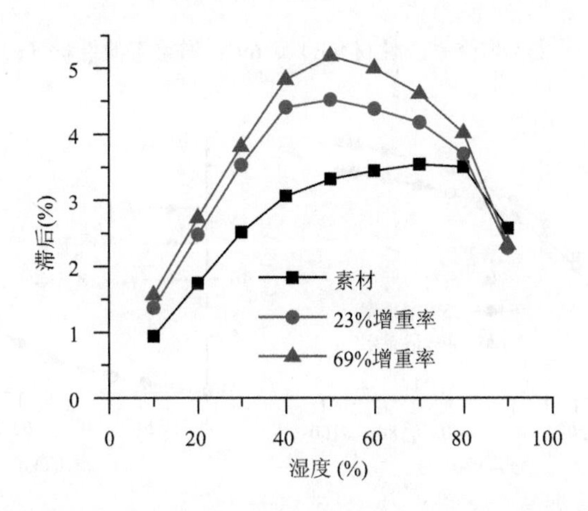

图 2-127　素材、23%增重率改性材和 69%增重率改性材的吸湿滞后

为了进一步分析糠醇改性木材的吸湿特性，采用 H-H 模型模拟分析吸湿曲线（Shen et al.，2021a）。素材、23%WPG 糠醇树脂改性木材和 69%WPG 糠醇树脂改性木材拟合的参数见表 2-23。可见，该模型可良好地拟合吸湿曲线（R^2 大于 0.9）。23%WPG 改性材和 69%WPG 改性材的 W 值均高于素材，表明糠醇树脂改性封闭了部分羟基，使得改性材的有效吸湿位点减少。

表 2-23　H-H 模型得到的素材、23%WPG 改性材和 69%WPG 改性材的拟合参数

木材类型	R^2	A	B	C	W
素材	0.9660	5.1493	0.1508	0.0017	429.5097
23% WPG 改性材	0.9035	5.4208	0.2009	0.0023	491.9160
69% WPG 改性材	0.9131	5.0194	0.1919	0.0022	509.1281

素材、23%WPG 和 69%WPG 改性材的单分子层含水率拟合曲线（M_h）、多分子层含水率拟合曲线（M_s）和总含水率拟合曲线（M）如图 2-128 所示。可以看出，23% WPG 和 69% WPG 改性材的 M_h、M_s 曲线形状均与素材类似。所有试样的 M_h 和 M_s 曲线均表现为：RH 小于 20%时，M_h 曲线显著增加；RH 大于 20%时，M_h 曲线缓慢增加。RH 小于 60%时，M_s 曲线缓慢增加；RH 大于 60%时，M_s 曲线显著增加。RH 小于 44%时，吸湿过程主要以 M_h 为主；RH 大于 44%时，吸湿过程主要以 M_s 为主。

任一 RH 下，23%WPG 改性材和 69%WPG 改性材的 M_h 均低于素材（图 2-129a），这与 W 值相一致，说明糠醇树脂改性确实减少了木材吸湿位点数量。RH 小于 80%时，两种 WPG 改性材 M_s 均与素材无显著差异；RH 大于 80%时，两种改性材 M_s 均大于素材（图 2-129b），这可能是毛细管冷凝所致（Thygesen et al.，2010）。69%WPG 改性材的 M_h 和 M_s 曲线与 23%WPG 改性材无显著差异。

H-H 模型分析吸湿曲线的结果表明，低 RH 下，两种糠醇树脂改性木材 EMC_R 均低于对照材，这主要是由于糠醇树脂改性降低了木材吸湿位点；RH 范围为 80%～95%时，两种糠醇树脂改性木材 EMC_R 均高于对照材，这是糠醇树脂改性降低吸湿位点与毛细管冷凝共同作用的结果。

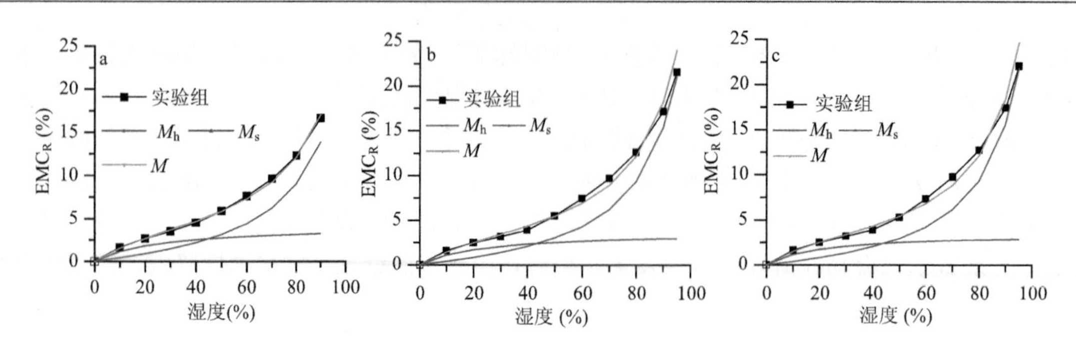

图 2-128　素材（a）、23%增重率改性材（b）、69% 增重率改性材（c）M_h、M_s和 M 曲线

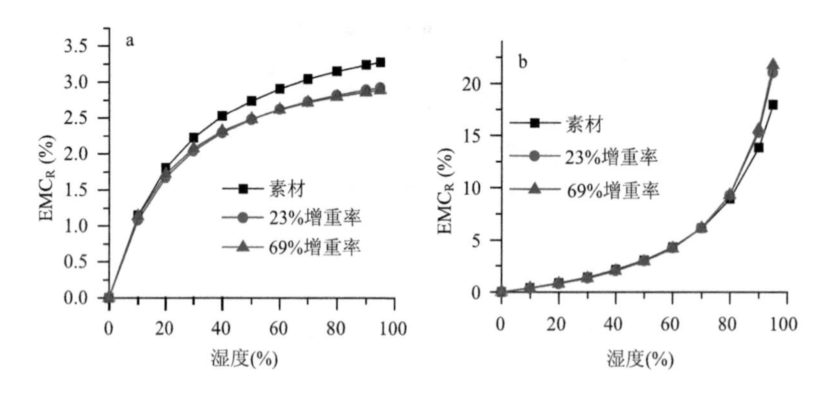

图 2-129　素材、23%增重率和 69%增重率改性材的水分吸附

a. 单分子层含水率；b. 多分子层含水率

四、本 节 小 结

本研究探明了遗传改良调控（转 *C3H* 基因和 *HCT* 基因）杨木细胞壁的微观构造和化学组分变化规律，明确了 *C3H* 基因和 *HCT* 基因的下调是木质素含量显著降低、纤维素结晶度和胞壁率显著增加的关键，是杨木木纤维次生壁纵向弹性模量升高、次生壁纵向硬度减小的内在原因。进一步明确了 *C3H* 基因和 *HCT* 基因的下调引起了与 G 单体相连的 β-*O*-4 相对量减少，转 *C3H* 基因杨木 S 单体和 H 单体含量增加、G 单体含量降低、*S*/*G* 值增加，而转 *HCT* 基因杨木 S 单体含量降低、G 单体含量增加、*S*/*G* 值减小。

揭示了高温热处理引起木材半纤维素降解、纤维素结晶度升高与木质素交联，吸着基团减少与孔隙结构改变是引起吸湿和吸水性能减弱的主要原因；阐明了木材细胞壁发生葡甘露聚糖骨架以及木聚糖侧链降解、纤维素结晶区变化、木质素交联结构部分解聚及形成新型交联结构等吸湿位点减少的改变是湿热与压缩处理后木材尺寸稳定性提升的关键。

通过木材细胞壁骨架结构调控新方法，实现了木材从“蜂窝状”结构向“波浪形”层状结构的转变，用气相沉积法在木材海绵纤维素骨架表面沉积聚硅氧烷涂层，赋予材料良好的疏水性能，开发了一种新型的木材海绵吸附材料，其吸油性能良好，最大吸油量可达自身重量的 41 倍，并且可通过挤压排油的方法回收吸附的油，经过多次挤压吸油量基本保持不变；利用木材细胞壁主成分木质素调控新方法，对直径为 2～5 mm 的杨木木材细胞壁的化学成分与物理结构进行调控，并浸渍折射率匹配的树脂，制备出透光率高达 68%，尺寸为 300 mm×300 mm×10 mm 的透明纤维木材；对杉木细胞壁进行孔结构调控和化学组分调控制备出微反应器，可用于有机染料废水的降解处理；基于杨木木材内部天然互通的毛细管阵列结构，进行功能化无机纳米粒子的修饰与负载，设计出具有柔性和高机械强度的 Pd/PDA/木皮高效催化分离膜；糠醇改性可通过封闭木材细胞壁可及羟基及改变木材孔隙结构，实现木材细胞壁水分吸着位点的调控。

第三章　速生人工林木材品质性状的遗传基础

速生人工林经营模式是现有林地资源在集约化栽培措施下发挥其经济、社会和生态效益的模范经营方式，是实现森林提质增效工程的首选应用模式。我国人工林木材品质较差、变异性大，给木材后续加工带来了诸多问题。基于木材的品质与其遗传基础之间存在的深层次联系，自然会考虑从遗传改良角度提高木材质量。但是由于我国人工林树种及其品系繁多，木材品质指标类型多样，而且树木生长周期长、基因型杂合度高。以往遗传基础研究局限于模式植物基因的同源克隆与跟踪研究，缺乏对木本植物特有基因的挖掘和对生长发育的特异调控机制的解析。随着基因编辑、全基因组关联分析等高新生物技术的快速发展，长久阻碍树木发育与遗传选育研究发展的瓶颈被迅速突破。围绕"速生人工林木材品质性状的遗传改良"项目的科学问题，本章通过对人工林杨树、杉木和楸树品质性状的测定分析，揭示了性状的径向变异规律，界定出杨树木材幼-成转变期为 8～9 年，杉木为 14～16 年，楸树为 7～8 年，优选出了杨树纸浆材、杉木结构材和楸树家居用材的优良品种，并基于材性指标的方差分析结果和遗传参数，确立了遗传改良的备选材性指标。采用受激拉曼散射显微镜揭示了杨树木质部细胞壁主要成分的动态沉积规律，发现了 107 杨细胞壁木质素沉积量高于中林 46 杨。通过建立的杨树派间杂交群体高密度遗传连锁图谱，阐明了叶形、生理及 1 年生苗期材性等重要经济性状的遗传机制，发现了 *ARGOS* 基因的过表达降低了茎中木质素含量。基于杉木基因组重测序数据开发了分子标记，明确了杉木无性系育种群体的遗传结构，并克隆获得了杉木木质素生物合成负调控因子 *NAC1* 基因。通过构建楸树高密度遗传图谱，发现了灰楸 *C3H* 基因内调控木材基本密度和木材管孔率的单核苷酸多态性（SNP）位点。为了快速测定和检索木材品质性状指标，建立了杨树木材化学组成的预测模型，杨树、杉木和楸树木材主要物理力学性能的预测模型，研发出木材显微构造快速分析的新方法，建立了木材品质性状检索数据库。上述研究成果为高品质人工林选育和培育以及后续合理利用提供了理论基础，为高通量材性分析提供了技术支撑，为木材材质相关遗传信息系统分析和分子设计育种提供了科学依据。

第一节　木材品质性状的遗传变异规律及品系选优

本节从解剖特征（纤维/管胞形态、导管形态和频率、微纤丝角）、化学组成（苯醇抽提物含量及纤维素、半纤维素和木质素三大素含量）、物理性质（密度、干缩性、颜色）和力学性质（抗弯强度、抗弯弹性模量、顺纹抗压强度、硬度）等方面分别系统揭示了我国主要速生人工林杨树、杉木和楸树木材品质性状的遗传变异规律，并遴选出较优品系的杨树、杉木和楸树无性系。

一、杨树不同无性系木材品质性状遗传变异规律及品系选优

（一）杨木解剖特征变异规律

1. 试验材料

实验材料选自两个试验地，河南焦作林场和辽宁绥中林场，焦作林场选择发育良好的 50 号杨（*Populus deltoides* '55/65'）、中林 46 杨（*Populus* ×*euramericana* 'Zhonglin46'）、108 杨（*Populus*×*euramericana* 'Guariento'）、N179 杨（*Populus nigra* 'N179'）、桑巨杨（*Populus*×*euramericana* 'Sangju'）、南杨（*Populus deltoids* 'Nanyang'）、36 号杨（*Populus deltoids* '2KEN8'）、丹红杨（*Populus deltoids*

'Danhong'），8 个无性系杨树；辽宁绥中林场选取中辽 1 号杨（*Populus* × *canadensis*　'zhongliao 1'）、渤丰 1 号杨（*Populus* × *euramericana* 'Bofeng 1'），两个无性系杨树，总共 10 个无性系杨树。每个无性系选取 5 株杨树，记录树高、胸径，在 1.35 m 处截取圆盘，取样树木详细信息如表 3-1 所示，胸径最大为 108 杨，均值为 22.76 cm，树高最大为丹红杨，均值为 19.8 m。

表 3-1　杨树无性系基本情况

无性系编号	采集地	树龄	树高（m）	胸径（cm）
50 号杨	焦作	10	13.5～19.5	14.6～22.6
中林 46 杨	焦作	10	17.1～18.6	20.0～24.0
108 杨	焦作	10	16.7～20.0	21.8～25.0
桑巨杨	焦作	10	17.5～19.4	20.8～22.0
南杨	焦作	10	14.8～18.9	19.6～21.7
N179 杨	焦作	10	17.1～18.7	18.1～24.3
丹红杨	焦作	9	19.4～20.2	19.3～22.3
36 号杨	焦作	9	15.3～18.1	15.1～19.1
渤丰 1 号杨	绥中	8	23.3～26.4	16.4～19.6
中辽 1 号杨	绥中	8	21.4～24.2	18.7～20.4

河南焦作（北纬 35°10′～35°21′，东经 113°4′～113°26′）属温带季风气候，日照充足，冬冷夏热、春暖秋凉，四季分明，年平均气温 13.8℃，年平均降水量 650 mm，无霜期约 200 d，日照时数 2200～2400 h。辽宁绥中（北纬 39°59′～40°37′，东经 119°34′～120°3l′）属温带半湿润大陆性季风气候，四季分明，水热同期，降水集中，日照充足，季风明显。年平均气温 9.8℃，年平均降水量 652.5 mm，年均日照时数 2544.2 h，日照百分率 57%，平均无霜期 176 d。

将采集好的原木运回木工厂，如图 3-1 所示，从基部向上截取 7 cm 圆盘，刨光，测量年轮宽度，随后沿髓心向外用带锯机解锯成宽 1.5 cm 的小木条，取北向一侧小木条，然后根据不同的年轮将木条切成 10 mm×10 mm×15 mm 的小木块，用于解剖性能的测量研究。

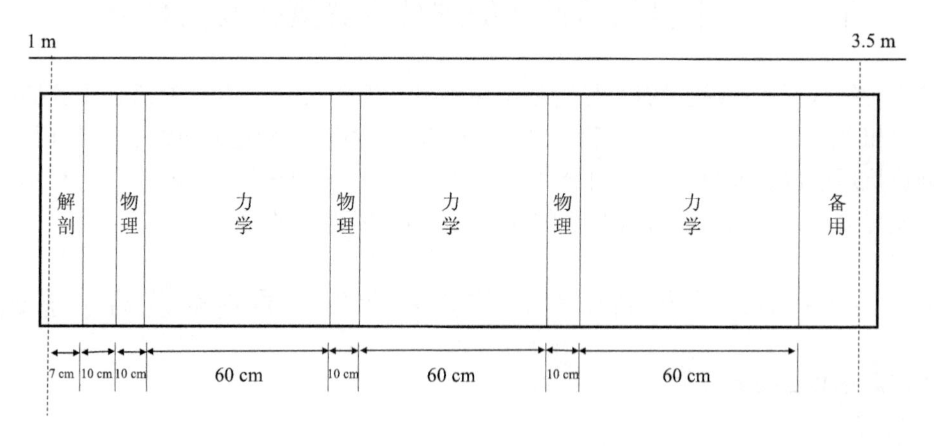

图 3-1　杨木木段锯解示意图

2. 试验方法

（1）纤维宽度、导管宽度、胞腔径及双壁厚的测量：沿木段南向沿髓心向外截取 1.5 cm 宽小木条，随后按照不同年轮依次制取 10 mm×10 mm×15 mm 的小木块，将准备好的小木块放入装水烧杯中浸泡软化，制取横切面的永久切片，将永久切片放置在显微镜下，用 Image J 软件对横切面随机选取 50 个完整的纤维细胞测量弦向纤维宽度、导管宽度、胞腔径及双壁厚。

（2）纤维和导管长度及宽度的测量：沿髓心向外按照不同的年轮依次选取火柴棒大小的小木条进行离析，在显微镜下观察测量纤维长度、导管长度、弦向和径向导管宽度，随机测量完整纤维 50 根、30 组导管，精确到 0.01 μm，记录保存数据。

（3）导管频率的测量：挑选完整横切面切片，用放大 20 倍物镜的 NIS-Elements D 5.10.00 成像系统测定，绘制 1 mm^2 的正方形网格，测量网格内的导管频率，每个年轮测量 10 组。

（4）微纤丝角的测量：微纤丝角的测量采用 X 射线衍射法，无性系杨树根据年轮位置的不同，依次选取不同年轮位置截取 30 mm×15 mm×1 mm 的薄片进行测量，采用 0.6 T 法求得微纤丝角。

3. 结果与讨论

1）纤维形态特征

A. 年轮宽度和纤维长度分析

图 3-2 为 10 个杨树无性系年轮宽度径向变异规律，其中 1 为 50 号杨，2 为中林 46 杨，3 为 108 杨，4 为 36 号杨，5 为 N179 杨，6 为丹红杨，7 为桑巨杨，8 为南杨，9 为渤丰 1 号杨，10 为中辽 1 号杨，后面的图与之相同。由图 3-2 可以看出，年轮宽度在 1～6 年总体呈现逐渐增加的趋势。在 6～10 年开始呈现逐渐减小的趋势。图 3-3 为 10 个杨树无性系纤维长度径向变异规律，在径向方向上纤维长度变异规律为髓周围最短，在未成熟材部分由于细胞生长分化旺盛，在 1～4 年左右，呈现快速增加的趋势，随后到第 5～6 年，即达到纤维长度的平均水平，7～10 年纤维长度变化幅度不明显，呈现缓慢增加的趋势，与唐爽等（2019）研究的黑桦木材纤维长度径向变异规律类似。

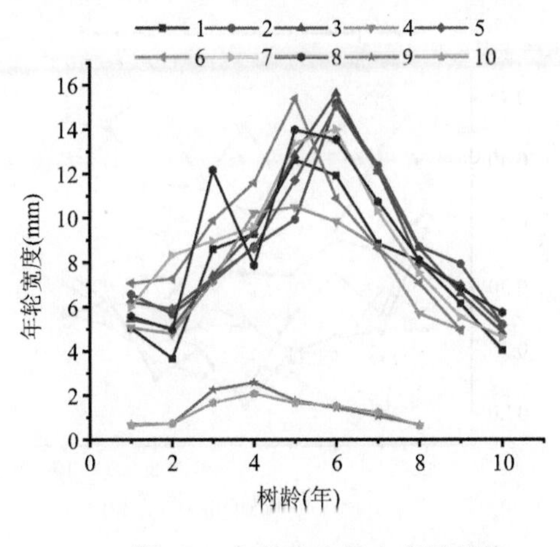

图 3-2　年轮宽度径向变异规律

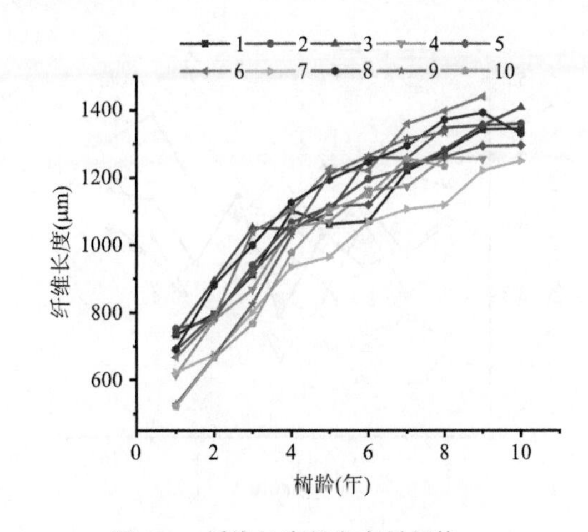

图 3-3　纤维长度径向变异规律

B. 纤维宽度分析

图 3-4 为 10 个杨树无性系弦向纤维宽度径向变异规律，可以看出，杨树无性系纤维宽度沿髓心向外与纤维长度类似呈现逐渐增加的趋势，只是增加幅度不如纤维长度。10 个杨树无性系弦向纤维宽度在 1～5 年逐渐增加，到第 6 年左右增加幅度降低，随后保持平稳或略有降低。可以观察到，当杨树生长到第 5～6 年时，弦向纤维宽度数值达到平均水平。

C. 胞腔径分析

图 3-5 为 10 个杨树无性系弦向胞腔径径向变异规律，可以看出，10 个杨树无性系胞腔径沿髓心向外呈现先增加后趋于稳定的趋势，108 杨和桑巨杨胞腔径值较低，1～4 年胞腔径随着年轮的增加呈现逐渐增加的趋势，生长到 5～6 年时胞腔径已达到树木生长的平均水平。本研究杨树无性系胞腔径径向变异规律与崔凯等（2012）所研究的翠柏木材胞腔径径向变异规律类似。

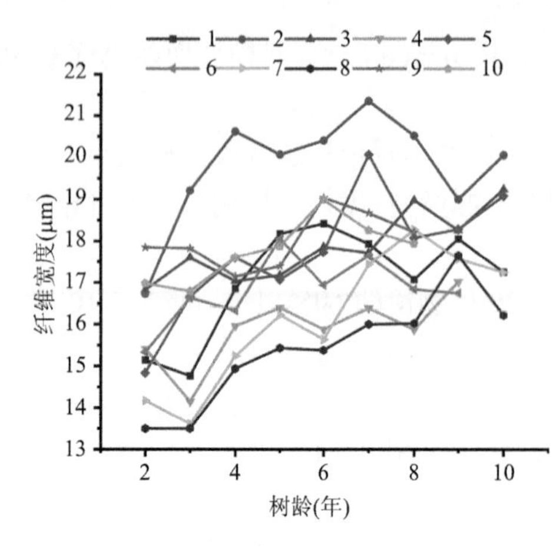

图 3-4　弦向纤维宽度径向变异规律

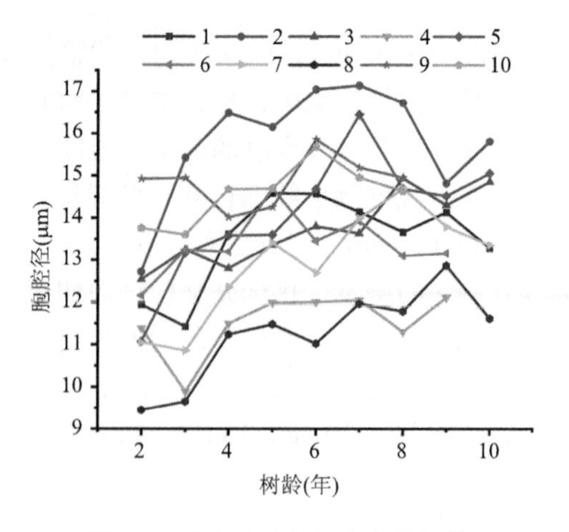

图 3-5　弦向胞腔径径向变异规律

D. 双壁厚分析

图 3-6 为 10 个杨树无性系弦向双壁厚径向变异规律，可以看出，在 1～4 年，10 个杨树无性系双壁厚变化趋势和胞腔径类似，双壁厚呈现增加的变化趋势，随着树龄的增加，6～8 年，双壁厚呈波动状态，保持稳定，在 8～10 年，双壁厚又呈现略微的增加。整体上看来，双壁厚变化趋势不显著。

E. 壁腔比分析

图 3-7 为 10 个杨树无性系弦向壁腔比的径向变异规律，可以看出，壁腔比数值之间相差不大，而且随着树龄的不断增加，壁腔比呈现先逐渐减小后逐渐增加的变化趋势，1～4 年壁腔比呈现逐渐减小的趋势，5～6 年壁腔比已达到平均水平。

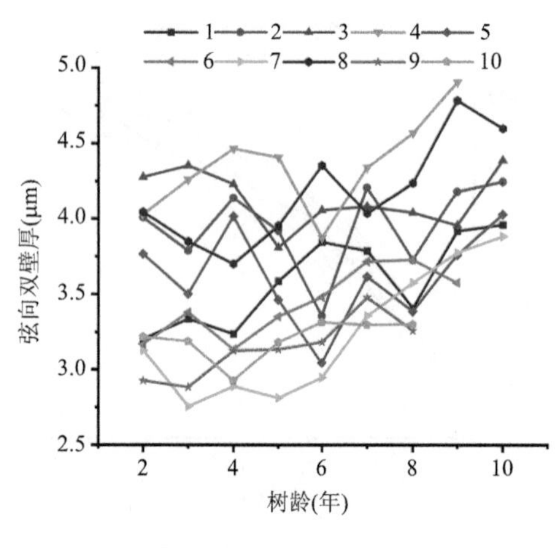

图 3-6　弦向双壁厚径向变异规律

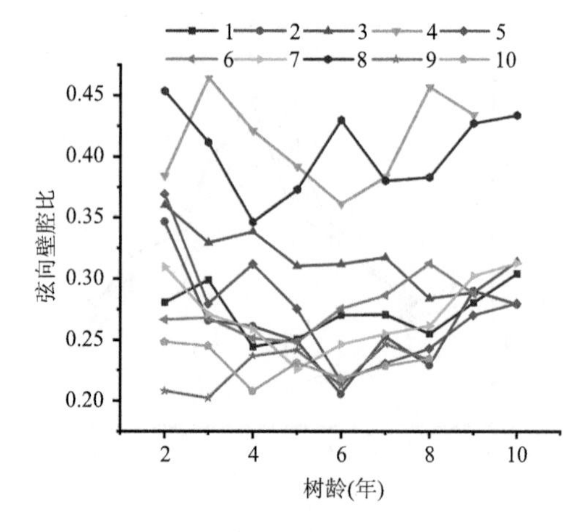

图 3-7　弦向壁腔比径向变异规律

2）导管形态特征

A. 导管长度和宽度分析

图 3-8 为 10 个杨树无性系导管长度径向变异规律，可以看出，10 个杨树无性系导管长度均呈现逐渐增加的趋势，随着树龄的不断增加，导管长度的增加趋势变缓。导管长度的径向变异规律和纤维长度类似。图 3-9 为 10 个杨树无性系导管宽度径向变异规律，可以明显看出，导管宽度在 1～5 年呈现逐渐增加的趋势，在 6 年左右达到最大值。总体上看来，10 个杨树无性系导管宽度呈现先增加后降低或趋于稳定的变化趋势。

B. 导管频率分析

图 3-10 为 10 个杨树无性系导管频率径向变异规律，可以明显看出，导管频率呈现先减小后增加的变化趋势，在 1～4 年，导管频率呈现逐渐降低的变化趋势，在 5～6 年达到最小值，随后 7～10 年，导

管频率呈现逐渐增加的变化趋势，和导管宽度的径向变异规律相反。

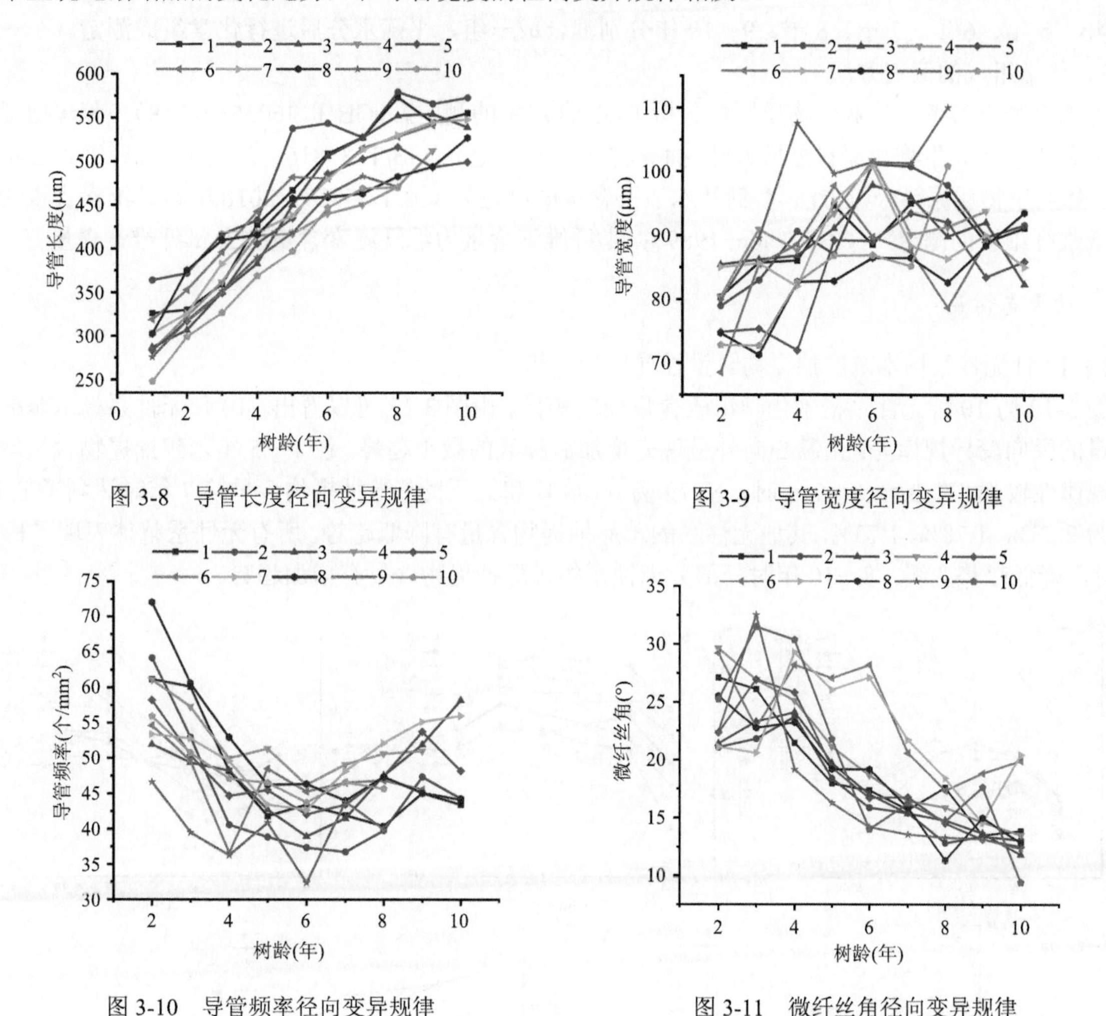

图 3-8 导管长度径向变异规律

图 3-9 导管宽度径向变异规律

图 3-10 导管频率径向变异规律

图 3-11 微纤丝角径向变异规律

3）微纤丝角

图 3-11 为 10 个杨树无性系微纤丝角径向变异规律，可以看出，10 个杨树无性系整体呈现沿髓心向外逐渐降低的变化趋势，在髓心部位微纤丝角值最大，随着树木的不断增长，微纤丝角值变低，渤丰 1 号杨、桑巨杨和中辽 1 号杨在 2～3 年或 2～4 年呈现逐渐增加的变化趋势，随后在 4～8 年呈现逐渐降低的变化趋势，其他无性系随着树龄的不断增加呈现不断减小的变化趋势。10 个杨树无性系在 8～10 年微纤丝角保持稳定。

（二）杨木化学组成变异规律

1. 试验材料

试验材料选择生长状况优良、干形通直、无病虫害的速生材杨木。焦作林场选择 50 号杨、中林 46 杨、108 杨、N179 杨、桑巨杨、南杨、36 号杨、丹红杨；辽宁绥中林场选取中辽 1 号杨、渤丰 1 号杨，共 10 种无性系人工林速生材杨木。

2. 试验方法

1）10 个杨树无性系试样的制取

10 个杨树无性系化学组成试样制备如下：原木风干处理后划分年轮，将各生长轮取出后切成火柴棒大小。九年生杨木将心材第 1～4 年、5 年、6 年、7 年、8～9 年分别混合成一组；十年生杨木将心材第 1～4 年、5 年、6 年、7 年、8 年、9～10 年分别混合成一组，平衡水分后进行化学组成测定。

2）化学组成的测定方法

含水率测定参考《林业生物质原料分析方法 含水率的测定》（GB/T 36055—2018）；苯醇抽提物含量测定参考《林业生物质原料分析方法 抽提物含量的测定》（GB/T 35816—2018）；综纤维素含量测定参考《林业生物质原料分析方法 多糖及木质素含量的测定》（GB/T 35818—2018）；α-纤维素含量测定参考《纸浆纤维素的测定》（GB/T 744—1989）；半纤维素含量为综纤维素含量减去 α-纤维素含量。

3. 结果与讨论

1）10 种无性系杨木苯醇抽提物含量径向变异分析

图 3-12 为 10 种无性系杨木化学组成含量径向变异。由图 3-12 可以看出，10 种无性系杨木苯醇抽提物含量的径向变异规律为：由髓心向外呈现先增加后降低的微小趋势。在 1～5 年苯醇抽提物含量增加较多，规律性较强，生长至 5～7 年时，N179 杨、108 杨和桑巨杨苯醇抽提物含量第 7 年时达到了最大值，依次为 2.23%、1.78%、1.73%，其他无性系的苯醇抽提物含量有降低趋势，所有无性系整体表现平稳，7～8 年时，降低趋势变缓，8～10 年时，部分无性系的苯醇抽提物含量有增加趋势。

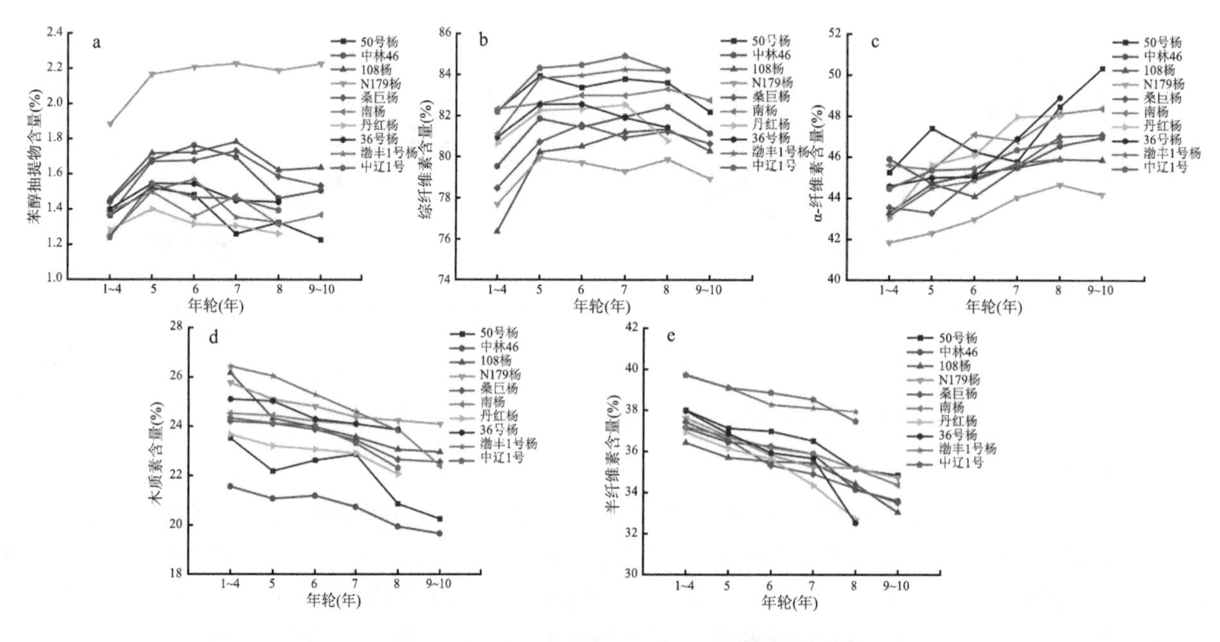

图 3-12　10 种无性系杨木化学组成含量径向变异

a. 苯醇抽提物；b. 综纤维素；c. α-纤维素；d. 木质素；e. 半纤维素

综纤维素含量径向变异规律为：由髓心向外先升高（1～5 年）后趋于稳定，8～10 年有降低趋势。在 1～5 年时，综纤维素含量增加较多，规律性较强，生长至 5～8 年时，综纤维素含量趋于稳定，其中 7～8 年时，丹红杨和 36 号杨综纤维素含量呈现明显降低趋势，较前一年均值分别减少 1.94%、1.40%，8～10 年时，十年生杨木综纤维素含量呈现降低趋势。

α-纤维素含量径向变异规律为：由髓心向外呈现逐渐增加趋势。生长到 8～10 年时，50 号杨 α-纤维素含量呈现大幅度增加趋势，9～10 年增加的幅度较第 8 年增加了 3.84%，而 N179 杨 α-纤维素含量呈现降低趋势，降低的幅度较第 8 年减少了 1.13%，其余无性系杨木 α-纤维素含量趋于稳定。

木质素含量径向变异规律为：由髓心向外呈现逐渐降低趋势。8～10 年时，南杨和 50 号杨的木质素含量降低幅度较大。

半纤维素含量径向变异规律为：由髓心向外呈现逐渐降低趋势。1～7 年时，各无性系半纤维素含量降低幅度大，规律性较强，在 7～8 年时，各无性系半纤维素含量降低速率变缓。

2）10 种无性系杨木化学组成含量变异分析及方差分析

表 3-2 为 10 种无性系杨木化学组成含量变异分析统计表。10 种无性系杨木化学组成含量的变异幅度较大，其中苯醇抽提物含量变异较大的三个无性系为渤丰 1 号杨、丹红杨、50 号杨，变异系数最小的是 N179 杨。综纤维素含量变异相对较大的三个无性系为 108 杨、南杨、丹红杨，变异系数最小的是中辽 1 号杨。半纤维素含量变异相对较大的三个无性系为 50 号杨、36 号杨、南杨，变异系数最小的是渤丰 1 号杨。α-纤维素含量变异相对较大的三个无性系为 50 号杨、36 号杨、丹红杨，变异系数最小的是中辽 1 号杨。木质素含量变异相对较大的三个无性系为 50 号杨、中林 46 杨、渤丰 1 号杨，变异系数最小的是桑巨杨。

表 3-2　10 种无性系杨木化学组成含量变异分析（%）

无性系	树龄（年）	苯醇抽提物	变异系数	综纤维素	变异系数	半纤维素	变异系数	α-纤维素	变异系数	木质素	变异系数
50 号杨	10	1.36±0.23	16.91	83.19±1.19	1.43	35.94±2.70	7.51	47.25±2.55	4.76	22.05±2.15	9.75
中林 46 杨	10	1.59±0.19	11.95	81.40±1.36	1.67	35.58±1.72	4.83	45.81±1.40	3.06	20.70±1.92	9.28
108 杨	10	1.66±0.21	12.65	79.98±1.99	2.49	35.09±1.36	3.88	44.89±1.33	2.96	24.01±1.79	7.46
桑巨杨	10	1.59±0.19	11.95	80.59±1.50	1.86	35.33±1.74	4.92	45.26±1.86	4.11	23.47±1.61	4.26
南阳	10	1.40±0.20	14.29	82.83±1.91	2.31	35.92±1.90	5.29	46.91±1.70	3.62	24.17±1.69	6.99
N179 杨	10	2.15±0.25	11.63	79.23±1.25	1.58	35.90±1.59	4.43	43.34±1.28	2.95	24.73±1.31	5.30
丹红杨	9	1.31±0.24	18.32	81.31±1.88	2.31	35.16±1.82	5.18	46.15±2.12	4.59	22.98±1.63	7.09
36 号杨	9	1.48±0.24	16.21	81.88±1.13	1.38	35.79±2.16	6.04	46.09±2.18	4.73	24.47±1.41	5.76
渤丰 1 号杨	9	1.40±0.26	18.57	83.47±1.50	1.80	38.64±1.18	3.05	44.82±1.47	3.28	25.25±2.23	8.44
中辽 1 号杨	9	1.42±0.23	16.19	84.42±1.16	1.37	38.74±1.28	3.30	45.68±1.16	2.54	23.62±1.41	5.97
均值		1.55	14.84	81.76	1.82	36.15	4.84	45.62	3.66	23.51	7.07

由表 3-3 的方差分析结果可以看出，不同无性系、生长轮对苯醇抽提物含量、木质素含量、α-纤维素含量、综纤维素含量和半纤维素含量的影响达到极显著水平（$P<0.01$），由 F 值大小比较结果可以发现，无性系对苯醇抽提物含量、木质素含量和综纤维素含量影响较大，生长轮对 α-纤维素含量和半纤维素含量的影响较大。

表 3-3　10 种无性系杨木化学组成含量方差分析

化学组成	影响因素	离差平方和	自由度	均方	F	显著性
苯醇抽提物	无性系	46.310	9	5.146	110.798	0.000
	生长轮	2.136	5	1.427	4.303	0.000
木质素	无性系	1414.491	9	157.166	51.754	0.000
	生长轮	193.670	5	38.734	8.634	0.000
α-纤维素	无性系	1007.648	9	111.961	36.142	0.000
	生长轮	990.436	5	198.087	63.825	0.000
综纤维素	无性系	2050.147	9	227.794	98.451	0.000
	生长轮	612.183	5	122.437	30.405	0.000
半纤维素	无性系	1256.918	9	111.961	36.142	0.000
	生长轮	1001.538	5	200.308	56.351	0.000

（三）杨木物理性质变异规律

1. 试验材料

在 1.1 m、1.92 m、2.62 m 处取 100 mm 厚物理圆盘（图 3-1），沿髓心向外根据年轮位置的不同，沿南北向，选择第 1～4 年轮为内部位置，5～7 年轮为中间位置，8～10 年轮为外部位置，内部位置代表心材区域，中间位置代表心边材区域，外部位置代表边材区域。画出 30 mm×30 mm 的正方形，解锯成 100 mm×30 mm×30 mm 的长方体木条，然后根据《木材物理力学试材锯解及试样截取方法》（GB/T 1929—2009）制作成 20 mm×20 mm×20 mm 的标准试样，每个部位选择光滑、无缺陷的试块 20 个作为试验材料，每个无性系选取三个位置试样共 300 个，用于杨树密度和干缩特性的研究（图 3-13）。

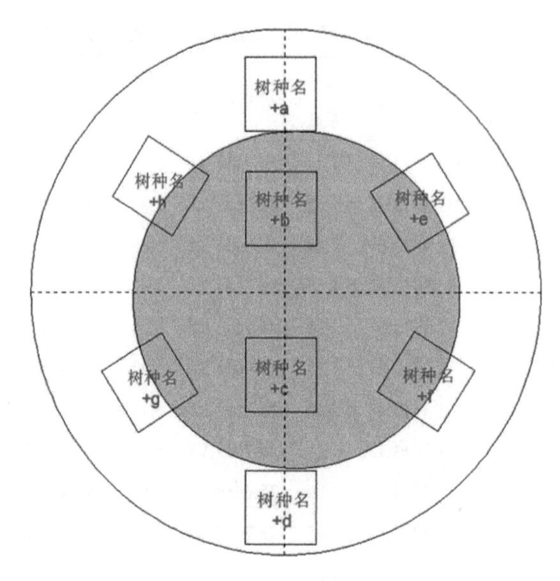

图 3-13　杨木物理试样取样示意图

2. 试验方法

密度及干缩性能按照《木材密度测定方法》（GB/T 1933—2009）、《木材干缩性测定方法》（GB/T 1932—2009）要求进行测定。

3. 结果与讨论

1）密度

A. 基本密度分析

图 3-14 为 10 个杨树无性系基本密度径向变异规律，可以看出，36 号杨、渤丰 1 号杨、中辽 1 号杨基本密度呈现先增加后降低的变化趋势，108 杨呈现略有降低的变化趋势，中林 46 杨、50 号杨、南杨呈现逐渐增加的变化趋势，桑巨杨、丹红杨、N179 杨呈现先降低后逐渐增加的变化趋势。

B. 气干密度分析

图 3-15 为 10 个杨树无性系气干密度径向变异规律，可以看出，50 号杨、中林 46 杨、南杨气干密度沿髓心向外根据位置的不同呈现逐渐增加的趋势，108 杨呈现略有降低的趋势，36 号杨、渤丰 1 号杨、中辽 1 号杨呈现先增加后降低的变化趋势，N179 杨、桑巨杨和丹红杨则呈现先减小后逐渐增加的变化趋势，与基本密度的变化规律相似。

C. 全干密度分析

图 3-16 为 10 个杨树无性系全干密度径向变异规律，50 号杨、中林 46 杨、南杨全干密度从内部到

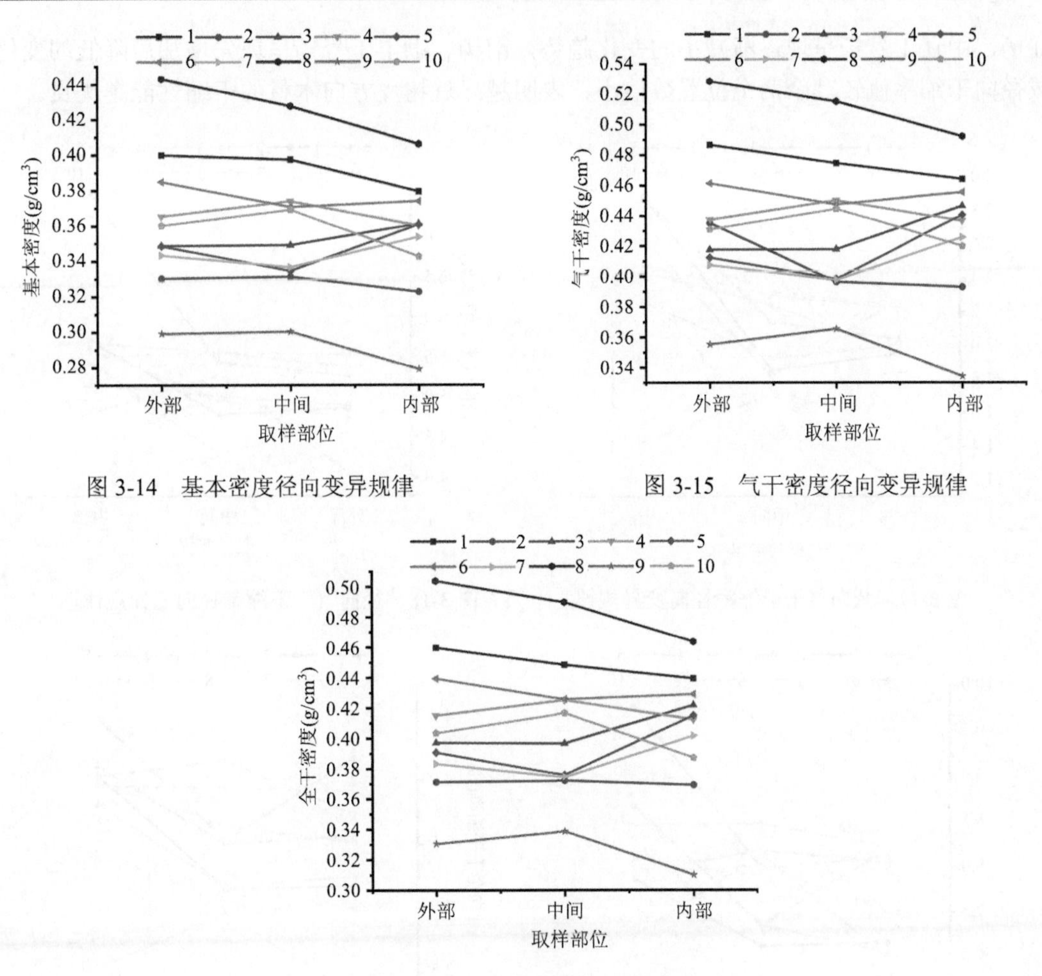

图 3-14　基本密度径向变异规律

图 3-15　气干密度径向变异规律

图 3-16　全干密度径向变异规律

外部呈现逐渐增加的变化趋势，108 杨呈现略有降低的变化趋势，36 号杨、渤丰 1 号杨、中辽 1 号杨呈现先增加后略有降低的变化趋势，丹红杨、桑巨杨和 N179 杨呈现先降低后略有增加的变化趋势，全干密度径向变化趋势和基本密度、气干密度径向变化趋势相似。

2）干缩性质

A. 气干干缩率分析

图 3-17 是弦向气干干缩率径向变异规律，可以看出，50 号杨、中林 46 杨、桑巨杨弦向气干干缩率沿髓心向外呈现先减小后增加的变化趋势，108 杨、N179 杨、丹红杨、南杨呈现逐渐减小的趋势，36 号杨、渤丰 1 号杨、中辽 1 号杨沿髓心向外呈现先增加后减小的变化趋势，表明不同的无性系在不同的部位气干干缩率不一致。由图 3-18 可以看出，50 号杨、中林 46 杨、丹红杨和 36 号杨径向气干干缩率沿髓心向外呈现先减小后增加的变化趋势，中间位置的径向气干干缩率最小，桑巨杨呈现逐渐减小的变化趋势，在外部位置的径向气干干缩率最小，108 杨、N179 杨、南杨呈增加趋势，渤丰 1 号杨和中辽 1 号杨呈现先增加后降低的变化趋势，在外部区域值最小。

B. 全干干缩率分析

图 3-19 为 10 个杨树无性系弦向全干干缩率径向变异规律，可以看出，内部位置弦向全干干缩率较大，50 号杨、中林 46 杨、108 杨、36 号杨、桑巨杨沿髓心向外呈现先降低后逐渐增加的变化趋势，N179 杨呈现逐渐降低的变化趋势，丹红杨、渤丰 1 号杨和中辽 1 号杨呈现先增加后降低的变化趋势，南杨呈现先增加后降低的变化趋势。由图 3-20 可以看出 50 号杨、中林 46 杨、108 杨、N179 杨、桑巨杨径向全干干缩率沿髓心向外呈现先减小后增加的变化趋势，中间位置径向全干干缩率最小，材性最好，36 号

杨、丹红杨、中辽 1 号杨呈现逐渐减小的变化趋势，南杨、渤丰 1 号杨呈现先增加后降低的变化趋势，外部区域径向干缩率值较其余两个位置数值小，表明越靠近树皮方向木材的干缩性能越优良。

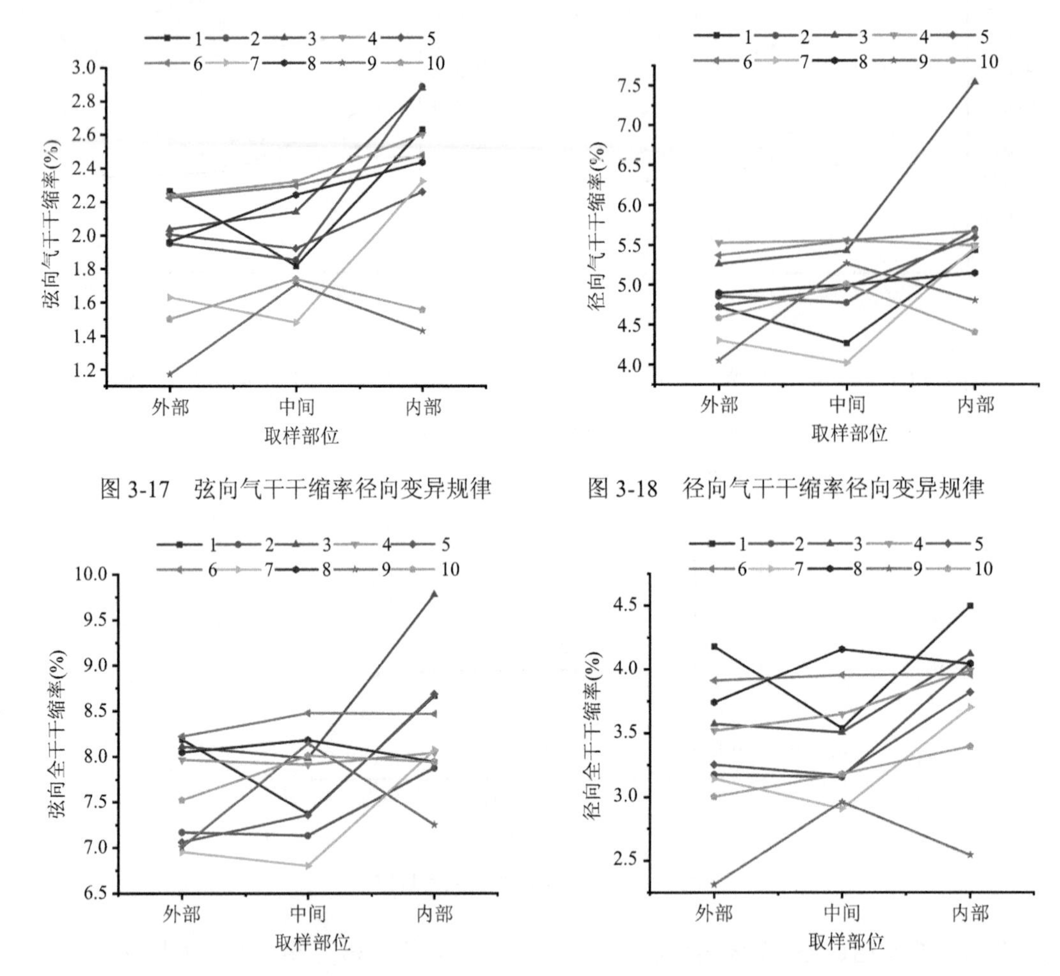

图 3-17　弦向气干干缩率径向变异规律　　图 3-18　径向气干干缩率径向变异规律

图 3-19　弦向全干干缩率径向变异规律　　图 3-20　径向全干干缩率径向变异规律

C. 差异干缩分析

10 个杨树无性系差异干缩径向变异规律表明，气干差异干缩值均值为 2.12～3.74，全干差异干缩均值为 1.97～3.07，由图 3-21 可知，气干差异干缩 50 号杨、中林 46 杨、36 号杨、丹红杨、桑巨杨和中辽 1 号杨沿髓心向外呈现先增大后逐渐减小的变化趋势，108 杨呈减小的变化趋势，N179 杨呈增大的变

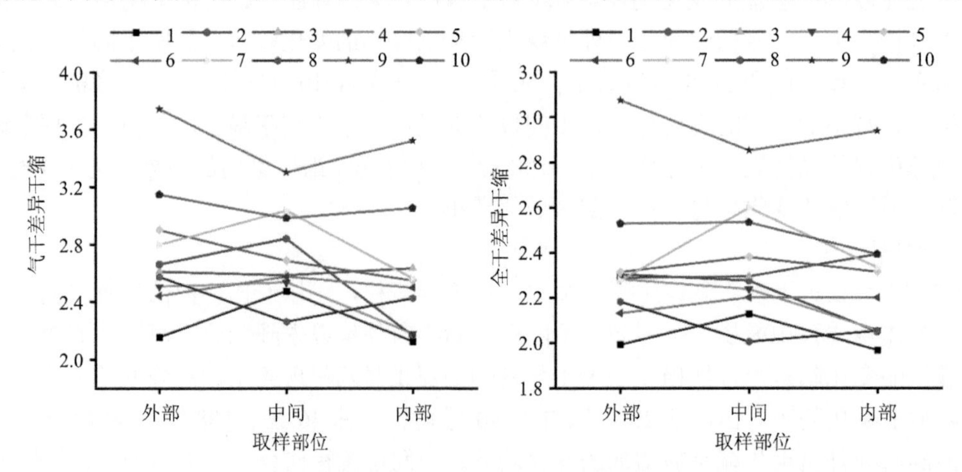

图 3-21　气干和全干差异干缩径向变异规律

化趋势，南杨和渤丰 1 号杨呈现先减小后增大的变化趋势；全干差异干缩为 50 号杨、N179 杨和桑巨杨沿髓心向外呈现先增大后逐渐减小的变化趋势，中林 46 杨、36 号杨和中辽 1 号杨呈增大的变化趋势，108 杨和丹红杨呈减小的变化趋势，南杨和渤丰 1 号杨呈先减小后增大的变化趋势。

（四）杨木力学性质变异规律

1. 试验材料

本研究所用的试验材料是来自河南焦作林场和辽宁绥中林场的 10 个杨树无性系，试样材料详细信息同解剖特征变异规律部分。样木的 1.3～3.5 m 树高的木段用于力学性质研究。试样制备步骤为：在木段上间隔截取三段 450 mm 长的木段和两段 100 mm 长的木段。首先将 450 mm 长的木段在径向方向上分为近树皮处、中部以及近髓心处，随后精加工成横截面尺寸为 20 mm×20 mm 的木条，再依次截取密度试件、顺纹抗压强度试件和抗弯强度/抗弯弹性模量试件。每个无性系密度试件（用于近红外预测）与力学性质试件各约为 80 个。在 450 mm 长的木段附近截取的两段 100 mm 长的木段用来制备硬度试样，进行精加工后最终制成横截面尺寸为 50 mm×50 mm，纵向长度为 70 mm 的硬度试样，每个无性系约有 20 个硬度试件。

2. 试验方法

按照木材物理力学试验方法总则中的规定，先将试件置于恒温恒湿箱中，将试件的含水率平衡至约 12%。利用万能力学试验机，参照《木材抗弯强度试验方法》（GB/T 1936.1—2009）、《木材抗弯弹性模量测定方法》（GB/T 1936.2—2009）、《木材顺纹抗压强度试验方法》（GB/T 1935—2009）和《木材硬度试验方法》（GB/T 1941—2009），分别对杨树不同无性系木材抗弯性能、抗压性能以及硬度主要力学性质指标进行测定。

3. 结果与讨论

1）抗弯强度

A. 无性系间抗弯强度比较

10 个杨树无性系木材的抗弯强度在 54.90～96.20 MPa，总平均值为 71.8 MPa。在 8 个河南焦作采伐的杨树无性系中，50 号杨、N179 杨和 108 杨引种于国外，其抗弯强度统计数据列于表 3-4。可以看出，50 号杨的抗弯强度较好，但与其他两个无性系间在 0.05 水平无显著性差异（Jia et al., 2021）。对于两个辽宁绥中采伐的杨树无性系，中辽 1 号杨抗弯强度值较渤丰 1 号杨高。

表 3-4　杨树无性系木材抗弯强度统计分析

无性系名称	平均值（MPa）	标准差（MPa）	变异系数（%）	多重比较
50 号杨	68.00	10.37	15.26	a
108 杨	65.78	8.20	12.42	a
N179 杨	67.82	7.88	11.62	a

注：相同小写字母表示在 $P<0.05$ 水平无显著性差异，下同

B. 抗弯强度径向变异规律

各无性系力学试样来源于近髓心、中部以及近树皮部位。本研究分析了各无性系抗弯强度径向变异，发现在径向上，其抗弯强度均呈现由近髓心向近树皮逐渐增加的趋势。选择引种于国外的 50 号杨、108 杨和 N179 杨 3 个杨树无性系作其木材抗弯强度径向变异图，如图 3-22 所示。其中 N179 杨的整体变化趋势不明显，说明其心材和边材的抗弯强度差异不大。其他 9 个无性系木材抗弯强度从近髓心到中部的增长速度较快，从中部到近树皮的增长速度减缓，边材抗弯强度高于心材，且二者之间在 0.05 水平上具

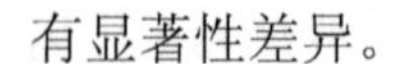
有显著性差异。

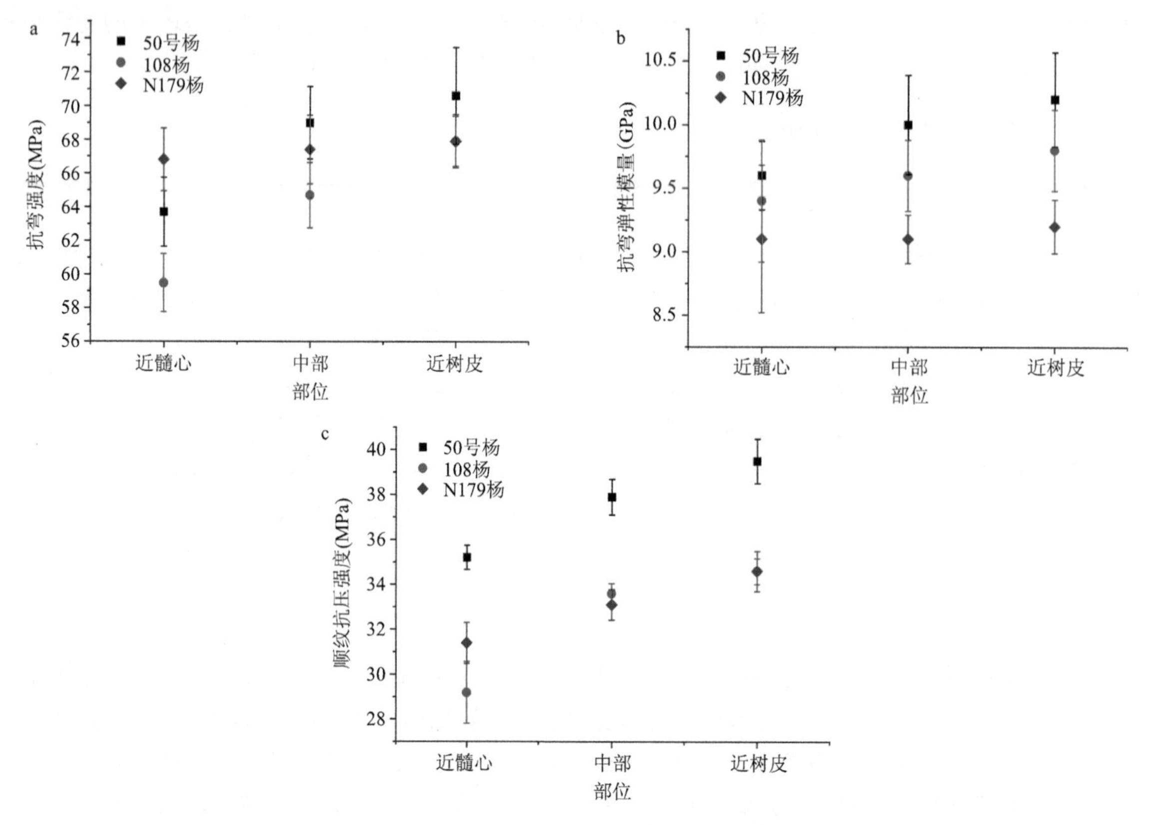

图 3-22　杨树无性系木材抗弯强度、抗弯弹性模量、顺纹抗压强度的径向变异

2）抗弯弹性模量

A. 无性系间抗弯弹性模量比较

10 个杨树无性系木材的抗弯弹性模量在 6.81～12.40 GPa，总平均值为 9.70 GPa。对比 8 个河南焦作采伐的杨树无性系，南杨抗弯弹性模量值最大，比最低的 N179 杨抗弯弹性模量值高约 35%。将引种于 3 个不同国家的 50 号杨、N179 杨和 108 杨抗弯弹性模量列于表 3-5，其值在 9.18～9.97 GPa。可以看出，50 号杨的抗弯弹性模量较高，与 108 杨抗弯弹性模量在 0.05 水平无显著性差异，但二者与 N179 杨间有显著性差异（Jia et al., 2021）。对于辽宁绥中采伐的两个无性系，中辽 1 号杨抗弯弹性模量值大于渤丰 1 号杨。两个杨树无性系木材抗弯弹性模量值均低于另外 8 个河南焦作采伐的杨树无性系。

表 3-5　杨树无性系木材抗弯弹性模量统计分析

无性系名称	平均值（GPa）	标准差（GPa）	变异系数（%）	多重比较
50 号杨	9.97	1.38	13.84	a
108 杨	9.62	1.35	14.07	a
N179 杨	9.18	1.14	12.38	b

B. 抗弯弹性模量径向变异规律

探究了杨树无性系木材抗弯弹性模量由近髓心到近树皮的径向变异规律。发现在径向上，其抗弯弹性模量从近髓心向近树皮逐渐增加。选取 50 号杨、108 杨和 N179 杨进行作图（图 3-22）。其中 N179 杨整体变化趋势不明显，心材与边材之间无显著性差异，36 号杨抗弯弹性模量径向变异规律与 N179 杨类似。50 号杨、108 杨与其他 6 个无性系木材抗弯弹性模量从近髓心到中部的增长速度较快，从中部到近树皮的增长速度下降，边材抗弯弹性模量值高于心材，比心材高 4%～33%。

3）顺纹抗压强度

A. 无性系间顺纹抗压强度比较

10 个杨树无性系木材的顺纹抗压强度在 26.8～47.3 MPa，总平均值为 35.86 MPa。在 8 个河南焦作采伐的杨树无性系中，南杨顺纹抗压强度值最大，中林 46 杨顺纹抗压强度值最小。将引种于国外的 50 号杨、N179 杨和 108 杨顺纹抗压强度列于表 3-6，其顺纹抗压强度在 33.01～37.89 MPa。可以看出，50 号杨的顺纹抗压强度较好，与其他两个无性系杨木在 0.05 水平有显著性差异，但 108 杨和 N179 杨二者间无显著性差异（Jia et al., 2021）。对于两个辽宁绥中采伐的杨树无性系，中辽 1 号杨无性系顺纹抗压强度比渤丰 1 号杨高，渤丰 1 号杨在 10 个无性系中顺纹抗压强度值最低。

表 3-6　杨树无性系木材顺纹抗压强度统计分析

无性系名称	平均值（MPa）	标准差（MPa）	变异系数（%）	多重比较
50 号杨	37.89	3.83	10.12	a
108 杨	33.38	3.27	9.79	b
N179 杨	33.01	3.48	10.54	b

B. 顺纹抗压强度径向变异规律

在径向上，各杨树无性系顺纹抗压强度的径向变异规律基本相同，均呈现出由近髓心向近树皮增加的趋势。选取 50 号杨、108 杨、N179 杨 3 个无性系作其木材顺纹抗压强度的径向变异图（图 3-22）。N179 杨的顺纹抗压强度在径向方向上增长趋势一直较缓慢，心材与边材顺纹抗压强度之间无显著性差异，其他 7 个无性系均与 50 号杨、108 杨一样，表现出从近髓心到中部顺纹抗压强度增加较快，从中部到近树皮部位增加速度减慢的规律，心材和边材的顺纹抗压强度之间在 0.05 水平上具有显著差异。

4）硬度

10 个杨树无性系木材平均硬度在 2348～4547 N。在 8 个河南焦作采伐的杨树无性系中，平均硬度最大的为南杨，中林 46 杨平均硬度最小。在两个辽宁绥中的杨树无性系中，中辽 1 号杨无性系平均硬度高于渤丰 1 号杨。对比各无性系木材三个不同切面的硬度，发现端面硬度最大，分布范围在 3393～5762 N，弦面硬度次之，分布范围在 2075～4781 N，径面硬度最小，分布范围在 1577～2699 N，其中南杨的各个切面硬度在河南焦作采伐的 8 个无性系中均为最大，中林 46 杨端面硬度和径面硬度均为最小。

另外，分析了 50 号杨、108 杨和 N179 杨 3 个无性系力学性质间的相关性，相关性分析结果见表 3-7。结果表明，杨树无性系木材力学性质之间具有一定的相关性，在 0.01 水平相关系数为 0.66～0.75，其中抗弯强度与顺纹抗压强度间的相关系数最高（Jia et al., 2021）。

表 3-7　杨树无性系力学性质间的相关性

指标	无性系名称	抗弯强度	抗弯弹性模量	顺纹抗压强度	硬度
抗弯强度	50 号杨	1	0.72**	0.75**	0.70**
	108 杨	1	0.68**	0.71**	0.66**
	N179 杨	1	0.69**	0.74**	0.68**
抗弯弹性模量	50 号杨		1	0.70**	0.71**
	108 杨		1	0.70**	0.70**
	N179 杨		1	0.71**	0.67**
顺纹抗压强度	50 号杨			1	0.72**
	108 杨			1	0.70**
	N179 杨			1	0.70**

**表示在 $P<0.01$ 水平差异显著

将目前杨树无性系木材的力学性质与已有研究结果的杨木进行综合分析和讨论。本研究选取的杨树无性系抗弯强度高于河北采伐的 9 年生毛白杨（Xing and Zhang, 2002）、安徽采伐的欧美杨无性系（黄荣凤等, 2010）。除了渤丰 1 号杨，其余杨树无性系抗弯弹性模量和顺纹抗压强度值均高于 9 年生欧美杨、甘肃采伐的 10 年生秦白杨无性系（陈柳晔等, 2017）和陕西采伐的 40 年生新生杨和美杨（张英杰等, 2017）。与广西采伐的杨树无性系相比，除了 108 杨、中林 46 杨、桑巨杨和渤丰 1 号杨 4 个无性系端面硬度较小外，其他 6 个无性系端面硬度均较大（Li et al., 2016a）。这说明本研究中的杨树无性系具有较优的力学性质。不同地点采伐的杨树无性系力学性质之间具有一定的差异，除了无性系本身的差异外，还可能与其生长环境有关。在径向方向上，杨树无性系力学性质由近髓心至近树皮部位逐渐增大，与以往研究中欧美杨无性系力学性质的径向变异规律相似（Zhao et al., 2014），表明杨树无性系边材力学性能优于心材。另外，杨树无性系的不同力学性质之间均有正相关关系，与其他树种如美国红栎和桉树有相同的规律。这些研究结果将为杨树无性系的优选以及木材高效利用提供一定的理论依据。

（五）杨木品质性状遗传变异规律

1. 品质性状重复力

对于木材解剖特性，径向-细胞腔径与径向-细胞直径的无性系重复力随着年轮增大的变化趋势相似，其中，无性系重复力在第 2 年轮、第 3 年轮和第 9 年轮偏小，但在第 7 年轮达到最大值。木射线高度与木射线宽度无性系重复力范围幅度较大，分别为 0.07～0.78、0.06～0.82。解剖特性相关性状的无性系重复力在第 2～3 年轮、第 8～10 年轮间的变化趋势无明显规律性；径向-细胞腔径与细胞直径、弦向-双壁厚等性状的无性系重复力在第 4～8 年轮的变化趋势稳定（图 3-23a）。通过比较不同木材位置的物理性状无性系重复力后发现，全干密度和基本密度的无性系重复力变化范围为 0.89～0.95，且均在心边材处达到最大值（图 3-23b）。对于化学组成的材性性状研究发现，半纤维素、α-纤维素和木质素的无性系重复力变化有一定相关性，在第 1 年轮和第 6 年轮时数值较大，整体随着年轮表现为先减小后增大趋势，与之不同的是综纤维素的无性系重复力呈下降趋势（图 3-23c）。由图 3-23d 可见，在不考虑无性

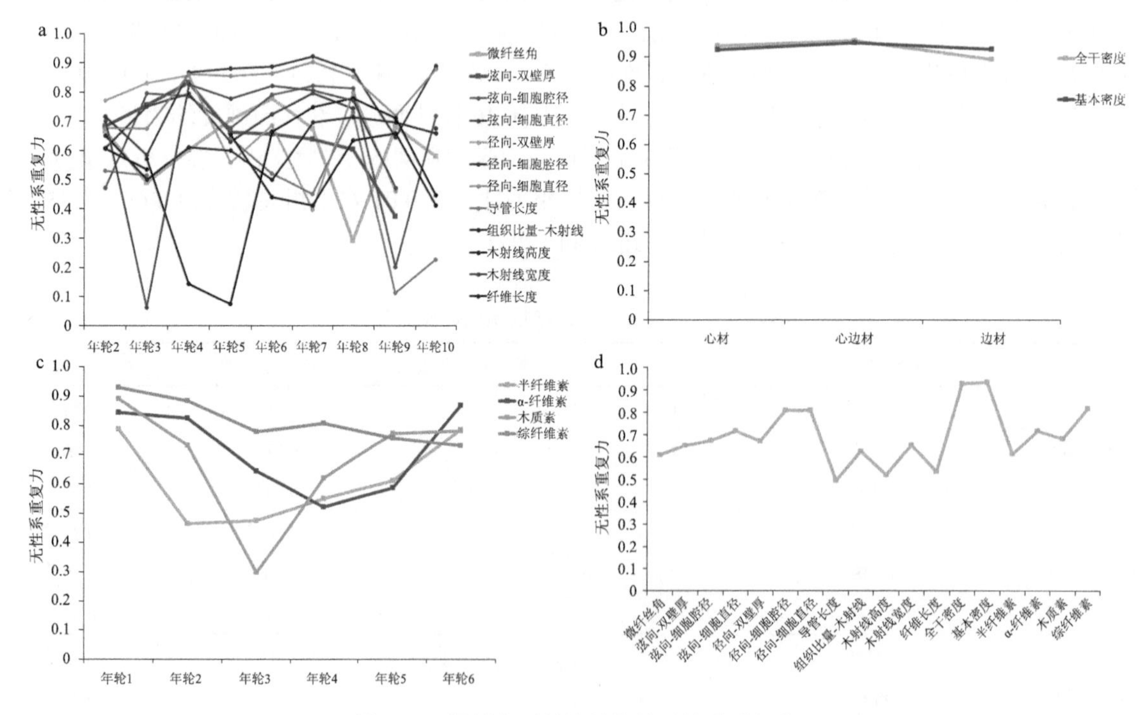

图 3-23　杨树主要材性性状的无性系重复力

系重复力径向变异的情况下，各材性性状的无性系重复力均较高（0.49～0.93），其中，全干密度、基本密度、综纤维素、径向-细胞直径、径向-细胞腔径的无性系重复力在 0.8 以上，表明这些木材材性性状均受较强的遗传控制，具有遗传改良的潜力。

2. 不同无性系品系选优

1）亲本及其子代化学组成方差分析

由表 3-8 的方差分析结果可以看出，无性系对半纤维素质量分数的影响不显著（$P>0.05$），生长轮对化学组成的影响显著（$P<0.05$）。从 F 值及重复力的结果可以得知，苯醇抽提物、木质素和综纤维素的因素 A（无性系）的 F 值均大于因素 B（生长轮），所以无性系对其影响较大，且重复力均在 0.65～0.85，受较强、强度遗传控制。但是，α-纤维素的因素 B 的 F 值大于因素 A，说明生长轮（不同阶段树龄对化学组成性状的影响）对 α-纤维素质量分数的影响较大，且重复力达 0.84，受强度遗传控制（性状受亲本遗传控制较强，环境因素的影响较弱）。

表 3-8　亲本及其子代化学组成方差分析

化学组成	影响因素	离差平方和	自由度	均方	F	显著性	重复力
苯醇抽提物	无性系	1.074	3	0.358	8.414	0.000	0.68
	生长轮	0.540	5	0.108	2.429	0.035	
木质素	无性系	285.434	3	95.145	19.552	0.000	0.83
	生长轮	92.434	5	18.487	3.366	0.006	
α-纤维素	无性系	81.346	3	27.115	5.802	0.001	0.84
	生长轮	692.245	5	138.449	49.146	0.000	
综纤维素	无性系	182.643	3	60.881	24.642	0.000	0.79
	生长轮	146.705	5	29.341	11.299	0.000	
半纤维素	无性系	31.887	3	10.629	2.219	0.086	0.87
	生长轮	591.126	5	118.225	38.209	0.000	

2）10 种无性系杨木品系优选

通过对 10 种无性系杨木化学组成径向变异规律的研究与分析，径向变异规律为：由髓心向外，苯醇抽提物含量先增加后降低；综纤维素含量先增加后趋于稳定；α-纤维素含量逐渐增加；木质素含量和半纤维素含量逐渐降低。苯醇抽提物变异系数最大，变异系数为 20.65%，其他化学组成性状变异系数均低于 10%，变异系数最低为综纤维素，变异系数为 2.67%。方差分析结果表明，无性系和生长轮对各化学组成性状均影响显著，且无性系对苯醇抽提物含量、木质素含量和综纤维素含量影响较大，生长轮对 α-纤维素含量和半纤维素含量的影响较大。结合杨木化学组成及化学组成变异研究结果，与其他杨木相比，南杨和中辽 1 号杨综纤维素和 α-纤维素含量较高，苯醇抽提物和木质素含量少，且变异系数较小，作为制浆造纸用材较佳，根据径向变异规律分析，轮伐期可以选择在 7～8 年。

二、杉木不同无性系木材品质性状遗传变异规律及品系选优

（一）杉木解剖特征变异规律

1. 试验材料

1）试材采集及试验地概况

试材选自两个试验地，福建省洋口国有林场和浙江省开化县林场，自福建省洋口国有林场选择发育

良好的 10 年生洋 020、洋 061 杉木无性系，每个无性系选取 8 株杉木。自浙江省开化县林场选择发育良好的 20 年生开化 3、开化 13、开林 24、大坝 8 杉木无性系，每个无性系各取 5 株杉木，共计采集 6 个杉木无性系，36 株杉木。记录树高、胸径，在 1.35 m 处截取圆盘，取样树木详细信息如表 3-9 所示。

表 3-9 杉木无性系基本情况

无性系	采集地	株数	树龄（年）	胸径（cm）	树高（m）
洋 020	福建洋口	8	10	17.7	14.6
洋 061	福建洋口	8	10	18.3	11.9
开化 3	浙江开化	5	20	17.8	18.0
开化 13	浙江开化	5	20	17.0	17.1
开林 24	浙江开化	5	20	19.9	22.3
大坝 8	浙江开化	5	20	17.5	19.0

福建省洋口国有林场属中亚热带海洋性季风气候，海拔 100～200 m，年均降水量 1756 mm，年平均气温 18.5℃，年平均日照时数 1740.7 h，年均无霜期 305 d，年均相对湿度 83%。土壤为山地红壤，立地等级Ⅱ级，坡度为 5°～20°。浙江省开化县林场位于开化县，开化县属浙皖赣三省七县交界处，钱塘江源头，浙西中山丘陵地形，气候温暖湿润，属亚热带季风气候，年平均气温 16.4℃，年平均降水量 1814 mm，年平均日照时数 1712.5 h，昼夜温差平均为 10.5℃，年平均无霜期 252 d。

2）试样准备

将采集好的原木运回木工厂，如图 3-24 所示，从基部向上截取 7 cm 厚圆盘。

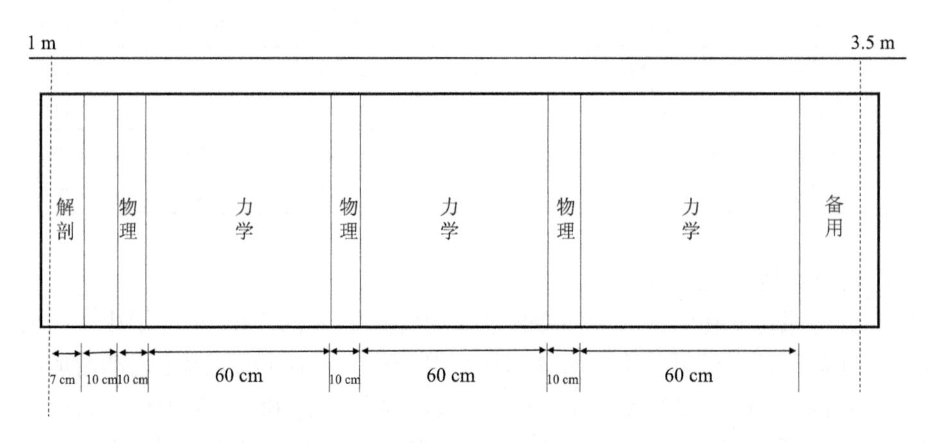

图 3-24 杉木木段锯解

如图 3-25 所示，将圆盘刨光、测量年轮宽度，随后在锯解的 7 cm 厚圆盘上的每个年轮内按早材区域和晚材区域取样，用于解剖性能特征的测量研究。

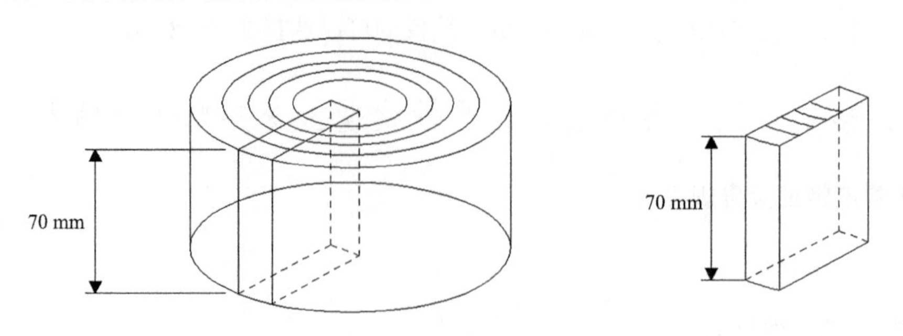

图 3-25 杉木解剖特征实验取样

2. 试验方法

1）永久切片制作方法

切片制作方法同杨树部分。

2）管胞形态特征测量方法

管胞长度测量：采用离析法，取火柴棒大小的试样浸没于体积比 1∶1 的冰醋酸与 30%过氧化氢混合溶液中，置于 80℃水浴锅中加热处理 4 h。待解离液中的试样颜色变白，倒出解离液，用蒸馏水将酸液清洗干净后，用玻璃棒将试样捣碎，加入少量蒸馏水，用胶头滴管吸少量纤维到载玻片上，用盖玻片固定，置于显微镜下测定。每一年轮内的早材和晚材处分别测定 50 组数值。

弦向管胞直径、胞腔径测量：该数据在横切面测得，显微镜拍摄带有标尺的横切面切片图片，用 Image J 测量软件测定早材和晚材弦向管胞直径、胞腔径，通过计算得出双壁厚，早材和晚材各测定 50 组数值。

3）微纤丝角测量方法

微纤丝角测量方法同杨树部分。

3. 结果与讨论

1）管胞形态特征

A. 管胞长度分析

由图 3-26 可以看出，20 年生杉木开化 3、开化 13、大坝 8、开林 24 早材、晚材管胞长度在前 6 年增长较快，到达一定树龄后，随树龄的增加呈缓慢增长的态势，并在 16～18 年处于相对平稳状态。10 年生杉木无性系洋 020、洋 061 早材、晚材管胞长度在前 4 年增长较快，到达一定树龄后，随树龄的增加呈缓慢增长的态势。10 年生杉木无性系洋 020、洋 061 与 20 年生杉木无性系开化 3、开化 13、大坝 8、开林 24 相比，在 2～4 年管胞增长速度趋于一致，在 4～6 年 10 年生杉木管胞生长速度较 20 年生杉木慢。

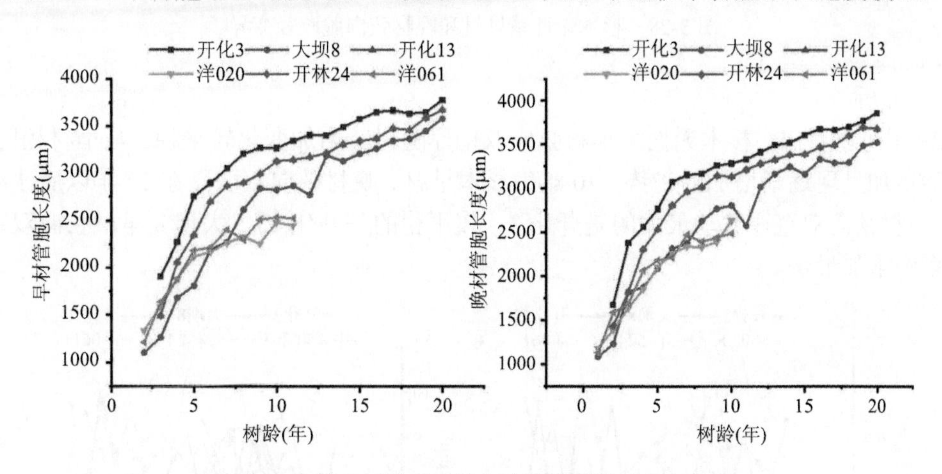

图 3-26　杉木无性系早材和晚材管胞长度径向变异

B. 管胞直径分析

从图 3-27 中可以看出，从髓心向外杉木无性系早材、晚材区域弦向管胞直径整体呈平稳的逐渐上升趋势。洋 020 早材与晚材弦向管胞直径差异较大。大坝 8 早材、晚材弦向管胞直径随树龄增加上升得最为平稳。20 年生杉木弦向早材管胞直径在第 8～10 年有下降趋势，对应同一年轮的晚材区域管胞直径仍处于上升的趋势。

C. 胞腔径分析

从图 3-28 中可以看出，早材和晚材弦向胞腔径随树龄增加总体呈先上升后趋于平稳的趋势。早材、晚材弦向胞腔径随树龄增加的变化趋势与弦向管胞直径的变化趋势一致。

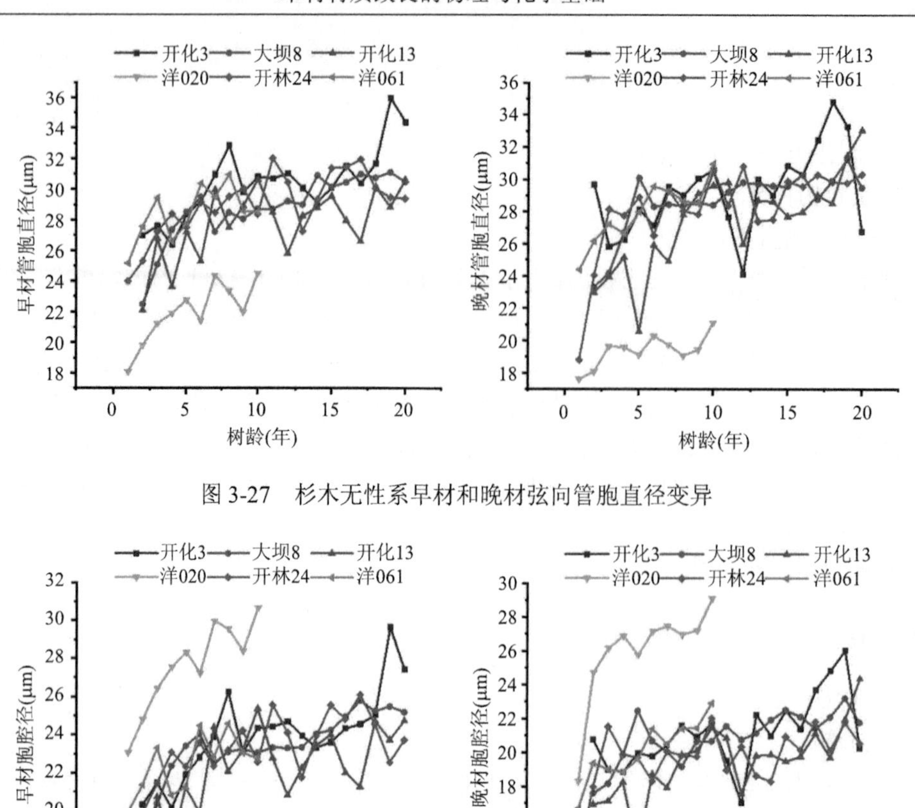

图 3-27　杉木无性系早材和晚材弦向管胞直径变异

图 3-28　杉木无性系早材和晚材弦向胞腔径变异

D. 双壁厚分析

从图 3-29 中可以看出，杉木无性系早材弦向双壁厚随树龄增加变化较平稳。与早材相比，晚材弦向双壁厚随树龄增加呈现逐渐增加的趋势。20 年生杉木早材、晚材弦向双壁厚在 12 年以后波动相对较大，第 12 年后，晚材弦向双壁厚波动最大的是开化 3，较平稳的是开化 13。大坝 8 早材弦向双壁厚在 20 年生杉木无性系中增加最快。

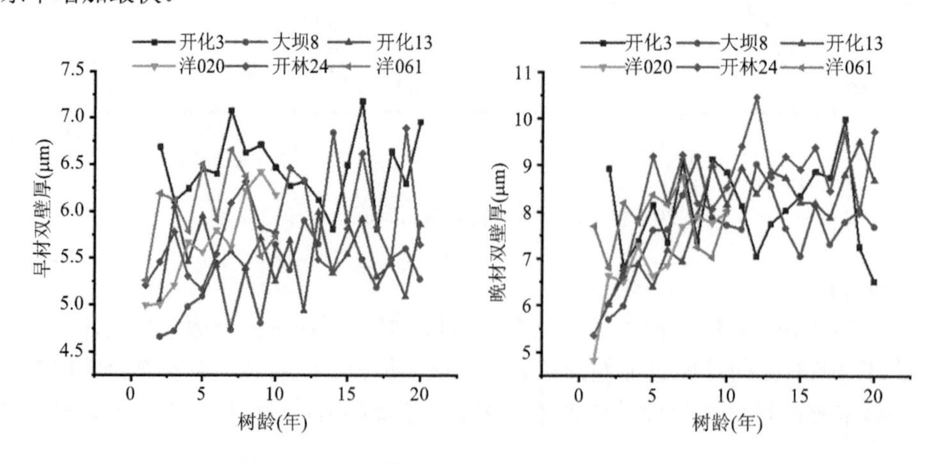

图 3-29　杉木无性系早材和晚材弦向双壁厚变异

E. 壁腔比分析

图 3-30 为杉木无性系早材与晚材壁腔比随树龄增加的变异规律图。10 年生杉木洋 020 早材壁腔比

呈现先减小后增加的趋势，晚材壁腔比呈现先增加后减小的趋势。20 年生杉木无性系早材壁腔比呈现先减小后增加再趋于平稳的趋势，晚材壁腔比随树龄增加呈现逐年递增的趋势，纤维的壁厚受环境的影响，同一采集地点无性系有着相似的变化规律。

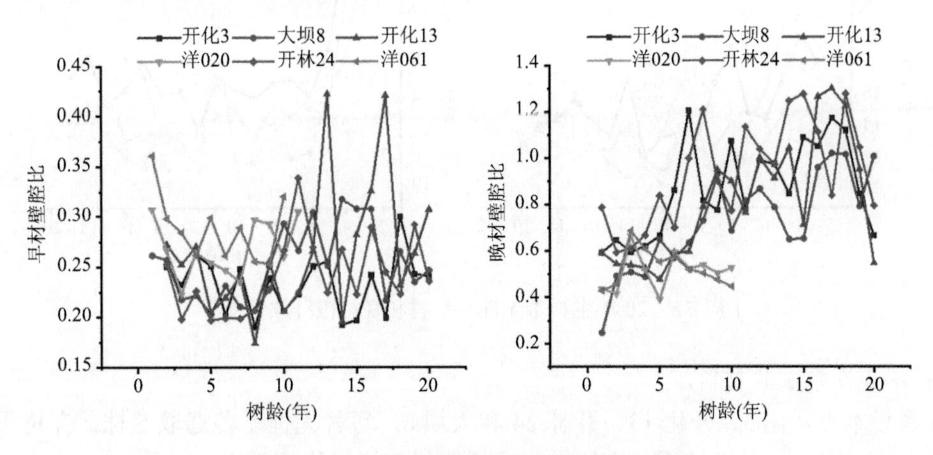

图 3-30　杉木无性系早材和晚材壁腔比变异

2）微纤丝角

从图 3-31 中可以看出，同一年轮内，洋 020 早材和晚材微纤丝角均小于洋 061，且早材区域相同生长轮两无性系间的微纤丝角差值较大，晚材微纤丝角差值略小。洋 061 早材微纤丝角在 2～3 年有所增加，以后随树龄的增加呈递减趋势，中间略有小幅波动。洋 020 早材微纤丝角在树木生长的前 6 年呈递减的趋势，6～8 年早材微纤丝角趋于稳定。

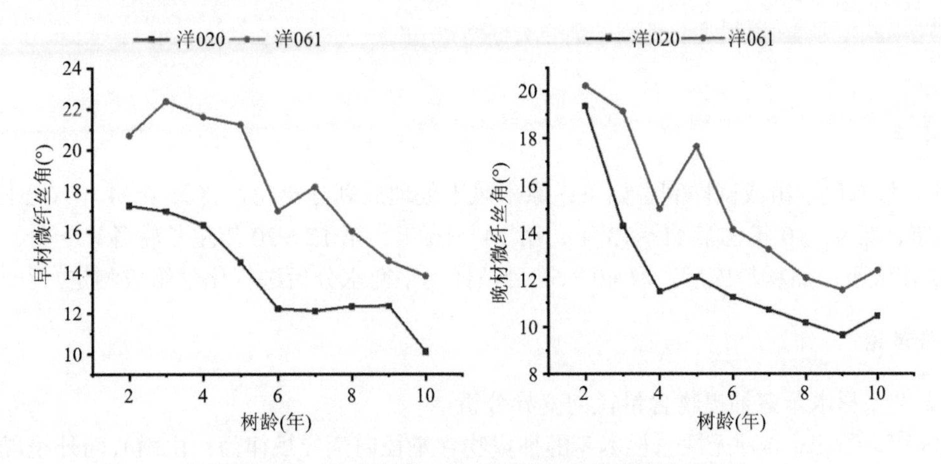

图 3-31　10 年生杉木无性系早材和晚材微纤丝角变异

从图 3-32 中我们可以看出，微纤丝角随树龄增加呈先减小后趋于稳定的趋势。在无性系早材和晚材区域，早材微纤丝角波动比晚材大。树木生长的前 6 年微纤丝角随树龄增加递减的速度较快，从第 7 年开始，早材区域和晚材区域微纤丝角随树龄增加逐渐趋于稳定，略有小幅波动。

（二）杉木化学组成变异规律

1. 试验材料

1）4 种无性系杉木试验地概况

试验材料采集于浙江省开化县林场（1998 年造林），林场属亚热带季风气候，年平均气温 16.4℃，年平均降水量 1814 mm，年平均日照时数 1712.5 h，年平均无霜期 252 d。

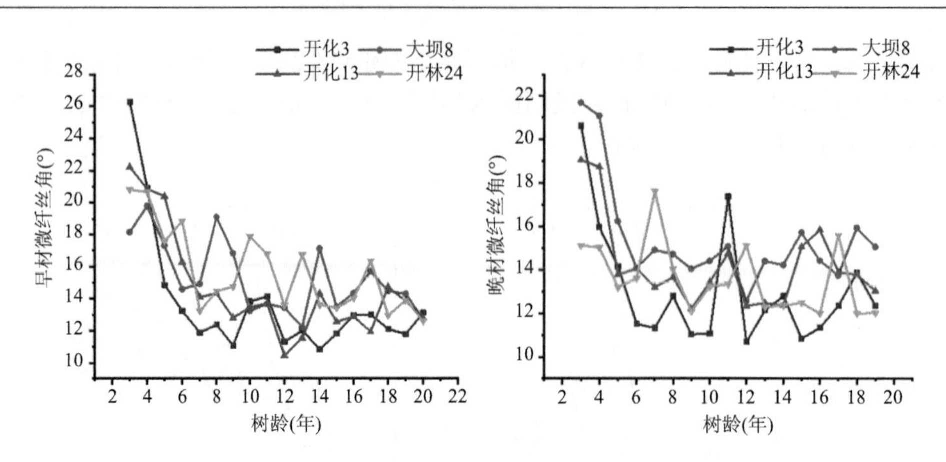

图 3-32　20 年生杉木无性系早材和晚材微纤丝角变异

2）4 种杉木无性系试验材料

4 种无性系杉木为开化 3、开化 13、开林 24 和大坝 8，每种无性系各选取 5 株，在树干高 1.3 m 处截取若干圆盘用于实验。4 种无性系杉木树龄、平均胸径和树高均值见表 3-10。

表 3-10　4 种无性系杉木的树龄、平均胸径和树高

无性系	编号	树龄（年）	平均胸径（cm）	平均树高（m）
开化 3	CL-3	20	17.8	18.0
开化 13	CL-13	20	17.0	17.1
开林 24	CL-24	20	19.9	22.3
大坝 8	CL-8	20	17.5	19.0

2. 试验方法

4 种无性系杉木化学组成试样制备如下：原木风干处理后划分年轮，将第 1～4 年（心材）、第 5～6 年、第 7～8 年、第 9～10 年、第 11～13 年、第 14～16 年、第 17～20 年生长轮各计一份。各生长轮取出后切成火柴棒大小，原料粉碎后，取 40～60 目试样，平衡水分后进行化学组成测定。

3. 结果与讨论

1）4 种无性系杉木苯醇抽提物含量径向变异分析

由图 3-33 可以看出，4 种无性系杉木苯醇抽提物含量径向变异规律为：由髓心向外呈现逐渐降低趋势。开化 3、开化 13、开林 24 和大坝 8 苯醇抽提物含量降低幅度依次为 80.23%、50.20%、67.26%、75.08%，在 7～13 年时，苯醇抽提物含量降低幅度较大，此树龄段各降低幅度依次为 59.02%、44.94%、32.81%、60.16%，生长至 14～20 年时，苯醇抽提物含量降低幅度较小，此树龄段各降低幅度依次为 18.68%、28.82%、3.94%、23.78%。

综纤维素含量径向变异规律为：由髓心向外呈现逐渐增加趋势。开化 3、开化 13、开林 24 和大坝 8 综纤维素含量增加幅度依次为 3.11%、3.67%、3.49%、2.02%。α-纤维素含量径向变异规律为：由髓心向外呈现逐渐增加趋势。开化 3、开化 13、开林 24 和大坝 8 的 α-纤维素含量增加幅度依次为 13.64%、13.04%、11.81%、9.62%。木质素含量径向变异规律为：由髓心向外呈现前 10 年先增加后 10 年逐渐降低的趋势。开化 3、开化 13、开林 24 和大坝 8 前 10 年木质素含量增加幅度依次为 4.92%、2.13%、3.48%、3.34%，后 10 年降低幅度依次为 4.29%、2.94%、1.38%、0.94%。半纤维素含量径向变异规律为：由髓心向外呈现逐渐降低趋势。开化 3、开化 13、开林 24 和大坝 8 半纤维素含量降低幅度依次为 15.01%、19.07%、

10.98%、14.16%。

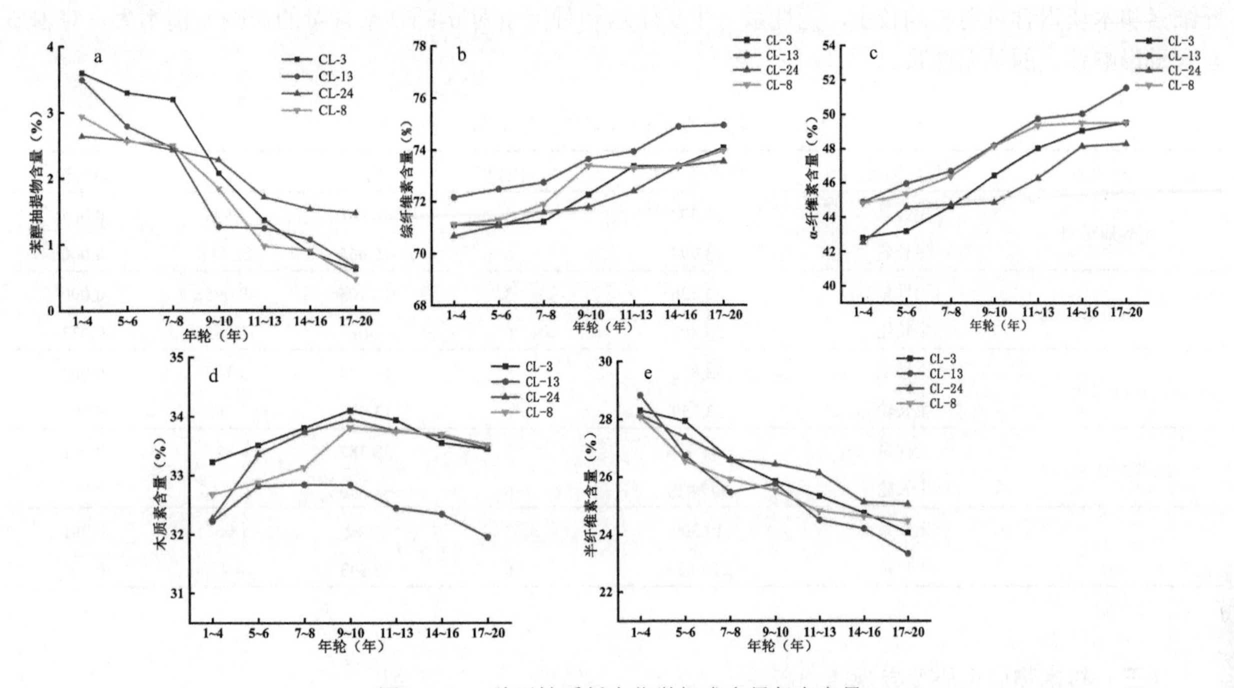

图 3-33 4 种无性系杉木化学组成含量径向变异

a. 苯醇抽提物；b. 综纤维素；c. α-纤维素；d. 木质素；e. 半纤维素

2）4 种无性系杉木化学组成含量变异和方差分析

由表 3-11 可以看出，各无性系化学组成含量变异幅度较大，苯醇抽提物、木质素、综纤维素、α-纤维素、半纤维素 5 者含量变异系数的均值依次为 9.09%、0.71%、0.45%、0.94%、1.25%，其中苯醇抽提物含量变异系数最大的无性系为开化 3，变异系数为 10.55%，其均值高出总均值 16.06%，变异系数最小的为开林 24（7.00%）。木质素含量变异系数最大的无性系为开化 3，变异系数为 0.80%，其均值高出总均值 12.68%，变异系数最小的为开林 24（0.66%）。综纤维素含量变异系数最大的无性系为开化 3，变异系数为 0.54%，其均值高出总均值 20.00%，变异系数最小的为大坝 8（0.40%）。α-纤维素含量变异系数最大的无性系为开化 13，变异系数为 1.03%，其均值高出总均值 9.57%，变异系数最小的为开林 24（0.88%）。半纤维素含量变异系数最大的无性系为大坝 8，变异系数为 1.53%，其均值高出总均值 22.40%，变异系数最小的为开林 24（0.98%）。4 种无性系杉木中，开林 24 的苯醇抽提物含量（2.00%）、木质素含量（33.46%）较高，苯醇抽提物、木质素、α-纤维素变异系数最小。

表 3-11 4 种无性系杉木化学组成含量变异分析（%）

无性系	苯醇抽提物	变异系数	木质素	变异系数	综纤维素	变异系数	α-纤维素	变异系数	半纤维素	变异系数
CL-3	2.18±0.23	10.55	33.76±0.27	0.80	72.36±0.39	0.54	46.24±0.43	0.93	26.12±0.29	1.11
CL-13	1.92±0.19	9.90	32.72±0.23	0.70	73.41±0.32	0.44	47.66±0.49	1.03	25.75±0.35	1.36
CL-24	2.00±0.14	7.00	33.46±0.22	0.66	72.08±0.31	0.43	45.64±0.40	0.88	26.44±0.26	0.98
CL-8	1.80±0.16	8.89	33.08±0.23	0.69	72.88±0.29	0.40	47.40±0.43	0.91	25.48±0.39	1.53
均值	1.98	9.09	33.26	0.71	72.68	0.45	46.74	0.94	25.95	1.25

由表 3-12 的方差分析结果可以看出，不同无性系对苯醇抽提物含量、木质素含量、α-纤维素含量、综纤维素含量的影响显著（$P<0.05$），而对半纤维素含量影响不显著（$P>0.05$）；生长轮对各化学组成含

量影响均显著。由 F 值比较结果可以发现，生长轮对苯醇抽提物含量和综纤维素含量的影响较大，对 α-纤维素和木质素含量的影响较小，无性系与生长轮这两种因素对 α-纤维素含量的影响差别不大，对木质素含量影响较大的是无性系。

表 3-12 4 种无性系杉木化学组成含量方差分析

化学组成	影响因素	离差平方和	自由度	均方	F	显著性
苯醇抽提物	无性系	17.599	3	3.520	3.593	0.004
	生长轮	93.994	6	15.666	26.511	0.000
木质素	无性系	80.526	3	16.105	8.095	0.000
	生长轮	26.807	6	4.468	1.962	0.033
α-纤维素	无性系	73.870	3	14.774	3.747	0.003
	生长轮	83.759	6	13.960	3.568	0.002
综纤维素	无性系	141.936	3	28.387	4.325	0.001
	生长轮	547.419	6	91.236	20.246	0.000
半纤维素	无性系	19.309	3	3.962	1.065	0.381
	生长轮	224.657	6	37.443	14.476	0.000

（三）杉木物理性质变异规律

1. 试验材料

将采集好的原木运回木工厂，如图 3-24 所示，在树干三个不同高度处截取 100 mm 厚圆盘用于物理性质实验试样制备。

2. 试验方法

本研究依照《木材密度测定方法》（GB/T 1933—2009）规定测定气干密度、基本密度和绝干密度。根据《木材干缩性测定方法》（GB/T 1932—2009）对气干干缩率与全干干缩率进行测量。

3. 结果与讨论

1）密度

A. 基本密度分析

从图 3-34 中可以看出，洋 020、洋 061 基本密度从心材到边材逐渐减小，开化 3、大坝 8、开林 24 基本密度从心材到边材逐渐增大，开化 13 随径向变异基本密度无明显变化。

B. 气干密度分析

从图 3-35 可以看出，洋 020、洋 061 气干密度从心材到边材呈递减趋势，开化 3、大坝 8、开林 24 气干密度从心材到边材呈递增趋势。沿着径向，开化 13 气干密度较基本密度有增加的趋势。

C. 绝干密度分析

从图 3-36 可以看出，10 年生杉木无性系洋 020、洋 061 绝干密度随径向变异呈递减的变化趋势。20 年生杉木无性系开化 3、开化 13、大坝 8 和开林 24 绝干密度随径向变异呈递增的变化趋势。

2）干缩性质

A. 径向干缩

从图 3-37 可以看出，杉木无性系径向气干干缩率和径向全干干缩率从心材到边材呈递增的变化趋势，同一无性系相同位置处径向全干干缩率较径向气干干缩率大。无性系在心材和过渡区位置处径向气干干缩率和径向全干干缩率的变化规律大致相同，边材位置处，开林 24 径向气干干缩率最大，开化 13

径向全干干缩率最大。

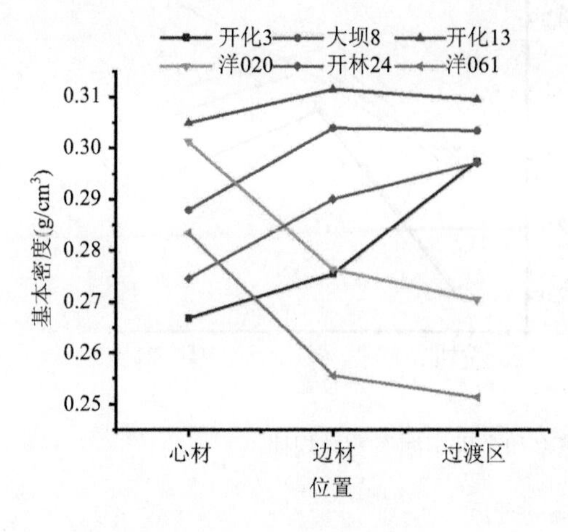

图 3-34　杉木无性系基本密度径向变异

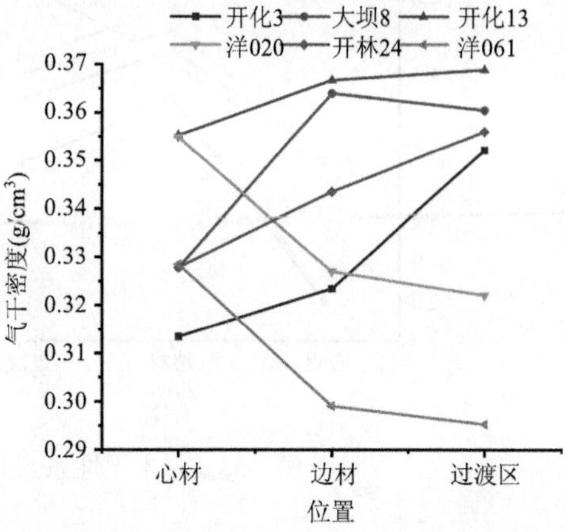

图 3-35　杉木无性系气干密度径向变异

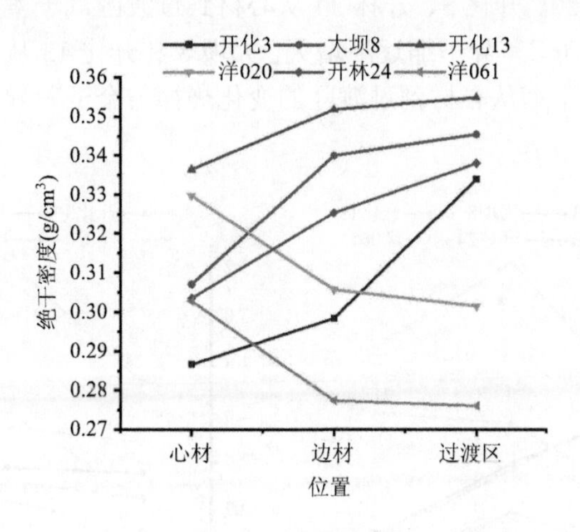

图 3-36　杉木无性系绝干密度径向变异

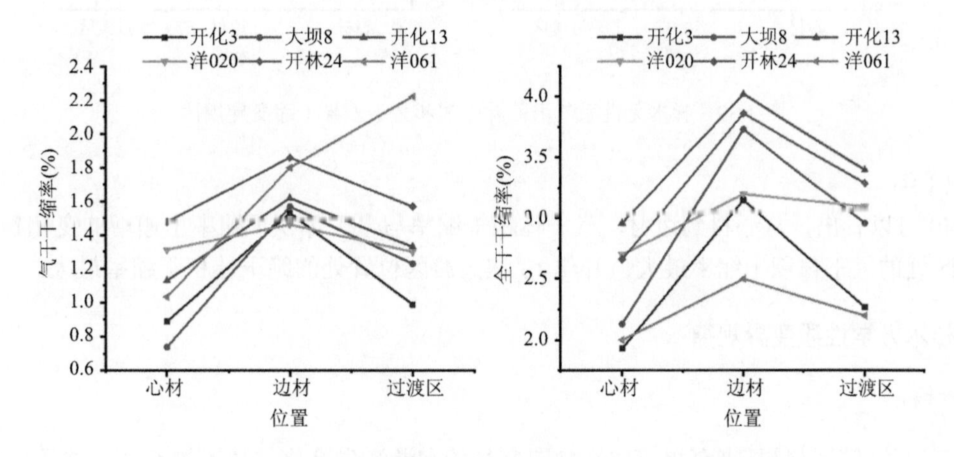

图 3-37　杉木无性系径向气干干缩率和全干干缩率变异规律

B. 弦向干缩

从图 3-38 可以看出，杉木无性系弦向气干干缩率和弦向全干干缩率从心材到边材呈递增的变化趋势，同一无性系相同位置处弦向全干干缩率较弦向气干干缩率大。无性系在心材和过渡区位置处径向气干干缩率和径向全干干缩率的变化规律大致相同，边材位置处，洋 020 弦向气干干缩率最大，洋 020 弦向全干干缩率最大。

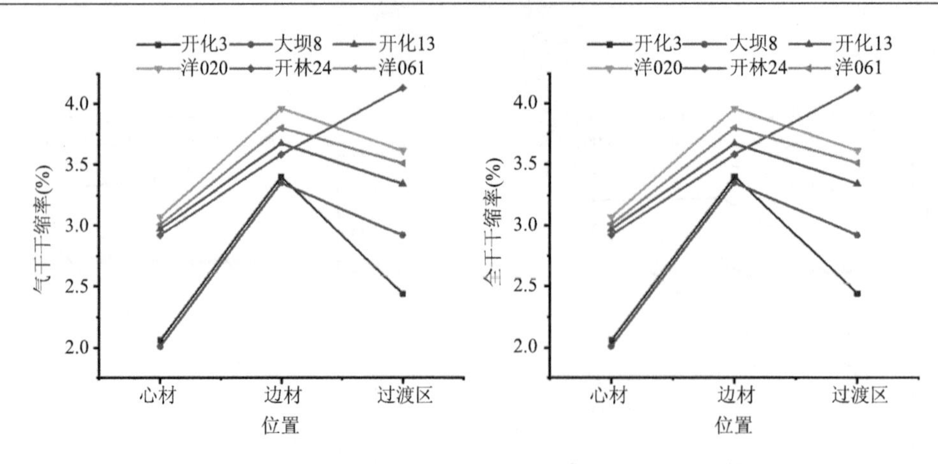

图 3-38　杉木无性系弦向气干干缩率和全干干缩率变异规律

C. 差异干缩

从图 3-39 可以看出，洋 020、开化 3、开林 24 从心材到过渡区气干差异干缩呈先增大后减小的变化趋势，洋 061 从心材到过渡区气干差异干缩逐渐增大，大坝 8 和开化 13 从心材到过渡区气干差异干缩逐渐减小。同一无性系气干差异干缩从心材到过渡区的变化规律与全干差异干缩从心材到过渡区的变化规律有明显的不同。

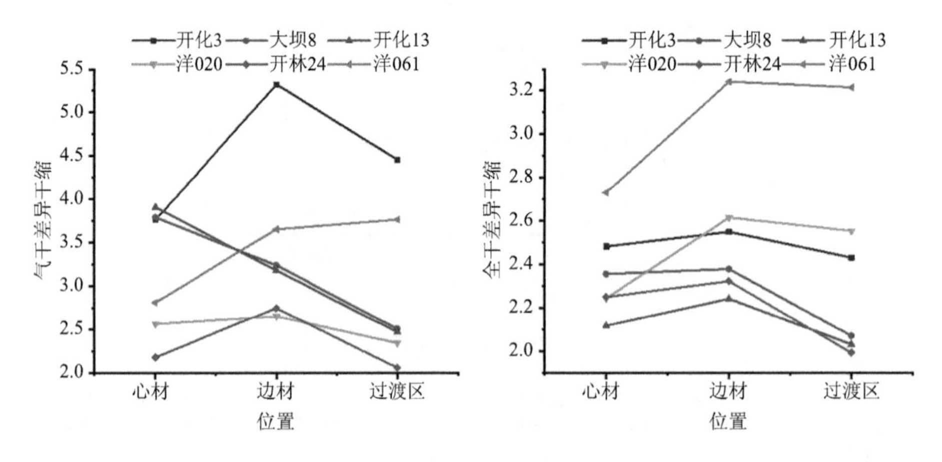

图 3-39　杉木无性系气干差异干缩和全干差异干缩变异规律

D. 体积干缩

从图 3-40 可以看出，从心材到边材，气干体积干缩率与全干体积干缩率呈递增的变化趋势。洋 020 心材和过渡区处的气干体积干缩率最大，开化 13 在过渡区位置处的绝干体积干缩率最大。

（四）杉木力学性质变异规律

1. 试验材料

本研究所用的试验材料是来自福建省洋口国有林场和浙江省开化县林场的 6 个无性系杉木，具体信息同解剖特征变异规律部分。样木 1.3～3.5 m 树高的木段用于力学性质研究。由原木木段得到力学性质试样的制备步骤同杨木部分。在径向方向上也分为近树皮、中部和近髓心三个部位。最终精加工成截面尺寸为 20 mm×20 mm 的木条，沿纵向制取 1 个抗弯弹性模量/抗弯强度试样、1 个顺纹抗压强度试样，每个无性系制取抗弯和抗压无疵小试样各约 100 个。将精加工后截面尺寸为 50 mm×50 mm 的木条制成纵向长度为 70 mm 的硬度试样，每个无性系制取无疵小试样约 20 个。

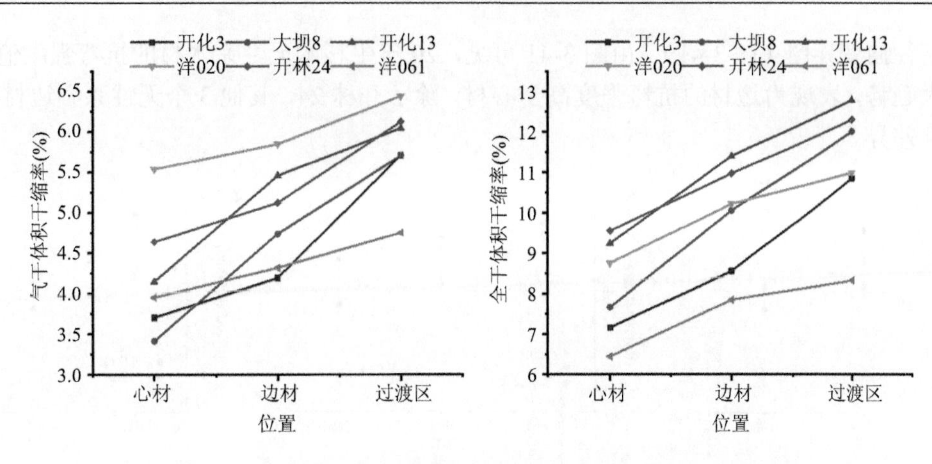

图 3-40　杉木无性系气干体积干缩率和全干体积干缩率变异规律

2. 试验方法

同杨木力学性质测定方法。

3. 结果与讨论

1）抗弯强度

A. 无性系间抗弯强度比较

杉木 6 个无性系的木材抗弯强度列于表 3-13 中。其抗弯强度在 42.56～59.03 MPa，总平均值为 52.92 MPa。比较各无性系的抗弯强度大小，发现 20 年生的 4 个无性系木材中抗弯强度最大的是开化 13，开林 24 的抗弯强度仅次于开化 13，开化 3 的抗弯强度最小，且变异性最大，变异系数为 21.72%（Wang et al., 2021d）。

表 3-13　杉木无性系木材抗弯强度统计分析

无性系名称	平均值（MPa）	标准差（MPa）	变异系数（%）	多重比较
洋 020	51.36	5.99	11.66	a
洋 061	42.56	5.84	13.72	b
开化 3	51.86	11.26	21.72	a
开化 13	59.03	7.57	12.82	c
大坝 8	55.36	8.41	15.20	ad
开林 24	57.60	7.17	12.44	d

多重比较结果表明，其中抗弯强度值最高的开化 13 与其他无性系均在 0.05 水平具有显著性差异，开林 24 与大坝 8 抗弯强度值无显著性差异，但与开化 3 具有显著性差异。10 年生的两个无性系比较发现，洋 020 和洋 061 两者抗弯强度值差异较大，洋 020 的较洋 061 高 20%（贾茹等, 2021）。对比不同树龄无性系间木材抗弯强度，发现 10 年生的两个无性系木材抗弯强度均较 20 年生的小，其中 10 年生的洋 020 抗弯强度为 51.36 MPa，与开化 3 接近，两者抗弯强度值无显著性差异。

B. 抗弯强度径向变异规律

各无性系力学试样来源于近髓心、中部以及近树皮部位。分析了各无性系抗弯强度径向变异，发现在径向上，树龄为 10 年尚处于幼龄材时期的洋 020 和洋 061，其木材抗弯强度在径向上的变化无明显差异。其余 20 年生的 4 个杉木无性系木材抗弯强度在径向上呈现由近髓心向近树皮逐渐增加的趋势，变化较为明显且规律一致。选开林 24（径向变异最小）、开化 13（径向变异居中）和开化 3（径向变异最大）

作其抗弯强度径向变异图（图 3-41），由图 3-41 可见，20 年生杉木无性系木材的抗弯强度值从髓心至树皮有明显增大趋势，表现为边材的抗弯强度高于心材，除了开林 24，其他 3 个无性系心边材在 0.05 水平上具有显著性差异。

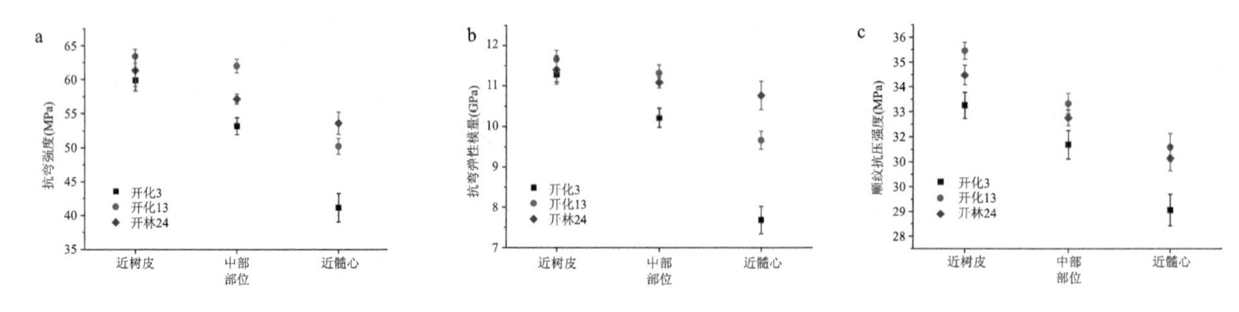

图 3-41　杉木无性系木材抗弯强度、抗弯弹性模量、顺纹抗压强度的径向变异

2）抗弯弹性模量

A. 无性系间抗弯弹性模量比较

6 个杉木无性系木材抗弯弹性模量列于表 3-14 中。其抗弯弹性模量在 8.98～11.08 GPa，总平均值为 10.34 GPa。比较 6 个不同的无性系发现，20 年生的无性系开林 24 的抗弯弹性模量最大，开化 13 次之，开化 3 的最小，开林 24 较开化 3 的抗弯弹性模量高 10.36%。多重比较结果表明，包括大坝 8 在内的 4 个无性系间木材抗弯弹性模量无显著性差异。其变异系数表明，依然是开林 24 的抗弯弹性模量变异性最小，开化 3 的最大。对比 10 年生的无性系，发现洋 020 的抗弯弹性模量较洋 061 的高 13.36%，且变异系数较小，两者的抗弯弹性模量有显著性差异。10 年生的与 20 年生的无性系相比较，发现抗弯弹性模量最小的无性系洋 061，与抗弯弹性模量最大的开林 24 相差 2.1 GPa。10 年生洋 020 的抗弯弹性模量较 20 年生的开化 3 的稍大，但统计分析表明，两者无显著性差异。对比分析发现，树龄和无性系品系对木材抗弯弹性模量的影响均较大，总体来看，多数 20 年生的无性系木材抗弯弹性模量要优于 10 年生无性系木材。

表 3-14　杉木无性系木材抗弯弹性模量统计分析

无性系名称	平均值（GPa）	标准差（GPa）	变异系数（%）	多重比较
开林 24	11.08	1.19	10.79	a
开化 13	10.95	1.31	12.00	a
大坝 8	10.80	1.55	14.37	ab
开化 3	10.04	1.78	17.73	ab
洋 020	10.18	1.20	11.73	b
洋 061	8.98	1.11	12.34	c

B. 抗弯弹性模量径向变异

在径向上，树龄为 10 年的洋 061 和洋 020 的抗弯弹性模量值从髓心到树皮变化不大，20 年生的杉木无性系的抗弯弹性模量沿径向从近髓心向近树皮有明显增大的趋势。其中开化 3 近树皮处与近髓心处差异最大，径向变异较大，开林 24 近树皮处与近髓心处木材的抗弯弹性模量差异最小（图 3-41）。研究发现，20 年生的杉木无性系木材的抗弯弹性模量也表现为边材高于心材，除了开林 24，其他 3 个无性系心边材在 0.05 水平上具有显著性差异。

3）顺纹抗压强度

A. 无性系间顺纹抗压强度比较

6 个无性系杉木的顺纹抗压强度列于表 3-15 中。其平均顺纹抗压强度值在 27.20～33.52 MPa，总平均值为 31.21 MPa。20 年生的杉木无性系中顺纹抗压强度最大的是开化 13，开林 24 次之，与大坝 8 较为接近，开化 3 的顺纹抗压强度最小。多重比较结果表明，开化 13、开林 24 和大坝 8 无性系间木材顺纹抗压强度无显著性差异，但均与开化 3 有显著性差异。对比 10 年生的两个无性系，其中洋 020 的顺纹抗压强度较洋 061 的高 11.29%。对比不同树龄无性系间木材顺纹抗压强度，发现 10 年生的两个无性系木材顺纹抗压强度均较 20 年生的小。其中 10 年生的洋 020 顺纹抗压强度与开化 3 号差异不大，两者顺纹抗压强度值无显著性差异。

表 3-15 杉木无性系木材顺纹抗压强度统计分析

无性系名称	平均值（MPa）	标准差（MPa）	变异系数（%）	多重比较
开化 13	33.52	2.59	7.72	a
开林 24	32.71	3.05	9.33	a
大坝 8	32.55	3.05	9.36	a
开化 3	30.98	4.45	14.39	b
洋 020	30.27	2.14	7.10	b
洋 061	27.20	2.65	9.75	c

B. 顺纹抗压强度径向变异

在径向上，树龄为 10 年的洋 020 和洋 061 均为幼龄材，其顺纹抗压强度值在径向没有明显的变化，即幼龄材内外部位材性差异不大。在 20 年生的无性系木材中，顺纹抗压强度在径向均表现为自髓心至树皮逐渐增加的趋势（图 3-41），各无性系的木材顺纹抗压强度均表现为边材高于心材，且在 0.05 水平上具有显著性差异。

4）硬度

杉木 6 个无性系木材的平均硬度在 1391～1715 N。20 年生的杉木无性系中硬度由大到小依次为开林 24、开化 13、开化 3 和大坝 8。两个 10 年生无性系中的洋 020 也具有较大的硬度值，其较洋 061 的硬度高 8%左右。对比不同树龄无性系间木材硬度，也发现 10 年生的两个无性系木材硬度相对均小，即树龄为 20 年的无性系木材较树龄 10 年的无性系木材有更好的抵抗刚体压入的能力。对比 3 个不同切面的硬度，发现各无性系木材均为端面硬度最大，弦面硬度次之，径面硬度最小。20 年生无性系木材各端面硬度均高于 10 年生无性系木材。其中 10 年生的洋 020，其各切面硬度也均高于洋 061（贾茹等, 2021），表明其较洋 061 木材具有较好的抵抗刚体压入的能力。

本研究中的 6 个杉木无性系来自两个不同的产地且为不同树龄。产自浙江开化的 20 年生无性系开林 24、开化 13 的力学强度较大坝 8、开化 3 的高，结合生长特性及径向变异规律进行分析，认为开林 24 为推广种植较好的杉木无性系（Wang et al., 2021d）。与此前中国林业科学研究院木材工业研究所材性室（1978 年）研究的 13 个不同产地杉木对比，其与产自湖南洞口、贵州锦屏、广西南宁的杉木成熟林木的抗弯、抗压性能和硬度指标值较为接近。且力学性质接近于福建产地的 23 年生和 24 年生的杉木（林金国等, 1997; 余光等, 2014）。20 年生的杉木无性系其力学性质径向变异规律表现为，从近髓心处至近树皮处强度值逐渐增大。这与之前报道的杉木的径向变异规律一致（任海青和中井孝, 2006）。

不同针叶材树种成熟材和幼龄材的年龄界定不同，对于人工林杉木幼龄材和成熟材，其界定年龄是其生长期的第 14～15 年（李坚等, 1999; Mansfield et al., 2009）。因此，本研究中的两个 10 年生无性系（洋 020 和洋 061）仍为幼龄材。对比骆秀琴等（1994）采自浙江富阳的 32 个 10 年生杉木无性系木材力学性质，发现本研究中采自福建南平的 10 年生无性系洋 020，其抗弯强度、抗弯弹性模量、顺纹抗压强度均高于上述研究中的多数无性系木材。本研究中的洋 020 的木材力学性质较好，接近于在福建采集的 24 年生杉木（余光等, 2014）。统计分析表明，同一生境的洋 020 和洋 061 杉木幼龄材抗弯强度、抗弯弹性模量和顺纹抗压强度值均存在显著性差异，说明依据杉木无性系幼龄材力学品质性状进行力学性能优良杉木品种的早期选择，具有潜在可行性。

（五）杉木品质性状遗传变异规律

1. 杉木品质性状重复力

从解剖特征来看（图 3-42a），纤维长度的无性系重复力最稳定，变化范围为 0.698～0.953。年轮宽度变化幅度最大，在第 8 个年轮时达到最小值，而第 9～20 年轮其变化幅度趋于稳定。弦向-细胞腔径与弦向-细胞直径的无性系重复力分别在第 14 和第 13 年轮达到最小值。弦向的管胞双壁厚和微纤丝角无性系重复力分别在第 11 和第 12 年年轮处达到最大值。在第 1～20 年轮，晚材解剖特征的无性系重复力均比早材稳定（图 3-42b）。对化学组成的材性性状研究发现，4 个杉木无性系在不同年轮上的无性系重复力变化复杂，如图 3-42c 所示，其中，抽提物及 α-纤维素在第 11～13 年轮上达到最大值，分别为 0.898 和 0.845。顺纹抗压强度、抗弯强度、抗弯弹性模量的无性系重复力均高于 0.5，说明它们受到强遗传控制（图 3-42d）。图 3-42d 显示，物理性质也有相似的结果，全干密度和基本密度的无性系重复力整体随着年轮表现为先增大后减小，变化范围分别为 0.500～0.950、0.500～0.909，两种性状均在心边材（区域 2）处取得最大值。在不考虑无性系重复力径向变异的情况下，各材性性状无性系重复力差异显著、类型丰富（0.371～0.842），其中纤维长度、抗弯弹性模量、全干密度等 6 个性状达到 0.7 以上，表明这些木材材性性状均受较强的遗传控制，具有遗传改良的潜力。

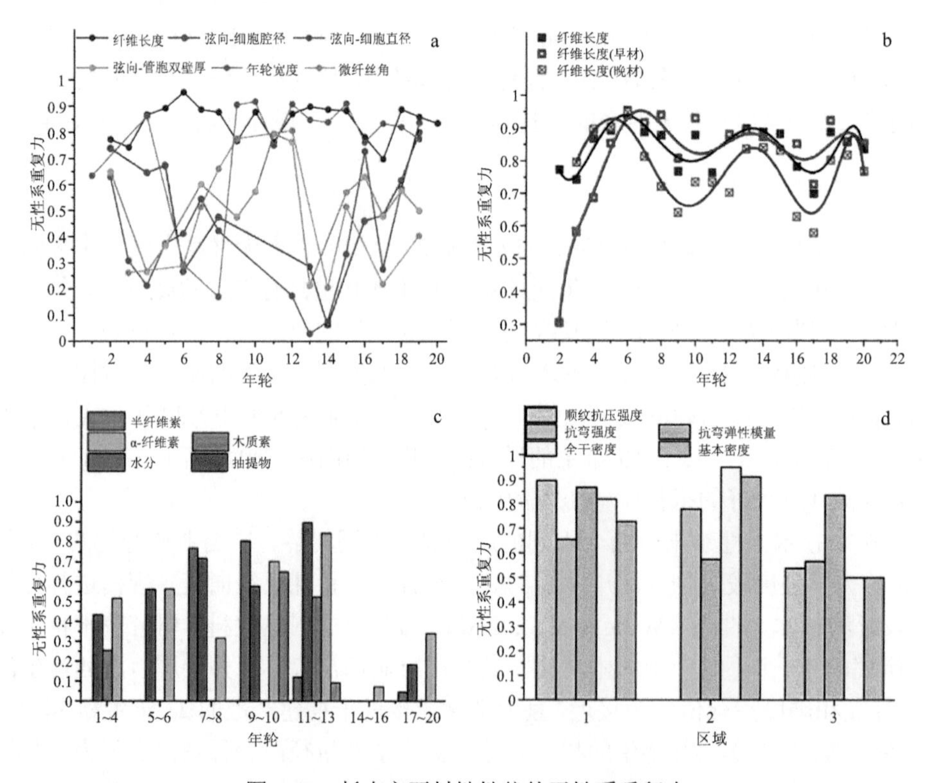

图 3-42　杉木主要材性性状的无性系重复力

2. 不同无性系品系选优

1）杉木无性系、生长轮与化学组成的相关变异分析

无性系仅与木质素含量呈显著正相关，生长轮与各化学组成的相关性均达到显著水平，生长轮与苯醇抽提物含量、半纤维素含量、木质素含量呈显著负相关，与综纤维素含量、α-纤维素含量呈显著正相关。各化学组成之间的相关性分析显示，苯醇抽提物与综纤维素和 α-纤维素达到了极显著负相关，与半

纤维素呈极显著正相关；α-纤维素与综纤维呈显著正相关，而与半纤维素呈显著负相关；木质素与其他化学组成均没有显著相关性（表 3-16）。

表 3-16　杉木无性系、生长轮与各化学组成相关分析

指标	相关系数，显著性（双尾），数据量					
	无性系	生长轮	苯醇抽提物	综纤维素	α-纤维素	木质素
无性系	1,0,137					
生长轮	0.020,0.819,137	1,0,137				
苯醇抽提物	0.111,0.198,137	–0.746*,0,137	1,0,137			
综纤维素	–0.095,0.271,137	0.585*,0.000,137	–0.528**,0,137	1,0,137		
α-纤维素	–0.102,0.234,137	0.710*,0,137	–0.729**,0,137	0.729*,0,137	1,0,137	
木质素	0.201*,0.018,137	–0.083*,0,137	–0.041,0.635,137	0.007,0.938,137	–0.045,0.601,137	1,0,137
半纤维素	0.053,0.537,137	–0.645*,0,137	0.527**,0.000,137	–0.047,0.585,137	–0.718*,0,137	0.072,0.403,137

**表示在 α=0.01 水平显著相关；*表示在 α=0.05 水平显著相关

2）4 种无性系杉木品系优选

4 种无性系杉木径向变异规律为：苯醇抽提物含量呈现逐渐降低趋势；木质素含量呈现前 10 年先增加，后 10 年逐渐降低趋势；综纤维素含量和 α-纤维素含量呈现逐渐增加趋势；半纤维素含量呈现逐渐降低趋势。方差分析结果表明，无性系和生长轮对化学组成均影响显著（除无性系对半纤维素含量影响不显著外），且生长轮对苯醇抽提物含量和综纤维素含量的影响较大，无性系与生长轮这两种因素对 α-纤维素含量的影响差别不大，对木质素含量影响较大的是无性系（表 3-12）。4 种无性系杉木化学组成相关性分析表明，无性系仅与木质素含量呈显著正相关，生长轮与各化学组成的相关性均达到了显著水平，生长轮与苯醇抽提物含量、半纤维素含量、木质素含量呈显著负相关，与综纤维素含量、α-纤维素含量呈显著正相关（表 3-16）。

研究结果初步认为，开林 24 的苯醇抽提物含量（2.00%）、木质素含量（33.46%）较高，苯醇抽提物、木质素、α-纤维素含量变异系数最小，作为结构用材较佳，根据径向变异规律分析，轮伐期可以选择为 14～16 年。

三、楸树不同无性系木材品质性状遗传变异规律及品系选优

（一）楸木解剖特征变异规律

1. 试验材料

试材采自甘肃省天水市麦积区甘肃林业职业技术学院的试验林场。天水市麦积区地处北纬 34°06′～34°48′，东经 105°25′～106°43′，东西长 120 多公里，南北最宽处 50 km，最窄处不足 5 km，天水市麦积区横跨黄河、长江两大流域，气候属于大陆半湿润季风气候，冬无严寒，夏无酷暑，气候温和，四季分明，日照充足，降水适中，年平均降水量在 600 mm，年平均日照时数 2090 h，全年无霜期 170 多天。该地区主要土壤类型以黄绵土和黑垆土为主。

选取 19 株 13 年生楸树进行研究，在树高 1.3 m 处取 1 个 3.5 cm 厚的圆盘，作为解剖用样，6 个楸树无性系的树高、胸径见表 3-17，其中洛楸 1 号和洛楸 4 号为同一母本的半同胞家系，洛楸 1 号、洛楸 2 号、洛楸 4 号、洛楸 5 号和天楸 2 号为同一父本的半同胞家系，洛楸 1 号、洛楸 2 号、洛楸 4 号、洛楸 5 号、天楸 2 号各有 3 株，洛楸 3 号有 4 株。

表 3-17　6 个楸树无性系树龄、树高、胸径统计

无性系	树龄（年）	树高（m）	胸径（cm）
洛楸 1 号	13	12.5	15.9
洛楸 2 号	13	11.9	16.9
洛楸 3 号	13	11.8	16.4
洛楸 4 号	13	8.8	11.7
洛楸 5 号	13	11.9	15.7
天楸 2 号	13	11.6	14.8

实验解锯方案如图 3-43 所示，解剖圆盘取自树高 1.3 m 处，解锯成解剖的原木盘，编号过后，放置好。

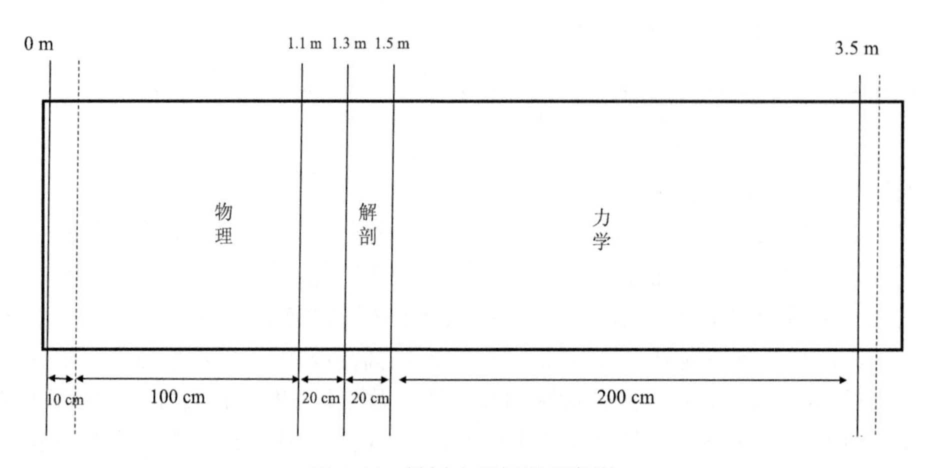

图 3-43　楸树木段解锯示意图

将解剖试样加工成两段 3.5 cm 厚的圆盘，一段为试验样，另一段留作备用样，刨光面按照年轮线将楸树的年轮描出，按照 4 个方向，分别测量出圆盘直径以及每一个年轮的宽度，并记录，解剖取样如图 3-44 所示，按照 A1、A2、A3 分别解锯好后留作解剖用样。

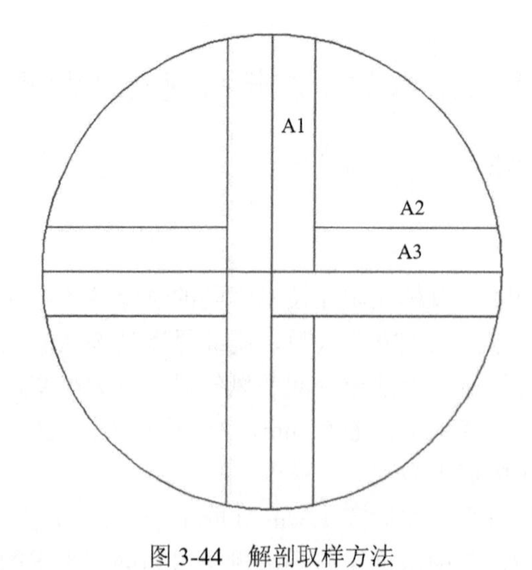

图 3-44　解剖取样方法

2. 试验方法

试验方法同杨树部分。

3. 结果与讨论

1）纤维形态特征

A. 纤维长度分析

6 个楸树无性系的平均纤维长度为 855.54 μm，属于短级别，径向变异系数范围在 6%～18%。6 个楸树无性系的纤维长度径向变化如图 3-45 所示，由髓心向树皮方向，纤维长度随着树龄增长整体呈增长的趋势，但到了 9 年以后，增长的趋势逐渐变缓。

B. 纤维宽度分析

6 个楸树无性系的平均纤维宽度为 17.11 μm，径向变异系数范围在 18%～34%，6 个楸树无性系的纤维宽度变化规律不明显（图 3-46）。

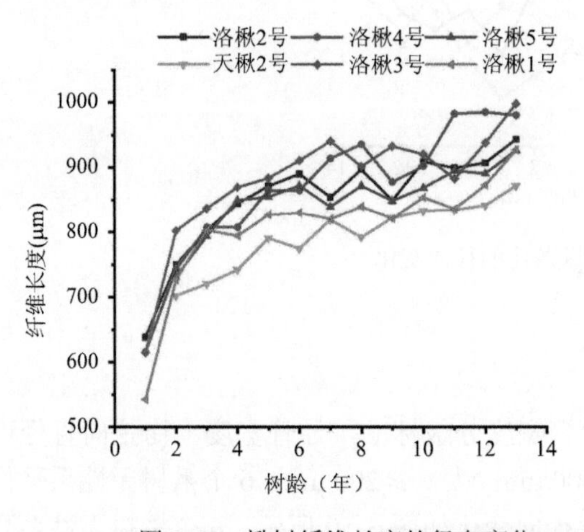

图 3-45　楸树纤维长度的径向变化

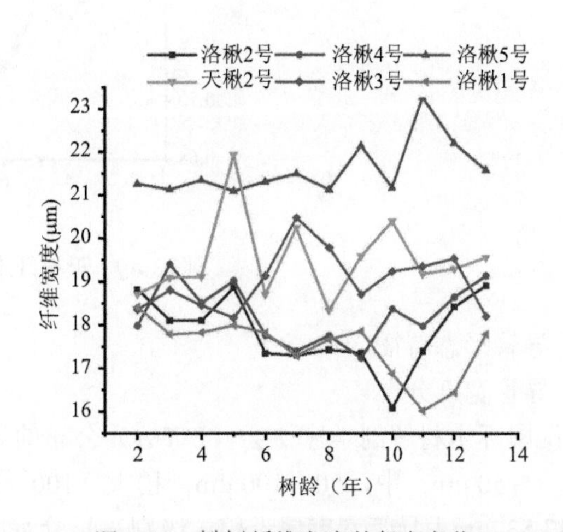

图 3-46　楸树纤维宽度的径向变化

C. 纤维双壁厚分析

6 个楸树无性系纤维双壁厚的平均值为 4.13 μm，径向变异系数范围在 18%～31%，6 个楸树无性系的纤维双壁厚径向变化如图 3-47 所示，由髓心至树皮方向，纤维双壁厚随着年轮上下波动，变化规律不明显。

D. 纤维腔径比分析

6 个楸树无性系腔径比的平均值为 0.75，6 个楸树无性系纤维腔径比的径向变化如图 3-48 所示，由髓心至第 9 年轮，腔径比呈现减小的趋势，第 9 年以后，腔径比呈现增大的趋势，但整体为减小的趋势。

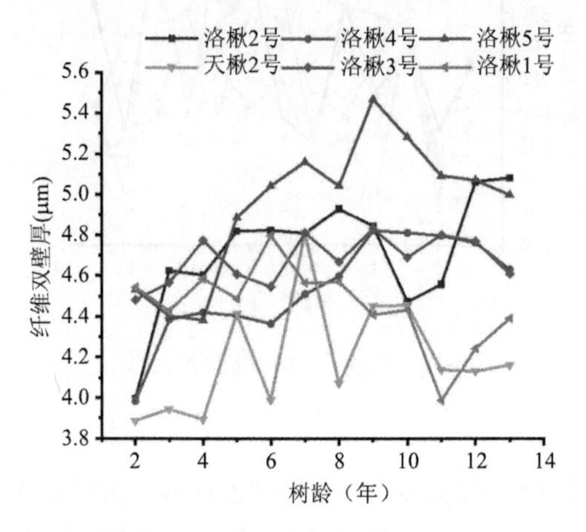

图 3-47　楸树纤维双壁厚的径向变化

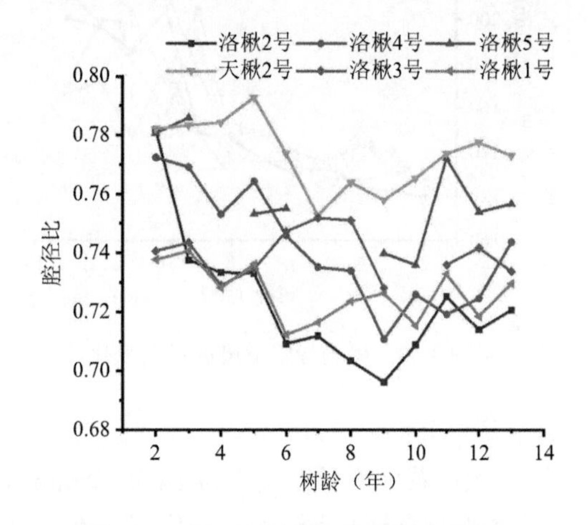

图 3-48　楸树纤维腔径比的径向变化

E. 纤维壁腔比分析

6 个楸树无性系壁腔比的平均值为 0.36，6 个楸树无性系纤维壁腔比的径向变化如图 3-49 所示，由髓心至第 9 年轮，纤维壁腔比呈现减小的趋势，第 9 年以后，纤维壁腔比呈现平稳的趋势，但整体上为减小的趋势。

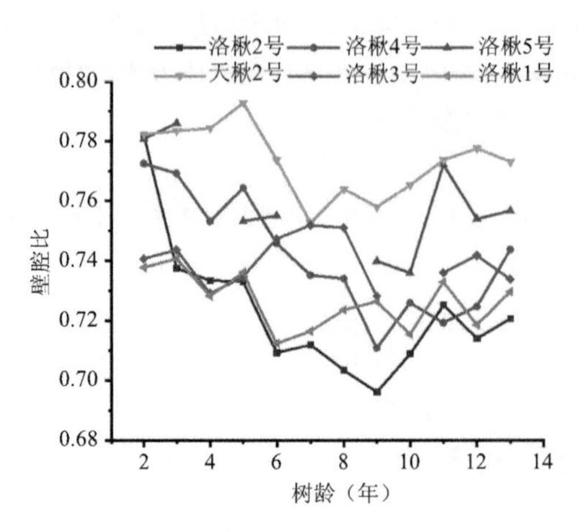

图 3-49　楸树纤维壁腔比的径向变化

2）导管形态特征

A. 导管宽度分析

根据国际木材解剖学家协会（IAWA）公布的导管宽度分级标准，导管宽度平均弦向直径可分为 4 级：小，≤50 μm；中，50～100 μm；稍大，100～200 μm；大，≥200 μm。6 个楸树无性系平均导管宽度为 147.53 μm，导管宽度属于稍大级别，导管宽度径向变化如图 3-50 所示，6 个楸树无性系导管宽度由髓心至第 8 年轮变化幅度不大，第 8 年以后有明显波动式上升的趋势。

B. 导管长度分析

6 个楸树无性系平均导管长度为 253.10 μm，导管长度径向变化如图 3-51 所示，由髓心至树皮方向，导管长度随着径向上下波动，变化规律不明显。

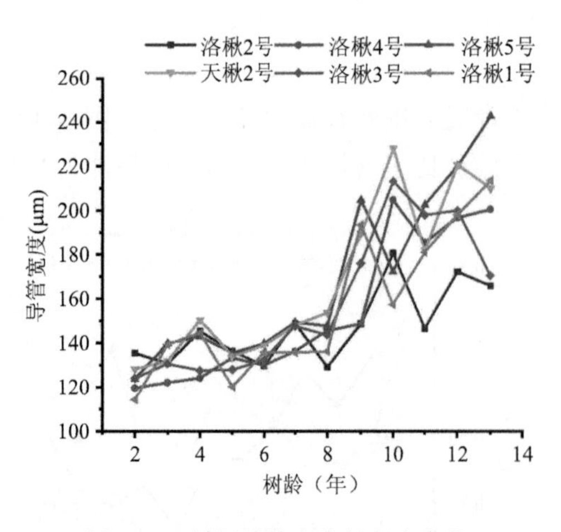

图 3-50　楸树导管宽度的径向变化

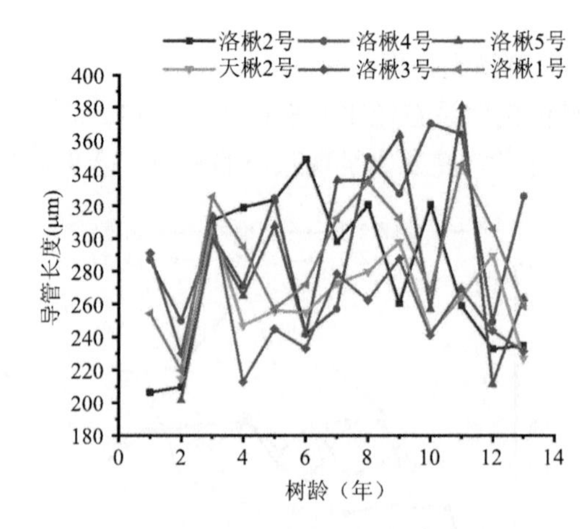

图 3-51　楸树导管长度的径向变化

C. 导管频率分析

6 个楸树无性系平均导管频率为 14.39 个/mm^2，导管频率径向变化如图 3-52 所示，由髓心至树皮方向，导管频率随着径向上下波动，变化规律不明显，且 9～13 年轮变化幅度较前几个年轮变化幅度明显变大。

3）微纤丝角

6个楸树无性系微纤丝角径向变化如图3-53所示，由髓心至树皮方向，微纤丝角随着径向上下波动，变化规律不明显。

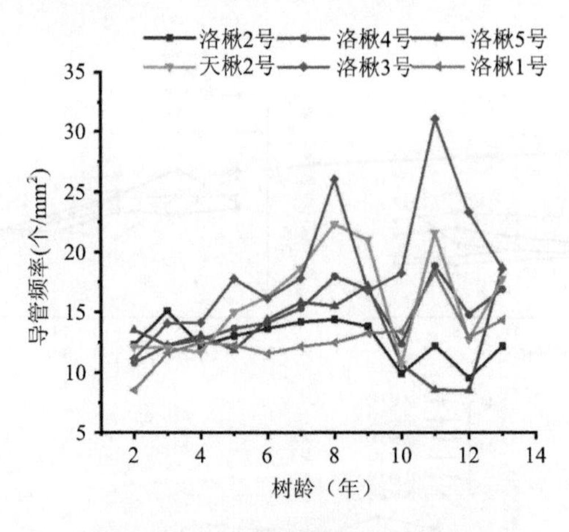

图3-52　楸树导管频率的径向变化

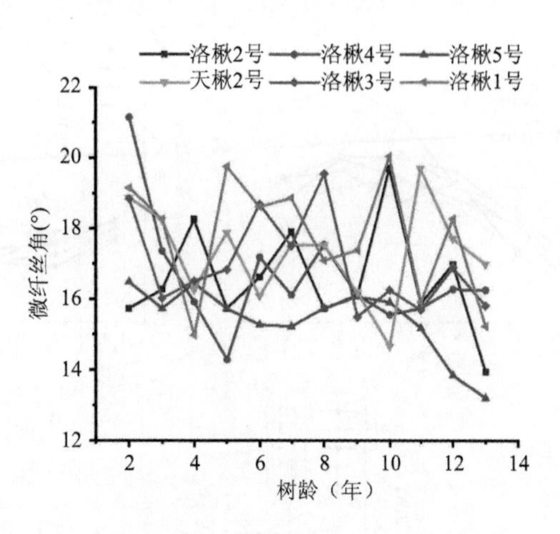

图3-53　楸树微纤丝角的径向变化

（二）楸树化学组成变异规律

1. 试验材料

1）6个楸树无性系试验地概况

试材取自甘肃省天水市甘肃林业职业技术学院的试验林场。该地地处北纬34°06′～34°48′，东经105°25′～106°43′，年均降水量在600 mm，年均日照时长2090 h，无霜期170 d以上，土壤构成主要是黄绵土和黑垆土。

2）6个楸树无性系试验材料

随机选择19棵13年生楸树进行试验研究，在树高1.3 m处切割若干圆盘作为试样，6种楸树的胸径、树高见表3-18，洛楸1号、2号、4号、5号、天楸2号各有3株，洛楸3号有4株。

表3-18　6个楸树无性系的胸径和树高

参数	洛楸1号	洛楸2号	洛楸3号	洛楸4号	洛楸5号	天楸2号
胸径（cm）	15.9	16.9	16.4	11.7	15.7	14.8
树高（m）	12.5	11.9	11.8	8.8	11.9	11.6

2. 试验方法

在树高1.3 m处取3.5 cm厚的圆盘并进行风干处理，按生长轮将原料进行分类：1～4生长轮、5～8生长轮、8生长轮以后的各计1份（因化学组成分析所需原料较多，故将8生长轮以后的原料放在一起）。将各生长轮切成火柴棒大小并磨碎，取40～60目木粉，平衡水分后测定原料化学组成含量。

3. 结果与讨论

1）6个楸树无性系苯醇抽提物含量径向变异分析

图3-54为6个楸树无性系化学组成含量径向变异。由图3-54可以看出，6个楸树无性系苯醇抽提物含量径向变异规律为：由髓心向外呈现前8生长轮上升，第8生长轮后逐渐降低的趋势。洛楸1号、洛

楸 2 号、洛楸 3 号、洛楸 4 号、洛楸 5 号、天楸 2 号苯醇抽提物含量前 8 生长轮上升幅度依次为 185.87%、108.54%、67.41%、100.32%、119.03%、72.35%，8 生长轮以上时，苯醇抽提物含量出现较小幅度降低，降低幅度与第 8 生长轮相比依次为 8.16%、2.56%、9.78%、19.84%、30.13%、24.47%。

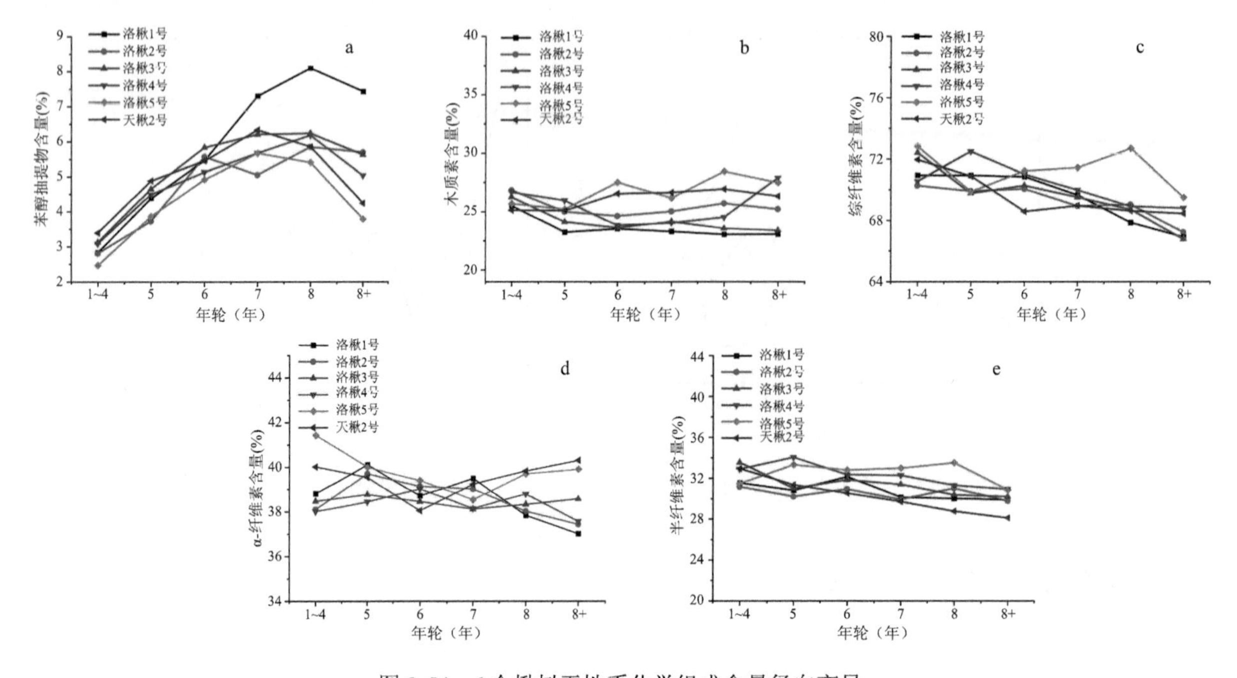

图 3-54　6 个楸树无性系化学组成含量径向变异

a. 苯醇抽提物；b. 木质素；c. 综纤维素；d. α-纤维素；e. 半纤维素

木质素含量径向变异规律为：由髓心向外，洛楸 1 号、洛楸 2 号、洛楸 3 号呈现出逐渐降低的趋势，洛楸 4 号、洛楸 5 号、天楸 2 号呈现出波动上升的趋势。综纤维素含量径向变异规律为：由髓心向外呈现逐渐降低的趋势。α-纤维素含量径向变异规律为：由髓心向外总体呈现缓慢下降的趋势，但洛楸 5 号和天楸 2 号呈现出先下降后上升的趋势。半纤维素含量径向变异规律为：由髓心向外总体呈现下降的趋势。

2）6 个楸树无性系化学组成方差分析

表 3-19 为 6 个楸树无性系化学组成方差分析。可以看出，无性系对化学组成的影响极显著（$P<0.01$）。生长轮对苯醇抽提物有极显著影响（$P<0.01$），而对其余化学组成无显著影响（$P>0.05$）。来自 F 值的研

表 3-19　6 个楸树无性系化学组成方差分析

化学组成	影响因素	离差平方和	自由度	均方	F	显著性
苯醇抽提物	无性系	53.542	5	10.708	4.789	0.000
	生长轮	73.020	5	54.604	46.24 2	0.000
木质素	无性系	595.146	5	119.029	15.61 6	0.000
	生长轮	59.067	5	11.813	1.157	0.332
α-纤维素	无性系	147.284	5	29.457	9.486	0.000
	生长轮	14.095	5	2.819	0.750	0.587
综纤维素	无性系	798.887	5	159.777	12.10 8	0.000
	生长轮	105.043	5	21.009	1.270	0.278
半纤维素	无性系	312.254	5	62.451	3.818	0.003
	生长轮	132.824	5	26.565	1.541	0.178

究结果表明，生长轮对苯醇提取物含量有很大影响，无性系对木质素含量有很大影响。不同无性系间化学特性差别很大，除苯醇抽提物外，其他化学组成含量径向变异不明显。

（三）楸木物理性质变异规律

1. 试验材料

将物理试样的 10 cm 厚原木盘一面刨光，然后在刨光的一面在不同的位置，心材、边材以及心边材都涵盖的区域，对称画出 30 mm×30 mm 的截面，在不同的位置标上不同的无性系号码以及区域号。将画好的圆盘按照截面所画解锯成 30 mm×30 mm×100 mm 的长方体试样块，然后放置在空气流通良好的地方，干燥至含水率 12%，然后进一步加工成 20 mm×20 mm×100 mm 的试样条，之后精加工成标准试样（20 mm×20 mm×20 mm），随后就可以按照国标对不同无性系不同部位的标准试样进行密度、干缩性、材色指标的测量研究。物理试样取样如图 3-55 所示，m1、m2、m3 和 m4 为靠近心材的部分，h2、h3 为靠近边材的部分。

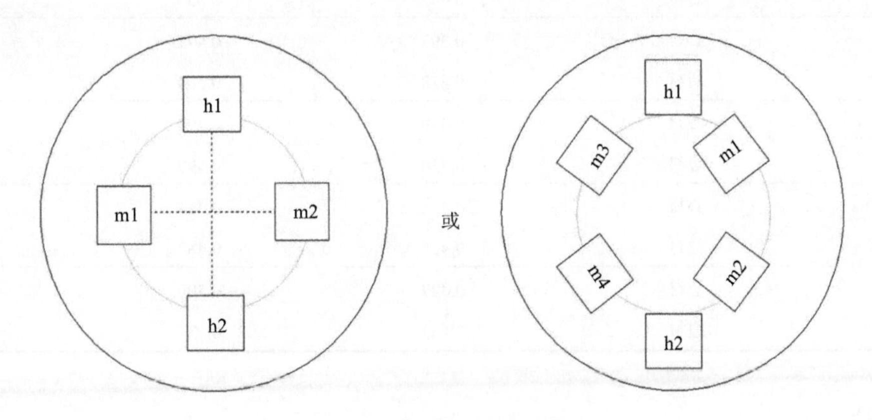

图 3-55　物理试样取样方法

2. 试验方法

1）密度和干缩性测量

测定方法同杨树部分。

2）材色的测量

试材在温度为 20℃（±2℃），相对湿度为 65%（±3%）的恒温恒湿调节箱中，含水率调为 12%后，对标准试样进行材色的测量，使用 HP-200 精密色差仪，光源为 D65 光源，有效测量口径（照明口径）φ=8 mm，标准偏差为 ΔE^*ab0.08 以内，对楸木试材按照 CIE 标准色度学标色系统进行测定，分别测量试材在弦切面和径切面的数据（L^*、a^*、b^*），其中 L^*表示明度，a^*表示红绿轴色品指数，b^*表示黄蓝轴色品指数，使用前先进行标准样品的校准以及全黑校准和全白校准，然后进行取样测量，测量试材分别按照心材、边材各测量 30 组重复数据。

3. 结果与讨论

1）密度

基本密度的平均值为 0.425 g/cm^3，根据物理力学指标分级标准，属于Ⅱ级标准。边材均比心材的基本密度高，平均基本密度的大小为天楸 2 号＞洛楸 2 号＞洛楸 1 号＞洛楸 4 号＞洛楸 3 号＞洛楸 5 号，其中天楸 2 号的平均基本密度最大，为 0.445 g/cm^3，洛楸 2 号与洛楸 1 号的平均基本密度次之，分别为 0.434 g/cm^3 和 0.433 g/cm^3（表 3-20）。

气干密度的平均值为 0.496 g/cm^3，根据物理力学指标分级标准，属于Ⅱ级标准，边材均比心材的气干密度高，平均气干密度的大小为天楸 2 号＞洛楸 2 号＞洛楸 1 号＞洛楸 4 号＞洛楸 3 号＞洛楸 5 号，其中天楸 2 号的气干密度最大，为 0.519 g/cm^3，洛楸 2 号与洛楸 1 号的气干密度次之，分别为 0.510 g/cm^{3}和 0.500 g/cm^3。

全干密度的平均值为 0.468 g/cm^3，平均全干密度的大小为天楸 2 号＞洛楸 2 号＞洛楸 1 号＞洛楸 4 号＞洛楸 3 号＞洛楸 5 号，其中天楸 2 号的全干密度最大，为 0.489 g/cm^3，洛楸 2 号与洛楸 1 号的全干密度次之，分别为 0.477 g/cm^{3}和 0.473 g/cm^3，边材均比心材的全干密度高。

表 3-20　6 个楸树无性系密度统计表（g/cm^3）

无性系	位置	基本密度	气干密度	全干密度
洛楸 1 号	心材	0.406	0.467	0.442
	边材	0.459	0.533	0.504
洛楸 2 号	心材	0.410	0.481	0.452
	边材	0.457	0.538	0.502
洛楸 3 号	心材	0.397	0.471	0.443
	边材	0.428	0.504	0.475
洛楸 4 号	心材	0.419	0.490	0.456
	边材	0.430	0.499	0.472
洛楸 5 号	心材	0.384	0.444	0.422
	边材	0.427	0.487	0.469
天楸 2 号	心材	0.427	0.500	0.470
	边材	0.463	0.537	0.507

2）干缩性质

气干径向干缩率的平均值为 1.6%，根据物理力学指标分级标准，属于Ⅰ级标准，洛楸 3 号的平均径向干缩率最大，为 1.8%，洛楸 2 号与洛楸 4 号的气干径向干缩率次之，均为 1.6%。对 6 个楸树无性系的心材、边材的干缩率进行分析后发现（表 3-21），洛楸 1 号、洛楸 5 号、天楸 2 号，边材比心材的气干径向干缩率高。

表 3-21　6 个楸树无性系干缩率统计表

无性系	位置	气干径向干缩率（%）	气干弦向干缩率（%）	气干差异干缩
洛楸 1 号	心材	1.4	2.4	1.7
	边材	1.6	2.7	1.7
洛楸 2 号	心材	1.6	2.9	1.8
	边材	1.6	2.5	1.6
洛楸 3 号	心材	1.9	3.5	2.0
	边材	1.7	3.2	1.9
洛楸 4 号	心材	1.6	2.4	1.6
	边材	1.6	2.8	1.8
洛楸 5 号	心材	1.5	3.0	2.0
	边材	1.6	2.6	1.7
天楸 2 号	心材	1.4	2.1	1.6
	边材	1.5	2.2	1.6

气干弦向干缩率的平均值为 2.7%，根据物理力学指标分级标准，属于Ⅰ级标准，洛楸 3 号的平均弦向干缩率最大，为 3.4%，洛楸 5 号与洛楸 2 号的平均气干弦向干缩率次之，分别为 2.8%和 2.7%。边材比心材的气干弦向干缩率高的有洛楸 1 号，洛楸 4 号，天楸 2 号，边材比心材的气干弦向干缩率低的有洛楸 2 号，洛楸 3 号，洛楸 5 号。

气干差异干缩的平均值为 1.8，差异干缩用 D 表示，分为三级，当 $D<1.5$ 为小，$1.5\leqslant D\leqslant 2$ 为中，$D>2$ 为大，根据分级标准，属于中等水平。洛楸 3 号的气干差异干缩最大，为 2.0，洛楸 5 号的气干差异干缩次之，为 1.9。6 个楸树无性系边材的气干差异干缩比心材的低或相等（除洛楸 4 号外）。

3）材色

材色是反映木材表面视觉和心理感觉的最为重要的特征，也是评价装饰材木制品价值的重要指标之一。CIE（1976）$L^*a^*b^*$空间与人类视觉特性关系十分密切，在 CIE（1976）$L^*a^*b^*$空间中，L^*为明度，a^*为米制（红绿轴）色度指数，b^*为米制（黄蓝轴）色度指数，ΔE^*为色差变异程度和稳定性。

在 CIE（1976）$L^*a^*b^*$空间中，L^*的大小表明木材色泽的鲜亮程度，明度越高，木材表面色度越光亮，木材的经济价值越高，明度越低，木材表面越灰暗，木材的经济价值越低。6 个楸树无性系 L^*的平均值为 63.28，属于较高明度。L^*的平均值大小为洛楸 1 号＞洛楸 5 号＞洛楸 4 号＞洛楸 3 号＞天楸 2 号＞洛楸 2 号。对材色参数的心材、边材进行分析表明（表 3-22），边材的明度值均比心材的高，这表明边材的色泽程度比心材好。

表 3-22 6 个楸树无性系材色参数的统计分析

性系	位置	L^*平均值	a^*平均值	b^*平均值	ΔE^*平均值
洛楸 1 号	心材	62.915	7.473	10.986	29.487
	边材	65.245	7.783	11.970	27.794
洛楸 2 号	心材	61.214	7.512	10.892	30.983
	边材	62.570	7.754	12.067	30.240
洛楸 3 号	心材	62.390	7.196	10.358	29.718
	边材	64.416	7.476	11.072	28.160
洛楸 4 号	心材	62.667	7.483	11.678	29.936
	边材	64.173	7.345	12.311	28.729
洛楸 5 号	心材	62.706	7.147	10.195	29.339
	边材	65.113	7.425	11.399	27.680
天楸 2 号	心材	61.915	7.522	11.392	30.579
	边材	63.982	8.236	12.829	29.361

在 CIE（1976）$L^*a^*b^*$空间中，a^*表示米制（红绿轴）色度指数，正值偏红，正值越大，木材色泽越趋红，负值偏绿，负值越大越发灰暗，木材的 a^*过高或过低都会使木材失去本色。a^*的平均值为 7.53，6 个楸树无性系的 a^*平均值大小为天楸 2 号＞洛楸 2 号＞洛楸 1 号＞洛楸 4 号＞洛楸 3 号＞洛楸 5 号。边材的 a^*均比心材的高（洛楸 4 号除外），这表明边材偏红的程度比心材高。

在 CIE（1976）$L^*a^*b^*$空间中，b^*表示米制（黄蓝轴）色度指数，正值表明木材颜色偏黄，负值表示木材颜色偏蓝，值越大表明越偏离木材本来的颜色，其体现的木材黄色调差异显著，对木材的色泽、鲜亮程度、质感有影响，影响木材的经济价值。b^*的平均值为 11.43，b^*的平均值大小为天楸 2 号＞洛楸 4 号＞洛楸 2 号＞洛楸 1 号＞洛楸 5 号＞洛楸 3 号。边材的 b*均比心材的高，这表明边材的偏黄程度比心材高。

在 CIE（1976）$L^*a^*b^*$空间中，ΔE^*表示色差变异程度和稳定性，值越大表明木材颜色变异越大，越小表明木材色泽越稳定，木材的经济价值越高。ΔE^*的平均值为 29.33，ΔE^*平均值大小为洛楸 2 号＞天楸 2 号＞洛楸 4 号＞洛楸 3 号＞洛楸 1 号＞洛楸 5 号。边材的 ΔE^*均比心材的小，这表明边材的色泽稳定性较心材部分高。

（四）楸木力学性质变异规律

1. 试验材料

本研究所用的试验材料是来自甘肃省小陇山林业实验局林业科学研究所试验林场的 6 个楸树无性系，具体信息同解剖特征变异规律部分。样木 1.5～3.5 m 树高的木段用于力学性质研究。由原木木段得到力学性质试样的制备步骤同杨木和杉木部分。不同的是，由于原木径级较小，在径向方向上只分为近树皮和近髓心两个部位。从精加工后的截面尺寸为 20 mm×20 mm 的木条上，沿纵向连续制取 1 个密度试样、1 个抗压试样和 1 个抗弯试样。最终，6 个无性系共制取密度试件约 150 个（用于近红外预测），抗弯强度试样约 200 个，顺纹抗压强度试样约 150 个。从精加工后的截面尺寸为 50 mm×50 mm 的木条上制取硬度试样，6 个无性系共制取硬度试样约 100 个。

2. 试验方法

楸木力学性质测试样品含水率平衡、所用仪器以及测试依据的国标方法同杨木和杉木。

3. 结果与讨论

1）抗弯强度

6 个楸树无性系木材的抗弯强度在 78.96～94.22 MPa，平均值为 88.40 MPa。参照木材力学指标分级标准，楸木抗弯强度等级为中级（78.5～117 MPa）（尹思慈, 1996）。不同无性系间力学性质具有一定差异，其中洛楸 3 号木材的抗弯强度最大，洛楸 4 号的最小，洛楸 2 号的居中，洛楸 5 号木材的抗弯强度次小。将木材抗弯强度较小、居中及较大的洛楸 5 号、洛楸 2 号和洛楸 3 号列于表 3-23 中，其木材抗弯强度在 82.19～94.22 MPa，平均值为 88.51 MPa。多重分析结果表明，各无性系木材的抗弯强度在 0.05 水平有显著差异（Wang et al., 2022）。

表 3-23　楸树无性系木材抗弯强度统计分析

无性系名称	平均值（MPa）	标准差（MPa）	变异系数（%）	多重比较
洛楸 3 号	94.22	11.11	11.79	a
洛楸 2 号	89.12	10.72	12.03	b
洛楸 5 号	82.19	9.83	11.95	c

注：不同小写字母表示在 $P<0.05$ 水平差异显著，下同

2）抗弯弹性模量

6 个楸树无性系木材的抗弯弹性模量在 9.99～12.05 GPa，平均值为 11.12 GPa。参照木材力学指标分级标准，洛楸 3 号木材抗弯弹性模量等级为中级（11.9～14.7 GPa），其他无性系均为低级（8.9～11.8 GPa）。6 个无性系中，洛楸 3 号木材抗弯弹性模量最大，洛楸 4 号的最小，洛楸 2 号的居中。将木材抗弯弹性模量较大、居中和较小的洛楸 3 号、洛楸 2 号和洛楸 5 号列于表 3-24 中，其抗弯弹性模量在 10.67～12.05 GPa，平均值为 11.18 GPa。多重分析结果表明，洛楸 2 号与洛楸 5 号之间差异不显著，而洛楸 3 号与其他两个无性系之间在 0.05 水平差异显著。

表 3-24　楸树无性系木材抗弯弹性模量统计分析

	平均值（GPa）	标准差（GPa）	变异系数（%）	多重比较
洛楸 3 号	12.05	0.95	7.92	a
洛楸 2 号	10.82	0.90	8.27	b
洛楸 5 号	10.67	1.01	9.47	b

3）顺纹抗压强度

6 个楸树无性系木材的顺纹抗压强度在 55.54～62.02 MPa，平均值为 59.06 MPa。参照木材力学指标分级标准，其木材顺纹抗压强度属于甚高级（55.0～82.3 MPa）。6 个无性系中，与上述楸木抗弯性能变异规律相同，在木材的顺纹抗压强度方面也表现为，洛楸 3 号木材的最大，洛楸 4 号的最小，洛楸 2 号的居中。将洛楸 3 号、洛楸 2 号和洛楸 5 号的顺纹抗压强度列于表 3-25 中，其顺纹抗压强度在 56.46～62.02 MPa，平均值为 59.38 MPa。3 个无性系间的顺纹抗压强度在 0.05 水平差异显著（Wang et al., 2022）。

表 3-25　楸树无性系木材顺纹抗压强度统计分析

	平均值（MPa）	标准差（MPa）	变异系数（%）	多重比较
洛楸 3 号	62.02	4.45	7.18	a
洛楸 2 号	59.65	3.30	5.54	b
洛楸 5 号	56.46	4.66	8.26	c

4）硬度

洛楸 4 号由于其胸径较小，不能制取国标硬度试样。其余 5 个楸树无性系平均硬度在 2804～3603 N。参照木材力学指标分级标准，除了洛楸 5 号木材硬度为甚低级（＜2940 N），其余 4 个楸树无性系木材硬度为低级（2950～4900 N）。5 个无性系中，其木材硬度表现为洛楸 3 号的最大，洛楸 5 号的最小，洛楸 2 号居中。将洛楸 2 号、洛楸 3 号和洛楸 5 号的硬度列于表 3-26 中。多重分析结果表明，3 个无性系间的平均硬度在 0.05 水平差异显著（Wang et al., 2022）。

表 3-26　楸树无性系木材硬度统计分析

	洛楸 3 号		洛楸 2 号		洛楸 5 号	
	平均值±标准差（N）	变异系数（%）	平均值±标准差（N）	变异系数（%）	平均值±标准差（N）	变异系数（%）
横切面	4474±290a	6.49	3822±460b	12.05	3458±261c	7.55
径切面	3327±286a	8.60	3005±250b	8.32	2596±278c	10.73
弦切面	3008±411a	13.66	3039±342a	11.27	2358±211b	8.95
平均硬度	3603±228a	6.34	3289±300b	9.20	2804±203c	7.23

注：同行不同字母表示在 $P < 0.05$ 水平差异显著

对比分析了各楸树无性系木材 3 个切面的硬度，发现楸树无性系木材不同切面硬度大小规律为横切面硬度＞径切面硬度＞弦切面硬度。5 个无性系中，横切面硬度分布范围为 3458～4474 N，径切面硬度分布范围为 2596～3327 N，弦切面硬度分布范围为 2358～3039 N。平均硬度最高的洛楸 3 号，其横切面硬度和径切面硬度均为最高，分别为 4474 N 和 3327 N，平均硬度居中的洛楸 2 号，其弦切面硬度最高，为 3039 N，平均硬度最低的洛楸 5 号，其三个切面的硬度均为最低，分别为 3458 N、2596 N 和 2358 N（表 3-26）。整体看来，在 5 个楸树无性系中，洛楸 3 号的硬度性能较优，抵抗刚体压入的能力最好。

5）力学性质径向部位变化规律

因 13 年生楸木径级较小，在径向部位只能取到靠近髓心部位和靠近树皮部位的力学性质试样，也称为内部和外部。对 6 个楸树无性系木材的径向内外不同部位的力学性质进行了对比。从统计的各项指标平均值来看，6 个楸树无性系中，其木材抗弯强度、抗弯弹性模量和顺纹抗压强度，在靠近树皮和靠近髓心处均表现出相似的变异规律，即近树皮处抗弯强度、抗弯弹性模量和顺纹抗压强度值均大于近髓心处的对应值。

选取力学性质较优的洛楸 3 号，力学性质居中的洛楸 2 号和力学性质较差的洛楸 5 号，作其抗弯强度、抗弯弹性模量和顺纹抗压强度径向变异图（图 3-56），也可以直观地观察到各无性系木材外部的力学性质优于内部。

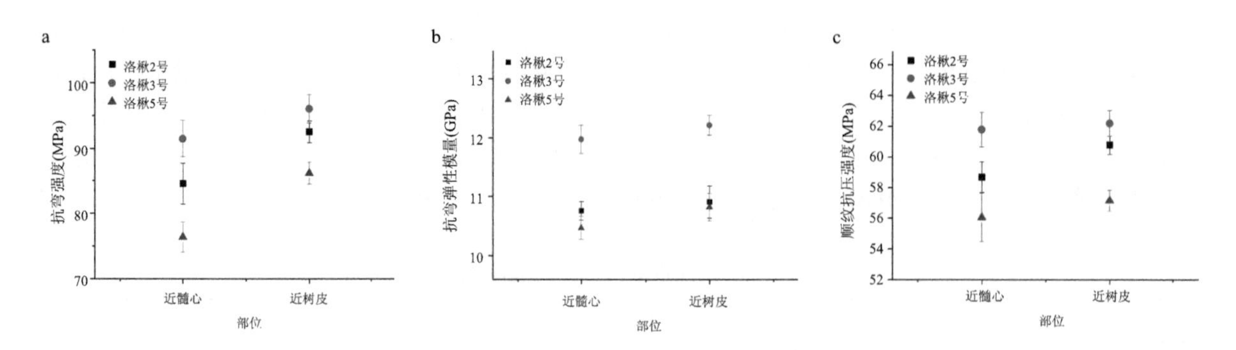

图 3-56　楸树无性系木材抗弯强度（a）、抗弯弹性模量（b）和顺纹抗压强度（c）径向变异

其中洛楸 2 号、洛楸 3 号和洛楸 5 号近树皮部位的抗弯强度相较于近髓心部位分别提高了 9.46%、5.00%和 16.02%，且方差分析结果显示内外径向部位抗弯强度均表现为差异显著。其木材抗弯弹性模量和顺纹抗压强度近树皮部位与近髓心部位均无显著性差异。分析认为，由于本研究采集的楸树为 13 年生，胸径相对而言较小，因此，其径向部位力学性质表现出近树皮处大于近髓心处，但二者抗弯弹性模量和顺纹抗压强度差异不大。

另外，综合分析了洛楸 2 号、洛楸 3 号和洛楸 5 号 3 个楸树无性系木材各力学性质之间的相关性，列出了不同力学性质之间的相关系数（表 3-27）。结果表明，不同力学性质均在 0.01 水平呈显著正相关关系，各力学性质间相关性较高。其中，抗弯强度与抗弯弹性模量的相关性最高，达到 0.99，抗弯强度与硬度的相关性最低，相关系数为 0.94，抗弯强度与顺纹抗压强度，抗弯弹性模量与硬度的相关性居中，相关系数相同，均为 0.95，顺纹抗压强度与硬度的相关性也较高，相关系数为 0.98。

表 3-27　楸树无性系木材不同力学性质间的相关关系

	抗弯强度	抗弯弹性模量	顺纹抗压强度	硬度
抗弯强度	1	0.99**	0.95**	0.94**
抗弯弹性模量		1	0.96**	0.95**
顺纹抗压强度			1	0.98**
硬度				1

**表示相关性极显著（$P<0.01$）

本研究所选取的 6 个楸树无性系木材的抗弯强度和顺纹抗压强度按照木材材性分级标准来说已达到中级以及甚高级。将本研究中楸树无性系与优良无性系宛楸 8401、国内生产广泛应用的优良楸树品种金丝楸以及天然林楸木进行对比，发现 13 年生的 6 个楸树无性系木材抗弯强度均低于 21 年生宛楸 8401（102 MPa）和 21 年生金丝楸（114 MPa），高于 75 年生的天然林楸木（77.7 MPa），木材顺纹抗压强度也是均低于宛楸 8401（110 MPa）和金丝楸（124 MPa），高于 74 年生的天然林楸木（46.6 MPa），但木材抗弯弹性模量均高于宛楸 8401（9.18 GPa）、金丝楸（9.19 GPa）和天然林楸木（7.95 GPa）。将目前已有的切面硬度进行对比，发现力学强度较高的洛楸3号的横切面硬度高于宛楸8401（3396 N）和金丝楸（3843 N），径切面硬度也高于宛楸8401（2933 N）和金丝楸（3305 N），但其弦切面硬度低于宛楸8401（3139 N）和金丝楸（3524 N）（麻文俊等, 2013; 吴玮, 2015）。总体来看，本研究中的13年生6个楸树无性系中，除了洛楸4号和洛楸5号的力学性质居中，其余4个楸树无性系均具有较为优良的力学性质。

比较本研究中的各无性系间力学性质，认为洛楸3号为6个无性系中力学性质最为优良的楸树无性系。楸树无性系木材在径向方向上，近树皮部位的抗弯强度和顺纹抗压强度值高于近髓心部位，这与杨木和无梗花栎（*Quercus petraea*）中径向上力学性质的变化规律一致（Jia et al., 2021; Merela and Cufar, 2014）。但由于其生长相对较慢，径级较小，其抗弯弹性模量和顺纹抗压强度在径向差异不大。另外，发现楸树无性系木材不同的力学性质之间均有正相关关系。这些研究结果将为楸树无性系的优选以及木材高效利用提供一定的理论基础。

（五）楸树品质性状遗传变异规律

1. 品质性状重复力

针对楸树6个无性系木材在不同年轮位置的解剖、化学和物理材性性状数据，分别采用DPS软件和SPSS软件进行遗传参数的估算，获得楸树6个无性系材性性状的无性系重复力。由图3-57可知，楸树导管直径的无性系重复力随年轮增长总体呈上升趋势，导管直径、木射线高度、木射线宽度和纤维长度在第9年轮之后均处于较高水平且呈现缓慢下降状态，在第10～11年轮达到最大值。弦向腔径比的无性系重复力在前4年轮处于较高值。径向双壁厚、径向壁腔比、径向腔径比的无性系重复力均在第10年轮呈现下降趋势，弦向壁腔比的无性系重复力在第9年轮位置出现下降趋势。年轮宽度的无性系重复力在第2年轮最大，微纤丝角的无性系重复力在第10年轮最大。导管比量、薄壁细胞比量和纤维比量的无性系重复力在第10～13年轮处于较大值，而木射线比量处于较小值，其中薄壁细胞比量的无性系重复力在第3年轮之后均处于较高水平。

由图3-57e可知，苯醇抽提物含量的无性系重复力随年轮增长呈上升趋势。木质素含量的无性系重复力在第1～4年轮最低，第8年轮最高。综纤维素含量和α-纤维素含量的无性系重复力有相似趋势，在第1～6年轮呈下降趋势。由图3-57f可知，除了边材气干体积干缩率和心材气干密度的无性系重复力外，其余物理性状的无性系重复力均大于0.5。

2. 不同无性系品系选优

通过对6种楸木化学特性径向变异规律的研究与分析，径向变异规律为：由髓心向外，苯醇抽提物含量先增加后降低；综纤维素和半纤维素含量逐渐降低；α-纤维素含量逐渐增加；木质素含量先降低后趋于平缓。方差分析结果表明，无性系对各化学特性影响均为极显著；生长轮对苯醇抽提物含量影响极显著，而对其余化学成分含量无显著影响。研究结果初步认为，洛楸3号苯醇抽提物、综纤维素含量较高，作为家具用材较佳，根据径向变异规律分析，轮伐期可以选择在7～8年。

四、本节小结

10个杨树无性系木材自髓心至树皮径向变异规律表现为年轮宽度呈先增加后减小的变化趋势，纤维长度和导管长度呈增加趋势，微纤丝角呈减小趋势，其他解剖特征呈波动变化趋势。南杨和中辽1号杨综纤维素和α-纤维素含量较高，苯醇抽提物和木质素含量少，且变异系数较小。不同无性系密度和干缩率呈不同的变化趋势。各个无性系木材抗弯强度、抗弯弹性模量以及顺纹抗压强度由髓心向外均呈增加的趋势，即呈现边材力学性质高于心材的规律。河南焦作杨树无性系中南杨的力学性质值均为最大，辽

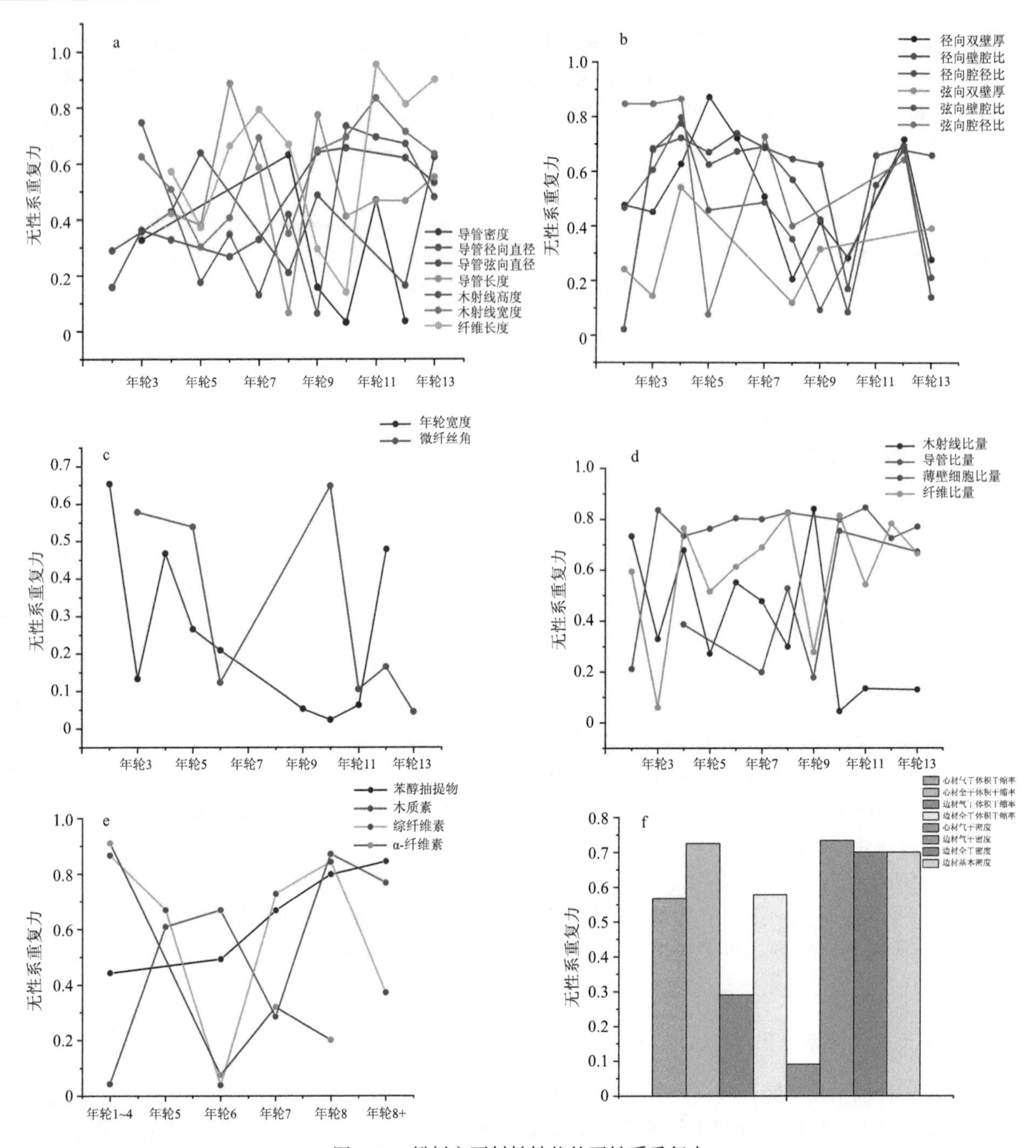

图 3-57　楸树主要材性性状的无性系重复力

宁绥中杨树无性系中，中辽 1 号杨力学性质值均高于渤丰 1 号杨。全干密度、基本密度、综纤维素、径向-细胞直径和径向-细胞腔径的重复力达 0.8 以上。无性系重复力存在径向差异，随着年轮的增大，物理性能变化幅度最小，全干密度和基本密度相对稳定。依据各杨树无性系木材品质性状特征，优选出河南焦作南杨，辽宁绥中中辽 1 号杨为较优品系。

6 个杉木无性系自髓心至树皮径向变异规律表现为早材和晚材管胞长度呈增加趋势，早材和晚材微纤丝角呈减小趋势，其他解剖特征呈波动变化趋势。开林 24 的苯醇抽提物、木质素含量较高，苯醇抽提物、木质素、α-纤维素含量变异系数最小。不同无性系密度和干缩率呈不同的变化趋势。杉木抗弯强度、抗弯弹性模量和顺纹抗压强度在径向上均呈增加趋势，其边材力学性质高于心材。20 年生开林 24 和开化 13 的各力学性质均较好，10 年生的洋 020 具较好的力学性质。6 个无性系材性性状无性系重复力参数差别明显，纤维长度、弹性模量、全干密度等 6 个性状重复力达到 0.7 以上，其中纤维长度重复力达到

0.8 以上。无性系重复力存在径向差异，随着年轮的增大，力学和物理的指标性状均比较稳定，且受较强遗传控制。依据各杉木无性系木材品质性状特征，优选出浙江开化开林 24，福建南平洋 020 为较优品系。

6 个楸树无性系木材自髓心至树皮径向变异规律表现为纤维长度呈增加趋势，其他解剖特征呈波动变化趋势。洛楸 3 号苯醇抽提物、综纤维素含量较高，化学组成径向变异较小。边材比心材密度高，不同无性系心材和边材干缩率呈不同的变化趋势，边材的明度值，偏红、偏黄的程度，色泽稳定性比心材高。木材的抗弯强度、抗弯弹性模量和顺纹抗压强度自髓心向外均呈现增加趋势，洛楸 3 号各项力学性质较优。除了边材气干体积干缩率和心材气干密度的无性系重复力外，其余物理性状的无性系重复力均大于 0.5。依据各楸树无性系木材品质性状特征，优选出甘肃天水洛楸 3 号为较优品系。

第二节 木材典型品质性状相关的细胞壁组分发育动态与快速检测新方法

本节分析了杨树木质部发育过程中的细胞形态结构和细胞壁成分，探究了外源激素对杨树细胞壁发育动态的影响，研究了杉木应压木细胞壁形态和主要代谢成分的变化，实现了木材细胞壁主要成分的原位检测，以及木材物理与力学性质的近红外光谱快速预测，构建了木材化学组分拉曼光谱预测模型。

一、杨树不同无性系木质部发育的细胞形态结构比较

1. 试验材料

选取生长于河北廊坊（北纬 39°18′32″，东经 116°30′43″）的 6～8 年生人工林杨树无性系中林 46 杨和 107 杨为试材，2019 年 7 月和 12 月分别采集包含形成层、未成熟木质部、成熟木质部的样品块（5 mm×2 mm×2 mm），立即投入含有 2.5%戊二醛及 2%多聚甲醛的固定液中[0.1 mol/L, pH 7.2 的磷酸缓冲液（PBS）]，抽气 5 min 使固定液充分进入材料内部，4℃保存。

2. 试验方法

取出样品块，用 0.1 mol/L pH 7.2 的 PBS 洗涤 4 次，经乙醇梯度脱水（30%、50%、60%、70%、80%、90%、100%），采用 Spurr 树脂包埋。利用超薄切片机（Leica RM2265, 德国）切取 4 μm 厚的切片，经过 1%甲苯胺蓝染色，对形成层以及木质部的细胞进行观察。纤维细胞径向壁的厚度测量使用图像分析软件 Image J。为分析细胞壁成熟过程中纤维细胞壁厚度的变化，我们选取 7 月采集的样品，对距形成层 650 μm 以内的纤维细胞细胞壁厚度进行测量，以细胞壁厚为纵坐标，以距形成层的距离为横坐标作图。

纤维细胞直径、导管直径、胞壁率和单位面积导管数均选择 12 月采集的样品进行统计。每个样本至少分析三张图片，每张图片统计不少于 100 个细胞。胞壁率使用图像分析软件 Image J 按照如下方法进行测定。打开图像并改为 8bit。然后使用 Image>Adjust>Threshold。随后，进入 Analyze>Set Measurements，选择 Area、Area fraction 和 Limit to Threshold，单击 Analyze 下拉菜单中的 Measurement 测量单位面积中细胞壁的百分比。此外，固定样品经乙醇梯度脱水后，通过临界点干燥仪（DCP-1，美国）干燥，离子溅射仪（Denton DESK Ⅱ，美国）镀金，在扫描电子显微镜（Hitachi SU010，日本）下进行观察。

3. 结果与讨论

1）杨树不同无性系木质部的显微结构比较

对 7 月和 12 月采集的中林 46 杨和 107 杨两个杨树无性系茎横切面进行甲苯胺蓝染色与观察，图 3-58a 为样品块与切片方向示意图，从图 3-58 b～e 可以看出，7 月采集的 107 杨形成层由 8 层或 9 层细胞组成，少于中林 46 杨（10 层或 11 层细胞）。12 月采集的两个杨树无性系形成层细胞层数相似。通过统计木质

部发育过程中距形成层不同距离的木纤维细胞细胞壁厚度，我们发现107杨细胞壁增厚的速度要快于中林46杨（图3-58f）。

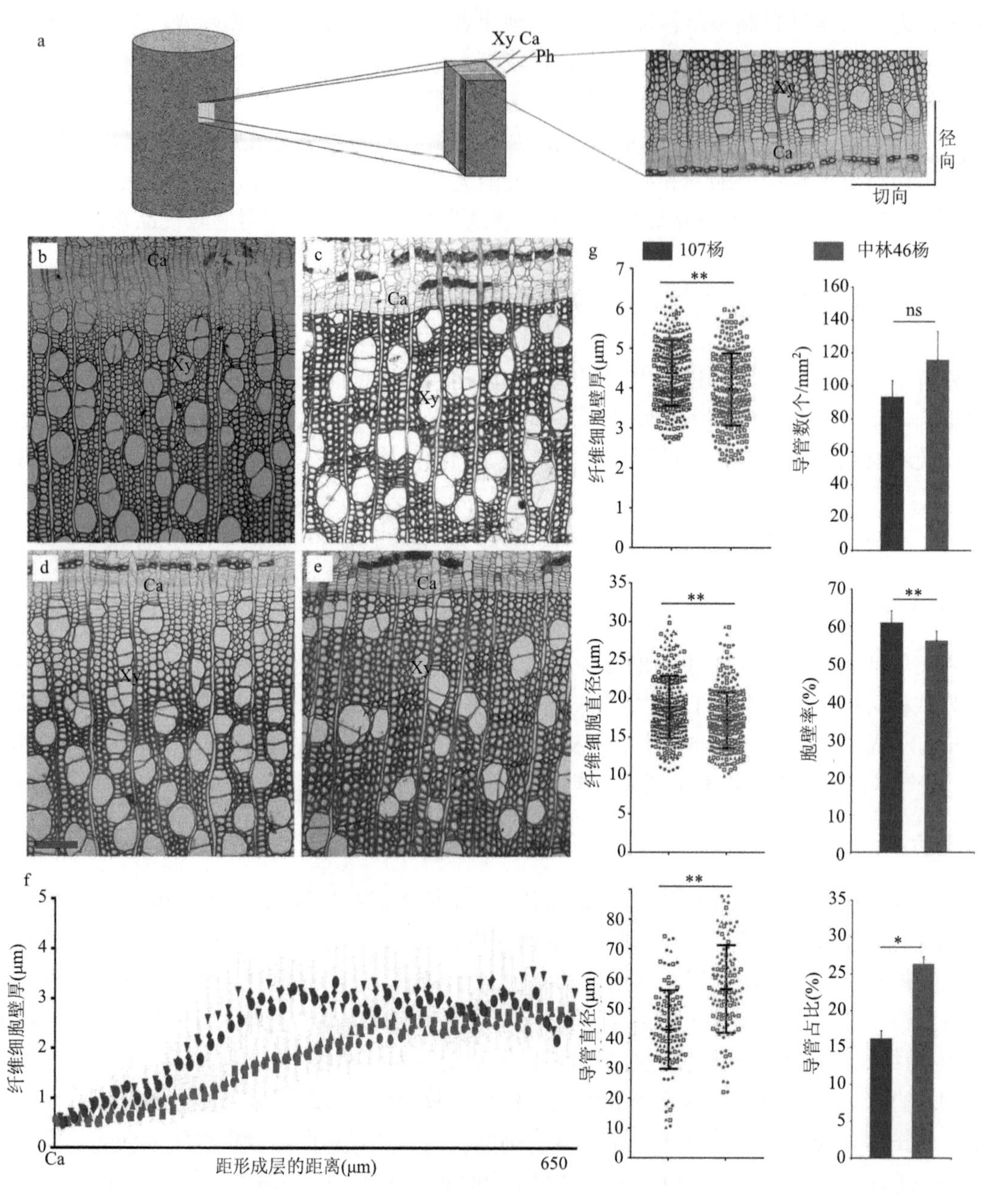

图3-58　中林46杨与107杨显微结构的比较（Sun et al., 2021）

a. 样品块与切片方向示意图；b. 7月采集的中林46杨茎横切面；c. 12月采集的中林46杨茎横切面；d. 7月采集的107杨茎横切面；e. 12月采集的107杨茎横切面；f. 木质部细胞成熟过程中的纤维细胞壁厚，蓝色代表107杨，红色代表中林46杨；g. 两个杨树无性系的解剖特征比较。*，$P<0.05$；**，$P<0.01$；ns，不显著。三角形、矩形和圆形代表不同的生物学重复。Ph，韧皮部；Ca，形成层；Xy，木质部；标尺为100 μm

进一步对12月成熟木质部样品进行统计，结果如图3-58g所示，107杨纤维细胞壁厚为（4.37±0.89）μm，而中林46杨为（3.99±0.97）μm；107杨纤维细胞直径为（18.84±4.16）μm，中林46杨为（17.13±3.76）μm，107杨的纤维细胞壁厚以及纤维细胞直径均显著高于中林46杨。107杨木质部导管数量为（93±10）个/mm^2，中林46杨则为（116±17）个/mm^2，两者无显著差异。107杨的导管直径为（43.39±13.19）μm，显著小于中林46杨的（57.25±15.43）μm。此外，107杨的胞壁率为（61.10±3.17）%，显著高于中林46杨[（56.31±2.59）%]。

2）杨树不同无性系木质部的扫描电镜研究

通过扫描电子显微镜对两个杨树无性系茎横切面进行成像，如图 3-59 所示，7 月采集的中林 46 杨和 107 杨茎横切面紧邻形成层细胞的纤维细胞细胞壁较薄，随着离形成层距离的增加，细胞壁逐渐增厚（图 3-59a、c）。12 月采集的中林 46 杨和 107 杨，其木质部纤维细胞细胞壁明显增厚（图 3-59b、d），107 杨成熟木质部纤维细胞细胞壁略厚于中林 46 杨（图 3-59 e～j）。

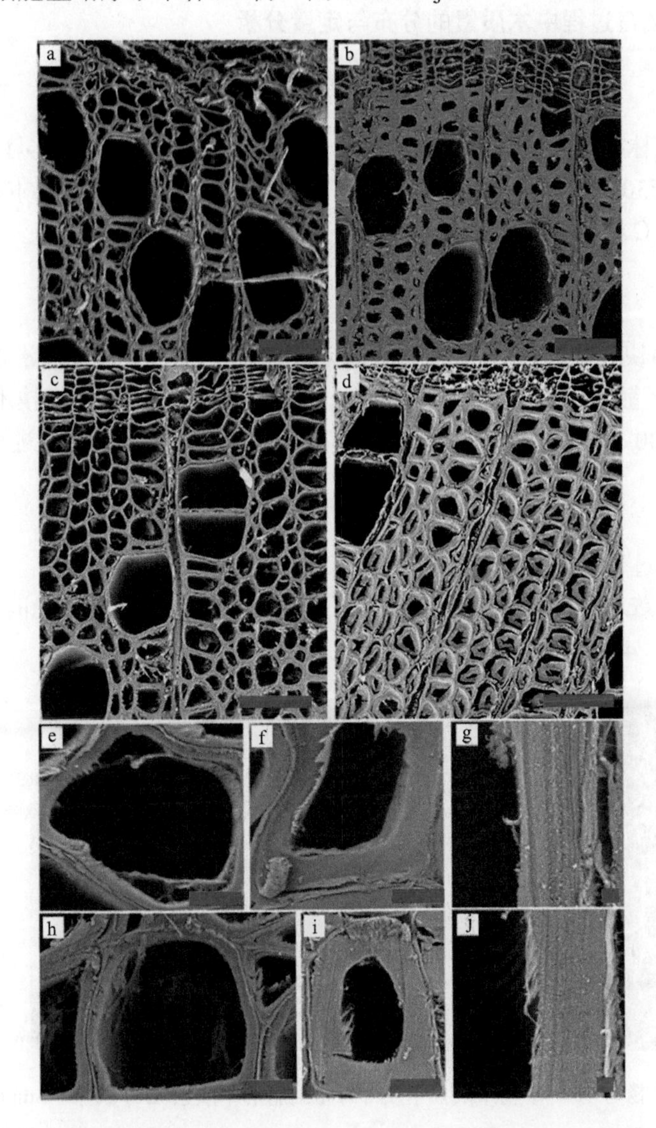

图 3-59　中林 46 杨和 107 杨茎横切面及木质部纤维细胞的扫描电镜成像

a. 7 月采集的中林 46 杨茎横切面；b. 12 月采集的中林 46 杨茎横切面；c. 7 月采集的 107 杨茎横切面；d. 12 月采集的 107 杨茎横切面；e. 7 月采集的中林 46 杨木质部纤维细胞；f. 12 月采集的中林 46 杨木质部纤维细胞；g. 中林 46 杨成熟木质部纤维细胞细胞壁；h. 7 月采集的 107 杨木质部纤维细胞；i. 12 月采集的 107 杨木质部纤维细胞；j. 107 杨成熟木质部纤维细胞细胞壁。 a、b、c 和 d 标尺为 50 μm；e、f、h 和 i 标尺为 5 μm；g，j 标尺为 1 μm

通过对木材品质性状不同的两个无性系（中林 46 杨和 107 杨）茎横切面的显微结构进行比较，发现 107 杨木质部成熟过程中，纤维细胞细胞壁增厚的速度要快于中林 46 杨，表明与中林 46 杨相比，107 杨木质部发育更快。在成熟木质部细胞中，107 杨木质部纤维细胞壁厚、纤维直径、胞壁率均显著高于中林 46 杨，而导管直径明显小于中林 46 杨，木质部导管数量在两个无性系中无明显差异。作为主要的纸浆材料，细胞显微结构特征如纤维细胞壁厚、纤维直径、胞壁率等是制浆造纸行业的重要影响因素，如较高的胞壁率意味着较高的木材密度，而木材密度与硬度、运输、机械加工以及干燥等性能密切相关（Li et al., 2018b）。因此，中林 46 杨和 107 杨显微结构上的差异，为进一步了解和利用这两个杨树无性系提供了基础。

二、杨树木质部发育不同阶段的细胞壁成分分析

（一）杨树木质部发育过程中木质素的分布与定量分析

1. 试验材料

选取 6～8 年生人工林杨树无性系中林 46 杨和 107 杨为试材，2019 年 7 月和 12 月于河北廊坊（北纬 39°18′32″，东经 116°30′43″）分别采集包含形成层、未成熟木质部、成熟木质部的样品块（30 mm×5 mm×5 mm），保存于 4℃。

2. 试验方法

将保存于 4℃的样品块取出，利用滑动切片机（Leica SM 2010R）将样品块沿茎横切面方向切成 40 μm 厚的切片。采用受激拉曼散射（stimulated Raman scattering, SRS）显微成像技术，将泵浦光束的波长设置为 926.5 nm，采集 1600 cm^{-1} 的受激拉曼信号进行成像，使用 Image J 软件进行图像处理分析。

3. 结果与讨论

1）杨树木质部发育过程中木质素分布的动态变化

如图 3-60 所示，随着木质部的成熟，木质化首先从细胞角隅开始，在胞间层也有沉积。同时，107 杨的木质素含量高于中林 46 杨（图 3-60 a～d）。

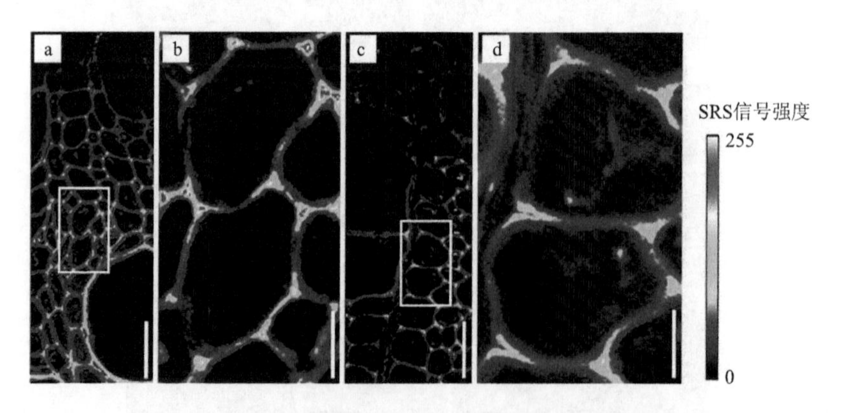

图 3-60　107 杨与中林 46 杨未成熟木质部纤维细胞的木质素 SRS 成像（Sun et al., 2021）

a、b. 107 杨未成熟木质部纤维细胞在 1600 cm^{-1} 的 SRS 图像；c、d. 中林 46 杨未成熟木质部纤维细胞在 1600 cm^{-1} 的 SRS 图像。a、c 标尺为 50 μm；b、d 标尺为 10 μm；b 图和 d 图分别为 a 图和 c 图白框中细节放大图

2）杨树成熟木质部木质素的定量分析

利用图像定量分析方法，发现两个无性系成熟木质部纤维细胞中的木质素均为角隅处最高，其次为胞间层、次生壁；细胞壁木质素的 SRS 信号强度在 107 杨中高于中林 46 杨（图 3-61 a～f）。

利用 Image J 软件绘制了木质素信号强度的直方图，107 杨木质素信号强度分布在 10～240，而中林 46 杨信号强度分布在 10～180。表明 107 杨木质素沉积量较高。通过进一步计算两个杨树无性系木质部细胞壁木质素信号的平均强度，我们发现 107 杨成熟木质部纤维细胞壁的平均木质素信号强度显著高于中林 46 杨（图 3-61h）。

通过对中林 46 杨与 107 杨两个无性系木质部发育过程中纤维细胞细胞壁木质素沉积量的分析，发现木质素在纤维细胞的角隅沉积明显，随木质部的成熟，木质素沉积量增多，在胞间层以及次生壁均有

分布，这与前人的研究结果一致（Gierlinger and Schwanninger, 2006）。通过对中林46杨与107杨两个无性系成熟木质部细胞细胞壁木质素进行SRS成像，结合图像定量分析，发现107杨木质素含量显著高于中林46杨。

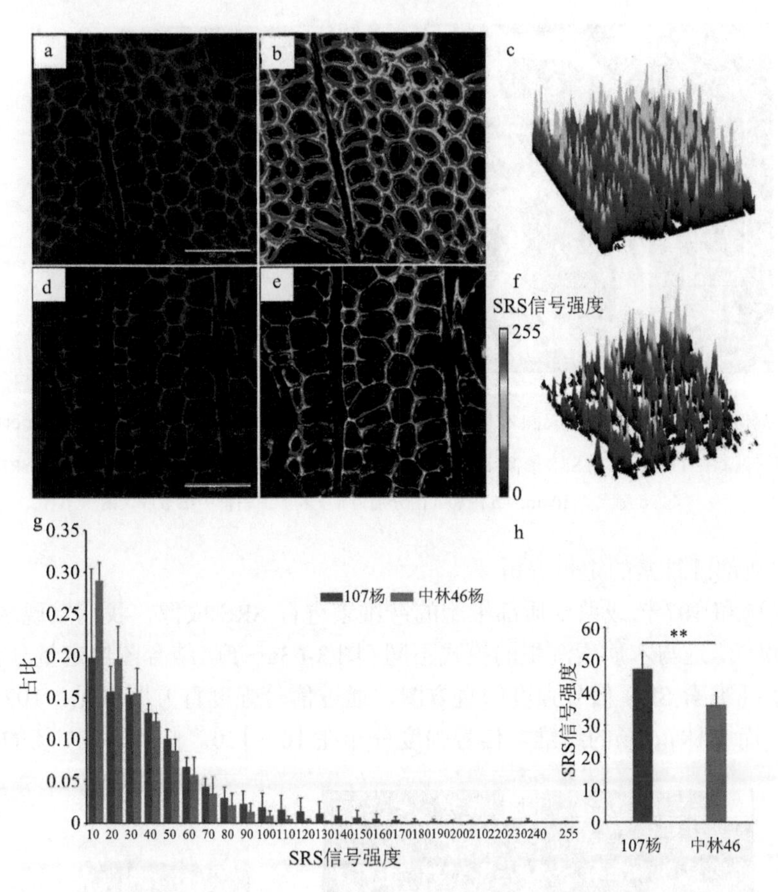

图3-61　中林46杨和107杨成熟木质部细胞木质素的定量分析（Sun et al., 2021）

a. 107杨在1600 cm^{-1}的SRS图像；b. a图的彩虹图；c. a图的3D图；d. 中林46杨在1600cm^{-1}的SRS图像；e. d图的彩虹图；f. d图的3D图；g. a图与d图的SRS信号强度直方图；h. 两个杨树无性系木质部细胞木质素信号的平均强度。**代表$P<0.01$。标尺为50 μm

（二）杨树木质部发育过程中纤维素的分布与定量分析

1. 试验材料

试验材料同“杨树木质部发育过程中木质素的分布与定量分析”。

2. 试验方法

将保存于4℃的样品块取出，利用滑动切片机（LeicaSM 2010R）将样品块沿茎横切面方向切成40 μm厚的切片。采用SRS成像系统，将泵浦光束的波长设置为885.5 nm，收集1100 cm^{-1}的受激拉曼信号进行成像，使用Fiji（Image J）软件进行图像处理分析。图像处理方法同“杨树木质部发育过程中木质素的分布与定量分析”。

3. 结果与讨论

1）杨树木质部发育过程中纤维素分布的动态变化

通过分析两个杨树无性系未成熟木质部纤维素SRS信号的强度，发现纤维素信号在初生细胞壁和胞间层中较强。在中林46杨中，纤维素更多地分布在切向细胞壁中，而在107杨中，纤维素更多地分布在径向细胞壁中（图 3-62a～d）。因此，木质部发育过程中纤维素的沉积可能不是同时进行的，不同的杨树无性系中，纤维素优先沉积在不同的细胞壁上，如沉积于径向或切向细胞壁上。此外，107 杨中的纤维素信号比中林 46 杨的纤维素信号更早地包裹了整个细胞。

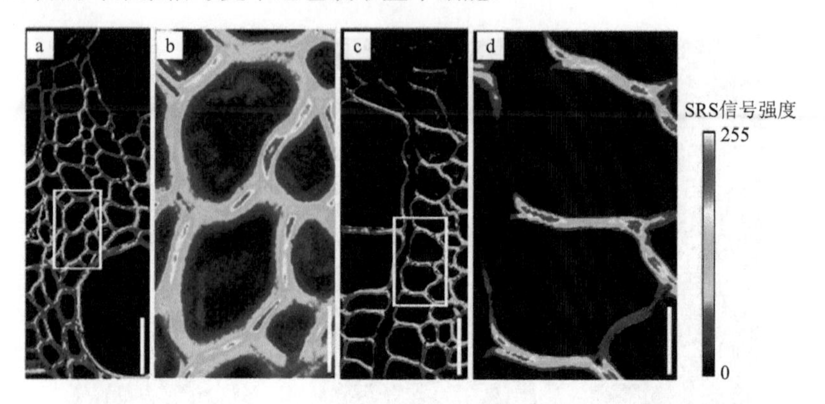

图 3-62　中林 46 杨与 107 杨未成熟木质部纤维细胞的纤维素 SRS 成像（修改自 Sun et al., 2021）

a、b. 107 杨未成熟木质部纤维细胞在 1100 cm^{-1} 的 SRS 图像；c、d. 中林 46 杨未成熟木质部纤维细胞在 1100 cm^{-1} 的 SRS 图像。a、c 标尺为 50 μm；b、d 标尺为 10 μm；b 图和 d 图分别为 a 图和 c 图白框中细节放大图

2）杨树成熟木质部纤维素的定量分析

通过对中林 46 杨和 107 杨成熟木质部细胞的纤维素进行 SRS 成像，我们发现木质部纤维细胞细胞壁角隅纤维素含量很低，这与木质素沉积的模式不同（图 3-63a～f）。结合图像定量分析方法，利用 Image J 软件，我们绘制了纤维素 SRS 信号强度的直方图，通过信号强度直方图可见：107 杨的纤维素信号强度分布在 10～130，而中林 46 杨的纤维素信号强度分布在 10～120。此外，107 杨的高强度信号所占比

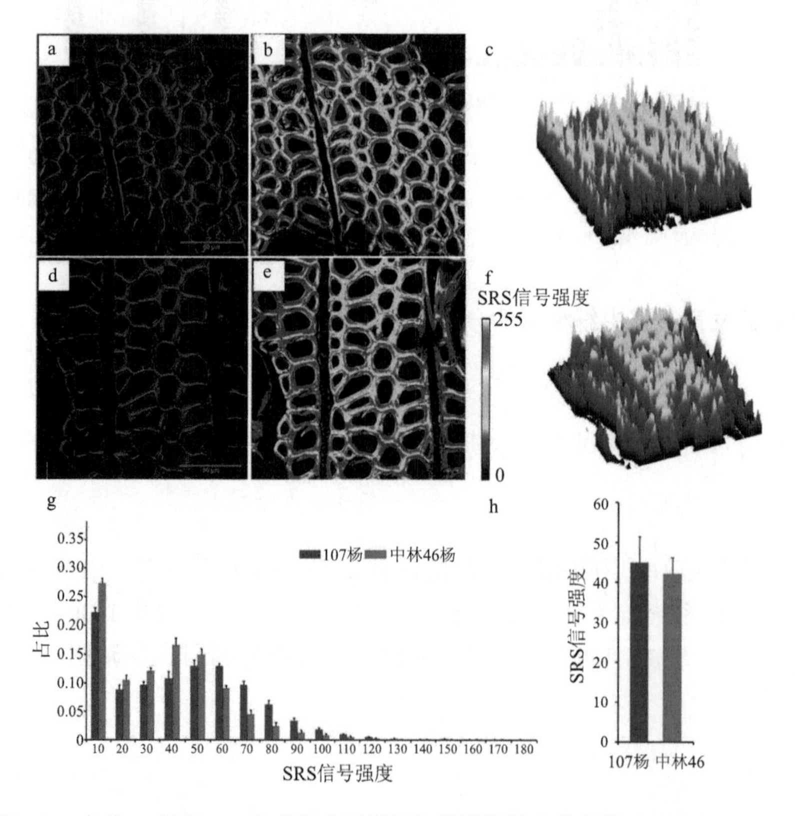

图 3-63　中林 46 杨和 107 杨成熟木质部细胞纤维素的定量分析（Sun et al., 2021）

a. 107 杨在 1100 cm^{-1} 的 SRS 图像；b. a 图的彩虹图；c. a 图的 3D 图；d. 中林 46 杨在 1100 cm^{-1} 的 SRS 图像；e. d 图的彩虹图；f. d 图的 3D 图；g. a 图与 d 图的 SRS 信号强度直方图；h. 两个杨树无性系木质部细胞纤维素信号的平均强度。标尺为 50 μm

例高于中林 46 杨（图 3-63g）。然而，当对两个杨树无性系木质部细胞纤维素平均强度进行统计后发现，虽然 107 杨成熟木质部细胞壁的纤维素信号强度高于中林 46 杨，但差异并不显著（图 3-63h）。

通过对中林 46 杨与 107 杨两个无性系木质部发育过程中纤维细胞细胞壁纤维素沉积量的分析，发现纤维素的沉积在不同的无性系中存在差异，中林 46 杨中纤维素更多地分布在切向细胞壁中，107 杨中纤维素更多地分布在径向细胞壁，说明木质部发育过程中纤维素的沉积非同步均一进行。此外，在木质部发育过程中，107 杨纤维细胞壁中的纤维素比中林 46 杨更早地沉积于整个细胞壁。结合 107 杨中较高的木质素沉积量，以及 107 杨中细胞壁增厚的速度较快，说明细胞壁成分的沉积与 107 杨中纤维细胞细胞壁的快速增厚密切相关。此外，通过对中林 46 杨与 107 杨两个无性系成熟木质部细胞细胞壁纤维素进行 SRS 成像，结合图像定量分析，发现 107 杨纤维素含量也高于中林 46 杨，但差异不显著。

（三）杨树木质部发育过程中果胶的分布与检测

1. 试验材料

试验材料同“杨树不同无性系木质部发育的细胞形态结构比较”。

2. 试验方法

固定样品通过乙醇梯度（30%、50%、60%、70%、80%、90%、100%）脱水，然后用 LR-White 树脂包埋。之后用半薄切片机切片，获得 4 μm 厚的横切面切片，然后浸泡在 0.05 mol/L 的 Tris-HC1 缓冲液（TBS）中。用 TBST（TBS+0.1%Tween20）缓冲液，按照 1∶30（*V*/*V*）比例稀释山羊血清，处理半薄切片 1 h。用 TBST 缓冲液将果胶单克隆抗体 JIM5、JIM7、LM5、LM6 稀释至 1∶4，4℃下孵育过夜。随后分别用 TBST、TBS、ddH$_2$O 冲洗，每次 5 min，共 3 次。用 TBST 将 FITC-Goat Anti-Rabbit IgG 以 1∶100 稀释，室温下反应 1 h 后再次清洗。切片用 50%甘油封片，于共聚焦显微镜（Zeiss LSM880）下观察，所有图像均采用相同的参数采集。图片采用 Image J 软件进行分析。

3. 结果与讨论

1）杨树木质部发育过程中低甲酯化和高甲酯化果胶的分布

采用间接免疫荧光法，我们检测了中林 46 杨和 107 杨木质部成熟过程中果胶的分布。用 JIM5 和 JIM7 分别标记低甲酯化和高甲酯化的果胶。通过对 7 月采集试样的观察，如图 3-64a 和图 3-64b 所示：JIM5 标记的低甲酯化果胶在形成层细胞中的标记较少，主要位于径向壁，而形成层区域平周分裂新产生的切向壁标记信号较弱。未成熟木质部纤维细胞的角隅处，JIM5 标记信号较强，且径向壁标记信号要强于切向壁。通过 JIM7 抗体标记的高甲酯化果胶在两个无性系木质部细胞的角隅与径向壁均标记明显，在切向细胞壁上也有分布（图 3-64c、d）。成熟木质部细胞中，低甲酯化果胶主要位于木质部细胞的角隅处，高甲酯化果胶更多分布于径向壁，且在 107 杨木质部细胞壁中的含量明显高于中林 46 杨（图 3-65）。

2）杨树木质部发育过程中(1-4)-β-*D*-半乳聚糖和(1→5)-α-*L*-阿拉伯聚糖分布

LM5 识别Ⅰ型鼠李半乳糖醛酸聚糖（RG-Ⅰ）果胶的(1-4)-β-*D*-半乳聚糖侧链，与细胞壁坚硬性及抗拉强度有关，LM6 识别(1→5)-α-*L*-阿拉伯聚糖。如图 3-66 所示，两个杨树无性系形成层细胞细胞壁均有 LM5 和 LM6 标记信号，并随着木质部成熟而沉积量增加。LM5 在未成熟木质部细胞中主要位于角隅与径向壁。

在成熟木质部细胞中，107 杨 LM5 标记信号显著强于中林 46 杨。中林 46 杨和 107 杨的纤维细胞角隅与径向壁均有 LM6 标记果胶的沉积，且 107 杨中 LM6 标记信号要强于中林 46 杨（图 3-67）。间接免疫荧光实验表明，中林 46 杨和 107 杨木质部发育过程中的果胶沉积规律相似，107 杨成熟木质部细胞中 JIM7 标记的高甲酯化果胶和 LM5 标记的果胶含量高于中林 46 杨。

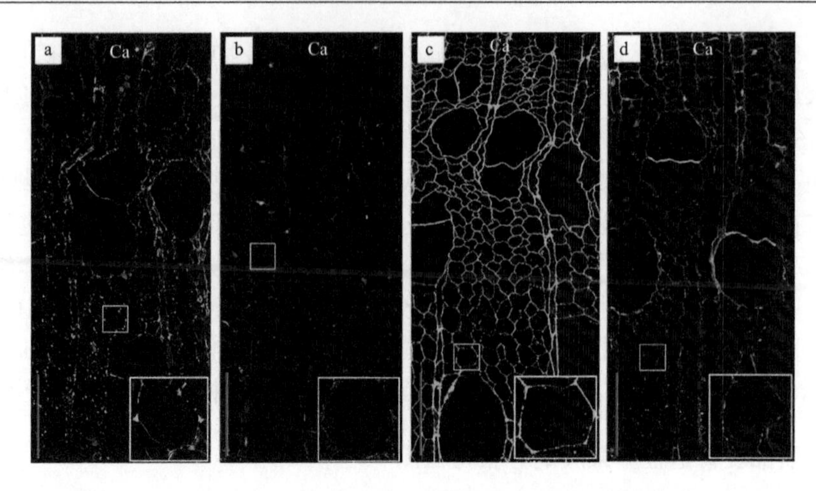

图 3-64 中林 46 杨与 107 杨未成熟木质部细胞不同甲酯化程度果胶的分布

a. 中林 46 杨未成熟木质部细胞低甲酯化果胶的分布；b. 107 杨未成熟木质部细胞低甲酯化果胶的分布；c. 中林 46 杨未成熟木质部细胞高甲酯化果胶的分布；d. 107 杨未成熟木质部细胞高甲酯化果胶的分布。白色方框为纤维细胞局部放大图。Ca，形成层。标尺为 100 μm

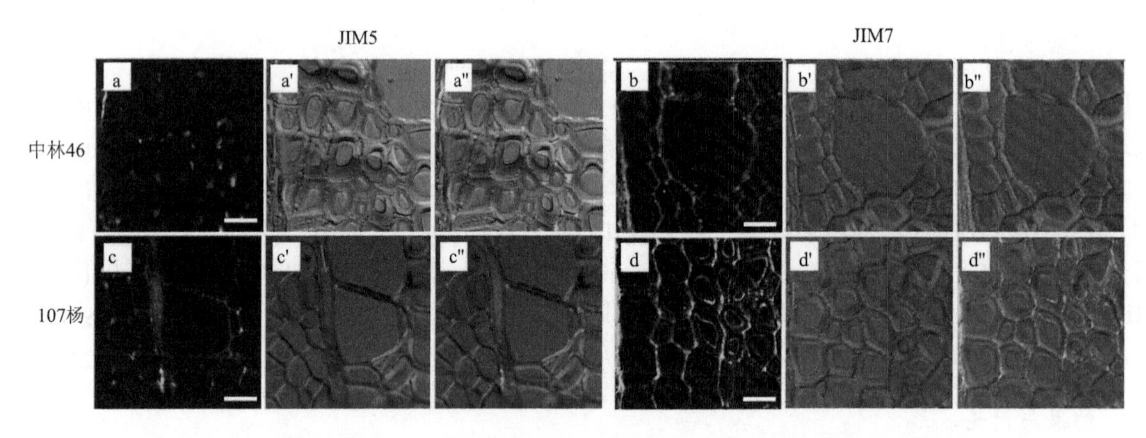

图 3-65 中林 46 杨和 107 杨成熟木质部纤维细胞中不同甲酯化程度果胶的分布

a. 中林 46 杨成熟木质部纤维细胞细胞壁低甲酯化果胶的分布；a′. a 图的明场图；a″. a 图和 a′图的合并图；b. 中林 46 杨成熟木质部纤维细胞细胞壁高甲酯化果胶的分布；b′. b 图的明场图；b″. b 图和 b′图的合并图；c. 107 杨成熟木质部纤维细胞细胞壁低甲酯化果胶的分布；c′. c 图的明场图；c″. c 图和 c′图的合并图；d. 107 杨成熟木质部纤维细胞细胞壁高甲酯化果胶的分布；d′. d 图的明场图；d″. d 图和 d′图的合并图。红色箭头表示与木射线细胞平行的径向壁方向。标尺为 20 μm

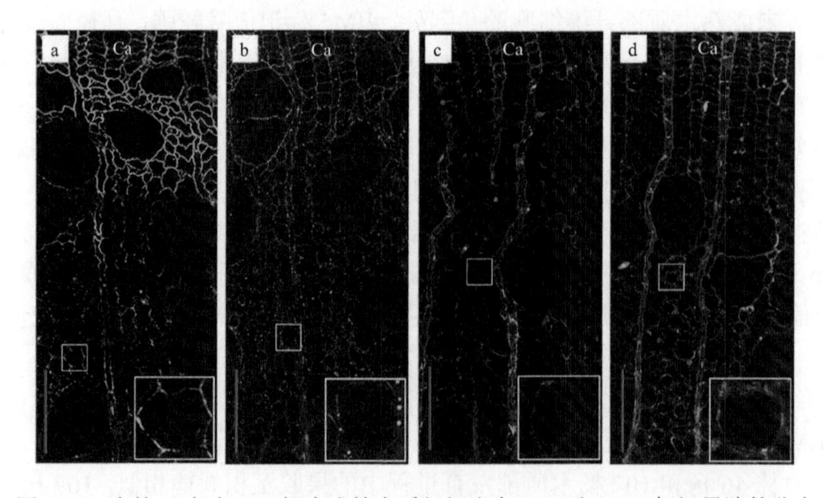

图 3-66 中林 46 杨与 107 杨未成熟木质部细胞中 LM5 和 LM6 标记果胶的分布

a. 中林 46 杨未成熟木质部 LM5 标记果胶的分布；b. 107 杨未成熟木质部 LM5 标记果胶的分布；c. 中林 46 杨未成熟木质部 LM6 标记果胶的分布；d. 107 杨未成熟木质部 LM6 标记果胶的分布。白色方框为纤维细胞局部放大图。Ca，形成层。标尺为 100 μm

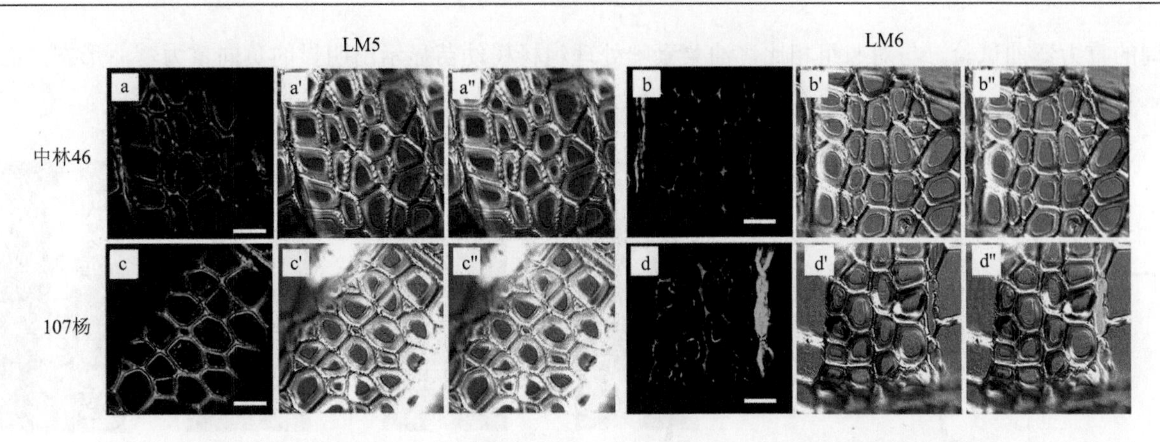

图 3-67　中林 46 杨和 107 杨成熟木质部纤维细胞中 LM5 及 LM6 标记果胶的分布

a. 中林 46 杨成熟木质部 LM5 标记果胶的分布；a′. a 图的明场图；a″. a 图和 a′图的合并图；b. 中林 46 杨成熟木质部 LM6 标记果胶的分布；b′. b 图的明场图；b″. b 图和 b′图的合并图；c. 107 杨成熟木质部 LM5 标记果胶的分布；c′. c 图的明场图；c″. c 图和 c′图的合并图；d. 107 杨成熟木质部 LM6 标记果胶的分布；d′. d 图的明场图；d″. d 图和 d′图的合并图。红色箭头表示与射线细胞平行的径向壁方向。标尺为 20 μm

三、外源激素对杨树细胞壁发育动态的影响机制

1. 试验材料

本研究以杨树（*Populus* × *euramericana*‘74/76’）1 年生扦插苗为研究对象，扦插枝条长度约为 25 cm，在相同环境和立地条件下培育和管理苗木。选取长势良好且均一的杨树苗转移到温室内倾斜 30°放置。在所选树苗新发基部做好标记，在树苗生长顶端以下第四个节间处选取 2 cm 茎段为激素施加位点并标记，详细记录苗木生长性状。

2. 试验方法

1）外源激素及其合成抑制剂处理

将表油菜素内酯（BL）及其合成抑制剂油菜素唑（BRZ）溶于少量无水乙醇中存储于–20℃冰箱备用，待施加实验开始时再将配制好的激素溶液分别与羊毛脂均匀混合，配制成 10 μg/g 的激素施加物。对照组施加物为等量不含激素的乙醇羊毛脂混合物。苗木倾斜 30°放置，处理 7 d、14 d 和 28 d 时，分别采取应拉木（tension wood，TW）和对应木（opposite wood，OW）的木质部作为后续实验材料，每次取样 3～5 株，同时取 3～5 株直立植株相同高度的木质部为对照。

2）生长性状和木质部解剖构造的测定

分别对树高、地径和树干倾斜后回复角度进行测量并实地拍照记录，杨树应拉木形成比例采用番红-固绿双染色法制作切片进行测定，杨树应拉木形成区域的纤维离析后在显微镜下测量纤维长度和宽度。

3）细胞壁主要组成成分和分布测定

采用硫酸蒽酮法测定纤维素含量，采用紫外分光光度计测定木质素含量，采用高效液相色谱测定细胞壁单糖含量。采用荧光免疫标记法分别标记半纤维素和果胶中的木聚糖、半乳聚糖、甘露聚糖和半乳糖醛酸聚糖，选用的标记抗体分别为 LM10、LM5、LM21 和 2F4，二抗为鼠抗 AlexaFluor 488 或 AlexaFluor 633。

3. 结果与讨论

1）外源表油菜素内酯及其合成抑制剂对倾斜杨树生长形态的影响

为了诱导杨树幼苗形成应拉木，我们分别在对照组、表油菜素内酯处理组和油菜素唑处理组进行了

一周的重力弯曲试验。与对照组相比，油菜素唑处理组杨树幼苗显示出明显的负向重力弯曲形态，而表油菜素内酯处理的杨树幼苗表现不明显（图 3-68）。

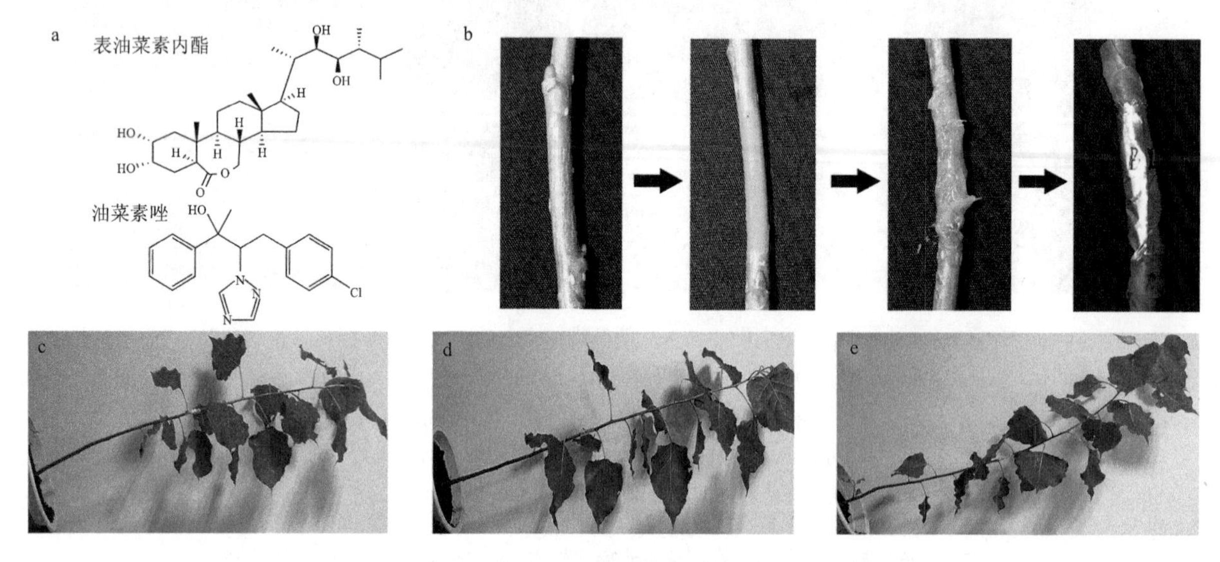

图 3-68　表油菜素内酯及其合成抑制剂油菜素唑对一年生倾斜杨树生长性状的影响

a. 表油菜素内酯和油菜素唑的化学结构式；b. 施加表油菜素内酯和油菜素唑的流程图；c. 未施加激素的倾斜杨树一周后回复角度变化图；d. 施加表油菜素内酯一周后杨树回复角度变化图；e. 施加油菜素唑一周后杨树回复角度变化图

2）外源表油菜素内酯及其合成抑制剂对倾斜杨树木质部解剖特征的影响

油菜素唑处理组茎干形成更多的胶质纤维，而表油菜素内酯处理组的杨树幼苗没有表现出重力弯曲响应，这可能与纤维含量较少有关（图 3-69）。胶质层的成熟速度越快，负向重力弯曲作用越强。表油菜素内酯处理杨树后，应拉区茎的木质部纤维长度增加，而油菜素唑处理杨树幼苗 2 周和 4 周后，应拉区纤维长度下降。与对照相比，表油菜素内酯和油菜素唑处理在第一周和第四周降低了杨树应拉区纤维宽度（图 3-70）。

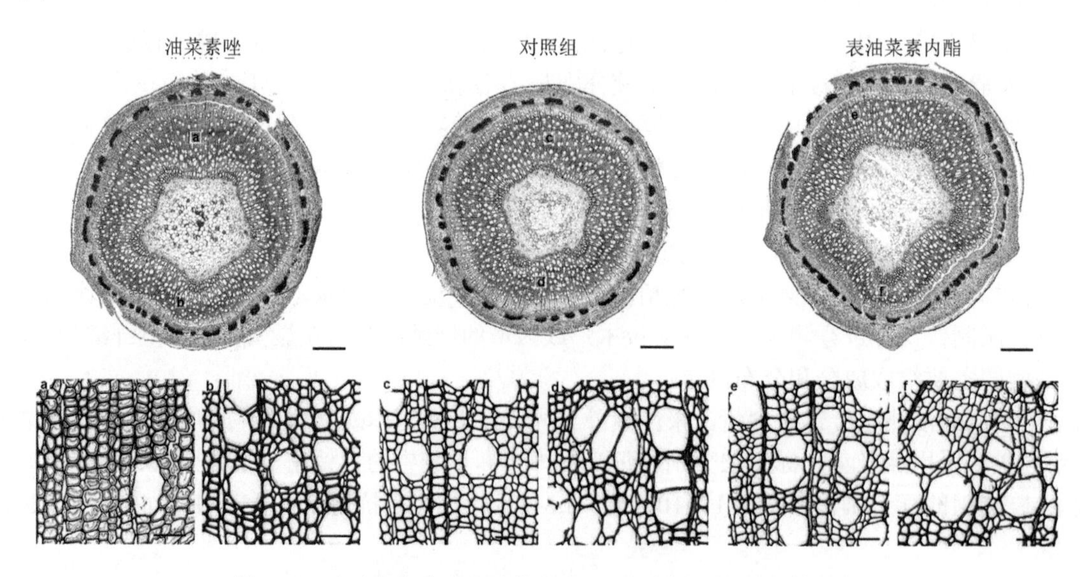

图 3-69　表油菜素内酯和油菜素唑处理杨树木质部显微特征图

a. 施加油菜素唑应拉区胶质纤维染色图；b. 施加油菜素唑对应区胶质纤维染色图；c. 未施加激素应拉区胶质纤维染色图；d. 未施加激素对应区胶质纤维染色图；e. 施加表油菜素内酯应拉区胶质纤维染色图；f. 施加表油菜素内酯对应区胶质纤维染色图。标尺为 50 μm

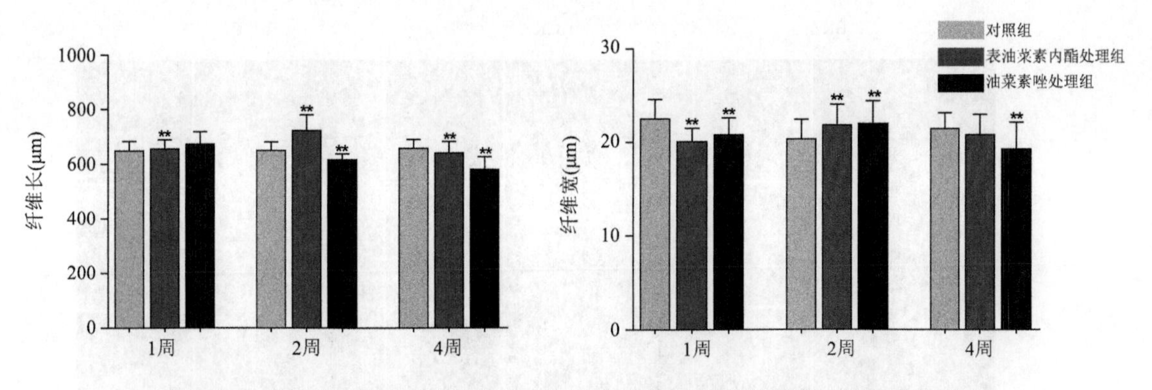

图 3-70　外源表油菜素内酯及其合成抑制剂对杨树应拉区纤维长度和宽度的影响

3）外源表油菜素内酯及其合成抑制剂对倾斜杨树木质部细胞壁组成成分和分布的影响

BRZ 处理组应拉区发育和已经成熟的木质部的胶质纤维显示出最强的 DAPI 亮蓝色荧光（图 3-71）。(1-4)-β-*D*-半乳聚糖在 BL 处理组应拉区的分布规律与对照组类似，分化和成熟的木质部组织中均能检测到(1-4)-β-*D*-半乳聚糖标记，而 BRZ 处理组应拉区分化和成熟的木质部胶质层中检测不到 LM5 标记的(1-4)-β-*D*-半乳聚糖标记。在对照组和激素处理组中的应拉区分化和成熟木质部中均能检测到 LM10 标记的木聚糖。在 BRZ 处理组应拉区整个次生木质部的纤维、导管和木射线细胞表现出相同的 LM10 木聚糖荧光信号。BL 处理组 LM21 标记的甘露糖荧光信号主要集中在应拉区木质部发育中的胶质纤维上，而 BRZ 处理组的甘露糖荧光信号只显示在分化和成熟木质部以及发育和成熟的胶质纤维上。在 BL 处理组半乳糖醛酸聚糖（2F4）主要定位在应拉区的细胞连接处。

在外源激素处理一周和四周后，激素处理组应拉区纤维素的含量均有所增加，而木质素含量降低，其中，纤维素含量在 BRZ 处理组显著高于 BL 处理组和对照组。BRZ 处理组中纤维素的产率较高可能与应拉区中成熟胶质纤维比例增加有关（图 3-72）。在所有实验组中果糖含量最高，其中 BRZ 处理组中果糖含量要高于 BL 处理组和对照组（图 3-73）。在 BRZ 处理一周应拉区中半乳糖和鼠李糖却没有检测到。实验结果表明，外施 BL 在杨树应拉木形成中能够诱导细胞壁糖类化合物重新定位。

四、杉木应压木细胞壁形态和主要代谢成分分析

（一）应压木诱导形成中细胞壁形态及主要代谢成分变化

1. 试验材料

本研究采用的材料为杉木无性系洋 061 的 3 年生植株，于 2018 年 5 月将植株斜放，使之与竖直方向呈 45°夹角诱导应压木形成。设置 30 d、60 d 和 90 d 3 个倾斜处理时间，待处理后进行取样，所有样本均取自植株的相同高度与部位，其中斜放树干下侧为应压木（CW）、斜放树干上侧为对应木（OW），同时取直立生长植株 相同部位作为对照（CK）。

2. 试验方法

1）显微结构观测

取不同处理时期的茎段，浸没于 2.5%戊二醛 4℃固定软化过夜，用树脂包埋后利用 Leica RM2235 切片机制成 2 μm 厚的切片，将切片用 1%番红染色，经乙醇梯度脱水后，用中性树胶封片后置于 Leica DM4000 M 显微镜下进行观测和拍照。参照王杰等（2016）、林金安和贺新强（2000）等的报道，利用多糖单克隆抗体 LM5 检测杉木管胞细胞壁半乳聚糖的分布。

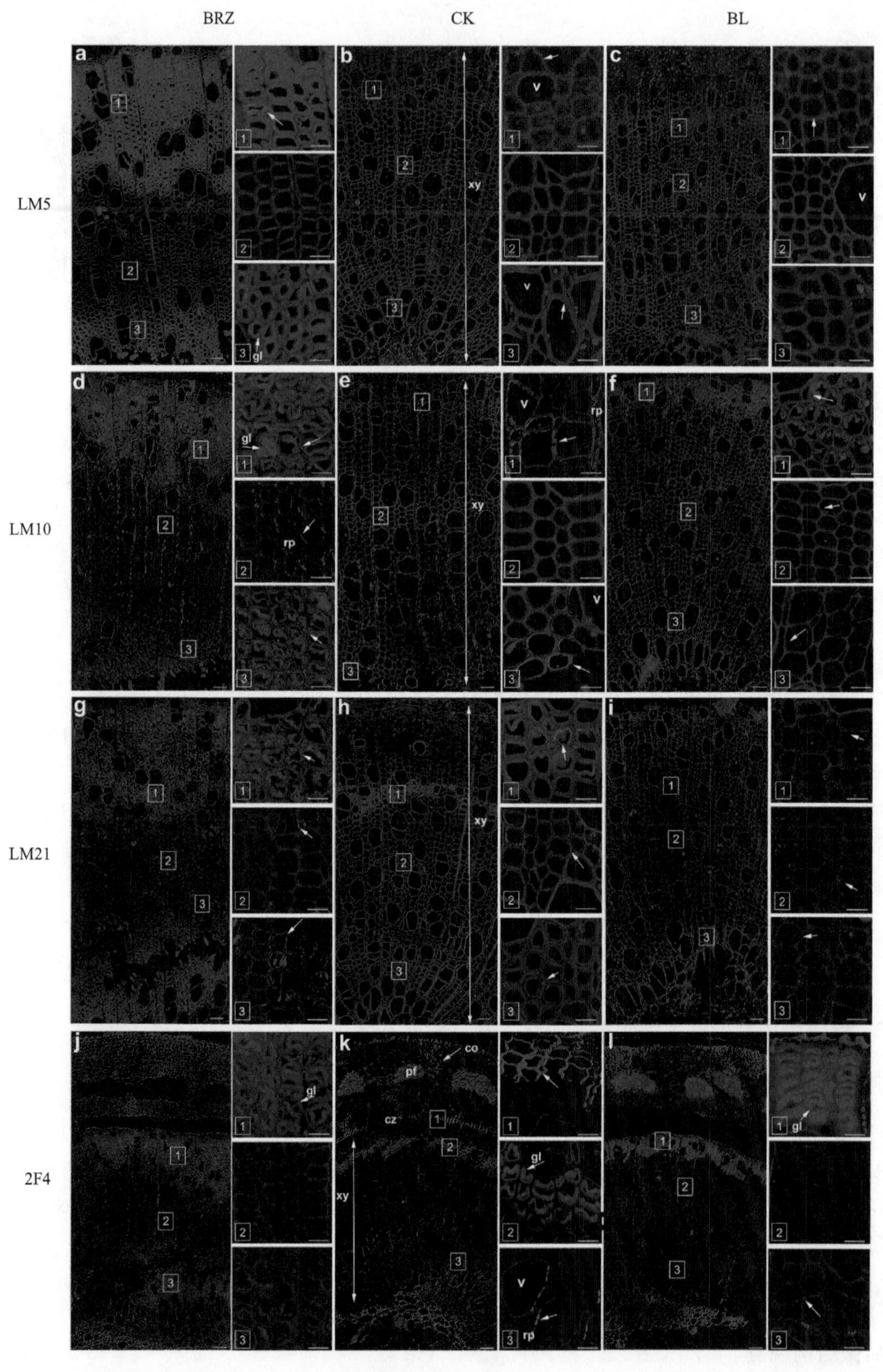

图 3-71 外源表油菜素内酯和油菜素唑对倾斜杨树应拉区半纤维素、果胶（红色）和纤维素（蓝色）分布的影响

a、d、g 和 j 分别为 LM5、LM10、LM21 和 2F4 标记的 BRZ 处理的茎干横切面；b、e、h 和 k 分别为 LM5、LM10、LM21 和 2F4 标记的对照组的茎干横切面；c、f、i 和 l 分别为 LM5、LM10、LM21 和 2F4 标记的 BL 处理的茎干横切面。图中标注数字 1、2 和 3 分别表示分化中的木质部、成熟中的木质部和成熟木质部。co，皮层；cz，形成层；pf，韧皮纤维；xy，木质部；gl，胶质层；v，导管；rp，射线薄壁组织。箭头表示胶质层以及 LM5、LM10、LM21 和 2F4 的标记纤维。a～l 的标尺=100 μm；图中 1、2 和 3 的标尺=20 μm

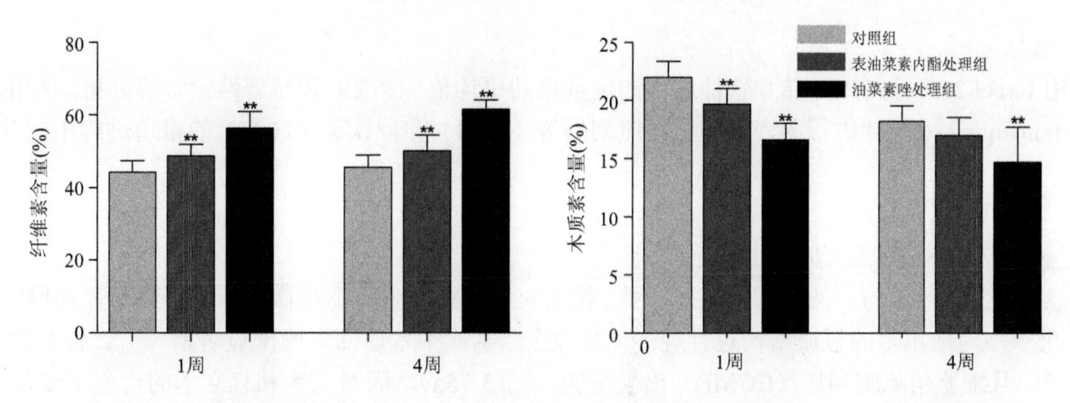

图 3-72　外源表油菜素内酯及其合成抑制剂油菜素唑对杨树纤维素和木质素含量的影响

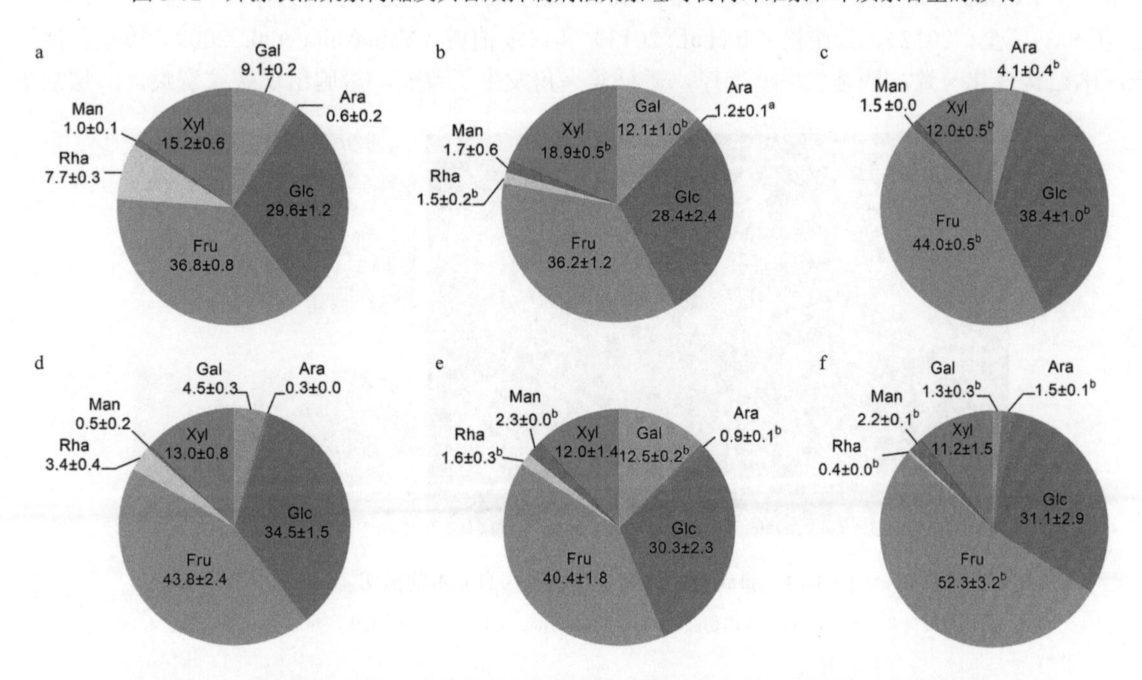

图 3-73　外源表油菜素内酯及其合成抑制剂油菜素唑对杨树细胞壁单糖含量的影响

图 a、b、c 分别为未施加外源激素、施加 BL 和 BRZ 一周后的杨树细胞壁单糖含量；图 d、e、f 分别为未施加外源激素、施加 BL 和 BRZ 四周后的杨树细胞壁单糖含量。Man，甘露糖；Xyl，木糖；Gal，半乳糖；Ara，阿拉伯糖；Glc，葡萄糖；Fru，果糖；Rha，鼠李糖。图中不同字母上标表示数据之间有显著差异（$P<0.05$）

2）木质部主要成分测定

将以上试验材料置于干净无菌的研钵中，液氮研磨成粉末，并利用 Christ Alpha1-4 真空冻干机（Christ，德国）于–60℃进行冷冻干燥，然后利用范氏洗涤纤维法对木质部中的酸性木质素、纤维素和半纤维素进行测定。

3）主要代谢成分的提取及衍生化

代谢物提取和衍生化的方法参考石江涛和李坚（2011）及张胜龙等（2015）的方法并稍加改进。

4）色谱条件与质谱条件

利用 GC-MS 对代谢物进行测定，用 Thermo Fisher ISQ 气质联用仪进行分析。

5）组分鉴定和相对定量方法

利用 MS Workstation version 7.0 软件对质谱图进行识别读取，将测定所得的化合物与美国国家标准与技术研究院（NIST）质谱库进行全扫描匹配，相似度达 80%以上并结合分子质量、分子结构以及质核比综合分析后，确认该化合物的化学成分。代谢成分的含量计算采用面积归一法，数值根据加入的内标含量计算。

6）数据分析

利用 Excel 2019 和 SPSS 18.0 软件进行测定数据的平均值、标准差和显著性检验等分析，使用 Origin 8.5 和 Photoshop cs6 软件进行图表制作，参照刘振等（2022）和罗钦等（2020）的报道进行主成分分析。

3. 结果与讨论

1）杉木应压木管胞细胞壁显微结构特征

斜放处理 30 d 后，与对应木和直立木相比，杉木应压木圆盘明显不对称且产生了红棕色加厚区域（图 3-74）。进一步对应压木的显微结构进行观察，发现应压木次生木质部管胞壁显著增厚，管胞多数为圆形或椭圆形，且细胞角隅胞间层（CCML）出现空腔（图 3-75a），而对应木和直立木的管胞主要是方形或多边形，其 CCML 中无空腔（图 3-75b，图 3-75c）。该结果与马尾松（林金星和李正理，1993）、火炬松（刘亚梅和刘盛全，2012）、云南松（Ji et al., 2013）和日本柏树（Yamashita et al., 2009）等众多裸子植物的应压木结构变化一致，皆是次生壁增厚，微纤丝夹角发生了改变，管胞出现螺纹裂痕，S_3 层缺失。

图 3-74　斜放处理 30 d 后应压木与直立木的横切面比较

a. 斜放处理示意图；b. 直立木横切面；c. 应压木横切面。CW，应压木；OW，对应木；CK，直立木

在对应木和直立木中，较强的木质素荧光主要出现在 CCML，证明该壁层中木质素含量较高；而在应压木中，最强荧光信号则出现在靠近 CCML 的 S2L（图 3-75d）。使用多糖单克隆抗体 LM5 表位检测 (1,4)-β-半乳聚糖分布，应压木的 S2L 显示出丰富的半乳聚糖表位（图 3-75g），对应木、直立木中则是稀疏地分布在 S_1 层中（图 3-75h，图 3-75i）。纵向对比 3 个时期的应压木变化，发现应压木形成过程中的解剖变化不显著，不同时期间变化趋势类似。

2）杉木应压木形成中的化学成分含量变化

化学成分分析结果表明，3 个处理时间的应压木木质素相对含量均显著高于对应木和直立木，但不同时期的应压木间木质素相对含量没有明显差异（图 3-76b）；而应压木的纤维素相对含量低于直立木，且低于 60 d 和 90 d 的对应木，并随着斜放时间的增加呈现下降趋势（图 3-76d）；与木质素相同，同一时期应压木半纤维素相对含量显著高于对应木和直立木，并且随斜放时间的增加呈现上升趋势，但不同时期应压木的半纤维素相对含量没有显著变化，除 90 d 时对应木中半纤维素相对含量显著高于直立木，其他时间对应木与直立木无明显差异（图 3-76c）。

测定结果显示，杉木应压木双壁厚随时间增加逐渐增厚，而纤维素相对含量呈现下降趋势，因此推测应压木管胞次生壁增厚的原因极有可能与木质素以及半纤维素，如半乳聚糖、阿拉伯半乳聚糖蛋白、葡聚糖等在 S_2 外层异常沉积有关。

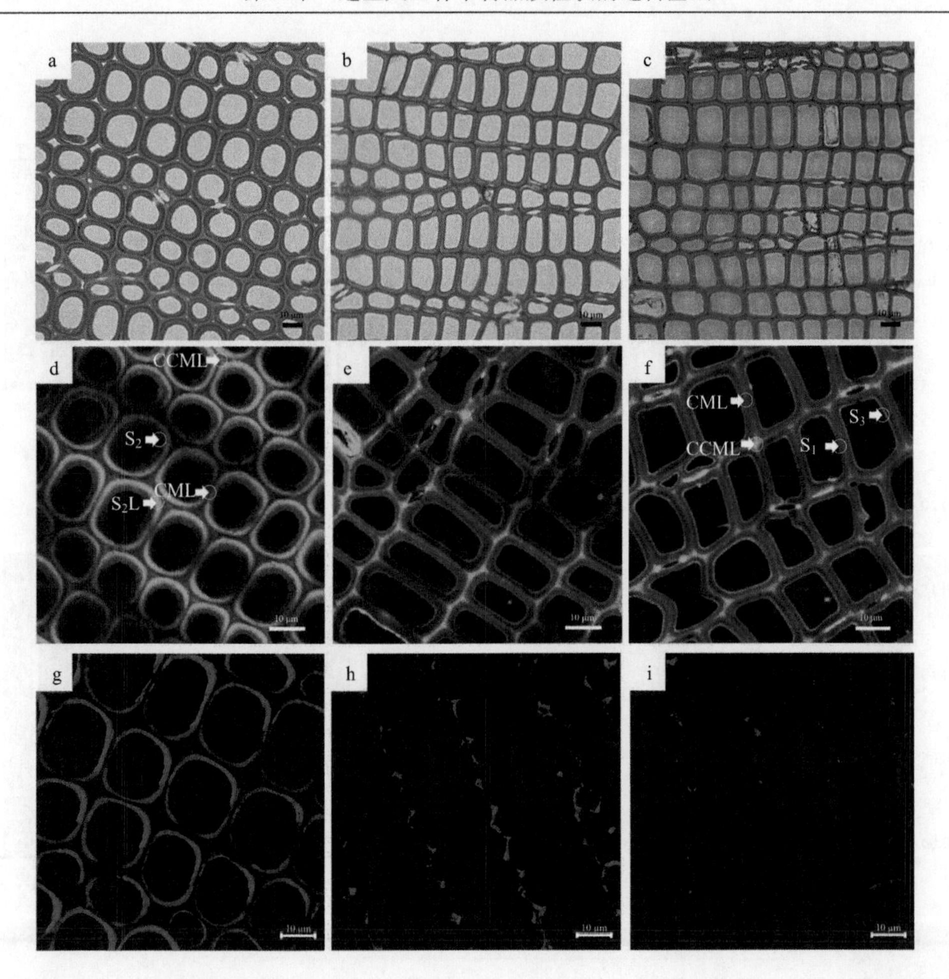

图 3-75　斜放处理 30 d 后杉木应压木（a、d、g）和对应木（b、e、h）、直立木（c、f、i）细胞壁显微结构比较

a～c. 番红染色；d～f. 木质素自发荧光；g～i. LM5 表位的免疫定位。CCML，细胞角隅胞间层；CML，复合胞间层；S_1～S_3，次生壁 S_1～S_3 层；S_2L，次生壁 S_2 层的外层

3）杉木应压木中差异代谢物的鉴定

由于对应木与直立木在微观解剖结构和胞壁三素含量方面差异不大，因此后续利用 GC-MS 对杉木应压木和直立木的木质部代谢成分进行了检测，结果均检测到 39 个色谱峰（峰面积大于 0.1%）（图 3-77）。结果发现 20 个为已知的代谢成分（同分异构体算作一种），其相对应的峰面积占到总峰面积的 90%以上。对结果进行分类，其中，有机酸 7 种、单糖 3 种、二糖 2 种、糖苷类 1 种、醇类 3 种、酯类 1 种、氨基酸 2 种、酚类 1 种。

根据图 3-78 对比应压木和直立木在 30 d、60 d 和 90 d 的代谢化合物相对含量，发现在杉木斜放处理 30 d 后，16 种化合物的相对含量比率大于 1，表明在应压木中该化合物含量大于其在直立木中的含量。

五、木材细胞壁成分原位检测方法

（一）木材细胞壁木质素的原位检测

1. 试验材料

试验材料同“杨树木质部发育过程中木质素的分布与定量分析”。

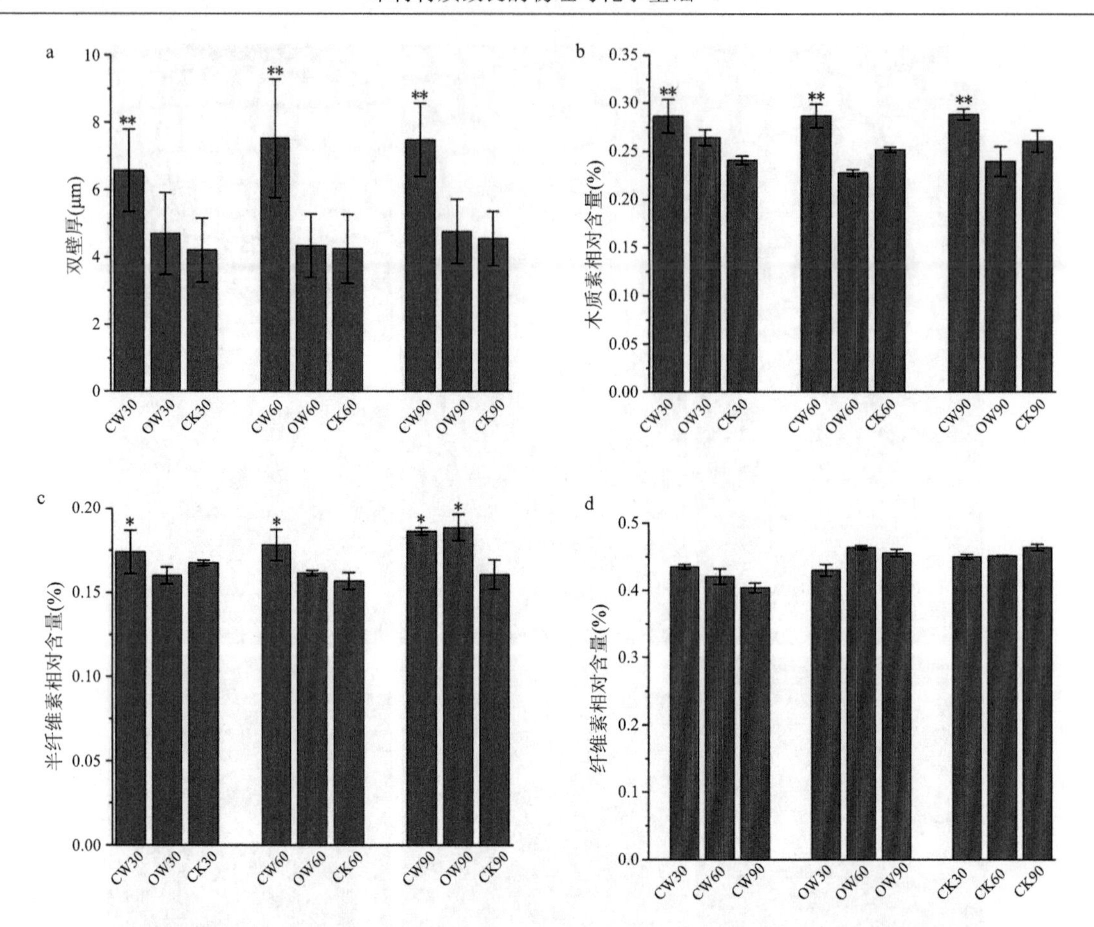

图 3-76　杉木不同部位不同生长期内双壁厚（a）、木质素（b）、半纤维素（c）及纤维素（d）含量的变化

CW30～CW90 分别表示处理 30 d、60 d 和 90 d 后的应压木；OW30～OW90 分别表示处理 30 d、60 d 和 90 d 后的对应木；CK30～CK90 分别表示处理 30 d、60 d 和 90 d 后的直立木；*表示相对于 CK 显著；**表示相对于 CK 极显著

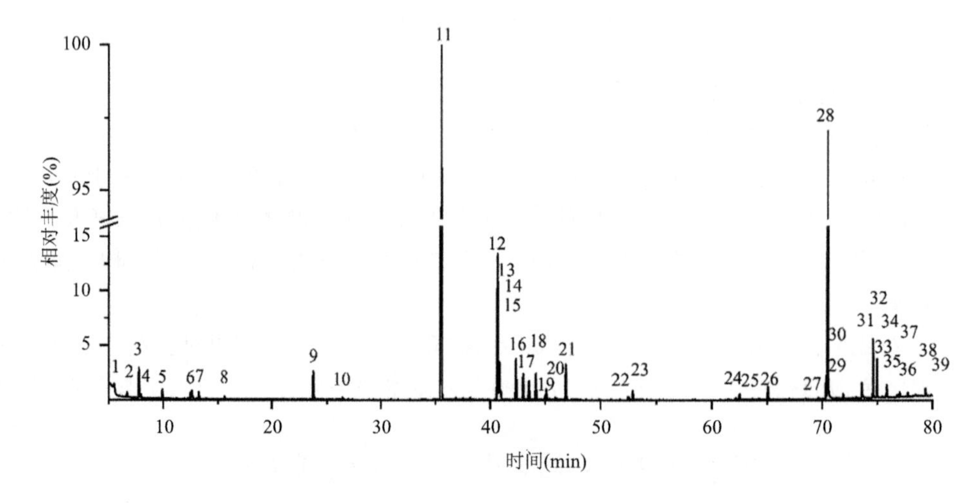

图 3-77　杉木木质部代谢物质的气相色谱图

图中 1～39 分别表示如下：1. 吡啶；2. 吡啶；3. 乙醇酸；4. 缬氨酸；5. 甘油；6. 磷酸酯；7. 硅烷醇；8. 甘氨酸；9. 苹果酸；10. 未知化合物；11. 核糖醇（内标）；12. 松醇；13. 莽草酸；14. 柠檬酸；15. 奎宁酸；16. 果糖；17. 果糖；18. 葡萄糖；19. 半乳糖；20. 核糖核酸；21. 未知化合物；22. 松醇；23. 棕榈酸；24. 肌醇；25. 未知化合物；26. 异海松酸；27. 未知化合物；28、29. 蔗糖；30. 未知化合物；31. 儿茶素；32. 儿茶素；33. 乳糖 1；34. 未知化合物；35. 乳糖 2；36. β-甲基-*D*-半乳糖苷 1；37. 未知化合物；38. 蔗糖；39. β-甲基-*D*-半乳糖苷 2

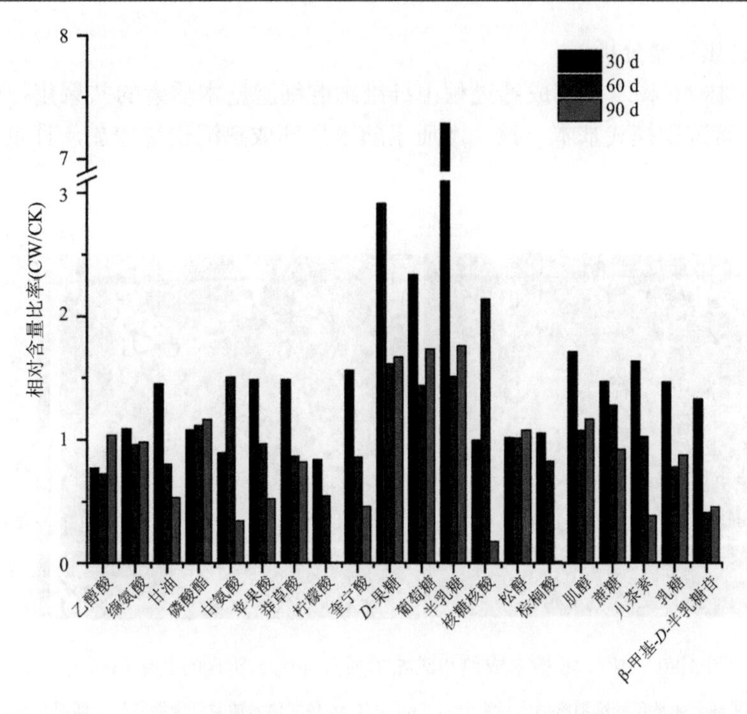

图 3-78　杉木应压木（CW）和直立木（CK）在 30 d、60 d 和 90 d 代谢化合物相对含量的比率

2. 试验方法

将保存于 4℃的样品块，用滑动切片机（Leica SM2010 R）切成 10 μm 厚的横截面切片，然后将单张切片置于滴加了一滴水的载玻片上，盖上盖片，用指甲油封片。切片置于共聚焦显微镜（Zeiss LSM 880）下，采用 488 nm 激发光采集木质素自发荧光图片。同时，采用共聚焦拉曼显微镜对切片进行观察，在 1591～1613 cm^{-1} 处获得木质素的拉曼光谱图。受激拉曼散射显微成像方法同“杨树木质部发育过程中木质素的分布与定量分析”。

3. 结果与讨论

1）木质素自发荧光成像

图 3-79 所示为 107 杨未成熟和成熟木质部细胞的木质素分布图，木质素在未成熟木质部中主要分布于细胞角隅处，复合胞间层也有木质素的分布（图 3-79a、c）；成熟木质部细胞细胞壁中木质素含量增加，主要分布于角隅，其次是复合胞间层与次生壁（图 3-79b、d）。

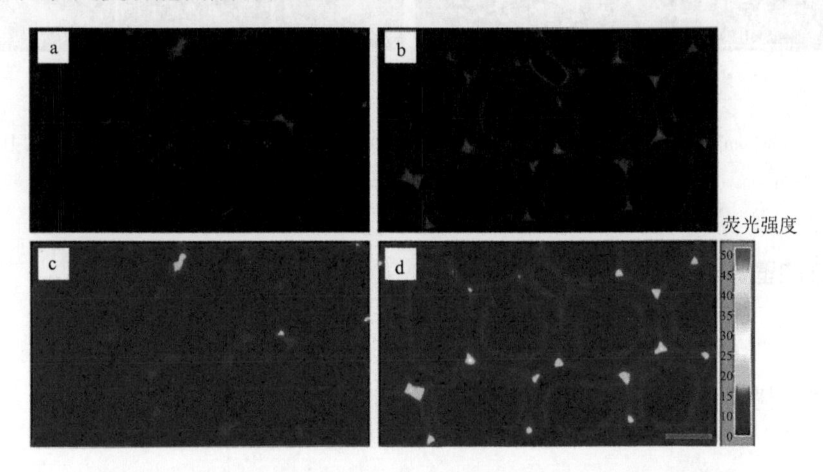

图 3-79　107 杨未成熟和成熟木质部细胞的木质素自发荧光成像

a. 107 杨未成熟木质部纤维细胞的木质素分布；b. 107 杨成熟木质部纤维细胞的木质素分布。c、d 为 a 和 b 的彩虹图。标尺为 10 μm

2）木质素的共聚焦拉曼分析

图 3-80 所示为中林 46 杨木质部成熟过程中纤维细胞细胞壁木质素的共聚焦拉曼成像，其模式与图 3-79 中的 107 杨木质素沉积模式基本一致，木质素随木质部成熟沉积量增加，且主要分布于角隅，其次是复合胞间层与次生壁。

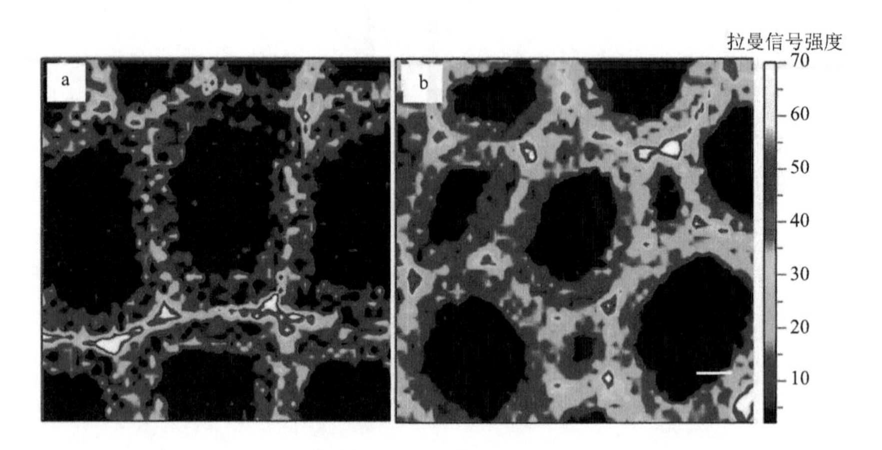

图 3-80　中林 46 杨未成熟和成熟木质部细胞木质素的共聚焦拉曼成像

a. 中林 46 杨未成熟木质部纤维细胞的木质素分布；b. 中林 46 杨成熟木质部纤维细胞的木质素分布。标尺为 5 μm

3）木质素的受激拉曼散射检测

运用 SRS 对两个杨树无性系（中林 46 杨和 107 杨）的成熟木质部进行了成像。如图 3-81a 和图 3-81b 所示，两个杨树无性系木纤维细胞中的木质素含量均为角隅处最高，107 杨与中林 46 杨相比，角隅、复合胞间层以及次生壁中的木质素含量均相对较高。运用 SRS 对中林 46 杨未成熟木质部和成熟木质部细胞进行成像，木质素在未成熟木质部纤维细胞中主要位于角隅（图 3-81c），在成熟木质部纤维细胞中，角隅木质素沉积最多，胞间层和次生壁也有大量木质素分布（图 3-81d）。

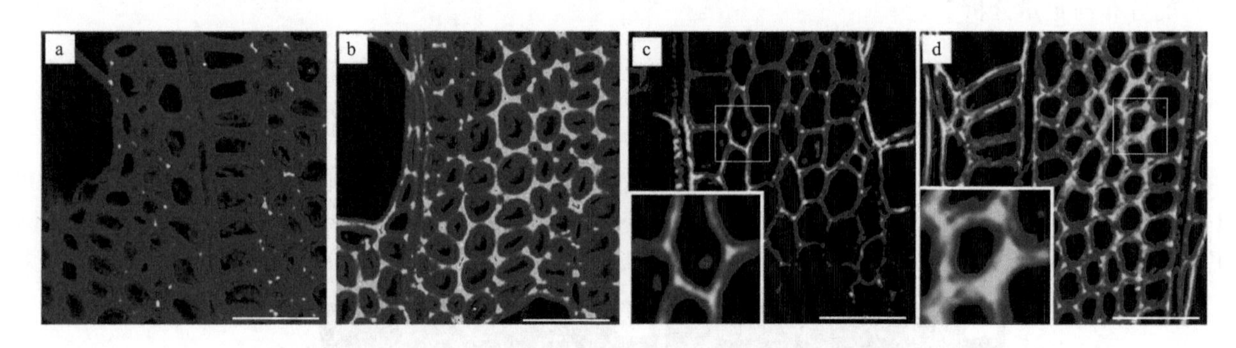

图 3-81　中林 46 杨与 107 杨木质部细胞木质素的 SRS 成像

a. 中林 46 杨成熟木质部在 1600 cm^{-1} 的 SRS 图像；b. 107 杨成熟木质部在 1600 cm^{-1} 的 SRS 图像；c. 2018 年 7 月采集的中林 46 杨未成熟木质部；d. 2018 年 12 月采集的中林 46 杨成熟木质部。c、d 图左下角白框内为图中白框的放大图。标尺为 50 μm

（二）木材细胞壁纤维素和果胶的原位检测

1. 试验材料

试验材料同“杨树木质部发育过程中木质素的分布与定量分析”。

2. 试验方法

受激拉曼散射显微成像方法同“杨树木质部发育过程中纤维素的分布与定量分析”。果胶分布采用间接免疫荧光染色方法进行，方法同“杨树木质部发育过程中果胶的分布与检测”。

3. 结果与讨论

1）纤维素的荧光染色成像

我们使用纤维素染料荧光增白剂 28 对细胞壁纤维素进行染色，并观察了两个杨树无性系未成熟木质部和成熟木质部细胞细胞壁的纤维素分布。如图 3-82 所示，纤维素在未成熟木质部和成熟木质部纤维细胞中均有分布，在角隅处没有明显沉积。两个杨树无性系之间纤维素的沉积量无明显差异。

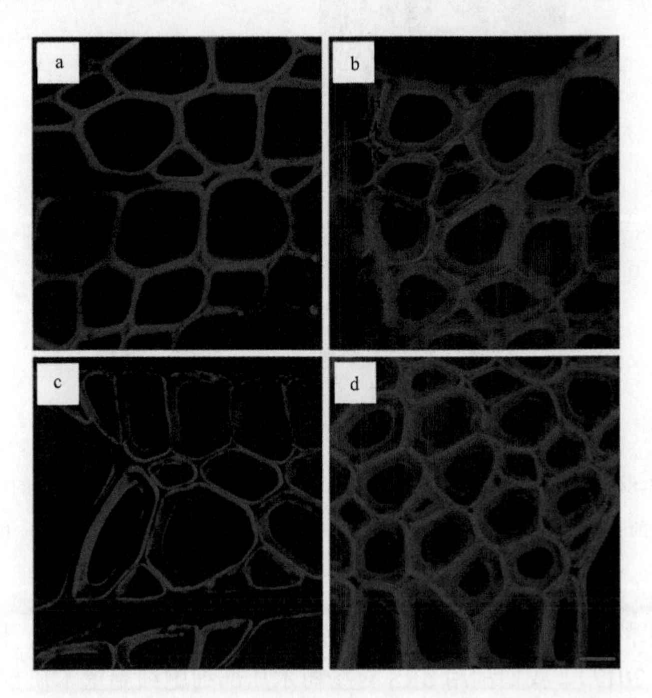

图 3-82　中林 46 杨和 107 杨未成熟和成熟木质部纤维细胞中的纤维素分布

a. 中林 46 杨未成熟木质部纤维细胞中的纤维素分布；b. 中林 46 杨成熟木质部纤维细胞中的纤维素分布；c. 107 杨未成熟木质部纤维细胞中的纤维素分布；d. 107 杨成熟木质部纤维细胞中的纤维素分布。标尺为 10 μm

2）纤维素的受激拉曼散射检测

图 3-83a 为 2018 年 7 月采集的中林 46 杨茎横切面，图 3-83b 为 2018 年 12 月采集的中林 46 杨茎横切面。纤维素在未成熟木质部与成熟木质部的角隅处均没有明显沉积，随着木质部的成熟，纤维素沉积量增多。

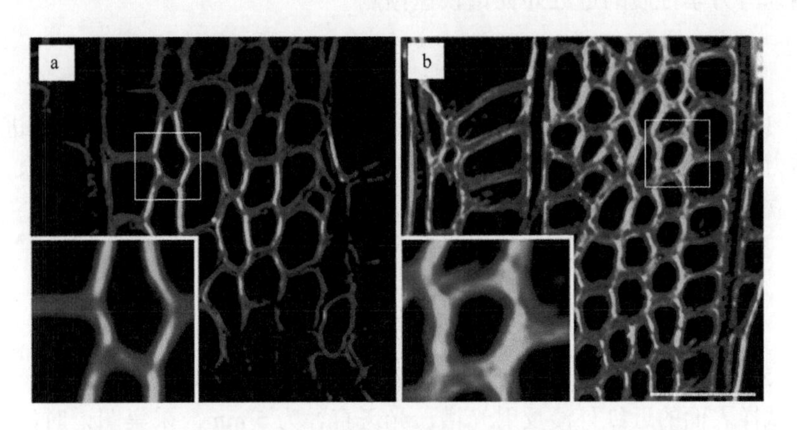

图 3-83　中林 46 杨木质部纤维细胞中纤维素的 SRS 成像

a. 2018 年 7 月采集的中林 46 杨未成熟木质部；b. 2018 年 12 月采集的中林 46 杨成熟木质部。左下角的白色方框内为图中白框的放大图。标尺为 50 μm

3）果胶的间接免疫荧光标记

采用间接免疫荧光标记法检测了中林 46 杨和 107 杨木质部成熟过程中果胶的分布，并通过荧光强度对两个杨树无性系中的果胶含量进行了比较。以 LM5 为例，LM5 识别 RG-Ⅰ类果胶的(1-4)-β-*D*-半乳糖侧链，当采用 LM5 为一抗进行标记时，能够发现其所标记的 RG-Ⅰ类果胶在 107 杨成熟木质部细胞中的分布显著高于中林 46 杨（图 3-84）。

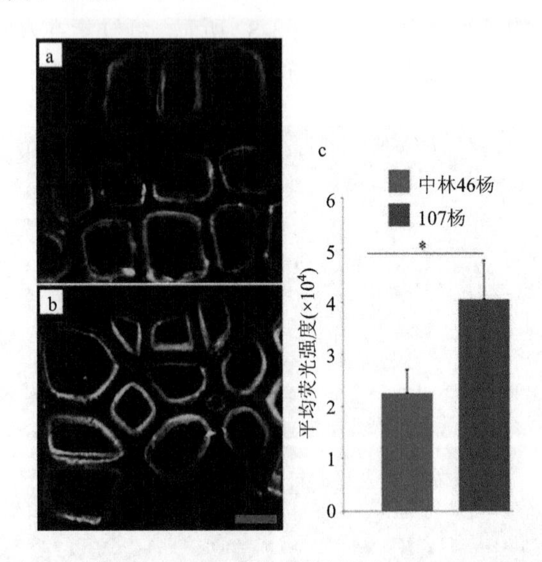

图 3-84　中林 46 杨与 107 杨成熟木质部纤维细胞 LM5 标记果胶的比较

a. 中林 46 杨成熟木质部纤维细胞的 LM5 标记；b. 107 杨成熟木质部纤维细胞的 LM5 标记；c. 中林 46 杨与 107 杨成熟木质部纤维细胞 LM5 标记果胶的荧光强度分析。*表示 $P<0.05$。标尺为 20 μm

随着细胞壁成像技术的发展，受激拉曼散射显微镜为植物细胞壁无标记、快速和高灵敏度成像分析提供了途径（Zeng et al., 2017）。我们利用 SRS 对杨树木质部细胞细胞壁木质素和纤维素组分进行成像。结果显示：木质素主要沉积于纤维细胞角隅，在胞间层与次生壁中也有沉积；纤维素则在细胞角隅处无明显沉积。此外，利用 SRS 的快速扫描成像，实现了两种不同杨树无性系成熟木质部细胞壁组分的定量分析与比较。综上，运用 SRS 技术可以实现细胞壁木质素、纤维素等组分的快速原位成像，在细胞壁成分的原位检测方面具有较好的应用前景。

六、木材物理与力学性质的近红外光谱快速预测

（一）杨木物理与力学性质的近红外光谱快速预测

1. 试验材料

选取 50 号杨、108 杨和 N179 杨杨树无性系木材，在物理与力学性质测试前，进行近红外光谱的采集，在进行物理与力学性质测试后，依据杨木气干密度、抗弯强度、抗弯弹性模量、顺纹抗压强度和硬度等指标的数据建立近红外光谱校正及预测模型。

2. 试验方法

A. 光谱采集

采用美国 ASD 公司生产的 LabSpec Pro 近红外光谱仪（光谱的波长范围为 350～2500 nm），使用两分叉光纤探头采集试样表面的近红外漫反射光谱，光斑直径为 5 mm。采集图谱时，每个点进行 30 次全光谱扫描，并自动平均为一个光谱。采集密度和顺纹抗压强度试件时，选取 1 个横切面、1 个径切面、1

个弦切面，沿对角线分别采集两个点光谱，对于硬度试件，选取 1 个横切面、1 个径切面和 1 个弦切面，分别在中心位置采集一个点。采集抗弯试件时，选取 1 个径切面和 1 个弦切面，各采集 4 个点光谱（Jia et al., 2021）。

B. 光谱预处理及模型建立

近红外原始光谱中的噪声和不相关信息会影响最终的建模结果，需要对木材近红外光谱进行预处理。选取一阶导数法、二阶导数法和多元散射校正法（MSC）分别与 S-G 卷积平滑法相结合进行近红外光谱的预处理。利用 Unscrambler（CAMO）软件对采集到的近红外光谱进行分析，选用完全交互验证法建立各样本实际值与光谱数据之间的偏最小二乘校正模型和预测模型。以主成分数、校正模型相关系数和校正均方根误差作为校正模型效果的评价指标，以预测模型相关系数和预测均方根误差来对预测模型效果进行评价。

3. 结果与讨论

1）杨木的近红外光谱

图 3-85 和图 3-86 显示了 50 号杨、108 杨和 N179 杨 3 个杨木无性系的横切面原始近红外光谱图以及杨木不同切面光谱。不同无性系的近红外光谱变化趋势一致，在 1208 nm、1461 nm、1923 nm、2099 nm、2270 nm 处都有强吸收峰。

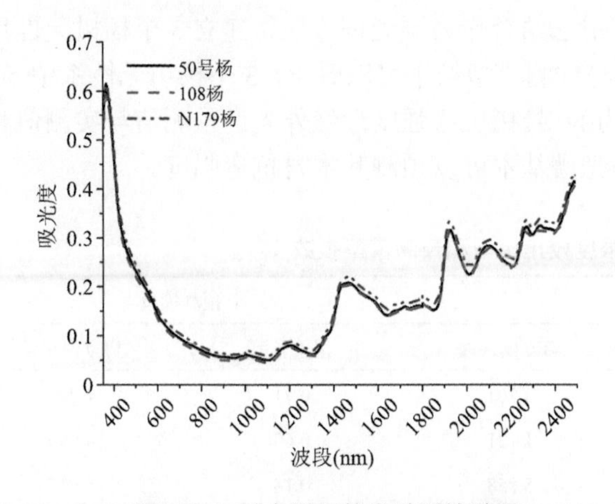

图 3-85　杨木近红外光谱原始谱图

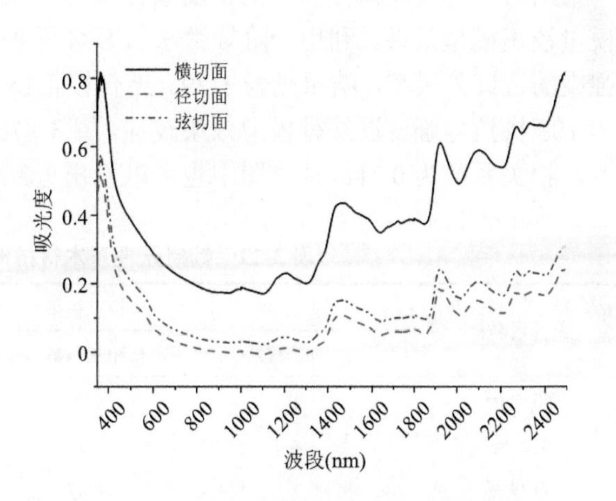

图 3-86　杨木 3 个切面近红外光谱原始谱图

2）气干密度的近红外光谱快速预测

在进行杨木气干密度预测时，采用横切面、径切面、弦切面以及三切面平均光谱，结合不同的预处理方法进行模型建立，并比较各模型的参数，发现采用横切面光谱信息，一阶导数法+S-G 卷积平滑法进行预处理建立近红外气干密度校正模型时，得到的模型效果最优，选取这种方法建立 3 个杨树无性系气干密度的近红外预测模型，结果见表 3-28。

表 3-28　杨树无性系木材气干密度校正模型和预测模型参数

无性系名称	校正模型			预测模型	
	主成分数	相关系数	均方根误差	相关系数	均方根误差
108 杨	2	0.81	0.014	0.61	0.019
50 号杨	1	0.93	0.013	0.60	0.027
N179 杨	2	0.88	0.014	0.55	0.026

3 个杨树无性系的校正模型相关系数在 0.81～0.93，预测模型相关系数在 0.55～0.61，其中 108 杨和

50 号杨预测模型效果较好。将各无性系气干密度近红外光谱预测值与实测值相关联，108 杨木材气干密度近红外光谱预测值与实测值相关性如图 3-87a 所示，相关系数为 0.61，从图 3-87a 中也可以看出预测值与实测值具较好的相关性。结合校正模型参数可以看出，3 个杨树无性系使用横切面光谱，采用一阶导数法+S-G 卷积平滑法进行预处理时，近红外光谱技术基本可实现其气干密度的预测（Jia et al., 2021）。

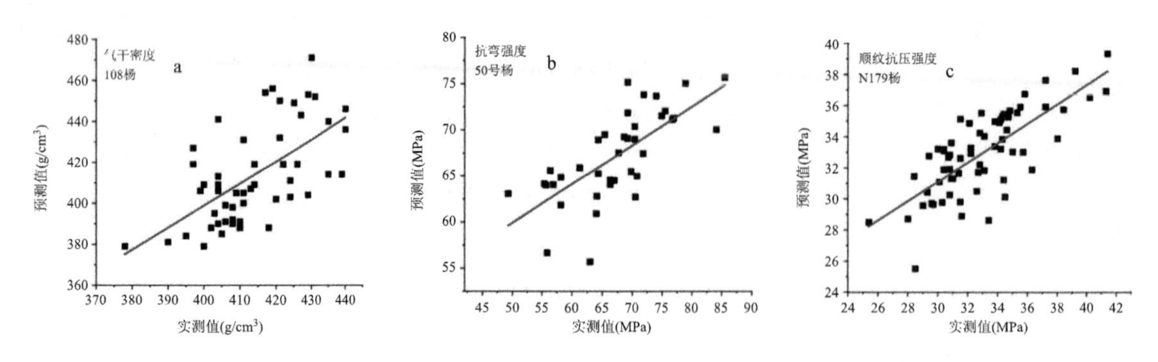

图 3-87　杨木物理力学性质近红外光谱预测值与实测值相关性

3）抗弯强度的近红外光谱快速预测

采用与抗弯强度试样相邻的密度试样横切面光谱用于模型建立，发现能够提升抗弯强度以及抗弯弹性模量校正模型效果。利用一阶导数法与 S-G 卷积平滑法结合作为预处理方法，建立 3 个杨树无性系抗弯强度的近红外模型，结果见表 3-29。结合校正模型与预测模型结果可以看出，3 个杨树无性系中 50 号杨和 108 杨抗弯强度近红外模型效果较佳，图 3-87b 为 50 号杨抗弯强度近红外光谱预测值与实测值相关性图，相关系数为 0.71，从该图中也可以看出近红外光谱基本可以预测其木材抗弯强度。

表 3-29　杨树无性系木材抗弯强度校正模型和预测模型参数

无性系名称	校正模型			预测模型	
	主成分数	相关系数	均方根误差	相关系数	均方根误差
50 号杨	1	0.89	3.701	0.71	4.722
108 杨	4	0.99	1.121	0.69	4.990
N179 杨	1	0.67	5.858	0.18	5.917

4）抗弯弹性模量的近红外光谱快速预测

选取横切面光谱信息，结合 3 种预处理方法进行模型建立，并比较各模型的参数，发现采用 MSC+S-G 卷积平滑法进行预处理，建立的杨树无性系抗弯弹性模量的近红外校正模型及预测模型效果较好，结果见表 3-30。其中 N179 杨校正模型相关系数最高，为 0.73，50 号杨的最低，相关系数为 0.57，108 杨模型相关系数居中。预测模型中，N179 杨也表现出较好的效果，其相关系数为 0.68。

表 3-30　杨树无性系木材抗弯弹性模量校正模型和预测模型参数

无性系名称	校正模型			预测模型	
	主成分数	相关系数	均方根误差	相关系数	均方根误差
N179 杨	1	0.73	0.376	0.68	0.404
108 杨	2	0.62	0.824	0.55	0.898
50 号杨	1	0.57	0.960	0.51	1.011

5）顺纹抗压强度的近红外光谱快速预测

在进行杨木顺纹抗压强度预测时，采用横切面、径切面、弦切面以及各切面平均光谱，结合 3 种预处理方法进行模型建立，并比较各模型的参数，发现采用横切面光谱信息，MSC+S-G 卷积平滑法进行预处理建立近红外顺纹抗压强度模型时，得到的模型效果最优，结果见表 3-31。108 杨无性系顺纹抗压强度近红外校正模型相关系数最高，为 0.92，N179 杨无性系顺纹抗压强度近红外校正模型和预测模型效果均较好，相关系数分别为 0.84 和 0.75，50 号杨的居中。选择 N179 杨作其顺纹抗压强度的近红外光谱预测值与实测值相关性图（图 3-87c），相关系数为 0.75。可以看出近红外光谱基本可以实现对其木材顺纹抗压强度的预测。

表 3-31　杨树无性系木材顺纹抗压强度校正模型和预测模型参数

无性系名称	校正模型			预测模型	
	主成分数	相关系数	均方根误差	相关系数	均方根误差
N179 杨	6	0.84	1.737	0.75	2.125
50 号杨	6	0.75	2.510	0.61	3.077
108 杨	13	0.92	1.297	0.55	2.898

6）硬度的近红外光谱快速预测

在进行杨木硬度预测时，采用横切面、径切面、弦切面以及各切面平均光谱，结合一阶导数法、二阶导数法、MSC 和 S-G 卷积平滑法进行模型建立，并比较各模型的参数，发现采用横切面光谱信息，一阶导数法与 S-G 卷积平滑法进行预处理建立近红外硬度预测模型时，得到的模型效果最优。3 个杨树无性系木材硬度校正模型相关系数为 0.99，校正均方根误差为 15。预测模型相关系数为 0.69，预测均方根误差为 75。利用横切面光谱信息，一阶导数+S-G 卷积平滑法进行预处理时，近红外光谱技术基本可以实现对杨木硬度的预测。

基于本书的研究结果，对于引种于不同国家的 50 号杨、108 杨和 N179 杨杨树无性系木材物理、力学性质的近红外光谱快速预测，各无性系基本能够实现其密度、抗弯强度、抗弯弹性模量、顺纹抗压强度及硬度的预测。之前已有将近红外光谱技术应用于阔叶材如泡桐（*Paulownia tomentosa*）、粗皮桉（*Eucalyptus pellita*）、杨木等密度预测中，发现该技术可以实现木材密度的近红外光谱快速预测（江泽慧等，2007；赵荣军等，2012）。并且研究发现，利用不同切面的近红外光谱数据，如分别利用横切面、径切面、弦切面光谱信息时，得到的密度的近红外预测模型精度不同，采用横切面光谱建立的模型相关系数最高（江泽慧等，2006）。本研究针对杨木密度近红外光谱快速预测，也发现采用横切面光谱并结合一阶导数+S-G 卷积平滑光谱预处理法建立的模型预测效果会更好。

本研究中针对 50 号杨、108 杨和 N179 杨杨树无性系摸索了不同的切面及不同物理与力学性质指标的光谱预处理方法，找到了杨树无性系各物理与力学性质指标预测较适宜的方法。除了 N179 杨抗弯强度预测模型相关系数较低，无法实现快速预测外，其他物理与力学性质的预测模型相关系数在 0.55～0.75（Jia et al., 2021），证实了近红外光谱技术预测杨树无性系力学性质具有一定的可行性。这一结果为之后杨树无性系木材品质性状的评价提供了新的途径和方法。

（二）杉木力学性质的近红外光谱快速预测

1. 试验材料

对于 6 个杉木无性系木材，同杨木，在力学性质测试前先进行近红外光谱的采集，力学性质测试后，依据抗弯强度、抗弯弹性模量、顺纹抗压强度和硬度等指标的数据建立近红外光谱校正及预测模型。

2. 试验方法

A. 光谱采集

使用的近红外光谱仪及参数同杨木。采集杉木样品表面光谱光斑直径为 8 mm。其中抗弯强度试样选择 1 个径切面和 1 个弦切面采集 4 个点或 8 个点，顺纹抗压强度试样同杨木，沿各切面对角线分别采集两个点，硬度试件选取 1 个横切面、1 个径切面和 1 个弦切面沿对角线分别采集 3 个点（Jia et al., 2022）。

B. 光谱数据的预处理及建模方法

杉木的近红外光谱预处理同杨木，也采用导数法、多元散射校正法（MSC）和 S-G 卷积平滑法进行光谱的预处理。然后使用多变量统计分析软件 Unscrambler，通过线性变换保留方差大、含信息量多的分量，丢掉含信息量少的分量，进行数据降维，消除相互层叠的信息之后。采用偏最小二乘法进行多元数据统计分析，最终通过相关系数、校正均方根误差、预测均方根误差和相对分析误差等参数对模型进行实际验证，判定预测模型的准确性。

3. 结果与讨论

1）杉木的近红外光谱

通过对 6 个杉木无性系木材力学试样的近红外光谱采集，获得了各无性系的近红外平均原始光谱图（图 3-88），可以看出，各无性系的近红外光谱图较为相似，在 1208 nm、1461 nm、1923 nm、2099 nm 和 2270 nm 处有较强的吸收峰。同杨木一样，杉木无性系木材横切面的光谱吸收强度较径切面和弦切面的大（图 3-89）。

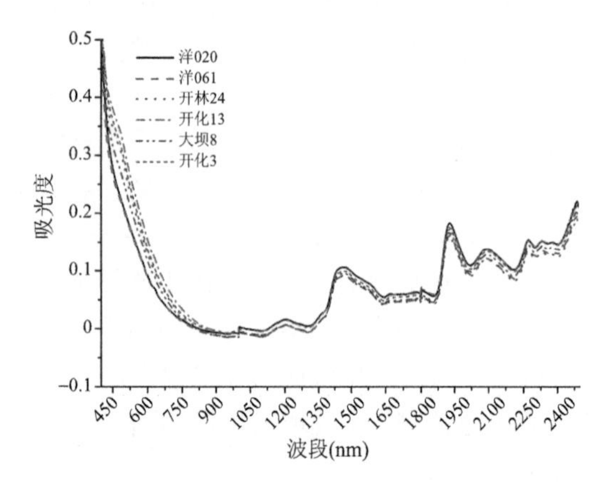

图 3-88 杉木近红外光谱原始谱图

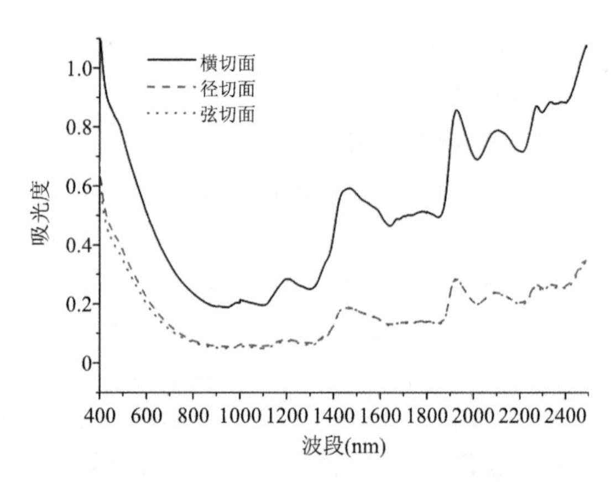

图 3-89 杉木 3 个切面近红外光谱原始谱图

2）抗弯强度的近红外光谱快速预测

对各无性系木材的抗弯强度采用径切面、弦切面平均光谱，使用多元散射校正法和 S-G 卷积平滑法进行光谱预处理。表 3-32 为木材抗弯强度的校正模型和预测模型参数。可以看出，各杉木无性系的校正模型校正和检验结果均较好，校正模型相关系数均在 0.91 及以上，预测模型相关系数均在 0.84 及以上。其中校正模型相关性最好的为大坝 8，相关系数达 0.98，预测模型相关系数为 0.85；其次为开林 24，校正模型相关系数为 0.96，预测模型相关系数为 0.87。6 个无性系综合一起后建立的模型预测效果也较好，如图 3-90a 所示，相关系数达 0.89，模型精度较高（Jia et al., 2022）。

3）抗弯弹性模量的近红外光谱快速预测

建立抗弯弹性模量近红外模型所采用的方法与抗弯强度相同，选取径切面、弦切面平均光谱，用多元散射校正法和 S-G 卷积平滑法去噪对光谱进行预处理，在 400～2500 nm 波段采用偏最小二乘法进行完全交互验证建立模型。

表 3-32　杉木无性系木材抗弯强度校正模型和预测模型参数

无性系名称	校正模型		预测模型		
	相关系数	均方根误差	相关系数	均方根误差	相对分析误差
洋 061	0.91	1.40	0.86	1.78	1.64
洋 020	0.91	1.95	0.86	2.50	1.78
开林 24	0.96	1.21	0.87	2.21	1.80
开化 13	0.91	3.65	0.84	5.11	1.64
大坝 8	0.98	0.67	0.85	3.18	1.67
开化 3	0.91	3.48	0.87	4.66	1.72
6 个无性系	0.93	2.89	0.89	3.59	1.96

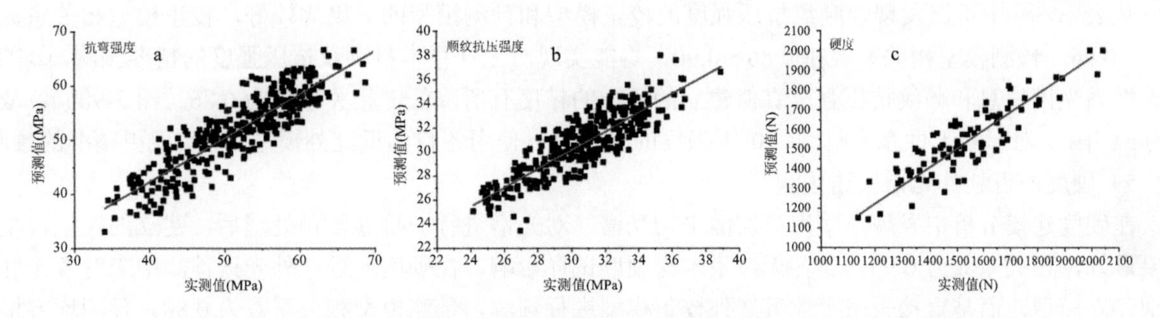

图 3-90　杉木 6 个无性系木材力学性质的近红外光谱预测值与实测值的相关性

从表 3-33 中可以看出，杉木各无性系木材抗弯弹性模量的校正模型相关系数在 0.86～0.93，预测模型相关系数在 0.84～0.88，能较好地预测无性系木材的抗弯弹性模量。对比各无性系的校正模型和预测模型可以发现，抗弯弹性模量变异性较大的无性系模型相关系数较高，变异性较小的洋 020 和开林 24 的校正模型效果略差，预测模型相关系数分别为 0.85 和 0.84。总体而言，单个无性系及 6 个无性系综合一起后建立的模型预测效果均较好（Jia et al., 2022）。

表 3-33　杉木无性系木材抗弯弹性模量的校正模型和预测模型参数

无性系名称	校正模型		预测模型		
	相关系数	均方根误差	相关系数	均方根误差	相对分析误差
洋 061	0.93	0.272	0.87	0.379	1.808
洋 020	0.88	0.327	0.85	0.368	1.686
开林 24	0.86	0.318	0.84	0.345	1.564
开化 13	0.92	0.455	0.86	0.623	1.826
大坝 8	0.91	0.451	0.88	0.520	1.909
开化 3	0.90	0.476	0.86	0.576	1.765
6 个无性系	0.93	0.417	0.88	0.535	1.930

4）顺纹抗压强度的近红外光谱快速预测

杉木无性系木材顺纹抗压强度的预测采用横切面光谱，对其光谱进行多元散射校正和 S-G 卷积平滑去噪预处理，各无性系木材顺纹抗压强度的校正模型和预测模型较好，相关结果见表 3-34。

表 3-34 杉木无性系木材顺纹抗压强度的校正模型和预测模型参数

无性系名称	校正模型		预测模型		
	相关系数	均方根误差	相关系数	均方根误差	相对分析误差
洋 061	0.92	0.659	0.88	0.826	1.923
洋 020	0.96	0.219	0.88	0.545	1.970
开林 24	0.92	0.647	0.87	0.827	1.722
开化 13	0.93	0.857	0.90	1.03	2.530
大坝 8	0.92	0.730	0.88	1.239	1.837
开化 3	0.94	0.673	0.87	0.977	1.876
6 个无性系	0.91	1.149	0.86	1.449	1.748

从表 3-34 中可以发现，顺纹抗压强度的校正模型和预测模型的效果均较好，校正模型相关系数在 0.91～0.96，预测模型相关系数在 0.86～0.90，均能实现对无性系木材顺纹抗压强度的精准预测。综合 6 个无性系光谱信息和顺纹抗压强度真值建立的模型的精度有所降低，相关系数为 0.86（图 3-90b）。故在实际应用中，对杉木无性系木材顺纹抗压强度的预测可以使用各自的近红外模型，以实现更精准的预测。

5）硬度的近红外光谱快速预测

在硬度建模分析中发现，采用三切面平均光谱，对光谱进行一阶导数预处理后，建立的校正模型的效果最好，相关系数为 0.95。受各无性系木材硬度试样影响，在硬度的近红外光谱预测中未对各无性系分别建立模型，而是直接采用上述近红外校正模型进行预测，预测模型相关系数为 0.88，预测均方根误差为 91.08，相对分析误差为 1.95，如图 3-90c 所示，杉木无性系硬度模型的预测效果较好（Jia et al., 2022）。

近年来对于近红外光谱法预测本研究中的 6 个杉木无性系木材力学性质尚未有研究。杉木无性系木材力学性质的近红外预测中，各无性系以及 6 个无性系综合一起均能实现 4 个主要力学性质指标的预测。与之前有研究学者采用导数处理法对不同海拔高度的杉木抗弯强度（预测相关系数为 0.75～0.87）和抗弯弹性模量（预测相关系数为 0.75～0.82）进行近红外预测结果相比较（虞华强等, 2007），本研究中采用多元散射校正和 S-G 卷积平滑去噪相结合的预处理方法所建模型的精度都较高，可实现杉木无性系木材更为精准的预测。本研究所建立的杉木无性系木材的顺纹抗压强度预测模型相关系数在 0.86～0.90，模型预测效果较好。在硬度的近红外预测方面，目前在各树种木材中均未有涉及。本研究对硬度的预测中选用三个切面平均光谱，采用一阶导数和 S-G 卷积平滑去噪相结合的预处理方法建立的硬度预测模型相关系数为 0.88，能实现木材硬度的快速预测。通过对 6 个杉木无性系物理与力学性质相关数据进行分析并建立近红外预测模型，构建了浙江开化和福建顺昌两个产地共 6 个杉木无性系的数据库，发现对于杉木无性系木材来说，都可以较好地实现对其抗弯、抗压以及硬度力学性质的快速预测。

（三）楸木物理与力学性质的近红外光谱快速预测

1. 试验材料

选取洛楸 2 号、洛楸 3 号和洛楸 5 号 3 个楸树无性系木材，同杨木，在物理与力学性质测试前先进行近红外光谱的采集，物理与力学性质测试后，依据气干密度、抗弯强度、抗弯弹性模量、顺纹抗压强度和硬度指标的数据建立近红外光谱校正模型及预测模型。

2. 试验方法

A. 光谱采集

使用的近红外光谱仪及参数同杨木。采集楸木样品表面光谱，光斑直径大小约为 15 mm。密度、顺纹抗压强度和硬度样品分别采集其横切面、径切面和弦切面光谱，每个切面在中心处采 1 个点。对于抗弯强度和抗弯弹性模量样品，选取径切面和弦切面采集光谱，每个切面分别采 5 个点（Wang et al., 2022）。

B. 光谱预处理及模型建立

楸木的近红外光谱预处理同杨木和杉木，也采用导数法、多元散射校正法和 S-G 卷积平滑法进行光谱的预处理。选择在 400～2500 nm 波段建立模型，结合偏最小二乘法通过完全交互验证建立楸树无性系木材物理与力学性质的近红外校正模型和预测模型。建立模型后，采用校正模型相关系数、预测模型相关系数、校正标准误差、预测标准误差和相对分析误差指标判断模型的质量。相关系数和相对分析误差值越大，校正和预测标准误差值越低，表明校正模型和预测模型效果越好。

3. 结果与讨论

1）楸木的近红外光谱

通过对洛楸 2 号、洛楸 3 号和洛楸 5 号 3 个楸树无性系木材力学试样的近红外光谱采集，获得了各无性系的近红外平均原始光谱图（图 3-91）。由于各木材样品构造和组分存在差异性，因此每个样品光谱的吸收度存在差异，但光谱吸收峰比较相似。图 3-92 为楸木样品不同切面的光谱图，可以看出其横切面吸收强度显著高于径切面和弦切面。

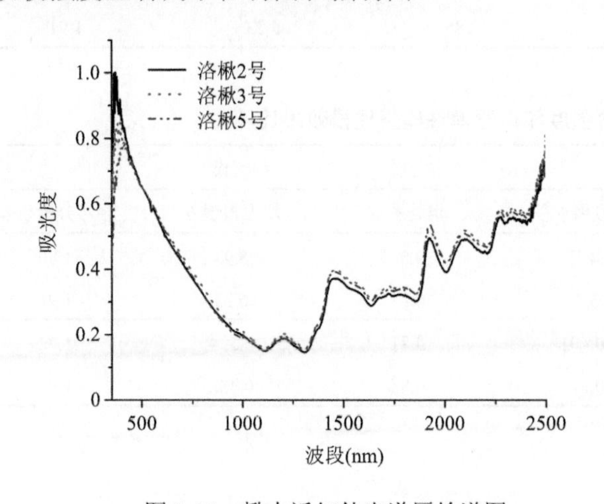

图 3-91 楸木近红外光谱原始谱图

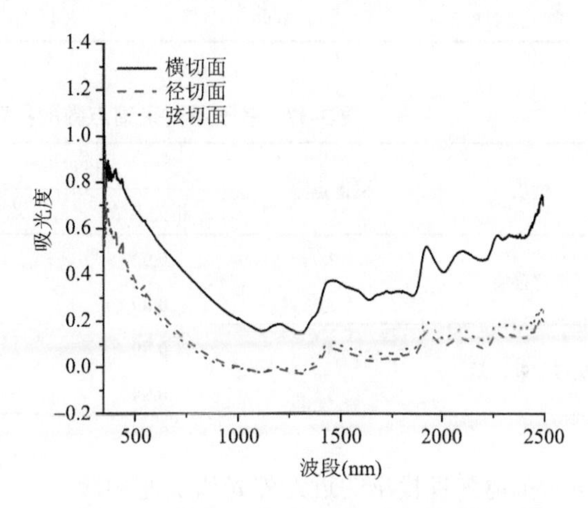

图 3-92 楸木 3 个切面近红外光谱原始谱图

2）气干密度的近红外光谱快速预测

以 3 个楸树无性系木材整体为研究对象，采用横切面光谱，分别使用一阶导数结合 S-G 卷积平滑法、二阶导数结合 S-G 卷积平滑法和多元散射校正结合 S-G 卷积平滑法依次建立偏最小二乘校正模型和预测模型，结果如表 3-35 所示，在进行力学指标快速预测，光谱预处理时同气干密度一样，各个方法均结合了 S-G 卷积平滑法。对比分析不同预处理方法建立的模型参数，发现采用多元散射校正结合 S-G 卷积平滑预处理方法，预测模型相关系数以及模型相对分析误差均最大，建立的模型的精度最高（Wang et al., 2022）。

表 3-35 楸木气干密度基于不同预处理方法的建模结果

预处理方法	校正模型		预测模型		
	相关系数	均方根误差	相关系数	均方根误差	相对分析误差
一阶导数	0.91	0.011	0.64	0.022	1.28
二阶导数	0.92	0.011	0.46	0.027	1.07
多元散射校正	0.93	0.011	0.87	0.015	2.07

3）抗弯强度的近红外光谱快速预测

分别使用 3 个楸树无性系木材抗弯强度样品的径切面、弦切面以及两切面平均光谱建立抗弯强度的偏最小二乘模型。三个不同切面光谱中，当使用两切面平均光谱时，建立的近红外校正模型和预测模型的相关系数最高，分别在 0.88～0.89 和 0.78～0.85。基于两切面平均光谱比较使用不同预处理方法对建模结果的影响，结果如表 3-36 所示。可以发现，使用多元散射校正结合 S-G 卷积平滑预处理方法相较于其他两种预处理方法可以获得效果更好的模型。可以得出，采用径切面和弦切面的平均光谱，并对光谱进行多元散射校正结合 S-G 卷积平滑预处理后，得到的模型效果最好，校正模型和预测模型相关系数分别为 0.89 和 0.85，相对分析误差为 1.91。近红外技术可以完成对楸木抗弯强度的预测。由表 3-37 可知，5 点采谱法的结果优于 3 点采谱法。与 5 点采谱法相比，3 点采谱法建立的校正模型相关系数值增加了 3.37%，预测模型相关系数值和相对分析误差值分别降低了 2.35%和 5.76%。

表 3-36　楸木抗弯强度基于不同预处理方法的建模结果

预处理方法	校正模型		预测模型		
	相关系数	均方根误差	相关系数	均方根误差	相对分析误差
一阶导数	0.88	4.63	0.78	6.05	1.59
二阶导数	0.89	3.90	0.79	5.39	1.63
多元散射校正	0.89	5.47	0.85	6.23	1.91

表 3-37　基于不同采谱点数的抗弯强度和抗弯弹性模量建模效果比较

性质	采谱点数	校正模型		预测模型		
		相关系数	均方根误差	相关系数	均方根误差	相对分析误差
抗弯强度	3	0.92	4.13	0.83	5.93	1.80
	5	0.89	5.47	0.85	6.23	1.91
抗弯弹性模量	3	0.89	0.401	0.81	0.524	1.72
	5	0.94	0.322	0.85	0.482	1.91

4）抗弯弹性模量的近红外光谱快速预测

结合偏最小二乘法，在波段 400～2500 nm，采用不同切面光谱，建立了楸木的抗弯弹性模量校正模型和预测模型。通过比较楸木抗弯弹性模量不同切面模型的建模结果发现，选用两切面平均光谱建立校正模型和预测模型效果更好，校正模型相关系数为 0.90～0.94，预测模型相关系数为 0.80～0.85。分析认为，对于抗弯弹性模量，可能是因为两切面平均光谱相较于径切面和弦切面包含了更多的样品信息。在应用近红外光谱建立楸木抗弯弹性模量预测模型时，应选用木材径切面和弦切面的平均光谱。

基于两切面平均光谱比较使用不同预处理方法对抗弯弹性模量建模结果的影响，结果如表 3-38 所示。选用多元散射校正结合 S-G 卷积平滑预处理方法时，两切面的校正模型和预测模型相关系数最高，分别为 0.94 和 0.85。图 3-93a 展示了该模型中实测值与预测值较好的相关关系。综上，近红外光谱技术可以完成对楸木抗弯弹性模量的预测。

表 3-38　楸木抗弯弹性模量基于不同预处理方法的建模结果

预处理方法	校正模型		预测模型		
	相关系数	均方根误差	相关系数	均方根误差	相对分析误差
一阶导数	0.90	0.398	0.80	0.544	1.68
二阶导数	0.93	0.331	0.84	0.472	1.86
多元散射校正	0.94	0.322	0.85	0.482	1.91

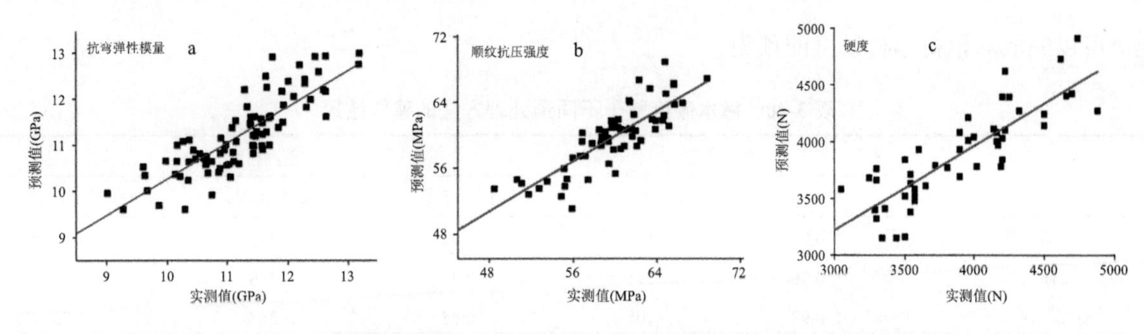

图 3-93　楸木物理力学性质近红外光谱预测值与实测值相关性

表 3-37 列出了洛楸 2 号、洛楸 3 号和洛楸 5 号 3 个楸树无性系木材基于 3 点采谱法和 5 点采谱法的楸木抗弯弹性模量近红外建模结果。发现 3 点采谱法建立的校正模型相关系数、预测模型相关系数和相对分析误差值较 5 点采谱法分别降低了约 5.32%、4.71%和 9.95%。采用 5 点采谱法建立的模型精度略高于 3 点采谱法。数据表明，3 点采谱法可以在保证一定建模精度的前提下减少工作量，可以用于抗弯弹性模量的近红外快速预测（Wang et al., 2022）。

5）顺纹抗压强度的近红外光谱快速预测

分析 3 个楸树无性系木材顺纹抗压强度样品的横切面、径切面、弦切面以及三个切面平均光谱对楸木顺纹抗压强度建模的影响，结果表明，使用横切面光谱时，校正模型相关系数显著高于其他切面，在 0.72～0.95，校正均方根误差则低于其他切面光谱，分布在 1.44～2.79。因此，不同切面光谱中，选取横切面光谱条件下构建的模型的预测效果最好。基于横切面光谱比较使用不同预处理方法对顺纹抗压强度建模结果的影响，结果如表 3-39 所示。

表 3-39　楸木顺纹抗压强度基于不同预处理方法的建模结果

预处理方法	校正模型		预测模型		
	相关系数	均方根误差	相关系数	均方根误差	相对分析误差
一阶导数	0.72	2.79	0.63	3.12	1.29
二阶导数	0.84	2.12	0.65	3.00	1.34
多元散射校正	0.95	1.44	0.85	2.41	1.91

结果表明，最优的一组的预处理方法为多元散射校正结合 S-G 卷积平滑法，校正模型和预测模型相关系数分别为 0.95 和 0.85，相对分析误差值为 1.91。图 3-93b 展示了该模型中实测值与预测值较好的相关关系。因此，适用于楸木顺纹抗压强度建模的最佳预处理方法为多元散射校正结合 S-G 卷积平滑法。近红外光谱技术可以完成对楸木顺纹抗压强度的预测。

6）硬度的近红外光谱快速预测

分析 3 个楸树无性系木材硬度样品的横切面、径切面、弦切面以及三个切面平均光谱对楸树木材硬度近红外模型的影响。通过比较可知，使用横切面时，校正模型相关系数较高，分布在 0.96～0.97，预测模型相关系数分布在 0.74～0.85，其次是弦切面、三切面平均光谱和径切面。

基于横切面光谱比较使用不同预处理方法对硬度建模结果的影响，结果如表 3-40 所示。分析结果表明，多元散射校正结合 S-G 卷积平滑法同样是最适用于建立硬度偏最小二乘模型的预处理方法，在使用该方法时，横切面、径切面、弦切面和三个切面平均光谱的模型效果都得到了较好的提升。对硬度横切面光谱采用多元散射校正结合 S-G 卷积平滑法预处理后，模型拟合的效果最好，校正模型和预测模型相关系数分别为 0.97 和 0.85，相对分析误差值为 1.93。说明采用多元散射校正结合 S-G 卷积平滑预处理光谱结合偏最小二乘法建立的硬度预测模型具有理想的预测能力。图 3-93c 展示了预测模型硬度实测值和预测值间的相关关系，相关系数为 0.85，可以看出预测值和实测值呈较好的线性相关。综上所述，近红外光谱可以完成对楸树木材硬度的预测。

表 3-40　楸木硬度基于不同预处理方法的建模结果

预处理方法	校正模型		预测模型		
	相关系数	均方根误差	相关系数	均方根误差	相对分析误差
一阶导数	0.96	149	0.77	348	1.52
二阶导数	0.96	151	0.74	355	1.48
多元散射校正	0.97	108	0.85	248	1.93

本研究发现，将近红外光谱分析技术应用于楸木气干密度、抗弯强度、抗弯弹性模量、顺纹抗压强度和硬度的快速评价中，均能实现对这 5 项物理力学性质的预测。其中采用楸木横切面光谱建立的顺纹抗压强度和硬度模型精度更优。采用径切面和弦切面的平均光谱建立的抗弯模型效果最好。

七、木材化学组分拉曼光谱预测模型

1. 试验材料

杨树无性系选择同“杨树不同无性系木材品质性状遗传变异规律及品系选优”部分，样品制备如图 3-94 所示。

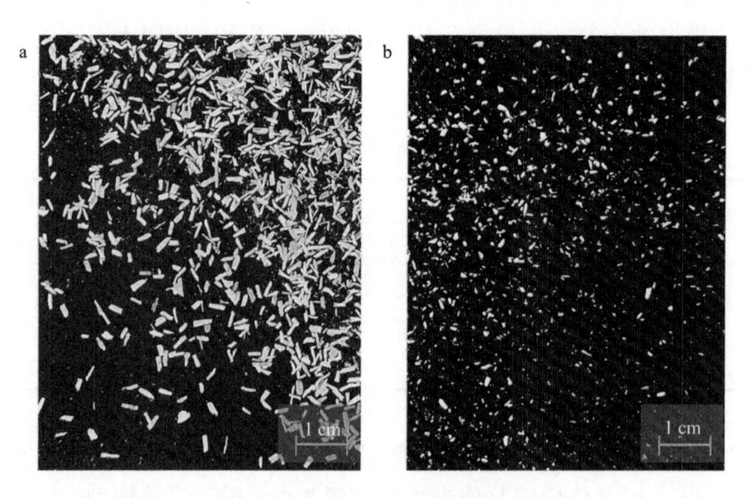

图 3-94　球磨后的粉末状样品

2. 试验方法

1）综纤维素和木质素含量的测定方法

人工林杨木综纤维素和木质素含量的测定均参照国标《造纸原料综纤维素含量的测定》（GB/T 2677.10—1995）。

2）傅里叶变换拉曼光谱的采集

所有杨木样品的傅里叶变换拉曼光谱，使用 Bruker Vertex 70-RAMII 傅里叶变换拉曼光谱仪采集，采集所用样品如图 3-94 所示，为 100～120 目粉末状样品。测试环境相对湿度为（60±10）%，相对温度为（20±2）℃，激发波长为 1064 nm，扫描次数 64 次，光谱分辨率为 4 cm^{-1}，激光功率为 500 mW，测试范围为 3600～200 cm^{-1}。

3）拉曼光谱的处理方法

由于采集的傅里叶变换拉曼光谱受到激发光源和样品粗糙度等因素的影响，存在噪声干扰和基线漂移现象。木材成分复杂，部分谱带相近，导致拉曼光谱的特征峰存在部分重叠，因此，为获得单个特征峰的强度信息，傅里叶变换拉曼光谱数据在进行分峰处理前，在 Matlab 2019 软件中应用 Savitzky-Golay 算法对拉曼光谱进行平滑处理，采用中南大学梁逸曾教授等提出的迭代自适应加权惩罚最小二乘法（adaptive iteratively reweighted penalized least squares, airPLS）在 Matlab 2019 软件中对拉曼光谱做基线校正处理，在 peakfit 4.12 软件中对拉曼光谱进行高斯-洛伦兹反卷积计算。

4）基于拉曼光谱建立主要化学组分定量模型的降维算法和正则化算法

应用统计学回归算法中的降维算法和正则化算法建立无性系杨木的综纤维素和木质素定量模型。降维算法包括主成分回归（PCR）和偏最小二乘回归（PLSR），正则化算法包括岭回归（RR）、套索回归（LR）和弹性网回归（ENR）。其中，主成分回归、偏最小二乘回归、岭回归和弹性网回归的模型在 Matlab 2019 软件中进行，套索回归模型在 RStudio-1.4.1717 软件中进行。

5）模型评价方法

为了筛选出综纤维素和木质素定量模型预测变量的最佳内标和合理的建模算法，本研究应用不同的内标获得不同预测变量，对每组预测变量分别应用两种降维算法和三种正则化算法分别建立综纤维素和木质素定量模型，并用决定系数（R^2）和均方根误差（RMSE）评估各定量模型的预测准确性。R^2 是回归模型中的统计量度，表示模型中输入变量已解释的响应变量方差的比例，如式（3-1）所示。R^2 通过解释方差的比例来衡量模型预测未见样本的精度，提供了预测模型的拟合优度。RMSE 如式（3-2）所示计算得到，是实测值和预测值之间误差的度量。从理论上来说，R^2 越高，RMSE 越小，模型预测精度越高（Katongtung et al., 2022）。

$$R^2(y,\hat{y}) = 1 - \frac{\sum_{i=1}^{n}(y_i - \hat{y}_i)^2}{\sum_{i=1}^{n}(y_i - \overline{y})^2} \tag{3-1}$$

$$\text{RMSE}(y,\hat{y}) = \sqrt{\frac{1}{n}\sum_{i=1}^{n}(y_i - \hat{y}_i)^2} \tag{3-2}$$

式中，y 为实测值，$\hat{y}_i$ 是第 i 个样本的预测值，n 为数据集中的样本数，y_i 为第 i 个样本对应的实测值，$\overline{y}$ 为 n 个 y_i 的平均值。

3. 结果与讨论

1）杨木综纤维素含量的分析研究

杨树无性系木材的综纤维素含量（质量分数）变化范围为 78.60%～84.57%，平均综纤维素含量（质量分数）为 81.84%，与已发表的论文中杨木综纤维素含量相一致（Hou et al., 2011; Liang et al., 2020）。将所有样品以 8∶2（100∶25）的比例随机分配至训练集和测试集（Tang et al., 2021; Ullah et al., 2021; Zhang et al., 2021b），训练集和测试集的样品分布如图 3-95 所示。

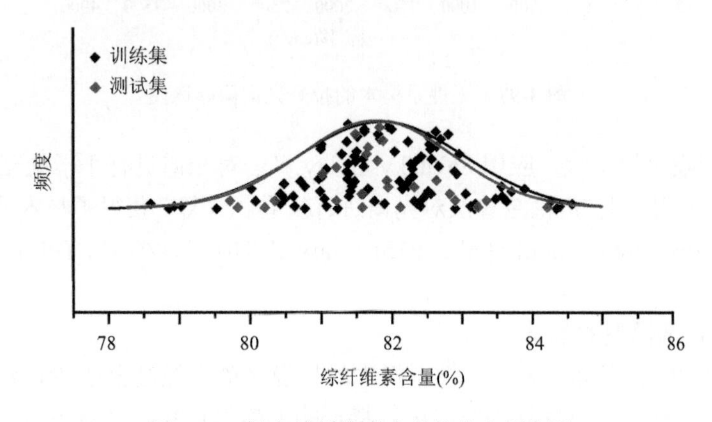

图 3-95　杨木综纤维素含量的分布频度图

2）杨木木质素含量的分析研究

杨树无性系木材的木质素含量变化范围在 19.65%～26.37%，平均木质素含量为 23.72%，与已发表的论文中杨木木质素含量相近（Gebreselassie et al., 2017; Sun et al., 2021）。将样品以 8∶2 的比例随机分配至训练集和测试集（Ullah et al., 2021; Tang et al., 2021; Zhang et al., 2021b），训练集和测试集的样品分布如图 3-96 所示。

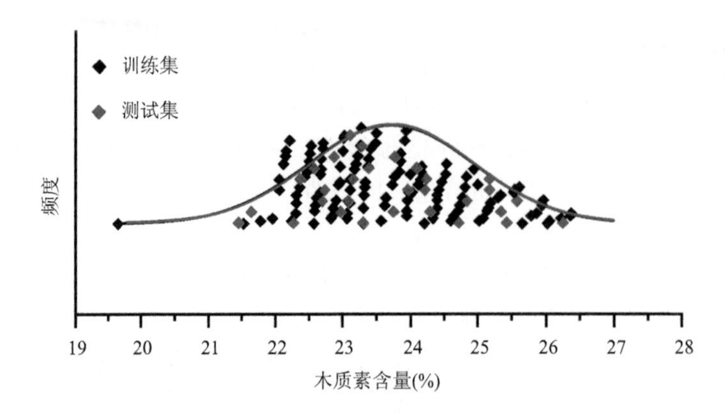

图 3-96　杨木木质素含量的分布频度图

3）拉曼光谱的分析研究

如 2）傅里叶变换拉曼光谱的采集所述，分别采集无性系杨木的傅里叶变换拉曼光谱，未经任何处理的光谱如图 3-97 所示。在杨木的拉曼光谱中，1095 cm^{-1}、1602 cm^{-1}、1660 cm^{-1}、2895 cm^{-1} 和 2945 cm^{-1} 等与木质素和多糖相关的特征拉曼位移处可以观测到明显的特征峰（Wiley and Atalla, 1987）。

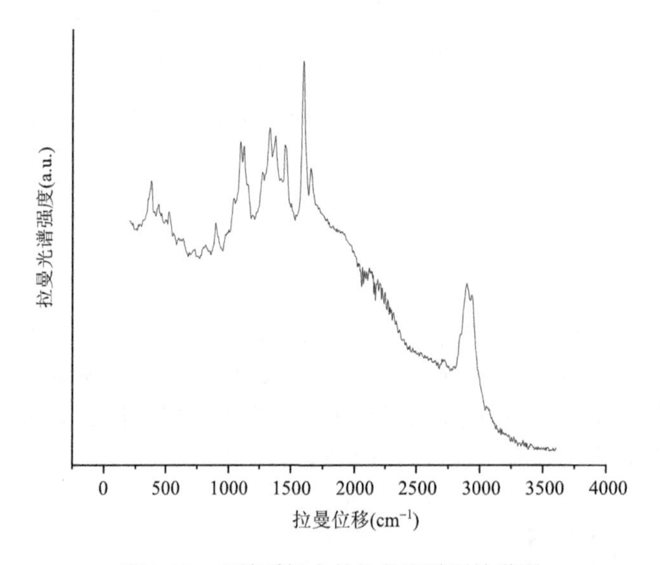

图 3-97　无性系杨木的拉曼光谱原始谱图

为降低荧光背景和噪声等干扰，应用 Savitzky-Golay 算法对光谱进行平滑处理，应用 airPLS 算法对光谱进行基线校正，再应用高斯-洛伦兹算法对光谱进行反卷积计算，获得了与木质素和多糖相关的单谱峰信息（Wiley and Atalla, 1987; Lupoi et al., 2015; Agarwal, 2019），杨木 FT-Raman 图谱处理如图 3-98 所示。

4）建立综纤维素定量模型的数据集

选用 1064 nm 波长的激发光，采集无性系杨木的拉曼光谱，经过上述 Savitzky-Golay 平滑处理和 airPLS 基线校正，以高斯-洛伦兹反卷积算法进行特征峰的信息计算，获得各特征峰的振幅信息。为基

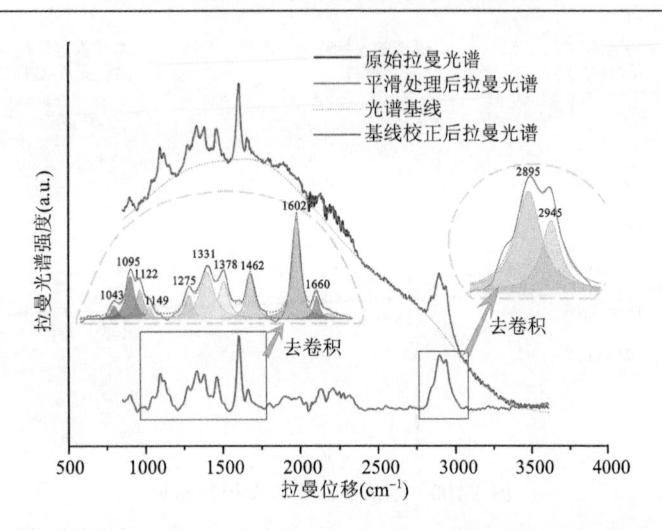

图 3-98　杨木原始拉曼光谱、平滑光谱、光谱基线、基线校正后拉曼光谱和去卷积峰

于拉曼特征峰信息建立无性系杨木的综纤维素定量模型，克服激发光源的不稳定性、样品粗糙度以及荧光物质等因素带来的干扰，需对综纤维素相关的特征峰（1095 cm^{-1}、1122 cm^{-1}、1149 cm^{-1}、1331 cm^{-1}、1378 cm^{-1}、1462 cm^{-1} 和 2895 cm^{-1}）做标准化处理。本研究选择了与多糖不相关或相关性较弱的特征峰 1043 cm^{-1}、1275 cm^{-1}、1602 cm^{-1}、1660 cm^{-1} 以及 2945 cm^{-1} 分别作为内标峰，得到的综纤维素相关拉曼特征峰的相对振幅数据集（$I_{hp/1043}$、$I_{hp/1275}$、$I_{hp/1602}$、$I_{hp/1660}$、$I_{hp/2945}$）如图 3-99 所示。对不同内标峰处理后得到的多糖相关的拉曼信息分别建模。

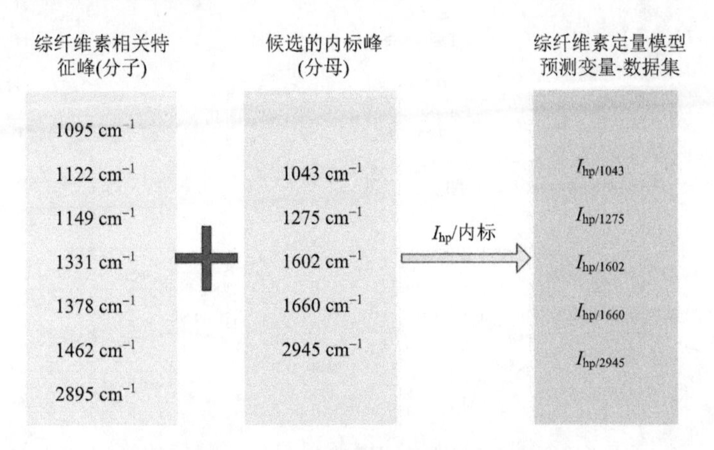

图 3-99　综纤维素定量模型用数据集

$I_{hp/1043}$，[$I_{1095/1043}$，$I_{1122/1043}$，$I_{1149/1043}$，$I_{1331/1043}$，$I_{1378/1043}$，$I_{1462/1043}$，$I_{2895/1043}$]；$I_{1095/1043}$，位于 1095 cm^{-1} 处特征峰强度/位于 1043 cm^{-1} 处特征峰强度

5）建立木质素定量模型的数据集

为基于拉曼特征峰信息建立杨木的木质素定量模型，需对木质素相关的特征峰做标准化处理，选择与木质素不相关或相关性较弱的特征峰做内标（Wiley and Atalla, 1987；马静等, 2013; Lupoi et al., 2015）。与木质素不相关或相关性较小的特征峰中 1095cm^{-1} 和 1122 cm^{-1} 都归属于多糖的 CC 和 CO 伸缩振动，因此，选择 1095cm^{-1} 作为标准化光谱信息的内标峰之一；选择 HCC、HCO 弯曲振动的特征峰 1378 cm^{-1} 以及 CH 伸缩振动的特征峰 2895 cm^{-1} 作为内标峰（Wiley and Atalla, 1987；马静, 2013; Lupoi et al., 2015）。因此，分别选择 1095 cm^{-1}、1378 cm^{-1} 以及 2895 cm^{-1} 作为内标峰，得到木质素相关拉曼特征峰的相对振幅数据集（$I_{lp/1095}$、$I_{lp/1378}$、$I_{lp/2895}$），如图 3-100 所示。对于不同内标峰处理后得到的木质素相关的拉曼信息建立无性系杨木木质素定量模型。

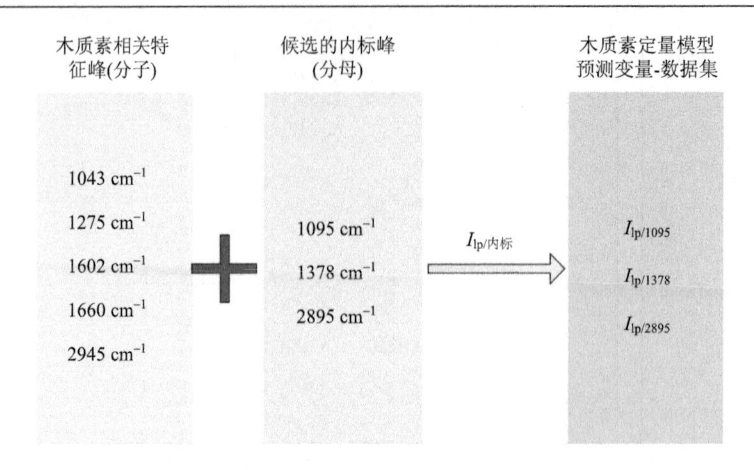

图 3-100　木质素定量模型用数据集

$I_{lp/1095}$，[$I_{1043/1095}$，$I_{1275/1095}$，$I_{1602/1095}$，$I_{1660/1095}$，$I_{2945/1095}$]；$I_{1043/1095}$，位于 1043 cm^{-1} 处特征峰强度/位于 1095 cm^{-1} 处特征峰强度

6）杨木综纤维素定量模型算法评价

图 3-101 可以反映出不同的算法建立的模型质量存在较大差异，在杨木综纤维素定量模型中，3 种正则化算法建立的定量模型具有更高的预测精度。

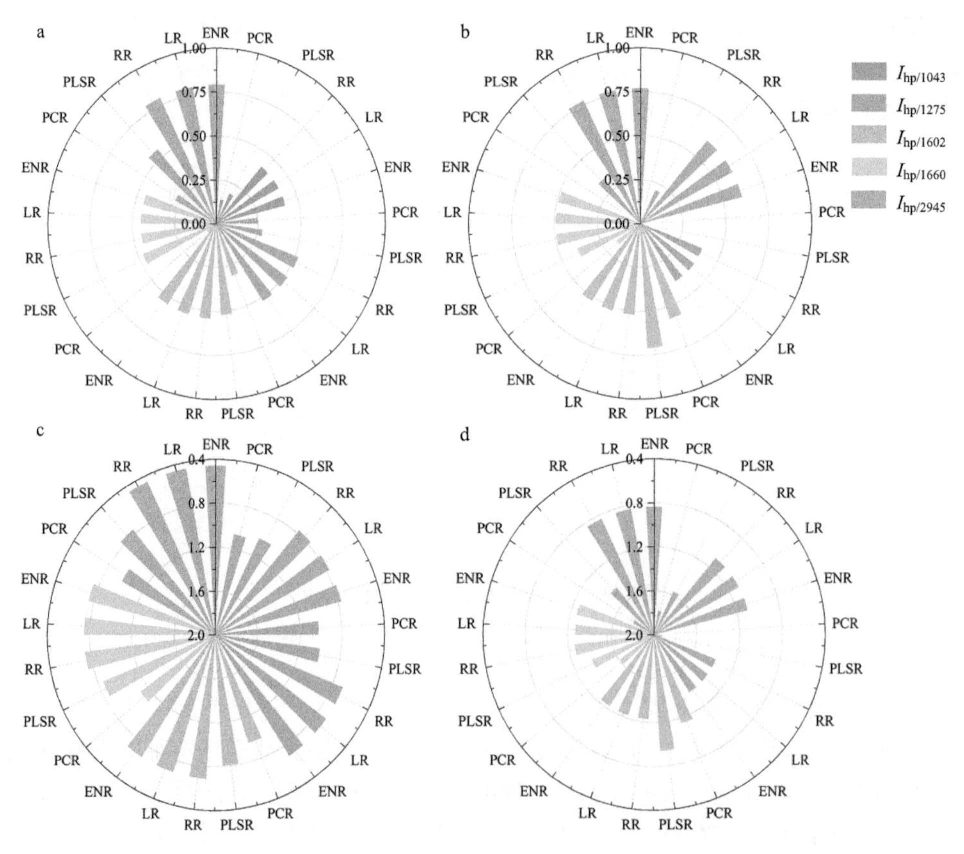

图 3-101　基于 PCR、PLSR、RR、LR 和 ENR 算法构建的杨木综纤维素预测模型

a. 验证集 R^2；b. 测试集 R^2；c. 验证集 RMSE；d. 测试集 RMSE

7）杨木定量模型内标评价

为了筛选出合适的内标，选择 1043 cm^{-1}、1275 cm^{-1}、1602 cm^{-1}、1660 cm^{-1} 以及 2945 cm^{-1} 分别作为标准化多糖相关拉曼特征信息的内标峰，分别构建杨木综纤维素定量模型。由图 3-102 可知，$I_{hp/2945}$

数据集构建的模型预测质量更高，表明位于 2945 cm^{-1} 处的特征峰作为综纤维素相关拉曼信息的内标峰优于其他选项。已有文献表明，2950～2840 cm^{-1} 波段归属于 CH 拉伸振动，2945 cm^{-1} 处的峰值来自木质素和碳水化合物（包括纤维素和半纤维素）的综合贡献（Agarwal and Atalla, 1986; Gierlinger and Schwanninger, 2007, 2006; Ji et al., 2013）。因此，根据多组综纤维素定量模型质量评价指标的对比分析，认为特征峰 2945 cm^{-1} 是杨木综纤维素定量模型的最优内标峰选项。

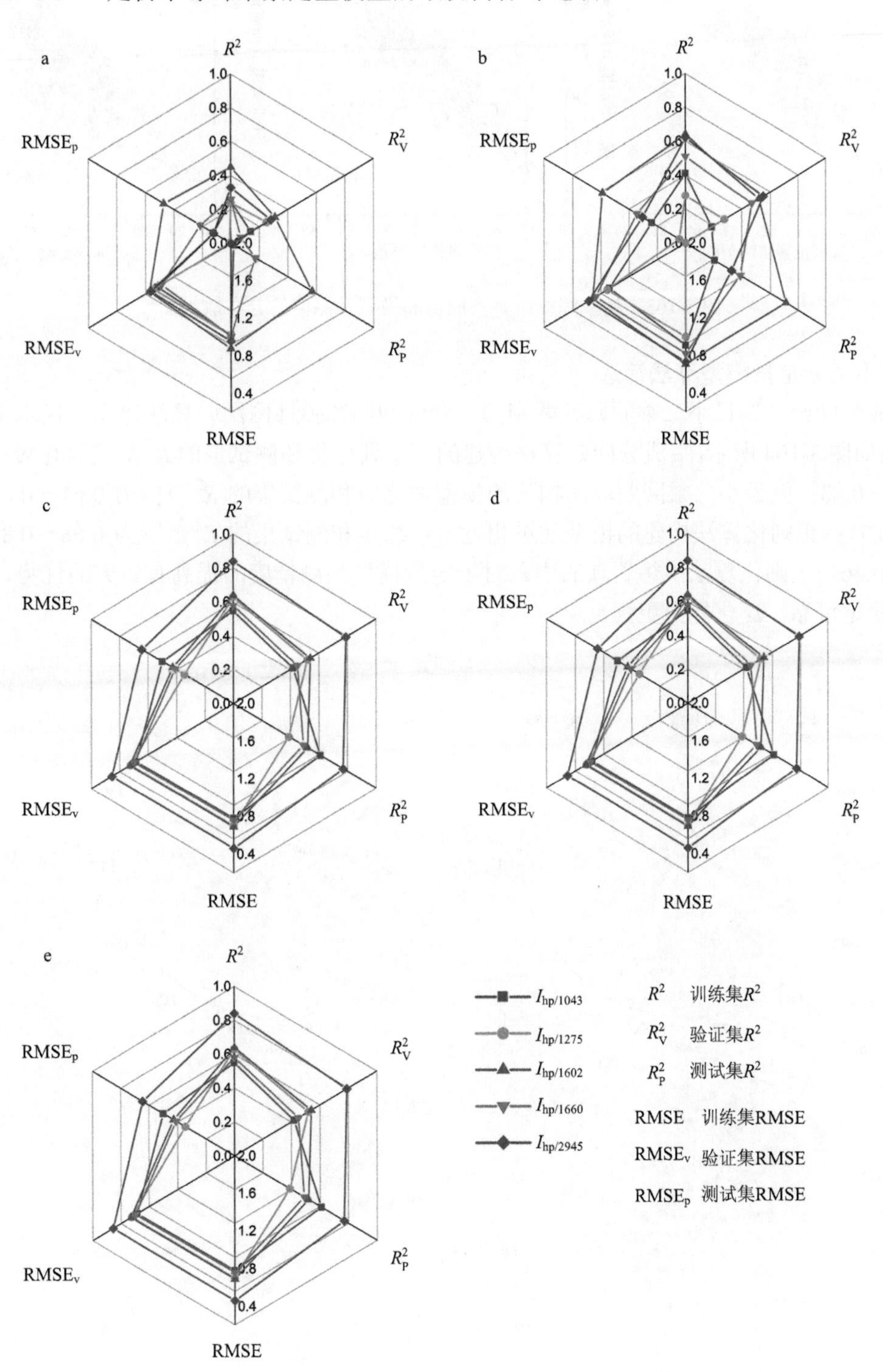

图 3-102　基于 $I_{hp/1043}$，$I_{hp/1275}$，$I_{hp/1602}$，$I_{hp/1660}$ 和 $I_{hp/2945}$ 数据集建立的杨木综纤维素定量模型评价结果

a. 主成分回归模型；b. 偏最小二乘回归模型；c. 岭回归模型；d. 套索回归模型；e. 弹性网回归模型

杨木综纤维素实测值和模型预测值的分布散点图如图 3-103 所示。岭回归、套索回归和弹性网回归中训练集的 R^2 均大于 0.8，RMSE 均小于 1，预测性能较好。

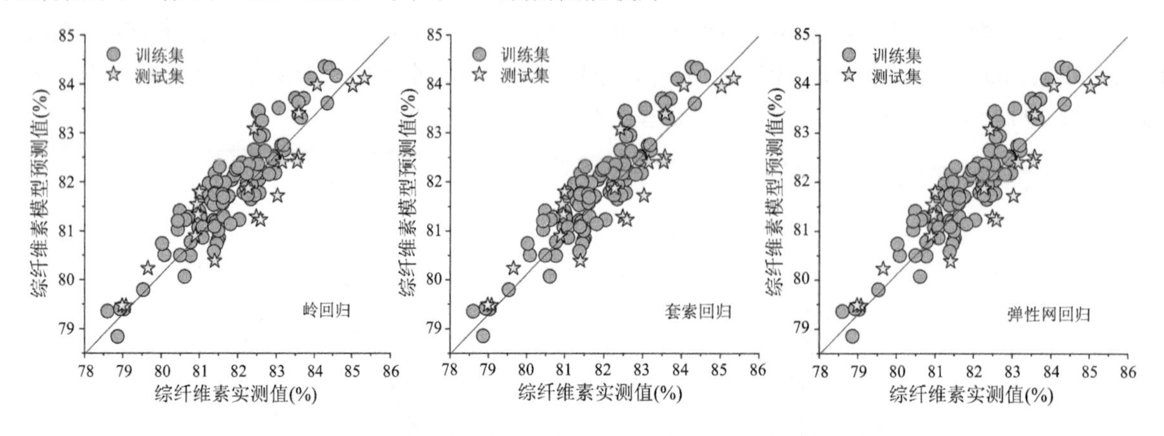

图 3-103　杨木综纤维素实测值和模型预测值的分布散点图

8）杨木木质素定量模型算法筛选

基于主成分回归、偏最小二乘回归、岭回归、套索回归和弹性网回归算法建立了杨木木质素定量预测模型。结果如图 3-104 所示，主成分回归算法构建的模型训练集和测试集的 R^2 范围为 0.49～0.71，RMSE 范围为 0.63～0.83；偏最小二乘回归算法构建的模型训练集和测试集的 R^2 范围为 0.64～0.81，RMSE 范围为 0.50～0.71；正则化算法构建的模型质量相近，训练集和测试集的 R^2 范围为 0.68～0.82，RMSE 范围为 0.51～0.66。正则化算法中惩罚项的引入对于定量模型预测精度的提高有较大的优势，其构建的定量模型更加稳定可靠，泛化能力更强。

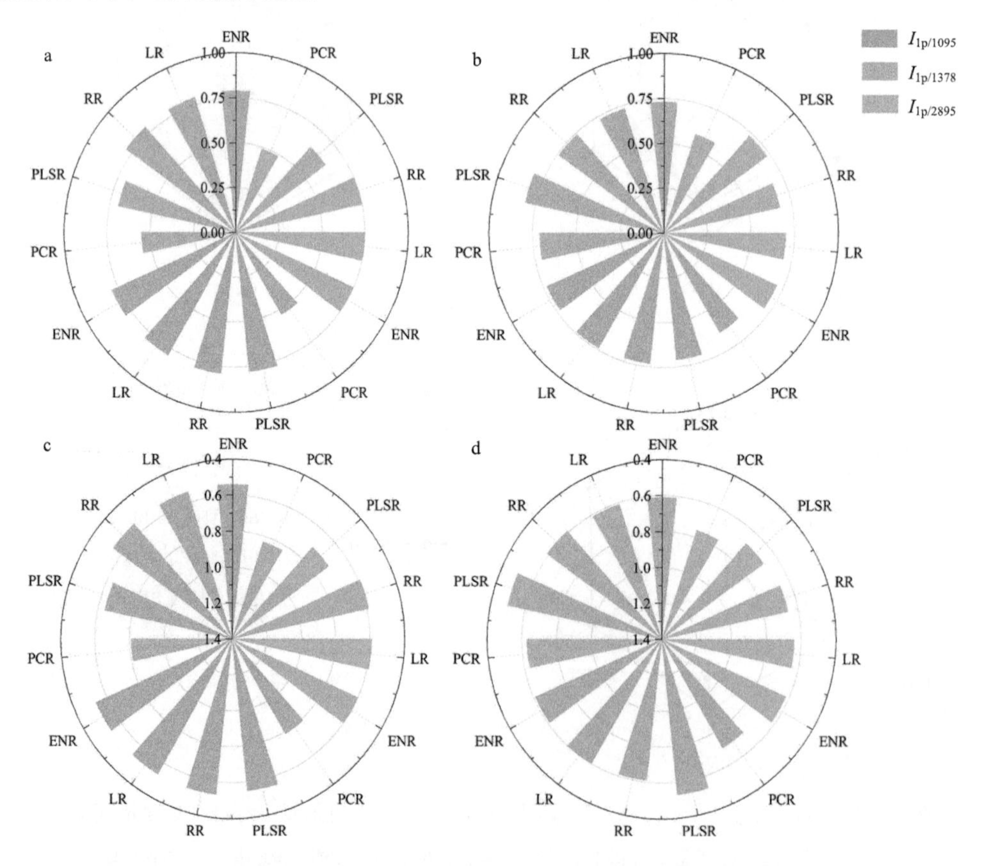

图 3-104　基于 PCR、PLSR、RR、LR 和 ENR 算法构建的杨木木质素预测模型

a. 验证集 R^2；b. 测试集 R^2；c. 验证集 RMSE；d. 测试集 RMSE

9）杨木木质素定量模型内标评价

为了筛选最佳内标峰，选用 1095 cm^{-1}、1378 cm^{-1} 和 2895 cm^{-1} 分别对木质素相关峰（1043 cm^{-1}、1275 cm^{-1}、1602 cm^{-1}、1660 cm^{-1}、2945 cm^{-1}）进行标准化处理，获得 $I_{lp/1095}$、$I_{lp/1378}$ 和 $I_{lp/2895}$ 数据集，用作杨木木质素定量模型的预测变量。以湿化学法实测的木质素含量作为响应变量，以 PCR、PLSR、RR、LR 和 ENR 算法分别构建了杨木木质素定量模型。基于 $I_{lp/1095}$、$I_{lp/1378}$ 和 $I_{lp/2895}$ 数据集构建的模型质量评价如图 3-105 所示。可知基于正则化算法，位于 1095 cm^{-1}、1378 cm^{-1} 和 2895 cm^{-1} 处的特征峰均可用于木质素相关拉曼信息的标准化，其构建的模型质量相近。其中，位于 2895 cm^{-1} 处的特征

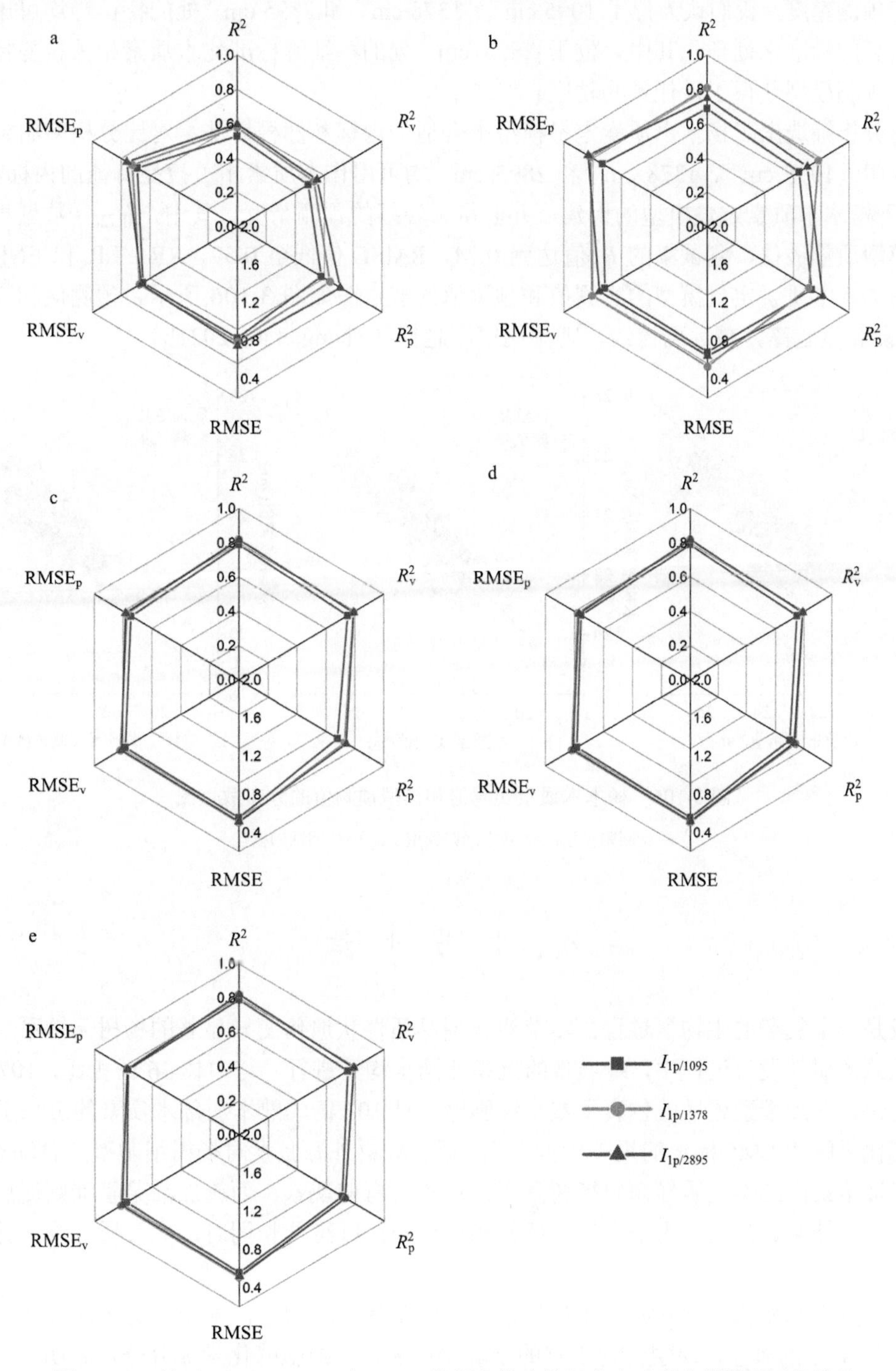

图 3-105　基于 $I_{lp/1095}$、$I_{lp/1378}$ 和 $I_{lp/2895}$ 数据集构建的杨木木质素定量模型评价结果

a. 主成分回归模型；b. 偏最小二乘回归模型；c. 岭回归模型；d. 套索回归模型；e. 弹性网回归模型

峰作为内标构建的模型的预测精度略优于 1095 cm^{-1} 和 1378 cm^{-1}。2895 cm^{-1} 处的特征峰归属于纤维素中 CH 和 CH_2 拉伸振动，已有文献表明，其在云杉磨木木质素的拉曼信号中几乎检测不到，因此 2895 cm^{-1} 具备标准化木质素相关特征峰的潜力。此外，1095 cm^{-1} 处的特征峰通常归属于碳水化合物中 CC、CO 和 COC 的拉伸，也可作为内标峰，并且已成功应用于木质纤维素材料拉曼光谱的标准化处理（Agarwal et al., 2018, 2010）。学者发现 1095 cm^{-1} 处的特征峰还可用于标准化桉木漂白浆的拉曼光谱，以标准化后的光谱信息作为预测变量成功建立了桉木漂白浆卡伯值的预测模型（Agarwal et al., 2003; Gao et al., 2022）。位于 1378 cm^{-1} 处的特征峰归属于 HCC、HCO 和 HOC 的弯曲振动，主要来自多糖的拉曼信号。考虑模型的稳健性和预测精度，我们认为位于 1095 cm^{-1}、1378 cm^{-1} 和 2895 cm^{-1} 处的特征峰均可用于木质素相关拉曼特征信息的标准化处理，其中，位于 2895 cm^{-1} 处的特征峰标准化木质素相关拉曼特征信息构建的木质素含量预测模型获得了最佳预测精度。

通过上述分析筛选出了杨木木质素定量模型中合适的内标和建模算法，对比分析多组数据的测试集质量，结果表明，1095 cm^{-1}、1378 cm^{-1} 和 2895 cm^{-1} 均可用作木质素相关拉曼特征的内标峰，RR、LR 和 ENR 可用于杨木木质素定量模型的构建，并取得了较好的预测精度。其中，$I_{lp/2895}$ 数据集构建的杨木木质素定量模型质量最佳，测试集的 R^2 值达到 0.74，RMSE 值低至 0.59，RR、LR 和 ENR 基于 $I_{lp/2895}$ 数据集构建的杨木木质素定量模型的实测值和预测值的散点图如图 3-106 所示。预测值和实测值越接近 $y=x$ 线，则预测精度越高，越远离该线，则预测精度越低（Zhang et al., 2021b）。

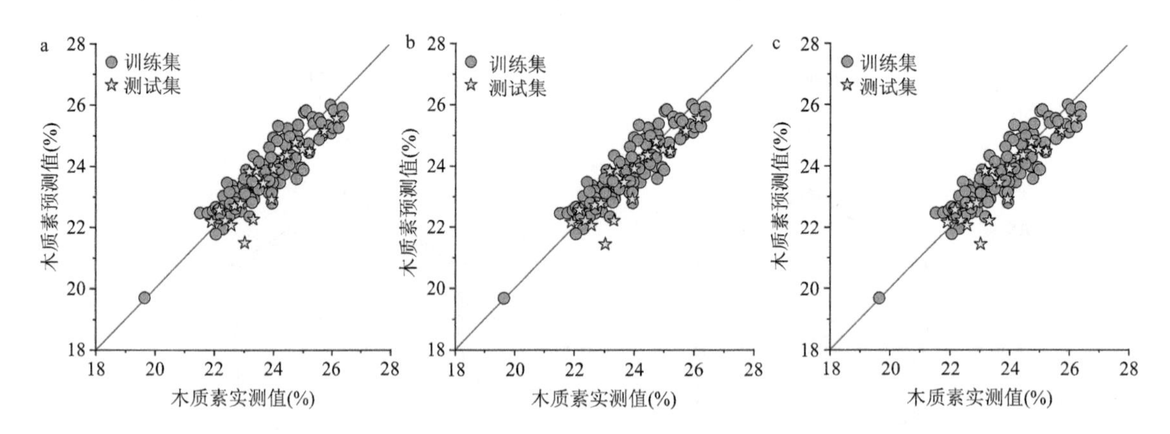

图 3-106　杨木木质素实测值和模型预测值的分布散点图

a. 岭回归模型；b. 套索回归模型；c. 弹性网回归模型

八、本 节 小 结

木材形成是一个复杂的生物学过程，本节对典型品质性状遗传变异显著的杨树无性系进行了分析，发现不同无性系木质部发育过程中，纤维素的沉积非同步均一进行，与中林 46 杨相比，107 杨纤维细胞壁增厚速度更快，其纤维素更早地包裹了整个细胞壁，且 107 杨成熟木质部木质素的沉积量更高，JIM7 标记的高甲酯化果胶和 LM5 标记的果胶含量更高；通过分析外源激素对杨树细胞壁发育动态的影响，发现施加外源表油菜素内酯不能诱导倾斜杨树茎干出现重力弯曲现象，而施加油菜素唑则促进倾斜杨树茎干负向地性生长；外源表油菜素内酯在诱导倾斜杨树应拉区纤维伸长同时形成胶质纤维，并延迟胶质纤维成熟化。

与对应木和直立木相比，杉木应压木次生木质部管胞壁显著增厚，木质素更多地分布于靠近细胞角隅胞间层次生壁 S_2 层的外层，该层富含丰富的半乳聚糖表位。细胞壁化学成分分析表明，杉木应压木木质素含量显著高于对应木和直立木，而纤维素含量低于直立木和 60 d 及 90 d 的对应木。同一时期应压木半纤维素含量显著高于对应木和直立木。此外，对于杉木应压木形成过程中主要代谢成分的分析表明，半乳糖、葡萄糖等半乳聚糖和葡甘聚糖合成底物增加，果糖、蔗糖等糖类化合物的相对含量均随生长时间的增加而降低，在应压木形成的初期，代谢通量主要流向苯丙烷代谢途径。

采用受激拉曼散射技术实现了细胞壁木质素、纤维素等组分的快速原位成像与定量分析；采用傅里叶变换拉曼光谱分析技术和化学计量学算法，使用岭回归、套索回归和弹性网回归算法建立了杨木综纤维素定量预测模型，使用岭回归和套索回归算法构建了杨木木质素定量预测模型，实现了对杨木无性系综纤维素和木质素含量的快速预测；采用近红外光谱分析技术结合化学计量学算法，构建了木材物理性质——密度，以及化学性质——抗弯强度、抗弯弹性模量、顺纹抗压强度和硬度的近红外预测模型，实现了对杨树、杉木和楸树的主要物理与力学性质的快速预测。

第三节　木材品质性状的基因挖掘和功能分析

本节通过构建杨树派间遗传连锁图谱，楸树高密度遗传图谱和杉木 gSSR 标记规模化开发及高效分型平台，开展了木材典型品质性状相关基因挖掘和功能分析研究，为分子标记辅助育种和木材重要品质性状功能基因挖掘奠定了重要的研究基础。

一、杉木木材典型品质性状相关基因挖掘和功能分析

（一）杉木基因组 survey 测序

1. 试验材料

用于基因组 survey 测序的杉木样本为组培无性系 ZL06。

2. 试验方法

1）杉木 DNA 的提取与质量检测

DNA 提取采用 CTAB 法（Doyle and Doyle，1990），并用 1%琼脂糖凝胶电泳和 NanoDrop 2000 检测 DNA 的纯度和浓度。将检测合格的 DNA 用于后续基因组测序。

2）杉木基因组测序及 K-mer 分析

将杉木无性系 ZL06 的基因组 DNA 随机打断为 350 bp 的插入片段，构建测序 DNA 文库，利用 Illumina Hiseq Xten PE 150 平台进行高通量测序（Paired-End），基于 K-mer 分析的方法进行基因组特征预测。利用 GenomeScope 软件分析基因组杂合率。

3. 结果与讨论

本实验杉木基因组 DNA 二代测序得到 5 292 630 018 条有效序列（clean read），共 778.02 Gb，用于后续 K-mer 分析。从图 3-107 中可以看出，17-Kmer 分布曲线为非正常泊松分布，呈现双峰分布。统计可知 K-mer 总数是 347 935 256 501 bp，通过公式[（总 K-mer 数量）/（K-mer 期望测序深度）]计算出实验样本基因组的大小为 11 597 841 883 bp。杂合峰出现在主峰 1/2 处，显示有较高的杂合度。用拟南芥基因组模拟 39×短片段数据，在不同杂合率下进行 17-Kmer 曲线拟合，估计该杉木样本基因组杂合率在 2.0%～2.1%（图 3-107），重复序列含量高达 74.89%。另外，不同测序深度下 GC 含量分析显示，该样本的 GC 含量约为 36.04%（图 3-108），与野生甘薯的 GC 含量（36.0%）接近（Hirakawa et al., 2015）。

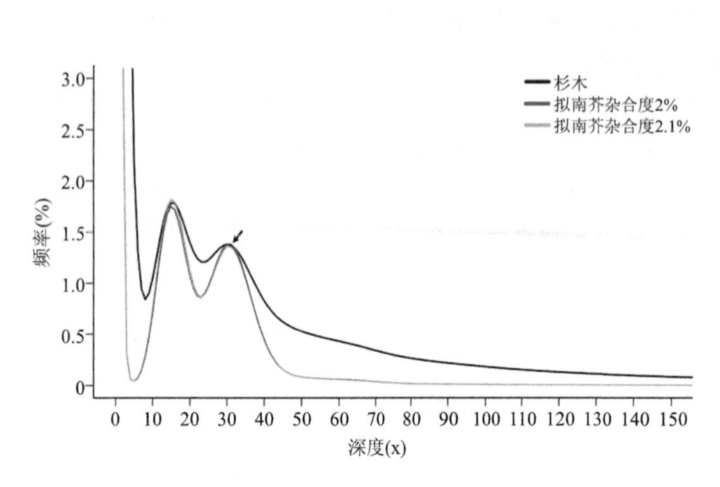

图 3-107　基于 17-Kmer 分析的杉木

基因组分布曲线箭头所示为纯合主峰

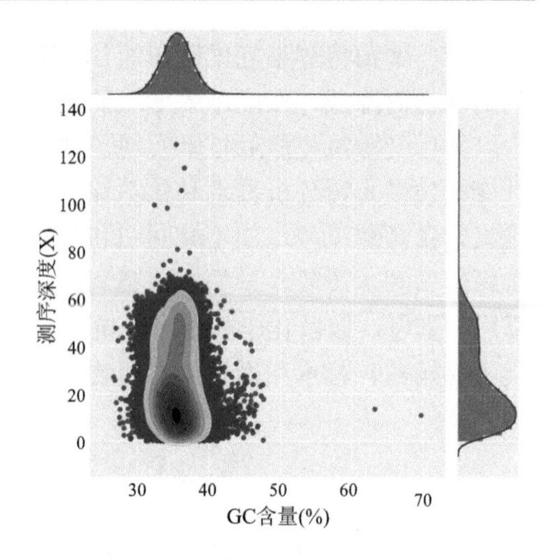

图 3-108　GC 含量及基因组数据的平均测序深度

横轴是每个 10 kb 不重叠滑动窗口的 GC 含量百分比，纵轴表示平均测序深度

（二）SSR 引物的开发及应用

1. 试验材料

试验材料种植于浙江省衢州市开化县境内的杉木种子园，选取广西河池、柳州、那坡、南丹、融水、三江，贵州锦屏、黎平、天柱，湖南会同、靖县、零陵，浙江开化、临安、龙泉，福建建瓯 16 个地理种源共计 199 个 30 年生杉木嫁接无性系为研究材料。

2. 试验方法

1）序列拼接及 SSR 位点鉴定

利用 SOAPdenovo v2.01 软件对高通量测序数据进行拼接（Luo et al., 2012），并用 SOAPaligner v2.21 分析 GC-Depth 分布（Li et al., 2009c）。运用 Perl 语言脚本 MISA 进行基因组序列的 SSR 搜寻，统计 SSR 的类型、数量、长度等特征。

2）杉木 DNA 的提取与质量检测

DNA 提取采用 CTAB 法（Doyle et al., 1990），用 1%琼脂糖凝胶电泳和 NanoDrop 2000 检测 DNA 的纯度和浓度。将检测合格的 DNA 稀释至 50 ng/μl 用于后续 SSR-PCR 分析。

3）PCR 及毛细管电泳检测

SSR-PCR 反应体系：50 ng/μl DNA 1.0 μl，2× Supermix（TaKaRa）5.0 μl，0.01 nmol/μl 上、下游引物各 0.2 μl，无菌水补至 10 μl。PCR 反应程序：94℃预变性 5 min；94℃变性 30 s，45～54℃（根据引物确定）退火 30 s，72℃延伸 40 s，共循环 32 次；72℃延伸 7 min。毛细管电泳结果使用配套的 QAnalyzer-1.3.5.1 软件分析。

4）数据处理

等位基因数（number of allele，Na）、有效等位基因数（effective number of allele，Ne）、观察杂合度（observed heterozygosity，Ho）、期望杂合度（expected heterozygosity，He）和 Shannon's 信息指数（I^*）等指标应用 POPGENE 1.32 软件进行统计分析。利用 PowerMarker v3.25 软件进行多态性信息含量（polymorphism information content，PIC）计算（Liu and Muse, 2005）及根井正利遗传距离和聚类分析。利用 Sturcture 2.3.4 软件分析杉木无性系的亚群数目和群体结构。依据最大似然值计算ΔK 值，选取合适的 K 值。利用 CLUMPP 软件对所选择 K 值的重复运算结果进行 Q 值综合。并用 MEGA 7.0 软件绘制树状群体聚类图（Kumar et al., 2016）。

3. 结果与讨论

1）序列拼接与SSR位点分布特征

将所有测序数据进行组装，获得10 982 272条支架（scaffold），平均长度为693.5 bp，相应的N50为1566 bp。长度大于等于100 bp的scaffold有10 982 265条；大于等于2 kb的则有804 114条（表3-41）。组装序列总长7.62 Gb，与预测结果（11.6 Gb）相差比较大，暗示基因组大、杂合度高的杉木基因组需有新的测序策略。

表3-41　组装结果

	大小（bp）	数量（条）
N90	273	5 649 461
N80	532	3 657 308
N70	821	2 504 998
N60	1 152	1 720 450
N50	1 566	1 151 829
最长序列	62 714	—
总长度	7 615 716 973	—
总数（≥100 bp）		10 982 265
总数（≥2 kb）		804 114

利用MISA软件在组装的基因组序列中共搜寻出324 406个SSR位点，分布在268 852条scaffold上，平均每14 719 bp含有一个SSR位点（不计未知碱基），SSR平均发生频率为14.72 kb。按重复单元的核苷酸数量进行分类统计（图3-109），发现二核苷酸重复最多，有266 593个（82.18%），其中，重复基序AT/TA最多，占59%，CG/CG所占比例最小，仅占1%。三核苷酸重复次之，有48 138个（14.84%），其中，最多的重复基序为AAT/ATT，占32%。其他如图3-110所示，四核苷酸、五核苷酸与六核苷酸重复的数量分别为8 563个（2.64%）、771个（0.24%）与341个（0.10%）。但杉木EST-SSR中以三核苷酸重复数量最多（张圣等，2013；文亚峰等，2015），这种差异暗示二核苷酸重复可能多来自内含子区域。

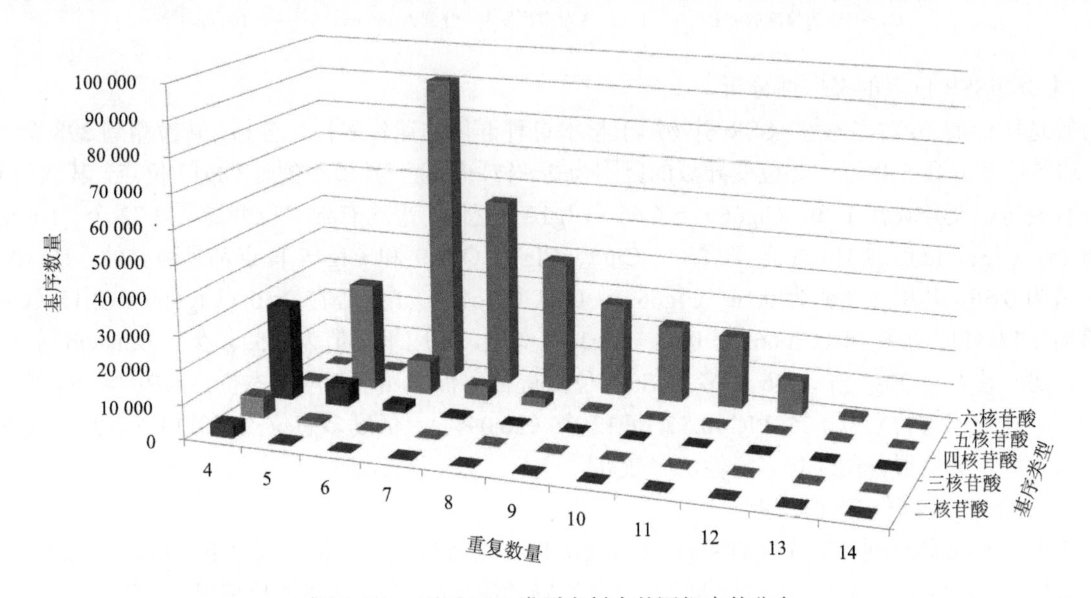

图3-109　不同SSR类型在杉木基因组中的分布

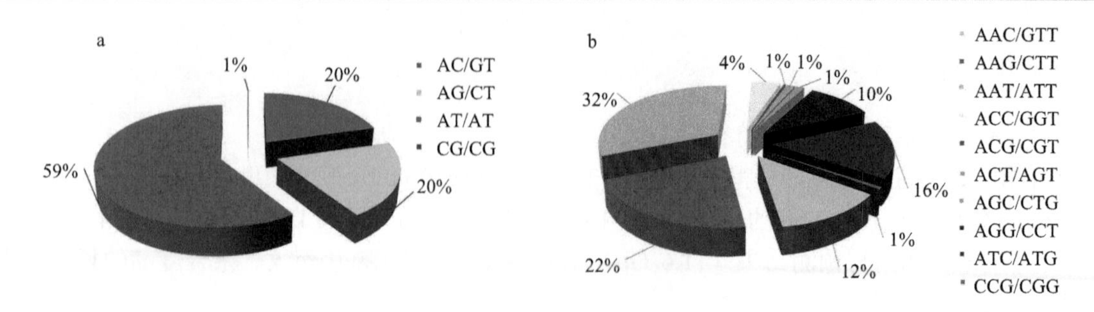

图 3-110　杉木基因组中不同重复基序的百分比

a. 二核苷酸重复基序；b. 三核苷酸重复基序

2）gSSR 引物的开发及筛选

利用在线引物设计软件 BatchPrimer3 v1.0 批量设计 SSR 引物，然后随机挑选符合要求的 SSR 引物 89 对进行测试，经检测共有 79 对 SSR 引物可成功扩增。以来自不同种源的 12 个无性系为材料，对所筛选的 SSR 引物进行 PCR 扩增，利用毛细管电泳对 PCR 产物进行检测，共获得多态性引物 46 对（图 3-111），明显高于杨梅（31%）（Jiao et al., 2022）、水杉（32.9%）（张新叶等, 2013）的相应数值且其中有 31 个位点属高多态性位点。

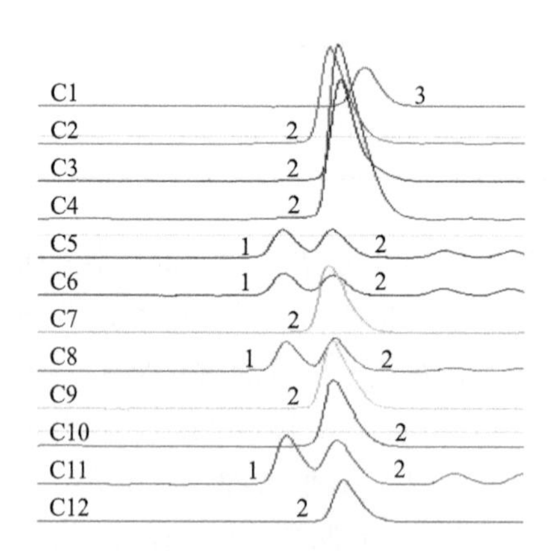

图 3-111　ClgSSR1 PCR 产物毛细管电泳检测结果

C1～C12 为检测所用无性系，1、2、3 对应片段大小分别为 160 bp、163 bp、166 bp

3）杉木 gSSR 位点的多态性分析

将筛选所得的 46 对多态性 gSSR 引物用于杉木育种群体的遗传多样性分析，共检测到 298 个等位变异，平均等位变异数 6.48 个，等位变异数的范围为 2～17。等位变异最多的是 Clg17 位点，其次为 Clg68 位点。有效等位变异数在 1.20（Clg66）～6.66（Clg17）变化，平均有效等位变异数 2.72 个。Ho 的平均值为 0.25，Clg17 位点的 Ho 最高（0.88），Clg5、Clg7、Clg39 和 Clg45 位点都是纯合的（Ho=0）。He 的平均值为 0.56，其相应变幅为 0.16（Clg66）～0.85（Clg17）。I^*变幅在 0.36（Clg66）～2.15（Clg17），平均值为 1.13。PIC 在 0.18（Clg66）～0.83（Clg17）变化，相应平均值为 0.53。参照 Botstein 等（1980）的报道，进一步利用 PIC 值对 46 个多态 SSR 位点进行评价，显示高度多态位点（PIC>0.5）有 29 个（63.04%），中度多态位点（0.25<PIC<0.5）有 12 个（26.09%），低度多态位点（0<PIC<0.25）仅 5 个。这些结果表明，分析群体的遗传多样性水平较高。

4）基于 gSSR 的群体结构分析

利用 Structure 软件对 199 个无性系的 46 个 gSSR 位点信息进行分析。根据 Evanno 等（2005）的方法引入 ΔK 值来确定 K 值的最佳数目，即当 K 值随 ΔK 值的变化出现明显的峰值时，则作为最优群体数。由此可知，该育种群体可分为 3 个亚群（图 3-112a）。

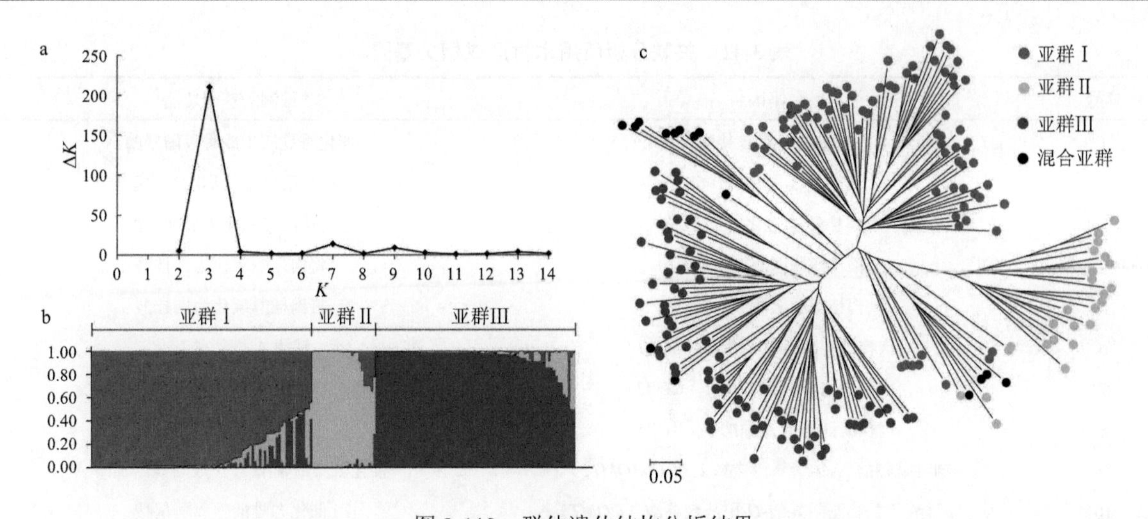

图 3-112　群体遗传结构分析结果

a. 最大似然值选取 *K* 值；b. 杉木育种群体的遗传结构；c. 基于 NJ 算法的群体聚类图。
不同颜色圆点代表 Structure 分析结果；不同色线为基于 NJ 的分类结果

分析杉木无性系不同类群的 *Q* 值时，为了能充分体现无性系间的遗传组成成分，参照刘丽华等（2009）的方法，将 *Q* 值≥0.6 的共 184 个无性系（92.5%），划归到相应的 3 个亚群中，并认为其遗传结构相对单一；其余 15 个无性系的遗传结构具有复杂的混合来源，无法明确归属亚群，因此都划归到混合亚群中（图 3-112b）。亚群Ⅰ的无性系最多有 80 个（40.2%），亚群Ⅱ的无性系有 79 个（39.7%），亚群Ⅲ中的无性系最少，只有 25 个（12.6%）。地理来源相同无性系的遗传组分及其所属亚群也存在差异，如来自广西融水的无性系共有 87 个，其中 84 个无性系被划分到 3 个不同的亚群中，剩余 3 个无性系则被划分为混合亚群；这表明相同地理来源的无性系间遗传结构存在较大的差异。

各亚群中无性系近交系数（inbreeding coefficient，Fst）大小顺序：亚群Ⅰ（0.2580）＞亚群Ⅱ（0.2497）＞亚群Ⅲ（0.1765），表明亚群Ⅰ的无性系遗传分化程度和遗传多样性最高。按照 Slatkin 和 Maddison（1989）的报道估算基因流，显示 3 个亚群间的基因流为 Nm=3.5093，大于 1，说明杉木亚群间存在较高频率的基因交流。

采用基于混合模型的群体结构分析方法将 199 个无性系划分为 3 个亚群（图 3-112c），结合 Structure 分析结果，发现该育种群体在两种不同的数学模型中分类结果基本一致，但遗传结构较复杂的混合类群划分的差异较大。群体结构分析结果也反映出不同地理来源的无性系间存在基因渗入和交流情况，这与陈由强等（2001）对杉木的研究结果相似，可能与杉木风媒传粉、自然杂交率高，以及人为的种质交流有关，表明杉木育种材料的选择不能将地理来源作为唯一标准，应该同时考虑群体的遗传结构。

（三）基于杉木转录组测序的 SNP 发掘

1. 试验材料

参照第三节木材品质性状的基因挖掘和功能分析的试验材料。

2. 试验方法

对质量合格 RNA 进行测序，使用 SOAPaligner 将过滤后的测序结果与实验室已有的杉木全长转录组进行比对（Li et al., 2008a）；利用 SOAPsnp 挖掘转录组数据中的 SNP 数据，构建 SNP 分型数据库，参数为默认参数（Li et al., 2009b）。选择与木材形成相关的三大类共 41 个基因（表 3-42）进行 SNP 的变异及分布情况的分析。

表 3-42　关联分析所用木材形成相关基因

序号	基因名	推测的基因功能
1	4-香豆酸辅酶 A 连接酶（*4CL*）	催化香豆酸生成香豆酰辅酶 A
2	肉桂酸-3-羟化酶（*C3H*）	肉桂酸羟基化形成咖啡酸
3	肉桂酸-4-羟化酶（*C4H*）	肉桂酸羟基化形成咖啡酸
4	肉桂醇脱氢酶 1（*CAD1*）	将肉桂醇氧化为肉桂醛
5	肉桂醇脱氢酶 2（*CAD2*）	将肉桂醇氧化为肉桂醛
6	肉桂酰辅酶 A 还原酶 1（*CCR1*）	辅酶 A-醛类的转化
7	肉桂酰辅酶 A 还原酶 2（*CCR2*）	辅酶 A-醛类的转化
8	肉桂酰辅酶 A 还原酶 3（*CCR3*）	辅酶 A-醛类的转化
9	咖啡酰辅酶 A-*O*-甲基转移酶 2（*CCoAOMT2*）	催化咖啡酰辅酶 A 生成阿魏酰辅酶 A
10	咖啡酸 5-羟化基阿魏酸-*O*-甲基转移酶（*COMT*）	催化咖啡酸生成阿魏酸
11	纤维素合成酶亚基 1（*CesA1*）	催化 UDP-葡萄糖形成葡聚糖链
12	纤维素合成酶亚基 2（*CesA2*）	催化 UDP-葡萄糖形成葡聚糖链
13	纤维素合成酶亚基 3（*CesA3*）	催化 UDP-葡萄糖形成葡聚糖链
14	纤维素合成酶亚基 4（*CesA4*）	催化 UDP-葡萄糖形成葡聚糖链
15	纤维素合成酶亚基 5（*CesA5*）	催化 UDP-葡萄糖形成葡聚糖链
16	纤维素合成酶亚基 6（*CesA6*）	催化 UDP-葡萄糖形成葡聚糖链
17	纤维素合成酶亚基 7（*CesA7*）	催化 UDP-葡萄糖形成葡聚糖链
18	纤维素合成酶亚基 8（*CesA8*）	催化 UDP-葡萄糖形成葡聚糖链
19	第 3 类亮氨酸拉链蛋白 1（*HDZ1*）	调控维管组织形成
20	第 3 类亮氨酸拉链蛋白 2（*HDZ2*）	调控维管组织形成
21	第 3 类亮氨酸拉链蛋白 3（*HDZ3*）	调控维管组织形成
22	第 3 类亮氨酸拉链蛋白 4（*HDZ4*）	调控维管组织形成
23	漆酶基因（*LAC*）	催化木质素单体形成木质素聚合物
24	苯丙氨酸解氨酶 2（*PAL2*）	催化 *L*-苯丙氨酸上生成反式肉桂酸
25	苯丙氨酸解氨酶 3（*PAL3*）	催化 *L*-苯丙氨酸上生成反式肉桂酸
26	MYB 转录因子 1（*MYB1*）	调控次生细胞壁中木质素合成
27	MYB 转录因子 2（*MYB2*）	调控次生细胞壁中木质素合成
28	MYB 转录因子 26（*MYB26*）	调控次生细胞壁中木质素合成
29	MYB 转录因子 49（*MYB49*）	调控次生细胞壁中木质素合成
30	NAC 转录因子 1（*NAC1*）	调控纤维素、木质素等细胞壁成分合成
31	NAC 转录因子 6（*NAC6*）	调控纤维素、木质素等细胞壁成分合成
32	NAC 转录因子 8（*NAC8*）	调控纤维素、木质素等细胞壁成分合成
33	NAC 转录因子 9（*NAC9*）	调控纤维素、木质素等细胞壁成分合成
34	NAC 转录因子 10（*NAC10*）	调控纤维素、木质素等细胞壁成分合成
35	NAC 转录因子 16（*NAC16*）	调控纤维素、木质素等细胞壁成分合成
36	NAC 转录因子 25（*NAC25*）	调控纤维素、木质素等细胞壁成分合成
37	NAC 转录因子 27（*NAC27*）	调控纤维素、木质素等细胞壁成分合成
38	蔗糖合成酶 1（*SUS1*）	为纤维素合成提供前体物质
39	蔗糖合成酶 2（*SUS2*）	为纤维素合成提供前体物质
40	蔗糖合成酶 4（*SUS4*）	为纤维素合成提供前体物质
41	纤维素合成酶类似蛋白（*CslD1*）	与纤维素合成催化相关

3. 结果与讨论

本次共挖掘到高质量 SNP 位点 601 个，其中转录因子中共搜寻到 SNP 位点 171 个，SNP 变异类型转换数量（90 个）与颠换数量（81 个）差异不大；纤维素合成酶相关基因中挖掘到 261 个 SNP 位点，148 个 SNP 位点为转换类型，113 个 SNP 位点为颠换类型；木质素合成酶相关基因中获得 169 个 SNP 位点，主要变异类型为转换（60.94%），但总体分布比较均匀。总体来看，所挖掘的 601 个 SNP 位点中，变异类型主要为转换（56.74%），转换类型中 A/G 与 T/C 的数量差异不大，颠换类型中 T/G（85 个）的数量最多。

本次所挖掘的 SNP 位点主要分布于非编码区（83.53%）且多为同义突变。转录因子位于编码区的 SNP 最多（20.47%），其中有 20 个 SNP 为错义突变；纤维素合成酶相关基因中位于编码区的 SNP 最少（14.56%）且以同义突变为主（31 个）；木质素合成酶相关基因共有 26 个 SNP（15.38%）位于编码区，其同义突变 SNP 的数目（15 个）大于错义突变（11 个）。三类基因的 SNP 发生频率，总体差异不大。王丽鸳等（2012）从 237 个茶树（*Camellia sinensis*）EST 基因序列中挖掘出 818 个 SNP 位点，主要变异方式为转换，转换/颠换约为 1.56，SNP 主要分布于编码区，编码区 SNP 发生频率为 172.4 bp/个。从 589 376 bp 的桉树（*Eucalyptus robusta*）转录组序列中挖掘到 1456 个 SNP 位点，32.42%的 SNP 位点分布于外显子区域，变异方式以转换为主（张晓红等，2009）。小麦（*Triticum aestivum*）中平均 SNP 出现频率为 540 bp/个（Somers et al., 2003），毛果杨（*Populus trichocarpa*）中平均 SNP 出现频率为 385 bp/个（褚延广和苏晓华, 2008），不同植物的 SNP 发生频率差异较大，但同为木本植物的毛果杨 SNP 出现频率与本研究结果相近。

（四）候选基因 SNP 的关联分析

1. 试验材料

参照第三节木材品质性状的基因挖掘和功能分析的试验材料。

2. 试验方法

关联分析所用胸径（DBH）、应力波速度（RolV）及弹性模量（MOE）数据为实验室已有数据（杭芸等, 2019）。关联群体的群体结构及遗传多样性数据见本节第一部分。关联分析所用 SNP 为木材形成相关基因的 SNP 位点。采用 TASSEL5.0 中的混合线性（MLM）模型进行计算（王升星等, 2014）。对于显著的 SNP-性状关联结果，采用显性（d）与加性（a）的比值来分析具体的基因效应。当 $0.50<|d/a|<1.25$ 时，被定义为部分或完全显性，当 $|d/a|<0.50$ 时，被定义为加性，而 $|d/a|>1.25$ 时，被认为具有超显性效应（田佳星, 2016）。上位效应采用 Meyers 等（2008）的方法，利用 epiSNP_v4.2_Windows 软件包中的 epiSNP1 模块进行计算，两个位点之间的上位效应被划分为 4 种类型：加性×加性（AA）、加性×显性（AD）、显性×加性（DA）、显性×显性（DD）。

3. 结果与讨论

1）单标记关联分析

根据 Tian 等（2013）的选择标准，以 $Q<0.2$ 为标准，共选取 39 个 SNP-性状关联，代表来自 17 个木材形成相关基因的 31 个 SNP 位点。其中关联到应力波速度的 SNP 位点最多（19 个），共有 18 个 SNP 位点与弹性模量相关，共关联到 2 个与胸径相关的 SNP 位点。

关联得到的 31 个 SNP 位点中有 26 个 SNP 位于非编码区，5 个 SNP 位于编码区，其中 ClCesA8-SNP2 属于错义突变。ClCesA8-SNP2 位点为 T/G 颠换变异，两种序列翻译的蛋白质在空间构象上存在差异（图 3-113a, 图 3-113b）。基因型为 GT 的杉木无性系的弹性模量低于基因型为 TT 的杉木无性系，且二者存在极显著差异（图 3-113c）。

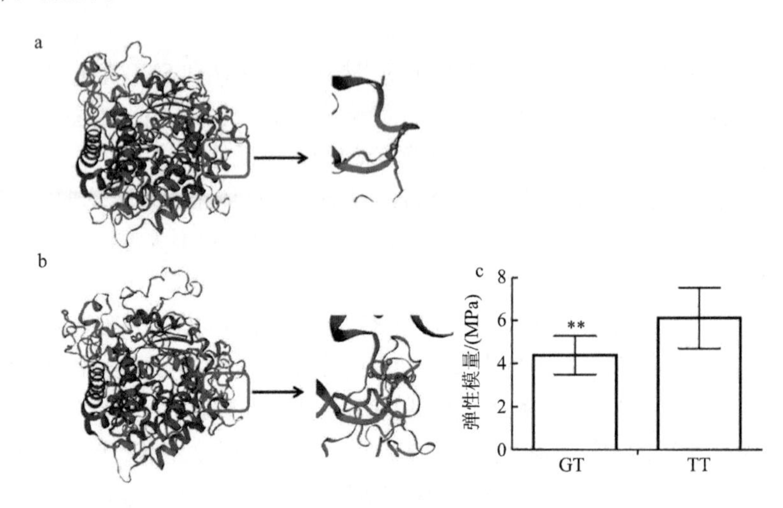

图 3-113　ClCesA8-SNP2 不同碱基对蛋白质三级结构与弹性模量的影响

2）SNP 间上位效应分析

利用 epiSNP 分析基因内 SNP 之间的上位效应，筛选出上位效应最显著的 100 对 SNP-SNP 进行分析。所选 SNP-SNP 位点与密度、应力波速度、弹性模量均有关联，相同基因不同位点的互作与不同基因间位点的互作均存在关联结果。利用 MDR 软件对应力波速度进行不同 SNP 位点间的互作分析，结果如图 3-114 所示，*ClNAC10*-SNP12、*ClNAC10*-SNP1 与 *ClNAC10*-SNP11 间存在与应力波速度显著相关的上位性互作，不同基因型组合无性系间的应力波速度存在较大差异。当三个 SNP 位点没有上位效应存在时，各 SNP 位点不同基因型无性系的应力波速度几乎一致，但三个位点由于互作使不同基因型组合间的弹性模量数值出现差异，表型间差异变幅在－0.523（CC-CC-CC）至 0.17（GG-CC-CT）。对三种基因型杉木无性系的 *NAC10* 表达量进行分析，整体表型相对值较高的 GG-CC-CT 基因型的杉木无性系 *NAC10* 表达量显著低于表型相对值较低的 CC-CC-CC 与 CG-CC-TT 基因型杉木无性系。

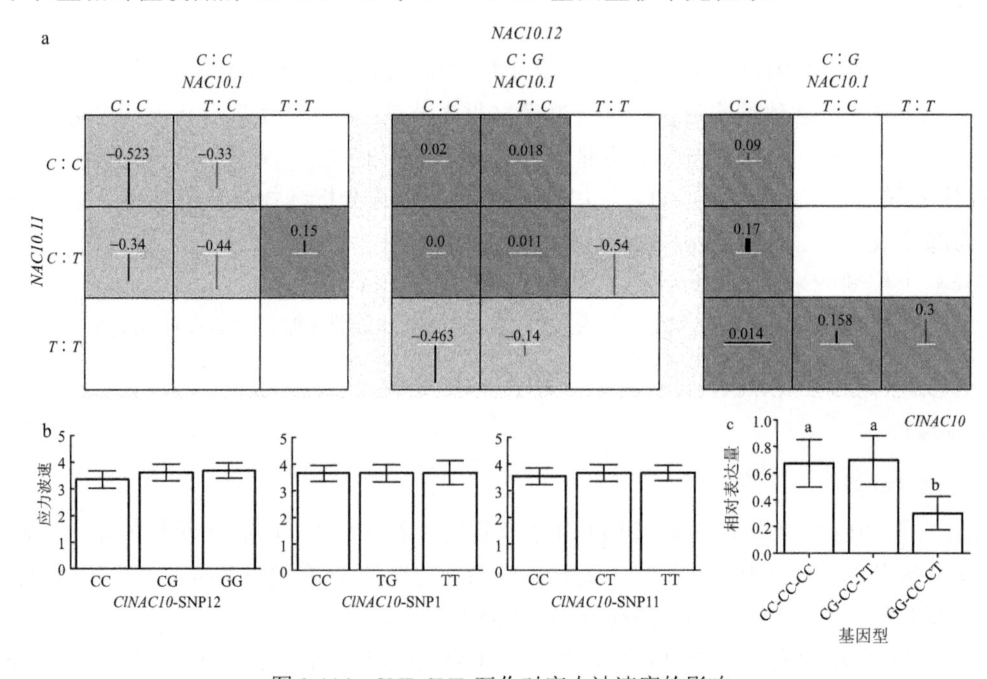

图 3-114　SNP-SNP 互作对应力波速度的影响

a. 不同基因型的应力波速度箱线图，图中阴影的深浅表示不同的互作值，垂直线的宽度表示上位效应的强弱，垂直线的长度与数值表示表型差异；b. 上位性互作中不同基因型间的表型差异；c. 不同基因型杉木的 *ClNAC10* 基因表达情况

（五）杉木 *ClMYB* 基因家族的鉴定和表达分析

1. 试验材料

所用植物材料为 2 年生杉木无性系 2015-2 号，在 3 月中旬至 6 月底进行取样，其中雌球花（female cone, FC）和雄球花（male cone, MC）均来源于高度基本一致的上部枝条，根（root, R）来源于 2015-2 号无性系的水培植株。叶为当年生成熟针叶（leaf, L）。取当年生直立主枝从顶端往下依次 2 cm 截取的 5 个茎段，分别标记为 S1、S2、S3、S4 和 S5。取一年生茎段的皮层（bark, B），并在木质部一侧刮取厚约 1.5 mm 的发育木质部，标记为 X（xylem）。

2. 试验方法

1）应压木诱导处理

采用拉弯处理诱导应压木，5 月初选取生长相对一致的杉木无性系植株，将其主干拉弯与地面垂直方向成 45°角，在处理 10 d、30 d 和 60 d 后，截取拉弯部位主干分别刮取应压区木质部（CW）和对应区木质部（OW），以未处理的直立植株为对照（CK），5 次重复。

2）总 RNA 的提取和定量 PCR

提取以上材料的总 RNA，具体实验操作过程参照 PureLink™ Plant RNA Reagent 试剂盒。实时荧光定量 PCR 分析采用 TaKaRa 公司的 PrimeScript® Reagent Kit 和 SYBR® Premix Ex Taq（Tli RNaseH Plus）试剂盒。具体 PCR 引物序列见表 3-43。

表 3-43　用于分析的引物序列

	基因	上游引物（5′-3′）	下游引物（5′-3′）
定量 PCR	*ClActin*	GTACTGCTTGTAGGTGGAGTTGC	TAGAATACCAAGAACAGCACCAC
	ClMYB1	GCGATTGGCTTCATTGCTTGAG	TACAGAGGAACACACGAGCGATG
	ClMYB2	GAATGAGCAACATAAGGGAGGAG	TCTTAGGTTCCAATGTAGCCAGC
	ClMYB3	CAGAACTCCGAAGTAACCAGCTC	GGTGGAACAAGGCAAACTGATAC
	ClMYB4	AGGTCTGGCTTATGATTACAGGC	CAGAGGCAACAAATGCTTATCTAC
	ClMYB5	GGAGTATGGATTTCCAAACCCAG	CGATCAACCCAAGAGCTTTCATC
	ClMYB11	GCTCTGTGTTGTCTGCCATTGTAG	CCCTTTATTCTCTCACGCTCTCTC
	ClMYB12	AGCAAGCAGGACTTTTGAGATGTG	CATTATCTGTTCTTCCAGGCAGGC
	ClMYB16	GACTGTAAACGGGCATTTCATAG	GCATCTCTATTCACAGACACAGC
	ClMYB24	GGACACATTCTCAAGCTGAAG	GTACGAGGATAGCTGTTCAGTG
	ClMYB25	TGGATCTCAGACTGTATTGTCAG	GTTGAAAGCTGAATGTCATGCAC
	ClMYB26	GGAATAGCAGCAGCAACATAGAG	ATGTCCAGAAGGCTTGGTTTCAG
	ClMYB42	CGCTGTGGAATATTGACATGGAG	TAGTCGTGGTGCATTTGTGATAC
	ClMYB49	GCTGATTGTAAGGGTGATGACAG	CTCCTCCTAATGAATTACCTGTG
	ClMYB51	CAGCCATCAAGTGACTGTGCCTC	CCGAAGGCTGGCTAGACGAAGAG
亚细胞定位	*ClMYB1*	CGGGGTACCACTATGGGAAGGCAGCCGTGCT	GCTCTAGACATTTCCTCAAGCAATGAAGCCA
酵母双杂交	*ClMYB1*	ATGGGAAGGCAGCCGTGCTGTG	CATTTCCTCAAGCAATGAAGC
过表达	*ClMYB1*	CGGGGTACCCTCGCATACTATGGGAAGGCAGC	GCTCTAGATACAGAGGAACACACGAGCGATG
半定量 PCR	*ClMYB1*	TGCTGCTTCTGTGGATAACAATG	TACAGAGGAACACACGAGCGATG
	NbActin	CTAGAGACTTCAAAGACCAGCTC	ATAGAGCCTCCTATCCAGACACT

运用 $2^{-\Delta\Delta Ct}$ 法（Livak and Schmittgen，2001）进行分析，以看家基因 Actin 作为内参，所有计算在 CFX96 Manager™ v1.6（Bio-Rad, 美国）和 Excel 2007 软件上完成。

3）杉木 R2R3-MYB 的鉴定

从 Pfam（http://pfam.sanger.ac.uk/）数据库下载 MYB 结构域种子文件（PF00249），用 HMMER 3.0 构建隐马尔可夫模型（hidden Markov model, HMM）文件，用 SMART（http://smart.embl-heidelberg.de/）和 InterPro（http://www.ebi.ac.uk/interpro/）分析候选蛋白 MYB 结构域，选取 R2R3-MYB 蛋白。同时比对 NR 库（https://blast.ncbi. nlm.nih.gov/Blast.cgi）。

4）序列分析和进化树构建

采用 ExPASy 分析杉木 R2R3-MYB 的理化特性。用 Clustalx 2 进行多序列比对，并用 Weblogo（http://weblogo.Berkeley.edu/logo.cgi）在线软件绘制R2、R3 结构域的隐马尔可夫模型图（成舒飞等，2016）。运用在线 MEME（http://meme-suite.org/tools/meme）程序分析杉木 R2R3-MYB 的基序，用 MEGA 7.0 对来自杉木、拟南芥、杨树、桉树、水稻等植物的共 629 个 R2R3-MYB 构建邻接进化树（Kumar et al.，2016），具体参数参照 Soler 等（2015）。

5）基于 RNA-Seq 的 *ClMYB* 表达谱分析

相关建库、测序和分析工作在武汉未来组生物科技有限公司完成（数据另文发表）。52 个 *ClMYB* 在不同器官和组织中的表达水平用 FPKM 值表示。表达数据经对数转化后，用 HemI 1.0 软件进行层次聚类和热图绘制（Deng et al., 2014）。

3. 结果与讨论

1）ClMYB 的鉴定和结构域分析

从杉木茎叶混合组织的全长转录组 47 306 个蛋白质序列中筛选出 116 个具有 MYB 结构域的候选蛋白序列，包含 3 个 4R-MYB 蛋白、7 个 R1R2R3-MYB 蛋白、70 个 R2R3-MYB 蛋白和 36 个 1R-MYB 蛋白。将 70 个 R2R3-MYB 进一步去冗余，共获得 52 个具完整开放阅读框（ORF）的杉木 R2R3-MYB 序列，分别命名为 ClMYB1～ClMYB52。52 个 ClMYB 的氨基酸残基数为 215～596 个；相应的蛋白质分子量和等电点变幅分别是 24.3～64.1 kDa 和 4.7～9.9。多序列比对发现，52 个 ClMYB 蛋白的 N 端都含有保守的 R2 结构域和 R3 结构域。由隐马尔可夫模型图（图 3-115）可见，杉木 MYB 蛋白的 R2 结构域含有 3 个高度保守的色氨酸残基（W）；而 R3 结构域中第一个色氨酸残基被亮氨酸（L）、异亮氨酸（I）和苯丙氨酸（F）所取代。

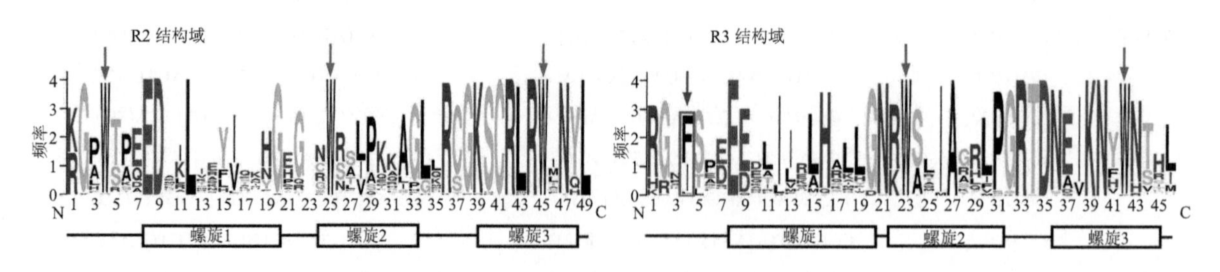

图 3-115　ClMYB 结构域的隐马尔可夫模型图

图中的字母为氨基酸缩写，高度越高表示保守性越强

2）杉木与其他植物 R2R3-MYB 蛋白的系统进化分析

采用邻接法将 52 个 ClMYB 来自其他物种的 629 个 R2R3-MYB 蛋白构建了进化树（图 3-116）。从拓扑结构看，所有分析蛋白可以分为 47 个亚组，与 Soler 等（2015）的研究结果基本一致。52 个 ClMYB 蛋白被分别归入 21 个亚组，S5 和 SAtM5 含有高比例的木本植物 R2R3-MYB 蛋白，被称作“woody-expanded subgroups”（Soler et al., 2015），分别有 8 个和 6 个 ClMYB 被归入这两个亚组。拟南芥 AtMYB4、

AtMYB20 和 AtMYB26 等 17 个 MYB 蛋白，毛果杨 PtrMYB002、PtrMYB003、PtrMYB010 等 7 个 MYB，巨桉（*Eucalyptus grandis*）EgrMYB1、EgrMYB2、EgrMYB88，以及火炬松（*Pinus taeda*）PtMYB1、PtMYB4 是调控次生壁形成的转录因子，被分别聚在 S4、S21 和 SAtM46 等 9 个亚组（图 3-116）。从进化树拓扑结构看，与这些已知 R2R3-MYB 序列相似，聚在同一支的杉木同源蛋白有 ClMYB1、ClMYB2、ClMYB3 等 9 个蛋白，可作为参与杉木次生壁形成的候选调控因子（图 3-116）。另外，ClMYB21 归入“woody-preferential subgroup Ⅲ”，推测可能参与杉木次生生长的调控。ClMYB1、ClMYB51 与 AtMYB85、PtrMYB152、PtMYB1 等次生壁合成相关的 MYB 转录因子聚在同一亚组。AtMYB85 调控拟南芥木质素的生物合成，是次生壁合成相关 MYB46/MYB83 的靶基因，且在花序茎、根的发育木质部优势表达（Zhong et al., 2008; Nakano et al., 2010）。

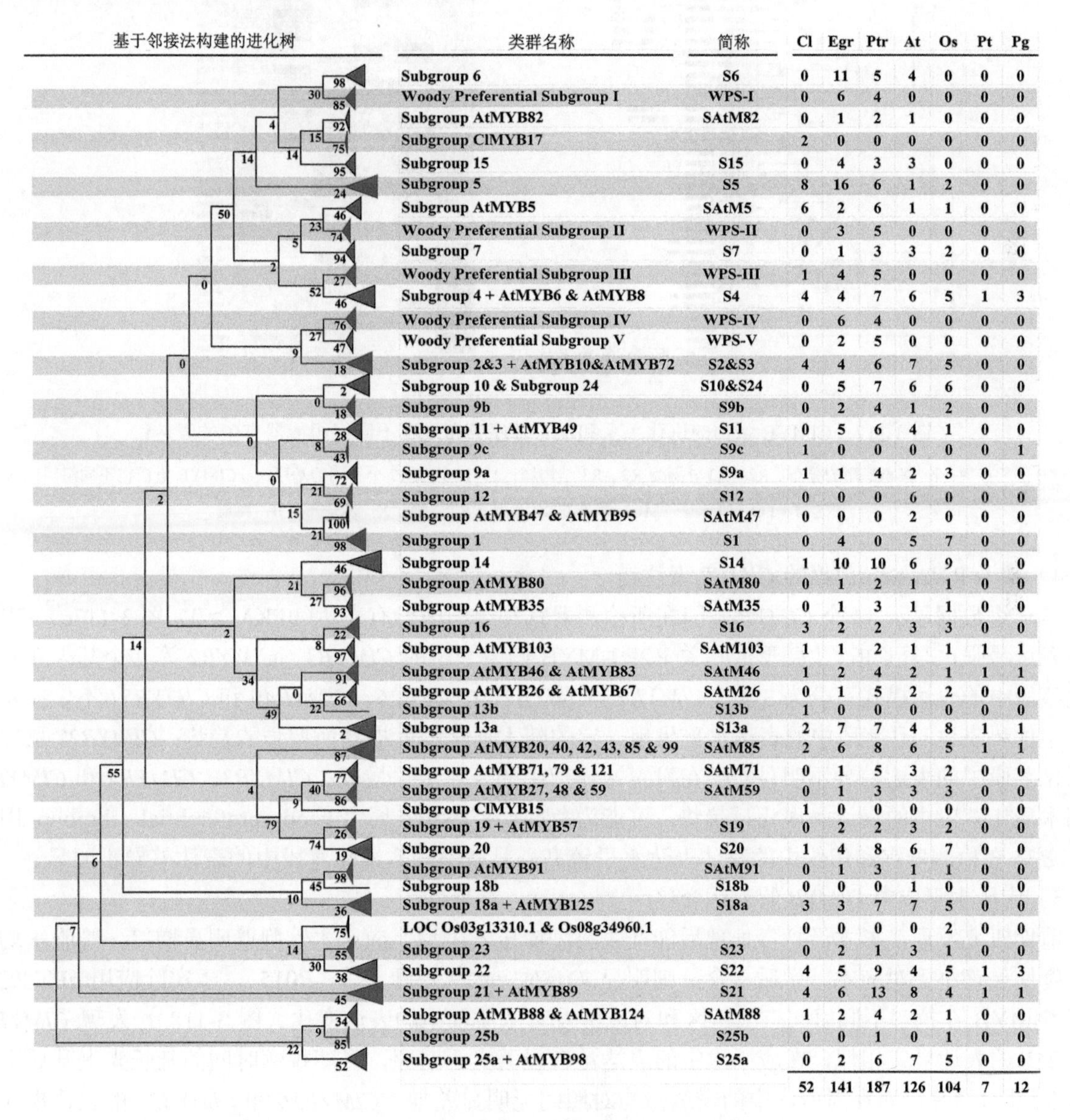

类群名称	简称	Cl	Egr	Ptr	At	Os	Pt	Pg
Subgroup 6	S6	0	11	5	4	0	0	0
Woody Preferential Subgroup I	WPS-I	0	6	4	0	0	0	0
Subgroup AtMYB82	SAtM82	0	1	2	1	0	0	0
Subgroup ClMYB17		2	0	0	0	0	0	0
Subgroup 15	S15	0	4	3	3	0	0	0
Subgroup 5	S5	8	16	6	1	2	0	0
Subgroup AtMYB5	SAtM5	6	2	6	1	1	0	0
Woody Preferential Subgroup II	WPS-II	0	3	5	0	0	0	0
Subgroup 7	S7	0	1	3	3	2	0	0
Woody Preferential Subgroup III	WPS-III	1	4	5	0	0	0	0
Subgroup 4 + AtMYB6 & AtMYB8	S4	4	4	7	6	5	1	3
Woody Preferential Subgroup IV	WPS-IV	0	6	4	0	0	0	0
Woody Preferential Subgroup V	WPS-V	0	2	5	0	0	0	0
Subgroup 2&3 + AtMYB10&AtMYB72	S2&S3	4	4	6	7	5	0	0
Subgroup 10 & Subgroup 24	S10&S24	0	5	7	6	6	0	0
Subgroup 9b	S9b	0	2	4	1	2	0	0
Subgroup 11 + AtMYB49	S11	0	5	6	4	1	0	0
Subgroup 9c	S9c	1	0	0	0	0	0	1
Subgroup 9a	S9a	1	1	4	2	3	0	0
Subgroup 12	S12	0	0	0	6	0	0	0
Subgroup AtMYB47 & AtMYB95	SAtM47	0	0	0	2	0	0	0
Subgroup 1	S1	0	4	0	5	7	0	0
Subgroup 14	S14	1	10	10	6	9	0	0
Subgroup AtMYB80	SAtM80	0	1	2	1	1	0	0
Subgroup AtMYB35	SAtM35	0	1	3	1	1	0	0
Subgroup 16	S16	3	2	2	3	3	0	0
Subgroup AtMYB103	SAtM103	1	1	2	1	1	1	1
Subgroup AtMYB46 & AtMYB83	SAtM46	1	2	4	2	1	1	1
Subgroup AtMYB26 & AtMYB67	SAtM26	0	1	5	2	2	0	0
Subgroup 13b	S13b	1	0	0	0	0	0	0
Subgroup 13a	S13a	2	7	7	4	8	1	1
Subgroup AtMYB20, 40, 42, 43, 85 & 99	SAtM85	2	6	8	6	5	1	1
Subgroup AtMYB71, 79 & 121	SAtM71	0	1	5	3	2	0	0
Subgroup AtMYB27, 48 & 59	SAtM59	0	1	3	3	3	0	0
Subgroup ClMYB15		1	0	0	0	0	0	0
Subgroup 19 + AtMYB57	S19	0	2	2	3	2	0	0
Subgroup 20	S20	1	4	8	6	7	0	0
Subgroup AtMYB91	SAtM91	0	1	3	1	1	0	0
Subgroup 18b	S18b	0	0	0	1	0	0	0
Subgroup 18a + AtMYB125	S18a	3	3	7	7	5	0	0
LOC Os03g13310.1 & Os08g34960.1		0	0	0	0	2	0	0
Subgroup 23	S23	0	2	1	3	1	0	0
Subgroup 22	S22	4	5	9	4	5	1	3
Subgroup 21 + AtMYB89	S21	4	6	13	8	4	1	1
Subgroup AtMYB88 & AtMYB124	SAtM88	1	2	4	2	1	0	0
Subgroup 25b	S25b	0	0	1	0	1	0	0
Subgroup 25a + AtMYB98	S25a	0	2	6	7	5	0	0
		52	141	187	126	104	7	12

图 3-116　植物 R2R3-MYB 蛋白的系统进化

图中三角形代表该组基因数量，形状越大，表示数量越多。Cl 为杉木，Egr 为巨桉，Ptr 为毛果杨，At 为拟南芥，Os 为水稻，Pt 为火炬松，Pg 为白云杉

3）杉木 R2R3-MYB 蛋白的基序分析

共鉴定到 17 个保守基序，根据相应 *E* 值从小到大依次命名为基序 1 到 17（图 3-117b）。属同一亚类

的多数成员共享 1 个或多个基序（图 3-117a）；而在不同亚类间，所含基序存在较大差异。这暗示属同一亚类的成员蛋白质结构具一定保守性，可能发挥相似的功能。

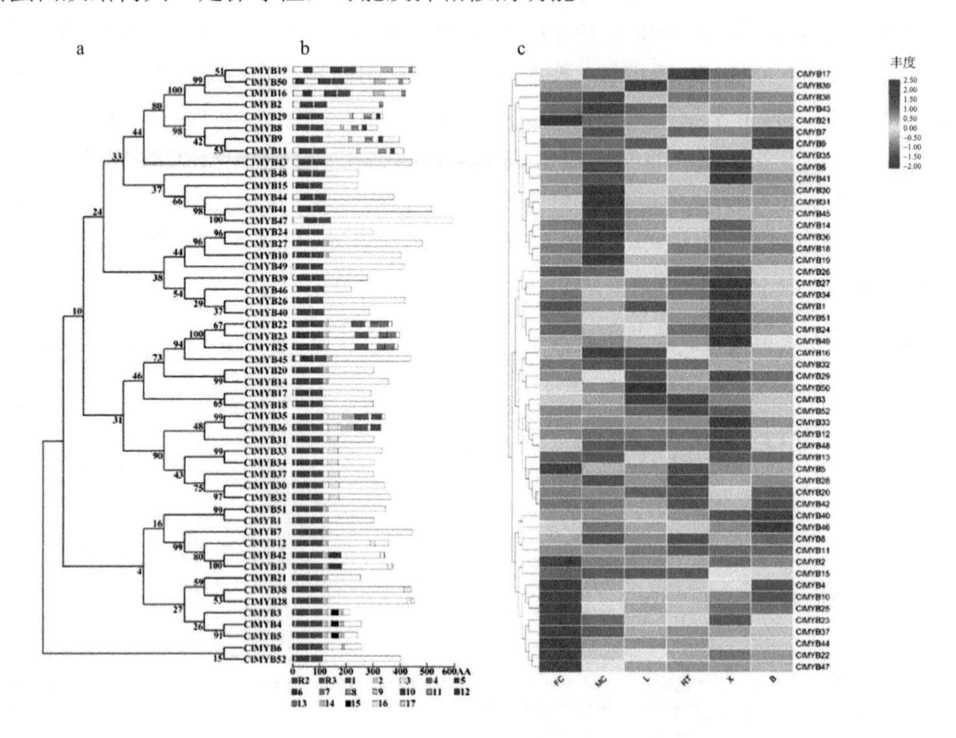

图 3-117　ClMYB 蛋白的进化关系和保守基序分布及在不同组织或器官中的表达谱

a. ClMYB 的邻接树；b. 保守基序的分布，R2、R3 分别为 R2、R3 结构域；1～17 代表 17 个不同的基序；c. ClMYB 蛋白在不同组织或器官中的表达谱。FC，雌球花；MC，雄球花；L，叶；RT，根；X，木质部；B，树皮

4）基于 RNA-Seq 数据的 *ClMYB* 表达谱

转录组数据显示 44 个 *ClMYB* 基因在所检测器官和组织中皆有表达（FPKM＞0）（图 3-117c）。*ClMYB9* 整体表达最强，与已知次生壁形成相关 R2R3-MYB 归为一组的 *ClMYB1*、*ClMYB2* 等 9 个基因在不同木质化茎段中的表达模式可分为 3 类。*ClMYB1*、*ClMYB2*、*ClMYB26*、*ClMYB49* 和 *ClMYB51* 不仅在发育木质部中优势表达，且茎段中的表达水平呈现一定的随木质化程度提高而增强的趋势；*ClMYB27* 虽在不同木质化茎段中的表达差异不明显，但在发育木质部中的表达水平最高；*ClMYB3*、*ClMYB4* 和 *ClMYB5* 在不同木质化茎段中的表达呈现相反趋势，可能为负向调控因子。属“woody-preferential subgroup Ⅲ”的 *ClMYB21* 在检测器官和组织中的整体表达水平较高，且在不同木质化茎段中的表达差异不明显。

5）应压木形成中 *ClMYB* 的表达变化

前期研究发现，杉木经拉弯处理后能产生典型应压木表型，应压木管胞壁明显增厚，管胞平均长度和宽度均显著小于对应木，木质素含量则明显高于对应木（张胜龙等，2015）。本实验应用 qRT-PCR 分析了 ClMYB 在拉弯不同时间点应压区和对应区发育木质部中的表达变化（图 3-118），发现 *ClMYB1* 和 *ClMYB2* 的表达模式相似，在应压木中的表达量皆显著大于对照，且随拉弯时间的延长先上升后下降，拉弯 30 d 时最高；而在对应木中的表达量与对照间无明显差异。*ClMYB26* 和 *ClMYB27* 的表达模式也极为相似，在应压木中的表达量皆显著大于对照，且在拉弯处理中呈递增趋势；拉弯处理过程中，*ClMYB49* 在应压木中的表达量皆显著高于对照，到 60 d 时应压木中表达量的数值升至最高（14.73），而对应木中的表达量呈现先升高后下降趋势，60 d 时的数值（1.15）与对照相当。

ClMYB2 与 *AtMYB52*、*AtMYB54* 和 *AtMYB69* 聚在一支，*ClMYB26* 与 *AtMYB103*、*PtrMYB010* 和 *PtrMYB128* 聚在同一亚组。*AtMYB52*、*AtMYB54* 和 *AtMYB69* 都是受 SND1（Secondary wall-associated NAC domain protein1，次生壁相关的 NAC 结构域蛋白 1）调控的下游转录因子基因，参与次生壁合成的调控，

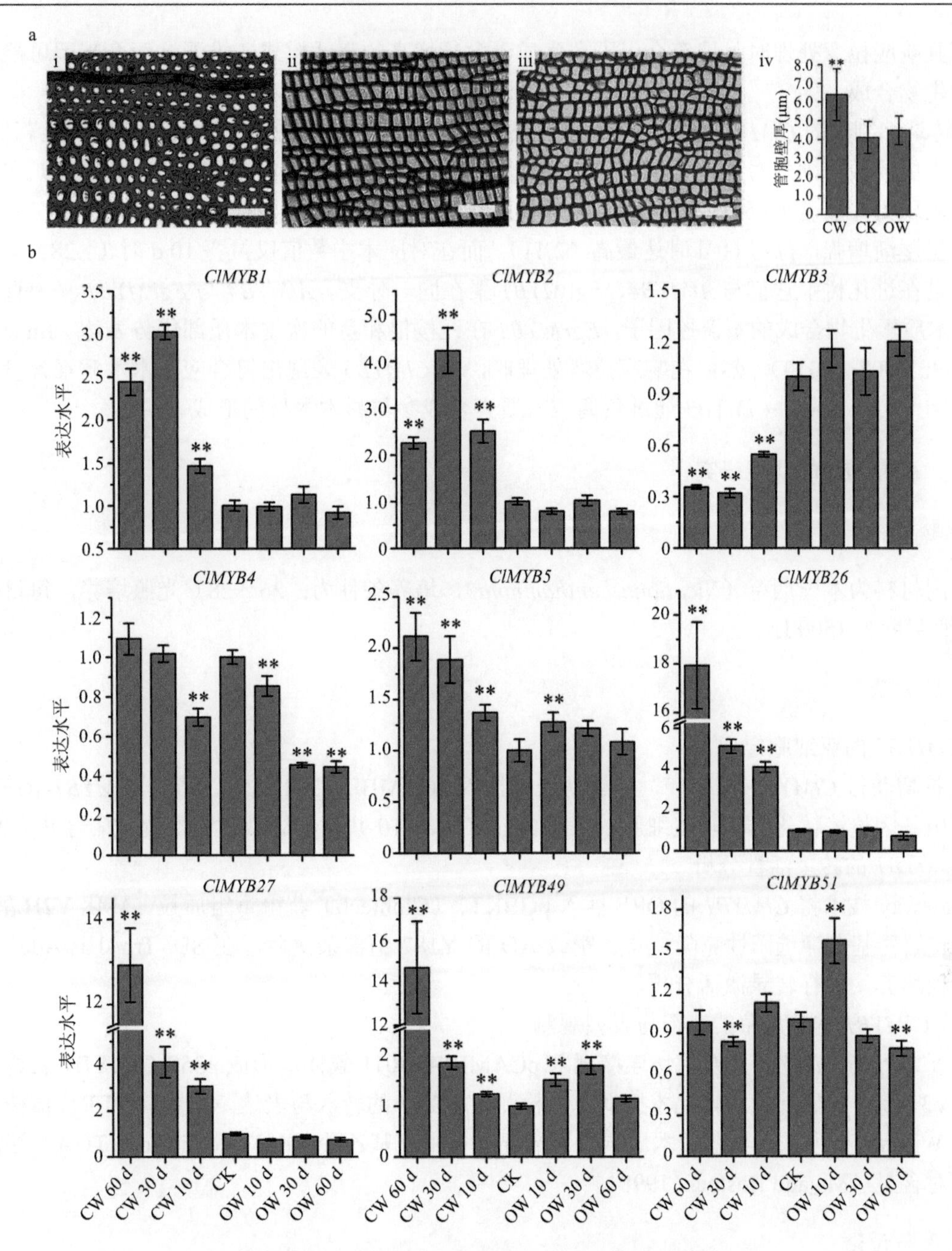

图 3-118　压缩木材形成过程中 *ClMYB* 的表达模式

a. 番红染色的木质部横截面和不同木材类型的管胞壁厚：i. 应压木木质部截面（CW），ii. 直立木木质部截面（CK），iii. 对应木木质部截面（OW），比例尺为 50 μm，iv. 不同木材类型的管状壁厚；b. 通过 qRT-PCR 定量分析压缩木材形成过程中 *ClMYB* 的相对表达量

其表达模式相似。*AtMYB103* 通过调控阿魏酸-5-羟基化酶（F5H）基因的表达，影响 S-木质素的合成（Zhong et al., 2008; Öhman et al., 2013）。*PtrMYB010* 和 P*trMYB128* 互为旁系同源基因，在发育木质部优势表达，且在拟南芥中超表达均能引起花序茎纤维细胞壁增厚（Chai et al., 2014）。*ClMYB2*、*ClMYB26* 在不同器官和组织，以及应压木形成中的表达模式与 *ClMYB1* 基本一致，表明它们也可能参与杉木次生壁合成的调控；*ClMYB27*、*ClMYB49* 分别与 *PtMYB8*、*PtMYB4* 的序列最为相似。*PtMYB8* 主要在火炬松茎、根的发育木质部表达，在白云杉（*Picea glauca*）中超表达该基因导致木质素含量增加和异位沉积（Bomal et al., 2008）。*PtMYB4* 能特异结合 AC 元件，其编码基因主要在火炬松木质部表达，且在烟草中超表达该基因导致木质素含量增加（Patzlaff et al., 2003a）。本研究发现 *ClMYB27*、*ClMYB49* 不仅在茎的木质部中最高

表达，而且响应拉弯处理时呈现符合应压木木质素含量增高的表达模式，推测这两个基因可能调控杉木木质素的生物合成。

3 个转录抑制类的 *ClMYB* 也呈现出不同的表达模式。*ClMYB3* 在应压木中的表达水平显著低于对照，而在对应木中的数值则与对照无显著差异，这与杉木应压木中高木质素含量相符。*ClMYB4* 在应压木中的表达量表现为先显著下降再恢复至对照水平；而在对应木中数值皆显著小于对照，*ClMYB5* 在应压木中的表达量逐渐增强，拉弯 60 d 时达最高（2.11）；而在对应木中数值仅拉弯 10 d 时（1.28）与对照有显著差异。且在进化树中它们与 *AtMYB4*、*EgrMYB1* 聚在同一分支。*AtMYB4* 与 *EgrMYB1* 互为直系同源基因，均是木质素生物合成的负调控因子，*EgrMYB1* 在巨桉根和茎的次生木质部优势表达（Jin et al., 2000; Legay et al., 2007，2010）。然而在响应拉弯处理时，仅 *ClMYB3* 表现出符合应压木木质素含量增高的表达变化，因此可以推测，*ClMYB3* 通过负调控木质素合成参与杉木木材的形成。

（六）*ClMYB1* 的功能研究

1. 试验材料

转基因材料为本氏烟草（*Nicotiana benthamiana*），培养条件为：26～28℃光照培养，每日光照培养 12 h，光照强度为 1500 Lx。

2. 试验方法

1）*ClMYB1* 的亚细胞定位

PCR 扩增获得 *ClMYB1* 的 ORF，经酶切连接插入 pCAMBIA1302 载体，形成 *ClMYB1-sGFP* 融合表达载体。用基因枪法转化洋葱表皮细胞，采用 Zeiss LSM 510 共聚焦显微镜观察荧光信号并成像。

2）*ClMYB1* 的转录活性分析

用 Gateway 技术将 *ClMYB1* 的 ORF 插入 pGBKT7（Clontech）获得重组质粒。转化 Y2H 酵母菌株，在 SD/-Trp 培养基上筛选阳性克隆。与含空载 AD 的 Y187 菌株杂交后，在 SD/-Trp/-His/Ade/X-a-gal 培养基上点板培养，进行转录激活分析。

3）转 *ClMYB1* 本氏烟草的获得与表型观测

PCR 扩增获得 *ClMYB1*，经酶切连接插入 pCAMBIA13011 载体，形成 p35S-ClMYB1 表达载体。经农杆菌 GV3103 介导的叶盘法转化本氏烟草并检测 *ClMYB1* 的转入与表达。对转基因 T3 代植株进行表型观测，用 Wiesner 染色法观察茎段木质素沉积情况，并用巯基乙酸（thioglycolic acid, TGA）法测定茎中木质素相对含量（Ma and Bostock, 1998）。

3. 结果与讨论

1）*ClMYB1* 的亚细胞定位及转录活性分析

通过构建系统进化树和分析基因表达，发现 *ClMYB1*（GenBank 登录号：JQ904045）不仅与木材形成相关的火炬松 *PtMYB1*、毛果杨 *PtrMYB152* 等基因聚为一类（图 3-119a），而且在发育木质部优势表达，茎中表达量随木质化程度提高而升高，暗示该基因可能调控杉木木材形成。亚细胞定位显示（图 3-119b），含对照质粒 sGFP 的洋葱表皮细胞的整个细胞都有绿色荧光；而转入重组质粒 *ClMYB1*∶sGFP 的洋葱表皮细胞，只在细胞核部位检测到荧光信号，表明 *ClMYB1* 转录因子定位于细胞核。酵母杂交表明（图 3-119c）*ClMYB1* 能激活下游 His3、Ade2 及 MEL1 报告基因的表达，是一个转录激活因子。与 *PtMYB1*、*PtrMYB152* 的研究结果相似（Patzlaff et al., 2003b; Li et al., 2014）。

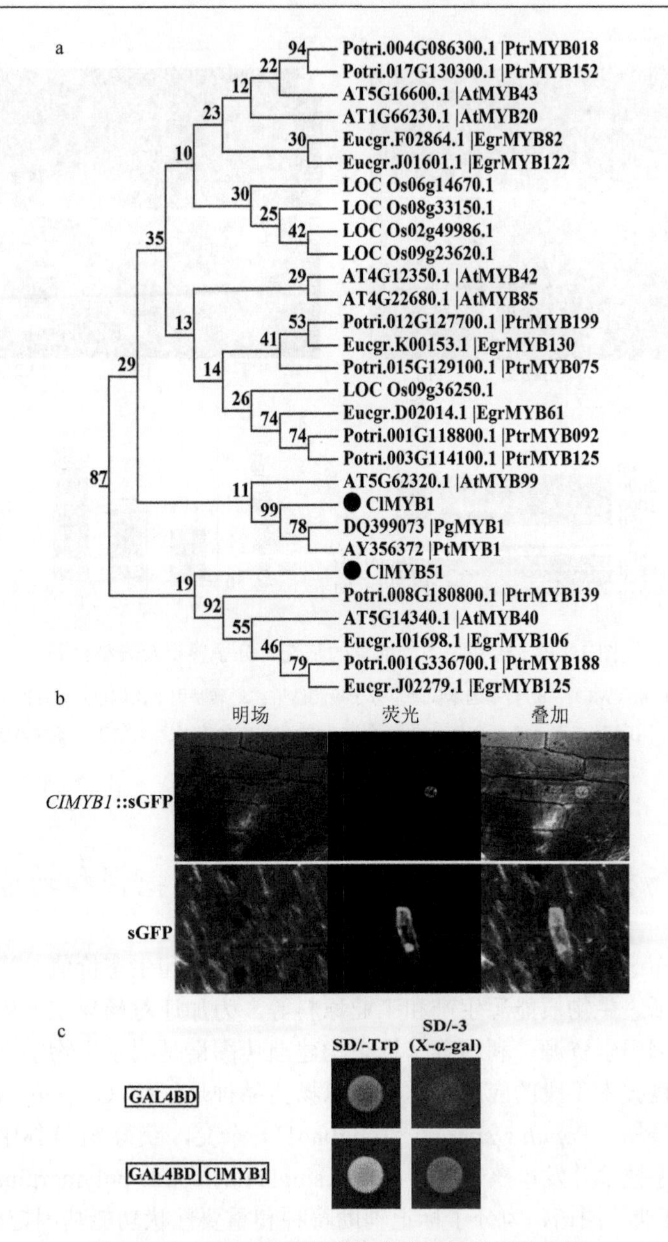

图 3-119　*ClMYB1* 的亚细胞定位和转录活性分析

a. *ClMYB1* 所在亚组的聚类图；b. 亚细胞定位结果图；c. 酵母单杂交结果图

2）*ClMYB1* 在本氏烟草中超表达的功能分析

以来自阳性植株的 DNA、RNA 为模板分别进行 PCR 和 RT-PCR 检测（图 3-120b），表明 *ClMYB1* 已被转入本氏烟草并表达。相比野生型株系，转基因株系叶片小，叶边缘多褶皱，且上部叶片的叶柄与主茎间夹角较小（图 3-120a）。另外，转基因株系开花早，且花的数量比野生型多。Wiesner 染色结果显示，虽然转基因株系上部茎段与野生型间无差异，但中部、下部茎段的木质部区域染色更深，尤其是 T3.1 株系，其与野生型间的染色差异更明显，这表明相应区域木质素沉积更多（图 3-120c）。巯基乙酸法测定结果显示，该转基因株系茎中木质素含量显著高于野生型（图 3-120d）。综上结果，可以认为 *ClMYB1* 基因通过正调控木质素合成参与杉木木材形成。

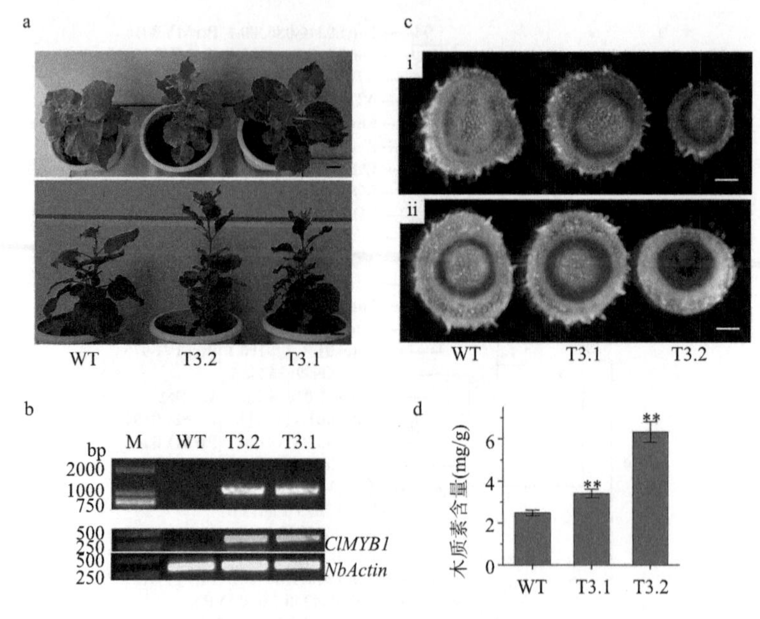

图 3-120　转基因本氏烟草的筛选、分子鉴定及表型检测

a. 转 *ClMYB1* 基因株系和野生型株系（WT）；b. 转基因本氏烟草分子检测结果；c. 转基因本氏烟草茎切片的 Wiesner 染色：i. 上部嫩茎，ii. 中部茎段，标尺为 1 mm；d. 转基因本氏烟草茎的木质素含量；T3.1，转 *ClMYB1* 基因 T3 代株系 1；T3.2，转 *ClMYB1* 基因 T3 代株系 2；M 为 DNA marker

二、杨树木材典型品质性状相关基因挖掘和功能分析

杨树是一个广泛分布于北半球的速生树种，具有重要的经济和生态价值。当前，杨树生物质原料具有多个用途需求，如造纸、生物质能源生产和工业原料等。为加速对杨树重要生物学性状的遗传改良，需要开发各种遗传和基因组学资源。利用分子标记构建遗传图谱是揭示生物学性状基因组结构的关键一步，有助于多种杨树改良技术手段的应用。本研究以杨树品种丹红杨（*Populus deltoides* ‘Danhong’）和天然小叶杨优树通辽 1 号杨（*Populus simonii* ‘Tongliao1’）杂交，获得 F_1 群体中的 500 个子代为试验材料，利用全基因组重测序技术开发单核苷酸多态性（single nucleotide polymorphism, SNP）标记，构建丹红杨×通辽 1 号杨高密度遗传图谱，为分子标记辅助育种和重要性状功能基因挖掘奠定重要的研究基础。

（一）杨树高密度遗传图谱构建

1. 试验材料

本研究以丹红杨为母本，通辽 1 号杨为父本，分别于河南省焦作市和内蒙古自治区通辽市采集丹红杨和通辽 1 号杨生长健壮的雌花枝和雄花枝，在温室中进行切枝水培试验，雄花开放后收集花粉，于 4℃冰箱保存备用，待雌蕊开花时，进行人工授粉后 3 周左右采集完整果穗，进行胚离体培养育苗，培养 1 个月后统一移栽至营养钵中，温室培养生长 1 个月移栽至苗圃，株行距为 1 m×1.5 m，共获得 1000 多个杂交子代，随机选取 500 个杂交子代用于遗传图谱构建。

2. 试验方法

采集亲本及 500 个杂交子代完全展开的幼嫩叶片，−80℃冰箱保存备用。采用 Qiagen 植物基因组 DNA 提取试剂盒提取基因组 DNA，检测基因组 DNA 浓度、完整度和纯度。构建测序文库，测序文库插入片段长度为 500 bp，利用 Illumina HiSeq 4000 测序平台进行双向平末端测序，每个序列长度为 125 bp，依据样本标签对原始数据进行归类。对原始数据进行质量控制，获得过滤后的序列。利用 BWA 软件将过滤后的序列比对到毛果杨参考基因组。利用 SAMtools 软件进行比对文件 bam 格式转化、重复扩增 PCR 序列过滤以及 SNP 位点识别。统计转换和颠换变异类型 SNP 标记数目，亲本间多态性标记划分为 8 种分离类型（ab×cd、ef×eg、hk×hk、lm×ll、nn×np、aa×bb、ab×cc 和 cc×ab）。基于林木高度杂合的生物学特性，采用拟测交作图策略，选择双亲之一为杂合位点或均为杂合位点的三种标记类型（lm×ll、nn×np 和 hk×hk）用于遗传图谱构建。构图标记经卡方检验（P<0.001）、完整度 75%和异常碱基检测标准进行过滤。

用 Joinmap 4.1 软件构建遗传图谱，Kosambi 函数计算标记间遗传距离，线性回归法进行标记排序。将母本和父本遗传图谱整合为一张遗传图谱，共线性和热图分析用于评估遗传图谱质量。

3. 结果与讨论

1）杨树杂交亲本及子代全基因组重测序

亲本及杂交子代基因组 DNA 浓度高、完整度好且无降解，满足后续建库测序需求。在 Illumina HiSeq 4000 测序平台进行全基因组重测序，总计获得 1075 Gb 原始数据，质控过滤后，碱基平均质量值 Q20 为 95.75%，Q30 为 90.25%，平均 GC 含量为 35.08%。丹红杨过滤后数据量为 16.04 Gb，基因组覆盖度为 34.45×，通辽 1 号杨过滤后数据量为 14.38 Gb，基因组覆盖度为 31.42×，500 个杂交子代总计获得 1040 Gb 的过滤后数据，子代个体基因组覆盖度最低为 3.56×，过滤后数据量为 1.39 Gb，覆盖度最高为 9.21×，过滤后数据量为 4.13 Gb，平均杂交子代基因组覆盖度为 4.92×，过滤后数据量为 2.08 Gb。

过滤后的序列与毛果杨参考基因组比对分析发现，丹红杨和通辽 1 号杨比对率分别为 89.95%和 89.07%，子代个体平均比对率为 89.07%。SAMtools 软件统计分析发现双亲间存在 8 839 786 个多态性 SNP 标记，子代个体平均检测到 7 182 130 个 SNP 标记，子代个体标记数最少为 3 985 095 个，最多为 11 515 573 个。丹红杨和通辽 1 号杨的杂合度分别为 45.20%和 42.80%，低于子代个体平均杂合度（96.37%）。转换变异类型标记中 C/T 和 A/G 分别占 59.92%和 40.08%，4 种颠换类型标记（A/C、G/T、A/T 和 C/G）占比变化范围为 11.23%～41.17%（表 3-44）。不同类型标记位点经卡方检验、完整度 75%和异常碱基检测后，获得 13 019 个 SNP 标记用于连锁群分析，其中丹红杨来源的 lm×ll 类型标记 6966 个，通辽 1 号杨来源的 nn×np 类型标记 6022 个，亲本均为杂合位点的 hk×hk 类型标记有 606 个。

表 3-44　SNP 变异类型在亲本及子代间统计分析

类型		数量	比例（%）	总计
转换	A/G	10 160 173	40.08	25 351 172
	C/T	15 190 999	59.92	
颠换	A/C	3 541 987	22.06	16 058 653
	G/T	4 101 118	25.54	
	A/T	6 611 741	41.17	
	C/G	1 803 807	11.23	

2）杨树高密度遗传图谱构建

丹红杨遗传图谱由分布于 19 个连锁群上的 3474 个 lm×ll 标记组成，遗传图谱总长度为 2686.63 cM，平均标记间间距为 0.77 cM。通辽 1 号杨由分布于 19 个连锁群上的 2831 个 SNP 标记构成，遗传距离总长为 2388.21 cM，平均标记间间距为 0.84 cM。整合遗传图谱由 5796 个 SNP 标记组成，分布于 19 个连锁群上，遗传距离总长为 2683.80 cM。标记间平均间距为 0.46 cM，变化范围为 0.15～0.81 cM（图 3-121；表 3-45），为迄今为止杨树最高密度遗传图谱。整合遗传图谱上连锁群（LG）包含标记数量变化范围为 LG11 上 136 个标记和 LG3 上 497 个标记。标记间总计发现 5796 个间隔，其中 5737 个标记间间隔小于

5 cM，52 个间隔在 5～10 cM，仅有 7 个标记间间隔大于 5 cM，分布于 LG4、LG7、LG8 和 LG14。

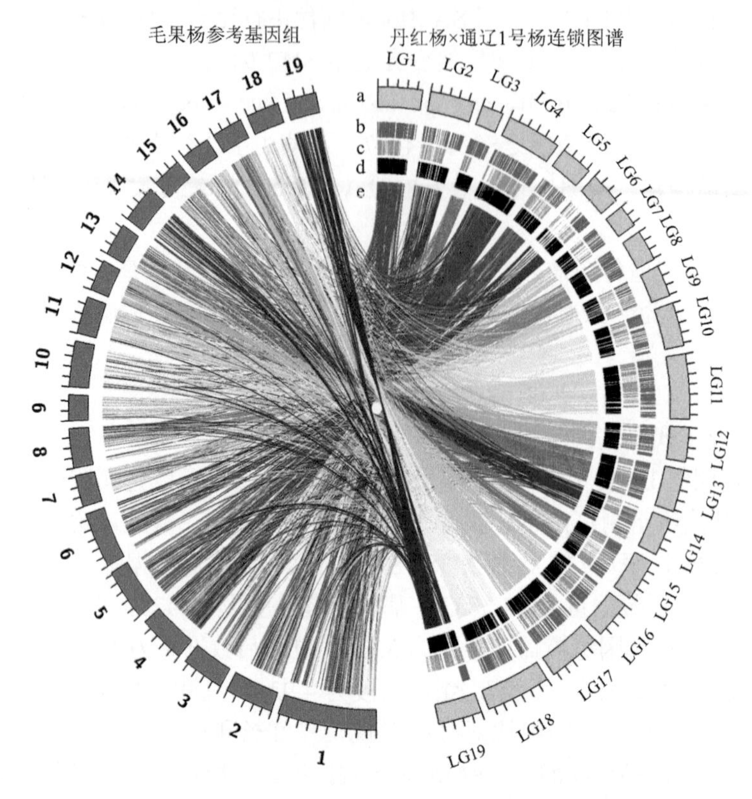

图 3-121　连锁图谱标记与毛果杨基因组位置共线性分析

a. 蓝色条块和黄色条块分别代表毛果杨第一至第十九条染色体和遗传图谱第一至第十九连锁群；b. 丹红杨遗传图谱标记分布；c. 通辽 1 号杨遗传图谱标记分布；d. 整合遗传图谱标记分布；e. 不同颜色线条表示整合遗传图谱标记与毛果杨参考基因组间的对应关系

表 3-45　亲本和整合遗传图谱的特征信息统计

连锁群	标记数量（个）			大小（cM）			标记间平均间距（cM）			最大间隔（cM）		
	母本图谱	父本图谱	整合图谱	母本图谱	父本图谱	整合图谱	母本图谱	父本图普	整合图谱	母本图谱	父本图谱	整合图谱
LG1	129	106	220	119.18	102.86	111.72	0.92	0.97	0.51	10.79	10.47	5.18
LG2	371	103	460	81.90	31.69	69.53	0.22	0.31	0.15	5.66	4.92	2.90
LG3	255	280	497	187.81	190.65	196.62	0.74	0.68	0.40	10.07	8.40	7.41
LG4	260	219	428	209.33	241.39	226.81	0.81	1.10	0.53	22.92	17.79	19.19
LG5	138	117	208	156.47	146.65	151.67	1.13	1.25	0.73	8.52	13.43	6.39
LG6	279	161	391	166.87	99.84	139.26	0.60	0.62	0.36	7.68	5.49	5.09
LG7	113	69	170	139.58	62.88	130.47	1.24	0.91	0.77	18.16	8.58	10.98
LG8	148	299	436	31.22	165.06	139.43	0.21	0.55	0.32	1.60	13.60	11.52
LG9	226	207	397	237.75	191.38	222.14	1.05	0.92	0.56	9.80	13.06	8.33
LG10	148	99	225	126.78	110.41	118.93	0.86	1.12	0.53	10.54	15.75	7.53
LG11	71	79	136	103.66	115.75	109.71	1.46	1.47	0.81	9.48	11.91	9.65
LG12	203	207	373	150.90	152.94	153.94	0.74	0.74	0.41	8.77	12.53	4.99
LG13	126	98	206	113.69	69.93	111.35	0.90	0.71	0.54	5.92	12.81	4.45
LG14	136	90	213	117.80	109.27	113.53	0.87	1.21	0.53	22.57	21.94	10.98
LG15	179	76	226	170.37	106.26	145.48	0.95	1.40	0.64	11.28	9.32	7.88

续表

连锁群	标记数量（个）			大小（cM）			标记间平均间距（cM）			最大间隔（cM）		
	母本图谱	父本图谱	整合图谱	母本图谱	父本图谱	整合图谱	母本图谱	父本图普	整合图谱	母本图谱	父本图谱	整合图谱
LG16	128	95	206	75.35	82.75	81.66	0.59	0.87	0.40	8.10	15.05	8.26
LG17	163	195	326	136.92	137.77	139.06	0.84	0.71	0.43	9.28	11.66	7.20
LG18	235	222	419	202.30	170.47	188.95	0.86	0.77	0.45	6.18	18.70	5.24
LG19	166	109	259	158.72	100.25	133.54	0.96	0.92	0.52	14.12	9.46	8.28
总计	3474	2831	5796	2686.60	2388.20	2683.80	—	—	—	—	—	—

遗传图谱在解析目标生物学性状遗传调控位点、图位克隆和标记辅助育种中具有重要的作用。自杨树第一张遗传图谱成功构建后，采用不同类型的传统分子标记对具有不同遗传背景的作图群体进行了大量的图谱构建研究工作，但是由于传统分子标记耗时、费力且通量低，阻碍了遗传图谱对目标表型性状的遗传调控机理研究，而采用高通量二代测序技术构建的高密度遗传图谱可弥补传统分子标记构图缺陷，已经在水稻、西瓜、胡麻等物种中获得成功应用（Li et al., 2015c; Li et al., 2018a; Zhang et al., 2018a）。Tong等（2016）第一次在杨树中使用二代测序技术开发了 2545 个 SNP 标记，构建了亲本高密度遗传图谱。然而，基于二代测序技术在杨树全基因组水平开发 SNP 标记研究尚未见报道。本研究采用二代测序技术对 500 个杂交子代个体在基因组水平开发了 5796 个 SNP 标记，标记间平均间距为 0.46 cM，图谱密度高于目前相似遗传背景材料研究结果，也是目前杨树最高密度遗传图谱，说明本研究在基因组水平开展大群体标记开发进行遗传图谱构建研究，对进一步的性状相关遗传机理调控基因研究具有重要意义。

3）遗传图谱质量评估

为评价遗传图谱质量是否满足后续 QTL 定位分析，对构图标记准确性进行评估。共线性分析表明，遗传图谱与参考基因组间标记排序位置相对保守，仅在个别区域出现标记排序不一致现象，说明亲本与参考基因组存在遗传差异。热图分析表明，每个连锁群标记间连锁性随遗传距离减小而增强，说明连锁群构图标记排序准确。因此，本研究构建了高质量丹红杨×通辽 1 号杨高密度遗传图谱。

共线性分析表明，遗传图谱和参考基因组间标记排序位置相对保守，仅个别区域出现变异。本研究的标记经严格参数过滤后用于构建遗传图谱，在 LOD 值变化范围为 2～45 的情况下，划分为 19 个连锁群，与杨树染色体数目一致。这些结果表明连锁群大部分 SNP 标记顺序与参考基因组一致。然而，不一致标记排序仍然存在。虽然通过线性回归算法对每个连锁群标记排序进行了自动纠正，但缺少其他类型的标记辅助标记排序，这可能是造成不一致标记排序产生的原因。偏分离标记和基因型检测错误也可能造成标记排序错误和遗传图谱长度发生变化（Hackett and Broadfoot, 2003）。此外，基于遗传背景和天然地理分布区发现美洲黑杨、小叶杨和毛果杨间遗传关系远，同样可能造成标记排序不一致（Xia et al., 2018）。

选取丹红杨和通辽 1 号杨作为亲本，构建 F_1 群体，建立田间试验林，从 F_1 群体中随机选取 500 个杂交子代，进行全基因组重测序，构建丹红杨、通辽 1 号杨及整合遗传图谱，分别由 3474、2831 和 5796 个 SNP 标记组成，分布于 19 个连锁群。整合遗传图谱覆盖基因组遗传距离为 2683.80 cM，标记间平均间距为 0.46 cM，为目前杨树最高密度遗传图谱。共线性分析和热图分析表明，构图标记排序准确，遗传图谱质量高，可用于基因定位、比较基因组分析及分子标记辅助育种。

（二）杨树叶形及光合性状基因定位

木本植物生物量产生是内在生物学过程与外在环境相互作用的综合结果。叶片光合作用是植物化学能产生和生物量积累的初始来源。此外，叶片形态学特征与杨树生物量产生紧密相关。因此，解析叶片形态和生理性状遗传变异有助于高生物量杨树新品种选育。

丹红杨叶片巨大，呈三角形，叶片厚度小，叶柄长。通辽 1 号杨叶片小，呈卵圆形，叶片厚度大，叶柄短。本研究在构建的高密度遗传图谱基础上，对丹红杨×通辽 1 号杨 F_1 群体 13 个叶片形态和生理性状进行 QTL 定位、共表达网络和 GO 富集分析，用于挖掘潜在候选基因，用定量 PCR 初步验证候选基因，研究结果不仅解析了杨树叶片性状遗传结构，而且为林木遗传改良提供了新的基因资源。

叶片是植物重要的光合器官，关系着植物生长、发育和生物量等，树木叶片同样也与其材性有一定关系。本研究两亲本叶片的形态特征差异显著，子代叶形变异丰富且呈正态分布。

1. 试验材料

选取健壮一致、无病虫害的亲本及 422 个杂交子代种条，剪成 15 cm 长插穗，于 2017 年 3 月统一扦插于营养钵中，基质配比为 10∶1∶1 的草炭土、蛭石和多菌灵，每个基因型扦插 9 根插穗。2017 年 5 月，每个基因型个体选取长势一致的三株扦插苗，单株小区，三次重复，随机区组设计。

2. 试验方法

2017 年 5 月至 6 月，选择晴朗天气，上午 8:00～12:00，采用 GFS3000 便携式光合仪（WALZ，德国）测定叶片光合作用性状。环境温度为 25℃，人工设置光照强度为 2000 μmol/（m^2·s）、相对湿度为 55%～65%，CO_2 浓度为 400 ppm（1 ppm=10^{-6}）条件下，测定植株自顶端向下第 4、第 5 和第 6 片成熟叶的光合作用参数，每片叶 3 次技术重复。测定性状包括净光合速率[net photosynthesis rate, Pn，μmol/（m^2·s）]、蒸腾速率[transpiration rate, Tr，mmol/（m^2·s）]、气孔导度[stomatal conductance, Gs，mmol/（m^2·s）]和胞间 CO_2 浓度（intercellular carbon dioxide concentration, Ci，μmol/mol）。使用便携式叶绿素仪 SPAD-502（Konica Minolta Sensing，日本）测定每个植株自顶端向下第 4、第 5 和第 6 片成熟叶叶基、叶中和叶尖处叶绿素含量（SPAD），每个叶片位置三次技术重复。比叶面积（SLA）为叶面积与叶片干重之比。利用叶面积仪等测定与计算了叶面积（leaf area, LA）、叶周长（leaf perimeter, LP）、叶长（leaf length, LL）、叶宽（leaf width, LW）、叶柄长（petiole length, PL）、叶尖至最大叶宽处距离（Length from leaf apex to the widest place, LFLAW）及侧脉夹角（lateral vein angle, LVA）总计 8 个叶片形态性状（成星奇等，2019）。每个基因型个体表型性状均进行三次生物学重复。

数据分析，采用 Excel 2016 处理原始叶片形态和生理性状表型数据，SPSS 21.0 软件（IBM，美国）对表型性状数据进行基本统计分析，计算均值、标准差、偏度、峰度和皮尔逊相关系数。采用 *t* 检验分析亲本间表型性状差异。

使用 MapQTL 6.0 软件中多重区间作图法进行数量性状定位（van Ooijen, 2011）。连锁系数阈值设定为 3.0，最大似然法计算 QTL 位点表型变异解释率。QTL 位点命名以字母“q”为起始，连接性状简称和连锁群编号。选取 LOD 值大于 4.0 的 QTL 位点置信区间对应基因组区域为候选基因挖掘区域，依据参考基因组信息对候选基因进行功能注释。采用皮尔逊相关系数＞0.80 的候选基因构建基因间共表达调控网络，Cytoscape 和 agriGO 软件分别进行可视化及基因 GO 富集分析（Smoot et al., 2010；Tian et al., 2017）。

利用 RNA 试剂盒提取亲本成熟叶片 RNA，在 Primer 3.0 在线软件中设计定量 PCR 引物，*PtActin* 基因用作内参。每个样本进行 3 次生物学重复和 4 次技术重复。

3. 结果与讨论

1）杂交群体叶片性状测定与分析

对亲本和 F_1 群体 8 个叶片形态性状（叶面积、叶周长、叶长、叶宽、叶柄长、侧脉夹角、叶尖至最大叶宽处距离和比叶面积）和 5 个叶片生理性状（净光合速率、蒸腾速率、气孔导度、胞间 CO_2 浓度和叶绿素含量）进行统计分析，所有表型性状近似正态分布（表 3-46，图 3-122）。除了胞间 CO_2 浓度、侧脉夹角和比叶面积，其他所有性状偏度和峰度的绝对值均小于 2。*t* 检验分析发现，亲本间 13 个叶片形态和生理性状存在显著差异，形成 F_1 群体持续的表型性状遗传变异基础。F_1 群体性状极值大于或小于对应亲本性状值，说明存在超亲遗传现象。表型变异系数变化范围为 0.06～0.32。4 个叶片生理性状（蒸腾速率、气孔导度、净光合速率和胞间 CO_2 浓度）彼此间显著相关，净光合速率和胞间 CO_2 浓度之间呈负相关。叶面积和叶周长之间存在最显著的正相关性（图 3-122）。同一类型的叶片性状间相关性要高于不同类型之间叶片性状相关性。

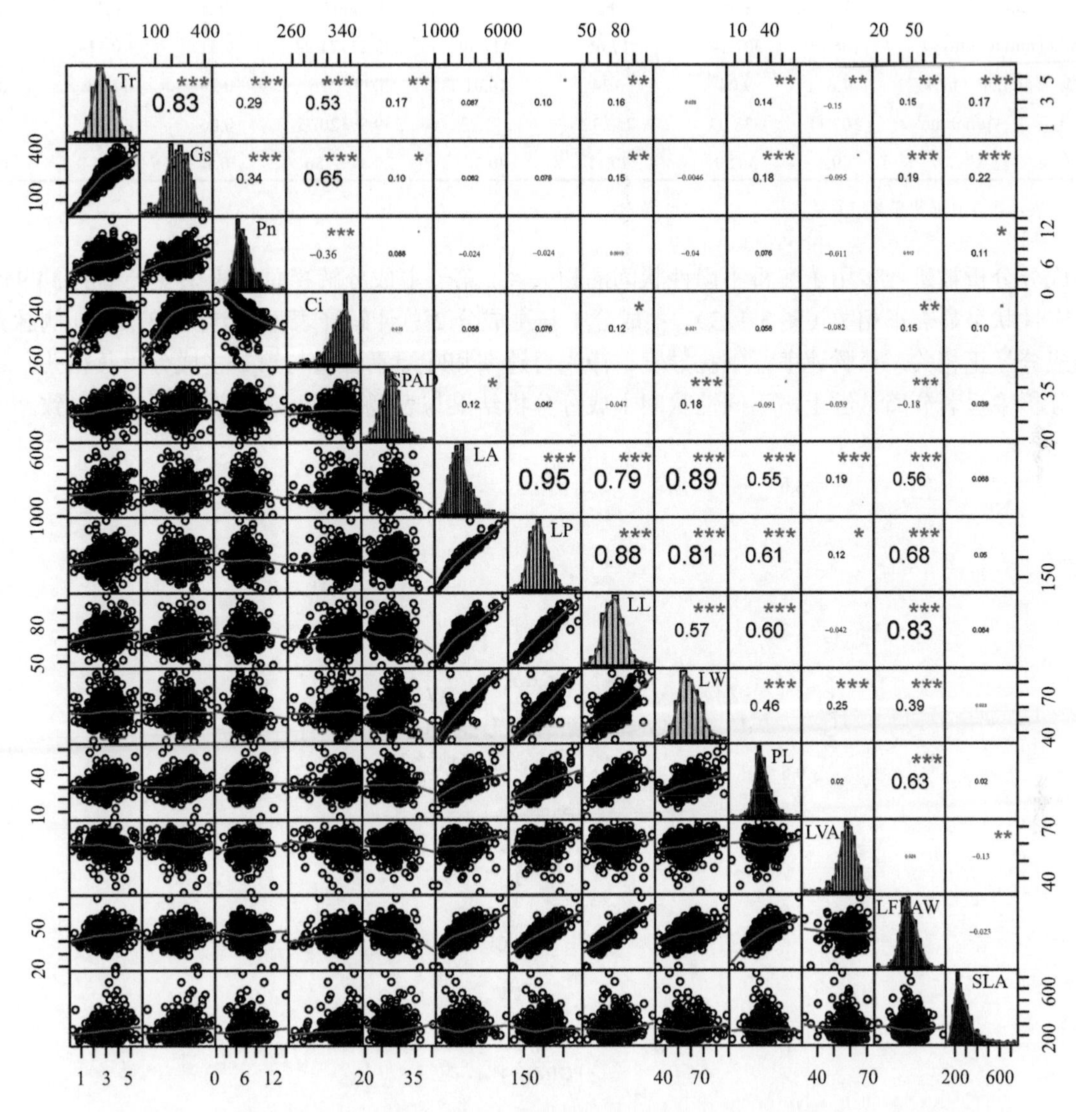

图 3-122　F_1 群体 13 个叶片形态和生理性状散点图（左下角）及相关性分析（右上角）

*、** 和 ***分别表示在 0.01、0.05 和 0.001 水平显著相关

表 3-46　亲本及 F_1 群体表型性状统计分析

性状	丹红杨	通辽 1 号杨	F_1 群体					
			极小值	极大值	平均值±标准差	变异系数	峰度	偏度
叶面积（mm^2）	5608.41	1118.87**	1071.23	6063.23	2780.53± 756.56	0.27	1.08	0.81
叶周长（mm）	282.14	125.66**	120.13	291.62	195.33±25.56	0.13	0.8	0.41
叶长（mm）	94.22	48.22**	46.33	103.33	71.07±8.73	0.12	0.35	0.25
叶宽（mm）	86.23	34.26**	35	88.62	57.89±9.18	0.16	0.29	0.46
叶柄长（mm）	62.11	5.46**	12.67	57.5	31.71±6.79	0.21	0.72	0.56
侧脉夹角（°）	66.11	50.56**	32.42	72.63	59.09±5.34	0.09	2.44	–0.89
叶尖至最大叶宽处距离	74.56	18.38**	19.33	65.83	45.52±6.77	0.15	0.27	0.13

续表

性状	丹红杨	通辽 1 号杨	F_1 群体					
			极小值	极大值	平均值±标准差	变异系数	峰度	偏度
比叶面积	206.13	168.07**	139.99	739.42	261.49±83.69	0.32	4.73	1.73
蒸腾速率[mmol/（m^2·s）]	2.34	3.75**	0.3	5.73	3.06±0.92	0.3	0.21	−0.05
气孔导度[mmol/（m^2·s）]	166.61	321.24**	17.65	427.39	233.21±71.92	0.31	0.11	−0.2
净光合速率[μmol/（m^2·s）]	7.65	9.04**	0.34	14.01	5.97±1.76	0.29	1.28	0.69
胞间 CO_2 浓度（μmol/mol）	302.11	338.07**	253.32	371.23	339.59±20.32	0.06	2.42	−1.35
叶绿素含量（%）	29.4	36.50**	20.11	40.38	28.37±2.86	0.1	0.6	0.18

注：　**表示在 0.01 水平显著相关

主成分分析被进一步用于解析不同性状间的相关性。第一主成分解释总体表型变异率的 34.94%，与叶片形态性状呈显著正相关（图 3-123）。主成分 1 与主成分 2 总计解释表型变异的 53.78%。侧脉夹角与第二主成分呈正相关，蒸腾速率、气孔导度、净光合速率和叶绿素含量与第二主成分呈负相关。亲本在主成分分析中显著分离。综上，不同性状间主成分分析结果与表型性状间相关性分析结果一致。

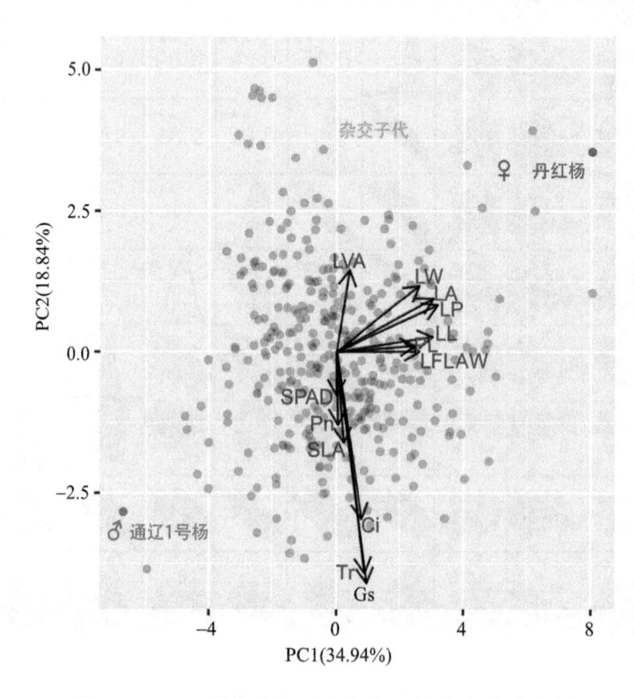

图 3-123　F_1 群体叶片形态和生理性状主成分分析

括号内表示每个主成分变异解释率百分比。PC1 为主成分 1；PC2 为主成分 2。绿色点表示杂交子代；红色点和蓝色点分别代表丹红杨与通辽 1 号杨

2）杨树叶形及光合性状基因定位

为解析叶片形态和生理性状遗传结构，基于高密度遗传图谱对表型性状进行 QTL 定位分析。在 LOD 值大于 3.0，置信区间为 95%的标准下，总计挖掘了 464 个数量性状位点（图 3-124）。302 个 QTL 位点与叶片形态性状相关，解释表型变异率为 3.3%～5.9%，LOD 值变化范围为 3.0～5.47。QTL 定位分析发现了 162 个与叶片生理性状相关的 QTL 位点，解释表型变异率为 3.4%～5.8%，LOD 值变化范围为 3.0～5.05。叶片形态性状 QTL 位点分布于 18 个连锁群，LG13 分布 QTL 数量最多，其次分别为 LG5 和 LG2。每个特定的叶片形态性状对应的 QTL 位点数目如下：叶面积 30 个 QTL、叶周长 36 个 QTL、叶长 76 个 QTL、叶宽 61 个 QTL、叶柄长 25 个 QTL、侧脉夹角 15 个 QTL、叶尖到最大叶宽处距离 44 个 QTL 和比叶面积 15 个 QTL，所有 QTL 位点不均匀分布在 19 个连锁群。叶片生理相关性状 QTL 位点分布于 14

个连锁群，LG18 分布最多数量的 QTL 位点，其次为 LG5、LG4 和 LG12。蒸腾速率、气孔导度、净光合速率、胞间 CO_2 浓度和叶绿素含量分别有 6、13、31、44 和 68 个 QTL 位点（图 3-124）。

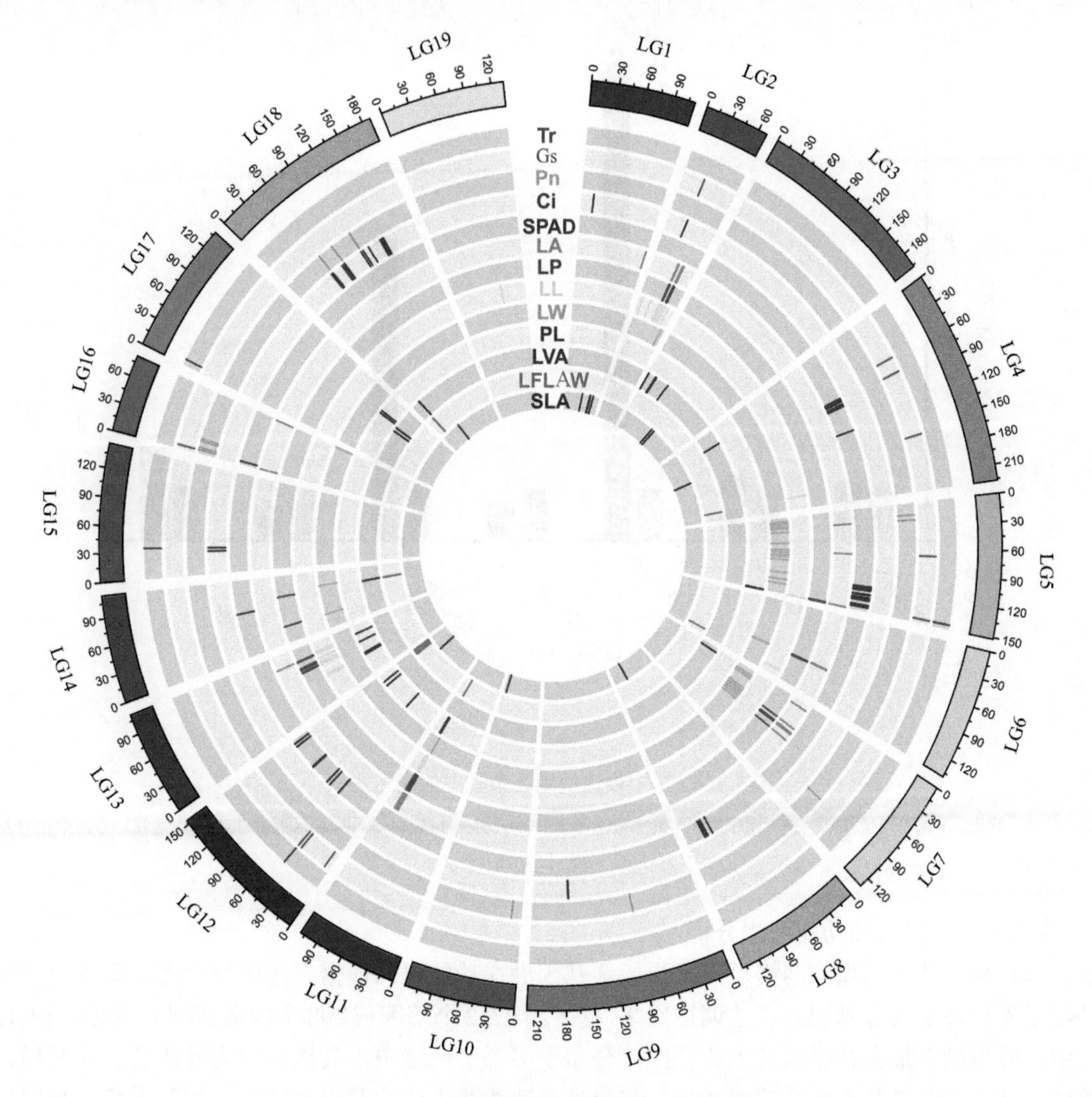

图 3-124　叶片形态与生理性状相关 QTL 位点

圈图外部为 19 个连锁群。第一圈至第十三圈分别表示 Tr、Gs、Pn、Ci、SPAD、LA、LP、LL、LW、PL、LVA、LFLAW 和 SLA 性状的特征；

3）候选基因筛选

选择 LOD 值大于 4.0 的 QTL 位点，根据 QTL 峰值处 SNP 标记寻找对应参考基因组位置。总计发现 208 个候选基因，其中 132 个候选基因在毛果杨参考基因组上有功能注释，剩余基因为未知功能基因。转录因子 *MYB-like*（Potri.009G114900）和 *bHLH*（Potri.012G072700）在拟南芥中的同源基因参与叶绿素合成和叶片脱落生物学过程（Zhang et al., 2020b）。8 个候选基因可能参与叶片形态与生理性状。分布于 QTL 位点 qLP-LG7-5、qLP-LG11-6、qSPAD-LG4-15 和 qLW-LG5-13 的 4 个候选基因[Potri.014G121500（组氨酸蛋白激酶受体）、Potri.009G115000（GTP 结合蛋白）、Potri.003G171000（F-box 蛋白）和 Potri.015G112200（植物细胞周期蛋白）]参与调控叶片生长发育。QTL 位点 qCi-LG18-11 和 qPn-LG16-3 含有 4 个候选基因（Potri.009G015400、Potri.007G043500、Potri.007G043700 和 Potri.007G043600）编码质体酶和叶绿素分解代谢酶蛋白，参与调控叶片光合作用。采用定量 PCR 检测参与调控叶片形态和生理性状的 7 个候选基因（Potri.009G115000、Potri.003G171000、Potri.015G112200、Potri.009G015400、Potri.007G043500、Potri.007G043700 和 Potri.007G043600）在亲本间的表达量水平。基因 *CYC*

（Potri.015G112200）和 *RCCR*（Potri.007G043600）在丹红杨中的表达量显著高于通辽 1 号杨（图 3-125），说明基因 *CYC* 和 *RCCR* 可能参与调控光合作用相关性状。

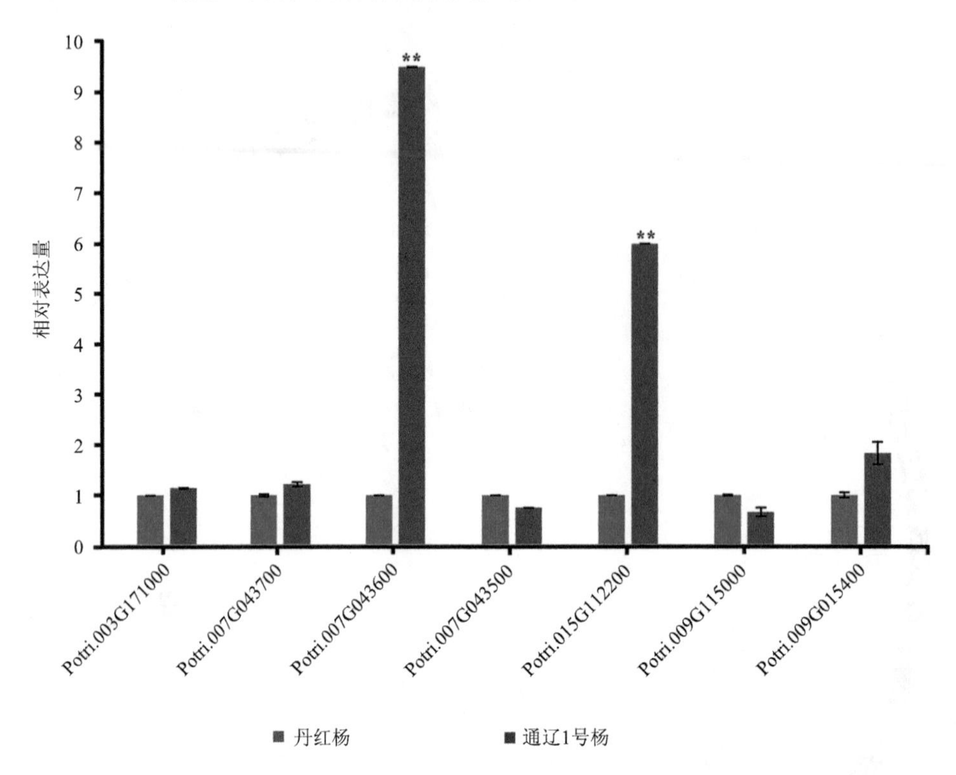

图 3-125　7 个候选基因在亲本中的表达水平

X 轴表示 7 个候选基因，*Y* 轴表示候选基因表达水平，其中两个候选基因（Potri.015G112200 和 Potri.007G043600）在通辽 1 号杨中相对表达量显著高于丹红杨。**表示在 0.01 水平差异显著

4）共表达调控网络和功能富集分析

本研究构建的共表达调控网络可为揭示候选基因潜在功能提供证据。本研究利用毛果杨全基因组表达图谱数据库构建了候选基因共表达调控网络，挖掘出 9712 个基因与 208 个候选基因共表达（图 3-126a）。该网络中，叶宽拥有最大数量的共表达基因，分布于多个子网络中，其次分别为叶周长、叶面积、胞间 CO_2 浓度、叶绿素含量和净光合速率性状。与净光合速率共表达的基因与叶宽、侧脉夹角、叶周长和叶绿素含量共表达基因产生重叠，说明这些性状受到相同或相关的遗传调控路径控制。净光合速率、叶宽、侧脉夹角、叶周长和叶绿素含量的遗传调控模式与性状间的相关性保持一致。

此外，将 GO 富集分析用于挖掘 11 个性状潜在共表达调控基因功能。富集到三种功能类型：289 个生物学过程、128 个分子功能和 88 个细胞组分（图 3-126b）。光合作用相关 GO 条目被显著富集在生物学过程和分子功能类型中。生物学过程 GO 条目中“光合作用”和“光系统Ⅱ组装”被显著富集在净光合作用性状。同时，“光合作用系统”、“光系统Ⅰ”、“光系统Ⅰ反应中心”、“光系统Ⅱ”、“类囊体”、“类囊体膜”和“类囊体成分”被显著富集在细胞组分功能类型。综上分析表明，这些候选基因是调控叶片形态和生理性状的可靠遗传资源，需要进一步的研究用于验证这些基因在杨树中的功能。

光合作用主要发生在植物绿色叶片器官，产生糖类化合物以支持植物能量代谢。因此，叶片光合作用相关性状在杨树生长发育过程中扮演重要的角色。本研究解析了 13 个叶片形态和生理性状的遗传特征，在亲本间具有显著的差异，形成了表型性状在 F_1 群体中分离的遗传基础，为选择育种提供了巨大的潜力（Du et al.，2014）。相关性分析显示叶片形态类型性状或生理类型性状内部具有显著的相关性，而两种类型性状之间不存在显著的相关性。前人研究也得出了相同的结论，属于同一类型的表型性状间相

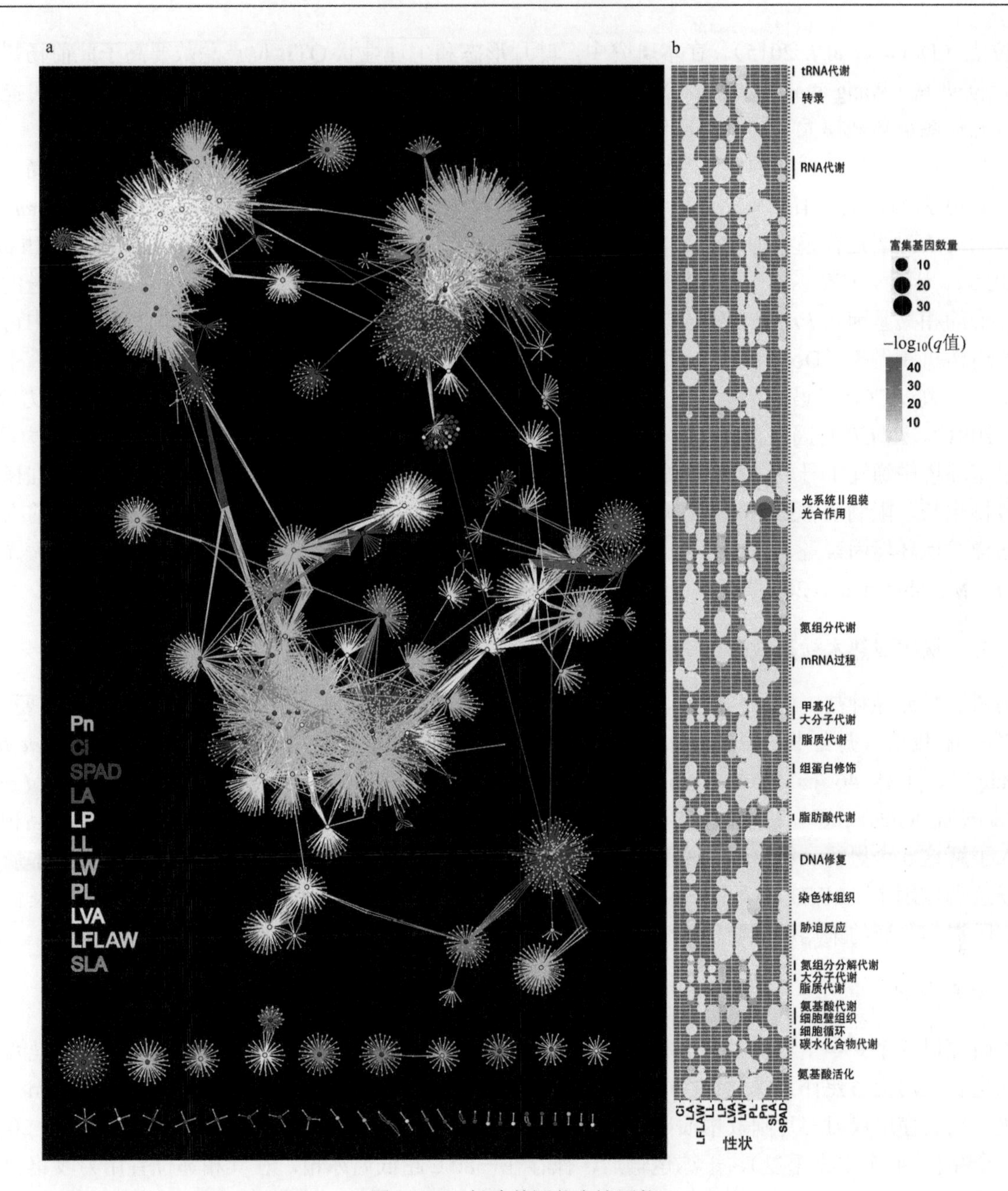

图 3-126　候选基因共表达网络

a. 11 个性状 QTL 位点区域候选基因共表达网络，不同颜色的节点和线分别代表 11 个性状 QTL 位点区域候选基因及相关性分析；b. 共表达基因生物学过程的 GO 富集分析

关性要高于不同类型之间的表型性状（Waitt and Levin，1998）。净光合速率和胞间 CO_2 浓度间呈负相关，可能存在负相关基因效应（Porth et al.，2013b）。这些研究结果表明，叶片形态和生理性状间存在复杂的相关性和遗传调控模式。

数量性状，如叶形性状受到多个数量性状位点调控，每个位点具有不同效应大小的表型变异解释率。叶形性状 QTL 定位研究已经在多个不同物种如拟南芥、棉花和水稻中获得报道（Jiang et al.，2000；Juenger et al.，2005；Wang et al.，2011）。杨树中仅有少量有关叶片光合作用相关性状 QTL 定位研究，其遗传调控机制并不清楚。在毛白杨天然群体中，发现了 216 个光合作用相关性状 eQTL（Wang et al.，2018a）。Xia 等（2018）在美洲黑杨×小叶杨 F_1 群体中解析了 42 个叶形性状 QTL 位点，稳定存在于三个不同生境中。同样地，在美洲黑杨×毛果杨种间杂交群体中发现了存在于两个环境中的 23 个叶形性状的稳定

QTL 位点（Dorst et al.，2015）。在本研究中，叶片形态和生理性状 QTL 位点总数要高于此前杨树叶形 QTL 定位研究（Wang et al.，2018a；Xia et al., 2018）。造成叶形性状 QTL 调控位点差异形成的可能原因是本研究作图群体规模大（500）、遗传图谱密度高、QTL 位点检测方法不一致等。

在叶片形态和生理性状的候选基因中，*CYC* 基因和 *RCCR* 基因在通辽 1 号杨中的表达量要高于丹红杨。*CYC* 基因编码植物细胞周期蛋白，其同源基因 *CYCD1:2*（Potri.008G146600）在 *Populus tremula* × *Populus alba* 过表达株系中通过改变皮层薄壁组织细胞的数量和大小来调节叶片形态性状（Williams et al.，2015）。因此，*CYC* 在亲本间的差异表达表明其可能参与叶片形态性状形成。前人研究报道的有关调控叶形的相关基因如 *PtARF1* 和 *TCP* 未在本研究中发现，说明叶片发育在不同遗传背景材料中可能受不同的遗传机制调控（Dorst et al.，2015；Ma et al.，2016）。这一猜想与 Chhetri 等（2019）研究中所提出的观点一致。*RCCR* 编码叶绿素分解代谢还原酶，加速叶绿素成分卟啉降解，降低了光合作用能力（Mach et al.，2001）。*RCCR* 基因在通辽 1 号杨中表达量显著高于丹红杨，导致通辽 1 号杨光合作用能力降低，这与温室环境中通辽 1 号杨与丹红杨的表型性状测定结果不一致，说明温室环境条件不适宜丹红杨与通辽 1 号杨生长，限制亲本最大光合作用发挥，不同基因型个体在温室环境下表现出环境效应。前人研究结果同样发现环境因素是光合作用的一个重要限制因子，植物在不适宜生长环境中不能发挥最大光合作用能力（Murchie et al.，2009）。

（三）杨树成熟木材形成转录调控

杨树黑杨派品种被广泛用作纸浆、造纸工业、生物燃料生产和生态防护林，是木质纤维的重要来源。杨树黑杨派栽培种丹红杨（Pd1，♀ *Populus deltoides* ‘Danhong’）、南杨（Pd2，♂*Populus deltoides* ‘Nanyang’）、中林 46 杨（Pe1,♀*Populus euramericana* ‘Zhonglin46’）、欧美杨 108（Pe2，♀ *Populus euramericana* ‘Guariento’）和欧洲黑杨 N179（Pn1，♂ *Populus nigra* ‘N179’）是我国重要的杨树品种。为了深入了解这 5 个黑杨品种木质部发育的分子机制，检测了木质部的基因表达谱，鉴定了大量木质部发育的候选调控因子，MYB 转录因子被鉴定并证实参与木质素生物合成的调控，为探索木质部发育新的调控基因提供了新的策略和重要的资源。

1. 试验材料

本研究以 5 个 9 年生黑杨品种中林 46 杨、欧美杨 108、欧洲黑杨 N179、丹红杨和南杨为试验材料，试材均生长在河南省焦作市（北纬 35°14′21″，东经 113°18′40″）。2018 年 8 月在胸径处剥取 10 cm×20 cm 的树皮，然后使用双刃刀片刮取木质部（1～2 mm 厚）并立即投入液氮中。用于 RNA 测序的共 20 个样品（5 个品种×4 个生物重复），干冰运输后，保存在－80℃超低温冰箱。在其相邻位置用刀收集包含树皮、韧皮部、形成层和木质部的小木块，并用甲醛-乙酸-乙醇固定液（FAA）保存用于解剖学观察。

2. 试验方法

采用半薄切片方法对试验材料进行半薄切片，对材料用 FAA 固定，4℃放置过夜，依次用 70%、85%、95%和 100%梯度的乙醇对材料进行脱水处理。树脂包埋与聚合后，用 Leica M205FA 超薄切片机进行切片，切片厚度为 3～5 μm。甲苯胺蓝（TBO 质量分数为 0.05%）染色，用蔡司显微镜（ZeissAxio Imager. A1）进行切片的观察和拍照。测定同一区域内（860 μm×940 μm）导管细胞的数量和直径。测量距离形成层 12～20 层的成熟纤维的壁厚。使用 Image J 软件统计数据。

提取总 RNA 构建测序文库，用 Illumina Hiseq 2500 测序，参考基因组为 *Populus trichocarpa* v 3.0，测序数据可在 NCBI 分支机构数据库中获得。通过 DESeq2 R 包对杨树品种之间的差异表达基因（differentially expressed gene, DEG）进行了两两比较，用于在条件之间“调用基因”的参数是以错误发现率（FDR）调整的 P 值< 0.05 来确定的。用 R 包进行主成分分析（PCA），转录表达模式的 K 均值聚类使用 R 包中的 log2 转换来执行，进行加权基因共表达网络分析（weighted gene correlation network analysis，WGCNA），对最终网络进行了可视化处理。

3. 结果与讨论

1）杨树5个品种木质部显微结构

为了发现5个黑杨品种的生长及木质部发育差异，首先比较了5个9年生杨树品种的纵向和径向生长。如图3-127a所示，两个欧美杨杂种（Pe1和Pe2）的直径大于美洲黑杨（Pd1和Pd2）和欧洲黑杨（Pn1），但两个欧美杨杂种的直径差异不显著（图3-127b）。5个品种的切片显示形成层区均由6～8层细胞组成（图3-127c）。Pe1和Pe2的细胞层数和形成层厚度明显大于Pn1（图3-127d，图3-127e）。在木质部中，不同品种木质部发达纤维之间的细胞壁厚度存在差异，其中Pd1细胞壁最厚。同一区域的导管数量有显著差异，Pn1的导管数量最少，但其直径最大（图3-127f）。这表明胸径可能与形成层和木质部的次生生长有关。

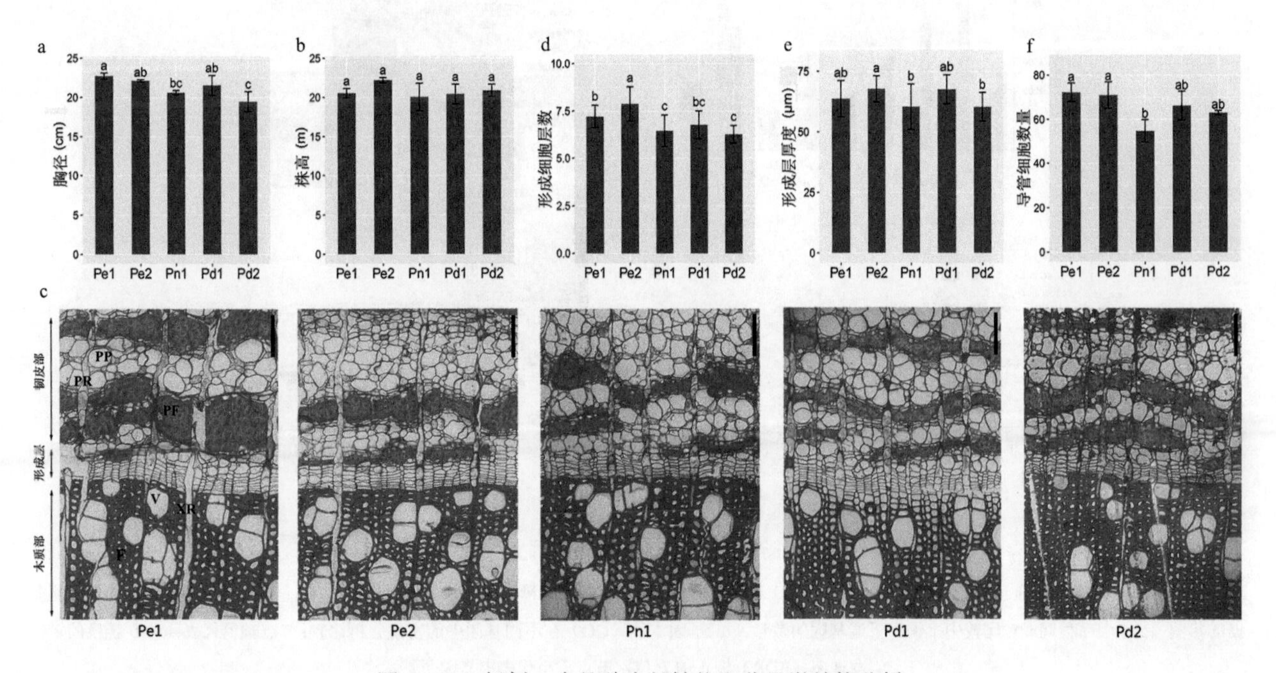

图3-127　杨树5个品种生长性状和茎显微结构分析

a. 9年生杨树5个品种的胸径；b.9年生杨树5个品种的高度；c. 9年生杨树韧皮部-木质部区域的横截面（标尺= 100 m，PP为韧皮部薄壁组织，PR为韧皮部射线，PF为韧皮纤维，V为木质部导管，XR为木质部射线，F为木质部纤维）；d. 形成层细胞层数；e. 形成层厚度；f. 同一区域（860 μm × 940 μm）导管细胞数量的统计分析[均值是来自4次生物复制的SD，柱状图中小写字母表示Duncan's多重极差检验的结果（$P < 0.05$时差异显著）]

本研究5个黑杨品种的导管数量、形成层宽度和木质部细胞壁存在显著差异。导管主要从根部向各处运输水和可溶性矿物质，其大小和数量影响着木材的基本密度（Leal et al., 2011, Yamaguchi et al., 2011）。

2）木质部转录组测序结果与参考基因组比对

为了揭示5个杨树品种木质部发育过程中细胞壁增厚的潜在分子机制，将发育中的木质部用于高通量转录组测序。总共产生了100.3亿个高质量的读数，其中79.81%被成功地映射到毛果杨参考基因组。GC含量为43.31%，Q30含量为93.33%。整个数据集的主成分分析图显示了不同样本的顺序。结果表明，5个品种分成3个群，生物重复投影紧密。两个美洲黑杨品种（Pd1和Pd2）聚在一起，欧美杨（Pe1）在美洲黑杨和欧洲黑杨中间靠近Pe2，显示了5个品种的亲缘关系（图3-128a）。

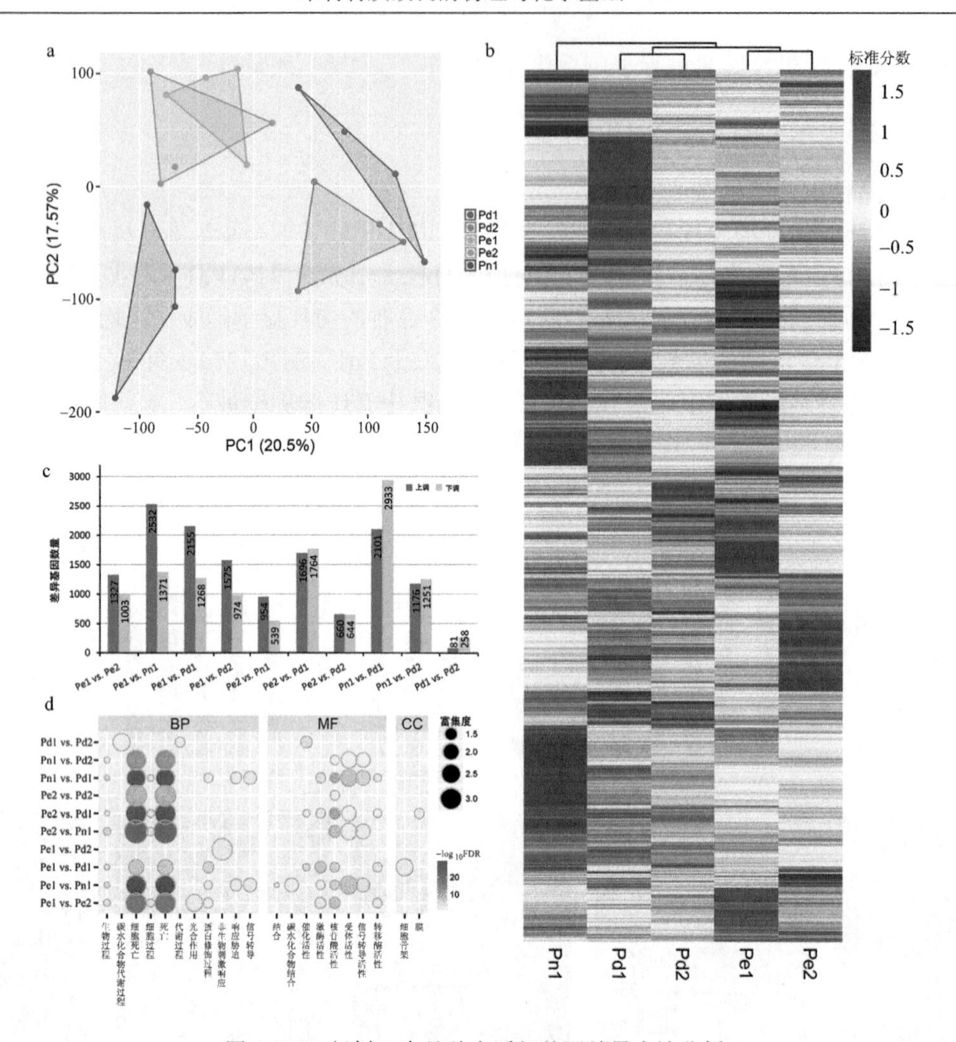

图 3-128　杨树 5 个品种木质部基因差异表达分析

a. 表达基因的主成分分析显示样本分离[主成分 1（PC1）和主成分 2（PC2）分别解释总方差的 20.5%和 17.57%]；b. 5 个杨树品种基因转录组数据的热图；c. 5 个品种间成对比较中上调和下调基因的数量；d. 基因本体（GO）在不同基因中的富集分析比较[节点颜色代表–log10 转换的错误发现率（FDR）校正的 P 值，节点大小代表丰富因子]

3）杨树不同品种差异表达基因分析

为了确定品种的整体转录变化，对 10 个可比较的组进行了成对比较。总共鉴定了 10 331 个差异表达基因（differentially expressed gene, DEG）（图 3-128b）。比较组“Pn1 vs Pd1”差异表达基因最多，共计 5034 个，包括 2101 个上调基因和 2933 个下调基因，这表明 Pn1 和 Pd1 的差异最大。相比之下，比较组“Pd1 vs Pd2”差异基因最少（总共 339 个 DEG，包括 81 个上调基因和 258 个下调基因）（图 3-128c）。

为了进一步确定差异基因的生物学作用，对其进行 GO 富集分析。DEG 的重要 GO 术语分为 100 个生物过程（biological process, BP）、65 个分子功能（molecular function, MF）和 7 个细胞成分（cellular component, CC）三大类（图 3-128d）。最显著富集的条目是细胞死亡、次生细胞壁和木质素生物合成。在 BP 类别中，“死亡”（GO:0006915）、“细胞死亡”（GO:0008219）和“程序性细胞死亡”（GO:0012501）亚类显著丰富。“Pe1 vs Pd2”的差异基因富集于“非生物刺激响应”（GO:0009628），表明这两个品种在非生物胁迫方面存在差异。GO 术语“碳水化合物代谢过程”（GO:0005975）和“代谢过程”（GO:0008152）特别富含于“Pd1 vs Pd2”的 DEG 中。在 MF 类别中，GO 术语“核苷酸结合”（GO:0000166）、“受体活性”（GO:0004872）和“信号转导活性”（GO:0004871）主要在 Pn1 与其他 4 个品种的比较中得到丰富。在 CC 类中，“Pe1 vs Pd1”的 DEG 主要属于“微管”（GO:0005874）和“细胞骨架”（GO:0015630）。“Pe2 vs Pd1”在“膜”（GO:0016020）中显著富集。

为了进一步探索 5 个杨树品种差异基因的功能多样性，进行了 K 均值聚类分析，并将 10 331 个 DEG 分成 20 个聚类（图 3-129）。3 个聚类（K1、K8 和 K15）在 Pd1 中显示高表达水平。K1 中的基因主要涉及“分解代谢过程”、“代谢过程”、“催化活性”和“细胞骨架”；K8 和 K15 中的基因涉及“碳水化合物代谢过程”、“膜”和“催化活性”。此外，GO 术语“细胞氨基酸及衍生物代谢过程”、“运动活性”和“细胞骨架”在 K8 中得到富集。4 个聚类（K4、K9、K10 和 K14）中的基因在 Pn1 中高度表达。K10 与 K14 在 Pe1 和 Pd1 中都显示低表达水平。K4 和 K14 中的基因都参与“细胞死亡”和“死亡”过程，而 K14 中的基因参与“应激反应”、“信号转导”、“碳水化合物结合”和“受体活性”。富含“细胞死亡”、“光合作用”和“类囊体”的 K16 在 Pe2 中高度表达。K19 的 DEG 在品种间没有表现出差异；它们参与了 BP 和 MF 的基本类别。

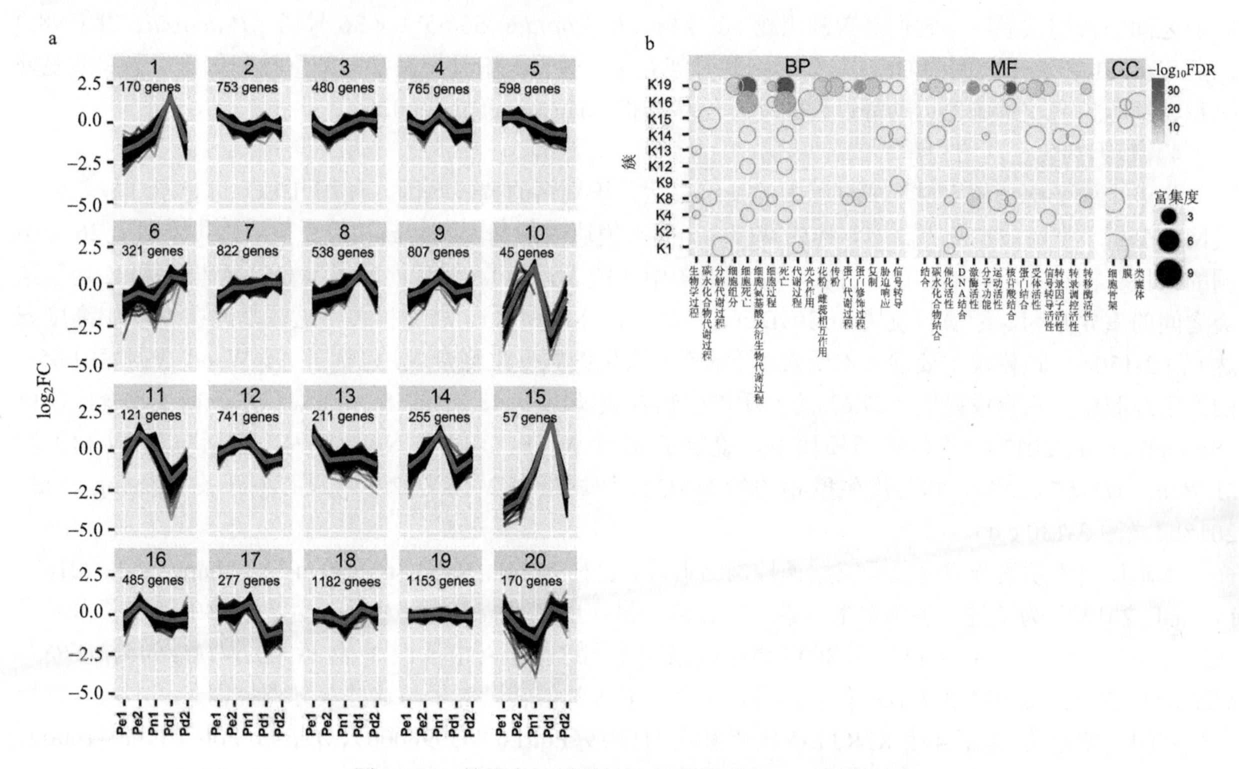

图 3-129　差异表达基因的 K 均值聚类和 GO 富集分析

a. 5 个杨树品种差异表达基因表达谱聚类；b. 不同簇基因的 GO 富集分析［节点颜色表示 $-\log_{10}$ 转换后的错误发现率（FDR）校正后的 P 值，节点大小代表富集因子］

转录因子通过结合目标基因启动子中的顺式作用元件，激活或抑制大量功能基因（Yao et al., 2018）。在本研究 10 331 个差异基因中，共鉴定出 671 个差异表达的转录因子分布于除了 K10 和 K15 以外的聚类中，包括 73 个 *bHLH*（basic helix-loop-helix）、70 个 *MYB*、63 个 *NAC* 和 56 个 *ERF*（乙烯反应因子），其中 K9（79 个）和 K7（78 个）的转录因子数量最多。此外，K8 中富集了 10 个 *MYBa* 和 5 个 *NAC*，它们与细胞壁生物合成有关，主要在 Pd1 中表达。

细胞死亡作为整个木质部成熟的一部分被转录调控，包括次生细胞壁的形成（Bollhöner et al., 2012）。与其他 4 个品种相比，Pn1 的 DEG 在细胞死亡和死亡方面更丰富，并且还涉及分子功能，如激酶活性、核苷酸结合和受体活性。研究发现了许多影响木质部导管和纤维的细胞死亡和次生细胞壁（secondary cell wall，SCW）形成的相关基因，如加速细胞死亡 2（accelerated cell death 2，ACD2）、细胞程序性死亡 4（programmed cell death 4-like）、木质部半胱氨酸肽酶（xylem cysteine peptidase, XCP）、半胱天冬氨酸酶 9（metacaspase 9，MC9）和双功能核酸酶 1（bifunctional nuclease1）等。*VND* 和 *NST* 调节导管形成和纤维分化（Mitsuda et al., 2005，2007；Yamaguchi et al., 2011；Tan et al., 2018）。*VND6* 和 *VND7* 作为转录主开关直接控制元件分化中的细胞程序化死亡（PCD）和自溶（Escamez and Tuominen, 2014）。*XND1* 和 VND-INTERACTING2（*VNI2*）是抑制导管元件次生壁形成和细胞死亡的 NAC 转录因子，表明它们是木质部导管形成的负调节因子（Grant et al., 2010；Yamaguchi et al., 2010）。而在本研究中，*XND1* 和 *VNI2* 在欧美杨和美洲黑杨中高表达。认为导管发育的差异可能是由于NAC和PCD相关基因的相互作用，从而影响营养物质的运输和植物的生长。发现了 *ERF1*（Potri.008G166200）、*WRKY75*（Potri.012G101000）、抗病蛋白[CC-NBS-LRR 类（Potri.T052300）和 TIR-NBS-LRR 类（Potri.011G014700 和 Potri.019G114500）]在 Pn1 中高度表达，参与疾病和防御反应，并且这些基因在 AspWood 的木质部中没有表达。结果表明，Pn1 应具有较强的抗性和适应性。

表型差异往往是由基因的差异表达引起的。在 Pd1 和 Pd2 之间仅鉴定到少量的 DEG（339），表明了它们之间的密切关系——它们是美洲黑杨 50 号杨（*P. deltoides* ‘55/65’）× 36 号杨（*P. deltoids* ‘2KEN8’）的后代。Pe1 和 Pd1 之间的 DEG 与微管细胞骨架有关，微管细胞骨架是参与细胞核和细胞分裂、细胞壁沉积、细胞扩张、细胞器运动等过程的动态丝状结构（Hussey et al., 2002）。

4）基因共表达网络构建

为了全面了解杨树木材形成过程中的基因表达并识别新的调控基因，使用 DEG 进行了加权基因相关网络分析。模块被定义为高度互连的基因簇，同一模块内的基因具有高相关系数。总共识别了 26 个不同的模块（标记为不同的颜色）并显示在树形图中（图 3-130a）。然后比较了 WGCNA 模块和 K 均值聚类之间的重叠基因。绿松石模块（1309DEGs）与 K1、K8 和 K15 高度相关，这些基因在 Pd1 中高度表达（图 3-130b）。该模块主要参与木质素、纤维素和次生细胞壁生物合成，包括了 AspWood 数据库中 65%的次生细胞壁生物合成模块、57.6%的木质素生物合成模块和 48.5%的 S-木质素和木聚糖生物合成模块（Sundell et al., 2017）。在绿松石模块中，鉴定了 23 个 MYB 和 10 个 NAC 基因，包括与 SCW 相关的 *MYB46*、*MYB83*、*NST1* 和与次生壁相关的 NAC 结构域蛋白 2（*SND2*）同源的主开关（Zhang et al., 2018b）（图 3-130 c,d）。

木本植物木质素合成途径受三层调控网络调控，包括 MYB、NAC、miR397a 等（Zhang et al., 2018b , Lu et al., 2013）。为了进一步确定木质素生物合成中潜在的新调控基因，从共表达数据集中提取了木质素生物合成基因的子网。许多已知的 SCW 调控转录因子在这个子网中被识别，包括 *MYB4*、*MYB46*、*MYB83*、*MYB102*、*NST1*、*SND2* 和 *VND4* 等。此外，几个功能未知的转录因子与这些关键调控因子和木质素生物合成基因高度相关，包括 4 个 R2R3 MYB 亚家族 *MYB19*（Potri.009G096000）、*MYB43*（Potr. 011G041600）、*MYB55*（Potri.014G111200）、*MYB74*（Potri.015G082700）和一个 MYB3R4 亚家族 *MYB160*（Potri.006G241700）。*MYB74*、*MYB55*、*MYB160* 可直接或间接与木质素生物合成相关基因共表达，包括 *MYB*（*MYB46*、*MYB63*、*MYB4* 和 *MYB85*）、*NAC*（*NST1* 和 *SND2*）和结构基因（*PAL1*、*4CL*、*C4H* 和 *CCoAOMT1*）（图 3-131a）。

从 DEG 列表中鉴定的 8 个基因被选择用于 qRT-PCR 验证，其中包括 3 个潜在的新调节基因（*PdMYB55*、*PdMYB74* 和 *PdMYB160*）、3 个已知的 MYB（*MYB43*、*MYB63* 和 *MYB83*）和 2 个细胞壁生物合成结构基因（*C3H* 和 *CesA4*）。Pd1 中基因的高表达与 RNA-seq 一致，表明了 RNA-seq 结果的可靠性，Pd1 的木质部处于活跃期（图 3-131b）。

植物细胞壁也是用于转化为生物燃料和生物产品的可再生生物质的来源（Li et al., 2012a）。木质素同时用纤维素和半纤维素浸渍，可为次生壁提供额外的机械强度、硬度和疏水性。Zhang 等（2018b）系统综述了生物合成的复杂调控网络，包括一系列 NAC 和转录因子。本研究发现了一个与 SCW 相关的模块（绿松石）。大多数基因是参与木质素和纤维素生物合成的结构基因，如 *PAL*、*4CL*、*CCR* 和 *CesA* 等。此外，还鉴定了大量的转录因子，它们在木本植物次生壁增厚和木质化的调控网络中被称为三层转录因子，包括第一层的 *VND*、*SND* 和 *WND*，第二层的主开关 *MYB46* 和 *MYB83*，*MYB4*、*MYB61* 和 *MYB103*

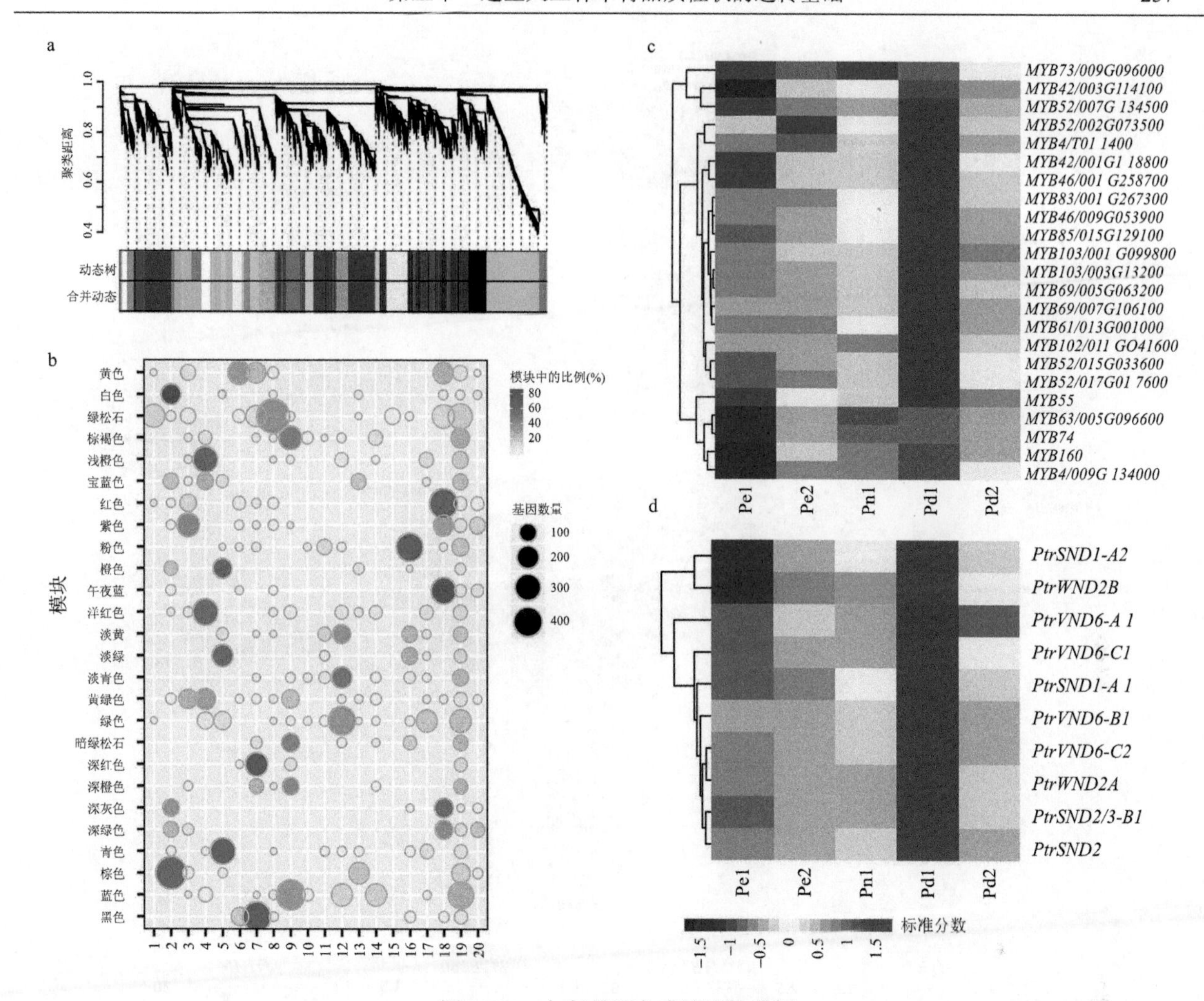

图 3-130　加权基因共表达网络分析

a. 基因的聚类树状图（图中的每个分支代表一个基因，下面的每个颜色代表一个共表达模块）；b. 模块中簇所占的百分比，节点颜色表示模块中的百分比，节点大小代表基因数；c. 绿松石模块中 MYB 的热图；d. 绿松石模块中 NAC 的热图

等在第三层。这些基因在 Pd1 中的高表达与木质部的发育状态有关，最终导致 Pd1 的细胞壁最厚。过量表达 *PtoVNS11* 转基因杨树会影响木质素的沉积和次生壁的增厚（Yang et al., 2015）。*PtrVND 6-C1IR* 和 *PtrSND1a2* 的剪接变异体共同作用，交叉调节 VND 和 SND 家族，以维持木材形成和植物发育（Lin et al., 2017）。*PtrWND2B* 和 *PtrWND6B* 影响相关转录因子和结构基因的表达，同时影响纤维素、木聚糖和木质素的异位沉积（Zhong et al., 2010）。*PtoMYB156* 和 *PtoMYB189* 在杨树木材形成过程中负调节次生细胞壁生物合成（Yang et al., 2017；Jiao et al., 2019）。据报道，*PtrMYB152* 和 *PtoMYB92* 是木质素生物合成的激活剂（Wang et al., 2014a；Li et al., 2015a, 2015c）。本研究鉴定了相关的模块，包括 *PtrSND2/3-B1*、*PtrSND1* 及其靶 *PtrMYB021* 的直向同源物，它们影响木质部纤维的次生细胞壁厚度和茎中纤维素和木质素的含量（Wang et al., 2013；Li et al., 2012a）。*PdMYB55* 和 *PdMYB74* 与 *PtrMYB121*、*PtrMYB74* 和 *PtoMYB170* 聚为一类，它们被确定为木材相关 NAC 结构域 TF 的下游靶标，影响木材形成（Zhong et al., 2011；Xu et al., 2017），因此 *PdMYB55* 和 *PdMYB74* 也可能正向调控木质素生物合成。虽然 *MYB160* 与其他模块的关系最远，但它可能作为 SCW 模块的一员参与次生壁的形成。这些结果表明，一些非典型的 NAC 和 MYB 转录因子可能参与了 SCW 生物合成。

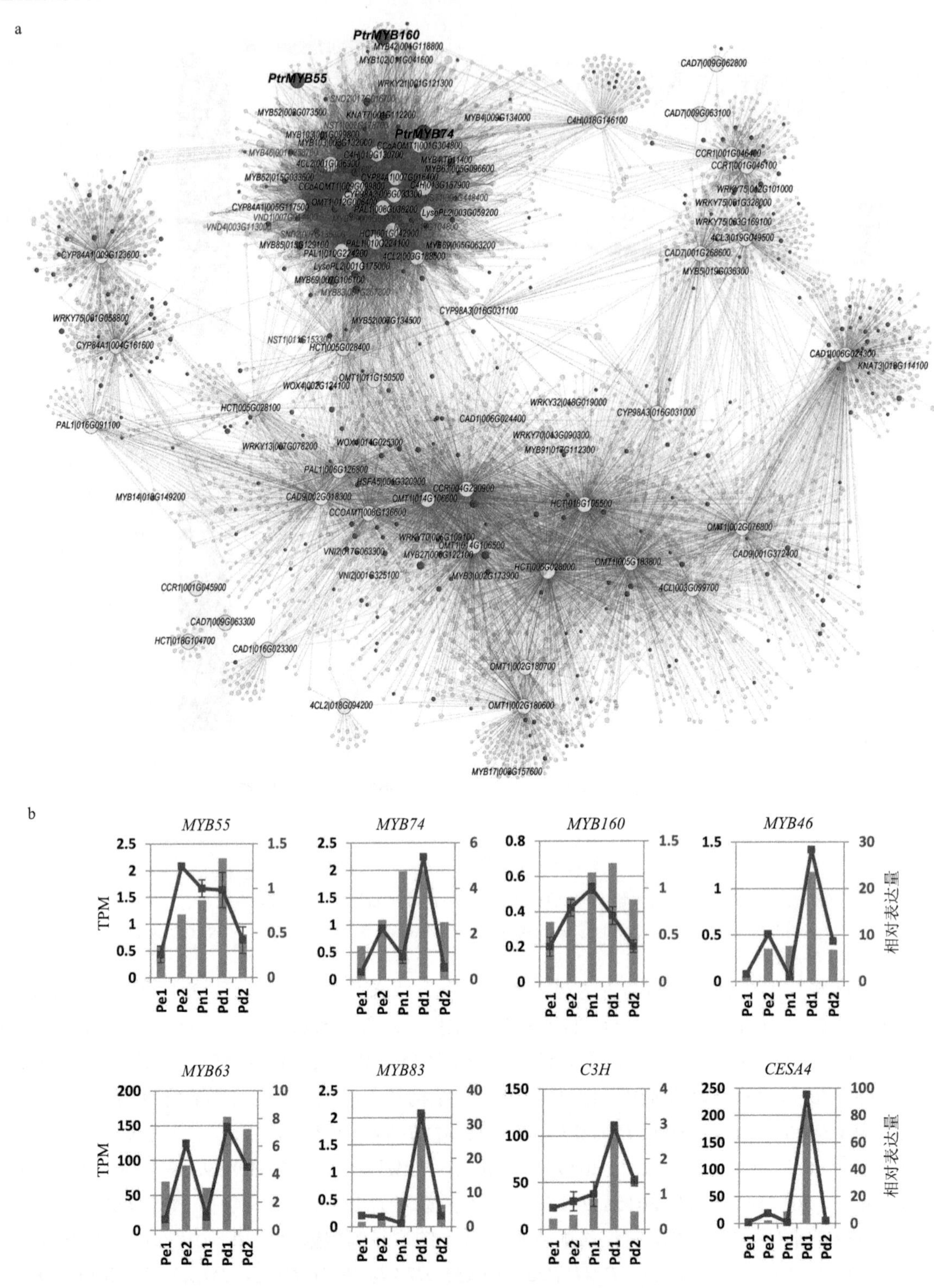

图 3-131　木质素生物合成基因的共表达网络

a. 子网是从 RNA-Seq 共表达分析中提取的（黄色和红色节点分别代表木质素生物合成基因和转录因子，紫色和绿色边缘分别代表正相关和负相关，蓝色字母表示次生细胞壁形成调控网络的第一层和第二层中已知的关键调控因子）；b. 利用 qRT-PCR 对 8 个关键基因进行表达确认；TPM 表示每百万转录本中对应基因的数量

5）烟草瞬时表达分析

为了验证鉴定的这些新的调节因子是否在木质素生物合成中发挥了潜在作用，从 Pd1 中克隆了三个候选的 *MYB* 基因，验证是否存在激活活性并在烟草中瞬时过表达。含 BD-MYB55、BD-MYB74 和

BD-MYB160 质粒的酵母细胞可以在二缺（-Trp-His）培养基上生长，但单独表达 BD 空载体的酵母细胞仅在一缺（-Trp）培养基上生长而在二缺培养基上无法生长，这表明三种 *MYB* 具有促进酵母中 His 标记基因表达的活性（图 3-132a）。对三个独立系的荧光定量 PCR 反应分析表明，*PdMYB55*、*PdMYB74* 和 *PdMYB160* 可以调节木质素生物合成结构基因的表达（图 3-132b，图 3-132c）。类似于共表达分析，*PdMYB74* 可以促进 *PAL*、*CSE*、*HCT* 和 *LAC* 的表达。与对照植物相比，包括 *4CL*、*C4H*、*CCR* 和 *LAC* 在内的木质素生物合成途径中的基因表达在 *PdMYB55* 和 *PdMYB160* 瞬时过表达系中表现出强烈的下调（图 3-132c）。

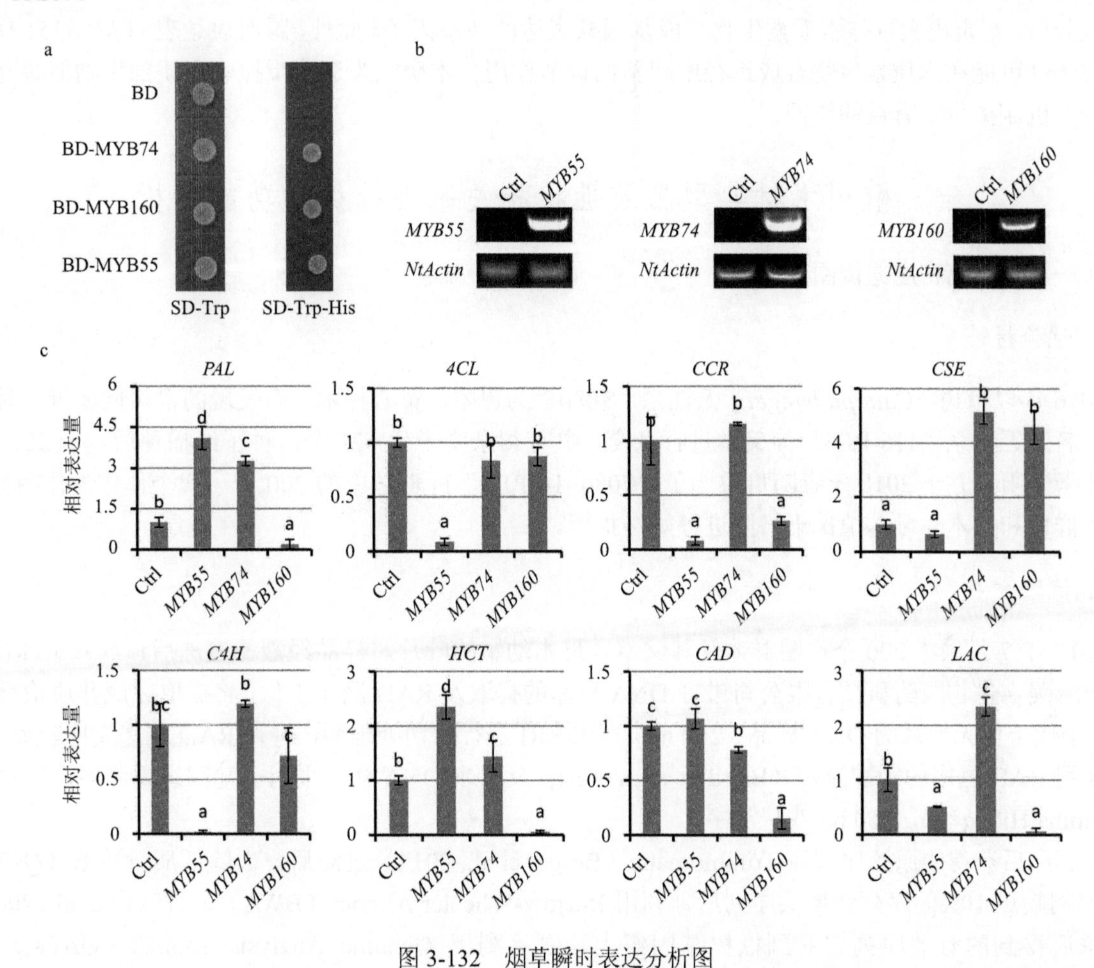

图 3-132 烟草瞬时表达分析图

a. 酵母中 *MYB55*、*MYB74* 和 *MYB160* 的转录激活分析；b. *MYB55*、*MYB74* 和 *MYB160* 瞬时过表达烟草中相关基因半定量 RT-PCR 分析；c. *MYB55*、*MYB74* 和 *MYB160* 瞬时过表达烟草中木质素生物合成中结构基因的定量 PCR。小写字母代表 Duncan's 多重极差检验的结果（$P<0.05$ 有显著性差异）。Ctrl 为对照

在瞬时表达分析中，*AtMYB55* 的同源物 *PdMYB55* 可以影响木质素生物合成途径中关键基因的表达。*AtMYB55* 作为油菜素内酯诱导基因，参与成熟叶片的基底细胞形成，并以器官特异性方式被 Aux/IAA 蛋白下调（Nakamura et al., 2006；Schliep et al., 2010）。*PtrMYB74* 和 *AtMYB50* 作为 *NAC102* 的下游基因参与木质部中纤维和导管次生壁的形成（Zhong et al., 2011；Ko et al., 2007）。结构基因的表达可能通过直接作用于 *PdMYB74* 而上调，这表明它是 SCW 的一个积极的调节因子。*PdMYB55* 和 *PdMYB74* 在进化关系上密切相关，但有可能它们的功能并不完全一致，因为它们通过蛋白激酶和锌指调节影响木质素途径基因的相互作用。*PdMYB160* 属于 C-MYB 样 MYB3R4 亚家族。MYB3R4 可以与 B 型细胞周期蛋白启动子中的 MSA 基序结合，以调节拟南芥和烟草的细胞周期（Haga et al., 2011；Olszak et al., 2019；Kobayashi et al., 2015）。虽然 *PdMYB160* 具有转录活性，但抑制结构基因的表达，可能是由于调控的间接作用，需

要以后进一步研究。*PdMYB55*、*PdMYB74*、*PdMYB160* 和其他 SCW 转录因子在 Pd1 中高度表达。三个 MYB 和其他转录因子共同调节木质素生物合成中的结构基因表达。此结果表明三种新的转录因子参与了木质素生物合成途径的调控。本研究为识别木质素生物合成途径中新的调控因子提供了良好的基础数据。

木材是重要的可再生材料和生物能源原料，次生细胞壁生物合成是生产木材的生物过程。木质素的化学结构和含量直接影响由纤维素生物质生产生物燃料的预处理成本和转化效率。在本研究中，比较了中国 5 个杨树品种木质部的解剖结构，并分析了发育中木质部的转录组基因表达谱。通过 K 均值聚类和共表达分析，鉴定出大量与木质素生物合成基因共表达的转录因子。此外，瞬时表达表明 *MYB55*、*MYB74* 和 *MYB160* 可能在木质素生物合成途径中起新的调节作用。本研究为进一步探索木质部生物能源开发利用的分子机制提供了有益的资源。

三、楸树木材典型品质性状相关基因挖掘和功能分析

（一）楸树高密度遗传图谱构建

1. 试验材料

2016 年以楸树（*Catalpa bungei*）无性系“7080”为母本，黄心梓木（新发现的楸树同属近缘种，暂无拉丁名）无性系“116-PJ-3”为父本进行杂交，共获得杂交子代 671 个，种子经播种后，于 2017 年 5 月种植于洛阳，并于 2018 年春随机挑选了“7080×16-PJ-3” F_1 群体中的 200 个子代个体作为作图群体，将作图群体和父本、母本植株于洛阳进行嫁接扩繁。

2. 试验方法

2018 年 7 月采集 200 个作图群体及其父本、母本幼嫩的叶片，样品经液氮速冻后，放入干冰保存，送至上海美吉生物医药科技有限公司进行 DNA 样品的提取及 RAD 测序工作。将提取完成并质检合格的 200 个子代个体无性系的 DNA 样品（200 ng）用 EcoRI 进行酶切处理后，进行 RAD 测序文库建库工作，建库采用 RAD 测序的标准流程（Baird et al., 2008）；父母本 DNA 样品采用全基因组重测序，测序平台为 Illumina HiSeq×10，150 bp 双端测序。

将测序后获得的原始序列经 Trimmomatic（Bolger et al., 2014）过滤后，去除低质量数据（Q<30）、含 N 比例超过 10%的序列和接头序列后，利用 Burrow-Wheeler Aligner（BWA）软件（Li et al., 2009c）将过滤后得到的有效序列比对到楸树基因组上，之后利用 Genome Analysis ToolKit（GATK）软件（McKenna et al.2010）和 Samtools 软件（Li et al., 2009b）对群体内基因组的 SNP 和 InDel 位点进行初步的筛选和过滤。之后进一步对标记进行筛选，筛选标准为：①比对质量不低于 37；②质量深度不低于 24；③测序深度不小于 10×。之后将获得的标记按照“ab×cd”、“nn×np”、“hk×hk”、“ef×eg”、“cc×ab”、“aa×bb”、“ab×cc”和“lm×ll” 8 个分离类型进行分离。最后去除含有异常碱基、子代缺失率高（大于 30%）和严重偏分离的标记（卡方检验，P<0.05）。

根据分子标记在楸树基因组上的物理位置将获得的标记再分成 20 个连锁群，利用 MSTmap 软件（Wu et al., 2008）对处于同一个连锁群的标记进行排序。利用 SMOOTH 算法（van Os et al., 2005）对结果进行校正。标记间的遗传距离利用 Kosambi 功能进行计算。遗传图谱质量的评估采用单体型作图法和热图法。

3. 结果与讨论

1）测序结果及上图标记筛选

经测序后初步获得了约 288.75 Gb 的原始数据，进一步筛选后共得到 280.72 Gb 的数据，共 963 326 642

条有效序列，平均 Q30 为 93.0%，GC 比例为 37.0%。父本、母本共获得 9.97 Gb 测序深度分别为 10.09× 和 10.47× 的重测序数据。子代平均测序数据量为 1.30 Gb。

将测序数据对比到楸树参考基因组后，在父本、母本和 200 个子代个体中共获得 25 614 295 个单核苷酸多肽位点和 2 871 647 个插入缺失位点。之后对获得的变异位点进行进一步筛选，共获得 9593 个可以用于构建遗传图谱的分子标记，其中包括 9 072 个 SNP 和 521 个 InDel。其中，基因型分别为“nn×np”（3570 个）、“hk×hk”（1119 个）、“lm×ll”（4 883 个）、“ef×eg”（21 个）。

2）楸树高密度遗传图谱构建

利用 MSTmap 软件进行遗传图谱的构建工作，将获得的 9593 个分子标记构建到 20 个连锁群体中（图 3-133）。首先，利用分子标记构建父本图谱和母本图谱，将二者整合构建到最终的中性遗传图谱中，中性图谱包含 9593 个分子标记，20 个连锁群（LG），遗传距离为 3151.63 cM，其中 5 号连锁群（198.05 cM, 450 个标记）和 14 号连锁群（125.5 cM，441 个标记）分别是遗传距离最长和最短的连锁群（表 3-47，图 3-133），标记间的平均间隔为 0.32 cM（表 3-48）。并且标记间的间隔均要低于 5 cM（最大间隔为 4.12 cM）。单体来源分析（图 3-134 上图）和热图分析（图 3-134 下图）的结果表明遗传图谱的质量较好。

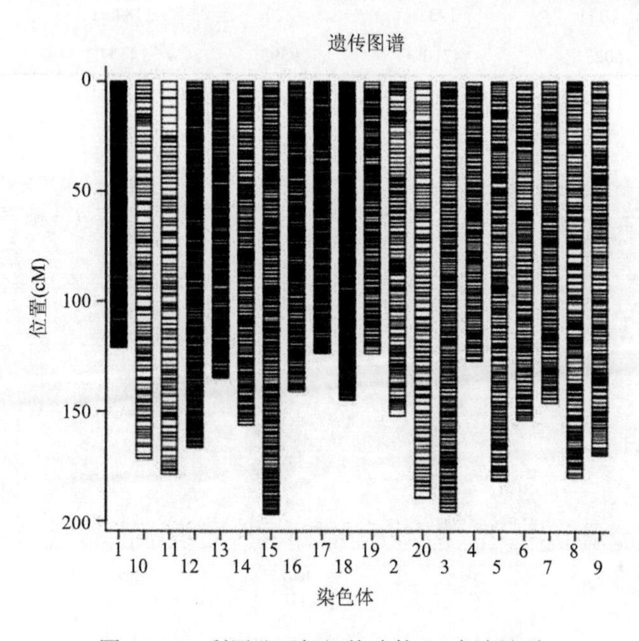

图 3-133　利用分子标记构建的 20 个连锁群

表 3-47　连锁群标记数量及连锁群遗传距离

连锁群（LG）	总标记数			总的标记遗传距离（cM）		
	母本图谱	父本图谱	中性图谱	母本图谱	父本图谱	中性图谱
1	509	413	844	135.41	173.48	169.88
2	179	134	289	212.84	152.89	196.76
3	315	252	500	207.62	121.42	156.11
4	159	189	306	187.06	161.84	127.77
5	239	280	450	170.10	180.62	198.05
6	204	177	351	181.78	194.96	192.45
7	218	149	331	177.67	136.33	152.19
8	270	125	353	185.33	144.81	129.63
9	177	214	338	203.10	151.75	138.26

续表

连锁群（LG）	总标记数			总的标记遗传距离（cM）		
	母本图谱	父本图谱	中性图谱	母本图谱	父本图谱	中性图谱
10	96	91	165	122.66	161.59	177.98
11	62	119	172	140.22	198.42	153.44
12	559	370	842	121.76	194.03	141.11
13	440	281	672	194.144	155.63	149.51
14	281	209	441	199.82	120.88	125.5
15	381	351	616	197.15	155.91	142.12
16	297	270	519	172.33	188.81	149.22
17	545	259	733	127.61	152.87	138.05
18	662	486	996	171.66	179.08	164.09
19	327	198	455	146.85	160.91	169.17
20	103	143	220	184.91	140.03	180.35
总计	6023	4710	9593	3440.02	3226.28	3151.63

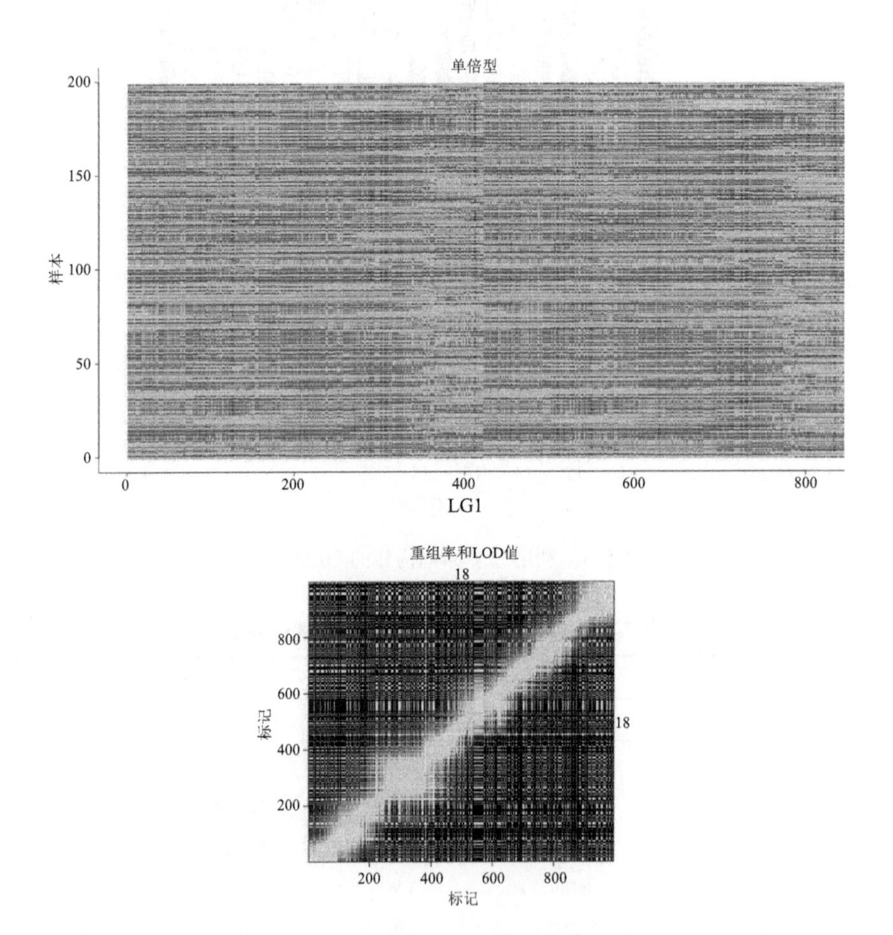

图 3-134　遗传图谱上图标记的单体来源分析（LG1，上）及遗传图谱连锁群标记的热图分析（LG18，下）

利用简化基因组测序技术构建了首张楸树高密度遗传图谱，一共 20 个连锁群，包含分子标记 9593 个，共 3151.63 cM 的遗传距离，标记间的平均遗传距离为 0.32 cM，且所有标记间距均小于 5 cM。单体来源分析和热图分析的结果表明，遗传图谱的质量较好，可以用于后续的 QTL 定位工作。

表 3-48　连锁群标记间距统计结果

连锁群（LG）	平均标记间距（cM）			最大间距（cM）		
	母本图谱	父本图谱	中性图谱	母本图谱	父本图谱	中性图谱
1	0.27	0.42	0.20	0.88	0.97	1.03
2	1.20	1.15	0.68	4.53	3.32	4.12
3	0.66	0.48	0.31	1.65	1.06	1.3
4	1.18	0.86	0.42	2.90	2.17	1.79
5	0.71	0.65	0.44	2.47	2.00	2.37
6	0.90	1.11	0.55	2.65	2.76	2.74
7	0.82	0.92	0.46	1.93	1.73	1.76
8	0.69	1.17	0.37	3.80	2.43	2.25
9	1.15	0.71	0.41	2.80	2.20	1.87
10	1.29	1.80	1.09	3.02	3.34	3.92
11	2.30	1.68	0.90	4.21	3.56	3.19
12	0.22	0.53	0.17	0.67	1.20	0.81
13	0.44	0.56	0.22	1.48	1.42	1.24
14	0.71	0.58	0.29	1.99	1.33	1.29
15	0.52	0.45	0.23	1.37	1.25	1.05
16	0.58	0.7	0.29	1.32	1.43	1.13
17	0.23	0.59	0.19	0.95	1.30	1.1
18	0.26	0.37	0.16	0.75	1.04	0.81
19	0.45	0.82	0.37	1.63	2.04	1.94
20	1.81	0.99	0.82	4.31	2.02	3.04
总体	0.57	0.68	0.32	4.53	3.56	4.12

（二）楸树生长、叶型性状相关数量性状位点定位

1. 试验材料

同（一）楸树高密度遗传图谱构建中遗传图谱作图群体材料。

2. 试验方法

作图群体及其父本、母本于 2018 年经扩繁后按照 2 株小区、5 次重复定植于洛阳市农林科学院的实验林地（河南省洛阳市），株行距为 1 m×1 m。

1）群体叶片表型性状检测与株高动态监测

于 2018 年 9 月对作图群体及其父本、母本进行了叶片表型的检测工作，检测指标包括叶长（LL），叶宽（LW）、叶长宽比（L/W）、叶柄长（PL）、叶面积（LA）、叶周长（LP）和叶绿素含量（SPAD）。分别于 2018 年 6 月 30 日、2018 年 7 月 15 日、2018 年 7 月 31 日、2018 年 8 月 15 日、2018 年 8 月 31 日、2018 年 10 月 10 日 6 个时间点对群体的株高进行检测。叶片表型的检测采用 CI-203 便携式激光叶片检测仪（CID Inc., 美国），叶绿素含量的检测采用便携式叶绿素仪 SPAD-502（Konica Minolta Holdings, Inc. Chiyoda-ku, 日本）。利用 R 软件中的 Pearson 算法对表型间的关联性进行分析，子代无性系表型重复力的计算采用 R 语言软件中的 ASReml 软件包（Gilmour et al.，2009）。

2）楸树静态表型（叶型、株高）QTL 定位及候选基因的筛选

QTL 定位采用 GACD 软件（Zhang et al.，2015）的完备区间作图法（Li et al., 2008b）对所有叶型和株高（静态）表型的数量性状位点进行定位，采用排列检验（$P<0.05$）确定所有性状的 LOD 值并根据 LOD 的峰值确定候选的数量性状位点。根据基因组注释信息，提取 QTL 内的基因信息。

3）楸树生长动态 QTL 定位

对楸树作图群体的株高生长动态轨迹进行拟合，在拟合方程选择阶段采用三种 S 型曲线模型，即 GompertZ 曲线、Bertalanry 曲线、Richards 曲线进行模型选择，生长方程如下。

$$g(t)=\begin{cases} a\mathrm{e}(-b\mathrm{e}^{-rt}) & \text{GompertZ方程} \\ \dfrac{a}{(1+b\mathrm{e}^{-rt})^{\frac{1}{S}}} & \text{Richards方程} \\ \dfrac{a}{1+b\mathrm{e}^{-rt}} & \text{逻辑斯蒂方程-3参数} \\ \dfrac{a}{1+b\mathrm{e}^{-rt}}-c\mathrm{e}^{-dt} & \text{逻辑斯蒂方程-5参数} \end{cases}$$

式中，$g(t)$ 表示植物在 t 时间点观测到的表型值，式中各个参数分别具有不同的生物学意义。a 是当 $t\to\infty$ 时 $g(t)$ 所能达到的极限值，r 代表表型值增长的速率。b 为 S 形曲线中点；e 为自然常数；d 为扩展项的变化速度；c 为扩展项系数。Richards 方程中的 s 描述了曲线的弯曲程度。每个性状分别拟合后，使用赤池信息量准则（AIC）选取最佳拟合模型。将最优拟合方程纳入功能作图框架中，对覆盖全基因组的 SNP 标记进行扫描，利用极大似然估计计算每个位点上生长曲线和 SNP 标记的 LR 值。对表型进行 1000 次重排序后，重新计算随机表型的最大 LR 值，从大到小排序后选取 95%的 LR 值作为判断数量性状位点是否显著的阈值（$P<0.05$）。利用 2HiGWAS 模型检测动态位点标记-标记互作类型、方向及效应随时间的变化模式。对效应的正向-负向性、效应值和遗传力（h^2）随时间变化的模式进行解析。利用 R 语言进行模型选择、功能作图和上位性分析，利用 NCBI 网站 BLAST 功能（http://blast.ncbi.nlm.nih.gov/）对显著 QTL 进行生物学功能注释，并利用蛋白质相互作用分析软件 STRING（http://string-db.org/）进行蛋白质相互作用网络分析。

3. 结果与讨论

1）叶片表型性状与株高的结果分析

叶片表型的变异分析表明，叶面积和叶柄长的变异系数较高；株高在生长前期有较高的变异系数，而进入生长后期变异系数开始下降，维持在 10%左右（表 3-49）。表型间的相关性分析结果表明，大部分叶片表型性状呈正相关，而株高与叶片表型性状间没有相关性（图 3-135）。

表 3-49　检测表型的统计和分析结果

表型	父本表型（均值）	母本表型（均值）	作图群体				
			平均值±标准差	最小值	最大值	重复力	表型变异率（%）
叶面积（cm^2）	127.99	170.63	133.41±34.17	48.69	205.70	0.89	25.61
叶长（cm）	17.98	19.59	17.84±3.03	10.61	31.86	0.87	17.03
叶宽（cm）	12.68	15.06	13.43±1.82	5.29	16.51	0.92	13.57
叶周长（cm）	52.83	63.79	57.57±10.32	30.98	101.19	0.90	17.93
叶长宽比	1.41	1.30	1.34±0.20	0.83	2.53	0.86	15.41
叶柄长（cm）	13.88	13.98	14.03±2.97	7.46	24.22	0.94	21.19

续表

表型	父本表型（均值）	母本表型（均值）	作图群体				
			平均值±标准差	最小值	最大值	重复力	表型变异率（%）
叶绿素含量	43.50	42.98	42.55±4.76	29.84	55.88	0.91	11.18
株高（m）							
6/30	1.07	1.42	1.28±0.18	0.77	1.84	—	14.42
7/15	1.60	2.01	1.85±0.23	1.11	2.51	—	12.85
7/31	1.92	2.42	2.22±0.22	1.44	2.92	—	10.07
8/15	2.36	3.02	2.72±0.27	1.70	3.54	—	10.15
8/31	2.48	3.06	2.85±0.28	1.75	3.66	—	10.02
10/10	2.55	3.21	2.89±0.29	1.78	3.75	0.92	10.20

注：6/30、7/15、7/31、8/15、8/31、10/10 为株高表型测量的日期。“—”表示没有计算

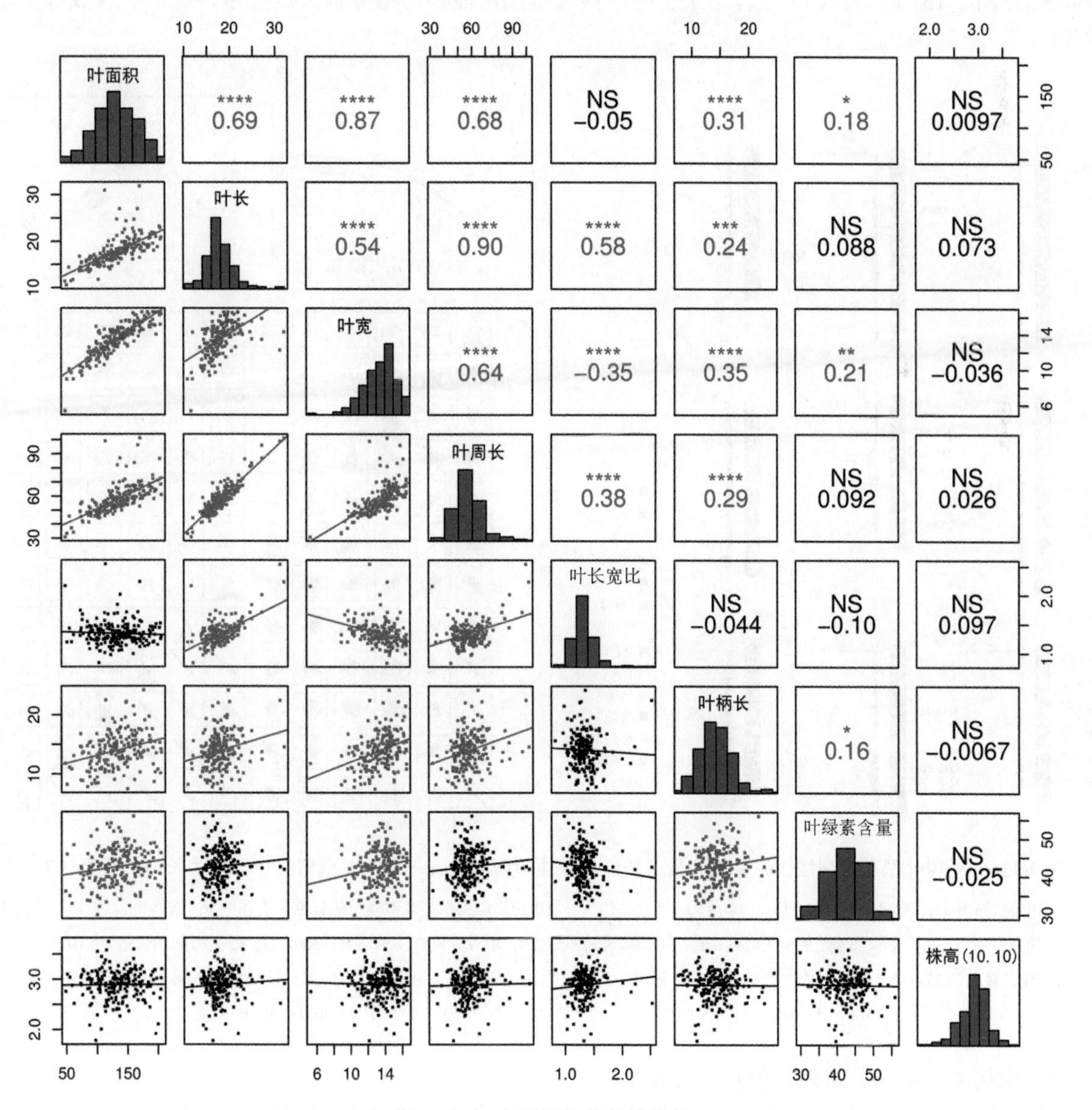

图 3-135　表型间的相关性分析

* 0.01<P≤0.05，** 0.001<P≤0.01，*** 0.0001<P≤0.001，**** P≤0.0001；NS P>0.05

2）数量性状位点定位结果

利用完备区间作图法共检测到数量性状遗传位点 33 个，其中叶型相关的数量性状遗传位点 20 个，生长相关的数量性状遗传位点 13 个（图 3-136 左图）。叶型相关的 20 个数量性状遗传位点共解释了表型变异的 2.33%～16.50%，其中三个数量性状遗传位点，Q16-60、Q16-67 和 Q16-97 位于 16 号染色体上，并且 Q16-60 与叶面积、叶长、叶周长、叶长宽比和叶柄长 5 个表型显著关联。

13 个生长相关的数量性状遗传位点共解释表型变异的 5.81%～9.02%。除了 7 月 31 日外，其他的 5 个时间点均有定位到相关的 QTL。其中，Q9-1 和 Q18-66 在两个时间点被定位到，Q18-73 在 4 个时间点被定位到（2018 年 6 月 30 日、2018 年 7 月 15 日、2018 年 8 月 15 日和 2018 年 8 月 31 日）。

3）静态数量性状遗传位点内的候选基因筛选结果

对 Q16-60、Q18-66 和 Q18-73 三个 QTL 中的基因进行分析，发现 Q16-60 共有基因 5 个，主要参与 DNA 结合、细胞周期调节、胚胎发育等；Q18-66 中只发现 1 个基因，即断裂和聚腺苷酸化特异性因子（CPSF）亚基 3-ii 亚型 X3，GO 分析表明该基因主要参与蛋白质结合、极核融合等生物学过程。Q18-73 中共发现基因 15 个，KEGG 注释结果表明，候选基因可能参与糖酵解、碳代谢、氨基酸合成等生物学过程。

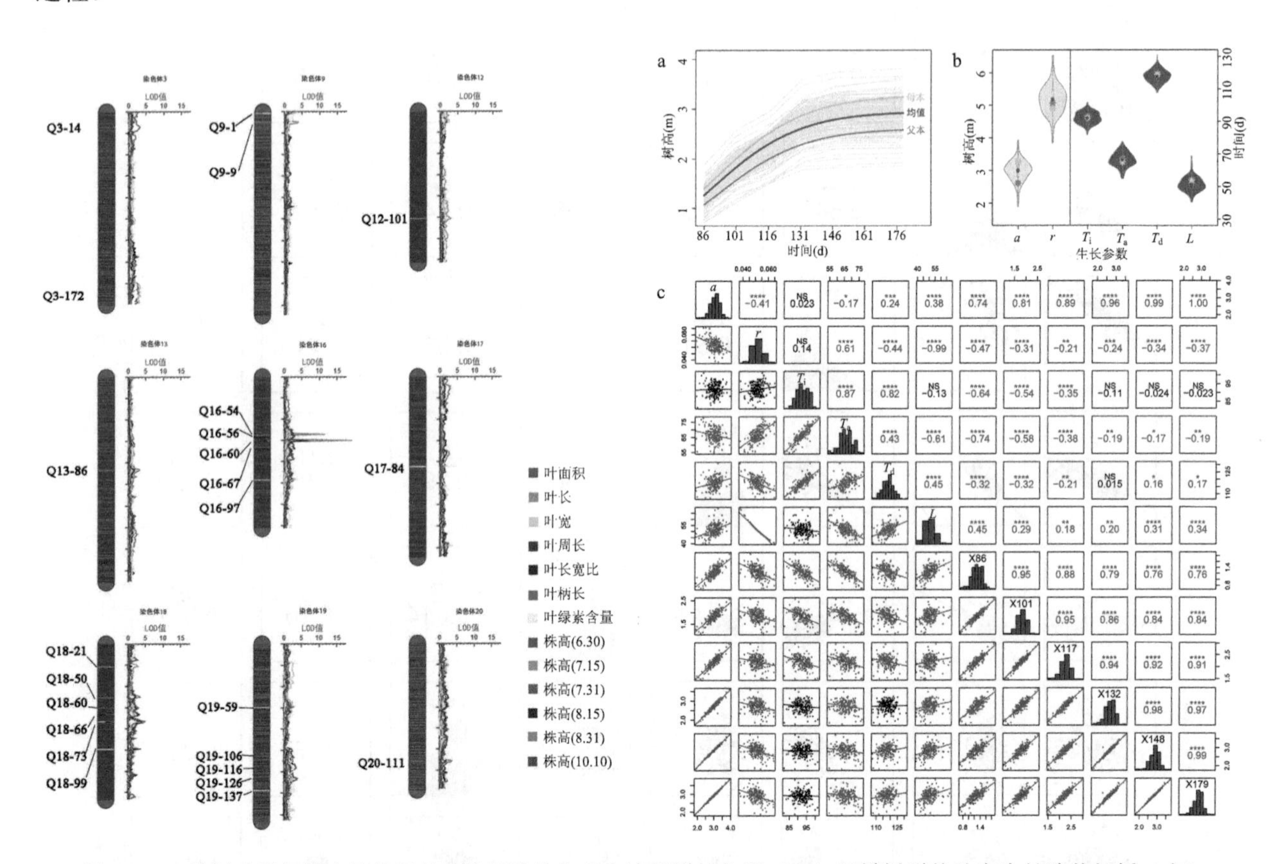

图 3-136　楸树叶型与株高性状相关的数量遗传位点在连锁群的位置（左）及楸树群体动态生长遗传解析（右）

左图图例中的（6.30）、（7.15）、（7.31）、（8.15）、（8.31）、（10.10）均为株高表型测量的日期；右图中 α，最终生长量；r，生长速率；T_i，生长速率转折点；T_a，生长加速速率最大时期；T_d，生长减速速率最大时期；L，线性生长时常；X86，第 86 天时的生长量；X101，第 101 天时的生长量；X117，第 117 天时的生长量；X132，第 132 天时的生长量；X148，第 148 天时的生长量；X179，第 179 天时的生长量。

* $0.01<P\leqslant0.05$；** $0.001<P\leqslant0.01$；*** $0.0001<P\leqslant0.001$；**** $P\leqslant0.0001$；NS $P>0.05$

4）楸树生长动态数量遗传位点定位结果

经过模型选择，根据 AIC 值确定了楸树全同胞群体株高动态生长的最佳拟合方程为 Logistic 生长方程（图 3-136 右图）。经过功能作图和功能参数作图两种模型的遗传定位，分别获取 22 个 FunQTL 和 45

个 FVTQTL，并筛选出共同的数量性状遗传位点 13 个（图 3-137 左图）。显著数量性状遗传位点共同影响生长曲线形态以及曲线关键节点的参数（拐点时间、最大加速率和最大减速率）。研究定位到 *WRKY14*（sca12_16644951）、*PAO2*（sca12_18890641）、*SKD1*（sca15_65374）等相关基因，参与多种植物生物学过程，如囊腔运输、调节细胞周期、赤霉素生物合成和氨基酸合成等。经过 2HiGWAS 和 1HiGWAS 模型分析，共检测到 76 对显著分子标记-分子标记互作对，主要分布在连锁群 1、5-8 和 18 上。12 个动态表型互作对中，4 对为 AA 互作类型，8 对为 AD 互作类型。数量性状遗传位点 sca18_5500143 和 sca15_65374 由功能作图、功能参数作图和 2HiGWAS 模型共同定位，其中 sca18_5500143 相关的基因 *COMT14* 参与苯丙素、木质素和氨基酸及其衍生物的生物合成代谢过程，以及植物昼夜节律（图 3-137 右图）。

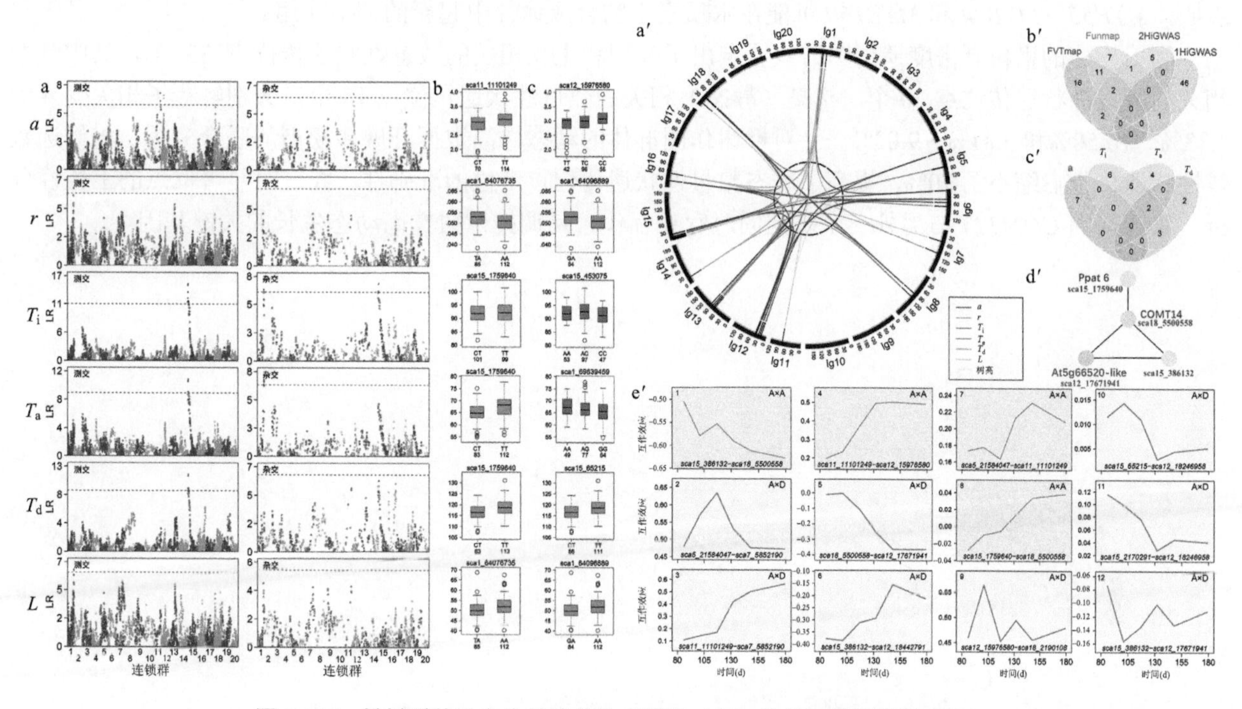

图 3-137 楸树群体动态生长遗传位点筛选（左）及关键基因挖掘（右）

左图中 b 图、c 图的箱式图表示不同 QTL 分别对应左侧 6 个生长指标（a、r、T_{i}、T_{a}、T_{d}、L）的数值分布，因此无单位，中间的线表示中位数，框表示所有数据的 25～75 百分位数的范围，即表示四分位数间的范围，外部的点是异常值

四、本节小结

通过成功建立的 gSSR 标记规模化开发及高效分型平台，鉴定到 239 238 个高质量的 SNP 位点，发现了 2210 个候选单基因簇（unigene）在应压木诱导形成中差异表达，证实了杉木 *NAC1* 基因是调控杉木木质素生物合成的关键转录因子。首次利用高通量测序技术对杉木进行了基因组 survey 测序、SSR 标记开发及育种群体遗传多样性分析，获得杉木基因组大小约为 11.6 Gbp，存在 362 193 个 SSR 位点，其中 73.6%为二核苷酸重复 SSR。针对 12 个参与纤维素、半纤维素合成的相关酶基因、13 个木质素合成相关酶基因，以及 15 个可能调控这些胞壁成分合成的转录因子，利用 199 个无性系转录组测序的结果，共挖掘到 SNP 位点 601 个，SNP 出现频率为 285.2 bp/个。与 7 个品质性状的关联分析共获得 41 个显著的 SNP-性状关联，涉及来自 16 个木材形成相关基因的 33 个 SNP 位点。

通过选取丹红杨和通辽 1 号杨作为亲本，构建 F_1 群体，建立田间试验林，从 F_1 群体中随机选取 500 个杂交子代，进行全基因组重测序，构建丹红杨、通辽 1 号杨及整合遗传图谱，分别由 3474、2831 和

5796 个 SNP 标记组成，分布于 19 个连锁群。整合图谱覆盖基因组遗传距离为 2683.80 cM，标记间平均间距为 0.46 cM，为目前杨树最高密度遗传图谱。研究测定了亲本及 F_1 群体 13 个叶片形态和生理性状，结合高密度遗传图谱进行 QTL 定位，分别发现分布于 18 个连锁群的 302 个叶片形态性状相关 QTL 位点和分布于 14 个连锁群的 162 个叶片生理性状相关 QTL 位点。QTL 位点对应的基因组区域发现 208 个候选基因，其中 *STHK*、*RAB*、*CYC*、*SHKR*、*APX* 和 *RCCR* 在拟南芥中的同源基因参与调控叶片生长发育和光合作用，共表达网络和 GO 富集分析进一步证实这些候选基因参与叶片光合作用过程。定量 PCR 分析发现，基因 *CYC*（Potri.015G112200）和 *RCCR*（Potri.007G043600）在亲本间显著差异表达，参与叶片生长发育。比较了中国 5 个杨树品种木质部的解剖结构，并分析了发育中木质部的转录组基因表达谱。通过 K 均值聚类和共表达分析，鉴定出大量与木质素生物合成基因共表达的转录因子。此外，瞬时表达表明，*MYB55*、*MYB74* 和 *MYB160* 可能在木质素生物合成途径中起新的调节作用。

利用构建的楸树高密度遗传图谱共鉴定出了叶型和生长相关的数量性状遗传位点 33 个，其中叶型相关的数量性状遗传位点 20 个，株高（静态）相关的数量性状遗传位点 13 个，分别解释了相关变异的 2.33%～16.50%和 5.81%～9.02%。针对楸树作图群体的动态株高数据开展多模型的联合分析，将候选数量性状遗传位点缩小了 70%，提高了动态数量性状遗传位点定位的准确性。经过对显著位点的上位性分析，候选基因 *COMT14* 与另外三个基因同时存在互作，是调控楸树株高动态生长的关键基因。

第四章　林木关键次生代谢产物对木材品质的影响与调控

次生代谢产物是林木中的重要组成部分，杉木、松树等我国重要林木资源的木材中含有丰富的萜类、酚类、色酮等次生代谢产物，对林木颜色、抗性、防腐性、强度、香气等木材品质具有重要影响。目前人们对木材特殊品质关键次生代谢产物的生物合成、调控和转化机理还不明确。本研究围绕“林木次生代谢产物合成与转化机制”的科学问题，重点开展了木材关键次生代谢产物指纹图谱构建、生物合成机理、代谢及化学调控等方面的研究。构建了松木、杉木、柚木中萜类、酚类等次生代谢产物的气相色谱-质谱联用（GC-MS）、高效液相色谱（HPLC）分析及指纹图谱；系统阐明了红豆杉颜色相关次生代谢产物黄酮的生物合成途径，鉴定出 *CHS*、*F3H5*、*ANS*、*F3'H1* 及 *DFR5* 是黄酮合成代谢的关键基因，获得了 MYB、bHLH、LBD 和 Pre-miR156 转基因植株，转红豆杉 *MYB* 基因的杨树转基因植株根、茎、叶呈现红色；揭示了萜类等次生代谢途径关键酶对芳樟醇等香味次生代谢产物生物合成的影响机制，利用不同酶组合重构和强化次生代谢途径实现了檀香醇、肉桂醇、芳樟醇和冷杉醇的生物合成。阐明了林木关键次生代谢产物的生物合成途径与转化机理及代谢调控和化学调控对木材品质的影响机制。

第一节　关键次生代谢产物指纹图谱构建

本节指纹图谱是指在一定的实验条件下将待测物经适当处理后得到的能够标示其化学特征的谱图，具有整体性和可量化的特点，已被广泛应用于中药质量控制、食品评价、种子检测和溯源鉴定等领域。其中，GC-MS 指纹图谱检测技术是国际上公认的控制物质品质的非常有效的手段之一。

一、杉木叶挥发性成分的 GC-MS 指纹图谱构建

杉木（Chinese fir, *Cunninghamia lanceolata*）是中国南方最主要的速生用材树种之一（郑万均和傅立国, 1978），杉木叶作为其生产利用中的副产物，开展杉木叶化学成分分析，将对其资源的充分利用起到指导作用。因此，本研究采用水蒸气蒸馏法、超临界 CO_2 流体萃取法和同时蒸馏-萃取法对不同无性系杉木叶挥发油进行提取，运用 GC-MS 对化学成分进行分析并构建其指纹图谱，以了解各无性系杉木叶挥发油化学成分组成特点，对不同提取方法的挥发油提取率、化学成分组成和含量的差异进行比较。

（一）试验材料

以 37 批不同产地的杉木叶为原料，采用同时蒸馏-萃取法结合 GC-MS 技术构建杉木叶挥发性成分指纹图谱，并结合相似度评价（夹角余弦法）及化学模式识别（主成分分析和聚类分析）对杉木叶挥发性成分进行综合评价，以期为杉木叶的快速溯源提供参考。杉木叶样品共计 37 批次，经阴干、粉碎，过 3 号筛处理后备用。各批次样品的编号、采样地点和生长环境见表 4-1，其中 S1～S20 为 4 种无性系杉木。

表 4-1　杉木叶样品的编号、采样地点和生长环境

样品编号	采样地点	生长环境	样品编号	采样地点	生长环境
S1	浙江开化	丘陵	S4	浙江开化	丘陵
S2	浙江开化	丘陵	S5	浙江开化	丘陵
S3	浙江开化	丘陵	S6	浙江开化	丘陵

续表

样品编号	采样地点	生长环境	样品编号	采样地点	生长环境
S7	浙江开化	丘陵	S24	云南马关	山地高原
S8	浙江开化	丘陵	S25	云南马关	山地高原
S9	浙江开化	丘陵	S26	云南盈江	山地高原
S10	浙江开化	丘陵	S27	云南盈江	山地高原
S11	浙江开化	丘陵	S28	云南盈江	山地高原
S12	浙江开化	丘陵	S29	云南盈江	山地高原
S13	浙江开化	丘陵	S30	云南梁河	山地高原
S14	浙江开化	丘陵	S31	贵州大方	高原向丘陵的过渡地带
S15	浙江开化	丘陵	S32	湖南湘潭	山地向丘陵的过渡地带
S16	浙江开化	丘陵	S33	湖北麻城	山地向丘陵的过渡地带
S17	浙江开化	丘陵	S34	福建南平	山地向丘陵的过渡地带
S18	浙江开化	丘陵	S35	福建南平	山地向丘陵的过渡地带
S19	浙江开化	丘陵	S36	福建南平	山地向丘陵的过渡地带
S20	浙江开化	丘陵	S37	福建南平	山地向丘陵的过渡地带
S21	贵州七星关	高原向丘陵的过渡地带			
S22	贵州七星关	高原向丘陵的过渡地带			
S23	贵州七星关	高原向丘陵的过渡地带			

注：S1～S20为采自浙江开化的4种无性系杉木；S21～S37为采自贵州、云南、湖南、湖北和福建不同地区的杉木

（二）试验方法

水蒸气蒸馏法：称取各无性系杉木叶粉末约300.00 g置于圆底烧瓶，加蒸馏水2 L至完全浸没样品，加热提取至回流管内挥发油体积不再增加后，用适量乙醚抽提，乙醚溶液室温下挥发至无醚味，0.45 μm滤头过滤，置于4℃冰箱遮光保存备用。取各挥发油样品用正己烷溶解，用0.45 μm滤头过滤，进样分析。超临界CO_2流体萃取法：称取各无性系杉木叶或心材粉末约100.00 g，置于超临界CO_2流体萃取仪反应釜中，在压力30 MPa、温度50℃条件下提取120 min，收集样品溶液后用正己烷萃取，减压浓缩干燥后称重，置于4℃冰箱遮光保存。取各萃取物样品用正己烷溶解后经0.45 μm滤头过滤后装入进样瓶，进样分析。

GC条件：HP-5MS石英毛细管柱（30 m×250 μm×0.25 μm）；进样口温度250℃，分流进样，分流比10∶1；进样量1.0 μl；载气为高纯氦气，恒流，柱流速1.0 ml/min；柱温起始温度50℃（保留2 min），以5℃/min升至220℃（保留10 min）。MS条件：离子源为EI，离子化电压70 V，检测器电压0.9 kV，发射电流60 A，离子源温度230℃，接口温度250℃；扫描范围15～500 Da，溶剂延迟2.5 min。

采用同时蒸馏-萃取法，分别称取37批杉木叶粉末各20.00 g，置于同时蒸馏-萃取装置中静置浸泡60 min，提取180 min，收集正己烷萃取溶液，减压浓缩干燥后称重，取各萃取物样品用正己烷溶解，0.45 μm滤头过滤后供后续分析用。

空白试验：以正己烷作为空白溶液，进样量1 μl，观察溶剂正己烷出峰的情况，以及对杉木叶供试样品的共有峰影响状况；精密度试验：取同一杉木叶供试样连续进样5次，计算各共有峰保留时间和峰面积的相对标准偏差（relative standard deviation，RSD）；重现性试验：取同一杉木叶样品，平行准备3份供试样，计算各共有峰保留时间和峰面积的RSD；稳定性试验：取同一杉木叶供试样，分别于0 h、4 h、8 h、12 h、24 h进样，计算各共有峰保留时间和峰面积的RSD；质控样本制备方法：质控样本由所有检测样品混合而成，在样本上机分析过程中，当改变分析样品产地或达到5个样本量时，插入1个质

控样本进样。

根据 GC-MS 仪分析得出的总离子流图，以及使用 NIST 14 数据库对匹配度达到 90%及以上的挥发性成分进行谱库检索并结合文献进行分析。使用峰面积归一化法对挥发性成分相对百分含量进行计算。应用 SPSS 24.0 软件对 4 个无性系 5 个杉木心材挥发性成分进行主成分分析（principal component analysis，PCA），通过得分图直观地描述不同无性系间的关系。

采用 NIST MS 数据库对匹配度达到 90%及以上的挥发性成分进行谱库检索并结合文献进行定性分析。使用峰面积归一化法计算各挥发性成分的相对含量。采用 OriginPro 8.1 软件建立其 GC-MS 指纹图谱，采用 IBM SPSS Statistics 23.0 软件进行相似度分析、主成分分析和聚类分析。

空白试验中，在检测时间内正己烷溶剂的响应值与供试样品共有峰不在同一数量级，对样品的检测基本无影响，说明了正己烷作为样品溶剂的可行性。供试样品溶液各共有峰的相对保留时间的 RSD 为 0.7834%，共有峰相对峰面积比值的 RSD 为 3.4916%，两者的 RSD 值均<5%，且在检测时间内连续未间断出峰，峰形的分离度高，证明该方法分离效率高、可重复性好、样品及测试仪器运行稳定，符合指纹图谱的检测要求，可用于构建杉木叶指纹图谱。

（三）结果与讨论

水蒸气蒸馏法和超临界 CO_2 流体萃取法所得 4 个无性系杉木叶精油的总离子图见图 4-1。可以看出，样品检测基线平稳，检测方法稳定，检测出峰分离度好，信噪比在合理范围，符合挥发性成分的检测要求，可以进行数据分析。从挥发性成分总离子流信号可以看出，超临界 CO_2 流体萃取法对样品中极性部分（保留时间 20～28 min）的提取效果优于水蒸气蒸馏法，发现 4 个无性系挥发性成分的组成较为相似，但在含量上存在差异。

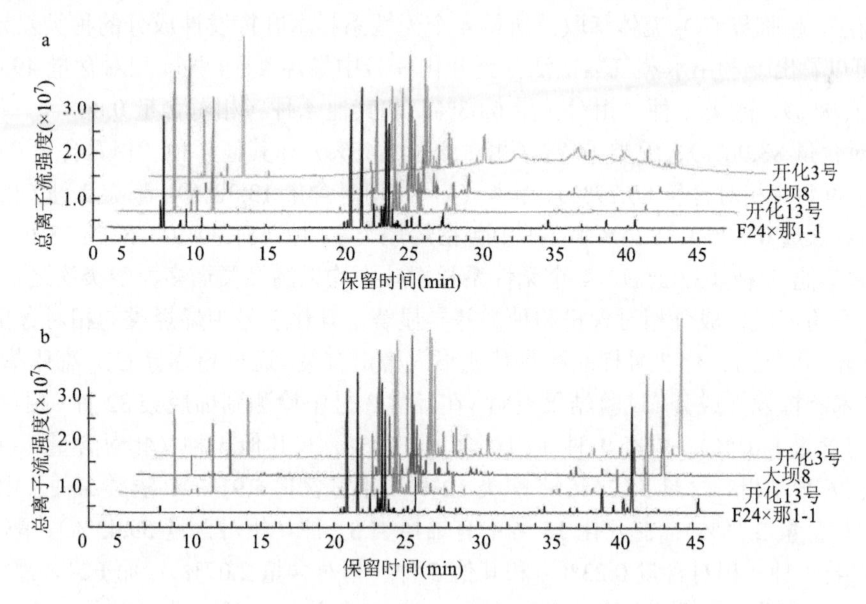

图 4-1　4 个无性系杉木叶挥发性成分在不同前处理方式下的总离子流图

a. 水蒸气蒸馏法；b. 超临界 CO_2 流体萃取法

水蒸气蒸馏法：从 4 个无性系杉木叶中共鉴定了 75 种挥发性成分，其中相对含量在 1%以上的挥发性成分共有 26 种，包括烯烃类 17 种、醇类 6 种、酮类 1 种和其他 2 种，4 个无性系共有成分有 41 种。从开化 3 号中共鉴定出挥发性成分 52 种，相对含量在 1%以上的有 15 种，占总挥发性成分的 58.79%。其中，β-月桂烯相对含量高达 14.89%，β-桉叶烯相对含量为 7.10%，α-桉叶烯相对含量为 6.03%，香芹酮相对含量为 6.03%，其余 11 种成分的相对含量介于 1.07%～3.26%。从大坝 8 中共鉴定出 59 种，相对含量在 1%以上的有 14 种，占总挥发性成分的 83.08%。其中，10%以上的有 3 种，包括 β-可巴烯（相对含量 19.95%）、α-蒎烯（相对含量 14.03%）和 β-榄香烯（相对含量 12.14%）；β-桉叶烯、α-桉叶烯和 β-石竹烯 3 种成分的相对含量在 5%以上，其余 8 种成分的相对含量为 1.01%～3.11%。从开化 13 号中共鉴定出 60 种，相对含量在 1%以上的有 16 种，占总挥发性成分的 87.21%。其中，相对含量在 10%以上的有 α-蒎烯（相对含量 17.78%）、β-可巴烯（相对含量 15.23%）和 *D*-柠檬烯（相对含量 14.48%），其余 13 种化合物相对含量为 1%～6%。从 F24×那 1-1 中共鉴定出 54 种，相对含量在 1%以上的有 10 种，占总挥发性成分的 77.98%。其中，β-石竹烯相对含量高达 21.21%，在 4 个无性系中占比最高；β-榄香烯、β-桉叶烯、α-桉叶烯和 α-蒎烯的占比在 8%以上，其余成分均在 2%以下。

超临界 CO_2 流体萃取法：从 4 个无性系杉木叶中共鉴定得到 75 种挥发性成分，其中相对含量在 1%以上的挥发性成分共 16 种，包括 10 个烯烃类、4 个醇类和 2 个其他类化合物，且在 4 个无性系中得到共有挥发性成分 24 种。从开化 3 号中共鉴定出 51 种，相对含量在 1%以上的有 14 种，占总挥发性成分的 61.81%。相对含量在 5%以上的挥发性成分包括 β-可巴烯（相对含量 10.04%）、β-榄香烯（相对含量 9.25%）、β-桉叶烯（相对含量 8.89%）、β-石竹烯（相对含量 8.28%）和 α-桉叶烯（相对含量 6.92%），5%以下的有 9 种。而从大坝 8 中共鉴定出 49 种，相对含量在 1%以上的有 12 种，占总挥发性成分的 59.73%；其中，β-可巴烯相对含量高达 15.59%，其次为 β-榄香烯（相对含量 14.75%），β-桉叶烯和 β-石竹烯的相对含量为 5%～10%，另外相对含量在 5%以下的化合物有 8 种。从开化 13 号中共鉴定出 51 种，相对含量在 1%以上的有 14 种，占总挥发性成分的 62.48%，同样 β-可巴烯的含量最高，达 14.47%，与大坝 8、开化 3 号相一致；α-蒎烯、β-榄香烯、*D*-柠檬烯和 β-石竹烯相对含量为 5%～7%，相对含量 5%以下的有 9 种。从 F24x 那 1-1 中共鉴定出 40 种，相对含量在 1%以上的有 8 种，占总挥发性成分的 61.27%；相对含量占 10%以上的有 β-石竹烯（相对含量 16.42%）、β-榄香烯（相对含量 13.27%）、β-桉叶烯（相对含量 12.84%）和 α-桉叶烯（相对含量 10.00%），而相对含量在 1%～4%的有 4 种。

水蒸气蒸馏法、超临界 CO_2 流体萃取法所得 4 个无性系杉木叶挥发性成分的种类差异分析结果见图 4-2。由图 4-2 可以看出，利用水蒸气蒸馏法得到开化 3 号中烯烃类 34 种（相对含量 49.46%）、醇类 13 种（相对含量 11.78%）、酮类 1 种（相对含量 6.03%）和其他 4 种（相对含量 0.80%）；大坝 8 中得到烯烃类 41 种（相对含量 83.96%）、醇类 14 种（相对含量 5.45%）和其他 4 种（相对含量 0.62%）；开化 13 号中包括烯烃类 39 种（相对含量 80.27%）、醇类 14 种（相对含量 13.32%）、酮类 2 种（相对含量 0.06%）和其他 5 种（相对含量 0.74%）；F24×那 1-1 中包括烯烃类 32 种（81.00%）、醇类 13 种（3.18%）、酮类 2 种（0.02%）和其他 7 种（3.92%）。4 个无性系杉木叶中均以烯烃类居多，醇类次之，共有成分有 41 种，且不同无性系的挥发性成分相对含量和种类差异显著。开化 3 号中烯烃类的相对含量与其他 3 个无性系存在较大差异，可能与开化 3 号样品检测基线不太稳定有关。通过超临界 CO_2 流体萃取法进行检测，得到各无性系杉木叶挥发性成分，试验结果表明，在开化 3 号中检测到烯烃类 32 种（相对含量 58.73%）、醇类 13 种（相对含量 8.01%）、酮类 1 种（相对含量 0.02%）和其他 5 种（相对含量 2.66%）；在大坝 8 中检测到烯烃类 26 种（相对含量 58.26%）、醇类 12 种（相对含量 5.91%）、酮类 3 种（相对含量 0.21%）和其他 8 种（相对含量 2.15%）；在开化 13 号中有烯烃类 31 种（相对含量 59.43%）、醇类 12 种（相对含量 9.19%）、酮类 3 种（相对含量 0.23%）和其他 5 种（相对含量 2.07%）；而 F24×那 1-1 包括烯烃类 20 种（相对含量 59.06%）、醇类 10 种（相对含量 3.19%）和其他 10 种（相对含量 6.71%）。4 个无性系杉木叶中均以烯烃类占比最多，共有成分有 24 种，其他类含量相差较小，成分种类差异不大。

从 37 批杉木叶样品中共鉴定出 140 种挥发性成分，主要为烃类、醇类、酮类和其他类等，其中，从浙江开化、贵州七星关、云南马关、云南盈江、云南梁河、贵州大方、湖南湘潭、湖北麻城、福建南平杉木叶及其混合样品中分别鉴定出 116 种、76 种、64 种、84 种、53 种、62 种、58 种、57 种、85 种和 69 种。从采样地点看，福建南平杉木叶中烃类的相对含量最高（19.93%），湖南湘潭样品中醇类的相对含量最高（5.30%），浙江开化样品中酮类的相对含量最高（2.93%），其他类别挥发性成分在贵州大方样品中的相对含量最高（5.18%）。杉木叶中相对含量较高的挥发性成分主要有 β-桉叶烯、α-蒎烯、氧化石竹烯、β-榄香烯、环葑烯和 3-蒈烯等。

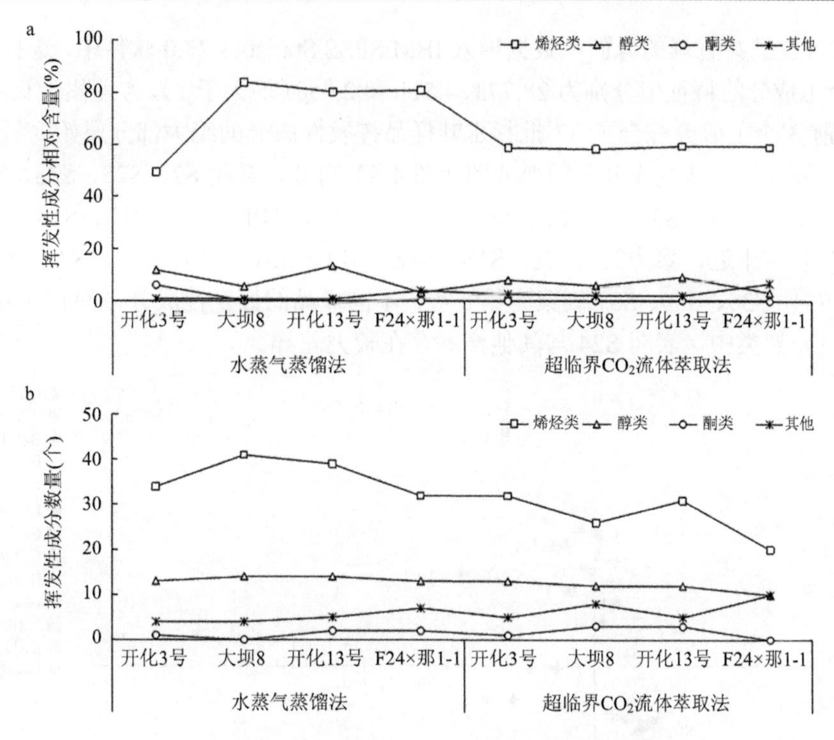

图 4-2　4 个无性系杉木叶挥发性成分分类

a. 挥发性成分相对含量；b. 挥发性成分数量

将 37 批杉木叶样品的离子色谱图原始数据导入 OriginPro 8.1 软件后建立的杉木叶挥发性成分的 GC-MS 指纹图谱如图 4-3 所示。37 批杉木叶样品在整体上有较高的相似性，出峰分离度较好且出峰完全，从相对峰面积数据可以看出，不同产地的杉木叶，甚至相同产地的无性系杉木叶存在较大的差异。

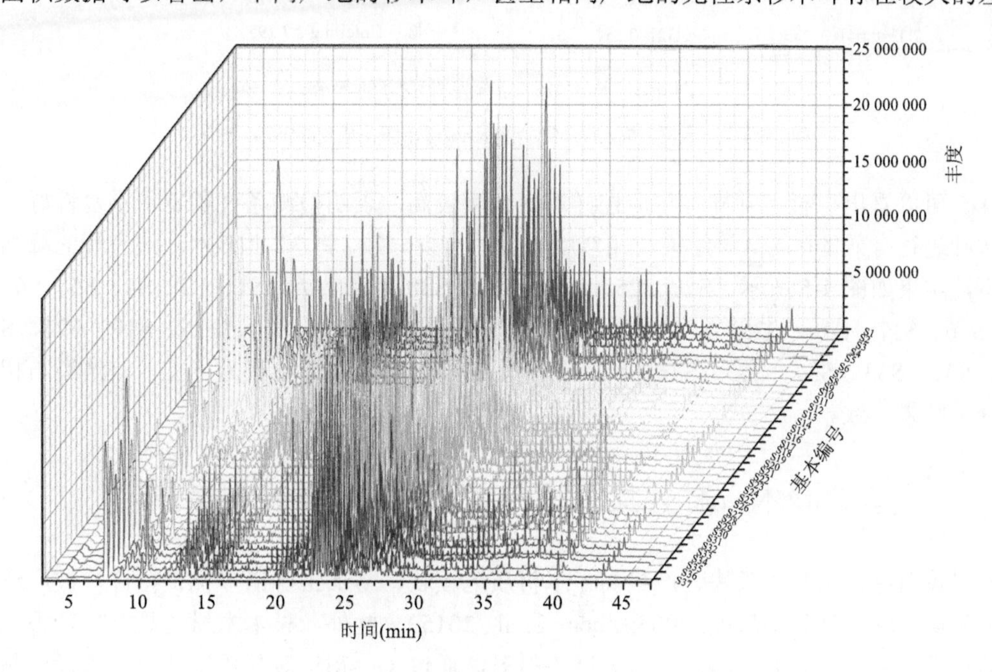

图 4-3　杉木叶挥发性成分的 GC-MS 指纹图谱

夹角余弦法是一种新型的指纹图谱技术质量评价方法，将色谱指纹图谱看作多维空间内的向量，利用简单的数学公式计算指纹图谱间的相似度。以 37 批杉木叶样本的相对峰面积归一化数据为依据，采用计算向量夹角余弦的方法进行相似度分析，发现样本的相似度基本上均达到 0.8，证明相似度水平较高。

将 37 批杉木叶样品共有峰的峰面积数据导入 IBM SPSS Statistics 23.0 软件中，选择分析-降维-因子分析，得到前 3 个主成分的特征值分别为 28.773、4.511 和 2.058（均大于 1），方差累计贡献率达 95.519%，超过 80%，说明前 3 个主成分综合了 37 批杉木叶样品挥发性成分的绝大部分原始变量信息，能代表样品挥发性成分的主要特征。从主成分分析得分图（图 4-4）可知，样品 S2、S25、S28、S29、S30 的主成分较为相近，聚为 1 类；S1、S3、S4、S5、S6、S7、S8、S9、S10、S16、S17、S18、S20、S26 的主成分相较于其他样品较为相近，聚为第 2 类；S11、S12、S13、S14、S15、S19、S21、S22、S23、S27、S31、S32、S33、S34、S35、S36、S37 则聚为第 3 类，不同样品的挥发性成分之间存在差异。而样品 S24 没有聚集在任何一个聚类中，表明 S24 与其他样本存在较大差异。

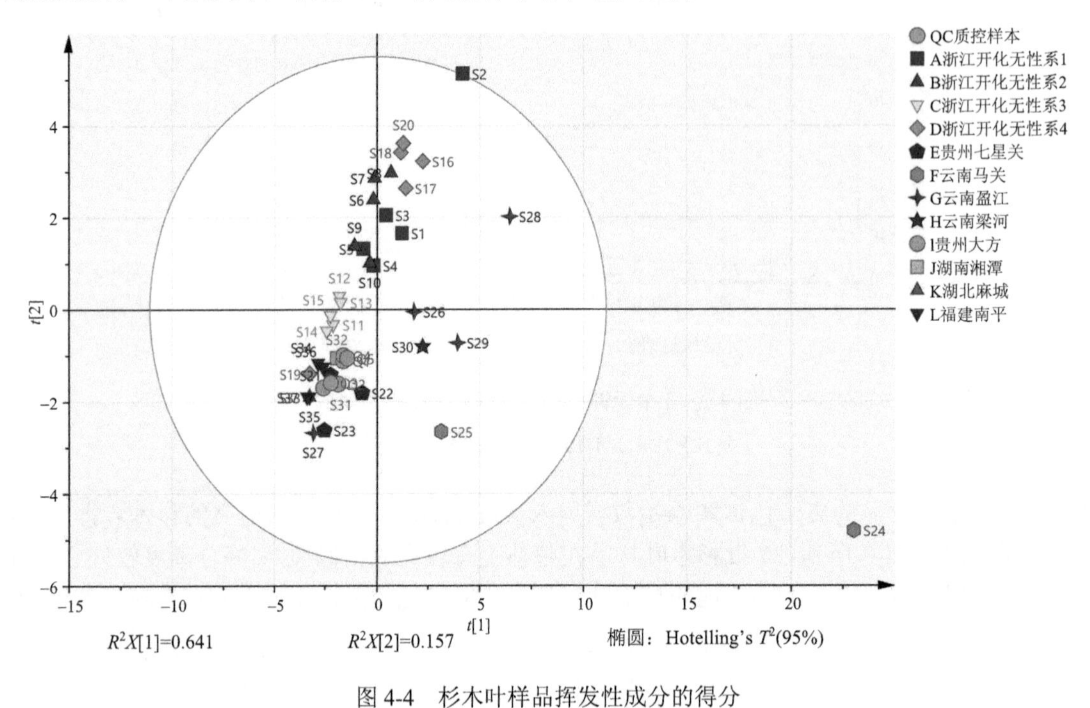

图 4-4　杉木叶样品挥发性成分的得分

$t[1]$表示第一预测主成分得分值，$t[2]$表示第二预测主成分得分值，下同

从图 4-5 可以看出，杉木叶样本与质控样本聚合度较高，表明检测条件稳定，重复性好。主成分分析可将杉木叶进行有效的区分，该结果与相似度评价的结果一致。将 37 批杉木叶共有峰的峰面积数据进行聚类分析，结果如图 4-5 所示，S2、S25、S28、S29、S30 聚为 1 类，S1、S3、S4、S5、S6、S7、S8、S9、S10、S16、S17、S18、S20、S26 聚为第 2 类，S11、S12、S13、S14、S15、S19、S21、S22、S23、S27、S31、S32、S33、S34、S35、S36、S37 聚为第 3 类，而 S24 单独聚为一类。该结果与相似度评价及主成分分析结果一致。

二、杉木心材挥发性成分的 GC-MS 指纹图谱构建

杉木木材黄白色，具有生长快、产量高、木材质地较软、易加工等诸多优良特性，被广泛应用于建筑、化工等领域（许忠坤和徐清乾, 2004; Zheng et al., 2015）。此外，杉木木材还具有特殊香气，为探究其气味中的化学成分，本研究以杉木心材为试验材料，通过 GC-MS 对其挥发性成分进行检测分析，并构建指纹图谱。

（一）试验材料

试验材料为于 2017 年 11 月下旬在浙江开化国有林场采集得到的 1998 年种植的 4 个无性系杉木（分

别标记为开化 3 号、开化 13 号、F24×那 1-1、大坝 8），并采集 1993 年种植的开化 3 号作为对照样本。

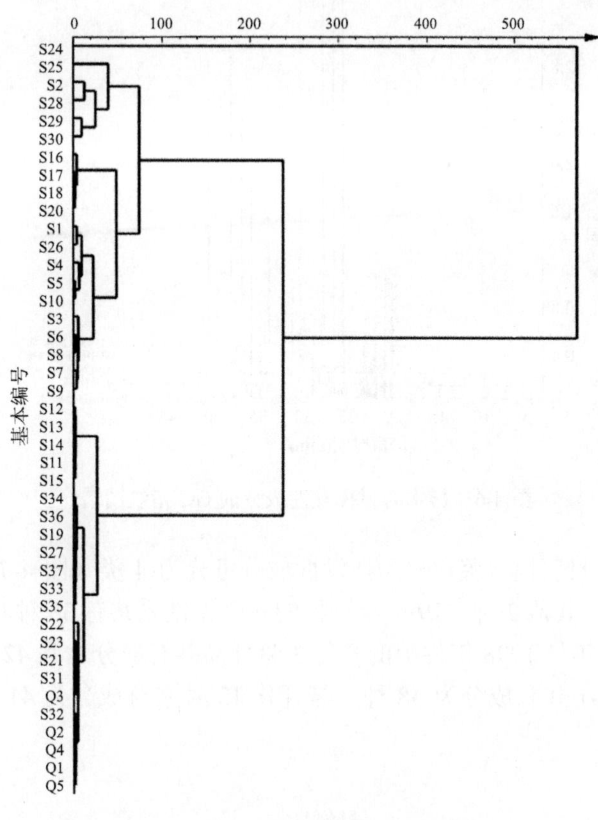

图 4-5　杉木叶挥发性成分聚类树状图

Q1~Q5 为质控样本

（二）试验方法

称取各无性系杉木木材（心材、边材）样品粉末约 20.00 g，置于同时蒸馏-萃取装置，浸泡 60 min，提取 180 min，收集含样品的正己烷溶液，减压浓缩干燥后称重，置于 4℃冰箱遮光保存。使用时，取各萃取物样品用正己烷溶解，0.45 μm 滤头过滤，备用。

GC-MS 条件：色谱柱为 HP-5MS 石英毛细管柱（30 m×250 μm×0.25 μm）；进样口温度设定为 250℃；采用分流进样（分流比为 10∶1）；以氦气作为载气，流速为 1.0 ml/min；进样量 1.0 μl；柱温起始温度 50℃并保留 2 min 后，以 5℃/min 的升温速度升至 220℃后，以该温度保留 10 min；MS 离子源为 EI，电压 70 V，检测器电压 0.9 kV，扫描范围 15～500 Da，离子源温度设定为 230℃，接口温度 250℃，溶剂延迟 4 min。

（三）结果与讨论

采用超临界 CO_2 流体萃取法对 1993 年种植的开化 3 号和 1998 年种植的开化 3 号、开化 13 号、F24×那 1-1、大坝 8 心材样品进行提取，100 g 样品的挥发油得率分别为 1.33%、1.34%、1.26%、1.04%和 1.45%。其中，大坝 8 心材挥发油的得率最高，F24×那 1-1 心材挥发油的得率最低。

4 个无性系的 5 个样品挥发性成分的 GC 指纹图谱如图 4-6 所示。由图 4-6 可知，主要物质的保留时间在 20～37 min，样品检测基线平稳，说明检测方法稳定，且该方法检测出峰分离度好，符合挥发性成分的检测要求，可进行数据分析。由图 4-6 中信号可知，4 个无性系的成分存在差异，但基本相似。4 个无性系的 5 个心材挥发油中筛选出的匹配度达到 90%及以上的化学成分，结合相关文献，共鉴定出 71 种成分。

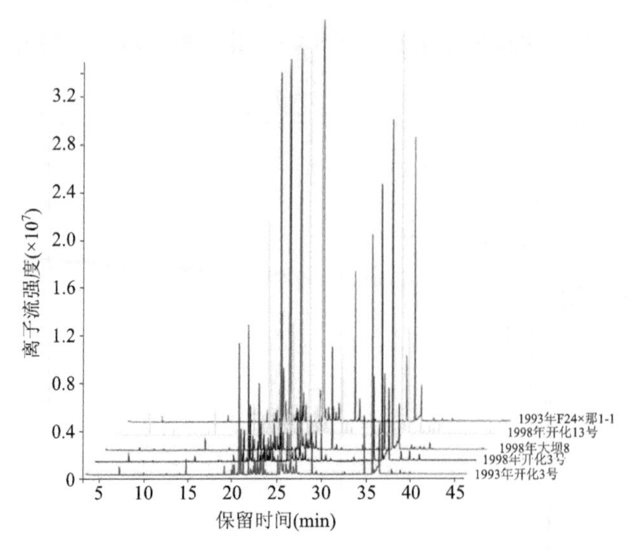

图 4-6　杉木心材挥发性成分的 GC 指纹图谱

浙江开化采集的杉木心材所提取鉴定出的挥发性成分可分为 4 类（图 4-7），其中萜烯类 53 种、萜醇类 12 种、萜烯酯类 4 种、其他 2 种。1998 年种植的 4 个无性系共有 33 种共有成分，4 个无性系 5 个样品共有成分 31 种。1993 年与 1998 年种植的开化 3 号样品共有成分达到 42 种。1998 年种植的开化 3 号与同年种植的 F24×那 1-1 共有成分为 38 种、与开化 13 号共有成分为 41 种、与大坝 8 共有成分是 40 种。

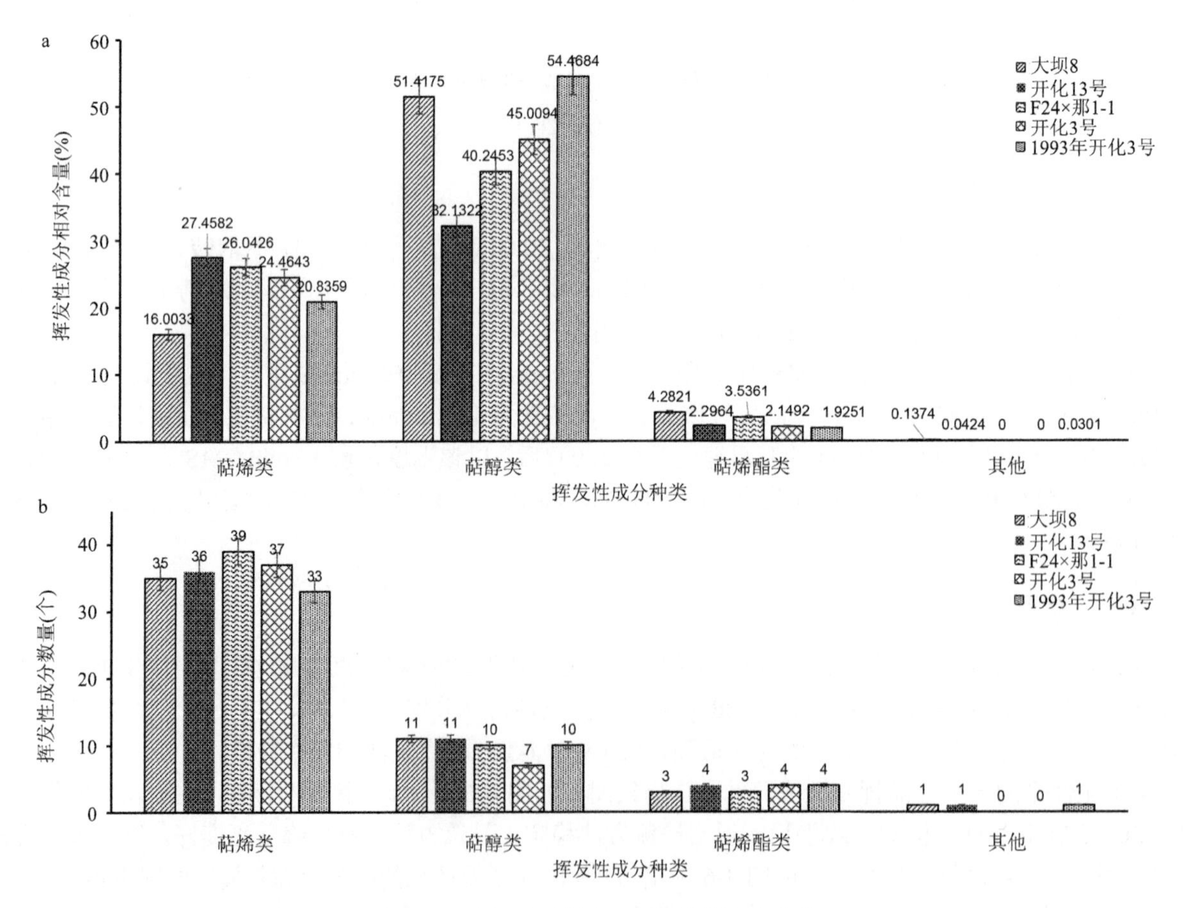

图 4-7　4 个无性系杉木心材挥发性成分分类

图中未标明年份的均为 1998 年种植的，下同

1993 年种植的开化 3 号检测到 33 种萜烯类成分（相对含量为 20.8359%）、10 种萜醇类成分（相对含量 54.4684%）、4 种萜烯酯类成分（相对含量 1.9251%）和 1 种其他类成分（相对含量 0.0301%）。而 1998 年种植的开化 3 号检出的萜烯类成分有 37 种（相对含量 24.4643%）、萜醇类成分有 7 种（相对含量 45.0094%）、萜烯酯类成分有 4 种（2.1492%）。1998 年种植的 F24×那 1-1 检出的萜烯类成分有 39 种（26.0426%）、萜醇类成分有 10 种（45.2453%）、萜烯酯类成分有 3 种（相对含量 3.5361%）。1998 年种植的开化 13 号中共检出 36 种萜烯类成分（相对含量 27.4582%）、11 种萜醇类成分（相对含量 32.1322%）、4 种萜烯酯类成分（相对含量 2.2964%）和 1 种其他类成分（相对含量 0.0424%）。1998 年种植的大坝 8 检出的萜烯类成分有 35 种（相对含量 16.0033%），萜醇类成分有 11 种（相对含量 51.4175%）、萜烯酯类成分有 3 种（相对含量 4.2821%）、其他类成分有 1 种（相对含量 0.1374%）。从 4 个无性系 5 个样品的主成分含量差异对比中发现，柏木醇（cedrol）为 5 个样品中含量最高的成分，其在 1993 年种植的开化 3 号中相对含量最高（48.29%），其次依次为 1998 年种植的大坝 8（42.66%）、开化 3 号（37.78%）、F24×那 1-1（34.18%）和开化 13 号（24.76%）。

1993 年、1998 年种植的开化 3 号中鉴定出的挥发性成分均为 48 种，1993 年种植的开化 3 号中相对含量在 1%以上的成分有 9 种，占总挥发性成分相对含量的 66.97%，1998 年种植的开化 3 号共鉴定出相对含量在 1%以上的成分 11 种，占总挥发性成分的 61.86%，主成分柏木醇、α-可巴烯、β-石竹烯、泪杉醇、乙酸柏木酯的相对含量排序一致，由 1993 年与 1998 年种植的开化 3 号对比也可以看出，树龄越长，柏木醇占比越高。1998 年种植的开化 13 号样本中共鉴定出 52 个挥发性成分，其中相对含量在 1%以上的成分有 11 种，占总挥发性成分的 51.34%，柏木醇（相对含量 24.76%）、α-可巴烯（相对含量 6.77%）、β-石竹烯（相对含量 3.55%）和泪杉醇（相对含量 3.04%）这 4 种成分相对含量排序与 1993 年和 1998 年种植的开化 3 号一致。1998 年种植的 F24×那 1-1 共鉴定出 52 种，相对含量在 1%以上的有 11 种，占总挥发性成分的 59.17%，柏木醇（相对含量 34.18%）、α-可巴烯（相对含量 5.08%）、α-姜黄烯（相对含量 3.97%）、乙酸柏木酯（相对含量 3.33%）、β-石竹烯（相对含量 2.68%）为其主成分。1998 年种植的大坝 8 共鉴定出 50 种挥发性成分，相对含量在 1%以上的有 9 种，占总挥发性成分的 61.27%，其中主成分为柏木醇（相对含量 42.66%）、乙酸柏木酯（相对含量 4.16%）、α-可巴烯（相对含量 2.89%）和泪杉醇（相对含量 2.86%），乙酸柏木酯的相对含量（4.16%）在 4 个无性系中均高于 α-可巴烯含量（2.89%）。

主成分分析结果表明，4 个无性系 5 个杉木心材样本可以明显地划分为 3 类（图 4-8）。1993 年种植的开化 3 号、1998 年种植的开化 3 号和开化 13 号成分较为相似，聚为一类，而 1998 年种植的大坝 8 和 F24×那 1-1 各自单独聚为一类。

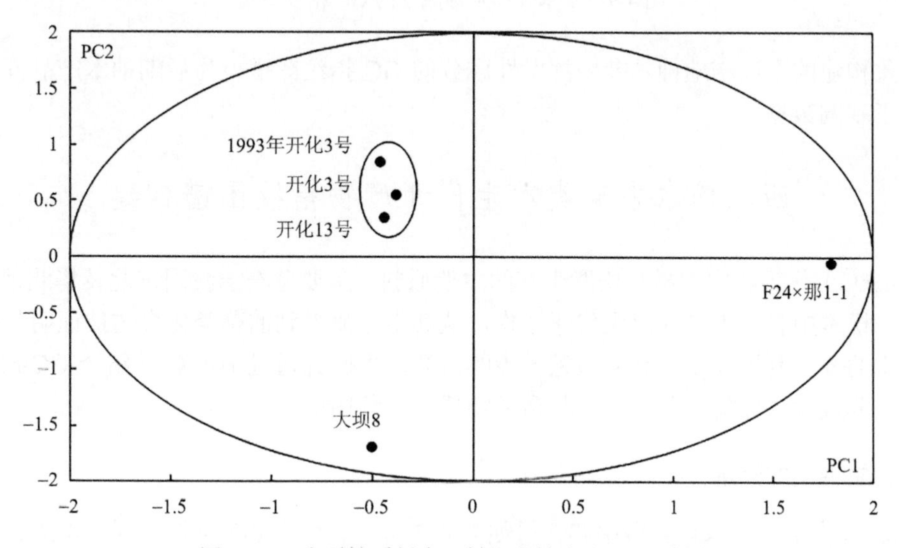

图 4-8　4 个无性系杉木心材挥发性成分 PCA 分析

三、柚木叶挥发性成分的 GC-MS 指纹图谱构建

柚木（*Tectona grandis*）是世界上非常适宜造林、再造林和商业种植的热带用材树种之一。其心材比例较大，呈黄褐色至暗黄色，木材富含油脂，线条纹理优美。柚木因具有较高的耐腐蚀性、良好的尺寸稳定性和美学品质等特性而成为有较高价值的林业用木材，故在各国市场上柚木木材的价格都较高，有“黄金柚木”之称（Moya et al., 2014; 梁瑞龙, 2014）。柚木叶同样作为柚木生产加工过程中的副产品，对其挥发性成分的分析将为其资源的全面利用提供研究参考。

实验通过 GC-MS 对 20 批不同产地柚木叶样品（云南畹町 S1-S5、S10-S13，云南河口 S6-S7，广西百色 S8，云南耿马 S9，盈江那邦 S14-S16，屏边热水塘 S17，盈江太平 S18，屏边白河 S19，河口南溪 S20）挥发性成分进行了分析鉴定，并构建了 GC 指纹图谱（图 4-9），主成分分析结果见图 4-10，结果表明，除广西百色 S8 样品外，分析样本的相似度均大于 0.9，说明各样本间相似度水平较高。

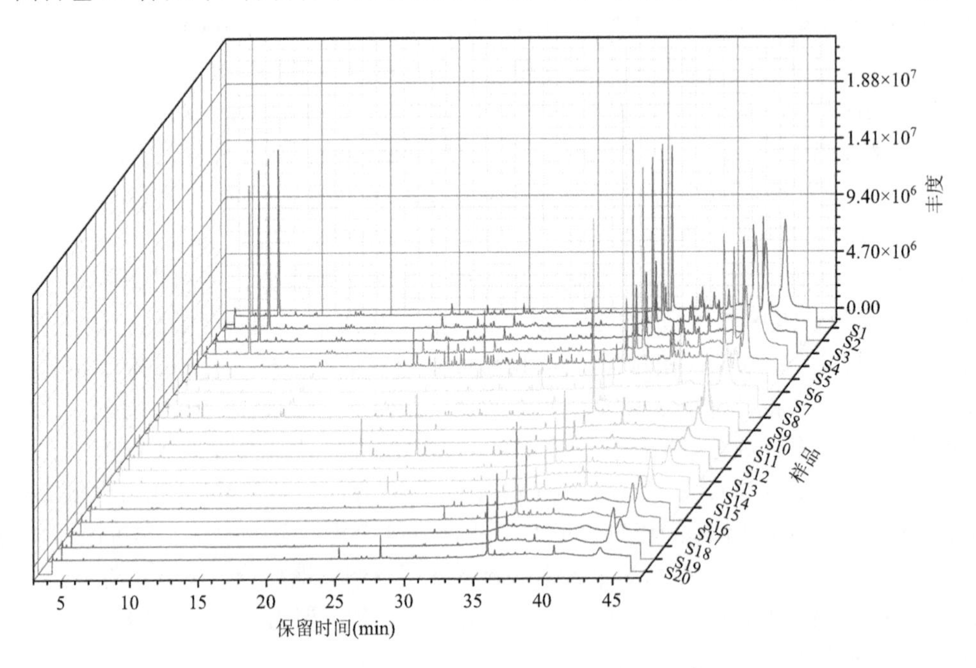

图 4-9　柚木叶挥发性成分的 GC 指纹图谱

本研究结果构建的不同产地柚木叶中挥发性成分的 GC 指纹图谱，为后期柚木产品开发中副产品的有效利用提供了基础数据。

四、松木中萜类次生代谢产物指纹图谱构建

松木（*Pinus* L.）作为我国木材和松脂生产的主要原料，主要分布于我国东北及华北地区，是我国的主要树种之一。松木中含有丰富的次生代谢产物，从其中分离得到的萜类化合物被证明具有良好的抑菌活性，为对松木的开发利用及生产品质做进一步的研究，本研究通过 HPLC 并结合 GC-MS 对不同品种松木中的化学成分进行了分析，并构建了其萜类物质的指纹图谱。

（一）生物酶种类的筛选

10 种酶的软膏收率、松木萜类得率和含量如表 4-2 所示。由表 4-2 可知，纤维素酶、半纤维素酶、果胶酶、中性蛋白酶、β-葡萄糖苷酶、淀粉酶、糖化酶、复合酶 1，复合酶 2 和复合酶 3 的软膏收率，

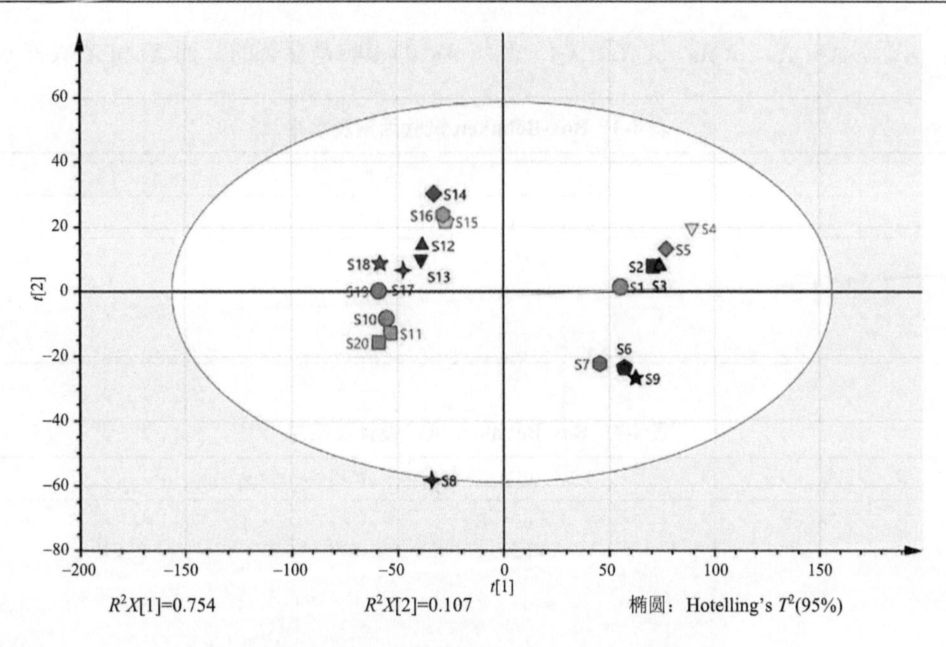

图 4-10　柚木叶挥发性成分的主成分分析结果

松木萜类得率和含量的范围分别为 8.67%～11.51%、5.06%～6.58%和 0.47%～0.71%。这些数据均高于对照组，说明酶解和超声能破坏松木的细胞壁，使其中更多的组分溶出，并提高了松木萜类的提取效率。此外，纤维素酶组软膏收率最高，复合酶 1 组松木萜类得率和含量最高，单个酶的提取效果在总体上要比复合酶差，这可能是因为细胞壁主要由纤维素和果胶组成，复合酶破坏细胞壁的效果更好。综合来看，纤维素酶和果胶酶复合酶提取松木萜类效果最好。

表 4-2　石油醚提取物中相关指标的测定结果（%）

酶	软膏收率	松木萜类得率	松木萜类含量
对照组	7.25±0.12	4.67±0.08	0.47±0.01
纤维素酶	11.51±0.66	5.96±0.36	0.56±0.03
果胶酶	9.72±0.41	5.97±0.47	0.51±0.03
半纤维素酶	8.67±0.42	5.38±0.42	0.47±0.02
β-葡萄糖苷酶	10.47±0.51	6.25±0.26	0.52±0.02
淀粉酶	9.11±0.35	5.37±0.24	0.57±0.02
糖化酶	10.00±0.63	5.87±0.22	0.54±0.02
中性蛋白酶	9.13±0.47	5.06±0.21	0.48±0.03
复合酶 1	10.47±0.89	6.58±0.45	0.71±0.03
复合酶 2	10.19±0.57	6.45±0.18	0.54±0.03
复合酶 3	10.59±0.76	6.27±0.22	0.56±0.03

注：复合酶 1 为纤维素酶和果胶酶，复合酶 2 为纤维素酶和半纤维素酶，复合酶 3 为半纤维素酶和果胶酶

（二）响应面优化试验

Box-Behnken 试验设计及结果见表 4-3、表 4-4 和表 4-5。由表 4-5 可知，$P<0.0001$，F=79.45，说明该回归模型极显著，并且能够反映实验数据的真实性。R^2 和 R^2_{Adj} 分别为 0.9903 和 0.9778，说明该模型

拟合度良好。并且，X_2、X_4、X_2X_4、X_2X_8、X_2^2、X_4^2、X_8^2的影响是显著的，而X_8和X_4X_8影响不显著。

表 4-3　Box-Behnken 试验因素及水平

因素	水平		
	−1	0	1
X_2	40	45	50
X_4	0.25	0.5	0.75
X_8	4.0	4.5	5.0

表 4-4　Box-Behnken 试验设计及结果

试验号	X_2	X_4	X_8	Y
1	−1	0	1	0.71±0.01
2	0	0	0	0.80±0.02
3	−1	0	−1	0.78±0.01
4	0	1	1	0.68±0.01
5	1	0	1	0.73±0.01
6	0	0	0	0.81±0.02
7	0	0	0	0.81±0.02
8	0	−1	−1	0.68±0.01
9	0	−1	1	0.67±0.01
10	0	0	0	0.82±0.03
11	−1	1	0	0.75±0.02
12	1	−1	0	0.70±0.01
13	1	0	−1	0.71±0.02
14	0	1	−1	0.70±0.01
15	−1	−1	0	0.66±0.01
16	1	1	0	0.67±0.01
17	0	0	0	0.80±0.03

表 4-5　Box-Behnken 试验方差分析

来源	平方和	自由度	方差	F 值	P 值	显著性
模型	0.050	9	5.528E–003	79.45	＜0.0001	***
X_2	3.780E–003	1	3.780E–003	54.33	0.0002	***
X_4	0.026	1	0.026	372.16	＜0.0001	***
X_8	2.502E–005	1	2.502E–005	0.36	0.5676	
X_2X_4	3.511E–003	1	3.511E–003	50.45	0.0002	***
X_2X_8	1.976E–003	1	1.976E–003	28.40	0.0011	**
X_4X_8	5.760E–006	1	5.760E–006	0.083	0.7819	
X_2^2	3.440E–003	1	3.440E–003	49.45	0.0002	***
X_4^2	0.026	1	0.026	379.19	＜0.0001	***
X_8^2	8.342E–003	1	8.342E–003	119.88	＜0.0001	***
残差	4.871E–004	7	6.958E–005			

续表

来源	平方和	自由度	方差	F值	P值	显著性
失拟项	1.758E–004	3	5.860E–005	0.75	0.5725	
纯误差	3.113E–004	4	7.782E–005			
总和	0.050	16				

表示 $P<0.01$；*表示 $P<0.001$

此外，失拟项的 P 值为 0.5725，表明差异不显著。纯误差的 $P>0.05$，说明计算值和试验值可以很好地进行吻合。信噪比的值大于 4，说明试验结果是令人满意的，而本试验的信噪比为 22.425，说明试验结果足够可靠。因此，该模型非常适合在针叶类脂的提取试验设计过程中使用，并且可信度高。超声温度、加酶量和酶解 pH 的二次多项式为

$$Y=-4.02528+0.072771X_2+2.41831X_4+1.18613X_8-0.0237X_2X_4+0.00889X_2X_8$$
$$-0.0096X_4X_8-0.0011434X_2^2-1.26656X_4^2-0.17804X_8^2$$

式中，X_2 表示超声温度，X_4 表示加酶量，X_8 表示酶解 pH，Y 表示松木萜类的含量。

（三）结果与讨论

由超声温度、酶解 pH 和加酶量与松木萜类含量绘制出的响应面及等高线如图 4-11 所示。等高线的形状为椭圆形时说明两因素交互作用显著，等高线的形状为圆形时说明两因素交互作用不显著。由等高线图可知，加酶量和酶解 pH 交互作用不显著，酶解 pH 和超声温度，以及超声温度和加酶量交互作用显著。经过响应面试验，得出提取松木萜类的最佳条件为：超声温度 43.4℃、加酶量 0.53 g、酶解 pH 为 4.40。将参数适度调整为超声温度 45℃、加酶量 0.50 g（纤维素酶和果胶酶的质量比为 1∶2，酶活 60 U/mg）、酶解 pH 为 4.50。在此最优工艺条件下，松木萜类的含量可达 0.80%（RSD=0.22%），与预测值相差 0.0088%，说明吻合性良好，验证了所建模型的正确性。此外，酶解辅助超声最优工艺较传统提取方法（索氏提取，提取时间 6～9 h，松木萜类的含量可达 0.47%）所需时间更短，提取效率更高。

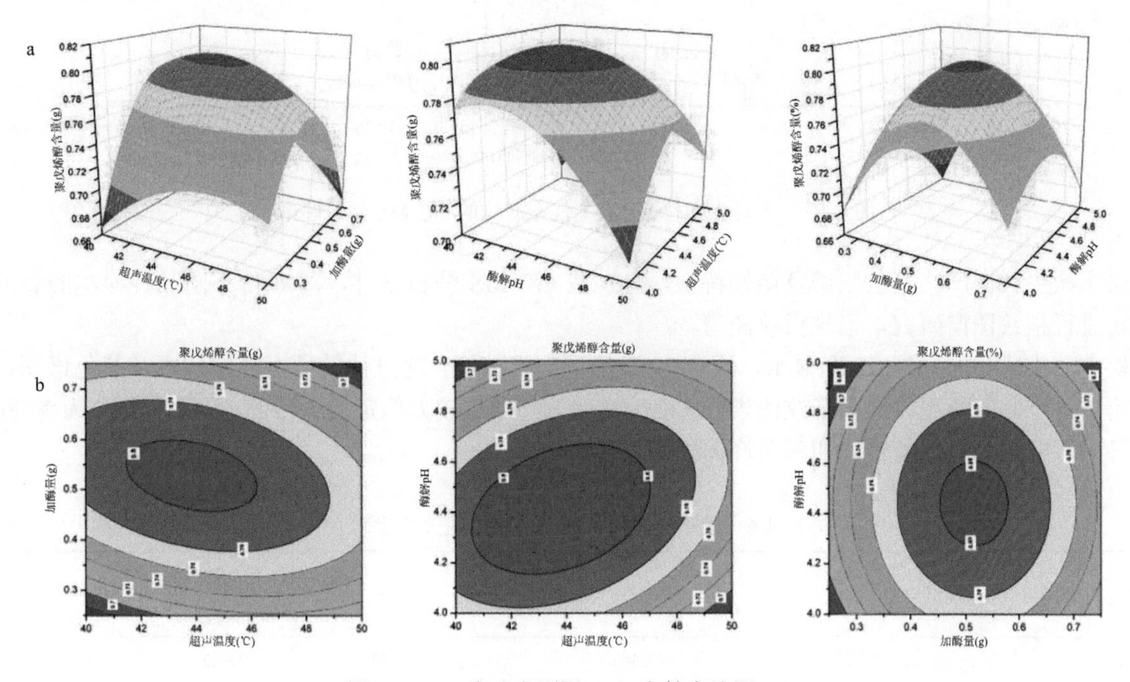

图 4-11　三维响应面图（a）和等高线图（b）

采用石油醚提取法和甲醇提取法，提取松木中萜类、酚类成分，分别采用 GC-MS、HPLC，建立了松木萜类成分 GC-MS 指纹图谱和酚类成分 HPLC 指纹图谱。并在指纹图谱基础上，采用牛津杯法，以密粘褶菌为试验菌，对松木中的萜类、酚类成分进行抑菌试验。建立了松木萜类、酚类成分指纹图谱的检测方法，确定了 6 份不同品种松木萜类成分的 5 个共有峰和酚类成分的 10 个共有峰，其共有峰面积均占峰总面积 90%以上，非共有峰均为在松木样品中含量较少且不稳定的峰。根据 GC-MS 指纹图谱，鉴定出的松木萜类成分 5 个共有指纹峰依次为十八烷酸、石竹素、β-石竹烯、石竹烯、脱氢枞酸。分析松木萜类、酚类成分的抑菌性，发现松木萜类成分对密粘褶菌的抑制效果明显优于酚类成分。在萜类成分中辐射松抑菌效果最好，抑菌圈直径约为 2.1 cm；在酚类成分中落叶松抑菌效果最好，抑菌圈直径约为 0.8 cm。由松木萜类成分的 GC-MS 指纹图谱（图 4-12）可知，松木萜类成分中主要成分为十八烷酸、石竹素、β-石竹烯、石竹烯、脱氢枞酸等单萜烯和倍半萜烯类物质，这些萜烯类物质具有很好的杀菌性。

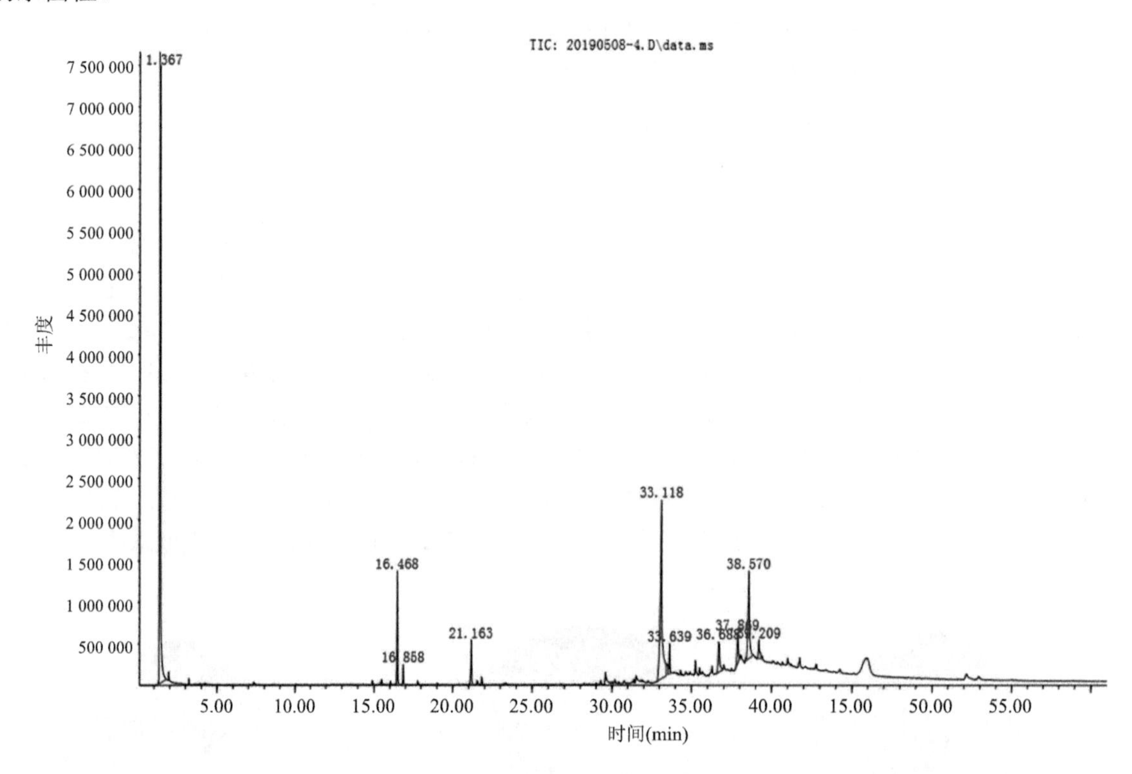

图 4-12　马尾松松木萜类次生代谢产物的 GC-MS 指纹图谱

松木次生代谢产物指纹图谱及结构特征，分别按 GC-MS 分析条件，对 6 份不同品种松木的石油醚提取物进行指纹图谱研究，记录指纹图谱。

松木萜类成分的 GC-MS 图显示，约有 20 个峰分离度较好，通过比较所有测定样本及其色谱图，从中选定了 5 个共有峰用以构成指纹图谱。选取分离度好、峰形较为稳定的 5 号峰（脱氢枞酸）为参照峰，计算各共有峰的相对保留时间和相对峰面积（表 4-6）。

表 4-6　樟子松等松木的 GC-MC 组分鉴定表

编号	组分	相对保留时间（min）	相对峰面积（%）		
			樟子松	落叶松	花旗松
1	正己烷	1.367	26.51	18.42	51.69
2	环己烷	1.469	1.4	1.39	1.06
3	β-石竹烯	16.479	7.71	14.64	10.45

续表

编号	组分	相对保留时间（min）	相对峰面积（%）		
			樟子松	落叶松	花旗松
4	石竹烯	16.862	0.67	1.42	2.1
5	脱氢枞酸	38.56	3.51	2.78	1.2
6	十八烷酸	33.535	1.81	4.5	3.42
7	石竹素	21.165	1.54	4.3	4.38
8	棕榈酸	29.609	2.08		
9	油酸酰胺	44.09		2.2	
10	维生素 A	37.209		0.58	3.4
11	松香酸	39.244	1.63	3.54	
12	苯基腈乙基硫醚	41.015	1.03	0.65	
13	13-表迈诺醇	31.521	0.75		10.45
14	柏木脑	21.64	2.17		
15	6-十八碳烯酸	33.25	36.21		
16	西松烯	29.29		1.01	
17	*N*,*N*-二乙基苯胺	30.736		3.06	
18	去氢表雄酮	37.776			1.22
19	5-氟-2-甲基苯甲酸	29.822		7.63	

注：空白表示未检出

分别按 HPLC 分析条件，对 6 份不同品种松木的酚类成分进行指纹图谱研究，记录指纹图谱。松木酚类成分的 HPLC 指纹图谱（图 4-13）显示，共得到 80 个分离度较好的色谱峰，并从中选择了 10 个稳定的峰用以构成指纹图谱。选取分离度好、峰形较为稳定的 10 号峰为参照峰，计算各共有峰的相对保留时间和相对峰面积值（表 4-6）。根据 6 种松木酚类成分的指纹图谱测定结果，标定共有指纹峰。松木 HPLC 指纹图谱中，共有指纹峰 10 个。与参照峰（10 号峰）相比，其余 9 个共有指纹峰的相对保留时间依次为 0.067 min、0.192 min、0.259 min、0.328 min、0.360 min、0.444 min、0.468 min、0.484 min、

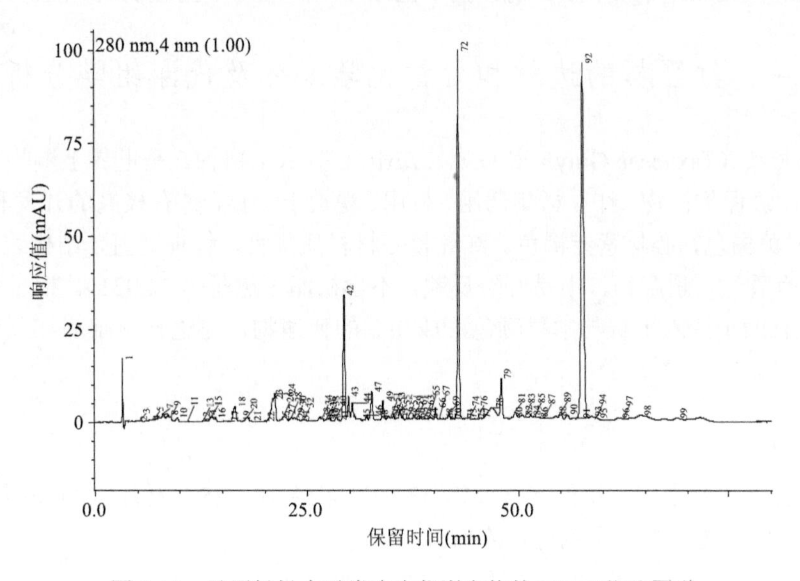

图 4-13　马尾松松木酚类次生代谢产物的 HPLC 指纹图谱

0.500 min。除参照峰（10 号峰）外，1 号、8 号峰共有指纹峰面积超过总峰面积的 10%，6 份样品中，非共有峰面积按峰面积归一化计算小于总峰面积的 10%，非共有峰均为在样品中含量较少且不稳定成分的峰。

五、本 节 小 结

本节中采用水蒸气蒸馏法、超临界 CO_2 流体萃取法和同时蒸馏-萃取法对 4 个无性系杉木叶的挥发性成分进行提取，结合 GC-MS，对不同方法同种无性系、同种方法不同无性系进行对比，可以看出三种提取方法中水蒸气蒸馏法提取成分极性较小，超临界 CO_2 流体萃取法提取效率更高，蒸馏-萃取法使用便捷、提取种类多、经济性好。同时，在 GC-MS 的基础上采用夹角余弦法、主成分分析、聚类分析三种方式对数据进行了评估，并构建了 37 批杉木叶的指纹图谱。与夹角余弦法分析相比，主成分分析、聚类分析通过对样本进行降维处理，以图形的方式，更直观、形象地展示了样本信息。

以杉木心材为试验材料，通过 GC-MS 对其挥发性成分进行检测分析，对其中的挥发性成分进行鉴定分类，同时构建了指纹图谱，进一步通过 PCA 分析对不同性系杉木心材中的差异挥发性成分进行了对比分析。

本研究首先通过响应面法对松木中次生代谢物的提取方法进行了优化，最终认为酶解辅助超声工艺相较于传统提取方法用时更短、提取效率更高。在此基础上，采用石油醚提取法和甲醇提取法并结合 HPLC 与 GC-MS 对松木中的次生代谢产物进行了鉴定分析研究，并分别构建了松木萜类成分 GC-MS 指纹图谱和酚类成分 HPLC 指纹图谱，为松木的品质分析提供了研究基础。

第二节　次生代谢产物代谢组学及结构特征

次生代谢产物是林木的重要组成部分，对林木颜色、抗性、防腐性以及强度等性质具有很大影响，另外，代谢产物是细胞调控过程的最终产物，代表了植物对环境胁迫因子的最终反应，被认为是活生物体的表型特征。而代谢组学是继基因组学、转录组学和蛋白质组学之后，系统生物学的一个新的分支，其研究对象是小分子的代谢产物，通过质谱和核磁共振两种技术进行分析，可以反映遗传变异、表观遗传变化以及转录组和蛋白质组谱变化。目前该技术已经被广泛应用于药理机制、生物合成机理的研究中。

一、红豆杉的边材和心材化学成分及代谢组学分析

红豆杉是红豆杉科（Taxaceae Gray）红豆属（*Taxus* L.）木本植物，是世界上濒临灭绝的天然珍稀抗癌植物，属于国家一级保护植物。红豆杉集药用、材用、观赏于一体，具有极高的开发利用价值（Horwitz, 1994）。红豆杉边材黄白色，心材紫赤褐色。红豆杉心材材质优良，纹理通直，结构致密，富弹性，力学强度高，具光泽，有香气，耐腐朽，不易开裂反翘，不含松脂（焦骄等，2021）。揭示红豆杉边材和心材化学成分的差异，有助于深入了解与木材颜色形成相关的代谢物，对进一步阐明红豆杉心材颜色的形成机理具有重要的意义。

（一）试验材料

试验所用木材样本采自中国甘肃两当（北纬 33°41', 东经 106°25'）林场大约 30 年的红豆杉（*Taxus chinensis*）枝条。心材和边材根据颜色进行分离。

（二）试验方法

利用研磨仪将红豆杉的心材和边材研磨至粉末状；称取 100 mg 粉末，溶解于 1 ml 70%的甲醇提取液中；溶解后的样品 4℃冰箱过夜，其间涡旋 3 次，提高提取率；10 000 g 离心 10 min 后，吸取上清，用微孔滤膜过滤样品，并保存于进样瓶中，用于 LC-MS/MS 分析。

LC-MS/MS 系统主要包括超高效液相色谱（ultra performance liquid chromatography，UPLC）和串联质谱（tandem mass spectrometry，MS/MS）。

液相色谱条件主要包括：①色谱柱：沃特世高强度硅胶 C18 色谱柱（Waters ACQUITY UPLC HSS T3 C18），1.8 μm，2.1 mm×100 mm；②流动相：水相为超纯水（加入 0.04%的乙酸），有机相为乙腈（加入 0.04%的乙酸）；③洗脱梯度：0 min 水/乙腈 95∶5（*V*/*V*），11.0 min 为 5∶95（*V*/*V*），12.0 min 为 5∶95（*V*/*V*），12.1 min 为 95∶5（*V*/*V*），15.0 min 为 95∶5（*V*/*V*）；④流速 0.4 ml/min，柱温 40℃，进样量 2 μl。

质谱条件主要包括：电喷雾离子源（electrospray ionization，ESI）温度 500℃，质谱电压 5500 V，气帘气（curtain gas，CUR）25 psi，碰撞诱导解离（collision induced dissociation，CID）参数设置为高。在三重四极杆（QQQ）中，每个离子对根据优化的去簇电压（declustering potential，DP）和碰撞能（collision energy，CE）进行扫描检测。

（三）结果与讨论

1. 红豆杉边材和心材的代谢物定性定量分析

利用 LC-MS 技术对大约 30 年的红豆杉的边材和心材（图 4-14）的化学成分进行分析，结果总共检测到了 607 种化合物，其中 52 种脂质、98 种有机酸及其衍生物、43 种核苷酸及其衍生物、132 种黄酮类化合物、91 种氨基酸及其衍生物、36 种生物碱、93 种苯丙烷类化合物、12 种维生素、17 种萜类、21 种碳水化合物和 48 种其他成分。

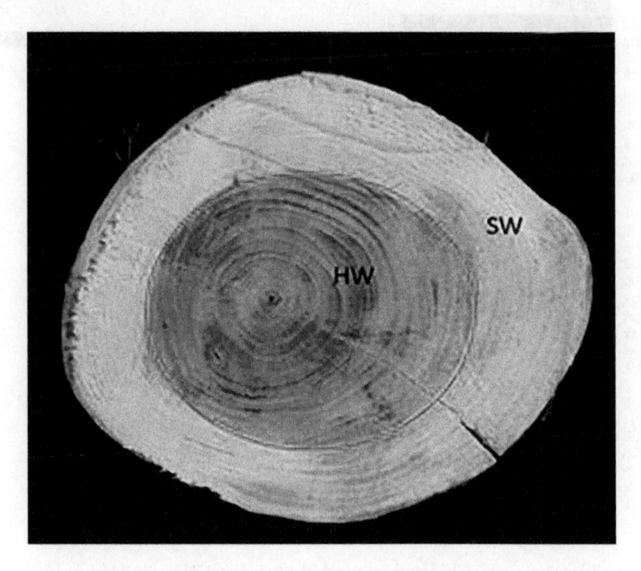

图 4-14　红豆杉的边材和心材

HW 表示心材，SW 表示边材

2. 红豆杉边材和心材的差异代谢成分分析

采用极差法进行归一化处理，通过 R 软件，对代谢物在不同样本间的积累模式进行聚类分析和 PCA 分析（图 4-15），并利用偏最小二乘法-判别分析（PLS-DA）模型分析了红豆杉边材和心材的差异代谢物，结果显示，边材和心材有 313 种显著差异的代谢成分，其中在心材中上调的有 146 种，下调的有 167 种。我们利用 KEGG 数据库对这些代谢物进行了通路富集（图 4-16）。表 4-7 显示了心材中上调幅度最大的前 30 种化合物，其中一大半是类黄酮这个代谢通路的化合物（Shao et al., 2019b）。

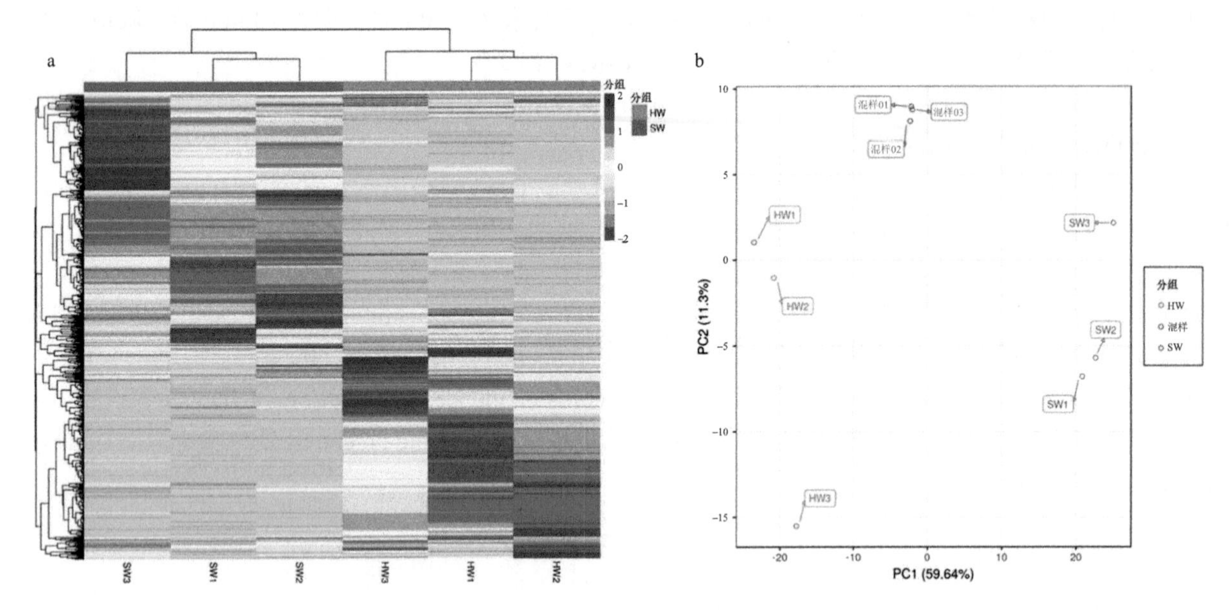

图 4-15　红豆杉边材和心材代谢成分的聚类热图（a）和 PCA 分析（b）

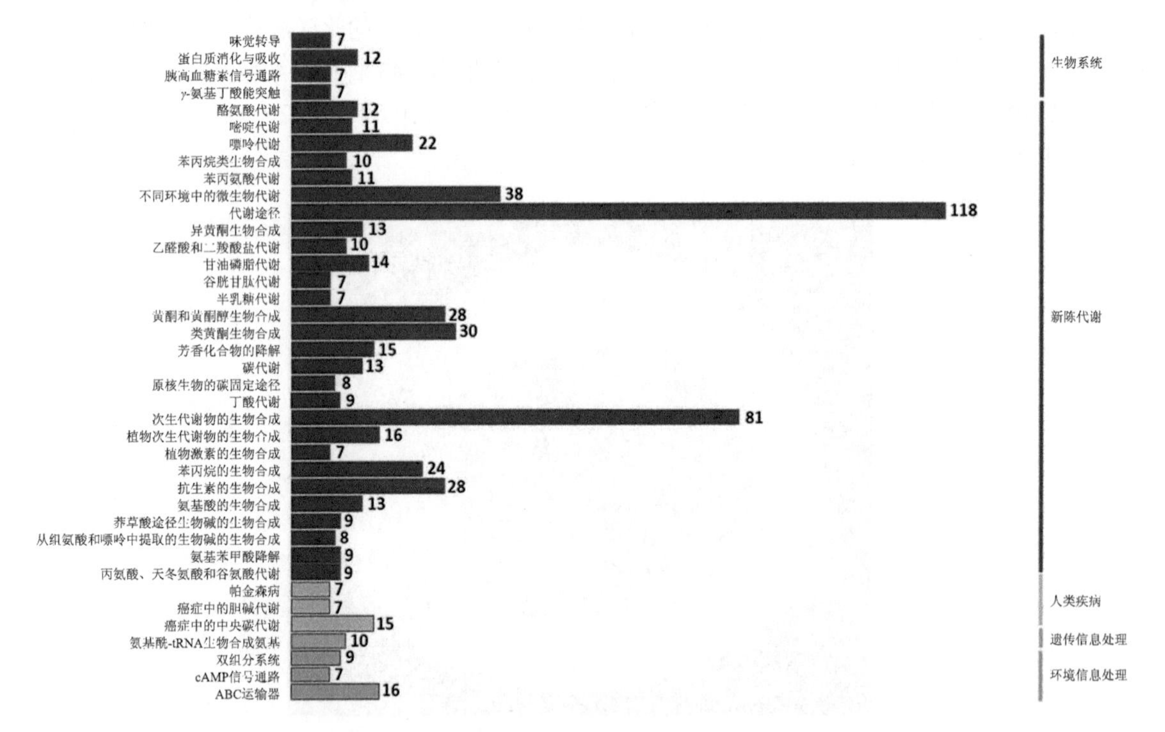

图 4-16　红豆杉边材和心材差异成分代谢通路富集分析

表 4-7　红豆杉心材中上调幅度最大的前 30 种化合物

编号	化合物	类别	VIP	FC	Log_2FC
1	C-戊糖基芹菜素-*O*-*p*-香豆酰己糖苷	黄酮	1.227	2 051 851.852	20.968
2	β-石竹烯	萜类	1.227	1 548 148.148	20.562
3	脱氢紫堇碱	生物碱	1.224	786 666.667	19.585

续表

编号	化合物	类别	VIP	FC	Log_2FC
4	阿亚黄素	黄酮醇	1.227	708 148.148	19.434
5	花椒毒醇	苯丙素类	1.227	555 925.926	19.085
6	维生素 A	维生素及其衍生物	1.226	314 444.444	18.262
7	3,4-二羟基苯甲酸乙酯	有机酸及其衍生物	1.227	266 296.296	18.023
8	五味子乙素	苯丙素类	1.227	200 740.741	17.615
9	*N*-甲基色胺	生物碱	1.227	165 925.926	17.340
10	鞣花酸	多酚	1.225	162 481.481	17.310
11	*O*-甲基金圣草素-8-C-己糖苷	黄酮	1.226	131 111.111	17.000
12	锦葵素-3-*O*-葡萄糖苷	花色苷类	1.226	130 888.889	16.998
13	藏花酸	萜类	1.226	119 666.667	16.869
14	白杨素-*O*-己糖苷	黄酮	1.226	119 259.259	16.864
15	16-羟基棕榈酸	脂类	1.227	115 148.148	16.813
16	锦葵色素-3-*O*-半乳糖苷	花色苷类	1.225	101 592.593	16.632
17	4-羟基-3,5-二异丙基苯甲醛	有机酸及其衍生物	1.226	100 814.815	16.621
18	（1*R*,3*R*,7*S*,8*S*,9*R*）-9-异丙基-1-甲基-2-亚甲基-5-氧杂三环[5.4.0.03,8]十一烷-4-酮	其他	1.224	100 555.556	16.618
19	肉桂酸乙酯	苯丙素类	1.226	81 074.074	16.307
20	木犀草素-*O*-己糖基-*O*-戊糖苷	黄酮	1.223	80 074.074	16.289
21	*O*-甲基金圣草素-7-*O*-己糖苷	黄酮	1.226	75 259.259	16.200
22	*O*-甲基金圣草素-5-*O*-己糖苷	黄酮	1.224	69 925.926	16.094
23	溶血磷脂胆碱	脂类	1.225	68 037.037	16.054
24	1,10-癸二醇	醇类	1.224	59 000.000	15.848
25	8-甲氧补骨脂素	苯丙素类	1.226	54 333.333	15.730
26	补骨脂素	苯丙素类	1.224	51 148.148	15.642
27	杨梅黄酮	黄酮醇	1.226	50 074.074	15.612
28	光甘草定	类黄酮	1.227	48 370.370	15.562
29	喜树碱	生物碱	1.227	47 222.222	15.527
30	植物卡生 C（phytocassane C）	萜类	1.226	46 925.926	15.518

注：VIP 表示差异权重贡献值（variable importance in projection）；FC 表示差异倍数（fold change）

3. 心材中的黄酮类化合物分析

黄酮类化合物在木材颜色的形成过程中起着重要作用（Yazaki, 2015）。因此，本研究对红豆杉心材中的黄酮类化合物进行了进一步分析。在 313 种差异代谢物中，共鉴定得到 71 种类黄酮和异黄酮，其中黄酮 28 种，花青素 3 种，黄酮醇 16 种，类黄酮 11 种，黄烷酮 8 种，异黄酮 5 种。心材相对于边材来说，黄酮类物质上调的有 42 个，下调的 29 个。目前虽然了解了红豆杉心材和边材化学成分的差异，但是形成这种次生代谢成分差异的机理尚不清楚。因此，弄清楚这些黄酮类化合物的合成与转化机制对研究木材颜色形成的机理具有至关重要的作用。

二、柚木次生代谢产物的代谢组学分析

柚木（*Tectona grandis*）为马鞭草科（Verbenaceae）柚木属（*Tectona*）的落叶、半落叶乔木树种，原产印度、缅甸、泰国和老挝，是热带地区种植较广泛的一种珍贵木材树种。因其天然的耐久性、良好的尺寸稳定性和表面装饰性等特性，柚木成为具有较高价值的珍贵用材，被热带许多国家列入木材生产再造林计划，并广泛应用于游艇、家具和建筑材料等制造行业。柚木心材和边材的颜色区别明显，具有从边材到心材的明显颜色过渡。连彩萍等（2015）研究了柚木光变色规律及机理，Moya 和 Perez（2008）、Moya 和 Marín（2011）、Moya 和 Calvo-Alvarado（2012）、Moya 等（2014）发现树龄、产地、环境条件和营林技术等因素可能会影响柚木心材抽提物含量和颜色变化，Qiu 等（2019）推测酚类、醌类和酮类等次生代谢物可能是引起柚木边材、心材颜色差异明显的主要原因。李慧等（2020）探讨了溶剂抽提对柚木材色及光诱导变色的影响，邱竑韫等（2020）研究了柚木石油醚抽提物成分及其对心材、边材颜色的影响，但导致边材、心材之间颜色差异的原因至今不明。代谢组学是对某一生物或细胞在某一特定生理时期内所有低分子量代谢产物同时进行定性和定量分析的一门新兴学科，它是以组群指标分析为基础，以高通量检测和数据处理为手段，以信息建模与系统整合为目标的系统生物学的一个重要分支，近年来被广泛应用于植物学、林学、农学、营养学、药理学等诸多研究领域。本研究以柚木心材和边材为研究对象，采用 LC-MS 代谢组学技术对柚木次生代谢物进行系统分析，阐明心材和边材的差异代谢物，探讨这些代谢物的代谢途径，可为进一步揭示柚木心材颜色形成机理等提供依据。

（一）试验材料

供试柚木样品于 2019 年 8 月取自云南德宏盈江国有林场（北纬 24°24'，东经 97°31'），随机选取 1995 年种植的 6 株胸径基本一致的柚木，用生长锥在量取胸径处分别取心材和边材样本各 1 g 于 5 ml 冻存管后置入液氮保存备用。检测分析时用 C 代表边材，6 份边材样本编号为 C1～C6，F 代表心材，6 份心材样本编号为 F1～F6。

（二）试验方法

精确称取 50 mg 柚木各样品加入 2 ml 加厚离心管中，加入直径 6 mm 钢珠一枚，在离心管中依次加入 0.3 mg/ml 用 *L*-2-氯-苯丙氨酸和乙腈配制的内标溶液 20 μl、甲醇：水=4：1（*V*/*V*）提取液 400 μl，在–20℃低温下用高通量组织破碎仪在 50 Hz 条件下破碎 6 min，之后在 5℃下涡旋 30 s，使样品混匀，在 40 kHz 下超声萃取 30 min。将样品于–20℃条件下静置 30 min 沉淀蛋白质后，在 4℃、13 000 g 条件下离心 15 min，取上清液并抽干；再用乙腈：水=1：3（*V*/*V*）溶液 100 μl 复溶后进行上机分析。心边材各 6 个重复，同时以本次所有检测样品的混合样本作为质控样本（QC），用于判断分析系统的稳定性。

色谱条件：色谱柱为 BEH C18 柱（100 mm×2.1 mm，1.7 μm，Waters Corporation，Milford，美国），流动相 A 为含 0.1%甲酸的水溶液，流动相 B 为含 0.1%甲酸的乙腈：异丙醇（1：1，*V*/*V*）溶液，流速为 0.40 ml/min，进样量为 10 μl，柱温为 40℃。流动相梯度洗脱条件为：5%～20% B（0～3 min），20%～95% B（3～9 min），95% B（9～13 min），95%～5% B（13～13.1 min），5% B（13.1～16 min）。质谱条件：质量扫描范围 50～1000 *m/z*，喷雾气 50 psi，辅助加热气 50 psi，气帘气 30 psi，离子源加热温度 500℃，离子化正极电压 5000 V，离子化负极电压 4000 V，去簇电压 80 V，碰撞能 20～60 V 的起伏电压。

（三）结果与讨论

经 UPLC-Triple-TOF-MS 分析后，原始数据导入代谢组学处理软件 Progenesis QI（Waters Corporation，Milford, 美国）进行基线过滤、峰识别、积分、保留时间校正、峰对齐，最终得到一个保留时间、质荷比和峰强度的数据矩阵，然后进行数据预处理，主要包括：保留至少一组样品中非零值 80%以上的变量；

对原始数据进行缺失值填充；对总峰进行归一化处理，并删除 QC 样本 RSD≥30%的变量；对数据进行 log 转换得到最终用于后续分析的数据矩阵。利用精确的质谱、质谱片段谱和同位素比值差在 HMDB（http://www.hmdb.ca/）和 METLIN（https://metlin.scripps.edu/）等数据库中进行搜索鉴定。将差异代谢物映射到 KEGG 数据库（http://www.genome.jp/kegg/），获得差异代谢物的代谢途径和富集情况。

12 个柚木样品数据经 Progenesis QI 软件分析处理，并在 HMDB 和 METLIN 等数据库中进行搜库，在正负两个离子模式下，共定性得到 705 个代谢物。根据 HMDB 数据库的分类分析，代谢物中包括脂类和类脂 180 个，含氧有机物 120 个，苯丙素和聚酮类 101 个，有机杂环化合物 82 个，有机酸及其衍生物 58 个，苯环衍生物 49 个，核苷、核苷酸和类似物 14 个，含氮有机物 5 个，木脂素、新木脂素及相关化合物 4 个，生物碱及其衍生物 3 个，含卤有机物 1 个和其他化合物 88 个（表 4-8）。从表 4-8 中可以看出，脂类和类脂分子的占比最高（25.53%），其次为含氧有机物（17.02%）、苯丙素和聚酮类（14.33%）。

表 4-8　基于 HMDB 的柚木代谢物分类

代谢物	代谢物数量	百分比（%）	代谢物	代谢物数量	百分比（%）
脂类和类脂	180	25.53	核苷、核苷酸和类似物	14	1.99
含氧有机物	120	17.02	含氮有机物	5	0.71
苯丙素和聚酮类	101	14.33	木脂素、新木脂素及相关化合物	4	0.57
有机杂环化合物	82	11.63	生物碱及其衍生物	3	0.43
有机酸及其衍生物	58	8.23	含卤有机物	1	0.14
苯环衍生物	49	6.95	其他	88	12.48

进一步分析发现，柚木边材中含量在前 10 位的代谢物为 4-羟基-5-（3′,4′-二羟苯基）-戊酸-*O*-甲基-*O*-葡萄糖醛酸苷、PE[15:0/18:3（6*Z*, 9*Z*, 12*Z*）]、螺内酯 D、奎尼酸、油酰胺、PE[14:1（9*Z*）/18:3（9*Z*, 12*Z*, 15*Z*）]、亚油酰胺、积雪草皂苷 B、西番莲苷Ⅵ和葡糖鞘氨醇；心材中含量在前 10 位的代谢物为 kanokoside A、PE[15:0/18:3（6*Z*, 9*Z*, 12*Z*）]、银杏内酯 C、螺内酯 D、奎尼酸、西番莲苷Ⅵ、PE[14:1（9*Z*）/18:3（9*Z*, 12*Z*, 15*Z*）]、葡糖鞘氨醇、紫胶烯 C 和 6-（2-羧乙基）-7-羟基-2,2-二甲基-4-苯并二氢吡喃酮葡萄糖苷。

样本的 PCA 和相关性热图分析可以更加直观地表示组内样本间的相似性以及组间样本的差异性。图 4-17a 中每个格子表示两个样本之间的相关性，不同颜色代表样本间相关系数的相对大小，聚类分支的

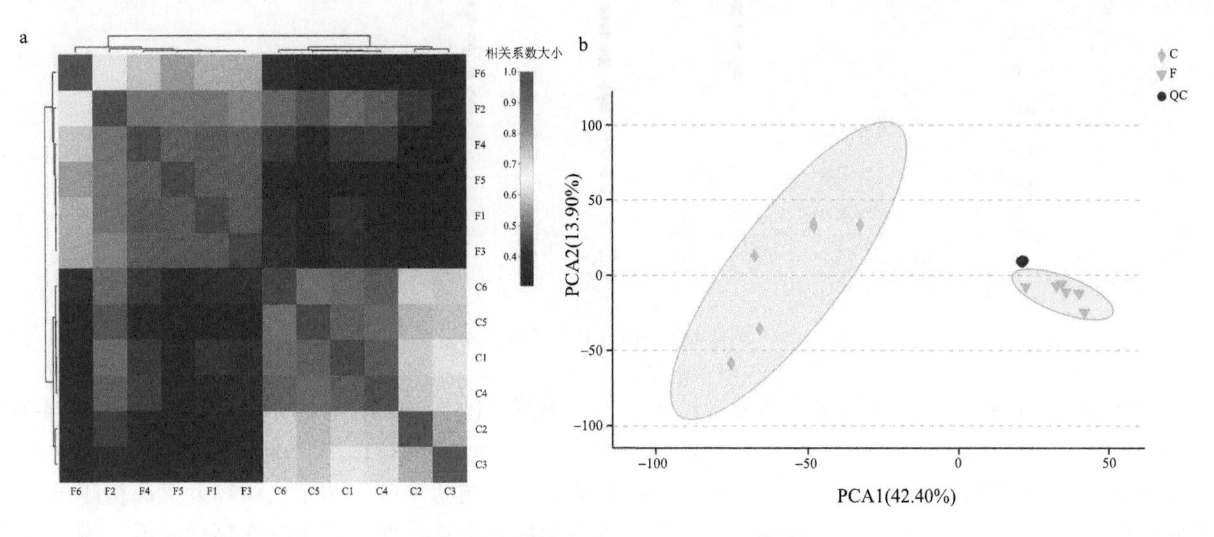

图 4-17　柚木代谢物的相关性热图（a）和 PCA 得分图（b）

C 表示“边材”；F 表示“心材”；QC 表示质控样本

长度表示样本间相对距离的远近，同一支上的样本相似性更接近。由图 4-17a 可以看出，柚木心材与边材之间的相关性较小，而心材与心材之间、边材与边材之间的相关性较大。

由样本 PCA 得分（图 4-17b）可以看出，QC 样本聚在一起，说明样本间的重复性良好，在分析过程中分析系统稳定，所得的实验数据可信度高。主成分 1 和主成分 2 对模型的累积差异解释率=0.568（>0.5），说明 PCA 模型效果较好。此外，从图 4-17b 还可以看出，心材和边材的样本点均在置信椭圆内，说明组间重复性较好，边材和心材的置信椭圆离得较远，说明柚木边材和心材代谢物存在显著差异。从整体上看 PCA 得分图，心材之间的聚集性大于边材之间的聚集性，说明心材样本中所含代谢物的组成和浓度比边材样本更为接近。

对柚木心材、边材代谢物数据进行正交-偏最小二乘法（OPLS-DA）分析，可以更准确地发现组间差异及差异代谢物。在 OPLS-DA 分析中 R^2X、R^2Y 和 Q^2 用来表示模型的预测能力，越接近于 1 表示模型越稳定可靠，$Q^2>0.5$ 表示模型的预测能力较好。由表 4-9 可知，R^2X（cum）=0.618，R^2Y（cum）=0.997，$Q^2=0.979$，3 个数值均>0.5，说明模型稳定可靠，预测能力较好。OPLS-DA 置换检测（图 4-18）中的 Q^2 点左边的均小于右边的，而且 $Q^2<0$，Q^2 和 R^2 的回归线与横坐标交叉或者小于 0，说明该模型可靠。

表 4-9　OPLS-DA 模型参数

试件	R^2X	R^2X（cum）	R^2Y	R^2Y（cum）	Q^2	Q^2（cum）
P1	0.519	0.519	0.99	0.99	0.975	0.975
O1	0.0988	0.0988	0.0068	0.0068	0.0049	0.0049
总和		0.618		0.997		0.979

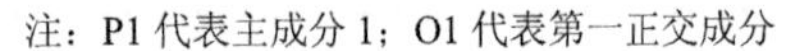
注：P1 代表主成分 1；O1 代表第一正交成分

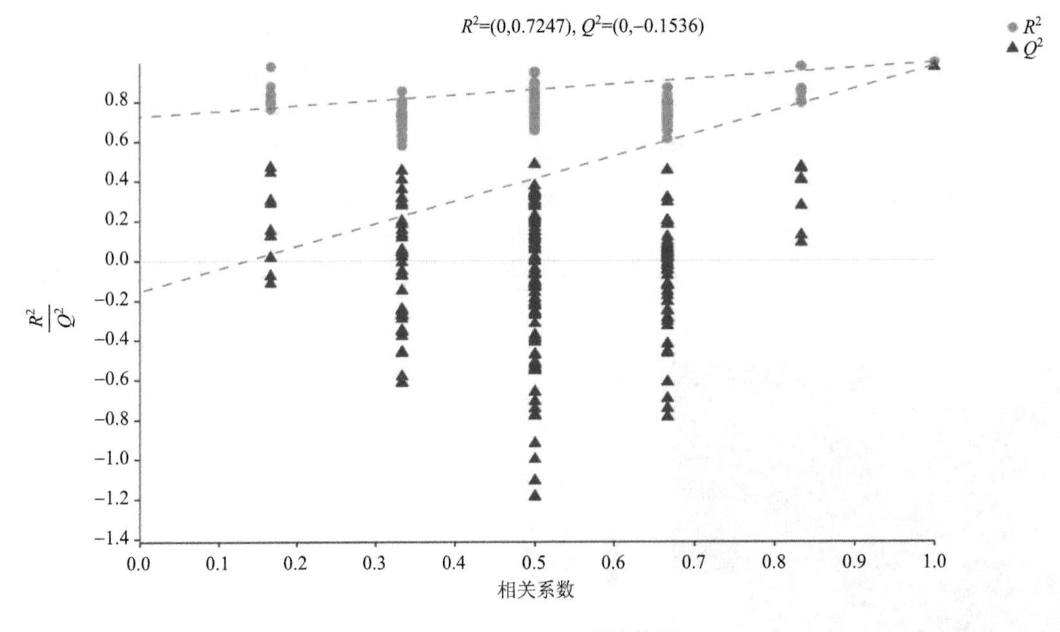

图 4-18　OPLS-DA 置换检测

柚木心材、边材显著差异代谢物的分析结果见聚类热图（图 4-19a）和火山图（图 4-19b）。图 4-19a 中每列表示一个样本，每行表示一个代谢物，图中的颜色表示代谢物在该组样本中相对表达量的大小。图 4-19a 左侧为边材代谢物的树状聚类，右侧为心材代谢物的树状聚类，两个代谢物分支离得越近，说明它们的表达量越接近；上方为样本的树状聚类，下方为样本名称，两个样本分支离得越近，说明这两个样本代谢物的表达量变化趋势越接近。从图 4-19a 可以看出，同一化合物在心材之间、边材之间的表达量差异较小，而心材与边材之间的表达量差异较大，说明柚木心材和边材之间代谢物存在显著差异。

图 4-19b 中，红色点代表显著升高的代谢物，绿色点代表显著下降的代谢物，灰色点代表差异不显著的代谢物。经筛选鉴定发现，供试柚木心材和边材中共分析出 9211 个峰（定性到 705 个代谢物），其中差异峰有 3396 个。最终鉴定得到 328 个显著差异代谢物，包括脂类和类脂分子 69 个，苯丙素和聚酮类 57 个，含氧有机物 50 个，有机杂环化合物 41 个，有机酸及其衍生物 24 个，苯环衍生物 23 个，核苷、核苷酸和类似物 8 个，含氮有机物 2 个，生物碱及其衍生物 2 个，木脂素、新木脂素及相关化合物 1 个，其他化合物 51 个。在这些显著差异代谢物中，与边材相比，有 235 个代谢物在心材中显著升高，上调代谢物占总代谢物的 71.65%，有 93 个代谢物在心材中显著降低，下调代谢物占总代谢物的 28.35%，进一步研究表明心材和边材代谢物存在明显差异。

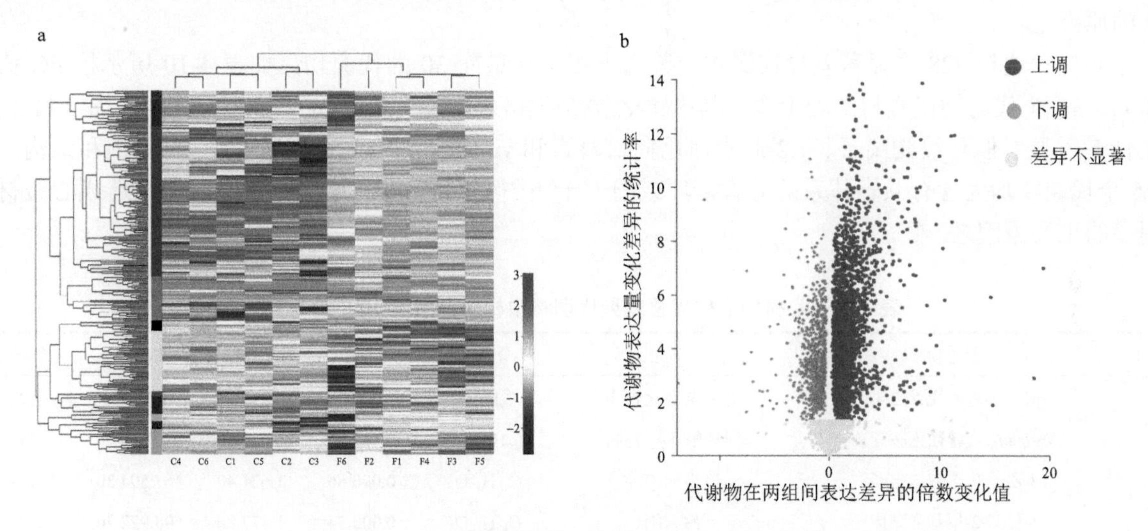

图 4-19　柚木心材、边材显著差异代谢物的聚类热图（a）和火山图（b）

柚木心材和边材差异代谢物的 KEGG 代谢通路和富集分析结果，如图 4-20 所示。柚木心材和边材的差异代谢物被注释到代谢、遗传信息处理和环境信息处理 3 个一级通路，28 个差异代谢物被注释到膜运输、翻译、氨基酸代谢、碳水化合物代谢、能量代谢、脂质代谢、辅助因子和维生素代谢、其他氨基酸代谢、萜类和聚酮化合物代谢、核苷酸代谢和其他次生代谢产物生物合成 11 条二级代谢通路（图 4-20a）。对被注释到的差异代谢物进行分析，发现在心材中上调的代谢物有 13 个。

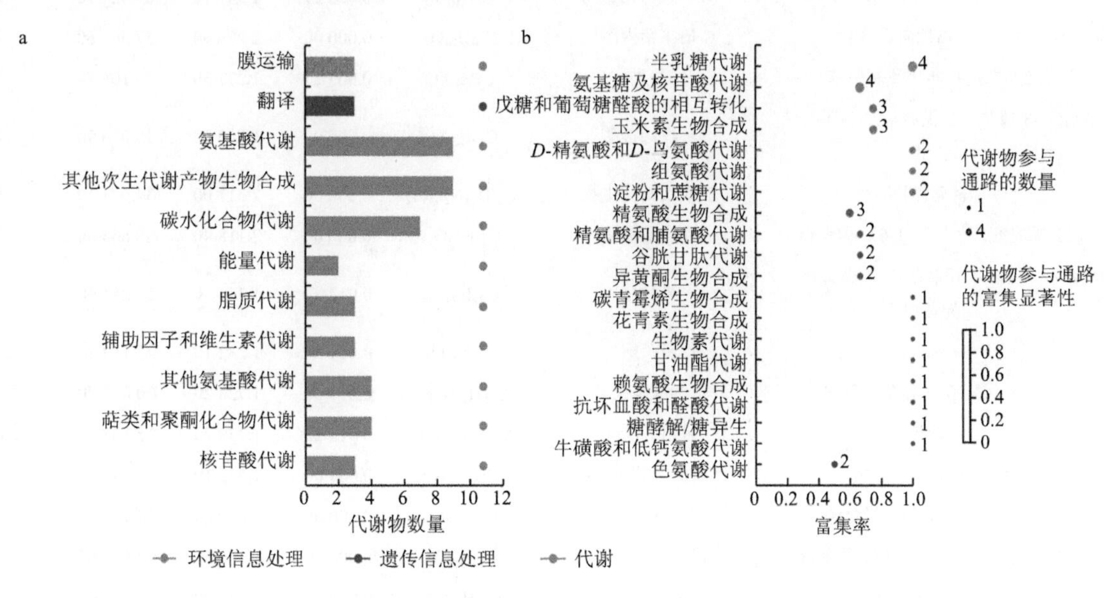

图 4-20　心材和边材差异代谢物的 KEGG 代谢通路（a）和富集图（b）

图 4-20b 显示了重要性得分前 20 的通路，其中半乳糖代谢、氨基糖及核苷酸代谢分别富集了 4 个代谢物，戊糖和葡萄糖醛酸的相互转化通路、精氨酸生物合成以及玉米素生物合成均富集了 3 个代谢物，*D*-精氨酸和 *D*-鸟氨酸代谢、组氨酸代谢、淀粉和蔗糖代谢、精氨酸和脯氨酸代谢、谷胱甘肽代谢、异黄酮生物合成以及色氨酸代谢各富集了 2 个代谢物，碳青霉烯生物合成、花青素生物合成、生物素代谢、甘油酯代谢、赖氨酸生物合成、抗坏血酸和醛酸代谢、糖酵解/糖异生以及牛磺酸和低钙氨酸代谢各富集了 1 个代谢物。总体看来，柚木心材和边材差异代谢物参与氨基酸的合成较多。值得注意的是，黄酮类生物合成共富集了 3 个代谢物，其中异黄酮生物合成富集了 2 个代谢物，花青素生物合成富集了 1 个代谢物，心材和边材差异代谢物被富集到黄酮类化合物的生物合成中可能是造成柚木心材和边材颜色明显差异的原因之一。

在心材和边材 328 个显著差异代谢物中筛选出相对含量前 30 的代谢物，如表 4-10 所示按 FC 值降序排列。30 个代谢物在心材中均上调，其中 8-乙酰基埃格尔内酯、（all-*E*）-3,5,7-十三碳三烯-9,11-戊二炔-1-醇、谷胱甘肽环锍鎓离子、1,2-脱水白色向日葵素和 yucalexin P-15 5 个代谢物含有不饱和结构，其余 25 个代谢物均为含有共轭体系的芳香杂环或酚（苷）类衍生物，推测这些代谢物可能是造成心边材色差明显的主要原因之一。

表 4-10　心材和边材显著差异代谢物中相对含量前 30 的代谢物

序号	代谢物	分类	分子式	*P* 值	VIP 值	FC 值	显著性
1	1-（呋喃-3-基）戊烷-2,4-二醇	芳香杂环化合物	$C_9H_{14}O_3$	0.000 00	0.594 40	1 036.656 90	上调
2	*N*b-*trans*-阿魏羟色胺糖苷	阿魏酰 5-羟色胺	$C_{26}H_{30}N_2O_9$	0.000 00	2.059 70	949.465 20	上调
3	8-乙酰基埃格尔内酯	倍半萜内酯	$C_{16}H_{20}O_6$	0.000 66	1.621 40	467.594 30	上调
4	7-羟基-2-甲基异黄酮	异黄酮	$C_{16}H_{12}O_3$	0.000 34	1.477 80	408.922 70	上调
5	5-甲基-2-呋喃丙烯醛	芳香杂环化合物	$C_8H_8O_2$	0.000 86	1.466 00	339.416 10	上调
6	甲基丁香酚	酚类	$C_{11}H_{14}O_2$	0.000 00	1.893 10	116.050 70	上调
7	（all-*E*）-3,5,7-十三碳三烯-9,11-戊二炔-1-醇	不饱和长链化合物	$C_{13}H_{14}O$	0.000 00	1.735 30	108.881 20	上调
8	谷胱甘肽异磺酰离子	羧酸及其衍生物	$C_{12}H_{20}N_3O_6S^+$	0.002 45	1.512 90	85.653 20	上调
9	citbismine D	吖啶酮类生物碱	$C_{40}H_{38}N_2O_{11}$	0.000 00	1.696 30	67.041 10	上调
10	2-（2-呋喃基）-3-甲基-2-丁烯	芳香杂环化合物	$C_9H_{10}O_2$	0.000 27	1.549 10	66.427 10	上调
11	1,2-脱水白色向日葵素	倍半萜内酯	$C_{20}H_{24}O_7$	0.000 00	2.276 90	57.664 60	上调
12	2,6-二羟基-4-甲氧基甲苯	酚类	$C_8H_{10}O_3$	0.003 20	1.277 50	38.105 10	上调
13	（*Z*）-3-氧-2-（2-戊烯基）-1-环戊烯乙酸	环戊烯羧酸	$C_{12}H_{16}O_3$	0.000 00	1.845 70	35.070 90	上调
14	替莫普利	羧酸及其衍生物	$C_{21}H_{24}N_2O_5S_2$	0.000 00	2.311 00	34.953 10	上调
15	反式咖啡酸芹菜糖-（1-6）-葡萄糖酯	咖啡酸糖脂	$C_{20}H_{26}O_{13}$	0.000 06	2.118 40	28.665 40	上调
16	4',7-二羟基-2'-甲氧基-3'-异戊二烯基异黄烷	异黄烷	$C_{21}H_{24}O_4$	0.012 59	1.361 30	23.281 90	上调
17	melanettin	新黄酮	$C_{16}H_{12}O_5$	0.001 34	1.232 10	22.183 70	上调
18	水杨尿酸-β-*D*-葡萄糖苷酸	酚酸酯类	$C_{15}H_{17}NO_{10}$	0.000 01	1.724 20	20.078 70	上调
19	奎宁	吡咯并嘧啶	$C_{12}H_{15}N_5O_3$	0.015 22	1.279 70	18.108 10	上调
20	伏立康唑 N-氧化物	苯及其取代衍生物	$C_{16}H_{14}F_3N_5O_2$	0.000 00	1.625 10	15.133 80	上调
21	1-苯基-6,7-二羟基-异色满	苯并吡喃	$C_{15}H_{14}O_3$	0.000 00	1.800 80	14.714 70	上调
22	3,4-二羟基苯基乙醇-榄香烯酸酯	环烯醚萜芳香酸酯	$C_{19}H_{22}O_8$	0.000 00	1.760 50	14.643 60	上调
23	甲基苦树苷 A	苯并呋喃	$C_{19}H_{24}O_{10}$	0.000 00	2.248 00	12.895 60	上调
24	Ile-4-氯苯丙氨酸	二肽	$C_{20}H_{21}ClN_2O_6$	0.000 00	1.743 80	12.242 80	上调

续表

序号	代谢物	分类	分子式	*P* 值	VIP 值	FC 值	显著性
25	2-羟基-3-甲基-4*H*-吡喃-4-酮-*O*-（6*E*-肉桂酰-β-*D*-葡萄糖苷）	吡喃酮酚类	$C_{21}H_{22}O_9$	0.000 00	1.791 40	12.227 30	上调
26	甲萘醌	萘醌	$C_{11}H_8O_2$	0.000 00	1.544 10	11.378 60	上调
27	19-hydroxytetrangulol	蒽醌	$C_{19}H_{12}O_5$	0.003 61	1.701 10	10.377 20	上调
28	yucalexin P-15	右松脂烷型二萜烯醇	$C_{20}H_{26}O_4$	0.000 01	1.770 20	9.695 70	上调
29	决明子苷 B2	萘酚并吡喃	$C_{39}H_{52}O_{25}$	0.000 00	2.066 40	9.557 00	上调
30	4-羟基苯甲酸-芹菜甙	酚酸酯类	$C_{18}H_{24}O_{12}$	0.000 00	2.174 80	8.943 00	上调

三、杉木次生代谢产物的代谢组学分析

杉木（*Cunninghamia lanceolata*）是我国重要商品用材树种之一，具有生长快、产量高、材性好、用途广等特性。杉木无性系选育是杉木造林种苗品质改良的主要手段，具有保持亲本优良特性、林分整齐和便于集约育林等优点。杉木富含杉木精油，其主要成分为柏木醇、α-柏木烯等，具有抗螨、抗菌、抗白蚁等功效（晏增, 2004; 傅星星和郑德勇, 2008; Selim et al., 2014）。前人关于无性系的研究多集中在材性、胸径等遗传育种相关指标，围绕不同无性系杉木挥发性成分的相关研究鲜有报道。

近年来，GC-MS 技术广泛应用于挥发性成分的定性和定量分析，付宇新等（2016）对不同化学类型樟树叶挥发性成分进行了 GC-MS 分析，发现不同化学类型樟树叶挥发性成分的组成及含量存在差异。吴青思等（2017）从构造特征和挥发性成分上对交趾黄檀和微凹黄檀木进行了辨析。为明确不同无性系杉木心材和叶挥发性成分的组成特点和含量差异，本研究以浙江开化采集的 1993 年种植的开化 3 号和 1998 年种植的开化 3 号、开化 13 号、F24×那 1-1、大坝 8 4 个无性系杉木心材和叶为研究对象，采用超临界 CO_2 流体萃取法对其挥发油进行提取，运用 GC-MS 技术对其挥发性成分进行分析，以期阐明各无性系杉木挥发性成分的组成特点和成分差异，为杉木资源进一步地综合开发利用提供参考。

（一）试验材料及方法

以 2017 年 11 月下旬于浙江开化国有林场采集的 1998 年种植的 4 个无性系杉木（开化 3 号、开化 13 号、F24×那 1-1、大坝 8）为研究对象，同时采集 1993 年种植的开化 3 号作为对照（CK）。参考《木材物理力学试材采集方法》（GB/T 1927—2009）进行各无性系样木采伐，分别截取离地 6.5～8.0 m 高树段，去除树皮后的心材样品和杉木叶经阴干、粉碎，过 3 号筛处理后备用。代谢组学分析试验所测共 60 例杉木心材、边材样品，分成 8 组，每组 6 个生物学重复，供试样本详细信息如表 4-11 所示。

表 4-11　供试样本信息

样品名	分组	样品信息	样品名	分组	样品信息
C31BC	CL3_B	开化 3 号边材-1	C31XC	CL3_X	开化 3 号心材-1
C32BC	CL3_B	开化 3 号边材-2	C32XC	CL3_X	开化 3 号心材-2
C33BC	CL3_B	开化 3 号边材-3	C33XC	CL3_X	开化 3 号心材-3
C34BC	CL3_B	开化 3 号边材-4	C34XC	CL3_X	开化 3 号心材-4
C35BC	CL3_B	开化 3 号边材-5	C35XC	CL3_X	开化 3 号心材-5
C3hhBC	CL3_B	开化 3 号边材-混样	C3hhXC	CL3_X	开化 3 号心材-混样
C81BC	CL8_B	大坝 8 心材-1	C81XC	CL8_X	大坝 8 心材-1
C82BC	CL8_B	大坝 8 心材-2	C82XC	CL8_X	大坝 8 心材-2

续表

样品名	分组	样品信息	样品名	分组	样品信息
C83BC	CL8_B	大坝 8 心材-3	C83XC	CL8_X	大坝 8 心材-3
C84BC	CL8_B	大坝 8 心材-4	C84XC	CL8_X	大坝 8 心材-4
C85BC	CL8_B	大坝 8 心材-5	C85XC	CL8_X	大坝 8 心材-5
C8hhBC	CL8_B	大坝 8 心材-混样	C8hhXC	CL8_X	大坝 8 心材-混样
C131BC	CL13_B	开化 13 号边材-1	C131XC	CL13_X	开化 13 号心材-1
C132BC	CL13_B	开化 13 号边材-2	C132XC	CL13_X	开化 13 号心材-2
C133BC	CL13_B	开化 13 号边材-3	C133XC	CL13_X	开化 13 号心材-3
C134BC	CL13_B	开化 13 号边材-4	C134XC	CL13_X	开化 13 号心材-4
C135BC	CL13_B	开化 13 号边材-5	C135XC	CL13_X	开化 13 号心材-5
C13hhBC	CL13_B	开化 13 号边材-混样	C13hhXC	CL13_X	开化 13 号心材-混样
C241BC	CL24_B	F24×那 1-1 边材-1	C241XC	CL24_X	F24×那 1-1 心材-1
C242BC	CL24_B	F24×那 1-1 边材-2	C242XC	CL24_X	F24×那 1-1 心材-2
C243BC	CL24_B	F24×那 1-1 边材-3	C243XC	CL24_X	F24×那 1-1 心材-3
C244BC	CL24_B	F24×那 1-1 边材-4	C244XC	CL24_X	F24×那 1-1 心材-4
C245BC	CL24_B	F24×那 1-1 边材-5	C245XC	CL24_X	F24×那 1-1 心材-5
C24hhBC	CL24_B	F24×那 1-1 边材-混样	C24hhXC	CL24_X	F24×那 1-1 心材-混样
C3931BC	CL393_B	1993 年开化 3 号边材-1	C3931XC	CL393_X	1993 年开化 3 号心材-1
C3932BC	CL393_B	1993 年开化 3 号边材-2	C3932XC	CL393_X	1993 年开化 3 号心材-2
C3933BC	CL393_B	1993 年开化 3 号边材-3	C3933XC	CL393_X	1993 年开化 3 号心材-3
C3934BC	CL393_B	1993 年开化 3 号边材-4	C3934XC	CL393_X	1993 年开化 3 号心材-4
C3935BC	CL393_B	1993 年开化 3 号边材-5	C3935XC	CL393_X	1993 年开化 3 号心材-5
C393hhBC	CL393_B	1993 年开化 3 号边材-混样	C393hhXC	CL393_X	1993 年开化 3 号心材-混样

为了评价上机过程中分析系统的稳定性，实验过程中制备了一个质量控制样本（quality control sample，QC，简称质控样本）。质控样本由所有检测样品混合而成，在仪器分析的过程中，每 6 个分析样品插入 1 个质控样本，在数据分析时，通过质控样本的重复性考察整个分析过程中仪器的稳定性，同时也可用于发现在分析系统中变异大的变量，保证结果的可靠性。采用 PCA 分析方法观察各样品间的总体分布和组间的离散程度，采用 OPLS-DA 区分各组间代谢轮廓的总体差异，筛选组间的差异代谢物。

（二）结果与讨论

根据英国皇家园艺协会（Royal Horticultural Society，RHS）发布的比色卡（第六版），通过对 1993 年和 1998 年种植的开化 3 号杉木木材颜色的对比（图 4-21），可以看出心材和边材的颜色有显著差异，为了探索产生这种颜色差异的原因，我们对采自浙江开化国有林场的 2 个树龄 4 个无性系 60 个杉木样本进行了非靶向代谢组学分析。

从 60 个样品中共鉴定出 936 种代谢物，根据 HMDB 化合物分类信息，936 种代谢物中包括 310 种脂类和类脂分子，140 种黄酮类，69 种有机酸及其衍生物，77 种有机杂环化合物，121 种含氧有机物，49 种苯环衍生物，13 种核苷、核苷酸和类似物，9 种木脂素、新木脂素及相关化合物，8 种含氮有机物，9 种生物碱及其衍生物，2 种烃类，1 种含硫有机物，其他化合物 128 种。脂类和类脂分子占比最高，占总检出代谢物的 33.12%；其次为黄酮类，占 14.96%；其他占 13.68%；含氧有机物占 12.93%，其他分类代谢物种类在 100 种以下。

在开化 3 号边材中含量排名前 10 的代谢物为：油酸酰胺、原花青素 B2、对氯苯丙氨酸、亚油酰胺、PE[（15:0/20:2（11*Z*,14*Z*）]、欧洲五针松素、（7'*R*,8'*R*）-4,7'-环氧-3',5-二甲氧基-4',9,9'-木脂素三醇-9'-

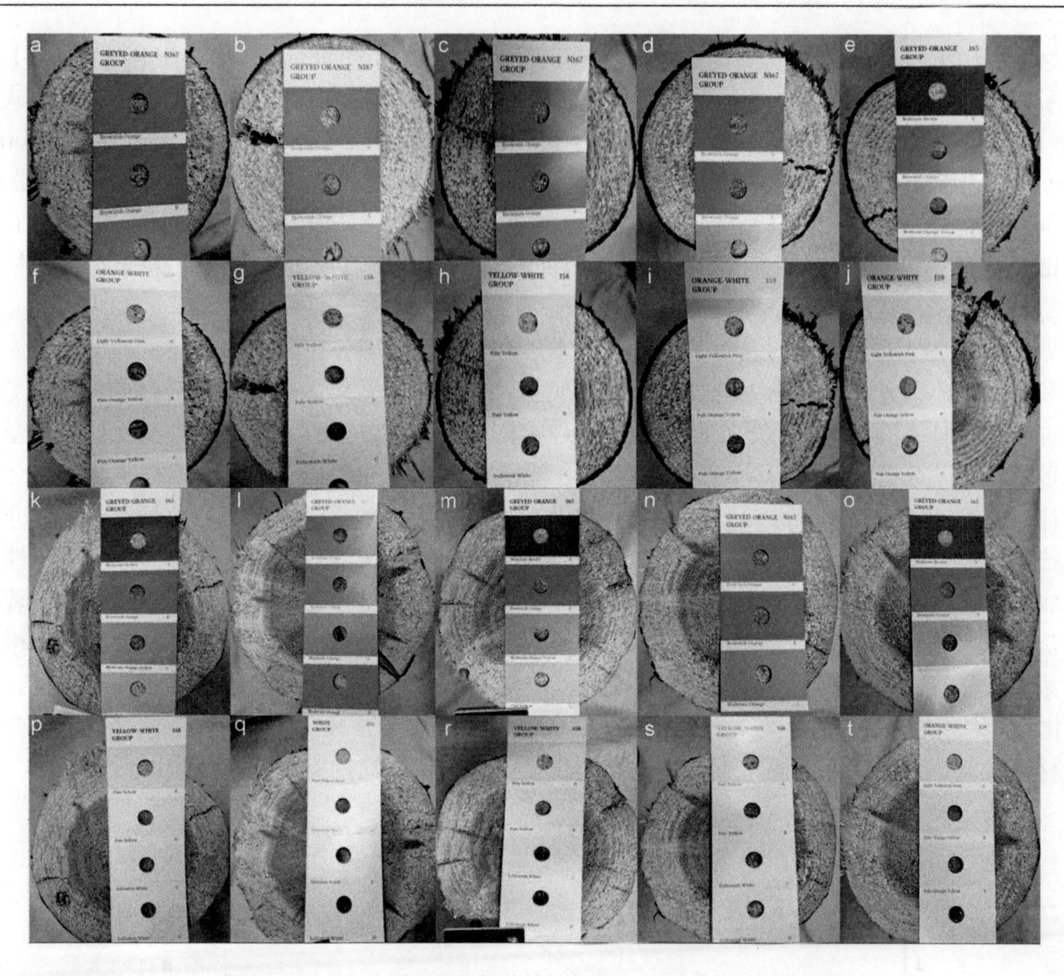

图 4-21　1993 年和 1998 年种植的开化 3 号杉木木材颜色对比

a～e. 1998 年种植的开化 3 号杉木心材颜色（5 个重复）；f～j. 1998 年种植的开化 3 号杉木边材颜色（5 个重复）；k～o. 1993 年种植的开化 3 号杉木心材颜色（5 个重复）；p～t. 1993 年种植的开化 3 号杉木边材颜色（5 个重复）

葡萄糖苷、罗汉松树脂酚、austinol、促甲状腺素释放激素。在大坝 8 边材中含量排名前 10 的代谢物为：油酸酰胺、原花青素 B2、亚油酰胺、对氯苯丙氨酸、（7'*R*,8'*R*）-4,7′-环氧-3′,5-二甲氧基-4′,9,9′-木脂素三醇-9'-葡萄糖苷、PE[5:0/20:2（11*Z*,14*Z*）]、促甲状腺素释放激素、罗汉松树脂酚、austinol、C16 sphinganine。在开化 13 号边材中含量排名前 10 的代谢物为：油酸酰胺、原花青素 B2、亚油酰胺、罗汉松树脂酚、对氯苯丙氨酸、PE[15:0/20:2（11*Z*,14*Z*）]、C16 sphinganine、（7'*R*,8'*R*）-4,7′-环氧-3′,5-二甲氧基-4′,9,9′-木脂素三醇-9′-葡萄糖苷、austinol、苦藏内酯 E。在 F24×那 1-1 边材中含量排名前 10 的代谢物为：油酸酰胺、对氯苯丙氨酸、亚油酰胺、罗汉松树脂酚、PE[15:0/20:2（11*Z*,14*Z*）]、原花青素 B2、欧洲五针松素、促甲状腺素释放激素、（7'*R*,8'*R*）-4,7′-环氧-3′,5-二甲氧基-4′,9,9′-木脂素三醇-9'-葡萄糖苷、austinol。在 1933 年种植的开化 3 号边材中含量排名前 10 的代谢物为：油酸酰胺、对氯苯丙氨酸、亚油酰胺、PE[15:0/20:2（11Z,14Z）]、（7'*R*,8'*R*）-4,7′-环氧-3′,5-二甲氧基-4′,9,9′-木脂素三醇-9′-葡萄糖苷、原花青素 B2、欧洲五针松素、罗汉松树脂酚、C16 sphinganine、austinol。

在开化 3 号心材中含量较高的 10 个代谢物分别为：欧洲五针松素、苦藏内酯 E、全反式-13,14-脱氢视黄醇、UWM6、对氯苯丙氨酸、PGF2α 乙醇、PE[15:0/20:2（11Z,14Z）]、大根香叶烯酮、油酸酰胺、dehydrocyanaropicrin。在大坝 8 心材中含量排名前 10 的代谢物为：欧洲五针松素、对氯苯丙氨酸、PE[15:0/20:2（11Z,14Z）]、UWM6、divanillyltetrahydrofuran ferulate、油酸酰胺、双环[4.4.0]十二-1-烯、austinol、全反式-13,14-脱氢视黄醇、dehydrocyanaropicrin。在开化 13 号心材中含量排名前 10 的代谢物为：欧洲五针松素、对氯苯丙氨酸、PE[15:0/20:2（11Z,14Z）]、austinol、UWM6、双环[4.4.0]十二-1-

烯、全反式-13,14-脱氢视黄醇、大根香叶烯酮、油酸酰胺、dehydrocyanaropicrin。在 F24×那 1-1 心材中含量排名前 10 的代谢物为：欧洲五针松素、对氯苯丙氨酸、PE[15:0/20:2（11Z,14Z）]、全反式-13,14-脱氢视黄醇、大根香叶烯酮、austinol、UWM6、油酸酰胺、divanillyltetrahydrofuran ferulate、dehydrocyanaropicrin。在 1993 年种植的开化 3 号心材中含量排名前 10 的代谢物为：欧洲五针松素、10-十一碳烯酸异丁酯、对氯苯丙氨酸、UWM6、马兜铃烯、全反式-13,14-脱氢视黄醇、PE[15:0/20:2（11Z,14Z）]、大根香叶烯酮、austinol、dehydrocyanaropicrin。通过对心材、边材分析发现，在杉木边材中油酸酰胺含量最高；心材中欧洲五针松素含量最高。

根据代谢物在不同样本间的表达情况，对样本进行相关性热图分析和主成分分析，评价组内样本的相似性和组间样本的差异性。由主成分分析结果（图 4-22）可以看出，中间标识为红色加号的 QC 聚合度高，说明质控样本间的重复性好，整个分析过程中仪器稳定，在分析系统中不存在变异大的变量，实验结果可靠，实验数据可信度高，可以进行后续分析。从图 4-22 中可以看出，主成分 1 和主成分 2 对模型的累计解释率为 56.75%，高于 50%，说明主成分分析模型可以较好地对样品进行解释，主成分 1 对于心材和边材样本之间的解释度达到 49.80%，也说明了心材与边材代谢物的差异。60 个不同无性系杉木样本分成明显的两个簇，边材聚成一簇，心材聚成一簇，表明心材和边材之间的代谢物存在显著差异。同时，从整体上来看，心材聚合度高于边材，心材样品间的区分度也远高于边材样品。从同一树龄的 4 个无性系来看，同一无性系心材样品的聚合度远高于边材，心材样品中，除 F24×那 1-1 以外，开化 3 号、开化 13 号、大坝 8 三个无性系，两两之间都可以很好地被区分开。从不同树龄的开化 3 号来看，心材和边材样本基本上可以区分成 4 个簇，这说明生长年限对代谢物种类也存在影响。

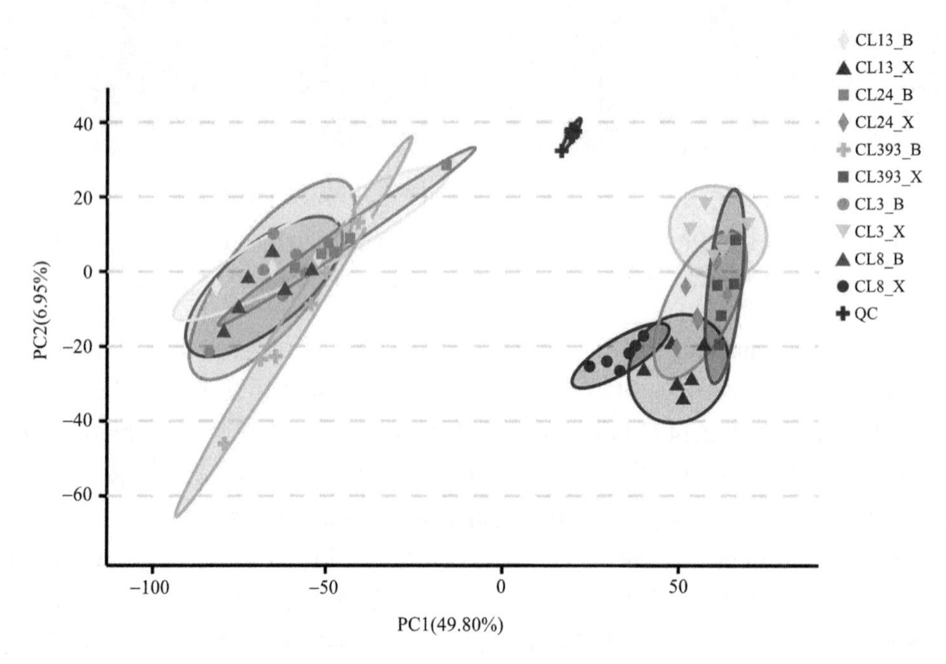

图 4-22　杉木代谢物的主成分分析

样本相关性热图，通过使用统计算法对两两样本间进行量化分析，通过距离来进行可视化分析，从图 4-23 中可以看出样本检测的生物学重复符合实验预期，也为下一步的分析提供了基本参考。图 4-23 中的每一列代表样品，每一行代表代谢物，颜色表示该组样品中代谢物的相对表达量。结果表明，心材和边材样品的样品分支非常接近，表明两个样品中所有代谢物的表达模式相似，代谢物表达的变化趋势相似。但是，心材与边材之间的情况恰好相反，表明心材与边材之间代谢产物表达的变化趋势明显不同，也可以直观地看出心材与边材的显著差异性程度，两者之间几乎没有相关性联系。不同无性系、不同树龄的样本心材与心材之间和边材与边材之间相关性很好，表明了心材与心材和边材与边材样本各自间的表达量相似度很高，这也间接揭示了心材、边材的颜色差异及代谢物生物活性差异。通过相关性热图还可以看出不同树龄的开化 3 号的心材相关性高于边材。无性系间的边材样本相关性不明显。

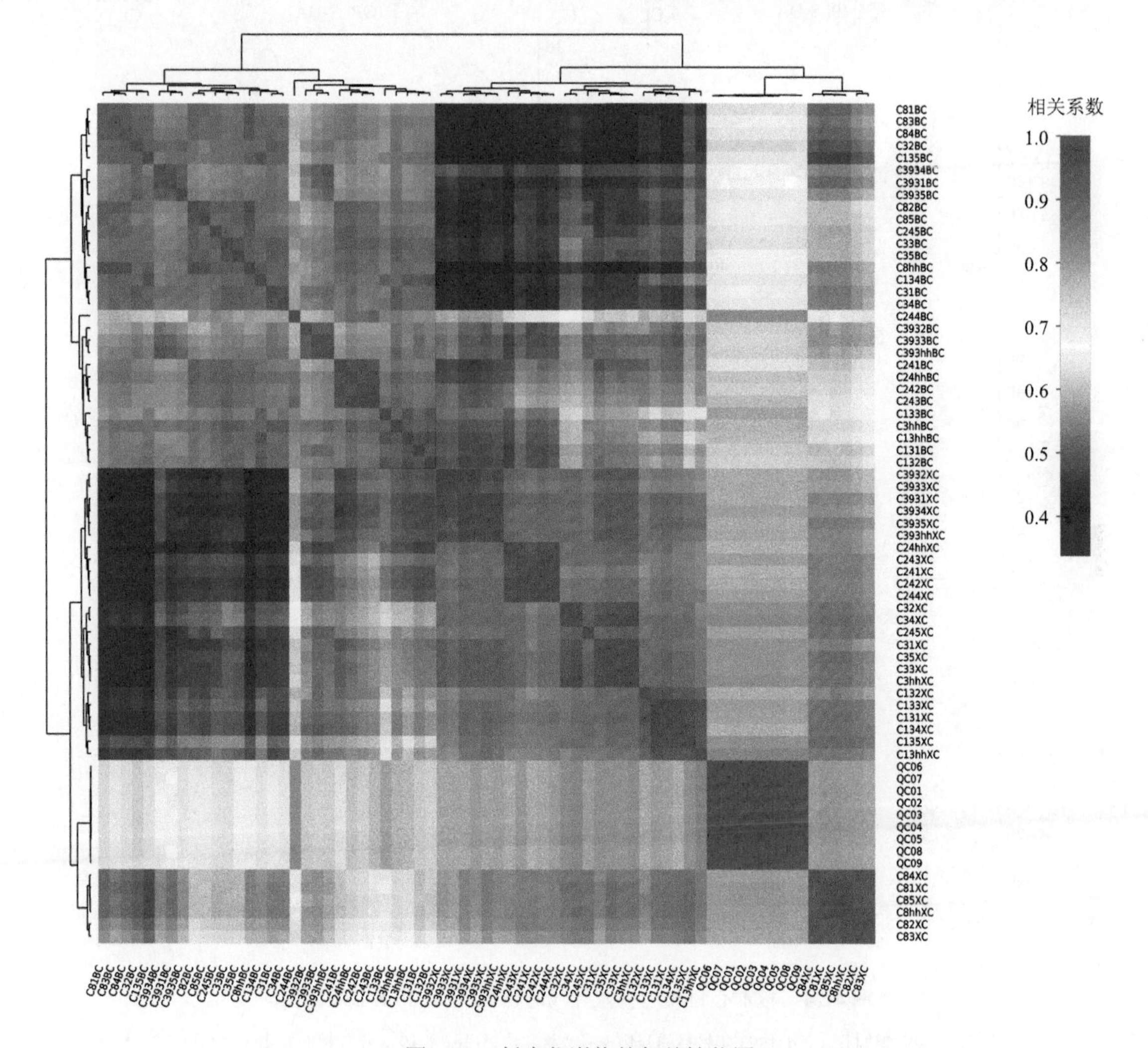

图 4-23　杉木代谢物的相关性热图

为了获得不同无性系的代谢差异，对同一无性系的心材和边材样品进行了整体分析，并通过 PLS-DA 和 OPLS-DA 模型分析了不同样品。另外，以 FC≥1.2 或≤0.83、P<0.05 和 VIP>1 为阈值进行差异代谢物的筛选。通过 OPLS-DA 模型图（图 4-24）可以看出，开化 3 号心材与边材之间存在显著差异，心材样品的聚合度大大高于边材，1998 年种植的开化 3 号的成分 1 解释度达到了 75.80%，1993 年种植的开化 3 号的心材和边材的分化与 1998 年种植的开化 3 号基本相同，基于 PLS-DA 和 OPLS-DA 判别分析的结果，可以看出，不同无性系杉木样本的区分度相比于主成分分析的有了很大的提升，对于为下一步差异代谢物的筛选提供可靠的 VIP 值有很大的意义。

差异代谢物筛选结果通过火山图和维恩图（Venn diagram）进行了说明（图 4-25，图 4-26）。在所有检测样品的心材和边材中总共检测到 409 种差异代谢物。在这些差异代谢物中，所有样品的心材和边材中的 235 种代谢产物显著增加，而 174 种代谢产物显著下降。1998 年种植的开化 3 号心材、边材共检测出 409 种差异代谢物，特有差异代谢物 15 个，大坝 8 无性系心材、边材共检测出 440 种差异代谢物，特有差异代谢物 45 个，开化 13 号无性系心材、边材共检测出 409 种差异代谢物，特有差异代谢物 37 个，F24×那 1-1 无性系心材、边材共检测出 410 种差异代谢物，特有差异代谢物 18 个，1998 年种植的 4 个无性系共有差异代谢物 245 个。

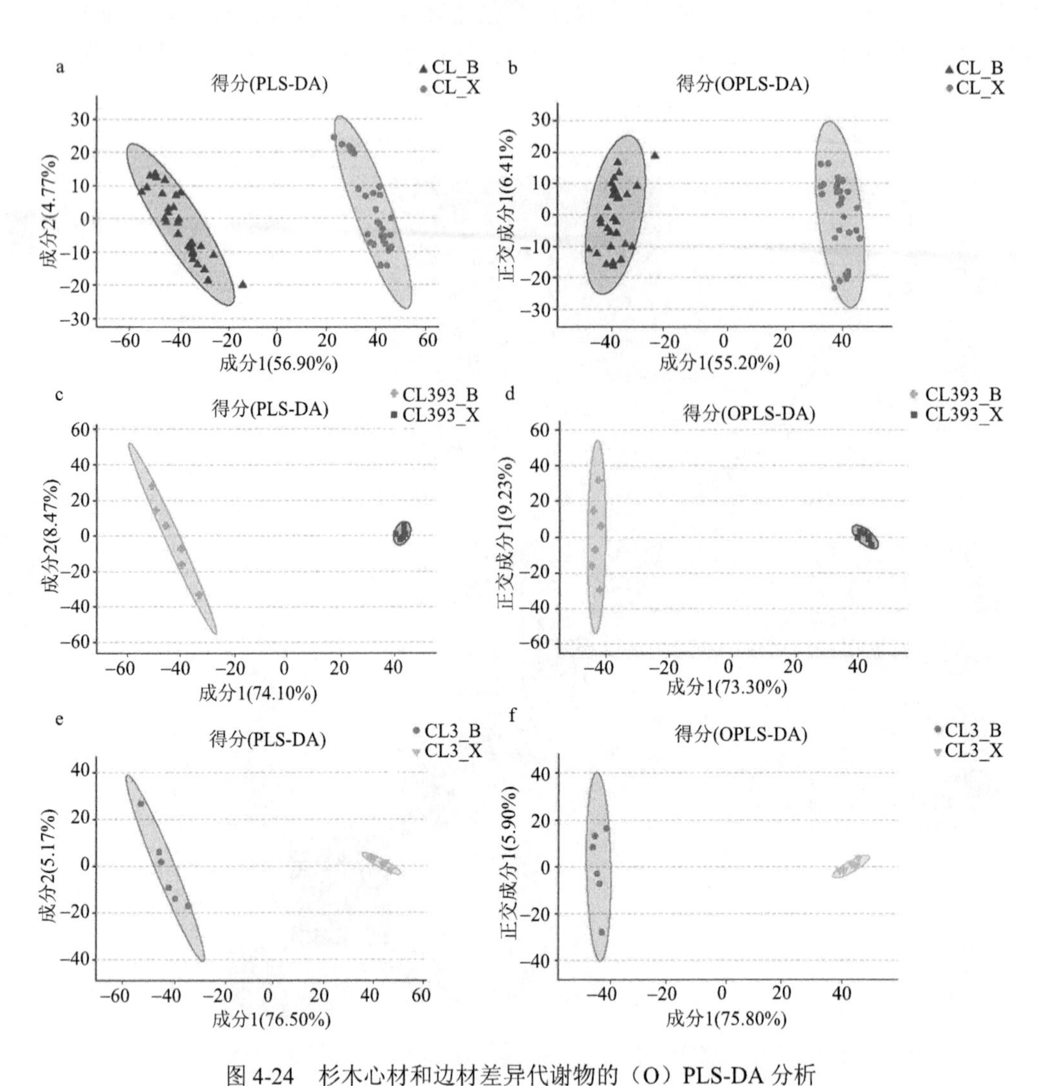

图 4-24　杉木心材和边材差异代谢物的（O）PLS-DA 分析

a、b. 杉木心材和边材；c、d. 1993 年种植的开化 3 号心材和边材；e、f. 1998 年种植的开化 3 号心材和边材

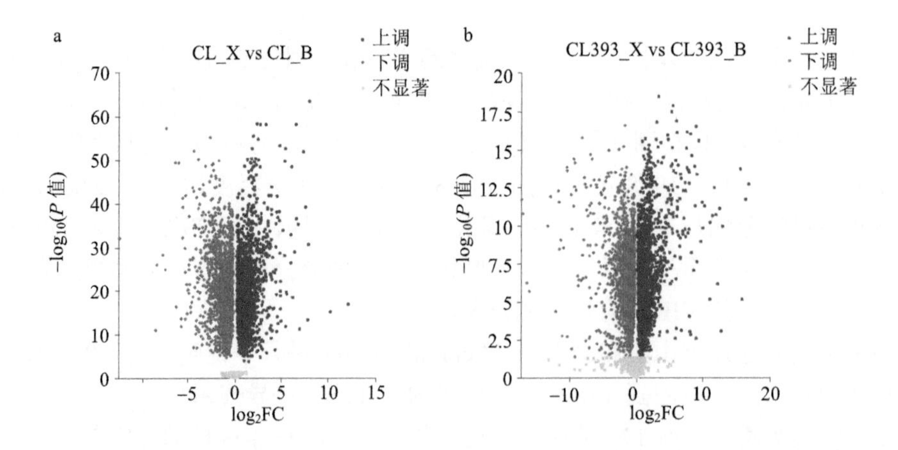

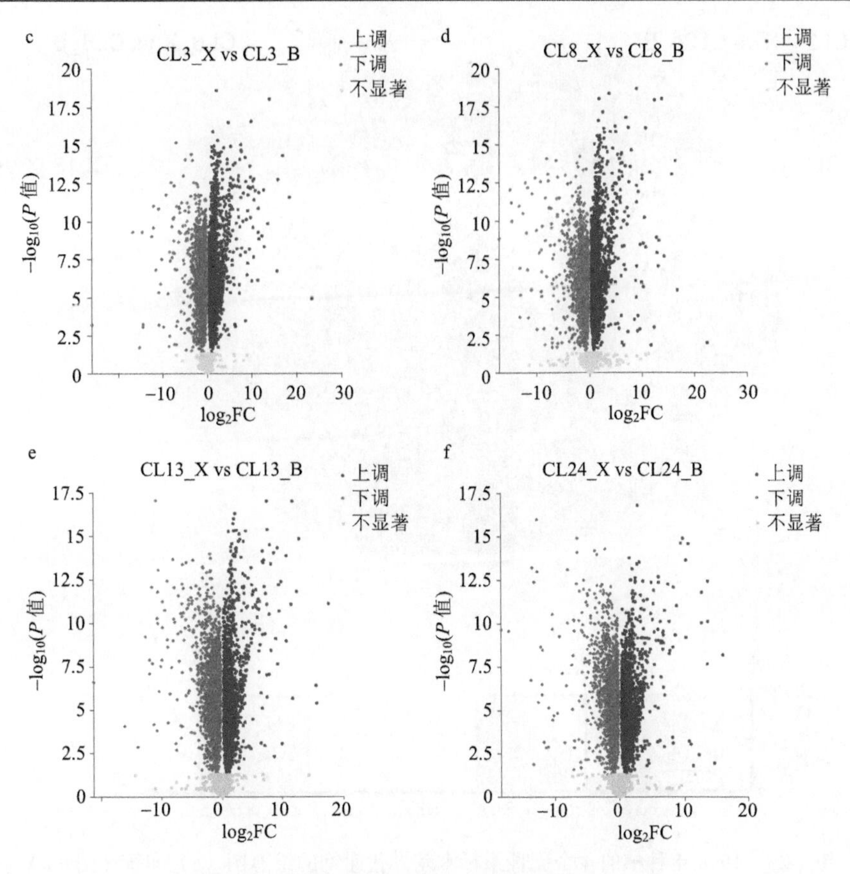

图 4-25　杉木心材和边材差异代谢物的火山图

a. 所有杉木样本的心材和边材；b. 1993 年种植的开化 3 号心材和边材；c. 1998 年种植的开化 3 号心材和边材；d. 大坝 8 心材和边材；e. 开化 13 号心材和边材；f. F24×那 1-1 心材和边材

在心材和边材中总共鉴定出 409 种差异代谢物。经过分类之后，表达量排名前 10 位的是 58 种异戊烯醇脂类，44 种脂肪酰基类，44 种含氧有机物，41 种黄酮类，26 种羧酸及其衍生物，20 种甾体及其衍生物，13 种苯环衍生物，12 种香豆素及其衍生物，9 种苯并吡喃，5 种肉桂酸及其衍生物。对 409 种化合物按表达量大小进行排序，表 4-12 显示了在心材和边材中表达量前 30 的差异代谢物。其中，包括 10 种异戊烯醇脂类，4 种含氧有机物，4 种黄酮类，28 种在心材上调，2 种下调。

在 12 个不同树龄的开化 3 号样品中共检出 935 种代谢物。通过与不同无性系样本相同的筛选条件鉴定代谢物中的不同代谢物。图 4-27 显示了从不同树龄的开化 3 号的心材和边材样品中筛选出的不同代谢物的数量。重叠部分表示在多个差异组中共有的差异代谢物的数量，而没有重叠的部分表示差异组特有的差异代谢物的数量。柱形图表示每个代谢集中包含的代谢物数量。柱形图用来描述维恩图各部分中代谢物的数量，交叉部分的数量和差异部分的数量，可以看出在不同树龄的开化 3 号样品中总共检测到 419 种差异代谢产物。1998 年种植的开化 3 号心材与边材共有 405 种差异代谢物。1993 年种植的开化 3 号心材与边材共有 418 种差异代谢产物。三者之间，有 326 种共有代谢物。

由图 4-28 可知，开化 3 号心材和边材的 419 种差异代谢物中，上调 247 种，下调 172 种。1998 年种植的开化 3 号心材与边材共有的 405 种差异代谢物，包括 250 种上调代谢物和 155 种下调代谢物。1993 年种植的开化 3 号心材与边材共有的 418 种差异代谢物中有 236 种上调了，182 种下调了。在 1993 年和 1998 年种植的开化 3 号中共鉴定出了 419 种差异代谢物。根据 419 种代谢物表达量的排序，在表 4-13 中列出了心边材表达量前 30 的差异化合物。在这 30 种化合物中，有 11 种属于异戊烯醇脂类，有 4 种属于含氧有机物类，有 4 个属于黄酮类，30 个代谢物全部上调（表 4-13）。

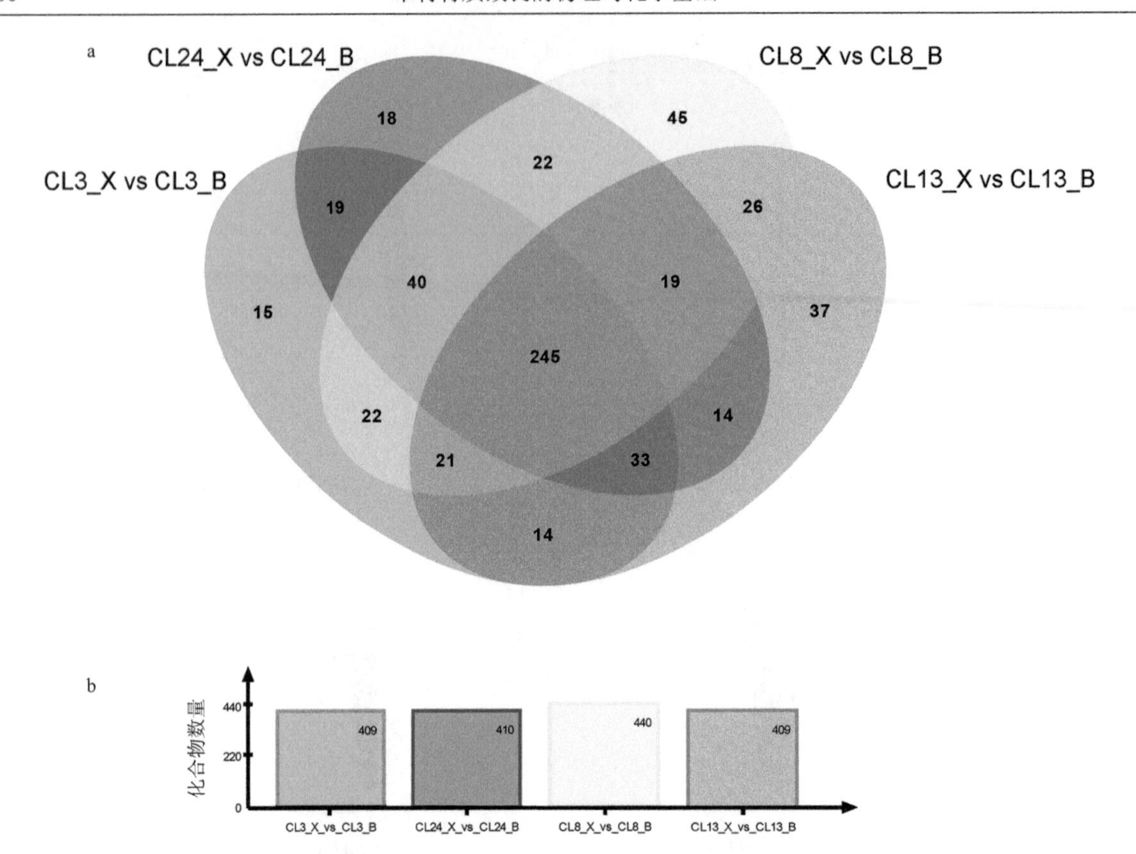

图 4-26　1998 年种植的 4 个无性系杉木差异代谢物的维恩图（a）和统计图（b）

表 4-12　心材和边材中表达量前 30 的差异代谢物

序号	代谢物	类别	VIP	FC	$\log_2$FC	P 值	调控
1	6-（4-乙基-2-羟基苯氧基）-3,4,5-三羟基氧烷-2-羧酸	含氧化合物	2.35	0.77	−0.38	0.03	下调
2	（3,9）-7-drimene-3,11,12-三醇	含氧化合物	2.21	0.82	−0.28	0.00	下调
3	2-decarboxytetrangomycin	—	2.22	0.74	−0.44	0.04	下调
4	physapruin B	类固醇和类固醇衍生物	1.92	0.81	−0.30	0.04	下调
5	异戊基龙胆二糖苷	脂肪酰基	4.23	0.40	−1.33	0.00	下调
6	2,4,6-三羟基-2-[（4-羟基苯基）甲基]-2,3-二氢-1-苯并呋喃-3-酮	—	1.77	0.80	−0.31	0.04	下调
7	香叶醇	孕烯醇酮脂类	2.59	0.74	−0.44	0.00	下调
8	α-*L*-阿拉伯呋喃糖基-（1→2）-[α-*D*-甘露吡喃糖基-（1→6）]-*D*-甘露糖	含氧化合物	2.01	0.81	−0.30	0.00	下调
9	脱氢枞酸	孕烯醇酮脂类	2.00	1.21	0.27	0.01	上调
10	黄尿酸	喹啉及其衍生物	2.15	0.81	−0.31	0.00	下调
11	高丽参皂苷 R1	孕烯醇酮脂类	2.59	0.63	−0.66	0.01	下调
12	野樱苷	含氧化合物	2.13	0.70	−0.52	0.04	下调
13	杀稻瘟菌素 S	碳水化合物和碳水化合物结合物	3.92	0.41	−1.27	0.00	下调
14	甘油磷酸胆碱	甘油磷脂类	1.89	1.21	0.28	0.02	上调
15	香紫苏内酯	萘并呋喃类	2.12	1.21	0.27	0.00	上调
16	2-羟基苯乙胺	含氧化合物	1.80	0.78	−0.36	0.04	下调

续表

序号	代谢物	类别	VIP	FC	$\log_2$FC	*P* 值	调控
17	8-epiisoivangustin	孕烯醇酮脂类	2.03	0.76	–0.39	0.01	下调
18	因多昔芬-*O*-葡萄糖醛酸苷	芪类	1.46	0.83	–0.27	0.03	下调
19	3-焦磷酸二甲基-4-羟苯丙酮酸	—	1.96	0.78	–0.36	0.01	下调
20	甜叶菊素 E	孕烯醇酮脂类	1.95	1.24	0.31	0.00	上调
21	（3*S*,10*R*）-二羟基-11-十二烯-6,8-二炔酸甲酯-10-葡萄糖甙	脂肪酰基	1.94	0.69	–0.54	0.03	下调
22	2,6,7,4'-四羟基异黄酮	—	2.27	1.36	0.45	0.03	上调
23	肉桂单宁	黄酮类	2.88	1.55	0.63	0.02	上调
24	薄荷糖苷	黄酮类	2.44	1.43	0.51	0.02	上调
25	黄绿青霉素 D	吡喃类	2.71	0.56	–0.84	0.00	下调
26	（23*S*）-23,25-二羟基-24-氧代维生素 D3 23-（β-葡糖苷酸）	类固醇和类固醇衍生物	1.54	1.20	0.27	0.05	上调
27	顺式-1,2-二羟基-1,2-二氢-8-羧基萘	—	2.10	0.69	–0.54	0.01	下调
28	芝麻素酚葡萄糖基-（1->2）-葡萄糖甙	木脂素苷	2.86	0.55	–0.85	0.00	下调
29	赤霉素 GA126	孕烯醇酮脂类	2.31	1.28	0.36	0.00	上调
30	芍药素-3-（6''-丙二酰葡糖苷）	黄酮类	1.57	1.24	0.31	0.04	上调

注：“—”表示暂无分类

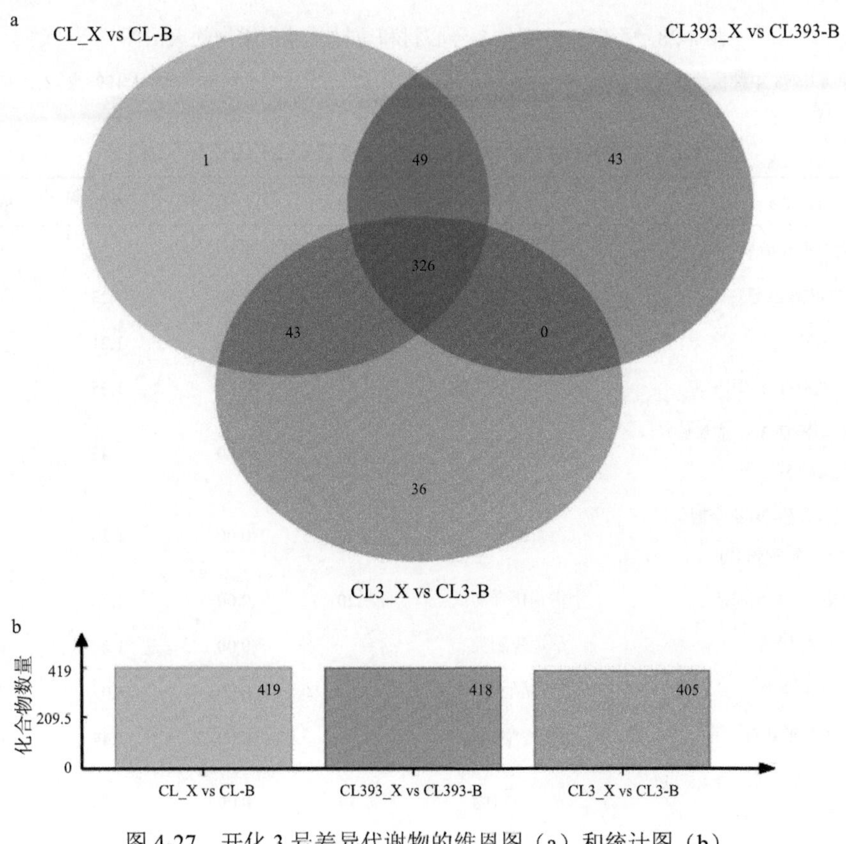

图 4-27　开化 3 号差异代谢物的维恩图（a）和统计图（b）

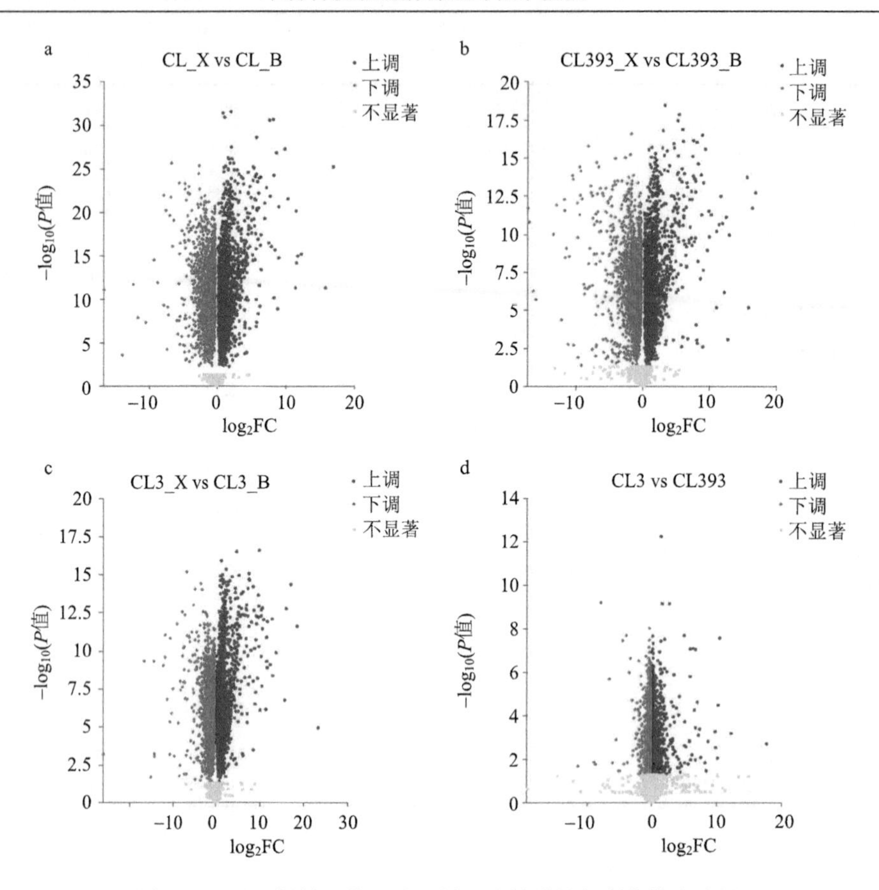

图 4-28　不同树龄开化 3 号心材和边材差异代谢物的火山图

a. 杉木心材和边材；b. 1993 年种植的开化 3 号的心材与边材；c. 1998 年种植的开化 3 号心材和边材；d. 1998 年与 1993 年种植的开化 3 号

表 4-13　不同树龄开化 3 号心边材表达量前 30 的差异代谢物

序号	代谢物	类别	VIP	P 值	FC	$\log_2FC$	调控
1	大根香叶烯酮	孕烯醇酮脂类	1.13	0.00	1.21	0.27	上调
2	PGF2α 乙醇	其他	1.17	0.00	1.23	0.30	上调
3	α-姜黄烯	孕烯醇酮脂类	1.06	0.00	1.21	0.28	上调
4	奥斯汀 I	羧酸及其衍生物	1.18	0.00	1.25	0.32	上调
5	7-羟基-1,7-双（4-羟基-3-甲基苯基）-1-庚烯-3,5-二酮	二苯庚烷类	1.45	0.00	1.43	0.51	上调
6	3′,4′,5′-三羟基黄酮-7-[鼠李糖基-（1->6）-葡萄糖苷]	黄酮类	1.07	0.00	1.20	0.27	上调
7	1-羟基-表菖蒲螺酮	羰基化合物	1.20	0.00	1.38	0.47	上调
8	枸杞苷Ⅷ	孕烯醇酮类		0.00	1.29	0.36	上调
9	玉米苷 B	其他	1.62	0.00	2.07	1.05	上调
10	α-乙酸檀香酯	孕烯醇酮脂类	1.40	0.00	1.44	0.53	上调
11	6-（4-乙基-2-羟基苯氧基）-3,4,5-三羟基氧烷-2-羧酸	含氧有机物	1.14	0.00	1.50	0.58	上调
12	1,6,9-farnesatriene-3,11-diol	孕烯醇酮脂类	1.20	0.00	1.32	0.40	上调
13	香紫苏醇	孕烯醇酮脂类	1.01	0.00	1.21	0.28	上调

续表

序号	代谢物	类别	VIP	*P* 值	FC	log_2FC	调控
14	（3*S*,4*S*,6*R*,7*S*）-1,10-红没药二烯-3,4-二醇	孕烯醇酮脂类	1.84	0.00	2.30	1.20	上调
15	乙酰人参环氧炔醇	羧酸及其衍生物	1.35	0.00	1.42	0.51	上调
16	乙基香兰素葡萄糖苷	含氧有机物	1.08	0.00	1.34	0.42	上调
17	环喹啉酮	异黄酮类	1.18	0.00	1.28	0.36	上调
18	（±）-柚皮素	其他	1.23	0.00	1.39	0.48	上调
19	异橙花叔醇	孕烯醇酮脂类	1.10	0.00	1.24	0.31	上调
20	甘草黄酮醇 A	黄酮类	1.23	0.00	1.33	0.42	上调
21	（*S*）-3-丁基-1（3*H*）-异苯并呋喃酮	苯并呋喃	1.41	0.00	1.62	0.69	上调
22	异紫花前胡内酯-鼠李糖苷	香豆素及其衍生物	1.09	0.00	1.29	0.36	上调
23	（*S*）-利他林 A 12-葡萄糖苷	含氧有机物	1.07	0.00	1.27	0.35	上调
24	3,4,5-三羟基-6-[3-（3-氧代-3-苯丙基）苯氧基]氧烷-2-羧酸	黄酮类	1.09	0.00	1.24	0.32	上调
25	环氧石竹烯	孕烯醇酮脂类	1.12	0.00	1.27	0.35	上调
26	8-羟基奈韦拉平葡萄糖醛酸苷	含氧有机物	1.45	0.00	1.59	0.67	上调
27	吖啶香豆素碱 I	喹啉及其衍生物	1.03	0.00	1.25	0.32	上调
28	8-[5]-梯烷-1-辛醇	其他	1.34	0.00	1.45	0.54	上调
29	前异菖蒲烯二醇	孕烯醇酮脂类	1.18	0.00	1.32	0.40	上调
30	覆盆子苷 F3	孕烯醇酮脂类	1.40	0.00	1.61	0.69	上调

如图 4-29 所示，这些代谢物主要参与次生代谢物的代谢途径。所有样品的代谢物主要注释在 4 个类别的 15 种代谢途径中，4 个类别包括代谢、遗传信息处理、环境信息处理及人类疾病。心材和边材的 409 种差异代谢物主要注释于 13 种代谢通路。不同无性系和不同树龄的差异代谢物主要富集于氨基酸代谢和脂质代谢这两种代谢通路。

不同树龄的开化 3 号中共鉴定出 419 种差异代谢物，主要注释在 4 类（代谢、遗传信息处理、环境信息处理、人类疾病）共计 13 条代谢通路里。注释在代谢通路里的代谢物最多，与其他不同无性系情况基本一致。心材和边材差异代谢物注释的途径如下：膜运输，折叠、分类和降解，翻译，耐药性：抗菌，氨基酸代谢，其他次生代谢物的生物合成，碳水化合物代谢，能量代谢，脂质代谢，辅助因子和维生素代谢，其他氨基酸代谢，萜类和聚酮化合物的代谢，核苷酸代谢，共有 13 种途径。其中，分别有 14 种、13 种和 12 种代谢物分别注释到氨基酸代谢、其他次生代谢物的生物合成、脂质代谢。总的来说，氨基酸代谢、其他次生代谢物的生物合成、脂质代谢 3 种代谢通路是被注释的差异代谢物较多的途径。

由图 4-30 可以看出，开化 3 号心材、边材富集（$P<0.01$）在氨酰基-tRNA 生物合成、氰基氨基酸代谢、ABC 转运蛋白、亚油酸代谢的 20 条代谢通路里。在 1993 年种植的开化 3 号的氨酰基-tRNA 生物合成，ABC 转运蛋白，氰基氨基酸代谢，精氨酸生物合成，甘氨酸、丝氨酸和苏氨酸代谢，亚油酸代谢，类黄酮生物合成与 1998 年种植的开化 3 号的精氨酸生物合成有显著差异。与 1998 年种植的开化 3 号相比，1993 年的类黄酮生物合成通路的富集，可以解释 1993 年种植的开化 3 号的心材比 1998 年种植的开化 3 号颜色更深的现象。

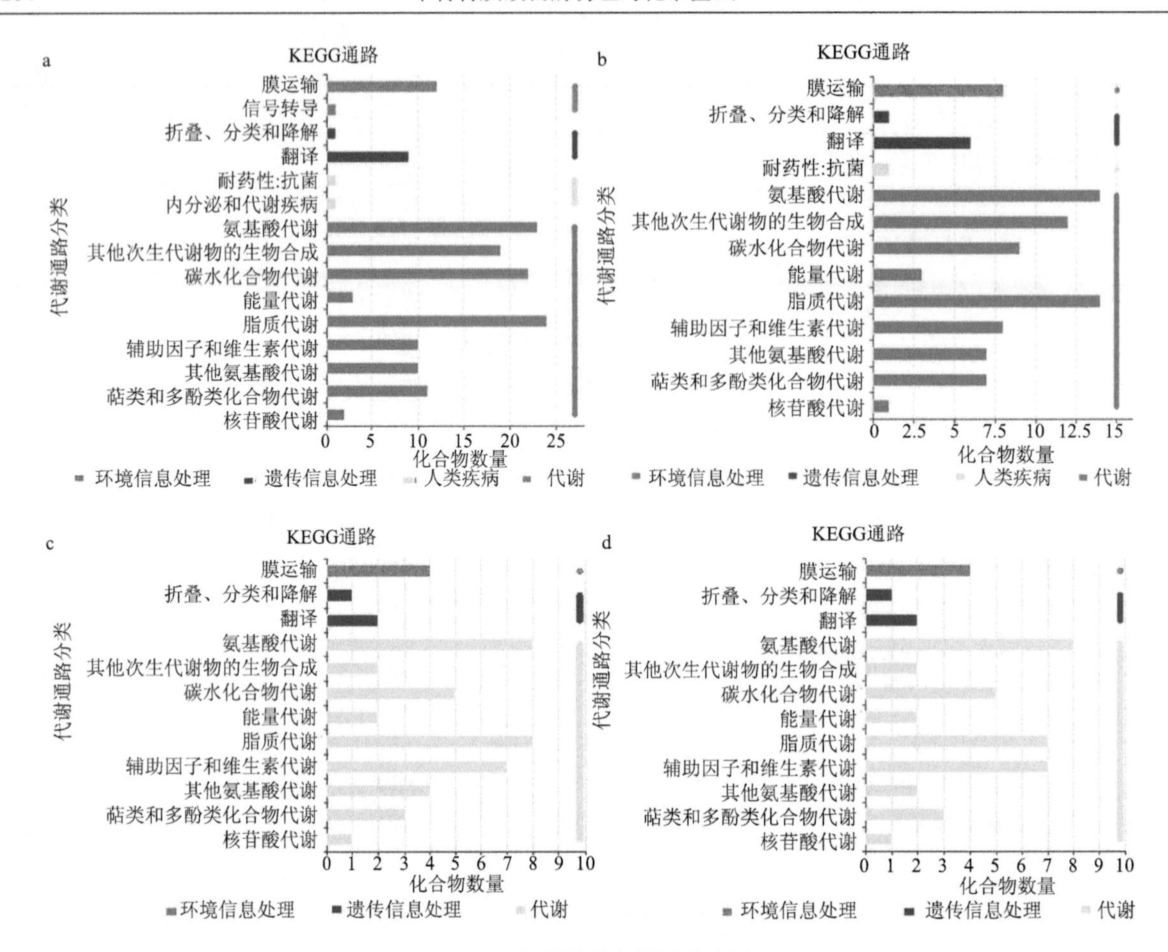

图 4-29　代谢物的代谢通路分析

a. 所有代谢物的代谢途径分布；b. 心材和边材中差异代谢物的代谢途径分布；c. 1998 年种植的 4 个无性系中共有代谢物的代谢途径分布；d. 60 个样品中共有代谢物的代谢途径分布

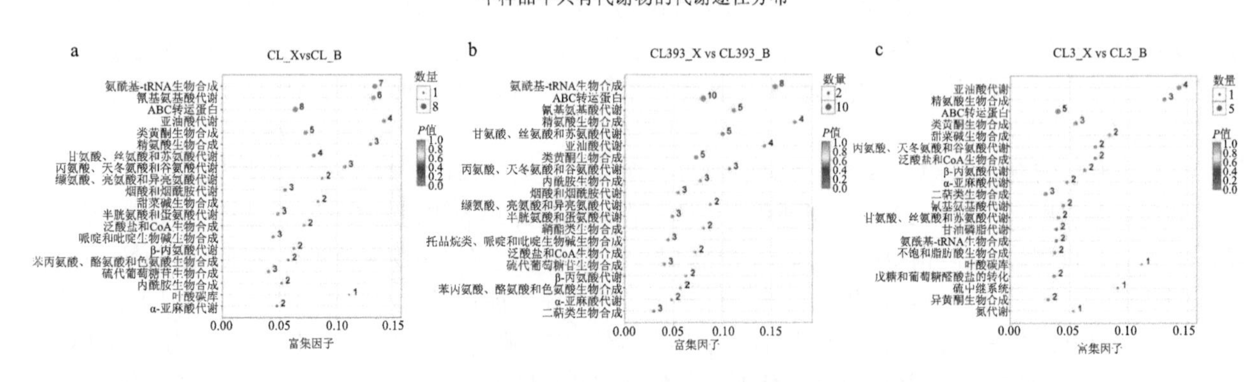

图 4-30　心材和边材差异代谢物的 KEGG 通路富集

a. 心材和边材差异代谢物 KEGG 通路富集；b. 1993 年种植的开化 3 号心材和边材差异代谢物 KEGG 通路富集；c. 1998 年种植的开化 3 号心材和边材差异代谢物 KEGG 通路富集

对杉木心边材中的黄酮类代谢物进行进一步分析（表 4-14），在 419 种代谢产物中鉴定出 47 种黄酮类代谢物，其中包括 34 种黄酮，8 种异黄酮，4 种 2-芳基苯并呋喃类黄酮和 1 种新黄酮类。心材中 27 种黄酮类代谢物的含量高于边材，20 种低于边材。其中，心材中含量较高的前 5 个代谢物是 3′,4′,5′-三甲氧基三丁酮 7-[鼠李糖基-（1→6）-葡萄糖苷]、环基维酮，甘草黄酮醇 A、3,4,5-三羟基-6-[3-（3-氧代-3-苯丙基）苯氧基]氧烷-2-羧酸、（±）-3′,4′-亚甲二氧基-5,7-二甲基表儿茶素、4′-*O*-甲基花翠素 3-*O*-芸香糖甙。

表 4-14　不同树龄开化 3 号心边材中的黄酮类代谢物

代谢物	类别	VIP	*P* 值	FC	log_2FC	调控
（7*E*,7'*R*,8'*R*）-e-葡萄素-3′,5′-二葡萄糖苷	苯并呋喃黄酮类	1.92	0.00	0.37	−1.42	下调
表儿茶素-（2β→7,4β→6）-儿茶素	黄酮类	1.81	0.00	0.28	−1.81	下调
无色飞燕草素-3-[半乳糖基-（1→4）-葡萄糖苷]	黄酮类	1.80	0.00	4.05	2.02	上调
圣草酚 7-（6-反式-对香豆酰葡糖苷）	黄酮类	1.78	0.00	0.27	−1.88	下调
山柰酚-3-阿拉伯糖苷-7-鼠李呋喃糖苷	黄酮类	1.78	0.00	0.11	−3.25	下调
4′-*O*-甲基葡萄糖基甘草苷	黄酮类	1.75	0.00	2.29	1.19	上调
维斯蒂酮 7-葡萄糖苷	异黄酮类	1.66	0.00	13.03	3.70	上调
glyzarin	异黄酮类	1.62	0.00	7.01	2.81	上调
肉桂丹宁 B6	黄酮类	1.60	0.00	0.47	−1.08	下调
5,7-二羟基-6-甲氧基黄酮-5-鼠李糖苷	黄酮类	1.59	0.00	3.19	1.67	上调
鼠曲草黄素	黄酮类	1.56	0.00	2.75	1.46	上调
2′,4′,6′-三羟基二氢查耳酮-2′-葡萄糖苷	黄酮类	1.56	0.00	2.67	1.41	上调
甘草吡喃香豆精	异黄酮类	1.52	0.00	3.05	1.61	上调
桑辛素 L	苯并呋喃黄酮类	1.51	0.00	3.25	1.70	上调
3-槐糖苷芍药花素	黄酮类	1.50	0.00	0.43	−1.23	下调
松黄烷酮	黄酮类	1.47	0.00	2.24	1.17	上调
降香	新黄酮类	1.45	0.00	2.55	1.35	上调
香叶木质素	黄酮类	1.41	0.00	3.02	1.59	上调
桂皮鞣质 A2	黄酮类	1.41	0.00	0.58	−0.79	下调
山柰酚 3-（2G-apiosylrobinobioside）	黄酮类	1.41	0.00	0.37	−1.43	下调
6α-羟基菜豆素	异黄酮类	1.38	0.00	2.60	1.38	上调
薄荷异黄酮苷	黄酮类	1.34	0.00	0.55	−0.87	下调
天竺葵素-3-（2 葡萄糖芸香苷）	黄酮类	1.30	0.00	0.63	−0.67	下调
二氢藤黄双黄酮	黄酮类	1.28	0.00	0.71	−0.50	下调
花葵素-3-鼠李糖苷	黄酮类	1.25	0.00	1.48	0.57	上调
甘草黄酮醇 A	黄酮类	1.23	0.00	1.33	0.42	上调
（±）-3′,4′-亚甲二氧基-5,7-二甲基表儿茶素	黄酮类	1.22	0.00	1.42	0.51	上调
大麦芽碱 A 葡萄糖苷	黄酮类	1.21	0.00	1.56	0.64	上调
7-羟基-3,4′,8-三甲氧基黄酮	黄酮类	1.21	0.00	1.67	0.74	上调
matsutakeside I	黄酮类	1.21	0.00	0.69	−0.54	下调
环基维酮水合物	异黄酮类	1.21	0.00	1.60	0.67	上调
环基维酮	异黄酮类	1.18	0.00	1.28	0.36	上调
柚皮素-4′-*O*-葡萄糖苷	黄酮类	1.18	0.00	1.93	0.95	上调
7-*O*-葡萄糖芒柄花黄素	异黄酮类	1.18	0.00	1.79	0.84	上调
2-（4-乙基-3-羟苯基）-3,4-二氢-2H-1-苯并吡喃-3,5,7-三醇	黄酮类	1.18	0.00	0.59	−0.75	下调
神经氨酸	黄酮类	1.16	0.00	1.50	0.58	上调
异黄烷酮 A	黄酮类	1.15	0.00	1.59	0.67	上调
原花青素 C1	黄酮类	1.13	0.00	0.79	−0.34	下调
3-芸香糖苷菠叶素	黄酮类	1.12	0.00	0.72	−0.47	下调
3,4,5-三羟基-6-[3-（3-氧代-3-苯丙基）苯氧基]氧烷-2-羧酸	黄酮类	1.09	0.00	1.24	0.32	上调

续表

代谢物	类别	VIP	P 值	FC	$\log_2$FC	调控
（*S*）-3′,4′,5,7-四羟基-5′,8-二异戊烯基黄烷酮	黄酮类	1.09	0.00	1.33	0.41	上调
3′,4′,5′-三甲氧基五羟黄酮 7-[鼠李糖基-（1→6）-葡萄糖苷]	黄酮类	1.07	0.00	1.20	0.27	上调
表儿茶素	黄酮类	1.04	0.00	0.81	–0.30	下调
表没食子儿茶素	黄酮类	1.04	0.00	0.74	–0.44	下调
4′-*O*-甲基花翠素 3-*O*-芸香糖苷	黄酮类	1.04	0.00	0.78	–0.36	下调
锦葵色素-6-（6-*p*-香豆酰葡糖苷）-4-乙烯基苯酚	黄酮类	1.03	0.00	0.81	–0.30	下调
罗思菌素	异黄酮类	1.03	0.00	0.81	–0.30	下调

四、本节小结

利用 LC-MS 技术对大约 30 年的红豆杉的边材和心材的化学成分进行分析，结果总共检测到了 607 种化合物，分析了红豆杉心材和边材化学成分的差异，心材相对于边材来说，黄酮类物质上调的有 42 个，下调的 29 个。

为探究柚木心材和边材明显色差形成的原因，对心材和边材差异代谢物进行了鉴定分析及代谢通路分析；结果显示，差异代谢物在心材中上调的均比下调的多，且差异代谢物中苯丙素和聚酮类数量较多；共有差异代谢物在心材中均显著上升，且均含有不饱和结构和共轭结构；心材和边材差异代谢物代谢通路分析显示，较多差异代谢物被注释到氨基酸合成和黄酮类生物合成等代谢途径中，推测这些代谢物可能与柚木心材和边材颜色明显差异有关。

对 60 个杉木心材、边材样品进行了代谢组学研究。样品首先经过前处理去除杂质、提取代谢物，然后在 LC-MS 正、负模式下分别上机检测采集信息，得到代谢物的 MS 和 MS/MS 信息，采用 Progenesis QI（Waters Corporation, Milford, 美国）软件进行代谢物注释、数据预处理等，最终得到代谢物列表及数据矩阵，结合 t 检验和 VIP（OPLS-DA）筛选出差异的代谢物，进一步采用通路分析、关联分析、聚类分析等高级分析对差异代谢物的生物学信息进行挖掘，并对杉木心材中的黄酮类代谢物进行了分析，在 419 种代谢产物中鉴定出 47 种黄酮类代谢物，心材中 27 种黄酮类代谢物的含量高于边材，20 种低于边材。研究通过对不同无性系、不同树龄杉木心材和边材代谢物的研究，为杉木的心材和边材差异研究、合成机制探索、了解通路情况提供了新的视角。

第三节　木材颜色相关次生代谢产物基因筛选及遗传调控

由于近年来生物技术以及分子遗传学和测序技术的快速发展，有力推动了基因组学的研究。基因组学分析从 DNA 水平上对基因组的遗传变异及其作用机制进行识别，从而确定造成表型性状变化的功能基因或遗传标记。目前基因组学已在植物次生代谢产物的生产调控中得到了广泛的应用，本研究通过基因组学分析手段对目标化合物合成的相关基因进行了筛选，进一步阐述了其生物合成途径，在此基础上通过对基因转录水平上的调控进而对目标化合物的生物合成进行调控。

木材颜色是木材品质的一个重要指标，不仅是木材表面视觉物理量的一个重要特征，而且是人工林培育、木材改性与利用等的一个重要评价标准，对木材加工利用具有重要意义。木材颜色形成的遗传分子机制是木材材质改良的关键，因此有必要详细深入研究不同种类次生代谢产物在木材形成过程中的生物合成调控机制。

本小节针对我国特色林木次生代谢产物生物合成调控机制不明确的问题，以红豆杉和杨树为研究对象，利用现有基因资源、测序及生物信息学技术对与杨树等木材品质相关的黄酮类化合物合成的关键酶基因及调控因子进行鉴定，利用 RT-PCR 技术进行基因克隆，构建过表达载体，并进行杨树遗传转化，对获得的转基因材料进行表型鉴定、次生代谢成分检测和基因表达水平分析等，阐明它们对木材品质的影响和调控机理。

一、黄酮生物合成途径关键基因鉴定与分析

（一）试验材料

试验所用红豆杉栽培于中国林业科学研究院温室，选取 10 年树龄的红豆杉植株分别对其叶片、木质部、韧皮部以及根进行取样，样品储存在液氮中。将树皮从茎上剥离，剥离部分为韧皮部，中间部分为木质部。每份样品取自三个植株，混合后使用。反转录试剂盒 FastKing RT Kit（With gDNase）购于天根生化科技（北京）有限公司（以下简称天根生化科技），SYBR 荧光定量试剂盒（KAPA，美国）购于河南凯普瑞生物技术有限公司北京分公司。

（二）试验方法

从 GenBank 中下载拟南芥花青素生物合成相关蛋白氨基酸序列，通过本地 BLAST 在红豆杉的全长转录组数据（PRJNA580323）中用 tBLASTn 模式搜索同源基因，E 值设置为 10^{-10}。鉴定的基因通过 BLASTx 模式与其他物种中参与花青素生物合成的相关基因进行手动检查和序列比对。利用 Expasy 网站上的 pI/Mw 计算工具（http://web.expasy.org/compute_pi/），推导出鉴定的红豆杉花青素生物合成相关酶的分子量（MW）和理论等电点（pI）。利用 NCBI 上的 CD 搜索工具对红豆杉花青素合成途径相关酶进行保守结构域搜索分析（https://www. ncbi .nlm.nih.gov/Structure/cdd/wrpsb.cgi）。通过 EMBL-EBI 网站的 Clustal Omega 工具进行氨基酸的多序列比对（https://www.ebi.ac.uk/Tools/msa/clustalo）。采用 MEGA7（molecular evolutionary genetics analysis version 7.0）软件邻居连接（neighbor joining，NJ）方法构建系统发育树。

利用植物总 RNA 提取试剂盒提取红豆杉不同组织总 RNA，按说明书的步骤进行提取，用 1.2%琼脂糖凝胶电泳和 NanoDrop1000C 光谱计检测 RNA 的完整性和浓度。使用天根生化科技的 FastKing RT 试剂盒进行反转录，每个体系 RNA 总量为 800 ng，反转录所得 cDNA 稀释 6 倍后备用。用 SYBR 快速定量 PCR 试剂盒进行荧光定量 PCR 反应，采用 *Tcactin* 作为内参，58℃退火，45 个循环。基因的相对表达量用 $2^{-\Delta\Delta Ct}$ 方法计算。

（三）结果与讨论

1. 红豆杉黄酮类代谢途径关键基因鉴定

通过代谢组学分析发现红豆杉边材和心材的差异成分主要集中在黄酮类代谢途径，因此，我们对红豆杉黄酮类代谢途径的关键基因进行了系统鉴定。利用拟南芥花青素生物合成相关基因序列 BLAST 红豆杉全长转录组数据库，通过生物信息学分析比对，共鉴定了 25 个花青素合成相关基因，这些基因属于包括 *CHS*、*CHI*、*F3'H*、*F3'5'H*、*F3H*、*LAR*、*DFR*、*ANR* 及 *ANS* 在内的 9 个基因家族，分别命名为 *TcCHS*、*TcCHI1*～*TcCHI2*、*TcF3'H1*～*TcF3'H4*、*TcF3'5'H*、*TcF3H1*～*TcF3H5*、*TcLAR1*～*TcLAR2*、*TcDFR1*～*TcDFR8*、*TcANR* 及 *TcANS*。这些基因的开放阅读框（open reading frame，ORF）、编码蛋白氨基酸序列长度、理论分子量、等电点等基本信息见表 4-15。

表 4-15　红豆杉黄酮类代谢途径关键基因的基本信息

基因名称	开放阅读框（bp）	编码蛋白氨基酸序列长度	理论分子量（Da）	等电点
TcCHS	1191	396	43 296.04	6.53
TcCHI1	1275	424	45 693.46	5.26
TcCHI2	636	211	23 169.55	5.08
TcF3H1	1083	360	40 313.02	5.36
TcF3H2	1074	357	40 289.22	6.09
TcF3H3	1020	339	37 757.17	5.86
TcF3H4	1239	412	46 216.48	5.79
TcF3H5	1110	369	41 338.03	6.14
TcF3'H1	1518	505	57 751.83	7.28
TcF3'H2	1521	506	57 549.63	6.38
TcF3'H3	1518	505	56 727.74	8.99
TcF3'H4	1551	516	57 159.38	6.78
TcF3'5'H	1515	504	56 269.67	9.33
TcDFR1	969	322	35 761.2	5.63
TcDFR2	915	304	33 774.41	5.6
TcDFR3	1053	350	38 957.03	5.78
TcDFR4	1023	340	37 318.85	5.49
TcDFR5	975	324	35 997.33	6.33
TcDFR6	960	319	35 470.71	5.95
TcDFR7	933	310	34 393.59	5.44
TcDFR8	847	280	31 009.74	5.83
TcANS	1050	349	39 181.75	5.53
TcANR	1053	350	37 627.39	7.6
TcLAR1	966	321	35 852.81	5.35
TcLAR2	1215	404	44 577.57	6.01

2. 黄酮类代谢途径关键基因在不同树龄及不同部位红豆杉中的表达情况

利用 qPCR 技术分析了红豆杉黄酮类代谢途径关键基因在红豆杉的叶、韧皮部、木质部和根中的组织表达模式，结果表明，这些基因具有不同的组织特异性表达模式（图 4-31），在根中相对表达量较高的基因有 *TcF3H3*、*TcF3H5*、*TcF3'H1*、*TcDFR3*、*TcDFR7*、*TcDFR8* 和 *TcLAR2*，木质部中相对表达量较高的基因有 *TcCHS*，韧皮部相对表达量较高的基因有 *TcF3H2*、*TcF3H4*、*TcANS*、*TcF3'H3* 和 *TcDFR4*，叶片中相对表达量较高的基因有 *TcF3H2* 和 *TcDFR6*，基因的差异性表达体现了基因发挥作用的组织特异性，在木质部中表达量高的基因可能与木材发育相关。

为了解这些基因在木材形成过程中的动态规律，我们采用荧光定量 PCR 方法，分析了这些基因在不同树龄红豆杉木质部中的表达情况（图 4-32），结果表明，这些基因在不同树龄的红豆杉木质部中的表达情况各不相同，其中 *TcF3H4*、*TcF3H5*、*TcF3'H1*，*TcDFR5* 和 *TcDFR2* 等在树龄较大的木质部中表达量较高，说明它们可能与木材颜色形成相关。

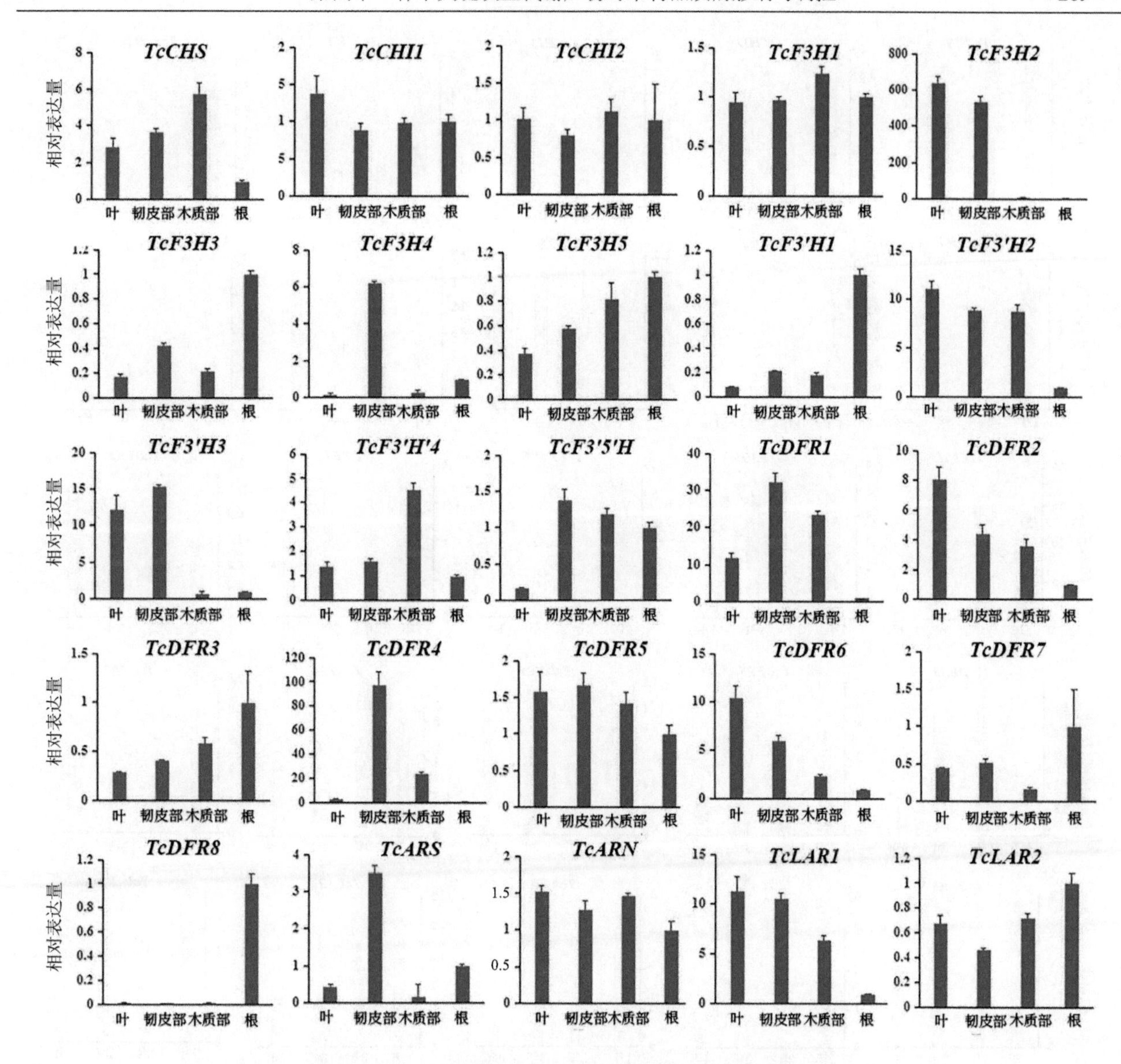

图 4-31　红豆杉黄酮类代谢途径基因组织特异性表达分析

二、黄酮生物合成调控转基因验证

（一）试验材料

84K 杨（*Populus alba*×*P. tremula* var. *glandulosa*）组培苗为本研究室继代存留。红豆杉、84K 杨植株栽培于中国林业科学研究院温室，培养条件为温度 25℃，湿度 50%。RNA 提取试剂盒（EASYspin plus plant RNA Kit）购于北京艾德莱生物科技有限公司；无 RNA 酶水购于北京索莱宝科技有限公司；限制性内切酶 *Sac* Ⅰ、*Xba* Ⅰ、*Xma* Ⅰ及 T4 DNA 连接酶购于 NEB 公司；农杆菌 GV3101 购于中美泰和生物技术（北京）有限公司；高保真 DNA 聚合酶（High-Fidelity DNA Polymerase）购于北京全式金生物技术股份有限公司；限制性内切酶、大肠杆菌 DH5α、基因克隆载体（pMD™19-T Vector Cloning Kit）购于宝生物工程（大连）有限公司；DNA 凝胶回收试剂盒（AxyPrep™ DNA Gel Extraction Kit）、质粒 DNA 小量提取试剂盒（AxyPrep™ plasmid mini-prepare Kit）、去酶离心管、去酶枪头等实验耗材购于爱思进生物技术（杭州）有限公司。

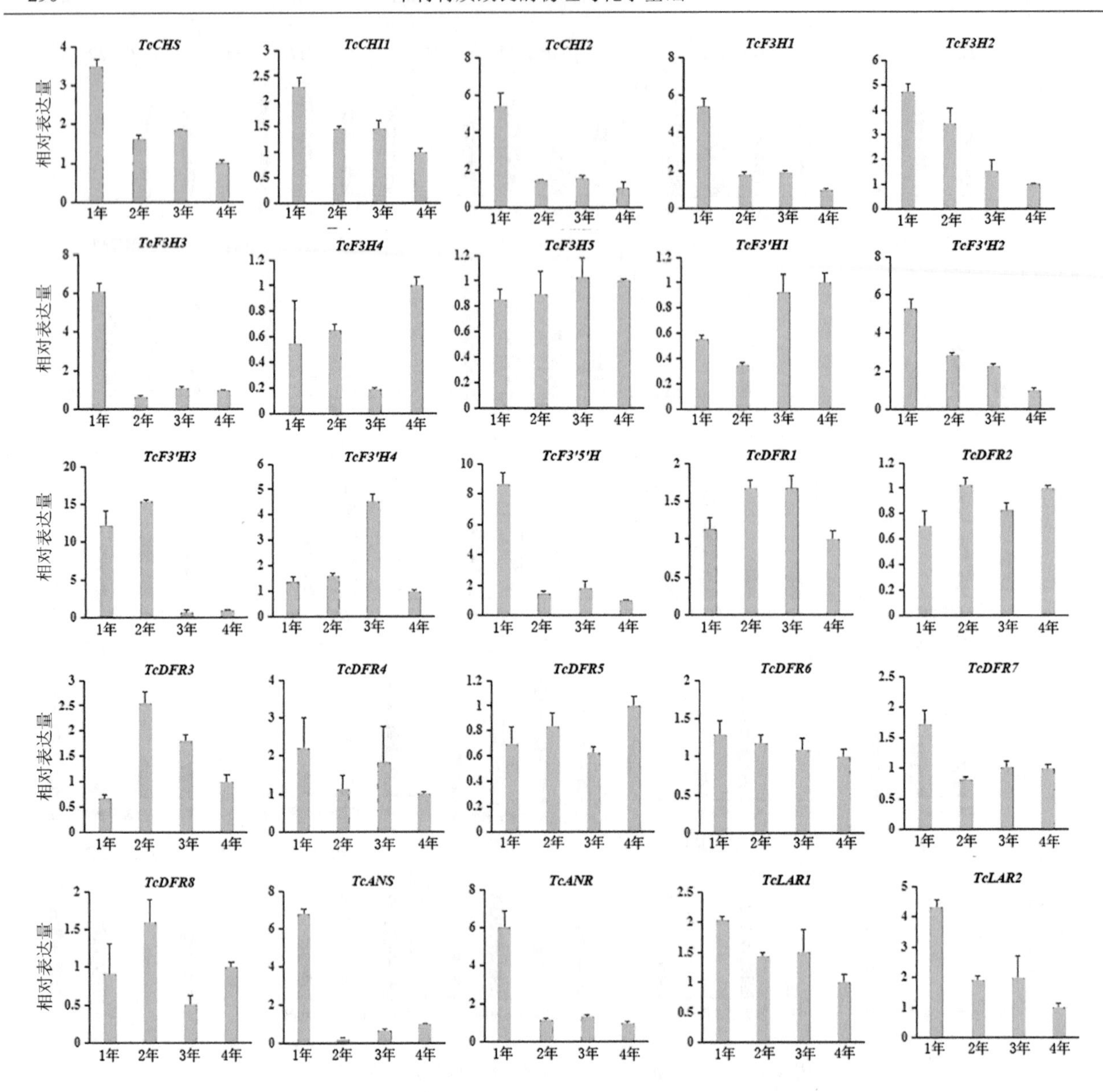

图 4-32　红豆杉黄酮类代谢途径基因在不同树龄木质部中的表达分析

（二）试验方法

采用 RT-PCR 方法克隆 *MYB* 基因的全长序列。过表达载体构建采用 PBI121 载体，根据基因序列设计酶切位点，将基因的全长序列插入到 PBI121 载体上 35S 启动子下游，取代 *GUS* 基因。遗传转化采用农杆菌介导的叶盘法转化 84K 杨，具体步骤如下：将构建好的过表达载体质粒转入农杆菌 GV3101 感受态细胞中，经验证后用于侵染无菌 84K 杨组培苗的叶片，随后置于无抗生素的芽分化培养基上共培养 3 d，然后转到含有 200 mg/L 特美汀和 50 mg/L 卡那霉素的芽分化培养基上进行选择培养。待侵染的叶片长出不定芽，转移至含有 200 mg/L 特美汀和 50 mg/L 卡那霉素的生根培养基上进行生根培养。

（三）结果与讨论

1. 过表达载体构建

利用 Trizol 试剂提取红豆杉的总 RNA，制备 cDNA 库，采用 RT-PCR 方法克隆 *MYB* 基因的全长序列。过表达载体构建采用 PBI121 载体，并根据基因序列设计酶切位点，将基因的全长序列插入到 PBI121

载体上 35S 启动子下游，取代 *GUS* 基因，构建 *MYB* 基因的过表达载体。

2. 遗传转化实验

将构建好的载体质粒转入农杆菌 GV3101 中，用活化的含有目的质粒的农杆菌侵染杨树的叶片，共培养 3 d，然后转移至含有 200 mg/L 特美汀和 50 mg/L 卡那霉素的 MS 固体培养基上筛选，将长出的芽切下来，移至生根培养基中进行生根（Lu et al.，2018）。本研究利用根癌农杆菌介导的遗传转化方法进行了大规模的遗传转化实验，得到的 *MYB* 基因的转基因阳性植株如图 4-33 所示。

图 4-33　转基因植株组培苗

3. 转基因植株表型分析

通过提取这些转基因植株的 DNA，利用 PCR 技术进行验证，将得到的阳性植株通过组织培养的方法进行扩繁和继代培养，每个株系转基因植株扩繁达到 5 瓶，每瓶 3 株转基因植株苗，然后进行温室移栽。图 4-34 是移栽后的非转基因杨树对照和转基因植株。

图 4-34　非转基因杨树植株（左）和转基因植株（右）温室移栽苗

图 4-35 是在温室生长七八个月的非转基因植株（CK）和转基因植株的各个器官的表型图片。从图 4-35 中我们可以看出，转基因植株与非转基因植株（CK）相比，植株的叶片、茎和根都存在明显的颜色区别，尤其是转基因植株根部表现出特别明显的红色，说明此基因确实在调控植物颜色形成方面起着重要作用。

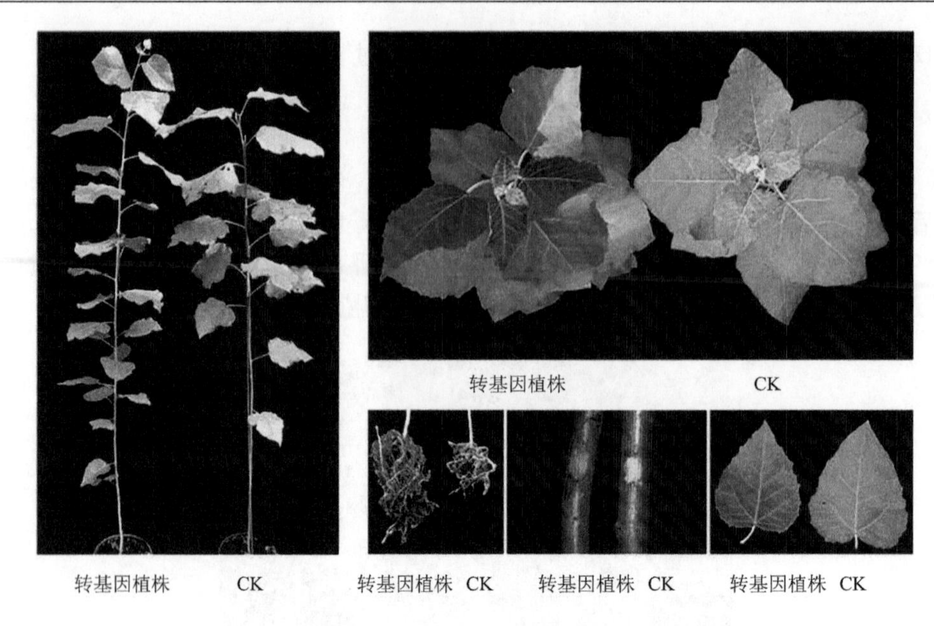

图 4-35　转基因植株和非转基因植株（CK）表型分析

4. 转基因植株黄酮类代谢成分分析

利用 UPLC-MS/MS 检测技术，对非转基因 84K 杨和转基因植株的木质部进行了次生代谢成分分析，共检测到 264 种黄酮类代谢物。我们利用 PLS-DA 模型分析了非转基因 84K 杨和转基因植株的黄酮类差异代谢成分，结果显示，非转基因 84K 杨和转基因植株有 74 种显著差异的代谢成分（表 4-16），其中在转基因植株中上调的有 69 种，下调的有 5 种。表 4-16 中列出了转基因植株中差异最大的前 25 种黄酮类化合物，其中转基因植株中含量最高的为矢车菊素-3-*O*-芸香糖苷，该物质的颜色是紫红色，这与转基因植株的颜色相似。

表 4-16　非转基因植株和转基因植株黄酮类代谢成分含量差异最大的前 25 种化合物

序号	物质	物质分类	Log_2FC	类型
1	矢车菊素-3-*O*-芸香糖苷	花青素	22.40	上调
2	山柰酚-4′-*O*-葡萄糖苷	黄酮	21.76	上调
3	山柰酚-3-*O*-葡萄糖苷-7-*O*-鼠李糖苷	黄酮醇	21.57	上调
4	木犀草素-4′-*O*-葡萄糖苷	黄酮	21.53	上调
5	木犀草素-3′-*O*-葡萄糖苷	黄酮	21.52	上调
6	山柰酚-3-*O*-葡萄糖苷	黄酮醇	21.46	上调
7	山柰酚-3-*O*-新橙皮糖苷	黄酮醇	21.44	上调
8	山柰酚-3 -*O*-鼠李糖基（1→2）葡萄糖苷	黄酮	19.13	上调
9	天竺葵素-3-*O*-葡萄糖苷	花青素	18.19	上调
10	芍药花素-3-*O*-葡萄糖苷	花青素	18.03	上调
11	木犀草素-7-*O*-新橘皮糖苷	黄酮	17.69	上调
12	木犀草素-7,3′-*O*-二葡萄糖苷	黄酮	17.26	上调
13	香叶木苷	黄酮	16.93	上调
14	木犀草素-7-*O*-芸香糖苷	黄酮	16.04	上调
15	山柰酚-3-*O*-洋槐糖苷	黄酮醇	16.02	上调
16	杜鹃素-7-*O*-葡萄糖苷	二氢黄酮	14.75	上调

续表

序号	物质	物质分类	Log_2FC	类型
17	山柰酚-3-*O*-（6″-对香豆酰）葡萄糖苷	黄酮醇	14.55	上调
18	芹菜素-7-*O*-新橙皮糖苷	黄酮	14.32	上调
19	没食子儿茶素-(4α→8)-没食子儿茶素	黄烷醇类	13.93	上调
20	芹菜素-5-*O*-葡萄糖苷	黄酮	13.71	上调
21	木犀草素-7-*O*-(6″-丙二酰)葡萄糖苷-5-*O*-阿拉伯糖苷	黄酮	13.52	上调
22	金圣草黄素-7-*O*-芸香糖苷	黄酮	13.29	上调
23	异木犀草素（香豌豆苷元）	异黄酮	11.12	上调
24	木犀草素-7-*O*-(6″-丙二酰)葡萄糖苷-5-*O*-鼠李糖苷	黄酮	11.04	上调
25	矢车菊素-3-*O*-葡萄糖苷	花青素	8.09	上调

三、黄酮生物合成机理

类黄酮化合物属于植物次生代谢产物，是一种多酚类化合物，主要泛指由 C6-C3-C6 框架组成的一系列化合物，A 环和 C 环为基本骨架中苯并吡喃基部分，根据 B 环与 C 环的连接位置可以将 C-15 分子分为三个大类：黄酮类（flavonoid）、异黄酮类（isoflavonoid）和新黄酮类（neoflavonoid）。其中，根据 C 环的氧化程度、饱和度以及额外环的存在，黄酮类化合物被分为 9 个亚类，包括黄烷、黄烷-3-醇、黄烷-4-醇、黄烷-3,4-二醇、黄烷酮、二氢黄酮、黄酮、黄酮醇及花青素。类黄酮衍生物不仅赋予植物鲜艳的颜色，而且具有许多生理功能（Winkelshirley, 2001; Jordheim et al., 2007; Agati et al., 2012; Ferreyra et al., 2012）。

花青素又称花色素（anthocyanidin），是自然界一类广泛存在于植物内的水溶性天然色素，属于黄酮类化合物，也是植物中的重要呈色物质。植物界中产生的糖苷配基（花青素）较少，但已经鉴定出许多的花青素，并且通过甲基化、糖基化和与脂肪族和芳香族基团的酰化实现了花青素不同的特征，比如稳定性、溶解性、生物利用度、抗氧化性等（Cress et al., 2017;）。其中，天竺葵素（pelargonidin）、矢车菊素（cyanidin）、翠雀素或飞燕草素（delphinidin）、芍药色素（peonidin）、牵牛花色素（petunidin）和锦葵色素（malvidin）为植物中较常见的 6 种花青素（Harborne and Williams, 2004）。

（一）试验材料

大肠杆菌 BL21（DE3）购于北京全式金生物技术股份有限公司，BL21*（DE3）购于北京华越洋生物科技有限公司，*MdANS*、*PhANS* 和 *TcANS* 基因密码子优化后由通用生物（安徽）股份有限公司合成并连接到 pETDuet-1 载体。质粒 DNA 小量提取试剂盒购于上海捷瑞生物工程有限公司。限制性内切酶、分子量标准物（DNA Marker）、氨苄青霉素、异丙基-β-*D*-硫代半乳糖苷、M9 盐、硫酸亚铁铵等购于生工生物工程（上海）股份有限公司。胰蛋白胨，酵母提取物购于 Sigma-Aldrich 上海贸易有限公司。氯化矢车菊素购于上海阿拉丁生化科技股份有限公司。儿茶素、二氢槲皮素、槲皮素购于上海源叶生物科技有限公司。其他分析纯试剂购于国药集团化学试剂有限公司。

（二）试验方法

10 ml 全细胞催化体系中含有 11.3 g/L M9 盐，1 mmol/L 儿茶素，1 mmol/L $MgSO_4$，2.5 mmol/L 抗坏血酸钠，0.5 mmol/L 2-氧戊二酸，湿细胞用量为 OD_{600}=20。*E. coli* BLPh、*E. coli* BLTc、*E. coli* BLMd 及

E. coli[*] BLPh、*E. coli*[*] BLTc 和 *E. coli*[*] BLMd 在 30℃、pH 5.0、150 r/min 条件下催化 9 h。反应结束后立即加入等体积乙酸乙酯，37℃、200 r/min 萃取 30 min 后 12 000 r/min、离心 2 min 取上清于 55℃自然挥发至无乙酸乙酯残留，加入甲醇重溶同时加入 1% HCl 使产物处于酸性条件，测定氯化矢车菊素浓度。

在此基础上依次考察各种诱导条件，包括抗坏血酸钠浓度（0～10 mmol/L）、2-氧戊二酸浓度（0～1 mmol/L）、$MgSO_4$浓度（0～2 mmol/L）、Fe^{2+}浓度（0～0.2 mmol/L）、细胞用量 OD_{600}（20～80）对全细胞催化氯化矢车菊素产量的影响。

使用 HPLC（Agilent 1260，美国）分析氯化矢车菊素、矢车菊素-3-*O*-葡萄糖苷、儿茶素、槲皮素、二氢槲皮素。色谱条件如下：Eclipse XDB-C18 反相柱（250 mm×4.6 mm，5 μm），520 nm 检测氯化矢车菊素、矢车菊素-3-*O*-葡萄糖苷及 279 nm 检测儿茶素、槲皮素及二氢槲皮素；流速 1 ml/min，温度 25ºC；流动相 A 为 100%乙腈、B 为 1.5%乙酸，A∶B 在 0～10 min 从 10∶90 线性变化至 40∶60，在 10～15 min A∶B 从 40∶60 变化至 60∶40，在 15～17 minA∶B 从 60∶40 变化至 10∶90，之后维持 10% A 流动相继续洗脱 8 min。

氯化矢车菊素、矢车菊素-3-*O*-葡萄糖苷采用 HPLC-MS（Thermo Finnigan，Waltham，MA，美国）进行分析。HPLC 条件如下：ZORBAX 300SB-C18 反相柱（2.1 mm×150 mm，3.5 μm）；流动相 A 为 0.1%（*V*/*V*）乙酸，B 为 100%乙腈，流速为 0.5 ml/min；按 90% B 等梯度洗脱 40 min。质谱分析在正离子模式下进行，条件如下：毛细管温度为 280℃，喷雾电压 4.5 kV，氮气流速 40 a.u.，辅助吹扫气体（氮气）流量为 10 a.u.。

（三）结果与讨论

1. 花青素的生物合成

关于花青素的生物合成途径是植物次生代谢产物最广泛研究的途径之一（Shi and Xie, 2014）。在过去的 20 年中，大多数参与该生物合成途径的酶和基因已经被表征。在植物中，花青素衍生自黄烷酮，如柚皮素和圣草酚，它们衍生自苯丙烷途径。由于柚皮素和圣草酚这两个前体物质较为容易获得，因此对应的天竺葵素及矢车菊素研究较多，而飞燕草素的前体物质合成量较少，虽有研究但是产量无法与前面两种花青素相比，而其他 3 种色素（芍药色素、牵牛花色素、锦葵色素）结构更加复杂，因此，接下来主要介绍矢车菊素、天竺葵素和飞燕草素的生物合成途径（Switzer et al., 1987; Springob et al., 2003; Harborne and Williams, 2004; 贾赵东等, 2014）。

如图 4-36 所示，矢车菊色素生物合成开始的步骤是从苯丙氨酸到肉桂酸，然后通过对香豆酸到对香豆酰 CoA，分别由苯丙氨酸裂解酶（PAL）、肉桂酸-4-羟化酶（C4H）和 4-香豆酰辅酶 A 连接酶（4CL）催化，在这些过程中还产生羟基肉桂酸衍生物，如单木质醇和芥子酸酯，接下来由 4-香豆酸 3-羟化酶（Coum3H）将对香豆酰 CoA 变成咖啡酰 CoA（Gottardi et al., 2017）。之后是从咖啡酰 CoA 通过查耳酮和圣草酚到二氢槲皮素的合成过程，它们分别由查耳酮合成酶（CHS），查耳酮异构酶（CHI）和黄烷酮-3-羟化酶（F3H）催化，黄烷酮在 C3 位置被黄烷酮-3-羟化酶（F3H）羟基化，产生二氢槲皮素。若对香豆酰 CoA 没有经过羟基化，则会生成柚皮素。除了通过 4-香豆酸 3-羟化酶（Coum3H）生成咖啡酰 CoA 外，Zhu 等（2014）报道了从酪氨酸到柚皮素的合成过程，其与上述途径相同，不同的是在生成柚皮素后，在类黄酮 3′-羟化酶（F3′H）和细胞色素 P450 还原酶（CPR）作用下生成圣草酚（图 4-37）。

二氢黄酮醇-4-还原酶（DFR）催化下一步骤，即 C4 位置的羰基还原，导致形成不稳定的中间体——无色花青素。之后通过花青素合成酶（ANS）在酸性条件下脱氢，异构化和人工脱水的机制催化来自无色花青素的花色素的形成。通过 UDP-葡萄糖：类黄酮 3-*O*-葡萄糖基转移酶（3GT）催化的 C3-葡糖基化反应稳定极不稳定的花青素，形成一种相对稳定的花青素-3-*O*-葡萄糖苷（Nakajima et al., 2001）。

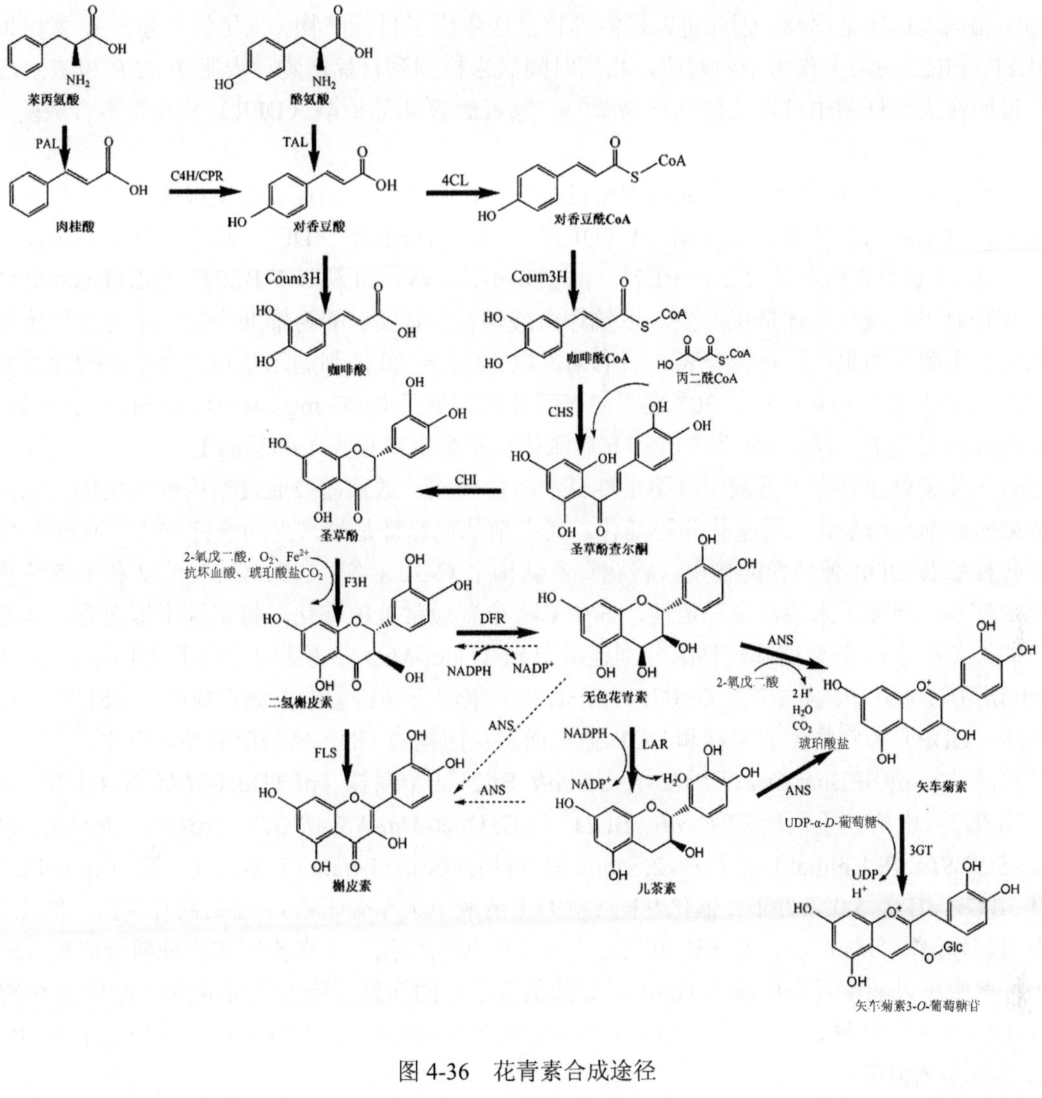

图 4-36　花青素合成途径

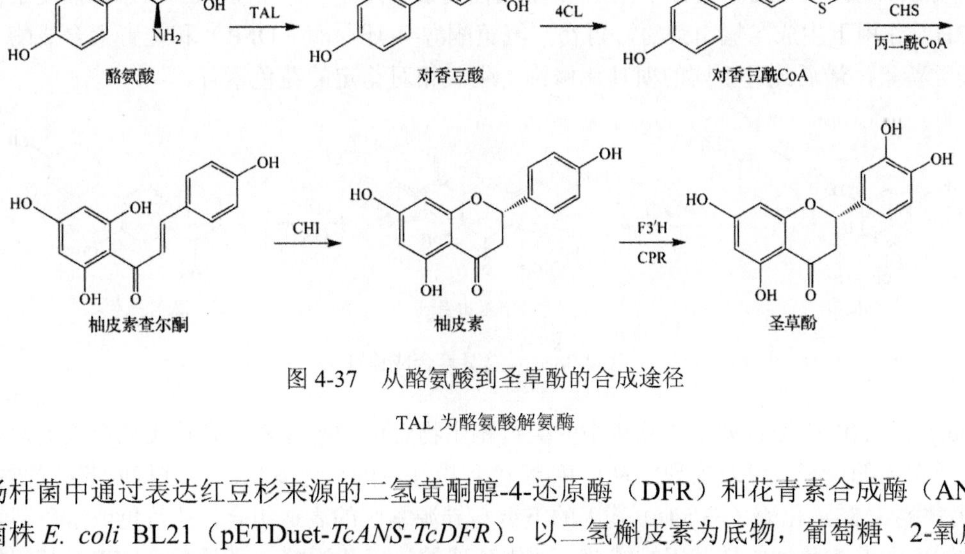

图 4-37　从酪氨酸到圣草酚的合成途径

TAL 为酪氨酸解氨酶

在大肠杆菌中通过表达红豆杉来源的二氢黄酮醇-4-还原酶（DFR）和花青素合成酶（ANS）基因，获得重组菌株 *E. coli* BL21（pETDuet-*TcANS*-*TcDFR*）。以二氢槲皮素为底物，葡萄糖、2-氧戊二酸、抗坏血酸钠为辅助底物，采用发酵的方法进行氯化花青素的生产。将诱导后的菌泥加入发酵体系中，催化 72 h 后，将产物与标准氯化矢车菊素样品进行质谱分析，氯化矢车菊素于 m/z=287 处出现，72 h 发酵样品混合物在相同质荷比处出峰，因此可以推测催化反应生成了目标产物（氯化矢车菊素），发酵同时使用 *E. coli* BL21（pETDuet-1）作为空白对照，相同时间后未检测到目标产物，表明 *TcDFR* 和 *TcANS* 具有生理功能，说明在大肠杆菌中过表达红豆杉来源的二氢黄酮醇-4-还原酶（DFR）和花青素合成酶（ANS）基因可以合成氯化矢车菊素。

二氢槲皮素通过 DFR 和 ANS 合成花青素过程中大部分的二氢槲皮素会变成槲皮素，只有少部分会生成花青素，分别在大肠杆菌 *E. coli* BL 21（DE3）及 *E. coli* BL21*（DE3）过表达红豆杉来源的花青素合成酶（ANS），获得重组菌株 *E.coli* BL21（pETDuet-*TcANS*）和 *E. coli* BL21*（pETDuet-*TcANS*），以儿茶素为底物时可以减少上述情况产生。以抗坏血酸钠、2-氧戊二酸为辅助底物，采用全细胞催化的方法进行氯化矢车菊素的生产。将诱导表达后的菌泥以 OD_{600}= 20 的细胞用量加入全细胞催化体系中，培养基通过添加 HCl 调节 pH 至 5.0。30℃催化 9 h 后分别积累了 0.443 mg/L 和 0.186 mg/L 氯化矢车菊素。在体外粗酶催化实验中，反应 pH 为 5.0，9 h 后氯化矢车菊素产量为 1.602 mg/L。

氯化矢车菊素单独存在于溶液中时稳定性及水溶性较差，通常需要通过结构修饰增加其水溶性及稳定性，常见的修饰有糖基化、酰基化和甲基化，其中糖基化修饰是最常见的修饰方式。通过类黄酮-3-O-葡萄糖基转移酶及 UDP-葡萄糖的作用，将花青素结构中 C-3、C-5、C-7、C-3′、C-4′和 C-5′位置的羟基取代为葡萄糖基，增加了水溶性及稳定性，其中 C-3 位置最常被糖基化。将来源于拟南芥、洋葱、康乃馨及草莓的类黄酮-3-*O*-葡萄糖基转移酶分别连接至 pETDuet-*MdANS* 质粒上，构建重组菌株 *E.coli* BL 21*（pETDuet-*MdANS-At3GT*、*Ac3GT*、*Dc3GT*、*Fa3GT*）。来源于马铃薯的蔗糖合成酶（StSUS1）以蔗糖和尿苷二磷酸（UDP）为底物生成果糖和 UDP-葡萄糖，从而构成 UDP-葡萄糖的循环再生。

通过热激法将 pRSFDuet-*Stsus1* 质粒导入 *E.coli.* BL21*4 个菌株（pETDuet-*MdANS-At3GT*、*Ac3GT*、*Dc3GT*、*Fa3GT*）中构建重组质粒 *E.coli.* BL21*（pETDuet-*MdANS-At3GT*、*Ac3GT*、*Dc3GT*、*Fa3GT*，pRSFDuet-*StSUS1*），在 1 mmol/L 儿茶素，2.5 mmol/L 抗坏血酸钠，1 mmol/L 2-氧戊二酸，1 mmol/L $MgSO_4$，反应温度 30℃，pH 为 5.0 条件下，催化 9 h 后检测上清液中矢车菊素-3-*O*-葡萄糖苷含量。催化 9 h 后在上清液中明显检测出目标产物，且肉眼可见反应体系中颜色变化，此实验证实将蔗糖合成酶（StSUS1）导入大肠杆菌中可以解决反应中胞内 UDP-葡萄糖供应不足的问题，降低经济成本。含有 *MdANS*、不同 *3GT* 及 *St*SUS*1* 的重组菌株以儿茶素为底物最终分别生成了 1.80 mg/L、1.84 mg/L、0.92 mg/L 及 10.34 mg/L 的矢车菊素-3-*O*-葡萄糖苷。

与矢车菊素合成过程不同的是，合成天竺葵素时不需要羟化酶的存在，前期步骤与图 4-36 相同，在生成对香豆酰 CoA 后，在 CHS、CHI 的作用下生成柚皮素，具体步骤如图 4-38 所示，柚皮素在黄烷酮-3-羟化酶（F3H）作用下生成二氢山柰酚，再在二氢黄酮醇-4-还原酶（DFR）和花青素合成酶（ANS）作用下生成天竺葵素，最后经过不同的糖基化修饰，生成相对稳定的花色素苷。

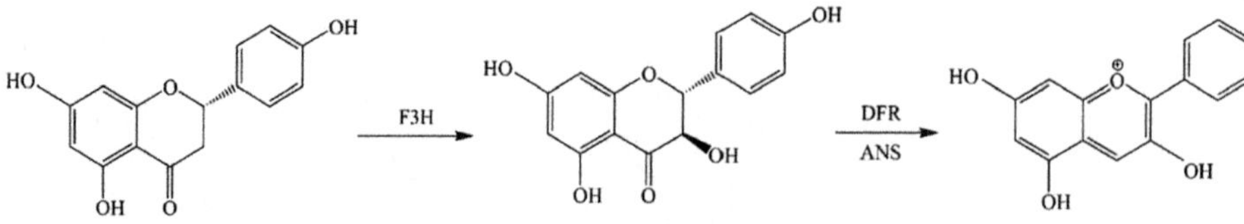

图 4-38　天竺葵素合成途径

Nakamura 等（2010）通过调节蝴蝶草中的类黄酮生物合成的基因表达导致飞燕草素的途径被成功转化为生成天竺葵素的途径，并且实现了从蓝色/紫色到粉红色的颜色变化。通过将内源类黄酮 3′-羟化酶（F3′H）和类黄酮 3′,5′-羟化酶（F3′5′H）基因的下调与异源基因的表达组合，从蓝色或紫色栽培品种获得了具有各种粉红色花瓣色调的转基因蝴蝶草，使用玫瑰的二氢黄酮醇-4-还原酶（DFR）基因的额外表达提高了天竺葵素的水平并产生了较暗的粉红色花瓣。天竺葵素 *DFR* 基因的表达代替玫瑰 *DFR* 基因增加了天竺葵素的水平并使花瓣颜色变暗。将含有 *DFR* 基因的两个遗传构建体引入紫罗兰品种，其具有更多的花色素苷和比蓝色更深的颜色，进一步提高了天竺葵素和粉红色强度的水平。这些研究结果表明，选择合适的基因来源和宿主极大地影响了所得转基因植物的表型。

飞燕草素合成途径如图 4-39 所示，合成此色素既可以从柚皮素出发，也可以从二氢山柰酚出发，经过类黄酮 3′-羟化酶（F3′H）和类黄酮 3′,5′-羟化酶（F3′5′H）生成二氢杨梅素，最后生成飞燕草素，和上述两种花青素相同，飞燕草素的稳定性较差，需要经过进一步的修饰才能形成稳定的产品。

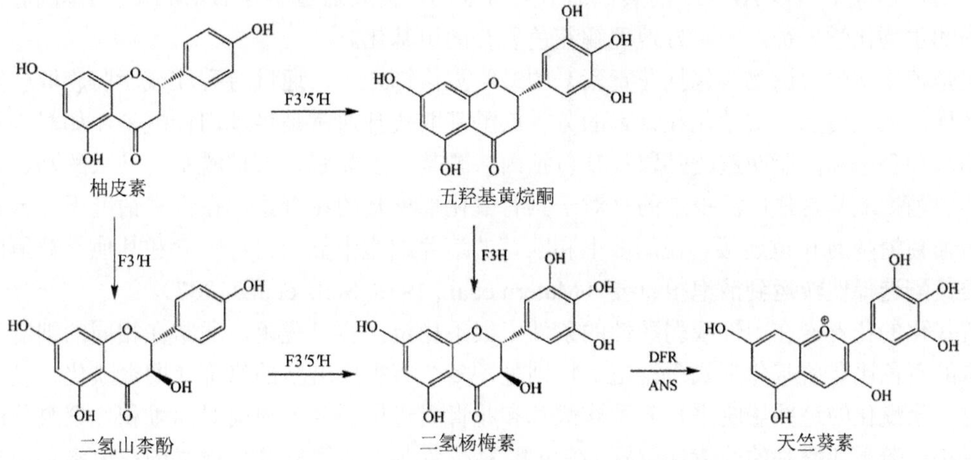

图 4-39　飞燕草素合成途径

2. 花青素的修饰

不同物种合成花青素经历不同的修饰，形成不同的花青素，常见的修饰有糖基化、酰基化和甲基化（赵启明等，2012）。

花青素糖基转移酶（GT）决定糖基化的位置，对于植物花青素的稳定性和可溶性起着重要的作用。通常，天然存在的花色素苷被发现具有一个或多个糖基化形式。糖基化通常取代 C-3、C-5、C-7、C-3′、C-4′和 C-5′位置的羟基，C-3 位置最常被糖基化，其次是 C-5。与花青素连接的糖基（即葡萄糖，半乳糖，木糖，葡糖醛酸和阿拉伯糖）经常进一步糖基化或酰化，在 C-8 位置也观察到花青素 C-糖基化，但较为罕见（Saito et al., 2003）。

花青素-*O*-糖基化由糖基转移酶（UGT）催化，其使用类黄酮作为糖受体，UDP-糖作为糖类。UGT 可识别各种类黄酮糖苷配基的羟基，包括花青素。花青素的结构表明 UGT 可识别 UDP-葡萄糖、UDP-半乳糖、UDP-鼠李糖、UDP-木糖、UDP-葡糖醛酸和 UDP-阿拉伯糖（Davies et al., 2017）。

甲基化也在花青素改性中有过报道，大多数具有适当鉴定结构的花青素（90%）都基于 6 种常见的花青素，即天竺葵素、矢车菊素、飞燕草素、芍药色素、矮牵牛花素和锦葵色素（Jonsson et al., 1983）。甲基化的三种花青素（芍药色素，矮牵牛花素和锦葵色素）约占报道的花青素的 20%。

S-腺苷甲硫氨酸（SAM）依赖 *O*-甲基转移酶（OMT）催化许多天然植物化合物的甲基化（Joshi and Chiang, 1998）。植物 OMT 分为两类。Ⅰ类 OMT 具有 23～27 kDa 的分子量，并且需要二价离子如 Mg^{2+} 才具有活性，Ⅱ类包括 Mg^{2+}非依赖性 OMT，分子量为 38～43 kDa。Ⅰ类 OMT 包括咖啡酰 CoA 3-OMT。Ⅱ类 OMT 由类黄酮 OMT（黄酮醇 3′-OMT、黄酮类 7-OMT、异黄酮 OMT 和异甘草素 2′-OMT）、咖啡酸 3-OMT、儿茶酚 OMT、肌醇 OMT 等组成。植物 OMT 来源于矮牵牛、金鱼草和玉米，在花青素合成途径中已有较为广泛的研究，大部分关于花青素 OMT（AOMT）的信息来自矮牵牛。AOMT 主要位于胞质溶胶中（Jonsson et al., 1983），花青素 3′-OMT 和花色素苷 3′,5′-OMT 分别由基因 *Mt*1/*Mt*2 和 *Mf*1/*Mf*2 编码。两种类型的 AOMT 的酶活性与 *An*1 和 *An*2 基因型相关，首先使用来自两个遗传系[V26(An1)和

W162(an1-)]的 cDNA 作为探针，通过差异筛选从矮牵牛中分离编码 AOMT 的 cDNA，还克隆了来自蝴蝶草和灯笼海棠的 *AOMT* cDNA。有趣的是，这三种花青素 OMT 属于Ⅰ类 OMT 家族，而不属于Ⅱ类家族，而类黄酮 OMT 属于Ⅱ类家族。来自矮牵牛和蝴蝶草的 AOMT 使用 SAM 作为甲基供体催化花翠素衍生物（飞燕草素-3-*O*-葡萄糖苷，飞燕草素-3-*O*-芸香糖苷和飞燕草素-3,5-*O*-二葡萄糖苷）甲基化为矮牵牛花素和抗生物素蛋白糖苷。然而，矮牵牛 AOMT 的主要 OMT 活性是花色素苷 3′-OMT，而对于蝴蝶草 AOMT 而言，主要 OMT 活性是花色素苷 3′,5′-OMT。在氨基酸水平上矮牵牛和蝴蝶草 AOMT 的序列同一性是 56%，但关于这些 AOMT 的其他细节是有限的，需要通过鉴定 AOMT 编码基因和来自各种植物的其产物的生物化学表征，来更好地理解花色素苷的甲基化。

酰基化是植物次生代谢物（包括花青素）的最常见修饰之一，通过芳香族或脂肪族取代基酰基化，花青素的多样性大大增加。酰基化花青素的芳香族酰基取代基通常是羟基肉桂酰基，如对香豆素基、咖啡基、呋喃基和芥子基，脂肪族酰基取代基包括丙二酰基、乙酰基、琥珀酰基、马来酰基、草酰基和十八烷基，其中丙二酰基是最广泛报道的。对于具有酰化葡糖基的花青素，在许多情况下，芳香族和脂肪族酰基都与葡萄糖基的 6-位连接。在胡萝卜和欧芹的培养细胞中显示：花青素和其他类黄酮的酰基化对于将这些类黄酮选择性转运到液泡很重要（Matern et al., 1986; Seitz et al., 1987）。

没有酰基化的花青素在中性或弱酸性的条件下很不稳定，容易脱色，通常在相同的细胞条件下，酰基化花青素的着色比非酰基化形式更稳定。特别是，多个芳香族酰基的修饰（即聚酰化）使花青素的着色高度稳定。聚酰化的这些影响来自芳香族酰基和花青素母核的分子内面对面堆积，聚酰化的蓝色和稳定作用均取决于芳香族酰基的数量和位置。在 7-和 3′-位置具有芳香族酰化糖基的花色素苷似乎提供了最稳定的蓝色花色。脂肪族酰化不会在体外或体内改变花色素的吸收光谱，但是，脂肪族酰化确实增强了花色素苷着色的稳定性。除此以外，酰化还赋予植物细胞中储存的花青素分解代谢稳定性，因为酰化防止了微生物糖苷酶对于存储的花青素的随意降解，其中大多数不能作用于酰基化糖苷。

3. 花青素的制备技术

虽然在植物中可以提取到花青素，可是直接提取受到植物生长和收获的季节、地区的限制，如果需要生产还要考虑其他方式。

通过微生物合成的方式合成花青素，打破了季节和区域的限制。Yan 等（2008）为了从无色黄烷酮如柚皮素和圣草酚中合成稳定的糖基化花青素，构建了一个包含来自异源植物基因的四步代谢途径：来自苹果的黄烷酮-3-羟化酶（F3H），红掌的二氢黄酮醇-4-还原酶（DFR），南天竹的花青素合成酶（ANS），矮牵牛的 3-*O*-葡萄糖基转移酶（3GT），使用两轮 PCR，首先将 4 种基因中的每一种置于 trc 启动子和其自身细菌核糖体结合位点的控制下，然后依次克隆到载体 pK184 中。含有重组大肠杆菌细胞能够摄取柚皮素或圣草酚并将其转化为相应的糖基化花色素苷、天竺葵素-3-*O*-葡萄糖苷或花青素-3-*O*-葡萄糖苷（矢车菊素-3-*O*-葡萄糖苷）。产生的花青素以低浓度存在：发酵液中的天竺葵素-3-*O*-葡萄糖苷浓度为 5.6 μg/L，而花青素-3-*O*-葡萄糖苷的浓度为 6.0 μg/L，且检测到的大多数代谢物对应于它们的二氢黄酮醇前体以及相应的黄酮醇，虽然之后添加了 ANS 酶表达所需的辅因子（2-氧戊二酸、抗坏血酸钠和硫酸亚铁），但是之后的产量显著降低。副产物黄酮醇的存在至少部分是由于 ANS 催化的替代反应。这是植物特异性花青素首次从微生物中产生，并开辟了通过蛋白质和途径工程进一步提高产量的可能性。

Yan 等（2008）利用重组大肠杆菌从柚皮素和圣草酚中生产出毫克级别的两种花青素：天竺葵素-3-*O*-葡萄糖苷（0.98 mg/L）和花青素-3-*O*-葡萄糖苷（2.07 mg/L）。其从黄烷-3-醇、（+）-儿茶素前体可以更高的产率产生氰基-3-*O*-葡糖苷（16.1 mg/L）。由于花青素在不同 pH 中的稳定性不同，本研究还优化了培养基中的 pH，以增强宿主细胞中 UDP-葡萄糖的均匀合成，最后从它们的前体（黄烷-3-醇）中获得了 78.9 mg/L 的天竺葵素-3-*O*-葡萄糖苷和 70.7 mg/L 的花青素-3-*O*-葡萄糖苷，而没有补充细胞外 UDP-葡萄糖。

由于二氢黄酮醇-4-还原酶（DFR）在花青素合成途径中是关键酶之一，因此 Leonard（2009）研究了不同来源的 DFR 以能够稳定地合成花青素，在这次研究中证明了 DFR 是重组大肠杆菌中前体苯丙素转化为无色花青素的控制步骤。各种重组 DFR 的生化研究已经允许全面阐明 DFR 底物的特异性。每个 DFR 可能需要独特的条件才能达到最佳活性。

Solopova 等（2019）将乳酸乳球菌作为用绿茶作为底物生产高价值植物衍生生物活性花青素的理想宿主。除了预期的红紫色化合物花青素和飞燕草素，工程乳酸乳球菌菌株从绿茶中产生了具有出乎意料甲基化模式的橙色和黄色吡喃花青素。此次研究已经证明工程化的乳酸乳球菌可以快速（16 h 内）将绿茶输注转化为一系列潜在有价值的花青素衍生物。在乳酸乳球菌培养物中发现了两种花青素和 4 种甲基吡喃花青素。虽然总色素产量（1.5 mg/L）不如工程化大肠杆菌菌株高（350 mg/L），但是乳酸乳球菌在较低的 pH 和高黄酮浓度下比较稳定。

Cress 等（2017）将各种植物来源的花色素苷 *O*-甲基转移酶（AOMT）直向同源物在大肠杆菌中与矮牵牛花青素合成酶（PhANS）和拟南芥花青素-3-*O*-葡萄糖基转移酶（At3GT）共表达。酿酒葡萄的 AOMT（VvAOMT1）和芳香仙客来的 AOMT（CkmOMT2）被发现是生产 3'-*O*-甲基化产物芍药素-3-*O*-葡萄糖苷（P3G）的最有效的 AOMT，达到的最高滴度分别为 2.4 mg/L 和 2.7 mg/L，之后进行过表达和使用 CRISPRi 沉默转录抑制因子 MetJ，以解除对甲硫氨酸生物合成途径的调节，并改善了 P3G 的生物合成前体花青素-3-*O*-葡萄糖苷（C3G）的 *O*-甲基化的 SAM 可用性，导致最终滴度为 51 mg/L（放大至摇瓶时为 56 mg/L）。

四、黄酮生物合成代谢调控

植物主要利用苯丙烷生物合成途径形成不同类型的黄酮类化合物。首先苯丙氨酸在苯丙氨酸解氨酶作用下合成肉桂酸，后者在肉桂酸-4-水解酶的作用下形成对羟基香豆酸，然后在 4-香豆酸辅酶 A 连接酶催化下形成对羟基香豆酰辅酶 A，香豆酰辅酶 A 和丙二酰辅酶 A 通过查耳酮合成酶的催化作用合成查耳酮，后者再经过查耳酮异构酶的催化形成柚皮素。柚皮素是合成其他黄酮类化合物的重要前体，它可经过不同的结构修饰酶的作用得到其他类别黄酮类衍生物。柚皮素在黄酮合成酶作用下可形成黄酮化合物（柚皮素在黄酮 3′-羟化酶作用下可形成黄酮醇化合物；柚皮素在异黄酮合成酶及后续结构修饰酶作用下可形成异黄酮化合物，包括异黄酮素、异黄烷以及紫檀素；柚皮素在黄酮 3′,5′-羟化酶作用下可形成二氢黄酮醇化合物）；然后，二氢黄酮醇化合物在二氢黄酮醇-4-还原酶以及后续一系列结构修饰酶的作用下形成花青素和原花青素（Ferreyra et al., 2012）。已明确黄酮类次生代谢产物含量高是红豆杉心材颜色较深的主要原因（Gai et al., 2020）。UV-B 辐射是一类重要的光生态胁迫因子，能够胁迫植物体产生一系列的防御性反应，可实现对红豆杉中黄酮类次生代谢产物的有效调控（Schreiner et al., 2016）。

（一）试验材料

以生长在东北林业大学化学化工与资源利用学院实验园中状态良好的东北红豆杉作为实验对象。选取来自同一株东北红豆杉母本上生长旺盛部位的嫩枝前段带腋芽的茎段组织（6～8 cm）为供试材料。

（二）试验方法

1. 建立东北红豆杉组培苗体系

东北红豆杉外植体消毒方法具体操作过程如下：将带腋芽的东北红豆杉茎段材料用自来水不间断地冲洗 4 h，在超净工作台中用 75%乙醇溶液消毒 30 s，无菌水冲洗 3 次，再用 4%次氯酸钠溶液消毒 10 min，无菌水冲洗 3 次，用无菌滤纸吸干茎段表面的水分，剥去茎段外面的幼叶，再将茎段组织切割为带有 2～3 个腋芽的外植体（2 cm 左右），待接种。以 MS 和 WPM 培养基为基本培养基，配制添加有不同种类和不同浓度植物生长激素（6-BA、NAA 和 IBA）的实验培养基。具体如下：在 MS 培养基的基础上，分别添加细胞分裂素 6-BA（0.1～1.0 mg/L）和生长素 NAA（0.1～1.0 mg/L），配制成 11 种启动培养基和

11 种增殖培养基；在 WPM 培养基的基础上，分别添加生长素 NAA（0.1～1.0 mg/L）和 IBA（0.1～1.0 mg/L）配制成 11 种生根培养基。上述每种培养基中均加入蔗糖 30 g/L、琼脂 8 g/L，并调节培养基的初始 pH 为 5.80±0.05，然后在 0.1 MPa 压强和 121℃下高温灭菌 20 min。

将带有 2～3 个腋芽的东北红豆杉茎段外植体接种到上述 11 种 MS 启动培养基上，每个启动培养基内接种 3～4 个带腋芽的茎段外植体，每种培养基做 6 个重复。经过 30 d 的启动培养，观察并统计东北红豆杉茎段外植体上腋芽点的萌动和生长情况；待萌发后的腋芽长到 2～3 cm，在超净工作台中将其切割下来，转接到上述 11 种 MS 增殖培养基上。每个增殖培养基内接种 2～3 个不定芽，每种培养基做 6 个重复，在 60 d 左右的生长期内观察腋芽的增殖生长状况，观察并统计东北红豆杉新生不定芽点的萌发数量；选取增殖培养后长势较好的不定芽（高度 5～6 cm），将其转接到上述 11 种 WPM 生根培养基上。每个生根培养基内接种 1～3 个不定芽，每种培养基做 20～30 个重复，在 90 d 左右的生长期内观察不定芽根部生长状况，观察并统计东北红豆杉不定芽的生根数量。启动、增殖和生根培养均在（25±2）℃、光照强度 2000 lx、光周期 16 h/d 的条件下进行。

2. UPLC-MS/MS 分析检测及方法学验证

使用精密电子天平分别称取一定量的所有的标准品，并将它们分别溶于质谱级甲醇中，以此得到准确浓度的标准储备溶液。用甲醇将标准储备溶液系列稀释至所需浓度，然后将所有的标准品溶液置于琥珀色玻璃进样瓶保存在–20℃的冰箱中。将配备有电喷雾电离（ESI）源的安捷伦 6460 四极杆 MS 检测器与安捷伦 1290 超高效液相色谱仪串联，进行目标化合物的 UHPLC-MS/MS 分析。二元流动相由乙腈（A）和水（B）组成，采用 0.4 ml/min 的恒定流速梯度洗脱：0～1 min，40% A；1～3.5 min，40%～55% A；3.5～4 min，55%～90% A；4～4.5 min，90%～40% A；4.5～5 min，40% A。在 C18 标准色谱柱上进行分析物分离，并将柱温保持在 30℃，进样量为 1 μl。其他通用的源参数如下：干燥气体温度 350℃，气体流量 10 L/min，雾化器气体压力 50 psi，加速电压 4 V，毛细管电压 4 kV（ESI^+）和 3.5 kV（ESI^-）。为了获得最佳的离子对用于定量分析，各目标化合物多重反应监测（MRM）参数（如准分子离子/特征性碎片离子组合、碎裂电压和碰撞能量）通过安捷伦自带的 Agilent Mass Hunter Optimizer 软件进行逐一优化，优化结果自动导入软件以对目标化合物进行定性和定量分析。

所建立的 UPLC-MS/MS 方法标准曲线的线性采用非加权最小二乘线性回归法进行评价；灵敏度通过最低定量限进行评估，最低定量限通过实验确定为空白标准偏差的 10 倍除以校准曲线的斜率；并且，通过在日内和日间重复分析标准样品，计算保留时间和峰面积的相对标准偏差来验证精确度；通过在原材料中加入三个初始浓度的标准样品进行提取和分析的回收实验，计算所加入标准品的回收率来评估准确度。

3. 东北红豆杉组培苗的 UV-B 辐射处理

选取所建立的一系列生长状态旺盛的东北红豆杉生根组培苗用于 UV-B 辐射处理。实验之前，取下装有东北红豆杉组培苗（90 日龄）和 150 ml 新鲜培养基的培养瓶的无菌盖，将生根苗暴露于 UV-B 辐射下。将 UV-B 灯管（40 W，λ_{max}=313 nm）安装在组培苗顶部的固定装置上，并调节灯管与组培苗之间的距离，以获得恒定的 UV-B 辐射强度（3 W/m^2）。前期的预实验表明，连续 UV-B 辐射 0 h、12 h 和 24 h 下目标化合物的含量差异显著，因此将 90 日龄的东北红豆杉组培苗分别经历连续时间为 0 h、12 h 和 24 h 的 UV-B 辐射处理，收集相应时间点下的组培苗并分为两部分处理：一部分在烘干箱（40℃）中干燥后保存，用于 UPLC-MS/MS 分析；另一部分立即用液氮处理后保存在–80℃的冰箱中，用于高通量转录组测序。

（三）结果与讨论

为了探究 UV-B 对红豆杉中黄酮类次生代谢产物的代谢调控机制的影响，我们首先需要建立遗传性状均一稳定的红豆杉组培苗培养体系平台，以减少实验样本彼此之间的遗传差异。根据以往的研究报道，细胞分裂素（6-BA）和植物生长素（NAA）对于植物不定芽的启动和增殖具有较好的效果。因此，在本项研究工作中，我们选取了这两种植物激素进行不同浓度组合，以期实现对东北红豆杉腋芽的有效启动和增殖。最终确定了 MS + 1.0 mg/L 6-BA + 0.2 mg/L NAA 为东北红豆杉最佳腋芽启动培养基，MS + 0.4 mg/L 6-BA + 1.0 mg/L NAA 为东北红豆杉最佳不定芽增殖培养基，优化确定了 WPM + 0.8 mg/L NAA + 0.2 mg/L IBA 为东北红豆杉最佳不定芽生根培养基，且不添加任何植物激素的 WPM 培养基有利于生根苗的后续生长。利用茎段腋芽启动技术所建立的东北红豆杉组培苗培养体系如图 4-40 所示。

a

b

c

图 4-40　东北红豆杉组培苗培养体系

a. 东北红豆杉腋芽启动照片，可见在最佳腋芽启动培养基上所有红豆杉茎段上的腋芽均顺利萌发；b. 东北红豆杉不定芽增殖生长情况，可见在最佳不定芽增殖培养基上红豆杉不定芽增殖丛生出了较多新的不定芽；c. 东北红豆杉不定芽生根情况，可见在最佳不定芽生根培养基上不定芽底部出现了较多根系，枝叶生长活力旺盛

为了对东北红豆杉组培苗培养体系中痕量的黄酮类目标化合物进行精确监测，我们优化建立了可同时分析异槲皮苷、槲皮苷、槲皮素、白果素、异银杏素、银杏素和金松双黄酮的 UPLC-MS/MS 分析方法。我们首先对三种类型的 UHPLC 色谱柱进行了考察，即对 Agilent ZORBAX Eclipse Plus C18 色谱柱、Phenomenex Luna Omega C18 色谱柱和 Phenomenex Kinetex PFP 色谱柱的分离能力进行了比较。实验结果发现，Agilent ZORBAX Eclipse Plus C18 色谱柱具有更好的峰形、更平滑的基线和更高的灵敏度。此外，乙腈被选作有机流动相，因为它具有比甲醇更强的洗脱能力，可以在较低的柱压和较短的洗脱时间下获得更好的分离度。另外，尽管甲酸可显著改善峰对称性和拖尾性，但当甲酸加入到流动相中时，大多数黄酮类化合物的检测信号受到了抑制，这是因为在 ESI 负离子模式下，酸不利于 MS 源中分析物的去质子化。最后，我们对梯度洗脱程序进行了手动优化，发现梯度洗脱程序：0～1 min，40%乙腈，1～3.5 min，40%～55%乙腈，3.5～4 min，55%～90%乙腈，4～4.5 min，90%～40%乙腈，4.5～5 min，40%乙腈，可在 5 min 内对目标黄酮类化合物实现有效的色谱分离（Gai et al., 2020）。

MS/MS 中的 SRM 采集模式可以通过监测化合物从前体离子到主要产物离子的转变，来定量和鉴定多种化合物。在这项工作中，SRM 参数如电离模式、特征母离子/碎片离子对、碎裂电压和碰撞能量等，我们通过逐个标准品溶液进样的方式进行了系统优化。正确的电离模式对于质谱分析至关重要，因为它可以提供较高的分析物信号强度，以获得更高的灵敏度。本研究中，我们通过 ESI 全扫描模式比较了正离子和负离子模式下所有目标化合物的信号强度，发现 ESI 负离子模式更适合于黄酮类化合物。为了获得目标化合物的最佳特征母离子/碎片离子对，我们通过安捷伦软件 Mass Hunter Optimizer 自动优化了 SRM 模式下每一个目标化合物的碎裂电压和碰撞能量，最佳质谱裂解条件下，各目标化合物准分子离子和特征碎片离子对如下：异槲皮苷 463.1→300.0，槲皮苷 447.1→300.0，槲皮素 301.0→151.0，白果素 551.1→519.1，异银杏素 565.1→533.1，银杏素 565.1→389.1 和金松双黄酮 579.1→546.8（Gai et al., 2020）。

所有目标黄酮类化合物的代表性 UPLC-MS/MS 色谱图如图 4-41 所示。

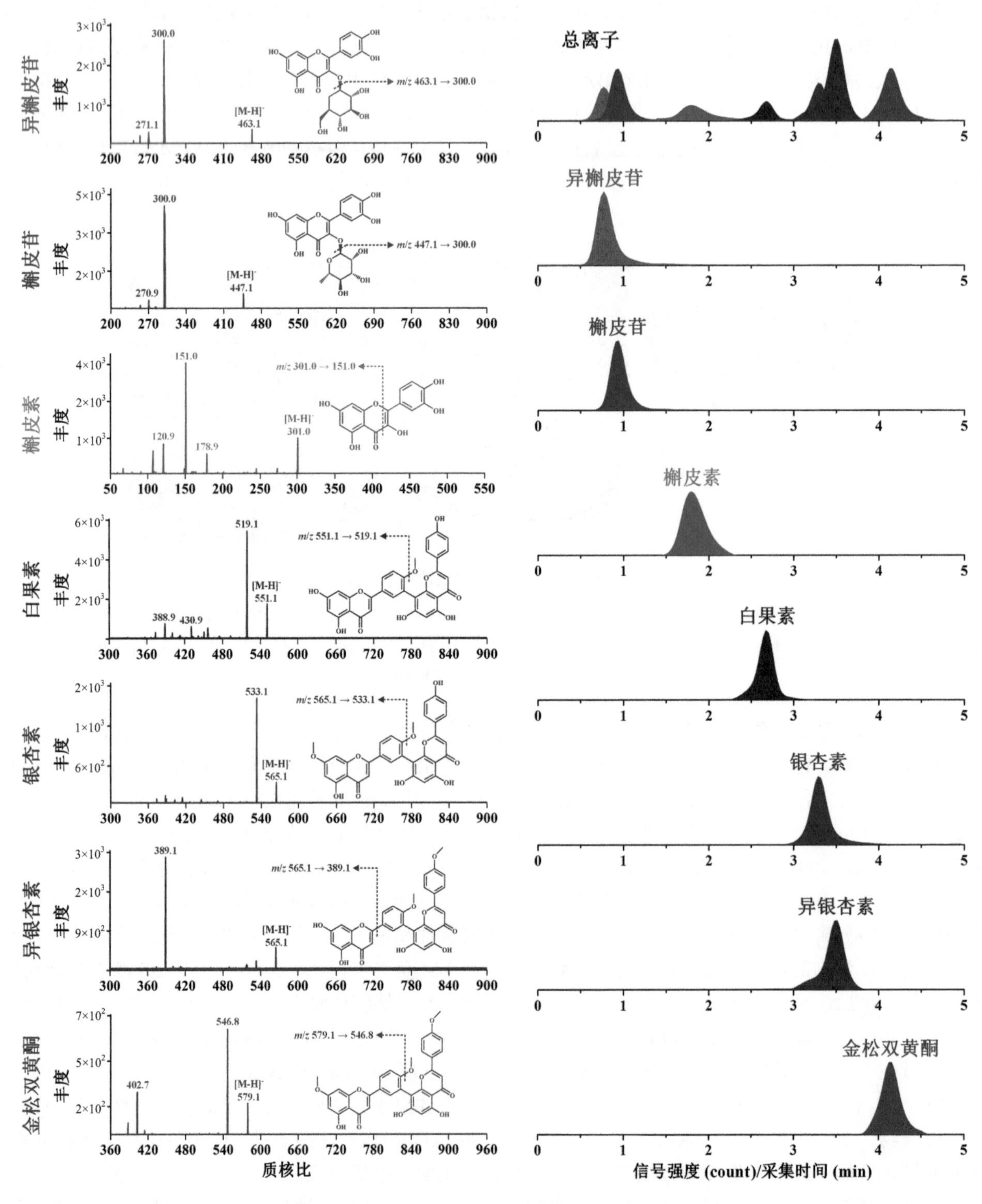

图 4-41　UPLC-MS/MS 检测目标黄酮类化合物色谱图

在上述最佳 UPLC-MS/MS 分析条件下，我们对每个目标化合物的标准曲线、最低定量限、精密度和回收率进行了考察，实验结果表明：所有化合物的标准曲线均表现出良好的线性关系（$R^2 \geqslant 0.9989$），并且检测到的所有分析物的最低定量限处于 0.01～1.66 ng/ml，表明所建立的分析方法具有较高的灵敏度。所有目标化合物保留时间日内和日间相对标准偏差分别小于 0.11%和 4.17%，相应的峰面积日内和日间相对标准偏差分别小于 0.87%和 7.42%，所有结果均分布在较低水平，说明所建立的分析方法具有较高的精密度。此外，所有目标化合物的加样回收率均分布在 96.85%～104.77%，说明所建立的分析方法具有良好的重现性（Gai et al., 2020）。

选择根系发达、生长茂盛的生根东北红豆杉组培苗开展 UV-B 胁迫诱导实验。开展实验之前，我们调节紫外灯和红豆杉组培苗之间的距离，并利用紫外辐射强度计监测 UV-B 辐射强度，控制紫外辐射强度达到一个温和的水平（3 W/m^2）。诱导实验中，红豆杉幼苗将持续接收 UV-B 辐射，并在 0 h、12 h 和 24 h 采取叶片，将采集叶片置于 60℃电热恒温干燥箱中烘干至恒重并用研钵粉碎。精确称取 0.1 g 红豆杉叶粉末置于 2 ml 80%乙醇溶液中，连续超声提取 3 次，每次 60 min，合并提取液，将其在 45℃条件下负压旋转蒸发干溶剂后，将所得粗提物重新溶于 2 ml 色谱级乙腈中，经 0.22 μm 微孔滤膜过滤后待用。

利用上述建立的 UPLC-MS/MS 分析方法对 UV-B 辐射诱导前后东北红豆杉组培苗中 7 种目标黄酮类化合物（异槲皮苷、槲皮苷、槲皮素、白果素、异银杏素、银杏素和金松双黄酮）积累水平进行检测，具体目标次生代谢产物含量变化如图 4-42 所示，实验结果表明：除了异银杏素外，UV-B 辐射胁迫之后可使东北红豆杉组培苗中黄酮类化合物含量在 0～24 h 均显著增加（Jiao et al., 2022）。

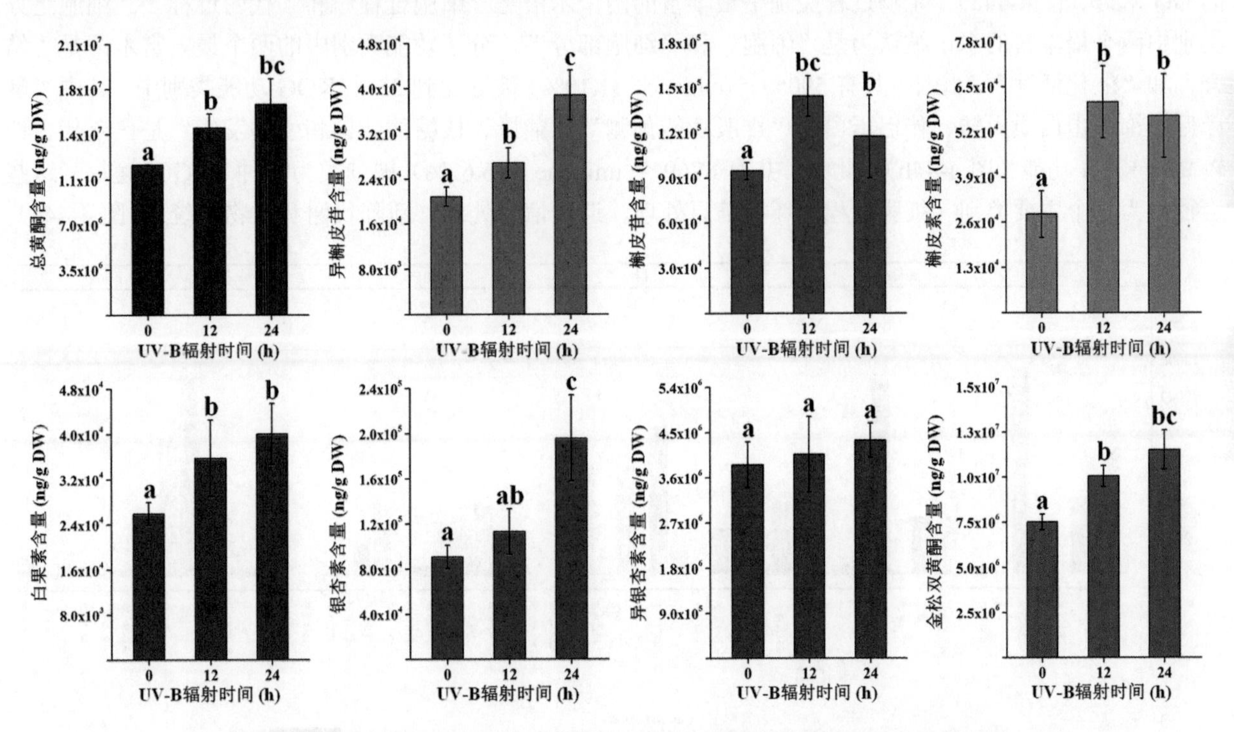

图 4-42　UV-B 辐射对东北红豆杉组培苗中目标黄酮类化合物含量变化的影响

将 UV-B 胁迫诱导处理后的红豆杉组培苗样品送交给诺禾致源生物信息科技有限公司进行转录组测序，构建并测序了 9 个 cDNA 文库。三组 UV-B 处理的红豆杉组培苗总共产生了 516 065 236 个有效序列（clean read）和 77.4 Gb 的序列数据，将获得的清洁读数进行拼接和聚类，得到 132 026 个转录物和 52 755 个单基因簇（unigene），平均长度分别为 1695 bp 和 1381 bp（图 4-43a）。为获得全面的基因功能信息，在七大公共数据库（Nr、Nt、Pfam、KOG/COG、Swiss-prot、KEGG 和 GO）中对 unigene 进行注释，总共有 52 755 个 unigene 被成功注释。如图 4-43b 所示，Nr 数据库中有 20 589 个 unigene（39.02%）被注释，Nt 数据库中有 11 345 个 unigene（21.50%）被注释，Swiss-Prot 数据库中有 18 625 个 unigene（35.30%）被注释，Pfam 数据库中有 20 160 个 unigene（38.21%）被注释，KOG/COG 数据库中有 5905 个 unigene（11.19%）被注释，KEGG 数据库有 8769 个 unigene（16.62%）被注释，GO 数据库中有 20 160 个 unigene（38.21%）被注释。如图 4-43c 所示，许多红豆杉 unigene 与其他植物物种的基因具有高度相似性，在木本植物北美云杉中鉴定出最多的红豆杉同源基因（29.2%）。

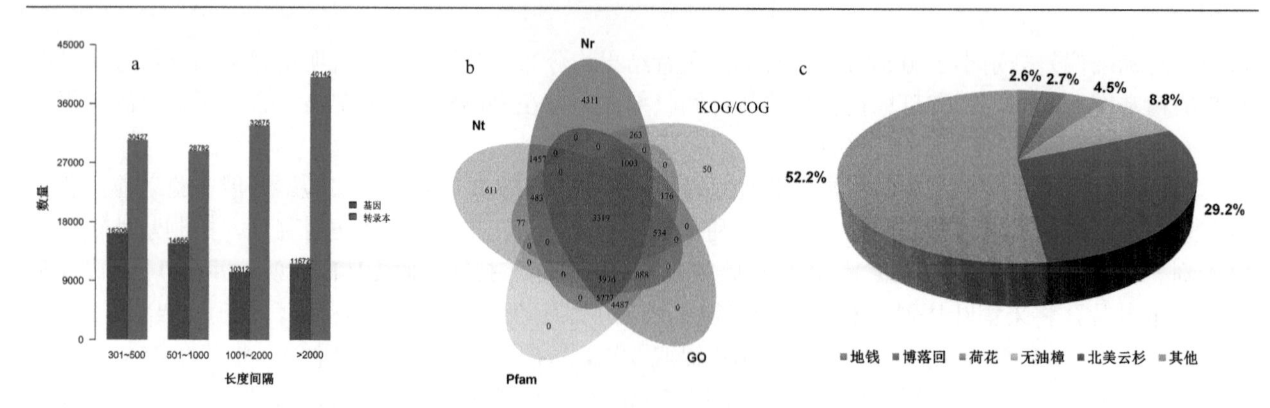

图 4-43　东北红豆杉转录组测序本及 unigene 的信息注释结果

a. 转录本和 unigene 长度分布；b. 数据库注释的 unigene 数量；c. unigene 的物种分布

共有 20 160 个 unigene（38.21%）被分配到至少一个属于三大类（生物过程、细胞组分和分子功能）的 GO 术语（图 4-44a）。生物过程类别中最丰富的两个术语是“细胞过程”和“代谢过程”。细胞组分类别中两个最丰富的术语被认为是“细胞”和“细胞部分”。分子功能类别中的两个最丰富术语是“结合”和“催化活性”。此外，共有 5905 个 unigene（11.19%）被分配到 25 个 KOG 功能类别中，其中“翻译后修饰、蛋白质周转、伴侣蛋白”“一般功能预测”“翻译、核糖体结构和生物发生”是三个代表性较高的 KOG 功能（图 4-44b）。此外，共有 8769 个 unigene（16.62%）被分类为各种 KEGG 途径，这些途径分为 5 个主要类别（细胞过程、环境信息处理、遗传信息处理、新陈代谢和生物系统）（图 4-44c）。

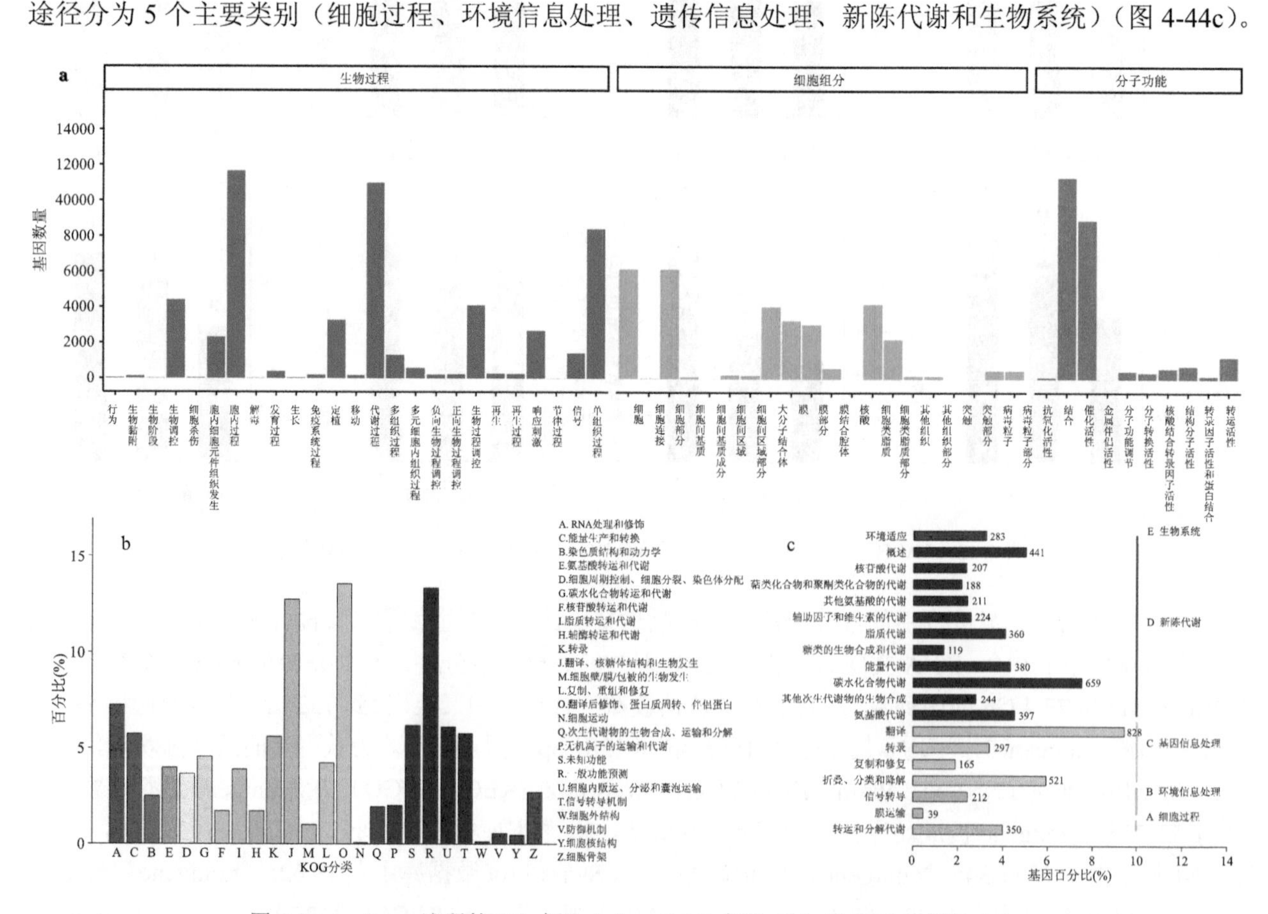

图 4-44　unigene 注释的 GO 术语（a）、KOG 术语（b）和 KEEG 术语（c）

通过分析三个比较组（UV-B 12 h 和 UV-B 0 h 比较组、UV-B 24 h 和 UV-B 0 h 比较组及 UV-B 24 h 和 UV-B 12 h 比较组）获取显著差异表达基因（DEG）。如图 4-45a 所示，在 UV-B 12 h 和 UV-B 0 h 中

鉴定出 1074 个 DEG，其中 489 个表达上调，585 个表达下调；如图 4-45b 所示，在 UV-B 24 h 和 UV-B 0 h 比较组中鉴定出的 DEG 数量最多（1929 个），其中 1008 个表达上调，921 个表达下调；如图 4-45c 所示，在 UV-B 24 h 和 UV-B 12 h 比较组中鉴定出 640 个 DEG，其中 520 个表达上调，120 个表达下调。总共鉴定出 2570 个 DEG，UV-B 辐射处理 12 h 和 0 h 的两组相比较，产生的 DEG 共 1074 个，占总数的 41.8%；UV-B 辐射处理 24 h 和 0 h 的两组相比较，产生了共 1929 个 DEG，占总数的 75.1%；UV-B 辐射处理 24 h 和 12 h 的两组相比较，产生了共 640 个 DEG，占总数的 24.9%，这表明 UV-B 辐射 24 h 和 0 h 比较组的基因表达丰度比其他两个比较组的高。图 4-45d 是不同时长 UV-B 辐射处理下东北红豆杉转录组 DEG 表达水平聚类分析热图。此外，通过 K 均值方法将所有 DEG 分为 8 个簇，以评估它们在 UV-B 暴露期间红豆杉 DEG 表达的主要趋势（图 4-45e）。簇Ⅰ、簇Ⅱ和簇Ⅲ的基因表达 0～24 h 显著减弱，而簇Ⅴ、簇Ⅶ和簇Ⅷ的基因表达显著增强。在 UV-B 暴露 12 h 时，在簇Ⅳ和簇Ⅵ中基因表达下调，但在 24 h 时出现上调趋势。

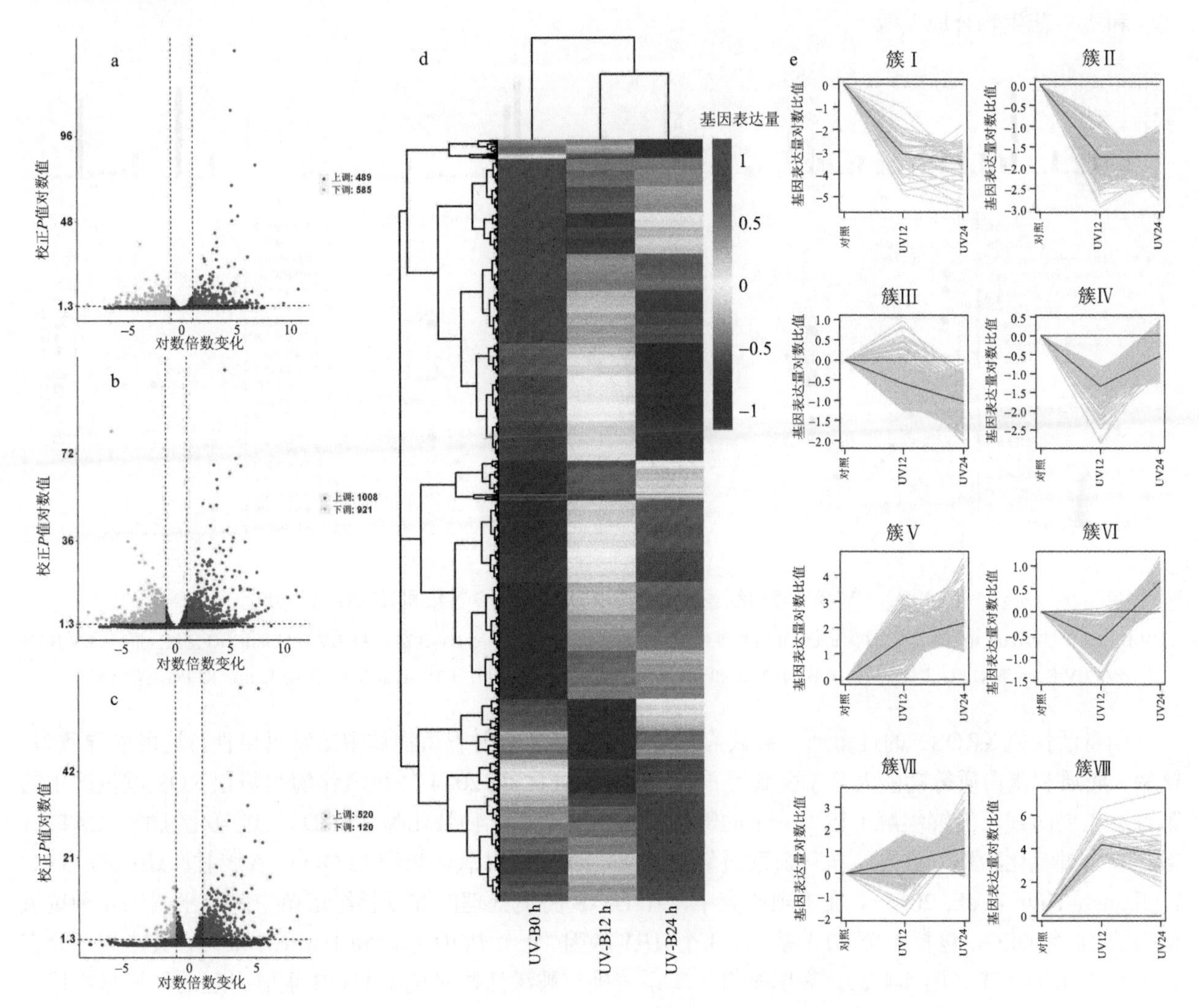

图 4-45　不同对照组中 DEG 火山图、表达热图和表达谱

a. UV-B 12 h 和 UV-B 0 h DEG 火山图；b. UV-B 24 h 和 UV-B 0 h DEG 火山图；
c. UV-B 24 h 和 UV-B 12 h DEG 火山图；d. DEG 聚类表达热图；e. DEG 表达谱

如图 4-46a 所示，在 UV-B 12 h 和 UV-B 0 h 的比较中，736 个 DEG（68.53%）被归类为至少一个 GO 富集项，“代谢过程”、“催化活性”和“离子结合”分别为三个较丰富的术语。如图 4-46b 所示，在 UV-B 24 h 和 UV-B 0 h 的比较中，1306 个 DEG（67.70%）被归类到至少一个 GO 富集项，“代谢过程”、“催化活性”和“单一生物体代谢”被认为是三个较丰富的术语。从图 4-46c 可以看出，在 UV-B 24 h 和 UV-B 12 h 的比较中，449 个 DEG（70.16%）归类至少一个 GO 富集项，“代谢过程”、“催化活性”和“氧化还原过程”被认为是三个较丰富的术语。如图 4-46d 所示，在 UV-B 12 h 和 UV-B 0 h 的比较中，167 个 DEG 被分组到前 20 个最显著富集的 KEGG 途径中，如“内质网中的蛋白质加工”“苯丙烷类生物合成”“植物与病原体的相互作用”“植物激素信号转导”“类黄酮生物合成”“二萜生物合成”等。在 UV-B 24 h 和 UV-B 0 h 的比较中，195 个 DEG 被分配到前 20 个较显著富集的 KEGG 途径中，如“苯丙烷类生物合成”“内质网中的蛋白质加工”“植物激素信号转导”“类黄酮生物合成”“二萜生物合成”等（图 4-46e）。如图 4-46f 所示，在 UV-B 24 h 和 UV-B 12 h 的比较中，110 个 DEG 被分类到前 20 个最显著富集的 KEGG 途径，如“苯丙烷类生物合成”“植物激素信号转导”“淀粉和蔗糖代谢”和“二萜生物合成”等。总体而言，通过上述富集分析初步确定了：UV-B 可以显著触发一些与植物次生代谢相关的途径，如“苯丙烷类生物合成”“植物激素信号转导”“黄酮类生物合成”和“二萜生物合成”等。

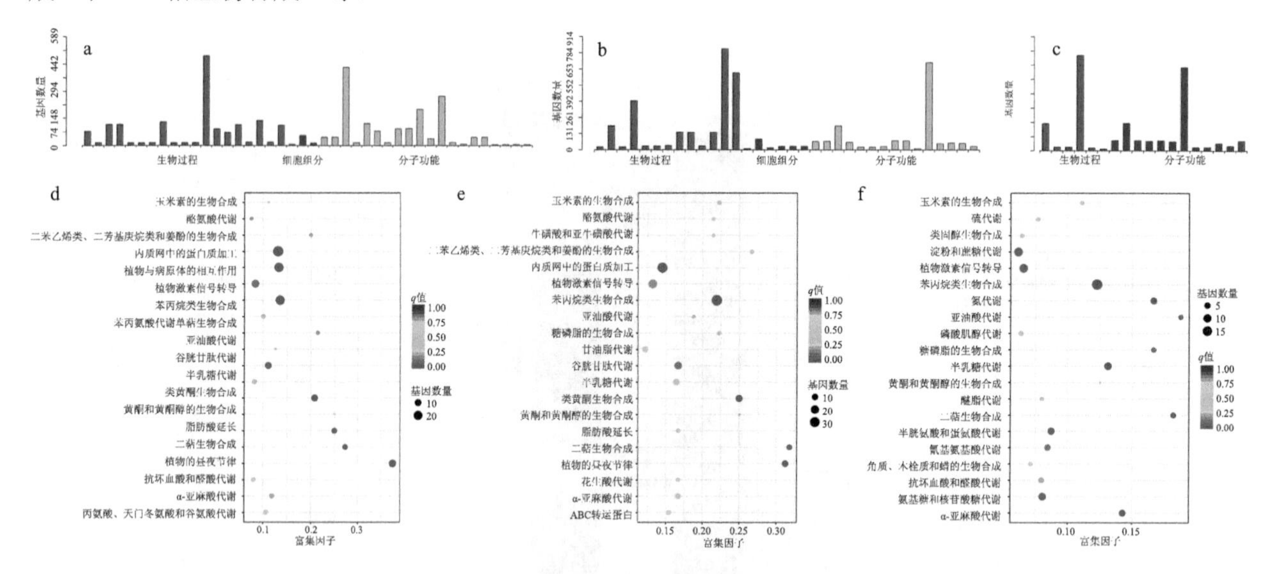

图 4-46　UV-B 处理的红豆杉组培苗中 DEG 的 GO 富集和 KEEG 富集分析

a. UV-B 12 h 和 UV-B 0 h 组 GO 富集分析；b. UV-B 24 h 和 UV-B 0 h 组 GO 富集分析；c. UV-B 24 h 和 UV-B 12 h 组 GO 富集分析；d. UV-B 12h 和 UV-B 0 h 组 KEEG 富集分析；e. UV-B 24 h 和 UV-B 0 h 组 KEEG 富集分析；f. UV-B 24 h 和 UV-B 12 h 组 KEEG 富集分析

剧毒活性氧（ROS）的过量产生被认为是暴露于 UV-B 辐射下植物体中的常见事件，这可能导致膜、核酸、脂质和蛋白质等功能大分子受到严重损害（Baxter et al., 2014）。抗氧化酶是防止 ROS 过量产生的第一道重要防线，能够缓解上述大分子的氧化损伤，如超氧化物歧化酶（SOD）、过氧化氢酶（CAT）、谷胱甘肽过氧化物酶（GPX）、抗坏血酸过氧化物酶（APX）、过氧化物酶（POD）、谷胱甘肽还原酶（GR）（Julkunen-Tiitto et al., 2015）。在本项研究中，在 UV-B 胁迫处理的红豆杉组培苗中鉴定出编码 4 种抗氧化酶的 14 个 DEG，包括 1 个 *GPX* 基因、3 个 *APX* 基因、9 个 *POD* 基因和 1 个 *GR* 基因，其中大部分在 12 h 或 24 h 时上调（图 4-47a），表明抗氧化酶系统确实被激活以对抗由 UV-B 辐射引起的红豆杉组培苗中的 ROS 损伤。

事实上，ROS 还是重要的信号分子，可以触发抗氧化植物次生代谢产物的生物合成（Baxter et al., 2014）。其中，黄酮类化合物被广泛认为是有效的 ROS 清除剂，因为酚羟基的还原电位可用于定位和中和活性氧自由基（Agati et al., 2012）。本项研究中一些抗氧化酶基因的上调间接表明在 UV-B 处理的红豆杉组培苗中已发生了 ROS 过度产生。基于此，参与类黄酮生物合成途径的基因可能通过 ROS 介导的氧化应激被激活。众所周知，黄酮类化合物是通过植物中的苯丙素途径合成的（Buer et al., 2008）。因此，“苯丙烷类生物合成”是 UV-B 暴露期间最显著富集的 KEGG 途径也就不足为奇（图 4-46d～f）。在本研究中，14 个 DEG 编码的 7 种黄酮生物合成酶在 UV-B 处理的红豆杉组培苗中被鉴定出来，包括 3 个苯丙氨酸解氨酶（PAL）基因、1 个肉桂酸-4-羟化酶（C4H）基因、3 个查耳酮合成酶（CHS）基因、2 个查耳酮异构酶（CHI）基因、2 个黄酮醇合酶（FLS）基因、2 个黄酮 3′,5′-羟化酶（F3′5′H）基因和 1 个花青素合成酶（ANS）基因。超过一半的黄酮生物合成相关基因（*PAL1*、*PAL2*、*PAL3*、*C4H*、*CHS1*、*CHS2*、*CHS3*、*FLS1* 和 *F3′5′H2*）在 UV-B 暴露期间持续上调（图 4-47b），与红豆杉组培苗中总黄酮含量变化趋势一致（图 4-42），这些基因的协同上调可能是黄酮含量增加的内在原因。此外，注意到 *PAL1*、*CHS2*、*FLS1* 和 *F3′5′H2* 的转录丰度显著高于其他基因，表明这 4 个基因可能是 UV-B 调控红豆杉黄酮生物合成的潜在关键酶基因。

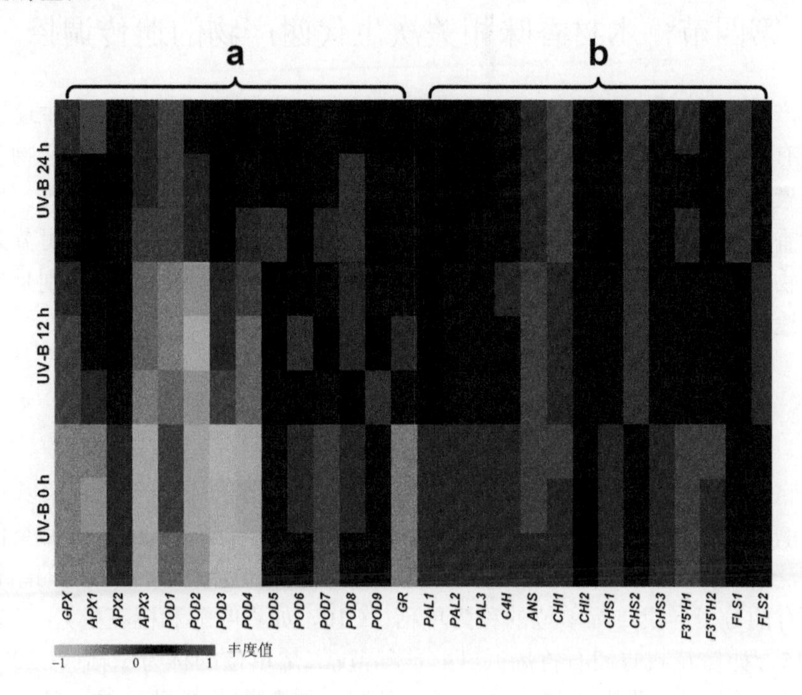

图 4-47　UV-B 处理的红豆杉组培苗中抗氧化酶（a）和黄酮生物合成（b）相关的 DEG 转录本丰度变化

五、本节小结

本节中对红豆杉黄酮类代谢途径的关键基因进行了系统鉴定，共鉴定了 25 个花青素合成相关基因，发现 *TcF3H4*、*TcF3H5*、*TcF3′H1*、*TcDFR5* 和 *TcDFR2* 等在树龄较大的木质部中表达量较高，推测其可能与木材颜色形成相关。

研究结果表明，转基因植株的叶片、茎和根都发生了明显的颜色变化，尤其是根部表现出特别明显的红色，说明此基因确实在调控植物颜色形成方面起着重要作用。本研究发现转基因植株中含量最高的为矢车菊素-3-*O*-芸香糖苷，此物质的颜色是紫红色，与转基因植株所显示的颜色一致。

基于氯化矢车菊素的合成路径，挖掘不同植物来源的花青素合成酶，构建了 6 株氯化矢车菊素生物合成菌株。采用全细胞催化方式合成氯化矢车菊素，并对 6 株菌株合成能力进行催化比较。使用响应面设计法获得最佳合成条件，在诱导温度 25℃，异丙基硫代半乳糖苷（IPTG）浓度 1 mmol/L，诱导 6 h 后收集菌体，全细胞催化 6 h 时得到最大氯化矢车菊素浓度（7.96 mg/L）。探究了反应体系中辅因子对氯化矢车菊素合成的影响，在添加 2.5 mmol/L 抗坏血酸钠、1 mmol/L 2-氧戊二酸和 1 mmol/L $MgSO_4$ 的条件下最终合成 8.78 mg/L 氯化矢车菊素。对微生物合成的氯化矢车菊素进行糖基化修饰，探究了不同来源的糖基转移酶的修饰效果，构建了 4 株合成矢车菊素-3-*O*-葡萄糖苷生物合成菌株，最高可合成 0.80 mg/L 的矢车菊素-3-*O*-葡萄糖苷。基于 UDP-葡萄糖再生系统，矢车菊素-3-*O*-葡萄糖苷提高至 10.34 mg/L，提高了约 13 倍。

利用茎段腋芽启动技术获得了遗传背景一致的东北红豆杉组培苗，并利用 UPLC-MS/MS 方法精确分析了 UV-B 辐射下东北红豆杉组培苗中 7 种黄酮类化合物含量的积累变化，确定了含量差异显著的时间点；然后对目标活性成分含量差异显著的样本进行转录组测序，获得差异基因并进行功能和通路富集分析，初步阐明了 UV-B 辐射介导东北红豆杉中黄酮类活性成分积累的合成代谢调控机制，筛选到了一些关键生物合成酶基因，为未来相关基因功能验证以及利用基因工程技术提高黄酮类化合物含量提供了一定的理论依据。

第四节　木材香味相关次生代谢产物的遗传调控

木材次生代谢产物种类异常繁多，化学结构有很大差别。次生代谢产物的产生途径多种多样，但是产生量极少，或具有不稳定性难以分离，许多途径目前仍不清楚。木材次生代谢产物从性质上通常分为七大类，包括苯丙素类、醌类、黄酮类、单宁类、萜类、甾体及其苷、生物碱类等。尽管不同的木材香味特质不同，所含香味物质不同，但主要的木材香味相关次生代谢产物在化学上可分为四大类：萜类化合物、芳香族化合物、脂肪族化合物和氨基酸衍生化合物。其合成的生物途径分别是异戊二烯途径、桂皮酸途径、脂肪酸途径等。

一、木材香味相关萜类化合物的合成机理

萜类化合物是自然界中最大的一类天然产物，是由甲戊二羟酸衍生、分子骨架以异戊二烯单元（C5 单元）为基本结构单元的化合物及其衍生物（刘琬菁等, 2017; 童宇茹等, 2018）。萜类化合物在自然界中种类繁多且存在广泛，目前在许多种植物和其他物种中发现了超过 40 000 种不同的结构。依据异戊二烯数目的不同，将含有两分子异戊二烯单位的称为单萜（C10，如香叶醇和橙花醇）、三分子异戊二烯单位的称为倍半萜（C15，如橙花叔醇和石竹烯）、四分子异戊二烯单位的称为二萜（C20，如植物醇和贝壳杉烷）、六分子异戊二烯单位的称为三萜（C30，如蓍醇 A 和鲨烯），以此类推。其中，单萜和倍半萜大多具有特殊香气，常温易挥发，是木材香味次生代谢产物的主要成分，二萜多数不能随水蒸气挥发，是构成树脂类的主要成分，少数存在于高沸点的挥发油中。类胡萝卜素的降解产物也是木材中的关键致香成分，如紫罗兰酮、大马酮和异佛尔酮等。

（一）试验材料

大肠杆菌 BL21（DE3）购于南京诺唯赞生物科技有限公司，用于基因的表达和萜类化合物的生产。pACYCDuet-1、pCDFDuet-1、pETDuet-1 质粒购于 Novagen 公司。DNA 聚合酶、DNA Marker、限制酶和修饰酶购于 Takara Bio 中国公司。引物和基因由南京思普金生物科技有限公司合成。

（二）试验方法

将菌株接种到 50 ml 新鲜 TB 培养基中，相应加 100 μg/ml 的氨苄青霉素、50 μg/ml 的链霉素和 35 μg/ml 的氯霉素，在 37℃培养。探究诱导温度（20~35℃），细胞浓度（OD_{600}=3，4，5，6 或 7）以及 IPTG 浓度（0.1~1.0 mmol/L）和 10%（*V*/*V*）所需溶剂（正十二烷、油醇或异丙醇、肉豆蔻酸异丙酯）对萜类化合物合成的影响。

单萜和倍半萜类化合物的 GC 检测所用的仪器为 Agilent 7890a 气相色谱，气相色谱柱为 CycloSil-B β 环糊精手性毛细管柱（30 m × 0.25 mm × 0.25 μm）。柱温箱升温程序为：50℃维持 2 min，以 20℃/min 的速率升温至 240℃，并在此温度下保持 3 min。氢火焰离子化检测器温度保持在 300℃，分流比为 50∶1。

单萜和倍半萜类化合物的 GC-MS 检测所用的仪器为 Thermo TRACE GC MLTRA 气相色谱配备 TSQ

Quantum XLS MS，气相色谱柱为 TRACE TR-5MS（30 m × 0.25 mm × 0.25 μm）。每次分析进样 1 μl，以高纯氦气为载气，设置流速为 1 ml/min。GC 条件为 80℃维持 1 min，随后以 10℃/min 的速率升温到 280℃，维持 10 min。再以 10℃/min 的速率升温到 300℃，在 300℃维持 5 min。

冷杉醇等二萜类化合物的鉴定和定量。培养物和溶剂混合物离心 10 min，收集有机相，用 0.22 μm 滤膜过滤。冷杉醇等二萜类化合物浓度用高效液相色谱（HPLC, Agilent 1260，Agilent, , 美国）分析。使用紫外检测器在 237 nm 下检测浓度。色谱柱为 Eclipse XDB-C18 色谱柱（4.6 mm×250 mm, 5 μm, Agilent, 美国）。柱温为 25℃，流动相为 71%甲醇、18%乙醇和 11%乙酸水溶液（0.1%, *V*/*V*），流速为 0.8 ml/min。

冷杉醇等二萜类化合物采用 HPLC-MS（Thermo Finnigan，美国）进行分析。HPLC 条件如下：Welch Ultimate XB-C18 立柱（2.1 mm×100 mm, 3 μm, Welch Materials, 瑞士）。溶剂由水/乙腈/甲醇组成，（A：0/100/0，%；B：99.9/0/0.1，%）。梯度如下：开始 70% A 保持 1 min，在 1 min 内增加到 100% A 保持 1 min，然后在 6 s 内降至 70% A 并保持 2 min 稳定。流速为 0.4 ml/min，进样量为 1 μl。

（三）结果与讨论

萜类化合物的前体物质为二甲（基）丙烯焦磷酸酯（DMAPP）和异戊烯基焦磷酸（IPP），在生物体内有两条合成途径（图 4-48）（Yang et al., 2016）。第一条是存在于古细菌和真核细胞中的甲羟戊酸（mevalonate，MVA）途径，主要在细胞质中进行，少部分在过氧化物酶体进行；第二条是 2-甲基-*D*-赤藓糖醇-4-磷酸（2-methyl-*D*-erythritol-4-phosphate，MEP）途径，该途径主要存在于大多数细菌、蓝藻、

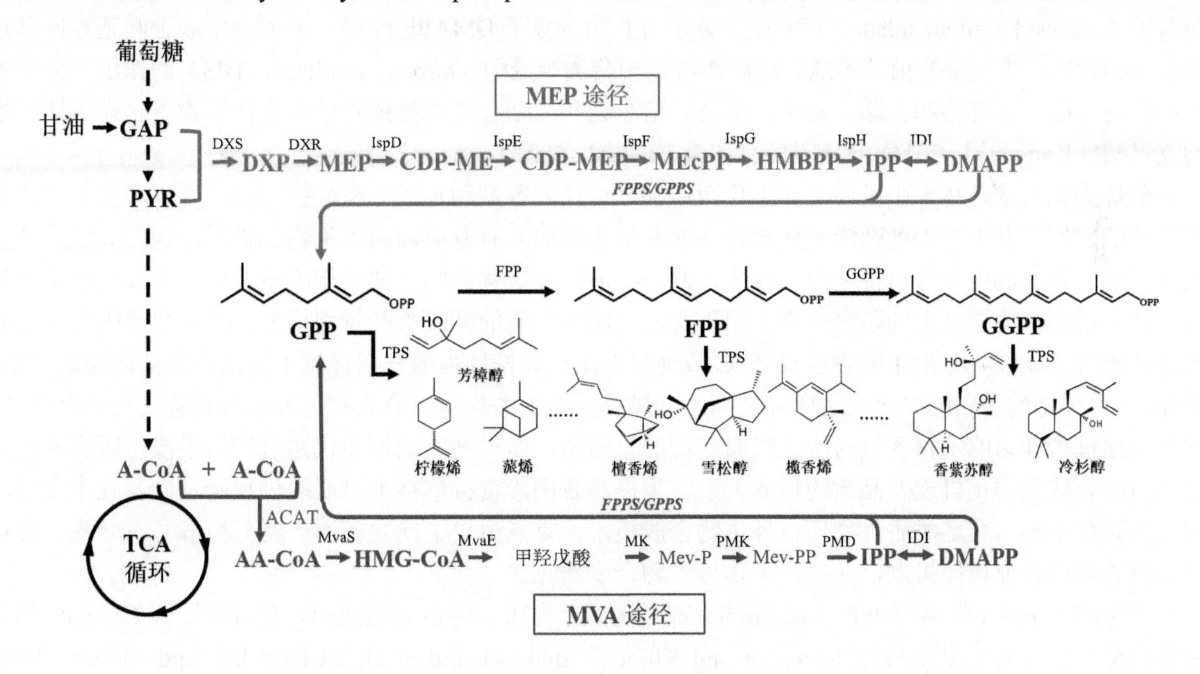

图 4-48　木材香味相关萜类化合物在生物体内的合成途径（MVA 途径和 MEP 途径）

相应的中间产物名称：GAP，3-磷酸甘油醛；DXP，5-磷酸脱氧木酮糖；MEP，4-磷酸甲基赤藓糖醇；CDP-ME，4-二磷酸胞苷-2-C-甲基赤藓醇；CDP-MEP, 4-二磷酸胞苷-2-C-甲基-*D*-赤藓糖醇 2-磷酸酯；MEcPP，2-C-甲基-*D*-赤藓糖醇 2,4-环二磷酸；HMBPP，4-羟基-3-甲基-2-丁烯焦磷酸；A-CoA，乙酰辅酶 A；AA-CoA，乙酰乙酰辅酶 A；HMG-CoA, 羟甲戊二酰辅酶 A；Mev-P，甲羟戊酸 5-焦磷酸；Mev-PP，二磷酸甲羟戊酸；MVA，甲羟戊酸； IPP，异戊烯基焦磷酸； DMAPP，二甲（基）丙烯焦磷酸酯；GPP，香叶基焦磷酸；FPP，法尼基焦磷酸合成酶；GGPP，牻牛儿基焦磷酸合酶。相应的途径酶名称：ACAT，乙酰乙酰辅酶 A 硫解酶；MvaS，羟甲戊二酰辅酶 A 合成酶；MvaE，羟甲戊二酰辅酶 A 还原酶；MK，甲羟戊酸激酶；PMK，磷酸甲羟戊酸激酶；PMD，焦磷酸甲羟戊酸脱羧酶；IDI，IPP 异构酶；DXS，脱氧木酮糖-5-磷酸合成酶；DXR，1-脱氧-*D*-木酮糖-5-磷酸还原异构酶；IspD，4-二磷酸胞嘧啶-2-C-甲基-*D*-赤藓糖醇合成酶；IspE，4-二磷酸胞嘧啶-2-C-甲基-*D*-赤藓糖醇激酶；IspF，2-C-甲基-*D*-赤藓糖醇 2,4-二磷酸胞嘧啶合成酶；IspG，(*E*)-4-羟基-3-甲基丁烯-2-烯基-二磷酸合成酶；IspI，4-羟基-3-甲基丁烯-2-烯基-二磷酸还原酶；IspH，(*E*)-4-羟基-3-甲基-丁-2-烯焦磷酸合成酶；TPS，萜类合成酶

绿藻和植物质体中，已有研究报道显示这两条途径之间存在着代谢交流（Vranová et al., 2013; Yang et al., 2016）。MVA 途径：两分子乙酰辅酶 A（acetyl-CoA）在乙酰乙酰辅酶 A 硫解酶（ACAT）的作用下缩合生成乙酰乙酰辅酶 A（acetoacetyl-CoA），羟甲戊二酰辅酶 A（HMG-CoA）合成酶（MvaS）催化该产物与另一分子乙酰辅酶 A 生成羟甲戊二酰辅酶 A，羟甲戊二酰辅酶 A 还原酶（MvaE）催化羟甲戊二酰辅酶 A 还原成甲羟戊酸，甲羟戊酸被甲羟戊酸激酶（MK）磷酸化生成甲羟戊酸 5-焦磷酸（Mev-P），该产物在磷酸甲羟戊酸激酶（PMK）的作用下生成二磷酸甲羟戊酸（Mev-PP），最后在焦磷酸甲羟戊酸脱羧酶（PMD）的作用下生成异戊烯基焦磷酸（IPP），IPP 和 DMAPP 之间的相互转化是通过 IPP 异构酶（IDI）催化实现的。MEP 途径第一步是由脱氧木酮糖-5-磷酸合成酶（DXS）催化 3-磷酸甘油醛（GAP）与丙酮酸（PYR）缩合生成 5-磷酸脱氧木酮糖（DXP），DXS 是 MEP 途径中的限速酶，过量表达可以促进萜类化合物的积累。l-脱氧-*D*-木酮糖-5-磷酸还原异构酶（1-deoxy-*D*-xylulose- 5-phosphate reductoisomerase，DXR）催化 5-磷酸脱氧木酮糖生成 MEP，该步骤也是 MEP 途径的限速步骤。随后 MEP 与胞苷三磷酸（CTP）偶联，经磷酸化、环化和两步还原脱水反应生成萜类化合物的前体物质 DMAPP 和 IPP。研究表明在大肠杆菌中生产萜类化合物时 MEP 途径和 MVA 途径会产生协同作用，多项研究显示 MEP 途径和 MVA 途径的共表达也成功地提高了多种萜烯类化合物在大肠杆菌中的产量。

IPP 和 DMAPP 在异戊烯基转移酶的作用下生成萜类化合物的直接前体物质。l-脱氧-*D*-木酮糖-5-磷酸还原异构酶（DXR）和羟甲戊二酰辅酶 A 还原酶（3-hydroxy-3-methylglutaryl-CoA reductase，MvaE）是影响萜类化合物代谢前体 IPP 及 DMAPP 合成的限速酶。通常，一分子的 IPP 和一分子的 DMAPP 转化生成香叶基焦磷酸（geranyl pyrophosphate，GPP），两分子的 IPP 和一分子的 DMAPP 转化生成法尼基焦磷酸（farnesyl pyrophosphate，FPP），3 分子 IPP 和一分子 DMAPP 经过三步缩合生成香叶基香叶基焦磷酸（GGPP），即二萜的前体物质。然后在特定的萜类合成酶（terpene synthase，TPS）的作用下分别生成相应的单萜、倍半萜和二萜。其中，单萜、倍半萜和二萜合成酶是挥发性萜类化合物生物合成途径中的关键酶（Kang et al., 2016; 童宇茹等, 2018; Lei et al., 2021）。

萜烯类化合物是林木中重要的次生代谢产物，可作芳香剂和香料，在洗护用品、香水和食品中也具有广泛的应用。其中手性纯萜烯类化合物（如左旋芳樟醇）有着更高的“生物效价”，因此其经济效益也高于消旋体。利用具有可持续性、环境友好、品质优异等优势的代谢工程改造微生物合成萜烯类香料的工艺，已经成为国际上的研究热点。但现有的代谢工程菌的萜烯类产量都极低，其主要原因之一是异源萜烯类合成酶在异源宿主中表达水平低，致使其在工程菌株体内催化活性远不能满足商业应用的需求。因此，针对异源酶蛋白的高效表达研究及高产萜烯类重组菌的构建研究具有重要的战略意义与社会效益。本研究通过构建影响木材香气的次生代谢产物的重组菌，通过基因调控和代谢调控的手段，研究其在生物体内的合成及转化机理及品质的构效关系，为提高我国珍贵特色林木材质提供理论基础及技术支撑。本研究聚焦于林木萜烯类香气物质体外生物合成技术，重点讨论了次生代谢产物芳樟醇、香叶醇、冷杉醇和檀香烯的代谢调控机制，并提出了体外生物合成新方法。

芳樟醇（linalool）和香叶醇（geraniol）都是由两个异戊二烯单元组成的，具有分子式 $C_{10}H_{18}O$ 的无环单萜醇类化合物（图 4-49）（Kamatou and Viljoen, 2008; Atsumi et al., 2010; Chen and Viljoen, 2010; Celedon et al., 2016; Karuppiah et al., 2017）。自然界中，芳樟醇及香叶醇存在于多种花卉和香料植物中，如芳樟醇存在于薰衣草、肉桂、芫荽、薄荷、丁香、柠檬和柑橘等 200 多种植物中，香叶醇存在于茶叶、薄荷、茉莉花、百里香、山竹、葡萄、猕猴桃、柚子等植物的叶子与果实中。它们被广泛用作日用香精

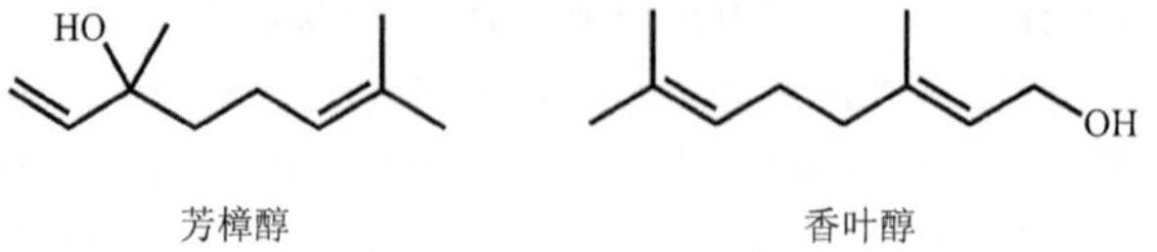

芳樟醇　　香叶醇

图 4-49　芳樟醇和香叶醇的化学结构式

和食用香精，用于配制日用产品和食品（Yu et al., 2019）。此外，还可用作制药工业中的中间体，如芳樟醇和香叶醇可分别用作维生素 E 和维生素 A 的合成前体。香料产品中，芳樟醇和香叶醇均属于全球年需求量 5000 t 以上大宗常用的香料。

单萜合酶（monoterpene synthase，mono-TPS）具有高度相似的三维结构，主要由 α 螺旋、短的连接环和 β 转角等结构组成。单萜合酶的长度为 600～650 个氨基酸，在其 N 端常存在一个 20～100 个氨基酸大小的末端信号肽序列。绝大多数单萜合酶都含有天冬氨酸富集基序（DDXXD），主要位于活性位点的入口，具有结合金属离子的作用，对引导底物催化至关重要。单萜合酶主要采用亲电机理催化反应（图 4-50）。在金属离子（如 K^{+}、Mn^{2+}、Fe^{2+}、Mg^{2+}）的辅助下，前体香叶基焦磷酸（GPP）结合到酶活性位点并发生离子化，将焦磷酸残基（diphosphate moiety，OPP）转移至 C3 上，产生酶-芳樟酰基焦磷酸（linalyl diphosphate，LPP）酯复合物，C2、C3 间的单键旋转异构形成能够环化的顺式结构。LPP 二次离子化，C1、C6 间单键衔接形成中间产物松油基阳离子（terinyl cation）；再通过重排、异构、环化形成各种环状碳正离子，进而去质子化，捕获亲核物质形成单萜。立体异构的单萜，（+）-对映体和（–）-对映体分别源自（3*R*）-LPP 和（3*S*）-LPP，由 GPP 与单萜合酶结合时的旋转状态决定（Wang et al., 2020b）。通常，一种单萜合酶只催化一类对映体，但往往有利用两种构象 LPP 的能力，只是催化效率上有差异。

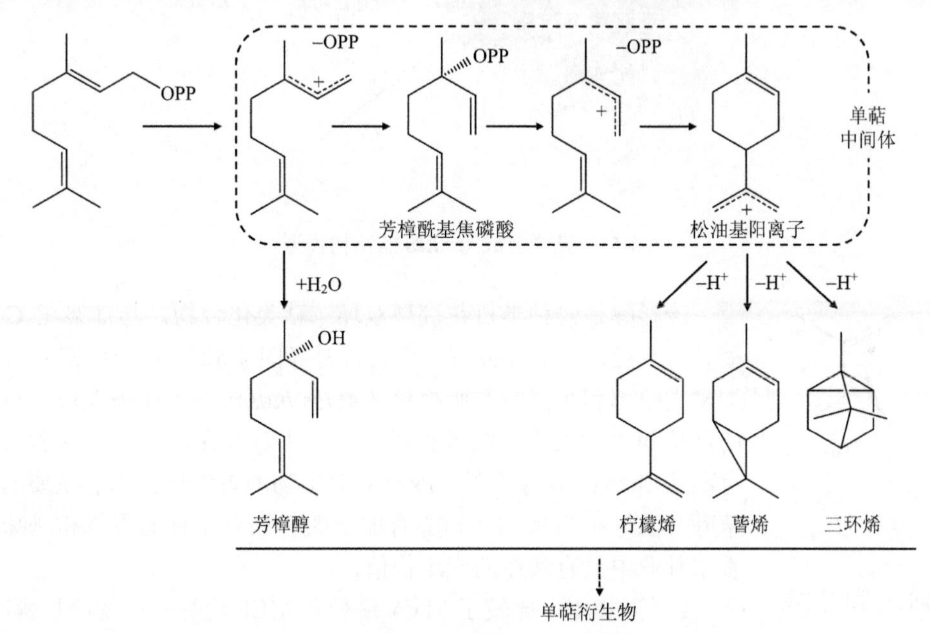

图 4-50　单萜生物合成途径

单萜衍生自 IPP，通过 2-甲基-*D*-赤藓糖醇-4-磷酸途径（MEP pathway）或者甲羟戊酸途径（MVA pathway）形成。在这两种途径中，IPP 通过异戊烯基焦磷酸异构酶（isopentenyl diphosphate isomerase，IDI）被异构化为二甲（基）丙烯焦磷酸酯（dimethylallyl pyrophosphate，DMAPP）。一分子的 IPP 和一分子的 DMAPP 在香叶基焦磷酸合成酶（geranyl diphosphate synthase，GPPS）催化下生成 GPP，作为单萜的前体；GPP 在各种单萜类合酶及修饰酶的作用下合成种类各异的单萜。

2017 年，Karuppiah 等（2017）在棒状链霉菌（*Streptomyces clavuligerus*）中鉴定了一个可以以 GPP 为底物合成芳樟醇以及以 FPP 为底物合成桉树脑的多功能萜类合成酶（bLIS），其结构和活性位点如图 4-51 所示。Wang 等（2021c）通过表达不同来源的芳樟醇合成酶，调整核糖体结合位点强度提高异源蛋白质在大肠杆菌中的表达水平，并在目的蛋白 N 端增加可溶性标签促进芳樟醇合成酶的可溶性表达，最后筛选出不同的 GPPS 以及突变体以提高前体供应水平。Wang 等（2020b）的研究结果显示在摇瓶发酵中芳樟醇的浓度达到 100.1 mg/L；利用高密度发酵，在 10 L 发酵罐中芳樟醇的浓度达到 1027.3 mg/L。

调控蛋白质表达水平是一个亟待解决的问题，2021 年，Wang 等首先通过筛选不同来源的关键酶，即 GPPS 和香叶醇合酶（GES），并选择恰当的宿主细胞背景，构建了生产香叶醇的大肠杆菌平台菌株（Wang et al., 2021c）。这一策略使香叶醇产量相较于初始菌株增加了约 46.4 倍，达到了 964.3 mg/L。随后，作者通过融合标签工程进一步优化 GES 的表达水平。为此，开发了一个高通量筛选系统来监测融合蛋白的表达水平，通过改造融合标签 CM29*获得了一系列变体。这种即插即用的工具被证明是一种系统调节蛋白质表达水平的有效方法，并可以用于调节生物合成代谢途径。最后，通过结合修饰的 E1*融合标签，在摇瓶培养中获得了 2124.1 mg/L 的香叶醇产量，达到了最大理论产率的 27.2%。

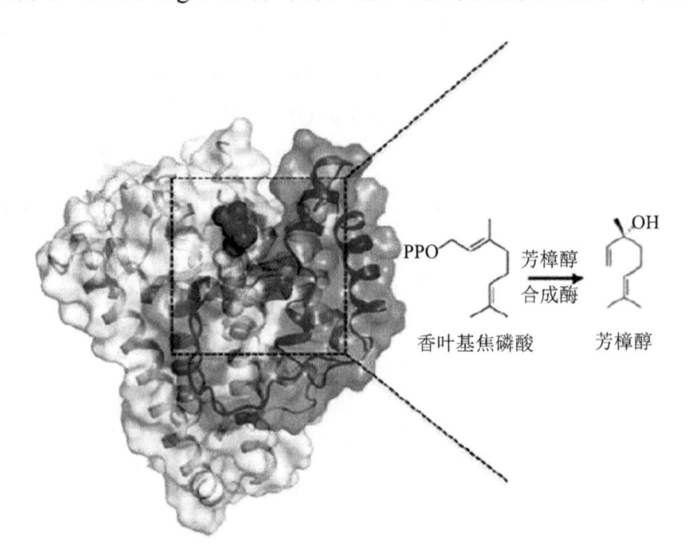

图 4-51　萜类合成酶 bLIS 的结构模型

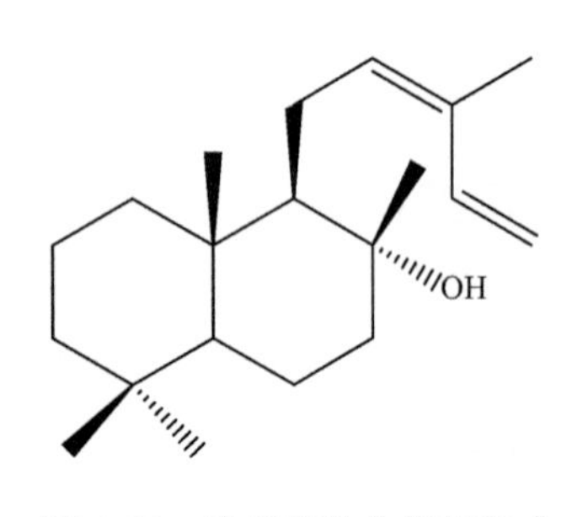

图 4-52　冷杉醇的化学结构式

冷杉醇是一种半日花烷型双环二萜类化合物，其骨架在 C-12 和 C-14 处具有双键，在 C-8 位置上带有羟基（图 4-52）。冷杉醇最早在一种原产于加拿大中部和东部的香脂冷杉（*Abies balsamea*）中被发现，仅在特定品质的烟草和加拿大冷杉的芳香树脂中有少量存在，冷杉的树脂束和液泡中含有高达 40%的芳香树脂。冷杉醇对植物的香气特征起着重要的作用，如烟草叶片腺毛中积累的冷杉醇有助于改善烟草品种的香气和风味，冷杉醇在香水行业中具有潜在的应用价值。

Li 等（2019）比较了 MVA 途径和 MEP 途径对产物冷杉醇产量的影响，通过在大肠杆菌中引入 MVA 途径，同时加强 MEP 途径中的关键酶以及冷杉醇合成酶基因表达水平，构建了几株生物合成冷杉醇的重组大肠杆菌。组合表达不同来源的二萜合成酶，筛选高产冷杉醇的重组菌株。选用了十二烷、油醇、肉豆蔻酸异丙酯作为上层溶剂，对重组菌的培养基和摇瓶培养条件进行优化，确定了最佳培养条件。组合表达来源于加拿大冷杉的冷杉醇合成酶 *Ab*CAS 和来自鼠尾草的Ⅱ类二萜合成酶 *Ss*TPS2 的重组菌 CA1168，其冷杉醇产量最高，通过高密度发酵和双相体系冷杉醇的浓度达到 634.7 mg/L，产率为 6.6 mg/(L·h)。

檀香醇是一种倍半萜醇，天然檀香木中首先通过檀香烯合酶催化 FPP 环化生成檀香烯，随后在细胞色素 P450 酶和 NADPH 依赖型的细胞色素 P450 还原酶的协同作用下羟化生成檀香醇（Diaz-Chavez et al., 2013; Rani et al., 2013; Celedon et al., 2016）。檀香烯带有强烈的果香味，而檀香醇则散发浓郁的檀香气味。檀香烯和檀香醇是檀香精油的重要组成部分，占其总含量的 80%以上。目前檀香精油是从檀香树干芯材经蒸汽蒸馏获得的。檀香科植物是常绿乔木，是一种名贵树种，原产印度等地，生性娇贵，栽培技术高。我国广东、海南等地有引种栽培。天然檀香精油由于其独特的芳香气味以及持久的定香效果，被广泛用于香水和化妆品行业。研究表明，檀香精油有良好的生物安全性，在欧美地区可作为食品添加剂。除此之外，檀香醇还具有抗菌消炎、镇静安神的功效。

Misra 等最早报道檀香（*Santalum album*）各组织中均含有檀香烯合酶 *Sa*SS（Rani et al., 2013），提取的蛋白质在体外实验中能催化 FPP 合成檀香烯等产物，此后，研究者从檀香种属的植物中提取到了檀香烯合酶基因并进行了鉴定分析，产物都为混合物。檀香烯合酶的催化过程见图 4-53。迄今为止，只有 *Sa*SS 的晶体结构（PDB：5ZZJ）被报道。如图 4-54 所示，檀香烯合酶 *Sa*SS 完全由 α-螺旋组成，分成两个不同的区域。N 端结构域与糖苷水解酶结构相似，但功能不确定，C 端结构域含有催化檀香烯生成的活性位点。D 螺旋中的 $D^{321}DGYD^{325}$ 基序和 H 螺旋中的 $N^{463}DIGT^{467}SPDE^{471}$ 基序相对位于活性位点的入口。两个无序的 A-C 环和 J-K 环的位置靠近入口。一般认为，两个基序与三核镁离子结合，通过与二磷酸基相互作用，在底物 FPP 的结合中发挥作用。一旦结合底物后，J-K 环变得有序，并在活动位点入口上形成盖子。Schalk 等（2011）成功从黄皮中提取到能够特异性生成以 α-檀香烯为主要产物的酶 SanSyn。SanSyn 的 F441 残基是限制中间体构象动力学的关键残基，突变体酶 $SanSyn^{F441V}$ 可以产生 α-檀香烯和 β-檀香烯（Zha et al., 2022）。

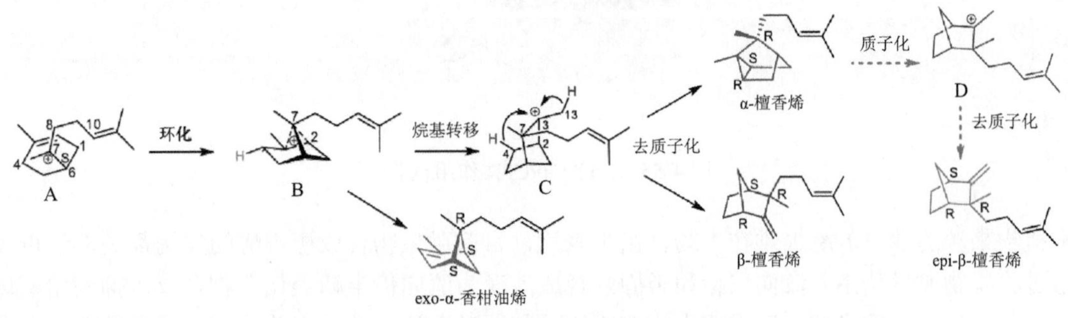

图 4-53　檀香烯合酶的催化过程模拟

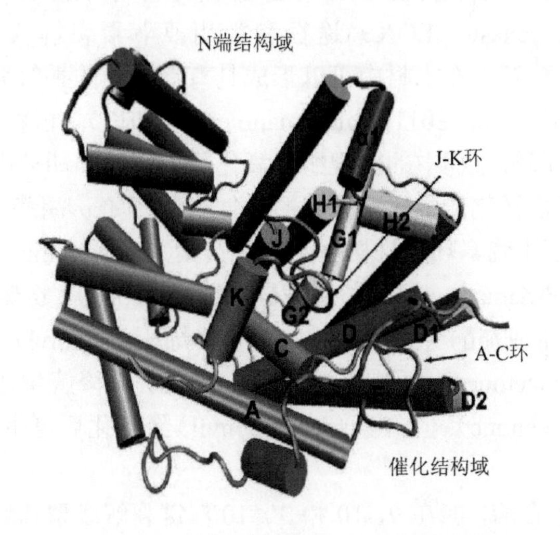

图 4-54　檀香烯合酶 SaSS 的拓扑结构

2013 年 Maria 等通过全基因组测序，从檀香属发现多个 P450 酶参与檀香醇的合成，其中 CYP76F39v1 对檀香烯的转化率接近 100%（Diaz-Chavez et al., 2013）。然而 CYP76F39v1 催化的檀香醇以反式结构为主，与天然檀香醇的顺反式比例不同。Celedon 等（2016）通过对檀香芯材的转录组进行解析，挖掘出催化生成 *Z*-α-檀香醇的关键 P450 酶 CYP736A167，并成功通过体外实验证明了其功能，为以后的异源生物合成天然构型的檀香醇提供了依据。细胞色素 P450 酶对檀香烯 C12 位点选择性羟基化为檀香醇。NADPH 依赖的细胞色素 P450 还原酶（CPR）在反应过程中将两个电子转移到 CYP450 上（图 4-55）。

Zhang 等（2022）通过在大肠杆菌中引入异源 MVA 途径和黄皮来源檀香烯合酶，构建了产 α-檀香烯菌株。通过筛选合适的 FPP 合酶 Erg20^{F96W} 来扩增 FPP 通量，定点诱变改造檀香烯合酶并且添加融合标签提高酶可溶性表达。优化后的重组菌株在摇瓶和分批补料发酵条件下，α-檀香烯最高滴度分别达到 1272 mg/L 和 2916 mg/L（Zhang et al., 2022）。

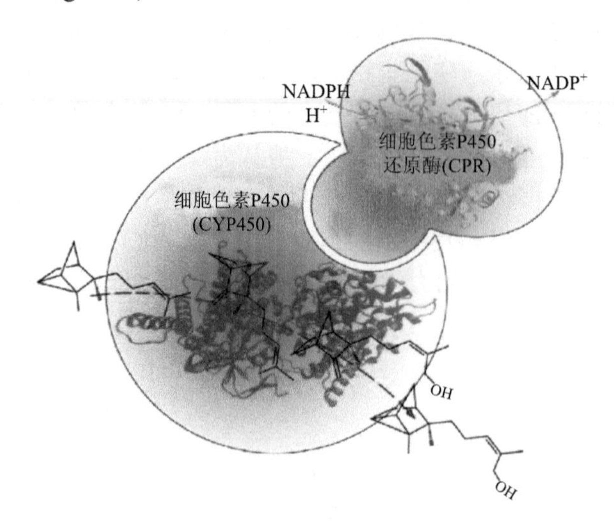

图 4-55　CYP450/CPR 作用机制

由于植物来源的 P450 酶很难在大肠杆菌中表达，目前微生物合成檀香醇的案例都是以酵母为底盘细胞。通过将底物通量从主要流向三萜和类固醇合成改变为流向倍半萜类化合物合成，抑制角鲨烯合酶的表达，用 Gal 启动子诱导控制檀香醇生物合成相关基因过表达，并增强改造酵母对半乳糖的摄取，在富含半乳糖的培养基中发酵培养，通过分批补料发酵获得 1.2 g/L 的 α-檀香醇产量。

在木材中，像紫罗兰酮、大马酮和异佛尔酮等这类类胡萝卜素的降解产物也是致香成分。类胡萝卜素主要通过脂氧合酶（lipoxygenase，LOX）途径和类胡萝卜素裂解双加氧酶（carotenoid cleavage dioxygenase，CCD）途径氧化分解，在木材中可以形成具有挥发性的香气分子，对植物形成香气的生理功能起着重要作用（Walter and Strack, 2011; Baldermann et al., 2012）。植物的 LOX 是一种含有非血红素铁的加双氧酶，是类胡萝卜素降解过程中的关键酶。氧化降解时，类胡萝卜素因双键断裂位置的不同，而产生不同的化合物，并进一步转化形成多种重要的香气物质，如 α-胡萝卜素、β-胡萝卜素可降解生成异佛尔酮（isophorone）及其衍生物、环化柠檬醛及新叶黄素（neoxanthin）、二氢猕猴桃内酯的衍生物、β-紫罗兰酮、β-二氢大马酮（β-damascone）、茶香螺酮（theaspirone）、α-紫罗兰酮（α-ionone）；六氢番茄红素（phytofluene）可降解生成茄酮（solanone）、甲基辛烯酮（methyl octenon）及其衍生物、香叶基丙酮、金合欢基丙酮（farnesylacetone）；新叶黄素（neoxanthin）可降解生成 β-紫罗兰酮环氧化的羟基取代衍生物和 β-大马酮（β-damascenone）；叶红素（erythrophyll）经转化后可生成氧代依杜兰类物质（Czajka et al., 2018）。

CCD 是一种非血红素铁氧合酶，能在 9，10 和 9′，10′双键裂解线型和环型的类胡萝卜素而产生多种脱辅基类胡萝卜素，其催化活性的发挥需要 Fe^{2+} 作为辅因子。CCD 是一类具有双加氧特性的类胡萝卜素氧化酶，可使产物上加单氧或双氧。CCD 在催化类胡萝卜素时，裂解双键的位置并不相同，如 CCD1 和 CCD4 会在对称的位置催化裂解双键，而 CCD7 则会催化不对称裂解，从而生成不同碳原子数的化合物，然后经过酶促反应形成多种常见的香气物质。类胡萝卜素及其裂解产物参与了植物色素、风味、香气等特性特异性分子的生物合成，如裂解产物中的香叶基丙酮、紫罗兰酮等是具有优质香气的常见香气物质。胡萝卜素会在 CCD1 的影响下裂解成 α-紫罗兰酮、β-紫罗兰酮和 C14-二醛。而桂花香气的主要成分已被证实为 α-紫罗兰酮、β-紫罗兰酮，也就是说，桂花的香气与颜色直接受到 *CCD1* 基因的影响。

二、木材香味相关芳香族化合物的合成机理

芳香类天然产物是一类来自生物界具有苯环结构的有机化合物，包括对羟基肉桂酸及其衍生物、黄酮类、芪类、香豆素类和芳香类生物碱等，其种类繁多、数量庞大，已知的有数万种以上。在高等植物中主要由桂皮酸途径产生，是由磷酸戊糖循环途径生成的4-磷酸赤藓糖与糖酵解途径生成的磷酸烯醇式丙酮酸缩合形成的7-磷酸庚酮糖，经一系列转化进入莽草酸和分支酸途径，最终合成芳香族代谢物。

芳香族化合物中的苯丙烷类，是植物香气和颜色的主要来源。苯丙烷衍生物是除生物碱和类异戊二烯外的第三大植物次生代谢产物，广泛分布于水果、蔬菜和树木中。其泛指由一个或两个以上的C6-C3单元构成的一系列化合物。主要包括简单苯丙素类、香豆素类（coumarin）、黄酮类（flavonoid）、芪类（stilbene）、木脂素（lignan）和木质素（lignin）类物质。其中，简单苯丙素类含有一个苯丙烷单元，包括苯丙酸、苯丙醛和苯丙醇等；香豆素类是由苯丙酸及其衍生物氧化并聚合而成的一类物质，可分为简单香豆素、呋喃香豆素、吡喃香豆素和其他香豆素；黄酮类物质是具有C6-C3-C6骨架化合物的总称；芪类物质是具有二苯乙烯母核的一系列化合物；木脂素是苯丙烷单元聚合而成的，多为二聚体；木质素是由对香豆醇、松柏醇和芥子醇通过C—C键和C—O—C键连接形成的无定形高聚物。几种常见的小分子苯丙烷衍生物的骨架结构如图4-56所示。这些次生代谢产物存在于植物中影响植物的风味和颜色，同时还具有生物学功能，对植物的生长繁殖至关重要（Bouarab et al., 2019）。

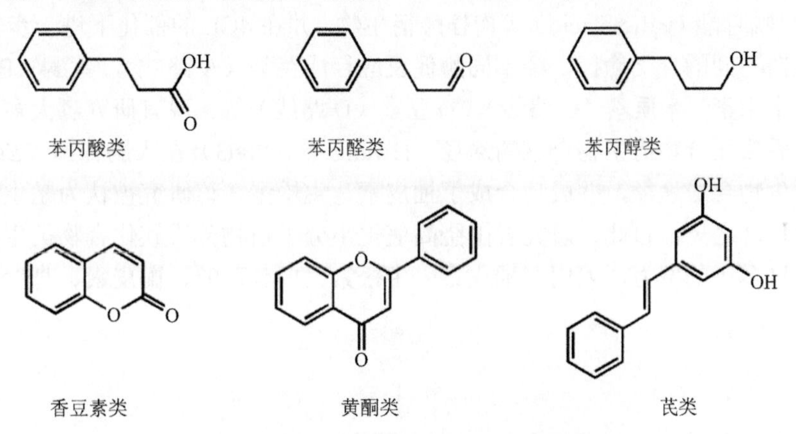

图4-56　小分子苯丙烷衍生物的骨架结构

苯丙烷衍生物的应用价值使得其制备受到研究者的广泛关注。其中，生物合成法成本低、安全性高、绿色环保，建立微生物细胞工厂合成苯丙烷衍生物引起了合成生物学家的极大兴趣。

（一）试验材料

*Ptrpal*基因密码子优化后由通用生物(安徽)股份有限公司合成并连接到pETDuet-1载体，不同*Ptr4cl*基因和*Ptrccr*基因均由该公司优化合成，并分别连接至pETDuet-1和pETDuet-*Ptr4cl5*载体。不同的*car*基因均由通用生物(安徽)股份有限公司优化合成，并连接至不同载体。大肠杆菌BL21(DE3)和Trans1-T1购于北京全式金生物技术股份有限公司，质粒pETDuet-1和pCDFDuet-1用于菌株构建和酶的表达。

（二）试验方法

单相体系制备肉桂醇：3 ml全细胞催化的体系包括100 mmol/L PBS、11 mmol/L肉桂酸、55 mmol/L葡萄糖和湿细胞（OD_{600}=50）。在50 ml离心管中，42℃、pH 7.0条件下反应2 h，沸水灭活，离心取上清液进行HPLC分析，考察不同重组菌株的肉桂醇合成能力。在上述实验的基础上，依次对底物浓度（5.7～18 mmol/L）、温度（30～50℃）、pH（6.5～7.5）、细胞用量（OD_{600}=40至OD_{600}=70）、底物与辅助

底物比例（1∶1～1∶10）、初始肉桂醇浓度（0～5.5 mmol/L）进行单因素分析。

双相体系制备肉桂醇：在 50 ml 离心管中，加入 3 ml 100 mmol/L PBS（pH 7.5，含 17.4 mmol/L 肉桂酸、102 mmol/L 葡萄糖和 OD_{600}=50 的湿细胞）和 3 ml 有机溶剂。在 30℃、200 r/min 条件下震荡一定时间后，分别取水相和有机相的样品进行 HPLC 分析。在上述基础上，依次对不同有机溶剂、有机溶剂/水体积比（0.2～1.0）、底物浓度（水相中添加 17.4～32 mmol/L 肉桂酸）进行单因素分析。

使用 HPLC（Agilent 1260，美国）同时测定肉桂酸、肉桂醇、肉桂醛和 3-苯丙醇含量。色谱条件如下：Eclipse XDB-C18 反相柱（250 mm×4.6 mm，5 μm），检测波长 254 nm；流动相 A 为 100%乙腈、B 为 100%甲醇、C 为 25 mmol/L PBS（pH 2.5）。流动相的比例从 1∶2∶7（A∶B∶C）线性变化至 2∶1∶7，并在 5 min 内将流速从 0.8 ml/min 升至 0.9 ml/min，保持 10 min 后，该比例变为 1∶2∶7，并将流速在 1 min 内降低至 0.8 ml/min，保持 3 min。然后在 3 min 内将流速降低到 0.4 ml/min，在 8 min 内增加到 0.8 ml/min，并保持 10 min。柱温设定为 40℃。

（三）结果与讨论

天然植物苯丙烷衍生物合成途径的解析为微生物细胞工厂的建立奠定了基础。如图 4-57 所示，经莽草酸途径合成的 *L*-苯丙氨酸（*L*-phenylalanine）被苯丙氨酸解氨酶（PAL）解氨，转化为肉桂酸（cinnamic acid）；对香豆酰 CoA 连接酶（4CL）催化肉桂酸活化为肉桂酰 CoA（cinnamoyl-CoA）（Bang et al., 2018）。植物中含有羟化酶、甲基转移酶等多种修饰酶，其可作用于肉桂酸生成对香豆酸（*p*-coumaric acid）、阿魏酸（ferulic acid）、咖啡酸（caffeic acid）等肉桂酸衍生物，并在 4CL 的催化下进一步转化成相应的 CoA 硫酯。此类物质流向不同的分支途径，经不同酶促反应合成芪类（A 路线），黄酮（B 路线），单木质素醇（monolignol）、木脂素、木质素（C 路线），香豆素（D 路线）等。现有研究者大多采用这种思路在微生物细胞中构建芳香族化合物衍生物合成的途径。Hwang 等（2003）在大肠杆菌（*Escherichia coli*）中组装了黄酮类物质生物合成途径，并成功合成了柚皮素、生松素，该研究被认为是生物合成植物芳香族化合物衍生物的里程碑之一。自此，研究者围绕高值化小分子植物芳香族化合物衍生物的生物合成展开了大量的研究。经过多年的努力，人们在柚皮素、生松素、白藜芦醇、槲皮素、丹参素等物质的生物合

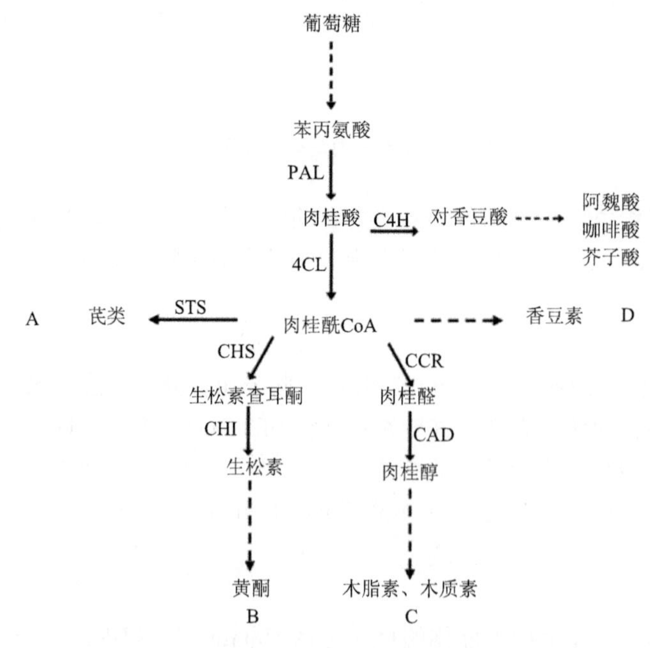

图 4-57　植物芳香族化合物衍生物合成途径

PAL，苯丙氨酸解氨酶；4CL，对香豆酰 CoA 连接酶；C4H，肉桂酸-4-羟化酶；CHS，查耳酮合成酶；CHI，查耳酮异构酶；CCR，肉桂酰 CoA 还原酶；CAD，肉桂醇脱氢酶；STS，芪合酶

成中取得了极大的进展。以芪类物质白藜芦醇为例，研究者在 *E. coli* 中组装了不同植物来源的途径基因，采用酶的定向改造、模块优化和辅因子调控等手段，建立了高产白藜芦醇（2.34 g/L）的平台菌株（Lim et al., 2011）。尽管如此，只有极少数植物苯丙烷衍生物的生物合成达到了工业生产规模。关键酶活力不足，碳通量低是其中的一个重要原因。

基因挖掘是研究者开发高效酶的一种常用策略。自然界中的植物种类繁多，不同芳香族化合物衍生物合成相关的酶在植物体内普遍存在。因此，天然植物是获得基因元件的重要来源。自 2003 年以来，研究者围绕高活力酶的开发和应用开展了大量工作，已经从烟草、拟南芥、欧芹、紫花苜蓿、矮牵牛、红景天等草本植物和大豆、玉米、水稻、燕麦等禾本植物中挖掘了多种酶。然而，植物酶资源丰富，开发应用的酶只是冰山一角，木本植物来源的酶在天然产物生物合成中应用更鲜有报道。另外，随着生物信息学、基因组测序等技术的发展，越来越多新功能的酶被表征和设计，进一步丰富了酶库数据，为苯丙烷衍生物的生物合成提供了新的思路。迄今为止，研究者重点围绕 A 路线和 B 路线生物合成黄酮、芪类等物质展开了诸多研究，C 路线中苯丙醇等物质生物合成的报道较少，其研究尚处于起步阶段。黄酮及芪类物质合成的相关报道为苯丙醇等物质生物合成的研究提供了参考。

PAL 在植物体内主要负责催化 *L*-苯丙氨酸生成肉桂酸，是植物苯丙烷途径的入口酶，也是连接初级代谢和次级代谢的重要分支酶。在合成生物学领域，PAL 常被用于构建植物天然产物的异源从头生物合成途径。作为苯丙烷代谢途径的第一个酶，PAL 常被认为是天然产物生物合成的限速酶之一，因此筛选高活力的 PAL 对天然产物的生物合成仍具有重要意义。目前，随着大量植物基因组遗传信息的获得，已有 2011 个 PAL 序列被公布在公共数据库（GenBank），但相关研究主要集中在草本、禾本以及微生物来源的 PAL，对木本植物 PAL 进化关系和生化性质的研究相对较少，应用研究更是处在起步阶段。

作为 *L*-苯丙氨酸的解氨产物，肉桂酸除了用作植物次生代谢产物生物合成的前体，还具有抗炎、抗真菌等生理活性，在食品和医药行业具有较高的市场需求。Hyun 等在高产 *L*-苯丙氨酸的菌株中过表达 *Smpal* 后，通过分批补料能从葡萄糖合成高达 46.6 mmol/L 的肉桂酸（Bang et al., 2018）。Zang 等（2019）将来源于玉米的 ZmPAL2 应用于全细胞催化，反应 20 h 后合成了 103.9 mmol/L（15.4 g/L）肉桂酸。张晨和许倩（2019）基于已公开的毛果杨全基因组测序结果，对毛果杨 PtrPAL 的进化地位和酶学性质进行了分析，并将其应用于肉桂酸的制备。首先从毛果杨基因组数据中分析挖掘苯丙氨酸解氨酶编码基因 5 个，聚类分析与转录特异性分类基本一致，其可分为两类：PtrPAL1 和 PtrPAL3 可能参与了除木质素合成外的其他代谢途径，两者序列相似度为 95.5%；PtrPAL2、PtrPAL4 和 PtrPAL5 具有木质部特异性，序列相似度在 94%以上。PtrPAL3 和 PtrPAL4 的序列相似度为 86%，与高酶活 OePAL 同源性在 83.7%以上。之后将 *Ptrpal3* 和 *Ptrpal4* 基因导入 *E. coli*，对重组蛋白进行诱导表达、纯化和活性鉴定。结果表明，PtrPAL3 和 PtrPAL4 均可在 *E. coli* 体内正常表达，PtrPAL3 和 PtrPAL4 最适温度分别为 55℃和 60℃，最适 pH 分别 8.5 和 8.0，其催化 *L*-苯丙氨酸的比活分别是 3.36 U/mg 和 3.38 U/mg。对重组蛋白 PtrPAL3 和 PtrPAL4 进行底物动力学表征和产物抑制分析。PtrPAL3 和 PtrPAL4 对 *L*-苯丙氨酸的 Vmax（一定酶量下的最大反应速率）分别为 4.04 U/mg 和 4.03 U/mg，但 PtrPAL3 的 Km（米氏常数）值低于 PtrPAL4；两种 PtrPAL 均可以与 *L*-酪氨酸发生有效结合，但仅具有微弱的催化活力；反应产物肉桂酸是 PtrPAL 的竞争性可逆抑制剂，PtrPAL3 和 PtrPAL4 的 ki 分别为 60.41 μmol/L 和 19.62 μmol/L，表明肉桂酸对 PtrPAL4 具有更高的抑制作用。最后比较了两种 PtrPAL 的肉桂酸合成能力，发现 Km 较低、ki 较高的 PtrPAL3 表现出更好的催化效果。过表达 *Ptrpal3* 基因的重组大肠杆菌 *E. coli* BLP3 在 55℃、pH 8.5、OD_{600}=15 条件下全细胞催化 117 mmol/L *L*-苯丙氨酸，反应 7 h 后肉桂酸浓度达到 104.97 mmol/L（15.55 g/L），肉桂酸产率为 89.7%。

肉桂醇是肉桂酸的还原产物，又名桂皮醇、苯丙烯醇、3-苯基-2-丙烯-1-醇等，为单木醇骨架物质，是天然的植物次生代谢产物，其结构式如图 4-58 所示。肉桂醇具有令人愉悦的香气，是配制多种香精的重要原料，也是符合我国《食品安全国家标准 食品添加剂使用标准》（GB 2760—2014）规定的一种食用香料。同时，肉桂醇可作为多种药物合成的医药中间体及合成聚合高分子材料的单体。因此，肉桂醇

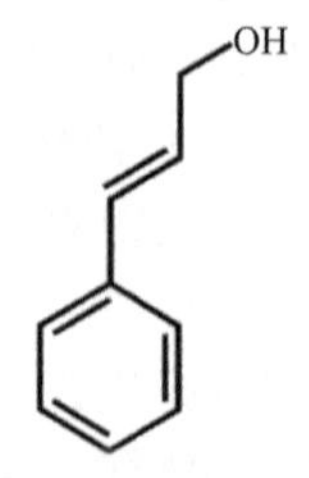

图 4-58　肉桂醇化学结构式

也是一种重要的通用化学品，具有很高的市场需求。目前，化学法还原肉桂醛制备肉桂醇的技术相对成熟，采用 Pt、Co 等催化剂能有效避免肉桂醛过度还原，提高肉桂醇产率。然而，大部分反应需要在剧烈条件下进行（≥100℃），且多以氢气为氢供体，存在安全隐患。相比之下，生物合成法具有绿色、温和、环保、特异性高等优点，是一种具有较好发展前景的肉桂醇制备方法。

目前，肉桂醇的生产方法主要依靠植物提取法和化学合成法，生物法合成肉桂醇报道较少，其研究尚处于起步阶段。以肉桂酸为节点，已知的肉桂醇生物合成途径分两种。第一种是植物单木醇合成途径，第二种是微生物还原途径。马延和课题组和 Klumbys 分别在大肠杆菌（*Escherichia coli*）中异源表达了这两种途径，成功合成了肉桂醇（Zhou et al., 2017）。然而，两种途径均表现出关键酶活力不足、肉桂酸还原为肉桂醛效率低的问题，导致肉桂醇生物合成水平远低于化学合成法（Klumbys et al., 2018）。

在肉桂醇生物合成路线中，植物单木醇合成途径是天然的肉桂醇合成途径。在该途径中（图 4-59），PAL 连接初级代谢与次级代谢，催化莽草酸途径产生的 *L*-苯丙氨酸生成肉桂酸；4CL 催化肉桂酸生成肉桂酰 CoA；在肉桂酰 CoA 还原酶（CCR）的作用下，肉桂酰 CoA 被转化成肉桂醛（cinnamaldehyde）；肉桂醇脱氢酶（CAD）进一步还原肉桂醛生成肉桂醇。另外，该途径中的酶多表现出广泛的底物选择性，因此也适用于单木醇（对香豆醇、松柏醇、咖啡醇等）的合成。微生物还原途径与单木醇合成途径两步还原肉桂酸不同，微生物还原途径中的羧酸还原酶（CAR）在磷酸泛酰巯基乙胺基磷酸转移酶（SFP）的翻译后修饰下，直接将肉桂酸转化成肉桂醛。另外，*E. coli*、酿酒酵母（*Saccharomyces cerevisiae*）等微生物胞内具有大量醇脱氢酶（ADH）和醛酮还原酶（AKR），其具有芳香醛还原活力，能将肉桂醛还原成肉桂醇（刘琬菁等，2017）。

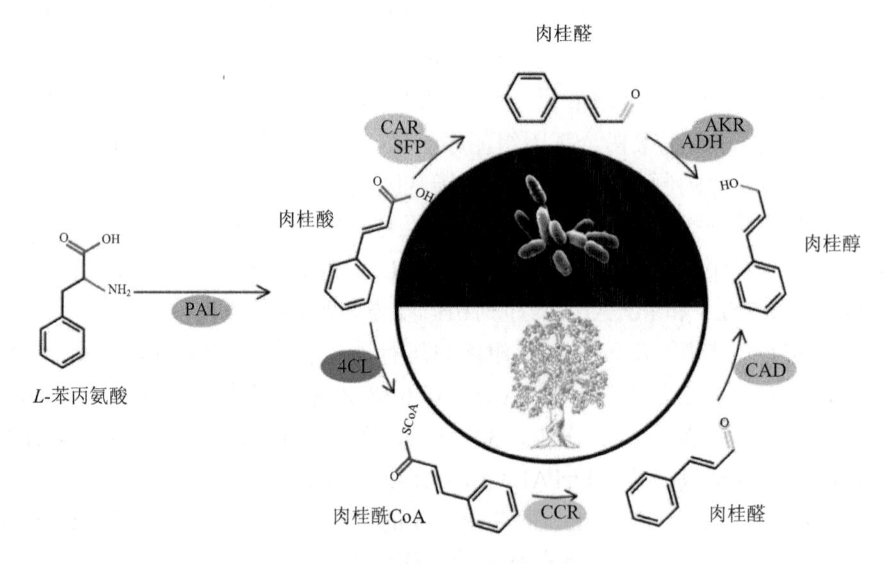

图 4-59　肉桂醇生物合成途径

CAR：羧酸还原酶；SFP：磷酸泛酰巯基乙胺基磷酸转移酶；ADH：醇脱氢酶；AKR：醛酮还原酶

在生物合成研究中，途径构建是制备目标产物的第一步。2014 年，Jansen 等以 *E. coli* 为宿主细胞，过表达类球红细菌（*Rhodobacter sphaeroides*）来源的 TAL（RsTAL）、欧芹来源的 Pc4CL、玉米来源的 ZmCCR 和 ZmCAD，首次在微生物中构建了单木醇生物合成途径，系统优化后成功合成 0.39 mmol/L 对香豆醇。自此，研究者围绕肉桂醇和单木醇的生物合成展开研究。2016 年，Bang 等首次将组装了单木醇生物合成途径的重组 *E. coli* 用于肉桂醇前体——肉桂醛的合成。研究显示，4CL 对肉桂醛的合成具有重要影响，采用天蓝色链霉菌来源的 Sc4CL 替换拟南芥 At4CL1 后，肉桂醛产量提高了 10.5 倍。最终，过表达链霉菌（*Streptomyces maritimus*）PAL（SmaPAL）、Sc4CL 和 AtCCR 的重组 *E. coli* 以葡萄糖为底物发酵 48 h 后合成 0.57 mmol/L 肉桂醛。Zhou 等（2017）采用 AtPAL2 和 Pc4CL 替换 SmaPAL 和 Sc4CL，成功以葡萄糖为底物从头合成了 2.13 mmol/L 肉桂醇，是目前基于单木醇合成途径报道的最高水平。关键途径基因的替换有效提高了肉桂醇及其前体的产量，因此筛选适合的酶进行途径构建对肉桂醇的生物合成具有重要意义。张晨和许倩（2019）发现毛果杨来源的 Ptr4CL5 对肉桂酸及其衍生物的活力均高于 Ptr4CL4，更适合用于途径构建。之后，研究者进一步挖掘筛选毛果杨 PtrCCR，并考察了其以肉桂酰 CoA 为底物的催化活性。从毛果杨基因组数据中分析挖掘出 25 种潜在 PtrCCR，基于聚类分析、多重序列比对和转录丰度，选择 *Ptrccr2* 和 *Ptrccr*17 作为候选基因进行进一步的研究。全细胞催化结果表明，PtrCCR17 不具有肉桂酰 CoA 活性，而 PtrCCR2 表现出较好的催化能力。将过表达 *Ptr4cl5* 和 *Ptrccr2* 基因的重组菌株应用于肉桂醇生物合成，并优化全细胞催化的条件。利用重组菌株内源性的 AKR/ADH，可实现肉桂酸到肉桂醇的制备，反应液中副产物肉桂醛和 3-苯丙醇极少。以肉桂酸为底物，葡萄糖为辅助底物，全细胞催化反应 3 h 后，肉桂醇产量达到 4.70 mmol/L，选择性为 90.5%，是之前单木醇合成途径报道水平的 2.2 倍。

微生物还原途径是一条新型的肉桂醇合成途径，其主要包括 CAR 和 ADH/AKR 催化的两步反应。不同于单木醇合成途径，CAR 能以 NADPH 和 ATP 为辅因子，催化羧酸一步还原为相应的醛，从而避免了中间产物肉桂酰 CoA 的积累（张笮晦，2014）。由于 CAR 底物谱非常广泛，近年来在中间化学品还原中的应用受到极大关注。目前，已经发现部分 CAR 同样具有肉桂酸催化活力。2017 年，Gottardi 等通过过表达拟南芥 AtPAL2、诺卡氏菌 NoCAR 和 *E. coli* 来源的 EntD，首次将微生物还原途径引入酿酒酵母中，以葡萄糖为底物发酵 10 h 后合成了 0.21 mmol/L 肉桂醇。该研究显示，肉桂醇合成的前体肉桂酸和肉桂醛对微生物细胞具有毒性，抑制了微生物生长，影响了肉桂醇的生物合成。与微生物发酵相比，全细胞催化能克服细胞毒性，实现高效催化。因此，Klumbys 等（2018）采用全细胞催化的方式，将过表达鱼腥藻（*Anabaena variabilis*）PAL（AvPAL）和共表达分枝杆菌 MmCAR、枯草芽孢杆菌（*Bacillus subtilis*）SFP（BsSFP）的两种重组 *E. coli* 用于肉桂醇合成。以 *L*-苯丙氨酸为底物，经过三步级联合成了约 4.3 mmol/L 肉桂醇，是目前国际报道的最高水平。但是，其反应过程中需外源添加辅因子 ATP、$NADP^+$ 和 NAD^+，成本较高。目前，该途径中的主要限制性因素尚不明确，肉桂醇产量仍然有进一步提高的空间。

如前所述，肉桂醇生物合成研究尚处于起步阶段，关键酶活性低、产量低等问题亟待解决。围绕合成路线筛选关键酶基因可以很好地解决关键酶活力低以及肉桂醇产量低的问题。然而在肉桂醇合成过程中还存在产物抑制的现象，引入水/有机两相催化体系可以缓解产物抑制，同时也有利于产物的合成。张晨和许倩（2019）考察了过表达不同来源 CAR 的重组 *E. coli* 合成肉桂醇的能力，然后探究了各种关键因素对全细胞催化合成肉桂醇的影响，在确定了该途径限制性因素的基础上通过引入水/有机两相催化体系实现了肉桂醇的高效制备，具体催化流程如图 4-60 所示。

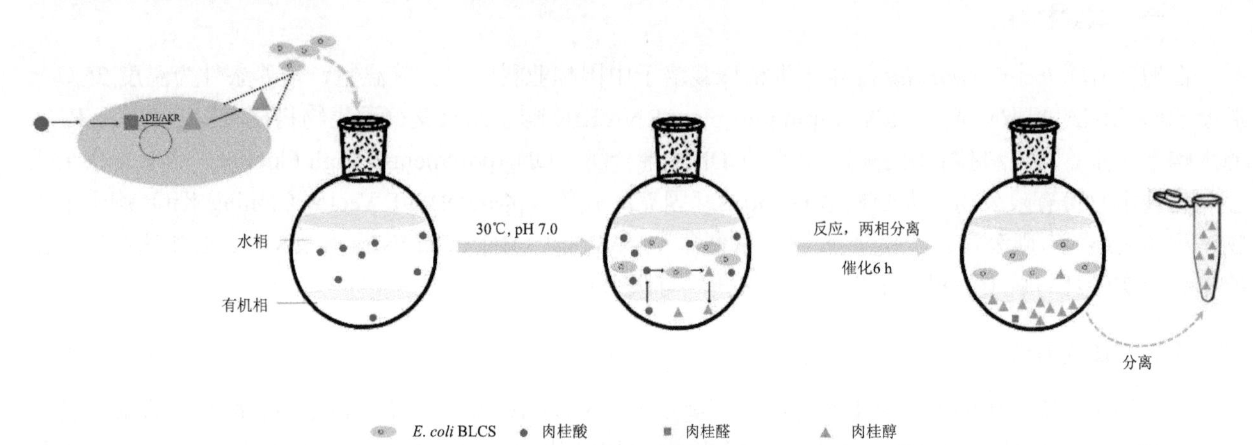

图 4-60　两相体系催化合成肉桂醇示意图

为了实现肉桂醇的高效制备，首先，基于微生物还原途径，筛选不同来源的 CAR，构建含有非天然肉桂醇合成途径的重组菌株。以 *MpCAR*、*NoCAR* 和 *NiCAR* 作为备选基因，分别与 *BsSFP* 共表达于 *E. coli* 构建重组菌株。全细胞催化结果显示，过表达 *NiCAR* 的重组菌株具有更好的肉桂醇合成潜力，全细胞催化 4 h 后产量达到 5.45 mmol/L，约为目前报道的微生物还原途径合成水平的 1.3 倍。其次，考察不同因素对全细胞催化合成肉桂醇的影响，优化反应体系，并确定重组菌催化合成肉桂醇的主要瓶颈。初始肉桂酸浓度为 8.6 mmol/L 时，在最适反应条件下反应 2 h，肉桂醇产量最高达到 7.51 mmol/L，得率为 92.2%。肉桂酸浓度超过 8.6 mmol/L 后底物抑制作用明显，而严重的产物抑制作用是肉桂醇产量提高的主要障碍。之后构建并优化水/有机两相全细胞催化合成肉桂醇体系，以实现肉桂醇高效合成。邻苯二甲酸二丁酯不仅具有较好的生物相容性，而且能有效地从水相萃取肉桂醇。本研究构建的水/邻苯二甲酸二丁酯两相体系有效解除了产物抑制，在相体积比为 0.4、初始水相肉桂酸浓度为 17.4 mmol/L 条件下反应 6 h 后，肉桂酸被全部转化，产率达到 88.2%，产量较单相催化提高了 106.4%。同时，该体系能原位浓缩分离肉桂醇，反应结束后有机相中肉桂醇浓度达到 37.36 mmol/L（5.01 g/L），较单相体系提高了约 343.2%，有利于产物提纯。

三、木材香味相关其他化合物的合成机理

通过脂肪酸途径生成的脂肪酸的衍生物也是木材香气物质形成的主要来源，通过该途径可形成醇、醛酮、酯及内酯等，该途径有脂氧合酶（lipoxygenase，LOX）和 β-氧化两条分支。LOX 途径以脂肪酸为底物，分别生成具有香气的酯类或具有挥发性的特殊香气分子。氢过氧化物裂解酶（hydroperoxide lyase，HPL）作用于亚油酸和亚麻酸等脂肪酸，形成己醛或己烯醛，而后在醇脱氢酶（alcohol dehydrogenase，ADH）的催化下生成醇类，这些醇在醇酰基转移酶（alcohol acyltransferases，AAT）的作用下形成相应的酯类。植物的 LOX 是一种含有非血红素铁的加双氧酶，它催化含有顺，顺-1,4-戊二烯结构的不饱和脂肪酸的加氧反应，生成不饱和脂肪酸的氢过氧化物。β-氧化以饱和脂肪酸为底物，在乙酰辅酶 A 氧化酶（acyl-CoA oxidase，ACX）及相应酶的作用下形成相应的内酯。

萜类化合物、芳香族化合物、脂肪族化合物和氨基酸衍生化合物等都属于木材香味相关次生代谢产物，在各行业都具有重要的作用。萜烯类化合物是应用非常广泛的芳香剂和香料，可以用于洗护用品、香水和食品中。芳香族化合物作为一种广泛存在的植物次生代谢产物，其不仅影响着植物的颜色和气味，同时还具有多种生理和生物学功能，在植物的生长、繁殖等生命活动中起着重要的作用。

四、木材香味相关次生代谢产物关键基因筛选与克隆

（一）试验材料

白檀（*Symplocos paniculata*）4 年生植株栽培于中国林业科学研究院温室，培养条件为温度 25℃、湿度 50%。RNA 提取试剂盒（EASYspin plus plant RNA Kit）购于北京艾德莱生物科技有限公司；无 RNA 酶水购于北京索莱宝科技有限公司；高保真 DNA 聚合酶（DNApolymerase High Fidelity）购于北京全式金生物技术股份有限公司；大肠杆菌 DH5α、基因克隆载体（pMD™19-T Vector Cloning Kit）购于宝生物工程（大连）有限公司；DNA 凝胶回收试剂盒（AxyPrep™ DNA Gel Extraction Kit）、去酶离心管、去酶枪头等实验耗材购于爱思进生物技术（杭州）有限公司。

（二）试验方法

为了筛选克隆白檀中檀香醇生物合成的关键基因，从 GenBank 中下载了白檀檀香醇生物合成相关基因的基因序列。用植物总 RNA 提取试剂盒提取白檀叶片中的总 RNA，用 1.2%琼脂糖凝胶电泳和

NanoDrop1000C 光谱计检测 RNA 的完整性和浓度。使用天根 FastKingRT 试剂盒进行反转录，每个体系 RNA 总量为 1000 ng，反转录所得 cDNA 稀释 6 倍使用。根据下载的白檀檀香醇生物合成相关基因的基因序列设计引物，以上述转录所得的 cDNA 为模板，利用 RT-PCR 方法克隆白檀檀香醇生物合成相关基因。

（三）结果与讨论

檀香木材具特殊香气，有很好的保健价值，其香味的主要次生代谢成分是檀香醇。檀香醇是萜类化合物，其生物合成途径基因大部分与其他植物萜类化合物代谢途径的基因类似，与其他植物不同的关键基因是檀香醇合酶（santalene synthase）和细胞色素 P450 羟化酶（Celedon et al., 2016）基因。因此，我们利用植物总 RNA 试剂盒提取檀香叶片中的总 RNA，反转录成 cDNA，采用 RT-PCR 方法克隆了檀香醇合酶和细胞色素 P450 羟化酶基因的全长序列（图 4-61，图 4-62），为利用微生物体外合成檀香醇提供了研究基础。

ATGGATTCTTCCACCGCCACCGCCATGACAGCTCCATTCATTGATCCTACTGATCATGTGAATCTCAAAACTGATACGGAT
GCCTCAGAGAATCGAAGGATGGGAAATTATAAACCCAGCATTTGGAATTATGATTTTTACAATCACTTGCAACTCATCAC
AATATTGTGGAAGAGAGGCATCTAAAGCTAGCTGAGAAGCTGAAGGGCCAAGTGAAGTTTATGTTTGGGGCACCAATGGA
GCCGTTAGCAAAGCTGGAGCTTGTGGATGTGGTTCAAAGGCTTGGGCTAAACCACCTATTTGAGACAGAGATCAAGGAAG
CGCTGTTTAGTATTTACAAGGATGGGAGCAATGGATGGTGGTTTGGCCACCTTCATGCGACATCTCTCCGATTTAGGCTGC
TACGACAGTGTGGGCTTTTTATTCCCCAAGATGTGTTTAAAACGTTCCAAAACAAGACTGGGGAATTTGATATGAAACTTT
GTGACAACGTAAAAGGGCTGCTGAGCTTATATGAAGCTTCATACTTGGGATGGAAGGGTGAAAACATCCTAGATGAAGCC
AAGGCCTTCACCACCAAGTGCTTGAAAAGTGCATGGGAAAATATATCCGAAAAGTGGTTAGCCAAAAGAGTGAAGCATGC
ATTGGCTTTGCCTTTGCATTGGAGAGTCCCTCGAATCGAAGCTAGATGGTTCATTGAGGCATATGAGCAAGAAGCGAATAT
GAACCCAACACTACTCAAACTCGCAAAATTAGACTTTAATATGGTGCAATCAATTCATCAGAAAGAGATTGGGGAATTAG
CAAGGTGGTGGGTGACTACTGGCTTGGATAAGTTAGCCTTTGCCAGGAATAATTTACTGCAGAGCTATATGTGGAGCTGCG
CGATTGCTTCCGACCCGAAGTTCAAACTTGCTAGAGAAACTATTGTCGAAATCGGAAGTGTACTCACAGTTGTTGACGATG
GATATGACGTCTATGGTTCAATCGACGAACTTGATCTCTACACAAGCTCCGTTGAAAGGTGGAGCTGTGTGGAAATTGACA
AGTTGCCAAACACGTTAAAATTAATTTTTATGTCTATGTTCAACAAGACCAATGAGGTTGGCCTTCGAGTCCAGCATGAGC
GAGGCTACAATAGCATCCCTACTTTTATCAAAGCGTGGGTTGAACAGTGTAAATCATACCAGAAAGAAGCAAGATGGTTC
CACGGGGGACACACGCCTCCATTGGAAGAATATAGCTTGAATGGACTTGTTTCCATAGGATTCCCTCTCTTGTTAATCACG
GGCTACGTGGCAATCGCTGAGAACGAGGCTGCACTGGATAAAGTGCACCCCCTTCCTGATCTTCTGCACTACTCCTCCCTC
CTTAGTCGCCTCATCAATGATATAGGAACGTCTCCGGATGAGATGGCAAGAGGCGATAATCTGAAGTCAATCCATTGTTAC
ATGAACGAAACTGGGGCTTCCGAGGAAGTTGCTCGTGAGCACATAAAGGGAGTAATCGAGGAGAATTGGAAAATACTGA
ATCAGTGCTGCTTTGATCAATCTCAGTTTCAGGAGCCTTTTATAACCTTCAATTTGAACTCTGTTCGAGGGTCTCATTTCTTC
TATGAATTTGGGGATGGCTTTGGGGTGACGGATAGCTGGACAAAGGTTGATATGAAGTCCGTTTTGATCGACCCTATTCCT
CTCGGCGAGGAGTAG

图 4-61　檀香醇合酶基因序列

五、本 节 小 结

本研究在 1.3 L 发酵罐中，采用分批补料发酵法，以肉豆蔻酸异丙酯作为双相培养的上层溶剂，对重组菌株 CA1168 进行高密度发酵，96 h 后，冷杉醇的产量达到 634.7 mg/L，是目前文献报道的生物合成冷杉醇最高产量的 26 倍。

本研究建立了以 *L*-苯丙氨酸为底物高效制备肉桂醇的耦合体系。全细胞催化 *L*-苯丙氨酸制备肉桂酸，将其催化液作为两相催化体系的底物用于肉桂醇合成。反应 8 h 后成功以 0.06 mmol *L*-苯丙氨酸为底物合成 0.049 mmol 肉桂醇，转化率为 87.2%，产率为 81.7%，从油相直接获取的肉桂醇浓度达到 38.23 mmol/L（5.13 g/L），纯度为 92.9%。该体系在肉桂醇的全生物合成中具有一定的应用潜力。总之，该研究基于肉桂醇生物合成路线，挖掘筛选了毛果杨和不同微生物来源的多个关键酶基因，分析比较后确定了具有较好的肉桂醇及其前体肉桂酸合成潜力的基因，并应用于目标产物的生物合成。采用全细胞催化的方式，结合催化条件优化、关键限制性因素探究以及两相催化策略，强化了目标产物的合成，实现了以 *L*-苯丙氨酸为底物高效制备肉桂醇。

ATGTCTCCGGCAACAGCCGTTATCCTCACTCTCCTCGTGGCCCTAGGGCTATCCATCCTTTTGCGGCGGCGCCAAAAAAGA
AATAATCTACCTCCCGGTCCACCCGCTTTACCGATCATCGGAAACATCCACATATTGGGGACCCTTCCTCACCAGAGCCTC
TACAACTTGGCCAAGAAGTATGGTCCCATCATGTCAATGAGGCTGGGGCTCGTGCCGGCTGTTGTGATATCCTCTCCGGAG
GCCGCCGAGCTCGTCCTCAAGACCCACGATATCGTTTTCGCCAGCCGGCCCAGACTCCAAGTTGCGGACTACTTCCATTAC
GGGACAAAGGGCGTCATCCTGACGGAGTATGGTACATATTGGCGCAACATGCGAAGGCTGTGCACCGTGAAGCTTCTCAA
CACGGTGAAAATCGATTCTTTCGCAGGGACAAGGAAGAAGGAGGTGGCATCGTTCGTGCAGTCCCTTAAGGAGGCTTCGG
TGGCACACAAAATGGTGAATTTGAGCGCGAGGGTGGCGAACGTCATTGAAAACATGGTGTGCCTTATGGTGATCGGGCGA
AGTAGCGATGAGAGGTTTAAGCTAAAGGAGGTCATCCAGGAGGCAGCGCAGTTGGCGGGAGCTTTCAATATAGGGGATTA
TGTTCCATTCCTTATGCCCCTTGACCTACAGGGATTAACTCGGCGCATAAAGTCAGGAAGTAAAGCTTTCGACGACATCTT
GGAAGTCATAATCGACGAGCACGTGCAAGACATTAAGGACCATGATGATGAACAACATGGAGACTTCATTGATGTGTTGC
TGGCAATGATGAACAAGCCCATGGATTCGCGGGAGGGTCTTAGTATCATTGACCGAACAAACATCAAAGCGATCCTAGTG
GACATGATTGGAGCTGCAATGGACACTTCAACAAGTGGCGTCGAGTGGGCGATTTCAGAGCTCATCAAGCATCCGCGGGT
AATGAAAAAGCTCCAAGACGAGGTCAAAACTGTCATCGGAATGAATAGGATGGTCGAGGAGGCCGACTTGCCTAAGCTAC
CATACCTCGACATGGTAGTGAAAGAGACCATGAGGTTACACCCTCCTGGACCATTGCTCGTGCCCCGAGAGTCCATGGAA
GACATCACAATCAACGGATACTACATACCTAAGAAATCGCGAATCATTGTCAACGCCTGGGCAATTGGGCGTGATACAAA
CGCCTGGTCTAATAACGCGCACGAGTTCTTCCCAGAGAGGTTTATGAGTAGCAATGTGGACTTACAGGGACAAGATTTCCA
ACTTATCCCATTCGGGTCCGGTCGGAGAGGGTGCCCCGGGATGCGCCTAGGCCTCACAACCGTTCGATTAGTGTTAGCGCA
GCTCATTCATTGTTTCGACTTGGAGCTTCCTAAGGGAACCGTGGCGACCGACTTGGACATGAGTGAGAAATTCGGGTTGGC
AATGCCCAGAGCCCAGCACTTGCTTGCATTTCCAACCTATCGCTTGGAGTCCTAA

图 4-62　檀香细胞色素 P450 羟化酶的基因序列

檀香醇合酶和细胞色素 P450 羟化酶基因是檀香醇生物合成途径中的关键酶基因，本节克隆了白檀中的檀香醇合酶和细胞色素 P450 羟化酶基因，确定了它们的基因序列，为后面木材香味的相关研究奠定了基础。

第五节　次生代谢产物结构修饰及抑菌性能

化合物结构修饰是指在保留其原有基本化学结构的基础上，对其中某些官能团进行结构改变，以提高其生物活性、降低其毒副作用便于其生产应用，目前主要应用于药物研究开发等相关研究领域。植物次生代谢产物作为一类丰富多样的化合物，被证实具有多种生物活性，本节通过对其进行化学结构修饰，以期获得具有更高活性的改性化合物，为植物次生代谢产物的高效利用和开发提供研究基础。

一、松香衍生物的抑菌活性

松香是源于松木中的次生代谢产物，其主要成分是树脂酸，由于其独特的化学结构和广泛的生物活性受到广泛的关注，对松香二萜结构进行化学修饰，合成具有生物活性的松香类衍生物是重要的研究方向。翟兆兰等（2020）以松香及其衍生物为起始原料合成了脱氢枞基酰胺衍生物、脱氢枞基亚胺衍生物并进行了抑菌活性的研究。

（一）试验材料

脱氢枞基酰胺衍生物、脱氢枞基亚胺衍生物。

（二）试验方法

1. 松香衍生物的合成

在装有滴液漏斗、无水 $CaCl_2$ 干燥管和回流冷凝管的 500 ml 四口瓶中加入 20 ml PCl_3 和 20 ml $CHCl_3$ 溶液，将脱氢枞酸（100 g，0.33 mol）溶于 100 ml $CHCl_3$ 中，缓慢加入烧瓶中，滴加完毕后升温到 60～65℃下反应 3 h，冷却到室温，过滤，滤液真空减压蒸除溶剂，得到浅琥珀色透明液体。

在装有滴液漏斗、无水 $CaCl_2$ 干燥管和冷凝管的 250 ml 四口瓶中加入 0.1 mol 胺和 0.11 mol 三乙胺溶于 60 ml 甲苯，然后将 32.1 g 0.1 mol 的脱氢枞酸酰氯溶于 60 ml 甲苯后，缓慢滴加到冰水冷却下的胺的甲苯溶液中，反应过程中不断有白色沉淀析出，室温搅拌反应 24 h，过滤，滤液用 5%的 HCl 洗涤，然后用水洗至中性，用无水 Na_2SO_4 干燥 24 h，过滤，蒸出溶剂，固体用乙酸乙酯重结晶，真空干燥得到产品。脱氢枞基酰胺的合成路线如图 4-63 所示。

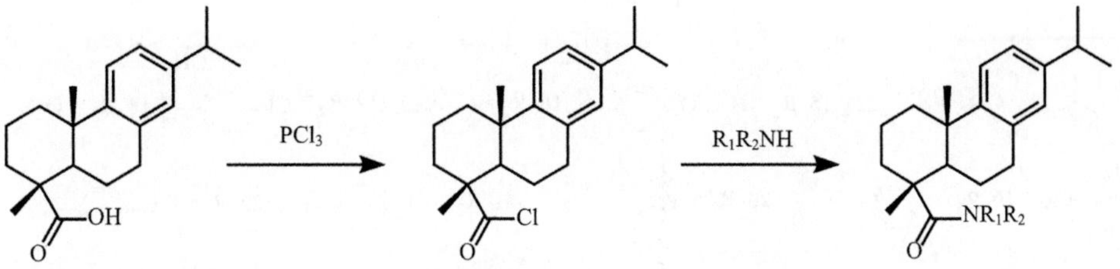

PCl_3

R_1R_2NH

OH　O　Cl　O　NR_1R_2　O

图 4-63　脱氢枞基酰胺的合成路线

2. 脱氢枞胺（取代）苯甲醛 Schiff 碱的合成

在四颈烧瓶中加入 30 mmol 脱氢枞胺，用 100 ml 无水乙醇溶解，取 30 mmol（取代）苯甲醛，用 50 ml 乙醇溶解，滴加到反应烧瓶中，滴完后加热反应物到 80℃回流 2 h，冷却到室温，沉淀经过滤后用无水乙醇重结晶，真空干燥得到脱氢枞胺（取代）苯甲醛 Schiff 碱（图 4-64）。

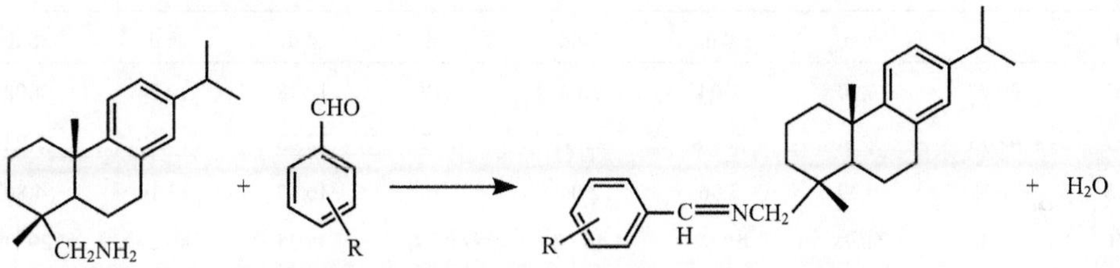

CH_2NH_2　+　CHO　R　R　C=NCH$_2$　H　+ H_2O

图 4-64　脱氢枞胺（取代）苯甲醛 Schiff 碱的合成路线

（三）结果与讨论

24 个脱氢枞酸衍生物如图 4-65 所示，对不同病原真菌的抑制活性如表 4-17 所示。由表 4-17 可知，对峙培养 2 d 后，对 1 种病原真菌的抑制率达 70%以上的为 1、7 和 10 号样品，对两种病原真菌的抑制率能达 70%以上的为 18 和 22 号样品，对 3 种病原真菌的抑制率能达 70%以上的为 14 号样品，对 4 种病原真菌的抑制率能达 70%以上的为 19 和 24 号样品，对 5 种病原真菌的抑制率能达 70%以上的有 15、16、20 和 21 号样品，对 6 种病原真菌的抑制率能达 70%以上的为 17 号样品。除 1 号样品是脱氢枞酸酰胺衍生物、24 号样品为脱氢枞胺，14～22 号样品均为脱氢枞胺（取代）苯甲醛 Schiff 碱衍生物。并且所有的脱氢枞胺（取代）苯甲醛 Schiff 碱衍生物均对两种或两种以上的病原真菌抑制率在 70%以上。表明脱氢枞胺（取代）苯甲醛 Schiff 碱衍生物的抑菌活性远远优于脱氢枞酸酰胺衍生物。因此，对 14～22 号对 6 种不同病原真菌的抑制活性进行了详细分析。

14 号样品 2 d 后对灰葡萄孢的抑制率均大于 90%，对禾谷镰孢的抑制率均大于 80%，4 d 后对腐皮镰孢的抑制率也大于 75%，但对采绒革盖菌的抑制效果较差，均小于 40%。对比 14 号样品，15 号、20 号和 21 号样品对灰葡萄孢、腐皮镰孢、芸薹生链格孢、禾谷镰孢和尖孢镰孢均有突出的抑菌活性，并且 21 号样品对腐皮镰孢和芸薹生链格孢的抑制率为 100%，此外，15 号、20 号和 21 号样品对采绒革盖菌的抑制率第 4 天后大于 60%，对比 14 号样品有较大的提高，表明在苯环的对位引入甲氧基、氟原子和氯原子增加了脱氢枞胺（取代）苯甲醛 Schiff 碱衍生物的抑菌活性。19 号样品对灰葡萄孢和禾谷镰孢抑

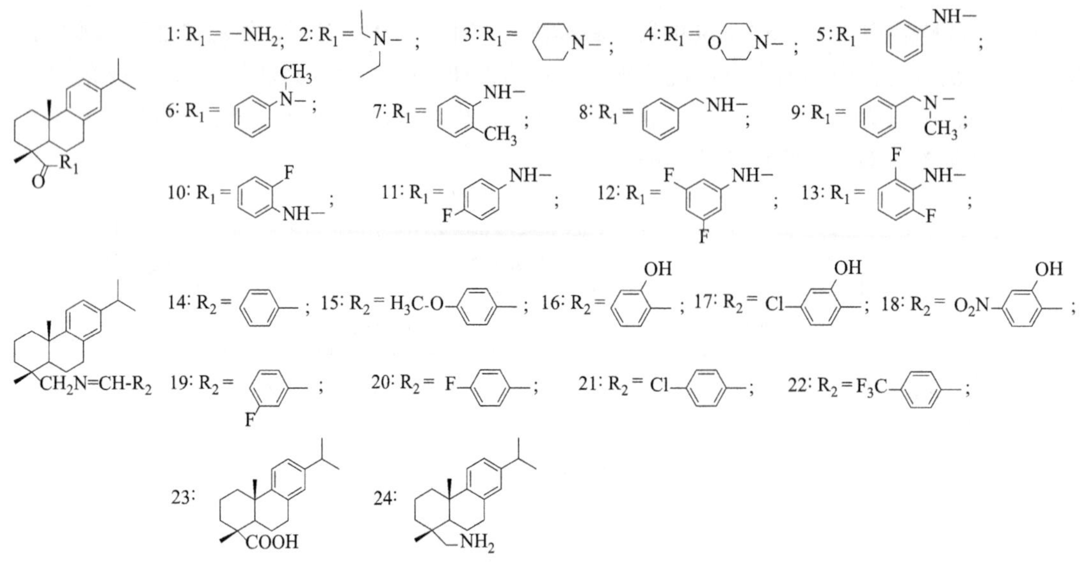

1: R_1 = $-NH_2$; 2: R_1 = N−; 3: R_1 = N−; 4: R_1 = O N−; 5: R_1 = NH−;
6: R_1 = CH_3 N−; 7: R_1 = NH− CH_3; 8: R_1 = NH−; 9: R_1 = N− CH_3;
10: R_1 = F NH−; 11: R_1 = NH− F; 12: R_1 = F NH− F; 13: R_1 = F NH− F;

14: R_2 = ; 15: R_2 = H_3C-O− ; 16: R_2 = OH ; 17: R_2 = Cl− OH ; 18: R_2 = O_2N− OH ;
CH_2N=CH-R_2 19: R_2 = F ; 20: R_2 = F− ; 21: R_2 = Cl− ; 22: R_2 = F_3C− ;

23: COOH　24: NH_2

图 4-65　脱氢枞酸衍生物的分子结构示意图

表 4-17　24 个化合物活性的初步测定

样品编号	灰葡萄孢（*Botrytis cinerea*）					腐皮镰孢（*Fusarium solani*）				
	不同生长天数化合物抑菌率（%）					不同生长天数化合物抑菌率（%）				
	2 d	4 d	6 d	8 d	10 d	2 d	4 d	6 d	8 d	10 d
1	40.67	29.77	4.90	2.04	2.04	5.19	12.78	10.24	4.00	4.00
2	48.37	48.73	39.80	28.08	22.65	0.93	12.63	14.10	2.92	0.00
3	31.73	36.82	9.39	3.06	2.04	3.70	16.17	13.10	4.80	4.00
4	62.50	61.36	58.78	50.82	46.12	40.74	38.35	40.24	29.80	6.80
5	23.94	16.59	0.00	0.00	0.00	0.00	5.04	4.86	0.00	0.00
6	21.83	21.14	10.53	8.78	8.08	10.19	14.51	12.95	4.00	4.00
7	74.04	63.64	56.12	45.31	38.29	35.19	34.21	30.71	18.00	0.00
8	38.65	42.05	40.82	32.45	29.71	16.67	17.67	14.43	4.12	0.40
9	67.21	34.09	32.45	19.80	15.92	0.00	4.14	8.43	0.00	0.00
10	96.15	11.14	2.04	2.04	2.04	17.59	20.30	19.29	7.00	4.00
11	12.98	29.09	29.39	0.00	0.00	40.74	25.94	19.52	4.00	4.00
12	21.63	11.14	2.04	2.04	2.04	17.59	20.30	19.29	7.00	4.00
13	40.87	31.82	21.84	0.00	0.00	6.94	13.16	13.93	7.00	4.00
14	95.19	94.09	94.69	94.69	92.45	68.52	77.44	84.52	84.20	79.60
15	93.27	95.91	95.71	93.47	91.02	88.89	95.11	94.29	94.20	91.00
16	96.39	87.73 %	81.94	71.22	65.38	86.11	81.58	72.14	65.20	50.60
17	100.0	100.00	100.0	100.0	100.00	88.89	76.69	69.52	64.40	51.80
18	98.56	93.41	85.92	76.53	70.41	53.70	54.51	52.38	42.20	24.20
19	100.00	98.64	93.88	90.00	84.29	28.70	52.63	59.52	57.20	48.60
20	100.00	100.00	100.00	92.24	95.10	100.00	96.99	96.90	97.00	96.20
21	100.00	100.00	97.14	97.14	95.10	100.00	100.0	100.0	100.0	100.0
22	96.15	94.55	94.29	89.39	88.78	67.59	72.93	79.05	77.60	76.00
23	53.85	55.91	53.47	45.51	43.27	27.78	26.32	25.71	17.80	0.00
24	91.35	95.00	94.29	92.24	79.59	81.48	82.71	79.76	76.40	72.00

续表

样品编号	芸薹生链格孢（*Alternaria brassicicola*）					禾谷镰孢（*Fusarium graminearum*）				
	不同生长天数化合物抑菌率（%）					不同生长天数化合物抑菌率（%）				
	2 d	4 d	6 d	8 d	10 d	2 d	4 d	6 d	8 d	10 d
1	81.25	88.82	86.14	85.39	83.96	0.00	–3.36	0.00	0.00	0.00
2	43.13	44.98	42.54	42.85	33.33	5.11	3.36	2.69	6.13	7.79
3	44.79	59.39	63.72	61.18	53.96	0.00	5.88	2.69	6.13	3.99
4	65.63	64.19	60.47	58.33	47.92	42.55	36.97	30.65	31.03	27.30
5	32.50	37.51	41.59	44.74	34.69	0.00	1.18	0.00	1.38	0.00
6	16.67	23.41	26.25	28.60	15.13	8.51	1.68	0.00	0.00	0.00
7	68.13	64.89	65.19	64.52	56.25	31.06	29.75	16.45	17.85	15.21
8	59.38	70.04	70.50	72.89	68.71	0.00	0.00	0.00	0.00	0.00
9	37.92	48.91	46.43	47.02	36.67	7.23	3.03	3.01	4.75	0.00
10	46.88	31.88	30.38	32.46	21.25	17.02	5.88	3.23	6.90	5.83
11	48.96	71.62	77.58	82.46	84.17	14.89	2.52	0.00	0.77	0.00
12	51.04	73.80	77.29	81.14	78.75	2.13	0.00	0.00	0.77	0.31
13	44.79	59.39	63.72	61.18	53.96	0.00	5.88	2.69	6.13	3.99
14	66.67	72.05	61.65	61.62	54.38	82.98	84.87	81.18	86.59	87.12
15	89.58	90.83	90.27	89.25	86.88	87.23	84.87	82.80	83.91	81.29
16	90.63	89.08	88.20	87.72	83.54	93.62	82.35	80.65	77.78	81.60
17	100.00	100.00	100.0	100.0	100.0	91.49	85.71	72.58	68.58	66.87
18	95.83	95.63	93.51	94.74	94.79	38.30	31.93	24.73	25.67	24.23
19	87.50	82.97	74.78	72.37	65.94	91.49	90.76	82.80	80.08	76.38
20	100.00	93.45	92.04	90.79	86.25	100.0	89.92	89.25	92.34	91.41
21	100.00	100.00	100.0	100.0	100.0	87.23	89.92	83.87	86.97	86.50
22	72.92	81.66	84.07	85.96	85.00	55.32	53.78	56.45	51.34	49.39
23	67.71	70.74	70.50	72.15	68.33	23.40	36.13	36.56	38.31	39.88
24	68.75	76.86	80.53	79.17	72.92	91.49	88.24	84.95	80.46	78.53

样品编号	尖孢镰孢（*Fusarium oxysporum*）					采绒革盖菌（*Coriolus versicolor*）				
	不同生长天数化合物抑菌率（%）					不同生长天数化合物抑菌率（%）				
	2 d	4 d	6 d	8 d	10 d	2 d	4 d	6 d	8 d	10 d
1	24.62	15.45	14.32	13.40	0.00	7.46	17.65	19.47	21.18	21.37
2	10.19	13.39	15.26	21.88	9.48	11.94	19.65	18.70	17.04	20.73
3	–5.77	7.44	12.63	14.60	10.00	1.49	18.24	19.08	13.91	12.20
4	34.62	33.47	34.47	30.40	14.60	13.43	32.35	35.50	31.07	30.73
5	10.00	9.67	6.05	8.20	0.00	0.00	9.41	10.46	10.77	12.78
6	13.27	8.51	8.26	4.00	4.00	0.90	8.71	12.52	12.72	15.61
7	29.23	20.00	17.37	17.08	4.00	58.81	47.29	44.12	39.47	37.07
8	24.62	15.45	14.32	13.40	0.00	7.46	17.65	19.47	21.18	21.37
9	6.73	6.36	6.84	10.80	4.00	0.00	9.65	18.55	11.24	10.00
10	–2.88	–2.07	1.05	4.00	4.00	19.40	21.18	16.79	12.13	12.93
11	1.92	3.72	7.37	1.00	0.00	0.00	9.41	11.07	9.76	8.29
12	16.35	6.61	7.11	4.00	4.00	10.45	12.94	8.78	6.21	5.12

续表

样品编号	尖孢镰孢（*Fusarium oxysporum*）					采绒革盖菌（*Coriolus versicolor*）				
	不同生长天数化合物抑菌率（%）					不同生长天数化合物抑菌率（%）				
	2 d	4 d	6 d	8 d	10 d	2 d	4 d	6 d	8 d	10 d
13	17.31	23.55	15.26	8.20	2.00	0.00	14.12	16.79	9.76	6.59
14	81.73	61.16	58.42	53.80	39.80	19.40	37.65	38.55	34.62	31.46
15	80.77	80.58	83.68	84.60	81.60	53.73	69.41	71.37	67.16	63.17
16	94.23	87.60	73.16	73.60	67.60	55.22	53.53	51.53	45.56	40.73
17	80.77	51.24	52.11	48.60	39.40	86.57	94.71	75.95	72.49	68.29
18	30.77	33.88	35.26	33.20	16.00	19.40	32.35	33.97	32.84	31.95
19	73.08	87.60	73.16	73.60	67.60	55.22	53.53	51.53	45.56	40.73
20	77.88	88.43	91.05	91.80	90.00	29.85	54.12	68.32	70.41	71.22
21	88.46	91.32	94.47	95.80	95.80	49.25	62.35	60.31	61.54	61.95
22	46.15	61.16	58.42	53.80	39.80	19.40	37.65	38.55	34.62	31.46
23	0.00	17.77	23.68	23.40	0.00	0.00	32.94	27.48	23.67	19.51
24	84.62	74.79	79.47	77.60	72.80	23.88	50.00	54.96	49.70	45.37

制率大于 75%，但是对比 20 号样品，19 号样品对腐皮镰孢、芸薹生链格孢和尖孢镰孢的抑制活性较差，表明在苯环上的间位引入氟原子对脱氢枞胺（取代）苯甲醛 Schiff 碱衍生物抑菌活性的影响较小。16 号样品对芸薹生链格孢和禾谷镰孢具有较好的抑制活性，并且，对峙培养 2 d 后，随时间的增加，16 号样品对 6 种不同病原真菌的抑制活性依次降低。17 号样品对灰葡萄孢和芸薹生链格孢的抑制率均为 100%，18 号样品对灰葡萄孢和芸薹生链格孢同样具有较好的抑制活性，由 16 号、17 号和 18 号样品的抑菌活性可得在苯环的邻位引入羟基增加了脱氢枞胺（取代）苯甲醛 Schiff 碱衍生物对芸薹生链格孢的抑菌活性。重要的是 17 号样品对采绒革盖菌具有较好的抑制活性，对峙培养前 8 d，抑制率均大于 70%。14～22 号脱氢枞胺（取代）苯甲醛 Schiff 碱衍生物除 16 号样品外，均对灰葡萄孢具有较好的抑制活性，并且只有 17 号样品对采绒革盖菌具有较好的抑制活性。此外，24 号样品脱氢枞胺对灰葡萄孢、腐皮镰孢、禾谷镰孢和尖孢镰孢具有较好的抑菌活性，远远好于脱氢枞酸。

二、酚类改性产物槲皮素衍生物的抑菌活性构效关系

（一）试验材料

以槲皮素为原料合成的酰胺类和杂环类衍生物 5 种。

（二）试验方法

本研究评价了 5 种化合物对黄孢原毛平革菌和木腐菌密粘褶菌的抑菌活性，结果表明，5 种化合物对黄孢原毛平革菌均没有抑菌活性，对木腐菌密粘褶菌均表现很好的抑菌活性。

槲皮素（0.6 g，2 mmol）溶解在 20 ml 二甲基甲酰胺（DMF）中，加入碳酸钾（4.41 g，30 mmol）及 2-氯-*N*,*N*-二甲基乙酰胺（1.38 g，11 mmol），升温到 50℃反应 10 h，反应结束。加入 50 ml 水，用乙酸中和，加入二氯甲烷萃取三次，得到的二氯甲烷层加入无水硫酸钠干燥，旋干，过柱（5%甲醇/95%二氯甲烷）得到槲皮素酰胺衍生物（产物）220 mg，收率 15.8%。

操作同上，2-氯-*N*,*N*-二甲基乙酰胺换成 2-氯-*N*,*N*-二乙基乙酰胺，过柱得到 230 mg 产物，收率

13.4%。

槲皮素（0.6 g，2 mmol）溶解在 10 ml 二氯甲烷中，加入二异丙基乙胺（3.8 g，30 mmol），降温到 0℃，加入呋喃-2-甲酰氯（1.44 g，11 mmol），加完后升到室温反应 5 h，反应结束。加入 50 ml 水，用乙酸中和，加入二氯甲烷萃取三次，二氯甲烷层加入无水硫酸钠干燥，旋干，过柱（二氯甲烷）得到产物 300 mg，收率 19.6%。

操作同上，用噻吩-2-甲酰氯替换呋喃-2-甲酰氯，得到产物 320 mg，收率 18.9%。

操作同上，用噻吩-3-甲酰氯替换呋喃-2-甲酰氯，得到产物 260 mg，收率 15.3%。

（三）结果与讨论

以槲皮素为原料，通过在槲皮素羟基上引入 *N,N*-二甲基乙酰胺、*N,N*-二乙基乙酰胺、呋喃-2-甲酰、噻吩-2-甲酰、噻吩-3-甲酰等基团，合成了槲皮素酰胺类和杂环类衍生物 5 种，通过 ^{1}H-NMR 等手段对 5 种槲皮素衍生物的化学结构进行了表征，结果表明 5 种化合物均已成功合成（图 4-66）。5 种槲皮素衍生物的化学结构式如图 4-67 所示。

酚类改性产物的抑菌性能分析：对 5 种槲皮素酰胺类和杂环类衍生物的抑菌活性进行评价，评价其对黄孢原毛平革菌和木腐菌密粘褶菌的抑菌活性（图 4-68，图 6-69），结果表明，5 种化合物对黄孢原毛平革菌均没有抑菌活性，对木腐菌密粘褶菌均表现出很好的抑菌活性，且可以看出槲皮素羟基上引入呋喃-2-甲酰、噻吩-2-甲酰、噻吩-3-甲酰等杂环类基团具有更好的抑菌活性，因此槲皮素杂环类衍生物的抑菌活性强于酰胺类衍生物。

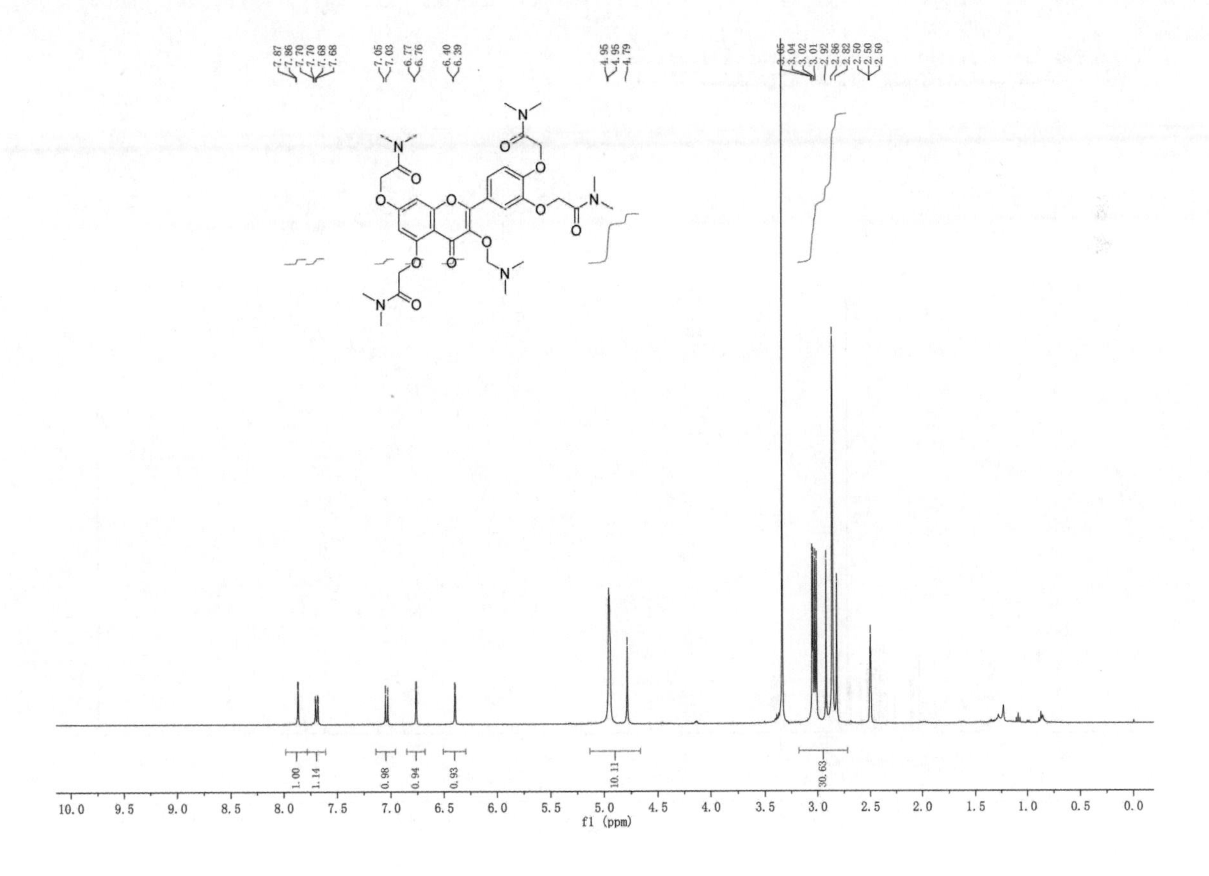

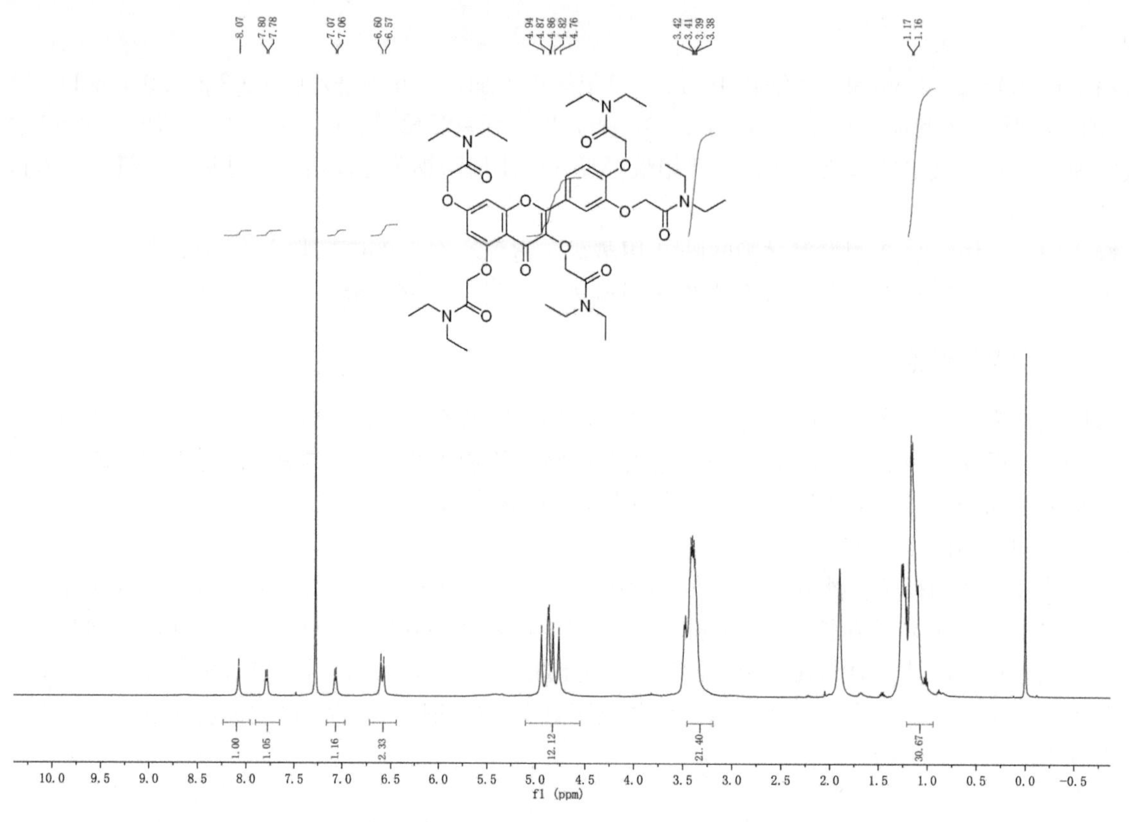

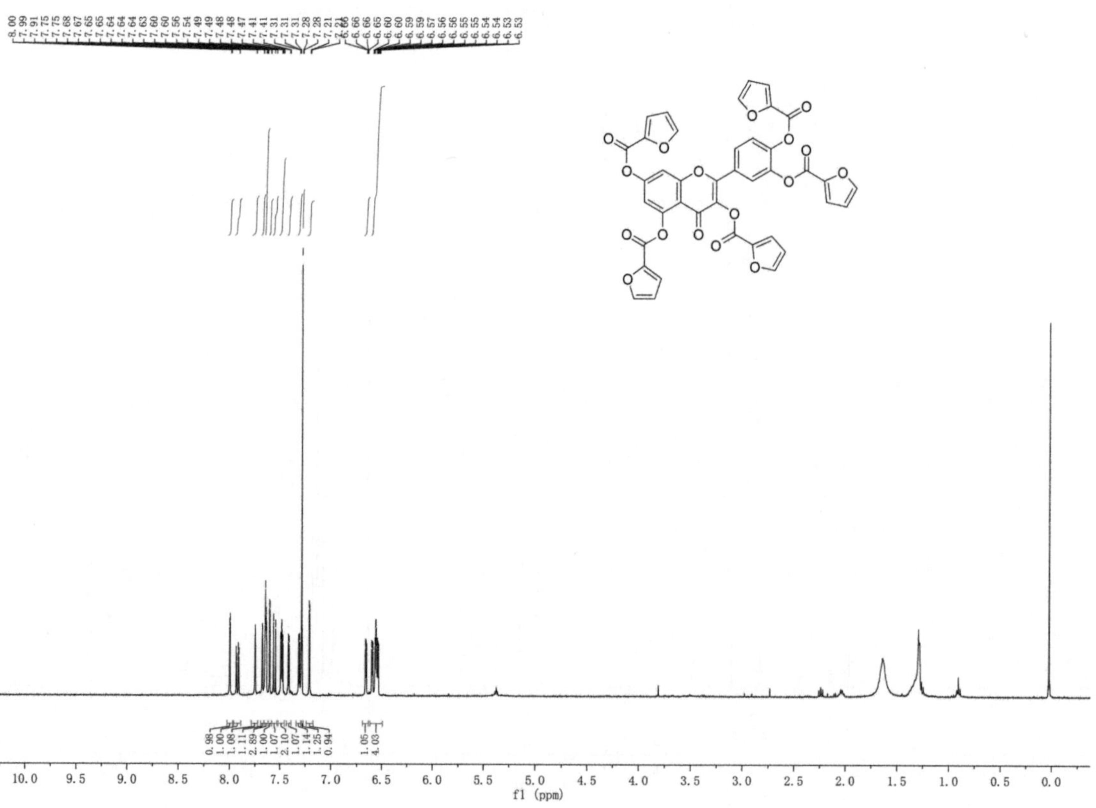

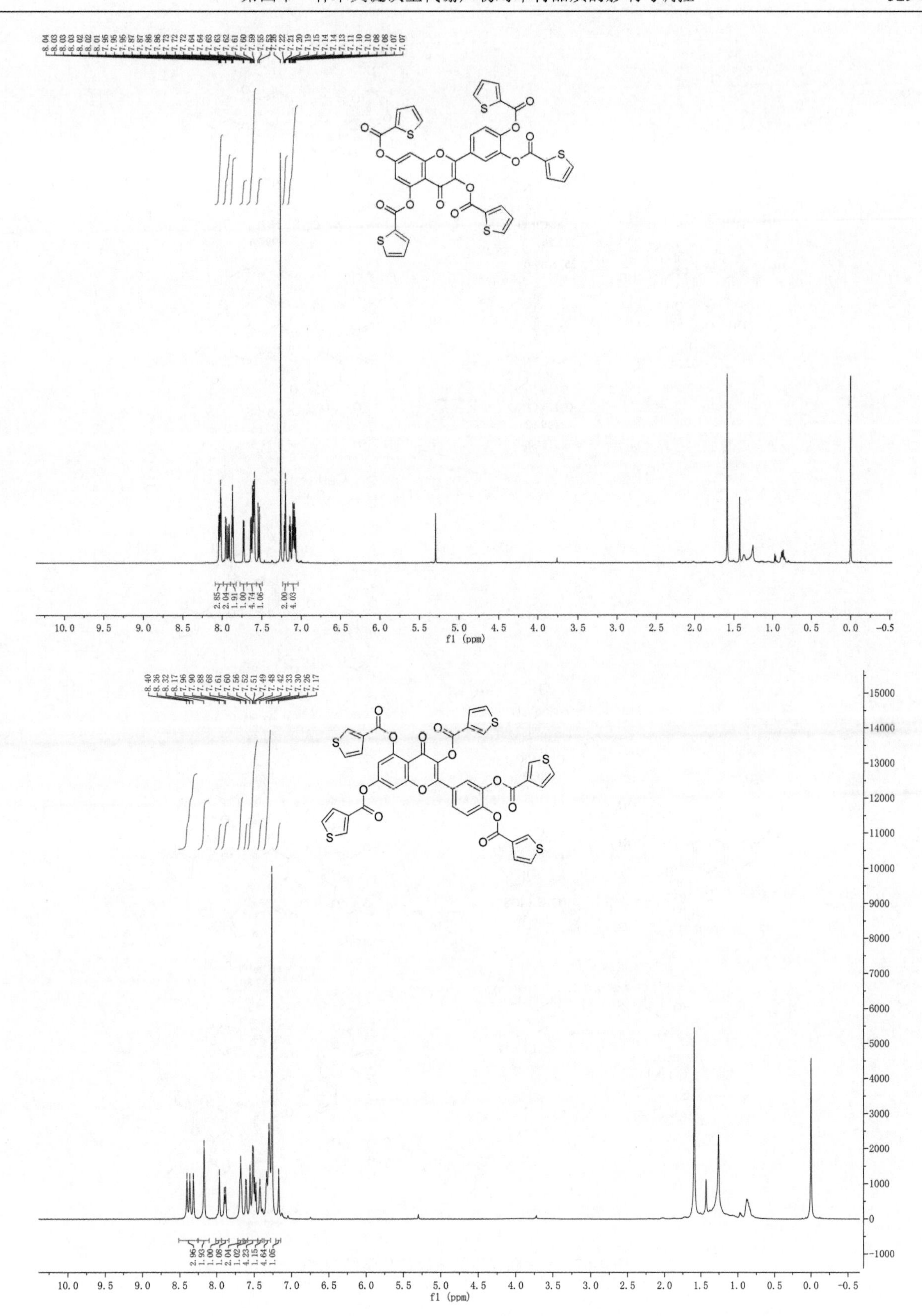

图 4-66　5 种槲皮素衍生物的 ^{1}H-NMR 图

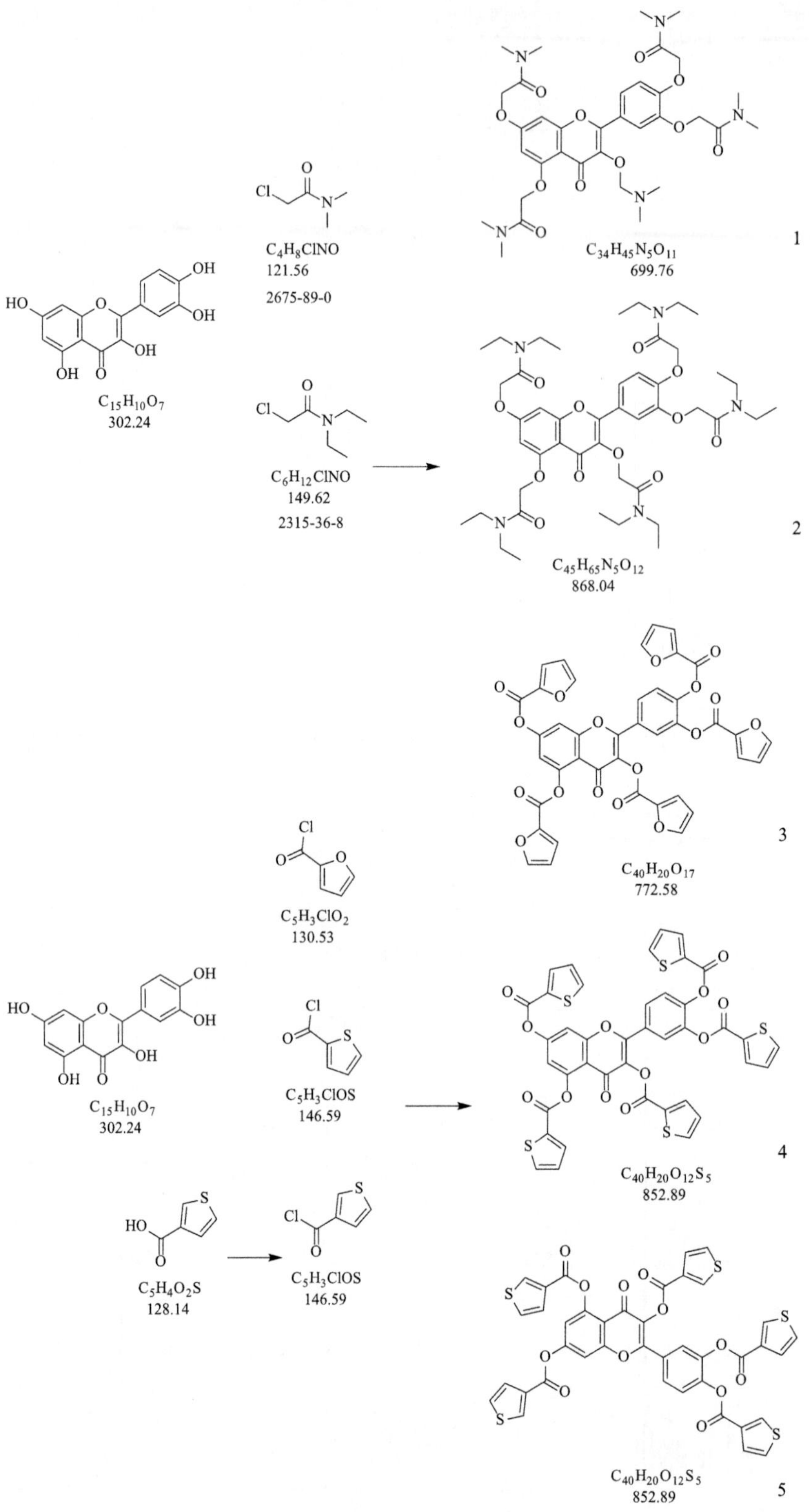

$C_{15}H_{10}O_7$
302.24

C_4H_8ClNO
121.56
2675-89-0

$C_{34}H_{45}N_5O_{11}$
699.76
1

$C_6H_{12}ClNO$
149.62
2315-36-8

$C_{45}H_{65}N_5O_{12}$
868.04
2

$C_{40}H_{20}O_{17}$
772.58
3

$C_5H_3ClO_2$
130.53

$C_{15}H_{10}O_7$
302.24

C_5H_3ClOS
146.59

$C_{40}H_{20}O_{12}S_5$
852.89
4

$C_5H_4O_2S$
128.14

C_5H_3ClOS
146.59

$C_{40}H_{20}O_{12}S_5$
852.89
5

图 4-67　5 种槲皮素衍生物的化学结构式

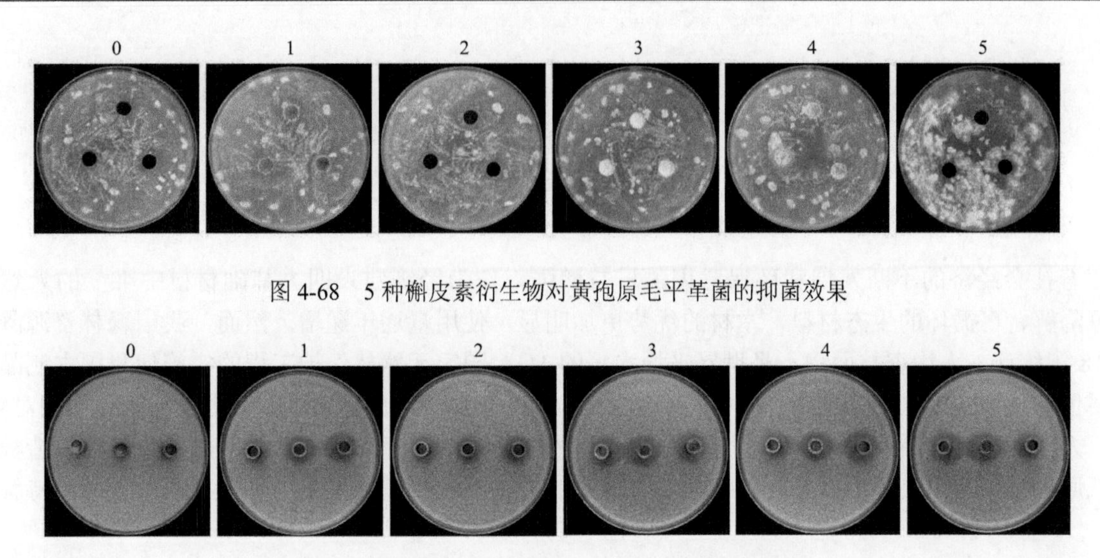

图 4-68　5 种槲皮素衍生物对黄孢原毛平革菌的抑菌效果

图 4-69　5 种槲皮素衍生物对木腐菌密粘褶菌的抑菌效果

三、本节小结

本节研究了 24 个松香衍生物的抑菌活性，分析了其对不同病原菌的抑菌率，结果表明，松香亚胺衍生物的抑菌活性较酰胺衍生物强，亚胺衍生物中含有卤素原子的产物抑菌活性强，揭示了松木主要次生代谢产物结构与抑菌活性构效关系。

对槲皮素进行了结构改造制备了 5 种衍生物，并通过核磁共振谱图鉴定了其化学结构，同时对 5 个化合物进行了抑菌活性研究，结果表明，槲皮素衍生物对木腐菌密粘褶菌的抑菌效果比黄孢原毛平革菌的抑菌效果好。

第五章　实体木材化学改性基础

随着社会经济的不断发展和环保意识的日益增强，作为经济建设四大基础材料中唯一的天然可再生、可降解、可循环的生态材料，木材的优势更加明显，使用量逐年递增。然而，我国森林资源匮乏，据 2018 年统计，人均森林面积不足世界平均水平的 1/3，国家天然林保护工程的实施使我国木制品的原料主要依赖进口。同时，我国人工林面积居世界首位。人工林成材的速度较快，生长轮伐周期相对较短。但是，人工林木材材质疏松，尺寸稳定性、力学性能等均较差，目前只能作为附加值较低的人造板和制浆造纸原料加以利用。提高人工林木材材质，促进低质木材的高效利用是当今木材科学领域亟待解决的课题。

向人工林速生材中引入改良药剂是木材材质加工改性的重要举措，是适应行业和市场需要的必行之路，是缓解木材供需矛盾与突破产业瓶颈的有效途径，更是促进社会可持续发展的必然趋势。虽然国内外在木材交联改性、木材酯化、木材浸渍改性等方面都进行了相关的研究，但是在以往研究中，仍存在改性剂或其改性过程的环境友好性不足、改性剂在木材中的分布不能有效控制、改性材韧性下降及其性能对改性剂-木材作用的响应机制不明晰等科学问题或技术难题。以木材细胞壁为靶标，开发天然或绿色改性体系，诠释木材改性调控机理是实现人工林木材高效利用的关键。

第一节　糠醇改性木材

糠醇（FA）由生物质资源（比如玉米秸秆和米糠）制备，其来源广泛、可再生，成本低廉。木材的糠醇改性是采用糠醇水溶液浸渍木材，在催化剂和加热的条件下，糠醇单体在木材细胞壁和细胞腔中发生聚合形成糠醇树脂，从而固着在木材中。糠醇改性木材的尺寸稳定性、硬度、抗压强度、抗生物劣化性等性能均有提升，且改性材无明显毒性，燃烧释放的挥发性有机化合物或多环芳烃较少，相对环保无污染。目前，糠醇改性木材的反应机理仍未解明，有研究指出糠醇与木质素之间发生接枝反应，但也有研究表明糠醇在木材中主要发生自聚合反应。本节内容将对糠醇在木材中的分布和反应进行进一步的解析，同时深入研究其水分吸着特性、尺寸稳定性、韧性和耐腐性等性能，旨在获得综合性能优良的糠醇改性木材技术体系。

一、糠醇改性材的水分吸着特性及尺寸稳定性

糠醇改性后木材内部的水分吸着环境发生了明显改变，因此对木材的吸水性、吸湿性和尺寸稳定性均产生影响。本研究采用三种不同浓度（10%、25%和 50%）的糠醇水溶液处理杨木，测试了改性材的吸湿性、吸水性和尺寸稳定性，并采用水分吸着热力学的方法来探究糠醇与木材之间的相互作用。

1. 材料与方法

1）试验材料

选用无可见的腐朽及节子等明显缺陷、纹理通直、年轮宽度均匀、平均年轮宽度为 3.5 mm 的青杨（*Populus cathayana*）为试验材料。气干材加工成各测试所需尺寸，增重率、增容率、吸湿性、吸水性、尺寸稳定性测试的试件尺寸为 20 mm（轴向，L）×20 mm（弦向，T）×20 mm（径向，R），动态水分吸附测试试件为直径（Φ）4 mm、厚度 1 mm 的薄片，绝干质量为 5.1 mg 左右。所有试件在试验前，均在

103℃条件下绝干，并记录绝干质量。由糠醇、马来酸酐、四硼酸钠和去离子水以质量比 50∶1.75∶2∶46.25 的比例配制成 50%的糠醇改性液，再用去离子水稀释成 25%和 10%的糠醇水溶液。

2）试材处理

将杨木试材置于干燥箱中，在 103℃条件下干燥至恒重，记录绝干重量（精确至 0.0001 g）和尺寸（精确至 0.01 mm）。采用满细胞法处理试材，在真空−0.1 MPa 的条件下保持 30 min，然后注入改性液，加压至 0.5 MPa，保压 1 h，最后卸压出罐完成处理过程。取出试材，吸干表面液体，称重，计算吸液率。把试材用耐高温保鲜膜和锡箔纸包覆，120℃下固化 2 h。拆除包覆材料后分别在 60℃、80℃干燥 6 h，再于 103℃干燥至绝干状态。记录绝干质量和体积，计算增重率（weight percent gain, WPG）和增容率（bulking coefficient, BC）。

3）微观形貌分析

使用日本日立公司生产的 S-3400 型号扫描电子显微镜（SEM）观察糠醇改性木材的微观形貌和结构。将待测样品切成尺寸为 1 mm（L）×2 mm（T）×2 mm（R）和 2 mm（L）×2 mm（T）×1 mm（R）的切片，观察改性材的横切面和径切面的微观形貌。绝干处理后，将薄片使用双面碳导电胶带固定在样品台上，进行离子溅射喷金处理。然后把样品放入仪器中，在 15 kV 的条件下，观察表面形态。

4）吸湿性、吸水性和尺寸稳定性测试

参照国家标准《木材含水率测定方法》（GB/T 1931—2009）、《木材吸水性测定方法》（GB/T 1934.1—2009）和《木材湿胀性测定方法》（GB/T 1934.2—2009）进行吸湿性、吸水性和尺寸稳定性测试。

改性材的防水效率（water resistant efficiency, WRE）用于表征改性处理对吸水性的抑制效果，由式（5-1）计算得到。

$$\mathrm{WRE}=\frac{\mathrm{WA_u}-\mathrm{WA_m}}{\mathrm{WA_u}}\times 100\% \tag{5-1}$$

式中，$\mathrm{WA_u}$ 为未改性材吸水率（%），$\mathrm{WA_m}$ 为改性材吸水率（%）。

尺寸稳定性可通过体积湿胀率（volumetric swelling ratio, VSR）和抗湿胀率（anti-swelling efficiency, ASE）来表示。ASE 由式（5-2）计算得到。

$$\mathrm{ASE}=\frac{\mathrm{VSR_u}-\mathrm{VSR_m}}{\mathrm{VSR_u}}\times 100\% \tag{5-2}$$

式中，$\mathrm{VSR_u}$ 和 $\mathrm{VSR_m}$ 分别为未改性材和改性材的体积湿胀率（%）。吸湿过程和吸水过程的 ASE 分别以 $\mathrm{ASE_1}$ 和 $\mathrm{ASE_2}$ 表示。

5）动态水分吸附实验

利用动态水蒸气吸附仪（IGAsorp）测定试材在 25℃、37.5℃和 50℃下的水分吸着等温线。设定相对湿度（RH）以 5%的梯度从 0 逐渐升高到 95%RH。每升高一个梯度，仪器将保持在恒定的相对湿度，直到样品质量变化率（dm/dt）在 10 min 内小于 0.002%。每隔 20 s 采集一次数据，记录整个等温吸附过程中的运行时间、目标相对湿度、实际相对湿度和样品的质量变化。在吸湿过程开始之前，将样品放入 IGAsorp 设备中，在 60℃持续通入氮气的环境中干燥 3 h。本实验过程中的参数设计参照 Popescu 等（2014）的研究。根据 Skaar（1988）所述 BET 理论计算单分子吸着水、单分子层吸着和多分子层吸着的临界含水率（W_1）、单层水分子和木材之间的吸着热系数（C）及水分吸着内部表面积（S，$\mathrm{m^2/g}$）。

2. 结果与讨论

1）糠醇改性杨木的吸液率、增重率和增容率

经过 10%、25%和 50%浓度糠醇水溶液浸渍处理后木材的吸液率分别为 134%、140%和 152%，说明糠醇水溶液在杨木中的渗透性较好，且随糠醇水溶液浓度的升高略有增大。干燥后测得增重率分别为 9.1%、27.2%和 63.4%，增容率分别为 5.9%、9.8%和 13.9%。增重率和增容率随着浓度的增大明显升高，

增重率几乎呈线性增长趋势，但增容率的增大在高浓度时变缓，说明低浓度糠醇更易进入并润胀木材细胞壁。如图 5-1 所示，经过 10%糠醇改性的杨木细胞腔中糠醇树脂不明显，而在 25%和 50%改性杨木的细胞腔中有大量树脂存在于细胞腔内壁。

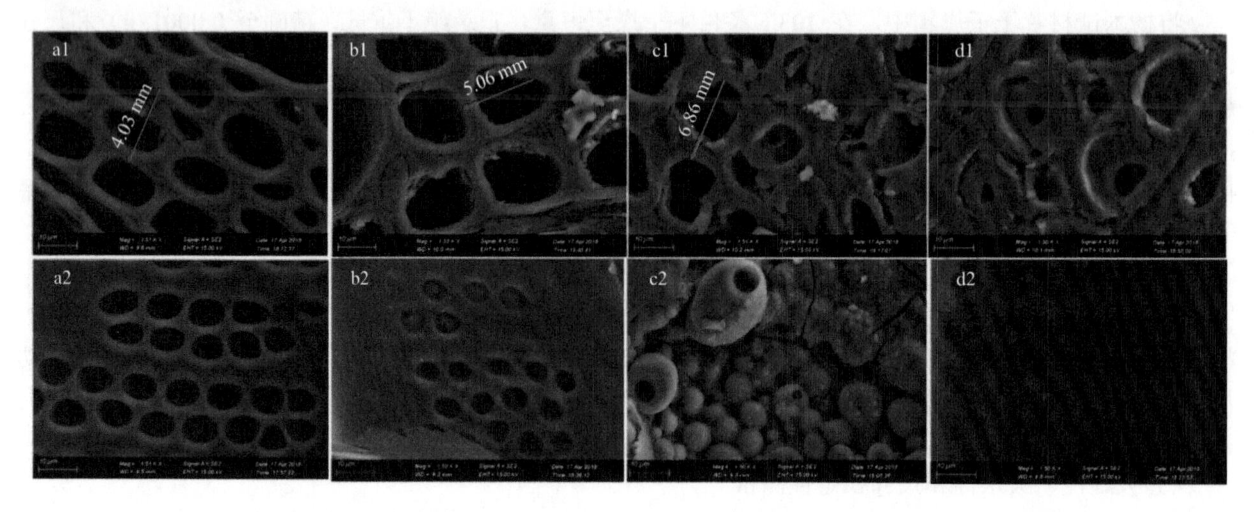

图 5-1　未改性材（a1）、10%FA 改性材（b1）、 25%FA 改性材（c1）及 50%FA 改性材（d1）的横截面（a1～d1）和径切面（a2～d2）扫描电镜图

2）吸湿性和吸水性

未改性材、F10（10%FA）、F25（25%FA）和 F50（50%FA）改性材在 20℃、65%RH 条件下达到的平衡含水率分别为 8.67%、5.85%、5.49%和 4.67%，192 h 吸水率（WAR）分别为 109.64%、89.43%、69.45%和 44.89%，192 h 防水效率分别为 0、18.43%、36.64%和 59.05%。可以发现，改性材的平衡含水率均远低于未改性材，且随着 FA 浓度的增加而下降。经过 50% FA 处理的试材，平衡含水率（EMC）仅为未改性材的 1/2 左右。吸湿性的下降是因为部分 FA 分子进入到木材细胞壁中，反应生成的聚合物附着在细胞腔内表面或填充在细胞壁孔隙中，甚至和木材细胞壁成分发生反应取代可及羟基（Lande et al., 2008）。糠醇改性也可以降低木材的吸水性。经过 192 h 的浸水试验后，糠醇改性材的 WRE 均为正值，随着 FA 浓度增加，WRE 明显增加，说明糠醇改性可有效提升木材防水性能，且浓度越大，防水效果越好。

不同温度下未改性材和糠醇改性材的水分吸着等温线如图 5-2 所示，曲线均呈“S”形，在以往研究中被定义为Ⅳ型曲线（Stamm，1964），符合多分子层吸附的特点。在较低湿度环境下，温度对改性材水分吸着量影响不明显，在高湿度环境下温度对改性材的水分吸着量影响明显（图 5-3）。单分子层吸着量（W_1）随糠醇浓度的增大均呈现下降趋势，在浓度达到 25%以上时下降变缓（图 5-4）。未改性材（control, C）、F10、F25 和 F50 改性材的水分吸着内部表面积（S）分别为 210 m^2/g、177 m^2/g、160 m^2/g 和 159 m^2/g，

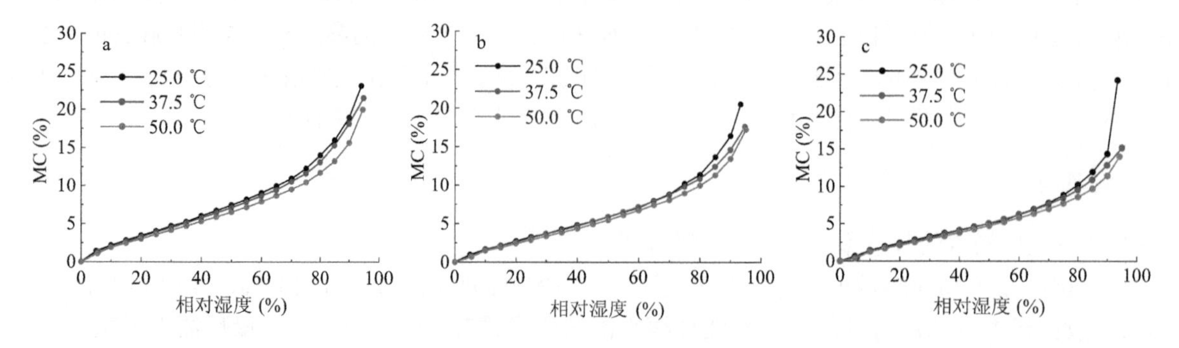

图 5-2　未改性材（a）、10%FA 改性材（b）、50%FA 改性材（c）在不同温度下的水分吸着等温线

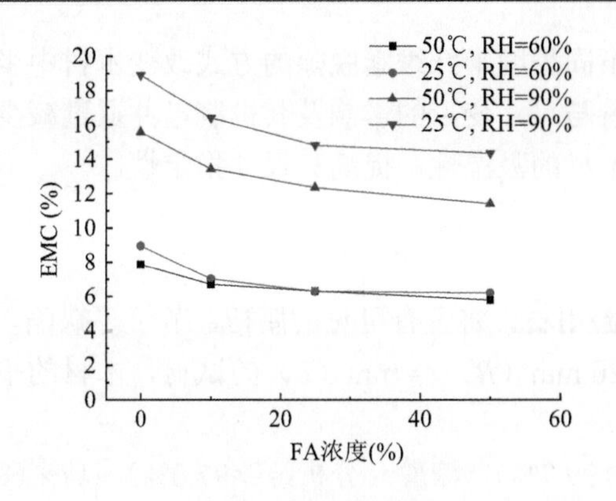

图 5-3　水分吸着量随 FA 浓度变化曲线

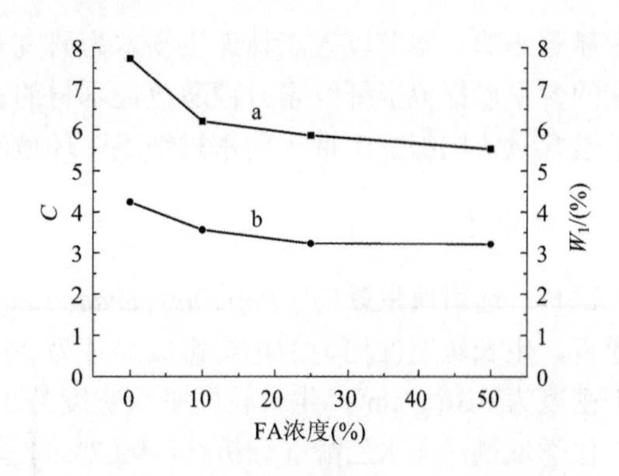

图 5-4　单分子层吸着量（W_1）（a）与吸着热系数（C）（b）随糠醇浓度变化曲线

这是由于糠醇进入细胞壁后发生聚合，阻碍水分子与木材上羟基的接触，使可及羟基数量下降，水分吸着内部表面积缩小。浓度继续增大后，改性剂更多在细胞腔中发生聚合，对水分吸着的影响变小。

3）尺寸稳定性

由吸湿和吸水引起的试材体积湿胀率和抗湿胀率如表 5-1 所示。由表 5-1 可见，糠醇改性材的尺寸稳定性与未改性材相比显著提升。在试验设定的吸湿条件下，10%糠醇改性即可达到优良的尺寸稳定性效果（ASE_1 大于 50%），且提高糠醇浓度对其吸湿尺寸稳定性没有太大影响；而在吸水条件下，10%、25%和 50%糠醇改性材的 ASE_2 分别为 37.7%、57.2%和 67.9%，差异较为明显。这说明，选用 FA 改性木材时，应根据改性材的目标使用环境确定其改性工艺。如果产品是针对室内不接触液态水的应用环境，那么从节约成本的角度出发，低浓度的糠醇改性即可满足对尺寸稳定性的需求。若是用于户外长期暴露在雨水环境中的产品，则需要较高浓度的糠醇改性才能满足需求。

表 5-1　各组试材的吸湿和吸水体积湿胀率（VSR）与抗湿胀率（ASE）

组名	吸湿过程		吸水过程	
	VSR_1（%）	ASE_1（%）	VSR_2（%）	ASE_2（%）
未改性材（C）	4.16±0.27	—	16.08±0.89	—
10%FA 改性材（F10）	1.99±0.10	52.2	10.02±0.83	37.7
25%FA 改性材（F25）	1.92±0.06	53.9	6.89±0.69	57.2
50%FA 改性材（F50）	1.96±0.25	52.9	5.16±0.34	67.9

注：“—”表示没有相关数据，下同

二、脱除组分对糠醇改性材尺寸稳定性的影响机制

木材中的纤维素、半纤维素和木质素等组分性质各不相同，与糠醇分子之间的相互作用也因此存在差异。以往研究中对糠醇改性木材进行了不同类型的化学表征，但仍难以获得不同组分与糠醇分子之间的作用信息。本研究通过部分脱除木材组分再进行糠醇改性的方法进行间接研究，旨在获得相关信息，从而揭示糠醇改性木材机理及木材组分对木材在糠醇改性中的影响机制。这对于提升速生材的性能、拓展其应用范围，缓解木材的供需矛盾，以及促进木材行业的可持续发展具有重要意义。

（一）脱除半纤维素的影响

半纤维素是木材主要的细胞壁化学组分之一，在其分子链上存在大量羟基等亲水性基团，可以与水分子通过氢键形成与断裂的形式相互作用（Thybring et al., 2017），对木材的吸湿性与尺寸稳定性等性质

产生显著影响。本节以人工林速生杨木为研究对象，通过不同程度半纤维素脱除的方式改变木材中半纤维素的含量以探究半纤维素对糠醇改性木材的动态水分吸着与尺寸变形的影响及其机制，并通过减少半纤维素含量协同糠醇改性重构木材细胞壁环境的方式降低木材的吸湿性，提高其尺寸稳定性。

1. 试验材料

试材：选用速生意杨（*Populus×euramericana*）作为试验用材，将没有可见的腐朽、节子等缺陷，纹理通直，生长轮宽度均匀的边材锯成尺寸为 20 mm（*T*）×20 mm（*R*）×4 mm（*L*）的试材，木材的平均气干密度为 0.36 g/cm^3，生长轮的平均宽度为 3.5 mm。

化学试剂：无水乙醇（分析纯≥99.7%）、苯（分析纯≥99.7%）、糠醇（分析纯≥97.0%）、马来酸酐（分析纯≥99.5%）、四硼酸钠（分析纯≥99.5%）、无水碳酸钾（K_2CO_3）（分析纯≥99.0%）及去离子水，所有的化学试剂均采购于北京化工厂有限责任公司。

2. 试验方法

1）试材预处理

首先将试材放入蒸馏水中沸煮 15 min，以去除木材的生长应力，避免对后续尺寸测量结果造成干扰。待试材气干后，将其置于温度为 103℃的干燥箱中烘至绝干，并记录绝干质量及弦向、径向、轴向尺寸。

2）化学成分脱除处理

脱抽提物处理：利用苯醇抽提的方式对木材抽提物进行脱除处理。以体积比为 1∶2 配制乙醇与苯混合溶液。在室温下，将试材浸渍于混合溶液中 48 h 后，移到 60℃水浴中 3 h 以进一步去除可溶性抽提物。之后，冲洗试材 24 h 以去除残余药剂及抽提物。气干 48 h 后，将试材移入温度设置为 80℃的真空干燥箱中至绝干，并测量绝干试材的质量及弦向、径向、轴向尺寸。

不同程度的半纤维素脱除处理：将脱除抽提物处理材与去离子水以 1∶20 的质量比置于反应釜中，在鼓风干燥箱中进行不同时间、不同温度的水热处理，获得不同程度的半纤维素脱除处理木材，具体处理参数如表 5-2 所示。之后，冲洗试材 24 h 以去除表面残余。气干 48 h 后，将试材移入温度设置为 80℃的真空干燥箱中至绝干，记录试材的绝干质量及弦向、径向、轴向的绝干尺寸，计算半纤维素的脱除率和处理材的体积变化率。

表 5-2　不同程度半纤维素脱除过程的主要参数

组别	处理温度（℃）	处理时间（h）
素材（C）	—	—
半纤维素轻度脱除处理材（1H）	170	2
半纤维素中度脱除处理材（2H）	180	2
半纤维素重度脱除处理材（3H）	180	3

注：“—”表示素材未经过处理

3）糠醇改性

对素材、化学成分脱除处理材进行糠醇改性，具体方法如下：基于质量比，配制包含 25%糠醇、1.25%马来酸酐、2%四硼酸钠的改性浸渍溶液，利用磁力搅拌，直至获得均一淡黄色澄清溶液。其中糠醇为主要改性剂，马来酸酐为催化剂，四硼酸钠为缓冲剂。将试材置于–0.1 MPa 的真空环境中处理 1 h 后，利用环境负压吸入配好的浸渍溶液，之后真空（–0.1 MPa）处理 1 h 后，取出试材擦净表面多余试剂。为避免在高温固化过程中糠醇的过度挥发，利用铝箔将浸渍完全的试材进行充分包裹后再转移到温度为 103℃的鼓风干燥箱中，固化 3 h 后，迅速去掉铝箔将试材置于温度为 60℃和 80℃的鼓风干燥箱中分别保持 2 h。之后在温度为 103℃的条件下将试材烘至绝干，并测量糠醇改性材的绝干质量与绝干弦向、径向、轴向尺寸，计算处理材的增重率和体积变化率（Yang et al., 2019a）。

4）木材微观结构及改性剂分布测试

扫描电镜（SEM）观察：利用滑动切片机（REM-710，Yamato Kohki industrial Co.，Ltd，日本）制得 1 mm（*L*）×2 mm（*T*）×2 mm（*R*）的薄片试样（重复数为 3）。在试样干燥至恒重后进行喷金处理，设置扫描电镜（S-3400，Hitachi，日本）加速电压为 3 kV，对试样的细胞结构进行观察。

激光扫描共聚焦显微镜（laser scanning confocal microscope，LSCM）观察：利用滑动切片机（Leica RM2255，Leica Biosystems，德国）制取厚度为 20 μm 的横截面切片，为避免木质素荧光的影响，配制浓度为 0.5%的甲苯胺蓝溶液对试样进行染色，之后利用蒸馏水漂洗至没有甲苯胺蓝浸出。将试样置于载玻片上，用滤纸吸干多余水分，覆上盖玻片进行封片。通过激光扫描共聚焦显微镜（SP8，Leica，德国）观察糠醇树脂在木材细胞中的分布。入射波长为 488 nm，检测范围为 500～600 nm。

5）木材化学组成测试

傅里叶红外光谱（FTIR）测试：将木材加工成 100 目以下的木粉，基于溴化钾压片法（Sing et al., 1985），利用红外光谱仪（BRUKER vertex 70v，德国）检测分析，扫描范围为 4000～400 cm^{-1}，分辨率为 4 cm^{-1}，扫描次数为 32 次。

^{13}C 固体核磁（^{13}C-NMR）测试：将试材加工成 100 目以下的木粉，利用 JNM-ECZ600R 核磁共振仪（JNM-ECZ600R，JEOL，日本）对试样进行检测分析，试样管直径为 3.2 mm，魔角自旋频率为 12 kHz，脉冲迟滞为 3 s。

6）木材孔隙结构测试

为探究速生杨木的比表面积及孔隙分布，利用氮气吸附仪（Autosorb iQ，Quantachrome，美国）对试材进行氮气吸附测试。为去除水汽及物理吸附等的影响，先将试材在 80℃下进行脱气处理 11 h。基于在相对压力为 0.99 的条件下液氮体积的变化获得试材的总孔隙体积（V_{total}），根据 Brunauer-Emmett-Teller（BET）方法获得试材的比表面积（S_{BET}），并利用 Barrett-Joyner-Halenda（BJH）方法对试材孔隙分布进行分析。

7）木材的羟基可及度测试

将试材加工成厚度小于 0.1 mm 的薄片，取约 10 mg 试样置于动态水分吸附仪（DVS Intrinsic，Surface Measurement Systems Ltd.，英国）试样盘中，利用重水（D_2O）吸着开始羟基可及度测试（Hill et al., 2009；Popescu et al., 2014；Thybring et al., 2017）。具体过程包括 5 个阶段：第一阶段为在温度为 60℃、相对湿度为 0 的氮气作用下保持 6 h，旨在将试样干燥至恒重；第二阶段为将温度降为 25℃，在相对湿度为 0 的氮气作用下保持 1 h；第三阶段是在 25℃，利用重水调整相对湿度为 95%，试材在 10 h 内达到吸湿平衡；第四阶段同第一阶段，第五阶段同第二阶段。整个过程按照预设程序进行，内置精密微天平以测量试样质量变化。

8）动态水分吸着与尺寸变形测试

利用碳酸钾的饱和盐溶液调制温度为 25℃、相对湿度为 45%的环境，将试材置于该环境中平衡，测量试材平衡后的质量与尺寸。随后，将试材移入 25℃，相对湿度在 45%～75%正弦变化的恒温恒湿箱（DHS-225，北京雅士林实验设备有限公司，中国）中进行湿度周期循环实验。循环周期分别设置为 1 h、6 h 和 24 h。其中，1 h 周期是为了研究木材在湿度剧烈变化环境中的水分吸着与变形响应。24 h 周期则是为了模拟日常生活中一天内相对湿度的变化，研究在接近于日常情况下木材的水分吸着与变形响应。6 h 周期是为了探究在上面两个周期的过渡条件下木材的水分吸着与变形响应。温、湿度由预设定的程序进行控制，并由放置在试材旁边的温湿度记录仪（TR-72Ui，T and D Co., Ltd.，日本）进行实时监测。

在此过程中，箱内的电子分析天平（ME104E, Mettler-toledo Co., Ltd.，美国）（精确至 0.1 mg）和激光位移传感器（ZX-LD100，Omron Co., Ltd.，日本）（精确至 1 μm）可分别自动测定试材的质量和弦向、径向尺寸的变化情况。所有的数据由外接的电脑自动记录，避免了在以往研究中由于开关恒温恒湿箱箱门对实验结果造成的误差。此外，每次循环实验的重复数为 3，取其平均值作为最后结果。

3. 结果与讨论

1）糠醇改性不同程度半纤维素脱除处理木材的细胞微观结构变化

如表 5-3 所示，经过不同的水热处理，可以将木材中的半纤维素不同程度地脱除，获得三种半纤维素含量的木材。并且由于半纤维素不同程度地被脱除，木材体积也发生了相应的减小。如图 5-5 所示，半纤维素的脱除会使木材细胞壁上出现孔隙，且随着半纤维素脱除量的增大，木材细胞壁上新产生的孔隙增多增大（图 5-5 a～d）。进一步的糠醇改性后，木材质量增加，且半纤维素的脱除有利于更多糠醇进入木材原位聚合形成糠醇树脂，使得木材增重率提高，但过多半纤维素的脱除反而会降低木材的增重率，这可能是由于半纤维素脱除产生较多且较大的孔隙使得糠醇树脂在固化过程中有更多路径离开木材。此外，对于糠醇改性素材，糠醇树脂不仅在细胞壁上大量附着，在细胞腔中也大量填充（图 5-5e），与之相比，经过半纤维素部分脱除处理，糠醇树脂在细胞腔中的分布比例相对较低，在细胞壁上大量附着，虽然增重率较高，但糠醇树脂总体分布均匀，细胞壁厚度明显增加（图 5-5 f～h），这可能是由于部分糠醇树脂进入了由于半纤维素脱除而产生的细胞壁孔隙并发生聚合，于是糠醇改性半纤维素部分脱除处理材达到较大的体积变化，实现了较高程度的细胞壁润胀。

表 5-3　素材（C）、半纤维素轻度脱除处理材（1H）、半纤维素中度脱除处理材（2H）、半纤维素重度脱除处理材（3H）、糠醇改性材（CF）、糠醇改性半纤维素轻度脱除处理材（1HF）、糠醇改性半纤维素中度脱除处理材（2HF）、糠醇改性半纤维素重度脱除处理材（3HF）的半纤维素脱除率、增重率及体积变化率

处理效果	C	1H	2H	3H	CF	1HF	2HF	3HF
半纤维素脱除率（%）[a]	0	3.49±0.21	8.63±0.10	24.04±1.02	0	3.49±0.21	8.63±0.10	24.04±1.02
增重率（%）[a]	0	0	0	0	18.07±0.18	18.32±0.79	20.81±0.21	19.71±0.66
体积变化率（%）[a]	0	−2.66±0.17	−4.32±0.07	−6.82±0.67	7.65±0.12	7.69±0.58	8.18±0.10	7.80±0.83

注：a 表示重复试验的平均值±标准差

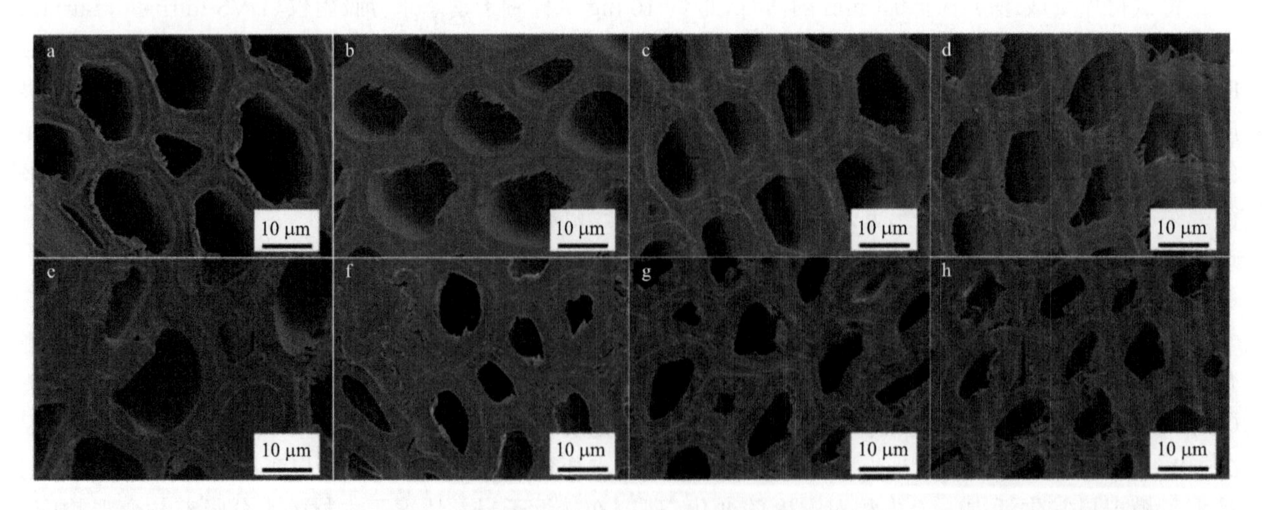

图 5-5　C（a）、1H（b）、2H（c）、3H（d）、CF（e）、1HF（f）、2HF（g）、3HF（h）的 SEM 分析

糠醇树脂与木质素因其特殊分子结构在一定波长的激光作用下会产生荧光作用，因此可以根据糠醇树脂与木质素的这一特性对其在木材细胞中的分布进行更加精确的表征。如图 5-6 所示，经过半纤维素不同程度的脱除后，木质素的荧光强度不断增大，这是半纤维素含量的降低会提高木质素的相对含量所致，并且在胞间层与细胞角隅处木质素的荧光更加明显，这说明木质素在该区域浓度较高。糠醇改性后，

木材细胞腔中有糠醇树脂的荧光释放，在细胞壁上也可以观察到荧光效应，说明糠醇不仅进入细胞腔中发生聚合，也进入到了细胞壁完成了细胞壁的改性。此外，经过半纤维素不同程度脱除之后，在木材细胞腔中聚合的糠醇树脂减少，细胞壁上糠醇树脂的荧光效应增强，再次说明半纤维素含量的降低会提高糠醇树脂在木材细胞中分布的均匀性，促进糠醇进入木材细胞壁发生化学聚合，使得木材细胞壁明显增厚，在宏观上木材的增重率增大，体积变化增大。

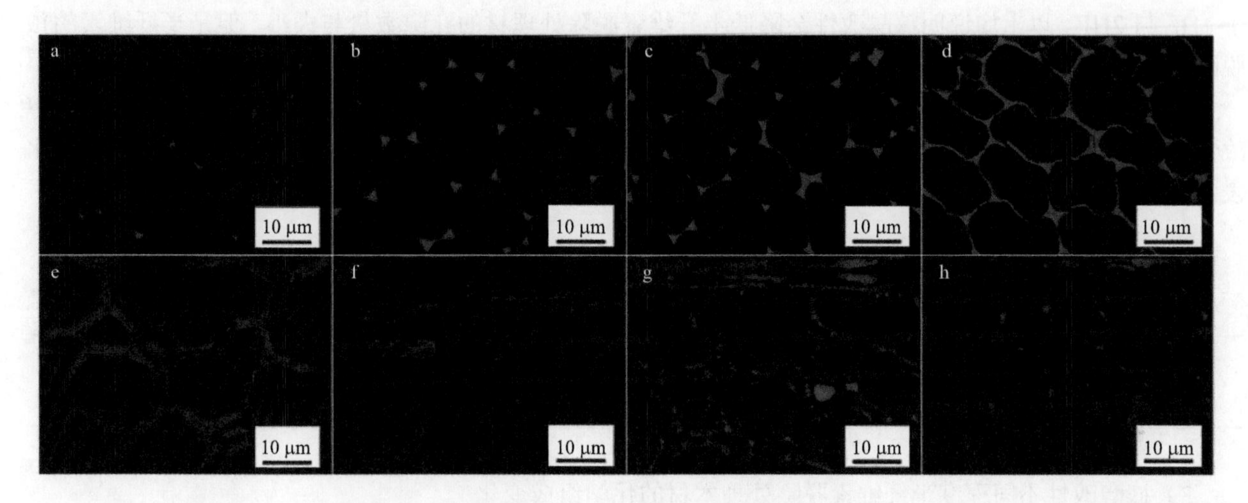

图 5-6 C（a）、1H（b）、2H（c）、3H（d）、CF（e）、1HF（f）、2HF（g）、3HF（h）的 LSCM 分析

图中颜色的明亮程度强弱表示荧光强度大小与木质素的浓度高低，下同

2）糠醇改性不同程度半纤维素脱除处理木材的孔隙结构变化

糠醇改性不同程度半纤维素脱除处理材的氮气吸附曲线如图 5-7 所示。半纤维素的脱除会提高木材的孔隙率，而糠醇改性则会一定程度上降低木材的孔隙率。如图 5-7a 所示，一定程度的半纤维素脱除处理后，糠醇改性材的氮气吸附量低于素材，但是较高程度的半纤维素脱除会使得糠醇改性材的氮气吸附量略高于素材，这可能是半纤维素脱除产生新的孔隙与糠醇改性减小或减少孔隙共同作用的结果。另外，虽然 2HF 的增重率略高于 1HF，但是因为半纤维素脱除率的不同，2HF 呈现出较高的氮气吸附量。糠醇改性不同程度的半纤维素脱除处理材的氮气吸附曲线中同样出现滞后的现象。与素材对比发现，2HF 与

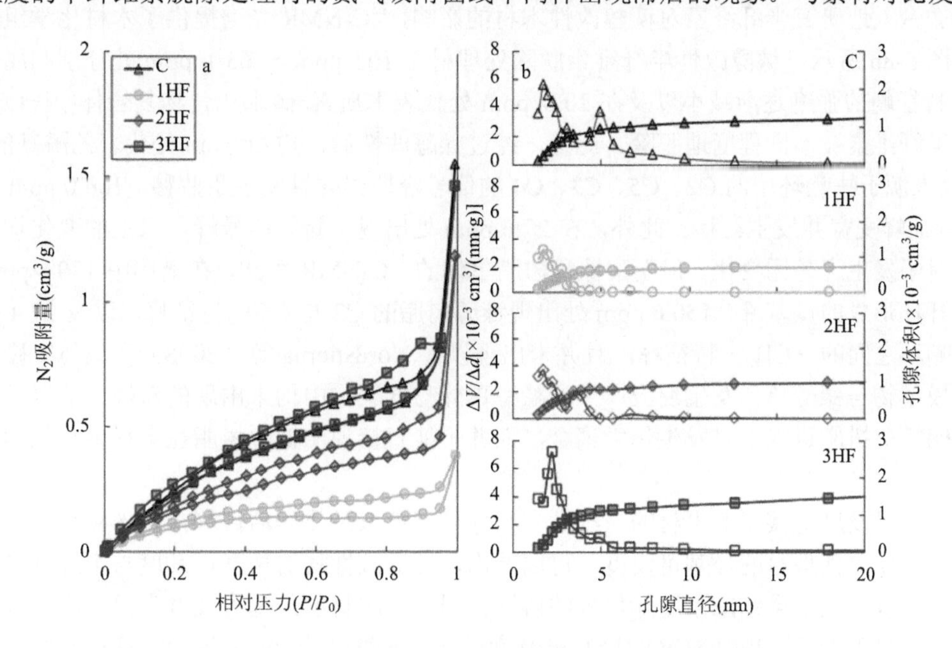

图 5-7 C、1HF、2HF、3HF 的氮气吸附曲线（a）及孔隙分布曲线（b）

1HF 的滞后圈略微减小，但是 3HF 则表现出较大的滞后圈，特别是在较高的相对压力范围，说明 2HF 与 1HF 中孔较少而 3HF 则含有较多中孔。如图 5-7b 中所示，与素材相比，1HF 不仅在孔隙直径为 2 nm 及 3 nm 处的峰减小，累积孔隙体积也有所下降。2HF 因为更高程度的半纤维素脱除累积孔隙体积相对较大，在 2 nm 及 3 nm 处的峰表现出较大的强度，虽仍小于素材，并且 7 nm 附近出现一个宽峰，相对素材向左偏移。3HF 表现出更高的累积孔隙体积，且在 2 nm 及 3 nm 处的峰强度增大，高于素材，也高于 1HF 与 2HF。以上均说明糠醇改性会降低半纤维素脱除处理材的孔隙数量与大小，但是半纤维素的预脱除则会提高糠醇改性材的孔隙数量与大小，且脱除程度越高，累积孔隙体积越大。

从表 5-4 中不同处理材的比表面积与总孔隙体积也可以看出，经过一定程度的半纤维素脱除与糠醇改性共同作用后，木材的比表面积与总孔隙体积减小，但较高程度半纤维素脱除会提高糠醇改性材的比表面积与总孔隙体积，表现出 1HF<2HF<3HF。

表 5-4　C、1HF、2HF、3HF 的比表面积（S_{BET}）与总孔隙体积（V_{total}）

	C	1HF	2HF	3HF
S_{BET}（m^2/g）	1.17	0.67	0.92	1.43
V_{total}（$\times10^{-3}cm^3/g$）	3.00	1.38	1.49	2.27

3）糠醇改性不同程度半纤维素脱除处理木材的化学组成变化

通过红外光谱对糠醇改性半纤维素脱除处理木材的化学组成变化进行表征，如图 5-8a 所示。随着半纤维素脱除率的增大，在 1739 cm^{-1} 处代表半纤维素非共轭酮、羰基及脂肪族基团的 C═O 伸缩振动的吸收峰不断减小，说明糠醇改性材中半纤维素含量发生了不同程度的降低。此外，1739 cm^{-1} 处峰的红移、1055 cm^{-1} 处峰的增大、变宽与蓝移以及 790 cm^{-1} 处新峰的出现说明木材基团发生了变化，但对比糠醇树脂的红外光谱图可以发现，在 1717 cm^{-1} 处出现了代表糠醇树脂水解呋喃环上的 γ-二酮的 C═O 伸缩振动峰（Pranger and Tannenbaum，2008），在 790 cm^{-1}、1049 cm^{-1} 与 1089 cm^{-1} 处出现了代表糠醇树脂呋喃环的峰，因此该处基团的变化并不能说明糠醇树脂与木材化学组分发生反应，但是可以证明糠醇已经进入木材发生原位聚合。此外，随着半纤维素含量的降低，1508 cm^{-1} 处表示木质素苯环伸缩振动的峰相应减小甚至消失，说明半纤维素含量的减小可能会促使木质素在糠醇改性的酸性条件下发生降解。

为了更加深入地研究半纤维素对糠醇改性木材的影响，^{13}C-NMR 光谱提供了木材化学组分变化的详细信息，如图 5-8b 所示。糠醇改性半纤维素脱除处理材在 102 ppm 与 63.1 ppm 处分别归属于半纤维素 C1 与 C6 的特征峰的强度逐渐减小以及在 20.8 ppm 处代表木质素-碳水化合物复合体中—CH_3 的特征峰的减小说明半纤维素被不同程度地脱除。此外，经过糠醇改性后，172.8 ppm 处代表乙酰基的峰宽增大，153.9 ppm 处来源于呋喃环中的 C2、C5、C3、C4 的信号峰增强并且发生了蓝移，106.0 ppm 处代表纤维素的 C1 的特征峰变宽并发生红移。此外，在 27.6 ppm 处出现了新的信号峰。以上的变化均说明半纤维素脱除处理材中发生了基团变化，但观察糠醇树脂单体的 ^{13}C-NMR 可知，在谱图中 170.8 ppm 处出现表示糠醇树脂开环形成的羰基峰，150.6 ppm 处出现糠醇树脂的 C2 与 C5 的特征峰，以及 27.4 ppm 处出现糠醇树脂呋喃环之间的—CH_2—特征峰，且并未出现以往 Nordstierna 等（2008）在液体核磁检测中所发现的木质素模型物与糠醇单体发生反应产生的糠醇单体与低聚物中均未出现的新峰，故以上基团的变化同样只能说明糠醇树脂进入木材发生化学聚合，而并不能直接说明糠醇树脂在木材中与化学组分发生了化学反应。

木材的羟基可及度直接影响木材的吸湿性、尺寸稳定性以及化学活性等，图 5-9 总结了糠醇改性不同程度半纤维素脱除处理材的羟基可及度。可以看出，糠醇改性材的羟基可及度与半纤维素脱除率呈负相关，且经过糠醇改性与半纤维素脱除处理的协同作用后，木材的羟基可及度大幅下降，且羟基可及度与半纤维素含量呈正相关。其中 3HF 的羟基可及度最低，下降超过 50%，说明半纤维素脱除可以促进糠醇改性进一步降低木材的羟基可及度。

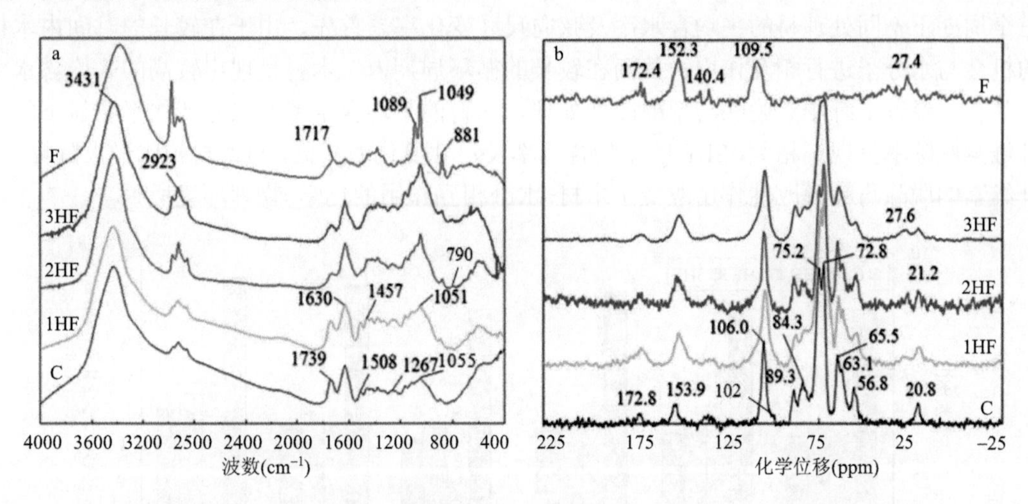

图 5-8　C、1HF、2HF、3HF 及糠醇树脂（F）的 FTIR 分析（a）与 ^{13}C-NMR 分析（b）

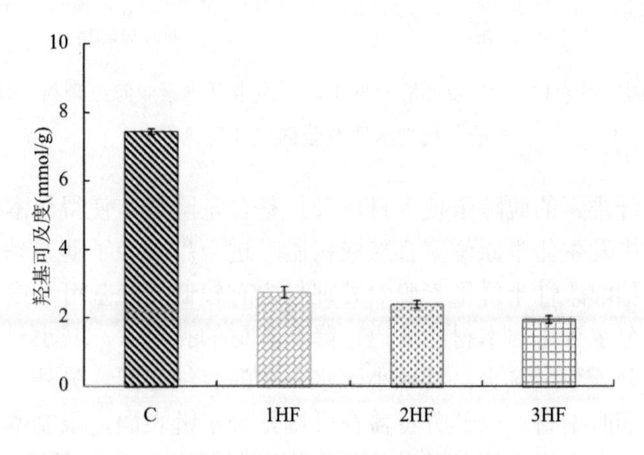

图 5-9　素材（C）及糠醇改性不同程度半纤维素脱除处理材（1HF、2HF、3HF）的羟基可及度

4）糠醇改性不同程度半纤维素脱除处理木材的动态含水率与尺寸变化

以湿度循环变化周期 6 h 为例，2HF 的含水率及弦向尺寸变化率与相对湿度随时间的变化如图 5-10 所示。可以发现，经过半纤维素脱除预处理后的糠醇改性材的含水率及弦向尺寸变化率与相对湿度的变化趋势一致，均呈现出正弦曲线动态变化趋势，但是变化的振幅明显不同，相位滞后也存在一定差异。

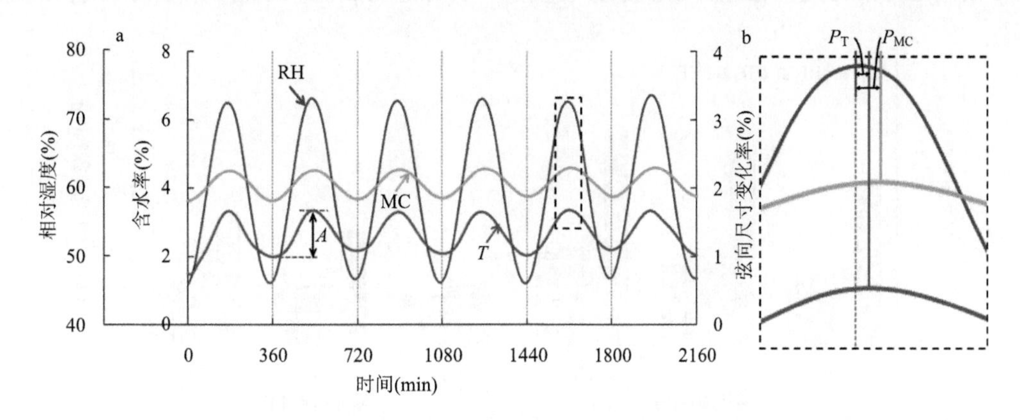

图 5-10　2HF 的含水率（MC）及弦向尺寸变化率（T）与相对湿度（RH）随时间的变化（循环周期 6 h，a）及区域放大图（b）

A，振幅；P_{MC}，含水率相位滞后；P_T，弦向尺寸变化率相位滞后

为进一步探究半纤维素对不同湿度循环周期下糠醇改性木材的水分吸着及尺寸变形的影响，图 5-11 给出了三个周期下不同处理材的平均含水率及弦向尺寸变化率。首先，由于在较长的时间内木材会有相对更多的机会与水分子进行相互作用，故而在较长的循环周期内，木材呈现出较高的平均含水率及尺寸变化率。其次，经过半纤维素脱除与糠醇改性处理，木材的平均含水率及尺寸变化率明显下降，且下降量与半纤维素脱除率呈现正相关，3HF 的平均含水率及尺寸变化率最低，与素材相比最大降幅超过 50%。这是半纤维素的脱除与糠醇改性作用改变了木材-水分相互作用的化学-物理环境所致。

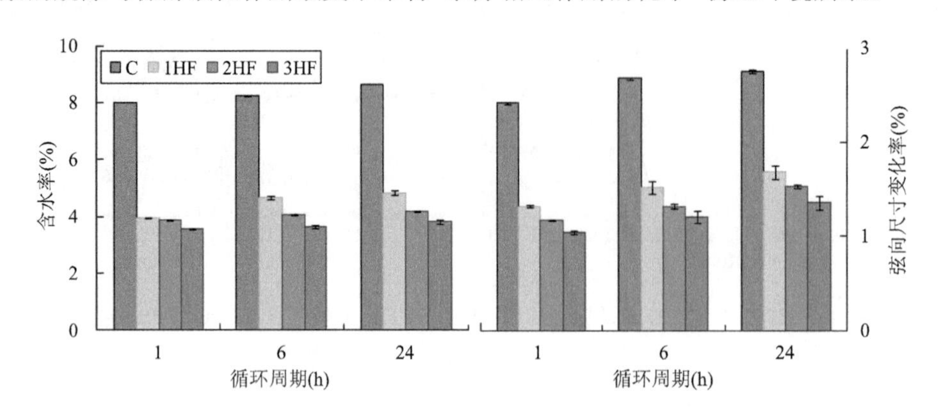

图 5-11　三个循环周期下素材（C）及糠醇改性不同程度半纤维素脱除处理材（1HF、2HF 与 3HF）的平均含水率及弦向尺寸变化率

在化学环境方面，半纤维素的脱除致使木材可及羟基含量降低，使得与木材相互作用的水分子的数量减少，另外糠醇在木材中发生化学原位聚合形成树脂，进一步减少了动态条件下可以与水分子相互作用的有效羟基数量，使得糠醇改性半纤维素脱除处理材含有较低的羟基可及度。在物理环境方面，疏水性糠醇树脂阻塞或减小部分水分进出木材的通道，降低木材的孔隙率，减小对水分子的吸引力，导致一定时间内进入木材中的水分子数量减少，且减小了水分子的容纳空间，另外，部分糠醇树脂或填充在细胞壁纤维素分子链之间，润胀木材，或部分覆盖在纤维素分子链表面，限制木材尺寸的进一步变化。

三个周期下木材的平均含水率振幅及弦向尺寸变化率振幅如图 5-12 所示。木材的含水率振幅及弦向尺寸变化率振幅均随循环周期的增长而增大，这同样是由于周期越长，木材有更长的时间达到接近于一定温湿度下的平衡含水率与尺寸变化率，呈现出较高的含水率与尺寸变化率振幅。经过半纤维素脱除与糠醇改性，振幅大幅下降，最大降低 50%以上，且振幅与半纤维素脱除率呈负相关，表现为 3HF<2HF<1HF<C 的趋势。一方面，这是由于糠醇树脂阻塞或减小了水分子与木材羟基相互作用的路径，使得在湿度极值处与木材羟基相互作用的水分子减少，且糠醇树脂润胀木材，降低了木材在湿度变化作

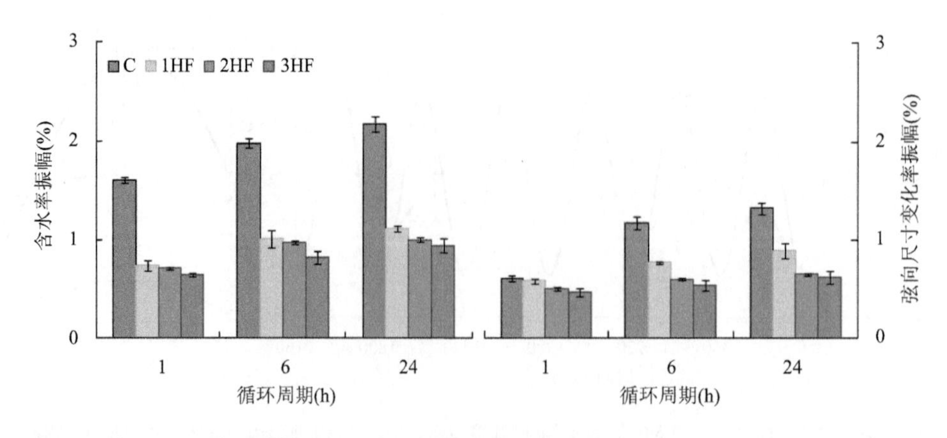

图 5-12　三个周期下素材（C）及糠醇改性不同程度半纤维素脱除处理材（1HF、2HF 与 3HF）的平均含水率振幅及弦向尺寸变化率振幅

用下的变形范围，导致振幅下降；另一方面，半纤维素的脱除及糠醇树脂的覆盖也使得木材有效羟基数减少，木材基质刚度相对增大，促使振幅进一步降低。

5）糠醇改性半纤维素部分脱除处理木材的动态水分吸着示意模型

半纤维素脱除产生的孔隙虽有利于动态条件下水分子进出木材，但在糠醇改性后，固化的糠醇树脂阻塞了部分木材固有孔隙及半纤维素脱除产生的新孔隙，降低了体系的整体孔隙率，减少了水分子进出木材的通道及水分子的容纳空间，木材体系对水分子的吸引力减小，使得动态条件下一定时间内与木材相互作用的水分子数量减少，并且相对疏水的糠醇树脂的原位固化润胀木材，使其在湿度动态变化中的变形范围减小，使得木材与水分子相互作用的物理环境发生改变；此外，半纤维素脱除减少了木材的有效羟基，同时由于糠醇树脂在木材细胞壁的覆盖或纤维素分子链之间的填充，木材一定时间内的羟基可及度也会降低，最终，体系整体的羟基可及度发生大幅下降，动态条件下木材与水分子的相互作用减弱。综上，基于木材-水分相互作用物理-化学环境的变化与实际测量数据，建立的糠醇改性半纤维素部分脱除处理材在动态条件下的水分吸着示意模型如图 5-13 所示。

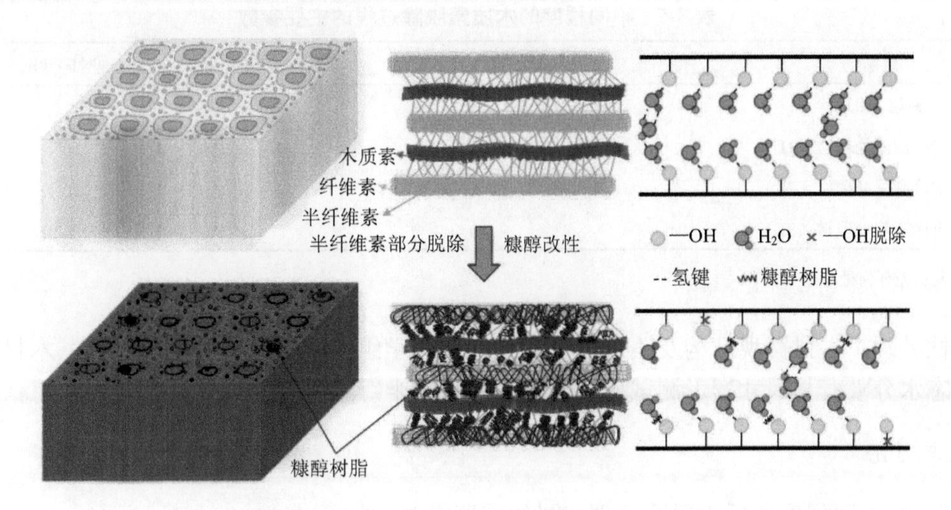

图 5-13　素材及糠醇改性半纤维素部分脱除处理材的动态水分吸着示意模型

（二）脱除木质素的影响

木质素在木材中相对疏水，木质素含量的降低会提高木材的吸湿性，降低木材的尺寸稳定性。另外，木材的很多其他重要性质，如力学性质、抗生物劣化性等都与木材中的含水率息息相关。而在实际生活中使用的木材及其制品存在很多因为自然或人为导致的木质素降解的现象，如木材白腐（Tuor et al., 1995；丁佐龙等，1997）、光降解（Krishna and Tapani，2008；Huang et al., 2012）等。由于木质素的降解，木材在颜色上会变白或发黄，木材纤维会发生分离，形成间隙或裂缝，也会导致其他严重的问题，如加速尺寸不稳定化与生物降解等（Mitsui，2004；Mitsui et al., 2004）。而这些问题会直接影响木材及其制品如木结构、工程制品以及一些古代艺术品等的使用价值与使用寿命。因此，发展对因不同原因木质素发生降解的木材的可持续保护也具有重要的文化与历史价值，而糠醇改性以其优越的改性效果与相对环境友好的特点引起社会日益广泛的关注。此外，关于糠醇树脂改性木材的机理虽尚未获得一致的研究结论，但是木质素作为木材细胞壁的主要化学组分，对木材糠醇改性的作用及影响机制值得深入研究。

综上，本节旨在通过木质素部分脱除改变木材中木质素含量的方式探究木质素对糠醇改性木材的水分吸着与尺寸稳定性的影响及其机制，并为自然或人为因素导致木质素降解的木材及其制品性能的提升、使用寿命的延长及应用范围的扩展提供有效参考，以促进发展可持续与环境友好型的木材行业。

1. 试验材料

试材与化学试剂与“（一）脱除半纤维素的影响”相同，补充试剂包括亚氯酸钠（$NaClO_2$）（分析纯≥80%）和冰醋酸（CH_3COOH）（分析纯≥99.5%）。所有的化学试剂均采购于北京化工厂有限责任公司。

2. 试验方法

试材预处理、脱抽提物处理与“（一）脱除半纤维素的影响”相同，随后进行木质素脱除处理：于烧杯中配制含有 967 ml 去离子水、20 g 次氯酸钠以及 13 ml 冰醋酸的混合溶液，将抽提物脱除处理材浸没于混合溶液中，于 40℃的恒温水浴锅中分别水浴处理 10 h、30 h 及 30 h（重复两次），具体参数如表 5-5 所示。

表 5-5 不同程度的木质素脱除过程的主要参数

组别	处理温度（℃）	处理时间（h）
素材（C）	—	—
木质素轻度脱除处理材（1L）	40	10
木质素中度脱除处理材（2L）	40	30
木质素重度脱除处理材（3L）	40	30 + 30

注：“—”表示无任何处理

糠醇改性处理、木材微观结构及改性剂分布测试、化学组成测试、孔隙结构测试、木材的羟基可及度测试、动态水分吸着与尺寸变形测试均与“（一）脱除半纤维素的影响”相同。

3. 结果与讨论

1）糠醇改性不同程度木质素脱除处理木材的细胞微观结构变化

木质素是木材细胞的重要组成成分，在细胞壁中以无定形状态分布，在细胞角隅与胞间层浓度较高。当进行木质素脱除处理后，对比素材（图 5-14a），会发现有很多孔隙出现（图 5-14b～d），特别是在细胞角隅与胞间层处，当较高浓度的木质素被脱除后（图 5-14d），孔隙增大，部分相连的细胞出现分离。糠醇改性后，木材质量增加，发生细胞壁润胀，体积增大。经过木质素部分脱除预处理的糠醇改性材的增重率略低于糠醇改性素材（表 5-6），但是体积变化率较高，即木材细胞壁的润胀率较高，虽然增重率与润胀程度与木质素的脱除程度并未呈现明显的关系，该结果可以从两方面来理解。一方面，素材经过糠醇改性，糠醇在细胞腔中发生大范围聚合（图 5-14e），而经过木质素预脱除处理的木材虽然细胞壁上有明显的糠醇树脂附着，但细胞腔中大量聚合的糠醇树脂分布较少（图 5-14f～h）。另一方面，木质素脱除产生大量较大的孔隙，特别是细胞角隅及胞间层处（图 5-14b～d），这些孔隙有利于促进糠醇进入木

表 5-6 素材（C）、不同程度木质素脱除处理材（1LL、2LL、3LL）、糠醇改性材（CF）、糠醇改性不同程度木质素脱除处理材（1LF、2LF、3LF）的木质素脱除率、增重率及体积变化率

处理效果	C	1LL	2LL	3LL	CF	1LF	2LF	3LF
木质素脱除率（%）[a]	0	3.08±0.21	8.86±0.11	12.01±0.82	0	3.08±0.21	8.86±0.11	12.01±0.82
增重率（%）[a]	0	0	0	0	21.35±0.23	20.64±0.87	19.71±0.18	20.32±0.73
体积变化率（%）[a]	0	−2.97±0.07	−5.03±0.08	−5.85±0.19	8.51±0.10	8.63±0.41	9.97±0.13	9.18±0.55

注：a 表示重复试验的平均值±标准差

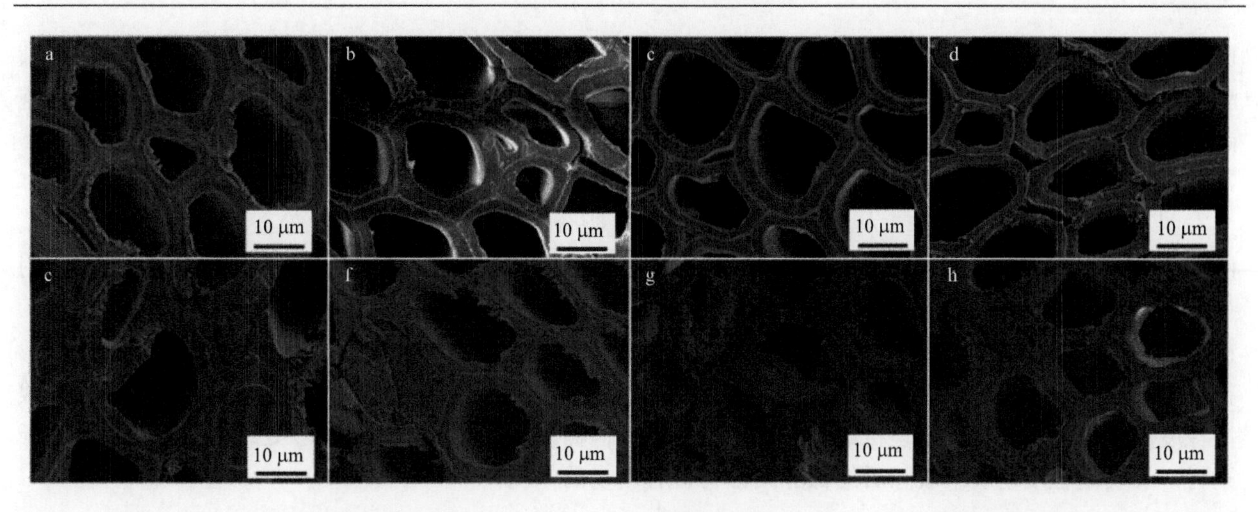

图 5-14　素材（a）、木质素轻度脱除处理材（b）、木质素中度脱除处理材（c）、木质素重度脱除处理材（d）、糠醇改性材（e）、糠醇改性木质素轻度脱除处理材（f）、糠醇改性木质素中度脱除处理材（g）、糠醇改性木质素重度脱除处理材（h）的 SEM 分析

材特别是木材细胞壁，实现较高程度的细胞壁改性。但是，在糠醇高温固化过程中某些较大的孔隙可能也会促使较多未完全固化的糠醇分子随着水汽蒸发离开木材。此外，由于木质素脱除而产生的孔隙因为糠醇树脂的原位聚合而减少，原本分离的木材细胞在视觉上表现出再相连的状态。

基于木质素及糠醇树脂的荧光特性，通过 LSCM 对木材的细胞微观结构及木质素、糠醇树脂在木材中的分布进行表征，如图 5-15 所示。通过木质素的荧光释放特点可以说明木质素在木材细胞壁中有所分布，但在细胞角隅及胞间层处浓度较高（图 5-15a）。经过木质素部分脱除处理后，木质素的荧光强度降低，说明木质素含量降低，且随着处理程度增强，木质素荧光强度明显减弱，尤其是在细胞角隅、胞间层区域，部分细胞出现了离散状态（图 5-15b～d），这与上文扫描电镜的分析结果一致。经过糠醇浸渍改性，木质素的部分脱除处理也一定程度上减少了糠醇树脂在细胞腔中的大量聚合，使得整体上糠醇树脂在木材细胞中的分布更加均匀（图 5-15e～h）。此外，细胞壁上糠醇树脂的荧光释放也说明了糠醇进入木材细胞壁发生化学原位聚合（图 5-15e～h），与糠醇改性素材相比糠醇改性木质素脱除处理材相对较厚的细胞壁也可以部分解释糠醇改性木质素脱除处理材虽然增重率较低但体积变化率较高的结果。对

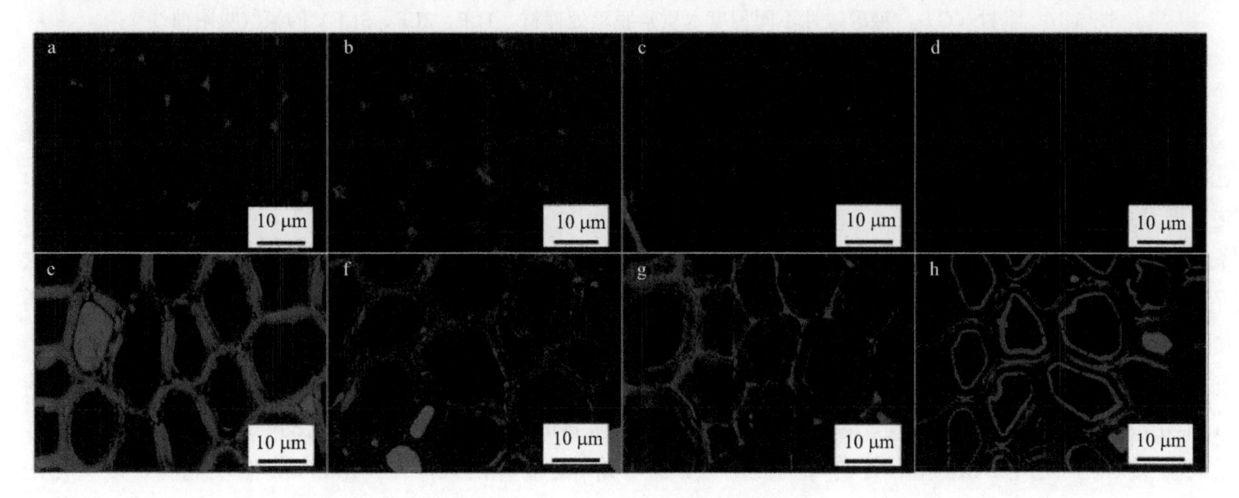

图 5-15　素材（a）、木质素轻度脱除处理材（b）、木质素中度脱除处理材（c）、木质素重度脱除处理材（d）、糠醇改性材（e）、糠醇改性木质素轻度脱除处理材（f）、糠醇改性木质素中度脱除处理材（g）、糠醇改性木质素重度脱除处理材（h）的 LSCM 分析

比木质素部分脱除处理材，原本在细胞角隅及胞间层处的孔隙在糠醇改性木质素脱除处理材中也存在糠醇树脂的荧光释放（图 5-15f～h），说明糠醇进入这些孔隙发生聚合，从而使得木材原本发生离散的细胞因为糠醇树脂的存在而呈现视觉上的相连。

2）糠醇改性不同程度木质素脱除处理木材的孔隙结构变化

图 5-16 给出了不同处理木材的氮气吸附曲线及孔隙分布曲线。木质素的脱除会提高木材的孔隙率，而糠醇改性则会一定程度上降低木材的孔隙率。经过木质素部分脱除预处理后，糠醇改性材的氮气吸附量相对糠醇改性素材有所增大，但是与素材相比，氮气吸附量在整体上较低，且在较高的相对压力下，糠醇改性重度木质素脱除处理材的氮气吸附量明显高于糠醇改性轻度或中度木质素脱除处理材。此外，在不同处理材的氮气吸附曲线上均会发现存在吸附滞后圈，说明中孔的存在。与素材对比发现，糠醇改性轻度或中度木质素脱除处理材的滞后圈相差不大，但糠醇改性重度木质素脱除处理材的滞后圈略大于素材，说明高程度木质素脱除后的糠醇改性材含有较多的中孔。

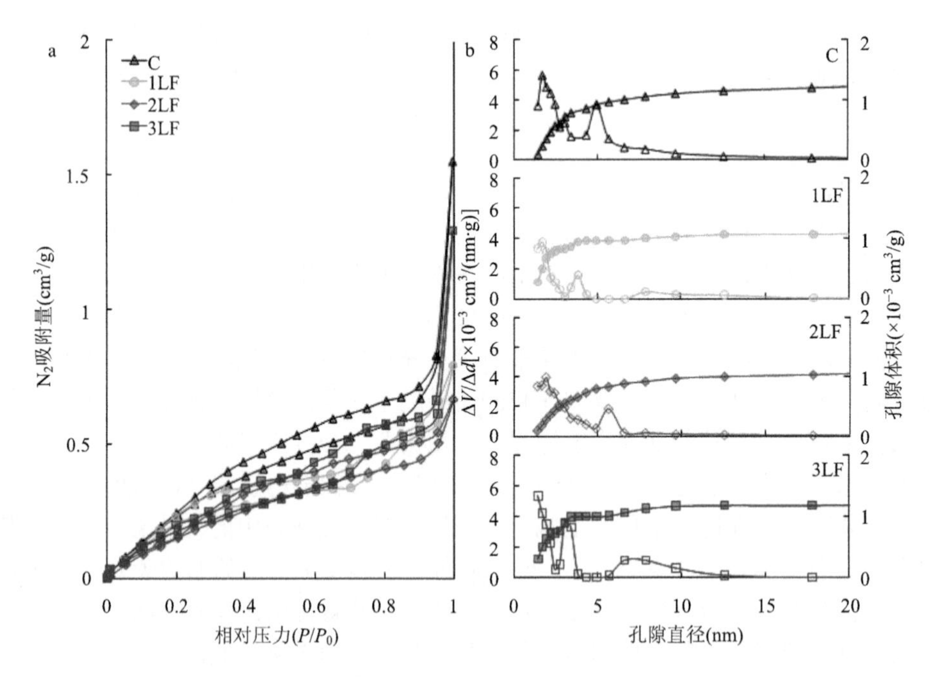

图 5-16　素材（C）、糠醇改性不同程度木质素脱除处理材（1LF、2LF、3LF）的氮气吸附曲线（a）及孔隙分布曲线（b）

从图 5-16b 中木材的孔隙分布曲线可以发现，素材主要在孔隙直径为 2 nm、3 nm 及 5 nm 处出现峰值，在 8 nm 左右存在一个较小的宽峰。经过木质素的部分脱除处理与糠醇改性处理，木材的孔隙分布发生变化。对于糠醇改性轻度木质素脱除处理材，2 nm 处的峰有所减小，但 2.2 nm 附近出现较小的肩峰，3 nm 处的峰也因改性处理向右偏移至孔隙直径约为 4 nm 处，这可能是木质素脱除使孔隙直径变大所致。5 nm 处的峰消失，可能是因为糠醇树脂附着在孔隙表面使孔隙直径变小，而在 8 nm 处宽峰的增大同样可能是糠醇树脂填充部分较大的孔隙所致。经过中度木质素脱除与糠醇改性，2 nm 处的峰减小，但 3 nm 处的峰增大，可能是由木质素含量降低使得孔隙扩大引起的，此外 5 nm 处的峰也向右偏移至约 6 nm 处，也说明了孔隙的变大。对于糠醇改性重度木质素脱除处理材，2 nm 处的峰相对素材略有减小，但大于 1LF 与 2LF，3 nm 左右处的峰明显增大，且 5 nm 处的峰消失，在 7 nm 左右出现宽峰，该变化是糠醇树脂填充木材孔隙或附着于孔隙壁所致。此外，经过木质素脱除与糠醇改性，3LF 的累计孔隙体积明显大于 1LF 及 2LF，但仍小于素材。

不同处理材的比表面积与总孔隙体积如表 5-7 所示，虽然轻、中程度木质素的脱除可以提高木材的比表面积与总孔隙体积，但经过进一步的糠醇改性后，木材的比表面积与总孔隙体积均被有效降低，并且远低于素材。当木质素含量降低太多时，木材的比表面积与总孔隙体积会小于素材，经过糠醇改性后，因为糠醇树脂自身交联聚合，木材中一些大的孔隙被部分填充，或可能形成多个小的孔隙，导致木材整体的比表面积与该孔隙范围内的总孔隙体积反而有所增大，且大于糠醇改性中度木质素脱除处理材。

表 5-7　素材（C）、糠醇改性不同程度木质素脱除处理材（1LF、2LF、3LF）的比表面积（S_{BET}）与总孔隙体积（V_{total}）

孔隙结构参数	C	1LF	2LF	3LF
S_{BET}（m^2/g）	1.17	1.12	0.90	1.09
V_{total}（$\times10^{-3}cm^3/g$）	3.00	1.62	1.47	1.81

3）糠醇改性不同程度木质素脱除处理木材的化学组成变化

图 5-17a 为不同处理木材的红外光谱图，对于糠醇改性木质素脱除处理材，会发现波数为 1508 cm^{-1} 代表木质素苯环伸缩振动的峰减小甚至消失，原因之一，这是木质素不同程度的脱除所致，而糠醇改性过程引起木质素的酸性降解则是另一个原因。同样代表木质素苯环伸缩振动在 1457 cm^{-1} 处的峰却有所增大，对比糠醇树脂的红外光谱图，可以认为这是糠醇树脂进入木材，在该处产生特征峰导致的。此外，与素材及木质素脱除处理材相比，1739 cm^{-1} 处代表半纤维素的非共轭 C═O 的伸缩振动峰发生红移，这则是因为糠醇树脂水解呋喃环上的γ-二酮的 C═O 的伸缩振动，同时，790 cm^{-1} 处出现代表糠醇树脂呋喃环的峰。以上虽不能说明糠醇树脂与木材化学组分发生反应，但是可以证明糠醇已经进入木材发生原位聚合。对于 1LF 与 2LF，1055 cm^{-1} 处代表纤维素和半纤维素中 C—O 键的伸缩振动峰增强，可能是木质素脱除纤维素与半纤维素相对含量提高以及与糠醇树脂呋喃环峰的叠加所致，而 3LF 在该处的峰强度下降，说明木质素脱除程度太高会使得半纤维素在糠醇改性过程中更容易发生降解。

从不同改性处理木材的核磁共振谱图（图 5-17b）中可以看出，153.9 ppm 处代表非酚型紫丁香基木质素 C3 与 C5 的峰向左偏移且增强变宽，但是对于仅经过木质素不同程度脱除后的木材，该处的峰应该会发生降低，所以对于糠醇改性木质素部分脱除处理材，该处峰的变化说明改性木材内已经有糠醇树脂的存在。并且对于 3LF 该处峰的蓝移程度最高，峰宽增大最大，2LF 则表现出较小的峰宽，1LF 呈现出较小的蓝移，而这与木材的糠醇树脂增重率及木质素含量所产生的影响相关。此外，56.8 ppm 处表示木质素芳香环结构的峰随着木质素脱除程度的增大而不断减小甚至消失，说明木质素含量发生了不同程度的降低。20.8 ppm 处归属于木质素-碳水化合物复合体中—CH_3 的特征峰也因为糠醇树脂呋喃环之间—CH_2—特征峰的影响而向左偏移，并且在 27.2 ppm 处新峰的出现也更有可能是糠醇树脂进入木材引起的。综上，基于谱图变化，不能说明糠醇树脂与木材组分发生化学反应，但可以证明糠醇进入木材并自身发生聚合反应形成糠醇树脂。

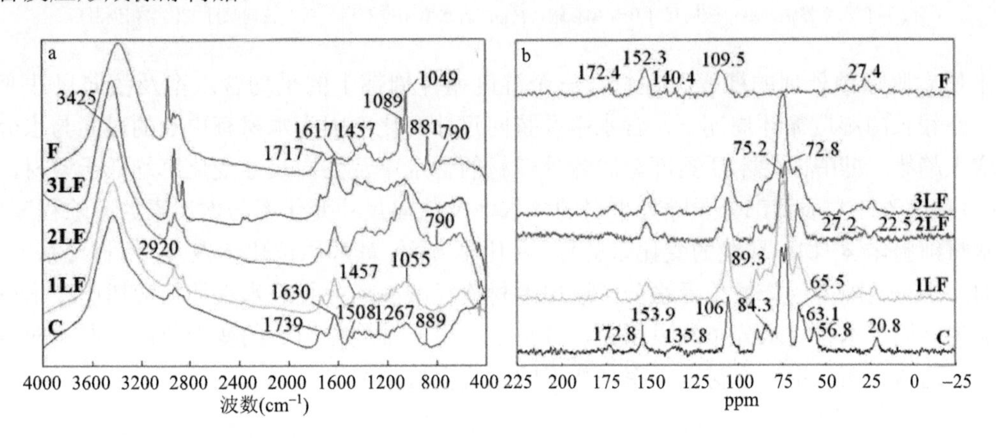

图 5-17　素材（C）、糠醇改性不同程度的木质素脱除处理材（1LF、2LF 和 3LF）及糠醇树脂（F）的 FTIR 分析（a）与 ^{13}C-NMR 分析（b）

如图 5-18 所示，经过木质素预脱除处理的糠醇改性材羟基可及度相对糠醇改性素材有所增大，且木质素脱除程度越高，糠醇改性材的羟基可及度越高，但仍低于素材。其中，1LF 与 2LF 的羟基可及度降低约 40%，3LF 也有超过 20%的下降。

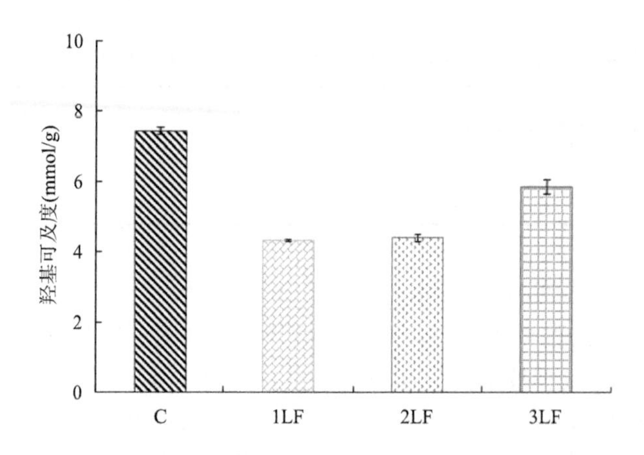

图 5-18　素材（C）糠醇改性不同程度木质素脱除处理材（1LF、2LF 和 3LF）的羟基可及度

4）糠醇改性不同程度木质素脱除处理木材的动态含水率与尺寸变化

以湿度循环周期 24 h 为例，2LF 的含水率及弦向尺寸变化率与相对湿度随时间的变化如图 5-19 所示，2LF 的含水率及弦向尺寸变化率随时间均呈现与相对湿度相似的正弦曲线变化。含水率与弦向尺寸变化率的振幅与相位滞后也同样存在，但是相位滞后程度及振幅变化存在一定差异。

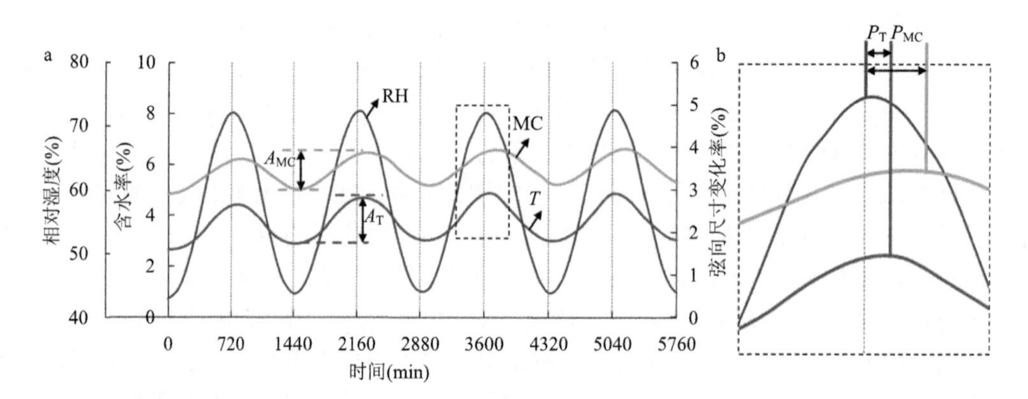

图 5-19　2LF 的含水率（MC）及弦向尺寸变化率（*T*）与相对湿度（RH）随时间的变化（a）及相应区域的放大图（b）

A_{MC}：含水率振幅，A_T：弦向尺寸变化率振幅，P_{MC}：含水率相位滞后，P_T：弦向尺寸变化率相位滞后

经过木质素脱除预处理的糠醇改性材在三个湿度循环周期下的平均含水率及弦向尺寸变化率如图 5-20 所示。在较长的湿度循环周期下，含水率及弦向尺寸变化率因为木材有更长的时间与水分子相互作用而呈现增大趋势。糠醇改性木质素部分脱除处理材的含水率及弦向尺寸变化率均低于素材，最大降幅约 25%，并且糠醇改性木质素部分脱除处理材的含水率及弦向尺寸变化率与木质素的脱除程度呈正相关。这可以由木材细胞化学-物理环境的变化来解释。在化学方面，糠醇原位化学聚合，木材羟基可及度降低；在物理层面，木材孔隙率的降低使得水分子进出木材路径减少，并且疏水性的糠醇树脂在木材细胞中的填充与覆盖也降低了木材对水分子的吸引力，减小了木材在湿度作用下的变形范围，在响应时间有限的动态条件下，这两方面作用对木材含水率与变形的影响会更加突出。

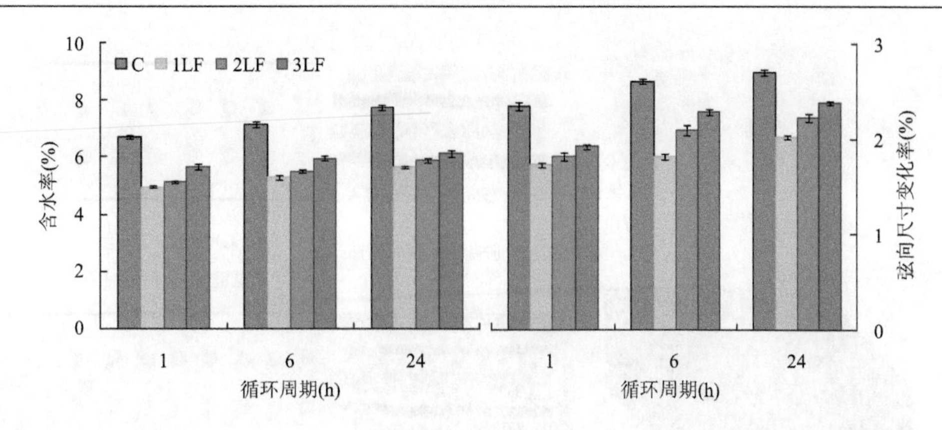

图 5-20　三个周期下素材（C）及糠醇改性不同程度木质素脱除处理材（1LF、2LF 和 3LF）的平均含水率及弦向尺寸变化率

木质素脱除对糠醇改性材含水率及弦向尺寸变化率的振幅的影响如图 5-21 所示。在较长的循环周期下木材会更加充分地对外界相对湿度进行响应，从而在极值相对湿度处与水分子的相互作用更加充分，于是在最高相对湿度处达到较高的含水率与尺寸变化率，在最低相对湿度处含水率及弦向尺寸变化率较低，最终呈现出较大的振幅。经过木质素脱除处理，糠醇改性材的含水率及弦向尺寸变化率的振幅增大，且随着木质素脱除程度的提高不断增大，但仍低于素材，最大降幅超过 20%，且振幅下降程度与循环周期呈负相关，即在较短循环周期，糠醇改性木质素脱除处理材的振幅相对素材有较高程度的降低，这是因为在较短的循环周期下，由于要克服糠醇树脂的作用，与木材羟基相互作用的水分子会相对较少。

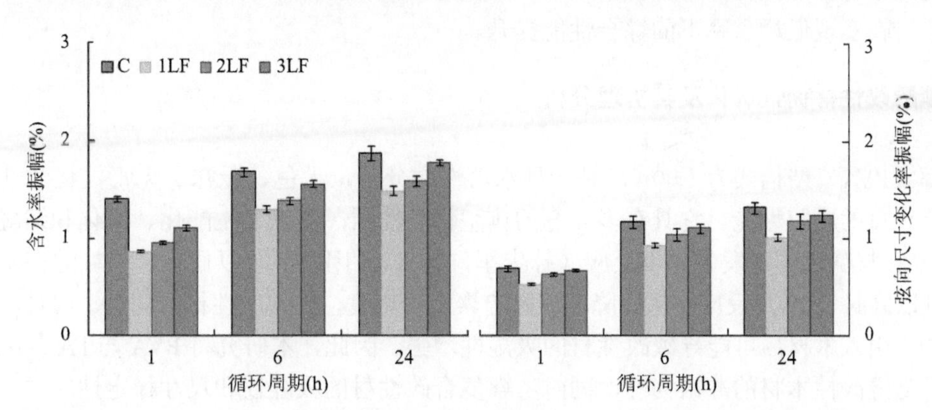

图 5-21　三个周期下素材（C）及糠醇改性不同程度木质素脱除处理材（1LF、2LF 和 3LF）的平均含水率振幅及弦向尺寸变化率振幅

5）糠醇改性木质素部分脱除处理木材的动态水分吸着示意模型

木质素不同程度的脱除使木材中纤维素及半纤维素相对含量提高，有效羟基数增加。同时，木质素脱除产生的孔隙会促进动态条件下水分子进出木材并提高与吸着点相互作用的速度。但是糠醇改性后，木质素脱除处理木材的部分细胞壁被原位自聚合的相对疏水的糠醇树脂覆盖或部分填充，整体体系对水分子的吸引力下降，部分水分子进出木材的通道（孔隙）也因为糠醇树脂的填充与内壁附着而减少或减小，木材-水分相互作用的物理环境发生改变。此外，有效羟基可及度的降低也改变了木材-水分相互作用的化学环境，使一定时间内与木材动态相互作用的水分子减少。并且糠醇树脂的润胀作用也减小了木材在湿度作用下的变形范围。综上，基于木材-水分相互作用环境的变化及实际的水分吸着与变形响应，建立了糠醇改性木质素部分脱除处理材的动态水分吸着示意模型（图 5-22）。

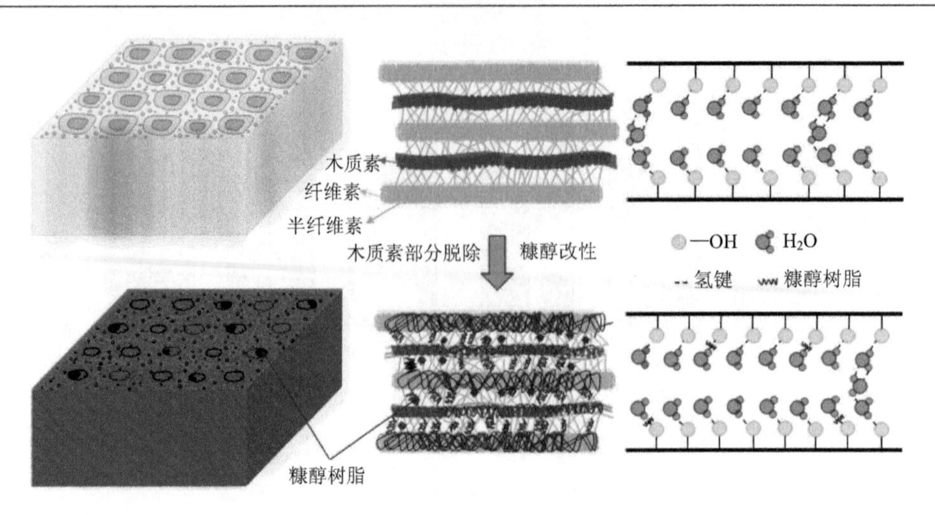

图 5-22 素材及糠醇改性木质素部分脱除处理材的动态水分吸着示意模型

三、糠醇改性材的性能优化机制

糠醇改性材具有优良的尺寸稳定性和抗生物劣化性，但是作为一种树脂改性材，它也具有和其他树脂改性材相似的缺点，即韧性下降。通常，糠醇改性材的增重率越高，韧性下降问题越显著。在本节内容中，我们提出了糠醇改性材的韧性优化技术，并在此基础上引入四水合八硼酸二钠（DOT）提升其抗生物劣化性，旨在实现低增重率下的综合性能提升。

（一）糠醇改性材韧性优化及其机理分析

聚乙烯醇（PVA）结构式为$\left[\!\!\!\;\underset{\text{HO}}{\diagup\!\!\diagdown}\right]_n$，是一种水溶性高分子，无色、无味、无毒、化学性能稳定、绝缘隔热并具有优良的成膜性能。它具有多元醇的典型化学性质，可以发生酯化、醚化和缩醛化等反应。研究表明，PVA 与糠醇可以发生化学反应（林生军，2011）。因此，可以假设，当糠醇在木材中发生聚合反应时，可以同时与 PVA 反应，从而降低糠醇自聚合的程度，提升改性材的韧性。但是，PVA 是一种多羟基化合物，引入木材后可能导致改性材的吸湿性增强。因此，本研究将 PVA 与 FA 复配浸渍处理木材，以期提升糠醇改性木材的冲击韧性，同时考察复合改性材的吸湿性和尺寸稳定性。

1. 材料与方法

1）试验材料

试材同“一、糠醇改性材的水分吸着特性及尺寸稳定性”。冲击韧性测试试件的尺寸为 80 mm（*L*）× 10 mm（*T*）×4 mm（*R*），增重率、增容率、吸湿性、吸水性、尺寸稳定性测试的试件为 20 mm 正方体。所有试件在试验前，均在 103℃条件下绝干，并记录绝干质量。化学试剂包括糠醇、马来酸酐、四硼酸钠、冷溶型 PVA（聚合度为 500、醇解度 88%）和去离子水。

2）试材处理

配制 10%、25%和 50%的糠醇水溶液，配制方法同“一、糠醇改性材的水分吸着特性及尺寸稳定性”。再将称量好的 PVA 粉末少量多次加入已放置于恒温水浴磁力搅拌器上相应浓度的糠醇水溶液中，充分搅拌使其溶解完全，制成 PVA/FA 共混溶液。PVA 共设置 2 个浓度，即 2.5%和 5.0%，得到 8 组不同配比的改性液，分别记为 P2.5、P2.5F10、P2.5F25、P2.5F50、P5、P5F10、P5F25、P5F50。试材浸渍处理和固化干燥方法与第五章第一节中相同。计算试材的吸液率（LA）、增重率（WPG）和增容率（BC）。

3）冲击韧性测试

参照国标《木材冲击韧性试验方法》（GB/T 1940—2009）和《塑料、悬臂梁冲击强度的测定》（GB/T 1843—2008）中的测试方法，进行悬臂梁冲击试验。测试前，试材在温湿度分别为 20℃、65%RH 的恒温恒湿箱中调湿至恒重，记录质量和试材弦向、径向的尺寸。

4）接触角测试

使用接触角测量仪（SL200KS，KINO，美国），测量去离子水在试材表面的接触角。每组包括 6 个重复样，在每个试材的弦切面测试两个数据点。测试时间从水滴接触试材表面开始，直至水滴完全消失。

其他测试方法均与“一、糠醇改性材的水分吸着特性及尺寸稳定性”中相同。

2. 结果与讨论

1）改性杨木的吸液率、增重率和增容率

对试件进行浸渍处理，发现各改性组的吸液率在 129%～150%，受 FA 浓度和 PVA 浓度的影响较小，渗透性能较为优良。试材增重率和增容率均随 FA 浓度增大而增大（图 5-23）。PVA 单独改性的木块，增重率和增容率也有一定程度的增加，说明 PVA 也可以进入木材细胞壁。如图 5-24 所示，PVA 改性后细胞壁厚度有所增加。FA 浓度较低时，PVA 的添加可增大改性材的增重率。在 FA 浓度较高时，PVA-FA 混合改性材的增重率比单独 FA 改性材的低，而且会随着 PVA 浓度的增大出现降低的趋势。这是因为高浓度 PVA 黏度更大（Wang and Hsieh，2008），影响了浸渍效果。2.5%PVA 对 FA 润胀木材细胞壁有一定的积极作用，但是 5%PVA 会影响改性剂进入木材细胞壁。

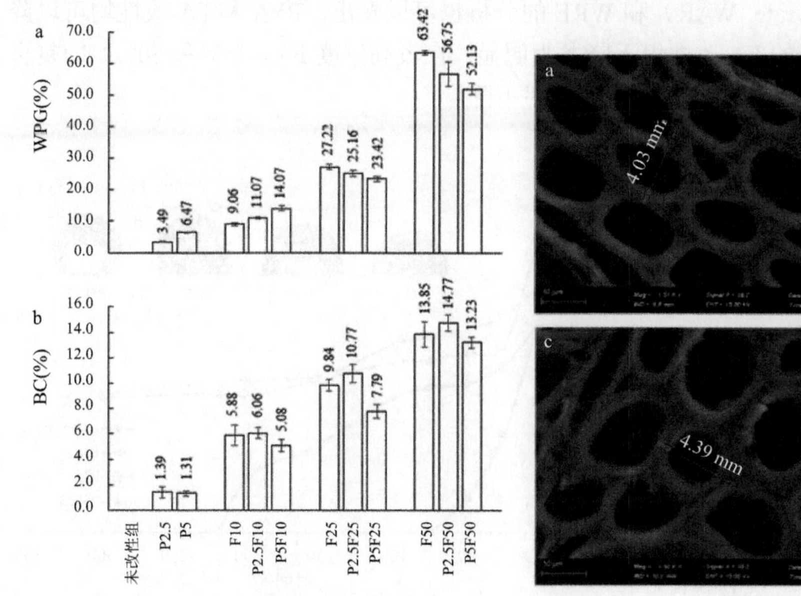

图 5-23　PVA/FA 复合改性材的增重率和增容率

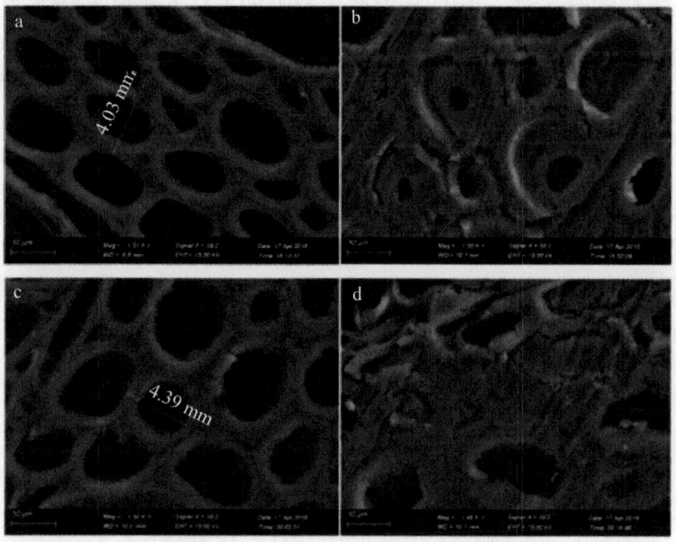

图 5-24　各组试材的横切面的电镜图

a. 未改性组；b. F50；c. P5；d. P5F50

2）冲击韧性

未改性组、PVA 改性组（P2.5、P5）以及低浓度 FA 与 PVA 复合改性组（P2.5F10、P5F10）经过冲击韧性试验后，试件均未完全断裂，断裂面毛刺较多，显示出韧性断裂的特征。而对于 25%FA 和 50%FA 改性材来说，断面则相对平整，显示出脆性断裂特征。与添加 PVA 的组别相比较，没有肉眼可见的区别。从冲击韧性的测试数据上看，PVA 的增韧效果比较明显，对于未改性材和 FA 改性材来说，添加 PVA 均可在一定程度上提高木材的冲击韧性（图 5-25）。

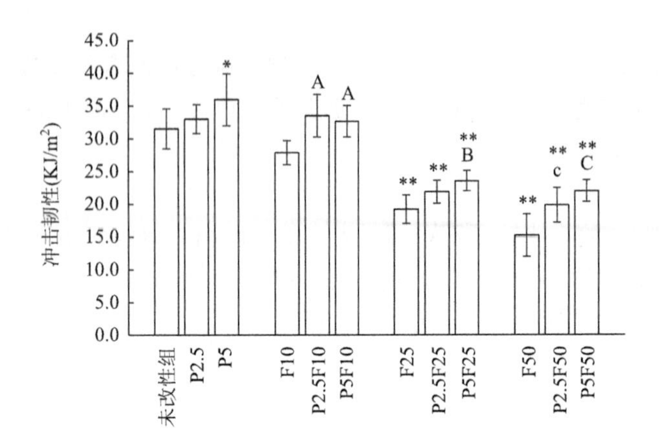

和 *分别代表改性组和未改性组，在检验水平 α=0.05 时，数据具有显著性或极显著性差异。字母（A、a、B、b、C、c）表示 FA 浓度相同的 PVA-FA 混合改性组和 FA 单独改性组之间对比时，是否具有显著性差异。不同小写字母和大写字母分别代表了在检验水平 α=0.05 时，数据具有显著性或极显著性差异

图 5-25　未改性材和改性材的冲击韧性

3）吸湿性、吸水性和尺寸稳定性

PVA 改性可使杨木的平衡含水率（EMC）略有下降，在相同 FA 浓度下 PVA 的添加对改性材的平衡含水率影响不大（图 5-26）。PVA 分子链上含有羟基，亲水性较强，当把去离子水滴到改性材表面时，能快速在木材表面铺展。未改性组表面水滴消失时间大约为 220 s，而 P5 改性组表面水滴消失时间只有 75 s。但是，PVA-FA 复合改性材与 FA 改性材相比，复合改性材的初始接触角较高，之后由于 PVA 的影响接触角下降较快，后期两者差异不大（图 5-27）。这说明 PVA-FA 复合改性体系仍具有较好的疏水性。通过对试材吸水率（water absorption rate, WAR）和 WRE 的分析也可以看出，PVA 和 FA 改性均可以降低木材的吸水性，浓度为 25%和 50%的 FA 改性组下降尤为明显。在较高浓度 FA（25%和 50%）的复合改性组中，PVA 的添加会使试材吸水率略微增加，防水效率下降。

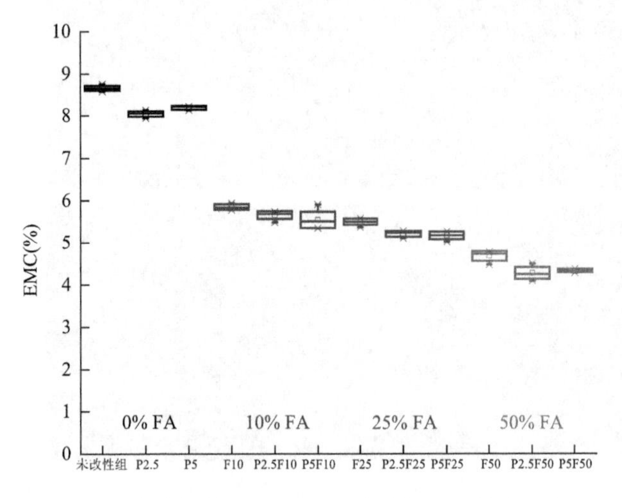

图 5-26　未改性材和 PVA/FA 改性材吸湿平衡含水率

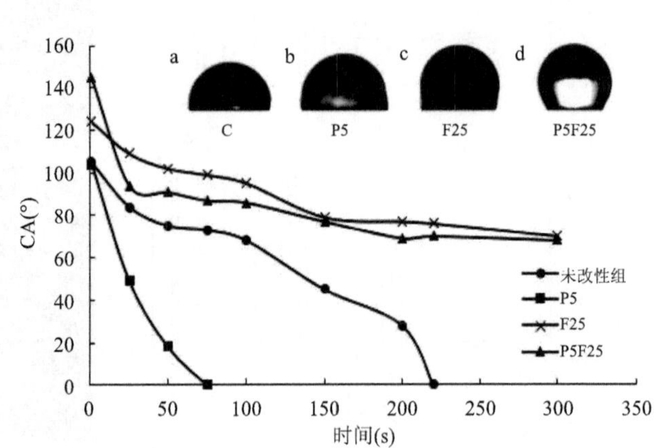

图 5-27　去离子水在未改性材和改性材表面接触角（CA）

4）尺寸稳定性

吸湿和吸水过程试材的 ASE 值见表 5-8。单独 PVA 改性可略微提升改性材的尺寸稳定性，2.5% PVA 改性组比 5.0% PVA 改性组的 ASE 更高。FA 改性能有效提高改性材的尺寸稳定性，10%FA 改性材即可使 ASE_1 与 ASE_2 分别达到 52.2%和 37.7%。在 PVA-FA 复合改性组中，PVA 的添加对 ASE 的影响随 PVA 和 FA 浓度的不同而不同。添加低浓度 PVA（2.5%）时，对提高 ASE_1 有积极作用，对提高 ASE_2 的作用不大；添加高浓度 PVA（5%）时，ASE_1 和 ASE_2 均随 FA 浓度的增加由负面作用向正面作用转变。这一结果与多种因素有关，包括黏度变化、PVA 与 FA 的相互作用等。

综上，PVA 与 FA 复合改性可在一定程度上缓解 FA 改性造成的韧性下降现象。PVA 可使糠醇改性

材的吸湿性略下降，但吸水性略增大，对尺寸稳定性的影响作用较为复杂，在 PVA 添加量较低时对吸湿尺寸稳定性有一定的积极作用。

表 5-8　各组试材的吸湿和吸水过程的抗湿胀率（ASE）（%）

ASE	P2.5	P5	F10	P2.5F10	P5F10	F25	P2.5F25	P5F25	F50	P2.5F50	P5F50
ASE_1	17.3	12.3	52.2	55.1	42.3	53.9	59.9	54.3	52.9	60.1	63.5
ASE_2	10.8	5.12	37.7	36.8	31.0	57.2	58.3	46.6	67.9	69.7	70.3

（二）糠醇改性材综合性能优化

DOT 是一种常见的无机硼化合物，具有优良的抗生物劣化效果，在木材中常用于室内用材的防腐防虫和阻燃处理。其性质稳定、无色、无味，易溶于水，因此在潮湿环境和户外使用时，易产生流失。本研究提出以 DOT/PVA/FA 复合改性体系优化改性杨木主要基于以下考虑：①利用 DOT 优良的抗生物劣化性实现低浓度 FA 的高效改性；②发挥 DOT 催化剂的作用，催化 PVA 快速聚合成膜；③通过 FA、PVA 增加 DOT 的固着，提升改性材防腐效果的长效性。

1. 材料与方法

1）试验材料

试材同“一、糠醇改性材的水分吸着特性及尺寸稳定性”，耐腐性试验试件尺寸为 10 mm（*L*）×20 mm（*T*）×20 mm（*R*），抗白蚁试验试件尺寸为 6 mm（*L*）×25 mm（*T*）×25 mm（*R*），流失试验、吸液量、增重率、吸湿性、吸水性试验试件尺寸为 20 mm（*L*）×20 mm（*T*）×20 mm（*R*），冲击韧性试验试件尺寸为 80 mm（*L*）×10 mm（*T*）×4 mm（*R*）。

试验菌种包括白腐菌中的采绒革盖菌（*Coriolus versicolor*）和褐腐菌中的密粘褶菌（*Gloeophyllum trabeum*），均由中国科学院微生物研究所提供。白蚁试验采用台湾乳白蚁（*Coptotermes formosanus*），由广东省林业科学研究院提供。改性剂包括 FA、PVA500、马来酸酐（MAH）和 DOT。

2）试材处理

按表 5-9 进行试材分组，未处理材标注为 C，D 表示 DOT 改性材，DP 表示 DOT/PVA 改性材，DF 表示 DOT/FA 改性材，DPF 表示 DOT/PVA/FA 改性材。除 D 组外均采用两步法浸渍改性，第一步用 2% DOT 浸渍，第二步用 PVA/FA 复合改性剂（或单独 PVA）浸渍改性杨木。每步都采用满细胞法浸渍，在 –0.1 MPa 的真空条件下保持 30 min，然后注入改性液，加压至 0.5 MPa，保压 1 h，最后卸压出罐完成处理过程。取出试材，擦去试材表面多余液体。第一步处理后，将试材在室温下保存 2 d，再在 103℃下干燥 48 h。第二步处理后，用纸巾擦除表面液体后称重。随后，将试材包裹在耐高温保鲜膜和锡箔纸中，在 120℃下固化 2 h，再在 103℃下烘干至恒重。测量所有处理过的试材的尺寸并计算其体积，计算改性材吸液率（LA）和增重率（WPG）。

表 5-9　改性材处理药剂组成及改性材的吸液率和增重率（%）

分组	DOT	FA	PVA	MAH	LA（标准差）	WPG（标准差）
D	2	—	—	—	168（7.5）	0.93（0.04）
DP	2	—	3	—	162（5.2）	5.30（0.06）
DF	2	25	—	2	172（2.4）	38.10（1.62）
DPF	2	25	3	2	173（6.2）	41.43（1.75）

3）流失试验及硼保持量测定

参照美国木材保护协会标准 AWPA E11-15 对改性材进行流失试验。采用电感耦合等离子体发射光谱（ICP-AES）分析流失前改性材和流失水中硼的含量，具体测试方法参考 Huang 等（2018）。

4）实验室耐腐性测试

耐腐性测试参照美国木材保护协会标准 AWPA E10-12 进行，选用白腐菌（采绒革盖菌）和褐腐菌（密粘褶菌）进行土壤木块法测试。每组重复样 8 个，分别在培养 2 周、4 周、12 周时观察菌丝生长情况，耐腐测试结束后把试材取出，轻轻刮去表面腐朽菌的菌丝，并在 103℃的烘箱中干燥至恒重，记录腐朽试材的质量，计算其质量损失率（ML）。

5）抗白蚁性测试

抗白蚁性测试参照美国木材保护协会标准 AWPA E1-06 进行。白蚁培养的容器为瓶口直径 6 cm、高度 9 cm 的玻璃瓶。每个玻璃瓶中放入 30 ml 蒸馏水、150 g 干河沙、一块待测试材和 400 只白蚁（兵蚁 10%，工蚁 90%），白蚁直接放置于试材表面。在温度为 25～28℃、湿度为 75%～80%的条件下培养一个月。测试结束后，从培养瓶中取出试材，观察试材外观，并进行蛀蚀等级评定。0 级对应试材完全被蛀蚀，10 级表示试材完好，中间还包括 4、6、7、8、9、9.5 这 6 个等级。然后，在 60℃条件下干燥至恒重，计算因白蚁造成的质量损失率。

其他测试方法与“一、糠醇改性材的水分吸着特性及尺寸稳定性”和本节第一部分相同。

2. 结果与讨论

1）改性材的吸液率和增重率

未改性材和各组改性材的吸液率和增重率见表 5-9。各组的吸液率无明显差异，说明改性剂在木材中渗透性优良。各组增重率差异很大，D、DP、DF 和 DPF 的增重率分别为 0.93%、5.30%、38.10%和 41.43%。

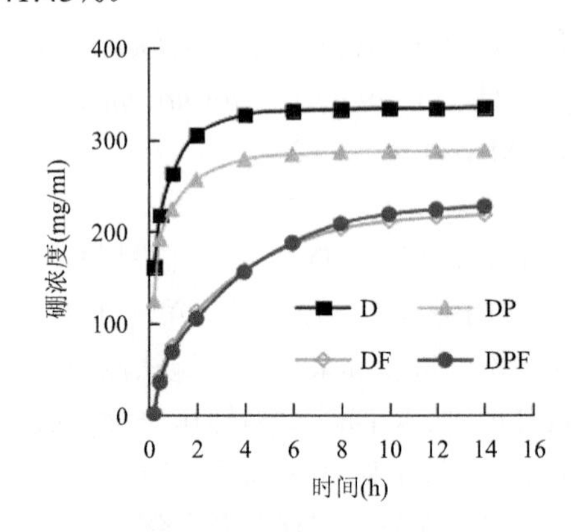

图 5-28　流失过程中流失水中硼的累积流失量

2）改性材中硼的流失

图 5-28 对比了各组试材流失过程中流失水中硼的累积流失量。未经处理的木材中硼的保持量接近于 0，改性后各组硼含量在 160 mg/ml 左右，糠醇改性组中略低一些。如图 5-28 所示，DOT 改性材中硼的流失最严重，特别是在初期流失速度非常快。PVA 可以在一定程度上降低 DOT/PVA 处理材中硼的流失，其变化趋势与 D 相似。PVA 可以和硼酸盐离子形成络合物，因此增加了硼的固着（Lin et al.，2002）。糠醇改性对硼的抗流失效果显著，硼元素的流失速率明显变缓，这主要是由糠醇聚合物的空间位阻效应所引起的。DPF 和 DF 的效果基本一致。

3）抗生物劣化性

对于未经流失试验的试材来说，所有改性材均表现出优良的耐腐性（图 5-29，图 5-30）。经过流失试验的试材则表现出明显的差异。DOT 单独改性组和 DOT-PVA 复合改性组质量损失率均较高，由于 DOT 大量流失而不能起到防腐效果，添加 PVA 对 DOT 改性材的耐腐性改善作用不大。DF 和 DPF 组流失试验后仍表现出较好的耐腐性，一方面由于 FA 改性自身可增强木材的耐腐性，另一方面通过阻止硼的流失，又可发挥 DOT 的防腐作用。

改性材还具有明显的抗白蚁性。未改性的木块蛀蚀严重，所有改性组的抗白蚁性能都有明显提升，D 组和 DP 组仅木块的边角处受到轻微损坏，DF 组和 DPF 组未见明显蛀蚀。C、D、DP、DF 和 DPF 各组的质量损失率分别为 37.09%、2.67%、3.68%、1.62%和 1.76%，白蚁蛀蚀等级分别为 4.0、8.6、8.0、10.0 和 9.1。未改性材试验后白蚁存活率为 39.4%，所有改性组的白蚁存活率均为零，说明这些改性剂对白蚁毒性较强。

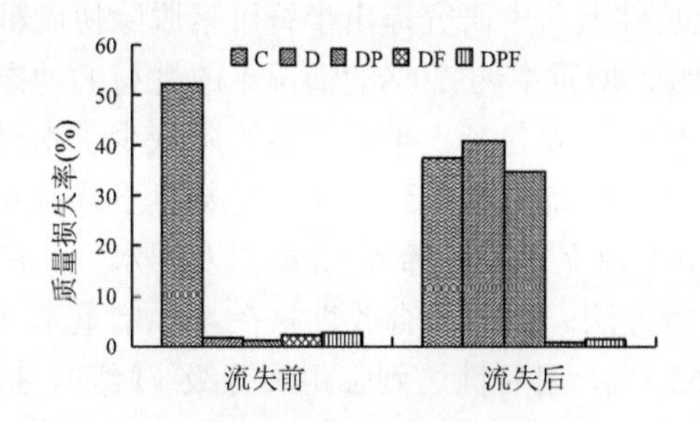

图 5-29　流失前和流失后各组试材在白腐试验结束时的质量损失率

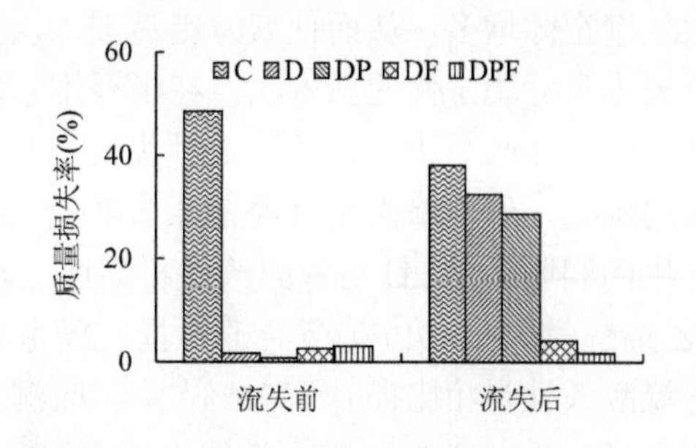

图 5-30　流失前和流失后各组试材在褐腐试验结束时的质量损失率

4）吸湿性、吸水性和尺寸稳定性

图 5-31 对比了各组试材在 20℃、65%RH 条件下的 EMC，吸水试验结束时的防水效率和吸湿、吸水尺寸稳定性。由图 5-31 可见，DOT 改性材的 EMC 略高于未改性材，DOT/PVA 复合改性材的 EMC 与未改性材相当，DF 组和 DPF 组基本一致，均显著降低。DF 组和 DPF 组的防水效率均明显提升。尺寸稳定性结果表明，DOT 改性使杨木的吸湿尺寸稳定性下降，DP 组的吸湿和吸水尺寸稳定性有所增强，DF 组和 DPF 组的尺寸稳定性增加明显。

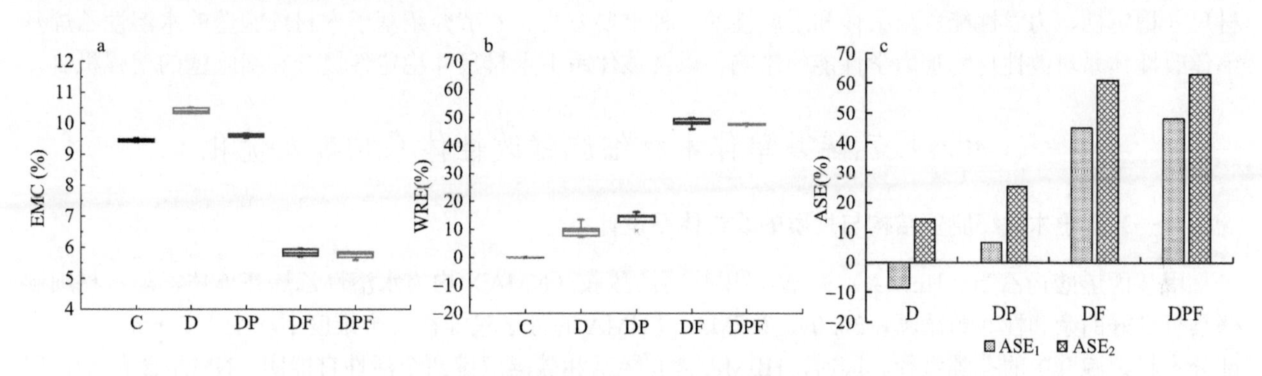

图 5-31　未改性材和改性材的平衡含水率（a）防水效率（b）和尺寸稳定性（c）

5）冲击韧性

DOT 对木材冲击韧性稍有负面影响，但不显著，添加 PVA 能在一定程度上起到补偿的作用（图 5-32）。FA 改性材的韧性急剧下降，加入 PVA 后韧性有所回升，这可能是由于 PVA 自身的韧性以及 PVA 与 FA 之间的相互作用影响了 FA 交联，从而缓和了冲击韧性的下降。

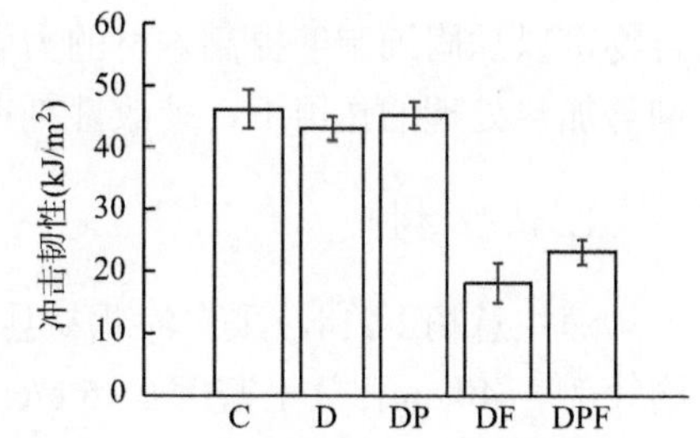

图 5-32　未改性材和改性材的冲击韧性

综上，DOT/PVA/FA 复合改性通过三种改性剂之间的相互协同，实现了优良的尺寸稳定性和抗生物劣化性能，同时可在一定程度上缓和 FA 改性造成的韧性下降，是一种具有应用潜力的木材综合性能改良技术。

四、本节小结

本节以糠醇为改性剂对木材进行细胞壁原位改性，在催化剂和加热作用下，糠醇在木材中发生原位聚合反应，反应主要表现为糠醇的自聚合，糠醇与木材组分之间的反应不明显。通过脱除木材组分的方式调控木材细胞壁中孔隙结构以及极性基团（主要是羟基），从而使更多的糠醇在木材细胞壁中均匀分布。

部分脱除木质素和脱除半纤维素效果存在较大差异，前者使细胞壁胞间层和细胞角隅空隙增多，而后者可使次生壁空隙增多，从而使糠醇更易进入次生壁。在此基础上，本研究提出半纤维素脱除协同糠醇改性提升杨木尺寸稳定性的新方法，在半纤维素脱除率约 8%、增重率约 20%的情况下改性材的动态尺寸变化率下降了 40%以上，尺寸稳定性优良。其尺寸稳定化机制主要包括：半纤维素脱除减少了木材中游离羟基的数量、细胞壁次生壁内空隙增多使糠醇更易进入并在内部聚合导致可及羟基数量下降以及对细胞壁产生的润胀作用。针对糠醇改性材韧性下降问题，本节中建立了聚乙烯醇-糠醇以及四水合八硼酸二钠-聚乙烯醇-糠醇（DPF）复合改性提升杨木综合性能的新方法。DPF 复合改性材在 41%增重率下冲击韧性与糠醇改性材相比提升了 20%左右，吸湿 ASE 达到 63.1%，耐腐性达到强耐腐等级（I 级），抗白蚁性能优良（9 级），改性材综合性能大幅度提升。

第二节　水溶性乙烯基单体改性木材

木材细胞壁组分中纤维素、半纤维素和木质素分子上的游离羟基具有较高的化学反应活性，既是影响木材尺寸不稳定的内在因素，也是化学改性主要的反应位点。利用化学改性剂与细胞壁中的羟基发生化学反应，可以形成醚键、酯键或缩醛键等化学键，不但可以封闭细胞壁中的羟基，堵塞细胞壁孔隙，降低木材的吸湿性，而且能够增强木材细胞壁，从而提高木材的尺寸稳定性和物理力学性能。

采用水溶性的小分子量乙烯基单体均匀渗入木材细胞壁，并和其中的羟基发生接枝聚合，是提高木材尺寸稳定性、力学性能、耐久性和耐腐性的一种重要方式。本节介绍基于木材细胞壁的水溶性乙烯基单体改性体系对改性材物理力学性能的影响，以及该体系下木材尺寸稳定性提升和细胞壁的增强机制。

一、水溶性乙烯基单体木材细胞壁改性体系构建及优化

（一）基于木材细胞壁结构与性质的改性体系设计

甲基丙烯酸羟乙酯（HEMA）和 *N*-羟甲基丙烯酰胺（NMA）均为水溶性乙烯基单体，与木材细胞壁具有良好的亲和性（黄耀葛，2020）。HEMA 和 NMA 的分子尺寸在三个维度上均小于 2 nm，小于大部分木材细胞壁中的孔隙直径。同时，HEMA 含有羟基和碳碳双键两个活性官能团，NMA 含有 *N*-羟甲基和碳碳双键两个活性官能团。HEMA 和 NMA 之间可以通过双键之间的自由基聚合反应生成高分子聚合物，羟基与 *N*-羟甲基可以通过缩合反应进一步提高聚合物的交联度，最终生成网状高分子聚合物。聚合物可以加固细胞壁提高木材的力学性能。因此，本节选用 HEMA/NMA 复合体系为改性主剂，在引发剂与加热处理的作用下，使改性剂在木材细胞壁内发生反应，进而改善木材的物理力学性能。

1. 试验材料

速生意杨 I-214，采自河北易县孙家庄林场，测试用材取自胸高以上成熟材边材部位，树龄 12 年，胸径 35～40 cm，气干密度 0.35 g/cm^3。密度、增重率、增容率、吸水性和尺寸稳定性测试所用的试材尺寸为 20 mm×20 mm×20 mm（纵向×径向×弦向），力学性能测试所用试材尺寸为 300 mm×20 mm×20 mm（纵向×径向×弦向）。

HEMA、NMA、无水氯化钙、30%双氧水溶液、硝酸铈铵、过硫酸钾均为分析纯。

2. 试验设计

本节采用单因素方法研究改性剂配比、改性剂浓度、引发剂种类等对改性材性能的影响。每个条件处理试件 10 个。其中，引发剂的添加量均为改性剂质量的 2%。

3. 改性材的制备

将规定配比的改性剂和引发剂加入水中，搅拌均匀得到均一透明的改性剂溶液。将试件沉入改性剂溶液后置于浸渍罐中，先抽真空至–0.1 MPa 并保持 30 min，再加压至 0.9 MPa，保持 3 h 后卸压。首先将浸渍后的木材室温干燥 5 d，随后在 40℃条件下加热 24 h，使改性剂与木材细胞壁基质发生接枝反应；其次在 80℃条件下加热 12 h，使改性剂在细胞壁内聚合；最后在 103℃条件下烘至试件绝干，得到改性材。

4. 性能表征

1）木材密度

木材密度按照《木材密度测定方法》（GB/T 1933—2009）进行测试，试样含水率为 w 时的木材密度按照式（5-3）计算。

$$\rho_w = \frac{m_w}{V_w} \tag{5-3}$$

式中，ρ_w 指含水率为 w 时的木材密度（g/cm^3），m_w 指含水率为 w 时的质量（g），V_w 指含水率为 w 时的体积（cm^3）。

2）改性材吸水性、尺寸稳定性和流失率（L）

按照《木材吸水性测定方法》（GB/T 1934.1—2009），首先对改性处理后的试样编号并称重，然后将试样压入水面以下至少 50 mm 浸水 10 d，用纸巾拭去表面多余水分，测量试样质量，分别计算出试样的吸水率（WA）、体积湿胀率（VSR）和抗湿胀率（ASE）。

将称重之后的浸水试样在 103℃条件下烘至绝干，称重（W_3），根据式（5-4）计算出改性材的流失率（L）。

$$L = \frac{W_1 - W_3}{W_1 - W_0} \times 100\% \tag{5-4}$$

式中，W_0 为试样改性前的绝干质量（g），W_1 为试样改性后的绝干质量（g），W_3 为试样泡水后的绝干质量（g）。

3）力学性能测试

根据《木材抗弯强度试验方法》（GB/T 1936.1—2009）、《木材抗弯弹性模量测定方法》（GB/T 1936.2—2009）分别对未处理试件和处理试件的抗弯强度（MOR）和抗弯弹性模量（MOE）进行测试。

（二）HEMA/NMA 改性体系参数优化

经考察，引发剂的种类、NMA 在改性剂中的添加比例以及改性剂的浓度均可以影响改性材的物理力学性能。并且，当改性剂浓度为 40%时，以氯化钙/双氧水复合体系作为引发剂，改性材的物理力学性能较优，在此仅列出 HEMA/NMA 的比例对改性材物理力学性能的影响，试验结果如表 5-10 所示。

表 5-10　优化试验结果（修改自仇洪波，2018）

改性剂配比 m（HEMA）:m（NMA）	WPG（%）	ASE（%）	MOR（MPa）	MOE（GPa）
素材	—	—	66.02±4.90	10.29±0.79
100：0	39.75±1.77	41.11±1.22	62.27±4.60	11.91±0.62
95：5	39.85±1.44	43.24±1.78	70.12±4.96	12.73±1.00
90：10	40.07±1.55	52.85±2.32	76.57±5.78	12.99±0.77
80：20	40.46±1.89	60.77±1.88	79.35±6.40	14.20±0.67
70：30	40.63±1.82	62.36±2.03	80.87±6.06	14.35±0.71
60：40	40.75±1.61	63.26±2.17	81.72±6.39	14.39±0.74
50：50	40.83±2.01	63.81±1.99	81.85±5.30	14.40±0.73

从表 5-10 可以看出，随着 NMA 添加比例的增加，改性木材的 WPG（约 40%）几乎不变。这表明，NMA 的添加比例对改性材的 WPG 几乎没有影响，这是因为 NMA 与木材之间具有很好的相容性，比较容易渗透到木材内。

当仅使用 HEMA 作为改性剂时，经处理的木材 ASE 为 41.11%。这个结果表明，HEMA 可以渗入木材内并且堵塞细胞壁的孔隙，从而阻碍水分进出木材，改性材的尺寸稳定性得到改善。随着改性剂中 NMA 添加比例的增加，改性材的 ASE 值也随之增加。当 HEMA/NMA 的添加比例为 50∶50 时，改性材的 ASE 值达到最大，为 63.81%。

改性材的 MOE 和 MOR 随 NMA 添加比例改变的变化如表 5-10 所示：与素材（66.02 MPa）相比，HEMA 改性材的 MOR（62.27 MPa）略有下降。随着 NMA 添加比例的增加，改性材的 MOR 从 70.12 MPa 增加到 81.85 MPa。当 HEMA/NMA 添加比例为 80∶20 时，改性材的 MOR 比素材提高了 20.19%。继续增加 NMA 的添加比例，改性材的 MOR 缓慢增加。随着 NMA 添加比例的增加，改性材的 MOE 从 11.91 GPa 增加到 14.40 GPa，它们的 MOE 值均高于素材（10.29 GPa）。同样，HEMA/NMA 添加比例 80∶20 时为一个拐点，在此之前，随着 NMA 添加比例的增加改性材的 MOE 快速增加，之后继续增加 NMA 的添加比例，改性材的 MOE 性能改善并不明显，因此 HEMA/NMA 的适宜添加比例为 80∶20，在此工艺条件下处理的木材尺寸稳定性（ASE）、MOE 和 MOR 分别比素材提高了 60.77%、20.19%和 38.00%。

与传统乙烯基单体改性材的 ASE（47%）相比，同样增重率条件下本研究制备的改性材 ASE 值更高，采用苯乙烯改性木材增重率 68%时，其 ASE 值约为 60%，与本研究一致。甲基丙烯酸甲酯改性材的增重率 40%时，其 MOR 比素材提升 22%，与本研究基本一致，但是 MOE 与素材相比只提升了 17%，远低于本研究的提升值（38.00%）。这些提升归因于水溶性单体与细胞壁组分的亲和性可使其高效渗入细胞壁并在细胞壁内原位聚合，进而通过对细胞壁结构的增强来实现木材性能提升。

二、水溶性乙烯基单体改性木材尺寸稳定性提升机理

作为一种多孔性材料，木材在环境温湿度变化时会吸收或散发水产生湿胀或干缩现象，从而产生翘曲、变形、开裂等，导致尺寸不稳定（刘彬彬等，2016）。研究发现，木材尺寸稳定性改变主要源于木材极性基团和细胞壁结构的变化，而热处理、乙酰化处理以及树脂浸渍处理等改性方式可在一定程度上提高木材尺寸稳定性。如采用石蜡和聚乙二醇改性木材，由于这两种单体与木材组分不发生反应，因此不会减少木材中的极性基团数量，但是改性剂可以填充木材孔隙并润胀细胞壁，改变细胞壁结构从而提高木材尺寸稳定性（Alma et al., 1996；Majka et al., 2018）。热处理改性对木材化学成分影响显著，羟基等极性基团数减少，但该种改性方式对木材细胞壁几乎无润胀作用（赵红霞和安珍，2016；李贤军等，2009）。乙酰化处理木材时酸酐不仅能与木材组分反应减少木材极性基团数量，而且也能起到润胀细胞壁的作用（Jebrane et al., 2011）。由此可见，不同改性方式提高木材尺寸稳定性的机制存在差异，探明木材尺寸稳定性提高机制对优化发展不同改性技术具有重要意义。通过分析水溶性乙烯基单体改性前后木材极性基团数量和细胞壁结构变化，揭示水溶性甲基丙烯酸羟乙酯（HEMA）和 *N*-羟甲基丙烯酰胺（NMA）原位共聚改性木材尺寸稳定性的提高机制，以期为该改性技术优化发展提供理论基础。

（一）材料与方法

1. 试验材料

渤丰 1 号杨（*Populus* × *euramevicana*‘Bofeng-1’）采自辽宁省葫芦岛市绥中县前卫林场。选用树龄 5 年、胸径 35 cm 左右、胸高以上成熟材边材部位，平均绝干密度为 0.35 g/cm^3。

HEMA、NMA、无水氯化钙、30%双氧水溶液、硝酸铈铵、过硫酸钾均为分析纯。

2. 改性材的制备

将试材锯解成 20 mm×20 mm×20 mm（纵向×径向×弦向）的小试件，103℃干燥至质量恒定，测定并记录其绝干尺寸和绝干质量。

改性材的制备及其增重率（WPG）和增容率（BC）的计算参照“一、水溶性乙烯基单体木材细胞壁改性体系构建及优化”中的相关内容。

3. 改性材性能测试与表征

1）尺寸稳定性

木材尺寸稳定性以抗湿胀率为评价指标。参考《木材湿胀性测定方法》（GB/T 1934.2—2009）进行吸水-干燥循环试验，首先将绝干的改性材和未改性材试样各 10 个置于蒸馏水中浸泡 48 h（室温），取出试件，擦干表面多余水分后测定其质量和体积，然后 103℃干燥至质量恒定，改性材 ASE 的计算参照“一、水溶性乙烯基单体木材细胞壁改性体系构建及优化”中的计算方法。

参考《木材湿胀性测定方法》（GB/T 1934.2—2009）进行木材湿胀性测试，将绝干的改性材和未改性材试样各 10 个置于温度 20℃、相对湿度 65%的环境下进行吸湿测试，至相隔 6 h 所测弦向尺寸变化不超过 0.2 mm 为止。改性材 ASE 的计算也参照“一、水溶性乙烯基单体木材细胞壁改性体系构建及优化的性能表征”中的计算方法。

2）动态水蒸气吸附

将改性材和未改性材磨成 40～60 目的粉末，部分改性材粉末先室温下用蒸馏水浸泡 5 d，其间每天更换 1 次蒸馏水，最后一天用 G2 漏斗过滤并用蒸馏水冲洗样品表面。将改性材、未改性材和浸水处理后的改性材在 103℃下绝干。称量 100 mg 样品进行动态水蒸气吸附测试，采用动态水蒸气吸附仪（Vsorp Enhanced，ProUmid，德国），设定吸湿温度为恒定 25℃，湿度为 0、5%、10%、15%、20%、30%、40%、50%、60%、70%、80%、85%、90%和 95%。

对浸水处理后的改性材和未改性材的吸附曲线进行 H-H 模型拟合计算[式（5-5）]，并模拟计算木材中单层水分子吸着位点量，可得到吸着单层水分子的羟基含量。

$$M = M_{\mathrm{h}} + M_{\mathrm{s}} = \frac{1800}{W}\left(\frac{K_1K_2H}{100 + K_1K_2H}\right) + \frac{1800}{W}\left(\frac{K_2H}{100 - K_2H}\right) \tag{5-5}$$

式中，M 为木材含水率；M_{h} 为单层吸附水的含水率；M_{S} 为多层吸附水的含水率；K_1 和 K_2 为平衡常数；W 为每摩尔水分吸附点的木材分子质量；H 为相对湿度。

3）表面接触角测定

将改性材和未改性材沿纵向切成片状，部分改性材先室温下用蒸馏水浸泡 5 d，其间每天更换 1 次蒸馏水，最后一天用 G2 漏斗过滤并用蒸馏水冲洗样品表面。将改性材、未改性材和浸水处理后的改性材在 103℃下绝干，用砂纸磨平样品表面用于接触角测试。以蒸馏水为测试液，采用接触角测定仪（JC2000，中晨数字技术设备有限公司，中国上海）测定静态接触角。试验环境温度为 25℃，注液体积为 5 μl，测试方法为圆环法。由于改性材的接触角随时间变化减小速度极快，故统一截取水滴接触表面 1.5 s 后的接触角影像并计算接触角，试验重复 5 次，记录并取平均值。

4）扫描电镜分析

采用场发射扫描电子显微镜（SU8020，Hitachi，日本）观察绝干的改性材和未改性材横切面。电子枪为冷阴极场发射电子源，加速电压为 15 kV，测试环境为常温真空。

5）结晶度测定

将绝干的改性材和未改性材用冷冻研磨仪磨成 60～125 目的粉末，采用 X 射线衍射仪（X'Pert PRO 30X，PANalytical, 荷兰）在反射模式下测定结晶度。试验用 X 射线管为铜管，电压为 40 kV，扫描步距为 0.05°，扫描范围为 5°～40°，扫描速度为 2°/min。

6）孔隙变化测定

将绝干的改性材和未改性材切成 20 mm×5 mm×5 mm（纵向×径向×弦向）的长条试件，采用压汞仪（AutoPore Ⅳ 9500，Micromeritics, 美国）测定改性前后试件大孔变化。将绝干的改性材和未改性材切成小颗粒状，取 100 mg 左右试样，采用比表面积及孔径分布分析仪（IQ2，Quantachrome，美国）测定改性前后试件微孔、介孔变化，并用 DFT 模式计算比表面积和孔径。试验以氮气为吸附气体，温度为 77.35 K。

（二）木材极性变化

1. 木材水分动态吸附曲线与 H-H 模型拟合分析结果

改性材与未改性材的等温吸湿解吸曲线如图 5-33 所示。可以看出，在相对湿度 0～95%的环境下，改性材的平衡含水率明显低于未改性材。这说明 HEMA 与 NMA 改性材在日常使用中吸湿率低于未改性材，是一种有效的改性方式。

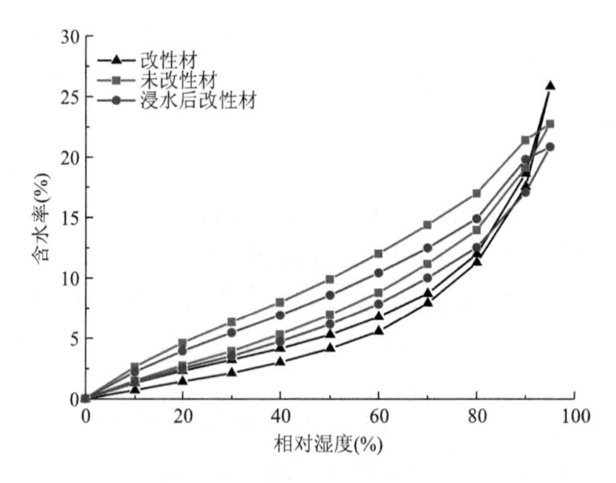

图 5-33　HEMA/NMA 改性材与未改性材等温吸湿解吸曲线（修改自郭登康等，2021）

但当环境湿度上升至 80%以上时，改性材的平衡含水率升高速率高于未改性材。当相对湿度达到 95%时，改性材的平衡含水率超过了未改性材。这一实验现象与聚乙二醇改性材吸湿测试结果类似。聚乙二醇为极性物质，具有高吸湿性且不会与木材游离羟基反应降低木材极性。而 HEMA 与 NMA 改性材中也存在残留的极性单体，这造成了改性材在相对湿度达到 95%时平衡含水率反而超过了未改性材。通过浸水处理去除残留单体后，这一现象消失，也验证了这一猜测。

前期研究利用木材组分的模型化合物模拟 HEMA 与 NMA 和木材的反应，并利用 ^{13}C-NMR 和 ^{1}H-NMR 与红外分析证明了 HEMA 与 NMA 中的羟基可以和木材三大素中的游离羟基反应并生成醚键，引起改性材可吸附水分子羟基数量减少，导致改性材单层吸附水量减少。本研究利用 H-H 模型进一步拟合分析了浸水处理后的改性材与未改性材的吸湿特性，得到改性材的 W 值为 353.28 g/mol，而未改性材的 W 值为 301.03 g/mol。而 $1/W$ 代表木材中可吸附水分子的吸着位点数，主要是羟基基团。改性材的 $1/W$ 值为 2.831 mmol/g，未改性材的 $1/W$ 值为 3.322 mmol/g。从模拟数据可知去除残留单体后的改性材原有可吸附水分子羟基数有所降低，但木材原有极性基团减少并不显著。

图 5-34 与图 5-35 为实测的未改性材与浸水处理后的改性材等温吸湿试验数据和利用 H-H 模型模拟得到的单层吸附水数据（M_h）、多层吸附水数据（M_s）以及理论等温吸湿数据（M_t）。可以看出模拟数据与实测数据具有很高的拟合度。对比未改性材与浸水处理后改性材的 M_h 可以看出，改性材的单层吸附水的含水率略低于未改性材，这与木材原有可吸附水分子的羟基数减少结果一致。

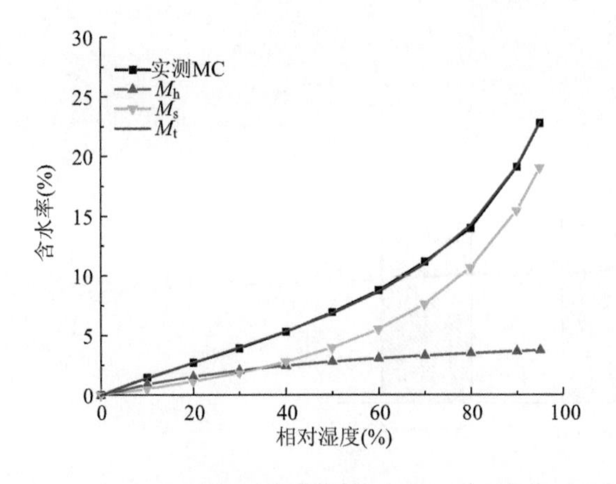

图 5-34　未改性材等温吸湿试验数据与 H-H 模型拟合曲线（修改自郭登康等，2021）

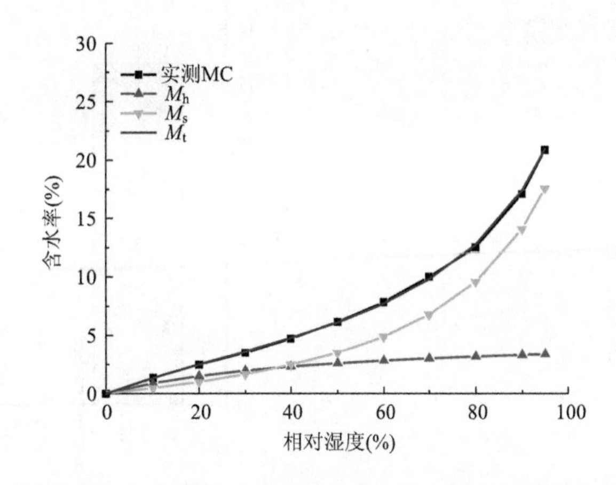

图 5-35　浸水处理后 HEMA/NMA 改性材等温吸湿试验数据与 H-H 模型拟合曲线（修改自郭登康等，2021）

2. 改性材表面极性

为了进一步验证水分动态吸附测试结果，以水珠在木材表面的接触角为评价指标，测定了改性材与未改性材表面极性。

改性材与未改性材的水分接触角如图 5-36 所示。可以看出，改性材的接触角明显小于未改性材。测定改性材平均接触角为 20.1°，未改性材为 46.2°。而对改性材试件进行浸水处理，即去掉改性材中未反应的单体后，改性材平均接触角变为 55.4°，显著高于未浸水改性材，较未改性材也有一定程度增大。以上测试证明，改性材中残留单体的存在使木材表面极性增强。而去掉残留单体后木材表面极性减弱，这归咎于单体 HEMA 与 NMA 和木材中的极性基团发生了反应，使木材中的极性基团数量减少。

图 5-36　HEMA/NMA 改性材与未改性材的水分接触角（修改自郭登康等，2021）

（三）细胞壁结构变化

1. 改性剂的润胀作用

改性剂对木材的润胀作用是木材尺寸稳定性提高的重要原因。如图 5-37 所示，改性后木材体积增容率（BC）较高，尤其在浸水之前，体积增容率高达 12.7%。这说明 HEMA 与 NMA 改性后可以大大提高木材的宏观体积。而在浸水后，改性材增容率下降则归因于细胞壁中残留单体的流失。但这也从侧面说明残留单体也可以很好地对木材起到润胀作用。

通过扫描电镜观察细胞壁整体变化（图 5-38）可以看出，改性后的细胞壁厚度整体明显大于未改性材，统计发现细胞壁平均厚度增加为 40.73%。根据 Nano Measurer 软件统计结果得出，未改性材的细胞壁的平均厚度为（3.02 ±0.69）μm，而经过改性处理的木材细胞壁平均厚度为（4.25±0.92）μm。观察还发现，未改性材的细胞壁之间存在裂隙，改性处理后木材细胞壁之间的微裂纹被改性剂充满（在图 5-38a、b 中用白色箭头标记）。

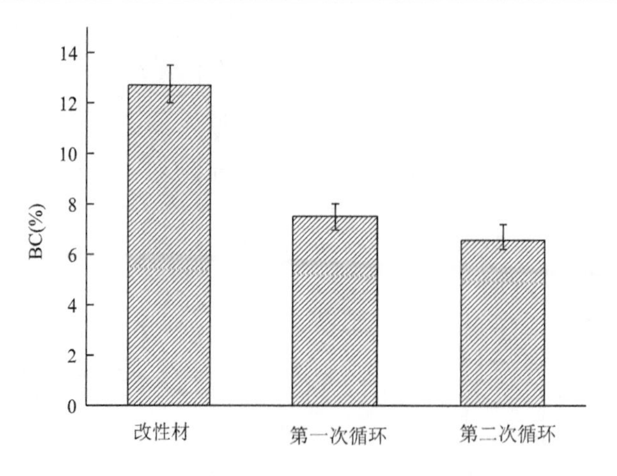

图 5-37　HEMA/NMA 改性材两次浸水循环测试 BC 的平均值（修改自郭登康等，2021）

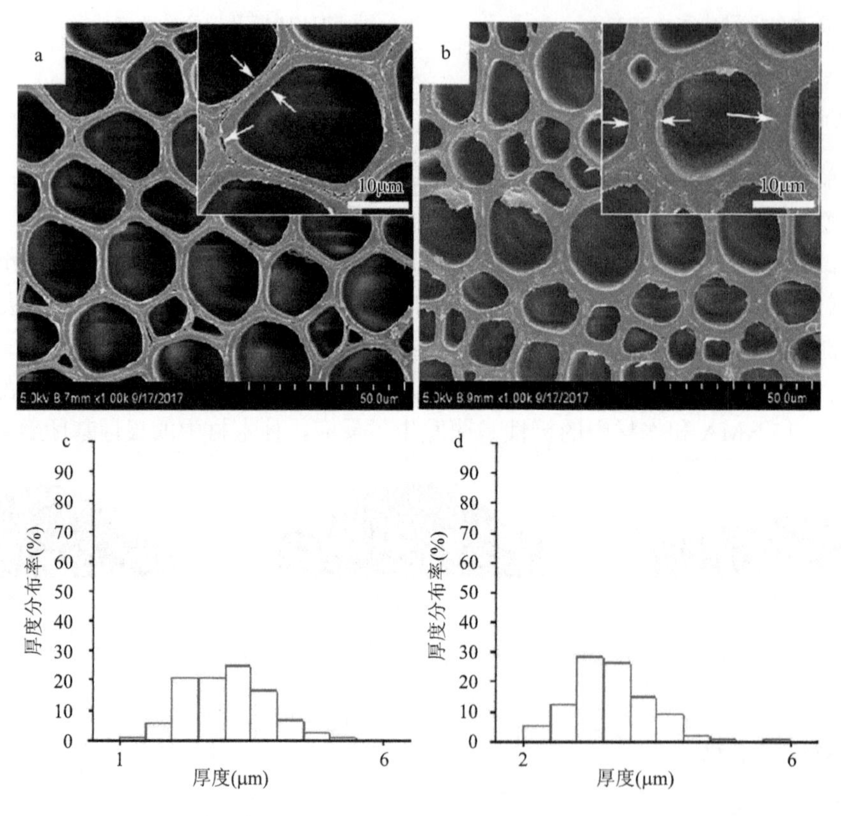

图 5-38　木材改性前后扫描电镜图

a. 未改性材横向；b. 改性材横向；c. 未改性材细胞壁厚度分布；d. 改性材细胞壁厚度分布（修改自仇洪波，2018）

2. 改性材两相结构

纤维素的无定形区与半纤维素中的游离羟基是细胞壁中主要的水分吸着点，而纤维素结晶区中的羟基因为互相形成了氢键连接而无法成为水分吸着点。通过对改性材与未改性材结晶度的测定，来分析改性剂是否改变了细胞壁两相结构，从而以此判断改性剂对木材尺寸稳定性的影响。

改性材与未改性材的 X 射线衍射（XRD）图如图 5-39 所示。改性材与未改性材均在衍射角 2θ 为 16°、22°与 35°处出现了峰，它们分别代表了纤维素的 101、002 与 040 三个晶面的 X 射线衍射峰。图 5-39 中未观察到新的峰，这说明改性材并没有产生新的晶体结构。利用峰高法计算获得改性材的结晶度约为 39°，而未改性材为 40°，两者相差不大。这说明木材的结晶区没有受到改性剂的破坏，改性剂主要分布于细胞壁无定形区。

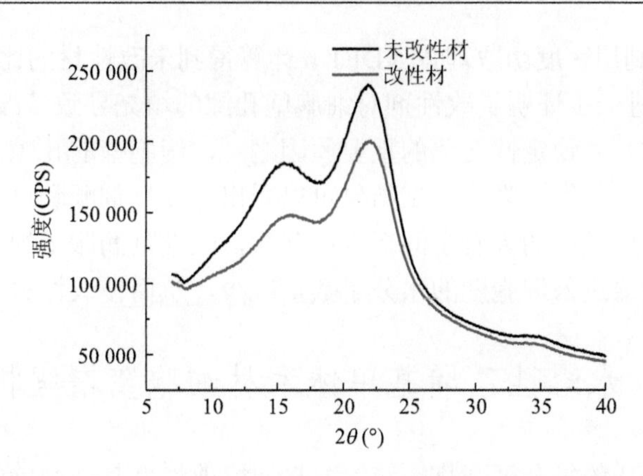

图 5-39　HEMA/NMA 改性材与未改性材的 X 射线衍射图（修改自郭登康等，2021）

CPS 是每秒计数，即 counts per second

3. 改性材孔隙结构

改性材与未改性材通过压汞法测得的孔隙结构结果如表 5-11 所示。从中可以发现，改性材的孔隙率为 64.91%，而未改性材为 74.43%，改性材的孔隙率略低于未改性材。而比较中孔孔径发现，改性材的孔径远小于未改性材，说明改性材孔隙直径集中在较小区域，而未改性材的孔径则较大。这是因为改性剂进入木材细胞壁后填充了原有的细胞壁孔隙。

表 5-11　HEMA/NMA 改性材与未改性材压汞法测试结果（修改自郭登康等，2021）

样品	汞压入总体积（ml/g）	中孔孔径（nm）	体积密度（g/cm^3）	孔隙率（%）
改性材	1.4521	31.42	0.4475	64.91
未改性材	2.1999	78.29	0.3387	74.43

对压汞法测得的压力曲线取对数并积分，得到如图 5-40 所示的孔径和积分孔体积的关系曲线。在直径 100～1000 nm 和 10 000～100 000 nm 的孔隙中，改性材的积分孔体积都显著减小，说明改性剂进入细胞壁后使之发生润胀，细胞之间的空隙相应减少。SEM 观察也可以发现改性材细胞壁之间的间隙相比未改性材明显减少，与图 5-40 中压汞法测得的孔隙结果相互印证。

为进一步表征细胞壁中介孔与微孔的变化，对改性材与未改性材进行了氮气吸附测试分析。图 5-41 为改性材与未改性材的氮气吸附-脱附等温线，可以看出，未改性材的氮气最大吸附量为 1.95 cm^3/g，略

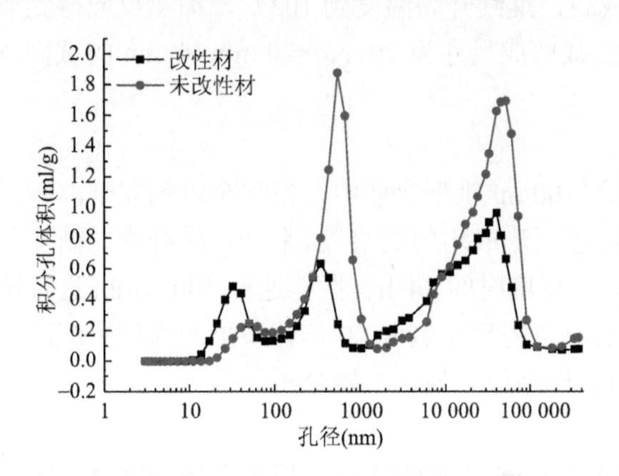

图 5-40　HEMA/NMA 改性材与未改性材孔径与积分孔体积的关系（修改自郭登康等，2021）

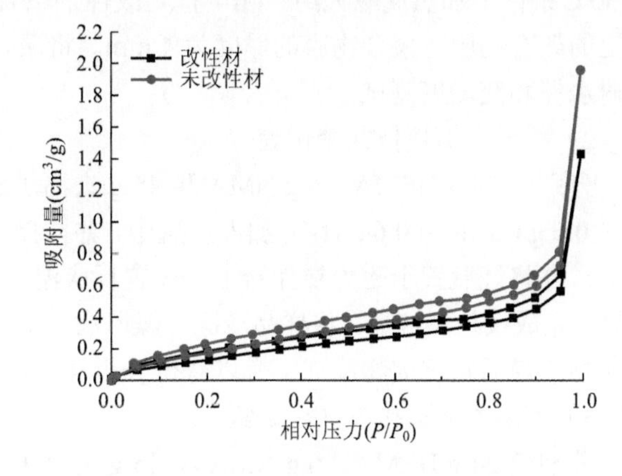

图 5-41　HEMA/NMA 改性材与未改性材的氮气吸附-脱附等温线（修改自郭登康等，2021）

大于改性材的 1.43 cm^3/g。利用密度函数理论（DFT）计算得到未改性材的比表面积为 0.673 m^2/g，大于改性材的 0.522 m^2/g。这也进一步证明了改性剂对细胞壁孔隙的填充导致了改性材中微孔的总体积减小。

细胞壁孔隙变化是木材尺寸稳定性变化的重要原因之一，细胞壁的孔隙为微纤丝之间的润胀与水分子附着提供了空间。从压汞法与氮气吸附测试结果可以看出，改性剂顺利进入细胞壁后首先填充了细胞壁中的孔隙，使水分子在细胞壁中的吸着空间减少；其次，改性剂润胀了细胞壁，使细胞间隙减少，使水分流动空间减少。最终造成进入细胞壁的水分子数量减少，从而使改性材尺寸稳定性得到了提高。

三、水溶性乙烯基单体木材细胞壁增强机理

木材细胞壁是多组分构成的复杂聚合物，这给直接研究改性剂与细胞壁的反应机理带来了极大的困难。本节先对 HEMA/NMA 在改性材中的分布进行表征，利用核磁与红外光谱分别分析了 NMA 与 HEMA 和木材的反应情况。并以细胞壁组分的模型化合物——纤维二糖和比较接近木质素原本结构的酶解木质素为研究对象，采用 HEMA/NMA 对模型化合物进行处理，对处理后的样品做傅里叶红外光谱和核磁共振光谱测试，研究氯化钙/双氧水引发剂体系下 HEMA/NMA 与细胞壁成分的接枝反应情况。同时选用 2-苯乙醇、4-丙基苯酚和 2,6-二甲氧基苯酚详细研究了木质素与水溶性乙烯基单体的反应机理。据此推导水溶性乙烯基单体与木材细胞壁的反应模式，阐明其对速生杨木的增强机理。

（一）材料与方法

1. 试验材料

酶解木质素（EHL）购于香港来禾生物科技有限公司；*D*-纤维二糖（质量分数≥98.0%）购自国药集团化学试剂有限公司；2-苯乙醇（质量分数≥99.5%）、4-丙基苯酚（质量分数≥99.0%）、2,6-二甲氧基苯酚（质量分数≥98.0%），均为分析纯，购自阿拉丁试剂（上海）有限公司。

HEMA、NMA、无水氯化钙、30%双氧水溶液均为分析纯。

2. 试验方法

1）聚合物膜的制备

为了探究 HEMA 和 NMA 的添加比例对改性剂制备的高分子聚合物耐水性的影响，分别配制 NMA 添加量（质量分数）为 0、5%、10%、20%、30%、40%、50%的改性剂溶液，其中，引发剂采用 $CaCl_2/H_2O_2$ 复合体系，添加量为改性剂质量的 2%。将配制好的改性剂溶液倒入聚四氟乙烯模具中，然后置于烘箱在 50℃条件下加热反应大约 24 h，直到改性剂聚合形成膜，继续升高温度到 103℃，加热反应得到质量恒定的聚合物膜，聚合物膜的厚度为 4 mm。将聚合物膜裁剪成尺寸为 20 mm×20 mm×4 mm 的试样，用作耐水性和交联度测试。

2）纤维二糖接枝共聚试验

分别取 24 g HEMA、6 g NMA 和 45 g 去离子水加入 100 ml 锥形烧瓶中，搅拌至溶剂完全溶解。然后将 0.6 g $CaCl_2$ 和 0.6 g H_2O_2 加入烧瓶中，并搅拌 3 min 直至形成均匀的溶液。将 1 g *D*-纤维二糖加入烧瓶中，并将烧瓶置于磁力搅拌器上，设置反应温度 40℃、反应时间 24 h、搅拌速率 500 r/min 进行接枝共聚。完成接枝反应后，将样品冷冻干燥除去水分。然后将所得样品倒入 20 倍体积量的丙酮中沉淀得到沉淀物。最后将沉淀物冷冻干燥以获得分析样品，并用该样品作红外、核磁分析。

3）酶解木质素接枝共聚试验

分别取 24 g HEMA、6 g NMA 和 45 g 去离子水加入 100 ml 锥形烧瓶中，搅拌至溶剂完全溶解。然后将 0.6 g $CaCl_2$ 和 0.6 g H_2O_2 加入烧瓶中，并搅拌 3 min 直至形成均匀的溶液。之后将 1 g 酶解木质素加入烧瓶中，并将烧瓶置于磁力搅拌器上。设置反应温度 40℃、反应时间 24 h、搅拌速率 500 r/min 进

行接枝共聚。接枝反应完成后，将反应后的样品倒入 20 倍体积的稀盐酸溶液（pH=3.0～3.5）中沉淀、过滤得到沉淀物样品，用去离子水反复洗涤样品至中性之后采用冷冻干燥机除去水分以获得分析样品，并用该样品作红外、核磁分析。

4）2-苯乙醇接枝共聚试验

分别取 24 g HEMA、6 g NMA 和 45 g 去离子水加入 100 ml 锥形烧瓶中，搅拌至溶剂完全溶解。然后将 0.6 g $CaCl_2$ 和 0.6 g H_2O_2 加入烧瓶中，并搅拌 3 min 直至形成均匀的溶液。之后将 1 g 2-苯乙醇加入烧瓶中，并将烧瓶置于磁力搅拌器上。设置反应温度 40℃、反应时间 24 h、搅拌速率 500 r/min 进行接枝共聚。接枝反应完成后，将所得溶液加入到 20 倍体积的去离子水中分离得到处理后的 2-苯乙醇样品，采用真空干燥箱除去样品中的水分，并用干燥后样品作红外、核磁分析。

5）丙基苯酚接枝共聚试验

分别取 24 g HEMA、6 g NMA 和 45 g 去离子水加入 100 ml 锥形烧瓶中，搅拌至溶剂完全溶解。然后将 0.6 g $CaCl_2$ 和 0.6 g H_2O_2 加入烧瓶中，并搅拌 3 min 直至形成均匀的溶液。之后将 1 g 4-丙基苯酚加入烧瓶中，并将烧瓶置于磁力搅拌器上。设置反应温度 40℃、反应时间 24 h、搅拌速率 500 r/min 进行接枝共聚。接枝反应完成后，将所得溶液加入到 20 倍体积的去离子水中分离得到处理后的 4-丙基苯酚样品，采用真空干燥箱除去样品中的水分，并用干燥后样品作红外、核磁分析。

6）2,6-二甲氧基苯酚接枝共聚试验

分别取 24 g HEMA、6 g NMA 和 45 g 去离子水加入 100 ml 锥形烧瓶中，搅拌至溶剂完全溶解。然后将 0.6 g $CaCl_2$ 和 0.6 g H_2O_2 加入烧瓶中，并搅拌 3 min 直至形成均匀的溶液。之后将 1 g 2,6-二甲氧基苯酚加入烧瓶中，并将烧瓶置于磁力搅拌器上。设置反应温度 40℃、反应时间 6 h、搅拌速率 500 r/min 进行接枝共聚。接枝反应完成后，将所得溶液加入到 20 倍体积的去离子水中沉淀、过滤得到沉淀物样品，用去离子水反复洗涤样品之后放入冷冻干燥机中除去水分，并用该样品作红外、核磁分析。

7）拉曼光谱分析

将改性材和未改性材用重水（D_2O）软化，使用滑走切片机（Leica SM 2010R，Leica Biosystems，德国）制备约 14 m 厚的木材横切片，切片置于载玻片上，先滴一滴 D_2O，然后盖上盖玻片，用指甲油封住四周。采用显微拉曼光谱仪（LabRAM HR Evolution，HORIBA，日本）100 倍油镜（NA=1.4）收集信号，所用激光波长为 532 nm，强度为 10%。

8）傅里叶红外光谱（FTIR）分析

采用 TENSOR27 傅里叶红外变换光谱分析仪，分析改性材和未改性材的化学结构。将改性材和未改性材研磨成木粉，过 100 目筛，采用 KBr 压片法及 DTGS 检测器，红外光谱范围为 4000～400 cm^{-1}，进行测定，分辨率 4 cm^{-1}，扫描次数 32 次。

（二）HEMA/NMA 改性木材分析

1. 改性剂的分布

图 5-42 为未改性材和改性材的能谱图。在图 5-42b 中发现含有少量代表 N 元素的亮绿色区域，由于含量太少，X 射线能谱几乎检测不到 N 元素的存在，其检测结果为 0.00%。NMA 改性剂中含有大量的 N 元素，因此利用能谱扫描改性前后木材细胞壁中 N 元素的变化以及分布规律可直观地表征出改性剂在木材细胞壁中的渗透情况。

在能谱中颜色的明亮程度表示样品中元素的浓度，与未改性材相比，改性材中代表 N 元素的能谱图亮度增强，说明改性材中的 N 元素含量增多。通过分析改性材中 C、O、N 三种元素的位置可确定改性剂均匀分布在木材细胞壁内，而细胞腔中没有这三种元素的分布。通过 X 射线能谱检测到改性材中 N 元素含量为 13.76%（图 5-42d），说明 NMA 改性剂成功渗透并固着在细胞壁内。

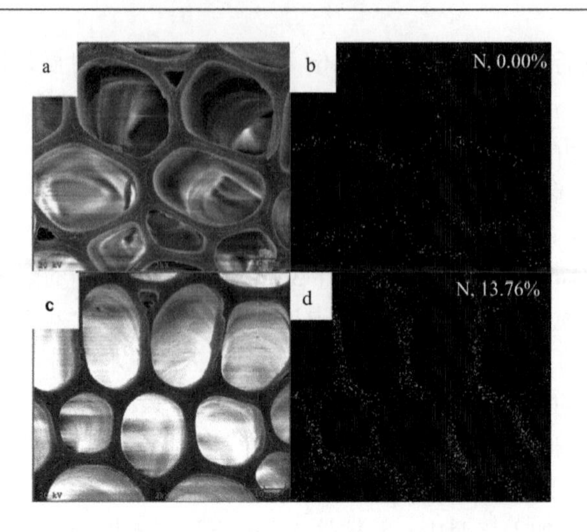

图 5-42　未改性材的能谱（a、b）和改性材的能谱（c、d）

a. 横切面；b. N 元素；c. 横切面；d. N 元素

利用拉曼光谱成像技术进一步表征改性剂在木材细胞壁中的分布，如图 5-43 所示。图 5-43a 为改性材与未改性材的拉曼光谱图，1600 cm^{-1} 处为木质素中苯环的特征吸收峰，而 2891 cm^{-1} 处代表纤维素 C—H 的特征吸收峰。从中可以看到改性材在 1630 cm^{-1} 处出现了代表改性剂的特征吸收峰。

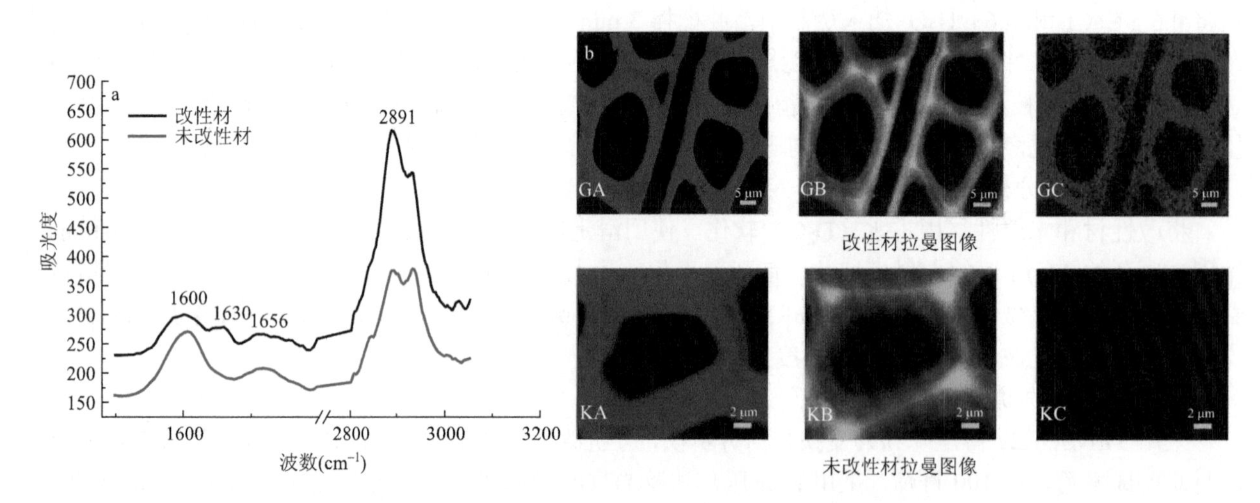

图 5-43　HEMA/NMA 改性材与未改性材的拉曼光谱与图像（修改自 Guo et al., 2021）

A、B、C 分别代表纤维素、木质素、半纤维素；G 和 K 分别代表改性和空白对照（未改性）

对光谱中对应的纤维素特征峰、木质素特征峰以及改性剂特征峰分别进行拉曼成像，结果如图 5-43b 所示。红色代表纤维素分布、绿色代表木质素分布，而蓝色代表改性剂分布。改性材与未改性材的纤维素与木质素分布并没有显著的区别，所以改性剂对木材组分分布并没有造成显著影响。而改性剂在细胞壁中的分布与纤维素的分布几乎一致，结合 SEM 分析结果说明，改性剂成功浸入木材细胞壁并使细胞壁润胀增厚。

2. HEMA/NMA 在木材细胞壁内的反应分析

通过对木材进行脱木质素处理，去除多余的未反应单体以及木质素，制备了改性材与未改性材的综纤维素。利用红外光谱技术对两者的综纤维素进行分析，可以发现改性材的综纤维素的红外光谱中存在两个新的红外吸收峰，分别为 1675 cm^{-1} 处代表 NMA 的羰基峰以及 1540 cm^{-1} 处代表 NMA 的酰胺基峰（图 5-44）。这进一步说明 NMA 已经被接枝到木材组分上。

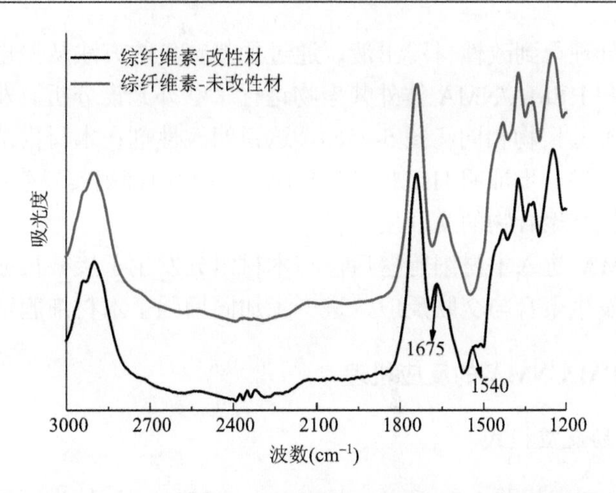

图 5-44　改性材与未改性材的综纤维素红外光谱图

通过 8%浓度的 NMA 和 32%浓度的 HEMA 对木材单独进行处理，发现 NMA 处理材与 HEMA 处理材增重率之和远低于 40%浓度 HEMA/NMA 处理材的增重率（图 5-45a）。这说明 HEMA 与 NMA 之间存在相互作用。对改性材的红外谱图分析发现，HEMA/NMA 处理材的改性剂特征吸收峰强度明显强于单独处理的改性材（图 5-45b）。这进一步说明了 HEMA 与 NMA 在改性过程中存在相互作用。

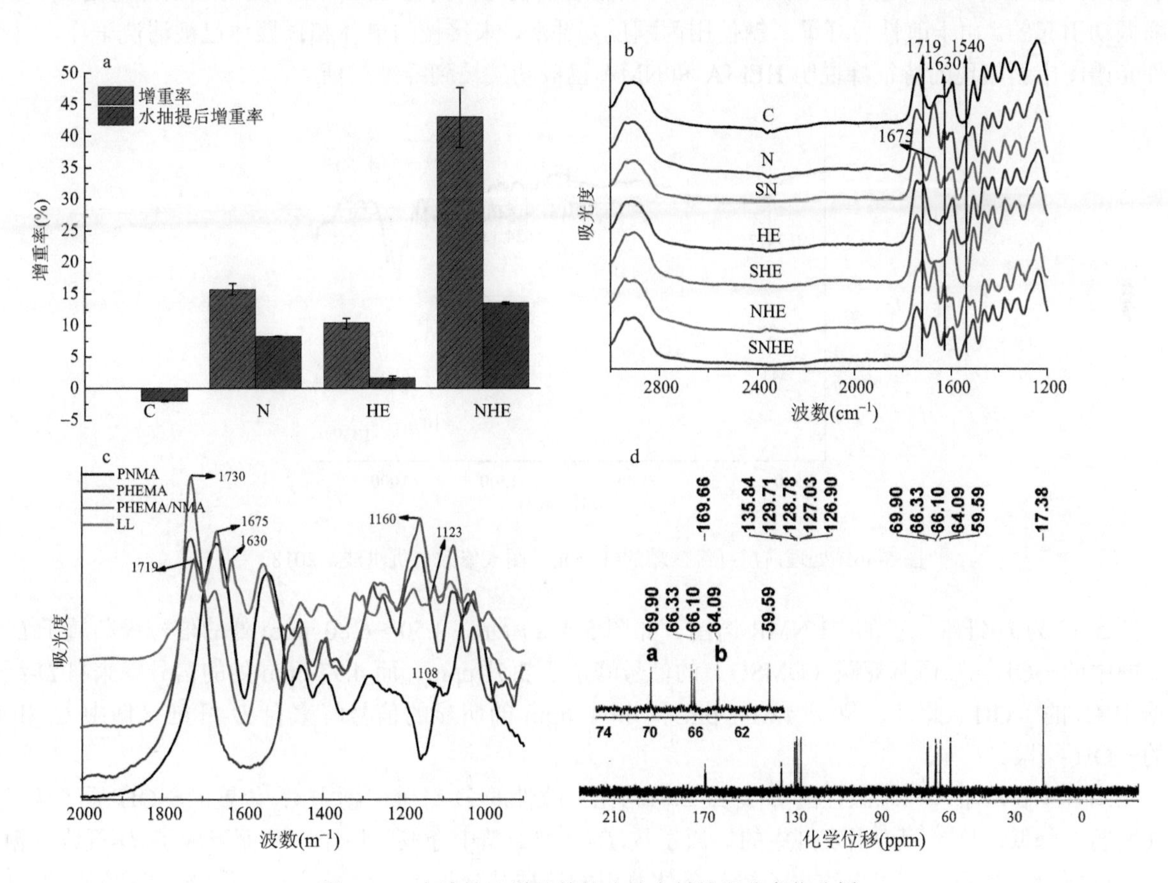

图 5-45　水溶性乙烯基单体改性木材的组分变化分析

a. 木材增重率；b. 木材红外谱图；c. 聚合物处理材的红外谱图；d. 木材浸出液的核磁碳谱（修改自 Guo et al., 2021）。试验用到的 NMA 浓度为 8%，HEMA 浓度为 32%，HEMA/NMA 浓度为 40%；C 代表素材（未改性材），N 代表 NMA 处理材，HE 代表 HEMA 处理木材，NHE 代表 HEMA/NMA 混合物处理木材，S 代表水浸泡（如 SN 为泡水后的 NMA 处理材），PNMA 代表 NMA 聚合物，PHEMA 代表 HEMA 聚合物，LL 代表泡水聚合物浸出液浓缩产物对改性材进行水抽提处理得到改性材浸出液，通过加热富集的方法从浸出液中得到了部分固体。利用红外光谱对这部分固体和 HEMA/NMA 体外共聚物进行了红外光谱分析。发现这部分固体物质的部分红外特征峰与 HEMA/NMA 共聚物相同（图 5-45c）。这说明改性剂在木材内部也发生了聚合反应。对浸出液直接进行核磁碳谱分析进一步证明 HEMA 与 NMA 在木材内部确实发生了反应，HEMA 与 NMA 可以发生缩合反应，进一步提高聚合物的交联度。

综上所述，HEMA/NMA 进入木材细胞壁后，与木材组分发生了接枝反应，改性剂被接枝到木材细胞壁上，同时改性剂之间发生聚合与交联反应，进一步加固增强了木材细胞壁。

（三）木材组分与 HEMA/NMA 的反应机理

1. 纤维二糖与改性剂的反应模式

接枝前后纤维二糖的 FTIR 如图 5-46 所示。在 3600～3200 cm^{-1} 处为纤维二糖的 O—H 伸缩振动吸收峰；1427 cm^{-1} 处的吸收峰是纤维二糖 CH_2—OH 基团中的 C—H 扭曲振动引起的；1076 cm^{-1} 和 1039 cm^{-1} 处为纤维二糖环中 C—O 和 C—C 的伸缩振动吸收峰。接枝共聚后纤维二糖的红外光谱图在 3417cm^{-1} 和 1427 cm^{-1} 处的吸收峰强度减弱，除保留上述纤维二糖的特征峰外，在 1716cm^{-1} 处出现了 HEMA 的 C═O 伸缩振动吸收峰；改性样品在 1655 cm^{-1} 处有较强的吸收峰，这是由于 NMA 的酰胺基团中 C═O 伸缩振动引起的，在 1540 cm^{-1} 处为 NMA 的 C—N 伸缩振动吸收峰；而在 1624 cm^{-1} 处的吸收峰是由 C═C 的伸缩振动引起的。由于改性后纤维二糖使用丙酮反复冲洗，未接枝的单体和预聚体已被清洗干净，因此，红外光谱图中新出现的特征峰说明 HEMA 和 NMA 已成功接枝到纤维二糖上。

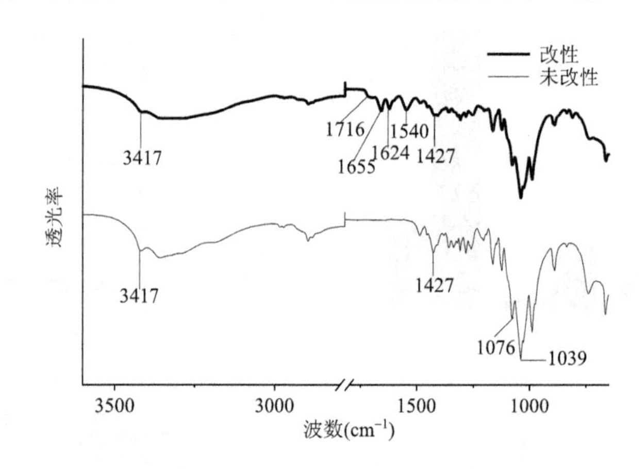

图 5-46　处理前后纤维二糖的红外光谱图（修改自仇洪波，2018）

图 5-47 为 *D*-纤维二糖的 ^{1}H-NMR 谱图。如图 5-47a 所示，4.50～6.80 ppm 处的信号峰归属于 *D*-纤维二糖中的—OH。二甲基亚砜（DMSO）的信号峰位于 2.51 ppm，而 4.97 ppm 处的信号峰来自 *D*-纤维二糖中 C_2'的—OH。此外，位于 4.61 ppm 和 6.64 ppm 的明显的信号峰来自 *D*-纤维二糖中 C_6 和 C_1 中的—OH 共振。

如图 5-47b 所示，与未改性的 *D*-纤维二糖相比，改性的 *D*-纤维二糖中 C_2'位置的—OH 质子信号峰的强度明显降低，这是因为引发剂中的氯原子从 *D*-纤维二糖中夺取氢原子，从而形成了 *D*-纤维二糖自由基，*D*-纤维二糖自由基可以攻击乙烯基单体并引发接枝共聚得到大分子接枝共聚物。C_2'位置的—OH 信号峰减弱，表明氯原子从—OH（C_2'）位置夺取了氢原子形成自由基。图 5-47b 中，除了 *D*-纤维二糖的信号之外，还可以观察到 HEMA 和 NMA 的化学位移。1.28 ppm 和 2.07 ppm 处的信号峰分别对应于 NMA 聚合物中的—CH_2—CH—和—CH_2—CH—，这表明 *D*-纤维二糖自由基进攻 NMA 并引发接枝共聚，8.72 ppm 处的信号峰归属于 NMA 中的—NH—。HEMA 结构单元的信号峰分别为：1.87 ppm（—CH_3）、3.60 ppm（—O—CH_2—CH_2—）和 4.10 ppm（—O—CH_2—CH_2—）。同时，图 5-47b 中没有观察到 HEMA

（约在 4.78 ppm）和 NMA（约在 3.65 ppm）的羟基信号峰，因此推测 HEMA 和 NMA 发生了交联反应。5.63 ppm 和 6.20 ppm 之间的信号峰归属于乙烯基中的氢质子（图 5-47b），这也证实了一部分乙烯基单体是通过交联而不是接枝共聚的方式留存在 *D*-纤维二糖中。

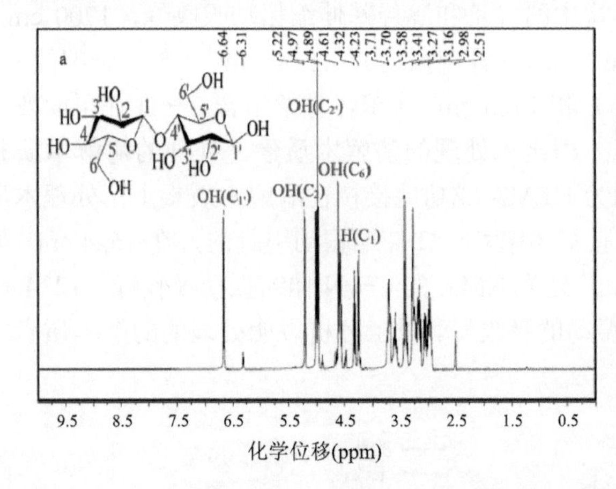

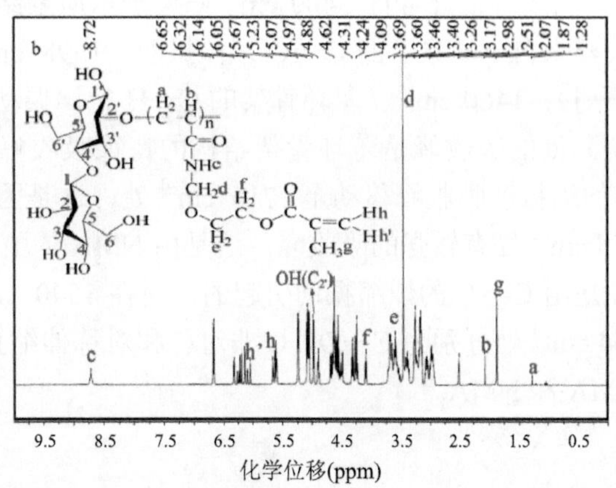

图 5-47　处理前后 *D*-纤维二糖的 ^{1}H-NMR 谱图（修改自仇洪波，2018）

a. 未处理 *D*-纤维二糖；b. 处理 *D*-纤维二糖

图 5-48 为 *D*-纤维二糖的 ^{13}C-NMR 谱图。未处理和处理的 *D*-纤维二糖的 ^{13}C-NMR 谱图如图 5-48a 和图 5-48b 所示。在图 5-48a 中观察到典型的 *D*-纤维二糖（C1，103.58 ppm；C1′，97.09 ppm；C4′，81.15 ppm；C4，70.49 ppm；C6，61.48 ppm；C6′，61.02 ppm）的信号峰。77.20 ppm 和 73.76 ppm 之间的信号峰归属于 *D*-纤维二糖的 C2, 3, 5。

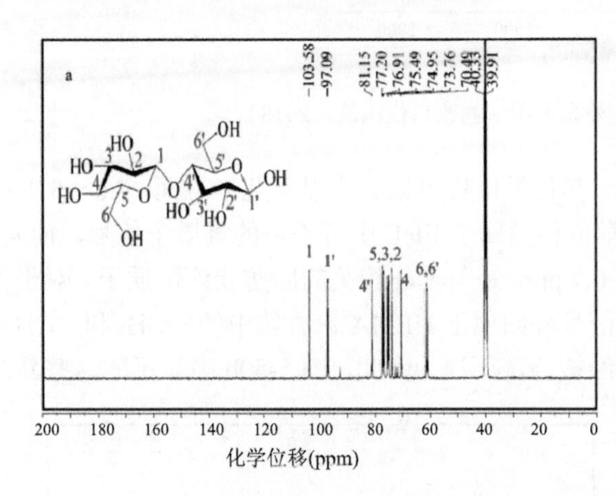

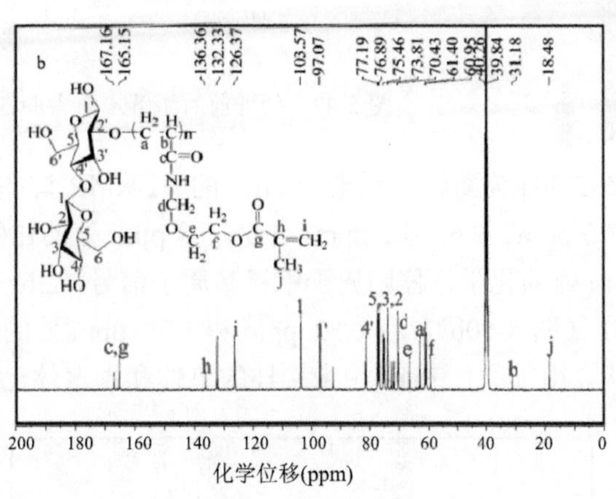

图 5-48　处理前后 *D*-纤维二糖的 ^{13}C-NMR 谱图（修改自仇洪波，2018）

a. 未处理 *D*-纤维二糖；b. 处理 *D*-纤维二糖

如图 5-48b 所示，与未处理的 *D*-纤维二糖相比，处理的 *D*-纤维二糖 ^{13}C-NMR 谱图中观察到一些新的信号峰。31.18 ppm 处的信号峰归属于 NMA 聚合物中的—CH_2—CH—结构，这表明自由基引发 NMA 聚合形成了脂肪族碳。18.48 ppm、59.40 ppm 和 66.60 ppm 处的信号峰分别归属于 HEMA 的—CH_3，—O—CH_2—CH_2—和—O—CH_2—CH_2—结构。并且在 44.64 ppm 处没有观察到季碳的信号峰，这说明 *D*-纤维二糖自由基没有引发 HEMA 接枝共聚，HEMA 是以交联的形式存在于 *D*-纤维二糖中的。所得结论与图 5-47b 中的 ^{1}H-NMR 谱分析结果一致。所有这些信号表明水溶性乙烯基单体已成功接枝到 *D*-纤维二糖上。

2. 木质素与改性剂的反应机理

为分析木质素接枝共聚过程中化学结构变化，使用傅里叶红外光谱仪分析酶解木质素改性前后的红外图谱，结果见图 5-49。3400 cm^{-1} 归属于木质素结构中酚羟基和醇羟基伸缩振动吸收峰，1700 cm^{-1} 处的吸收峰来自木质素上的 C═O 拉伸振动，1598 cm^{-1}（苯环骨架振动）、1514 cm^{-1}（苯环骨架的 C—C 拉伸振动）、1460 cm^{-1}（苯环骨架的 C—H 拉伸振动）和 1425 cm^{-1}（苯环骨架结合 C—H 在平面变形伸缩振动）处的吸收峰是苯环骨架结构的特征吸收峰。相比未处理的酶解木质素，处理的酶解木质素的 C═O 伸缩振动吸收峰移动至 1716 cm^{-1} 处，这是因为 HEMA 成功地接枝在酶解木质素上；处理木质素在 1655 cm^{-1} 处有较强的吸收峰，这是由 NMA 的酰胺基团中 C═O 伸缩振动引起的，在 1624 cm^{-1} 处的吸收峰是由 C═C 的伸缩振动引起的。而在 1540 cm^{-1} 处为 NMA 的 C—N 伸缩振动吸收峰；1234 cm^{-1} 和 1164 cm^{-1} 处分别为 C—O—C 非对称和对称伸缩振动的吸收峰。以上分析表明处理的酶解木质素中含有 HEMA 和 NMA。

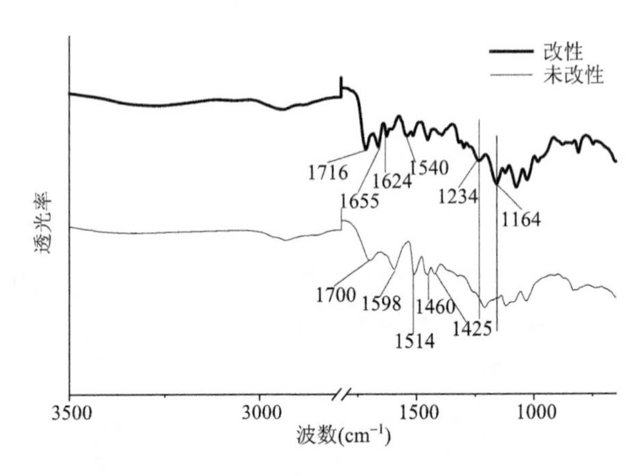

图 5-49 处理前后酶解木质素的红外光谱图（修改自仇洪波，2018）

图 5-50a 为酶解木质素（EHL）的 ^{1}H-NMR 谱图。其化学位移可以分为以下几个方面：7.6～5.8 ppm、4.8～3.0 ppm、2.6～0.7 ppm、7.6～5.8 ppm 处的化学位移归属于 EHL 中芳香环的氢质子信号，而 4.8～3.0 ppm 处的化学位移归属于甲氧基质子信号，2.6～0.7 ppm 是与苯环相关的脂肪族侧链质子。对于处理的 EHL（图 5-50b），在 0.82 ppm 和 1.29 ppm 处的信号峰归属于 HEMA 聚合物中的—CH_3 和—CH_2—C—结构。由于改性 EHL 中未接枝的单体和预聚体已经被清洗干净。因此，图 5-50b 中显示的这些新的信

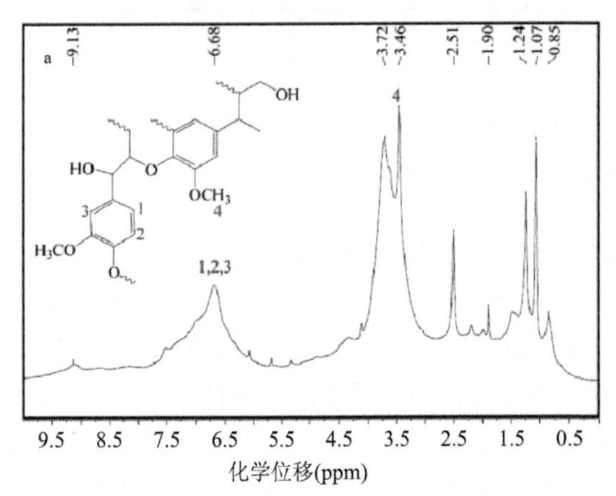

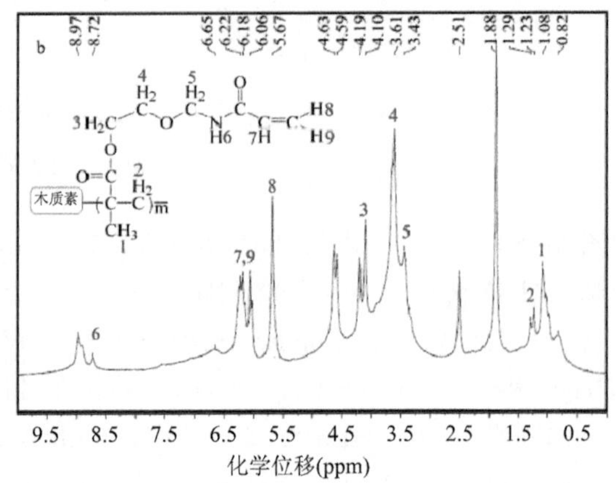

图 5-50 处理前后酶解木质素的 ^{1}H-NMR 谱图（修改自仇洪波，2018）

a. 未处理酶解木质素；b. 处理酶解木质素

号峰表明 HEMA 与 EHL 接枝共聚形成了大分子的接枝共聚物。同时，3.61 ppm（—O—CH_2—CH_2—）和 4.10 ppm（—O—CH_2—CH_2—）处的信号峰也证实了 HEMA 的存在。除此之外，3.43 ppm（—O—CH_2—NH—）和 8.72 ppm（—O—CH_2—NH—）处的信号峰证实 NMA 存在于改性的 EHL 中。根据上文的分析可知 NMA 没有接枝共聚，因此可以推断 NMA 通过与 HEMA 中的羟基交联而保留在 EHL 中。图 5-50b 既不能观察到 HEMA 单体的—OH（4.78 ppm）结构信号峰，也不存在 NMA 单体的—OH（3.65 ppm）信号峰。这也证实了 HEMA 的羟基与 NMA 的羟基具有交联反应。

为了进一步分析水溶性乙烯基单体与木质素的接枝机理，对改性前后的木质素样品进行了碳谱核磁共振表征，结果见图 5-51。未改性的 EHL 如图 5-51a 所示，化学位移从 110 ppm 到 160 ppm 属于苯环上的碳原子。56.36 ppm 处的信号峰归属于 EHL 中的甲氧基质子。相比未处理的 EHL，处理的 EHL（图 5-51b）^{13}C-NMR 谱图中观察到典型的 HEMA（—CH_3，18.45 ppm；—O—CH_2—CH_2—，59.43 ppm；—O—CH_2—CH_2—，66.60 ppm）信号峰。在 44.61 ppm 和 56.50 ppm 处的信号峰分别归属于 HEMA 聚合物中的季碳和脂肪碳。所有这些结果表明 HEMA 与 EHL 发生了接枝共聚反应。69.77 ppm 处的信号峰（—O—CH_2—NH—）证实了 NMA 处于木质素中。由于未观察到 NMA 聚合后的—CH_2—CH—结构（31.18 ppm）信号峰，说明 NMA 没有与木质素接枝共聚，而是以交联的方式留存在木质素中。

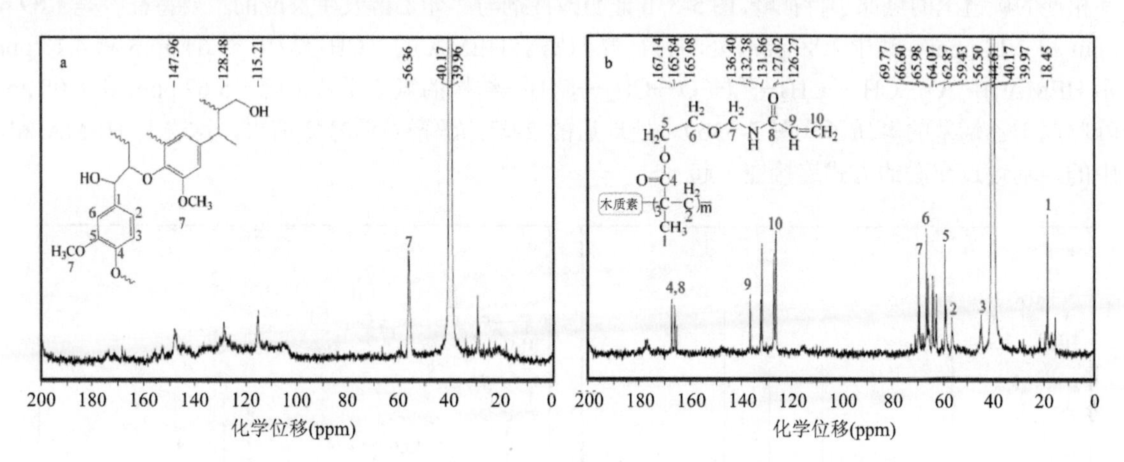

图 5-51　处理前后酶解木质素的 ^{13}C-NMR 谱图（修改自仇洪波，2018）

a. 未处理酶解木质素；b. 处理酶解木质素

3. 木质素接枝活性位点探讨

木质素中的活泼氢主要包括酚羟基、醇羟基、苯环上的氢以及木质素包含的少量的双键等。由于木质素是一种结构复杂的大分子物质，其接枝反应位点很难确定。因此，本研究设计了一些试验对氯化钙/双氧水复合体系引发酶解木质素的活性位点进行探讨。选择 2-苯乙醇，2,6-二甲氧基苯酚和 4-丙基苯酚作为木质素的模型化合物与水溶性乙烯基单体反应。每个接枝反应完成后得到的样品分别作傅里叶红外光谱和核磁共振光谱测试分析。

1）2-苯乙醇接枝机理研究

处理前后 2-苯乙醇的红外光谱图如图 5-52 所示，2-苯乙醇的主要特征吸收峰如下，3329 cm^{-1} 附近为—OH 伸缩振动吸收峰，3100～3000 cm^{-1} 为苯环上的 C—H 伸缩振动吸收峰，1602 cm^{-1}、1494 cm^{-1} 和 1451 cm^{-1} 处的吸收峰来自苯环骨架的振动。处理之后的 2-苯乙醇在 3329 cm^{-1} 处的特征吸收峰强度减弱，同时在 1164 cm^{-1} 处出现了 C—O—C 伸缩振动吸收峰，说明改性剂与 2-苯乙醇的羟基发生交联反应形成醚键。1716 cm^{-1} 处的特征吸收峰是由 HEMA 中 C═O 的伸缩振动引起的。1630cm^{-1} 处的吸收峰是由 HEMA 中 C═C 的伸缩振动引起的。

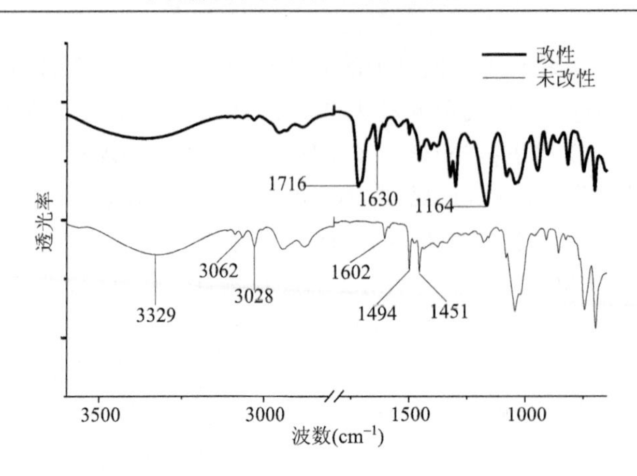

图 5-52 处理前后 2-苯乙醇的红外光谱图（修改自仇洪波，2018）

2-苯乙醇改性前后 ^{1}H-NMR 分析如图 5-53 所示，其中 7.40～7.00 ppm（图 5-53a）有明显的信号峰，表示 2-苯乙醇苯环上的氢原子特征峰，3.64 ppm 表示—OH 特征信号峰，3.47 ppm 和 2.76 ppm 分别表示与苯环相连的碳链上的氢原子特征峰。图 5-53b 证明改性剂与 2-苯乙醇发生反应的主要特征峰是 1.89 ppm、3.62 ppm 和 4.13 ppm。其中 1.89 ppm 处的特征峰归属于 HEMA 的—CH_3 结构，3.64 ppm 和 4.13 ppm 分别表示 HEMA 中—O—CH_2—CH_2—和—O—CH_2—CH_2—结构的氢质子特征峰。5.67 ppm 和 6.08 ppm 的信号峰归属于乙烯基的氢质子（图 5-53b）。处理后的 2-苯乙醇羟基信号峰消失，这表明 HEMA 和 2-苯乙醇中的羟基通过交联的方式连接在一起。

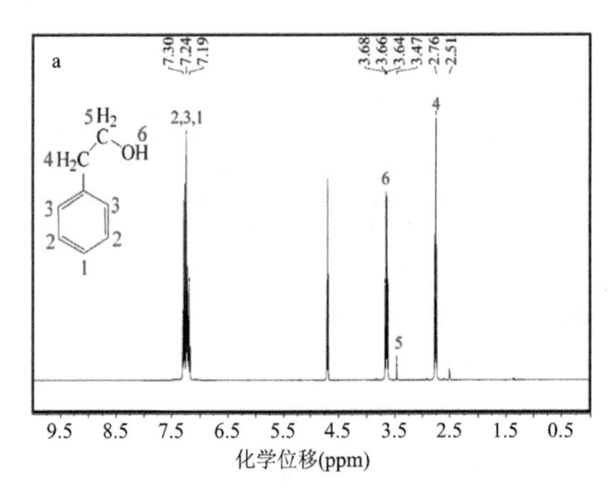
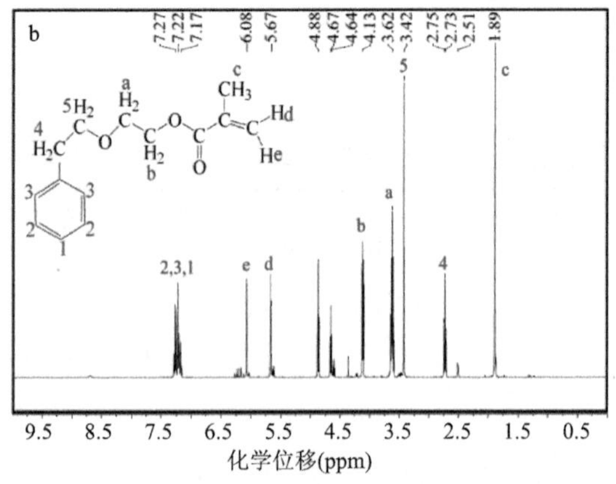

图 5-53 处理前后 2-苯乙醇的 ^{1}H-NMR 谱图（修改自仇洪波，2018）

a. 未处理 2-苯乙醇；b. 处理 2-苯乙醇

图 5-54 显示了改性前后 2-苯乙醇的 ^{13}C-NMR 谱图。如图 5-54a 所示，140.02 ppm、129.33 ppm、128.57 ppm 和 126.27 ppm 分别表示 2-苯乙醇中苯环的 C4、C2、C3 和 C1 特征信号峰，62.73 ppm 处的信号峰归属于与羟基相连的碳，39.58 ppm 处的信号峰归属于与苯环相连的碳。处理的 2-苯乙醇 ^{13}C-NMR 谱图中 18.42 ppm、59.47 ppm 和 66.59 ppm 处的信号峰归属于 HEMA 的—CH_3、—O—CH_2—CH_2—和—O—CH_2—CH_2—结构。136.43 ppm 处的信号峰归属于 HEMA 的 C═CH_2 结构，同时在图 5-54b 中未出现季碳的信号峰（44.61 ppm），这说明 HEMA 没有和 2-苯乙醇接枝共聚。

2）4-丙基苯酚接枝机理研究

处理前后 4-丙基苯酚的红外光谱图如图 5-55 所示，4-丙基苯酚的主要特征吸收峰如下，3320 cm^{-1} 附近为—OH 伸缩振动吸收峰，2960cm^{-1} 为—CH_3 反对称伸缩振动吸收峰，2930 cm^{-1} 为—CH_2—反对称伸缩振动吸收峰，1600 cm^{-1}、1510 cm^{-1} 和 1450 cm^{-1} 处的吸收峰来自苯环骨架的振动。处理之后 4-丙基苯酚的—OH 吸收峰移动至 3340 cm^{-1}，同时 1710 cm^{-1} 处的特征吸收峰归因于 HEMA 中 C═O 伸缩振动。1630 cm^{-1} 处的吸收峰是由 HEMA 中 C═C 的伸缩振动引起的，1167 cm^{-1} 处出现了 C—O—C 伸缩振动吸收峰。根据上文的分析可知，HEMA 中的羟基与 4-丙基苯酚中的酚羟基发生了交联反应。

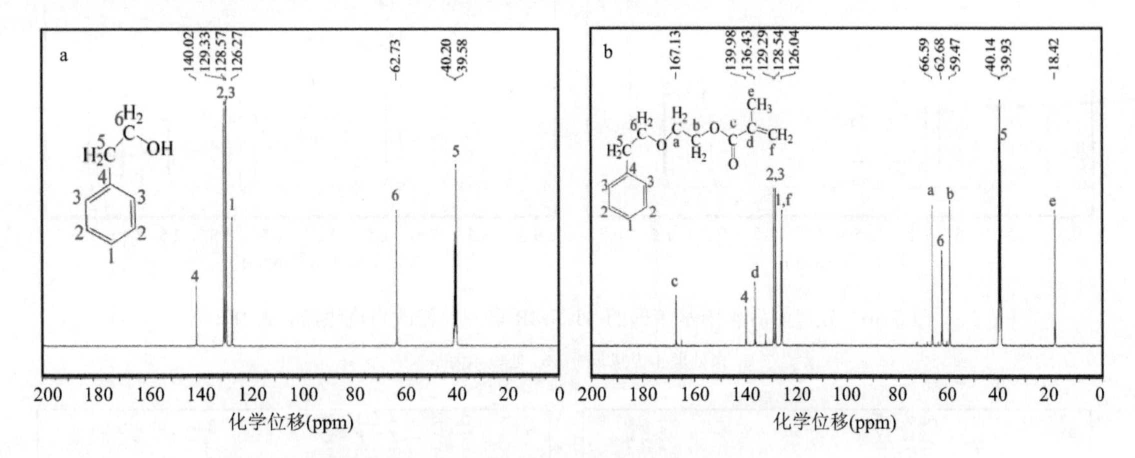

图 5-54　处理前后 2-苯乙醇的 ^{13}C-NMR 谱图（修改自仇洪波，2018）

a. 未处理 2-苯乙醇；b. 处理 2-苯乙醇

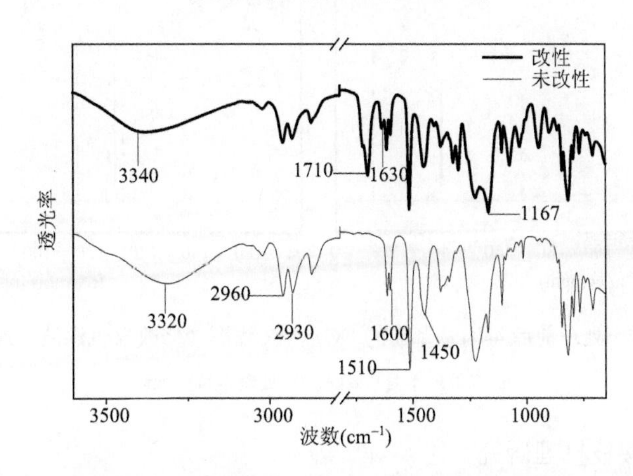

图 5-55　处理前后 4-丙基苯酚的红外光谱图（修改自仇洪波，2018）

未改性 4-丙基苯酚的主要信号峰如图 5-56a 所示，6.97 ppm 和 6.70 ppm 处归属于苯环氢质子的特征信号峰，5.34 ppm 处的信号峰归属于酚羟基的氢质子，4-丙基苯酚的甲基信号出现在 0.87 ppm。改性 4-丙基苯酚的 ^{1}H-NMR 谱图如 5-56b 所示，1.90 ppm、3.63 ppm 和 4.13 ppm 处的特征信号峰分别归属于 HEMA 的—CH_3、—O—CH_2—CH_2—、—O—CH_2—CH_2—结构，进一步地观察未发现 HEMA 的羟基信号峰（大约在 4.78 ppm 处），说明 HEMA 上的羟基与 4-丙基苯酚发生了反应。同时，5.66 ppm 和 6.08 ppm 处的信号峰归属于 HEMA 中的乙烯基。说明 HEMA 未与 4-丙基苯酚发生接枝共聚形成接枝共聚物。

图 5-57 显示了改性前后 4-丙基苯酚的 ^{13}C-NMR 谱图。如图 5-57a 所示，155.75 ppm、132.60 ppm、129.50 ppm 和 115.43 ppm 分别表示 4-丙基苯酚中苯环的 C7、C4、C5 和 C6 特征信号峰，14.00 ppm 处的信号峰归属于甲基碳。改性的 4-丙基苯酚 ^{13}C-NMR 谱图中（5-57b）出现了明显的 HEMA 信号峰，18.42 ppm、59.48 ppm 和 66.59 ppm 处的信号峰分别归属于 HEMA 的—CH_3、—O-CH_2—CH_2—和—O—CH_2—CH_2—结构，167.11 ppm 处的信号峰归属于 HEMA 的 C═O 结构，同时未能发现 HEMA 聚合后的季碳信号峰（44.61 ppm），说明 HEMA 没有聚合。结合上文的氢谱分析可知，HEMA 和 4-丙基苯酚是通过交联而不是接枝共聚的方式进行反应。

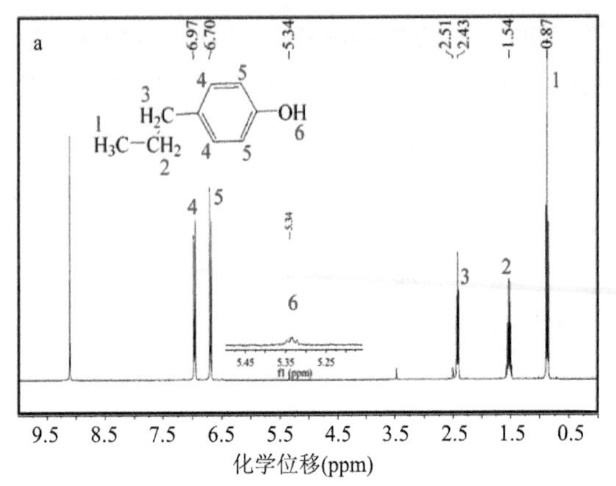

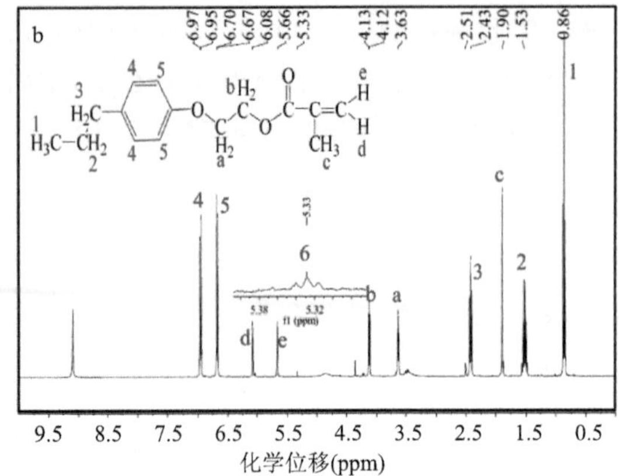

图 5-56　处理前后 4-丙基苯酚的 ^{1}H-NMR 谱图（修改自仇洪波，2018）

a. 未处理 4-丙基苯酚；b. 处理 4-丙基苯酚

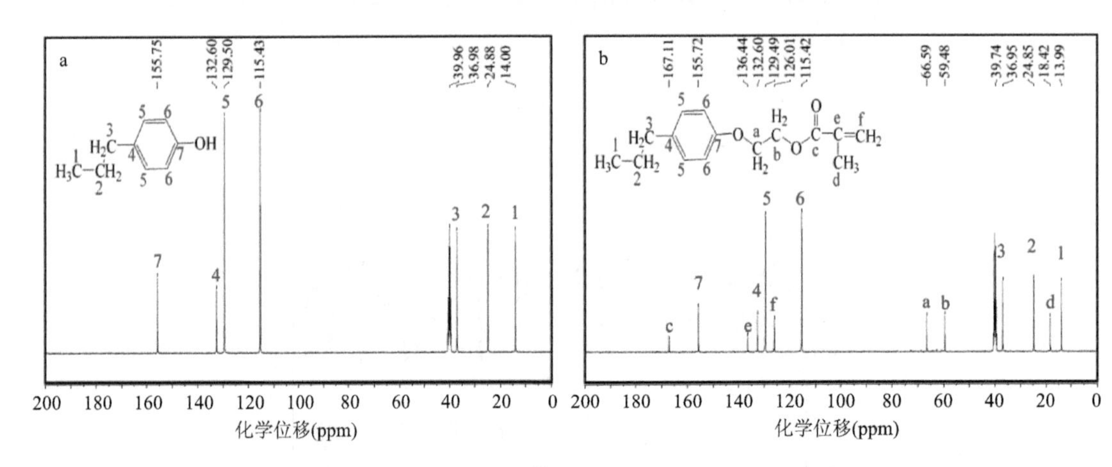

图 5-57　处理前后 4-丙基苯酚的 ^{13}C-NMR 谱图（修改自仇洪波，2018）

a. 未处理 4-丙基苯酚；b. 处理 4-丙基苯酚

3）2,6-二甲氧基苯酚接枝机理研究

图 5-58 为处理前后 2,6-二甲氧基苯酚的红外光谱图，3490 cm^{-1} 和 3450 cm^{-1} 处的峰是苯环上—OH 的特征伸缩振动，2960 cm^{-1} 处归属于甲基的伸缩振动，1610 cm^{-1}、1510 cm^{-1} 和 1480 cm^{-1} 处的吸收峰是苯环骨架的伸缩振动，1100 cm^{-1} 处的强峰归因于 C═O 基团的伸缩振动。改性的 2,6-二甲氧基苯酚在 3450 cm^{-1} 和 2960 cm^{-1} 附近的吸收峰消失，这可能是因为 2,6-二甲氧基苯酚中的羟基和甲基发生了化学反应。同时，在 1716 cm^{-1} 处出现了 HEMA 的 C═O 伸缩振动特征峰，在 1555 cm^{-1} 处的特征吸收峰是—（C═O）—O—的反伸缩振动，1268 cm^{-1} 和 1120 cm^{-1} 处产生的新峰是聚甲基丙烯酸羟乙酯中 C—O—C 伸缩振动分裂的吸收谱带。综上所述，说明 HEMA 和 2,6-二甲氧基苯酚中的酚羟基发生了接枝共聚反应。

如图 5-59a 所示，未处理的 2,6-二甲氧基苯酚的信号峰有以下几个：6.73 ppm 和 6.61 ppm 处的化学位移归属于苯环中的氢质子信号，5.34 ppm 处的特征峰是酚羟基中氢质子产生的化学位移，3.75 ppm 处的化学位移代表 2,6-二甲氧基苯酚中的甲氧基质子。图 5-59b 中，0.78 ppm 处的信号峰归属于 HEMA 中的—CH_3 结构，1.24 ppm 处的信号峰归属于 HEMA 聚合后的—CH_2—C—结构，而 4.81 ppm 处的信号峰来源于 HEMA 中的—OH，这些新峰说明了 HEMA 存在于 2,6-二甲氧基苯酚中。同时发现，改性后的 2,6-二甲氧基苯酚的羟基信号峰移动至 5.42 ppm，其他位置的信号峰位移变化较小，说明改性剂与酚羟基发生了反应，使得其信号峰出现了明显的移动。

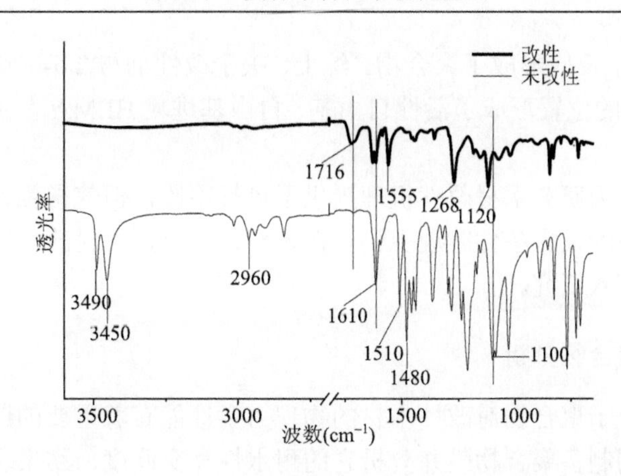

图 5-58　处理前后 2,6-二甲氧基苯酚的红外光谱图（修改自仇洪波，2018）

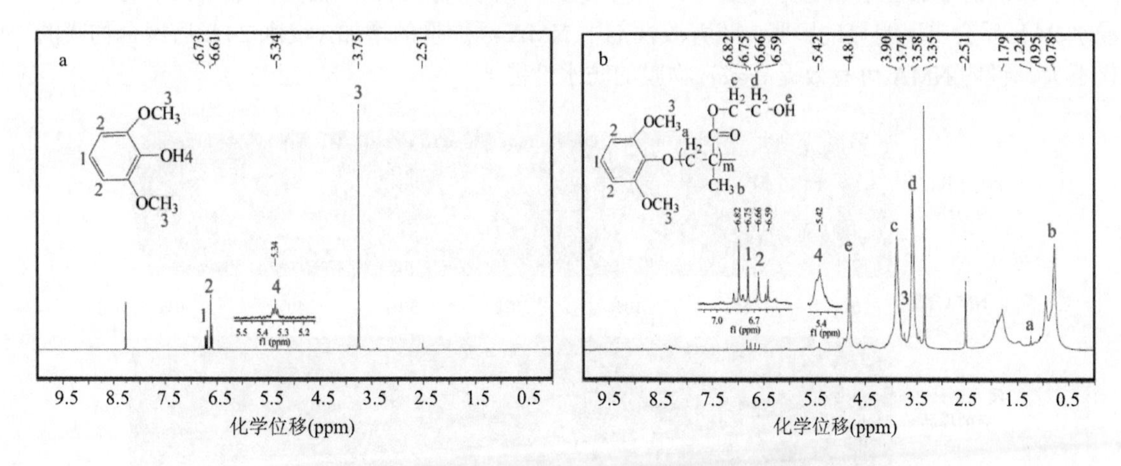

图 5-59　处理前后 2,6-二甲氧基苯酚的 ^{1}H-NMR 谱图（修改自仇洪波，2018）

a. 未处理 2,6-二甲氧基苯酚；b. 处理 2,6-二甲氧基苯酚

为了研究改性剂与 2,6-二甲氧基苯酚的接枝机理，进一步分析了其改性前后的 ^{13}C-NMR 谱图，结果见图 5-60。未改性的 2,6-二甲氧基苯酚如图 5-60a 所示，148.18 ppm、135.47 ppm、120.10 ppm 和 105.36 ppm 处的化学位移属于苯环上的碳原子，54.93 ppm 处的信号峰归属于甲氧基质子。而处理的 2,6-二甲氧基苯酚（图 5-60b）谱图中，18.45 ppm、59.43 ppm、66.60 ppm 处的特征峰归属于 CH_3、—O—CH_2—CH_2—和—O—CH_2—CH_2—结构，主要是由 HEMA 引入 2,6-二甲氧基苯酚中的。45.50 ppm 和 57.26 ppm

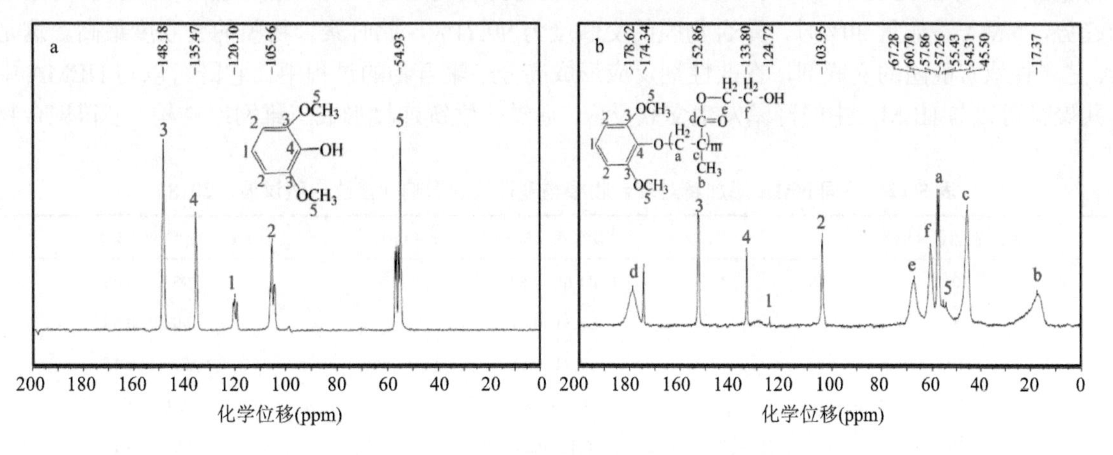

图 5-60　处理前后 2,6-二甲氧基苯酚的 ^{13}C-NMR 谱图（修改自仇洪波，2018）

a. 未处理 2,6-二甲氧基苯酚；b. 处理 2,6-二甲氧基苯酚

处的信号峰说明 HEMA 发生反应形成了聚合物。综上，关于改性剂与 2,6-二甲氧基苯酚接枝机理的研究可以得出，引发剂在酚羟基的位置形成了活性自由基，自由基进攻 HEMA 发生接枝共聚反应形成接枝共聚物。

模型物与改性剂的分析为研究木材改性机理提供了可行手段，但值得强调的是，模型物与改性剂的反应条件与改性剂在木材中的反应条件客观上仍存在差别，因此，木材改性过程中木材细胞壁组分和改性剂的具体反应途径仍待深入研究。

（四）HEMA/NMA 聚合物分析

改性剂交联形成的高分子聚合物对改性木材的物理力学性能有着重要的影响。仇洪波（2018）采用不同 NMA 添加量的改性剂制备聚合物膜并分析它的耐水性和交联度，结果表明，聚合物膜的耐水性随着 NMA 添加量的增加呈增加趋势（图 5-61）。当改性剂中只有 HEMA 而不添加 NMA 时，制备的聚合物膜浸水 24 h 后会出现明显的膨胀；随着改性剂中 NMA 添加量的增加，浸水 24 h 后聚合物膜的表面形貌变化不大，说明 NMA 可有效提高聚合物膜的防水性能。

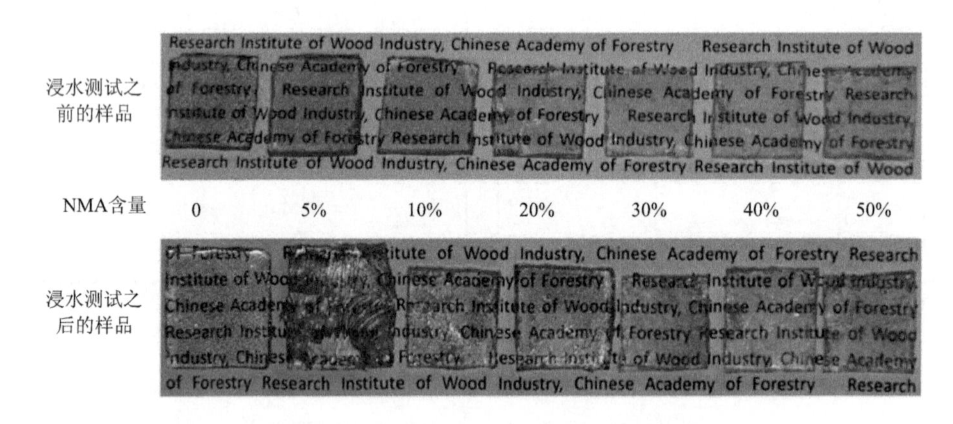

图 5-61　浸水前后的 HMEA/NMA 聚合物（修改自仇洪波，2018）

表 5-12 提供了不同 NMA 添加量制备的聚合物膜浸水后的吸水率和交联度变化信息。由表 5-12 可知，随着 NMA 添加量的增加，聚合物膜的吸水率呈现降低的趋势，NMA 添加量 20%时为一个拐点，在此之前，随着 NMA 添加量的增加，聚合物膜的吸水率快速下降，当 NMA 添加量为 20%时，聚合物膜的吸水率为 8.22%，之后继续增加 NMA 的添加量，聚合物膜的吸水率下降缓慢，当 NMA 添加量 50%时，聚合物膜的吸水率又出现上升，为 5.28%；聚合物膜的交联度随着 NMA 添加量的增加呈现先增加后减小的趋势，NMA 添加量 20%时，聚合物膜的交联度为 99.71%，此时聚合物膜的交联度最高。这是因为 NMA 是一种双官能团的交联剂，在改性剂反应形成高分子聚合物的过程中，它既可以与 HEMA 中的乙烯基共聚又可以与 HEMA 中的羟基发生交联反应，通过化学键连接形成三维网络结构，使得聚合物的内

表 5-12　不同 NMA 添加量对聚合物膜物理性能的影响（修改自仇洪波，2018）

NMA 添加量（%）	吸水率（%）	交联度（%）
0	41.68±0.83	98.62±0.45
5	38.31±0.61	99.52±0.54
10	19.71±0.68	99.61±0.15
20	8.22±0.49	99.71±0.1
30	6.15±0.27	99.51±0.12
40	4.25±0.43	99.47±0.23
50	5.28±0.39	98.94±0.63

聚强度提高，复合材料的耐水性和强度得到改善。继续增加 NMA 的用量，聚合物膜的交联度呈下降趋势，这是因为随着 NMA 添加量的增加，聚合物稳定性变差，另外，聚合物的黏度也随之增加，使得分子间交联变得困难，因此 NMA 的适宜添加量为 20%。

（五）水溶性乙烯基单体增强木材细胞壁机理

图 5-62 给出了改性过程中水溶性乙烯基单体与木材细胞壁可能的反应路线。在真空-加压条件下将改性剂浸渍到木材内，同时在加热和引发剂（$CaCl_2$-H_2O_2 复合体系）共同作用下，改性剂和细胞壁组分发生接枝共聚反应。其反应机理如图 5-62d 所示，过氧化氢和氯离子反应形成氯原子，氯原子从木材细胞壁中提取氢以形成自由基活性位点，这些自由基可以引发乙烯基单体做接枝共聚反应。需要注意的是，该反应可能是过氧化氢、氯离子络合物和细胞壁组分之间的协同反应，而不是如图 5-62d 所示的单独反应步骤。除了乙烯基单体与细胞壁的接枝共聚，HEMA 和 NMA 中的羟基还可以进行交联反应形成三维立体结构，从而增强细胞壁，改善木材的物理力学性能。

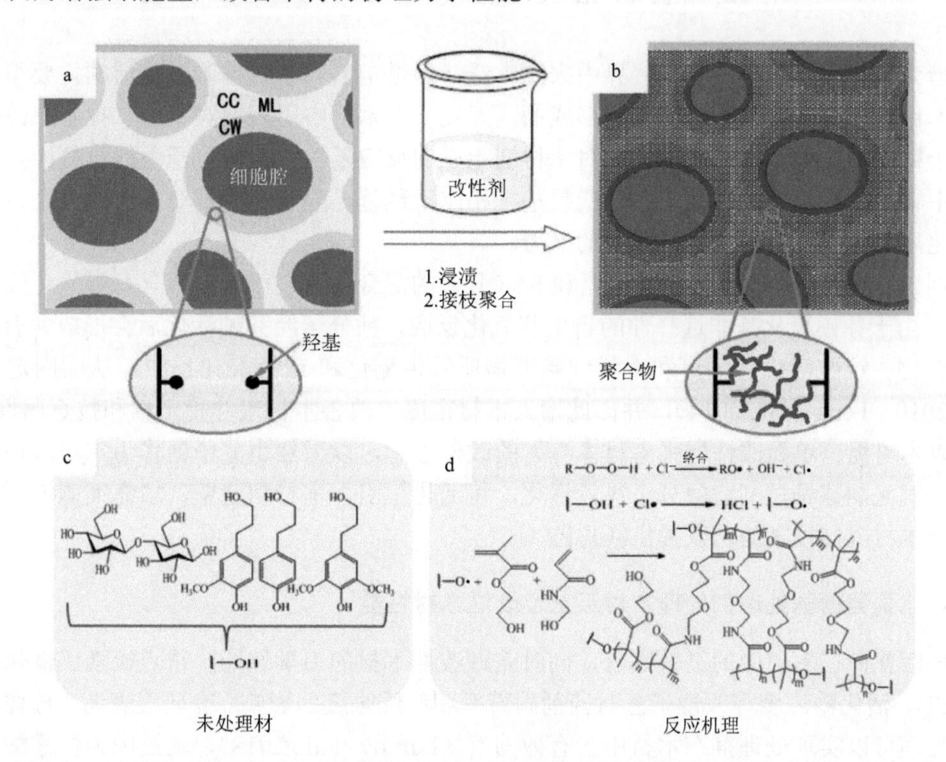

图 5-62　水溶性乙烯基单体与细胞壁接枝共聚的示意图和反应路线（修改自仇洪波，2018）

ML，胞间层；CC，细胞角隅；CW，细胞壁

四、本节小结

本节构建了以水溶性乙烯基单体（甲基丙烯酸羟乙酯/*N*-羟甲基丙烯酰胺）为改性剂，双氧水/氯化钙为低温引发剂，以水为溶剂的木材细胞壁原位改性体系。改性剂在木材细胞壁中均匀分布，通过与细胞壁组分中的活性羟基位点发生接枝反应，形成牢固的化学键结合型界面，同时，改性剂在木材细胞壁内发生原位聚合反应，形成高强度聚合物，实现了在保留木材天然的细胞腔孔隙结构的同时，木材细胞壁复合结构的增厚增强，使木材尺寸稳定性和其他一些物理力学性能得到了有效提升。研究明确了水溶性乙烯基单体改性木材尺寸稳定性提高的关键因子为改性剂对细胞壁的充分填充润胀以及对细胞壁中亲水基团的消耗作用。

第三节　天然多羟基化合物改性木材

为探索基于天然化合物的木材功能改良技术，本节分别以葡萄糖和黄酮类化合物为代表，旨在通过小分子化合物在木材细胞壁内的分布，实现细胞壁改性，并揭示改性剂与细胞壁反应模式对木材性质改良的相应机制。葡萄糖与细胞壁多糖（纤维素和半纤维素）的分子链结构单元相似，其对细胞壁的填充接枝不会显著改变细胞壁层物质的化学结构，有望在保持细胞壁天然特性的同时赋予木材更高的尺寸稳定性和耐腐朽性能；黄酮类化合物是自然界广泛存在的一类天然酚类化合物，具有抗氧化、抗菌、抗病毒、抗炎、抗肿瘤等多种功效（贺佳仪等，2022），在畜禽养殖、食品、医药、防腐剂等多领域具有利用价值，具备作为木材防腐剂的潜力。

一、活化葡萄糖改性木材的性能及改性机理

以葡萄糖为代表的小分子糖在自然界中来源广泛，储量丰富。木材细胞壁物质的主要组分多糖也是由葡萄糖、木糖、甘露糖等单糖之间脱水形成的。因此，在木材中引入糖类不会从根本上改变木材的化学组成。由于糖分子的半缩醛和羟基结构对木材细胞壁的反应活性低，糖分子不能直接固定在木材中，但是糖分子中丰富的羟基可被氧化为醛基或羧基。相比于羟基，醛基和羧基对木材细胞壁具有更高的反应活性，氧化后糖分子具有在木材中固定的潜力。

芬顿试剂（Fenton reagent）是过氧化氢和 Fe（Ⅱ）的混合物，它可以产生具有强氧化能力的羟基自由基（·OH）。由于芬顿氧化是非选择性的自由基氧化反应，糖分子经芬顿活化后会形成含有醛、酮和羧酸基团的混合物。这些活性基团可和木材细胞壁物质发生酯化和/或缩醛化反应，从而固定在细胞壁中（Xiao et al., 2010；Feng et al., 2014），并由此增大木材密度、改善木材尺寸稳定性和抗真菌性能。

基于“以木材组分单元改性增强木材本身”的改性理念，以天然小分子糖作为木材改性剂原料，利用环境友好型氧化剂芬顿试剂对糖分子进行活化，将活化糖引入木材细胞壁，填充细胞壁微孔并充胀细胞壁，为新型木材改良技术的研发提供新思路。

（一）活化葡萄糖基处理剂处理木材工艺及改性木材性能

为了实现活化糖在木材中的高效固着，同时兼顾改性木材的力学性能，重点探索了催化剂种类和用量、浸渍液 pH、活化糖浓度等改性工艺对药剂固着率和纤维强度的影响。有研究表明，柠檬酸和多羟基化合物复配处理可以实现处理剂在木材中的有效固着（Larnøy et al., 2018），这是因为柠檬酸和多羟基化合物通过酯化反应形成了交联结构的大分子聚酯。基于此，本研究探究了柠檬酸和活化葡萄糖复配处理的可行性，考察了复配处理对处理剂固着率以及改性木材力学强度的影响，以探索适宜的复配处理方法，包括柠檬酸浓度以及是否添加次亚磷酸钠催化剂。本节考察了木材经活化糖基处理剂改性后的性能，重点分析了药剂的固着稳定性，改性材的尺寸稳定性、动态吸湿性能和抗褐腐能力。

1. 试验材料

试材：定量滤纸（纤维素含量>99%，直径 15.0 cm，滤速为中速），购自抚顺市民政滤纸厂，将滤纸对折 3 次裁剪得 45°扇形试样。杨木板材，尺寸为 2 m× 220 mm×25 mm（$L\times R\times T$），含水率约为 8%，购自黑龙江省哈尔滨市方正县。在杨木边材部分，选取纹理通直、年轮宽度一致的部位，锯切成尺寸为 13 mm×23 mm×23 mm（$L\times R\times T$）的试件，年轮弦向和径向平行于试件边部。松木（*P. sylvestris* L.），取纹理通直的边材部位锯制试件，密度为 0.47 g/cm^3。褐腐测试用试件尺寸为 50mm × 15 mm × 25 mm，蓝变测试用试件尺寸为 5 mm×40 mm×40 mm，试件长度方向平行于木材轴向，横截面年轮角度为 45°，试件表面无可见缺陷。

化学试剂：葡萄糖一水合物（分析纯）、H_2O_2溶液（质量分数30%）、硫酸亚铁七水合物（分析纯）和磷酸氢二钠（分析纯）购自天津市科密欧化学试剂有限公司。98%硫酸（SA）由国药集团化学试剂有限公司提供。对甲苯磺酸（PTSA，分析纯）、氯化镁（MC，分析纯）和次亚磷酸钠（SHP，分析纯）购自天津市致远化学试剂有限公司。柠檬酸一水合物（分析纯）购自德国AppliChem GmbH。

木材褐腐菌：粉孢革菌（*Coniophora puteana*）购自德国微生物和细胞培养保藏中心，保存在含2%麦芽提取物的琼脂培养基上，置于22℃恒温箱中，每8周传代培养一次。

2. 葡萄糖活化方法

称量118.8 g葡萄糖一水合物，溶于500 g 4% H_2O_2溶液，置于水浴恒温振荡器中预热至30℃。之后，加入5 ml含0.7 g硫酸亚铁的水溶液，活化过程开始，至H_2O_2消耗完全，反应自然终止，停止振荡和加热，制得18%活化葡萄糖溶液。

同理分别制备5%、10%、15%、20%、25%、30%和35%活化葡萄糖溶液。

3. 滤纸处理方法

1）活化葡萄糖处理滤纸

烘干：将直径7 cm定量滤纸于103℃烘至绝干，取出后迅速放入密封袋中，在含硅胶干燥器内冷却至室温，快速逐张取出称重并记录每张滤纸的绝干质量（m_0）。

浸渍-固化：每组10个重复样，将绝干后的滤纸逐张放入活化产物溶液中，置于真空干燥箱中真空（相对真空−0.09 MPa）浸渍12 h，常压浸渍12 h；取出滤纸，平铺在托盘中，气干12 h后在鼓风干燥箱中80℃干燥12 h，120℃固化24 h，之后取出滤纸装于密封袋中，置于干燥器内冷却至室温后迅速称重，记录水洗前绝干质量（m_1）。

水洗-烘干：将固化后滤纸分组放入500 ml自来水中，每12 h换水1次，水洗7 d后，平铺于托盘中，气干12 h，103℃烘至绝干，称重，记录水洗后绝干质量（m_2）；增重率（weight percent gain, WPG）和处理剂流失率（L）计算见式（5-6）、式（5-7）和式（5-8）。

$$\mathrm{WPG}_1=(m_1-m_0)/m_0\times 100\% \tag{5-6}$$

$$\mathrm{WPG}_2=(m_2-m_0)/m_0\times 100\% \tag{5-7}$$

$$L=(m_1-m_2)/(m_1-m_0)\times 100\% \tag{5-8}$$

式中，WPG_1、WPG_2分别为水洗前、后滤纸增重率（%），m_0为处理前滤纸绝干质量（g），m_1为处理后水洗前滤纸绝干质量（g）；m_2为水洗后滤纸绝干质量（g）。

本研究采用单因素实验，研究了催化剂种类与用量、浸渍液pH和活化糖浓度对活化糖在滤纸中固着率和纤维强度的影响。探索的4种催化剂分别为：常用的酯化反应催化剂硫酸（SA）和对甲苯磺酸（PTSA）、多元酸酯化催化剂次亚磷酸钠（SHP）（方桂珍，2004）以及醚化催化剂氯化镁（MC）（陈春侠等，2008）。单因素实验设定如下。

（1）活化葡萄糖浓度18%，催化剂浓度分别为0、0.2%、0.6%、1.0%、2.0%和3.0%，固化温度120℃，固化时间12 h。

（2）活化葡萄糖浓度为9%，浸渍液pH分别为2.1、3.5、4.5、5.5和6.5，其中2.1为活化糖溶液原始pH，其他用磷酸氢二钠调节，固化温度120℃，固化时间12 h。

（3）活化葡萄糖浓度分别为5%、10%、15%、20%、25%、30%和35%，固化温度120℃，固化时间12 h。

2）活化葡萄糖和柠檬酸复配处理滤纸

采用单因素实验，研究柠檬酸浓度和催化剂次亚磷酸钠对活化葡萄糖在滤纸中固着率和纤维强度的影响，实验设定如下。

（1）活化葡萄糖浓度 18%，柠檬酸浓度分别为 0、2%、4%、8%和 16%，固化温度 120℃，固化时间 12 h。

（2）活化葡萄糖浓度 18%，柠檬酸浓度 8%，次亚磷酸钠浓度分别为 0 和 1%，固化温度 120℃，固化时间 12 h。

（3）葡萄糖浓度 18%，柠檬酸浓度 8%，次亚磷酸钠浓度分别为 0 和 1%，固化温度 120℃，固化时间 12 h。

4. *木材处理方法*

1）活化葡萄糖处理杨木

用浓度分别为 5%、10%、15%、20%、25%、30%和 35%的活化葡萄糖溶液浸渍杨木试件。试件经真空（相对真空−0.09 MPa，24 h）-加压（0.6 MPa，72 h）浸渍后，气干 1 周，梯度升温干燥固化：40℃保持 24 h，80℃保持 24 h，120℃保持 24 h。记录试件浸渍前和固化后的绝干质量和横截面尺寸。置于空气中平衡 24 h，水洗 11 d，每天换水 1 次。之后气干 7 d，梯度升温干燥至绝干。记录试件饱水状态和绝干状态的质量和尺寸。

2）活化葡萄糖和柠檬酸处理松木

活化葡萄糖、柠檬酸单独或者复配处理松木的浸渍液配方及其 pH 如表 5-13 所示，试件经真空（5×10^{-3} MPa，1 h）-加压（1.2 MPa，1 h）浸渍后，继续常压浸渍 24 h，气干 3 周后，梯度升温干燥固化：40℃保持 12 h，80℃保持 12 h，120℃保持 24 h。

表 5-13 处理木材浸渍液组成及其 pH

浸渍液质量分数	pH（22℃）
18% Glc	3.58
8.2% CA	1.69
4.5% AG	2.22
9% AG	1.89
18% AG	1.62
4.5% AG + 8.2% CA	1.63
9% AG + 8.2% CA	1.59
18% AG + 8.2.% CA	1.50

注：Glc 为葡萄糖；AG 为活化葡萄糖；CA 为柠檬酸，含有 CA 的浸渍液中包含 1 %的次亚磷酸钠作为催化剂

5. *表征方法与性能测试*

1）零距抗张强度

采用滤纸零距抗张强度作为表征纤维本身强度的指标，反映材料在处理过程中的酸热降解以及对纤维充胀造成的纤维力学强度损失情况。测试中两夹头间距离为 0，破坏应发生在单根纤维的内部而非纤维之间，破坏断面应平齐，结果方为有效数据。

采用零距抗张测定仪测试处理前后滤纸的零距抗张强度，初始测试压力设为 70 psi，试样尺寸为 30 mm×15 mm。零距抗张强度（Zt）计算方法见式（5-9）。

$$\mathrm{Zt}=(P-P_0)\times3.5991 \tag{5-9}$$

式中，P 为仪器读数值（Ibf/in^2）；P_0 为仪器设定值（Ibf/in^2），测试夹间距离为 0，P_0 为 1.9Ibf/in^2。

强度保留率（strength retention, SR）计算方法见式（5-10）。

$$\mathrm{SR}(\%)=\mathrm{Zt}_1\times100\%/\mathrm{Zt}_0 \tag{5-10}$$

式中，Zt_1为处理组滤纸的零距抗张强度（Ibf/in^2），Zt_0为未处理滤纸的零距抗张强度（Ibf/in^2）。

每组10个重复样，计算结果取其平均值。

2）体积湿胀率（VSR）和抗湿胀率（ASE）

Ohmae等（2002）将细胞壁的破坏、充胀和交联三种机制进行了分离，定义了ASE′来评价改性材中三种作用的强弱。当ASE′为正值时，表明细胞壁的交联得到了增强；当ASE′为负值时，表明细胞壁结构发生了破坏，能更大程度地湿胀；当ASE′为0时，表明仅有充胀作用，或者可认为对细胞壁的交联和破坏作用程度相当，互相抵消。ASE′的计算方法见式（5-11）。

$$\text{ASE}'(\%)=\frac{\text{VSR}_\text{u}-\text{VSR}'_\text{m}}{\text{VSR}_\text{u}}\times 100\% \tag{5-11}$$

其中，VSR'_m的计算方法见式（5-12）。

$$\text{VSR}'_\text{m}=\frac{V'_\text{m}-V_\text{u}}{V_\text{u}}\times 100\% \tag{5-12}$$

式中，V_u是未改性材的绝干体积，V'_m是改性材的饱水体积。

3）处理剂固着率计算方法

试件尺寸为10 mm×25 mm×25 mm（$L\times R\times T$），年轮平行排列，每组15个重复试件，通过合理分组使各组试件平均密度相同。将未处理和处理组试件在室温下陈化放置24 h后，置于自来水中浸泡10 d，每天换水一次。取出试件，气干1周后放入烘箱中梯度升温干燥：40℃、60℃、80℃和103℃各24 h。按照上述饱水-烘干过程重复5个循环，在每个绝干和饱水状态分别测量试件的质量以及径向和弦向尺寸，计算横截面积。在测试期间，如果试件表面开裂，则剔除该试件。计算处理组试件的绝干密度以及每个循环的增重率、处理剂流失率、增容率和抗胀缩系数，各组结果取其重复件的平均值。

增重率（weight percent gain，WPG）表示木材经处理后的质量增加率，计算方法如

$$\text{WPG}(\%)=(M_\text{AT}-M_\text{BT})\times 100\%/M_\text{BT} \tag{5-13}$$

式中，M_AT是处理后试件在某一循环中的绝干质量（g），M_BT是该试件在处理前的绝干质量（g）。

处理剂流失率（leaching ratio）是评价处理剂在木材中固着稳定性的指标，表示水洗过程中流失的处理剂占初始沉积在木材中总处理剂量的比例，计算方法如式（5-14）。

$$\text{Leaching ratio}(\%)=(M_\text{BL}-M_\text{AL})\times 100\%/(M_\text{AC}-M_\text{BT}) \tag{5-14}$$

式中，M_BL是试件在某个水洗过程开始前的绝干质量（g），M_AL是该试件在此水洗过程结束后的绝干质量（g），M_AC是该试件固化后未经水洗的绝干质量（g），M_BT是该试件处理前的绝干质量（g）。

4）褐腐测试

依据欧洲标准DINEN 113—1996进行木材褐腐实验。方法如下。

A. 制备培养基

配制2%麦芽提取物、2.5%琼脂的混合溶液，用精密移液器移取75 ml该溶液至每个扁口烧瓶中，用脱脂棉封口，用铝箔纸轻轻包裹封口棉，在高压蒸汽灭菌锅中120℃灭菌20 min后取出平置在无菌操作台上，隔夜固化。

B. 接种培养基

在无菌操作台中，将内径10 mm的管状菌落取样器在火焰上灼烧3 s灭菌，冷却至室温后，从长满凹痕粉孢革菌（*Coniophora puteana*）的琼脂培养基中，割取1块直径10 mm含菌落的圆形培养基，用已灭菌的接种针将其转移至含有已固化培养基的扁口烧瓶中，置于22℃、相对湿度为70%的恒温恒湿培养室中培养4 d。

C. 接种试件

将试件预先放置在（20±2）℃、相对湿度为（65±5）%的恒温恒湿室中平衡2周，然后用铝箔纸分组包裹试件，放入高压蒸汽灭菌锅中120℃灭菌20 min后取出放置在无菌操作台上，隔夜冷却后，将试

件转移至长势旺盛的菌落上，菌落和试件之间用直径 15 mm、厚度 3 mm 的无菌不锈钢带齿垫圈隔开。每个扁口烧瓶中放置一个未处理试件和一个处理组试件，两试件位置距离菌落中心的距离相同，烧瓶用脱脂棉封口。每组处理材设置 10 个重复件。

为了验证菌落的活性是否满足实验需求，设置空白毒性对照组：在每个接种的扁口烧瓶中放置两个未处理试件，如果 16 周后该对照组试件的失重率大于 20%，表明菌落活性满足实验条件；反之，实验无效。空白毒性对照组试件数目共 12 个。

D. 培养

将包含接种试件的扁口烧瓶置于（22±2）℃、相对湿度为（70±5）%的恒温恒湿培养室中培养 16 周，每周观察试件被侵染情况。

在培养过程中，处理剂可能从处理材试件中随水分迁移至培养基中，导致处理材试件的质量损失，对腐朽引起的失重率的判断造成干扰，因此，同时设置空白质量检测对照组：在未经接种的培养基上，放置两个经相同处理的试件，用脱脂棉封口，和其他接种试件一起放置于相同的培养室中培养 16 周。每种处理材的质量检测样品数目为 6 个。

E. 计算失重率

试件经褐腐菌侵染 16 周后，将试件从培养瓶中取出，用小刀轻轻刮去表面的菌丝，称量质量并计算含水率，103℃烘干后称量绝干质量，按照式（5-15）计算失重率（mass loss，ML）。

$$\mathrm{ML}(\%)=(M_{\text{Before decay}}-M_{\text{After decay}})\times 100\%/M_{\text{Before treatment}} \tag{5-15}$$

式中，$M_{\text{Before decay}}$ 是褐腐测试前试件的绝干质量，$M_{\text{After decay}}$ 是褐腐 16 周后试件的绝干质量，$M_{\text{Before treatment}}$ 是试件经改性处理前的绝干质量。

5）扫描电子显微镜（SEM）

用配备徕卡 819 刀片的切片机将试件切出平滑表面，采用扫描电子显微镜观察横切面及径切面的微观形貌。木材样品平行于样品台，放入真空镀膜仪中喷金后测试，电子显微镜加速电压为 10.0 kV。

6. 结果与讨论

1）催化剂种类和用量

图 5-63 是次亚磷酸钠、氯化镁、对甲苯磺酸和硫酸 4 种催化剂不同用量时活化葡萄糖处理滤纸的增重率和处理剂流失率。次亚磷酸钠对处理剂在滤纸中的固着有负面影响，氯化镁对处理剂的固着没有明

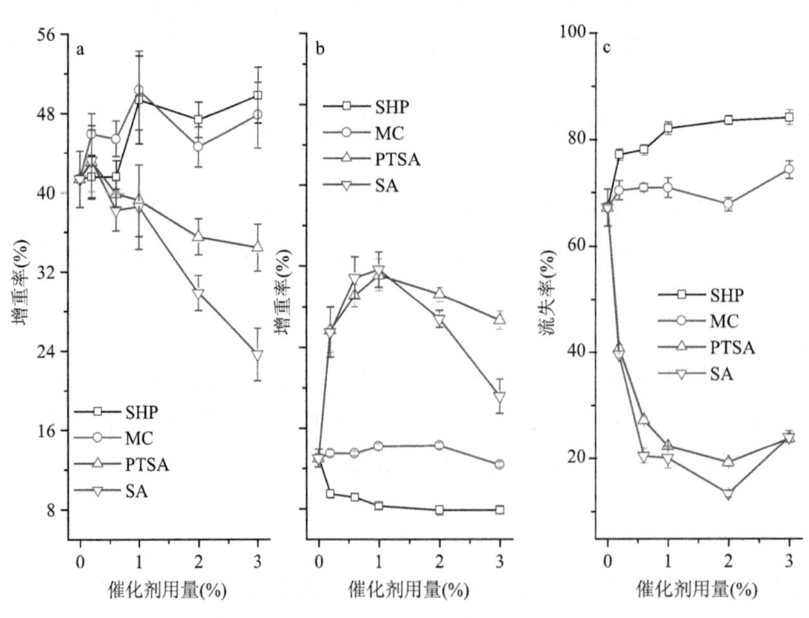

图 5-63　不同催化剂用量下活化葡萄糖处理滤纸的水洗前增重率（a）、水洗后增重率（b）和处理剂流失率（c）

显改善。对甲苯磺酸和硫酸可以显著提高处理剂的固着率，但用量超过 1%时，导致滤纸或处理剂成分的脱水反应，引起质量损失。

图 5-64 是不同催化剂用量时活化葡萄糖处理滤纸的零距抗张强度保留率。未加催化剂时，活化糖直接处理滤纸的水洗前零距抗张强度保留率为 34.2%，水洗后零距抗张强度保留率为 47.0%。水洗前强度低于水洗后强度，这是因为部分未反应处理剂填充在细胞壁微孔充胀细胞壁，削弱了纤丝间结合力，水洗后，处理剂的流失减小了对细胞壁的充胀作用，纤丝间重新形成紧密结构，纤维强度增强。次亚磷酸钠的碱性能中和产物的部分酸性，缓解纤维的酸热降解，因此滤纸的强度保留率最高。氯化镁会加剧纤维的酸催化水解，因而抗张强度随其浓度增加而减小。对甲苯磺酸和硫酸的强酸性均会导致纤维明显降解，当用量为 0.2%时，水洗后抗张强度保留已不足 30%。

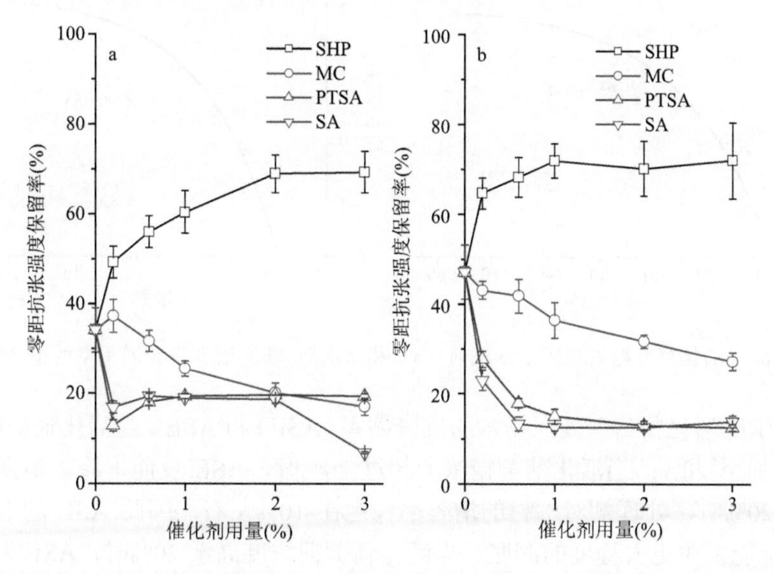

图 5-64　不同催化剂用量下活化葡萄糖处理滤纸的水洗前（a）和水洗后（b）零距抗张强度保留率

2）浸渍液 pH

鉴于活化葡萄糖的酸性会导致细胞壁多糖的降解从而对木材的力学性能产生负面影响，研究了将活化葡萄糖的 pH 调高后改性滤纸的增重率和处理剂流失率，结果如图 5-65 所示。滤纸水洗前增重率无明显差异，水洗后增重率随着 pH 的增加而降低，处理剂流失率从 65%增至 90%。以上结果说明，升高 pH 不利于活化糖在纤维素类材料中的固着。研究表明，当 pH 高于 2 时，一元羧酸和纤维素的酯化反应活

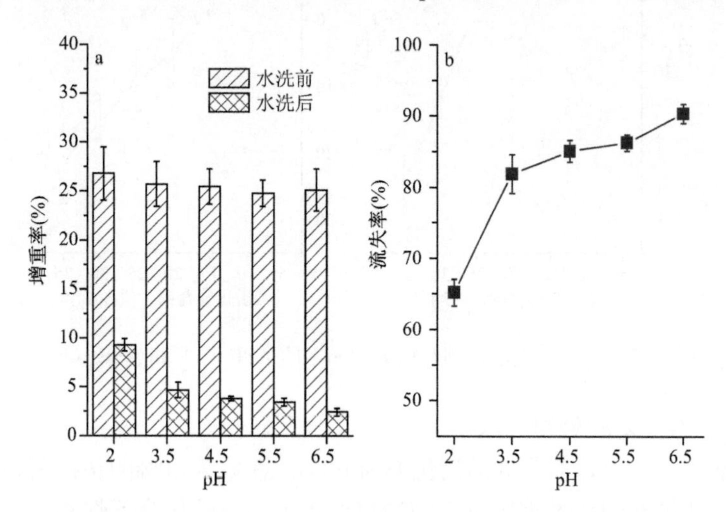

图 5-65　浸渍液不同初始 pH 时处理滤纸的增重率（a）和处理剂流失率（b）

性大大降低（Pantz，2006；Pantz et al., 2008）。虽然将处理剂的初始 pH 进一步调低有利于处理剂在木材中的固着，但必然导致木材细胞壁大分子更剧烈地酸热降解，损失力学性能，因此，综合考虑处理剂的固着效率和材料的力学性质，浸渍木材前不需调节处理剂 pH，可极大地简化处理工艺，降低浸渍成本。

3）活化葡萄糖的浓度

采用不同浓度的活化葡萄糖浸渍杨木，增容率和增重率的线性关系如图 5-66 所示，水洗前最大增容率为 10%左右，水洗后由于未固定的处理剂被洗出，增容率降至 2%以下。当活化葡萄糖浓度超过 20%时，增容率不再随增重率的增加而增加，因此初步确定处理工艺中活化葡萄糖浓度不宜超过 20%。对细胞壁的充胀增容是改性木材尺寸稳定性提升的关键机制之一。

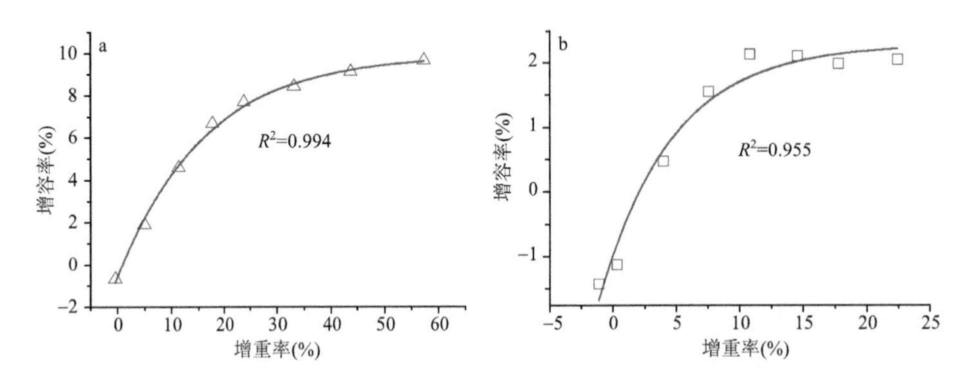

图 5-66　活化葡萄糖处理杨木水洗前（a）和水洗后（b）增容率和增重率的拟合曲线

图 5-67 是不同浓度活化葡萄糖处理杨木的抗胀缩率（ASE）和 ASE′。当活化葡萄糖浓度为 5%～20%时，ASE 从 12%增加至 20%；当活化葡萄糖浓度超过 20%时，ASE 反而下降。根据前期研究可知，活化葡萄糖浓度超过 20%时，处理剂对木材的增容率稳定在 10%左右，因此 ASE 的下降表明细胞壁的饱水体积增大，细胞壁能发生更大程度的润胀。当活化葡萄糖浓度高于 20%时，ASE′为负值，表明细胞壁的结构受到了破坏，原因可能是高浓度的处理剂酸性更强，加剧了细胞壁组分（纤维素、半纤维素和木质素）的酸热降解。因此，进一步确定活化葡萄糖处理木材的适宜浓度不应超过 20%。

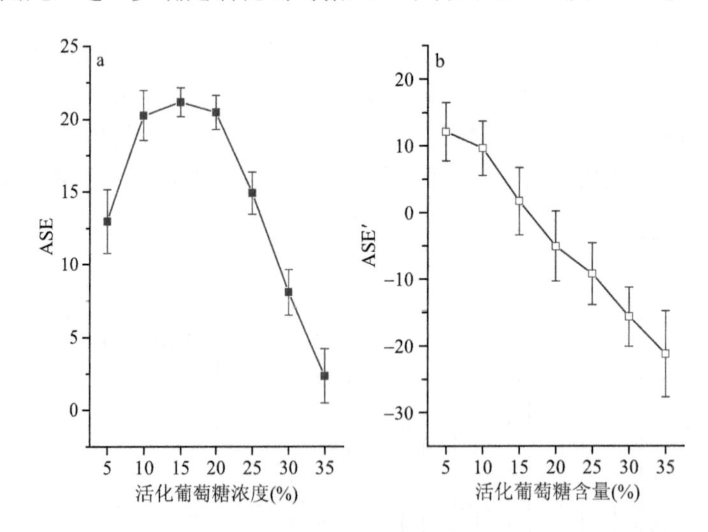

图 5-67　不同浓度活化葡萄糖处理杨木的 ASE（a）和 ASE′（b）

4）活化葡萄糖和柠檬酸复配处理方法

在本研究优化的活化工艺下，葡萄糖的活化率为 60%，意味着 40%的初始葡萄糖仍保留在活化糖溶液中，虽然这部分未转化糖在固化过程中可能在酸热作用下部分转化为活性物质固定在木材中，但是为了进一步提高处理剂在木材中的固着率，尝试采用含三羧基结构的柠檬酸作为交联剂，使处理剂中残余葡萄糖和其他多羟基化合物固定到木材中，探讨了活化葡萄糖和柠檬酸复配处理的适宜方法，重点确定了柠檬酸浓度以及是否使用次亚磷酸钠作为催化剂。

图 5-68 是不同浓度的柠檬酸单独或和活化葡萄糖复配处理滤纸的水洗后增重率和处理剂流失率。仅用柠檬酸处理时，滤纸的水洗后增重率和处理剂流失率随着柠檬酸浓度的提高而增加。仅用活化葡萄糖处理时，滤纸增重率为 20%。柠檬酸和活化葡萄糖复配处理可以显著提高处理剂的固着率，增重率随着柠檬酸浓度的增加而提高。当柠檬酸浓度达 8%时，复配处理滤纸的增重率高于柠檬酸或活化葡萄糖各自单独处理的增重率之和，表明柠檬酸和活化葡萄糖复配对两者的固着具有协同作用。

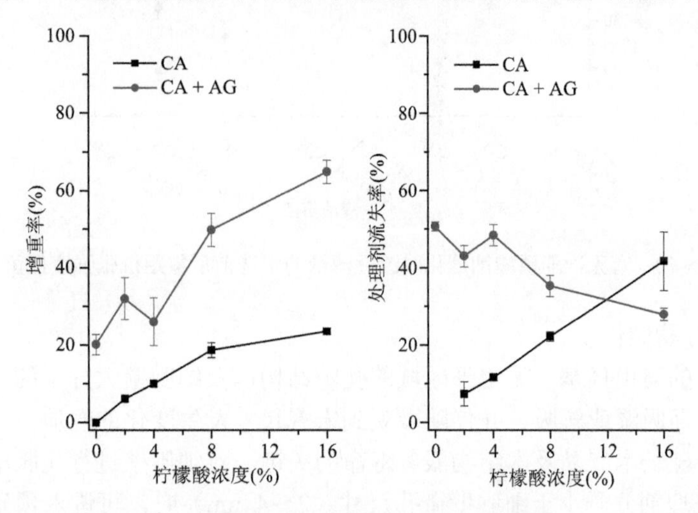

图 5-68　柠檬酸单独或和活化葡萄糖复配处理滤纸的水洗后增重率（a）及处理剂流失率（b）

次亚磷酸钠常被用于催化多元羧酸和纤维素的酯化反应，其对柠檬酸和纤维素酯化反应的催化机理为：柠檬酸脱水形成五元环酸酐中间体，次亚磷酸钠可降低环酸酐中间体形成的温度，加速环酸酐的形成，提升酯化产物产率（方桂珍，2004）。有无添加次亚磷酸钠催化剂时改性杨木的增重率和处理剂流失率结果如图 5-69 所示。对于柠檬酸单独处理以及柠檬酸和葡萄糖复配处理组，添加次亚磷酸钠促进了处理剂在木材中的固着。对于活化葡萄糖和柠檬酸复配处理组，因为次亚磷酸钠的碱性不利于活化葡萄糖中醛类的缩醛化反应和一元羧酸类化合物的酯化反应，所以虽然柠檬酸和处理剂中残余葡萄糖的固定受到了促进，但是整体而言，复配处理剂在木材中的固着没有因为添加次亚磷酸钠而得到改善。滤纸的零距抗张强度结果如图 5-70 所示，添加次亚磷酸钠可以有效抑制滤纸的强度损失，滤纸的水洗前零距抗张强度保留率从 20%提升至 60%，这是由于次亚磷酸钠的碱性缓解了纤维素的酸热降解。

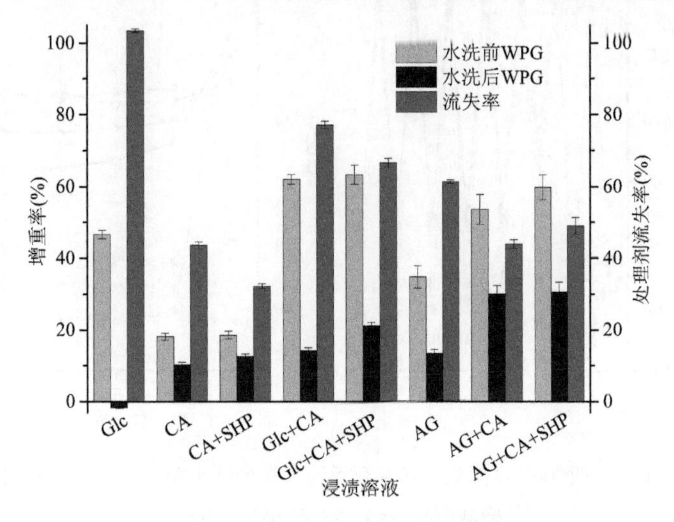

图 5-69　有无次亚磷酸钠催化剂时改性杨木的增重率和处理剂流失率

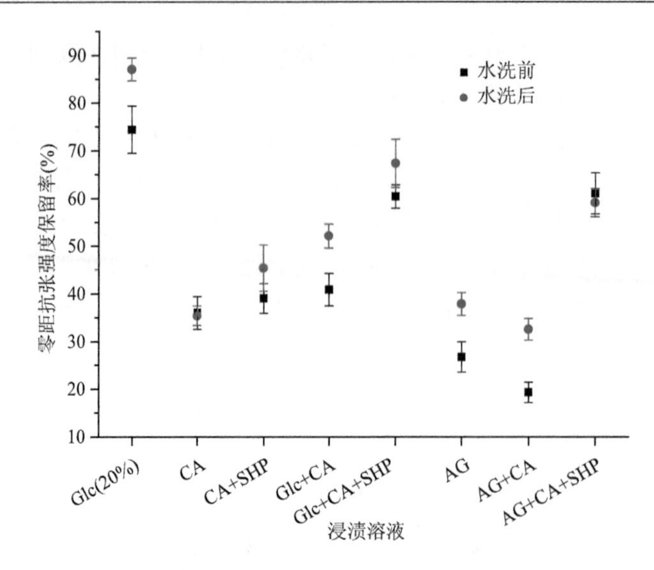

图 5-70　有无次亚磷酸钠催化时改性滤纸的水洗前后零距抗张强度保留率

5）改性木材的尺寸稳定性

木材细胞壁中丰富的自由羟基、无定形区域的孔隙结构以及细胞壁大分子的黏弹性决定了木材细胞壁具有随环境湿度变化而吸湿或解吸、并伴随微观到宏观尺寸发生变化的性质。改善木材的这种干缩湿胀性是提升木材品质、延长木产品及木结构服务寿命的关键。对细胞壁进行充胀增容是提高木材尺寸稳定性的有效手段。当处理剂分子小于细胞壁微孔尺寸（2～4 nm）时，可进入预先润胀的细胞壁，并通过接枝、形成大分子等途径固定在细胞壁中，使细胞壁充胀增容，从而抑制细胞壁的收缩并降低表观湿胀率。

图 5-71 是松木在处理前和处理后 5 轮饱水-烘干循环中的饱水态和绝干态横截面积以及抗胀缩率。木材轴向干缩率远小于径向和弦向干缩率，可忽略不计，因此横截面面积变化可代表体积变化。处理前，各组的饱水体积、绝干体积没有明显差异，表明各组素材试件具有相同的干缩湿胀性能，后续组别之间的差异由不同的改性处理引起。经历一次饱水-烘干后，素材的绝干体积减小，表明木材在相邻两次绝干

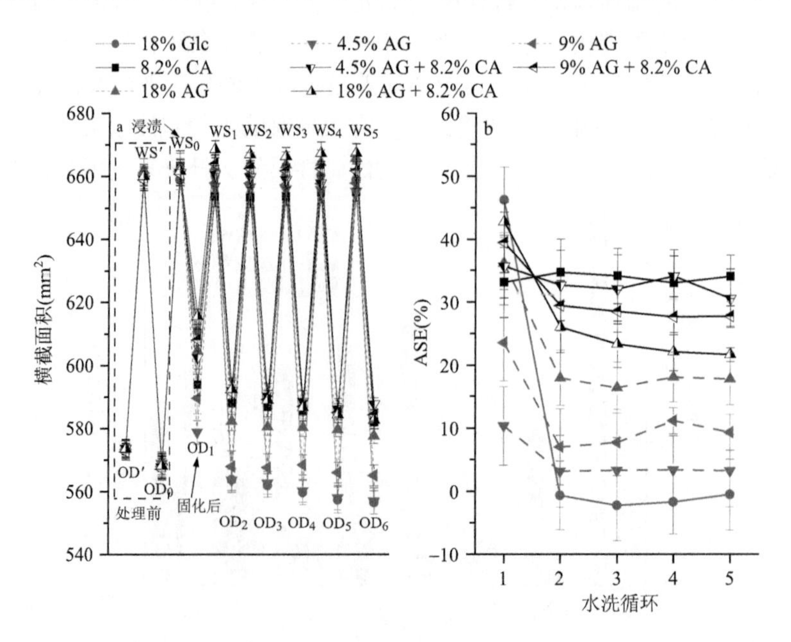

图 5-71　活化葡萄糖、柠檬酸单独或复配处理松木在 5 轮水洗循环中饱水状态（WS）和绝干状态（OD）的横截面积（a）及抗胀缩率（b）

状态间发生了收缩。经浸渍-固化后，由于处理剂对细胞壁的充胀，所有处理材的绝干体积相对于素材增加。饱水体积随处理液中活化葡萄糖浓度的增加而增加，这是由于高浓度活化葡萄糖的酸性更强，可能导致细胞壁中半纤维素更大程度地酸热降解，细胞壁组分之间的交联作用被削弱，因此，细胞壁发生了更大程度的润胀（Hill，2006）。低浓度活化葡萄糖（4.5%和 9%）及 8.2%柠檬酸各自单独处理松木的饱水体积，小于素材的饱水体积，说明这些处理可能导致木材细胞壁中的交联增强，被水分润胀的程度减小（Vukusic et al.，2006）。

柠檬酸单独处理松木的 ASE 在 5 个饱水-绝干循环中保持不变，稳定在 34%左右，这是因为柠檬酸对细胞壁的稳定充胀和交联。活化葡萄糖单独处理松木的 ASE 为 10%～36%；与 8.2%柠檬酸复配处理时，ASE 为 36%～43%。未能固定的活化葡萄糖组分在第一次水洗过程中流失，对细胞壁充胀程度减弱，因此，ASE 在第二次饱水时明显下降。当复配处理剂中柠檬酸浓度一定，活化葡萄糖浓度增加可增大柠檬酸和活化葡萄糖之间的反应概率，引起交联细胞壁中的柠檬酸减少，减弱对细胞壁的交联作用，因而复配处理组 ASE 反而随着活化葡萄糖浓度的增加而减小。在 5 轮饱水-绝干循环测试后，活化葡萄糖浓度 4.5%～18%，单独处理材的 ASE 为 3.2%～17.8%，与柠檬酸复配处理材的 ASE 为 21.7%～30.6%，说明经改性处理后，木材的尺寸稳定性得到改善。

6）抗褐腐性能

图 5-72 是松木褐腐 16 周后的宏观形态。未处理材呈现明显的收缩变形，这是因为褐腐菌降解了细胞壁中的纤维素和半纤维素，细胞壁刚性下降，管胞在干燥过程中塌陷。褐腐后，木质素的相对含量增加，木材局部颜色褐化。理论上，葡萄糖能为褐腐菌直接代谢供能，从而可能促进菌的繁殖，加剧木材的腐朽；但是从测试结果可见，18%葡萄糖处理的木材褐腐后没有发生明显的变形。活化葡萄糖单独处理材的变形程度随活化葡萄糖浓度的增加而减小，4.5%活化葡萄糖处理材的变形收缩程度和未处理材相同，18%活化葡萄糖处理材没有发生明显收缩。柠檬酸单独或与活化葡萄糖复配处理材腐朽后都无明显变形发生。涉及糖处理的试件被褐腐菌侵染 16 周后，都呈现不同程度的颜色加深，这种颜色的改变并非主要由褐腐引起，还可能是因为处理剂组分在固化和高温灭菌过程中发生了一系列转化，比如脱水、降解、水解、缩合和焦糖化等，生成了褐色物质。

图 5-72　松木褐腐 16 周后宏观形态

W_{R}：未处理；$W_{18\%Glc}$：18%葡萄糖处理材；$W_{4.5\%AG}$：4.5%活化葡萄糖处理材；$W_{18\%AG}$：18%活化葡萄糖处理材；$W_{8.2\%CA}$：8.2%柠檬酸处理材；$W_{4.5\%AG+8.2\%CA}$：4.5%活化葡萄糖和 8.2%柠檬酸复配处理材；$W_{18\%AG+8.2\%CA}$：18%活化葡萄糖和 8.2%柠檬酸复配处理材；每个分图中未处理材和处理材试件在褐腐测试中处于同一个培养瓶中

图 5-73 是松木经褐腐菌侵染 16 周后的微观形貌。未处理材中纤维素和半纤维素的明显降解导致细胞壁刚性下降，由于早材管胞腔大壁薄，更容易在切片过程中塌陷变形，因而横切面呈现波浪状起伏（Eriksson et al., 1990；Green and Highley, 1997；Weigenand et al., 2008）。在相邻管胞壁的纹孔中，可观察

到破坏的纹孔膜以及菌丝体从其中穿过。在管胞的径切面，可观察到大量菌丝体攀爬在细胞内壁，许多微小的轴向裂纹存在于菌丝周围。这些裂纹的产生可能是菌丝代谢产生的草酸或分泌的低分子氧化剂导致了细胞壁组分的降解。作为木材褐腐的典型特征，在径切面观察到大量横向裂纹，断裂口平齐。

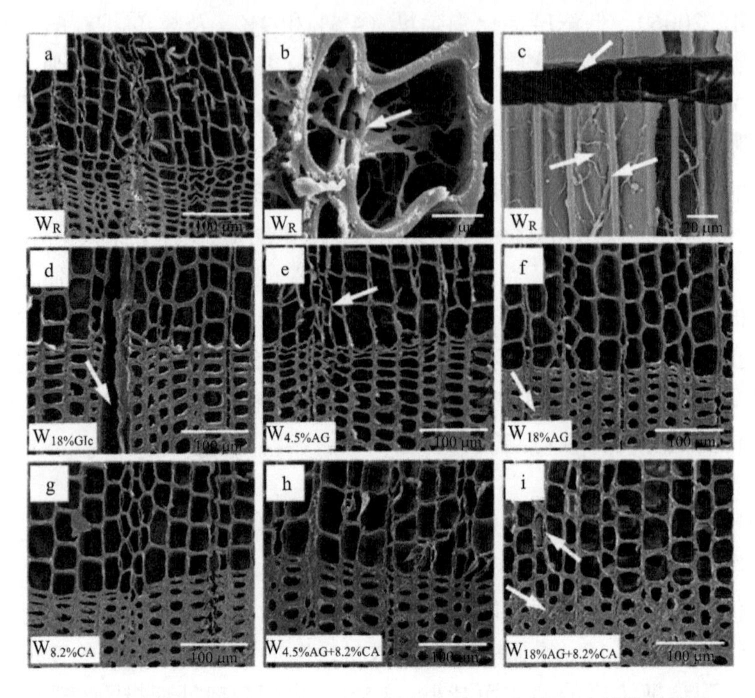

图 5-73　松木经褐腐菌侵染 16 周后横切面的扫描电子显微镜图像

a. 未处理材横切面；b. 未处理材早材管胞上的纹孔；c. 未处理材径切面管胞；d. 18%葡萄糖处理材；e. 4.5%活化葡萄糖处理材；f. 18%活化葡萄糖处理材；g. 8.2%柠檬酸处理材；h. 4.5%活化葡萄糖和 8.2%柠檬酸复配处理材；i. 18%活化葡萄糖和 8.2%柠檬酸复配处理材

褐腐 16 周后，18%葡萄糖处理材的早晚材管胞都保持了完整的形态，虽然局部射线薄壁细胞发生了塌陷，但是细胞壁实质仍被保留。4.5%活化葡萄糖处理材的微观形貌和未处理材相似，早材管胞发生明显的变形和塌陷。18%活化葡萄糖处理材的早晚材管胞形态均完整，未发生变形。在柠檬酸单独处理以及与活化葡萄糖复配处理材中，很难观察到菌丝体的存在，细胞形态完整。

活化葡萄糖处理材的耐腐机制可从以下几方面解释：①木材饱水状态下的低含氧量不足以维持需氧菌的正常代谢；②相较于木材细胞壁多糖，葡萄糖更容易被真菌代谢供能，对葡萄糖的优先代谢一定程度上保护了细胞壁组分；③活化葡萄糖对细胞壁微孔的填充阻塞了酶和菌丝渗透的通道；④细胞壁多糖和活化葡萄糖中的活性组分发生了酯化和缩醛化反应，导致其化学结构发生变化，腐朽菌难以识别（Weigenand et al., 2008；Mahr et al., 2013）。

（二）活化葡萄糖基处理剂改性木材机理

前期研究结果表明，活化葡萄糖基处理剂可以改善木材的尺寸稳定性和真菌耐受性，但是活化葡萄糖对木材细胞壁的作用机理尚不明确。本小节从木材细胞壁的物理结构变化和化学结构变化两个方面入手，分析活化葡萄糖基处理剂对木材细胞壁的作用方式，阐述改性机理。

1. 试验材料

试材：松木（*P. sylvestris* L.），取纹理通直的边材部位锯制试件，密度为 0.47 g/cm^3。定量滤纸（纤维素含量> 99%，直径 7.0 cm，滤速为中速），购自抚顺市民政滤纸厂。

化学试剂：葡萄糖一水合物（分析纯）和 H_2O_2 溶液（质量分数 35%）购自德国 Carl Roth GmbH& Co.KG。柠檬酸一水合物（分析纯）购自德国 AppliChem GmbH。硫酸亚铁七水合物（分析纯）购于德国 Sigma-Aldrich Laborchemikalien GmbH。次亚磷酸钠（分析纯）购自德国 Honeywell FlukaTM。

2. *试验方法*

1）葡萄糖活化及材料处理方法

葡萄糖活化方法、滤纸处理方法、木材处理方法与“（一）活化葡萄糖基处理剂处理木材工艺及改性木材性能”相同。

2）处理剂自聚实验方法

如表 5-14 所示，分别取 50 g 溶液于锥形瓶中，置于烘箱中 80℃加热 12 h、120℃加热 24 h 后，向各锥形瓶中加入 50 ml 去离子水，磁力搅拌 10 min 后，用定量滤纸过滤悬浮液中不溶物，用去离子水反复冲洗滤纸上不溶物，至滤液 pH 为 7 时结束洗涤，103℃干燥 12 h 后冷却至室温，称量不溶物质量，计算每 100 g 溶液中不溶物的产量（g）。每组溶液设置 3 个重复组，计算结果取平均值。

表 5-14　处理木材浸渍液组成及其 pH

浸渍液质量分数	pH（22℃）
18% Glc	3.58
8.2% CA	1.69
18% Glc+8.2%CA	2.11
4.5% AG	2.22
9% AG	1.89
13.5% AG	1.71
18% AG	1.62
4.5% AG + 8.2.% CA	1.63
9% AG + 8.2.% CA	1.59
13.5% AG + 8.2% CA	1.55
18% AG + 8.2% CA	1.50

注：Glc 为葡萄糖；AG 为活化葡萄糖；CA 为柠檬酸，含有 CA 的浸渍液中包含 1 %的次亚磷酸钠作为催化剂

3. *表征方法*

1）扫描电子显微镜（SEM）

采用扫描电子显微镜观察松木横切面的微观形貌。木材横切面平行于样品台，放入真空镀膜仪中喷金后测试，电子显微镜加速电压为 10.0 kV。

2）X 射线光电子能谱（XPS）

采集活化葡萄糖基处理剂固化后水不溶物以及未处理和处理滤纸经水洗后的 XPS 全谱和高分辨率 C1s 图谱，样品用单色化的 Al Kα 射线激发，X 射线源功率为 98.4 W，用污染碳 C1s（284.8 eV）作样品结合能荷电校正。高分辨率 C1s 图谱的分峰通过软件 Avantage 5.5 实现。

3）傅里叶变换红外光谱（FTIR）

取松木未处理材和处理材经 2 轮水洗后的试件，粉碎成颗粒过 20 目筛，采集其 FTIR 图谱。采用衰减全反射模式，分辨率 4 cm^{-1}，扫描 32 次，扫描范围 4000～600 cm^{-1}，用 OMINC 8.2 软件（Thermo Fisher Scientific Inc., 美国）对谱图进行归一化处理。

4. 结果和讨论

1）细胞壁充胀

细胞壁的骨架物质纤维素分子链平行排列形成宽度为 3.5～5.0 nm 的基本纤丝，基本纤丝聚集形成宽度为 10～30 nm 的微纤丝，微纤丝之间存在约 10 nm 的空隙，半纤维素和木质素填充于此空隙中（刘一星和赵广杰, 2004）。但是此空隙并不能被半纤维素和木质素完全填充，残留的孔隙为水分和处理剂分子的进入提供了条件。已有研究采用探针溶剂分子排除饱水状态下木材细胞壁孔隙中的水分，来测量细胞壁微孔的尺寸，大部分研究结果显示润胀状态下木材细胞壁微孔的最大尺寸为 2～4 nm（Hill，2006）。气体吸附-脱附法显示，干燥状态下木材中小于 0.6 nm 的微孔总体积远大于介孔（2～50 nm）总体积（Kojiro et al., 2010）。实现木材细胞壁改性的关键前提是处理剂分子能够穿过细胞壁微孔进入细胞壁。处理剂对细胞壁微孔的填充可抵抗干燥过程中水分移除导致的细胞壁微孔塌陷，减小干燥后细胞壁的收缩，因此宏观上表现为处理材绝干体积比未处理材绝干体积大。

图 5-74 是松木未处理材和处理材在绝干状态的横截面积。木材的纵向、径向及弦向的胀缩率之比为 1∶20∶40，因而改性木材横截面的面积变化可以代表体积变化。经活化葡萄糖、柠檬酸单独或复配处理后，处理材的绝干体积都大于未处理材，证实活化葡萄糖和柠檬酸都可以实现对木材细胞壁的渗透并充胀细胞壁。8.2%柠檬酸处理材的绝干体积大于 9%活化葡萄糖处理材，说明处理剂浓度相同时，柠檬酸比活化葡萄糖具有更强的充胀能力。单独或复配处理中，改性材的充胀程度都随着处理剂浓度的增加而增大。

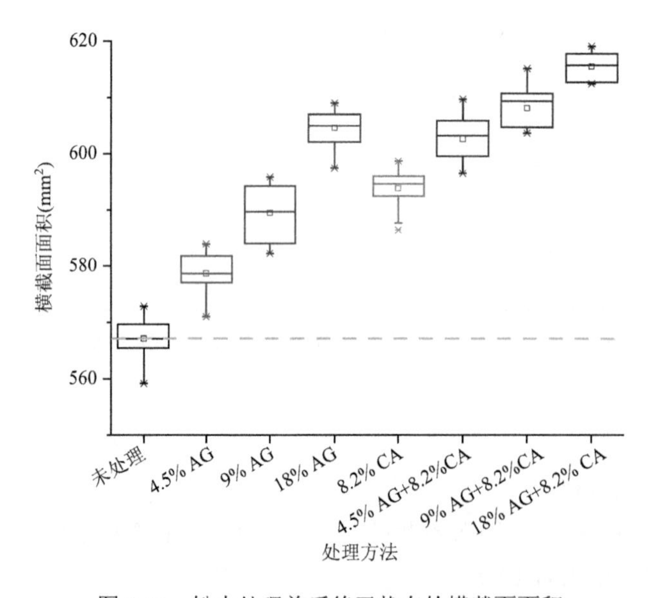

图 5-74　松木处理前后绝干状态的横截面面积

图 5-75 是未处理松木和 18%葡萄糖处理松木横切面的扫描电镜图，可明显地观察到处理材的晚材管胞厚于未处理材，进一步证实了葡萄糖分子对细胞壁的充胀作用。对细胞壁的充胀作用可以减小细胞壁的干缩率，是改善木材尺寸稳定性的重要机制。

2）细胞壁结构交联

对活化葡萄糖成分的分析结果可知，活化葡萄糖中的二羧基化合物或醛类可能通过酯化反应或缩醛化反应交联木材细胞壁。基于木材的有限膨胀属性，可从木材饱水态的润胀程度分析细胞壁的改性机理：①处理剂对木材细胞壁仅具有充胀作用时，饱水状态时处理材和未处理材细胞壁的润胀程度相同；②当处理剂对木材细胞壁产生交联作用时，细胞壁的吸水润胀能力受到交联剂的牵制而减弱，细胞壁的润胀程度减小；③当木材的细胞壁结构受损时，吸水后会产生更大程度的润胀（Ohmae et al., 2002；Hill，2006；

Xiao et al., 2010）。

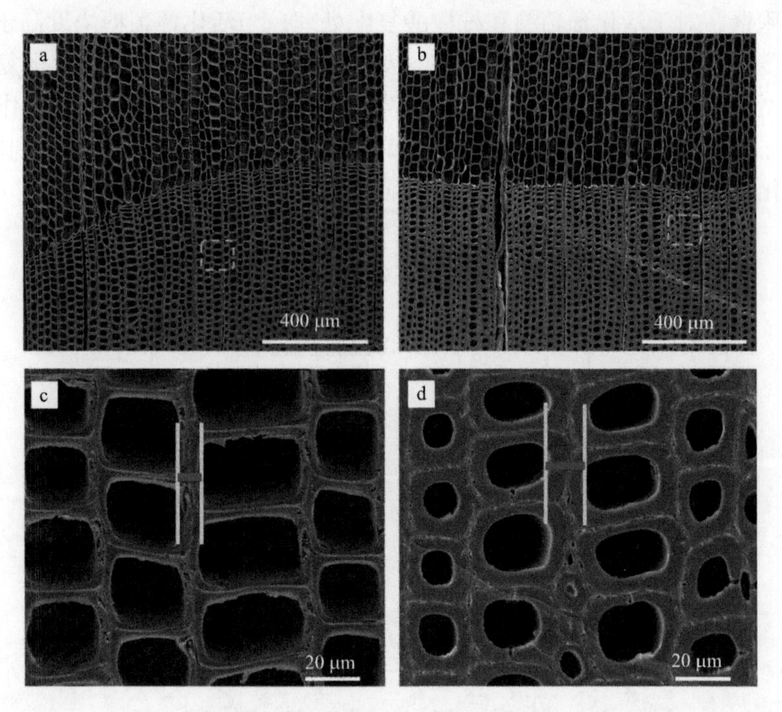

图 5-75　松木未处理材横切面（a）、18%葡萄糖处理材横切面（b）、未处理材晚材管胞（c）及 18%葡萄糖处理材晚材管胞（d）的微观形貌

图 5-76 是松木经活化葡萄糖处理浸渍结束时以及固化后饱水状态的横截面面积。4.5%活化葡萄糖处理材固化后的饱水体积明显低于其浸渍结束时的湿胀态体积，说明活化葡萄糖对木材细胞壁产生交联作用，但是这种交联作用随着活化葡萄糖浓度的增加逐渐弱化。当活化葡萄糖浓度为 18%时，处理材固化后饱水体积和浸渍结束时相当，可能是高浓度活化葡萄糖处理导致细胞壁结构发生破坏，对细胞壁润胀的促进抵消了对细胞壁的交联作用。

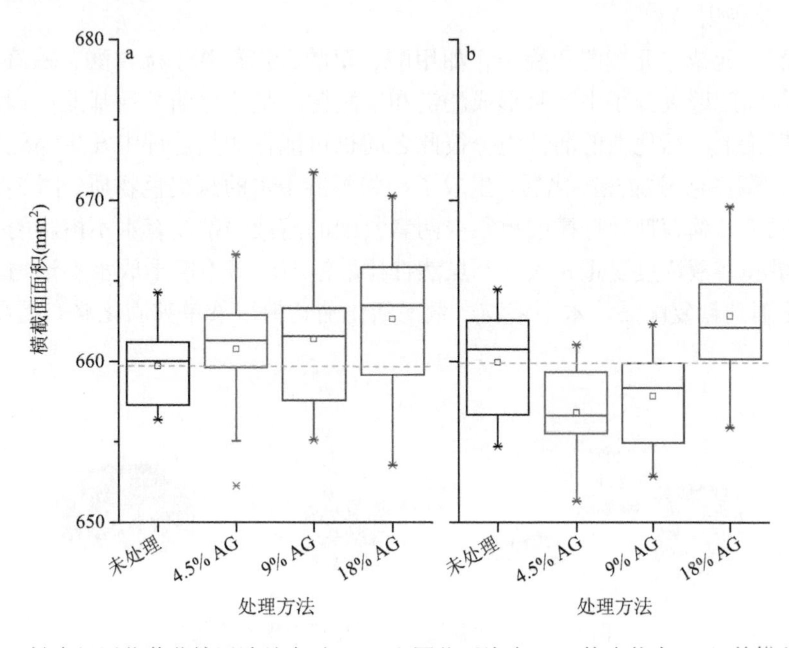

图 5-76　松木经活化葡萄糖浸渍结束时（a）和固化后泡水 10 d 饱水状态（b）的横截面面积

如图 5-77 所示，对细胞壁的交联作用同样可见于柠檬酸处理材，这是由于柠檬酸的三羧基结构可以有效地交联木材细胞壁。对于活化葡萄糖和柠檬酸复配处理，当活化葡萄糖浓度高于 9%时，木材固化后饱水态的润胀程度相对于浸渍结束时明显增大，表明细胞壁的结构受到破坏。当复配体系中活化葡萄糖浓度为 4.5%时，处理材的饱水体积和未处理材相当，表明处理剂对细胞壁的交联作用和破坏作用达到平衡。以上结果也可能说明，高浓度的活化葡萄糖和柠檬酸复配时，细胞壁不再受到柠檬酸的有效交联，更多的柠檬酸和活化葡萄糖中的组分发生反应，从而对细胞壁的交联作用减弱。

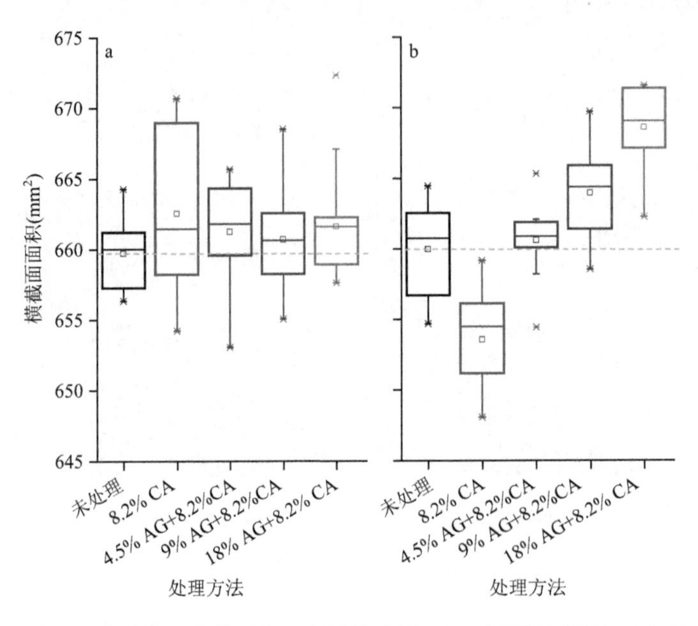

图 5-77　松木经柠檬酸单独或活化葡萄糖和柠檬酸复配浸渍结束时（a）和固化后泡水 10 d 饱水状态（b）的横截面面积

基于上述讨论，活化单糖基处理剂改善木材尺寸稳定性的作用机理可总结为：活化葡萄糖单独处理材的尺寸稳定性来源于处理剂的充胀和交联作用，活化葡萄糖和柠檬酸复配处理材的尺寸稳定性主要受益于处理剂的充胀作用。

3）细胞壁的化学变化

活化糖中丰富的一元或二元羧酸和醛类，如甲酸、草酸、二羟基丁烯二酸、糠醛、5-羟甲基糠醛、糠酸等，可能和木材细胞壁大分子中羟基形成酯键和缩醛键，是活化葡萄糖基改性剂在木材中交联作用产生的化学基础。理论上，活化糖的活性组分彼此之间也可能在加热过程中发生缩醛化或酯化反应。如图 5-78 所示，活化葡萄糖溶液加热固化后，生成了一些不溶于水的深褐色物质。图 5-79 是每 100 g 溶液生成的水不溶物的质量。葡萄糖、柠檬酸单独或两者复配的溶液中都没有水不溶物的生成。活化葡萄糖溶液中水不溶物产量和溶液浓度呈正相关性。虽然柠檬酸溶液本身不能形成水不溶物，但是分别和 9%、13.5%和 18%的活化葡萄糖复配后，水不溶物产量比活化葡萄糖溶液单独固化略有提高。

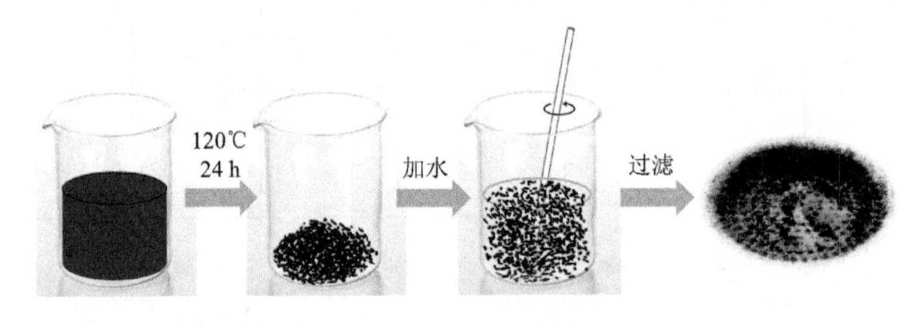

图 5-78　活化葡萄糖自固化所得水不溶物

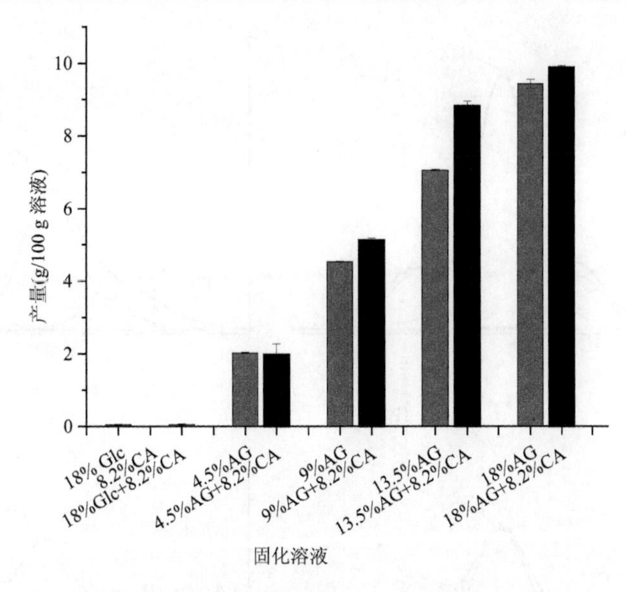

图 5-79　不同处理剂自固化后生成的水不溶物产量

水不溶性大分子的可能形成机制为：①活化葡萄糖基处理剂中的多羧基化合物（草酸、二羟基丁烯二酸、柠檬酸等）或醛类物质（糠醛、5-羟甲基糠醛等），通过酯化反应和缩醛化反应与处理剂中的多羟基化合物（葡萄糖等）形成聚酯或聚醚；②活化葡萄糖中的葡萄糖在酸热条件下发生异构、脱水、水解、聚合等一系列反应，形成了水不溶性大分子物质（Pilath et al., 2010；Hu et al., 2013）。水不溶性大分子在木材细胞壁中的形成是活化葡萄糖基处理剂对木材细胞壁充胀作用的重要机制。

为了进一步确定活化葡萄糖中的活性基团和细胞壁发生化学结合的形式，采用 XPS 分析了活化葡萄糖和木材细胞壁大分子的结合模式。鉴于 XPS 技术对表面化学环境的高度敏感性，木材本身组分（纤维素、半纤维素和木质素）的变异性对结果的影响很可能大于改性处理带来的变化，因此采用纤维素含量大于 99%的定量滤纸作为细胞壁骨架物质纤维素的模型，研究未处理滤纸和处理滤纸表面的化学变化。图 5-80 是滤纸处理前后表面高分辨 C1s X 射线能谱的分峰拟合结果。未处理滤纸中的 C1 可能来自于滤纸制造过程中残余的含烷基碳的杂质（Belgacem et al., 1995），C2 归属于纤维素分子链上的醇（—C—OH）和醚（—C—O—C—）结构中的碳原子，C3 归属于纤维素分子链缩醛（—O—C—O—）结构中的碳原子（Sapieha et al., 1990；Topalovic et al., 2007）。经活化葡萄糖处理后，纤维素表面出现了 C4（酯或羧酸）（Dorris and Gray, 1978）、C2 和 C3 含量减少，这说明活化葡萄糖和纤维素中的羟基可能发生了酯键结合，并且糖苷键断裂，纤维素分子链发生降解。同样的变化可见于柠檬酸单独或和活化葡萄糖复配处理的滤纸表面。

图 5-81 是松木未处理材和处理材经 2 轮水洗后的 FTIR 图谱。未处理材呈现木材的典型吸收峰：3630～3024 cm^{-1}（吸附水和细胞壁大分子上 O—H 的伸缩振动区域）、1731cm^{-1}（木聚糖乙酰基 CH_3CO）、1660 cm^{-1}（吸附水和木质素中的共轭 C═O）、1595cm^{-1} 和 1503cm^{-1}（木质素的芳香骨架振动）、1454 cm^{-1}（木质素和聚糖中的 C—H 弯曲振动，苯环的碳骨架振动）、1414 cm^{-1}（纤维素 CH_2 剪式振动，木质素 CH_2 弯曲振动）、1371cm^{-1}（纤维素和半纤维素中的 C—H 弯曲振动）、1325cm^{-1}（纤维素 C—H）、1158cm^{-1}（纤维素和半纤维素中的 C—O—C 伸缩振动）、1030cm^{-1}（C—O 伸缩）和 897 cm^{-1}（多糖中异头碳振动）（李坚，2003；Schwanninger et al., 2004）。1726 cm^{-1} 和 1164cm^{-1} 附近的峰分别归属于酯键中 C═O 和 C—O 的伸缩振动，1275 cm^{-1} 处的肩峰也归属于 C—O 的伸缩振动（Halpern et al., 2014；Franklin and Guhanathan, 2015）。

4.5%活化葡萄糖处理材在 1730 cm^{-1} 附近的吸收峰相对于未处理材下降，这是半纤维素的降解所致。理论上，高浓度活化糖溶液具有更多酸性物质，会加剧半纤维素的酸热降解，但是 18%活化葡萄糖处理材中 1730 cm^{-1} 附近的吸收峰高于 4.5%活化葡萄糖处理材，这说明有新的酯键形成补偿了半纤维素降解

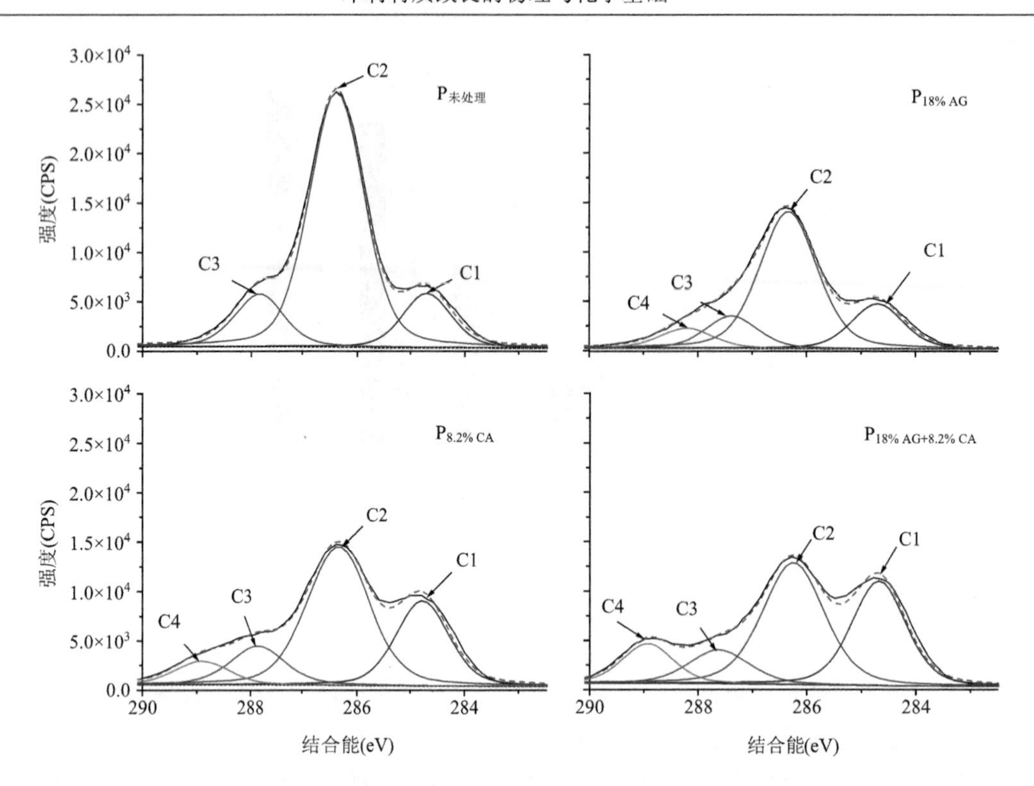

图 5-80　未处理（a）、18%活化葡萄糖处理（b）、8.2%柠檬酸处理（c）及 18%活化葡萄糖和 8.2%柠檬酸复配处理（d）滤纸水洗后表面的高分辨 C1s X 射线能谱

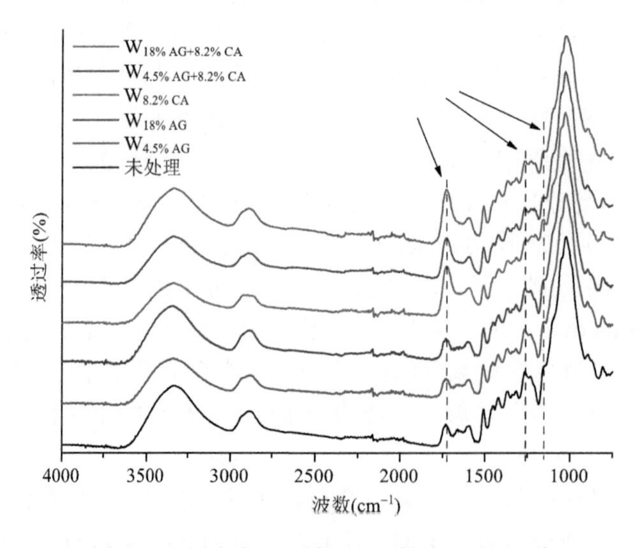

图 5-81　松木未处理材和处理材的 FTIR 图谱

所导致的此处吸收峰的减弱。柠檬酸和活化葡萄糖复配处理材也表现出相似的结果。聚酯大分子在细胞壁微孔中的沉积以及活化葡萄糖和木材细胞壁大分子的酯化反应是新增酯键的形成原因。由于缩醛键(—O—C—O—）对应的吸收峰位置（1275～1100 cm^{-1}）和酯键中 C—O 以及多糖中的糖苷键吸收峰位置重合，多糖降解伴随糖苷键的断裂削弱此处吸收强度，而酯键的形成增强此处吸收强度，因而三种作用同时存在时，目前难以从化学基团的角度证实活化葡萄糖基处理剂和木材细胞壁大分子之间发生了半缩醛化或缩醛化反应。

二、黄酮类化合物改性木材的性能及改性机理

公众对于环境的关注促进了环保型木材防腐剂的发展，其中植物源木材防腐剂是研究热点之一。研究报道某些植物提取物具有抗真菌和杀虫作用，可以用作新型木材防腐剂的材料。

魔芋（*Amorphophallus konjac*）是天南星科魔芋属植物，是原产于中国陕西、宁夏、甘肃和四川等地的一种经济作物。魔芋飞粉是魔芋粉在机械加工过程中的副产物，占加工魔芋总质量的 30%～40%，全国年产量在 1500～2000 t，因其口味苦涩而常被作为低价值的饲料出售甚至废弃，利用率低且易造成环境污染（杨薇，2011）。研究发现魔芋飞粉中含有氨基酸、生物碱、黄酮（许永琳等，1993；Chen et al., 2008）等活性成分，具有很高的开发利用价值（Mao et al., 2015）。Chen（2008）测得魔芋飞粉中总黄酮含量为 3.487 mg/g，黄酮提取物的 1,1-二苯基-2-苦基肼自由基（DPPH 自由基）清除率为 64.78%，具有较强的抗氧化活性。

槲皮素是黄酮类化合物的重要代表物质之一，槲皮素及其糖基化形式占类黄酮总量的 60%～75%（Bouktaib et al., 2002）。槲皮素具有抗氧化、抗癌、抗炎、抗聚集和扩张血管的作用（Verma et al., 1998；Chopra et al., 2000）。在抗菌活性方面，槲皮素可以抑制多种细菌和真菌的生长，如分枝杆菌（Gorniak et al., 2019）。基于槲皮素优异的生物活性，槲皮素在木材防腐领域有着广阔的应用前景。

（一）魔芋飞粉提取物及黄酮类化合物改性木材性能

研究表明魔芋飞粉提取物对木材腐朽菌具有抑菌活性，其中黄酮类、脂肪酸和酚酸类化合物发挥了主要作用，可以用于处理木材以提高木材耐腐性（Bi et al., 2019）。本小节采用魔芋飞粉提取物及其内黄酮类化合物槲皮素改性木材，探究魔芋飞粉提取物浸渍改性速生意杨对杨木耐腐性、尺寸稳定性和颜色的影响。表征槲皮素接枝改性杨木化学反应及其微观构造，探究槲皮素接枝改性木材耐腐性、力学性能及其内槲皮素抗流失性能。评价魔芋飞粉提取物和黄酮类化合物作为木材防腐剂的潜力，为其利用提供依据。

1. 试验与方法

1）试验材料

木材样品：所用速生意杨取自中国河南省焦作市的杨树人工林，选取符合要求杨树，于高 1800 mm、胸径 400 mm 处取材分别加工成 20 mm×20 mm×10 mm 和 20 mm×20 mm×300 mm（*R*×*T*×*L*）的木块，选取无节子、无腐朽、无蓝变并且顺纹理的木块在 60℃的烘箱中干燥至恒重（质量变化不超过 0.01 g）并称重。

化学试剂：槲皮素、对甲苯磺酸和二水草酸[分析纯（analytical reagent，AR），均购于上海阿拉丁生化科技股份有限公司）]。

2）魔芋飞粉提取物及槲皮素改性木材制备

魔芋飞粉提取物改性木材：将魔芋飞粉提取物悬浮于水中高速搅拌配制成浓度分别为 40 mg/ml、70 mg/ml、100 mg/ml 和 160 mg/ml 的悬浮液。测量烘至恒重（M_{K0}）的 20 mm×20 mm×10 mm 的杨木木块弦向、径向和纵向尺寸后分别浸入上述溶液中放置在自制木材处理罐中，抽真空至 525～600 mmHg（0.07～0.08 MPa）并保持 30 min，解除真空后加压至 0.8 MPa 并保持 15 min。将获得的魔芋飞粉提取物改性杨木样品放于 60℃烘箱中烘干至恒重后记录浸渍后质量（M_{K1}）和径、弦、纵向尺寸，于干燥器内保存备用。处理木材增重率（ΔM_K 或 ΔM_Q）和增容率（ΔV_K）根据式（5-16）和式（5-17）计算。

$$\Delta M = (M_1 - M_0) / M_0 \times 100\% \tag{5-16}$$

$$\Delta V_K = \frac{(V_{K1} - V_{K0})}{V_{K0}} \times 100\% \tag{5-17}$$

式中，下角标 K 代表魔芋飞粉，下角标 Q 代表槲皮素；ΔM（ΔM_K 或 ΔM_Q）为处理木材增重率（%）；M_0（M_{K0} 或 M_{Q0}）为木块初始质量（g）；V_{K0} 为木块初始体积（mm^3）；M_1（M_{K1} 或 M_{Q1}）为处理后改性木块质量（g）；V_{K1} 为处理后改性木块体积（mm^3）。

为了验证根据抑菌活性分离鉴定得到的化合物的抑菌活性，硬脂酸、水杨酸和肉桂醛分别在少量乙醇、木质素磺酸钠和十六烷基三甲基溴化铵的辅助下溶解于水中，得到浓度分别为 30 mg/ml、50 mg/ml 和 70 mg/ml 的溶液。按照上述方法将配制好的溶液真空高压浸渍入杨木中，干燥后获得硬脂酸、水杨酸和肉桂醛浸渍改性杨木。

槲皮素接枝改性木材：将 90 g 槲皮素加入 1000 ml 无水乙醇中，配制三份 0.3 mol/L 槲皮素溶液，在三份溶液内分别加入不同质量草酸和 8.18 g 对甲苯磺酸，配成槲皮素与草酸摩尔比（槲草比）分别为 1∶1、1∶2、1∶3 的溶液。选 20 mm×20 mm×10 mm 规格的杨木烘干至恒重并称取木块质量（M_{Q0}）。将木材浸泡于上述不同槲草比溶液中并放入浸渍罐中，采用满细胞法将上述配好的混合液浸渍入木材中，首先在−0.08 MPa 的真空度下保持 10 min，然后在 0.8 MPa 的压力下保压 24 h。将试件从浸渍罐中取出后，擦干其表面多余的溶液，将其放置于室温下自然干燥，待木材内乙醇挥发完全，在 120℃条件下反应 2 h，反应后放置在 60℃下干燥至恒重。此时称取木块质量记为 M_{Q1}。处理木材增重率 ΔM_Q 根据式（5-16）计算。

3）槲皮素改性木材抗流失性检测

作为单一的化合物，槲皮素相对于魔芋飞粉提取物用作木材防腐剂显然更具有可行性，其抗流失性的提高也更容易实现。将槲皮素接枝改性杨木和素材放入 60℃烘箱中干燥至恒重。然后将各组试件放入含有 180 ml 蒸馏水的 500 ml 烧杯中，用重物将试件压在液面以下，将烧杯放置在转速设定为 500 r/min 的磁力搅拌器上。蒸馏水每隔 6 h、24 h、48 h 更换一次，之后每 48 h 更换一次，共计 14 d。收集每次更换的滤出液用于槲皮素含量的测定。抗流失试验结束后，将木块取出，在温度设定为 60℃的烘箱中烘至绝干并称取质量（M_{Q2}）。

4）魔芋飞粉提取物改性木材与槲皮素改性木材耐腐性测试

魔芋飞粉提取物及其活性化合物硬脂酸、水杨酸和肉桂醛改性木材耐腐性试验在含马铃薯葡萄糖琼脂培养基（PDA）的培养皿中进行（Candelier et al., 2017）。将灭菌后的 PDA 倒入 90 mm 玻璃培养皿中冷却至凝固，用无菌打孔器在培养皿中扩大培养 7 d 的菌落活跃边缘（采绒革盖菌和密粘褶菌）切割出直径 4.4 mm 的菌饼并接种在配制好的 PDA 培养基中，在 28℃、80%相对湿度的霉菌培养箱中培养 7 d 左右，待培养皿内培养基表面长满菌丝。将提取物浸渍改性杨木木块在 60℃烘至恒重后记录质量（M_{K2}），在常温下平衡 24 h 后覆盖打湿的无菌纱布后放置于 105℃的高压灭菌锅中处理 30 min，待冷却后放在真菌菌丝体上，在 28℃、80%相对湿度的黑暗条件下培养 8 周。每种处理方法每种真菌 5 个重复。培养期结束时，将菌丝从试件上刮下来，在 60℃烘箱中烘干至恒重后称重（M_{K3}），并按照式（5-18）计算木块的质量损失率（ML_K）。

$$ML = (M_3 - M_2)/M_2 \times 100\% \tag{5-18}$$

式中，ML（ML_K 或 ML_Q）为耐腐后木材质量损失率（%）；M_2 为流失后（M_{Q2}）或未流失的（M_{K2}）改性木块质量（g）；M_3（M_{K3} 或 M_{Q3}）为耐腐处理后改性木块质量（g）。

槲皮素接枝改性木材耐腐性能测试参照《木材耐久性能 第 1 部分：天然耐腐性实验室试验方法》（GB/T 13942.1—2009）进行。在 250 ml 容量的培养瓶中加入 20～30 目河沙 75 g、20～30 目杨木木粉 7.5 g、4.3 g 玉米粉、0.5 g 红糖，将瓶内混合物充分摇匀配置为河沙锯屑培养基，使各物质充分混合且培养基表面保持平整。将表面放上 2 片 22 mm×22 mm×3 mm（R×T×L）大小的饲木，向瓶内加入 50 ml 浓度为 94 g/L 的麦芽糖液，将培养瓶在 121℃高压灭菌锅内灭菌 1 h。将活化培养 7 d 的白腐菌和褐腐菌菌饼分别放置于配制好的河沙锯屑培养基中，放入 28℃、85%相对湿度的培养箱中培养 7～10 d，待菌丝覆盖饲木后，将灭菌后素材、槲皮素浸渍改性材和槲皮素接枝改性杨木放置于饲木上，放入培养箱中培养 12 周后从培养箱中取出。将表面菌丝刮干净后放入温度设定为 60℃的烘箱中烘干至恒重，用电子天平称取质量（M_{Q3}），并按照式（5-18）计算木块的质量损失率（ML_Q）。根据木材天然耐腐等级评定标准判断木材的耐腐等级。

5）魔芋飞粉提取物改性木材与槲皮素改性木材力学强度测试

抗弯弹性模量测试方法：采取弦向加荷，在素材、不同浓度提取物改性木材、不同槲草比的槲皮素接枝改性杨木长度中央测量径向尺寸为宽度，弦向为高度，测量试样变形的下限为 300 N，上限是 700 N，试验机以均匀速度先加荷至下限荷载，立即读百分表指示值，读至 0.005 mm，经过 15~-20 s 加荷至上限荷载，随即卸荷，如此反复三次，每次卸荷应稍低于下限，然后再加荷至下限荷载，加荷速度设定为 1～3 mm/min。

抗弯强度测试方法：采取弦向加荷，在素材、不同浓度提取物改性木材、不同槲草比的槲皮素接枝改性杨木长度中央测量径向尺寸为宽度，弦向为高度，采用中央加荷，将试件放在试验装置的两支座上，在支座间试样中部的径面以均匀速度加荷，在 1～2 min 使试样破坏，记录破坏时的抗弯强度。

2. 结果与讨论

1）魔芋飞粉提取物浸渍改性木材耐腐性能

经 70 mg/ml、100 mg/ml、130 mg/ml、160 mg/ml 魔芋飞粉提取物浸渍改性杨木的增重率、纵径弦向尺寸增加率和体积变化率、改性杨木在白腐菌和褐腐菌侵害下的质量损失如图 5-82 所示。随着浸渍浓度的增加，改性杨木的增重率先增加后略有下降（图 5-82a），在 130 mg/ml 时增重率达到最大值（27.4%）。随着浓度的增加改性杨木纵径弦向尺寸增加率和体积变化率变化趋势与增重率一致，在 130 mg/ml 时达到最大值。这说明魔芋飞粉提取物在 130 mg/ml 时达到最大浸渍量。130 mg/ml 魔芋飞粉提取物改性杨木的纵向、径向、弦向尺寸增加率分别达到 0.7%、1.88%和 4.4%，体积增加率达到 6.9%。在任意浓度，尺寸增加率都符合纵向＜径向＜弦向的规律。

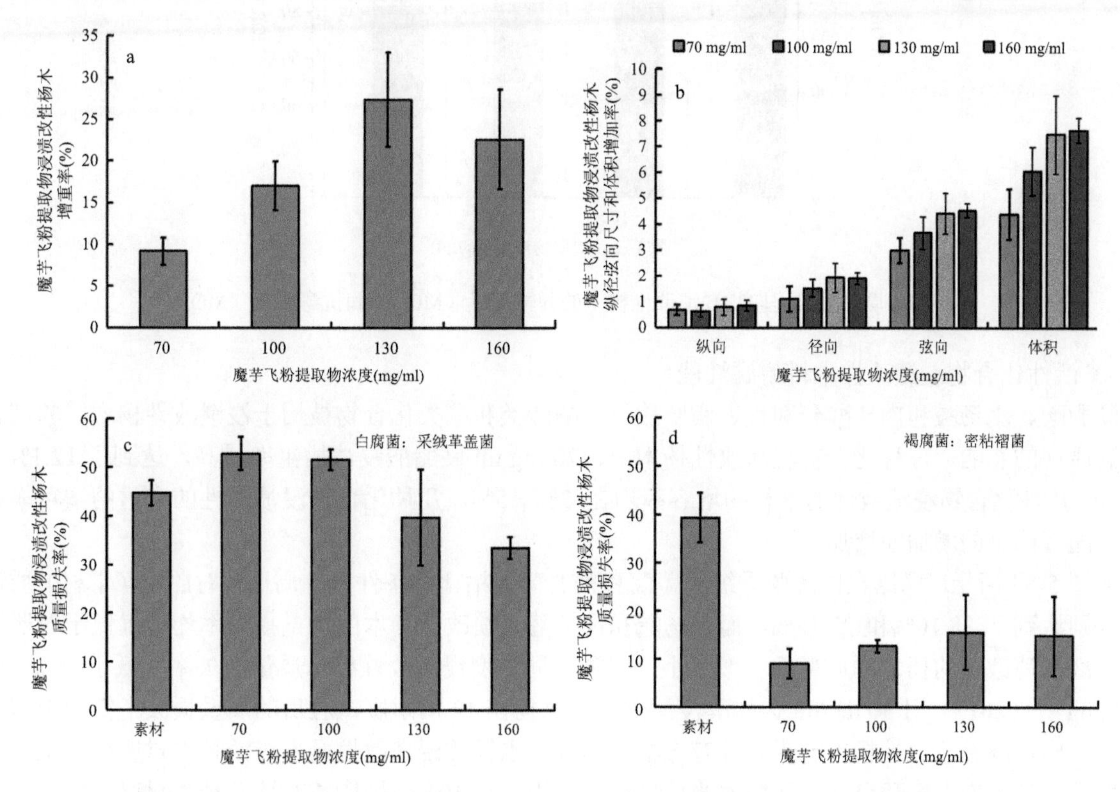

图 5-82　魔芋飞粉提取物浸渍改性杨木增重率（a）、纵径弦向尺寸和体积增加率（b）、浸渍改性杨木在白腐菌（c）和褐腐菌（d）下的质量损失

经 70 mg/ml、100 mg/ml、130 mg/ml 和 160 mg/ml 魔芋飞粉提取物浸渍改性杨木暴露在采绒革盖菌 8 周后质量损失均大于密粘褶菌（图 5-82c，图 5-82d）。暴露在褐腐菌密粘褶菌的未经处理的杨木质量损失率达到 39.4%，而经魔芋飞粉提取物浸渍改性的杨木质量损失率在 10%～20%，结果表明，魔芋飞粉提取物浸渍改性后杨木对密粘褶菌的耐腐性增强且对浓度并无明显依赖性。而暴露在采绒革盖菌下的改性杨木在提取物浓度达到 130 mg/ml 时质量损失率才低于对照组，浓度增加至 160 mg/ml 时，改性杨木质量损失率相比对照组下降了约 11%，表明较高浓度的提取物能够提升杨木对采绒革盖菌的耐腐性。综上所述，130 mg/ml 魔芋飞粉提取物浸渍改性杨木达到了最大的增重率和增容率，在此浓度下可以提高杨木对褐腐菌和白腐菌的耐腐性。

2）提取物浸渍改性木材力学性能

经 100 mg/ml、130 mg/ml、160 mg/ml 魔芋飞粉提取物浸渍改性杨木的弹性模量（MOE）和抗弯强度（MOR）如图 5-83 所示。不同浓度魔芋飞粉提取物浸渍改性杨木的弹性模量和抗弯强度都有不同程度的提高（图 5-83）。经 100 mg/ml、130 mg/ml、160 mg/ml 魔芋飞粉提取物浸渍改性杨木的弹性模量随着浓度的增加呈先上升后稳定趋势，160 mg/ml 时弹性模量最大，达到了 9786.8 MPa；魔芋飞粉提取物浸渍改性杨木的抗弯强度随着浓度的增加呈上升趋势，160 mg/ml 时达到了 110.7 MPa。这表明魔芋飞粉提取物的浸渍可以在提高杨木耐腐性的同时提高木材的力学性能，这是由于木材内孔隙被魔芋飞粉提取物填充。

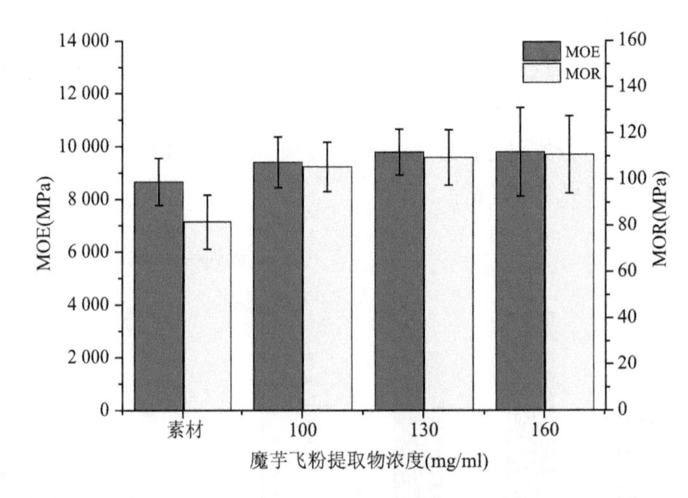

图 5-83　魔芋飞粉提取物浸渍改性杨木的弹性模量（MOE）和抗弯强度（MOR）

3）活性化合物浸渍改性木材耐腐性能

硬脂酸、水杨酸和肉桂醛分别代表脂肪酸类、酚酸类和醛类化合物被用于浸渍改性杨木，验证其对木材耐腐性的影响。三种化合物浸渍改性杨木中，70 mg/ml 硬脂酸浸渍增重率最高，达到了 12.1%（图 5-84a）。几种化合物浸渍改性的木材的增容率均在 3%～5%，几种化合物浸渍改性的木材的增重率和增容率均随着浓度的增加而增加。

如图 5-84 所示，暴露在白腐菌采绒革盖菌和褐腐菌密粘褶菌条件下 5 周后，对照组（素材）质量损失率分别达到了 38.10%和 27.18%，而水杨酸和肉桂醛浸渍改性杨木的质量损失率均远远低于对照组。用肉桂醛浸渍改性的杨木的质量损失率最小，三种不同浓度浸渍改性杨木质量损失率均低于 3%。据报道，Yang 等（2017）用 50 mg/ml 肉桂醛浸渍改性的意杨在 12 周耐腐试验后的质量损失率低于 10%，结果表明，肉桂醛浸渍改性杨木的耐腐性有大幅度提升。水杨酸浸渍改性杨木对两种木材腐朽菌也显示出高抗性，三种浓度水杨酸浸渍改性杨木的质量损失率均小于 10%。硬脂酸对这两种木材腐朽菌的抑菌活性比肉桂醛或水杨酸弱得多，在低浓度时浸渍改性杨木质量损失率较低（9.6%和 14.1%），随着浓度的增加质量损失率逐渐增加，30 mg/ml 时对白腐菌的抑菌活性大于褐腐菌，而浓度增加后对褐腐菌的抑菌活性大于白腐菌。结果表明，水杨酸、肉桂醛和低浓度硬脂酸浸渍改性杨木提高了杨木耐腐性，特别是水杨酸和肉桂醛，显著强于硬脂酸，高浓度硬脂酸浸渍改性杨木耐腐性提升很小。

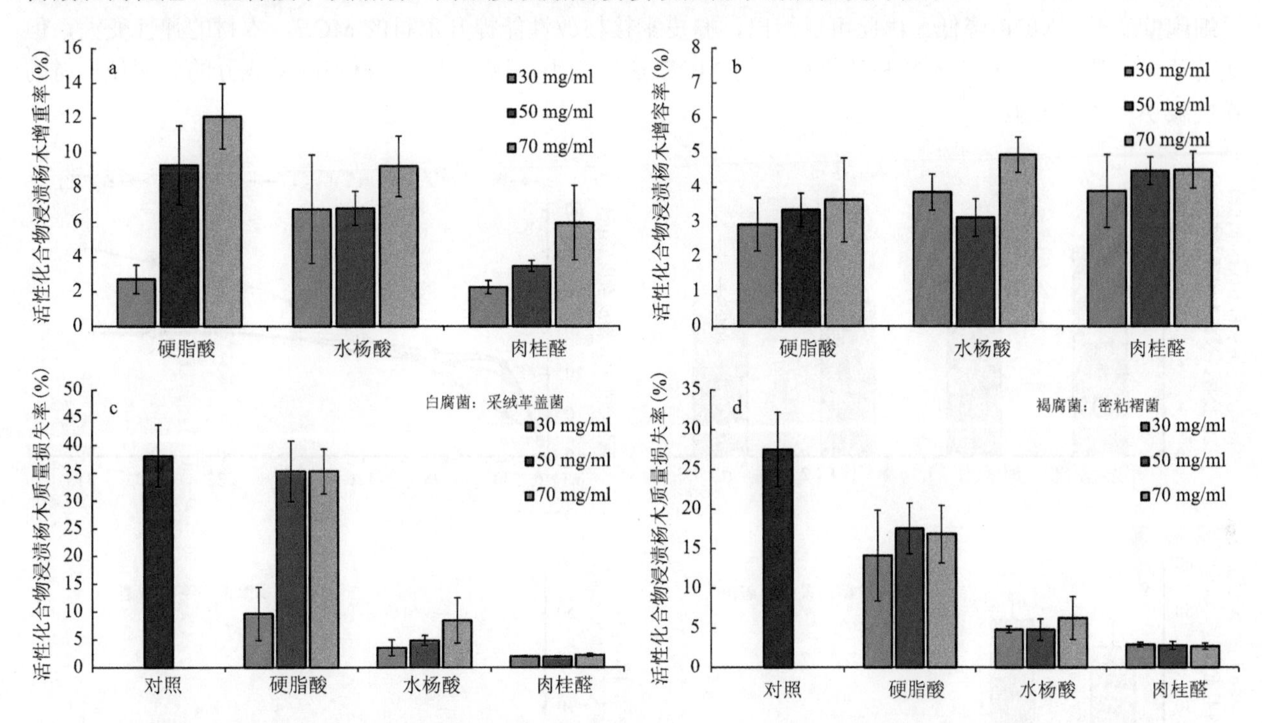

图 5-84 不同浓度硬脂酸、水杨酸和肉桂醛浸渍改性杨木增重率（a）、增容率（b）以及受白腐菌（c）和褐腐菌（d）侵害后的质量损失率

4）槲皮素接枝改性木材耐腐性能

槲皮素浸渍杨木和不同槲草比的槲皮素接枝改性杨木的增重率和累计流失槲皮素质量如图 5-85 所示。槲皮素浸渍改性杨木的增重率达 4.39%，高于槲皮素接枝改性杨木，这是由于高温酸性环境促使部分细胞壁的降解和一些化合物的挥发（图 5-85a）。与细胞壁厚度结论相同，槲草比 1∶2 时处理木材增重率高于槲草比 1∶1 和 1∶3，表明槲草比为 1∶2 的处理条件较为适宜。槲皮素浸渍杨木（对照）经过流失试验后，释放出的槲皮素持续增加，说明对照组木材内槲皮素容易流失（图 5-85b）。处理材在 30 h 累计流出槲皮素的量达到峰值，在流失试验进行到 270 h 时，处理材无槲皮素流出，说明木材内未发生反应的槲皮素全部流出。槲皮素接枝改性木材累计流失槲皮素质量低于槲皮素浸渍杨木 40%，表明该方法可以使槲皮素与木材接枝，增强槲皮素在木材中的抗流失性能。

槲皮素接枝改性提高了杨木对白腐菌采绒革盖菌和褐腐菌密粘褶菌的耐腐性（图 5-85c、d）。受白腐菌侵害的素材的质量损失率为 42.84%，槲皮素浸渍木材在经过流失后的质量损失率为 48.42%，高于素材，这表明槲皮素容易流失。经流失试验后，槲皮素与草酸摩尔比为 1∶1、1∶2 和 1∶3 的接枝改性木材在白腐菌侵害后的质量损失率分别为 11.57%、14.28%和 9.48%（素材 42.84%），普遍达到Ⅱ级耐腐等级；在褐腐菌侵害后的质量损失率分别为 5.33%、3.37%、2.04%，均低于素材（10.80%）。在流失试验后，接枝改性木材的质量损失率低于素材和槲皮素改性木材，说明接枝改性能有效地将槲皮素固定在木材细胞壁上，提高了改性杨木对白腐菌的耐腐性。

5）槲皮素接枝改性木材力学性能

槲皮素接枝改性后杨木试件的弹性模量（MOE）和抗弯强度（MOR）如图 5-86 所示。素材和槲草比为 1∶1、1∶2、1∶3 的 MOE 分别为 9162.56 MPa、10 238.91 MPa、10 009.59 MPa、9808.70 MPa。素材的 MOR 为 121.24 MPa，而槲草比为 1∶1、1∶2、1∶3 的 MOR 分别降至 56.43 MPa、57.05 MPa 和 52.15 MPa。接枝改性杨木的力学强度较素材有所降低。但是值得注意的是，随着草酸量的增加，槲皮素接枝改性杨木的 MOR 先升高后降低，这可能是因为在槲草比为 1∶2 的条件下，细胞壁厚度达到最大，力学强度有一定程度的提高。而当槲草比为 1∶3 时，此时的草酸量较多，木材半纤维素分解使得木材细胞壁变薄，MOR 降低。由此可以得出，槲皮素接枝改性能提升木材的 MOE，木材的弹性变大，但随着草酸量的增加，槲皮素接枝改性杨木的 MOE 逐渐减小，这可能是木材细胞壁成分的分解使木材的弹性减小，木材变脆。

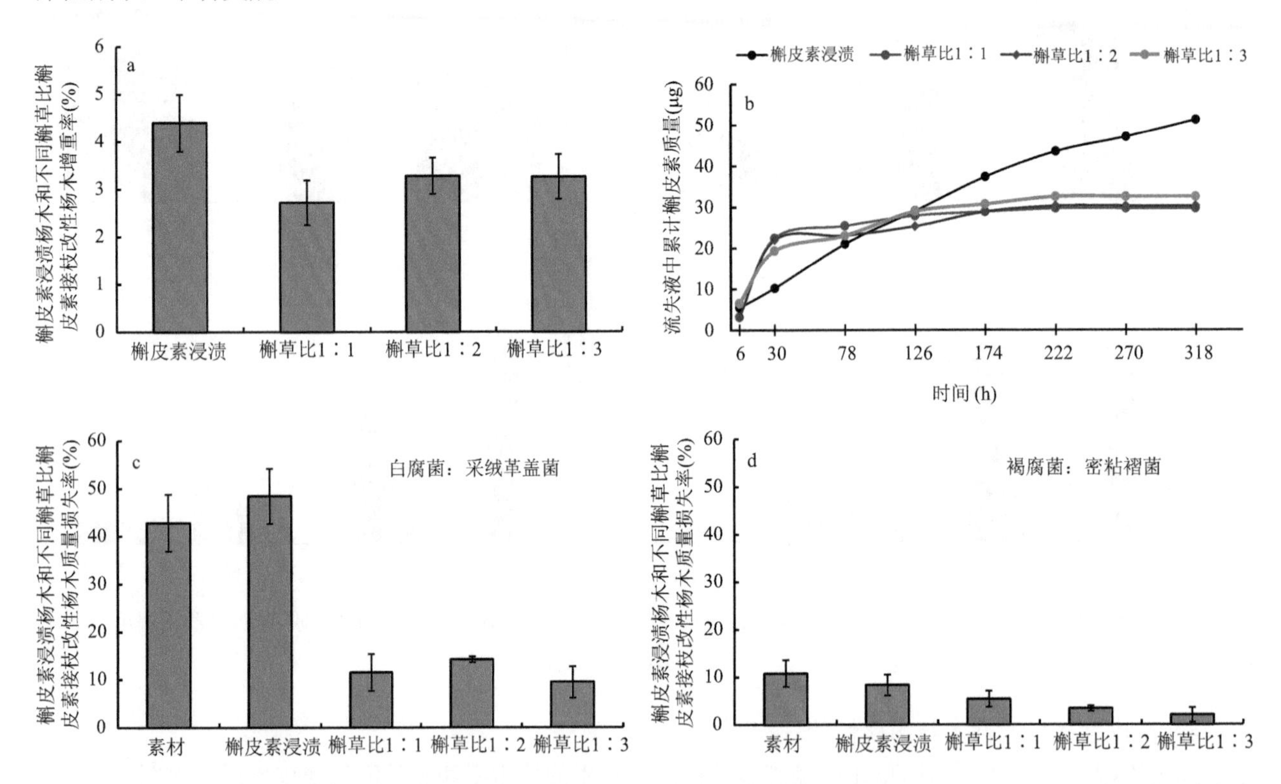

图 5-85　槲皮素浸渍杨木和槲皮素接枝改性杨木增重率（a）、流失试验中累计流失槲皮素质量（b）、流失试验后在白腐菌（c）和褐腐菌（d）下的质量损失率

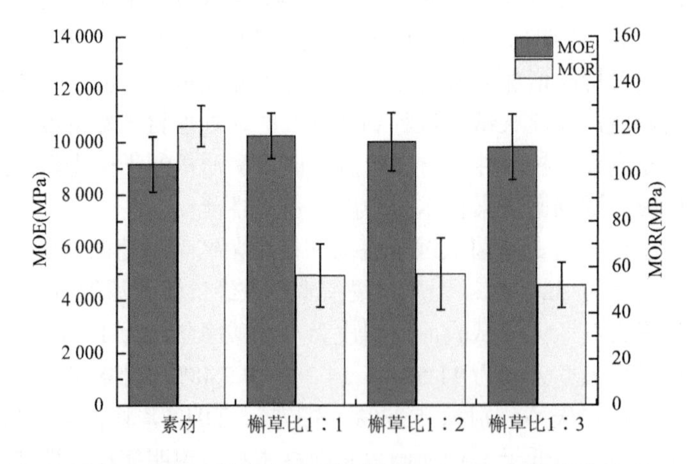

图 5-86　槲皮素接枝改性杨木的弹性模量（MOE）和抗弯强度（MOR）

（二）魔芋飞粉提取物抑菌机理与槲皮素接枝杨木接枝机理

魔芋飞粉提取物内水杨酸、三氯酚（本章中提到的三氯酚都是 2,4,6-三氯酚）、香草醛和肉桂醛因含量相对较高且价格低廉而被选择用于提高木材耐腐性。研究表明，魔芋飞粉提取物及水杨酸、肉桂醛浸渍杨木的耐腐性得到了提高。肉桂醛已被 Cheng 等（2008）报道用于木材防腐剂，水杨酸（Panahirad et al., 2012)、三氯酚（Walker et al., 2010）和香草醛（Fitzgerald et al., 2005）有少量报道其具有抗真菌活性。但鲜有研究报道4种活性化合物对木材腐朽菌的抑菌机制。

为探明抑菌机理，本研究采用紫外分光光度计分析魔芋飞粉提取物及其活性化合物处理对采绒革盖菌和密粘褶菌的纤维素酶、半纤维素酶和木质素酶活性的影响；采用电导率计测得经活性成分处理的采绒革盖菌和密粘褶菌的电解质渗出量、紫外分光光度计测得活性成分处理的两种木材腐朽菌的胞外核酸和蛋白质渗出量，以电解质、核酸、蛋白质渗出量评估魔芋飞粉提取物及其活性化合物处理对木材腐朽菌细胞膜通透性的影响；采用紫外分光光度计和十二烷基硫酸钠聚丙烯酰胺凝胶电泳分析活性成分处理对木材腐朽菌总蛋白和ATP的影响。

为探明槲皮素与木材反应机理，以傅里叶变换红外光谱（FTIR）、X射线光电子能谱（XPS）、碳13固态交叉极化魔角自旋核磁（^{13}C CPMAS-NMR）为主要手段研究槲皮素、草酸、木材三者的键合形式，以扫描电子显微镜（SEM）表征接枝改性木材的微观结构。

这为魔芋飞粉及其几种活性化合物在木材防腐剂中的应用提供了理论基础，为槲皮素等黄酮类化合物在木材中易流失的难题提供了解决思路。

1. 试验与方法

1）试验材料

供试菌种为褐腐菌密粘褶菌（*Gloeophyllum trabeum*）和白腐菌采绒革盖菌（*Coriolus versicolor*）。

马铃薯葡萄糖液体培养基[生物试剂（biological reagent，BR），广东环凯生物技术有限公司]，藜芦醇、2,2′-联氮-双-3-乙基苯并噻唑啉-6-磺酸（ABTS）、三氯酚、香草醛、对硝基苯-α-*D*-葡萄糖吡喃苷（pNPG）、肉桂醛、槲皮素、微晶纤维素、水杨苷、甘氨酸、木聚糖（来自玉米芯）、对甲苯磺酸（AR，上海阿拉丁生化科技股份有限公司）、3,5-二硝基水杨酸（AR，国药集团化学试剂有限公司）、羧甲基纤维素钠（CMC-Na）（AR，上海沪试实验室器材股份有限公司）。

2）魔芋飞粉提取物及其活性化合物处理木材腐朽菌酶活性测试

木材主要由纤维素、半纤维素和木质素组成，木材腐朽菌具有纤维素酶、半纤维素酶或木质素酶以分解木材细胞壁的纤维素、半纤维素或木质素，因而活性成分处理对木材腐朽菌纤维素酶、半纤维素酶或木质素酶活性的影响是评价活性化合物抑菌活性的一个重要指标。

粗酶液制备方法参照荣宾宾（2017）方法并略作修改：0.2 g杨木木粉被加入到20 ml含魔芋飞粉提取物（70 mg/ml、100 mg/ml、130 mg/ml）和水杨酸（30 mg/ml、50 mg/ml、70 mg/ml）、三氯酚、香草醛、肉桂醛的马铃薯葡萄糖液体培养基中，对照组为不添加药剂。使用的魔芋飞粉提取物和抗真菌化合物的浓度水平与耐腐试验所用浓度一致。将在PDA上活化7 d的白腐菌菌饼（2个，直径5 mm）接种到配制好的含药剂的液体培养基中。在恒温摇床保持温度27℃的环境下培养5 d，取适量的细胞外液在4℃下，10 000 r/min离心10 min，上清液即为粗酶液，稀释后备用。

纤维素酶活性的测定：按照Silva等（2005）描述的方法评估纤维素酶活性。吸取醋酸-醋酸钠缓冲液（pH=4.8）2.0 ml，加入3，5-二硝基水杨酸（DNS）试剂2.0 ml，沸水浴加热5 min。用水冷却至室温，制成空白标准样。使用微晶纤维素（粒径：50 μm）、羧甲基纤维素钠（USP，800～1200 MPa·s）和水杨苷（99%）分别作为外切葡聚糖酶、内切葡聚糖酶和β-葡萄糖苷酶的反应底物。反应体系为1 ml含底物的缓冲溶液与1 ml稀释粗酶液混合，50℃恒温水浴后，常温下10 000 r/min离心5 min，将DNS试剂加入上清液中，沸水浴5 min。在540 nm处检测反应液的吸光度值，并代入标准曲线y=7.9250x−0.2886（R^2=0.9990）中计算还原糖浓度。

半纤维素酶活性的测定：木聚糖用作木聚糖酶活性测定的反应底物，取1 ml稀释粗酶液加入0.5 ml 0.1%的木聚糖溶液（溶于0.1 mol/L的柠檬酸钠缓冲液，pH=4.8），50℃恒温水浴锅中水浴反应30 min。加入1.5 ml DNS试剂，混匀沸水浴5 min，冷却后测定其在540 nm处的吸光光度值。一个国际酶活性单位（1 U）是每分钟分解相应底物释放1 μmol还原糖（葡萄糖或木糖）所需要的酶量。纤维素酶和半纤维素酶活性（IU）均通过式（5-19）计算。

$$IU(U/ml) = (n \times \Delta C \times 10^3) / (V_1 \times t \times \varepsilon \times L) \tag{5-19}$$

式中，IU 为酶活性数值（U/ml）；n 为粗酶液稀释倍数；ΔC 为根据标准曲线计算的这段时间内还原糖的变化量（mg/ml）；V_1 为添加粗酶液体积（ml）；t 为反应时间（min）；ε=180.2 L/(mol · cm)；L 为比色皿光程（cm）。

木质素酶活性的测定：锰过氧化物酶（MnP）活性测定以硫酸锰为反应底物，将 0.1 ml 的 3 mmol/L 硫酸锰溶液加入 2.6 ml 的 0.1 mol/L 酒石酸缓冲液（pH=4.5）中，加入稀释酶液 0.2 ml，混匀后加入 3 mmol/L 过氧化氢 0.1 ml 启动反应，反应 1 min、2 min 时，测定反应体系在紫外分光光度计 238 nm 处的吸光值。木质素过氧化物酶（LiP）活性测定以藜芦醇为底物，将 0.2 ml 的 3 mmol/L 藜芦醇溶液加入 2.2 ml 的 0.1 mol/L 酒石酸缓冲液（pH=3.0）中，加入稀释的粗酶液 0.2 ml，混匀后加入 3 mmol/L 过氧化氢 0.4 ml 启动反应，反应 30 s、1.5 min 时，测定反应体系在 310 nm 处的吸光值。漆酶（Lac）活性测定以 ABTS 为反应底物，将 0.2 ml 的 3 mmol/L ABTS 溶液加入 2.7 ml 的 0.1 mol/L 酒石酸钠缓冲液（pH=4.5）中，加入未稀释粗酶液 0.1 ml，反应 1 min 和 2 min 时，测定反应体系在 420 nm 处的吸光值。

以上三种酶活力单位（U/ml）均定义为：单位时间内引起 0.01 单位吸光度变化所需要的酶量，酶活计算公式如式（5-20）。

$$IU(U/ml) = (n \times \Delta OD \times 10^3 \times V_{总}) / (V_{酶} \times \xi \times t \times L) \tag{5-20}$$

式中，IU 为酶活性数值（U/ml）；n 为粗酶液稀释倍数；ΔOD 为反应液在紫外分光光度计中检测时吸光度变化值；ξ 为摩尔吸光系数，Mnp、LiP、Lac 分别为 6500 L/(mol · cm)、9300 L/(mol · cm)、36 000 L/(mol · cm)；$V_{总}$为反应体系终体积（ml）；$V_{酶}$为添加粗酶液体积（ml）；t 为反应时间（min）；L 为比色皿直径（cm）。

3）魔芋飞粉提取物及其活性化合物处理木材腐朽菌细胞膜通透性测试

电导率测定：分别将从采绒革盖菌和密粘褶菌菌落的活跃生长边缘切下的 6 个直径为 5 mm 的菌丝饼去除培养基后放入无菌 PDB 培养基，将培养瓶放置在 27℃和 177 r/min 的恒温摇床中避光培养 5 d。将得到的真菌悬浮液以 1000 r/min 离心 10 min，弃去上清液。用无菌磷酸盐缓冲盐水（1×PBS，pH=7.2）和无菌水反复洗涤真菌以去除残留培养基。将大约 0.2 g 菌丝体加入 10 ml 蒸馏水中，该蒸馏水中含有 20 mg/ml 魔芋飞粉提取物、1 mg/ml 水杨酸、1 mg/ml 香草醛、0.02 mg/ml 肉桂醛或三氯酚。将仅含菌丝体的悬浮液用作对照，不含菌丝体的各自化合物悬浮液用于校准。在 0 min、5 min、10 min、15 min、20 min、25 min 和 30 min 记录溶液的电导率（μs/cm）。每个真菌每个处理重复 3 次，结果取平均值。

核酸和蛋白质渗漏测定：将 6 个 5 mm 直径的真菌菌丝饼与 400 mg 魔芋飞粉提取物、20 mg 水杨酸、20 mg 香草醛、0.4 mg 肉桂醛或三氯酚一起添加到 20 ml 马铃薯葡萄糖水中。将培养瓶放置在 27℃、177 r/min 的恒温摇床中避光培养 5 d 后离心取上清液。胞外核酸渗漏量通过在紫外分光光度计 260 nm 处测量吸光光度值计算（Chen et al., 2002），胞外蛋白质渗漏量通过使用 BB3401-250T BAC 蛋白定量试剂盒在紫外分光光度计 562 nm 处测定上清液吸光光度值，代入标准曲线（y=1.0242x+0.018，R^2=0.9991）计算处理上清液蛋白质含量。每个处理每个真菌重复 3 次，结果取平均值。

4）魔芋飞粉提取物及其活性化合物处理木材腐朽菌总蛋白检测

胞内蛋白质含量：将 5 mm 直径的真菌菌丝饼添加到 20 ml PDA 培养基中，同时加入 400 mg 魔芋飞粉提取物、20 mg 水杨酸、20 mg 香草醛、0.4 mg 肉桂醛或三氯酚。将培养物在 27℃和 80%相对湿度的黑暗中培养 7 d。收集的 300 mg 添加化合物上培养的菌丝体，在 PBS 和无菌蒸馏水中反复洗涤离心。使用上海贝博生物科技有限公司 BB3127-50T 大型真菌蛋白质提取试剂盒测定所得菌丝体中的蛋白质水平。通过制备的标准曲线计算处理真菌内蛋白质含量。每个处理每个真菌重复 3 次，结果取平均值。

十二烷基硫酸钠-聚丙烯酰胺凝胶电泳（SDS-PAGE）试验：通过将 10 μl 收集的蛋白质添加到 10 μl 2×十二烷基硫酸钠（SDS）缓冲液中并加热混合物在 100℃下保持 10 min。将所得混合物添加到 10%（褐腐菌）或 15%（白腐菌）SDS-PAGE 凝胶上。凝胶首先在 80 V 下电泳 30 min，然后 120 V 直到样品迁移到凝胶边缘。凝胶使用考马斯蓝 R250 染色 15 min，用脱色溶液清除并扫描。每个样品一个泳道，包含具有已知分子量的蛋白质的对照标准品。

5）魔芋飞粉提取物及其活性化合物处理木材腐朽菌的三磷酸腺苷（ATP）检测

ATP 浓度的测定：ATP 的产生对于一系列生理反应是必不可少的，一些化合物具有影响这一过程的能力。例如，五氯苯酚会破坏氧化磷酸化，从本质上终止电子传输过程，导致 ATP 逐渐损失（Zabel and Morell，2020）。将 300 mg 收集的菌丝体加入 1 ml 沸水中，然后再煮沸 10 min。将煮沸的菌丝体混合物在 4℃以 1000 r/min 离心 10 min。使用南京建成生物工程研究所的 A095-1-1 型 ATP 含量检测试剂盒在紫外分光光度计 636 nm 处测量上清液中 ATP 含量。每种真菌每次处理分析三种提取物，并将结果取平均值。

细胞三磷酸腺苷酶（ATPase）活性测定：使用南京建城生物工程研究所的 A070-1 型 ATPase 检测试剂盒测定魔芋飞粉及其活性化合物处理的木材腐朽菌的总 ATPase 活性。如前所述取处理的洗涤过的 300 mg 菌丝体样品添加到 1 ml 生理盐水（0.85%NaCl）中，在冰水浴中均质化。根据试剂盒说明书操作并计算上清液中 ATPase 活性。每种处理重复三次，结果取平均值。

6）槲皮素改性木材表征

傅里叶变换红外光谱（FTIR）分析：将素材、槲皮素接枝改性杨木、流失后槲皮素接枝改性杨木、槲皮素浸渍改性杨木、流失后槲皮素浸渍改性杨木用粉碎机打碎成 60 目的粉末，用无水乙醇洗去样品中未反应的槲皮素。将样品粉末与溴化钾粉末放置于压片机上压制成压片，将压片放置于 Thermo Nicolet iS10 型 FTIR 上进行检测。设置扫描波长 4000～700 cm^{-1}，扫描次数 16 次，扫描后得到的红外曲线用 OPUS6.5 软件进行基线校正和水蒸气、二氧化碳补偿。

X 射线光电子能谱（XPS）分析：将素材和三种不同槲草比的接枝改性材切成 10 mm×10 mm×1 mm 大小的径切面切片，将切好的木材切片放置于机器上用于分析，由于木材是绝缘体，C1s 峰以 284.8 eV 作为基准校正。

碳 13 固态交叉极化魔角自旋核磁（^{13}C CPMAS-NMR）分析：采用 ^{13}C CPMAS-NMR 表征槲皮素、草酸与木材组分的化学反应。*D*-纤维二糖、木聚糖和酶解木质素分别作为木材纤维素、半纤维素和木质素的模型化合物被用于分析。称取三份 0.9 g 槲皮素，0.756 g 二水草酸和 0.081 g（槲皮素与二水草酸摩尔比 2∶1）对甲苯磺酸，将每份混合均匀，向三份混合物中分别加入 2 g *D*-纤维二糖、2 g 木聚糖、2 g 酶解木质素。将混合物在 120℃烘箱中加热反应 2 h 后，用无水乙醇洗涤样品至滤液 pH 与无水乙醇 pH 相等。将洗涤后的混合物自然干燥至乙醇完全挥发，即为接枝改性后的 *D*-纤维二糖、木聚糖、酶解木质素。采用 ^{13}C CPMAS-NMR 对上述三种接枝改性物进行表征。使用日本电子 JNM-ECZ600R 型固体核磁共振波谱仪采集三种接枝改性物的固体核磁共振谱图。在室温条件下进行质子解耦的交叉极化实验，弛豫时间为 2 s，采样次数为 2000。

扫描电子显微镜（SEM）分析：将素材和流失后的槲皮素接枝改性木材充分润湿，用锋利的刀片从木材样品上径向和横向切取 10 mm×10 mm×1 mm 的小木片，将切好的木材薄片放在 60℃烘箱干燥 48 h。将干燥后的木材样品粘到样品台上并给不导电的木材表面喷上一层导电金属铂层。选择适当的放大倍数，观察样品中木材纤维的形态以及细胞壁结构，分析槲皮素改性材和素材的木纤维形态及细胞壁结构的异同点。采用 Image J（1.6.0）测量素材和不同槲草比的槲皮素接枝改性杨木的细胞壁厚度。

2. 结果与讨论

1）魔芋飞粉提取物及其活性化合物对木材腐朽菌酶活性影响

不同浓度的抑菌活性成分对木材腐朽菌纤维素酶活性具有不同的影响（图 5-87）。较高浓度的魔芋飞粉提取物处理会降低外切纤维素酶（图 5-87a、d）和 β-葡萄糖苷酶（图 5-87c、f）的活性。水杨酸、三氯酚、香草醛和肉桂醛在多数浓度下都对两种木材腐朽菌的内切纤维素酶起到抑制作用。虽然不同活性成分对两种木材腐朽菌的影响并不相同，但差异并不显著。

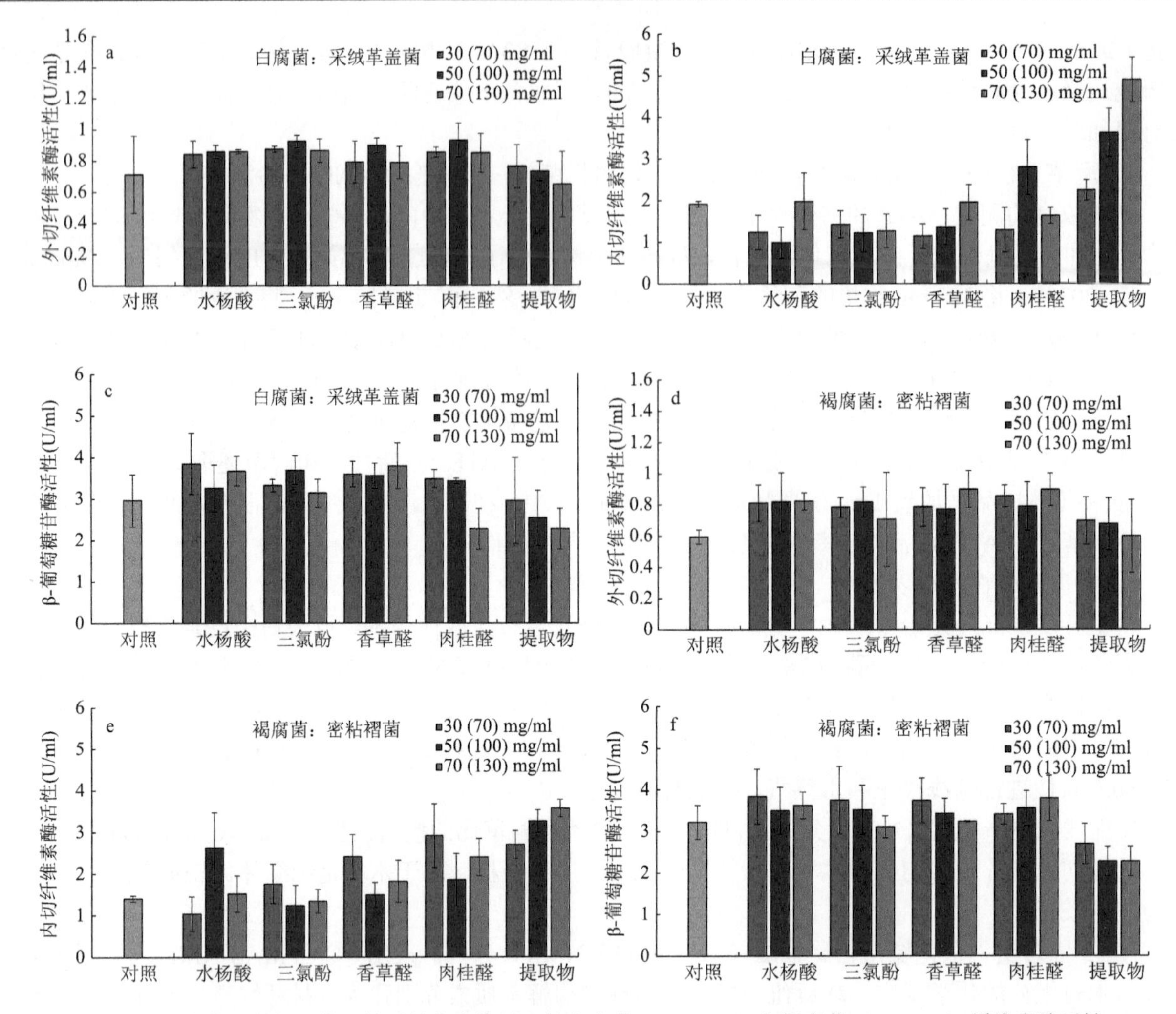

图 5-87　魔芋飞粉提取物及其活性化合物处理的白腐菌（a、b、c）和褐腐菌（d、e、f）纤维素酶活性

a、d 为外切纤维素酶，b、e 为内切纤维素酶，c、f 为 β-葡聚糖苷酶；图中括号外为几种化合物的浓度，括号内为提取物的浓度，下同

除了 70 mg/ml 时几种活性化合物均显著降低白腐菌的木聚糖酶活性外（图 5-88a），其他浓度下并未产生明显的影响。水杨酸、三氯酚、香草醛、肉桂醛和魔芋飞粉提取物对白腐菌的木质素酶活性影响较大（图 5-89）。高浓度水杨酸、肉桂醛和魔芋飞粉提取物对白腐菌的锰过氧化物酶和木质素过氧化物酶均表现出一定的抑制作用，三氯酚对白腐菌的三种木质素酶均表现出强抑制作用。所有的活性成分均对漆酶显示强抑制作用。

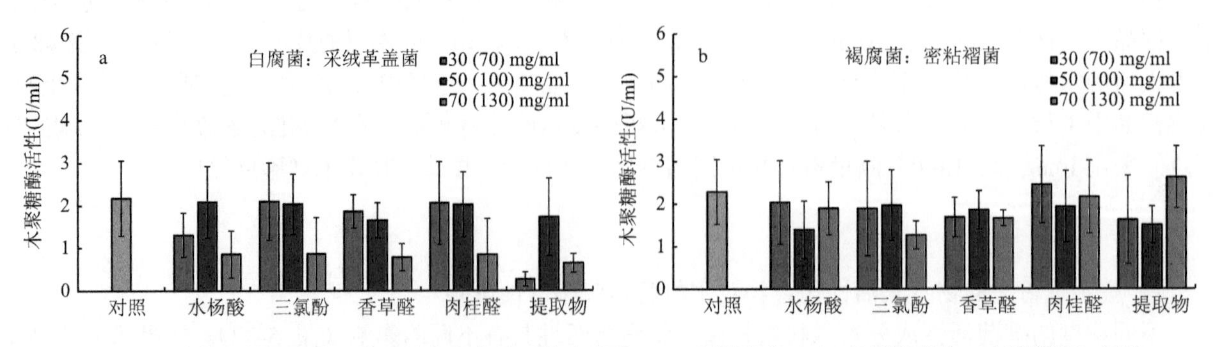

图 5-88　魔芋飞粉提取物及其活性化合物处理的白腐菌（a）和褐腐菌（b）半纤维素酶（木聚糖酶）活性

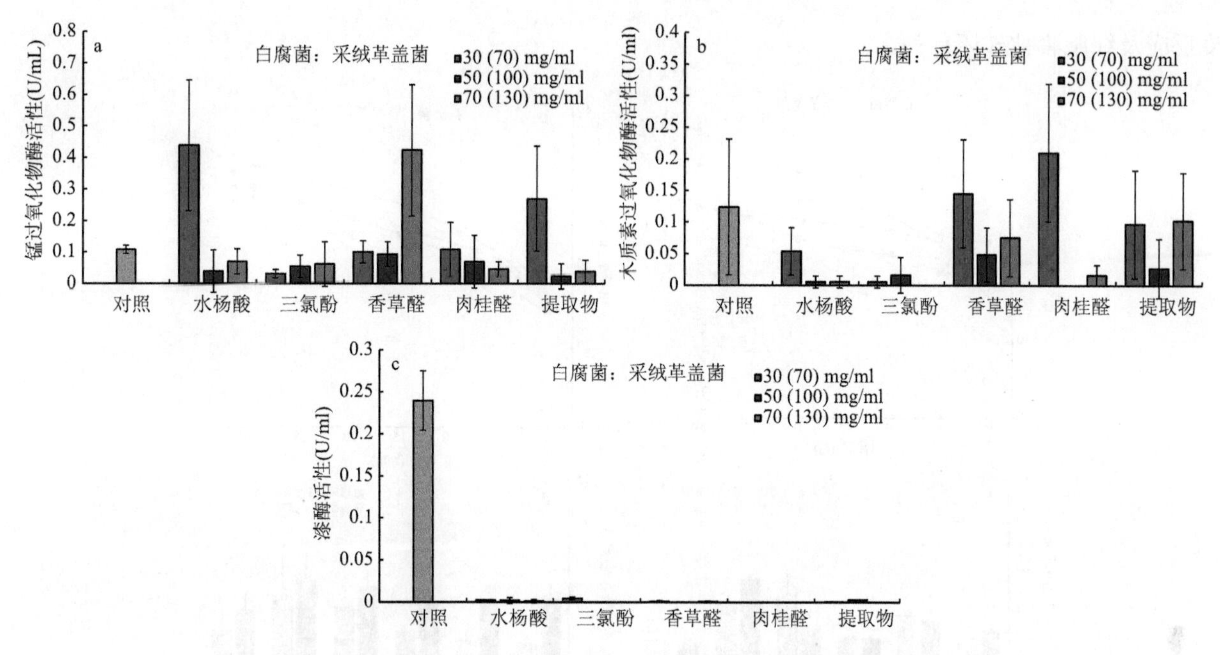

图 5-89　魔芋飞粉提取物及其活性化合物处理的白腐菌木质素酶的锰过氧化物酶（a）、木质素过氧化酶（b）、漆酶（c）活性

结果表明，魔芋飞粉提取物及其内水杨酸、三氯酚、香草醛、肉桂醛 4 种活性化合物对白腐菌采绒革盖菌和褐腐菌密粘褶菌的酶活性有不同影响。添加三氯酚、肉桂醛和魔芋飞粉提取物培养对两种木材腐朽菌的纤维素酶、半纤维素酶以及白腐菌的木质素酶活性抑制作用最佳。三氯酚在 50 mg/ml 浓度下对采绒革盖菌的木质素酶、两种菌的纤维素酶和半纤维素酶活性表现出抑制作用。水杨酸在 50 mg/ml 下对采绒革盖菌的木质素酶表现出较强的抑制作用，在 30 mg/ml 浓度下对两种菌的半纤维素酶活性表现出较强的抑制作用。香草醛和肉桂醛在 50 mg/ml 浓度下对采绒革盖菌的木质素酶以及两种木材腐朽菌的半纤维素酶活性表现出抑制作用。魔芋飞粉提取物在 100 mg/ml 浓度下对密粘褶菌和采绒革盖菌的木质素酶和半纤维素酶活性表现出较强的抑制作用。

2）魔芋飞粉提取物及其活性化合物对木材腐朽菌细胞膜的影响

细胞膜通透性指物质通过生物半透膜的难易程度，通透性的存在，对细胞内外水的移动，各种物质的交换，酸碱度和渗透压的维持，均有着重要的生理意义。在过敏、创伤、烧伤等病理情况下，生物半透膜的正常结构和功能破坏使其通透性增加，造成胞内营养物质外渗和组织水肿等反应，会危害生物生命。经魔芋飞粉提取物、水杨酸、三氯酚、香草醛、肉桂醛处理的两种木材腐朽菌溶液的电导率、核酸和蛋白质含量如图 5-90 所示。水杨酸处理的两种木腐菌电解质、核酸渗出量高于对照组，表明水杨酸处理破坏了两种木腐菌细胞膜。肉桂醛处理的白腐菌电解质、核酸和蛋白质渗出量均高于对照组，肉桂醛处理的褐腐菌核酸和蛋白质渗出量均高于对照组，表明肉桂醛处理破坏了两种腐朽菌的细胞膜。香草醛处理的两种木腐菌的核酸和蛋白质渗出量相比对照组都有一定程度的提高，但电解质渗出量降低。魔芋飞粉提取物和三氯酚处理的两种木腐菌的核酸和蛋白质渗出量相比对照组无明显变化，说明其对木腐菌细胞膜影响较小。结果表明，水杨酸和肉桂醛可能对两种木材腐朽菌的细胞膜造成破坏，导致其细胞膜通透性增加。使细胞膜控制物质进出、维持酸碱和渗透压平衡的功能受到影响，导致木腐菌生命活动受到抑制。

3）魔芋飞粉提取物及其活性化合物对木材腐朽菌总蛋白影响

水杨酸、三氯酚、香草醛或肉桂醛的添加对白腐菌不同分子量蛋白质没有重大影响（图 5-91）。魔芋飞粉提取物处理两种木材腐朽菌的总蛋白含量显著增加，在分子量范围内的蛋白质含量均有所增加，特别是在 70 kDa（白腐菌）和 25～34 kDa（褐腐菌）。三氯酚或肉桂醛处理降低了木腐菌的蛋白质水平，但水杨酸、香草醛或魔芋飞粉提取物处理提高了其蛋白质水平（Wang et al., 2012）。这可能与细胞的免疫反应及细胞膜被破坏有关。

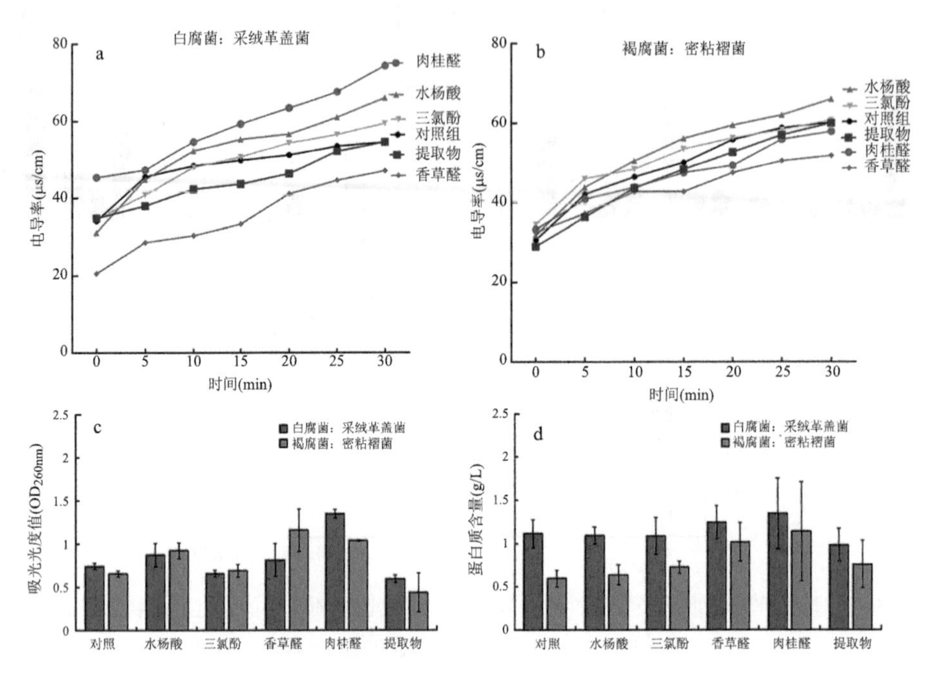

图 5-90　魔芋飞粉提取物及其活性化合物处理的木腐菌上清液电导率（a、b）、吸光光度值（c）和蛋白质含量（d）

4）魔芋飞粉提取物及其活性化合物处理木材腐朽菌的三磷酸腺苷（ATP）检测

ATP 是细胞内能量流动的重要载体，在生物体新陈代谢中占据重要位置。经魔芋飞粉提取物、水杨酸、三氯酚、香草醛和肉桂醛处理的木材腐朽菌的 ATP 浓度和 ATP 酶活性如图 5-92 所示。除三氯酚外，其他活性成分处理的两种木材腐朽菌的 ATP 浓度都有所降低，特别是香草醛处理使 ATP 浓度分别从 87.8 μmol/L（白腐菌）和 54.3 μmol/L（褐腐菌）降低至 41.0 μmol/L 和 33.5 μmol/L。水杨酸和三氯酚降低了褐腐菌的 ATP 酶活性但却促进了白腐菌的 ATP 酶活性，提取物对两种木材腐朽菌的酶活性均起到抑制作用。

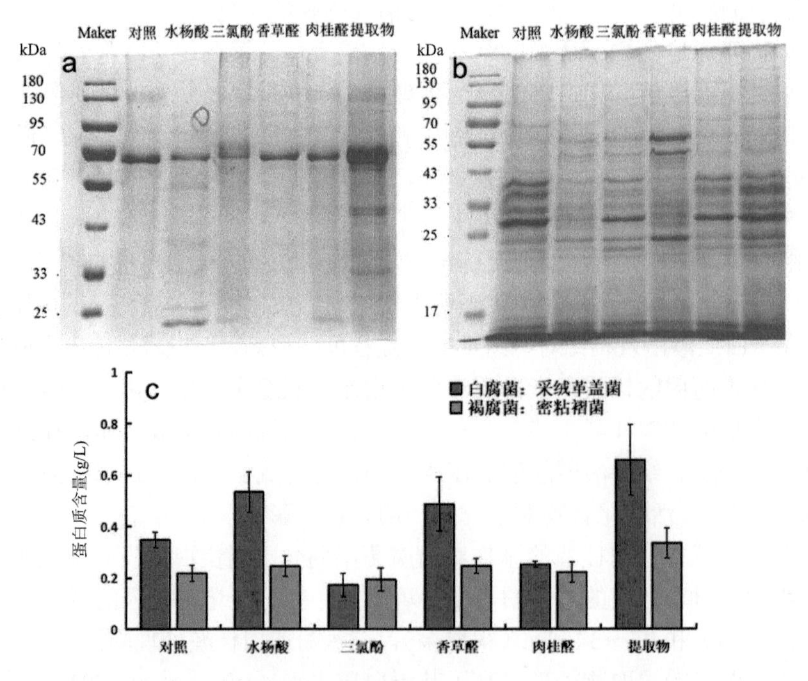

图 5-91　魔芋飞粉提取物及其化合物处理的木腐菌种类[白腐菌（a）褐腐菌（b）]和总蛋白含量（c）

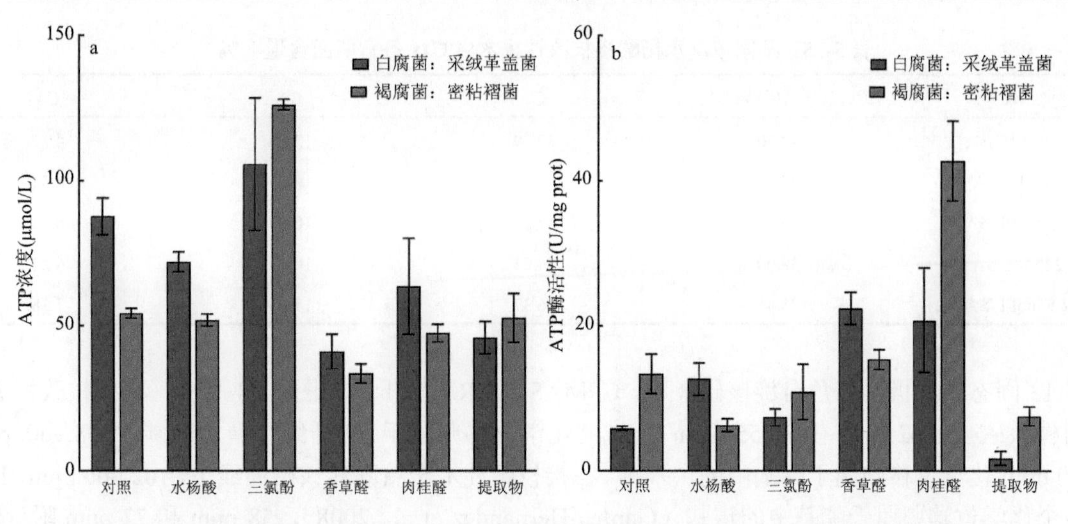

图 5-92　魔芋飞粉提取物及其活性化合物处理的木材腐朽菌 ATP 浓度（a）和 ATP 酶活性（b）

5）槲皮素接枝改性木材反应表征

FTIR 分析：不同槲皮素草酸比例改性木材 FTIR 图谱如图 5-93 所示，1768cm^{-1} 和 1620cm^{-1} 处为羰基（C═O）的伸缩振动，1620cm^{-1} 处为草酸酯所形成的特征峰（Gardea-Hernandez et al., 2008），随着草酸量的增加，1620 cm^{-1} 处羰基峰的强度逐渐增大，由此可得出此处为木材与草酸之间反应生成的羰基。此外，在接枝改性材上出现槲皮素的苯环骨架振动（1515 cm^{-1}）、C—O—C 键振动（1319 cm^{-1}）、羰基的面内摇摆（1204 cm^{-1}）等特征峰。这些峰在处理材上存在，而在素材上不存在，可以表明槲皮素与草酸、木材之间可能发生了酯化反应。

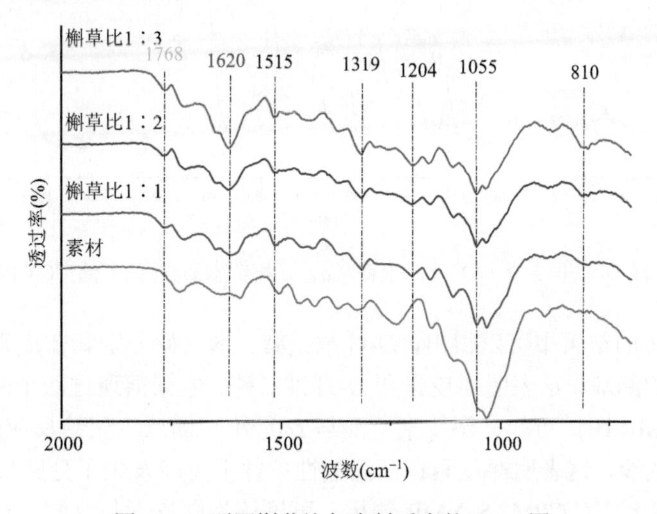

图 5-93　不同槲草比与木材反应的 FTIR 图

XPS 分析：碳谱（C1s）被解卷积为 C1、C2、C3 和 C4 峰，分别对应于 C—C/CC/C—H、C—O/C—O—C、—CO/O—C—O 和 O—C═O/C（═O）OH。当水杨酸（SA）浓度为 1 mol/L 时，处理材的 C1（C—C/C═C/C—H）比素材的 C1 相对含量有所增加（表 5-15），这表明水杨酸的接枝使木材碳链延长，随着水杨酸浓度的增加，C1、C3（—C═O/O—C—O）的相对含量有所降低，且比素材的 C1、C3 相对含量低，这表明过量的酸加入木材使得木材内组分分解，造成碳链断裂。而 C2（C—O/C—O—C）、C4（O—CO/C（O）OH）相对含量随着水杨酸浓度的增加而增大，这可能是由于水杨酸浓度的增加，接枝在木材细胞壁上的水杨酸含量增多，生成的酯基数量增多。

表 5-15　不同浓度水杨酸接枝改性杨木中 C1s 各官能团含量（%）

样品	C1	C2	C3	C4
素材	42.20	39.79	13.84	4.17
1 mol/L SA	45.59	37.54	10.51	6.35
1.5 mol/L SA	35.13	47.35	10.87	6.65
2 mol/L SA	39.00	44.05	10.73	6.21
2.5 mol/L SA	35.41	46.37	11.04	7.18

碳 13 固态交叉极化魔角自旋核磁（^{13}C CPMAS-NMR）分析：如图 5-94 所示，在接枝改性 *D*-纤维二糖固体核磁上，62.541～103.655 ppm 区域的化学位移归属于 *D*-纤维二糖上的碳，158.960 ppm 和 175.589 ppm 化学位移归属于酯基中的羰基峰。在接枝改性木聚糖固体核磁曲线上，162.006 ppm、176.015 ppm 两个化学位移归属于酯基中的羰基（Gardea-Hernandez et al., 2008），58 ppm 和 72 ppm 附近的化学位移归属于木聚糖上的碳（Teleman et al., 2001）。105～155 ppm 的化学位移属于槲皮素苯环骨架上的特征峰，而在此区域内的 *D*-纤维二糖和木聚糖纯品均无化学位移（Wawer and Zielinska, 1997）。初步推断出槲皮素、草酸分别和 *D*-纤维二糖与木聚糖发生了化学反应。在接枝改性酶解木质素曲线上，105～155 ppm 区域内有槲皮素和酶解木质素上苯环的化学位移，不能表征槲皮素、草酸和酶解木质素之间的化学反应。

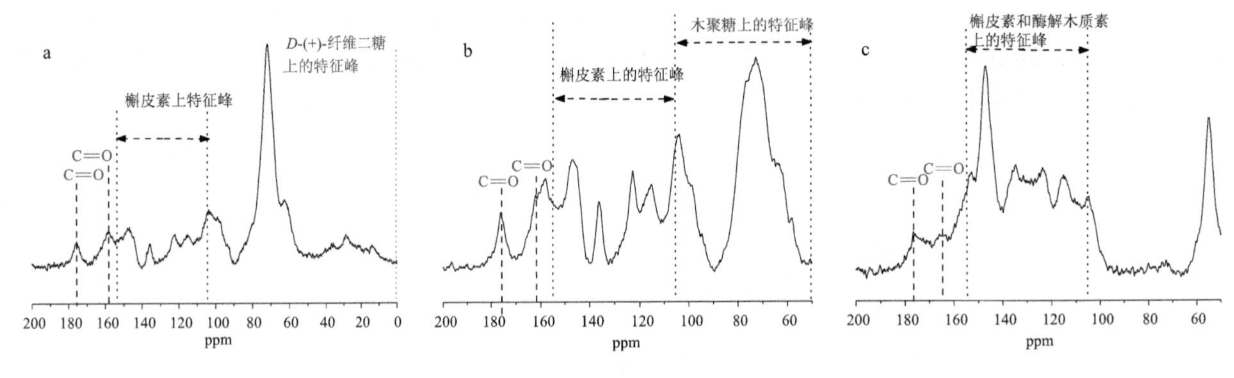

图 5-94　接枝改性 *D*-纤维二糖（a）、木聚糖（b）、酶解木质素（c）的 ^{13}C CPMAS-NMR 图谱

从 ^{13}C CPMAS-NMR 的结果中可以得出，*D*-纤维二糖、木聚糖分别和槲皮素与草酸三者之间生成了两种处于不同化学环境的酯基，这表明槲皮素和 *D*-纤维二糖、木聚糖通过两个酯基成功连接。但是对比槲皮素的 ^{13}C CPMAS-NMR 图谱可知，槲皮素草酸与 *D*-纤维二糖或木聚糖反应产物中 100～160 ppm 的化学位移个数比槲皮素的少，这表明槲皮素在高温酸性条件下可能发生了分解反应（Makris and Rossiter, 2000）。结合 FTIR、XPS 和 ^{13}C CPMAS-NMR 结果，可以认为槲皮素与草酸、草酸与木材之间分别生成了酯基，使槲皮素接枝在木材上。

6）槲皮素接枝改性木材微观构造

对素材和槲皮素接枝改性杨木的横切面和径切面通过 SEM 进行分析。槲皮素接枝改性杨木的横切面结构较完整（图 5-95），槲皮素接枝改性杨木的细胞壁厚度大于素材。在素材的横切面中，细胞角隅处有较多孔隙存在，随着槲草比的增加，孔隙数量呈减少趋势。用 Image J 软件对细胞壁厚度进行测量，素材的细胞壁厚度平均为 1.65 μm（图 5-95g），槲草比为 1∶1、1∶2 和 1∶3 的细胞壁厚度分别为 1.72 μm、2.25 μm 和 1.61 μm。造成这种现象的原因可能是低槲草比时，接枝上的槲皮素量较少，这造成细胞壁厚度相对于素材的增加不明显。随着槲草比增加至 1∶2，此时木材细胞壁上接枝的槲皮素数量变多，达到最大值，细胞壁增厚。当草酸的量继续增加，木材体内酸性增加，在 120℃高温下，过强的酸性条件会加剧木材细胞壁组分的热降解，即使接枝的槲皮素量增加，但槲皮素的增加量远小于木材细胞壁的热降解量，因此该条件下的木材细胞壁比素材薄。

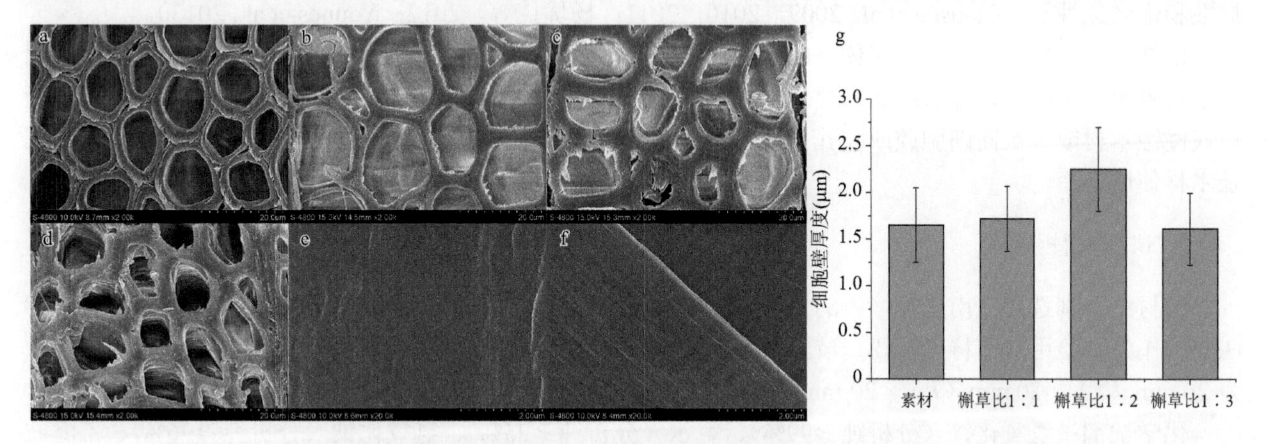

图 5-95　槲皮素接枝改性杨木横切面（a～d）和径切面（e、f）的 SEM 图及细胞壁厚度（g）

a、e. 素材；b、f. 槲草比 1∶1；c. 槲草比 1∶2；d. 槲草比 1∶3

通过观察素材细胞壁径向的微观结构（图 5-95e）可以看出，素材细胞壁结构完整，表面光滑，基本没有凸起物。槲草比为 1∶1 的细胞壁径切面（图 5-95f）可以从中看出木材细胞壁表面有丝状物，这可能是木材细胞壁在酸性高温条件下受到破坏，使得细胞壁上一些结构裸露在外，说明处理材的强度可能受到了一定的影响。

三、本节小结

本节基于木材自身组分单元以魔芋飞粉中提取出的天然多羟基化合物为改性剂，以柠檬酸和草酸等有机酸为接枝剂，构建了天然多羟基化合物改性木材细胞壁的技术体系。葡萄糖通过芬顿试剂活化后产生一元醛、二元醛和羧酸等活性物质，对纤维素材料表现出较高的反应活性，与柠檬酸复合改性后在木材中流失率显著下降，尺寸稳定性和耐腐性（褐腐菌）显著提升。其改性机制为活化葡萄糖在木材细胞壁中发生自聚合并与细胞壁上羟基发生交联反应，从而填充、润胀细胞壁并改变细胞壁大分子化学结构。魔芋飞粉提取物及其内含活性化合物对木材腐朽菌的生理活性产生影响，添加魔芋飞粉提取物后真菌的能量传递效率急剧下降，降低了木腐菌的活性。将魔芋飞粉提取物和代表性活性化合物槲皮素分别用于改性木材细胞壁，发现杨木的耐腐性显著提升，魔芋飞粉提取物改性还可提升木材的抗弯强度和弹性模量。槲皮素与草酸、草酸与木材中的纤维素、半纤维素之间均可发生酯化反应，使槲皮素接枝在木材上，发挥一定的耐腐效果。综上，天然多羟基化合物可通过有机酸接枝在木材细胞壁内，提升木材的相关性能。

第四节　无机粒子改性及无机-有机杂化改性木材

相较于有机改性，无机物对于木材尺寸稳定性、防腐防霉、阻燃性等性能的提升也发挥着重要作用。无机改性剂主要包括无机氧化物、天然矿土和无机盐类等。本节将分别以纳米氧化锌、天然蒙脱土/糠醇复合改性为代表，开展无机粒子改性及无机-有机杂化改性木材的相关研究。

一、纳米氧化锌-超支化聚合物-硼砂改性木材及改性材性能

纳米氧化锌（ZnO）资源丰富，形貌可控，具有小尺寸效应、表面与界面效应、量子尺寸效应、宏

观量子隧道效应和介电限域效应等特点。氧化锌可吸收紫外线并产生大量具有超强氧化还原能力的电子-空穴对，从而激活空气中的氧，起到抑菌灭菌作用，同时还能降低木材吸水性，提升木材耐腐性、抗白蚁性和耐老化性等（Clausen et al., 2009，2010，2011；杨优优等，2012；Younes et al., 2013）。

以纳米氧化锌、超支化预聚体、硼砂等原料为改性剂，将其单体或复合体以真空加压浸渍的方式引入木材内部，不仅可以显著降低木材化学组分中亲水基团羟基的数量，降低木材的吸水性，还可以阻断白蚁侵蚀木材或菌丝向细胞腔或纹孔生长的通道，有效提升木材的抗白蚁性、耐腐性及尺寸稳定性，延长木材使用寿命。

1. *试验材料*

试材：分别选用河南焦作境内的速生意杨和产自浙江境内的杉木[*Cunninghamia lanceolata*（Lamb.）Hook.]作为试验用材，将无腐朽、节子等明显缺陷，且纹理通直、年轮宽度均匀的边材锯制成规格尺寸为 20 mm（*T*）× 20 mm（*R*）× 20 mm（*L*）的试件。

化学试剂：氢氧化锌（分析纯≥99%）、氨水（分析纯≥25%）、氢氧化钠（分析纯≥96%）、乙醇胺（分析纯≥99.0%）、二乙醇胺（分析纯≥99.0%）、硫酸锌（分析纯≥99.0%）、聚乙二醇（分析纯≥99.0%）。纳米氧化锌（50nm，质量分数 40%）、预聚体（酚醛树脂）、硼砂等。

2. *试验方法*

1）锌氨浸渍液的配制及其改性材制备

锌氨浸渍液总质量 200 g，其中 $C_{Zn^{2+}}$ 为 0.8 mol/L，摩尔比（聚乙二醇∶醋酸锌∶乙醇胺）= 1∶2∶20，预聚体质量分数为 0.5%。具体制备方法为：称取醋酸锌[Zn（Ac）$_2$]固体 29.3568 g（0.16 mol）于烧杯中，在常温搅拌条件下加入乙醇胺（EA）97.536 g（1.6 mol），完全溶解后，依次加入聚乙二醇（PEG200）16 g（0.08 mol）和酚醛树脂预聚体（Y）1 g，缓慢加入蒸馏水至溶液总质量为 200 g，再持续搅拌直至得到澄清淡蓝色锌氨浸渍液。

将质量烘至恒定的木材试样完全浸没在锌氨浸渍液中，再放入密闭的浸注罐，先抽真空，在−0.09 MPa 条件下保持 30 min，然后加压，在 1.5 MPa 压力下保持 40 min，卸压，取出浸渍木材。将浸渍木材放置在微波设备中进行微波处理，微波辐射范围 1000～2000 W，温度下限 145～185℃，温度上限 155～195℃，微波热反应时间 2～10 min，转盘转速为 50～80 r/min。待试样冷却至室温后，从微波炉中取出试样，即完成微波热处理原位合成纳米氧化锌改性木材的制备。

2）纳米氧化锌浸渍液的配制及其改性材制备

3%ZnO 浸渍液：称取浓度为 40%的纳米氧化锌母液 300 g 置于洁净烧杯，将烧杯置于磁力搅拌器上，在快速搅拌条件下，缓慢加入蒸馏水 3700 g。

3%ZnO+0.3%预聚体：称取浓度为 40%的纳米氧化锌母液 300 g 加入烧杯，将烧杯置于磁力搅拌器上，边搅拌边加入 12 g 预聚体酚醛树脂。待预聚体全部转入混溶后，常温剧烈搅拌条件下，再将 3688 g 蒸馏水缓慢加入溶液中。

3%ZnO+0.3%预聚体+30%硼砂：首先称取浓度为 40%的纳米氧化锌母液 300 g 加入烧杯，将烧杯置于磁力搅拌器上，边搅拌边加入 12 g 预聚体酚醛树脂，待预聚体全部转入混溶后，常温剧烈搅拌条件下，再依次将 200 g 硼砂固体、3488 g 蒸馏水缓慢加入烧杯中，持续搅拌直至硼砂完全溶解。

采用真空加压浸渍的方式，以纳米氧化锌（ZnO）、纳米氧化锌+预聚体（ZnOY）、纳米氧化锌+预聚体+硼砂（ZnOYB）三种改性剂分别对杨木、松木试件进行浸渍处理。真空加压浸渍处理条件为先抽真空，在−0.09 MPa 保压 30 min，再加压，在 1.5 MPa 下保压 40 min，卸压，出罐。将浸渍好的试件放入烘箱内，在 60℃条件下，干燥至质量恒定。再对部分浸渍后的试件进行高温热处理，热处理温度为 160℃、处理时间 3 h。各试件标号及对应的改性方法见表 5-16。

表 5-16　木材改性方法

改性方法	浸渍液	后处理
P	—	—
ZnO	3% ZnO	160℃，3 h
ZnOY	3% ZnO+0.3%预聚体	160℃，3 h
ZnOYB	3% ZnO+0.3%预聚体+30%硼砂	160℃，3 h
SC1	3% ZnO	—
SC2	3% ZnO+0.3%预聚体	—
SC3	3% ZnO+0.3%预聚体+30%硼砂	—

注：P 为未处理材。SC 是“素材”首字母的缩写，表明 SC1、SC2、SC3 仅是用改性剂对素材进行了浸渍处理，未再进行后处理（即热处理）。“—”表示没有再进行后处理。下同

3）改性材表征

采用 X 射线衍射仪（X-Ray Diffraction，XRD）对原位合成纳米氧化锌改性木材进行分析，设置管电压 40 kV，管电流 30 mA，扫描速度 2°/min，2θ 角扫描范围 5°～80°。

对改性材进行扫描电镜（SEM）与能谱分析。利用半自动型轮转切片机（LEICA RM2245，Leica Biosystems，德国）制得尺寸为 50 μm（*L*）×2 mm（*T*）× 2 mm（*R*）的薄片试样（试样重复数为 4）。将样品用导电胶带固定牢固后，放在喷金仪器（MC1000，Hitachi, 日本）内将 Pt 喷涂在试件表面，喷金电流为 10 mA，喷金时间为 200 s。设置高分辨冷场发射扫描电镜（SU8020，Hitachi, 日本）加速电压为 3 kV，电流强度为 10 mA；设置 X 射线能谱仪（EMAX, HORIBA，日本）电压为 20 kV，电流强度为 15 mA。

采用 KBr 压片法在 20℃、湿度 65%条件下对改性样品进行傅里叶变换红外光谱（FTIR）分析，扫描范围 4000～400 cm^{-1}，扫描次数 32 次，分辨率 4 cm^{-1}，最终结果取 3 次重复测试平均值。

4）改性材性能测试

按照《木材密度测定方法》（GB/T 1933—2009）测试试材的气干密度。

根据《木材耐久性能 第 1 部分：天然耐腐性实验室试验方法》（GB/T 13942.1—2009）对表 5-16 中所列的对照材和各组改性材的耐腐性分别进行测试。测试菌种为褐腐菌绵腐卧孔菌（*Poria placenta*，PP）、白腐菌采绒革盖菌（*Coriolus versicolor*，CV）和乳白耙菌（*Irpex lacteus*，IL）三种。

根据《木材防腐剂对白蚁毒效实验室试验方法》（GB/T 18260—2015）对表 5-16 中所列的对照材和各组改性材分别进行测试。

改性材的测试包括干缩性和湿胀性两个方面，其中干缩性测试参照《木材干缩性测定方法》（GB/T 1932—2009）进行，湿胀性测试参照《木材湿胀性测定方法》（GB/T 1934.2—2009）进行。

3. 结果与讨论

1）纳米氧化锌原位生成

在木材内部原位合成纳米氧化锌对提高木材性能具有重要意义。采用常规的浸渍方法结合热处理方法很难实现上述目的，即使把热处理温度提高至 200℃，图 5-96 的 XRD 分析结果表明，在木材中仍没有原位生成纳米氧化锌。为此，采用微波辐射热处理方式代替常规热处理，使得分子水平的加热和反应成为可能，极大地提高了反应效率和速率，在 2～10 min 即可实现在木材中原位生成纳米氧化锌。图 5-97 表明，杨木和杉木试件的细胞壁里均生成了典型的六方晶型纤锌矿的纳米氧化锌，其中，杨木中分别为（100）2θ=31.8°，（002）2θ=34.5°，（101）2θ=36.4°；杉木中分别为（100）2θ=31.6°，（002）2θ=34.4°，（101）2θ=36.3°，这与粉末标准（JCPDS 36-1451）完全相符。此外，由于微波热处理时木材不在水热的溶液环境，改性木材基本保持了原有木材的结构和纹理，且仍保持其基本材性。

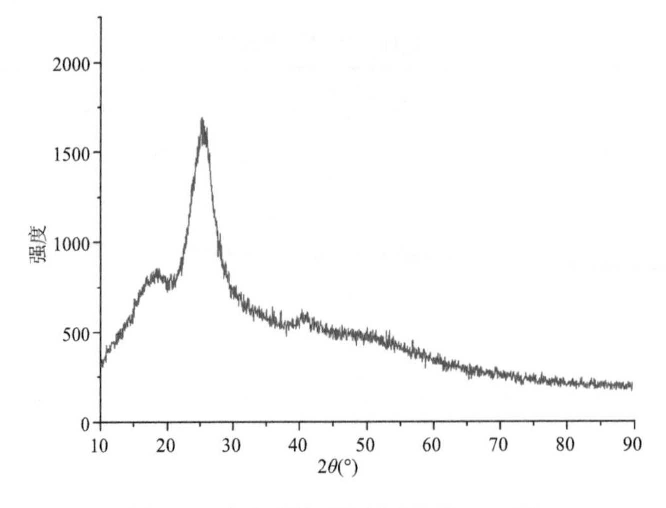

图 5-96　复合改性后木材试件的 XRD 图

浸渍处理条件为 Zn（OH）$_2$（0.1 mol）+EA（20 mol）+（NH_4）$_2SO_4$（0.6 mol），锌∶DEA≈1∶200，药液质量分数 0.169%（C_{ZnO}≈0.02 mol/L），热处理温度为 200℃；EA 表示乙醇胺，DEA 表示二乙醇胺

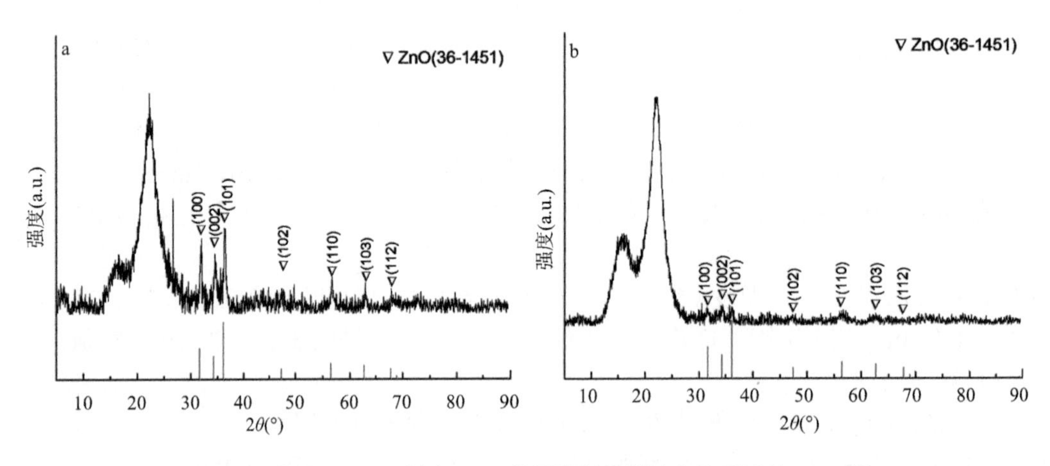

图 5-97　杨木（a）、杉木（b）的浸渍材经微波热处理后的 XRD 图

2）纳米氧化锌及其与预聚体复合改性材的表征

杨木经过不同改性处理后其气干密度均有不同程度的提高（图 5-98）。与未处理材（P）对比，6 种方法处理后杨木气干密度的提高率分别为 8.94%、19.28%、8.78%、40.97%、41.51%和 8.42%。而对于杉木来说，改性前后杉木的气干密度基本上无变化。

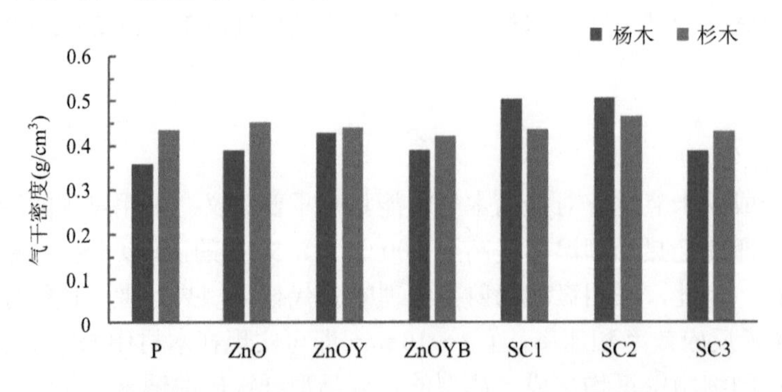

图 5-98　不同改性方法处理后木材气干密度变化

纳米氧化锌、纳米氧化锌+预聚体、纳米氧化锌+预聚体+硼砂 3 种改性剂进入木材内部后，对细胞壁均产生了不同程度的影响。从图 5-99 中可以明显地看出，对照材的细胞壁较薄，且细胞腔清晰可见。

经 3 种改性剂处理后，细胞壁的厚度明显增大，且细胞之间也被改性剂所填充，表明改性剂已分布在木材细胞壁内。图 5-100 是杉木改性前后的细胞壁变化情况，也表现出与改性杨木相似的现象。

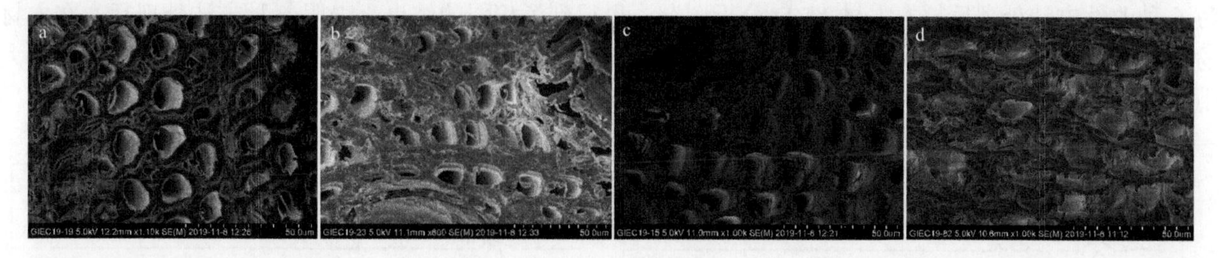

图 5-99　对照材（a）、纳米氧化锌处理杨木木材（b）、纳米氧化锌+预聚体处理杨木木材（c）、纳米氧化锌+预聚体+硼砂处理杨木木材（d）的 SEM 分析

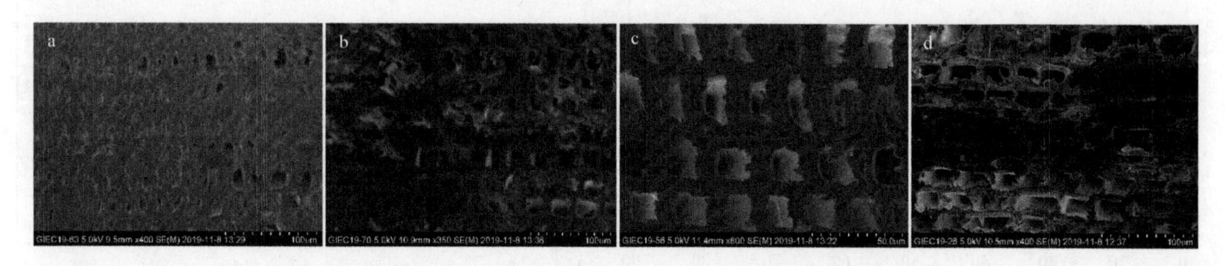

图 5-100　对照材（a）、纳米氧化锌处理杉木木材（b）、纳米氧化锌+预聚体处理杉木木材（c）、纳米氧化锌+预聚体+硼砂处理杉木木材（d）的 SEM 分析

分别对纳米氧化锌+超支化预聚体+硼砂等复合改性剂改性后的杨木、杉木进行了表观形态表征和元素分布分析。从图 5-101、图 5-102 中可以看出，纳米氧化锌和硼均分布在细胞壁和胞间层中，这对提升木材性能奠定了基础。

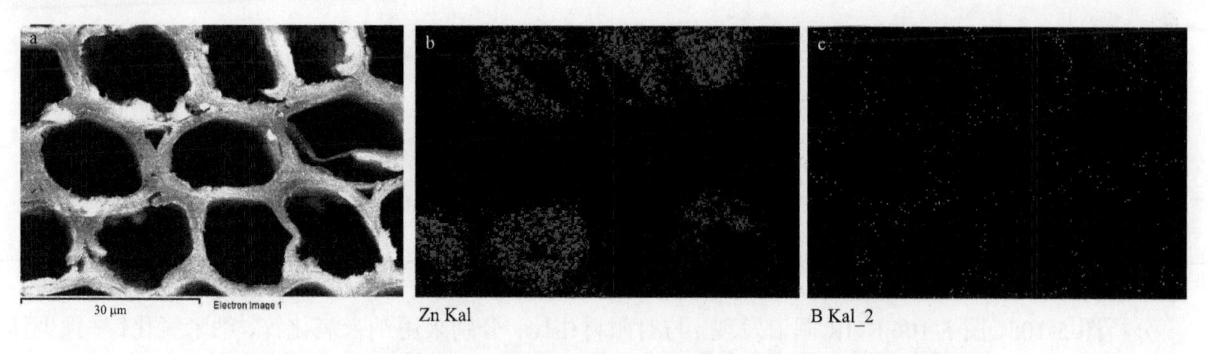

图 5-101　（纳米氧化锌+预聚体+硼砂）处理杨木木材的电镜能谱分析图

a. 改性杨木横截面二次电子形貌；b. 锌元素分布图；c. 硼元素分布图

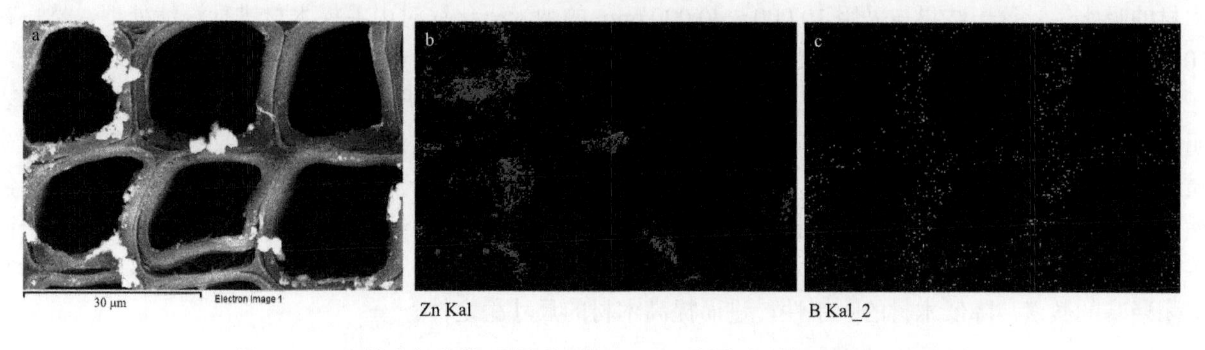

图 5-102　（纳米氧化锌+预聚体+硼砂）处理杉木木材的电镜能谱分析图

a. 改性杉木横截面二次电子形貌；b. 锌元素分布图；c. 硼元素分布图

图 5-103 为 6 种改性方法处理后杨木木材的 XRD 分析图谱。从图谱来看，处理后的杨木木材细胞壁里均产生了六方晶型的纳米氧化锌，图 5-103 中的峰值与粉末标准（JCPDS 36-1451）完全吻合。图 5-104 为 6 种改性方法处理后杉木木材 XRD 分析图谱，也得到了相似的结果。表明 6 种方法处理后，在木材的细胞壁里均沉积了不同含量的纳米氧化锌，不同处理方法处理不同木材时，生成的纳米氧化锌晶粒大小见表 5-17。

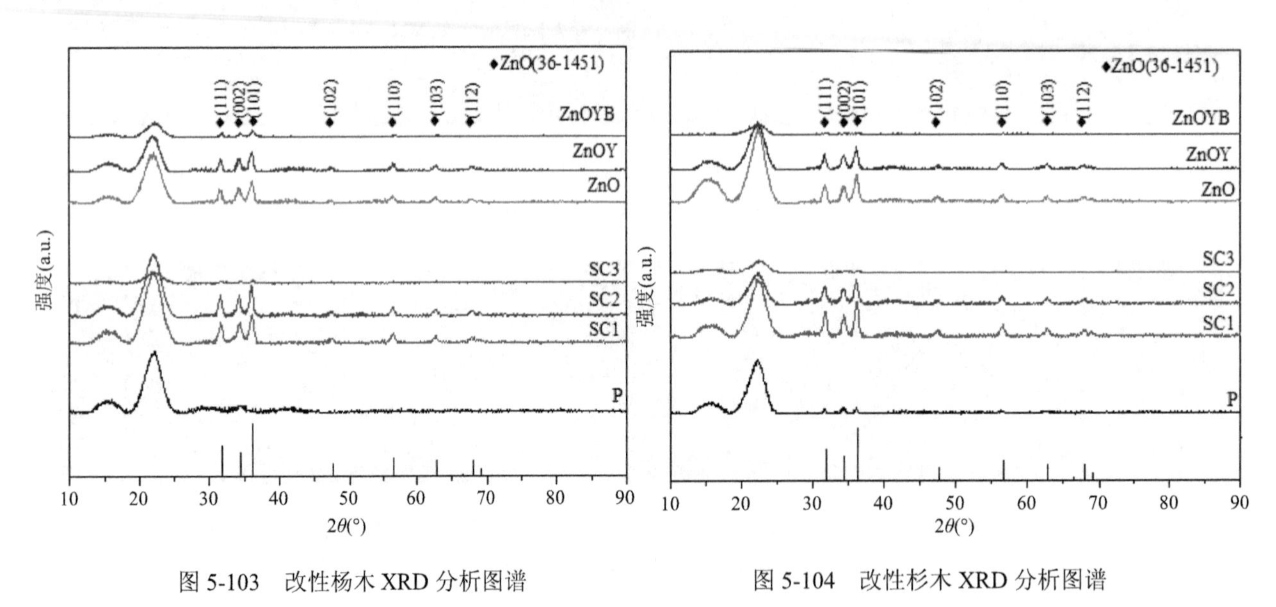

图 5-103　改性杨木 XRD 分析图谱　　　　图 5-104　改性杉木 XRD 分析图谱

表 5-17　改性木材中纳米氧化锌晶粒分布

改性方法	纳米氧化锌晶粒直径（nm）（杨木）	纳米氧化锌晶粒直径（nm）（杉木）
SC1	8.4	13.1
SC2	14.5	12.8
SC3	16.1	15.6
ZnO	11.9	11.0
ZnOY	22.0	9.5
ZnOYB	9.0	7.5

分析图 5-105、图 5-106 FTIR 图谱发现，与对照材相比，分别采用纳米氧化锌、纳米氧化锌+预聚体、纳米氧化锌+预聚体+硼砂 3 种方式对杨木木材改性后，改性材在 3450 cm^{-1} 处的羟基（O—H 伸缩振动）浓度均表现出较大幅度的降低，表明纳米氧化锌处理明显减少了亲水基团羟基的数量，从而显著降低了木材的吸水性。这一结果与采用 10 000～40 000 ppm 的纳米氧化锌对山毛榉木材进行浸渍处理，然后在 60～120℃条件下对浸渍材进行干燥处理后对木材吸水性的影响结果一致（Soltani et al., 2013）。此外，还可发现，在 3000～2800 cm^{-1} 处的甲基和亚甲基基团（C—H 伸缩振动）浓度也发生了降低现象，也表明纳米氧化锌对木材组分产生了一定的影响。在 1504 cm^{-1}（木质素的芳环 CC 骨架振动）、1457 cm^{-1}（木质素 C—H 弯曲振动）、1373 cm^{-1}（纤维素和半纤维素 C—H 弯曲振动）、1242 cm^{-1}（苯环氧键 Ar—O 伸缩振动）、1225 cm^{-1}（C—OH 伸缩振动）等处归属于木质素、纤维素和半纤维素的各基团浓度呈现下降趋势，该现象表明，纳米氧化锌与木材化学组分发生了强烈的反应，反映出纳米氧化锌可显著降低亲水基团羟基的数量，降低木材的吸水性，进而提高木材的尺寸稳定性。

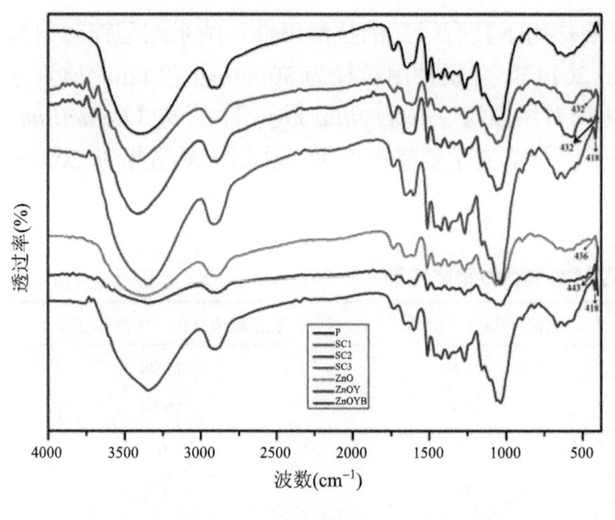

图 5-105　改性杨木的 FTIR 表征

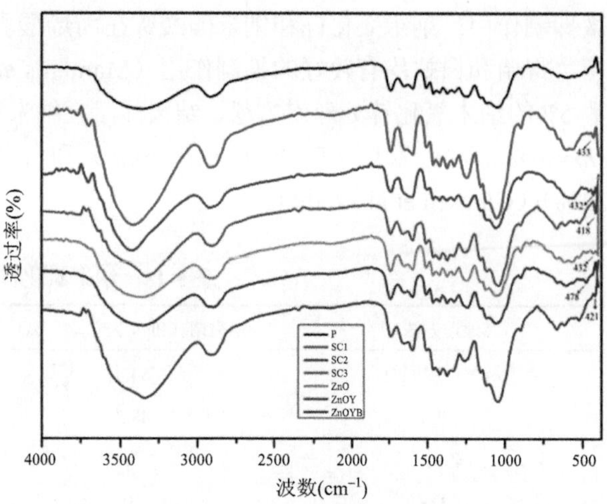

图 5-106　改性杉木的 FTIR 表征

3）纳米氧化锌及其与预聚体复合改性材的耐腐性

处理材对褐腐菌（PP）、白腐菌（CV）、乳白耙菌（IL）三种菌的耐腐等级分别为Ⅳ级（不耐腐）、Ⅲ级（稍耐腐）和Ⅲ级，相对应的失重率分别为 48.21%、38.62%和 30.15%（表 5-18）。就褐腐菌来说，经纳米氧化锌浸渍处理、纳米氧化锌浸渍+160℃热处理后，处理材耐腐性能均由Ⅳ级提高至Ⅲ级，失重率分别为 30.70%和 25.77%，表明在相同的纳米氧化锌处理条件下，热处理对提高木材的耐腐性能有一定的帮助。此外，纳米氧化锌+预聚体、纳米氧化锌+预聚体+硼砂分别处理杉木后，无论是否再对其进行热处理，处理材的抗褐腐菌等级均达到Ⅰ级，即强耐腐等级，增加热处理后处理材失重率分别为 0 和 5.63%，而未增加热处理过程的处理材其失重率分别为 9.72%和 6.76%。从上述数值也可以看出，热处理可明显增强木材的耐腐性。

对白腐菌（CV）来说，上述 6 种处理方式均可使杉木的耐腐性能从Ⅲ级提升至Ⅰ级，即强耐腐等级，其中纳米氧化锌、纳米氧化锌+预聚体处理后，无论是否再增加热处理工序，木材的失重率均为 0，即几乎不受白腐菌（CV）的侵蚀。当改性剂体系中增加了硼以后，反而使木材的抗白腐菌的能力略有下降，木材的失重率均为 5%左右。当采用乳白耙菌（IL）作为测试菌种对改性前后的杉木做测试时，其结果与白腐菌（CV）测试的结果类似。上述结果与前人研究结果类似。王佳贺（2013）以湿法研磨制备粒径为 41.7 nm 的纳米氧化铜与纳米氧化锌复合防腐剂对毛白杨（*Populus tomentosa*）和樟子松（*Pinus sylvestris* var. *mongolica*）进行处理，以白腐菌采绒革盖菌（*Coriolus versicolor*）、褐腐菌密粘褶菌（*Gloeophyllum trabeum*）作为测试菌种。结果表明，毛白杨与樟子松的耐腐性均大幅提高，失重率明显下降，且低浓度的防腐剂固着率均在 90%左右。进一步对纳米氧化锌和纳米氧化铜的防腐效果进行对比，发现纳米氧化锌的存在使防腐剂对于原本耐铜的褐腐菌密粘褶菌抑菌效果也十分明显（许民等, 2014）。用 3%的纳米氧化锌处理枫木，对白腐菌变色栓菌进行测试，结果表明枫木质量失重率从 20.4%降低至 4.5%，耐腐性能显著增强（Ladislav et al., 2016）；把纳米氧化锌加入三聚氰胺改性脲醛树脂胶（MUF）中，制备出的刨花板其抗褐腐菌粉孢革菌（*Coniophora puteana*）能力提升至 85.7%，失重率从 17.4%降低至 2.5%，并且对刨花板的湿胀性、吸水性以及抗弯强度没有影响（Ladislav et al., 2018）。采用质量分数为 0.220%和 0.055%的锌纳米粒子溶液处理云杉（*Picea abies*）、山毛榉、速生意杨和欧洲赤松（*P. sylvestris*）木材，结果表明，锌纳米粒子对绵腐卧孔菌（*Poria placenta*）有良好的抑制作用，且对针叶材和阔叶材均具有保护作用（Németh et al., 2012）。采用氧化锌、硼酸锌和氧化铜纳米颗粒真空处理的松木（*P. nigra*）对黑曲霉（*Aspergillus niger*）、青霉（*Penicillium chrysogenum*）、木霉（*Trichoderma viride*）、白腐菌变色栓菌（*Trametes versicolor*）、褐腐菌瘤盖干酪菌（*Tyromyces palustris*）的抗性试验结果表明，锌和铜基制剂显著抑制了白腐菌的生长，但对褐腐菌无抑制效果，粒径 80 nm 质量分数为 2%的硼酸锌对霉菌仅有轻微抑制作用。纳米氧化锌和纳米硼酸锌在丙烯酸乳液的作用下具有很高的抗浸出性，纳米硼酸锌对白腐菌、霉菌和白蚁均有较好的抑制作用（Mantanis et al., 2014）。分别使用粒径为 30 nm 和 70 nm，质量分数 5%的纳米氧化锌处理南方松，结果显示，纳米氧化锌对黑曲霉（*Aspergillus niger*）、青霉（*Penicillium chrysogenum*）、木霉（*Trichoderma viride*）和白腐菌变色栓菌的生长有中度抑制作用（质量损失 20%～32%）（Clausen et al., 2009）。

表 5-18 纳米氧化锌改性杉木耐腐朽测试结果

处理方法	褐腐菌（PP）失重率（%）	白腐菌（CV）失重率（%）	乳白耙菌（IL）失重率（%）
马尾松对照材	54.01	48.48	25.98
P	48.21	38.62	30.15
ZnO	25.77	0	0
ZnOY	0	0	0
ZnOYB	5.63	5.17	3.98
SC1	30.70	0	2.64
SC2	9.27	0	0
SC3	6.76	5.54	2.61

4）纳米氧化锌及其与预聚体复合改性材的尺寸稳定性

经过上述 6 种改性方法处理后，杨木和杉木木材的尺寸稳定性均得到了一定的提高，不同处理方法对木材体积的影响差异较大。就抗干缩性来看，同一改性剂处理条件下，仅采用真空加压浸渍处理与浸渍处理后再采用 160℃、3 h 的热处理，这两个处理方式对木材的抗干缩性影响似乎并无明显区别。值得注意的是，尤其是对杉木木材，不经热处理工序的改性材其抗干缩性能显著提升了近 20%及以上，而经热处理后其抗干缩性能提高率仅为 2.654%～6.052%，表明热处理并没有促进木材抗干缩性能的大幅提升。

就抗湿胀性来看，表 5-19 中的数据表明，仅用纳米氧化锌处理杨木木材时，热处理可显著提升木材的抗湿胀性，提高率达 23.657%。当使用 ZnOYB 复合改性剂对杉木木材进行处理后，木材尺寸稳定性

表 5-19 纳米氧化锌改性木材的尺寸稳定性

树种	改性方法	抗干缩性能提高率（%）		抗湿胀性能提高率（%）	
		全湿体积至气干体积	全湿体积至全干体积	全干体积至气干体积	全干体积至全湿体积
杨木	ZnO	7.463	2.276	4.812	23.657
	ZnOY	12.636	5.064	4.346	4.273
	ZnOYB	2.197	2.431	4.191	12.9
	SC1	3.241	1.823	3.027	3.473
	SC2	6.03	1.08	7.489	1.085
	SC3	17.295	9.289	3.415	12.941
杉木	ZnO	6.052	0.898	26.262	13.362
	ZnOY	5.68	3.565	27.916	16.742
	ZnOYB	2.654	3.498	41.874	36.403
	SC1	20.764	3.784	39.691	36.438
	SC2	19.848	6.326	32.613	29.392
	SC3	20.779	6.661	23.925	34.857

提高了 41.874%。这一结论与前人的研究成果类似。纳米氧化锌处理山毛榉木材后，显著降低了木材的吸水性；进而再对浸渍材做 145～185℃高温热处理，更有利于提高木材的尺寸稳定性（Ghorbani et al., 2014）。采用 0.5%、1%、1.5%的纳米氧化锌处理木材后，也显著提高了木材的尺寸稳定性，降低了木材的吸水性（Siroos et al., 2016）。

二、蒙脱土/糠醇复合改性木材的性能

糠醇改性是一种绿色环保的细胞壁改性方法，能够赋予木材优良的尺寸稳定性、抗生物劣化性及力学性能等。然而，为了获得令人满意的改性效果，通常需要较高的增重率，从而增加了生产成本。蒙脱土具有多个酸性位点、离子交换特性和阻隔作用。蒙脱土的布朗斯特酸（Brønsted acid）和路易斯酸（Lewis acid）的酸性位点能够催化树脂聚合等化学反应；其离子交换性可以引入功能性基团，赋予材料更多功能；同时，其片层结构能阻气隔热，提高材料的阻燃性能。因此，用蒙脱土和糠醇复合改性木材，可达到协同增效的作用。

研究采用钠基蒙脱土、有机蒙脱土、糠醇水溶液及蒙脱土/糠醇复合改性液浸渍速生杨木，分别制备钠基蒙脱土改性材、有机蒙脱土改性材、糠醇改性材和蒙脱土/糠醇复合改性材。旨在通过蒙脱土促进糠醇的缩聚，同时糠醇树脂可以减少蒙脱土在木材中的流失，使改性材在较低增重率下达到优良的尺寸稳定性和耐腐性。

1. 试验材料

木材试件制备同第一节中“一、糠醇改性材的水分吸着特性及尺寸稳定性”。将试件在 80℃干燥至恒重（m_1, g），并将试件按表 5-20 所示进行分类。化学药剂包括钠基蒙脱土（Na-MMT）、二癸基二甲基氯化铵（DDAC）、糠醇（FA）和顺丁烯二酸酐。

表 5-20　不同处理组试件的处理工艺与增重率（%）

分组	处理方法		增重率[a]		
	第一步	第二步	WPG_1	WPG_2	WPG_T
C	无处理	无处理	—	—	—
M	2% Na-MMT	无处理	3.56（0.78）	—	—
O	2% Na-MMT	2% DDAC	3.56（0.78）	2.21（0.11）	4.80（0.43）
F-15	15% FA	无处理	26.23（0.25）	—	—
F-30	30% FA	无处理	50.25（3.29）	—	—
F-50	50% FA	无处理	77.39（4.02）	—	—
M-F-15	2% Na-MMT	15% FA	3.56（0.78）	25.77（1.03）	29.02（1.22）
M-F-30	2% Na-MMT	30% FA	3.56（0.78）	50.32（1.03）	53.57（1.77）
M-F-50	2% Na-MMT	50% FA	3.56（0.78）	78.51（3.02）	81.92（3.17）
O-F-15	2% Na-MMT	15% FA+2% DDAC	3.56（0.78）	33.97（2.70）	37.80（2.65）
O-F-30	2% Na-MMT	30% FA+2% DDAC	3.56（0.78）	60.00（1.90）	64.34（9.72）
O-F-50	2% Na-MMT	50% FA+2% DDAC	3.56（0.78）	87.50（2.18）	91.32（2.12）

注：a 表示重复试验的平均值（标准差）

2. 试材制备

1）蒙脱土改性材的制备方法

制备 Na-MMT 改性材（M）和有机蒙脱土改性材（O）。首先，准备 Na-MMT 悬浮液。将 Na-MMT 分散在水中，搅拌 24 h，超声 30 min，200 r/min 球磨 120 min，得到质量分数 2%的悬浮液。其次，采用真空加压工艺浸渍杨木，先在−0.1 MPa 保持 45 min，随后在 0.5 MPa 加压 90 min。试材在 80℃干燥至恒重（m_2，g）。将试件平分为两组，其中一组作为 M 组试件，另一组采用相同的浸渍工艺进一步用质量分数 2%的 DDAC 水溶液处理得到 O 组试件。然后，将试件在 80℃干燥至恒重（m_3，g）。

2）糠醇改性材（F）的制备方法

以马来酸酐作为催化剂，分别配制浓度为 15%、30%和 50%的糠醇水溶液。采用真空加压工艺浸渍试材。浸渍结束后，将试件包裹在铝箔纸中，室温下放置 24 h，然后在 105℃烘箱中固化 8 h。固化后，拆除锡纸，80℃干燥至恒重（m_2，g）。

3）钠基蒙脱土复合糠醇改性材（M-F）和有机蒙脱土复合糠醇改性材（O-F）的制备方法

在 M 组试件的基础上制备钠基蒙脱土复合糠醇改性材。将 M 组试件分别浸渍 15%、30%和 50%的糠醇水溶液，得到 M-F，分别记为 M-F-15、M-F-30 和 M-F-50。将 M 组试件进一步浸渍不同浓度的糠醇水溶液（15%、30%和 50%）和质量分数 2%的 DDAC 水溶液，得到 O-F，分别记为 O-F-15、O-F-30 和 O-F-50。固化和干燥工艺同上。分别通过 m_1、m_2 和 m_3 计算第一步（WPG_1）、第二步（WPG_2）和总的增重率（WPG_T）。

3. 性能测试与表征

为测定试件吸湿尺寸稳定性，先将试件在 25℃、65%相对湿度的条件下放置 2 周，记录质量和尺寸，计算试件的平衡含水率（EMC）、吸湿体积湿胀率（VSR）和抗湿胀率（ASE）。为测定试件在饱水状态下的尺寸稳定性，将试件浸没在去离子水中，以后的 6 h、24 h、48 h、96 h、192 h 和 384 h，记录质量和体积，并更换去离子水。分别计算吸水率（WA）、吸水体积湿胀率（VSR_{WA}）和吸水抗湿胀率（ASE_{WA}）。吸水实验结束后，计算流失率（LR）。

耐腐性测试参考 AWPA E10-12《用实验室土块培养法测试木材防腐剂的标准试验方法标准》（2012 年），选用采绒革盖菌作为白腐菌种。计算腐朽后试材的质量损失率（ML）。试材耐腐性的评价标准参考《木材耐久性能 第 1 部分：天然耐腐性实验室试验方法》（GB/T 13942.1—2009）。

利用 X 射线衍射仪（X RAY，D8 Vance，Bruker，德国）分析蒙脱土的层间距。测试条件：采用 Cu Kα 射线，扫描范围 1°～40°，扫描步长为 0.02°，扫描速度 2°/min。计算蒙脱土的层间距与木材的相对结晶度（Thygesen et al., 2005）。利用红外光谱仪（FTIR，Nicolet 6700，Thermo Fisher Scientific，美国）分析改性前后木材的化学基团变化。测试条件：扫描范围为 4000～400 cm^{-1}，分辨率为 4 cm^{-1}，扫描次数 32 次。

利用配备能谱仪的场发射扫描电子显微镜（SEM-EDX，SU8010，Hitachi，日本）观察未改性材和改性材的微观形貌与结构。测试条件：加速电压 3～5 kV，工作距离 7～12 mm，发射电流 8～10 mA。

4. 结果与讨论

1）蒙脱土复合糠醇改性木材的表征

表 5-20 列出了各改性组第一步处理、第二步处理和总的增重率。2%Na-MMT 悬浮液浸渍处理木材的增重率为 3.56%，高于之前报道的相同浓度下 2.4%的增重率（Wang et al., 2014b）。糠醇改性材的增重率随糠醇改性液浓度增加呈线性增加，F-50 组的增重率最高，达 77.39%。M-F 组第二步处理的增重率与糠醇改性材的增重率相似，表明团聚的蒙脱土对糠醇水溶液的浸渍过程几乎没有影响。此外，O-F 组的第二步处理增重率远高于 M-F 各组增重率。DDAC 作为表面活性剂，可以促进木材中的渗透性，有利于

糠醇溶液在木材中的渗透（Tarmian et al., 2020）。

未改性材和改性材的 XRD 谱图与数据如图 5-107 和表 5-21 所示。M 组的 XRD 谱图在 2θ=5.98°处出现一个新峰，对应 Na-MMT（001）特征衍射峰，表明层间距 d_{001} 为 1.48 nm。与初始钠基蒙脱土的层间距（d_{001}=1.30 nm）相比，M 组中蒙脱土层间距增加。这可能是第一步球磨工艺剥离了蒙脱土片层，以及蒙脱土插层木材所致。DDAC 改性以后，O 组中蒙脱土的层间距进一步扩大到 2.85 nm，这表明 DDAC 成功插层，进入蒙脱土片层，Na-MMT 在木材内部被原位改性成有机蒙脱土（O-MMT）。此外，部分剥离的蒙脱土插入木材的纳米孔隙，形成蒙脱土/木材复合材料。对于蒙脱土复合糠醇改性材，M-F-30 组和 O-F-30 组中蒙脱土的层间距分别为 1.53 nm 和 2.96 nm，接近 M 组和 O 组蒙脱土的层间距，这表明糠醇改性并不能增大木材中蒙脱土片层间距。

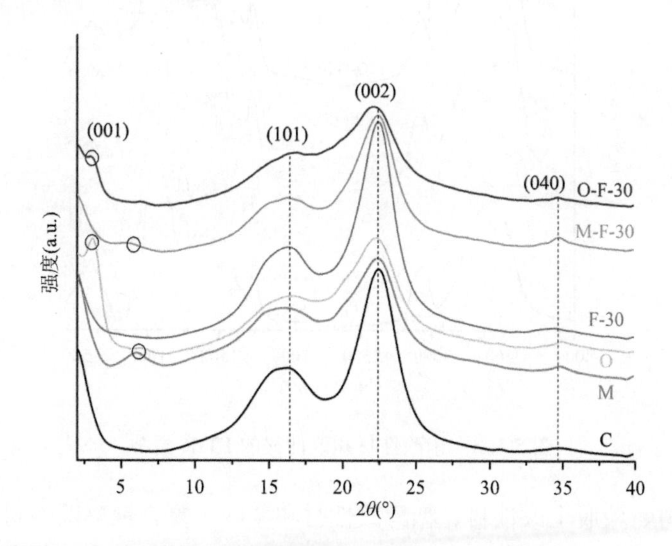

图 5-107　未改性材（C）和改性材的 XRD 谱图

表 5-21　未改性材和改性材的 XRD 数据

分组	衍射角	层间距	相对结晶度（%）
	（001）晶面对应的 2θ（°）	d_{001}（nm）	
C	—	—	34.2
M	5.98	1.48	39.0
O	3.10	2.85	36.4
F-30	—	—	20.1
M-F-30	5.78	1.53	27.6
O-F-30	2.98	2.96	31.0

注：“—”表示数据不适用

由图 5-107 可知，速生杨木分别在 2θ=17°、2θ=22.6°和 2θ=34.8°附近有三个典型的衍射峰，分别对应纤维素 I 型的（101）、（002）和（040）晶面（Fadele et al., 2019）。由表 5-21 可知，蒙脱土处理后，木材中的相对结晶度从 34.2%上升至 39.0%。这说明，蒙脱土并没有破坏纤维素的结晶结构，但是进入细胞壁的无定形区域，导致木材相对结晶度上升。与未改性材相比，糠醇改性材的相对结晶度降低，主要原因是酸性环境中部分纤维素降解，木材结晶区的比例降低；同时，无定形的糠醇树脂填充在木材中，提高了木材无定形区的比例，从而导致木材相对结晶度降低。

利用 FTIR 谱图进一步分析木材改性后发生的化学变化。未改性材和改性材的 FTIR 谱图如图 5-108 所示。经过蒙脱土处理后，改性材在 526 cm^{-1} 和 459 cm^{-1} 处出现两个新峰，分别代表 Al—O 的伸缩振动和 Si—O 的弯曲振动，证实了蒙脱土片层进入木材（Wang et al., 2014c）。对于糠醇改性材，1722 cm^{-1} 处的吸收峰源于糠醇树脂水解呋喃环上的 γ-二酮的 C═O 键伸缩振动，1564 cm^{-1} 处的吸收峰代表了呋喃-CH_2-呋喃上的共轭 C═C 振动，790 cm^{-1} 处的吸收峰归属于呋喃-CH_2-呋喃的骨架振动（Pranger and Tannenbaum，2008）。这表明糠醇在木材内部发生了缩聚和固化。897 cm^{-1} 处的吸收峰代表了糖单元之间的 β-糖苷键，由于多糖发生了酸性水解，其峰强在糠醇改性材（F-30、M-F-30 及 O-F-30）的 FTIR 曲线上减弱（Kong et al., 2018）。此外，代表木质素中芳香骨架震动的 1595 cm^{-1} 处吸收峰减弱、变宽，表明木材在糠醇改性过程中，糠醇和木质素之间存在相互作用。

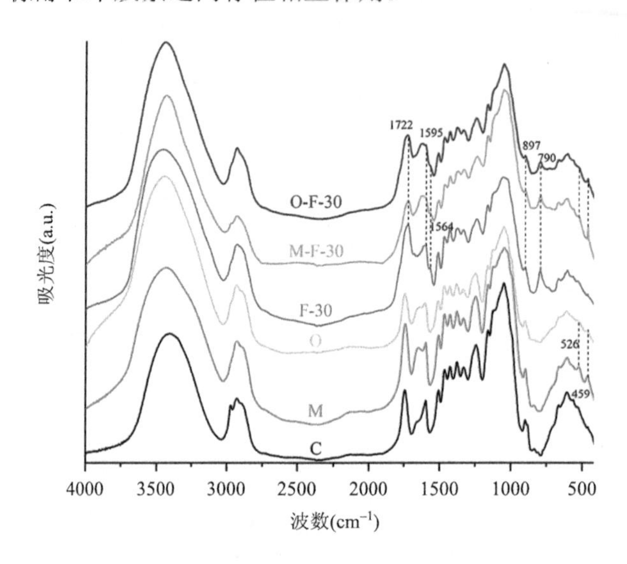

图 5-108　未改性材和改性材的 FTIR 谱图

图 5-109 为未处理材、蒙脱土改性材、糠醇改性材和蒙脱土复合糠醇改性材的微观形貌。从未处理材的横切面可以看出木纤维的细胞腔、细胞角隅、中空的横卧射线细胞和光滑的细胞壁（图 5-109a）。经过纳基蒙脱土浸渍处理后，部分钠基蒙脱土堵塞了导管壁上的纹孔（图 5-109b）。与钠基蒙脱土改性材相比，少量 O-MMT 黏附在导管壁上。经过糠醇改性后（图 5-109d），木材细胞壁厚度明显增加。糠醇能够进入木材细胞壁发生聚合和固化，充胀细胞壁，部分糠醇填充木射线和木纤维的空隙，堵塞部分

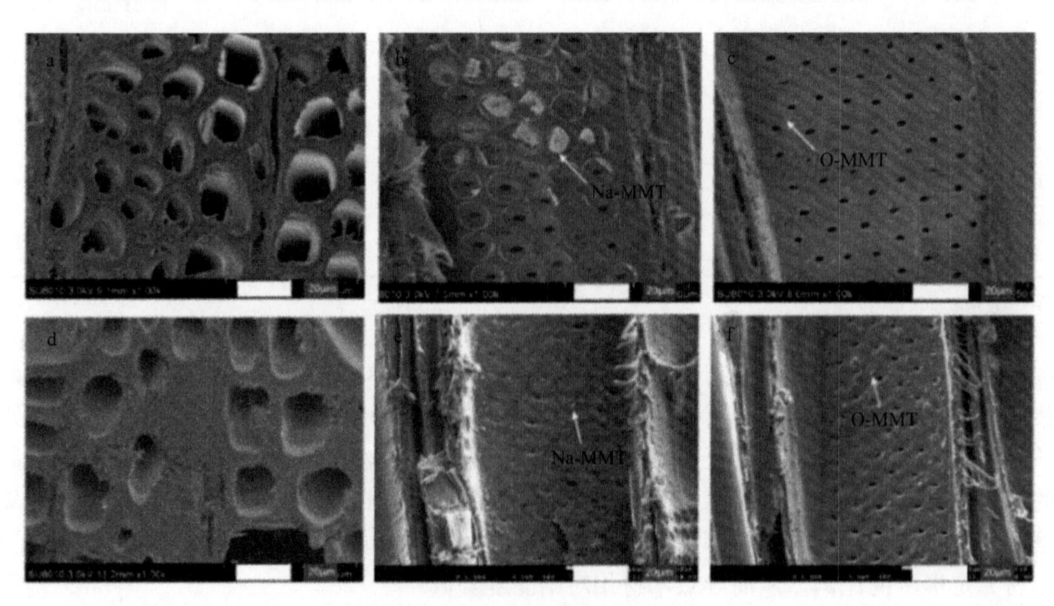

图 5-109　不同处理组试材的电镜图

a. 未处理材（C）；b. Na-MMT 改性材（M）；c. O-MMT 改性材（O）；d. 30%糠醇改性材（F-30）；e. 2%Na-MMT/30%FA 改性材（M-F-30）；f. 2%Na-MMT/2%DDAC/30%FA 改性材（O-F-30）

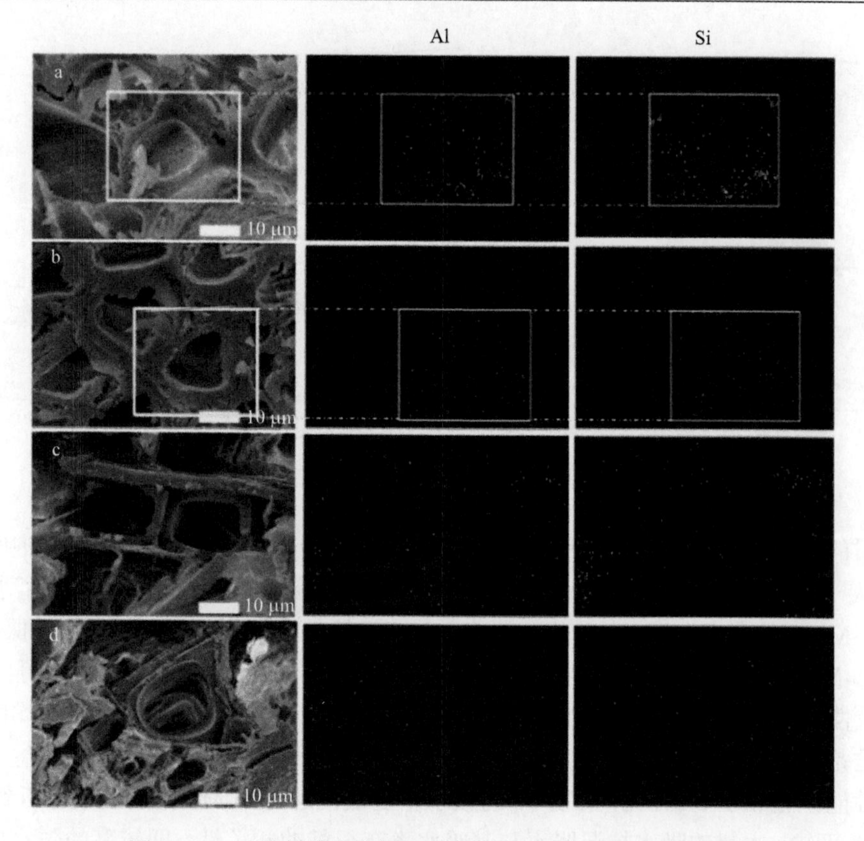

图 5-110　改性材的电镜图和对应的 EDX 中铝和硅的扫描图

a. Na-MMT 改性材（M）；b. O-MMT 改性材（O）；c. 2%Na-MMT/30%FA 改性材（M-F-30）；d. 2%Na-MMT/2%DDAC/30%FA 改性材（O-F-30）

细胞腔（Buchelt et al., 2012）。对比两种蒙脱土复合糠醇改性材，发现 O-F-30 组细胞腔比 M-F-30 组细胞腔表面光滑。由此推断，部分 O-MMT 纳米片层能够与糠醇结合进入木材细胞壁中。从钠基蒙脱土复合糠醇改性材的图 5-109e 中可以看出，纳基蒙脱土片层极有可能通过纹孔进入木材细胞壁。从 M 组和 O 组的 X 射线能谱（EDX）扫描图片（图 5-110）中可以发现，铝和硅元素分布在木材细胞壁，这表明蒙脱土插层进入了细胞壁。这一结果与之前报道的蒙脱土存在于木材胞间层和次生壁的结论一致（Cai et al., 2010）。

2）蒙脱土复合糠醇改性木材的尺寸稳定性

图 5-111 对比了未处理材和改性材在温度为 20℃，相对湿度为 65%条件下达到的平衡含水率（EMC）和抗湿胀率（ASE）。随着糠醇浓度的增加，木材的平衡含水率不断降低。当糠醇浓度为 50%时，未改性材的平衡含水率降低到 5.44%，比未处理材（8.14%）降低了约 33%。与 F 组相比，M-F 组的平衡含水率稍高，因为 MMT 是亲水性的，使得 M-F 组吸湿性较大。Na-MMT 转化为 O-MMT 后，木材的疏水性得到提高，导致 O-F 组的平衡含水率都有一定程度降低。总体来说，在相同糠醇浓度下，F 组的平衡含水率和 O-F 组接近，都低于 M-F 组。所有糠醇改性材的平衡含水率均低于未改性材。

然而，不同处理组的抗湿胀率差异很大，从 15%到 71%不等。蒙脱土浸渍和糠醇改性处理都能提高木材的尺寸稳定性，而且复合处理具有协同效果。目前，公认的木材尺寸稳定性的机制是木材水分吸附位点的减少和木材细胞壁的充胀（Baysal et al., 2004）。糠醇改性处理能够同时满足这两种机理。如图 5-109 所示，部分糠醇堆积在木材细胞腔内并固化，部分糠醇单体能够进入木材细胞壁，固化后的树脂填充了细胞壁孔隙，或附着在细胞腔内表面，甚至与木材细胞壁的主成分发生反应，从而提高了木材的尺寸稳定性（Lande et al., 2008）。尽管 Na-MMT 是亲水性的，不能减少木材中水分吸附位点，但是当蒙脱土嵌入木材细胞壁，会引起细胞壁充胀，从而提高木材的尺寸稳定性。由图 5-111b 可知，O-F 组的抗湿胀率明显高于 M-F 组，这与其较高的增重率一致。这表明，DDAC 有利于木材渗透性增强，促进糠醇进入木材内。

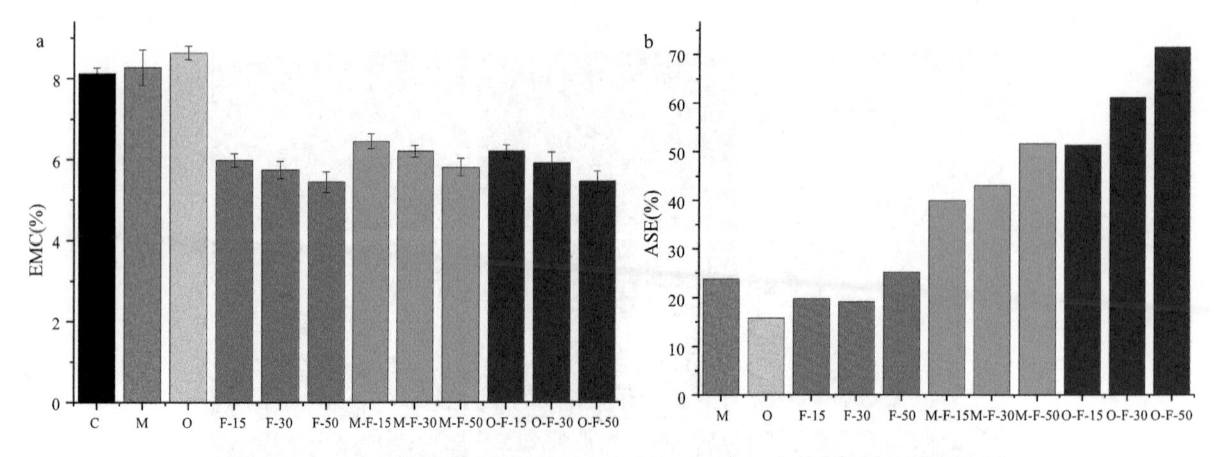

图 5-111 未改性材和改性材的平衡含水率（EMC）和抗湿胀率（ASE）

针对改性材的户外应用，本研究考察了试材的吸水性和吸水尺寸稳定性。随着浸泡时间的增加，未处理材吸水率从 55.5%增加到 156.2%，这是由于木材的毛细管系统和细胞腔内充满了水（Dong et al., 2015）。由于 Na-MMT 具有亲水性，在试验初始阶段，M 组的吸水率稍高于 C 组，然后保持动态平衡（图 5-112a）。由于 O-MMT 的疏水性和阻隔性能，O 组的吸水率在整个吸水试验过程中都明显低于 C 组和 M 组。所有糠醇改性材（F-30）和蒙脱土复合糠醇改性材（M-F-30 和 O-F-30）的吸水率均降低到未处理材的一半以下。这是由于糠醇树脂填充了细胞壁的微孔和细胞腔，甚至与细胞壁组分发生交联反应，提高了木材的防水性能。与 M-F-30 相比，O-F-30 的吸水率更低，这是 O-MMT 的疏水性所致。

由图 5-112b 可知，木材的吸水抗湿胀率与其吸水率有很好的相关性，即较高的防水性能对应着优良的尺寸稳定性。蒙脱土处理材（M 和 O）的吸水抗湿胀率在 10%以下，而糠醇处理材（F-30、M-F-30 和 O-F-30）的吸水抗湿胀率在 34.3%～65.4%。结果表明，糠醇树脂能够充胀木材的细胞壁，降低细胞壁在泡水时的膨胀能力，从而提高了木材的尺寸稳定性。

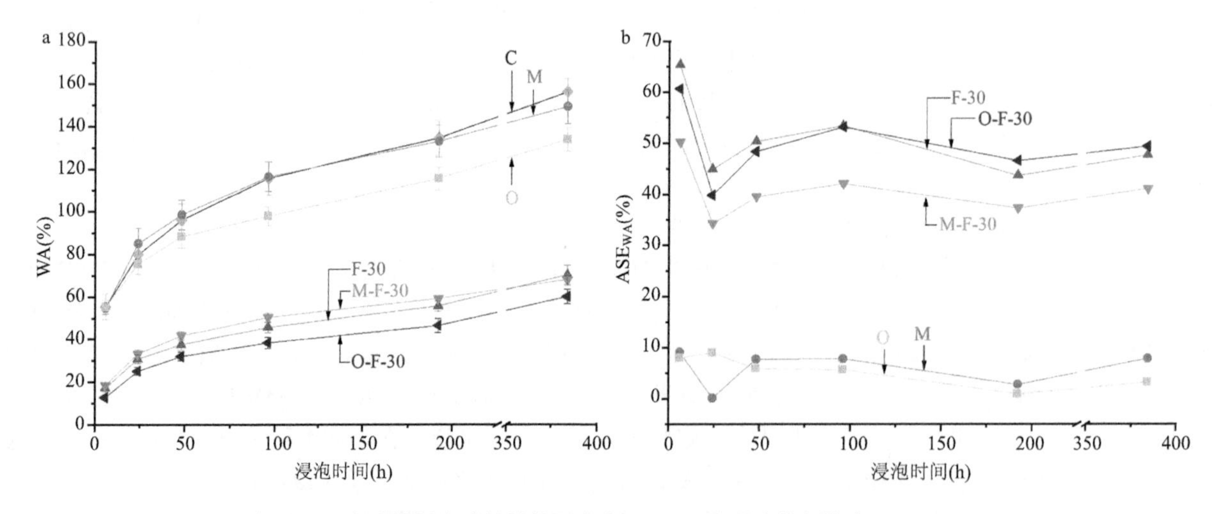

图 5-112 未改性材和改性材的吸水率（WA）和吸水抗湿胀率（ASE$_{WA}$）

对比蒙脱土改性材的抗湿胀率和吸水抗湿胀率，发现其抗湿胀率高于吸水抗湿胀率，木材中的蒙脱土在吸水试验过程中发生流失是重要原因。图 5-113 显示了木材抽提物或改性剂的流失率。浸泡 14 d 后，未处理材的质量降低了 0.65%，这与木材抽提物的流失有关。O 组中改性剂的流失率高达 3.47%，表明大量 O-MMT 流失。这表明，木材与 O-MMT 的相互作用比较微弱，沉积在木材细胞腔中的 O-MMT 容易流失。M-F-30 和 O-F-30 中改性剂的流失率分别为 0.54%和 0.87%，表明在木材内部形成糠醇树脂，大大减缓了改性剂的流失。此外，之前的报道也证实了糠醇树脂可以减缓硼酸盐或硼的流失（Baysal et al.,

2004）。

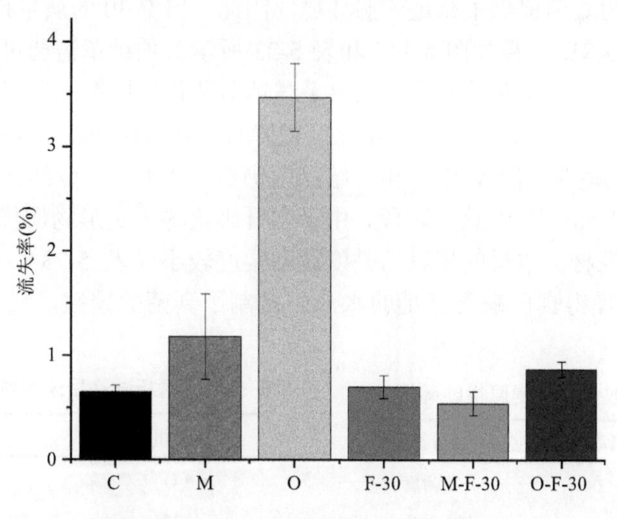

图 5-113　木材抽提物或改性剂的流失率

3）蒙脱土复合糠醇改性木材的耐腐性能

图 5-114 和表 5-22 分别为未改性材和改性材的真菌侵染照片和耐腐性能等级。耐腐试验结束后，未改性材（C）和钠基蒙脱土改性材（M）表面被菌丝完全覆盖，糠醇改性材（F-30、M-F-30 和 O-F-30）表面覆盖较少菌丝，而有机蒙脱土改性材（O）表面则没有菌丝覆盖。由表 5-22 可知，C 组的质量损失率为 68.02%，表明真菌活性较高。M 组的质量损失率最高，为 69.97%。O 组的质量损失率最低，为 1.58%，表明 O-MMT 能有效提高木材的耐腐性。M 组和 O 组耐腐性能的显著差异，归结为三种机理：O-MMT 的疏水性、片层阻隔作用和 DDAC 对木材腐朽真菌的毒性。其中，DDAC 对真菌的毒害作用是最主要的。DDAC 通过破坏真菌细胞膜抑制真菌生长（Robinson and Laks，2010）。F-30、M-F-30 和 O-F-30 的质量损失率分别为 6.09%、18.93%和 3.20%。糠醇改性通过减少木材孔隙和羟基数量提高木材防水性能，从

图 5-114　各组试材在 12 周白腐实验结束时的侵染照片

a. 未改性材（C）；b. Na-MMT 改性材（M）；c. O-MMT 改性材（O）；d. 30%FA 改性材（F-30）；e. 2%Na-MMT/30%FA 改性材（M-F-30）；f. 2%Na-MMT/2%DDAC/30%FA 改性材（O-F-30）

而提高木材的耐腐性。对于 M-F-30 试件，虽然其增重率与 F-30 试件接近，但 Na-MMT 的亲水性使得 M-F-30 组 EMC 较高。这为真菌提供了充足的湿环境。因此，M-F-30 的质量损失率高于 F-30。

耐腐试验后，试材的 XRD 结果如图 5-115 和表 5-23 所示。采绒革盖菌可以不同程度地降解木材细胞壁的主成分，从而影响木材的相对结晶度。如果采绒革盖菌优先降解无定形的木质素和半纤维素，则木材的相对结晶度增加；相反，如果纤维素的结晶区被降解，则木材的相对结晶度会降低。虽然 M 组和 C 组在耐腐试验后处于腐朽晚期，但 M 组的相对结晶度仍然高于 C 组。O 组在耐腐测试结束后处于腐朽早期阶段（质量损失率为 1.58%）。在这一阶段，由于半纤维素等无定形物质优先降解，木材的相对结晶度暂时增加。对于糠醇改性材，木材的相对结晶度波动幅度较小（表 5-23）。经过糠醇改性后，糠醇改性材的平衡含水率较低，使得真菌缺乏充足的水分，抑制了真菌的繁殖，最终延缓了木材的降解速率（Thygesen et al., 2021）。

表 5-22　未改性材和改性材的耐腐性能等级

分组	质量损失率（%）[a]	腐朽等级
C	68.02±2.49	不耐腐
M	69.97±4.57	不耐腐
O	1.58±0.27	强耐腐
F-30	6.09±1.61	强耐腐
M-F-30	18.93±3.98	稍耐腐
O-F-30	3.20±1.90	强耐腐

注：a 表示重复试验的平均值±标准差

表 5-23　腐朽试验后未改性材和改性材的相对结晶度

分组	相对结晶度（%）
C	33.4
M	45.2
O	40.3
F-30	23.8
M-F-30	29.3
O-F-30	29.3

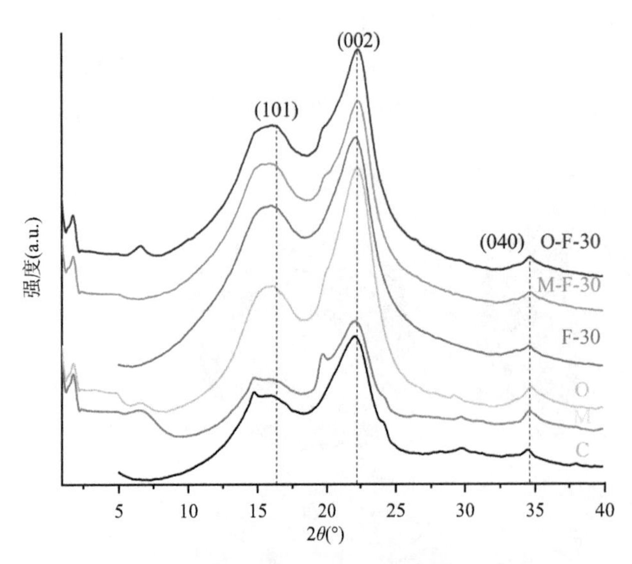

图 5-115　耐腐试验后未改性材和改性材的 XRD 谱图

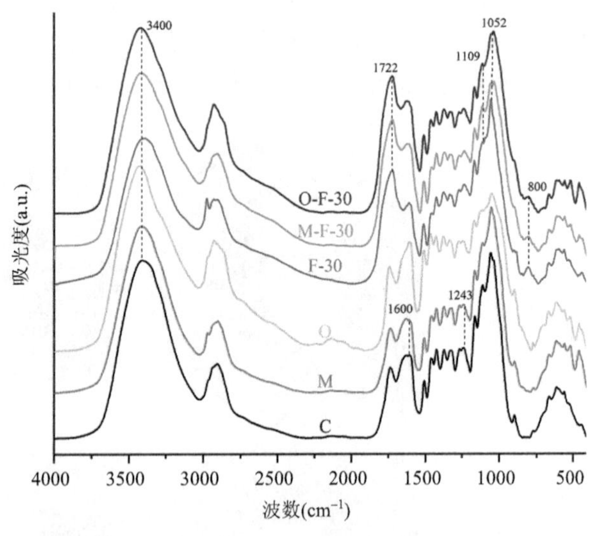

图 5-116　耐腐试验后未改性材和改性材的 FTIR 谱图

图 5-116 为各组试件在耐腐试验后的 FTIR 谱图。C 组、M 组和 M-F 组在 3400 cm^{-1} 附近羟基的吸收峰明显变宽，这表明纤维素和半纤维素发生部分降解，暴露出更多的羟基。C 组和 M 组在 1600 cm^{-1} 与 1243 cm^{-1} 处出现了木质素和半纤维素的吸收峰，试件在腐朽测试以后其峰值明显变弱变小，这表明腐朽过程中真菌产生的酶降解了半纤维素（芳香环骨架振动）和木质素（C—O 拉伸振动和 G 型木质素的 C—H 变形振动）之间的成分。综上，采绒革盖菌是一种同步型或者非选择性白腐菌，能够降解纤维素、半纤维素和木质素。

三、本节小结

本节中探讨了无机-有机杂化改性木材细胞壁的作用机制及其对木材性能的影响，包括纳米氧化锌-超支化预聚体-硼砂复合改性体系和蒙脱土-糠醇复合改性体系。改性后无机改性剂可部分进入木材细胞壁，并通过有机改性剂聚合生成树脂降低无机改性剂从改性材中的流失，同时发挥无机改性剂和有机改性剂的效果，达到协同增效的目的。纳米氧化锌-超支化预聚体-硼砂复合改性处理后木材的吸水率下降，尺寸稳定性提升，抗白蚁性和耐腐性增强。在蒙脱土-糠醇复合改性体系中，有机改性蒙脱土不仅具有提高尺寸稳定性、耐腐性等作用，还可起到催化剂的作用，催化糠醇树脂在木材细胞壁中的聚合。通过无机-有机杂化改性，有可能发挥无机和有机材料各自的优势，起到提升木材综合性能的效果。

第六章　木质纤维素多尺度结构解译及界面功能化修饰调控

木质纤维素是从木材细胞壁中分离出来的天然生物大分子，其主要性能与其结构和组成密切相关。实现并调控木质纤维素材料特定功能，均需解决异质复合过程中的功能试剂/木质纤维素之间界面结合问题。近年来，随着分析测试技术的发展，国内外研究者从微/纳米尺度开展了分子原位修饰增强和仿生功能构建等基础前沿研究，以赋予木质纤维素基材料仿生新功能。然而，异质复合界面功能的实现与木质纤维素聚集态结构、孔道结构、化学组分及键合方式之间的构效关系并不明晰。围绕“诠释多尺度界面键合机理及功能化修饰实现机制”这一科学问题，本章以人工林杨木和杉木为研究对象，利用木质纤维素可塑性强、易氢键桥接、活性位点易修饰等特点，设计构筑了柔性可塑木质纤维素/无机功能助剂嵌入式交织密实网络增强结构、木质纤维素羟基氢键桥接凝胶多孔网络结构、氨基化木质纤维素/金属离子络合三维骨架结构等典型的异质复合结构，攻克了木质纤维素基异质复合界面结合强度低等难题，创新了增强增韧、离子吸附、电磁屏蔽、负氧离子释放等功能化复合体系，揭示了功能化成效与木质纤维素形貌、孔隙率、官能团及异质复合界面互作模式之间的构效关系，为人工林木材微/纳米尺度加工改良提供了理论基础，为研发木质纤维素基先进功能材料提供了科学依据。

第一节　功能性木质纤维素基异质结构构建

本节从木质纤维素聚集体物理结构和化学性状出发，利用功能化试剂对木质纤维素表面分子进行接枝、交联等化学修饰和/或自组装、矿化沉积等物理复合，攻克了木质纤维素基异质复合界面结合强度低、界面结合难度大等难题，从结晶度、化学键、官能团、孔隙率等方面解译了异质复合界面之间的构效关系，揭示了不同模式下异质复合界面形成的机制。

一、木质纤维素基异质嵌入式交织密实网络增韧增强仿生结构的构建

为了打破传统结构材料的性能限制，21 世纪的主要科学挑战之一是开发新的多功能和高性能材料，以支持从建筑和运输到生物技术与能源等多个领域的进步（Li et al., 2012b）。在进化过程中，人类已经发现了以卓越的性能和功能生产轻质、坚固、高性能材料的方法。随着历史的进步，一些材料，如骨、木材和贝壳，被提高了性能以后的合成化合物缓慢地替代（Yao et al., 2010）。在这些生物材料中研究最多的模型是一些软体动物壳中的珍珠质部分，其由约 95%质量分数的脆性文石（$CaCO_3$）和 5%质量分数的有机材料组成。珍珠贝的强度和韧性分别是其组分的 2 倍和 1000 倍。从力学性能的角度来看，珍珠层经常被简化为二元复合材料，换言之就是硬的二维（2D）文石片和软生物聚合物层交替堆叠成一个实体结构。因此，通过组装不同类型的 2D 片和聚合物基质来模仿珍珠母的“砖混结构”是设计新材料的可行方法。对于珍珠贝，用于生产其人造对应物的策略可以分为三组：层层组装技术、自组装技术和基于浆液的冷冻铸造/磁场辅助滑移和烧结技术。据我们所知，没有关于通过热压工艺生产仿珍珠贝状微纳米木质纤维（木质纤维素）/无机纳米复合材料的报道。

由于其丰富性和可持续性，植物纤维素和纤维素纳米材料作为合成材料的替代品已经引起研究者越来越多的兴趣，特别是作为复合材料的填料和增强材料（Kuan et al., 2015）。木质纤维素是具有层次结构的最丰富、低成本、可生物降解和环保的生物聚合物。机械纤维性颤动可以提供足够的外部摩擦力来快速破坏木质纤维素的细胞壁，并获得均匀的微纳米木质纤维（木质纤维素）。木质纤维素通过使用胶体磨

碎机进行机械纤维化制备（Qin et al., 2016）。近来，金属和金属氧化物纳米结构已被用作高端应用中的填料，如光催化剂、抗菌剂、超级电容器和磁性材料。其中，二氧化钛（TiO_2）被认为是经济和环保的催化剂之一，并且暴露于紫外光下表现出高的氧化能力。因此，随着对有机-无机纳米复合材料的研究兴趣的增加，通常以协同方式呈现每种组分的最佳性能，将纳米粒子铁氧体（如 TiO_2）分散在微纳米木质纤维（木质纤维素）基质中为提供光催化多功能纳米复合材料提供了可行途径。

因此，灵感来自珍珠层的层状文石片/纳米纤维几丁质/蛋白质结构，通过热压工艺构建了基于微纳米木质纤维（木质纤维素）-聚乙烯醇（PVA）-二氧化钛（TiO_2）的珍珠质复合材料。通过机械原纤化和热压法，将 TiO_2 分散在木质纤维素基体中，产生具有光催化性能的纳米复合材料。珍珠质复合材料具有优异的力学性能，优于其他层状纤维素/聚合物二元复合材料。除了力学性能，它们的光催化性能使得这些复合材料在挥发性有机化合物（VOC）和其他有机污染物的光氧化中具有应用前景。

（一）试验材料

杨木（河南省焦作市林场）、落叶松（北京市林场）、奇岗（北京市林场），二氧化钛、聚乙烯醇（PVA）购于上海阿拉丁生化科技股份有限公司。

（二）试验方法

1. 超细木质纤维素-PVA-TiO_2 混合体系的制备

将混合有 1%质量分数的 TiO_2 和 4%质量分数的 PVA 的木质纤维素悬浮液加入到 1500 r/min 的胶磨机中，得到木质纤维素-PVA-TiO_2 混合超细粉末体系。

2. 木质纤维素基复合材料的构筑

将木质纤维素-PVA-TiO_2 悬浮液通过由蠕动泵和塑料管组成的环路连续进料到胶磨机中超微细磨 6 h。过滤掉木质纤维素-PVA-TiO_2 悬浮液的多余水后，将复合材料在 200℃、2.5 MPa 下热压，并固化成层状板，得到木质纤维素-PVA-TiO_2 复合材料。

（三）结果与讨论

1. 超细木质纤维素-PVA-TiO_2 混合体系的组成与结构

图 6-1 给出了纯木质纤维素和木质纤维素-PVA-TiO_2 复合材料在超微细磨过程中形貌特征变化的电镜图像。从图 6-1a 中可清晰观察到松木导管壁上的纹孔结构，未经超微细磨的纤维表面光滑，纤维平均直径为 20 μm，长度在几百微米至毫米，光滑的表面使这些纤维间的黏结变得相对困难。从图 6-1b 中可看出，纯纤维经超微细磨后表面变得非常粗糙，长度和直径较超微细磨前显著减小。从内插透射电镜图像可以看出，经超微细磨后的纤维直径为 100～200 nm，同时比表面积较超微细磨前显著增大，表面羟基相互形成氢键的概率增加，可使纤维板强度增强。从图 6-1c 可以看出木质纤维素-PVA-TiO_2 复合材料在超微细磨过后平均直径为 200 nm，同时纤维表面负载了许多无机纳米粒子。从图 6-1d 可看出，纤维间彼此交联、相互缠绕，形成网状结构，这种网状交联结构可显著提高纤维板的力学强度，同时可以看见许多无机纳米粒子均匀散布在纤维板上，能够赋予纤维板新的性能。

2. 木质纤维素基复合材料的组成与结构

扫描电子显微镜（SEM）揭示了木质纤维素-PVA-TiO_2 复合材料的多层结构。复合材料内的每个独立的层具有几百纳米的厚度（图 6-2b），并且由随机缠结的纳米线组成（图 6-2c）。如高分辨率透射电镜（HRTEM）图像（图 6-2c 的插图）所示，纯木质纤维素通常具有 50～100 nm 的直径，它们通过范德华力彼此堆叠。含有 TiO_2 的木质纤维素-TiO_2 的尺寸显示在图 6-2d 中，这证实了 TiO_2 在木质纤维素基质中的均匀分布，尽管颗粒似乎在一定程度上聚集。可以看出，TiO_2 表现出球形的形态。HRTEM（图 6-2d 的插图）图像及 TiO_2 尺寸分布表明，TiO_2 的平均直径和标准偏差分别约为 9.93 nm 与 2.42 nm。

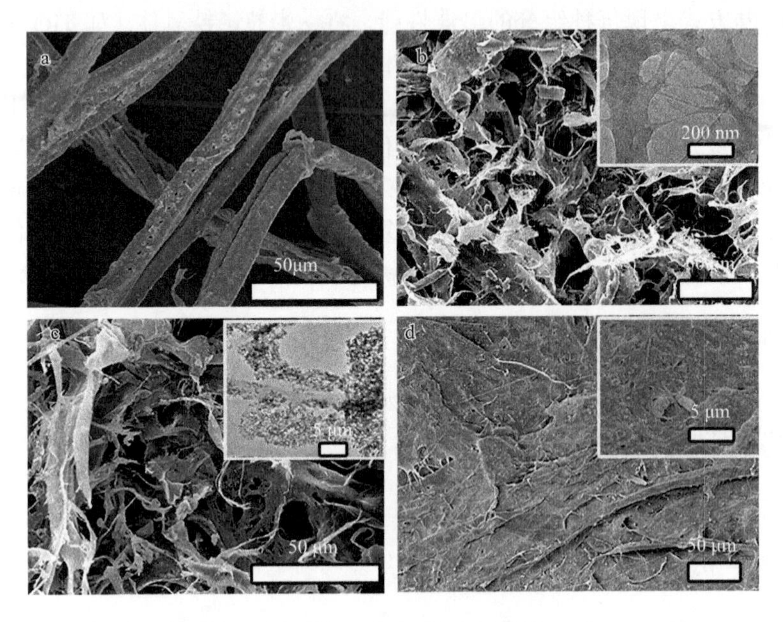

图 6-1　木质纤维素变化电镜图

a. 纯木质纤维素的电镜图像；b. 经过超微细磨以后的木质纤维素电镜图像，插图为超微细磨后的木质纤维素的透射电镜图像；c. 木质纤维素-PVA-TiO_2 复合材料的电镜图像，插图为木质纤维素-PVA-TiO_2 复合材料的透射电镜图像；d. 木质纤维素-PVA-TiO_2 复合材料的表面电镜图像，插图为放大图

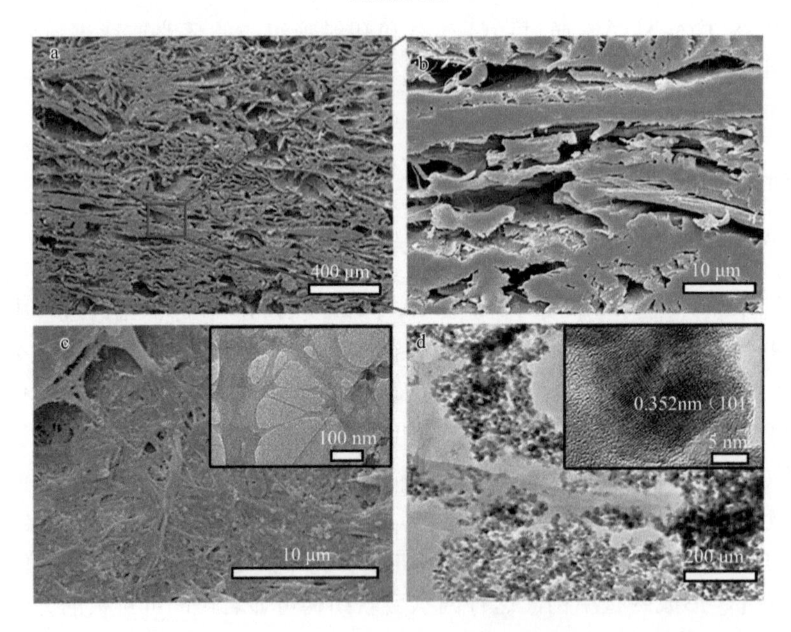

图 6-2　木质纤维素-PVA-TiO_2 复合材料的横截面 SEM 图像

a. 木质纤维素-PVA-TiO_2 复合材料的多层结构；b. a 的一层的放大图像；c. 木质纤维素-PVA-TiO_2 复合材料的放大俯视图，插图是纯木质纤维素的 HRTEM 图像；d. 木质纤维素-PVA-TiO_2 复合材料的 TEM 图像，插图是 TiO_2 的 HRTEM 图像；图中红色“X”号表示晶格条纹间距

图 6-3 为纯木质纤维素材料、木质纤维素-PVA 复合材料、木质纤维素-TiO_2 复合材料和木质纤维素-PVA-TiO_2 复合材料的 X 射线衍射谱图。在 X 射线衍射谱图中，2θ=15.5°对应的 101 峰，以及 2θ=22.4°对应的 002 峰的峰位置没有发生明显变化，说明木质纤维素中纤维素的结晶区未受到影响或受到的影响

很小。除此之外，木质纤维素-TiO_2复合材料和木质纤维素-PVA-TiO_2复合材料观察到的其他衍射峰主要位于衍射角 2θ=25.2°、2θ=37.8°、2θ=47.9°、2θ=54.1°、2θ=62.6°处，代表的晶面分别为（101），（103）、（004）和（112），（200），（105）和（211），（204）对应 TiO_2 的衍射峰（JCPDS：21-1272）。木质纤维素-PVA复合材料和木质纤维素-PVA-TiO_2复合材料中没有明显的 PVA 吸收峰，表明在研磨过程中 PVA 的晶体结构被破坏，说明 PVA 完全转化为非晶态。

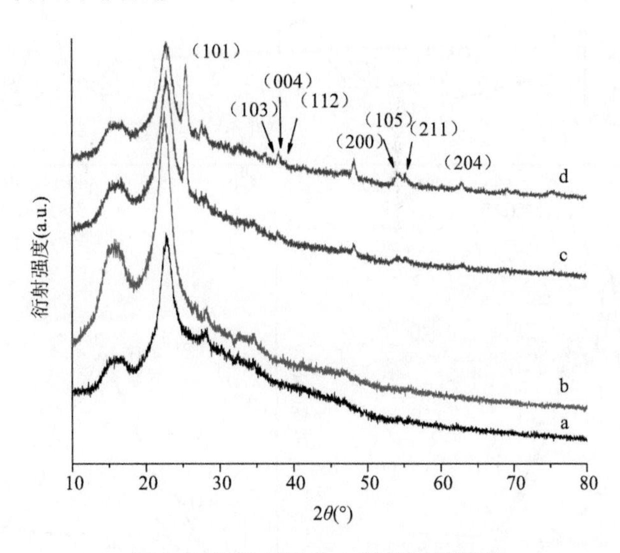

图 6-3　复合材料的 X 射线衍射图谱

a. 纯木质纤维素；b. 木质纤维素-PVA 复合材料；c. 木质纤维素-TiO_2复合材料；d. 木质纤维素-PVA-TiO_2复合材料

利用 X 射线光电子能谱（XPS）表面探针技术研究了纯木质纤维素材料和木质纤维素-PVA-TiO_2复合材料的表面组成与结构（图 6-4）。木质纤维素材料和木质纤维素-PVA-TiO_2复合材料的宽扫描光谱（图 6-4a）显示出两个主峰，其结合能分别为 285.6 eV 和 530.3 eV，分别为纤维素的 C1s 和 O1s。然而，在木质纤维素-PVA-TiO_2复合材料中，结合能 458.9 eV 处观察到的附加峰对应于 TiO_2 的 Ti2p 轨道。为了进一步理解其结构，我们测试了高分辨率的 XPS 图谱。在图 6-4b 中，在 457.0 eV 和 463.7 eV 处观察到两个峰。在 457.0 eV 处的峰归因于 $Ti2p_{3/2}$ 轨道，同时，463.7 eV 处的峰归因于 $Ti2p_{1/2}$ 轨道，表明 TiO_2 中的 Ti 以 Ti^{4+}形式存在。图 6-4c 和图 6-4d 显示了纯木质纤维素材料和木质纤维素-PVA-TiO_2复合材料的 C1s 光谱。大约在 286.4 eV 处的主峰对应于纤维素中大量存在的 C—O 官能团和 PVA 中的 C—OH 官能团。在 284.8 eV 处的良好区分的峰对应于 C—C 键，而在约 287.9 eV 处出现的肩峰对应于 O—C—O 键。此外，可能存在位于 282.8 eV 附近的非常小的峰，这归因于木质纤维素和 TiO_2之间的 C—Ti 键。在纯木质纤维素材料 O1s 的高分辨率光谱（图 6-4e）中观察到 531.0 eV 和 533.4 eV 两个峰。然而，在木质纤维素-PVA-TiO_2复合材料的高分辨光谱（图 6-4f）中，在 533.1 eV 和 529.0 eV 处观察到的另外两个峰分别归因于 C—OH 键和 O—Ti^{4+}，这进一步证实了 TiO_2和 PVA 在木质纤维素-PVA-TiO_2复合材料中的存在。

二、木质纤维素/g-C_3N_4球形多孔网络结构构建

能源紧缺和环境污染是人类新世纪面临的重要挑战。纺织染料是工业废水中的重要污染物之一。染料废水含有多种有毒成分，具有致癌、致畸和致突变等特点，严重危害人们的健康（Xiao et al., 2021; Zhou et al., 2021）。目前，人们已经使用了许多方法去除有机染料，如高级氧化工艺法、吸附法、膜分离法和离子交换法等（Foteinis et al., 2018; Guan et al., 2018; Giwa et al., 2019）。在这些水处理方法中，吸附法被认为是最有价值的方法，因为它具有成本低、操作简单、效率高、可扩展性和经济可持续等优点。活性炭、沸石、木炭、碳纳米管和聚合物树脂等几种常见的吸附剂正用于从废水中去除有机污染物，但它们

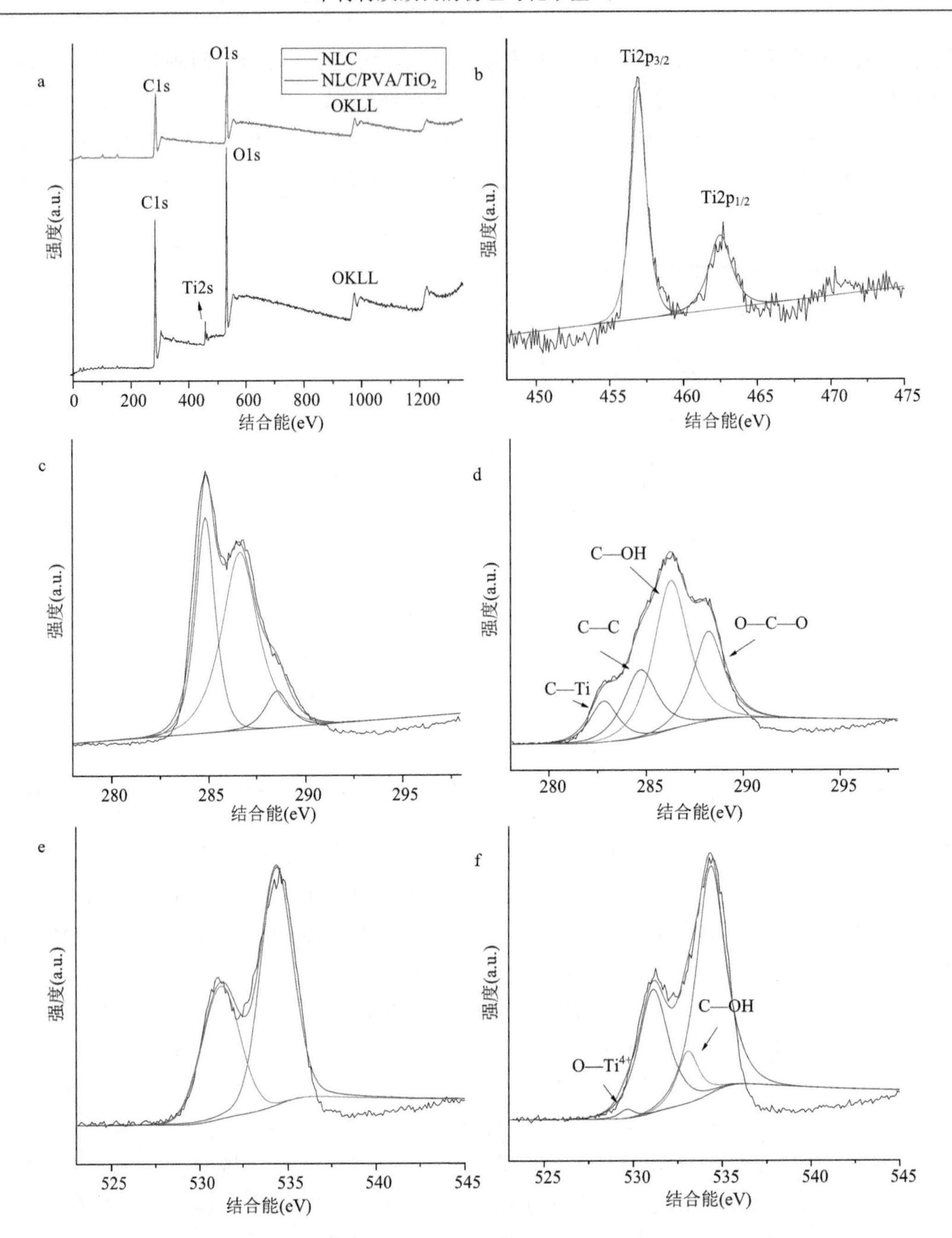

图 6-4　纯木质纤维素材料和木质纤维素-PVA-TiO_2复合材料的 XPS 谱图

OKLL，俄歇谱；NLC，木质纤维素；NLC/PVA/TiO_2，木质纤维素/PVA/TiO_2复合材料

也未能完全消除有机污染物（图 6-5）。目前，吸附效率很大程度上受吸附物类型、吸附剂表面形态和实验条件等影响。基于上述原因，制备具有超强吸附性能和可彻底除去污染物的高效多孔吸附剂具有重要的实际意义（Teo et al., 2022）。为满足未来全球对碳能源良性循环的需求，光催化降解技术作为一种绿色环保、安全高效和工艺简单的新型高级氧化技术，被认为是降解有机污染物最有前途的处理方法（Jiang et al., 2021a; Yang et al., 2021）。因此，开发危害更小、更环保和可持续的染料降解多孔吸附剂来去除废水中的有机污染物，净化水资源势在必行。

近年来，无金属聚合物石墨相氮化碳（g-C_3N_4）因其独特的电子能带结构、低成本、无毒性、易于制备、优异的生物活性和化学稳定性，对有机染料的高氧化能力等特性，在有机污染物的处理方面引起了很多关注（Hayat et al., 2022）。但由于粉末状 g-C_3N_4 纳米材料存在回收利用困难、吸附能力低和纳米

图 6-5　有机污染物吸附剂的种类及优势（Teo et al., 2022）

催化剂易团聚等问题，在实际应用中受到进一步限制（Akhtar et al., 2020）。粉末状 g-C_3N_4 在光催化染料降解中的利用需要整合催化剂分离工艺，以最大限度地减少催化剂损失并实现再利用或回收的可能性，确保光催化剂在实际应用中的成本效益。因此，半导体催化剂在载体材料上的固定化处理是一种具有强吸引力的技术手段。纤维素及其衍生物用作支撑材料存在独特的性能，即低成本、无危害、可回收性、可生物降解性、高力学性能、大比表面积和高羟基含量，可以与复合组分进行氢键/络合复合（Aladpoosh and Montazer, 2016; Jiang et al., 2021b）。纤维素分子表面的羟基，不仅为半导体纳米催化剂提供了连接位点，而且有利于半导体纳米催化剂在纤维素基体中均匀地分散，是理想的纳米光催化剂的载体。Christy 和 Pius（2021）以椰壳、石墨烯（GO）和 g-C_3N_4 为原料，采用共混法制备了 g-C_3N_4@GO-羧甲基纤维素（CMC）复合材料。在水溶液介质中，g-C_3N_4@GO-CMC 复合材料对碱性 4（BG4）和碱性蓝 9（BB9）染料的去除率分别为 94%和 98%，在染料废水处理方面具有巨大的应用潜能。

凝胶是一种具有多孔三维网络结构的材料，具有良好的污染物吸附能力、持水能力、吸水能力和可逆溶胀能力，在污水处理中得到了广泛的应用。纤维素基凝胶材料具有丰富的亲水官能团，能够吸附大量的有机污染物；含有优异的三维网络结构和相互连接的通道，能够提供大量的活性位点，有利于光催化降解和吸附协同作用去除有机物（Godiya et al., 2019）。通过将 g-C_3N_4 纳米颗粒分散在纤维素凝胶上，一方面，g-C_3N_4 纳米颗粒能够有效地避免催化剂在水中聚集和分散，便于催化剂与溶液分离，方便回收和循环使用；另一方面，凝胶的三维网络结构也有利于促进染料污染物和反应产物向光催化剂中的快速扩散和吸收，以实现对有机染料污染物高效的光催化降解（Mohamed et al., 2018; Chen et al., 2019）。木质纤维素/g-C_3N_4 异质复合凝胶材料集吸附和光催化降解有机污染物于一体，不仅能够实现 g-C_3N_4 的简易分离，还能有效地提高有机污染物的去除效率，是一种极具应用潜力的新型复合材料。

（一）试验材料

杨木（河南省焦作市林场）、落叶松（北京市林场）、奇岗（北京市林场），尿素和氢氧化钠购买于天津市永大化学试剂有限公司，β-环糊精（β-CD）和辛基酚聚氧乙烯醚（OP-10）购买于天津市科密欧化学试剂开发中心，液体石蜡购买于天津市巴斯夫化工贸易有限公司，环氧氯丙烷（ECH）购买于天津基准化学试剂有限公司，硝酸银（$AgNO_3$）购买于上海试一化学试剂有限公司。

（二）试验方法

1. 羧甲基纤维素凝胶球的制备

根据先前报道，以木质纤维素为原料，通过碱化和醚化处理后制备了羧甲基纤维素（CMC）（Jia et al., 2016; Kaewprachu et al., 2022）。将不同物料比的 CMC、NaOH 和 β-CD 溶解在去离子水中，形成均匀的溶液。一定量的 OP-10 和液体石蜡被加入到上述溶液中，在室温下乳化 30 min，形成均匀的悬浮液。随后将均匀的悬浮液转移到装有搅拌器和冷凝器的 500 ml 三口烧瓶中。在一定温度下，不断进行机械搅拌。

搅拌 20 min 后，将质量分数 40%的 NaOH 溶液和 ECH 加入到三口烧瓶中，保温反应 6 h。反应结束，停止搅拌，回收液体石蜡。CMC 微球用去离子水快速洗涤和透析，得到了 CMC 凝胶微球。

2. g-C_3N_4的制备

据先前的报道，以尿素为前驱体，采用高温煅烧的方法制备 g-C_3N_4。称取 10.0 g 尿素放入坩埚中，置于马弗炉中。500℃加热 2 h，升温到 550℃加热 2 h，得到 g-C_3N_4粗产物。随后，用玛瑙研钵研磨后，得到黄色 g-C_3N_4粉末。随后，将 g-C_3N_4粉末置于去离子水中，搅拌 24 h，洗涤，置于 60℃真空环境中干燥 24 h，得到黄色 g-C_3N_4粉末。

3. 负载 g-C_3N_4凝胶微球的制备

采用反相悬浮聚合法，制备不同含量的 g-C_3N_4/CMC（GHA）复合微球，如图 6-6 所示。将适量 CMC、β-CD 和 NaOH 溶解在去离子水中。以液体石蜡作为分散介质，OP-10 为稳定剂，将不同含量的 g-C_3N_4加入到上述体系中进行分散，形成黄色黏稠乳液。随后，将乳液移至 40℃的恒温水浴锅中，搅拌速度为 300 r/min。随后，在反应体系中缓慢滴加 NaOH 溶液和 ECH，反应 6 h。反应结束后，除去液体石蜡。用去离子水反复洗涤，除去未反应的单体和残留的 OP-10，获得 g-C_3N_4/CMC 复合微球。将 g-C_3N_4/CMC 复合水凝胶微球置于透析袋中，进行透析，备用。最后，将 g-C_3N_4/CMC 复合水凝胶微球进行冷冻干燥，得到 GHA 复合微球。g-C_3N_4与 CMC 凝胶微球的质量比为 1∶1、1∶2、1∶3、1∶4 和 1∶5 的 GHA 复合微球分别命名为 GHA1、GHA2、GHA3、GHA4 和 GHA5。不添加 g-C_3N_4时，以同样的方法制备了空白凝胶微球，命名为 AWG。

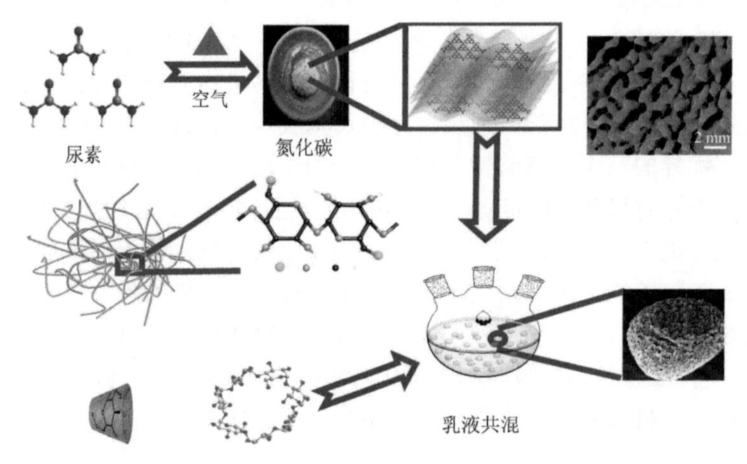

图 6-6　GHA 复合微球的合成示意图

4. 掺杂 Ag 负载 g-C_3N_4凝胶微球的制备

以制备得到的 GHA 为被掺杂对象，采用浸渍法掺杂 Ag。首先，称取一定质量的 GHA，将 GHA 放入 200 ml 一定浓度的 $AgNO_3$溶液中，浸渍 12 h，得到了不同 Ag 掺杂量的 CMC/g-C_3N_4水凝胶。随后，将掺杂 Ag 负载 g-C_3N_4水凝胶，在紫外灯下照射 2 h，利用液氮低温冷冻迅速成型，进行冷冻干燥后获得掺杂 Ag 的 g-C_3N_4气凝胶（Ag-CNG）。浸在浓度为 5 g/L、10 g/L、15 g/L 和 20 g/L 的 $AgNO_3$溶液中的 CMC/g-C_3N_4气凝胶，依次标记为 Ag-CNG1、Ag-CNG2、Ag-CNG3 和 Ag-CNG4。

（三）结果与讨论

1. 木质纤维素/g-C_3N_4球形异质复合凝胶的组分分析

用红外光谱（FTIR）对 CMC、β-CD、g-C_3N_4、AWG、GHA 和 Ag-CNG 复合微球中的官能团进行

分析，结果如图 6-7 所示。从 g-C_3N_4 的 FTIR 谱图中可以看出，在 3400～3100 cm^{-1} 处存在宽吸收峰，这是由芳香环缺陷位的基团所引起的。807 cm^{-1} 处的尖峰归因于三嗪单元的典型特征弯曲振动（Wang et al., 2021a）。在 1750～1200 cm^{-1} 处观察到几个强吸收峰，对应于 g-C_3N_4 中 C—N 杂环的典型拉伸振动峰。其中，1640 cm^{-1}、1403 cm^{-1}、1320 cm^{-1} 和 1240 cm^{-1} 处的红外吸收峰是 C—N 杂环上的 C—N 和 C═N 的伸缩振动峰（Nayak et al., 2015）。在 CMC 的 FTIR 谱图中，3328 cm^{-1}、2914 cm^{-1}、1330 cm^{-1} 和 1041 cm^{-1} 处的吸收峰归属于—OH、—CH_2 和 C—O 的伸缩振动峰（Hebeish et al., 2010）。β-CD 的主要红外吸收峰在 1153 cm^{-1} 和 1028 cm^{-1} 处，其主要归属于 C—O 伸缩振动和 C—O—C 糖苷键的不对称振动（Gogoi and Sarma, 2017）。在 1178 cm^{-1} 处的吸收峰为 β-CD 的红外吸收峰。用 ECH 交联 CMC 和 β-CD 制备的 AWG 中，形成了大量的醚键。然而，在 β-CD 中也存在大量的醚键，位于 1152 cm^{-1} 处，归属于 C—O—C 基团。因此，GHA1 与 AWG 的红外吸收峰相比较发现，GHA1 的 FTIR 图谱中，可以观察到 g-C_3N_4 的特征吸收峰，同时也含有 AWG 凝胶的特征吸收峰，这表明 g-C_3N_4 加入 AWG 时没有发生化学反应，通过物理结合作用负载到凝胶中。此外，Ag-CNG4 在 726.6 cm^{-1} 处出现了明显的红外吸收峰，该处吸收峰属于 Ag_2O 中 Ag—O 键伸缩振动的特征峰（Ren et al., 2014）。结果表明，Ag 是以 Ag_2O 的形式掺杂到凝胶中的。图 6-7b 为 GHA 复合微球的 FTIR 谱图。可以看出，随着 g-C_3N_4 含量增加，g-C_3N_4 的特征吸收峰 807 cm^{-1} 逐渐增强，且并没有新的官能团产生。在 GHA 复合微球的红外光谱中也发现，随着 g-C_3N_4 含量的变化，GHA 复合微球的官能团结构特征并没有发生变化，这说明负载的 g-C_3N_4 不会对 GHA 的官能团产生影响。

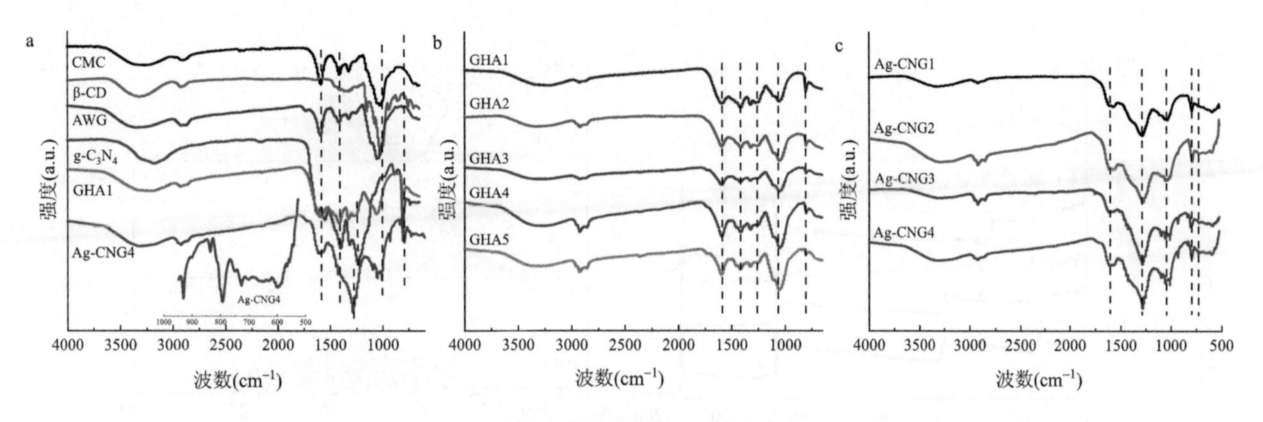

图 6-7　不同样品的红外光谱

a. CMC、β-CD、g-C_3N_4、AWG、GHA1 和 Ag-CNG4 的 FTIR 谱图；b. GHA1、GHA2、GHA3、GHA4、GHA5 的 FTIR 谱图；c. Ag-CNG1、Ag-CNG2、Ag-CNG3、Ag-CNG4 复合微球的 FTIR 谱图

在 Ag-CNG 的 FTIR 谱图中，在 809 cm^{-1}、1640 cm^{-1} 和 1320 cm^{-1} 处的特征峰，含有 g-C_3N_4 中三嗪单元拉伸振动峰和 C—N 杂环上的 C—N 与 C═N 的伸缩振动峰。AWG 凝胶中新生成的 C—O—C 键也存在于 Ag-CNG 复合凝胶微球中。在 597 cm^{-1} 处的红外吸收峰，归因于 Ag—O 的伸缩振动，验证了 Ag-CNG 中有 Ag_2O 的形成（Ravichandran et al., 2016; Gowriboy and Kalaivizhi, 2022）。然而，在 1282 cm^{-1} 处出现的较强的吸收峰，对应 g-C_3N_4 的 C—N 杂环上 C—N 和 C═N 的伸缩振动，部分特征峰出现合并变宽发生蓝移现象，这可能是 Ag_2O 中的 Ag—O 键使得 g-C_3N_4 结构中 C—N 杂环的共轭体系中电子离域增大，进而跃迁能量降低，导致吸收峰出现蓝移现象。由图 6-7c 可以看出，随着 Ag_2O 含量的增加，Ag-CNG 出现微弱的特征峰分裂现象，可能是凝胶采用浸渍法掺杂 Ag 所致。在浸渍的过程中，AWG 凝胶本身作为一个优良的吸附材料对 Ag^+ 产生了吸附作用。凝胶中的羧基和羟基等官能团利用 Ag^+ 的螯合配位作用对 Ag^+ 进行固定，产生了配位键，故在 FTIR 谱图中会出现特征峰的变化。当紫外光照射时，Ag^+ 转变为 Ag_2O。Ag 含量越高，红外谱图中红外吸收峰变化越明显（Li et al., 2017）。以上结果表明，g-C_3N_4 和 $AgNO_3$ 加入到反应体系中，并没有改变凝胶的化学组分。FTIR 的实验结果与 XRD 的结果一致，进一步证明

$g\text{-}C_3N_4$和$AgNO_3$以物理结合的方式载入凝胶中，并没有发生化学变化。

2. 木质纤维素/$g\text{-}C_3N_4$球形异质复合凝胶的 XPS 分析

采用 X 射线光电子能谱（XPS）对 GHA1、$g\text{-}C_3N_4$和 AWG 的化学成分和表面元素价态进行分析，结果如图 6-8 所示。在$g\text{-}C_3N_4$和 GHA1 的 XPS 的全谱图中出现了 C 和 N 的信号峰，而 O 的信号峰出现在 GHA1 和 AWG 的谱图中（图 6-8a）。C1s 高分辨谱图中，284.6 eV 处存在清晰的峰，是用于校准的校准峰。$g\text{-}C_3N_4$的 C1s 高分辨谱图中，在 284.6 eV 和 288.1 eV 处出现了两个峰，分别对应于 C—C 和三嗪环结构的 N—C═N 基团（Cheng et al., 2016）。在 AWG 的 C1s 高分辨图谱中，284.6 eV、286.2 eV 和 287.8 eV 处的信号峰，分别归属于 C—C、C—O 和 C═O 基团的信号峰（Barbosa et al., 2019; Wang et al., 2021b）。此外，GHA1 中出现了 C—C、N—C═N、C—O 和 C═O 基团的信号峰，说明$g\text{-}C_3N_4$成功负载在 AWG 上。在 N1s 的高分辨谱图中，$g\text{-}C_3N_4$的 N1s 谱图中在 398.5 eV、399.6 eV、401.1 eV 和 404.3 eV 处出现 4 个拟合峰，分别对应 sp2 杂化的 C═N—C、N—(C)$_3$、C—NH_2和 π 电子激发引起的 N—O 基团的信号峰（Ai et al., 2015; Cheng et al., 2016; Yang et al., 2019c）。GHA1 复合微球中 N 元素来源于$g\text{-}C_3N_4$。GHA1 中 N1s 特征峰并未发生偏移，说明了复合微球中$g\text{-}C_3N_4$的元素存在形式没有发生改变，未发生化学变化。在 AWG 和 GHA1 的 O1s 高分辨谱图（图 6-8d）中，531.6 eV 和 532.4 eV 处的峰归属于 C═O 和 C—O 基团的信号峰。同时，AWG 中 O1s 结合能的峰位置，在 GHA1 中 O1s 特征峰并未发生偏移。由此说明$g\text{-}C_3N_4$与 AWG 凝胶异质复合属于物理结合。此结果与 FTIR 谱图和 XRD 谱图的实验结果一致。

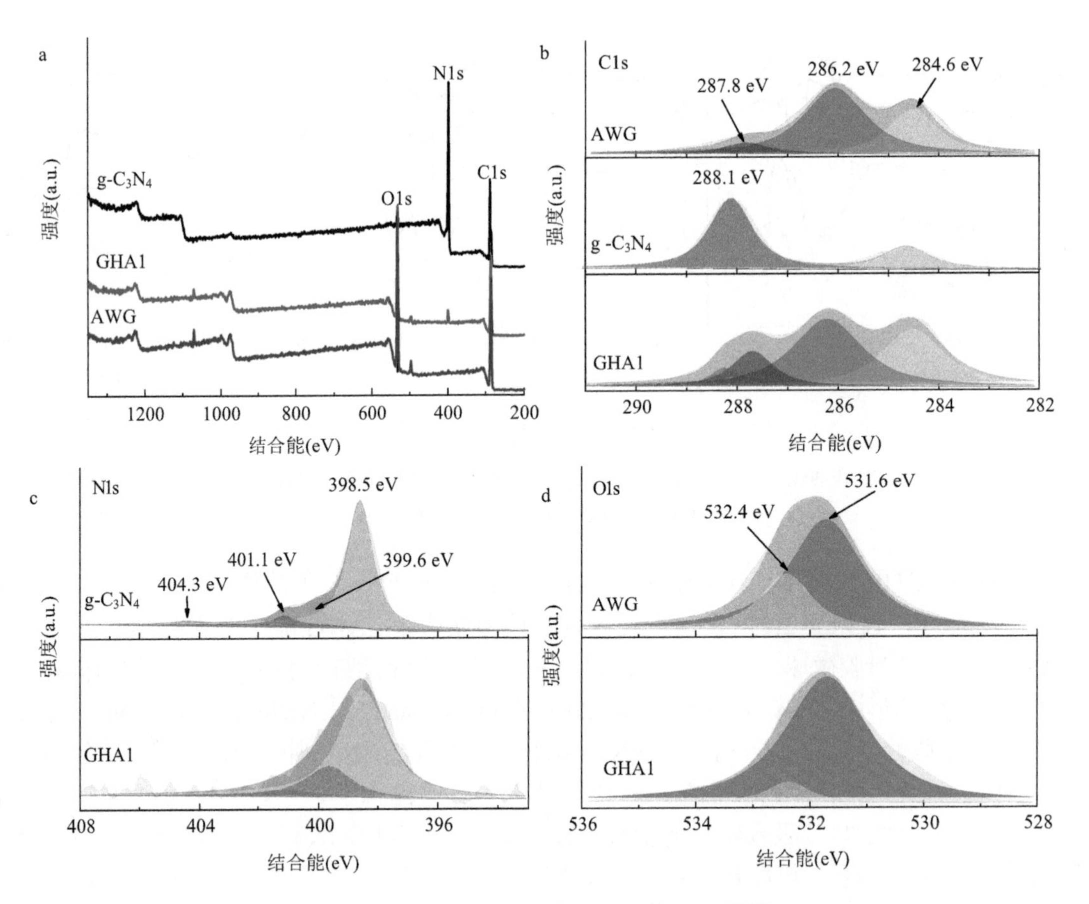

图 6-8　$g\text{-}C_3N_4$、AWG 和 GHA1 的 XPS 谱图

a. 全谱图；b. C1s 高分辨谱图；c. N1s 高分辨谱图；d. O1s 高分辨谱图

为了确定 Ag-CNG4 复合凝胶微球的表面元素和化学态，对其进行了 XPS 表征。XPS 全谱图（图 6-9a）表明，Ag-CNG4 中含有 C1s、O1s 和 Ag3d 元素的结合能峰，而 N1s 的结合能峰较弱。这可能是利用 XPS 测试时，g-C_3N_4 被 Ag-CNG4 表面的 Ag_2O 覆盖所致。Ag-CNG4 中存在明显的 Ag3d 的结合能吸收峰，表明 Ag^+通过浸渍法和氧化还原法成功固定在 GHA1 凝胶中。从 Ag3d 的高分辨谱图（图 6-9b）中也清楚地看到，在 367.4eV 和 373.6 eV 处有两个尖锐特征峰，主要是 Ag3d 轨道自旋分裂成 $Ag3d_{5/2}$ 和 $Ag3d_{3/2}$ 两种轨道，结合能峰值与 Ag_2O 中 Ag^+结合能值一致，进一步证明 Ag-CNG4 中存在 Ag^+（Cheng et al., 2015; Noelson et al., 2022），此结果也证明了 Ag_2O 成功沉积于 GHA1 表面。同时，在谱图中没有观察到 Ag 的特征结合能信号峰，说明 Ag 是以 Ag_2O 的形式掺杂在负载 g-C_3N_4 凝胶中。Ag-CNG4 中的 GHA1 和 Ag_2O 没有发生化学作用。此结果与 XRD 分析中得出的结论一致。

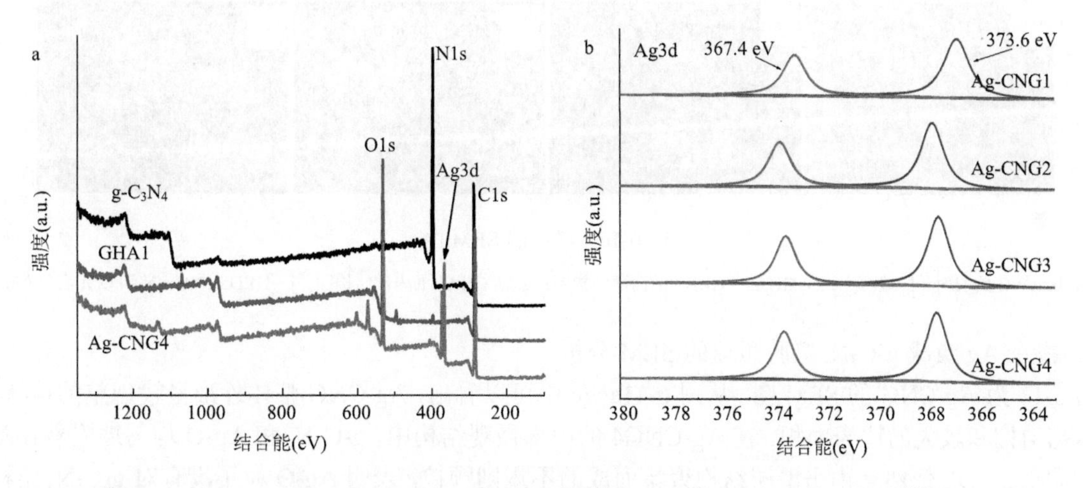

图 6-9　g-C_3N_4、GHA1 和 Ag-CNG4 的 XPS 全谱图（a）和 Ag-CNG 的 Ag3d 谱图（b）

3. 木质纤维素/g-C_3N_4 球形异质复合凝胶的微观形貌分析

1）负载 g-C_3N_4 凝胶微球的 SEM 分析

图 6-10 为 AWG 和 GHA 复合微球的 SEM 图。AWG 具有三维网状的空间结构，含有较大的比表面积、更多的孔道和反应活性位点，为 g-C_3N_4 的负载提供了一定的空间（图 6-10a、b）。此外，皱褶的表面、内部大量的孔道和纳米纤丝有益于该材料对有机污染物的吸附和 g-C_3N_4 的分散及负载，进一步增强了 g-C_3N_4 的光催化能力。GHA5、GHA4、GHA3、GHA2 和 GHA1 内部的 SEM 图，如图 6-10 所示，可以看出，g-C_3N_4 成功负载到 AWG 凝胶的三维网络结构中。随着 g-C_3N_4 负载量的增加，GHA 复合凝胶网络结构中 g-C_3N_4 也随之增加。这是因为复合微球中具有丰富的多孔结构和亲水官能团，能够提供大量的反应活性位点（Ge et al., 2021）。图 6-10h 为 GHA1 的高倍 SEM 图。g-C_3N_4 较好地黏结在凝胶的网格上，这是由于活性 g-C_3N_4 含有丰富的氨基，能够与 CMC 和 β-CD 上的羧基和羟基通过静电和氢键作用，固载到 CMC 复合凝胶微球上（Han et al., 2021; Chen et al., 2022）。GHA 复合微球实现了凝胶与无机非金属材料之间的有效复合，解决了无机材料 g-C_3N_4 与凝胶之间的异质界面不相容的问题。同时，从 GHA1 的 SEM 图及相应的能量色散光谱（EDS）元素分布图中可以看出，GHA1 中存在 C、N 和 O 元素。其中 N 元素均匀分布在凝胶中，表明 g-C_3N_4 均匀地分散在 AWG 中。在 GHA 上负载的 g-C_3N_4，呈现高度分散状态，而不是聚集的块状结构。微球网状结构能有效地避免 g-C_3N_4 的聚集，保持 g-C_3N_4 优异的光催化活性。同时，AWG 具有丰富的亲水官能团，能够吸附大量的有机污染物，提供传质通道，有利于光催化反应的进行。此外，GHA 复合微球具有优异的多孔结构，能够提供大量的活性位点，解决了 g-C_3N_4 难固载和难回收的问题，有利于光催化降解和吸附协同作用去除污染物。

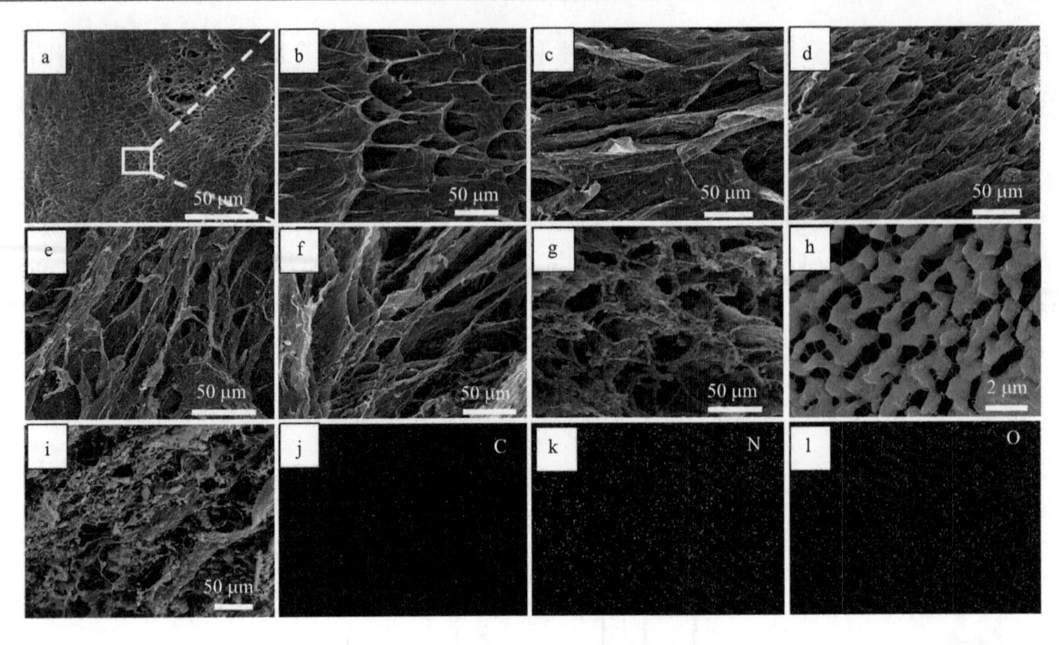

图 6-10　样品的 SEM 图

a、b. AWG 的表面和横截面；c～f. GHA5～GHA2 的内部结构图；g～i. GHA1 的内部结构图；j～l. EDS 中 C、N 和 O 元素分布图

2）掺杂 Ag 负载 g-C_3N_4 凝胶微球的 SEM 分析

图 6-11 为 Ag-CNG 的 SEM 图。从图 6-11a～c 中可以看出，Ag-CNG 整体外形呈较规整的球状结构，具有多孔结构和较大的比表面积。在 Ag-CNG4 的内部微观结构中，g-C_3N_4 和 Ag_2O 均匀地附着在凝胶网络中。同时 g-C_3N_4 依然是由平滑层结构聚集而成的不规则颗粒，表明 Ag_2O 粒子没有对 g-C_3N_4 结构产生影响。当负载 Ag_2O 纳米粒子后，大量 Ag_2O 颗粒在 GHA1 表面上均匀分散，这主要是由于 GHA1 复合微球的孔洞为 Ag_2O 纳米粒子的生长提供了许多的成核点位，使 Ag_2O 均匀分散在较小孔径尺寸的 GHA1 凝胶中（Li et al., 2021a）。尺寸较小的 Ag_2O 粒子除了均匀分布在凝胶内部孔道的表面，也可以观察到在凝胶内部的三维网络上有 Ag_2O 粒子。AWG 凝胶中加入 g-C_3N_4 和 Ag_2O 粒子后，表面变得相对粗糙，这是由于凝胶包埋了 g-C_3N_4 和 Ag_2O。此外，EDS 元素映射显示所有 C、N、O 和 Ag 存在于 Ag-CNG4 中（图 6-11d），进一步证实了 g-C_3N_4 和 Ag_2O 采用物理结合方式载入凝胶中的结论。图 6-11e～h 为含不同含量 Ag 的 Ag-CNG 内部结构 SEM 图。随着 Ag 含量的增加，Ag-CNG 内部形貌没有较大的变化，表明

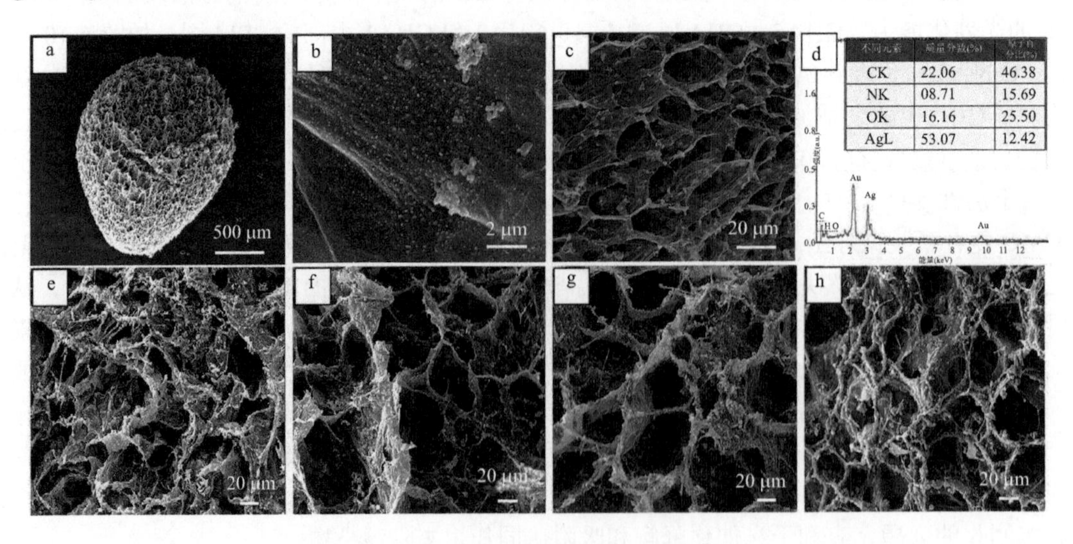

图 6-11　样品的 SEM 图和 EDS 谱图

a～c. Ag-CNG 表面及内部的 SEM 图；d. Ag-CNG 的 EDS 谱图；e～h. Ag-CNG 内部的 SEM 图

Ag_2O 粒径较小不会影响 Ag-CNG 的结构。利用 EDS 能谱对 Ag-CNG4 中 Ag 的含量进行分析，EDS 能谱中 Ag 含量达到 53.07%，这说明 Ag 成功地添加到凝胶中。

4. 木质纤维素/g-C_3N_4 球形异质复合凝胶的孔径分析

比表面积和孔径分布是评价复合微球物理性能的重要指标，本研究通过吸附比表面测试法（BET 法）测定了催化剂的氮气吸附-脱附等温线。在光催化反应中，光催化剂的比表面积和孔径大小，对光催化反应的影响较大（张磊，2021）。通常，光催化剂的比表面积越大，越有利于吸附有机污染物，促进光催化反应的进行。此外，合适的孔径结构，有利于电子的转移，减少催化剂载流子的复合率（Wen et al., 2015）。图 6-12 为 GHA1 和 g-C_3N_4 的 N_2 吸附-脱附等温曲线和孔径分布图。GHA1 和 g-C_3N_4 表现出典型的Ⅳ型等温线，在相对压力 P/P_0=0.8～1.0 处发现明显的滞后环，具有 H3 回滞环，表明 GHA1 和 g-C_3N_4 中主要存在中孔结构。纯 g-C_3N_4 具有大的比表面积和孔体积，其孔结构以中孔为主，存在少量的微孔和大孔。从表 6-1 中可以看出，纯 g-C_3N_4 和 GHA1 的比表面积分别为 9.84 m^2/g 和 29.68 m^2/g，平均孔径分别为 14.56 nm 和 26.18 nm。GHA1 的比表面积是 g-C_3N_4 的 3.02 倍。GHA1 较大的比表面积有利于吸附污染物，促进光催化表面反应的进行，提高光催化反应速率。随着 Ag 含量的增加，孔径的尺寸不断减小，比表面积变化较小。Ag-CNG 中 Ag_2O 的引入可以显著提高凝胶的致密性，孔径尺寸较小，GHA1 的微孔结构被堵塞（Wen et al., 2015）。Ag-CNG 的微观形貌也证实了这一点。

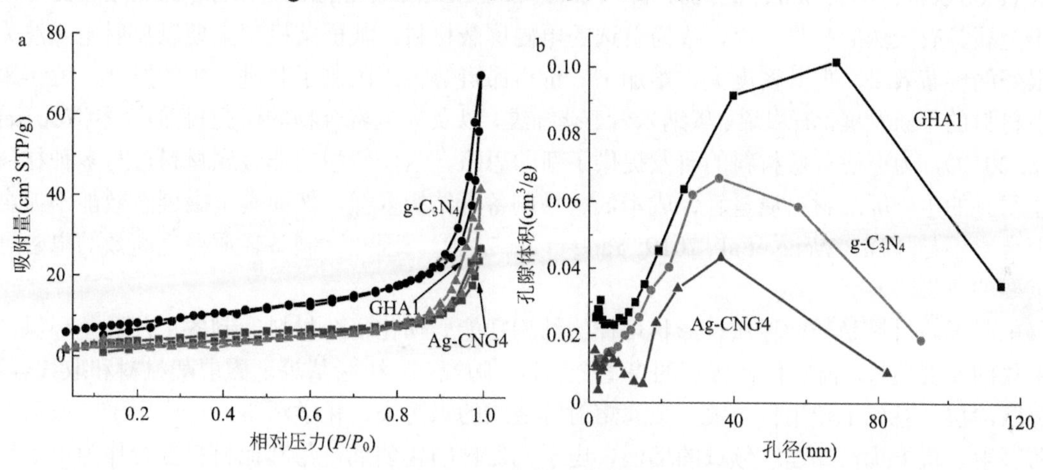

图 6-12　g-C_3N_4 和 GHA1 的 N_2 吸附-脱附等温曲线（a）和孔径分布曲线（b）

STP 表示标准状态

表 6-1　不同催化剂的比表面积（S_{BET}）、孔体积和孔径

材料	S_{BET}（cm^2/g）	孔径（nm）	孔体积（cm^3/g）
g-C_3N_4	98 400	14.56	0.11
GHA1	296 800	26.18	0.06
Ag-CNG1	163 400	0.05	13.09
Ag-CNG2	162 800	0.01	12.76
Ag-CNG3	162 100	0.06	10.83
Ag-CNG4	162 000	0.04	9.52

三、木质纤维素-金属离子络合三维骨架结构的构建

随着科技的迅速发展，日常生活中人们使用导航、通信、工业器械及家用电器等电子设备越来越多，

这种人为电磁干扰源会不同程度地产生电磁辐射。电磁辐射已被世界卫生组织列为继水源、大气、噪声之后的第四大环境污染源，不仅会造成信息的泄漏，还成为危害人类健康的隐形“杀手”（Lee et al., 2019）。因此，如何尽可能减小或消除其对我们日常生活带来的负面影响已经成为当前科学研究的一个重要课题。

电磁屏蔽的基本原理是利用电磁屏蔽材料阻隔或减弱电磁场，控制电磁波从被屏蔽区向外的传播。通常，频率 10 kHz 以上的电磁波就要考虑电磁屏蔽。

电磁屏蔽材料的屏蔽性能使用屏蔽效能进行评价，单位为分贝。屏蔽效能可由透射电磁波能量（电磁场强度或磁场强度）相对于入射电磁场能量（电场强度或磁场强度）的衰减程度来计算。电磁屏蔽的机理可以分为单次反射损耗、吸收损耗和多次反射损耗。

使用 Schelkunoff 公式表达屏蔽材料的屏蔽性能（SE），具体公式为

$$SE=SE_A+SE_R+SE_M \tag{6-1}$$

式中，SE_A 为材料的吸收损耗，SE_R 为材料表面的单次反射损耗，SE_M 为材料内部的多次反射损耗，单位是 dB。

通过式（6-1）可知，材料的电磁屏蔽吸收损耗（SE_A）和单次反射损耗（SE_R）都极大地依赖材料的磁导率（μ）和电导率（σ）。此外，材料的电磁屏蔽效能也受材料的厚度（t）和入射电磁波的频率（f）的影响（Vinod et al., 2018; Sun et al., 2018a; Li et al., 2019; Dutta et al., 2020; Wang et al., 2021e）。

由于金属具有天然的高导电率，成为首选的电磁屏蔽材料，其屏蔽机理主要以反射电磁波为主，可以达到很好的屏蔽效果。但其密度大、难加工、价格昂贵等特点限制了其进一步的发展。近年来，随着新型导电材料的不断发展，石墨烯、碳纳米管、碳纤维，以及导电聚合物的研究日益广泛（Youssef，2014; Gao et al., 2019），为电磁屏蔽材料的研发提供了新的思路。这些新型的非金属材料可与多种材料进行复合，制备得到的电磁屏蔽材料质量轻、成本低、易制备且结构多样，然而其电磁屏蔽效能不如金属材料且导电聚合物不易降解（Wang et al., 2019; Yang et al., 2019）。因此，制备轻质绿色高效的电磁屏蔽材料仍具有重要的意义。

纸基电磁屏蔽材料是一种轻质、形状可控的结构功能一体化复合材料，制备工艺绿色环保，满足了材料轻量化的发展趋势，能够代替传统的厚重金属板、陶瓷基、树脂基等电磁屏蔽材料和取代容易氧化、脱落的屏蔽涂层，避免了使用化学镀、金属熔射等造成的水污染、化学污染。可应用于一般商业或电子设备的防辐射、抗干扰，如建筑领域的墙面，电子元器件的包装纸，与其他材料复合作为电子设备的屏蔽罩、屏蔽板等，是很有发展前景的新型电磁屏蔽材料（Chen et al., 2020）。

化学镀作为一种利用不同金属（镍、铜、银等）修饰非导电材料表面的有效方法，受到研究者越来越多的关注。在以往的研究中，铜和镍是最常用的涂层金属。Wang 等（2019）利用化学镀制备了具有超低电阻率和高电磁屏蔽效能的镀铜纤维纸。然而，由于铜在空气中易腐蚀，导致其镀件导电性下降，耐久性差。因此，考虑到涂层金属的稳定性，镍是作为施镀金属比较好的选择。

大多数镍基纤维素复合电磁屏蔽材料的屏蔽机制以反射为主，这就势必会造成电磁波的二次污染。四氧化三铁（Fe_3O_4）是一种呈反尖晶石结构的磁性铁氧体，具有磁损耗和介电损耗的双重吸波能力，是一种常用的吸波材料，尤其是纳米四氧化三铁，因其独特的表面效应而被大量应用于吸波领域（鲍艳等，2018）。此外，四氧化三铁纳米粒子还可以减弱导电材料的集肤效应。四氧化三铁掺杂镍基膜制备的纤维素基电磁屏蔽材料具有良好的发展潜力。然而，如何使四氧化三铁粒子均匀稳定地分布在纤维结构中，充分发挥其吸波能力，成为提高纤维素基复合材料电磁屏蔽效能的重要挑战。

（一）试验材料

杨木（河南省焦作市林场）、落叶松（北京市林场）、奇岗（北京市林场），氨基硅烷[$H_2N(CH_2)_3Si(OCH_3)_3$]（南京友好助剂化工有限公司）、无水乙醇（C_2H_6O）（天津市科密欧化学试剂有限公司）、氯化

钯（$PdCl_2$）（沈阳市金科试剂有限公司）、硫酸镍（$NiSO_4 \cdot 6H_2O$）（北京益利精细化学品有限公司）、柠檬酸钠（$Na_3C_6H_5O_7 \cdot 2H_2O$）（天津市光复精细化工研究所）、氯化铵（$NH_4Cl$）（天津市永大化学试剂有限公司）、次亚磷酸钠（$NaH_2PO_2 \cdot H_2O$）（天津市科密欧化学试剂开发中心）、无水乙酸钠（$CH_3COONa$）（天津光复科技发展有限公司）、氨水（$NH_3 \cdot H_2O$）（天津市天力化学试剂有限公司）。

（二）试验方法

1. 氨基硅烷改性纸镀镍

1）杉木纤维纸的制备

将杉木劈成 3 cm×3 cm 的木片，通过传统煮浆方式，分离得到杉木纤维浆。将所得纤维浆利用次氯酸钠一段漂白，过氧化氢二段漂白进行处理，得到漂白的杉木纤维浆，通过纸张成型工艺，抄造成杉木纤维纸（图 6-13）。

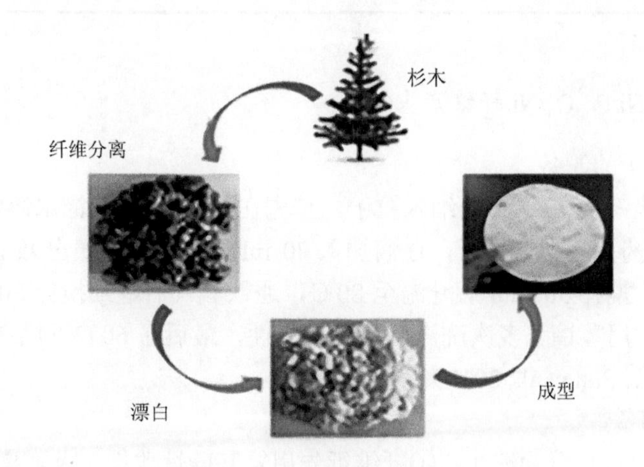

图 6-13　杉木纤维纸的成型工艺流程图

2）杉木纤维纸表面化学镀镍工艺流程

杉木纤维纸表面化学镀镍工艺流程如图 6-14 所示。

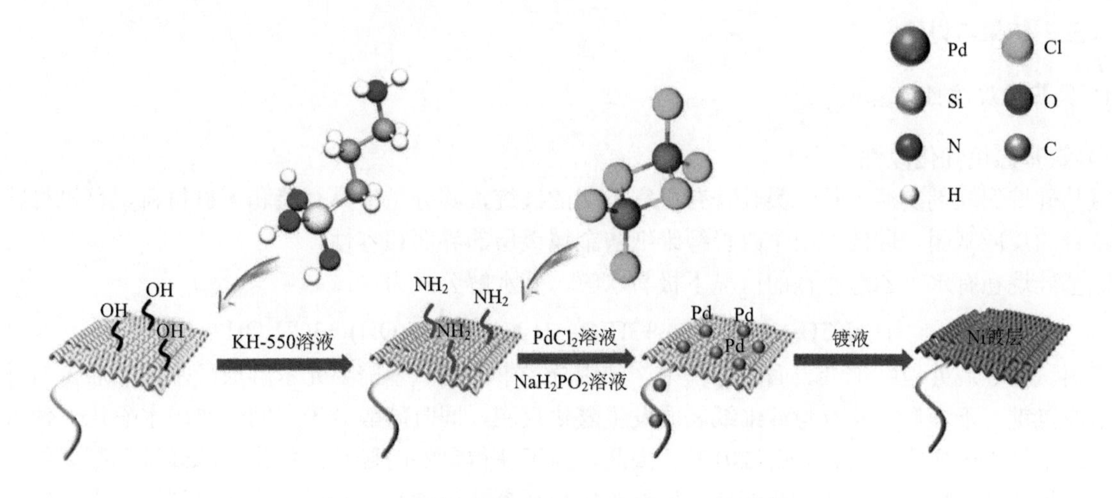

图 6-14　杉木纤维纸表面化学镀镍工艺流程图

杉木纤维纸的活化处理：杉木纤维纸在进行化学镀前需要对其表面进行活化，传统的活化方式是在纤维表面吸附胶体钯粒子，其缺点是胶体钯容易在镀液中脱落，使得镀液分解。因此，本研究根据氮与钯离子配位络合的作用原理，将杉木纤维纸浸入一定条件下的氨基硅烷溶液中，使得氨基硅烷在纤维纸表面成膜；将预处理的纤维纸浸入盐酸离子钯溶液中，吸附饱和后利用次亚磷酸钠对其进行还原得到金属钯粒子，用以催化后续化学镀反应。

杉木纤维纸表面化学镀：将活化后的杉木纤维纸浸入镀液中施镀（镀液组成如表 6-2 所示），30 min 后就可以获得表面具有金属光泽的镀镍纤维纸。

表 6-2　化学镀镍的镀液组成

试剂	用量（g/L）
$NiSO_4{\cdot}6H_2O$	30
$NaH_2PO_2{\cdot}H_2O$	30
CH_3COONa	30
$Na_3C_6H_5O_7{\cdot}2H_2O$	12.5
pH	8.5

2. 蜂巢状三明治结构 $Ni/Fe_3O_4/Ni$ 纤维素基纸

1）四氧化三铁纳米粒子的制备

利用沉淀法制备四氧化三铁（Fe_3O_4）纳米粒子，首先在 40℃下用蒸馏水溶解 5.4 g $FeCl_3{\cdot}6H_2O$ 和 3.9 g $FeCl_2{\cdot}4H_2O$，待固体药品完全溶解后，逐滴加入 20 ml 的氨水（质量分数 25%），可以观察到溶液颜色由暗黄绿色变为黑色。搅拌 30 min 后升温至 80℃，通入氮气后继续搅拌 30 min。反应结束后，利用磁铁分离液体和沉淀物，用蒸馏水多次洗涤沉淀物至中性，最后在 60℃下烘 7 h，研磨得到纳米四氧化三铁颗粒（Mu et al., 2011; Sun et al., 2019）。

2）$Ni/Fe_3O_4/Ni$/纸的制备

$Ni/Fe_3O_4/Ni$/纸的制备过程可分为三步：①纤维纸先用氨基硅烷改性，吸附离子钯，在次亚磷酸钠的还原下得到金属钯，用以催化后续的化学镀反应，活化后的纤维纸在镀液中施镀 20 min，取出后用蒸馏水清洗（镀液组成如表 6-2 所示）；②将上述镀件放入 Fe_3O_4 悬浮液中，在超声下，浸泡若干分钟，取出清洗；③继续放入镀液中施镀 10 min，最后得到 $Ni/Fe_3O_4/Ni$/纸。

（三）结果与讨论

1. 氨基硅烷改性镍基纸

1）氨基硅烷优化改性

氨基硅烷偶联剂实质上是一类具有有机官能团的硅烷，其分子中具有能和无机材料、有机材料同时化学结合的反应基团，因此被用来改善纤维纸与金属镀层的界面相容性。

氨基硅烷在有水、乙醇存在的情况下极易水解，其水解公式为

$$H_2N(CH_2)_3Si(OCH_3)_3+3H_2O \rightarrow H_2N(CH_2)_3Si(OH)_3+3CH_3OH$$

在用氨基硅烷处理纤维纸表面的过程中，硅烷分子中的烷氧基需要先水解成羟基，然后再与纤维纸表面形成氢键，干燥后，硅醇与纤维纸表面发生醚化反应，同时硅醇分子之间受热脱水醚化，使得氨基硅烷在纤维纸表面成膜（Liu et al., 2010）。因此，为了获得足够的羟基，优化氨基硅烷配制条件，以重量增加率为测试指标分析氨基硅烷溶液中硅烷的体积百分数、含水量，以及陈化时间等因素对硅烷在纸张表面成膜效果的影响。

图 6-15 为硅烷体积百分数对硅烷纸增重率的影响，如图 6-15 所示，两种浓度下，增重率均随着预处理时间的增加而增加。此外，在 5～30 min 硅烷体积分数为 2%的曲线始终位于体积分数 1.5%曲线的上方，这是因为硅烷体积分数越大，可以提供给纤维纸的—OH 就越多，吸附到纤维纸表面的硅烷分子

越多，增重率越大。图 6-15b 为硅烷陈化时间对硅烷纸增重率的影响。由图 6-15b 可知，随着陈化时间的增加，增重率逐渐增大，在 5 h 时达到峰值，之后有所下降，说明硅烷溶液在 5 h 的醇解效果较好。如果陈化时间不足则醇解不充分，而陈化时间过长则会导致硅醇分子之间的缩聚沉淀，均不利于硅醇与纤维纸的结合。图 6-15c 为含水量对硅烷纸增重率的影响。如图 6-15c 所示，纤维纸的增重率随着含水量的增加，先增加后下降，在 50 g/L 时增重率达到最大值。含水量少则氨基硅烷醇解不充分；含水量多会稀释硅烷浓度，醇解速度变慢。在含水量为 50 g/L 时，氨基硅烷醇解最充分，相同时间内更多的硅醇与纤维纸结合，纸张的增重率最大。

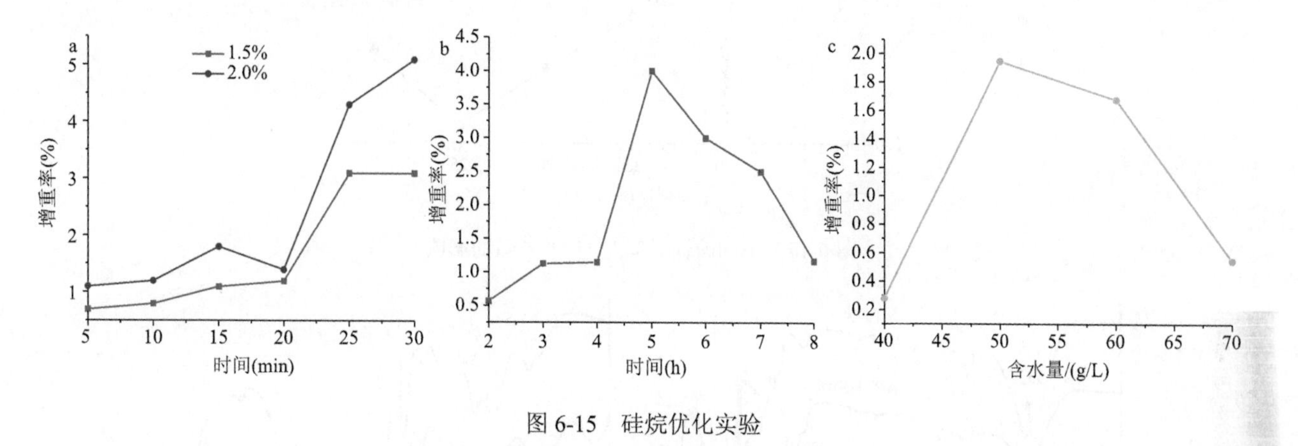

图 6-15　硅烷优化实验

a. 硅烷体积百分数；b. 陈化时间；c. 含水量

图 6-16 为不同氨基硅烷处理时间下的氨基硅烷（APTHS）/纸表面形貌图。如图 6-16 所示，随着氨基硅烷处理时间的增加，纤维纸表面硅烷膜逐渐变厚，在高倍数下观察到随着处理时间的增加，单根纤维表面由光滑变为粗糙。在 30 min 时，纤维表面的硅烷分子胶黏在一起，不利于—NH_2 基团的暴露，继而影响后续化学镀反应。如图 6-17 所示，随着改性时间的增加，Ni/纸的方阻先减小后增加，在 25 min 时达到最小值（166 mΩ/□），改性时间继续增加，方阻反而增大，其原因可能是：硅烷改性 25 min 后，纸张表面达到饱和，自由吸附在纸张表面的氨基硅烷分子覆盖了—NH_2 基团，影响后续离子钯的吸附，继而影响化学镀效果，这也与图 6-16 表面形貌结果符合。

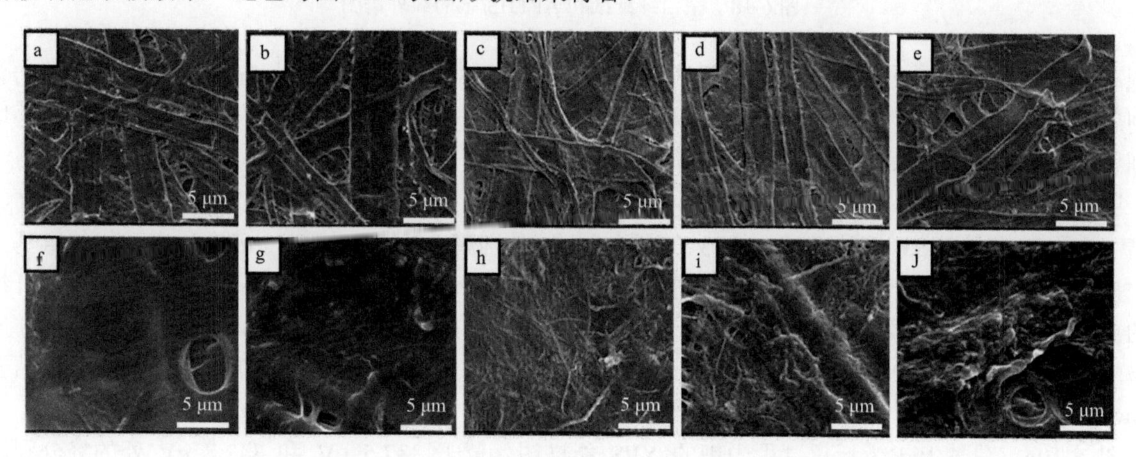

图 6-16　不同氨基硅烷处理时间下的 APTHS/纸表面形貌图

a、f. 10 min；b、g. 15 min；c、h. 20 min；d、i. 25 min；e、j. 30 min

2）纤维纸的表面活化

图 6-18 为空白纤维纸和 APTHS/纸的红外谱图。位于 3335 cm^{-1}、2900 cm^{-1} 处的峰分别属于空白纤维纸的—OH、C—H 键的拉伸振动，位于 1107 cm^{-1}、1053 cm^{-1} 处的峰属于空白纤维纸的 C—O 键的拉

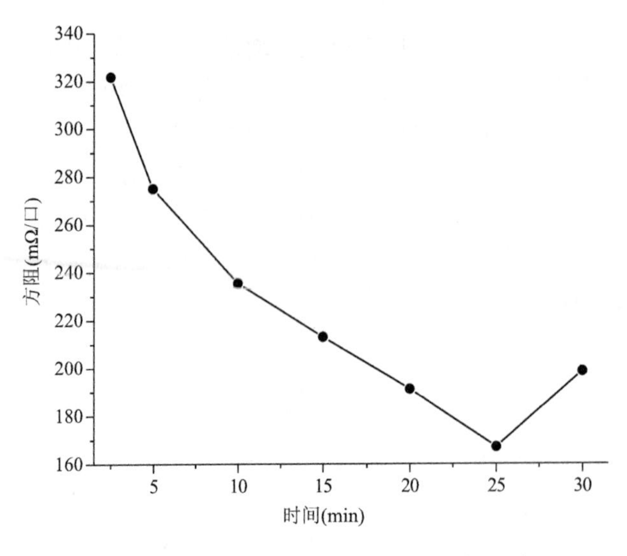

图 6-17　不同改性时间对 Ni/纸方阻的影响

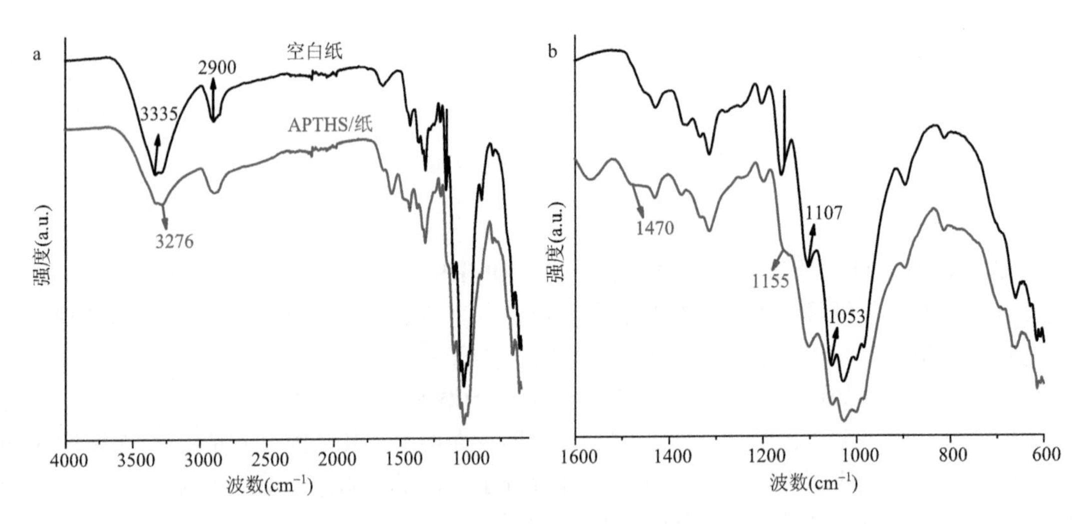

图 6-18　空白纤维纸和 APTHS/纸的红外谱图

伸振动（Ezati et al., 2019）。利用氨基硅烷表面改性后，位于 3276 cm^{-1}、1470 cm^{-1} 和 1155 cm^{-1} 处的新峰分别属于 N—H、C—N 和 Si—O—C 键的伸缩振动。其中 Si—O—C 键的形成表明氨基硅烷膜成功地结合到纤维纸的表面（Mirabedini et al., 2019）。

图 6-19a、图 6-19b 为硅烷膜中的 N1s 在吸附氯化钯前后的 XPS 能谱图，未吸附氯化钯之前，N1s 能谱上出现了位于 398.6 eV 和 400.4 eV 处的两个强峰，分别属于氨基上的 N1s 谱峰和质子化的氨基上的 N1s 谱峰。这说明氨基硅烷与纤维纸有两种不同的结合方式，氨基硅烷中的羟基和氨基均可以和纤维纸中的羟基形成氢键。在吸附氯化钯后，N1s 的结合能由 398.6 eV 增加到 399.5 eV，这表明硅烷上的 N 原子与二价钯络合形成了 N—Pd 配位键，使 N 原子周围电子云密度降低，从而增大了 N1s 电子的结合能（Kowalczyk et al., 1996）。

图 6-19c、图 6-19d 为活化过程中钯的 XPS 能谱图。位于 337.5 eV 和 342.8 eV 处的峰分别属于 $Pd^{2+}3d_{5/2}$ 和 $Pd^{2+}3d_{3/2}$。当钯离子被次亚磷酸钠还原后，$Pd^{2+}3d_{5/2}$ 的结合能由 337.5 eV 减小到 334.5 eV，这与单质钯 $Pd3d_{5/2}$ 的结合能（334.9 eV）非常接近，同时 $Pd^{2+}3d_{3/2}$ 的峰强度也相应地减小，这是由于二价钯获得电子被还原成单质钯，钯原子周围电子云密度增加，结合能减小。结果表明 APTHS/纸表面成功地负载上了单质钯，有利于后续化学镀反应（Liu et al., 2010）。

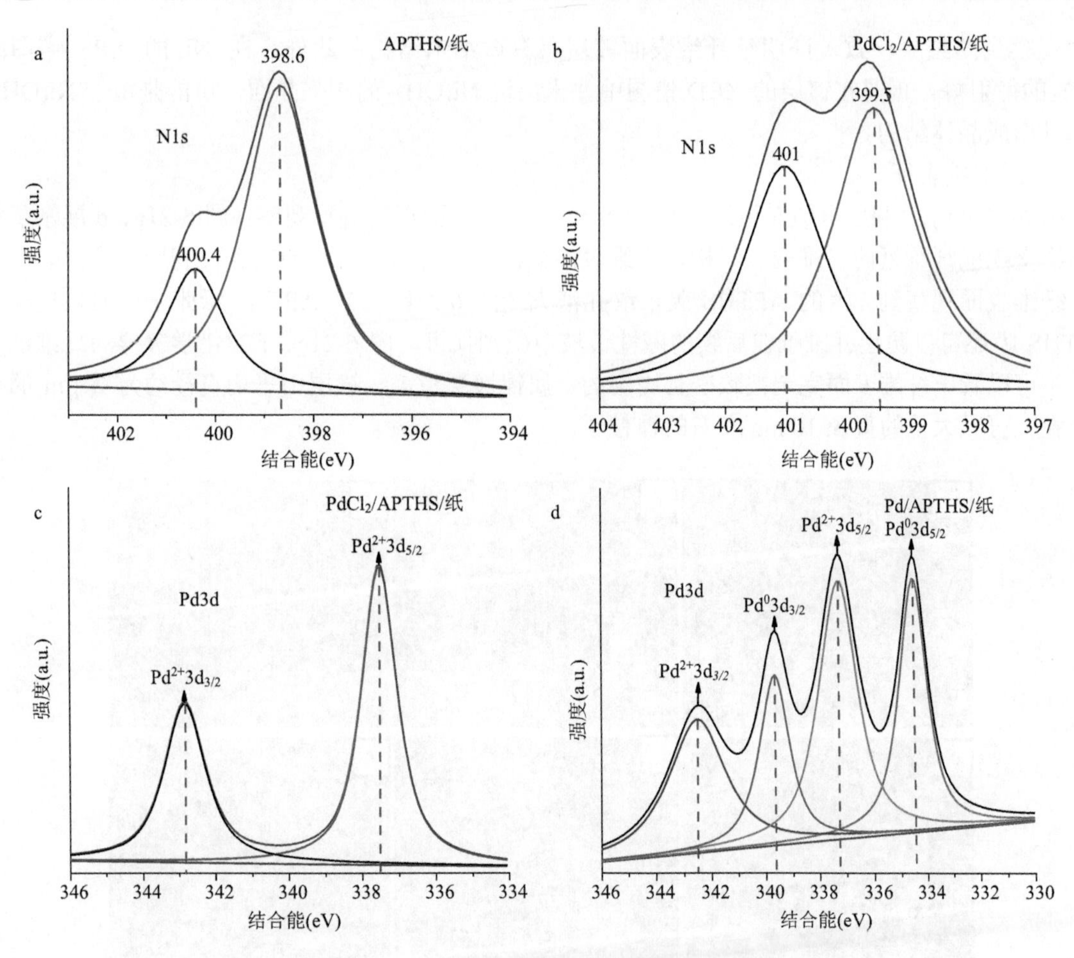

图 6-19　活化过程中元素 N、Pd 的 XPS 谱图

图 6-20a 是镀层的 XPS 全谱图，由图 6-20a 可知，Ni/纸表面存在元素 Ni、O、N、C、P、Si 等。在 Ni 元素的 XPS 分谱图中（图 6-20b），位于 869.36 eV 和 852.02 eV 的峰分别属于 $Ni(2p_{1/2})$和 $Ni(2p_{3/2})$，位于 873.7 eV 和 855.83 eV 的峰分别属于 $Ni(OH)_2(2p_{1/2})$和 $Ni(OH)_2(2p_{3/2})$。

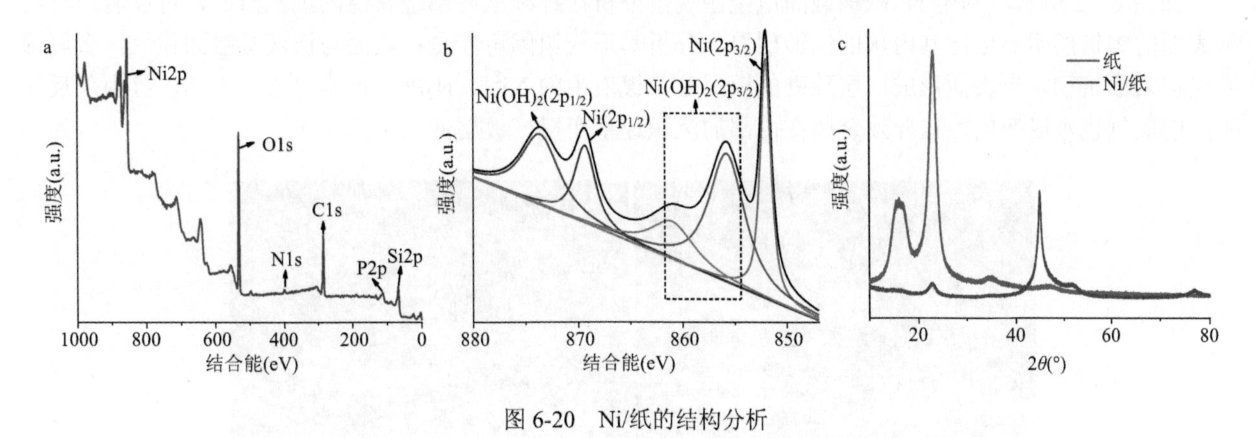

图 6-20　Ni/纸的结构分析

a. 镀层的 XPS 全谱图；b. 镀层中元素 Ni 的 XPS 分谱图；c. 空白纤维纸和 Ni/纸的 XRD 谱图

图 6-20c 是空白纤维纸和 Ni/纸的 XRD 谱图，可以看出，位于 2θ=22.7°处的峰属于纤维素的衍射峰，在化学镀后，该峰值明显地减小，这表明纤维纸表面覆盖了具有一定厚度的金属 Ni 镀层。位于 2θ=44.7°、2θ=52.2°和 2θ=76.8°处的峰分别归属于晶面 Ni（111）、Ni（200）和 Ni（220），这说明所沉积的 Ni 具有面心立方的晶体结构（JCPDS：04-0850）。根据谢乐公式计算所沉积的 Ni 的晶粒尺寸为 14.742 nm，与

电镜中观察到的结果一致，证明纸纤维表面镀层具有微纳米结构。此外，在 Ni 的 XPS 谱图中存在 $Ni(OH)_2$ 的衍射峰，但是在镀层的 XRD 谱图中并未出现 $Ni(OH)_2$ 的相关晶面，可能是由于 $Ni(OH)_2$ 数量少不足以形成晶体结构。

3）镀层形貌表征

如图 6-21 所示，利用电镜对原纸、APTHS/纸、Ni/纸表面形貌进行观察。图 6-21a、d 展示了纵横交错的纤维交织成纤维纸的三维网状结构，纤维表面粗糙且具有清晰可见的纹孔。利用氨基硅烷表面改性后，在纤维表面观察到光滑的 APTHS 膜，纹孔消失（图 6-21b、e）。APTHS/纸张强度明显提高，表面的 APTHS 膜还可以防止纤维纸在后续的碱性镀液中受到损害。图 6-21c、f 为化学镀镍的纤维纸的表面形貌图，可以看出纤维表面完全被致密且均匀的金属镍镀层覆盖，镀层由平均直径约为 2 μm 的晶胞组成，晶胞上可见大量的直径 10 nm 左右的镍粒子。

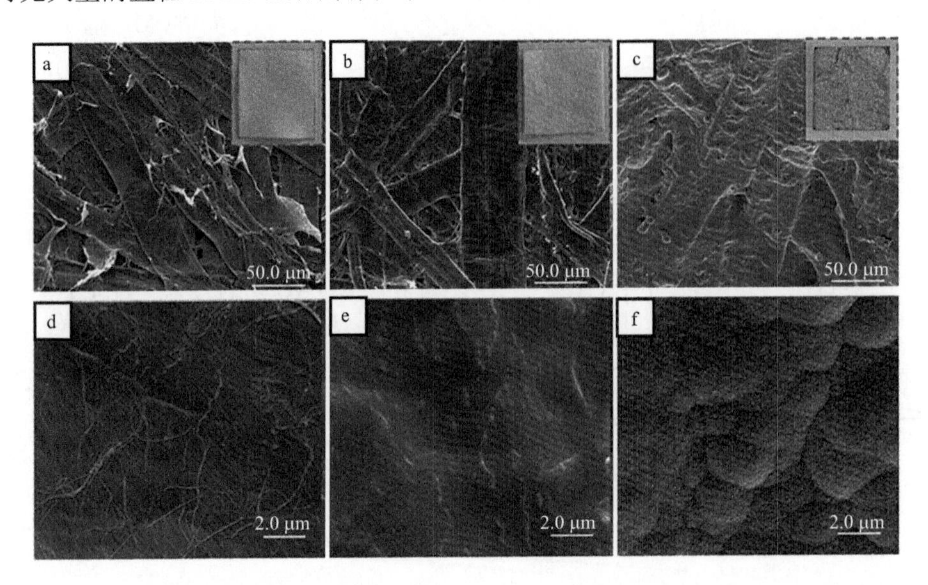

图 6-21　不同放大倍率下的电镜图

a、d. 原纸；b、e. APTHS/纸；c、f. Ni/纸；a、b、c 中的方框表示实物图

如图 6-22 所示，利用 Ni/纸横截面电镜图观察分析在纤维纸内部金属镍的沉积情况，可以看出纤维纸表面的镍镀层明显地比其内部的镍镀层厚。分析其形成原因可能是：表面与镀液接触面积大，金属镍率先在表面沉积。当表面形成一层致密的镀层后，镀液中的 Ni^{2+}、$H_2PO_2^-$ 很难再进入内部，且内部反应生成的氢气也难以逸出，这导致金属在内部的沉积速率变慢，镀层薄。

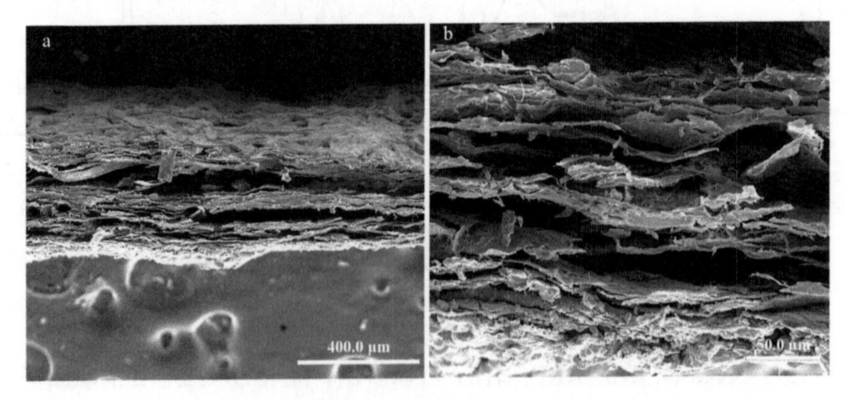

图 6-22　Ni/纸横截面电镜图

a. 原纸的截面电镜图；b. Ni/纸的截面电镜图

2. 蜂巢状三明治结构 $Ni/Fe_3O_4/Ni$ 基纸

1）形貌与元素分析

图 6-23 为不同实验阶段镀层的表面微观形貌图。首先，在 Pd 的催化下，纤维纸表面沉积了一层连续的 Ni 金属镀层，如图 6-23a 所示，金属镍的沉积并没有改变纤维纸的多孔结构。在高的放大倍数下，可以看到在单根纤维表面由直径约为 2.0 μm 的镍晶胞组成了均匀致密的镍镀层。利用镍镀层的磁性，吸附纳米 Fe_3O_4 粒子，从图 6-23b 中可以看到纳米 Fe_3O_4 粒子均匀分布在镀层晶胞上。最后在 Fe_3O_4 的引导下，继续进行化学镀，得到的 $Ni/Fe_3O_4/Ni$/纸的表面形貌状如蜂巢（图 6-23c），分析其原因：在引入 Fe_3O_4 纳米粒子后，镍的临界晶粒尺寸减小，成核速度加快，导致更小的镍晶粒形成，最终形成多孔蜂巢状的表面。

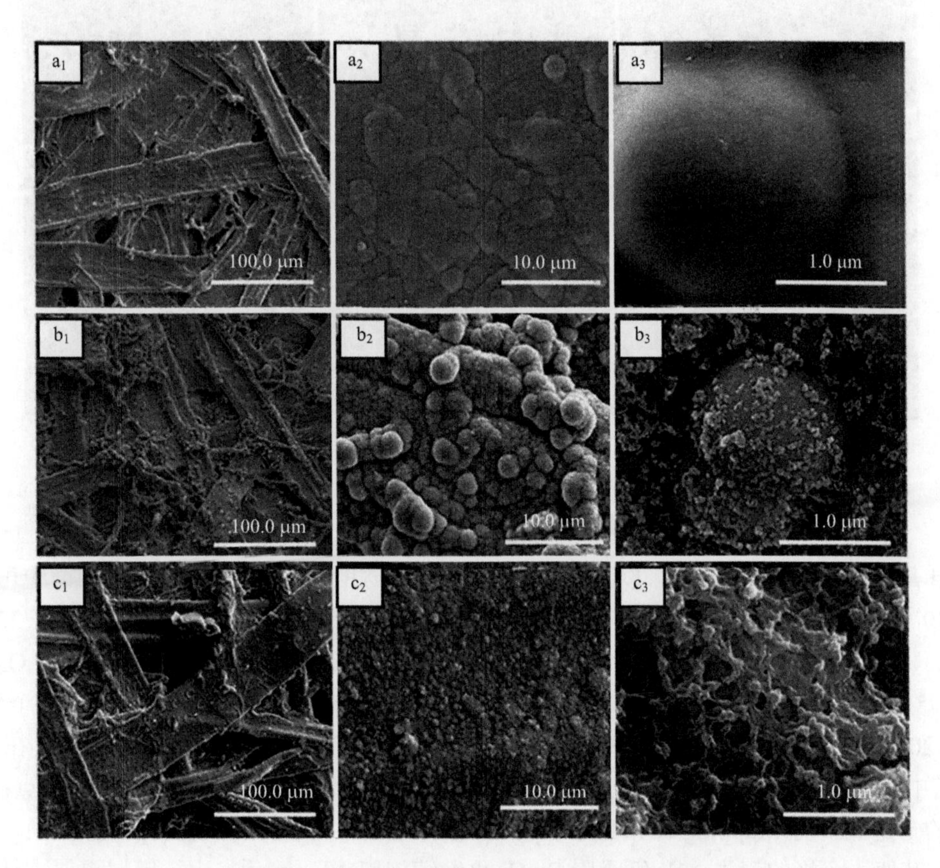

图 6-23　不同实验阶段镀层的表面形貌电镜图

图 6-24 为 $Ni/Fe_3O_4/Ni$/纸的 Mapping 图谱，可以看出，镀层中元素含量从多到少依次为镍（原子含量为 55.16%）、碳（原子含量为 23.60%）、氧（原子含量为 15.33%）、磷（原子含量为 3.97%）、铁（原子含量为 0.26%）和钯（原子含量为 0.05%），各元素对应的 Mapping 图谱说明了其在镀层中的均匀分布。

2）化学结构表征

为了进一步了解镀层的组成及结构，利用 XPS、XRD 分析镀层结构。如图 6-25a 所示，镀层表面含有 Ni、Fe、O、N、C、Si 等元素。Ni 元素来自镀液，C 元素来自纤维纸，O 元素来自纤维纸、硅烷偶联剂及 Fe_3O_4，Si 和 N 来自氨基硅烷。从 Ni 的 XPS 图谱中可以看出（图 6-25b），位于 873.7 eV 和 855.4 eV 处的峰分别归属于 $Ni(2p_{1/2})$和 $Ni(2p_{3/2})$，而位于 879.7 eV 和 861.9 eV 处的峰属于 $Ni(OH)_2(2p_{1/2})$和 $Ni(OH)_2(2p_{3/2})$。从 Fe 的 XPS 图谱中可以看出（图 6-25c），位于 711.5 eV 处的峰是 Fe^{3+}的峰，位于 710.4 eV 和 723.4 eV 处的峰是 Fe^{2+}的特征峰。

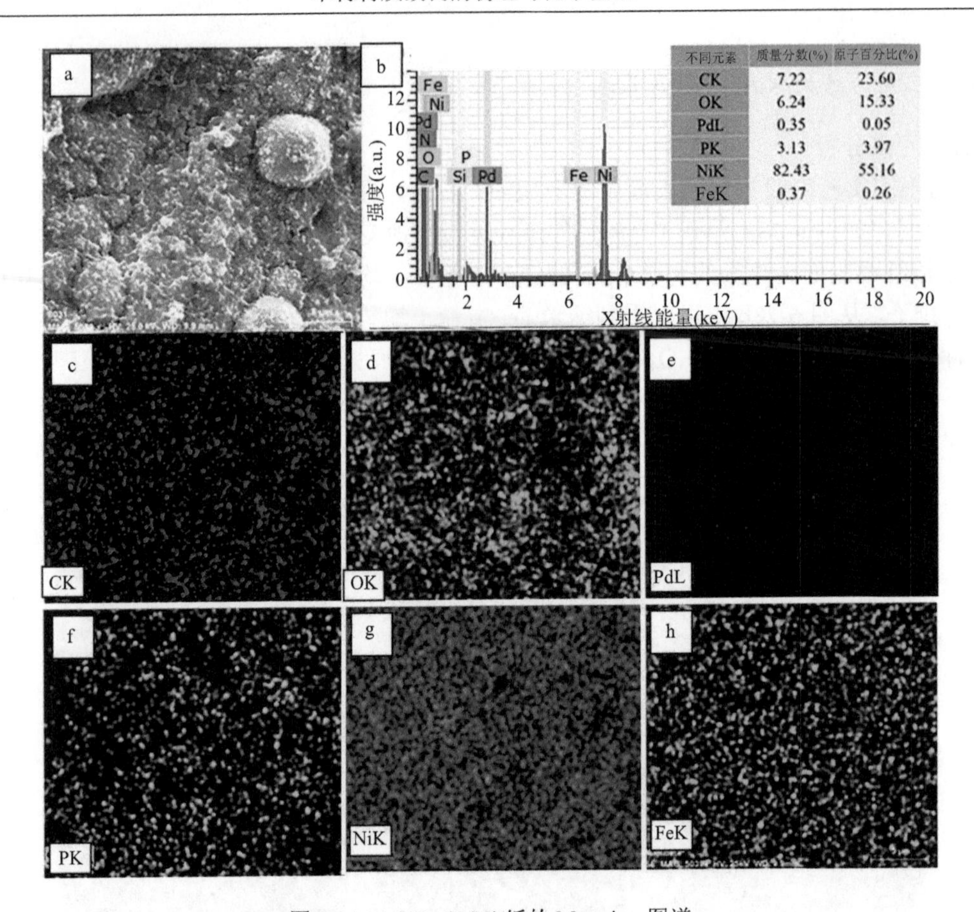

图 6-24　Ni/Fe_3O_4/Ni/纸的 Mapping 图谱

a. Ni/Fe_3O_4/Ni 纸的电镜图；b. Ni/Fe_3O_4/Ni 中各元素含量；c～h. 分别为 C、O、Pd、P、Ni、Fe 的元素分布

图 6-25d 是 Fe_3O_4、Fe_3O_4/Ni/纸，以及 Ni/Fe_3O_4/Ni/纸的 XRD 谱图。从 Fe_3O_4 的图谱中可以看出，位于 18.34°、30.14°、35.68°、43.25°、53.59°、57.13°、62.80°的峰分别对应于晶面（111）、（220）、（311）、（400）、（422）、（511）、（440），这表明所制备的 Fe_3O_4 具有磁铁矿尖晶石结构。对于 Ni/Fe_3O_4/Ni/纸而言，位于 2θ=22.7°处的峰是纤维素的衍射峰。位于 2θ=44.70°、2θ=52.23°和 2θ=76.80°处的三个新峰属于 Ni（111）、Ni（200）和 Ni（220），这表明所沉积的 Ni 具有面心立方相的结晶结构。此外，在 Fe_3O_4/Ni/纸的 XRD 图谱中仅剩下三个属于 Fe_3O_4 的结晶峰（30.14°、35.68°、57.13°），分析其原因有两点：①Fe_3O_4/Ni/纸中 Fe_3O_4 的含量低（与 Mapping 图谱结果相符）；②纤维素、Ni 在这些位置处的峰更强、更宽，这都导致了 Fe_3O_4 其他 4 个峰的消失。Ni/纸吸附 Fe_3O_4 再继续施镀 10 min 后，由于镀层更厚，纤维素的衍射峰强度减小，金属 Ni 的三个峰强度均提高。此外，由于镀层的覆盖，Fe_3O_4 的峰强度也会较之前有所降低。

3）热性能分析

图 6-26 展示的是纤维纸、Ni/纸和 Ni/Fe_3O_4/Ni/纸的热重分析法（TGA）和导数热重法（DTG）曲线，可以明显地看到三种样品的热力学行为是不同的。从室温至 100℃，主要的质量损失来自吸附水的脱除。在这一阶段，纤维纸、Ni/纸和 Ni/Fe_3O_4/Ni/纸的质量损失率分别为 3.8%、2.4%和 6.3%，这说明了 Fe_3O_4 可以有效地催化纤维素的脱水反应。从 260℃到 400℃，质量损失主要来自纤维素的热解反应，包括化学键的断裂及重组。从图 6-26b 中可以看出，纤维纸、Ni/纸和 Ni/Fe_3O_4/Ni/纸的最大热解温度分别为 357.9℃、342.5℃和 332.6℃，可以看到，纤维纸表面沉积金属 Ni 和 Fe_3O_4 后，最大热解温度降低，这一现象说明了 Ni 和 Fe_3O_4 均可以催化纤维素的热解反应，经查阅文献可知，催化的主要是脱羧反应。随着温度升高至 600℃，C—C 键和 C—O 键断裂，生成许多低分子的产物。在这一阶段，纤维纸、Ni/纸和 Ni/Fe_3O_4/Ni/纸的残碳量分别为 11.5%、53.2%和 55.1%，其原因为 Fe_3O_4 和 Ni 在催化纤维素热解反应的同时，也促

进了分子的重排，使热解产物结构更加稳定，残碳量增加，此外，由于金属的热解温度更高，因此沉积金属 Ni 和 Fe_3O_4 进一步提高了残碳量（Collard et al., 2012）。

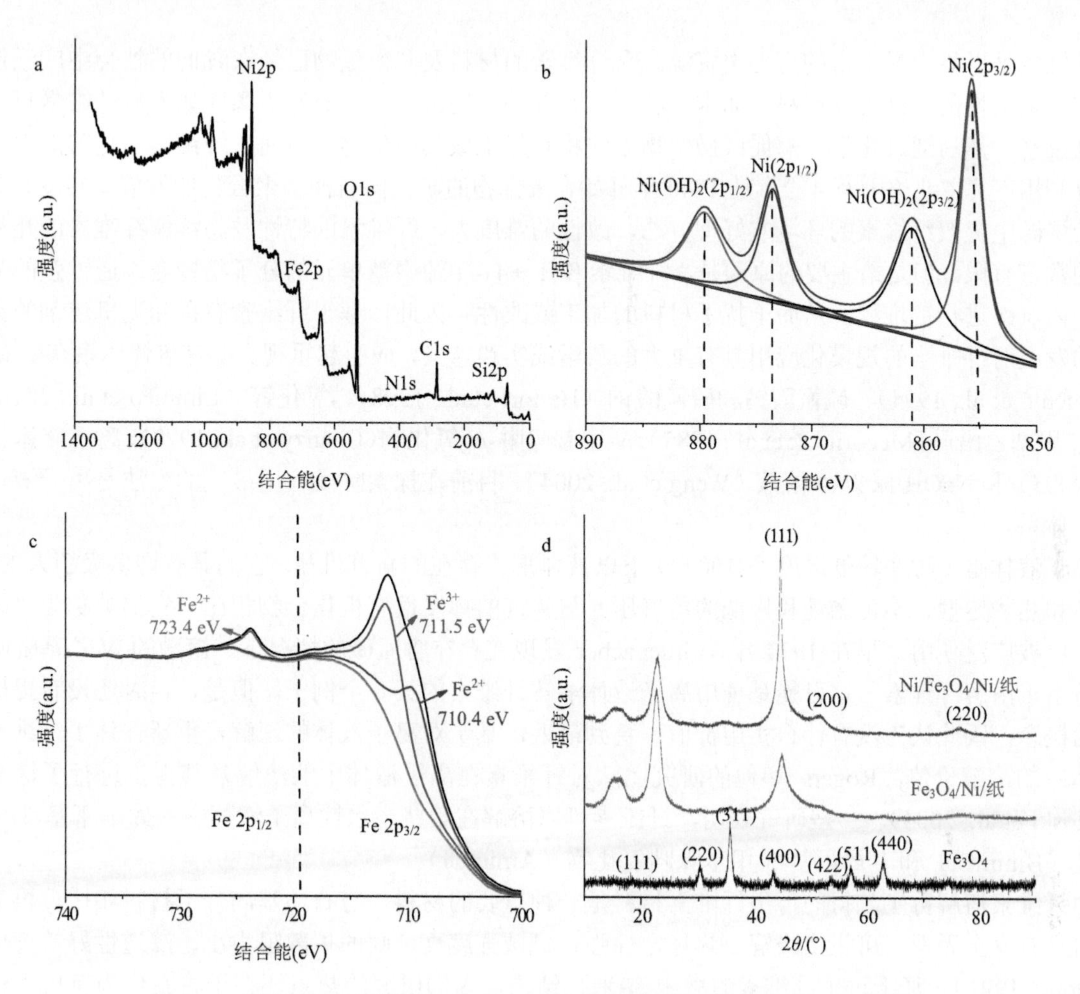

图 6-25　镀层的 XPS 谱图和 Fe_3O_4. Fe_3O_4/Ni/纸和 Ni/Fe_3O_4/Ni/纸的 XRD 谱图

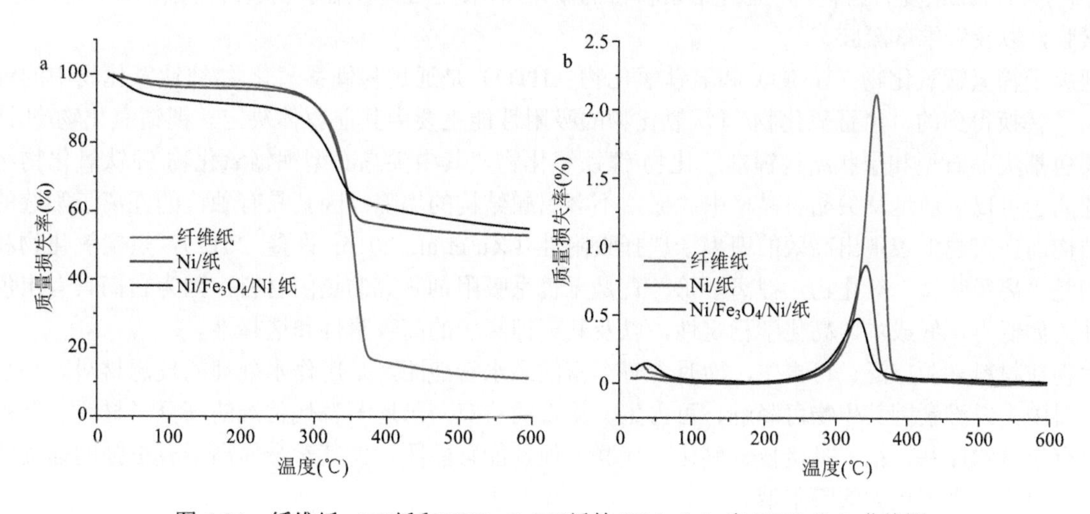

图 6-26　纤维纸、Ni/纸和 Ni/Fe_3O_4/Ni/纸的 TGA（a）和 DTG（b）曲线图

四、液固复合的木质纤维素三维网络结构的构建

纤维素是世界上最丰富的可再生资源。含纤维素的材料及其衍生物已经在我们的社会中广泛使用。除了使用未改性的含纤维素材料（如木材和棉花）以外，还可以从其原始资源（如木质纤维素材料）中提取纤维素，然后通过化学、酶促或微生物方法将其加工成其衍生物。然而，纤维素的全部潜力尚未得到充分利用，其主要原因有 4 个：从 1940 年开始，聚合物的研究向石油基聚合物的发展史转变，缺乏从其原始资源中提取纤维素的环境友好型方法，改性的难度大，纤维素的特性及易溶解纤维素的几种常见溶剂的数量有限。但是最主要的原因是，纤维素 β-(1→4)-*D*-葡聚糖单元的分子结构允许通过强的分子间和分子内氢键进行链堆积，从而干扰了材料的加工或改性。因此，基于纤维素有机和无机溶剂的无污染工艺的发展对纤维素的规模化应用具有重大的科学或实践意义，应引起重视。现有溶解体系有氨/硫氰酸铵（Cuculo et al., 1994）、硫氰酸钙和硫氰酸钠（Hattori et al., 1998）、氯化锌（Limjuco et al., 2016）、氯化锂/二甲基乙酰胺（Mccormick et al., 1985）、*N*-甲基吗啉-*N*-氧化物（Chanzy et al., 1979）、离子液体（Zhang et al., 2005）和 NaOH/尿素/水溶液（Weng et al., 2004）。目前在探索阶段应用最广的方法是离子液体溶解纤维素体系。

离子液体是一种在较低温度（<100℃）下以液体形式存在的新有机盐。它们具有许多吸引人的特性，如化学和热稳定性、不可燃性和极低的蒸气压。与传统的挥发性有机化合物相比，它们被称为“绿色”溶剂，已被广泛使用。早在 1934 年，Graenacher 发现在存在含氮碱的情况下，熔融的 *N*-乙基吡啶鎓氯化物可用于溶解纤维素。这可能是使用离子液体溶解纤维素的第一个例子。但是，当时还没有提出离子液体的概念，因此认为没有什么实用价值。直到最近，基于对离子液体的理解，重新评估了纤维素在离子液体中的溶解价值。Rogers 和他的研究团队对纤维素在离子液体中的溶解及其再生进行了综合研究（Swatloski et al., 2004）。一些研究表明，纤维素可以溶解在某些亲水性离子液体中，如 1-丁基-3-甲基咪唑氯盐（BmimCl）和 1-烯丙基-3-甲基咪唑氯化物（AmimCl）。

由纤维素溶解再生制得的再生纤维素材料是一种重要的材料，与石油基高分子材料相比，再生纤维素材料具有安全无毒、可生物降解、热稳定性强、机械强度高、膜的扩散阻力小、渗透性好等突出特点（Sheldon，1991）。基于再生纤维素的微米/纳米孔结构，人们研究的热点还在于将其作为有机载体或微反应器，获得纤维素复合材料。再生纤维素材料的微米/纳米孔结构可用于制造纤维素颗粒、纤维素纤维、纤维素膜，以及纤维素凝胶。

锂离子筛氢锰氧化物（HMO）和氢钛氧化物（HTO）是通过将锂锰氧化物/锂钛氧化物中的锂离子用氢离子替换得到的，氢锰氧化物/氢钛氧化物的吸附性能主要由其前驱体决定。锂锰氧化物/锂钛氧化物主要包括尖晶石型和层状结构锂锰氧化物/锂钛氧化物，其中尖晶石型锂锰氧化物/锂钛氧化物结构稳定，锂离子可以可逆地从尖晶石晶格中脱嵌，不会引起结构的塌陷。因其具有独特的锂离子筛选的微观晶格结构而在宏观上表现出高效的锂离子选择吸附性（Xu et al., 2016; 许鑫, 2017）。氢锰氧化物和氢钛氧化物是“离子筛型”氧化物，锂离子筛一直是无机系吸附剂研究的热门材料，因为它们具有出色的性能特性，如低毒、低成本、高化学稳定性，以及其对锂离子的高吸附性和选择性。

生物质材料来源广泛、可再生，而且含有丰富的亲水官能团，是用作水处理的理想材料。在众多生物质材料中，纤维素因其生物可降解、可再生、无毒的特点，可逐渐替代传统的高分子材料。纤维素骨架上含有丰富的羟基，很容易接枝、醚化、交联其他功能官能团，使其对金属离子有更强的捕捉能力。从而达到对金属离子更大的吸附域。

本节对纤维素的溶解成型及定向功能化进行了概述。主要从木质纤维素与无机材料之间复合的界面调控，以及进行原位改性这两方面进行了实验探索。突破了纤维素具有的高度有序的结构和强大的氢键网络，设计了合理的界面条件与三维立体结构，制备了不同形态的纤维素基吸附材料。

（一）试验材料

杨木（河南省焦作市林场）、落叶松（北京市林场）、奇岗（北京市林场）。离子液体 1-丁基-3-甲基咪唑氯盐、1-乙基-3-甲基咪唑醋酸盐购买于上海成捷化学有限公司。碳酸锂、碳酸锰、二氧化钛、氯化锂、氯化钠、氯化钾购买于天津市科密欧化学试剂有限公司，巯基乙酸、乙醇、盐酸、氨水购买于上海阿拉丁生化科技股份有限公司。

（二）试验方法

1. HMO/纤维素复合膜的制备

1）离子筛 HMO 的制备

采用固相反应法合成 HMO，以 Li_2CO_3 和 $MnCO_3$ 为原料，控制 Li 和 Mn 的摩尔比为 1.33∶1.67，用球磨机将两种原料混合均匀。将混合粉末放置在 500℃ 马弗炉中以 3℃/min 的升温速度在空气中煅烧 4 h，得到 $Li_{1.33}Mn_{1.67}O_4$（LMO）。然后将过筛的 LMO（1.0 g）分散在 1 L 的 0.5 mol/L HCl 溶液中酸洗 24 h，通过 Li^+-H^+离子交换促进 LMO 脱锂。用去离子水冲洗掉残留的酸，然后在烘箱中 60℃ 干燥 4 h，得到 $H_{1.33}Mn_{1.67}O_4$（HMO）吸附剂。

2）HMO 与纤维素复合并成膜

HMO/纤维素复合膜的制备方法如图 6-27 所示，主要步骤是将 α-纤维素（1.0 g）加入装有 20 g 离子液体 1-丁基-3-甲基咪唑氯盐（BmimCl）的 50 ml 烧瓶中以制备纤维素溶液。将混合物在 90℃ 油浴中搅拌 1 h 后获得澄清均匀的溶液。然后将已知量的 HMO 添加到纤维素溶液中，HMO 与 α-纤维素的不同配比如表 6-3 所示。将混合液超声使 HMO 在纤维素溶液中分散更加均匀，之后将该混合溶液散布在干净的玻璃板上，用刮膜器匀速地把溶液刮成膜状（除非另有说明，否则本书中膜的厚度均为 400 μm）。接着将整个玻璃板浸入乙醇凝固浴中再生出纤维素从而获得 HMO/纤维素膜。然后将膜浸入去离子水中，每 12 h 更换一次去离子水，直至除去膜中 BmimCl 和乙醇。实验中采用冷冻干燥的方式对复合膜进行干燥。

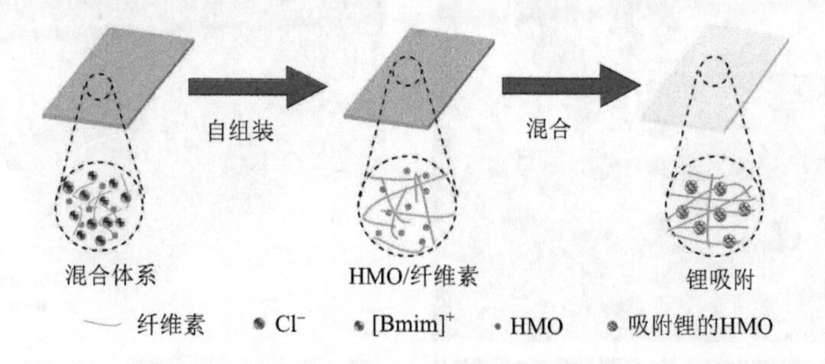

图 6-27　HMO/纤维素复合膜的制备过程、结构及其 Li^+吸附示意图

表 6-3　HMO/纤维素复合膜的不同配比

样品	不同配比的 HMO/纤维素复合膜					
	0	5%	15%	30%	50%	75%
HMO（g）	0	0.05	0.075	0.15	0.25	0.375
纤维素（g）	0.5	0.5	0.5	0.5	0.5	0.5

2. HTO/纤维素复合气凝胶的制备

1）离子筛 HMO 的制备

H_2TiO_3 颗粒是根据其他参考文献中所描述的方法制备的。首先，将 Li_2CO_3 和锐钛矿型 TiO_2 以 1∶1

的质量比混合并放入球磨机中研磨 0.5 h，以获得均匀的混合物。其次，将混合物置于马弗炉中，以 6℃/min 的升温速率加热至 700℃，并在此温度下保持 8 h。自然冷却后，获得前驱体白色粉末 Li_2TiO_3（标记为 LTO）。将 1 g 上述 LTO 粉末倒入 0.2 mol/L 的稀 HCl 溶液中，在室温下磁力搅拌 24 h，以便 Li^+/H^+ 彻底交换。过滤，并用去离子水冲洗 3 次，放入 60℃的烘箱中，干燥 4 h。将所得的白色粉末样品收集备用，并命名为 H_2TiO_3（标记为 HTO）。

2）HTO 与纤维素复合并成膜

首先，将 α-纤维素粉末（质量分数 2%）混入 BmimCl 中，在 90℃加热 1 h 使其完全溶解，然后以不同的负载量添加一系列 HTO 颗粒[纤维素与 HTO 的比例（*W*/*W*）分别为 4∶0，4∶1、4∶2、4∶3、4∶4、0∶4]，使用磁力搅拌装置将 HTO 粉末与纤维素溶液混合均匀。其次，采用真空干燥箱将溶液脱去气泡，并倒入相应模具中，并在乙醇凝固浴中静置 24 h，再生 HTO/纤维素复合水凝胶。从模具中取出样品后，将获得的水凝胶用去离子水洗涤，以除去多余的乙醇和 BmimCl，然后冷冻干燥 2 d，即获得 HTO/纤维素复合气凝胶。

（三）结果与讨论

1. HMO/纤维素复合膜的结构

图 6-28a 为 HMO/纤维素复合膜的 SEM 图像，从中我们可以看到，HMO/纤维素复合膜具有交联的三维网络结构。该三维网络的形成可能是纤维素链表面丰富的羟基基团之间的相互作用诱导纤维素链发生自组装。我们采用 TEM 进一步观测该复合材料的微观形貌（图 6-28b），可以看出复合膜中 HMO 的存在和分布，HMO 在复合膜中分散均匀。图 6-28c 为 HMO/纤维素的能量色散 X 射线分析（EDX）图谱，可以看出，除 C、O 两种主要元素外，HMO/纤维素的 EDX 图像中呈现出很强的 Mn 元素信号，表明有大量的含 Mn 的化合物存在，该结果暗示了 HMO 成功负载在了纤维素膜中。图 6-28d 为 HMO/纤维素复合膜的照片。

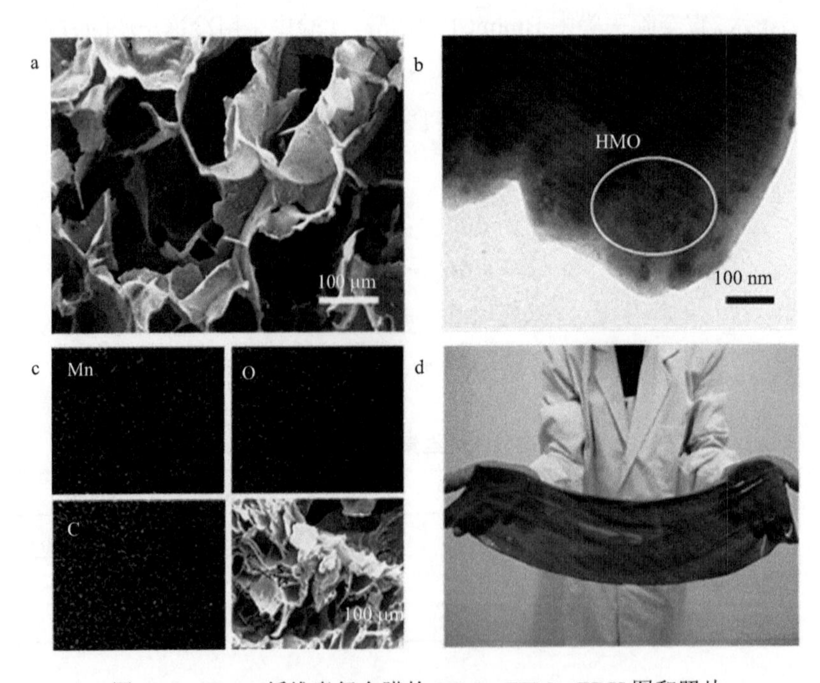

图 6-28　HMO/纤维素复合膜的 SEM、TEM、EDX 图和照片

N_2 吸附-脱附测试可用于测量样品的比表面积和孔隙特征。图 6-29 给出了 HMO/纤维素复合膜的 N_2 吸附-脱附等温线。根据 IUPAC 分类，HMO/纤维素复合膜的氮吸附测量显示为Ⅳ型等温线，在低压区，

吸附等温线增长缓慢。该过程中，N_2 分子吸附逐渐从单层过渡到多层。在中压区，HMO/纤维素复合膜的吸附-脱附等温线间显示出明显的 H_3 型滞后环，这可能是由于毛细管凝聚引起的，同时表明复合膜具有介孔结构。在高压区，样品呈现较大的吸附量（没有明显的吸附平台），这证明了 HMO/纤维素复合膜中大孔（>50 nm）的存在。采用 BET 法计算出 HMO/纤维素复合膜比表面积大约为 16.45 m^2/g，通过 BJH 方法进行孔径分析得到 HMO/纤维素复合膜的孔容约为 0.05 cm^3/g。用压汞法测定得到的 HMO/纤维素复合膜的孔隙率约为 86.7%。

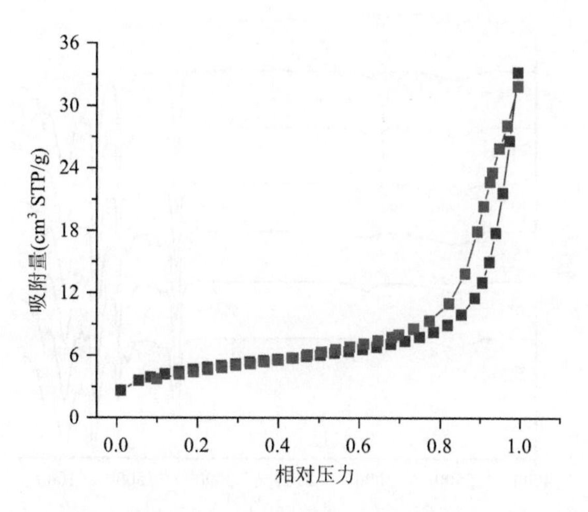

图 6-29　50%HMO/纤维素膜在标准状态（STP）下的 N_2 吸附-脱附等温线

对合成的 HMO 粉末、纯纤维素膜、HMO/纤维素复合膜进行 XRD 表征，考察其晶体结构，结果如图 6-30 所示。HMO 粉末在 2θ=18.7°、36.3°和 44.1°处显示三个特征峰，分别对应于 HMO 尖晶石结构的（111）、（311）和（400）晶面（Han et al., 2012），这些数据与尖晶石结构的锰氧化物标准 JCPDS 卡片非常吻合（JCPDS ：51-1585）。纯纤维素膜在 19°～22°处显示出衍射峰，这些峰归因于纤维素Ⅱ晶体结构的（110）、（020）晶面。HMO/纤维素复合膜具有纤维素Ⅱ的特征衍射峰，此外，其具有的特征峰与 HMO 的（111）、（311）和（400）特征衍射峰匹配，这表明 HMO 在掺入纤维素膜后其晶体结构没有发生改变，复合膜中依旧存在可吸附锂离子的空穴位点。

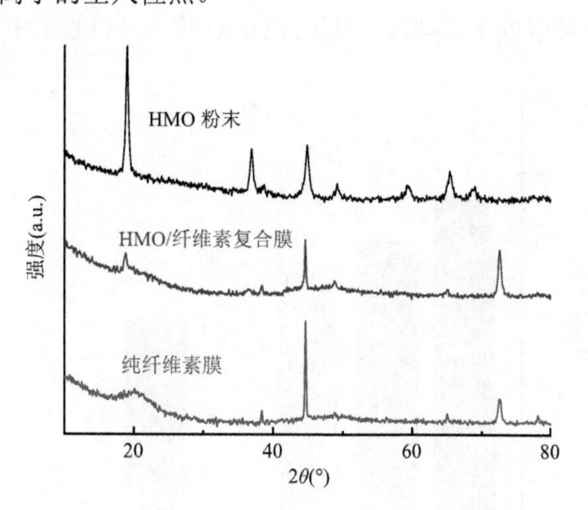

图 6-30　HMO 粉末、纯纤维素膜、HMO/纤维素复合膜的 XRD 图谱

为研究 HMO 与纤维素复合膜的组分变化情况，对纯纤维素膜及不同 HMO 负载量的纤维素复合膜进行了 FTIR 分析，结果如图 6-31 所示。在纯纤维素膜（0% HMO）的图谱中，3400 cm^{-1} 与 2900 cm^{-1} 处分别是纤维素—OH 和 C—H 键的伸缩振动，1640 cm^{-1} 处是 H—O—H 的吸收峰，这是由纤维素吸水造

成的；1382 cm^{-1} 附近的吸收峰对应于 O—H 的弯曲振动，1058 cm^{-1} 处的吸收峰，代表纤维素的 C—O 伸缩振动；负载了不同量 HMO 的复合膜（5%HMO～75%HMO）的 FTIR 图谱显示，随着 HMO 负载量从 5%增加到 75%，复合膜 3400 cm^{-1} 与 2900 cm^{-1} 处的峰强度逐渐减弱，证明添加 HMO 会削弱纤维素分子之间氢键的相互作用。HMO/纤维素复合膜与纯纤维素膜相比，除了峰强度之外，没有大的改变，这表明添加 HMO 到纤维素膜中对纤维素膜的基本结构不会产生影响，即 HMO 与纤维素膜之间的结合本质上是物理结合，不是化学结合。

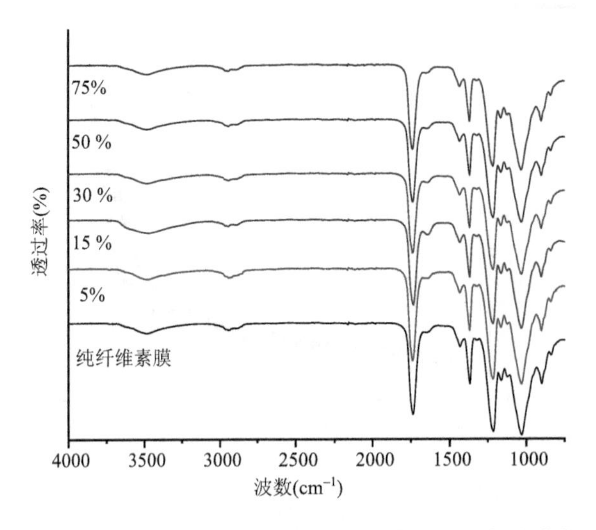

图 6-31　纯纤维素膜和 HMO 含量在 5%～75%的纤维素复合膜的 FTIR 图谱

为了考察 HMO/纤维素复合膜的力学性能，我们对纯纤维素膜和 HMO 含量在 5%～75%的纤维素复合膜进行了拉伸强度测试。如图 6-32 所示，纯纤维素膜的拉伸强度为 23.5 MPa。HMO 的加入导致纤维素膜拉伸强度降低，随着 HMO 质量分数从 5%增加到 75%，拉伸强度从 20.2 MPa 降低到 12.3 MPa。拉伸强度的降低很可能是由于：①HMO 的掺入导致纤维素中的氢键被破坏；②HMO 在薄膜中团聚，直接导致膜表面出现裂纹。纯纤维素膜和 HMO 含量在 5%～75%的纤维素复合膜的 FTIR 也可用于证明 HMO 的添加减弱了纤维素分子之间氢键的相互作用。3360 cm^{-1} 处的光谱带是氢键的—OH 拉伸振动。显然地，随着 HMO 含量的逐渐增加，峰强度逐渐减弱，因此将 HMO 掺入纤维素膜中可导致复合膜拉伸强度降低。

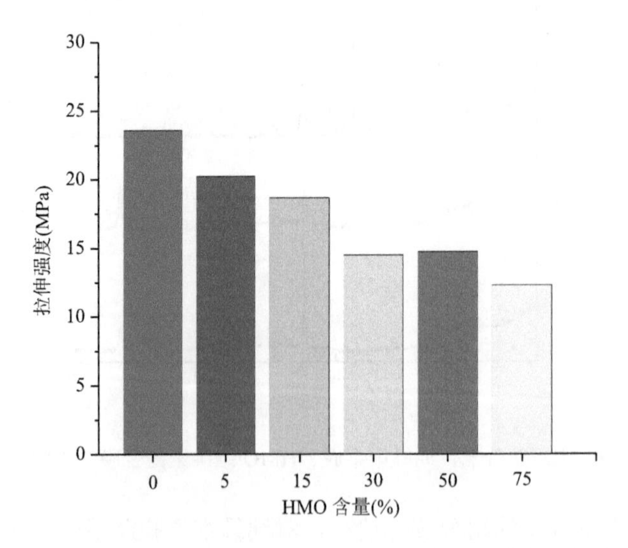

图 6-32　在不同的 HMO 含量下 HMO/纤维素膜的拉伸强度

为了探究 HMO/纤维素复合膜对 Li^+的吸附机理，用 XPS 对复合膜吸附前后的化学成分进行表征，结果如图 6-33 所示。从图 6-33a 可以看出，HMO/纤维素复合膜在吸附前没有 Li 1s 峰，吸附后 Li 1s 峰出现在结合能 53.5 eV 的位置，表明 Li^+已成功吸附在复合膜上。Mn 2p 的 XPS 光谱图如图 6-33b 所示，HMO/纤维素复合膜吸附前 Mn $2p_{3/2}$ 和 Mn $2p_{1/2}$ 峰分别出现在结合能 642.4 eV 和 653.95 eV 的位置，吸附后 Mn $2p_{3/2}$ 和 Mn $2p_{1/2}$ 峰分别出现在结合能 642.7 eV 和 654.3 eV 的位置。研究学者认为有 3 种机理来解释 Li^+在 HMO 上的吸附行为：①离子交换机理；②氧化还原机理；③复合反应机理（离子交换反应和氧化还原反应）。我们的实验结果证明了当 HMO/纤维素复合膜吸附 Li^+时，Mn 的价态没有发生改变，因此，Li^+在复合膜上的吸附行为是一种离子交换行为。

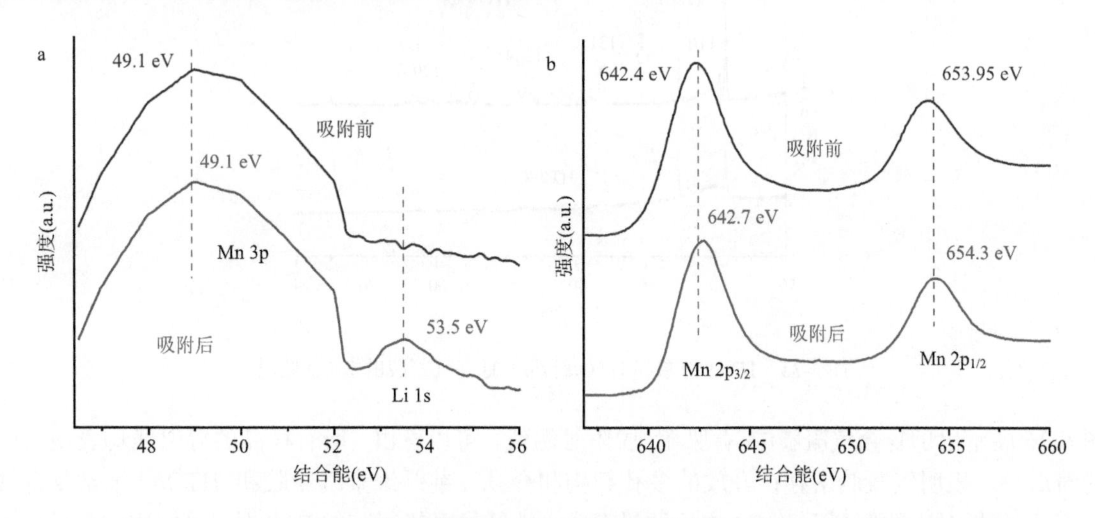

图 6-33　Li^+吸附前后 50%HMO/纤维素复合膜的 XPS 光谱

2. HTO/纤维素复合气凝胶的结构

在纤维素溶解过程中直接分散 HTO 粉末的方法既简单又灵活。图 6-34a 显示了 HTO/纤维素复合气凝胶的 3D 交联网络结构，该结构由大型、致密且多孔的薄片组成，在纤维素气凝胶内部具有多层结构，这是典型的再生天然多糖聚合物气凝胶。而且可以在纤维素气凝胶的表面清楚地观察到大量的 HTO 粉末，尺寸从 1 μm 到 10 μm。此外，元素地图中的 C、O 和 Ti 均匀分布在整个孔结构中（图 6-34b），这表明 HTO 在纤维素气凝胶中分布良好。

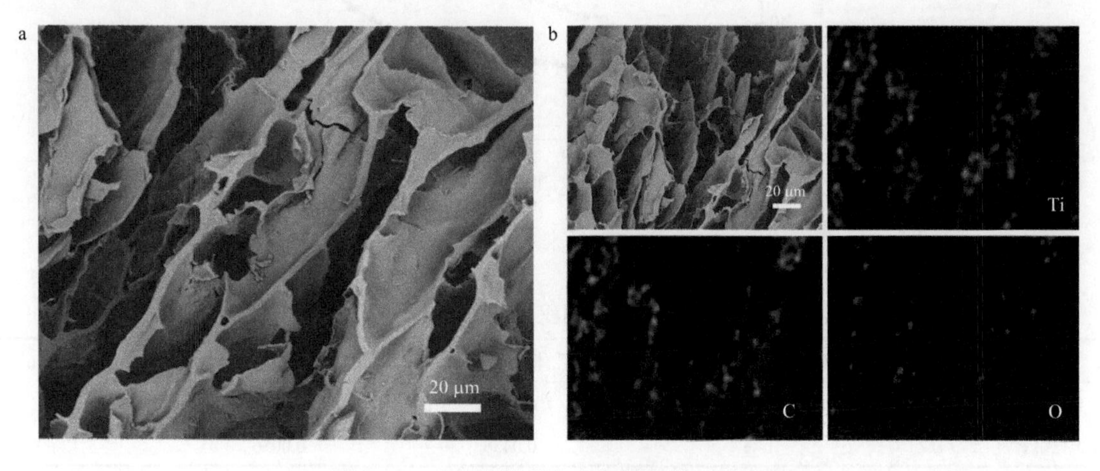

图 6-34　HTO/纤维素复合气凝胶的 SEM 图

a. HTO/纤维素复合气凝胶的 SEM 图；b. HTO/纤维素复合气凝胶的 EDS-Mapping 图谱

图 6-35 展示了 HTO 粉末和 HTO/纤维素复合气凝胶的 XRD 图谱。值得注意的是，它们具有相似的 XRD 衍射峰，显示出清晰的 HTO 粉末特征衍射峰。随着纤维素的添加，HTO 峰的强度减弱。但是，这些特征峰仍保留在 HTO/纤维素复合气凝胶（HTO/CA）的 XRD 图谱中，这表明在 HTO 粉末与纤维素气凝胶复合后，锂离子筛 LIS 的晶体结构并未被破坏，吸附 Li^+的功能得以保留。

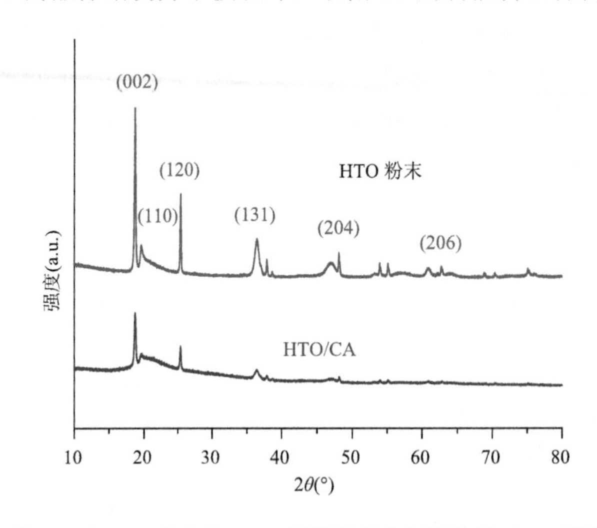

图 6-35　HTO 粉末和 HTO/纤维素复合气凝胶的 XRD 图谱

图 6-36 展示出了复合气凝胶的 N_2 吸附-脱附等温线，可以看出，所有样品的等温线均表现出Ⅳ型和明显的滞后环，表明气凝胶中存在开放的多孔结构和介孔。纯纤维素气凝胶和 HTO/纤维素复合气凝胶的 BET 表征分析对比数据列于表 6-4 中。结果表明，纯纤维素气凝胶的 BET 比表面积为 35.21 m^2/g。添加 HTO（4∶2）后，气凝胶的比表面积降至 14.30 m^2/g。此外，孔径从 15.17 nm 变为 12.69 nm。

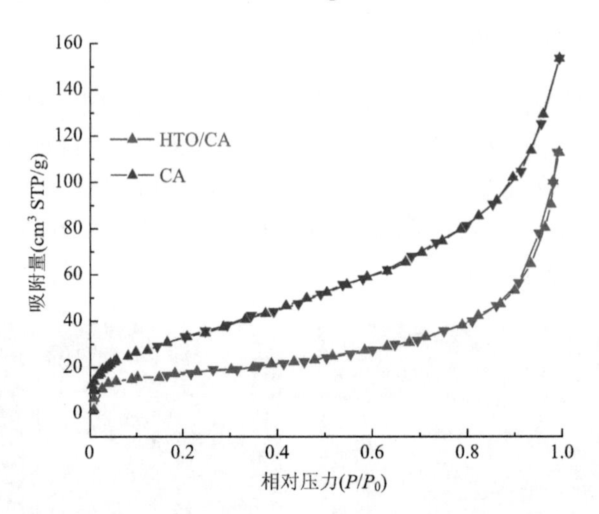

图 6-36　纯纤维素气凝胶和 HTO/纤维素复合气凝胶的 N_2 吸附-脱附等温线

表 6-4　气凝胶的 BET 比表面积、大孔体积、中孔体积和孔径

材料	BET 比表面积（m^2/g）	大孔体积（cm^3/g）	中孔体积（cm^3/g）	孔径（nm）
纯纤维素气凝胶	35.21	0.1512	0.0113	15.17
HTO/纤维素复合气凝胶	14.3	0.0456	0.0056	12.69

图 6-37 显示了纯纤维素气凝胶和 HTO/纤维素复合气凝胶的 FTIR 图谱。图谱显示出二者在 3362 cm^{-1} 处具有相似谱带的光谱，这主要归因于氢键的—OH 拉伸振动，这表明气凝胶具有亲水性。值得注意的

是，纤维素分子中分子间和分子内的氢键使气凝胶对水分的吸收很敏感，这是纤维素气凝胶亲水性的原因。

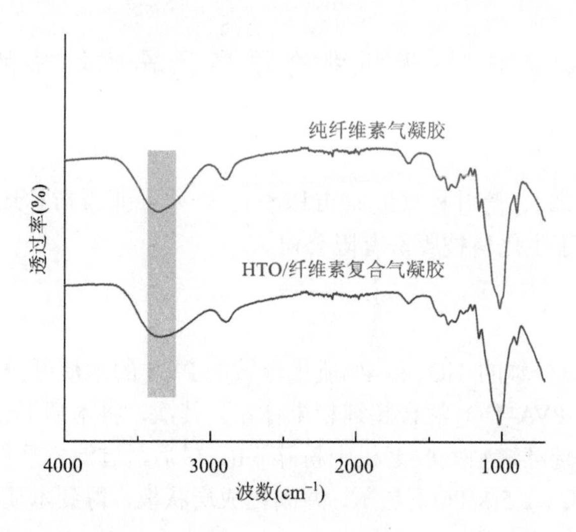

图 6-37　纯纤维素气凝胶和 HTO/纤维素复合气凝胶的 FTIR 图谱

五、本节小结

本节从木质纤维素聚集体物理结构和化学性状出发，利用功能化试剂对木质纤维素表面分子进行接枝、交联等化学修饰和/或自组装、矿化沉积等物理复合，设计构筑了多种典型的异质复合结构，攻克了木质纤维素基异质复合界面结合强度低等难题，并揭示了不同模式下异质复合界面形成的机制。

（1）根据木质纤维素的可塑性和羟基密接形成强氢键等特点，设计构建了木质纤维素基 $CaCO_3$ 层叠组装仿生贝壳结构及密实化调控方法，揭示了层叠密实结构的有机相（木质纤维素）和无机相（纳米粒子）协同增强、聚甲基丙烯酸甲酯（PMMA）交联增韧的力学增强机制。

（2）根据木质纤维素聚集态表面官能团电负性和表面羟基易修饰的特点，通过对木质纤维素表面进行氨基化修饰，实现了氨基和钯络合形成自催化异质沉积耦合，构建了基于共价键包覆和配位键作用的木质纤维素/Ni-P 合金膜三维骨架多级消能电磁屏蔽蜂巢结构。

（3）从分子结构层面，通过对木质纤维素进行羧甲基化修饰和 g-C_3N_4 多氨基活化，构建了基于气相沉积与氢键互作的木质纤维素/g-C_3N_4 球形多孔网络结构，揭示了木质纤维素气凝胶球多孔结构形成及其与活性 g-C_3N_4 复合的异质界面形成机理，首次阐述了木质纤维素气凝胶多孔结构与原料配比、溶胀程度和冻结温度的构效关系。

（4）针对木质纤维素三维网络结构调控，系统研究了常见纤维素溶解体系，如碱/尿素/水体系、碱/硫脲/水体系、咪唑基离子液体体系等，筛选出效率最高、无须低温条件且以价格相对低廉的 1-丁基-3-甲基咪唑氯盐为适合溶剂，在较温和的条件下将木质纤维素溶解并与锂离子筛 HMO 均匀混合后，于反溶剂乙醇中重构塑形，原位形成稳定的异质复合界面，然后借助冷冻干燥技术构建“蜂窝状”三维网络凝胶结构。

第二节　木质纤维素基异质结构性能实现机制

本节以设计构筑的木质纤维素基异质复合界面结构为参照体系，选择代表性功能化试剂与木质纤维素复合制备功能化材料。通过化学与物理手段使木质纤维素与电气石、TiO_2、钯、g-C_3N_4 等材料进行异质化结合，使木质纤维素具有高强度、催化性、电磁屏蔽和特异性吸附等功能。从功能化实现反推异质复合结构，揭示了木质纤维素/异质复合材料功能化实现机理。

一、木质纤维素基有机-无机非金属多元异质结构的增韧增强机制

（一）试验材料

杨木（河南省焦作市林场）、落叶松（北京市林场）、奇岗（北京市林场），二氧化钛（TiO_2）、聚乙烯醇（PVA）购于上海阿拉丁生化科技股份有限公司。

（二）试验方法

首先，将混合有 1%质量分数的 TiO_2 和 4%质量分数的 PVA 的木质纤维素悬浮液加入 1500 r/min 的胶磨机中，得到木质纤维素-PVA-TiO_2 混合超细粉末体系。其次，将木质纤维素-PVA-TiO_2 悬浮液通过由蠕动泵和塑料管组成的环路连续进料到胶磨机中粉碎 6 h。最后，过滤木质纤维素-PVA-TiO_2 悬浮液的多余水后，将复合材料在 200℃、2.5 MPa 下热压，并固化成层状板，得到木质纤维素-PVA-TiO_2 复合材料。

（三）结果与讨论

1. 木质纤维素异质结构力学性能

静曲强度反映了人造板抵抗弯曲破坏的能力。从图 6-38 中可以看出，4 种材料的静曲强度大小依次为木质纤维素-PVA-TiO_2 复合材料、木质纤维素-PVA 复合材料、木质纤维素-TiO_2 复合材料、纯木质纤维素材料。弹性模量是衡量人造板抵抗弯曲变形能力大小的参量，内结合强度是反映人造板纤维之间胶合质量好坏的关键参量，两种添加了 PVA 的材料的弹性模量和内结合强度明显大于另外两种未添加 PVA 的材料，这与静曲强度的结果一致。这说明 PVA 对无胶木纤维板的力学性能影响显著。同时，两种添加了 TiO_2 的材料的吸水厚度膨胀率明显低于另外两种未添加 TiO_2 的材料，这可能是 TiO_2 的加入改善了木质纤维素和 PVA 之间的界面相容性导致无胶纤维板的吸水厚度膨胀率降低。实验结果见表 6-5。

表 6-5 木质纤维素-PVA-TiO_2 复合材料的力学性能检测结果

编号	静曲强度（MPa）	弹性模量（MPa）	内结合强度（MPa）	吸水厚度膨胀率（%）
1	11.8	1225	0.49	24.6
2	14.8	1602	0.51	12.8
3	19.4	2132	0.65	23.4
4	14.7	1654	0.54	21.2
5	15.5	1787	0.56	16.5
6	17.1	1852	0.58	12.1
7	19.1	2087	0.62	20.4
8	19.9	2103	0.66	16.4
9	22.3	2436	0.63	11.3
10	20.5	2267	0.67	20.1
11	22.7	2541	0.69	16.4
12	25.8	2714	0.67	11.6
13	22.1	2553	0.72	19.8
14	25.1	2689	0.75	15.7
15	26.8	2850	0.78	10.9

木质纤维素-PVA-TiO_2复合材料的协同增韧作用来自PVA和两层木质纤维素-TiO_2复合物之间的相互作用。如果不存在PVA黏合剂，则木质纤维素-TiO_2复合层更倾向于聚集。木质纤维素-TiO_2复合材料的两层之间的阴离子相互作用相对较弱。此外，木质纤维素-TiO_2复合材料的刚性比较大，而在两个刚性部件之间的直接应力传递常常是不足的，不含PVA的纯木质纤维素人造板和木质纤维素-TiO_2复合材料显示出相对弱的力学性能，静曲强度分别为11.8 MPa和14.8 MPa（弹性模量分别为1225 MPa和1602 MPa）。对比比较清楚地显示了在木质纤维素-PVA-TiO_2复合材料中两层木质纤维素-TiO_2复合材料之间的PVA黏附的重要性。

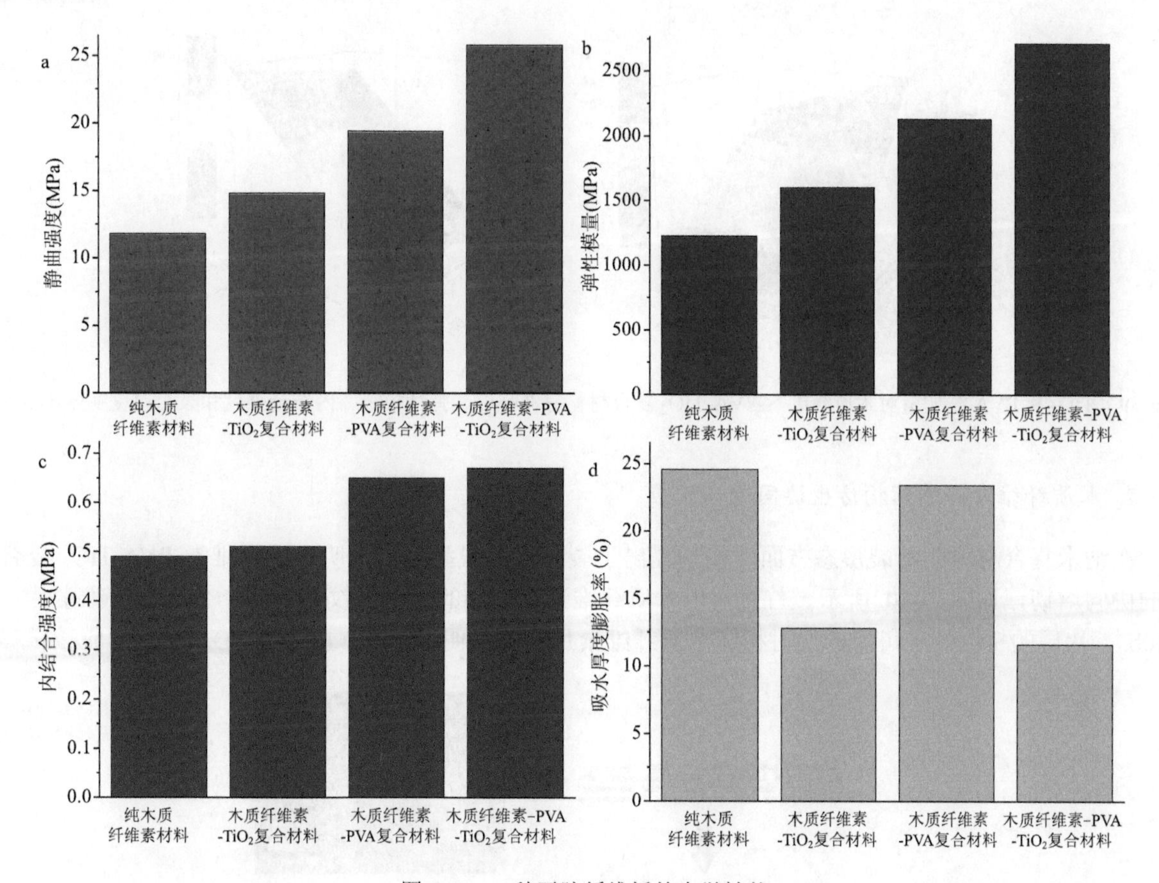

图6-38　4种无胶纤维板的力学性能

从图6-39a中可以看出，相同热压条件下，随着TiO_2和PVA添加量的增加，静曲强度增大明显。当TiO_2含量为4.5%，PVA含量为12%时达到最大值（26.8 MPa），满足《中密度纤维板》（GB/T 11718—2009）中干燥状态下使用的普通型中密度纤维板的性能要求（25 MPa）。

图6-39b表明，TiO_2和PVA的添加量对弹性模量的影响趋势与静曲强度相似。随着TiO_2和PVA含量的增加，弹性模量有明显的提高。当TiO_2和PVA的含量分别在3%～4.5%和9%～12%变化时，弹性模量均超过2500 MPa，满足《中密度纤维板》（GB/T 11718—2009）中干燥状态下使用的普通型中密度纤维板性能要求。

如图6-39c所示，内结合强度的值随着PVA含量的增加而显著增加，TiO_2的含量从1.5%增加到4.5%，对内结合强度的影响较小。当PVA含量在6%以上时，内结合强度均能达到《中密度纤维板》（GB/T 11718—2009）中干燥状态下使用的普通型中密度纤维板性能要求（0.6 MPa）。

图6-39d表明，木质纤维素-PVA-TiO_2复合材料的吸水厚度膨胀率随着TiO_2含量的增加明显下降。这可能是因为TiO_2的填充使材料中的孔洞变少，致密度提高，从而吸水厚度膨胀率降低。

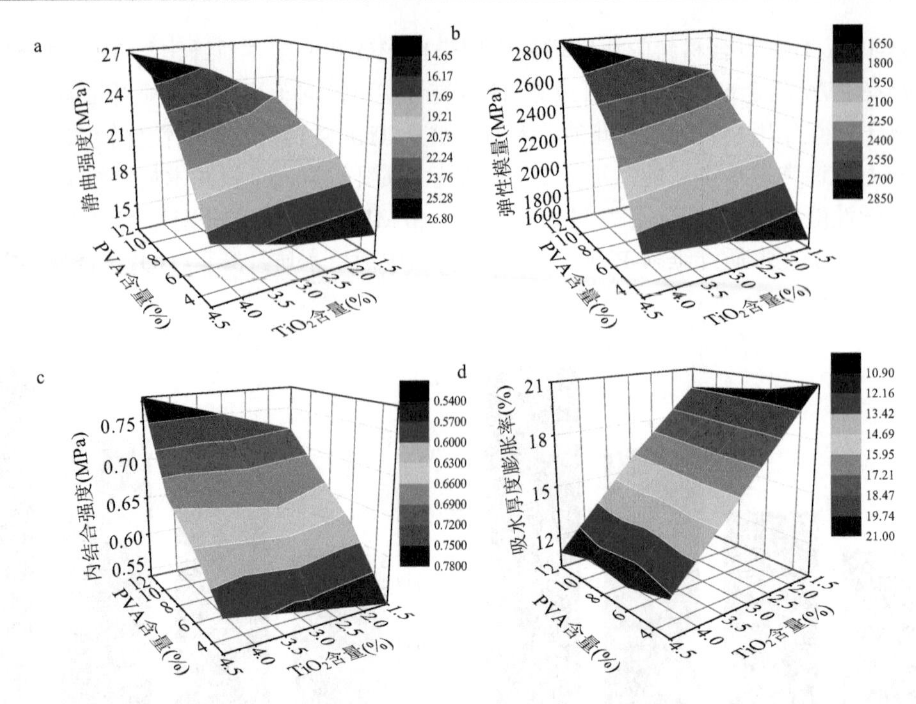

图 6-39　TiO_2 和 PVA 添加量对木质纤维素-PVA-TiO_2 复合材料静曲强度、弹性模量、内结合强度和吸水厚度膨胀率的影响

2. 木质纤维素异质结构仿生协同增韧效应

在纳米复合材料的断裂形态方面，我们提出了裂纹扩展模型，以说明木质纤维素-PVA-TiO_2 复合材料的协同增韧，如图 6-40 所示。首先，由木质纤维素片引起的偏转裂纹遇到另一个木质纤维素片（图 6-40b）。片层的桥接效应可以产生对相邻木质纤维素片滑动的明显抗性（应变硬化）。增强的应激转移到

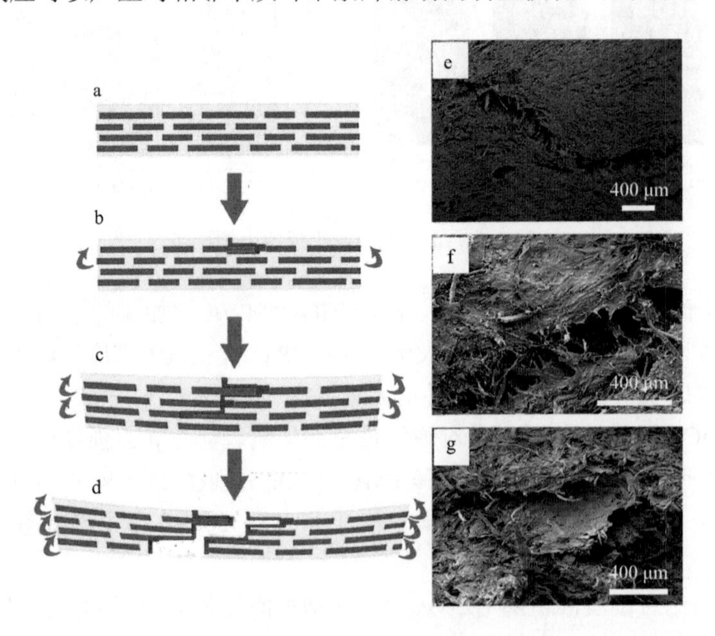

图 6-40　木质纤维素片的协同增韧机制

a. 简化的结构原理图，显示了 2D 木质纤维素片的交替排列；b. 在三点弯曲下，木质纤维素片开始滑动和偏转裂纹；c. 激活相邻多个木质纤维素片的滑动；d. 复合材料最终在木质纤维素片断裂模型下失效；e. 珍珠质复合材料的断裂形态层与裂纹分支之间的裂纹偏转；f. 裂纹桥接；g. 木质纤维素片的断裂面

下一层木质纤维素片，并激活相邻的多个木质纤维素片的潜在滑动（图 6-40c）。随着裂纹扩展，这种裂纹偏转、桥接和多个潜在的滑动位置的活化逐步累积，直到材料断裂为止。此外，分层过程被渗透的 PVA 黏合层延迟，从而进一步耗散能量。

为了探索韧性的机理，本研究仔细检查了珍珠质复合材料的断裂形貌，如图 6-40e～g 所示。层状的木质纤维素-PVA-TiO_2 复合材料导致裂纹分支、裂纹偏转和裂纹桥接（图 6-40e）。在微裂纹的尖端，观察到裂纹桥接，原纤维拉出和断裂（图 6-40f），木质纤维素片被拉出，木质纤维素在三点弯曲过程中断裂（图 6-40g）。断裂面的特征表明，木质纤维素片滑移不仅发生在断裂面上，而且发生在木质纤维素-PVA-TiO_2 复合材料的内部，这可能是木质纤维素-PVA-TiO_2 复合材料的断裂能提高的原因。随着裂纹扩展，这种裂纹偏转、桥接和多个潜在的滑动位置的激活以一种方式累积，直到材料断裂。

3. 木质纤维素异质结构光催化性能

本研究通过在不同曝光时间的紫外光下降解甲基橙（MO）来研究木质纤维素、木质纤维素-PVA、木质纤维素-TiO_2 和木质纤维素-PVA-TiO_2 复合材料的光催化活性。TiO_2 紫外光条件下催化降解甲基橙及其途径已有很好的记载，如下所示。

$$TiO_2+h\nu \longrightarrow TiO_2(h\nu_B^+ + e_{CB}^-) \tag{6-2}$$

$$h\nu_B^+ + e_{CB}^- \longrightarrow \text{产热} \tag{6-3}$$

$$TiO_2(e_{CB}^-) + O_2 \longrightarrow TiO_2 \tag{6-4}$$

$$\bullet O_2^- + H^+ \longrightarrow \bullet HO_2 \tag{6-5}$$

$$\bullet HO_2 + \bullet O_2^- + H^+ \longrightarrow H_2O_2 + O_2 \tag{6-6}$$

$$2\bullet HO_2 \longrightarrow H_2O_2 + O_2 \tag{6-7}$$

$$\bullet HO_2 + H^+ + TiO_2(e_{CB}^-) \longrightarrow TiO_2 + H_2O_2 \tag{6-8}$$

$$H_2O_2 + \bullet O_2^- \longrightarrow \bullet OH + OH^- + O_2 \tag{6-9}$$

$$H_2O_2 + TiO_2(e_{CB}^-) \longrightarrow TiO_2 + \bullet OH + OH^- \tag{6-10}$$

$$H_2O + TiO_2(h\nu_B^+) \longrightarrow TiO_2 + \bullet OH \tag{6-11}$$

$$OH^- + TiO_2(h\nu_B^+) \longrightarrow TiO_2 + \bullet OH \tag{6-12}$$

$$\text{染料} + \bullet OH \longrightarrow \text{降解} \tag{6-13}$$

$$\text{染料} + TiO_2(h\nu_B^+) \longrightarrow \text{降解} \tag{6-14}$$

为了探索这些复合材料在这种光催化应用中的有效性，将复合材料条带（20 mm×7 mm×5 mm）浸入 MO（0.15 mmol/L）的水溶液中，然后暴露于由可调压汞灯产生的 1000 W 的紫外线照射。在图 6-41a、b 中，木质纤维素和木质纤维素-PVA 复合材料几乎没有显示 MO 的降解。对于木质纤维素-TiO_2（图 6-41c）和木质纤维素-PVA-TiO_2（图 6-41d）复合材料，观察到 λ_{max} 的强度随着曝光时间的增加而降低。此外，这排除了木质纤维素和 PVA 中物质对光催化活性的影响。木质纤维素、木质纤维素-PVA、木质纤维素-TiO_2 和木质纤维素-PVA-TiO_2 复合材料在紫外光照射下的 MO 的光降解曲线如图 6-41e 所示，木质纤维素-TiO_2 和木质纤维素-PVA-TiO_2 复合材料分别降解约 86.6%和 92%的 MO 均在 300 min 的紫外线照射时间内。MO 降解是由于短暂存在的 MO 阳离子，其在将电子注入 TiO_2 的导带中时自发分解。结果表明，木质纤维素-PVA-TiO_2 复合材料对 MO 具有极好的降解效率。

我们通过监测 MO 的降解来测量木质纤维素-PVA-TiO_2 复合材料的稳定性和可再利用性。在每个循环中，室温照射模拟紫外光 300 min（图 6-41f）。照射 300 min 后，木质纤维素-PVA-TiO_2 复合材料的

MO 降解达 91.9%，7 个循环后，催化剂仍保持光活性（64.6%），这些结果表明，木质纤维素-PVA-TiO_2 复合材料具有优异的稳定性和可重复使用性。此外，黑暗中制备的木质纤维素-PVA-TiO_2 复合材料没有明显的光降解（图 6-41f 中的红线），并且当置于黑暗中 7 个周期后，木质纤维素-PVA-TiO_2 复合材料的 MO 吸附能力逐渐降低。

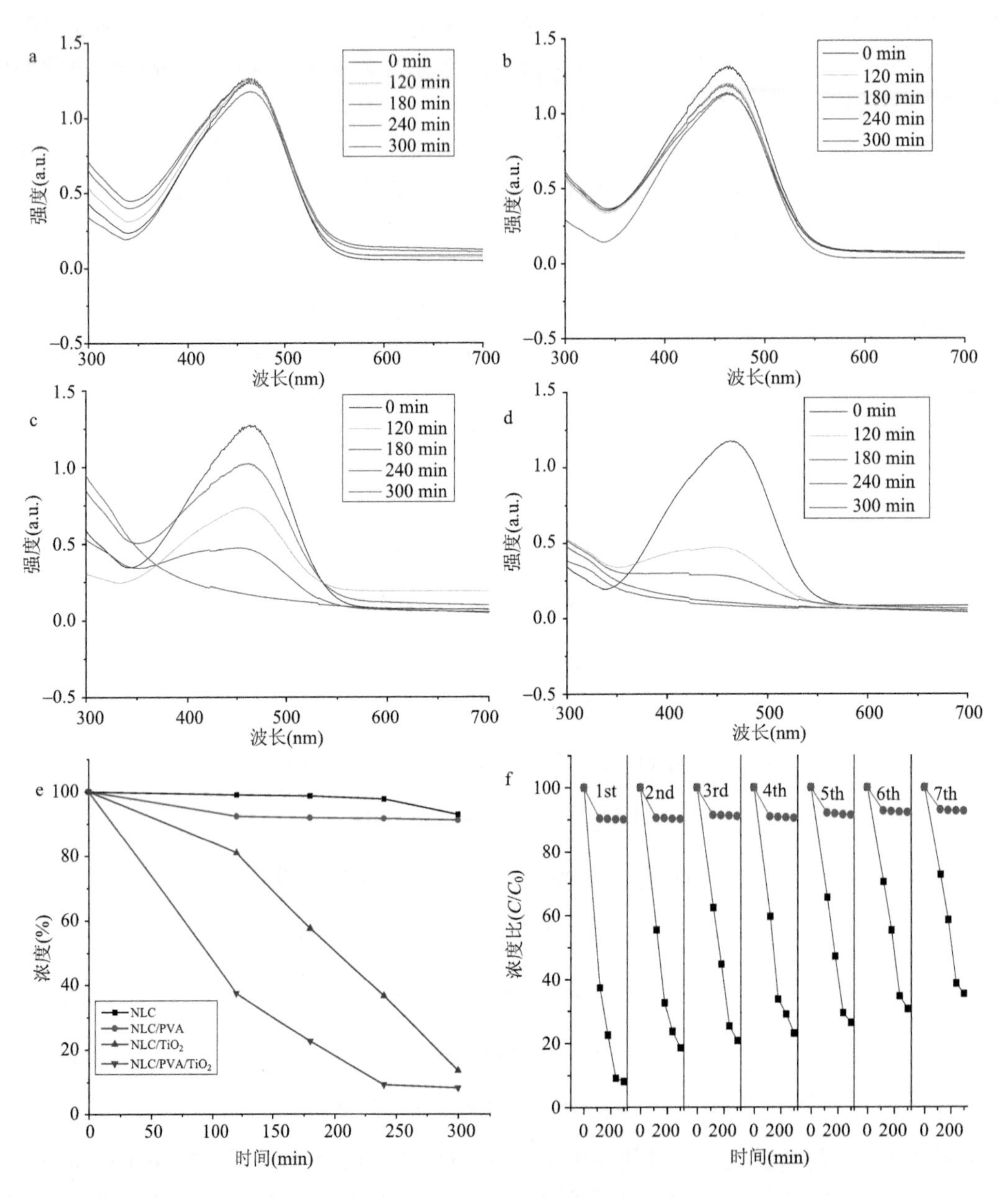

图 6-41　样品的光催化性能

a～d. 木质纤维素（NLC）、木质纤维素-PVA 复合材料（NLC-PVA）、木质纤维素-TiO_2 复合材料（NLC-TiO_2）和木质纤维素-PVA-TiO_2 复合材料（NLC-PVA-TiO_2）的降解 MO 的紫外-可见光谱；e. 木质纤维素、木质纤维素-PVA 复合材料、木质纤维素-TiO_2 复合材料和木质纤维素-PVA-TiO_2 复合材料作为催化剂研究紫外光照射时间与 MO 的光催化降解速率之间的函数关系；f. 木质纤维素-PVA-TiO_2 复合材料作为光催化剂在紫外光照射 300 min 下光降解的 7 个周期

二、木质纤维素/g-C_3N_4 球形多孔网络异质结构的光催化机制

在绿色可持续发展的过程中，利用光催化技术解决环境水污染和能源危机等问题受到了研究者广泛

关注。$g-C_3N_4$被认为是最具研究潜力和商业价值的半导体材料之一，在光催化水分解产氢、有机污染物的降解和二氧化碳的还原等领域具有较好的应用（Tahir and Tahir, 2020; Zhang et al., 2021a; Balakrishnan and Chinthala, 2022）。光催化降解染料废水是光催化剂与各种反应介质和反应物的接触过程（Zhang et al., 2019b）。光催化降解有机污染物的过程，如图6-42所示。首先，光催化剂吸收能量，在表面形成电子空穴对；然后，光生电子和空穴会与催化剂表面的水或氧气生成化学性质比较活泼的自由基；最后，自由基与有机污染物之间发生一系列的氧化反应，将有机污染物氧化成对环境无害的小分子物质，从而达到净化有机污染物的目的（Ong et al., 2016; Zhao et al., 2021）。

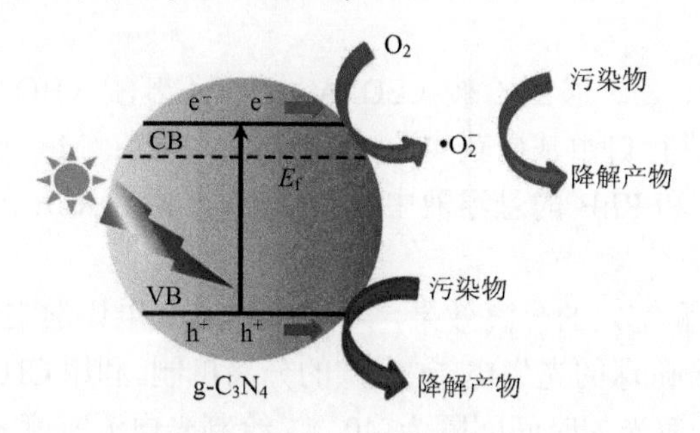

图6-42　在光照射下$g-C_3N_4$光催化降解有机污染物的示意图

在光催化反应过程中，通过提高太阳能的利用率来优化光催化的稳定性和高效性是至关重要的（Zhang et al., 2021a）。大量研究人员致力于制备开放的纳米框架，以获得可接近的异质结构，从而增加孔隙率、比表面积和催化位点（Shi et al., 2020; Yang et al., 2022）。复合多孔材料一方面能够将吸收的太阳光进行反射和折射，增加太阳光的吸收率；另一方面，它能够使反应物在结构中扩散，在催化转化之前吸附在催化剂的表面活性位点上。因此，在多孔复合异质材料中引入活性位点和孔洞，使反应物分子相互渗透和吸附，促进反应的转化，是获得活性催化剂的必要条件（Ferreira-Neto et al., 2020; 王诗雨, 2021）。在处理染料废水的过程中，具有三维网状多孔结构的木质纤维素异质复合材料能有效地减少传统的金属半导体催化剂带来的二次污染，其大量的羟基不仅为功能化提供了更多的可能性，而且能够增加其反应的活性位点。$g-C_3N_4$通过共价和非共价法构建的$g-C_3N_4$高效光催化体系在催化剂优化、催化活性、催化选择性、催化稳定性和高效反应器设计等方面具有优势（Majdoub et al., 2020; 张磊, 2021）。由于几何结构和反应扩散对催化的影响，将木质纤维素凝胶微球与多孔的$g-C_3N_4$相结合可以有效地提高光催化活性。此外，纤维状和多孔状的微观结构也有助于载流子向表面扩散，抑制电子空穴的复合，从而提高光催化活性。

（一）试验材料

杨木（河南省焦作市林场）、落叶松（北京市林场）、奇岗（北京市林场）。孔雀石绿（MG）、罗丹明B（RhB）、结晶紫（CV）、亚甲基蓝（MB）、刚果红（CR）和甲基橙（MO）均购买于国药集团化学试剂有限公司；1,4-苯醌（BQ）、二甲基亚砜（DMSO）和异丙醇（IPA）均购买于天津市科密欧化学试剂有限公司；无水氯化钠、无水硫酸钠和无水硫酸镁购买于天津市永大化学试剂有限公司；聚乙二醇（PEG）和乙二胺四乙酸（EDTA）购买于上海阿拉丁生化科技股份有限公司。

（二）试验方法

1. 光催化活性评价

阳离子染料RhB作为非常典型的工业染料之一，在造纸工业印染和纺织品印染等产业具有广泛的应用。在水溶液中，RhB因其分子量大和强荧光性，很难被自然环境中的微生物降解。为了探究木质纤维素/$g-C_3N_4$异质复合微球对RhB的光催化降解效果及机理，测试木质纤维素/$g-C_3N_4$异质复合微球在可见光照射下的光催化活性。本研究以氙灯为光源，经过暗反应和可见光照射，用紫外分光光度计（UV-vis）测定 RhB 的浓度。为了模拟实际应用环境，在含有有机物和无机物的水样中测定了 RhB 的浓度，进一步探索了木质纤维素/g-C_3N_4异质复合微球在实际应用中的可能性。

2. 光催化机理研究

本研究通过紫外可见漫反射吸收光谱（UV-vis DRS）仪研究了木质纤维素气凝胶/g-C_3N_4异质复合微球的光学性质。该方法不仅可以研究复合材料的光吸收性能，分析复合材料电子结构，还可以计算复合材料的能带间隙。

本研究采用异丙醇（IPA）、乙二胺四乙酸（EDTA）和 1,4-苯醌（BQ）对羟基自由基（·OH）、超氧自由基（$\cdot O_2^-$）和空穴（h^+）进行自由基捕获实验（Shi et al., 2020；Mei et al., 2021）。在氙灯的照射下，将自由基捕获剂添加到 GHA1 和 RhB 的悬浮液中，用 UV-vis 测定 RhB 的浓度，以此来评价 RhB 的降解效果。

为了进一步验证光生电子和空穴的分离效果，本研究通过光电化学实验测量光催化剂的光电流强度和电化学阻抗，来研究异质复合微球的光生电子-空穴的分离机制。利用 CHI660E 电化学工作站和 Na_2SO_4 电解质，以氙灯为光源，见光/避光的时间间隔为 40 s，绘制光电流密度-时间（i-t）曲线。在频率范围为 10^{-1}～10^5 Hz，初始电压为−0.5 eV 的条件下，测定了样品的电化学阻抗谱（EIS）。

（三）结果与讨论

1. GHA 异质复合凝胶微球对 RhB 的吸附性能研究

通过以 RhB 为有机污染物的降解模型，在黑暗环境中，研究了 GHA 复合微球的吸附性能。图 6-43 为 GHA 复合微球对 RhB 的吸附去除率曲线，从中可以看出，在 60 min 内吸附几乎达到平衡。在 40 min 内，GHA 复合微球对 RhB 的吸附去除率较快。经过 60 min 的暗反应后，AWG 对 RhB 的吸附达到平衡，吸附去除率达到 18.69%，高于 g-C_3N_4（仅为 3.20%）和 GHA 复合微球。在 60 min 内，纯 g-C_3N_4、AWG、GHA1、GHA2、GHA3、GHA4 和 GHA5 对 RhB 吸附去除率分别为 3.2%、18.69%、6.21%、7.61%、9.02%、11.3%和 14.39%。GHA 复合微球对 RhB 的吸附去除率在 6.21%～14.39%，明显优于纯 g-C_3N_4。这是由于三维多孔结构具有优异的吸附性能、高的比表面积和孔隙率。随着 g-C_3N_4含量增加，GHA 复合微球对 RhB 的吸附去除率逐渐降低。这可能是因为 g-C_3N_4包裹在 AWG 凝胶的网格上，将 AWG 凝胶的亲水官能团覆盖，从而使 GHA 复合微球对 RhB 的吸附去除率降低。这为后续光催化降解污染物的暗反应时间长度的确认提供了依据。

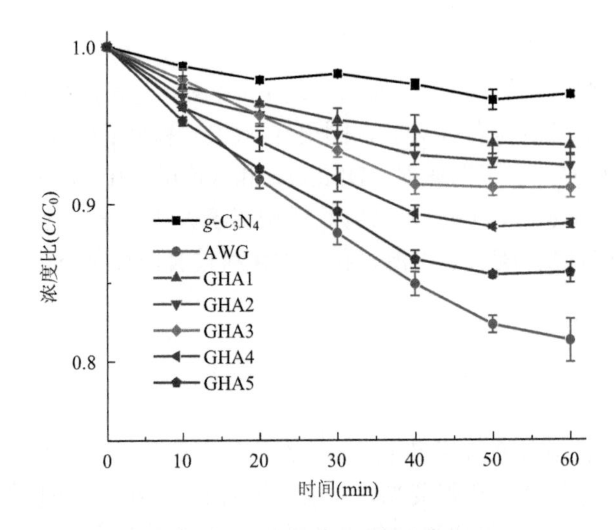

图 6-43　GHA 复合微球对 RhB 的吸附去除率曲线

2. GHA 异质复合凝胶微球对 RhB 的降解性能研究

图 6-44 为暗反应后 GHA 复合微球对 RhB 的光催化降解效率曲线和一级动力学拟合曲线。从图 6-44a 中可以看出，在经过暗反应和可见光照射 90 min 时，RhB 溶液（5 mg/L）的降解曲线几乎成一条直线，降解去除率仅为 8.32%，说明 RhB 溶液在可见光的照射下非常稳定，很难被自然降解。与纯 $g\text{-}C_3N_4$ 和 AWG 相比，GHA 复合微球对 RhB 光催化降解能力更强。在可见光中照射 90 min 时，纯 $g\text{-}C_3N_4$、AWG、GHA5、GHA4、GHA3、GHA2 和 GHA1 对 RhB 的光催化降解去除率分别达 57.95%、27.94%、78.36%、81.36%、85.83%、91.48%和 97.99%。GHA1 复合微球对 RhB 的降解去除率是纯 $g\text{-}C_3N_4$ 的 1.69 倍。在光催化条件下，GHA 复合微球的光催化活性高于纯 $g\text{-}C_3N_4$ 和 AWG 凝胶。这说明 $g\text{-}C_3N_4$ 复合微球可以有效地提高 $g\text{-}C_3N_4$ 的光催化效率。一方面，凝胶微球的三维网络结构可以为 RhB 的吸附和降解提供更多的活性位点。另一方面，它可以有效地避免 $g\text{-}C_3N_4$ 的聚集，防止其粉末分散在水中，难以回收（Eskandarloo et al., 2018）。在黑暗吸附实验中，GHA1～GHA5 复合微球对 RhB 的吸附去除率从 6.21%上升到 14.39%。在可见光照射后，GHA1 复合微球对 RhB 的降解去除率可达 97.99%，说明溶液中 RhB 的去除过程以光催化降解为主，吸附去除次之。从表 6-6 中可以看出，经过暗反应后，GHA 复合微球能够较好地除去溶液中的 RhB。Sun 等（2018b）报道了 $g\text{-}C_3N_4$/伊利石复合材料在 360 min 内对 RhB（10 mg/L）的光催化降解率仅为 80%。GHA 复合微球的催化降解性能明显高于 $g\text{-}C_3N_4$/伊利石复合材料的催化降解性能。GHA1 复合微球对 RhB 具有较好的催化降解去除能力，实现了“1+1>2”的效应，为异质光催化剂的设计提供了新的思路。

为了进一步探讨 GHA 复合微球对 RhB 光降解去除的反应动力学，采用一级反应动力学模型对其光催化数据进行拟合（Shoghi and Hamzehloo, 2022; Tashkandi et al., 2022）。一级动力学模型公式如

$$\ln\left(\frac{C}{C_0}\right)=-kt \tag{6-15}$$

式中，C 为 RhB 溶液在 t 时刻的浓度（mg/L）；C_0 为 RhB 溶液的初始浓度（mg/L）；k 为一级反应速率常数，表示反应过程的快慢；t 为光催化反应进行的时间（min）。

图 6-44b 和表 6-6 分别为 GHA 复合微球在暗反应后进行可见光照射下 RhB 降解的一级动力学拟合曲线和一级动力学模型参数。GHA 复合微球对 RhB 的光催化降解速率更符合一级动力学模型，$R^2 \geqslant 0.98$。GHA1（0.0300 min^{-1}）、GHA2（0.0257 min^{-1}）、GHA3（0.0206 min^{-1}）、GHA4（0.0181 min^{-1}）和 GHA5（0.0161 min^{-1}）的一级反应速率常数分别是纯 $g\text{-}C_3N_4$（0.0094 min^{-1}）的 3.19 倍、2.73 倍、2.19 倍、1.93 倍和 1.71 倍。结果表明，GHA 复合微球对 RhB 催化降解反应更快，有利于光催化降解反应的进行。

表 6-6　经暗反应后 GHA 复合微球的一级动力学模型参数

样品	R^2	k（min^{-1}）
GHA1	0.9983	0.0300
GHA2	0.9958	0.0257
GHA3	0.9864	0.0206
GHA4	0.9864	0.0181
GHA5	0.9974	0.0161
$g\text{-}C_3N_4$	0.9830	0.0094
RhB	0.9609	9.006×10^{-4}
AWG	0.7599	0.0012

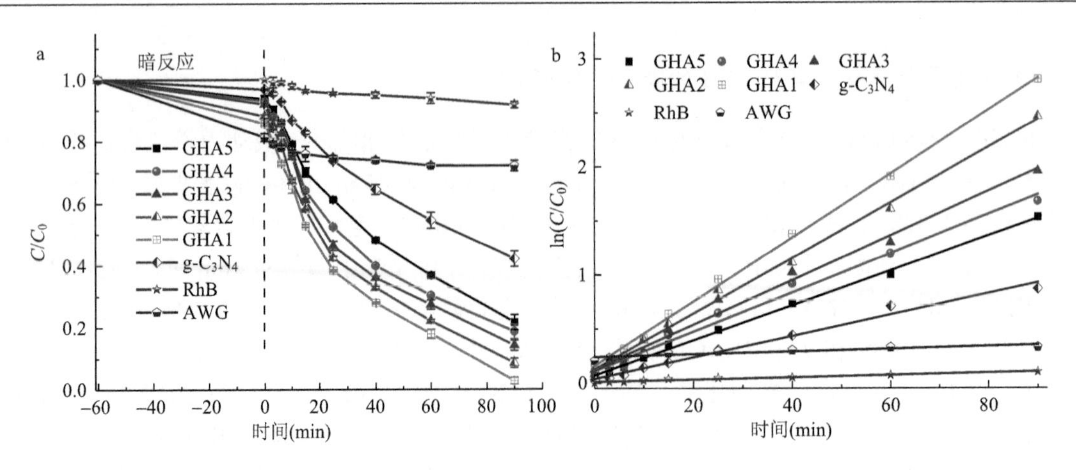

图 6-44　暗反应后 GHA 复合微球对 RhB 的光催化降解效率曲线（a）和一级动力学拟合曲线（b）

为了模拟 GHA 复合微球在实际工业废水处理中的应用情况，将 GHA 复合微球、g-C_3N_4和 AWG 直接在可见光（$\lambda \geqslant 420$ nm）照射下，对 RhB 的光催化降解活性进行评价，结果如图 6-45a 所示。在直接可见光照射 90 min 后，GHA5、GHA4、GHA3、GHA2、GHA1、纯 g-C_3N_4和 AWG 对 RhB 的光催化降解去除率分别为 66.00%、78.48%、86.45%、91.30%、96.90%、59.95%和 29.85%。

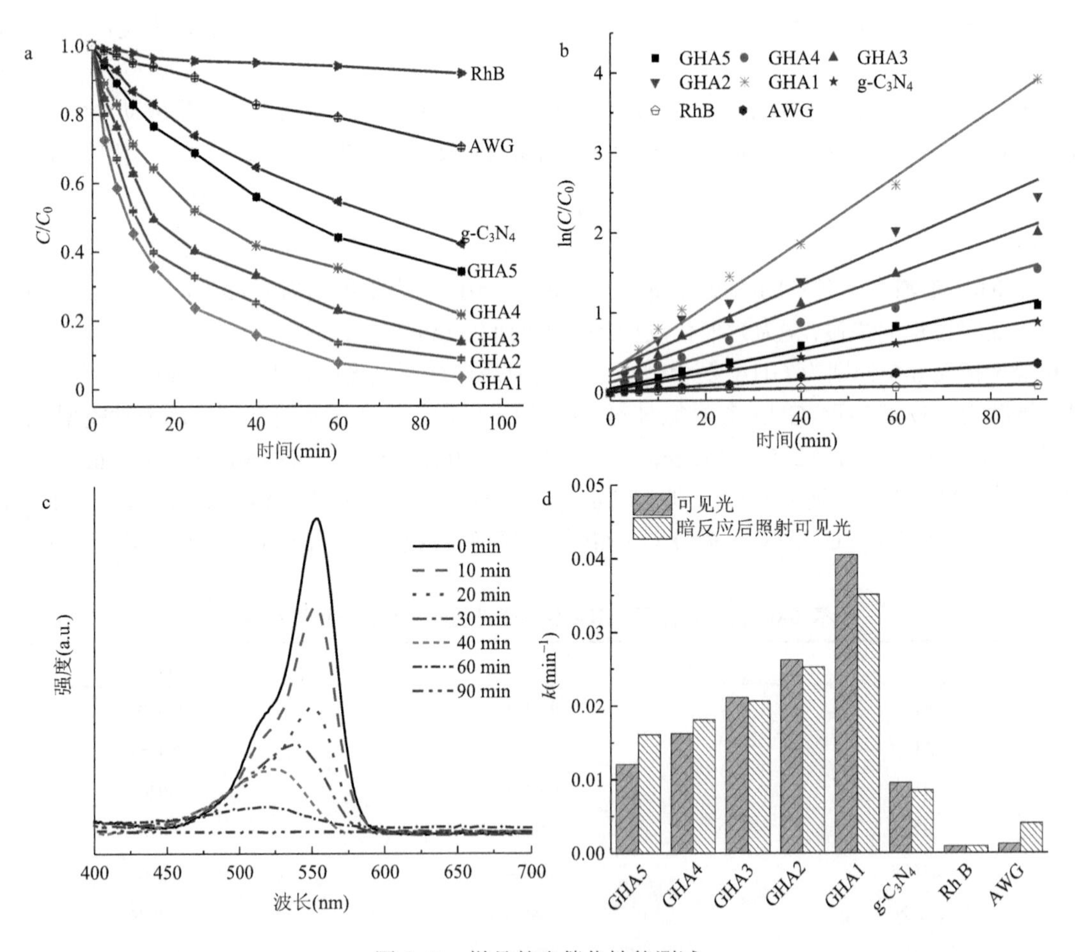

图 6-45　样品的光催化性能测试

a. 可见光条件下 GHA5、GHA4、GHA3、GHA2、GHA1、纯 g-C_3N_4和 AWG 对 RhB 的光催化降解效率曲线；b. GHA5、GHA4、GHA3、GHA2、GHA1、纯 g-C_3N_4和 AWG 对 RhB 的一级动力学拟合曲线；c. 不同照射时间 GHA1 对 RhB 的降解 UV-vis 谱图；d. GHA5、GHA4、GHA3、GHA2、GHA1、纯 g-C_3N_4和 AWG 的一级反应速率常数（k）

图 6-45c 为 GHA1 复合微球对 RhB 的降解 UV-vis 谱图。随着反应时间延长，RhB 的紫外吸收峰从 554 nm 逐渐偏移到 528 nm，呈现蓝移现象。在 528 nm 处的紫外吸收峰，主要是由于 RhB 的共轭结构被破坏，说明了 RhB 在光催化剂和可见光的存在下，发生了自身氧化还原反应，分解为环境无害的小分子物质（Yao et al., 2019; Nguyen et al., 2020a）。图 6-45b 为 GHA5、GHA4、GHA3、GHA2、GHA1、纯 g-C_3N_4 和 AWG 对 RhB 的一级动力学拟合曲线。GHA1（0.0404 min^{-1}）、GHA2（0.0262 min^{-1}）、GHA3（0.0211 min^{-1}）、GHA4（0.0162 min^{-1}）和 GHA5（0.0121 min^{-1}）的一级反应速率常数分别是纯 g-C_3N_4（0.0095 min^{-1}）的 4.25 倍、2.76 倍、2.22 倍、1.71 倍和 1.27 倍。GHA 复合微球的光催化降解 RhB 的速率明显高于纯 g-C_3N_4。直接可见光照射下催化降解的一级反应速率常数比暗反应后再进行光催化降解的一级反应速率常数高（图 6-45d）。从表 6-7 中可以看出，GHA 复合微球对 RhB 的光催化降解速率，更符合一级动力学模型，$R^2 \geqslant 0.96$。这说明 GHA 复合微球可以有效地提高 g-C_3N_4 的光催化效率。

表 6-7　直接可见光照射下 GHA 复合微球的一级动力学模型参数

样品	R^2	k（min^{-1}）
GHA1	0.9871	0.0404
GHA2	0.9608	0.0262
GHA3	0.9657	0.0211
GHA4	0.9671	0.0162
GHA5	0.9861	0.0121
g-C_3N_4	0.9929	0.0095
RhB	0.9534	9.006×10^{-4}
AWG	0.9908	0.0040

3. 模拟实际光催化应用分析

1）有机物对光催化活性影响分析

在实际应用中，染料废水中成分比较复杂，含有很多种类的有机物和无机物，会影响有机染料的去除效果。为了模拟 GHA1 复合微球在实际水样中的应用，在水样中加入尿素和 PEG，探究了 GHA1 复合微球光催化降解 RhB 的能力，其结果如图 6-46 所示。在直接可见光照射下，90 min 内将 GHA1 复合微球光催化降解 RhB 的体系中分别加入尿素和 PEG 后，其 RhB 的光催化降解去除率分别为 94.70%和 96.40%。未加任何有机物的 GHA1 复合微球光催化降解 RhB 体系中，90 min 内 GHA1 复合微球对 RhB

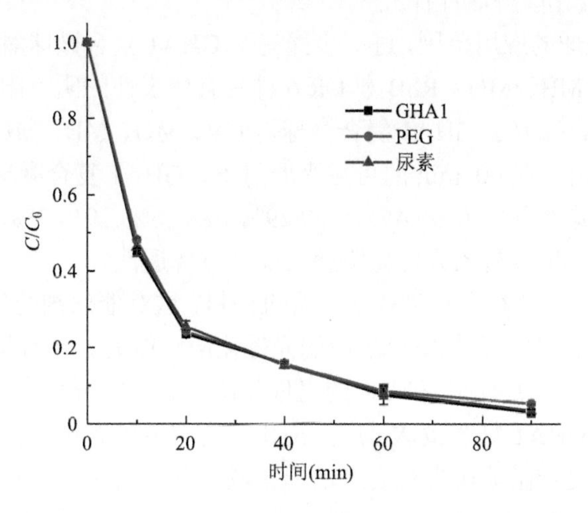

图 6-46　有机物对 GHA 光催化降解 RhB 能力的影响

的光催化降解去除率为 96.90%。结果表明，尿素和 PEG 对 RhB 降解去除率影响较小，GHA1 复合微球在染料污水治理中具有较大的应用前景。

2）无机离子对光催化活性影响分析

工业染料废水中往往含有较多的阴离子和阳离子。外源离子对光催化速率和光催化活性影响较大。在光催化剂降解去除有机染料的实际应用中，需要考虑阴离子和阳离子对光催化剂的影响。在反应体系中添加 Ca^{2+}、Mg^{2+}、Na^{+}、Cl^{-}和 SO_4^{2-}，来探索 GHA1 复合微球的光催化活性，模拟 GHA1 复合微球在实际生产中的应用。Cl^{-}具有较强的配位能力，能够与光催化剂产生配位作用，导致光催化剂失活（Shao et al., 2019a）。若是在光催化反应体系中加入 Cl^{-}时，RhB 的光催化降解效率会受到抑制。这是由于 Cl^{-}对活性物种•OH 具有捕获作用，致使 GHA1 复合微球对 RhB 的光催化降解效果减弱（Zhao et al., 2019; Kiwi et al., 2000）。图 6-47 为常见阴离子和阳离子对 GHA1 复合微球光催化降解 RhB 活性的影响，可以看出，在 GHA1 复合微球光催化降解 RhB 的体系中，各种阴离子和阳离子对 RhB 的催化降解效果影响不大。在反应体系中，添加 NaCl、$CaCl_2$ 和 $MgSO_4$ 后，GHA1 复合微球对 RhB 的光催化降解去除率分别为 97.85%、95.76%和 97.80%。而体系中 Cl^{-}含量的增加，对 GHA1 复合微球对 RhB 光催化降解效果影响不大，这说明•OH 不是该反应体系的主要反应活性物。以上实验结果表明，无论是无机离子还是有机物加入 GHA1 复合微球光催化降解 RhB 的体系中，对 GHA1 复合微球对 RhB 的光催化降解活性没有明显的影响。GHA1 复合微球具有良好的光催化活性，在有机染料污水治理领域具有巨大的应用潜能。

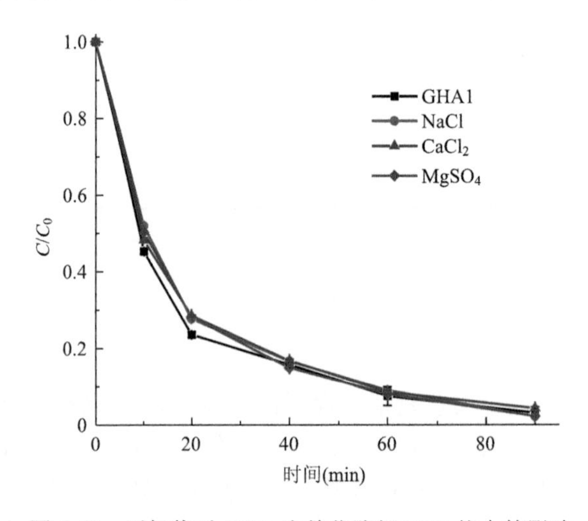

图 6-47　无机物对 GHA 光催化降解 RhB 能力的影响

3）不同有机染料的光催化降解活性探究

为了拓宽 GHA1 复合微球的应用范围，进一步探究了 GHA1 复合微球对不同有机染料的光催化降解去除能力。选取 CV、MG、MB、MO、RhB 和 CR 6 种具有代表性的阴、阳离子有机染料，未经过暗反应，直接在可见光的照射下，探究了 GHA1 复合微球对 CV、MG、MB、MO、RhB 和 CR 的光催化降解能力。从图 6-48a 中可以看出，在 60 min 的可见光照射下，GHA1 复合微球对 RhB、CV、MG、MB、MO 和 CR 的光催化降解去除率分别为 92.45%、60.29%、88.16%、91.53%、83.75%和 47.40%。实验结果表明，GHA1 复合微球对有机染料的光催化降解去除具有普适性。

在实际处理染料废水中，往往存在一种或多种有机染料，这对催化剂的催化性能提出了更高的要求。图 6-48b 为 GHA1 复合微球对混合有机染料溶液的光催化降解能力。在有机染料的混合溶液中，GHA1 复合微球对 RhB、CV、MG、MB、MO 和 CR 的光催化降解去除率分别为 92.26%、70.74%、81.31%、90.26%、87.97%和 55.70%。GHA1 复合微球可广泛应用于含有各种有机染料和混合有机染料溶液的废水处理中。综上可知，GHA1 复合微球在染料废水治理领域具有巨大的实际应用潜能。

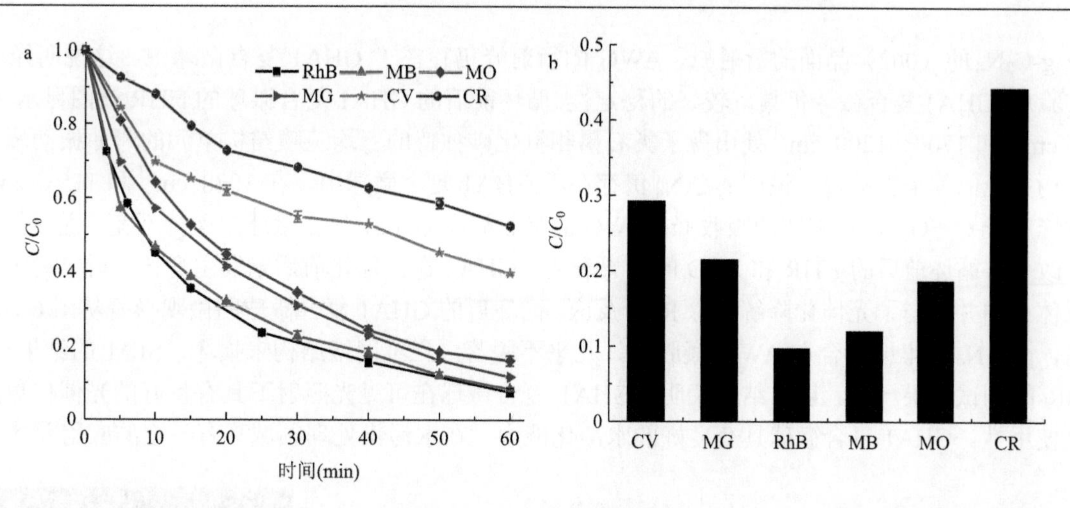

图 6-48　GHA1 复合微球对 RhB、MO、MB、MG、CV 和 CR 的光催化降解效果（a）和 GHA1 复合微球对混合有机染料溶液的光催化降解效果（b）

4）光催化稳定性评价

光催化剂良好的稳定性和可重复使用性是评价光催化剂的重要参数，具有十分重要的实际应用意义（Sheng et al., 2019; Nguyen et al., 2020b）。高效的催化效率，以及耐久性也是纤维素复合微球应具备的特点。为了评价其耐久性和稳定性，根据前面所示的光催化活性测试方法，以 GHA1 复合微球为研究对象，对其进行了光催化剂稳定性测试。光催化反应后的 GHA1 复合微球，经过滤、洗涤和干燥，用于下一次的光催化循环实验，其结果如图 6-49 所示。在可见光直接照射下，经过 5 次循环后，GHA1 复合微球对 RhB（10 mg/L）的光催化降解去除率仅降低了约 5%，这说明 GHA1 复合微球具有良好的光催化循环稳定性。这主要是因为 g-C_3N_4 纳米颗粒被牢牢地固定在凝胶的表面和三维网络结构中，很大程度上减少了 g-C_3N_4 在复杂的水体环境中的剥落和流失，保证了多次循环实验后光催化剂的催化降解效果。此外，与粉末状 g-C_3N_4 相比，GHA1 复合微球更容易从水溶液反应体系中分离，操作简单。综上所述，纤维素基凝胶微球作为基底具有良好的力学性能和吸附性能，且能够与 g-C_3N_4 纳米颗粒通过氢键相互作用牢牢地结合在一起，使 GHA1 复合微球具有高效的光催化降解效率和良好的循环稳定性，在污水处理领域具有巨大的应用前景。

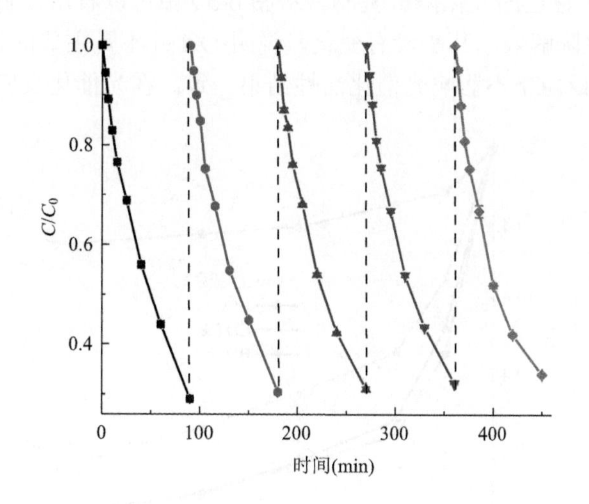

图 6-49　GHA1 复合微球对 RhB 的光催化降解循环实验

采用 XRD、TEM 和 FTIR 对循环实验前后 GHA1 复合微球的化学成分、晶体结构和形貌结构进行表征，结果如图 6-50 所示。经过 5 次循环后，从反应前后 XRD 谱图中可以看出，GHA1 复合微球在 2θ=27.3°

处存在 g-C_3N_4的（002）晶面的衍射峰。AWG 的衍射峰仍存在于 GHA1 复合微球中。这说明经过 5 次循环实验后，GHA1 复合微球仍具有较好的稳定性。循环前后的 GHA1 复合微球的 FTIR 谱图显示，g-C_3N_4在 807 cm^{-1}和 1700～1200 cm^{-1}处出现了类石墨相氮化碳独特的三均三嗪结构单元的弯曲振动峰和三均三嗪结构单元的伸缩振动峰，说明 g-C_3N_4仍存在于 GHA1 复合微球中。在 1028 cm^{-1}和 1153 cm^{-1}处的宽吸收峰属于 C—O—C 官能团的吸收峰。AWG 的吸收峰在 GHA1 复合微球中保持不变，说明化学组分未发生改变。循环前后的 FTIR 和 XRD 的结果表明，GHA1 在光催化前后未发生变化，材料稳定地存在于反应体系中并参与了光催化降解去除 RhB 反应。循环后的 GHA1 复合微球的微观形貌从图 6-50c 中可以看出，g-C_3N_4牢牢地黏合在 AWG 凝胶中，几乎不脱落，三维网络结构未损坏。SEM 的结果与 XRD 和 FTIR 的测试结果一致。以上结果表明，GHA1 复合微球在可见光照射下具有良好的光催化稳定性和可重复使用性。GHA1 复合微球具有良好的水净化能力，在水污染处理领域具有一定的应用前景。

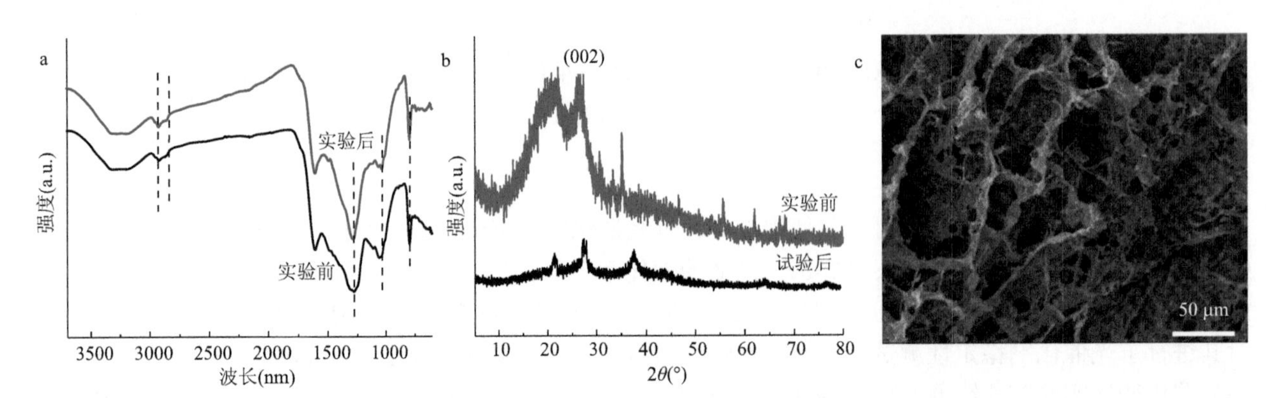

图 6-50　5 次循环前后的 GHA1 复合微球的 FTIR 谱图（a）、XRD 谱图（b）和循环后 SEM 图（c）

4. 活性物种的捕获实验分析

在光催化降解过程中，•O_2^-、•OH 和 H^+是体系中可能存在的反应性物种，本研究通过自由基捕获实验对其进行验证。BQ、IPA 和 EDTA 分别是•O_2^-、•OH 和 H^+的自由基捕获剂。将自由基捕获剂加入 GHA1 复合微球的光催化降解体系中，来测试 GHA1 对 RhB 的光催化降解效率（Chen et al., 2016; Ye et al., 2017; 王莹, 2021），以探索其可能存在的催化降解机制。从图 6-51 中可以看出，将 IPA 加入到 GHA1 光催化反应体系中，RhB 的光催化降解效率几乎没有变化，说明•OH 并不是主要的光催化反应活性基团。这与上述在光催化反应体系中加入 Cl^-不影响光催化活性结果一致。在光催化反应体系中加入 EDTA 时，光

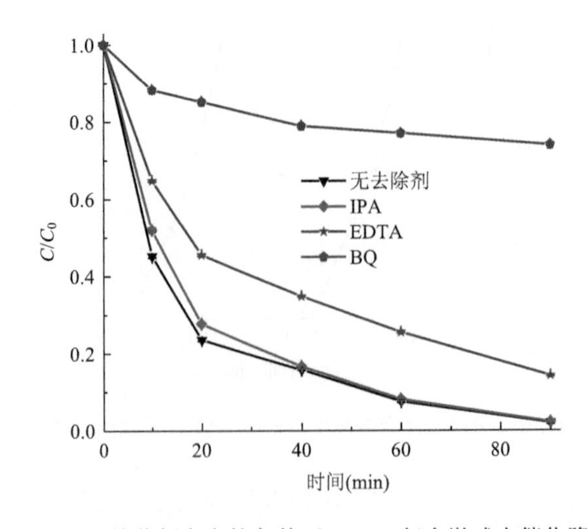

图 6-51　不同自由基捕获剂存在的条件下 GHA1 复合微球光催化降解 RhB 曲线

催化降解速率略微降低，这意味着 H^+在光催化反应体系中起作用。此外，添加 BQ 后，光催化反应体系中 RhB 的光催化降解效果显著减弱，在可见光照射 90 min 时，GHA1 对 RhB 的光催化降解去除率仅为 26.02%，这说明$\cdot O_2^-$是光催化降解过程中的主要活性物种。

5. 光催化降解机制

基于以上大量实验研究结果，我们提出了 GHA1 复合微球光催化降解有机染料的电荷转移机制，其示意图如图 6-52 所示。在 GHA1 复合微球中，$g\text{-}C_3N_4$ 具有光催化降解作用，其 E_g、VB 和 CB 分别为 2.70 eV、1.49 eV 和−1.21 eV。在可见光的照射下，$g\text{-}C_3N_4$ 能够吸收光子能量，当吸收的能量大于能带能量时，可产生光诱导载流子，价带上的电子吸收能量会产生迁移，移至导带，而空穴留在价带上，这样会在 $g\text{-}C_3N_4$ 的半导体上产生电子-空穴对，为氧化还原反应提供活性位点。$g\text{-}C_3N_4$ 价带的氧化电势（+1.49 eV）比 $OH^-/\cdot OH$［E^θ（$OH^-/\cdot OH$）=1.99 eV 和 E^θ（$H_2O/\cdot OH$）=2.38 eV］的氧化电势更小，不能生成$\cdot OH$（Zhang et al., 2019a; 陈家逸, 2019）。这与自由基捕获实验和 Cl^-对 GHA1 的光催化活性影响实验的结果一致。$g\text{-}C_3N_4$ 导带的还原电势比 $O_2/\cdot O_2^-$［E^θ（$O_2/\cdot O_2^-$）=−0.33 eV］的还原电势更负，在导带上的电子可被吸附的 O_2 捕获，生成$\cdot O_2^-$（Zhang et al., 2019a）。$\cdot O_2^-$具有强氧化能力，可将 RhB 氧化并降解为环境无害的小分子物质。此外，h^+具有强氧化能力，也可以直接氧化 RhB 污染物。从图 6-52 中也可以看出，随着反应时间的延长，RhB 的紫外吸收峰发生蓝移，峰值逐渐变小。在可见光照射 90 min 后，RhB 的紫外特征吸收峰几乎消失，可以看出 RhB 分子的官能团发生了改变。这表明 RhB 光催化降解中伴随着发光基团的碎裂，这与光催化剂降解 RhB 的机理一致。GHA1 复合微球光催化降解过程如下。

$$g\text{-}C_3N_4+hv \longrightarrow g\text{-}C_3N_4(h^+ + e^-) \tag{6-16}$$

$$O^2 + e^- \longrightarrow \cdot O_2^- \tag{6-17}$$

$$\text{污染物} + \cdot O_2^- \longrightarrow \text{氧化降解} \tag{6-18}$$

$$\text{污染物} + h^- \longrightarrow \text{氧化降解} \tag{6-19}$$

$\cdot O_2^-$和 h^+能够将 RhB 有效地氧化为环境无害的小分子氧化物。GHA 复合微球具有丰富的三维网络结构，一方面提供了大量的活性位点，使 $g\text{-}C_3N_4$ 在结构中扩散，避免在水中聚集和分散；另一方面，它具有大量的亲水官能团，能够快速地吸附有机染料，提供传质通道。GHA 复合微球能够通过光催化降解和吸附协同作用去除有机污染物，增强光催化降解活性，为异质复合催化剂的设计提供了新的思路。

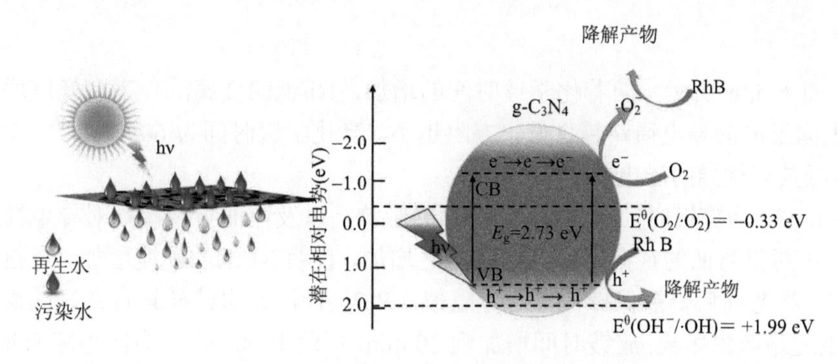

图 6-52　在可见光照射下 GHA1 复合微球的光催化降解 RhB 机理图

三、木质纤维素-金属异质结构的电磁屏蔽效能增强机制

根据木质纤维素聚集态表面官能团电负性和表面羟基易修饰的特点，通过对木质纤维素表面进行氨

基化修饰，构建了氨基和钯络合形成自催化沉积和 Fe_3O_4 纳米粒子掺杂的蜂巢结构及氢气发泡孔隙度调控方法，揭示了电磁波在木质纤维素/Ni 基合金膜三维骨架结构中多级反射吸收损耗的电磁屏蔽机制。通过对速生杉木依次进行纤维分离、漂白、纸张成型等工艺，制备了以速生杉木为原材料的纤维素基纸。利用氨基硅烷对其进行表面改性，使其吸附金属钯，用以催化后续化学镀反应。利用镍镀层的磁性，吸附纳米 Fe_3O_4 粒子，设计制备了具有三明治结构的 Ni/Fe_3O_4/Ni/纸基电磁屏蔽材料。

（一）试验材料

杨木（河南省焦作市林场）、落叶松（北京市林场）、奇岗（北京市林场），氨基硅烷[$H_2N(CH_2)_3Si(OCH_3)_3$]（南京友好助剂化工有限责任公司）、无水乙醇（C_2H_6O）（天津市科密欧化学试剂有限公司）、氯化钯（$PdCl_2$）（沈阳市金科试剂有限公司）、硫酸镍（$NiSO_4$）（北京益利精细化学品有限公司）、柠檬酸钠（$C_6H_5Na_3O_7$）（天津市光复精细化工研究所）、氯化铵（NH_4Cl）（天津市永大化学试剂有限公司）、次亚磷酸钠（NaH_2PO_2）（天津市科密欧化学试剂开发中心）、无水乙酸钠（$C_2H_3NaO_2$）（天津光复科技发展有限公司）、氨水（$NH_3·H_2O$）（天津市天力化学试剂有限公司）。

（二）试验方法

氨基硅烷改性实验的最优参数：硅烷体积百分数 2%、陈化时间 5 h、含水量 50 g/L、改性时间 25 min。氨基硅烷处理后，纤维纸表面变得光滑。化学镀后，在纤维纸表面形成均匀连续的镀层，镀层由直径约 2 μm 的晶胞组成，其上分布大量直径约 10 nm 的镍粒子。纤维纸表面的氨基硅烷膜和镍膜可将其亲水性转变为疏水性，赋予其防潮抗湿的能力。所制备的 Ni/纸表面的微纳米结构使其具有自清洁的能力。在施镀 60 min 时，Ni/纸的方阻为 97.1 mΩ/□，在 9 kHz～1.5 GHz 的频率下，电磁屏蔽效能达到 75 dB，可以屏蔽掉 99.99%的电磁波，满足常规电磁屏蔽材料的要求。所制备的 Ni/Fe_3O_4/Ni/纸具有多孔蜂巢状的表层，其原因是引入 Fe_3O_4 后，镍的临界晶粒尺寸减小，成核速度加快。在纤维素热解过程中，Fe_3O_4 会加快纤维素的脱水反应；金属镍和 Fe_3O_4 均可以催化纤维素的热解反应，主要是脱羧反应。随着 Fe_3O_4 吸附时间增加，Ni/Fe_3O_4/Ni/纸的方阻增加，导电性下降。Ni/Fe_3O_4/Ni/纸的 SE_M、SE_R 和 SE_A 均随着 Fe_3O_4 吸附时间的增加而增加，其中 SE_A 增加幅度最大。

（三）结果与讨论

1. 氨基硅烷改性纸镀镍

1）导电性

如图 6-53a、图 6-53b 所示，随着化学镀时间的增加，Ni/纸的金属沉积率和厚度增加，沉积的金属镍越多，纤维纸表面形成的导电通路越良好，方阻越小。当化学镀时间为 60 min 时，方阻为 97.1 mΩ/□，表明所制备的 Ni/纸具有优异的导电性。

图 6-53c、图 6-53d 为施镀时间对 Ni/纸柔韧性的影响，以及弯曲折叠次数对导电性的影响。随着化学镀时间的增加，可对折弯曲的径向弯曲长度也随之增加，说明 Ni/纸的硬度增加。当施镀时间为 10 min 时，试样经过 1000 次弯曲后仍能保持初始的方阻值（R/R_0=1），表明试样具有良好的柔韧性，弯曲并未对纤维表面的导电通路产生影响；施镀时间增加到 20 min，弯曲 1000 次后，方阻值略有增加（R/R_0=1.35），表明试样具有较好的柔韧性，弯曲使得纤维表面的金属镀层产生小的缝隙，导电性降低；施镀时间增加到 30 min，弯曲 1000 次后，方阻值增加到原来的 2.3 倍（R/R_0=2.3），表明试样柔韧性较差，弯曲使得纤维表面的金属镀层产生较大的缝隙，导电通路不连续，方阻增加。图 6-53e 为不同厚度的 Ni/纸弯曲示意图，如图 6-53e 所示，对于较薄的镀层，Ni/纸具有良好的柔韧性，对于较厚的镀层，Ni/纸柔韧性较差，弯曲后表面产生裂纹。施镀时间、柔韧性和导电性之间的关系为：当施镀时间较短时，纤维纸表面金属镍的含量不足以形成一个连续的表面，金属间存在间隙，导致 Ni/纸的导电性较差，柔韧性较好；随着

施镀时间的增加，金属沉积速率增加，在有限的纤维纸表面，镍粒子聚集生长，间隙消失。由于表面镀层致密连续，导电性较好，但柔韧性较差，Ni/纸变硬变脆。这也就解释了为什么施镀时间越长的 Ni/纸在弯曲 1000 次后，导电性越差。

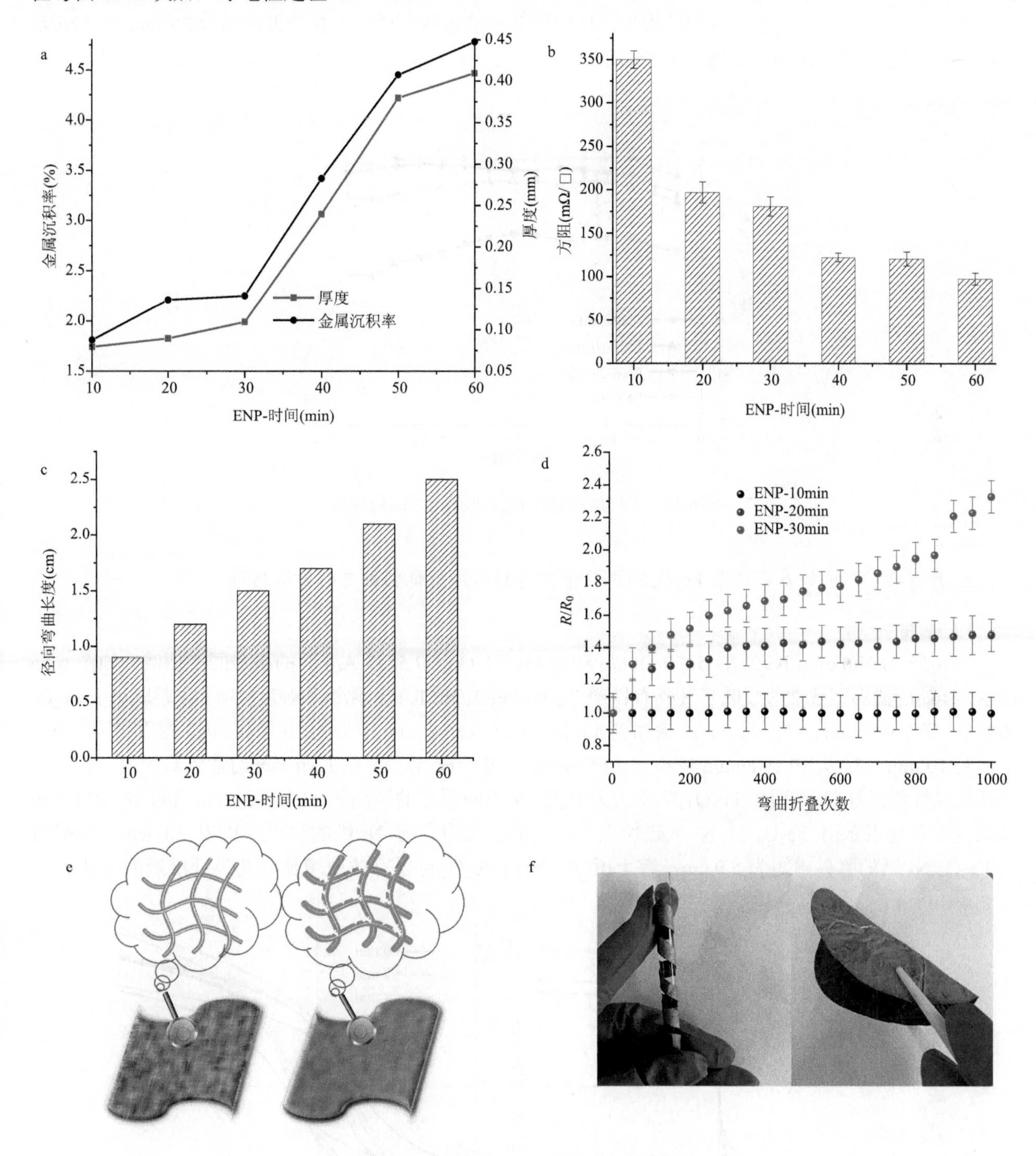

图 6-53　施镀（ENP）时间对性能的影响

a. Ni/纸的金属沉积率、厚度随施镀时间的变化；b. Ni/纸的方阻随施镀时间的变化；c. Ni/纸的径向弯曲长度随施镀时间的变化；d. 10 min、20 min、30 min 施镀时间 Ni/纸的方阻随弯曲折叠次数的变化；e. 不同厚度的 Ni/纸弯曲折痕示意图；f. Ni/纸可任意地卷曲、折叠

2）电磁屏蔽性能

纤维纸基电磁屏蔽材料的屏蔽机理：当入射电磁波遇到屏蔽体时，由于介质（空气）和金属的阻抗

不一致，电磁波的一部分被返回到空气中，其余部分穿透表面到达屏蔽体内部。进入屏蔽体内部的电磁波由于屏蔽体在磁场中的电磁损耗而被消耗掉一部分，剩余电磁波到达另一表面时，由于两个界面的阻抗不一致，再次被反射回屏蔽体内部，形成多次反射，消耗电磁波，达到电磁屏蔽的效果。

如图 6-54 所示：随着施镀时间的增加，电磁屏蔽效能也随之增加，在施镀时间为 30 min 时，Ni/纸的屏蔽效能达到 75 dB，可以屏蔽 99.99%的电磁波。表明所制备的 Ni/纸具有良好的电磁屏蔽效能。

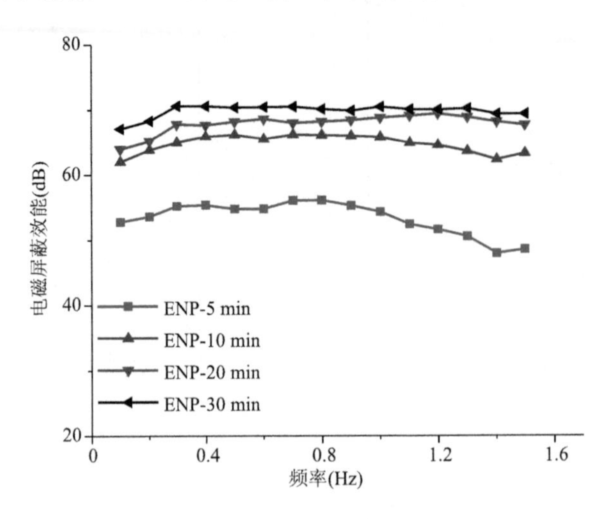

图 6-54　不同施镀时间的 Ni/纸的电磁屏蔽效能

2. 具有蜂巢状的镍基膜掺杂 Fe_3O_4 纳米粒子修饰杉木纤维纸制备电磁屏蔽材料

1）磁性

图 6-55 为 Ni/Fe_3O_4/Ni/纸在−5000 Oe<h<5000 Oe（1 Oe=79.5775 A/m）的磁滞回线曲线。如图 6-55 所示，样品的磁滞回线曲线反映了其具有铁磁性。Ni/Fe_3O_4/Ni/纸的磁化饱和强度（M_s）主要取决于 Fe_3O_4 的含量。随着吸附时间（T_a）从 0 min 增加到 4 min，M_s 从 6.85 emu/g 增加到 10.19 emu/g，随着 T_a 从 4 min 增加到 10 min，M_s 从 10.19 emu/g 减小到 7.05 emu/g，可以看出，M_s 在 T_a=4 min 时达到最大值，表明这时样品磁性能最好。与未吸附 Fe_3O_4 的 Ni/纸相比较，所有吸附后的样品的 M_s 均高于 Ni/纸的 M_s，图 6-55b 可以更直观地表示出 Fe_3O_4 对 Ni/纸磁性大小的影响，吸附之前 Ni/纸的临界磁矩为 3.0 cm，吸附后 Ni/Fe_3O_4/Ni/纸的临界磁矩为 5.0 cm，综上所述，吸附 Fe_3O_4 可以有效地增加镍基膜纤维纸的磁性。

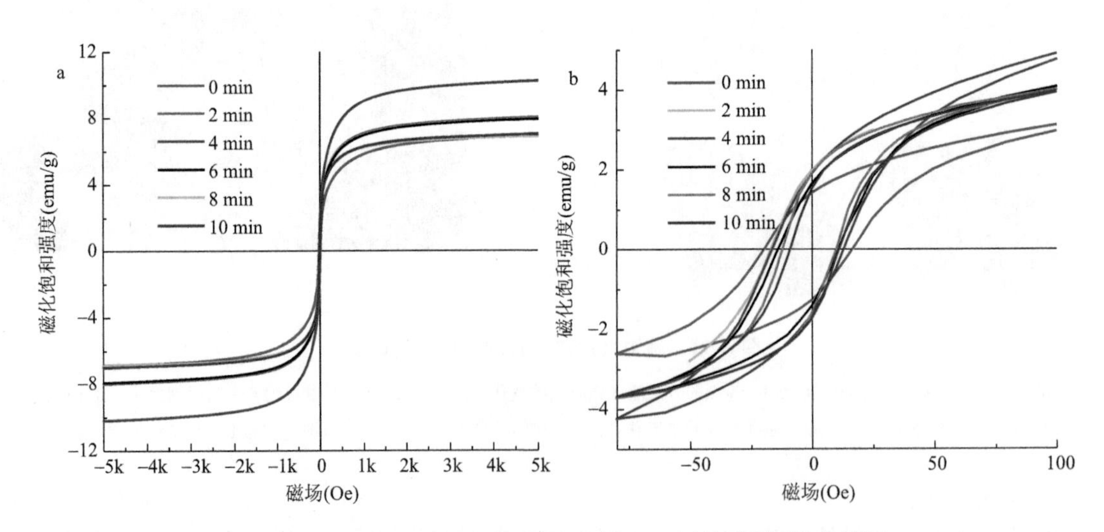

图 6-55　不同 Fe_3O_4 吸附时间的 Ni/Fe_3O_4/Ni/纸的磁滞回线曲线图

2）导电性能

如图 6-56a 所示，样品表面吸附 Fe_3O_4 的负载率随着吸附时间的增加而增加。图 6-56b 为不同吸附时间的样品的方阻值，可以看出，随着吸附时间从 0 min 增加到 10 min，样品的方阻值从 311.4 mΩ/□增加到 441.8 mΩ/□，这个结果说明随着吸附时间的增加，样品含有的 Fe_3O_4 的量越大，导电性越差。我们利用样品表面结构变化来解释这一现象。图 6-57 展示了不同 Fe_3O_4 吸附时间样品的微观表面形貌。如图 6-57 所示，随着吸附时间的增加，纤维纸表面所沉积的 Ni 镀层逐渐形成多孔的蜂巢状，其原因是 Fe_3O_4 的引入，导致生成更小的镍晶粒，镀层表面连续性变差，导电性下降。

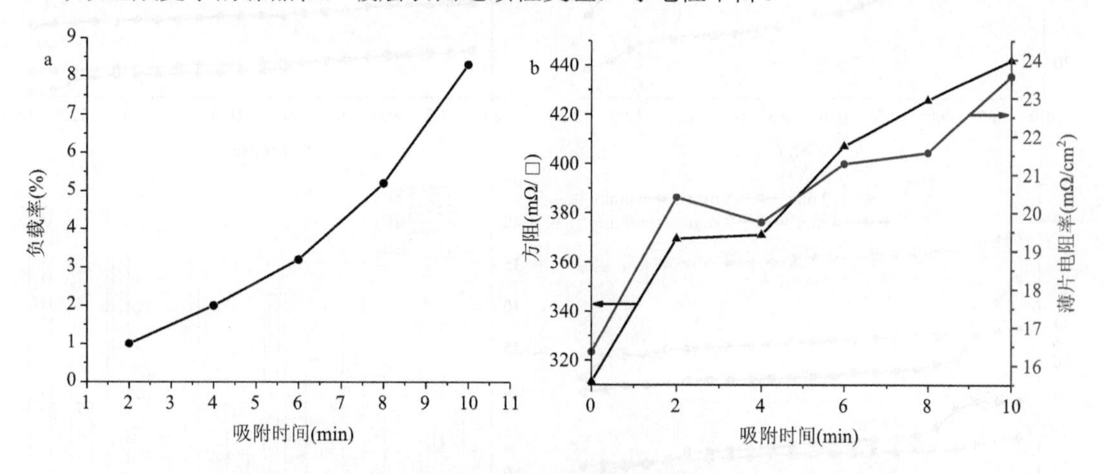

图 6-56　吸附时间对样品的影响

a. Fe_3O_4 的负载率随吸附时间的变化；b. 样品的薄片电阻率和方阻随着吸附时间的变化

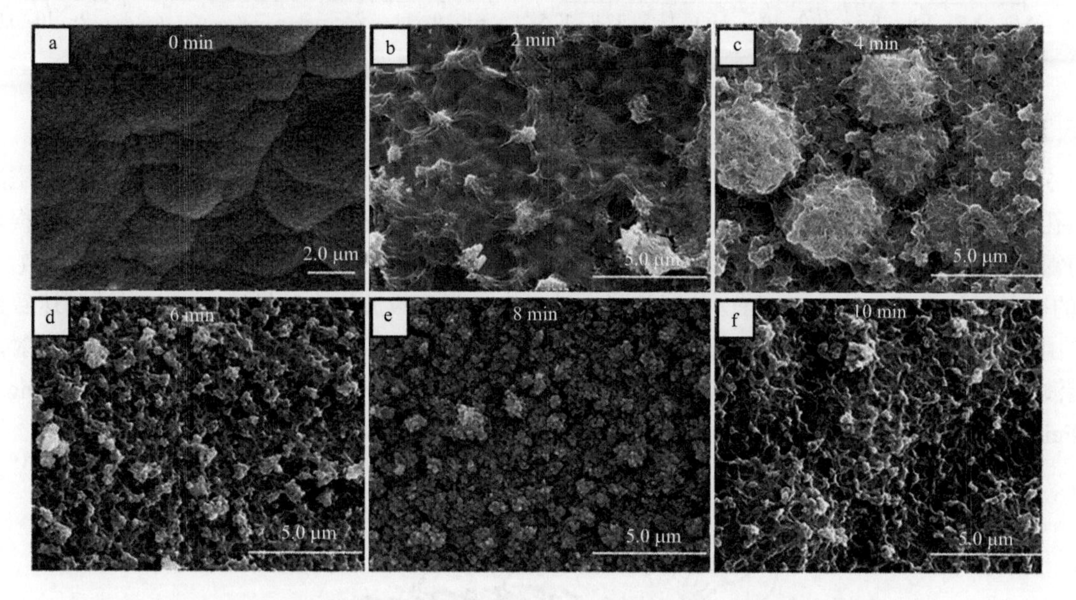

图 6-57　具有不同 Fe_3O_4 吸附时间的 Ni/Fe_3O_4/Ni/纤维纸的微观电镜形貌图

a. 0 min；b. 2 min；c. 4 min；d. 6 min；e. 8 min；f. 10 min

3）电磁屏蔽性能

从图 6-58 中可以看出，所有样品的 SE_A、SE_R 和 SE_M（电磁损耗）值在 8.2～12.4 GHz 表现出很弱的频率依赖性。从图 6-58b、图 6-58c 中得到，随着 Fe_3O_4 吸附时间的增加，SE_A 和 SE_M 值均大幅度增加。特别是 T_a=10 min 的样品，其 SE_A 和 SE_M 平均值分别增加到 18.57 dB 和 41.88 dB。SE_M 值是 SE_A 和 SE_R 值的累加。从图 6-58d 中可以看出，SE_R 的贡献大于 SE_A，所以，对于 Ni/Fe_3O_4/Ni/纤维纸而言，虽然电磁波吸收能力大幅度地增加，但占主体地位的屏蔽机制还是反射机制。

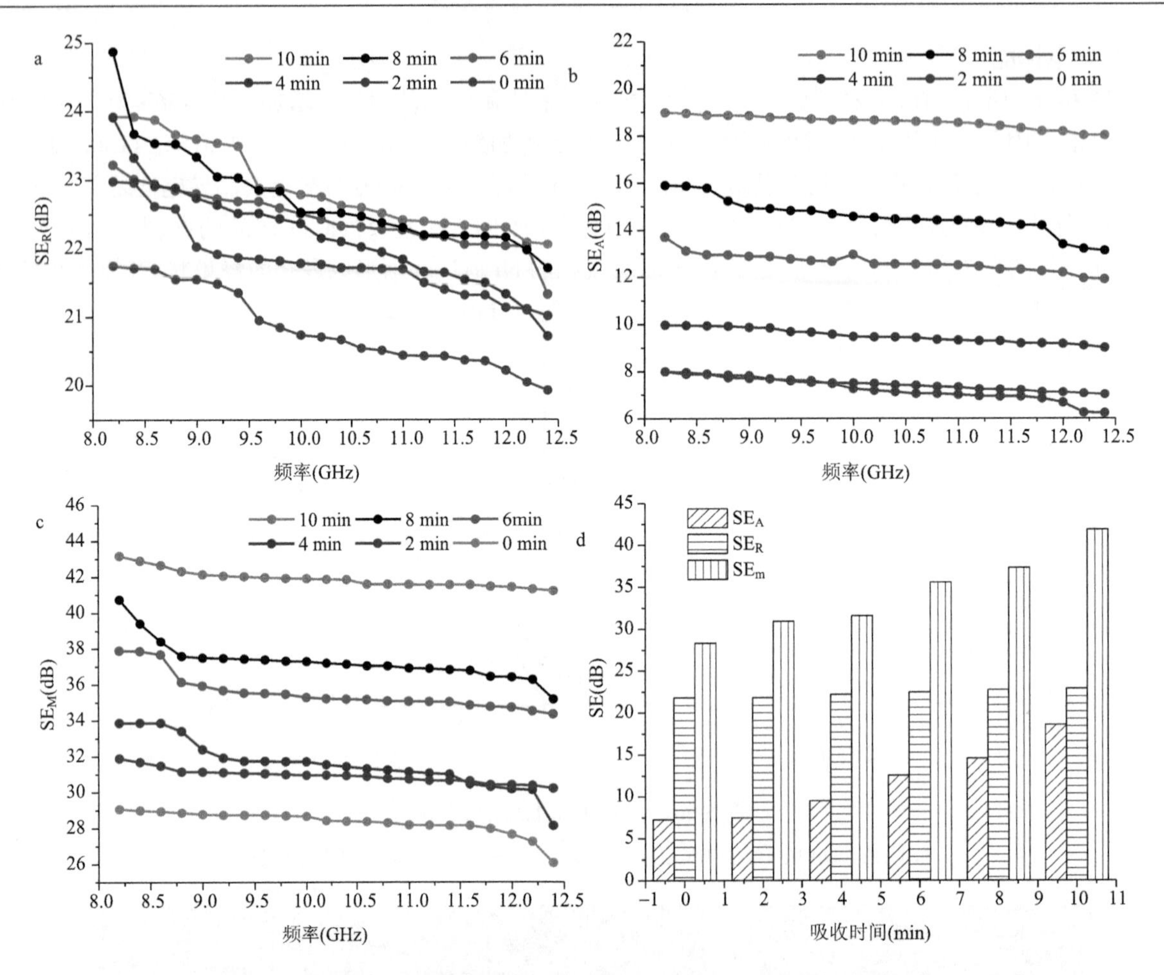

图 6-58　在 8.2～12.4 GHz $Ni/Fe_3O_4/Ni$/纤维纸的 SE_R、SE_A、SE_M 平均电磁屏蔽（SE）值

图 6-59 进一步解释了所制备的 $Ni/Fe_3O_4/Ni$/纤维纸的屏蔽机理。如图 6-59 所示，首先，电磁波在有序的多孔结构内会进行多次的反射和散射，导致电磁辐射能量衰减，这也可以看作是一种吸收损耗。且多孔的镍镀层结构提供了较大的表面积，入射的电磁波在孔间多次反射，直至以热量的形式消散。其次，Fe_3O_4 的引入增加了在 8.2～12.4 GHz 的磁损耗，进一步增强了吸波能力。最后，当入射波到达致密镍镀层时，由于空气与镍镀层之间阻抗不匹配而引起界面反射，以及多孔纤维纸骨架内部的多次反射，产生了电磁波的反射损耗。综上所述，所制备的 $Ni/Fe_3O_4/Ni$/纤维纸具有优异的电磁屏蔽性能（Xiang et al., 2019; Fei et al., 2020）

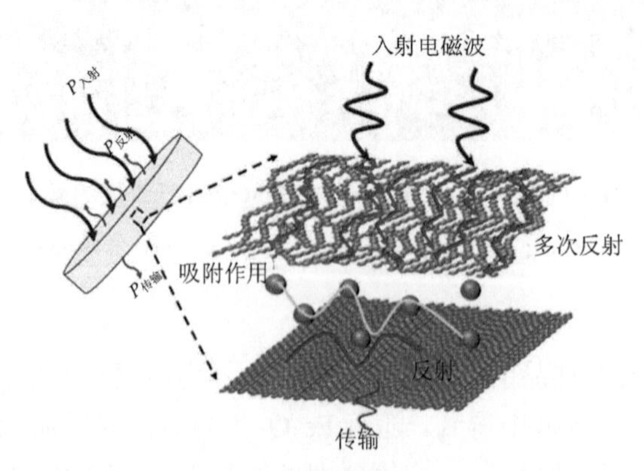

图 6-59　$Ni/Fe_3O_4/Ni$/纤维纸电磁屏蔽机理图

P 代表电磁波

四、木质纤维素基三维网络结构的金属离子吸附机制

进入 21 世纪以来，世界人口快速增长，经济迅猛发展，人们对各种资源的需求日益剧增，特别是对金属资源。过度开采金属资源，造成某些资源紧张，如锂作为一种重要的能源金属，地球上的矿存量越来越稀少，急需开发新的可替代锂资源，而海水和卤水中蕴含着大量的锂离子。此外，一些未处理的重金属废水，直接排入水体中，给生态环境造成破坏的同时，也对人类身体健康造成了潜在威胁。如何对水体中含量巨大的金属离子有效地提取和分离，已经成为人们亟须解决的一个问题。

由于世界农业和工业的快速发展，人们对资源的过度开采，农药、化肥的过度使用，以及制革、电镀等工业三废的随意排放，导致水体中的重金属离子浓度日益剧增。重金属离子不仅对生态环境造成巨大的破坏，而且也会随着生态系统的循环，不断在生物有机体内积累，最终对人类的身体健康造成巨大的威胁。其中水体中铜、铅、铬浓度较高，毒性较强（Jiang et al., 2019）。如何处理铜、铅废水，一直是困扰人们的一个大问题。

吸附法主要是利用一些含有特殊官能团的有机物或者无机物，通过物理或化学的作用，从水体中将重金属离子吸附去除，以达到水净化的目的。吸附材料上通常含有大量的有机官能团，如羟基、羧基、氨基、酰胺基、磺酸基及磷酸基。这些吸附材料对水中的 Cu、Pb，Ni、Zn、Cr、Cd、Sr 等金属离子均有很强的吸附能力，适用范围广、价格低廉（Dickinson, 2017; Zheng et al., 2021; Chen et al., 2021）。大多数农林废弃物如秸秆和木屑等废渣均可被用来作为吸附材料，而且大多数吸附材料均可以循环反复使用，对环境友好，因此农作物吸附材料拥有广阔的应用前景。

理想吸附剂应具有以下特点：吸附容量大、价格低廉、吸附速率快、容易再生等。天然高分子纤维素含有丰富的羟基，而且绿色可再生，是一种价格低廉的理想吸附剂（Xia et al., 2019; Dilamian and Noroozi, 2021）。但是天然纤维素官能团单一、吸附量低，一般需要接枝其他有机官能团，然而此过程又需要消耗极高的能量。因此，纤维素用作吸附材料仍需要被探索。

本节以溶解再生的木质纤维素为原料，利用其微纤丝的缠结，使用新方法调控其缠结程度，增加木质纤维素羟基的可及度，制备出具有不同空间结构的纤维素基材料。通过界面的设计，与无机粒子结合并成型，对海水中的锂金属进行特异性吸附，在吸附容量及循环性方面展现出巨大的优势；通过原位改性制备巯基纤维素纤维吸附材料，可以快速高效地对污水中的重金属离子进行去除。这一研究，拓展了纤维素材料的应用场景，对环境保护及“控碳和减碳”具有深远的意义。

（一）试验材料

杨木（河南省焦作市林场）、落叶松（北京市林场）、奇岗（北京市林场）。离子液体 1-丁基-3-甲基咪唑氯盐、1-乙基-3-甲基咪唑醋酸盐购买于上海成捷化学有限公司。碳酸锂、碳酸锰、二氧化钛、氯化锂、氯化钠、氯化钾购买于天津市科密欧化学试剂有限公司，巯基乙酸、乙醇、盐酸、氨水购买于上海阿拉丁生化科技股份有限公司。

（二）试验方法

1. HMO/纤维素膜锂吸附

1）Li^+溶液配制

准确称取 3.054 g 氯化锂置于烧杯中，加入 100 ml 去离子水后超声直至完全溶解后移入 1000 ml 的容量瓶中，加水定容摇匀得到 500 mg/L 的 Li^+溶液。之后吸附实验所需 Li^+溶液均由此高浓度溶液稀释获得。

2）Li^+吸附实验

量取 50 ml 浓度约为 500 mg/L 的 Li^+溶液，加入到 1000 ml 的容量瓶中，加水定容摇匀，配置得到浓度为 25 mg/L 的 Li^+溶液，用氨水调节溶液 pH 为 10.5。准确称取含有 0.1 g HMO 的不同配比的 HMO/纤维素复合膜放置于上述溶液中，在恒温水浴振荡器中 25ºC 振荡 48 h，之后用过滤式针头取样终液，用电感耦合等离子体质谱（ICP-MS）检测 Li^+浓度，计算复合膜对 Li^+的吸附量。

Li^+吸附容量计算公式为

$$q_e = \frac{(C_0 - C_e)V}{m} \tag{6-20}$$

式中，V 为初始加入的 Li^+溶液体积（L），m 为吸附剂加入量（g），q_e 为平衡吸附容量（mg/g），C_0 为初始 Li^+浓度（mg/L），C_e 为平衡时 Li^+浓度（mg/L）。

2. HTO/纤维素气凝胶锂吸附

分别用 LiCl、$MgCl_2$、$CaCl_2$、NaCl、KCl 配置含有各种金属离子的混合溶液，离子浓度均为 50 mg/L，并用氨水把 pH 调制为 10.25。同样地将含有 0.1 g HTO 的复合吸附剂和 0.1 g 纯的 HTO 粉末分别加入上述 160 ml 的溶液中，在 25℃的恒温水浴锅中，静置 24 h。取上清液，分别用 ICP-MS 测出各种离子的平衡浓度。并用式（6-20）计算出相对吸附量。比较各种离子的吸附量，最后确定纯的 HTO 粉末和复合吸附剂对锂离子的吸附选择性。

将含有 0.1 g HTO 的复合吸附剂放置于盛有 160 ml 的 50 mg/L、pH 为 10.25 的 LiCl 溶液中，25℃静置 24 h。将尾液收集起来，用 ICP-MS 测定平衡锂离子浓度。复合吸附剂用蒸馏水充分冲洗后，放入 160 ml、0.2 mol/L 的 HCl 溶液中，浸泡 24 h，让锂离子充分脱离出来。脱离完成后的复合吸附剂，经充分水洗，冷冻干燥后，投入到下一轮循环中。循环 5 次后，将每次的吸附量进行比较，并比较相对第一次的吸附量（%），最后确定复合后的吸附剂的循环性能。

从渤海取得的海水，在实验室用 ICP-MS 测得海水中锂离子浓度为 0.209 mg/L，pH 计测得海水的 pH 为 8.25。此外，将适量的固体 LiCl 加入海水中，将锂离子的浓度分别调节为 4 个不同浓度，大约为 1 mg/L、2 mg/L、3 mg/L、4 mg/L。然后，将含有 0.1 g HTO 的复合吸附剂分别放入上述 5 种溶液中，溶液体积仍然为 160 ml，25℃静置 24 h。将吸附后的尾液，经 ICP-MS 测试后，根据式（6-21）计算吸附剂对海水中锂离子的移除效率。

$$\eta = \frac{(C_0 - C_e)}{C_0} \times 100\% \tag{6-21}$$

式中，η 为锂离子从海水中的移除效率（%），C_0 为溶液中初始锂离子浓度（mg/L），C_e 为溶液中平衡锂离子浓度（mg/L）。

同样，计算了吸附剂对海水中其他微量重金属离子的移除效率。最后将所得数据进行比较，分析吸附剂在实际海水中吸附锂金属的应用前景。

（三）结果与讨论

1. HMO/纤维素复合膜的吸附性能

图 6-60 显示了 HMO 粉末、纯纤维素膜和 HMO/纤维素复合膜在 25℃下从 0 h 到 48 h 的 Li^+吸附动力学曲线（Limjuco et al., 2016），可以看出，纯纤维素膜对溶液中 Li^+的吸附量为 0，这是因为纯纤维素膜不具有 Li^+吸附位点。单独的 HMO 粉末在吸附的前 9 h 内具有较高的 Li^+吸附速率，之后逐渐趋于平缓，并在 48 h 后最终达到平衡状态，平衡吸附容量（q_e）为 20 mg/g。与 HMO 粉末相比，HMO/纤维素复合膜在吸附的前 9 h 内显示出更高的吸附速率，随后降至平衡状态，平衡吸附容量为 18 mg/g。

图 6-61 研究了不同 Li^+初始浓度（C_0=0～75 mg/L）对 HMO 粉末和 HMO/纤维素复合膜 Li^+吸附性

能的影响。从图 6-61 中可以看出，HMO 粉末和 50%-HMO/纤维素复合膜的平衡吸附容量（q_e）值随着 Li^+初始浓度的增加而逐渐增大，直到达到稳定水平，表明 HMO 上的吸附位点已达到饱和。

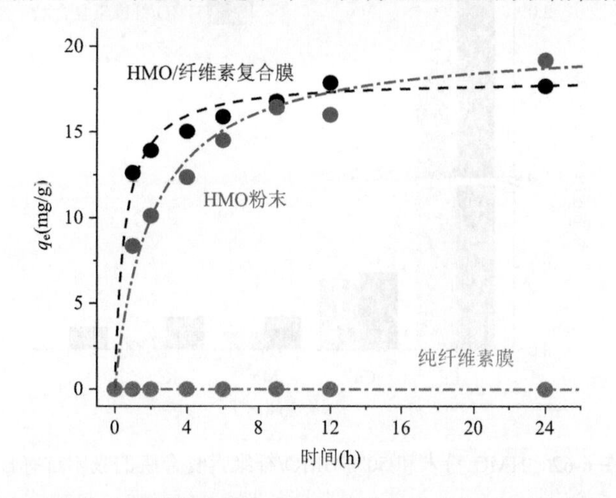

图 6-60　HMO 粉末、纯纤维素膜和 HMO/纤维素复合膜对 Li^+的吸附动力学曲线

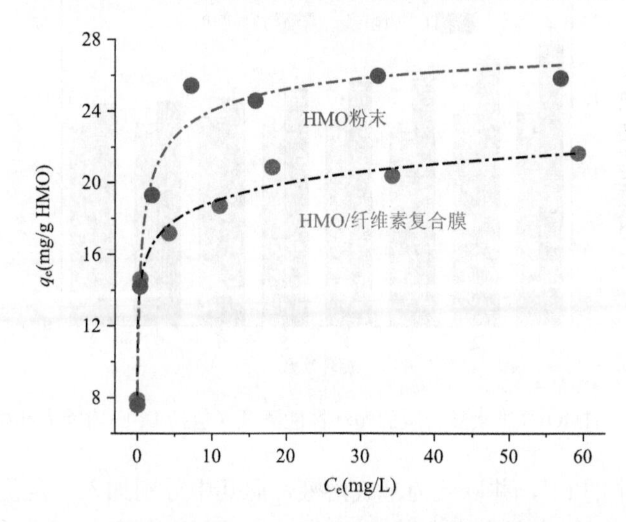

图 6-61　HMO 粉末和 HMO/纤维素复合膜对 Li^+的吸附等温线

从含有各种溶质的水溶液中能选择性吸附 Li^+对于吸附剂的实际应用非常重要。为了验证吸附剂的选择性，将 HMO 粉末或 HMO/纤维素复合膜引入含有 Li^+、Na^+、Mg^{2+}、K^+和 Ca^{2+}的溶液中（Shi et al., 2013）。选择性吸附结果如图 6-62 所示，HMO 粉末和 HMO/纤维素复合膜均显示出对 Li^+的高选择性。

循环再生能力是吸附剂能否经济高效地应用于实际工业活动中的重要参考指标。为了探究 HMO/纤维素复合膜的再生性能，对 50%-HMO/纤维素复合膜进行了 8 个吸附-脱附循环性能测试，并测定每次循环过程中复合膜对 Li^+的吸附能力，以及复合膜的力学性能（Shi et al., 2018）。结果如图 6-63 所示，可以看出，HMO/纤维素复合膜对 Li^+的吸附量基本保持稳定，在经过 8 个周期后仅从 18 mg/g HMO 降至 15 mg/g HMO，仅有约 16%的降低，这种降低可能是由于在循环过程中，复合膜中的 HMO 部分发生脱落造成 Li^+吸附量的损失。同样，在 8 个循环周期中，50%-HMO/纤维素复合膜的拉伸强度基本保持一致。与文献中的 HMO/聚丙烯腈、HMO/聚砜和 HMO/聚酯复合膜的拉伸强度（分别为 10 MPa、1.5 MPa、4 MPa）相比，HMO/纤维素复合膜显示出更高且稳定的拉伸强度（15 MPa），这更有利于吸附剂在海水中使用和重复利用。

将 50%-HMO/纤维素复合膜放置在未调节 pH 的一定量的海水中进行吸附。在 Li^+浓度仅为 0.21 mg/L 的海水中，复合膜对 Li^+的提取效率为 99%。为了进一步研究纤维素膜在低浓度 Li^+的溶液中对 Li^+的提

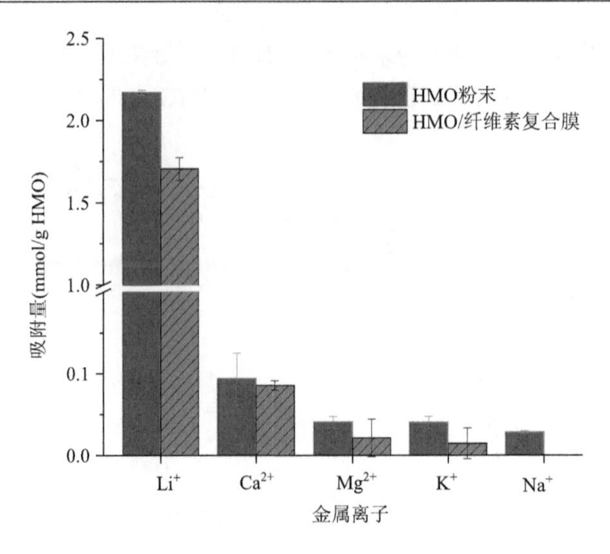

图 6-62　HMO 粉末和 50%-HMO/纤维素复合膜的吸附选择性

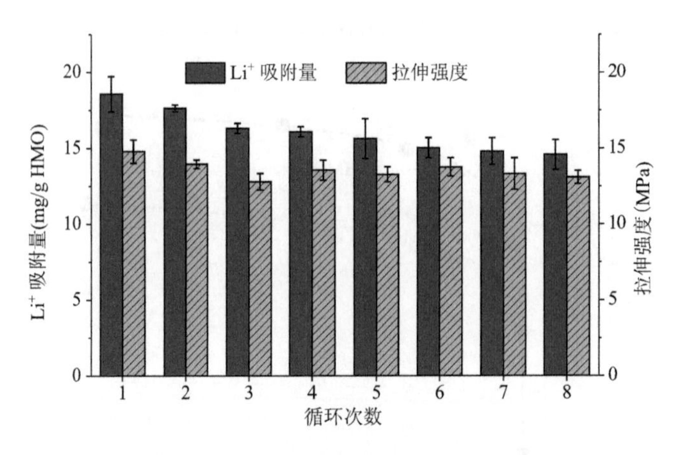

图 6-63　50%-HMO/纤维素复合膜的循环性能测试（包括 Li^+吸附能力和拉伸强度）

取效率，我们去除了海水中的 Li^+，并以此为基底溶液，向其中分别加入一定量的 LiCl，得到 Li^+浓度在 0.4～3.2 mg/L 的海水。图 6-64 为复合膜在微量 Li^+海水中的提取效率，可以看出复合膜对 Li^+均保证了 90%以上的提取率。这说明 HMO/纤维素复合膜完全可以选择性提取微量 Li^+溶液中的 Li^+。

海水中包含各种离子，其中 Li^+浓度极低（0.17 mg/L）。从图 6-65 中可以看出，50%-HMO/纤维素复合膜在海水中对 Li^+的提取效率为 99.4%，远远高于其他离子（Sr^{2+}、K^+、Ca^{2+}等最大提取效率<4%）。吸附剂对各种离子的吸附选择性可以用分配系数（K_d）表示。HMO/纤维素复合膜对海水中各离子的分配系数如表 6-8 所示，Li^+的 K_d（2.5×10^5 mg/L）远高于 Sr^{2+}（66.8 mg/L）、K^+（29.4 mg/L）、Ca^{2+}（10.9 mg/L）、Mg^{2+}（2.9 mg/L）和 Na^+（0 mg/L）。

表 6-8　HMO/纤维素复合膜对 Li^+的选择性吸附参数

离子	C_0（mg/L）	C_e（mg/L）	K_d（mg/L）
Li^+	0.208 84	0.001 32	2.5×10^5
Sr^{2+}	7.288	6.996	66.8
K^+	332	326	29.4
Ca^{2+}	456.8	453.7	10.9
Mg^{2+}	1 143.9	1 141.8	2.9
Na^+	10 110	10 110	0

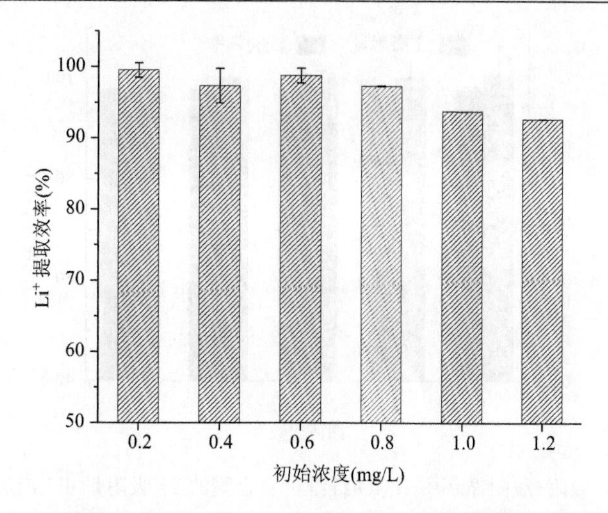

图 6-64　海水中 Li^+的初始浓度对 HMO/纤维素复合膜 Li^+提取效率的影响

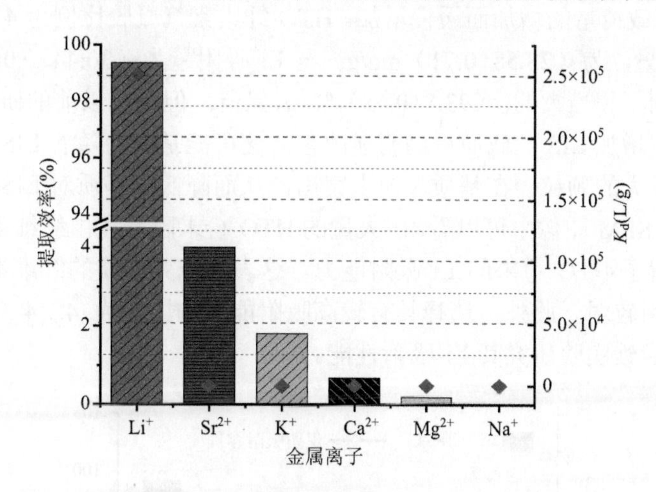

图 6-65　HMO/纤维素复合膜在海水中的离子提取效率和分配系数

◆表示分配系数

以上结果表明，在多种干扰离子存在且干扰离子浓度为 Li^+浓度的数千倍的海水中，HMO/纤维素复合膜依旧能从海水中选择性吸附锂离子，这证明复合膜在从液态 Li^+资源中选择性分离 Li^+方面具有巨大的潜力。

本研究对 HMO/纤维素复合膜在海水中的洗脱性能进行了测定，结果如图 6-66 所示，HMO/纤维素复合膜在海水中的 Li^+吸附能力达到了 1 mg/g（Li^+浓度 0.21 mg/L），并且在 5 次循环过程中复合膜的提取效率均保持在 1 mg/g 左右，基本没有损失，这说明复合膜在海水中依旧具有良好的稳定的吸附能力。并且，通过对脱附液中 Li^+浓度的测试，得到了 HMO/纤维素复合膜的脱附效率。我们发现吸附有 Li^+的复合膜的洗脱效率可以达到 99.9%，这表明复合膜完全实现了海水中锂离子的提取和回收，洗脱在 HCl 中的 Li^+可以通过加入 Na_2CO_3 得到 Li_2CO_3，实现海水中 Li^+的分离。经过 5 个吸附-脱附循环，Li^+的洗脱效率也依然保持稳定。这说明 HMO/纤维素复合膜能够经济高效地应用于实际工业中。

2. HTO/纤维素气凝胶的吸附性能

锂离子筛（LIS）含量是影响 LIS 与基质复合材料提取 Li^+总量的最重要的因素。保留的 Li^+吸附量（保留的 q_e 百分比）用于表示 HTO 粉末（q_{HTO}）的 q_e 与纤维素气凝胶中的 HTO 的 q_e 的百分比差异（$q_{HTO/纤维素气凝胶}$）。本研究制备了 5 种不同质量比的 HTO/纤维素气凝胶吸附剂，如图 6-67 所示。气凝胶

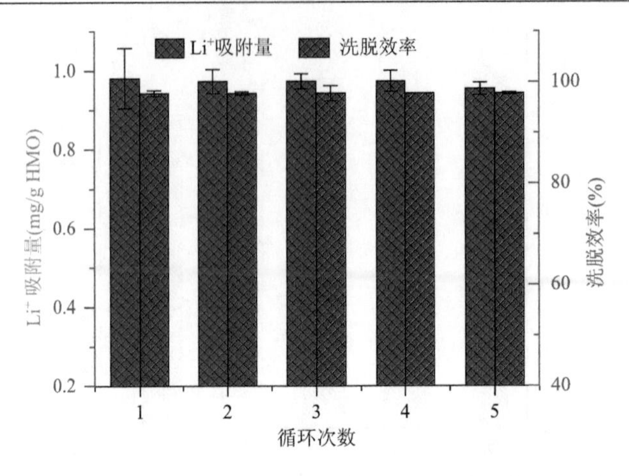

图 6-66　吸附-脱附循环中 HMO/纤维素复合膜的 Li^+吸附量和 Li^+洗脱效率

Li^+吸附量随着 HTO 粉末载荷量的增加而缓慢增加。HTO/纤维素气凝胶比例为 4∶4（$m_{纤维素}/m_{HTO}$，W/W）时显示出较高的 Li^+吸附量，为（28.58±0.71）mg/g。与 Li^+吸附量为（30.44±0.06）mg/g 的纯 HTO 粉末相比，在气凝胶中观察到了相当大的[（93.8±0.65）%]q_e保留。但是，以前的研究表明，基质对 LIS 吸附能力的不利影响，通过增加 LIS 负载而得到明显改善。这可能是因为随着 LIS 的负载增加，小颗粒会聚集成较大的颗粒，而较大的颗粒会在基质表面上突出，从而降低了基质对 LIS 活性位点的阻滞作用。从 HTO/纤维素气凝胶的 SEM 图像中可以看出，大量的 HTO 粉末附着在由纤维素片组成的 3D 大孔表面上，从而最大限度地保留了 HTO 粉末的 Li^+吸附能力。这表明作为基质的纤维素气凝胶对 HTO 粉末对 Li^+的吸附能力的抑制作用较弱。此外，选择具有较高吸附能力的比例为 4∶4（$m_{纤维素}/m_{HTO}$，W/W）的 HTO/纤维素气凝胶进行后续实验研究其 Li^+吸附性能。

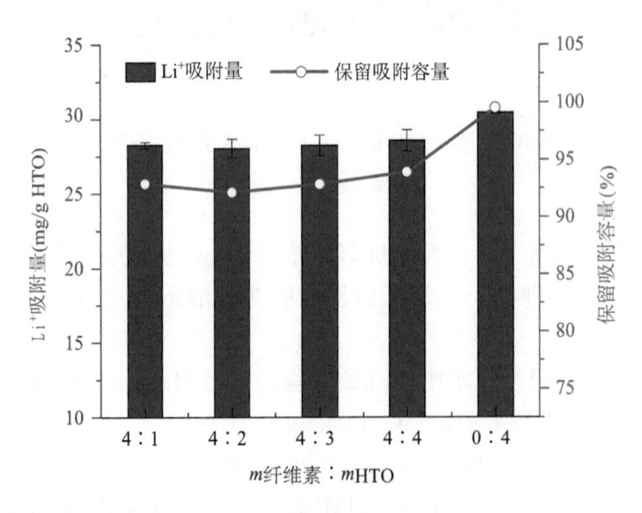

图 6-67　不同 HTO 负载对 Li^+吸附量和 HTO 在纤维素气凝胶中保留吸附容量

图 6-68a 显示了 HTO/纤维素气凝胶、HTO 粉末及纯的纤维素气凝胶的吸附动力学曲线。如图 6-68a 所示，在纤维素气凝胶中的 HTO 粉末捕获 Li^+在最初的 1 h 内最为迅速，然后在 12 h 达到 q_e。然而，HTO 粉末的吸附平衡在 36 h 后几乎才达到。为了了解 HTO 粉末和与纤维素气凝胶复合后的 HTO 对 Li^+的吸附现象，我们应用了两个动力学模型的方程——伪一级动力学方程和伪二级动力学方程进行拟合。从图 6-68b、c 及表 6-9 中可以看出，两种吸附剂的吸附能力的伪二级动力学方程与伪一级动力学方程（r^2=0.938, 0.796）相比更加在一条直线上（r^2=0.995, 0.999）。这表明 Li^+的吸附动力学取决于可用的吸附位点的数量，这是化学吸附过程。

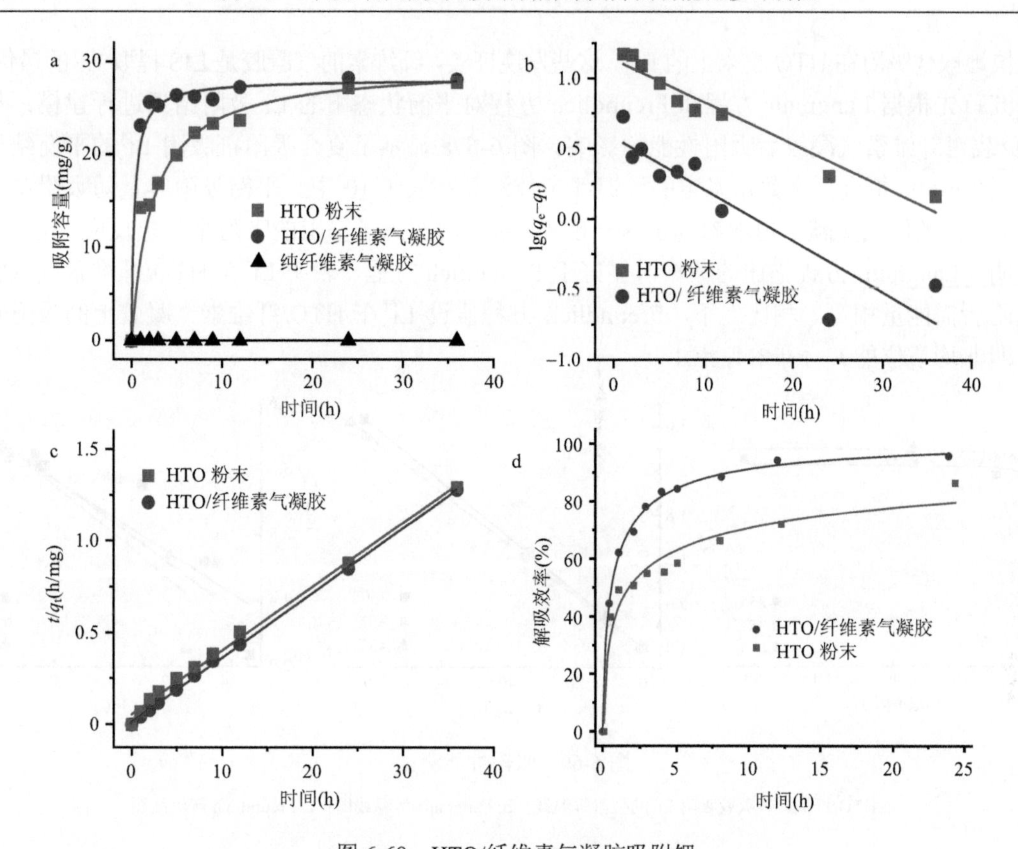

图 6-68　HTO/纤维素气凝胶吸附锂

a. 吸附动力学；b. 伪一级动力学；c. 伪二级动力学；d. 随时间变化脱离率

表 6-9　伪一级动力学方程和伪二级动力学方程参数

样品	伪一级动力学方程			伪二级动力学方程			
	q_e（mg/g）	k_1[×10^{-3} g/(mg·min)]	r^2	k_2[×10^{-4}g/(mg·min)]	q_e（mg/g）	速率常数（H）	r^2
HTO 粉末	13.52	1.15	0.938	3.52	28.76	0.291	0.995
HTO/纤维素气凝胶	3.77	1.40	0.796	17.38	28.35	1.397	0.999

注：q_e，平衡吸附量；k_1，伪一级吸附速率常数；k_2，伪二级吸附速率常数

吸附剂的吸附速率是评估吸附剂的重要指标。纤维素气凝胶基质对吸附速率的影响通过使用式（6-22）估算两个样品对初始 Li^+ 的吸附速率（h）来确定。

$$h = k_2 \times q_e^2\ t \longrightarrow 0 \tag{6-22}$$

式中，q_e，平衡吸附量；k_2，伪二级吸附速率常数；t，吸附时间。

从表 6-9 中可以看出，包埋在纤维素气凝胶中的 HTO 对 Li^+ 的速率常数（H）值要比直接和不受限制的 HTO 粉末的 H 值高。此外，得出的 k_2 值还表明，在一定程度上，纤维素气凝胶中的 HTO 表现出相当高的吸附速率。在纤维素气凝胶中的 HTO 对 Li^+ 的伪二级吸附速率常数（k_2）为 17.38×10^{-4} g/(mg·min) 是纯的 HTO 粉末[3.52×10^{-4} g/(mg·min)]的 4.94 倍。这可以归因于超亲水性纤维素气凝胶可以迅速吸收水并提高离子传输速率。而且三维交联网络结构允许 HTO 粉末的更多活性位直接暴露于离子溶液，而无须穿过基质，从而减少了锂离子到达 HTO 表面所需的时间。迄今为止，在纤维素气凝胶中 HTO 的吸附速率是最快的。在较早的研究中，纺丝的 LIS 亲水性聚砜（PSF）的吸附速率为 4.43×10^{-4} g/(mg·min) 比 HTO 粉末[5.79×10^{-4} g/(mg·min)]慢 23.4%。

为了进一步证明纤维素气凝胶对 LIS 吸附速率的影响，我们进行了脱附实验，结果如图 6-68d 所示。在 24 h 时，HTO 粉末的解吸效率仅为 86.13%，而 HTO/纤维素气凝胶的解吸效率达到 95.79%，这意味着

H^+可以更快地取代吸附在 HTO 粉末上的 Li^+。这些发现证实，纤维素的气凝胶是 LIS 提取 Li^+的最优化基质。

本研究首先根据 Langmuir 方程和 Freundlich 方程对平衡状态下的 Li^+吸附结果进行建模，从而阐明了 HTO 负载对纤维素气凝胶后吸附性能的影响。图 6-69a 显示了复合吸附剂吸附 Li^+的平衡结果。通过图 6-69b、图 6-69c 拟合平衡数据确定的等温线参数汇总在表 6-10 中。平衡吸附容量随吸附温度的升高而增加，并且在类似的文献中也观察到了这一现象，这表明在离子筛上的吸附是吸热反应。相关系数（r^2）的比较表明，Langmuir 方程描述的数据明显好于 Freundlich 方程，表明 Li^+在 HTO/纤维素气凝胶上所有位置的吸附所需能量相等。相比之下，Freundlich 方程假设 Li^+在 HTO/纤维素气凝胶上的吸附发生在具有位能（即非均质位能）分布的位点上。

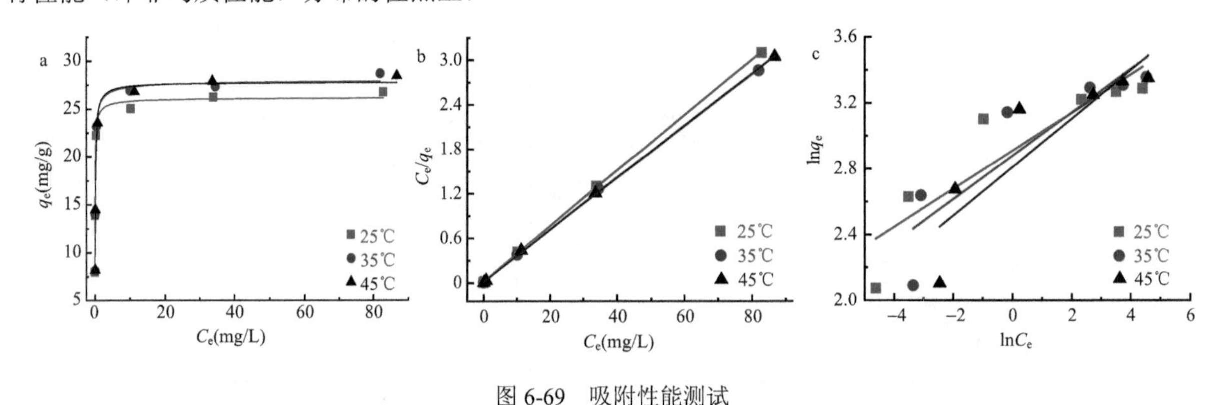

图 6-69　吸附性能测试

a. HTO/纤维素气凝胶吸附 Li^+的吸附等温线；b. Langmuir 等温线图；c. Freundlich 等温线图

表 6-10　Langmuir 和 Freundlich 等温线参数

温度（℃）	Langmuir			Freundlich		
	q_m（mg/g）	K_1	r^2	K_2	n	r^2
25	26.75	3.82	0.999	18.29	8.65	0.765
35	28.61	2.63	0.999	17.85	7.40	0.732
45	28.53	3.41	0.999	18.96	8.29	0.753

注：q_m，最大吸附容量；K_1，吸附速率常数，表示固体表面上空位与气体分子结合的能力；K_2，吸附速率常数，与固体特性和吸附物有关的常数；n，与吸附层厚度有关的指数

复合材料形成后，LIS 粉末的最大 Li^+吸附容量为 28.61 mg/g，显著高于报道的值。可以推断出，HTO/纤维素气凝胶离子筛的复合形成过程不会影响基质材料中所含 HTO 粉末对 Li^+的吸附能力。

离子交换位点的大小和水合离子脱水所需的能量决定了 LIS 是否可以有效地具有选择性地从海水中回收 Li^+。为了验证 HTO/纤维素气凝胶对 Li^+的选择性与 HTO 粉末相同，在与其他阳离子（X^{n+}=Na^+、Mg^{2+}、K^+、Ca^{2+}）混合的 Li^+溶液中进行吸附实验，以确定纤维素气凝胶基质对 HTO 选择性吸收 Li^+的影响。如图 6-70 所示，HTO/纤维素气凝胶对 Li^+、Mg^{2+}、Ca^{2+}、Na^+和 K^+的吸附容量分别为 3.687 mmol/g、0.053 mmol/g、0.093 mmol/g、0 mmol/g 和 0.041 mmol/g。Li^+>>Ca^{2+}>Mg^{2+}>K^+>Na^+的吸附容量顺序验证了 HTO/纤维素气凝胶对 Li^+同样有离子筛分效果。较大阳离子的少量吸收可归因于它们在 HTO/纤维素气凝胶表面的物理附着。而且，该结果也表明，LIS 对 Li^+的吸附作用优于 HTO/纤维素气凝胶对其他阳离子的非选择性表面吸附。

该发现强调，可以忽略亲水性纤维素的羟基对 LIS 选择性锂提取性能的影响。目前的结果表明，纤维素气凝胶比与 HMO 复合的亲水性 PAN 纳米纤维更适合作为基质材料，后者对镁的分离系数较低。

本研究进行可回收的锂吸附/脱附循环试验以评估 HTO/纤维素气凝胶的性能一致性和长期稳定性。随着重复使用次数的增加，吸附量略有下降。经过 5 次循环试验后，HTO/纤维素气凝胶的吸附量在初始浓度为 50 mg/L 时仍保持较高的相对吸附容量（81.20%）（图 6-71）。Li^+吸附容量降低有两个可能的原因：

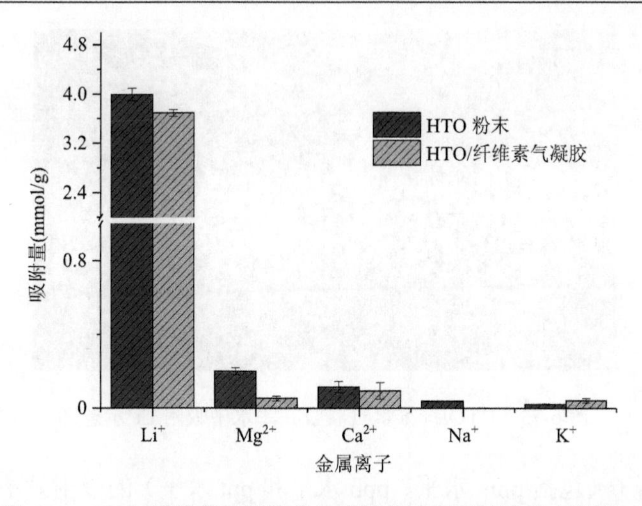

图 6-70　HTO/纤维素气凝胶从混有其他阳离子的溶液中吸附 Li^+

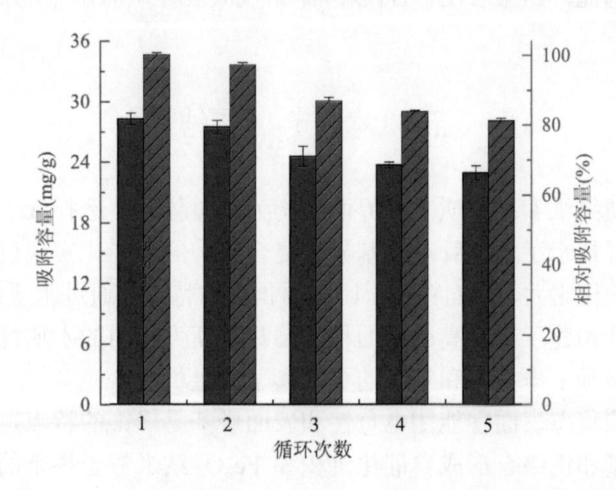

图 6-71　HTO /纤维素气凝胶作为 Li^+吸附剂的吸附回收性能

第一个原因可能是在酸处理过程中 HTO 晶格中 Ti^{4+}溶出，第二个原因是 HTO 粉末从纤维素气凝胶上剥离。结果表明，在 5 次循环之后，LIS 含量仅稍微降低。这表明，HTO/纤维素气凝胶可重复使用，同时保持其吸附能力，使其成为经济和高效的 Li^+回收工艺的 Li^+复合吸附材料。

根据上述实验结果，使用 Li^+吸附效率（η）评估 HTO/纤维素气凝胶在海水中的吸附性能。结果表明，当海水中 Li^+的浓度范围为 209～3658 ug/L 时，HTO/纤维素气凝胶对海水中 Li^+的吸附效率超过(69.93±0.04)%，这表明无须调节 pH 即可从海水中有效回收 Li^+（图 6-72）。从图 6-73 中可以看出，HTO/

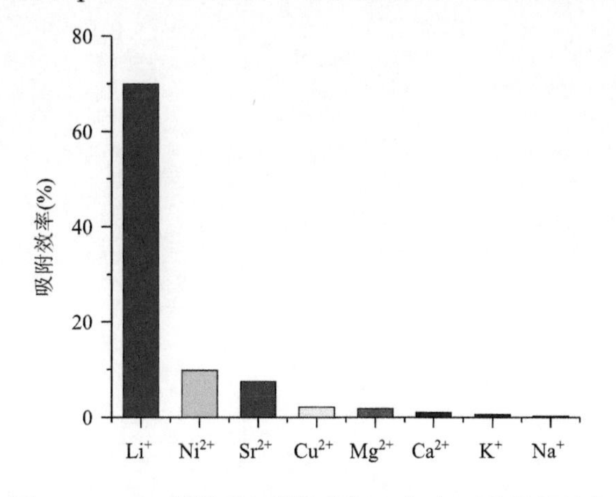

图 6-72　HTO/纤维素气凝胶在海水中对 Li^+的吸附效率

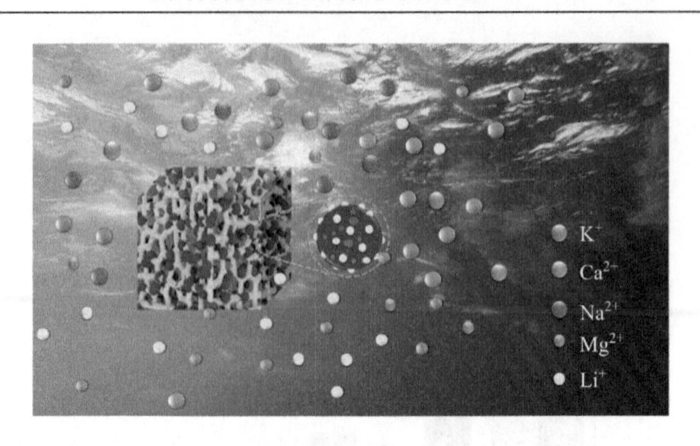

图 6-73 HTO/纤维素气凝胶在海水中吸附 Li^+示意图

纤维素气凝胶对其他阳离子（包括 ppm 水平、ppb 水平和 ppt 水平）的吸附效率与 Li^+在实际海水中的吸附效率相比可忽略不计。因此，结果表明，HTO/纤维素气凝胶在从海水中选择性回收 Li^+方面具有巨大的应用潜力。

五、本 节 小 结

本节以设计构筑的木质纤维素基异质复合界面结构为参照体系，选择代表性功能化试剂与木质纤维素复合制备功能化材料，并揭示了木质纤维素基异质复合结构的功能化实现机制。

（1）根据木质纤维素长径比大、表面粗糙、比表面积大的特点，通过木质纤维素与电气石/TiO_2机械热磨和生物矿化沉积，设计构建了基于高比表面积范德瓦耳斯力作用的木质纤维素表面无机粒子生长附着的网络结构，揭示了光激励下电离水和空气的负氧离子产生机制。

（2）根据木质纤维素聚集态表面官能团电负性和表面羟基易修饰的特点，通过对木质纤维素表面进行氨基化修饰，构建了氨基和钯络合形成自催化沉积和 Fe_3O_4 纳米粒子掺杂的蜂巢结构及氢气发泡孔隙度调控方法，揭示了电磁波在木质纤维素/Ni 基合金膜三维骨架结构中多级反射吸收损耗的电磁屏蔽机制。

（3）通过光电流实验来研究异质复合材料的光生电子-空穴的分离机制，阐明了其光催化降解有机污染物的催化作用机制，发现了活性 g-C_3N_4 与凝胶载体之间的协同催化作用。

（4）利用木质纤维素溶解再生过程中微纤丝缠结程度调控新方法，实现了木质纤维素羟基可及度的有效增加；采用有效的冰晶充胀可控孔径方法，实现了木质纤维素三维网络中异质界面的构筑。

参 考 文 献

鲍甫成, 吕建雄. 1992a. 中国重要树种木材流体渗透性的研究. 林业科学, 28(3): 237-246.
鲍甫成, 吕建雄. 1992b. 木材渗透性可控制原理研究. 林业科学, 28(4): 336-342.
鲍艳, 李帅, 刘超, 等. 2018. 不同结构 Fe_3O_4 纳米粒子的制备及在电磁屏蔽领域的应用. 化工新型材料, 46(10): 44-48.
柴宇博, 孙柏玲, 刘君良, 等. 2015. 无催化条件下乙酰化杨木的工艺和性能. 木材工业, 29(1): 5-9.
苌姗姗, 胡进波, Clair B, 等. 2011. 氮气吸附法表征杨木应拉木的孔隙结构. 林业科学, 47(10): 134-140.
苌姗姗, 石洋, 刘元, 等. 2018. 应拉木胶质层解剖结构及化学主成分结构特征. 林业科学, 54(2): 153-161.
陈春侠, 张宏伟, 毛雷. 2008. 戊二醛与水解淀粉对棉织物抗皱整理的研究. 化纤与纺织技术, 3: 1-3.
陈家逸. 2019. g-C_3N_4和卤氧化铋基复合光催化剂的构建及降解有机污染物研究. 广州: 华南理工大学博士学位论文.
陈柳晔, 史小娟, 樊军锋. 2017. 秦白杨系列品种木材材性及纤维形态的研究. 西北林学院学报, 32(1): 253-258.
陈由强, 叶冰莹, 朱锦懋, 等. 2001. 杉木地理种源遗传变异的 RAPD 分析. 应用与环境生物学报, 7(2): 130-133.
成舒飞, 端木慧子, 陈超, 等. 2016. 大豆 MYB 转录因子的全基因组鉴定及生物信息学分析. 大豆科学, 35(1): 52-57.
成星奇, 贾会霞, 孙佩, 等. 2019. 丹红杨×通辽 1 号杨杂交子代叶形性状的遗传变异分析. 林业科学研究, 32(2): 104-114.
褚延广, 苏晓华. 2008. 单核苷酸多态性在林木中的研究进展. 遗传, 30(10): 1272-1278.
崔会旺, 杜官本. 2008. 木材等离子体改性研究进展. 林业科学, 21(1): 51-55.
崔凯, 孙庆丰, 廖声熙, 等. 2012. 翠柏木材解剖性质和结晶度的径向变异及化学性质. 东北林业大学学报, 40(4): 49-54.
丁佐龙, 费本华, 刘盛全. 1997. 木材白腐机理研究进展. 木材工业, 5: 17-20.
方桂珍. 2004. 多元羧酸与纤维素酯化反应中 NaH_2PO_2 的催化作用. 林产化学与工业, 24(2): 43-46.
冯启明, 任素红, 吕建雄, 等. 2022. 三种针叶树材单根管胞形态与拉伸性能. 木材科学与技术, 36(1): 43-48, 74.
付宇新, 江香梅, 罗丽萍, 等. 2016. 不同化学类型樟树叶挥发油成分的 GC-MS 分析. 林业工程学报, 1(2): 72-76.
傅星星, 郑德勇. 2008. 浅谈杉木精油的开发前景. 福建林业科技, 35(4): 267-269.
高洪娜. 2014. 日本落叶松年轮及管胞性状与生态因子关系的研究. 哈尔滨: 东北林业大学硕士学位论文.
郭登康, 沈晓双, 杨昇, 等. 2021. 水溶性乙烯基单体改性木材尺寸稳定性提高机制. 林业科学, 57(7): 158-165.
国家质检总局. 1995. 造纸原料综纤维素含量的测定: GB/T 2677. 10—1995. 北京: 中国标准出版社.
杭芸, 俞金健, 周世水, 等. 2019. 杉木木材形成功能基因内 SSR 标记的开发及应用. 农业生物技术学报, 27(1): 38-46.
贺佳仪, 林颖, 王长康, 等. 2022. 黄酮类化合物的生物活性作用及其在畜禽中的研究进展. 饲料工业, 43(4): 30-34.
黄荣凤, 吕建雄, 曹永建, 等. 2010. 高温热处理对毛白杨木材化学成分含量的影响. 北京林业大学学报, 32(3): 155-160.
黄艳辉, 费本华, 赵荣军, 等. 2010. 木材单根纤维力学性质研究进展. 林业科学, 46(3): 146-152.
黄耀葛. 2020. 亲水性单体改性人工林杨木细胞壁及其机理研究. 北京: 中国林业科学研究院博士学位论文.
贾茹, 孙海燕, 王玉荣, 等. 2021. 杉木无性系新品种'洋 020'和'洋 061'10 年生幼龄材微观结构与力学性能的相关性. 林业科学, 57(5): 165-175.
贾赵东, 马佩勇, 边小峰, 等. 2014. 植物花青素合成代谢途径及其分子调控. 西北植物学报, 34(7): 1496-1506.
江泽慧, 黄安民, 王斌. 2006. 木材不同切面的近红外光谱信息与密度快速预测. 光谱学与光谱分析, 26(6): 1034-1037.
江泽慧, 王玉荣, 费本华, 等. 2007. 近红外光谱技术快速预测泡桐活立木年轮密度. 光谱学与光谱分析, 27(6): 1062-1065.
江泽慧, 余雁, 费本华. 2004. 纳米压痕技术测量管胞次生壁 S2 层的纵向弹性模量和硬度. 林业科学, 4(2): 113-118.
蒋佳荔, 吕建雄. 2014. 木材动态黏弹性的湿热耦合效应. 林业科学, 50(12): 101-108.
焦骄, 刘婧, 付玉杰, 等. 2021. 3 种红豆杉茎段腋芽启动组培繁育技术研究. 植物研究, 41(5): 721-728.
赖猛. 2014. 落叶松无性系遗传评价与早期选择研究. 北京: 中国林业科学研究院博士学位论文.
李安鑫, 吕建雄, 蒋佳荔. 2019. 基于生长轮的杉木早材黏弹性. 林业科学, 55(12): 93-100.
李慧, 吴袁泊, 雷霞, 等. 2020. 溶剂抽提对柚木材色及光诱导变色的影响. 中南林业科技大学学报, 40(3): 138-144.
李坚. 2003. 木材波谱学. 北京: 科学出版社.
李坚, 刘一星, 崔永志, 等. 1999. 人工林杉木幼龄材与成熟材的界定及材质早期预测. 东北林业大学学报, 27(4): 24-28.
李万兆, 石江涛. 2021. 基于多维度 X-ray CT 技术的木材科学研究进展. 世界林业研究, 34(2): 39-43.

李贤军, 刘元, 高建民, 等. 2009. 高温热处理木材的 FTIR 和 XRD 分析. 北京林业大学学报, (S1): 104-107.
连彩萍, 潘彪, 王丰, 等. 2015. 柚木光变色规律与机理的研究. 林业机械与木工设备, 43(11): 21-24.
梁瑞龙. 2014. 柚木: 万木之王. 广西林业, (11): 26-27.
林金安, 贺新强. 2000. 毛竹茎细胞壁半纤维素多糖的免疫细胞化学定位研究. 植物学通报, (5): 466-469.
林金国, 林思祖, 林庆富, 等. 1997. 人工杉木林木材力学性质变异规律的研究. 福建林学院学报, 17(2): 176-179.
林金星, 李正理. 1993. 马尾松正常木与应压木的比较解剖. 植物学报, (3): 201-205, 251-252.
林生军. 2011. 新型低糠醇高活性呋喃树脂及其固化剂的开发研究. 武汉: 华中科技大学博士学位论文.
刘彬彬, 孙芳利, 吴华平, 等. 2016. 载药聚丙烯酸/聚乙二醇半互穿聚合物网络在木材中的原位构建及其性能. 林业科学, 52(11): 134-141.
刘丽华, 王立新, 赵昌平, 等. 2009. 光温敏二系杂交小麦恢复系遗传多样性和群体结构分析. 中国生物化学与分子生物学报, 25: 867-875.
刘琬菁, 吕海舟, 李滢, 等. 2017. 植物萜类合酶研究新进展. 植物生理学报, 53(7): 1139-1149.
刘亚梅, 刘盛全. 2012. 人工倾斜火炬松 3 年生苗木应压木的解剖性质. 林业科学, 48(1): 131-137.
刘一星, 赵广杰. 2004. 木质资源材料科学. 北京: 中国林业出版社.
刘振, 成杨, 赵洋, 等. 2022. 基于代谢组学的湖南典型地方茶树种质资源代谢物差异研究. 核农学报, 36(1): 83-93.
吕泽群. 2018. 我国木材干燥工业现状及发展挑战与对策. 林产工业, 45(9): 3-7.
罗钦, 李冬梅, 黄敏敏, 等. 2020. 不同生长阶段墨瑞鳕脂肪酸组成及主成分分析. 核农学报, 34(4): 788-795.
骆秀琴, 管宁, 张寿槐, 等. 1994. 32 个杉木无性系木材密度和力学性质差异. 林业科学研究, 7(3): 259-262.
麻文俊, 张守攻, 王军辉, 等. 2013. 楸树新无性系木材的物理力学性质. 林业科学研究, 49(9): 126-134.
马东民, 马薇, 蔺亚兵. 2012. 煤层气解吸滞后特征分析. 煤炭学报, 37(11): 111-115.
马静, 马建锋, 张逊, 等. 2013. 拉曼光谱在植物细胞壁研究中的进展. 光谱学与光谱分析, 33(5): 1239-1243.
木材耐久性能 第 1 部分: 天然耐腐性实验室试验方法. GB/T 13942. 1—2009. 北京: 中国标准出版社.
邱竑韫, 龙玲, 刘如, 等. 2020. 柚木石油醚抽提物成分及其对心边材颜色的影响. 林业工程学报, 5(2): 116-121.
仇洪波. 2018. 水溶性单体原位增强速生杨木及其机制研究. 北京: 中国林业科学研究院博士学位论文.
全国林业生物质材料标准化技术委员会. 2018. 林业生物质原料分析方法多糖及木质素含量的测定: GB/T 35818—2018. 北京: 中国标准出版社.
任海青, 中井孝. 2006. 人工林杉木和杨树木材物理力学性质的株内变异研究. 林业科学, 42(3): 13-20.
任素红, 冯启明, 吕建雄, 等. 2021. 杉木无性系管胞形态及其拉伸性能的研究. 木材科学与技术, 35(5): 12-17, 30.
荣宾宾. 2017. 牛蒡叶提取物及白腐菌预处理在山杨防腐中的应用研究. 哈尔滨: 东北林业大学硕士学位论文.
阮锡根, 王婉华, 潘彪. 1993. 应力木纤丝角的研究. 林业科学, 29(6): 531-536.
上官蔚蔚, 邢新婷, 费本华, 等. 2011a. 木材细胞壁力学试验方法研究进展. 西北林学院学报, 26(6): 149-153.
上官蔚蔚, 邢新婷, 邵亚丽, 等. 2011b. 日本落叶松不同无性系单根纤维拉伸性能研究. 木材加工机械, 22(5): 16-20.
邵亚丽. 2012. 落叶松木材管胞微力学性质变异性研究. 呼和浩特: 内蒙古农业大学硕士学位论文.
石江涛, 李坚. 2011. 红松正常木与应力木木材形成组织中极性代谢物对比分析. 北京林业大学学报, 33(6): 196-200.
孙海燕, 苏明垒, 吕建雄, 等. 2019. 细胞壁微纤丝角和结晶区对木材物理力学性能影响研究进展. 西北农林科技大学学报(自然科学版), 47(5): 50-58.
唐爽, 孙照斌, 马长明, 等. 2019. 冀北山区天然林黑桦木材解剖特性的径向变异. 西北林学院学报, 34(3): 174-179.
田佳星. 2016. 毛白杨响应赤霉素的转录调控与等位变异解析. 北京: 北京林业大学博士学位论文.
童宇茹, 高伟, 黄璐琦. 2018. 植物二萜合酶结构和功能研究进展. 药学学报, 53(8): 1195-1201, 1194.
王佳贺. 2013. 纳米氧化铜和纳米氧化锌复合防腐剂制备及木材防腐性能研究. 哈尔滨: 东北林业大学硕士学位论文.
王杰, 李军, 仝婷婷, 等. 2016. 毛竹 *PeIRX10* 基因在木聚糖合成中的功能. 林业科学, 52(11): 79-87.
王丽鸳, 张成才, 成浩, 等. 2012. 茶树 EST-SNP 分布特征及标记开发. 茶叶科学, 32(4): 369-376.
王升星, 朱玉磊, 刘鹏, 等. 2014. 小麦次生根数相关分子标记的挖掘. 麦类作物学报, 34(12): 1627-1632.
王诗雨. 2021. 生物质复合催化剂的制备及其光催化性能研究. 西安: 西安石油大学硕士学位论文.
王旋, 刘竹, 张耀丽, 等. 2018. 木材微区结构表征方法及其研究进展. 林产化学与工业, 38(2): 1-10.
王莹. 2021. BiOI/g-C_3N_4 复合材料制备及其光催化性能研究. 四平: 吉林师范大学硕士学位论文.
文亚峰, 韩文军, 周宏, 等. 2015. 杉木转录组 SSR 挖掘及 EST-SSR 标记规模化开发. 林业科学, 51(11): 40-49.
吴青思, 王旋, 夏金尉, 等. 2017. 交趾黄檀和微凹黄檀木材构造特征及 GC-MS 的辨析. 林业工程学报, 2(6): 26-30.

吴玮. 2015. 楸木材性及其变化规律的研究. 南京: 南京林业大学硕士学位论文.
谢延军, 符启良, 王清文, 等. 2012. 木材化学功能改良技术进展与产业现状. 林业科学, 48(9): 154-163.
许民, 李凤竹, 王佳贺, 等. 2014. CuO-ZnO 纳米复合防腐剂对杨木抑菌性能的影响. 西南林业大学学报, 34(1): 87-92.
许鑫. 2017. 高效锂离子选择性吸附材料的设计、制备及性能研究. 北京: 北京化工大学博士学位论文.
许永琳, 秦丽贤, 李康业, 等. 1993. 魔芋飞粉成分分析. 西南大学学报(自然科学版), (1): 77-79.
许忠坤, 徐清乾. 2004. 杉木纸浆材无性系选择研究. 林业科学研究, 17(6): 711-716.
晏增. 2004. 杉木心材精油的提取、分离及抑菌活性的研究. 福州: 福建农林大学硕士学位论文.
杨薇. 2011. 魔芋飞粉的应用及研究进展. 食品工业科技, 32(6): 460-462.
杨优优, 鲍滨福, 沈哲红. 2012. 纳米氧化锌处理马尾松材室外防霉及阻燃性能初步研究. 浙江农林大学学报, 29(2): 197-202
尹江苹. 2016. 湿热-压缩共同作用对杉木细胞壁结构与性能的影响. 北京: 中国林业科学研究院博士学位论文.
尹江苹, 郭娟, 赵广杰, 等. 2017. 湿热-压缩处理木材的纤维素晶体结构变化. 林产工业, 44(7): 10-14.
尹思慈. 1996. 木材学. 北京: 中国林业出版社.
余光, 高楠, 张纪卯, 等. 2014. 人工林峦大杉木材的物理力学性质. 西南林业大学学报, 34(1): 106-109.
余雁. 2003. 人工林杉木管胞的纵向力学性质及其主要影响因子研究. 北京: 中国林业科学研究院博士学位论文.
余雁, 费本华, 张波. 2006. 零距拉伸技术评价木材管胞纵向抗拉强度. 林业科学, 42(7): 83-86.
虞华强, 赵荣军, 傅峰, 等. 2007. 利用近红外光谱技术预测杉木力学性质. 西北林学院学报, 22(5): 149-154.
翟兆兰, 吕卜, 赵平, 等. 2020. 脱氢枞基含氮衍生物的抑菌活性研究. 生物质化学工程, 54(5): 1-7.
詹天翼, 蒋佳荔, 彭辉, 等. 2016. 水分吸着过程中杉木黏弹行为的经时变化规律及其频率依存性. 林业科学, 52(8): 96-103.
张晨, 许倩. 2019. 毛果杨苯丙氨酸解氨酶酶学性质分析及应用. 南京林业大学学报, 1: 97-104.
张磊. 2021. 再生纤维素水凝胶材料构建及光催化性能研究. 北京: 北京林业大学硕士学位论文.
张胜龙, 刘京晶, 楼雄珍, 等. 2015. 杉木应压木木质部细胞形态特征及主要代谢成分表征. 北京林业大学学报, 37(5): 126-133.
张圣, 黄华宏, 林二培, 等. 2013. 杉木与台湾杉 EST-SSR 标记的开发与应用. 林业科学, 49(10): 173-180.
张双燕, 费本华, 余雁, 等. 2012. 木质素含量对木材单根纤维拉伸性能的影响. 北京林业大学学报, 34(1): 135-138.
张晓红, 李发根, 王宇, 等. 2009. 桉树 EST-PCR 产物测序方案的优化. 基因组学与应用生物学, 28(3): 535-543.
张新叶, 张亚东, 彭婵, 等. 2013. 水杉基因组微卫星分析及标记开发. 林业科学, 49(6): 160-166.
张英杰, 冯德君, 窦延光. 2017. 美杨与新生杨木材物理力学性质研究. 西部林业科学, 46(4): 35-38.
张笮晦. 2014. 微生物催化肉桂醛、肉桂醇和潜手性芳香酮的反应研究. 南宁: 广西大学博士学位论文.
赵红霞, 安珍. 2016. 高温饱和蒸汽热处理对沙柳材物理力学性能的影响. 林产工业, 39(3): 57-59.
赵启明, 李范, 李萍. 2012. 花青素生物合成关键酶的研究进展. 生物技术通报, (12): 25-32.
赵荣军, 邢新婷, 吕建雄, 等. 2012. 粗皮桉木材力学性质的近红外光谱法预测. 林业科学, 48(6): 106-111.
郑万均, 傅立国. 1978. 中国植物志(第 7 卷: 裸子植物门). 北京: 科学出版社.
朱玉慧, 闻靓, 张耀丽, 等. 2020. 杨木应拉木微区结构可视化及化学成分分析. 林业工程学报, 5(3): 54-58.
Affdl J C H, Kardos J L. 1976. The Halpin-Tsai equations: a review. Polymer Engineering and Science, 16(5): 344-352.
Agarwal U P. 2019. Analysis of cellulose and lignocellulose materials by raman spectroscopy: a review of the current status. Molecules, 24(9): 1659.
Agarwal U P, Atalla R H. 1986. *In-situ* Raman microprobe studies of plant cell walls: macromolecular organization and compositional variability in the secondary wall of *Picea mariana*(Mill.)B. S. P. . Planta, 169(3): 325-332.
Agarwal U P, Ralph S A, Reiner R S, et al. 2018. New cellulose crystallinity estimation method that differentiates between organized and crystalline phases. Carbohydrate Polymers, 190(2): 262-270.
Agarwal U P, Reiner R S, Ralph S A. 2010. Cellulose I crystallinity determination using FT-Raman spectroscopy: univariate and multivariate methods. Cellulose, 17(4): 721-733.
Agarwal U P, Weinstock I A, Atalla R H. 2003. FT-Raman spectroscopy for direct measurement of lignin concentrations in kraft pulps. Tappi Journal, 2(1): 22-26.
Agati G, Azzarello E, Pollastri S, et al. 2012. Flavonoids as antioxidants in plants: location and functional significance. Plant Science, 196: 67-76.

Ai B, Duan X G, Sun H Q, et al. 2015. Metal-free graphene-carbon nitride hybrids for photodegradation of organic pollutants in water. Catalysis Today, 258: 668-675.

Åkerholm M, Salmén L. 2001. Interactions between wood polymers studied by dynamic FT-IR spectroscopy. Polymer, 42(3): 963-969.

Akhtar K, Ali F, Sohni S, et al. 2020. Lignocellulosic biomass supported metal nanoparticles for the catalytic reduction of organic pollutants. Environmental Science and Pollution Research, 27(1): 823-836.

Aladpoosh R, Montazer M. 2016. Nano-photo active cellulosic fabric through in situ phytosynthesis of star-like Ag/ZnO nanocomposites: investigation and optimization of attributes associated with photocatalytic activity. Carbohydrate Polymers, 141: 116-125.

Alma M H, Hafizolu H, Maldas D. 1996. Dimensional stability of several wood species treated with vinyl monomers and polyethylene glycol-1000. International Journal of Polymeric Woods, 32(1-4): 93-99.

Alméras T, Gronvold A, Lee A V D, et al. 2017. Contribution of cellulose to the moisture dependent elastic behavior of wood. Composites Science and Technology, 138(1): 151-160.

Altenor S, Carene B, Emmanuel E, et al. 2009. Adsorption studies of methylene blue and phenol onto vetiver roots activated carbon prepared by chemical activation. Journal Hazardous Materials, 165(1-3): 1029-1039.

Altgen M, Hofmann T, Militz H. 2016. Wood moisture content during the thermal modification process affects the improvement in hygroscopicity of Scots pine sapwood. Wood Science and Technology, 50(6): 1181-1195.

Altgen M, Willems W, Hosseinpourpia R, et al. 2018. Hydroxyl accessibility and dimensional changes of Scots pine sapwood affected by alterations in the cell wall ultrastructure during heat-treatment. Polymer Degradation and Stability, 152: 244-252.

American Wood Protection Association. 2008. Book of Standards. E1-06. Standard method for laboratory evaluation to determine resistance to subterranean termites. Birmingham: American Wood Protection Associatio.

American Wood Protection Association. 2012. Book of Standards. E10-12. Standard method of testing wood preservatives by laboratory soil block culture. Birmingham: American Wood Protection Associatio.

American Wood Protection Association. 2015. Book of Standards. E11-15. Standard method for accelerated evaluation of preservative leaching. Book of Standards. Birmingham: American Wood Protection Associatio.

Andersson S, Serimaa R, Väänänen T, et al. 2005. X-ray scattering studies of thermally modified Scots pine(*Pinus sylvestris* L.). Holzforschung, 59(4): 422-427.

Angyalossy V, Lens F, Oskolski A A, et al. 2016. IAWA list of microscopic bark features. IAWA Journal, 37(4): 517-615.

Atalla R H, Hackney J, Uhlin I, et al. 1993. Hemicelluloses as structure regulators in the aggregation of native cellulose. International Journal of Biological Macromolecules, 15(2): 109-112.

Atsumi S, Wu T Y, Eckl E M, et al. 2010. Engineering the isobutanol biosynthetic pathway in *Escherichia coli* by comparison of three aldehyde reductase/alcohol dehydrogenase genes. Applied Microbiology and Biotechnology, 85(3): 651-657.

Avramidis S. 2007. Bound water migration in wood//Fundamentals of Wood Drying. France: A. R. BO. LOR: 105-124.

Avramidis S, Englezos P, Papathanasiou T. 1992. Dynamic nonisothermal transport in hygroscopic porous media: moisture diffusion in wood. AIChE Journal, 38(8): 1279-1287.

Baird N, Etter P, Atwood T, et al. 2008. Rapid SNP discovery and genetic mapping using sequenced RAD markers. PLoS One. 3(10): e3376.

Balakrishnan A, Chinthala M. 2022. Comprehensive review on advanced reusability of g-C_3N_4 based photocatalysts for the removal of organic pollutants. Chemosphere, 297: 134190.

Baldermann S, Kato M, Fleischmann P, et al. 2012. Biosynthesis of alpha- and beta-ionone, prominent scent compounds, in flowers of *Osmanthus fragrans*. Acta Biochimica Polonica, 59(1): 79-81.

Bang H B, Lee K, Lee Y J, et al. 2018. High-level production of trans-cinnamic acid by fed-batch cultivation of *Escherichia coli*. Process Biochemistry, 68: 30-36.

Bang H B, Lee Y H, Kim S C, et al. 2016. Metabolic engineering of *Escherichia coli* for the production of cinnamaldehyde. Microbial Cell Factories, 15(1): 16.

Bao F C, Hu R. 1990. Studies of the fluid permeability and diffusion of the paulownia wood. Scientia Silvae Sinicae, 26(3): 239-246.

Barbero-López A, Monzo-Beltran J, Virjamo V, et al. 2020. Revalorization of coffee silverskin as a potential feedstock for antifungal chemicals in wood preservation. International Biodeterioration Biodegradation, 152: 105011.

Barbosa R F S, Souza A G, Ferreira F F, et al. 2019. Isolation and acetylation of cellulose nanostructures with a homogeneous system. Carbohydrate Polymers, 218: 208-217.

Bardage S, Donaldson L, Tokoh C, et al. 2004. Ultrastructure of the cell wall of unbeaten Norway spruce pulp fibre surfaces. Nordic Pulp and Paper Research Journal, 19(4): 448-482.

Barsberg S T, Thygesen L G. 2017. A combined theoretical and FT-IR spectroscopy study of a hybrid poly (furfuryl alcohol)-lignin material: basic chemistry of a sustainable wood protection method. Chemistry Select, 2(33): 10818-10827.

Baxter A, Mittler R, Suzuki N. 2014. ROS as key players in plant stress signalling. Journal of Experimental Botany, 65(5): 1229-1240.

Baysal E, Ozaki S K, Yalinkilic M K. 2004. Dimensional stabilization of wood treated with furfuryl alcohol catalysed by borates. Wood Science and Technology, 38: 405-415.

Beadie G, Brindza M, Flynn R A, et al. 2015. Refractive index measurements of poly(methyl methacrylate)(PMMA)from 0. 4-1. 6 μm. Applied Optics, 54(31): 139-143.

Bedane A H, Eić M, Farmahini-Farahani M, et al. 2016. Theoretical modelling of water vapor transport in cellulose-based materials. Cellulose, 23(3): 1537-1552.

Beiser W. 1933. Microphotographic swelling investigations of spruce and beech wood on microtome sections in transmitted light and on wood blocks in incident light. Kolloid-Zeitschrift, 65(2): 203-211.

Belgacem M N, Czeremuszkin G, Sapieha S, et al. 1995. Surface characterization of cellulose fibres by XPS and inverse gas chromatography. Cellulose, 2(3): 145-157.

Bentum A L K, Côté W A J, Day A C, et al. 1969. Distribution of lignin in normal and tension wood. Wood Science and Technology, 3(3): 218-231.

Bergman T L, Incropera F P, de Witt D P, et al. 2011. Fundamentals of Heat and Mass Transfer. Hoboken: John Wiley & Sons.

Bi Z J, Yang F X, Lei Y F, et al. 2019. Identification of antifungal compounds in konjac flying powder and assessment against wood decay fungi. Industrial Crops and Products, 140: 111650.

Bolger A, Lohse M, Usadel B. 2014. Trimmomatic: a flexible trimmer for Illumina sequence data. Bioinformatics. 30(15): 2114-2120.

Bollhöner B, Prestele J, Tuominen H. 2012. Xylem cell death: emerging understanding of regulation and function. Journal of Experimental Botany, 63: 1081-1094.

Bomal C, Bedon F, Caron S, et al. 2008. Involvement of *Pinus taeda* MYB1 and MYB8 in phenylpropanoid metabolism and secondary cell wall biogenesis: a comparative in planta analysis. Journal of Experimental Botany, 59(14): 3925-3939.

Boonstra M J, Acker J V, Tjeerdsma B F, et al. 2007. Strength properties of thermally modified softwoods and its relation to polymeric structural wood constituents. Annals of Forest Science, 64(7): 679-690.

Botstein D, White R L, Skolnick M, et al. 1980. Construction of a genetic linkage map in man using restriction fragment length polymorphisms. The American Journal of Human Genetics, 32(3): 314-331.

Bouarab C L, Degraeve P, Ferhout H, et al. 2019. Plant antimicrobial polyphenols as potential natural food preservatives. Journal of the Science of Food and Agriculture, 99(4): 1457-1474.

Bouktaib M, Atmani A, Rolando C. 2002. Regio- and stereoselective synthesis of the major metabolite of quercetin, quercetin-3-*O*-β-*D*-glucuronide. Tetrahedron Letters, 43: 6263-6266.

Boyd J D. 1997. Interpretation of X-ray diffractograms of wood for assessments of microfibril angles in fibre cell walls. Wood Science and Technology, 11(2): 93-114.

Brémaud I, Ruelle J, Thibaut A, et al. 2013. Changes in viscoelastic vibrational properties between compression and normal wood: roles of microfibril angle and of lignin. Holzforschung, 67(1): 75-85.

Broekhoff J C P, de Boer J H. 1967. Studies on pore systems in catalysts: IX. Calculation of pore distributions from the adsorption branch of nitrogen sorption isotherms in the case of open cylindrical pores. A. fundamental equations. Journal of Catalysis, 9(1): 8-14.

Brownstein K R, Tarr C E. 1979. Importance of classical diffusion in NMR studies of water in biological cells. Physical Review A, 19(6): 2446-2453.

Brunauer S, Emmett P H, Teller E. 1938. Adsorption of gases in multimolecular layers. Journal of the American Chemical Society,

60(2): 309-319.

Buchelt B, Dietrich T, Wagenfuehr A. 2012. Macroscopic and microscopic monitoring of swelling of beech wood after impregnation with furfuryl alcohol. European Journal of Wood and Wood Products, 70: 865-869.

Buer C S, Muday G K, Djordjevic M A. 2008. Implications of long-distance flavonoid movement in *Arabidopsis thaliana*. Plant Signaling & Behavior, 3(6): 415-417.

Burgert I, Eder M, Gierlinger N, et al. 2007. Tensile and compressive stresses in tracheids are induced by swelling based on geometrical constraints of the wood cell. Planta, 226(4): 981-987.

Cai X, Riedl B, Zhang S Y. 2010. Montmorillonite nanoparticle distribution and morphology in melamine-urea-formaldehyde uesin-impregnated wood nanocomposites. Wood and Fiber Science: Journal of the Society of Wood Science & Technology, 42: 285-291.

Candelier K, Hannouz S, Thevenon M F, et al. 2017. Resistance of thermally modified ash(*Fraxinus excelsior* L.)wood under steam pressure against rot fungi, soil-inhabiting micro-organisms and termites. European Journal of Wood and Wood Products, 75(2): 249-262.

Cave I D. 1997. Theory of X-ray measurement of microfibril angle in wood. Wood Science and Technology, 31(4): 225-234.

Cave I D, Hutt L. 1968. The anisotropic elasticity of the plant cell wall. Wood Science and Technology, 2(4): 268-278.

Celedon J M, Chiang A, Yuen M M S, et al. 2016. Heartwood-specific transcriptome and metabolite signatures of tropical sandalwood(*Santalum album*)reveal the final step of (*Z*)-santalol fragrance biosynthesis. Plant Journal, 86(4): 289-299.

Chai G, Wang Z, Tang X, et al. 2014. R2R3-MYB gene pairs in *Populus*: evolution and contribution to secondary wall formation and flowering time. Journal of Experimental Botany, 65(15): 4255-4269.

Chang S S, Clair B, Ruelle J, et al. 2009. Mesoporosity as a new parameter for understanding tension stress generation in trees. Journal of Experimental Botany, 60(11): 3023-3030.

Chang S S, Quignard F, Alméras T, et al. 2015. Mesoporosity changes from cambium to mature tension wood: a new step toward the understanding of maturation stress generation in trees. New Phytologist, 205(3): 1277-1287.

Chang S S, Salmén L, Olsson A M, et al. 2014. Deposition and organisation of cell wall polymers during maturation of poplar tension wood by FTIR microspectroscopy. Planta, 239(1): 243-254.

Chanzy H, Dubé M, Marchessault R H. 1979. Crystallization of cellulose with *N*-methylmorpholine *N*-oxide: a new method of texturing cellulose. Journal of Polymer Science: Polymer Letters Edition, 17(4): 219-226.

Chen B H, Li P R, Zhang S S, et al. 2016. The enhanced photocatalytic performance of *Z*-scheme two-dimensional/two–dimensional heterojunctions from graphitic carbon nitride nanosheets and titania nanosheets. Journal of Colloid and Interface Science, 478: 263-270.

Chen B L. 2008. Study on the content and antioxidant activities of total flavonoids from konjac powder. Journal of China Three Gorges University, 37(4): 347-354.

Chen B L, Li T, Jia M K, et al. 2008. Study of extracting flavonoids from konjac powder. Academic Periodical of Farm Products Processing, (11): 27-28.

Chen C Z, Cooper S L. 2002. Interactions between dendrimer biocides and bacterial membranes. Biomaterials, 23(16): 3359-3368.

Chen F J, Gong A S, Zhu M W, et al. 2017. Mesoporous, three-dimensional wood membrane decorated with nanoparticles for highly efficient water treatment. ACS Nano, 11: 4275-4282.

Chen G, Zhu X, Chen R, et al. 2018. Gas-liquid-solid monolithic microreactor with Pd nanocatalyst coated on polydopamine modified nickel foam for nitrobenzene hydrogenation. Chemical Engineering Journal, 334: 1897-1904.

Chen S J, Lu W Y, Han J L, et al. 2019. Robust three-dimensional g-C_3N_4@cellulose aerogel enhanced by cross-linked polyester fibers for simultaneous removal of hexavalent chromium and antibiotics. Chemical Engineering Journal, 359: 119-129.

Chen W, Viljoen A M. 2010. Geraniol - a review of a commercially important fragrance material. South African Journal of Botany, 76(4): 643-651.

Chen Y M, Pang L, Li Y, et al. 2020. Ultra-thin and highly flexible cellulose nanofiber/silver nanowire conductive paper for effective electromagnetic interference shielding. Composites Part A Applied Science and Manufacturing, 135: 105960.

Chen Z C, Zhang H W, He X Y, et al. 2021. Fabrication of cellulosic paper containing zeolitic imidazolate framework and its application in removal of anionic dye from aqueous solution. Bioresources, 16(2): 2644-2654.

Chen Z Y, Pan Y F, Cai P X. 2022. Sugarcane cellulose-based composite hydrogel enhanced by g-C_3N_4 nanosheet for selective removal of organic dyes from water. International Journal of Biological Macromolecules, 205: 37-48.

Cheng F X, Yan J, Zhou C J, et al. 2016. An alkali treating strategy for the colloidization of graphitic carbon nitride and its excellent photocatalytic performance. Journal of Colloid and Interface Science, 468: 103-109.

Cheng S S, Liu J Y, Chang E H, et al. 2008. Antifungal activity of cinnamaldehyde and eugenol congeners against wood-rot fungi. Bioresource Technology, 99(11): 5145-5149.

Cheng X W, Cheng Q F, Deng X Y, et al. 2015. Construction of TiO_2 nano-tubes arrays coupled with Ag_2S nano-crystallites photoelectrode and its enhanced visible light photocatalytic performance and mechanism. Electrochimica Acta, 184: 264-275.

Chhetri H B, Macaya-Sanz D, Kainer D, et al. 2019. Multitrait genome-wide association analysis of *Populus trichocarpa* identifies key polymorphisms controlling morphological and physiological traits. New Phytologist, 223(1): 293-309.

Chopra M, Fitzsimons P E, Strain J J, et al. 2000. Nonalcoholic red wine extract and quercetin inhibit LDL oxidation without affecting plasma antioxidant vitamin and carotenoid concentrations. Clinical Chemistry, 46(8): 1162-1170.

Chowdhury S, Frazier C E. 2013. Thermorheological complexity and fragility in plasticized lignocellulose. Biomacromolecules, 14(4): 1166-1173.

Christy E J S, Pius A, 2021. Performance of metal free g-C_3N_4 reinforced graphene oxide bio-composite for the removal of persistent dyes. Environmental Chemistry and Ecotoxicology, 3: 220-233.

Clair B, Gril J, di Renzo F, et al. 2008. Characterization of a gel in the cell wall to elucidate the paradoxical shrinkage of tension wood. Biomacromolecules, 9(2): 494-498.

Clausen C A, Green F, Kartal S N. 2010. Weatherability and leach resistance of wood impregnated with nano-zinc oxide. Nanoscale Research Letters, 5: 1464-1467.

Clausen C A, Yang V W, Arango R A, et al. 2009. Feasibility of nanozinc oxide as a wood preservative. Proceedings of American Wood Protection Association, 105: 255-260.

Clausen C A, Kartal S N, Arango R A. et al. 2011. The role of particle size of particulate nano zinc oxide wood preservatives on termite mortality and leach resistance. Nanoscale Research Letters, 6: 427-431.

Collard F X, Blin J, Bensakhria A, et al. 2012. Influence of impregnated metal on the pyrolysis conversion of biomass constituents. Journal of Analytical and Applied Pyrolysis, 95: 213-226.

Cosgrove D J. 2005. Growth of the plant cell wall. Nature Reviews Molecular Cell Biology, 6: 850-861.

Cosgrove D J. 2016. Plant cell wall extensibility: connecting plant cell growth with cell wall structure, mechanics, and the action of wall-modifying enzymes. Journal of Experimental Botany, 67(2): 463-476.

Cosgrove D J, Jarvis M C. 2012. Comparative structure and biomechanics of plant primary and secondary cell walls. Frontiers in Plant Science, 3: 204.

Cox J, Mcdonald P J, Gardiner B A. 2010. A study of water exchange in wood by means of 2D NMR relaxation correlation and exchange. Holzforschung, 64(2): 259-266.

Cress B F, Leitz Q D, Kim D C, et al. 2017. CRISPRi-mediated metabolic engineering of *E. coli* for *O*-methylated anthocyanin production. Microbial Cell Factories, 16(1): 10.

Cuculo J A, Smith C B, Sangwatanaroj U, et al. 1994. A study on the mechanism of dissolution of the cellulose/NH_3/NH_4SCN system. Ⅱ. Journal of Polymer Science Part A-Polymer Chemistry, 32(2): 241-247.

Czajka J J, Nathenson J A, Benites V T, et al. 2018. Engineering the oleaginous yeast *Yarrowia lipolytica* to produce the aroma compound beta-ionone. Microbial Cell Factories, 17: 136.

Davies K M, Schwinn K E, Gould K S. 2017. Encyclopedia of Applied Plant Sciences. Second Edition. Amsterdam: Academic Press: 355-363.

Deng W, Wang Y, Liu Z, et al. 2014. HemI: a toolkit for illustrating heatmaps. PLoS One, 9(11): e111988.

Derome D, Kulasinski K, Zhang C, et al. 2018. Using modeling to understand the hygromechanical and hysteretic behavior of the S2 cell wall layer of wood//Geitmann A, Gril J. Plant Biomechanics. Cham: Springer: 247-269.

Diaz-Chavez M L, Moniodis J, Madilao L L, et al. 2013. Biosynthesis of sandalwood oil: santalum album CYP76F cytochromes P450 produce Santalols and bergamotol. PLos One, 8(9): e75053.

Dickinson E. 2017. Biopolymer-based particles as stabilizing agents for emulsions and foams. Food Hydrocolloids, 68: 219-231.

Dieste A, Krause A, Mai C, et al. 2010. The calculation of EMC for the analysis of wood/water relations in *Fagus sylvatica* L. modified with 1, 3-dimethylol-4, 5-dihydroxyethyleneurea. Wood Science and Technology, 44(4): 597-606.

Dilamian M, Noroozi B. 2021. Rice straw agri-waste for water pollutant adsorption: relevant mesoporous super hydrophobic cellulose aerogel. Carbohydrate Polymers, 251: 117016.

Donaldson L. 2008. Microfibril angle: measurement, variation and relationship-a review. IAWA Journal, 29(4): 345-386.

Dong Y, Yan Y, Zhang S, et al. 2015. Flammability and physical-mechanical properties assessment of wood treated with furfuryl alcohol and nano-SiO_2. European Journal of Wood and Wood Products, 73: 457-464.

Dorris G M, Gray D G. 1978. The surface analysis of paper and wood fibers by ESCA - Electron spectroscopy for chemical analysis I. applications to cellulose and lignin. Cellulosc Chemistry and Technology, 61(3): 545-552.

Doyle J J, Doyle J L. 1990. Isolation of plant DNA from fresh tissue. Focus, 12: 13-15.

Du Q, Xu B, Gong C, et al. 2014. Variation in growth, leaf, and wood property traits of Chinese white poplar(*Populus tomentosa*), a major industrial tree species in Northern China. Canadian Journal of Forest Research, 44(4): 326-339.

Dutta B, Kar E, Sen G, et al. 2020. Lightweight, flexible NiO@SiO_2/PVDF nanocomposite film for UV protection and EMI shielding application. Materials Research Bulletin, 124: 110746.

Eder M, Jungnikl K, Burgert I. 2008. A close-up view of wood structure and properties across a growth ring of Norway spruce (*Picea abies* [L] Karst.). Trees, 23(1): 79-84.

Eisenreich W, Menhard B, Hylands P J, et al. 1996. Studies on the biosynthesis of taxol: the taxane carbon skeleton is not of mevalonoid origin. Proceedings of the National Academy of Sciences of the United States of America, 93(13): 6431-6436.

Engelund E T, Thygesen L G, Svensson S, et al. 2013. A critical discussion of the physics of wood-water interactions. Wood Science and Technology, 47(1): 141-161.

Eriksson K E L, Blanchette R A, Ander P. 1990. Microbial and Enzymatic Degradation of Wood and Wood Components. Berlin: Springer Science & Business Media.

Escamez S, Tuominen H. 2014. Programmes of cell death and autolysis in tracheary elements: when a suicidal cell arranges its own corpse removal. Journal of Experimental Botany, 65: 1313-1321.

Eskandarloo H, Zaferani M, Kierulf A, et al. 2018. Shape-controlled fabrication of TiO_2 hollow shells toward photocatalytic application. Applied Catalysis B-Environmental, 227: 519-529.

Espert A, Vilaplana F, Karlsson S. 2004. Comparison of water absorption in natural cellulosic fibres from wood and one-year crops in polypropylene composites and its influence on their mechanical properties. Composites Part A: Applied Science and Manufacturing, 35(11): 1267-1276.

Esteves B, Graça J, Pereira H. 2008. Extractive composition and summative chemical analysis of thermally treated eucalypt wood. Holzforschung, 62(3): 344-351.

Esteves B, Nunes L, Pereira H. 2011. Properties of furfurylated wood(*Pinus pinaster*). European Journal of Wood and Wood Products, 69: 521-525.

Evanno G, Regnaut S, Goudet J. 2005. Detecting the number of clusters of individuals using the software STRUCTURE: a simulation study. Molecular Ecology, 14(8): 2611-2620.

Ezati P, Tajik H, Moradi M. 2019. Fabrication and characterization of alizarin colorimetric indicator based on cellulose-chitosan to monitor the freshness of minced beef. Sensors and Actuators B-Chemical, 285: 519-528.

Fadele O, Oguocha I N A, Odeshi A G, et al. 2019. Effect of chemical treatments on properties of raffia palm (*Raphia farinifera*) fibers. Cellulose, 26: 9463-9482.

Fei Y, Liang M, Chen Y, et al. 2020. Sandwich-like magnetic graphene papers prepared with MOF-derived Fe_3O_4-C for absorption-dominated electromagnetic interference shielding. Industrial & Engineering Chemistry Research, 59(1): 154-165.

Feng X, Xiao Z, Sui S, et al. 2014. Esterification of wood with citric acid: the catalytic effects of sodium hypophosphite(SHP). Holzforschung, 68(4): 427-433.

Ferreira-Neto E P, Ullah S, da Silva T C A, et al. 2020. Bacterial nanocellulose/MoS_2 hybrid aerogels as bifunctional adsorbent/photocatalyst membranes for in-flow water decontamination. ACS Applied Materials & Interfaces, 12(37): 41627-41643.

Ferreyra M L F, Rius S P, Casati P. 2012. Flavonoids: biosynthesis, biological functions, and biotechnological applications. Front Plant Science, 3(222): 1-15.

Fink S. 1992. Transparent wood-a new approach in the functional study of wood structure. Holzforschung-International Journal of the Biology, Chemistry, Physics and Technology of Wood, 46(5): 403-408.

Fitzgerald D J, Stratford M, Gasson M J, et al. 2005. Structure-function analysis of the vanillin molecule and its antifungal properties. Journal of Agricultural and Food Chemistry, 53(5): 1769-1775.

Foteinis S, Borthwick A G L, Frontistis Z, et al. 2018. Environmental sustainability of light-driven processes for wastewater treatment applications. Journal of Cleaner Production, 182: 8-15.

Franklin D S, Guhanathan S. 2015. Influence of chain length of diol on the swelling behavior of citric acid based pH sensitive polymeric hydrogels: a green approach. Journal of Applied Polymer Science, 132(5): 41403.

Fratzl P, Weinkamer R. 2007. Nature's hierarchical materials. Progress in Materials Science, 52(8): 1263-1334.

Fredriks-son M, Thybring E E. 2018. Scanning or desorption isotherms? Characterising sorption hysteresis of wood. Cellulose, 25(8): 4477-4485.

Fukatsu E, Tsubomura M, Fujisawa Y, et al. 2013. Genetic improvement of wood density and radial growth in *Larix kaempferi*: results from a diallel mating test. Annals of Forest Science, 70(5): 451-459.

Gai Q Y, Jiao J, Wang X, et al. 2020. Simultaneous determination of taxoids and flavonoids in twigs and leaves of three *Taxus* species by UHPLC-MS/MS. Journal of Pharmaceutical and Biomedical Analysis, 189: 113456.

Gao H L, Zhu Y B, Mao L B. 2016. Super-elastic and fatigue resistant carbon material with lamellar multi-arch microstructure. Nature Communications, 7(1): 1-8.

Gao J, Kim J S, Daniel G. 2018. Effect of thermal modification on the micromorphology of decay of hardwoods and softwoods by the white rot fungus *Pycnoporus sanguineus*. Holzforschung, 72(9): 797-811.

Gao W, Zhao N, Yu T, et al. 2019. High-efficiency electromagnetic interference shielding realized in nacre-mimetic graphene/polymer composite with extremely low graphene loading. Carbon, 157: 70-577.

Gao W, Zhou L, Guan Y, et al. 2022. Monitoring the kappa number of bleached pulps based on FT-Raman spectroscopy. Cellulose, 29: 1069-1080.

Gao Y, Zhou Y S, Xiong W, et al. 2014. Highly efficient and recyclable carbon soot sponge for oil cleanup. ACS Applied Materials Interfaces, 6(8): 5924-5929.

Gardea-Hernandez G, Ibarra-Gomez R, Flores-Gallardo S G, et al. 2008. Fast wood fiber esterification. I. Reaction with oxalic acid and cetyl alcohol. Carbohydrate Polymers, 71(1): 1-8.

Ge H, Liu L, Li W, et al. 2021. Hierarchical carbon fiber cloth(CFC)/Co_3O_4 composite with efficient photo-electrocatalytic performance towards water purification. Diamond and Related Materials, 118: 108537.

Gebreselassie M N, Ader K, Boizot N, et al. 2017. Near-infrared spectroscopy enables the genetic analysis of chemical properties in a large set of wood samples from *Populus nigra* (L.)natural populations. Industrial Crops and Products, 107 (January): 159-171.

German Institute for Standardization. 1996. Wood preservative – Method of test for determining the protective effectiveness against wood destroying basidiomycetes – Determination of the toxic values: DIN EN 113-1996, German.

Gezici-Koç Ö, Erich S J F, Huinink H P, et al. 2017. Bound and free water distribution in wood during water uptake and drying as measured by 1D magnetic resonance imaging. Cellulose, 24(2): 535-553.

Ghorbani M, Gaghiyari H, Siahposht H. 2014. Effects of heat treatment and impregnation with zinc-oxide nanoparticles on physical, mechanical and biological properties of beech wood. Wood Science and Technology, 48: 727-736.

Gibson L J. 2012. The hierarchical structure and mechanics of plant materials. Journal of the Royal Society Interface, 9(76): 2749-2766.

Gierlinger N, Schwanninger M. 2006. Chemical imaging of poplar wood cell walls by confocal Raman microscopy. Plant Physiology, 140(4): 1246-1254.

Gierlinger N, Schwanninger M. 2007. The potential of Raman microscopy and Raman imaging in plant research. Spectroscopy, 21: 69-89.

Gilmour A, Gogel B, Cullis B, et al. 2009. ASReml user guide release 3. 0. VSN International Ltd. UK: Hemel Hempstead.

Giwa A, Dindi A, Kugawa J, et al. 2019. Membrane bioreactors and electrochemical processes for treatment of wastewaters containing heavy metal ions, organics, micropollutants and dyes: recent developments. Journal of Hazardous Materials, 370: 172-195.

Godiya C B, Cheng X, Li D W, et al. 2019. Carboxymethyl cellulose/polyacrylamide composite hydrogel for cascaded treatment/reuse of heavy metal ions in wastewater. Journal of Hazardous Materials. 364: 28-38.

Gogoi A, Sarma K C. 2017. Synthesis of the novel beta-cyclodextrin supported CeO_2 nanoparticles for the catalytic degradation of methylene blue in aqueous suspension. Materials Chemistry and Physics, 194: 327-336.

Gorniak I, Bartoszewski R, Kroliczewski J. 2019. Comprehensive review of antimicrobial activities of plant flavonoids. Phytochem Reviwes, 18(1): 241-272.

Gottardi M, Knudsen J D, Prado L, et al. 2017. De novo biosynthesis of trans-cinnamic acid derivatives in *Saccharomyces cerevisiae*. Applied Microbiology and Biotechnology, 101(12): 4883-4893.

Gowriboy N, Kalaivizhi R. 2022. Optical properties containing of bioinspired Ag_2O nanoparticles anchored on CA/PES polymer membrane shows an effective adsorbent material. Optik, 259: 168935.

Graenacher C. Cellulose solution. 1934[2023-07-02]. DOI: US1943176 A.

Grant E H, Fujino T, Beers E P, et al. 2010. Characterization of NAC domain transcription factors implicated in control of vascular cell differentiation in Arabidopsis and Populus. Planta, 232: 337-352.

Green III F, Highley T L. 1997. Mechanism of brown-rot decay: paradigm or paradox. International Biodeterioration & Biodegradation, 39(2): 113-124.

Groen J C, Pérez-Ramírez J. 2004. Critical appraisal of mesopore characterization by adsorption analysis. Applied Catalysis A General, 268(1-2): 121-125.

Guan W, Zhang B F, Tian S C, et al. 2018. The synergism between electro-Fenton and electrocoagulation process to remove Cu-EDTA. Applied Catalysis B-Environmental, 227: 252-257.

Guo D, Shen X, Fu F, et al. 2021. Improving physical properties of wood-polymer composites by building stable interface structure between swelled cell walls and hydrophobic polymer. Wood Science and Technology, 55(5): 1401-1417.

Guo J, Rennhofer H, Yin Y, et al. 2016. The influence of thermo-hygro-mechanical treatment on the micro- and nanoscale architecture of wood cell walls using small- and wide-angle X-ray scattering. Cellulose, 23(4): 2325-2340.

Guo J, Song K, Salmén L, et al. 2015. Changes of wood cell walls in response to hygro-mechanical steam treatment. Carbohydrate Polymers, 115: 207-214.

Hackett C A, Broadfoot L B. 2003. Effects of genotyping errors, missing values and segregation distortion in molecular marker data on the construction of linkage maps. Heredity, 90(1): 33-38.

Haga N, Kobayashi K, Suzuki T, et al. 2011. Mutations in MYB3R1 and MYB3R4 cause pleiotropic developmental defects and preferential down-regulation of multiple G2/M-specific genes in Arabidopsis. Plant Physiology, 157: 706-717.

Hakkou M, Pétrissans M, Zoulalian A, et al. 2005. Investigation of wood wettability changes during heat treatment on the basis of chemical analysis. Polymer Degradation and Stability, 89(1): 1-5.

Halpern J M, Richard U, Weinstock A K, et al. 2014. A biodegradable thermoset polymer made by esterification of citric acid and glycerol. Journal of Biomedical Materials Research Part A, 102(5): 1467-1477.

Han J, Liu Y, Tian Z J, et al. 2021. Microtubular carbonized cotton fiber modified g-C_3N_4 for the enhancement of visible-light-driven photocatalytic activity. Materials Today Communications, 29: 102926.

Han Y, Kim H, Park J, 2012. Millimeter-sized spherical ion-sieve foams with hierarchical pore structure for recovery of lithium from seawater. Chemical Engineering Journal, 210: 482-489.

Harborne J B, Williams C A. 2004. Anthocyanins and other flavonoids. Natural Product Reports, 21(4): 539-573.

Hattori M, Koga T, Shimaya Y, et al. 1998. Aqueous calcium thiocyanate solution as a cellulose solvent. Structure and Interactions with Cellulose, 30(1): 43-48.

Hayat A, Syed J, Al-Sehemi A S, et al. 2022. State of the art advancement in rational design of g-C_3N_4 photocatalyst for efficient solar fuel transformation, environmental decontamination and future perspectives. International Journal of Hydrogen Energy, 47(20): 10837-10867.

He X Y, Xiao Z F, Feng X H, et al. 2016. Modification of poplar wood with glucose crosslinked with citric acid and 1, 3-dimethylol-4, 5-dihydroxy ethyleneurea. Holzforschung, 70(1): 47-53.

Hebeish A A, El–Rafie M H, Abdel-Mohdy F A, et al. 2010. Carboxymethyl cellulose for green synthesis and stabilization of silver nanoparticles. Carbohydrate Polymers, 82(3): 933-941.

Hill C A S. 2006. Wood Modification: Chemical, Thermal and Other Processes. Hoboken: John Wiley & Sons.

Hill C A S. 2008. The reduction in the fibre saturation point of wood due to chemical modification using anhydride reagents: a reappraisal. Holzforschung, 62(4): 423-428.

Hill C A S, Norton A, Newman G. 2009. The water vapor sorption behavior of natural fibers. Journal of Applied Polymer Science,

112(3): 1524-1537.

Hill C A S, Norton A J, Newman G. 2010. The water vapour sorption properties of *Sitka spruce* determined using a dynamic vapour sorption apparatus. Wood Science and Technology, 44(3): 497-514.

Hill C A S, Ramsay J, Keating B, et al. 2012. The water vapour sorption properties of thermally modified and densified wood. Journal of Materials Science, 47(7): 3191-3197.

Hirakawa H, Okada Y, Tabuchi H, et al. 2015. Survey of genome sequences in a wild sweet potato, *Ipomoea trifida*(HBK)G. Don. DNA Research, 22(2): 171-179.

Hoffman P M. 1925. A new method of determining of the strength of chemical pulp. Paper Trade Journal, 53: 216-217.

Horwitz S B. 1994. How to make taxol from scratch. Nature, 367: 593-594.

Hosseinpourpia R, Adamopoulos S, Mai C. 2016. Dynamic vapour sorption of wood and holocellulose modified with thermosetting resins. Wood Science and Technology, 50(1): 165-178.

Hou S, Li L. 2011. Rapid characterization of woody biomass digestibility and chemical composition using near-infrared spectroscopy. Journal of Integrative Plant Biology, 53(2): 166-175.

Hu X, Wu L, Wang Y, et al. 2013. Acid-catalyzed conversion of mono- and poly-sugars into platform chemicals: effects of molecular structure of sugar substrate. Bioresource Technology, 133: 469-474.

Huang X, Kocaefe D, Kocaefe Y, et al. 2012. A spectrocolorimetric and chemical study on color modification of heat-treated wood during artificial weathering. Applied Surface Science, 258(14): 5360-5369.

Huang Y, Wang W, Cao J. 2018. Boron fixation effect of quaternary ammonium compounds (QACs) on sodium fluoroborate ($NaBF_4$)-treated wood. Holzforschung, 72(8): 711-718.

Hussey P J, Hawkins T J, Igarashi H, et al. 2002. The plant cytoskeleton: recent advances in the study of the plant microtubule-associated proteins MAP-65, MAP-190 and the *Xenopus* MAP215-like protein, MOR1. Plant Molecular Biology, 50: 915-924.

Hwang E I, Kaneko M, Ohnishi Y, et al. 2003. Production of plant-specific flavanones by *Escherichia coli* containing an artificial gene cluster. Applied and Environmental Microbiology, 69(5): 2699-2706.

Ishisaka A, Kawagoe M. 2004. Examination of the time-water content superposition on the dynamic viscoelasticity of moistened polyamide 6 and epoxy. Journal of Applied Polymer Science, 93(2): 560-567.

Jalaludin Z, Hill C A S, Xie Y, et al. 2010. Analysis of the water vapour sorption isotherms of thermally modified acacia and sesendok. Wood Material Science and Engineering, 5(3-4): 194-203.

Jansen F, Gillessen B, Mueller F, et al. 2014. Metabolic engineering for p-coumaryl alcohol production in *Escherichia coli* by introducing an artificial phenylpropanoid pathway. Biotechnology and Applied Biochemistry, 61(6): 646-654.

Jazouli S, Luo W, Bremand F, et al. 2005. Application of time-stress equivalence to nonlinear creep of polycarbonate. Polymer Testing, 24(4): 463-467.

Jebrane M, Pichavant F, Sèbe G. 2011. A comparative study on the acetylation of wood by reaction with vinyl acetate and acetic anhydride. Carbohydrate Polymers, 83(2): 339-345.

Jennewein S, Wildung M R, Chau M, et al. 2004. Random sequencing of an induced *Taxus* cell cDNA library for identification of clones involved in Taxol biosynthesis. Proceedings of the National Academy of Sciences of the United States of America, 101(24): 9149-9154.

Ji Z, Ma J F, Zhang Z H, et al. 2013. Distribution of lignin and cellulose in compression wood tracheids of *Pinus yunnanensis* determined by fluorescence microscopy and confocal Raman microscopy. Industrial Crops and Products, 47: 212-217.

Jia F, Liu H J, Zhang J J. 2016. Preparation of carboxymethyl cellulose from corncob. Procedia Environmental Sciences 31: 98-102.

Jia R, Wang Y R, Wang R, et al. 2021. Physical and mechanical properties of poplar clones and rapid prediction of the properties by near infrared spectroscopy. Forests, 12(2): 206.

Jia R, Wang Y R, Wang R, et al. 2022. The main mechanical properties of new Chinese fir clones and their rapid prediction by near-infrared spectroscopy. Canadian Journal of Forest Research, 52(1): 90-99.

Jiang B, Gong Y F, Gao J N, et al. 2019. The reduction of Cr(Ⅵ)to Cr(Ⅲ)mediated by environmentally relevant carboxylic acids: state-of-the-art and perspectives. Journal of Hazardous Materials, 365: 205-226.

Jiang C X, Wright R, Woo S, et al. 2000. QTL analysis of leaf morphology in tetraploid *Gossypium*(cotton). Theoretical and

Applied Genetics, 100(3-4): 409-418.

Jiang F, Hsieh Y. 2014. Amphiphilic superabsorbent cellulose nanofibril aerogels. Journal of Materials Chemistry A, 2(18): 6337-6342.

Jiang G, Nowakowski D J, Bridgwater A V. 2010. Effect of the temperature on the composition of lignin pyrolysis products. Energy Fuels, 24(8): 4470-4475.

Jiang J, Li J, Gao Q. 2015. Effect of flame retardant treatment on dimensional stability and thermal degradation of wood. Construction and Building Materials. 75: 74-81.

Jiang J L, Bachtiar E V, Lu J X, et al. 2018. Comparison of moisture-dependent orthotropic Young's moduli of Chinese fir wood determined by ultrasonic wave method and static compression or tension tests. European Journal of Wood and Wood Products, 76(3): 953-964.

Jiang T, Feng X H, Wang Q W, et al. 2014. Fire performance of oak wood modified with *N*-methylol resin and methylolated guanylurea phosphate/boric acid-based fire retardant. Construction and Building Materials, 72: 1-6.

Jiang Y, Liu Q, Tan K M, et al. 2021a. Insights into mechanisms, kinetics and pathway of continuous visible-light photodegradation of PPCPs via porous g-C_3N_4 with highly dispersed Fe(Ⅲ)active sites. Chemical Engineering Journal, 423: 130095.

Jiang Z Y, Ma Y K, Ke Q F, et al. 2021b. Hydrothermal deposition of $CoFe_2O_4$ nanoparticles on activated carbon fibers promotes atrazine removal via physical adsorption and photo-Fenton degradation. Journal of Environmental Chemical Engineering, 9(5): 105940.

Jiao B, Zhao X, Lu W, et al. 2019. The R2R3 MYB transcription factor MYB189 negatively regulates secondary cell wall biosynthesis in *Populus*. Tree Physiology, 39: 1187-1200.

Jiao J, Xu X J, Lu Y, et al. 2022. Identification of genes associated with biosynthesis of bioactive flavonoids and taxoids in *Taxus cuspidata* Sieb. et Zucc. plantlets exposed to UV-B radiation. Gene, 823: 146384.

Jin H, Cominelli E, Bailey P, et al. 2000. Transcriptional repression by AtMYB4 controls production of UV - protecting sunscreens in *Arabidopsis*. The EMBO Journal, 19(22): 6150-6161.

Jonsson L M V, Donker-Koopman W E, Uitslager P, et al. 1983. Subcellular localization of anthocyanin methyltransferase in flowers of petunia hybrida. Plant Physiology, 72(2): 287-290.

Jordheim M, Giske N H, Øyvind M A. 2007. Anthocyanins in Caprifoliaceae. Biochemical Systematics & Ecology, 35(3): 153-159.

Joseleau J P, Imai T, Kuroda K, et al. 2004. Detection *in situ* and characterization of lignin in the G-layer of tension wood fibres of *Populus deltoides*. Planta, 219(2): 338-345.

Joshi C P, Chiang V L. 1998. Conserved sequence motifs in plant *S*-adenosyl-*L*-methionine-dependent methyltransferases. Plant Molecular Biology, 37(4): 663-674.

Juenger T, Pérez - Pérez J M, Bernal S, et al. 2005. Quantitative trait loci mapping of floral and leaf morphology traits in *Arabidopsis thaliana*: evidence for modular genetic architecture. Evolution & Development, 7(3): 259-271.

Julkunen-Tiitto R, Nenadis N, Neugart S, et al. 2015. Assessing the response of plant flavonoids to UV radiation: an overview of appropriate techniques. Phytochemistry Reviews, 14(2): 273-297.

Kaewprachu P, Jaisan C, Rawdkuen S, et al. 2022. Carboxymethyl cellulose from Young Palmyra palm fruit husk: synthesis, characterization, and film properties. Food Hydrocolloids, 124: 107277.

Kamatou G P P, Viljoen A M. 2008. Linalool - a review of a biologically active compound of commercial importance. Natural Product Communications, 3(7): 1183-1192.

Kang A, George K W, Wang G, et al. 2016. Isopentenyl diphosphate(IPP)-bypass mevalonate pathways for isopentenol production. Metabolic Engineering, 34: 25-35.

Kang W, Kang C W, Chung W, et al. 2008. The effect of openings on combined bound water and water vapor diffusion in wood. Journal of Wood Science, 54(5): 343-348.

Karuppiah V, Ranaghan K E, Leferink N G H, et al. 2017. Structural basis of catalysis in the bacterial monoterpene synthases linalool synthase and 1, 8-cineole synthase. ACS Catalysis, 7(9): 6268-6282.

Kaspera R, Croteau R. 2006. Cytochrome P450 oxygenases of taxol biosynthesis. Phytochemistry Reviews, 5: 433-444.

Katongtung T, Onsree T, Tippayawong N. 2022. Machine learning prediction of biocrude yields and higher heating values from hydrothermal liquefaction of wet biomass and wastes. Bioresource Technology, 344: 126278.

Kelley S S, Rials T G, Glasser W G. 1987. Relaxation behaviour of the amorphous components of wood. Journal of Materials Science, 22(2): 617-624.

Kiwi J, Lopez A, Nadtochenko V J E S, et al. 2000. Mechanism and kinetics of the OH-radical intervention during Fenton oxidation in the presence of a significant amount of radical scavenger(Cl^-). Environmental Science & Technology, 34(11): 2162-2168.

Klumbys E, Zebec Z, Weise N J, et al. 2018. Bio-derived production of cinnamyl alcohol via a three step biocatalytic cascade and metabolic engineering. Green Chemistry, 20(3): 658-663.

Ko J H, Yang S H, Park A H, et al. 2007. ANAC012, a member of the plant-specific NAC transcription factor family, negatively regulates xylary fiber development in *Arabidopsis thaliana*. The Plant Journal, 50: 1035-1048.

Kobayashi K, Suzuki T, Iwata E, et al. 2015. Transcriptional repression by MYB3R proteins regulates plant organ growth. The EMBO Journal, 34: 1992-2007.

Kocaefe D, Poncsak S, Doré G, et al. 2008. Effect of heat treatment on the wettability of white ash and soft maple by water. Holz als Roh- und Werkstoff, 66(5): 355-361.

Kojiro K, Miki T, Sugimoto H, et al. 2010. Micropores and mesopores in the cell wall of dry wood. Journal of Wood Science, 56(2): 107-111.

Kong L Z, Guan H, Wang X Q. 2018. *In situ* polymerization of furfuryl alcohol with ammonium dihydrogen phosphate in poplar wood for improved dimensional stability and flame retardancy. ACS Sustainable Chemistry & Engineering, 6: 3349-3357.

Konopka D, Bachitar E V, Niemz P, et al. 2017. Experimental and numerical analysis of moisture transport in walnut and cherry wood in radial and tangential materials directions. BioResources, 12(4): 8920-8936.

Kowalczyk D, Slomkowski S, Chehimi M M, et al. 1996. Adsorption of aminopropyltriethoxy silane on quartz: an XPS and contact angle measurements study. International Journal of Adhesion and Adhesives, 16(4): 227-232.

Krabbenhoft K, Damkilde L. 2004. A model for non-Fickian moisture transfer in wood. Materials and Structures, 37(9): 615-622.

Krishna K P, Tapani V. 2008. UV resonance Raman spectroscopic study of photodegradation of hardwood and softwood lignins by UV laser. Holzforschung, 62(2): 183-188.

Kuan C M, York R L, Cheng C M. 2015. Lignocellulose-based analytical devices: bamboo as an analytical platform for chemical detection. Scientific Reports, 5: 18570.

Kulasinski K, Guyer R, Derome D, et al. 2015. Water adsorption in wood microfibril-hemicellulose system: role of the crystalline-amorphous interface. Biomacromolecules, 16(9): 2972-2978.

Kumar S, Stecher G, Tamura K. 2016. MEGA7: molecular evolutionary genetics analysis version 7.0 for bigger datasets. Molecular Biology and Evolution, 33(7): 1870-1874.

Labbé N, Jéso B D, Lartigue J C, et al. 2002. Moisture content and extractive materials in maritime pine wood by low field ^1H NMR. Holzforschung, 56(1): 25-31.

Ladislav R, Iždinský J, Zuzana V. 2018. Biological resistance and application properties of particleboards containing nano-zinc oxide. Advances in Materials Science and Engineering, (1): 1-8.

Ladislav R, Zuzana V, František G. 2016. Decay inhibition of maple wood with nano-zinc oxide used in combination with essential oils. Acta Facultatis Xylologiae Zvolen, 58(1): 51-58.

Lande S, Eikenes M, Westin M, et al. 2008. Furfurylation of wood: chemistry, properties, and commercialization. Development of Commercial Wood Preservatives, 982: 337-355.

Lande S, Westin M, Schneider M. 2008. Development of modified wood products based on furan chemistry. Molecular Crystals and Liquid Crystals, 484: 367-378.

Larnøy E, Karaca A, Gobakken L R, et al. 2018. Polyesterification of wood using sorbitol and citric acid under aqueous conditions. International Wood Products Journal, 9(2): 66-73.

Leal S, Sousa V B, Knapic S, et al. 2011. Vessel size and number are contributors to define wood density in cork oak. European Journal of Forest Research, 130, 1023-1029.

Lee C H, Yang T H, Cheng Y W, et al. 2018. Effects of thermal modification on the surface and chemical properties of moso bamboo. Construction and Building Materials, 178: 59-71.

Lee S H, Yu S, Shahzad F, et al. 2019. Low percolation 3D Cu and Ag shell network composites for EMI shielding and thermal conduction. Composites Science and Technology, 182(29): 107778.

Legay S, Lacombe E, Goicoechea M, et al. 2007. Molecular characterization of *EgMYB1*, a putative transcriptional repressor of the lignin biosynthetic pathway. Plant Science, 173(5): 542-549.

Legay S, Sivadon P, Blervacq A S, et al. 2010. *EgMYB1*, an R2R3 MYB transcription factor from eucalyptus negatively regulates secondary cell wall formation in *Arabidopsis* and poplar. New Phytologist, 188(3): 774-786.

Lei D, Qiu Z, Qiao J, et al. 2021. Plasticity engineering of plant monoterpene synthases and application for microbial production of monoterpenoids. Biotechnology for Biofuels, 14(1): 147.

Leonard E, Yan Y, Chemler J, et al. 2009. Characterization of dihydroflavonol 4-reductases for recombinant plant pigment biosynthesis applications. Biocatalysis and Biotransformation, 26(3): 243-251.

Li B, Lu X, Dou J, et al. 2018a. Construction of a high-density genetic map and mapping of fruit traits in watermelon (*Citrullus Lanatus* L.) based on whole-genome resequencing. International Journal of Molecular Sciences, 19(10): 3268.

Li B Y, Kim I S, Dai S H, et al. 2021a. Heterogeneous Ag@ZnO nanorods decorated on polyacrylonitrile fiber membrane for enhancing the photocatalytic and antibacterial properties. Colloid and Interface Science Communications, 45: 100543.

Li C, Wang X, Lu W, et al. 2014. A poplar R2R3-MYB transcription factor, PtrMYB152, is involved in regulation of lignin biosynthesis during secondary cell wall formation. Plant Cell Tissue and Organ Culture (PCTOC), 119(3): 553-563.

Li C, Wang X, Ran L, et al. 2015a. PtoMYB92 is a transcriptional activator of the lignin biosynthetic pathway during secondary cell wall formation in *Populus tomentosa*. Plant Cell Physiology, 56: 2436-2446.

Li H, Handsaker B, Wysoker A, et al. 2009a. The sequence alignment/map format and SAMtools. Bioinformatics, 25(16): 2078-2079.

Li H, Jiang X, Ramaswamy H S, et al. 2018b. High-pressure treatment effects on density profile, surface roughness, hardness, and abrasion resistance of paulownia wood boards. Transactions of the American Society of Agricultural Engineers, 61(3): 1181-1188.

Li H, Ribaut J, Li Z, et al. 2008a. Inclusive composite interval mapping(ICIM)for digenic epistasis of quantitative traits in biparental populations. Theoretical and Applied Genetics, 116(2): 243-260.

Li J, Zhang A, Zhang S, et al. 2016a. High-performance imitation precious wood from low-cost poplar wood via high-rate permeability of phenolic resins. Polymer Composites, 39(7): 2431-2440.

Li Q, Lin Y C, Sun Y H, et al. 2012a. Splice variant of the SND1 transcription factor is a dominant negative of SND1 members and their regulation in *Populus trichocarpa*. Proceedings of the National Academy of Sciences, 109: 14699-14704.

Li R, Li Y, Fang X, et al. 2009b. SNP detection for massively parallel whole-genome resequencing. Genome Research, 19(6): 1124-1132.

Li R, Li Y, Kristiansen K, et al. 2008b. SOAP: short oligonucleotide alignment program. Bioinformatics, 24(5): 713-714.

Li R, Yu C, Li Y, et al. 2009c. SOAP2: an improved ultrafast tool for short read alignment. Bioinformatics, 25(15): 1966-1967.

Li S, Li J, Ma N, et al. 2019. Super-compression-resistant multiwalled carbon nanotube/nickel-coated carbonized loofah fiber/polyether ether ketone composite with excellent electromagnetic shielding performance. ACS Sustainable Chemistry & Engineering, 7(16): 13970-13980.

Li T, Zhu M, Yang Z, et al. 2016b. Wood composite as an energy efficient building material: guided sunlight transmittance and effective thermal insulation. Advanced Energy Materials, 6(22): 1601122.

Li W, Chen C, Shi J, et al. 2020. Understanding the mechanical performance of OSB in compression tests. Construction and Building Materials, 260: 119837.

Li W, Jan V D B, Dhaene J, et al. 2018c. Investigating the interaction between internal structural changes and water sorption of MDF and OSB using X-ray computed tomography. Wood Science and Technology, 52: 701-716.

Li Y, Fu Q, Yu S, et al. 2016c. Optically transparent wood from a nanoporous cellulosic template: combining functional and structural performance. Biomacromolecules, 17(4): 1358-1364.

Li Y Q, Yu T, Yang T Y, et al. 2012b. Bio-inspired nacre-like composite films based on graphene with superior mechanical, electrical, and biocompatible properties. Advanced Materials, 24(25): 3426-3431.

Li Y, Qu J, Gao F, et al. 2015b. *In situ* fabrication of Mn_3O_4, decorated graphene oxide as a synergistic catalyst for degradation of methylene blue. Applied Catalysis B: Environmental, 162: 268-274.

Li Y, Tao H, Xu J, et al. 2015c. QTL analysis for cooking traits of super rice with a high - density SNP genetic map and fine mapping of a novel boiled grain length locus. Plant Breeding, 134(5): 535-541.

Li Y, Xue Y, Tian J, et al. 2017. Silver oxide decorated graphitic carbon nitride for the realization of photocatalytic degradation over the full solar spectrum: from UV to NIR region. Solar Energy Materials and Solar Cells, 168: 100-111.

Li Z, Zhan T Y, Eder M, et al. 2021b. Comparative studies on wood structure and microtensile properties between compression and opposite wood fibers of Chinese fir plantation. Journal of Wood Science, 67(1): 1-6.

Liang L, Wei L, Fang G, et al. 2020. Prediction of holocellulose and lignin content of pulp wood feedstock using near infrared spectroscopy and variable selection. Spectrochimica Acta-Part A: Molecular and Biomolecular Spectroscopy, 225: 117515.

Lillqvist K, Källbom S, Altgen M, et al. 2019. Water vapour sorption properties of thermally modified and pressurised hot-water-extracted wood powder. Holzforschung, 73(12): 1059-1068.

Lim C G, Fowler Z L, Hueller T, et al. 2011. High-yield resveratrol production in engineered *Escherichia coli*. Applied and Environmental Microbiology, 77(10): 3451-3460.

Limjuco L A, Nisola G M, Lawagon C P, et al. 2016. H_2TiO_3 composite adsorbent foam for efficient and continuous recovery of Li from liquid resources. Colloids and Surfaces A-Physicochemical and Engineering Aspects, 504: 267-279.

Lin H L, Liu W H, Liu Y F, et al. 2002. Complexation equilibrium constants of poly(vinyl alcohol)-borax dilute aqueous solutions-consideration of electrostatic charge repulsion and free ions charge shielding effect. Journal of Polymer Research, 9(4): 233-238.

Lin Y J, Chen H, Li Q, et al. 2017. Reciprocal cross-regulation of VND and SND multigene TF families for wood formation in *Populus trichocarpa*. Proceedings of the National Academy of Sciences, 114: 9722-9729.

Liu G G, Chen D Y, Liu R K, et al. 2019. Antifouling wood matrix with natural water transfer and micro reaction channels for water treatment. ACS Sustainable Chemistry & Engineering, 7: 6782-6791.

Liu H, Li J, Wang L. 2010. Electroless nickel plating on APTHS modified wood veneer for EMI shielding. Applied Surface Science, 257(4): 1325-1330.

Liu K, Muse S V. 2005. PowerMarker: an integrated analysis environment for genetic marker analysis. Bioinformatics, 21(9): 2128-2129.

Livak K J, Schmittgen T D. 2001. Analysis of relative gene expression data using real-time quantitative PCR and the $2^{-\Delta\Delta C(T)}$method. Methods, 25(4): 402-408.

Lu Q, Shao F, Macmillan C, et al. 2018. Genomewide analysis of the lateral organ boundaries domain gene family in *Eucalyptus grandis* reveals members that differentially impact secondary growth. Plant Biotechnology Journal, 16(1): 124-136.

Lu S, Li Q, Wei H, et al. 2013. Ptr-miR397a is a negative regulator of laccase genes affecting lignin content in *Populus trichocarpa*. Proceedings of the National Academy of Sciences, 110: 10848-10853.

Lu Y, Lu Y, Jin C, et al. 2021. Natural wood structure inspires practical lithium-metal batteries. ACS Energy Letters, 6(6): 2103-2110.

Lu Y, Ye G, She X, et al. 2017. Sustainable route for molecularly thin cellulose nanoribbons and derived nitrogen-doped carbon electrocatalysts. ACS Sustainable Chemistry & Engineering, 5: 8729-8737.

Luo R, Liu B, Xie Y, et al. 2012. SOAPdenovo2: an empirically improved memory-efficient short-read de novo assembler. Gigascience, 1(1): 2047-217X-1-18.

Luo W, Yang T, An Q. 2001. Time-temperature-stress equivalence and its application to nonlinear viscoelastic materials. Acta Mech Solida Sin, 14(3): 195-199.

Lupoi J S, Gjersing E, Davis M F. 2015. Evaluating lignocellulosic biomass, its derivatives, and downstream products with Raman spectroscopy. Frontiers in Bioengineering and Biotechnology, 3: 1-18.

Lv H, Li J, Wu Y, et al. 2016. Transporter and its engineering for secondary metabolites. Applied Microbiology and Biotechnology, 100: 6119-6130.

Ma D, Bostock R M. 1998. Quantification of lignin formation in almond bark in response to wounding and infection by *Phytophthora* species. Phytopathology, 78473: 477.

Ma Q, Rudolph V. 2006. Dimensional change behavior of caribbean pine using an environmental scanning electron microscope. Drying Technology, 24(11): 1397-1403.

Ma X, Ma J, Fan D, et al. 2016. Genome-wide identification of TCP family transcription factors from *Populus euphratica* and their involvement in leaf shape regulation. Scientific Reports, 8(6): 32795.

Mach J M, Castillo A R, Hoogstraten R, et al. 2001. The *Arabidopsis*-accelerated cell death gene ACD2 encodes red chlorophyll catabolite reductase and suppresses the spread of disease symptoms. Proceedings of the National Academy of Sciences, 98(2): 771-776.

Mahr S M, Hübert T, Stephan I, et al. 2013. Decay protection of wood against brown-rot fungi by titanium alkoxide impregnations. International Biodeterioration & Biodegradation, 77: 56-62.

Majano A, Hughes M, Fernandez-Cabo J L. 2012. The fracture toughness and properties of thermally modified beech and ash at different moisture contents. Wood Sciencc and Technology, 46: 5-21.

Majdoub M, Anfar Z, Amedlous A. 2020. Emerging chemical functionalization of g-C_3N_4: covalent/noncovalent modifications and applications. ACS Nano, 14(10): 12390-12469.

Majka J, Zborowska M, Fejfer M, et al. 2018. Dimensional stability and hygroscopic properties of PEG treated irregularly degraded waterlogged Scots pine wood. Journal of Cultural Heritage, 31: 133-140.

Makris D P, Rossiter J T. 2000. Heat-induced, metal-catalyzed oxidative degradation of quercetin and rutin (quercetin 3-*O*-rhamnosylglucoside) in aqueous model systems. Journal of Agricultural and Food Chemistry, 48(9): 3830-3838.

Malek S, Gibson L J. 2017. Multi-scale modelling of elastic properties of balsa. International Journal of Solids and Structures, 113-114: 118-131.

Malmquist L, Söderström O. 1996. Sorption equilibrium in relation to the spatial distribution of molecules-application to sorption of water by wood. Holzforschung, 50(5): 437-448.

Mansfield S D, Parish R, Lucca C M D, et al. 2009. Revisiting the transition between juvenile and mature wood: a comparison of fibre length, microfibril angle and relative wood density in *Lodgepole pine*. Holzforschung, 63(4): 449-456.

Mantanis G, Terzi E, Kartal S N, et al. 2014. Evaluation of mold, decay and termite resistance of pine wood treated with zinc- and copper-based nanocompounds. International Biodeterioration & Biodegradation, 90: 140-144.

Mao G N, Zhang K Y, Jing L, et al. 2015. Application and prospect of konjac flying powder. Food Industry, (1): 244-247.

Matern U, Reichenbach C, Heller W. 1986. Efficient uptake of flavonoids into parsley(*Petroselinum hortense*)vacuoles requires acylated glycosides. Planta, 167(2): 183-189.

Mburu F, Dumarçay S, Bocquet J F, et al. 2008. Effect of chemical modifications caused by heat treatment on mechanical properties of *Grevillea robusta* wood. Polymer Degradation and Stability, 93(2): 401-405.

Mccormick C L, Callais P A, Hutchinson B H. 1985. Solution studies of cellulose in lithium chloride and *N*, *N*-dimethylacetamide. Macromolecules, 27(12): 91-92.

McKenna A, Hanna M, Banks E, et al. 2010. The genome analysis toolkit: a MapReduce framework for analyzing nextgeneration DNA sequencing data. Genome Res, 20(9): 1297-1303.

Mei J, Tao Y, Gao C, et al. 2021. Photo-induced dye-sensitized $BiPO_4$/BiOCl system for stably treating persistent organic pollutants. Applied Catalysis B-Environmental, 285: 119841.

Menon R S, Mackay A L, Hailey J R T, et al. 1987. An NMR determination of the physiological water distribution in wood during drying. Journal of Applied Polymer Science, 33(4): 1141-1155.

Merela M, Cufar K. 2014. Density and mechanical properties of oak sapwood versus heartwood. Scientific Journal of Wood Technology, 64(4): 323-334.

Meyers B C, Axtell M J, Bartel B, et al. 2008. Criteria for annotation of plant MicroRNAs. Plant Cell, 20(12): 3186-3190.

Mirabedini S M, Esfandeh M, Farnood R R, et al. 2019. Amino-silane surface modification of urea-formaldehyde microcapsules containing linseed oil for improved epoxy matrix compatibility. Part I: Optimizing silane treatment conditions. Progress in Organic Coatings, 136: 105242.

Mitsuda N, Seki M, Shinozaki K, et al. 2005. The NAC transcription factors NST1 and NST2 of *Arabidopsis* regulate secondary wall thickenings and are required for anther dehiscence. Plant Cell, 17: 2993-3006.

Mitsui K, Inagaki T, Tsuchikawa S. 2008. Monitoring of hydroxyl groups in wood during heat treatment using NIR spectroscopy. Biomacromolecules, 9(1): 286-288.

Mitsui K, Murata A, Tolvaj L. 2004. Changes in the properties of lightirradiated wood with heat treatment, part 3. Monitoring by DRIFT spectroscopy. Holz Roh Werkst, 62(3): 164-168.

Mitsui K. 2004. Changes in the properties of light-irradiated wood with heat treatment, part 2. Effect of light irradiation time and wavelength. Holz Roh Werkst, 62(1): 23-30.

Mizrachi E, Myburg A A. 2016. Systems genetics of wood formation. Current Opinion in Plant Biology, 30: 94-100.

Moghaddam M S, Wålinder M E P, Claesson P M, et al. 2016. Wettability and swelling of acetylated and furfurylated wood analyzed by multicycle Wilhelmy plate method. Holzforschung, 70(1): 69-77.

Mohamed M A, Zain M F M, Minggu L J, et al. 2018. Constructing bio-templated 3D porous microtubular C-doped g-C_3N_4 with tunable band structure and enhanced charge carrier separation. Applied Catalysis B-Environmental, 236: 265-279.

Mori T, Tanaka K. 1973. Average stress in matrix and average elastic energy of materials with misfitting inclusions. Acta Metallurgica, 21(5): 571-574.

Morita Y, Takagi K, Fukuchi-Mizutani M, et al. 2014. A chalcone isomerase-like protein enhances flavonoid production and flower pigmentation. The Plant Journal, 78: 294-304.

Moya R, Bond B, Quesada H. 2014. A review of heartwood properties of *Tectona grandis* trees from fast-growth plantations. Wood Science and Technology, 48: 411-433.

Moya R, Calvo-Alvarado J. 2012. Variation of wood color parameters of *Tectona grandis* and its relationship with physical environmental factors. Annals of Forest Science, 69(8): 947-959.

Moya R, Marín J D. 2011. Grouping of *Tectona grandis*(L. f.)clones using wood color and stiffness. New Forests, 42(3): 329-345.

Moya R, Perez D. 2008. Effects of physical and chemical soil properties on physical wood characteristics of *Tectona grandis* plantations in Costa Rica. Journal of Tropical Forest Science, 20(4): 248-257.

Mu J B, Chen B, Guo Z C, et al. 2011. Highly dispersed Fe_3O_4 nanosheets on one-dimensional carbon nanofibers: synthesis, formation mechanism, and electrochemical performance as supercapacitor electrode materials. Nanoscale, 3(12): 5034-5040.

Müller G, Bartholme M, Kharazipour A, et al. 2008. FTIR-ATR spectroscopic analysis of changes in fiber properties during insulating fiberboard manufacture of beech wood. Wood Fiber Science, 40(4): 922-935.

Murata K, Masuda M. 2006. Microscopic observation of transverse swelling of latewood tracheid: effect of macroscopic/mesoscopic structure. Journal of Wood Science, 52(4): 283-289.

Murchie E, Pinto M, Horton P. 2009. Agriculture and the new challenges for photosynthesis research. New Phytologist, 181(3): 532-552.

Nakajima J I, Tanaka Y, Yamazaki M, et al. 2001. Reaction mechanism from leucoanthocyanidin to anthocyanidin 3-glucoside, a key reaction for coloring in anthocyanin biosynthesis. Journal of Biological Chemistry, 276(28): 25797-25803.

Nakamura A, Nakajima N, Goda H, et al. 2006. Arabidopsis Aux/IAA genes are involved in brassinosteroid-mediated growth responses in a manner dependent on organ type. The Plant Journal, 45: 193-205.

Nakamura N, Fukuchi-Mizutani M, Fukui Y, et al. 2010. Generation of pink flower varieties from blue *Torenia hybrida* by redirecting the flavonoid biosynthetic pathway from delphinidin to pelargonidin. Plant Biotechnology, 27(5): 375-383.

Nakano T. 2013. Applicability condition of time-temperature superposition principle (TTSP) to a multi-phase system. Mechanics of Time-Dependent Materials, 17(3): 439-447.

Nakano Y, Nishikubo N, Goué N, et al. 2010. MYB transcription factors orchestrating the developmental program of xylem vessels in *Arabidopsis* roots. Plant Biotechnology, 27(3): 267-272.

Nayak S, Mohapatra L, Parida K. 2015. Visible light-driven novel g-C_3N_4/NiFe-LDH composite photocatalyst with enhanced photocatalytic activity towards water oxidation and reduction reaction. Journal of Materials Chemistry A, 3(36): 18622-18635.

Neale D B, Wheeler N. 2019. The Conifers: Genomes, Variation and Evolution. Switzerland: Springer International.

Nečesaný V. 1966. Participation of cell wall and middle lamella in the shrinking and swelling of wood. Holz Roh-Werkst, 24(10): 470-473

Németh R, Bak M, Yimmou B M, et al. 2012. Nano-zink as an agent against wood destroying fungi. Zvolen, Slovakia: Wood the Best Material for Mankind.

NguilaInari G, Petrissans M, Lambert J, et al. 2006. XPS characterization of wood chemical composition after heat-treatment. Surface and Interface Analysis, 38(10): 1336-1342.

Nguyen H T T, Dinh V, Phan Q A N, et al. 2020. Bimetallic Al/Fe metal-organic framework for highly efficient Photo-Fenton degradation of rhodamine B under visible light irradiation. Materials Letters, 279: 128482.

Nguyen S T, Feng J, Le N T, et al. 2013. Cellulose aerogel from paper waste for crude oil spill cleaning. Industrial & Engineering Chemistry Research, 52(51): 18386-18391.

Nguyen T B, Huang C P, Doong R A, et al. 2020. Visible-light photodegradation of sulfamethoxazole(SMX)over Ag-P-codoped g-C_3N_4(Ag-P@UCN)photocatalyst in water. Chemical Engineering Journal, 384: 123383.

Noelson E A, Anandkumar M, Marikkannan M, et al. 2022. Excellent photocatalytic activity of Ag_2O loaded ZnO/NiO nanocomposites in sun-light and their biological applications. Chemical Physics Letters, 796: 139566.

Nordstierna L, Lande S, Westin M, et al. 2008. Towards novel wood-based materials: chemical bonds between lignin-like model molecules and poly(furfuryl alcohol)studied by NMR. Holzforschung, 62: 709-713.

Ohmae K, Minato K, Norimoto M. 2002. The analysis of dimensional changes due to chemical treatments and water soaking for Hinoki(*Chamaecyparis Obtusa*)wood. Holzforschung, 56(1): 98-10.

Öhman D, Demedts B, Kumar M, et al. 2013. MYB103 is required for ferulate-5-hydroxylase expression and syringyl lignin biosynthesis in *Arabidopsis* stems. The Plant Journal, 73(1): 63-76.

Okuyama T, Yamamoto H, Yoshida M, et al. 1994. Growth stresses in tension wood: role of microfibrils and lignification. Annals of Forest Science, 51(3): 291-300.

Olszak M, Truman W, Stefanowicz K, et al. 2019. Transcriptional profiling identifies critical steps of cell cycle reprogramming necessary for Plasmodiophora brassicae-driven gall formation in *Arabidopsis*. The Plant Journal, 97: 715-729.

Ong W J, Tan L L, Ng Y H, et al. 2016. Graphitic carbon nitride(g-C_3N_4)-based photocatalysts for artificial photosynthesis and environmental remediation: are we a step closer to achieving sustainability? Chemical Reviews, 116(12): 7159-7329.

Östlund A, Köhnke T, Nordstierna L, et al. 2010. NMR cryoporometry to study the fiber wall structure and effect of drying. Cellulose, 17(2): 321-361

Panahirad S, Nahandi F Z, Safaralizadeh R, et al. 2012. Postharvest control of *Rhizopus stolonifer* in peach(*Prunus persica* L. Batsch)fruits using salicylic acid. Journal of Food Safety, (32): 502-507.

Park S, Venditti R A, Jameel H, et al. 2006. Changes in pore size distribution during the drying of cellulose fibers as measured by differential scanning calorimetry. Carbohydrate Polymers, 66(1): 97-103.

Patzlaff A, Mcinnis S, Courtenay A, et al. 2003a. Characterisation of a pine MYB that regulates lignification. The Plant Journal, 36(6): 743-754.

Patzlaff A, Newman L J, Dubos C, et al. 2003b. Characterisation of PtMYB1, an R2R3-MYB from pine xylem. Plant Molecular Biology, 53(4): 597-608.

Peng H, Salmén L, Stevanic J S, et al. 2019. Structural organization of the cell wall polymers in compression wood as revealed by FTIR microspectroscopy. Planta, 250(1): 163-171.

Penttilä P A, Rautkari L, Österberg M, et al. 2019. Small-angle scattering model for efficient characterization of wood nanostructure and moisture behaviour. Journal of Applied Crystallography, 52(2): 369-377.

Pilate G, Chabbert B, Cathala B, et al. 2004. Lignification and tension wood. Comptes Rendus Biologies, 327(9/10): 889-901.

Pilath H M, Nimlos M R, Mittal A, et al. 2010. Glucose reversion reaction kinetics. Journal of Agricultural and Food Chemistry, 58(10): 6131-6140.

Pingali S V, Urban V S, Heller W T, et al. 2010. Breakdown of cell wall nanostructure in dilute acid pretreated biomass. Biomacromolecules, 11(9): 2329-2335.

Plomion C, Leprovost G, Stokes A. 2001. Wood formation in trees. Plant Physiology, 127(4): 1513-1523.

Popescu C M, Hill C A S, Curling S, et al. 2014. The water vapour sorption behaviour of acetylated birch wood: how acetylation affects the sorption isotherm and accessible hydroxyl content. Journal of Materials Science, 49(5): 2362-2371.

Porth I, Klápště J, Skyba O, et al. 2013a. Network analysis reveals the relationship among wood properties, gene expression levels and genotypes of natural *Populus trichocarpa* accessions. New Phytologist, 200: 727-742.

Porth I, Klápště J, Skyba O, et al. 2013b. *Populus trichocarpa* cell wall chemistry and ultrastructure trait variation, genetic control and genetic correlations. New Phytologist, 197(3): 777-790.

Pranger L, Tannenbaum R. 2008. Biobased nanocomposites prepared by in situ polymerization of furfuryl alcohol with cellulose whiskers or montmorillonite clay. Macromolecules, 41(22): 8682-8687.

Pu Y, Chen F, Ziebell A, et al. 2009. NMR characterization of *C3H* and *HCT* down-regulated alfalfa lignin. Bioenergy Research, 2: 198-208.

Qin Y L, Qiu X Q, Zhu J Y, 2016. Understanding longitudinal wood fiber ultra-structure for producing cellulose nanofibrils using disk milling with diluted acid prehydrolysis. Scientific Reports, 6: 35602.

Qin Y, Peng Q, Ding Y, et al. 2015. Lightweight, superelastic, and mechanically flexible graphene/polyimide nanocomposite foam for strain sensor application. ACS Nano, 9(9): 8933-8941.

Qing H, Mishnaevsky L. 2010. 3D multiscale micromechanical model of wood: from annual rings to microfibrils. International Journal of Solids and Structures, 47(9): 1253-1267.

Qiu H, Liu R, Long L. 2019. Analysis of chemical composition of extractives by acetone and the chromatic aberration of teak *Tectona grandis*(L. f.)from China. Molecules, 24(10): 1-10.

Quirk J T. 1984. Shrinkage and related properties of douglas-fir cell walls. Wood and Fiber Science, 16(1): 115-133.

Rani A, Ravikumar P, Reddy M D, et al. 2013. Molecular regulation of santalol biosynthesis in *Santalum album* L. Gene, 527(2): 642-648.

Rautkari L, Curling S, Jalaludin Z, et al. 2013. What is the role of the accessibility of wood hydroxyl groups in controlling moisture content? Journal of Materials Science, 48(18): 6352-6356.

Ravichandran S, Paluri V, Kumar G, et al. 2016. A novel approach for the biosynthesis of silver oxide nanoparticles using aqueous leaf extract of *Callistemon lanceolatus*(Myrtaceae)and their therapeutic potential. Journal of Experimental Nanoscience, 11(6): 445-458.

Reichmann F, Tollkötter A, Körner S, et al. 2016. Gas-liquid dispersion in micronozzles and microreactor design for high interfacial area. Chemical Engineering Science, 169: 151-163.

Reiterer A, Lichtenegger H, Fratzl P, et al. 2001. Deformation and energy absorption of wood cell walls with different nanostructure under tensile loading. Journal of Materials Science, 36(19): 4681-4686.

Ren H T, Jia S Y, Wu Y, et al. 2014. Improved photochemical reactivities of Ag_2O/g-C_3N_4 in phenol degradation under UV and visible light. Industrial & Engineering Chemistry Research, 53(45): 17645-17653.

Resende M, Resende M, Sansaloni C P, et al. 2012. Genomic selection for growth and wood quality in *Eucalyptus*: capturing the missing heritability and accelerating breeding for complex traits in forest trees. New Phytologist, 194: 116-128.

Robinson S C, Laks P E. 2010. The effects of subthreshold loadings of tebuconazole, DDAC, and boric acid on wood decay by *Postia placenta*. Holzforschung, 64: 537-543.

Saito N, Tatsuzawa F, Miyoshi K, et al. 2003. The first isolation of *C*-glycosylanthocyanin from the flowers of *Tricyrtis formosana*. Tetrahedron Letters, 44(36): 6821-6823.

Salmén L. 2015. Wood morphology and properties from molecular perspectives. Annals of Forest Science, 72(6): 679-684.

Salmén L, Olsson A M, Stevanic J S, et al. 2012. Structural organisation of wood polymers in the wood fiber structure. BioResources, 7(1): 521-532.

Sapieha S, Verreault M, Klemberg-Sapieha J E, et al. 1990. X-ray photoelectron study of the plasma fluorination of lignocellulose. Applied Surface Science, 44(2): 165-169.

Schalk M. 2011. Method for producing alpha-santalene. U. S. Patent US 0, 008, 836 A1.

Schliep M, Ebert B, Simon-Rosin U, et al. 2010. Quantitative expression analysis of selected transcription factors in pavement, basal and trichome cells of mature leaves from *Arabidopsis thaliana*. Protoplasma, 241: 29-36.

Schreiner M, Mewis I, Neugart S, et al. 2016. III-Nitride Ultraviolet Emitters. New York: Springer Series in Materials Science: 387-414.

Schwanninger M, Rodrigues J C, Pereira H, et al. 2004. Effects of short-time vibratory ball milling on the shape of ftir spectra of wood and cellulose. Vibrational Spectroscopy, 36(1): 23-40.

Seitz H H U. 1987. The uptake of acylated anthocyanin into isolated vacuoles from a cell suspension culture of *Daucus carota*. Planta, 170(1): 74-85.

Selim S A, Adam M E, Hassan S M, et al. 2014. Chemical composition, antimicrobial and antibiofilm activity of the essential oil and methanol extract of the Mediterranean cypress(*Cupressus sempervirens* L.). BioMed Central, 14(1): 179.

Sevilla M, Fuertes A B. 2009. The production of carbon materials by hydrothermal carbonization of cellulose. Carbon, 47(9): 2281-2289.

Shao B B, Liu X J, Liu Z F, et al. 2019. Synthesis and characterization of 2D/0D g-C_3N_4/CdS-nitrogen doped hollow carbon spheres (NHCs) composites with enhanced visible light photodegradation activity for antibiotic. Chemical Engineering Journal, 374: 479-493.

Shao F J, Zhang L S, Guo J, et al. 2019. A comparative metabolomics analysis of the components of heartwood and sapwood in

*Taxus chinensis(*Pilger)Rehd. Scientific Reports, 9: 17646.

Sheldon J M. 1991. The fine-structure of ultrafiltration membranes-1 clean membranes. Journal of Membrane Science, 62(1): 75-86.

Shen X S, Guo D K, Jiang P, et al. 2021a. Water vapor sorption mechanism of furfurylated wood. Journal of Material Science, 56(19): 11324-11334.

Shen X S, Guo D K, Jiang P, et al. 2021b. Reaction mechanisms of furfuryl alcohol polymer with wood cell wall components. Holzforschung, 75(12): 1150-1158.

Sheng Y Q, Wei Z, Miao H, et al. 2019. Enhanced organic pollutant photodegradation via adsorption/photocatalysis synergy using a 3D g-C_3N_4/TiO_2 free-separation photocatalyst. Chemical Engineering Journal, 370: 287-294.

Shi M Z, Xie D Y. 2014. Biosynthesis and metabolic engineering of anthocyanins in *Arabidopsis thaliana*. Recent Patents on Biotechnology, 8(1): 47-60.

Shi S Q. 2007. Diffusion model based on Fick's second law for the moisture absorption process in wood fiber-based composites: is it suitable or not? Wood Science and Technology, 41(4): 645-658.

Shi S Q, Yang J K, Liang S, et al. 2018. Enhanced Cr (Ⅵ) removal from acidic solutions using biochar modified by Fe_3O_4@SiO_2-NH_2 particles. Science of the Total Environment, 628-629(1): 499-508.

Shi X C, Zhang Z B, Zhou D F, et al. 2013. Synthesis of Li^+, adsorbent(H_2TiO_3)and its adsorption properties. Transactions of Nonferrous Metals Society of China, 23(1): 253-259.

Shi Z, Zhang Y, Shen X F, et al. 2020. Fabrication of g-C_3N_4/BiOBr heterojunctions on carbon fibers as weaveable photocatalyst for degrading tetracycline hydrochloride under visible light. Chemical Engineering Journal, 386: 124010.

Shishkina O, Lomov S V, Verpoest I, et al. 2014. Structure-property relations for balsa wood as a function of density: modelling approach. Archive of Applied Mechanics, 84(6): 789-805.

Shoghi P, Hamzehloo M. 2022. Facile fabrication of novel Z-scheme g-C_3N_4 nanosheets/$Bi_7O_9I_3$ photocatalysts with highly rapid photodegradation of RhB under visible light irradiation. Journal of Colloid and Interface Science, 616: 453-464.

Si Y, Wang X, Yan C, et al. 2016. Ultralight biomass-derived carbonaceous nanofibrous aerogels with superelasticity and high pressure-sensitivity. Advanced Materials, 28(43): 9512-9518.

Siau J F. 2012. Transport Processes in Wood. Berlin Heidelberg: Springer Science and Business Media.

Silva R D, Lago E S, Merheb C W, et al. 2005. Production of xylanase and CMC-ase on solid state fermentation in different residues by *Thermoascus aurantiacus* Miehe. Brazilian Journal of Microbiology, 36(3): 235-241.

Sing K S W, Everett D H, Haul R A W, et al. 1985. Reporting physisorption data for gas-solid systems. Pure and Applied Chemistry, 57: 603-619.

Siroos H, Hamid R T, Asghar O, et al. 2016. Effects of impregnation with styrene and nano-zinc oxide on fire-retarding, physical, and mechanical properties of poplar wood. Cerne, 22(4): 465-474.

Skaar C. 1988. Wood-Water Relations. Syracuse: Syracuse University Press: 1-42.

Slatkin M, Maddison W P. 1989. A cladistic measure of gene flow inferred from the phylogenies of alleles. Genetics, 123(3): 603-613.

Sluiter A, Hames B, Ruiz R, et al. 2008. Determination of structural carbohydrates and lignin in biomass. Laboratory Analytical Procedure, 1617(1): 1-16.

Sluiter A, Hames B, Ruiz R, et al. 2012. Determination of structural carbohydrates and lignin in biomass. Colorado: Natural Resource Ecology Laboratory: 1-15.

Smoot M E, Ono K, Ruscheinski J, et al. 2010. Cytoscape 2. 8: new features for data integration and network visualization. Bioinformatics, 27(3): 431-432.

Soler M, Camargo E L O, Carocha V, et al. 2015. The *Eucalyptus grandis* R2R3 - MYB transcription factor family: evidence for woody growth - related evolution and function. New Phytologist, 206(4): 1364-1377.

Solopova A, van Tilburg A Y, Foito A, et al. 2019. Engineering *Lactococcus lactis* for the production of unusual anthocyanins using tea as substrate. Metabolic Engineering, 54: 160-169.

Soltani M, Najafi A, Yousefian S, et al. 2013. Water repellent effect and dimensional stability of beech wood impregnated with nano-zinc oxide. BioResources, 8(4): 6280-6287.

Somers D J, Kirkpatrick R, Moniwa M, et al. 2003. Mining single-nucleotide polymorphisms from hexaploid wheat ESTs.

Genome Research, 46(3): 431-437.

Sonderegger W, Vecellio M, Zwicker P, et al. 2011. Combined bound water and water vapour diffusion of Norway spruce and European beech in and between the principal anatomical directions. Holzforschung, 65(6): 819-828.

Song J, Chen C, Zhu S, et al. 2018. Processing bulk natural wood into a high-performance structural material. Nature, 554(7691): 224-228.

Sorieul M, Dickson A, Hill S J, et al. 2016. Plant fibre: molecular structure and biomechanical properties, of a complex living material, influencing its deconstruction towards a biobased composite. Materials, 9(8): 618.

Springob K, Nakajima J I, Yamazaki M, et al. 2003. Recent advances in the biosynthesis and accumulation of anthocyanins. Natural Product Reports, 20(3): 288-303.

Stamm A J. 1964. Wood and Cellulose Science. New York: Ronald Press.

Stamm A J, Loughborough W K. 1942. Variation in shrinking and swelling of wood. Transactions of the American Society of Mechanical Engineers, 64: 379-386.

Stone J E, Clayton D. 1960. The use of microtome sections for measuring the change in strength of spruce wood fibers due to pulping. Pulp and Paper Magazine of Canada, 46: 457-484.

Straže A, Fajdiga G, Pervan S, et al. 2016. Hygro-mechanical behavior of thermally treated beech subjected to compression loads. Construction and Building Materials, 113(15): 28-33.

Sun J Z, Sun Y C, Sun L. 2019. Synthesis of surface modified Fe_3O_4 super paramagnetic nanoparticles for ultra sound examination and magnetic resonance imaging for cancer treatment. Journal of Photochemistry and Photobiology B-Biology, 197: 111547.

Sun N, Bu Y, Pan C, et al. 2021. Analyses of microstructure and dynamic deposition of cell wall components in xylem provide insights into differences between two black poplar cultivars. Forests, 12: 972.

Sun Y M, Luo S H, Sun H L, et al. 2018a. Engineering closed-cell structure in lightweight and flexible carbon foam composite for high-efficient electromagnetic interference shielding. Carbon, 136: 299-308.

Sun Z M, Li C Q, Du X, et al. 2018b. Facile synthesis of two clay minerals supported graphitic carbon nitride composites as highly efficient visible-light-driven photocatalysts. Journal of Colloid and Interface Science, 511: 268-276.

Sundell D, Street N R, Kumar M, et al. 2017. AspWood: high-spatial-resolution transcriptome profiles reveal uncharacterized modularity of wood formation in Populus tremula. Plant Cell, 29: 1585-1604.

Swatloski R P, Holbrey J D, Memon S B, et al. 2004. Using Caenorhabditis elegans to probe toxicity of 1-alkyl-3-methylimidazolium chloride based ionic liquids. Chemical Communications, 35(6): 668-669.

Switzer J A. 1987. Electrochemical Synthesis of Ceramic Films and Powders. United States: US 4882014; A.

Tahir M, Tahir B. 2020. 2D/2D/2D O-C_3N_4/Bt/Ti_3C_2Tx heterojunction with novel MXene/clay multi-electron mediator for stimulating photo-induced CO_2 reforming to CO and CH_4. Chemical Engineering Journal, 400: 125868.

Tan T T, Endo H, Sano R, et al. 2018. Transcription factors VND1-VND3 contribute to cotyledon xylem vessel formation. Plant Physiology, 176: 773-789.

Tang Q, Chen Y, Yang H, et al. 2021. Machine learning prediction of pyrolytic gas yield and compositions with feature reduction methods: effects of pyrolysis conditions and biomass characteristics. Bioresource Technology, 339: 125581.

Tarmian A, Tajrishi I Z, Oladi R, et al. 2020. Treatability of wood for pressure treatment processes: a literature review. European Journal of Wood and Wood Products, 78: 635-660.

Tashkandi N Y, Albukhari S M, Ismail A A. 2022. Mesoporous TiO_2 enhanced by anchoring Mn_3O_4 for highly efficient photocatalyst toward photo-oxidation of ciprofloxacin. Optical Materials, 127: 112274.

Teleman A, Larsson P T, Iversen T. 2001. On the accessibility and structure of xylan in birch kraft pulp. Cellulose, 8(3): 209-215.

Telkki V V, Saunavaara J, Jokisaari J. 2010. Time-of-flight remote detection MRI of thermally modified wood. Journal of Magnetic Resonance, 202(1): 78-84.

Telkki V V, Yliniemi M, Jokisaari J. 2013. Moisture in softwoods: fiber saturation point, hydroxyl site content, and the amount of micropores as determined from NMR relaxation time distributions. Holzforschung, 67(3): 291-300.

Teo S H, Ng C H, Islam A, et al. 2022. Sustainable toxic dyes removal with advanced materials for clean water production: a comprehensive review. Journal of Cleaner Production, 332: 130039.

Terashima N. 1990. A new mechanism for formation of a structurally ordered protolignin macromolecule in the cell wall of tree xylem. Journal of Pulp and Paper Science, 16: 150-155.

Thommes M, Kaneko K, Neimark A V, et al. 2015. Physisorption of gases, with special reference to the evaluation of surface area and pore size distribution(IUPAC technical report). Pure and Applied Chemistry, 87(9-10): 1051-1069.

Thybring E E, Thygesen L G, Burgert I. 2017. Hydroxyl accessibility in wood cell walls as affected by drying and re-wetting procedures. Cellulose, 24(6): 2375-2384.

Thygesen A, Oddershede J, Lilholt H, et al. 2005. On the determination of crystallinity and cellulose content in plant fibres. Cellulose, 12: 563-576.

Thygesen L, Barsberg S, Venås T. 2010. The fluorescence characteristics of furfurylated wood studied by fluorescence-spectroscopy and confocal laser scanning microscopy. Wood Science and Technology, 44(1): 51-65.

Thygesen L G, Beck G, Nagy N E, et al. 2021. Cell wall changes during brown rot degradation of furfurylated and acetylated wood. International Biodeterioration & Biodegradation, 162: 10.

Thygesen L G, Elder T. 2008. Moisture in untreated, acetylated and furfurylated Norway spruce studied during drying using time domain NMR. Wood and Fiber Science, 40(3): 309-320.

Tian Q, Wang X, Li C, et al. 2013. Functional characterization of the poplar R2R3-MYB transcription factor PtoMYB216 involved in the regulation of lignin biosynthesis during wood formation. PLos One, 8(10): 763-776.

Tian T, Yue L, Yan H, et al. 2017. agriGO v2. 0: a GO analysis toolkit for the agricultural community, 2017 update. Nucleic Acids Research, 45(W1): W122-W129.

Timell T. 1986. Compression Wood in Gymnosperms. Berlin: Springer-Verlag.

Tjeerdsma B F, Boonstra M, Pizzi A, et al. 1998. Characterisation of thermally modified wood: molecular reasons for wood performance improvement. Holz als Roh- und Werkstoff, 56(3): 149-153.

Tong C, Li H, Wang Y, et al. 2016. Construction of high-density linkage maps of *Populus deltoides* × *P. simonii* using restriction-site associated DNA sequencing. PLos One, 11(3): e0150692.

Topalovic T, Nierstrasz V A, Bautista L, et al. 2007. Analysis of the effects of catalytic bleaching on cotton. Cellulose, 14(4): 385-400.

Tuor U, Winterhalter K, Fiechter A. 1995. Enzymes of white-rot fungi involved in lignin degradation and ecological determinants for wood decay. Journal of Biotechnology, 41(1): 1-17.

Ullah Z, Naqvi S R, Farooq W, et al. 2021. A comparative study of machine learning methods for bio-oil yield prediction-a genetic algorithm-based features selection. Bioresource Technology, 335(4): 125292.

van Ooijen J. 2011. Multipoint maximum likelihood mapping in a full-sib family of an outbreeding species. Genetics Research, 93(5): 343-349.

van Os H, Stam P, Visser R, et al. 2005. Smooth: a statistical method for successful removal of genotyping errors from high-density genetic linkage data. Theoretical and Applied Genetics, 112(1): 187-194.

Verma A K, Johnson J A, Gould M N, et al. 1988. Inhibition of 7, 12-dimethylbenz(a)anthracene and *N*-nitrosomethylurea-induced rat mammary cancer by dietary flavonol quercetin. Cancer Research, 48: 5754-5788.

Vinod K R, Saravanan P, Kumar T R S, et al. 2018. Enhanced shielding effectiveness in nanohybrids of graphene derivatives with Fe_3O_4 and epsilon-Fe_3N in the X-band microwave region. Nanoscale, 10(25): 12018-12034.

Vranová E, Coman D, Gruissem W. 2013. Network analysis of the MVA and MEP pathways for isoprenoid synthesis. Annual Review of Plant Biology, 64: 665-700.

Vukusic S B, Katovic D, Schramm C, et al. 2006. Polycarboxylic acids as non-formaldehyde anti-swelling agents for wood. Holzforschung, 60(4): 439-444.

Wadsö L. 1993. Measurements of water vapour sorption in wood. Wood Science and Technology, 28(1): 59-65.

Wadsö L. 1994. Describing non-fickian water-vapour sorption in wood. Journal of Materials Science, 29(9): 2367-2372.

Wadsö L. 2007. Unsteady-state water vapor adsorption in wood: an experimental study. Wood and Fiber Science, 26(1): 36-50.

Waitt D E, Levin D A. 1998. Genetic and phenotypic correlations in plants: a botanical test of Cheverud's conjecture. Heredity, 80(3): 310.

Walker G C, Porter C L, Dekays H G. 2010. Fungicidal and fungistatic evaluation of certain phenols and surface - active agents. Journal of the American Pharmacists Assocition, 41(2): 77-79.

Walker J C F. 2006. Chapter 3: Water in Wood. New Zealand Christchurch: Springer: 69-94.

Walter M H, Strack D. 2011. Carotenoids and their cleavage products: biosynthesis and functions. Natural Product Reports, 28(4):

663-692.

Wan G, Frazier T, Jorgensen J, et al. 2018. Rheology of transgenic switchgrass reveals practical aspects of biomass processing. Biotechnology for Biofuels, 11(1): 1-10.

Wang C L, Zhang G W, Zhang H, et al. 2021a. One-pot synthesis of porous g-C_3N_4 nanosheets with enhanced photocatalytic activity under visible light. Diamond and Related Materials, 138(3): 962-968.

Wang D, Lin L Y, Fu F. 2020a. Deformation mechanisms of wood cell walls under tensile loading: a comparative study of compression wood(CW)and normal wood(NW). Cellulose, 27(8): 4161-4172.

Wang H H, Tang R J, Liu H, et al. 2013. Chimeric repressor of PtSND2 severely affects wood formation in transgenic *Populus*. Tree Physiology, 33: 878-886.

Wang K L, Dong Y M, Zhang W, et al. 2017a. Preparation of stable superhydrophobic coatings on wood substrate surfaces via mussel-inspired polydopamine and electroless deposition methods. Polymers, 9: 1-12.

Wang L, Du Q, Xie J, et al. 2018a. Genetic variation in transcription factors and photosynthesis light-reaction genes regulates photosynthetic traits. Tree Physiology, 38(12): 1871-1885.

Wang P, Zhou G, Yu H, et al. 2011. Fine mapping a major QTL for flag leaf size and yield-related traits in rice. Theoretical and Applied Genetics, 123(8): 1319-1330.

Wang Q L, Xiao S L, Shi S Q, et al. 2019. Self-bonded natural fiber product with high hydrophobic and EMI shielding performance via magnetron sputtering Cu film. Applied Surface Science. 475: 947-952.

Wang R, Shi L L, Wang Y R. 2022. Physical and mechanical properties of *Catalpa bungei* clones and estimation of the properties by near-infrared spectroscopy. Journal of Renewable Materials, (12): 10.

Wang S, Li E, Porth I, et al. 2014a. Regulation of secondary cell wall biosynthesis by poplar R2R3 MYB transcription factor PtrMYB152 in Arabidopsis. Scientific Reports, 4: 5054.

Wang W C, Tao Y, Du L L, et al. 2021b. Femtosecond time-resolved spectroscopic observation of long-lived charge separation in bimetallic sulfide/g-C_3N_4 for boosting photocatalytic H-2 evolution. Applied Catalysis B-Environmental, 282: 119568.

Wang W, Zhu Y, Cao J. 2014b. Morphological, thermal and dynamic mechanical properties of Cathay poplar/organoclay composites prepared by in situ process. Materials & Design, 59: 233-240.

Wang W, Zhu Y, Cao J, et al. 2014c. Improvement of dimensional stability of wood by in situ synthesis of organo-montmorillonite: preparation and properties of modified Southern pine wood. Holzforschung, 68: 29-36.

Wang X, Chen J M, Zhang J, et al. 2021c. Engineering *Escherichia coli* for production of geraniol by systematic synthetic biology approaches and laboratory-evolved fusion tags. Metabolic Engineering, 66: 60-67.

Wang X, Chen X, Xie X, et al. 2018b. Effects of thermal modification on the physical, chemical and micromechanical properties of Masson pine wood(*Pinus massoniana* Lamb.). Holzforschung, 72(12): 1063-1070.

Wang X, Li Y, Wang S, et al. 2017b. Temperature-dependent mechanical properties of wood-adhesive bondline evaluated by nanoindentation. The Journal of Adhesion, 93(8): 640-656.

Wang X, Wu J, Chen J M, et al. 2020b. Efficient biosynthesis of *R*-(-)-linalool through adjusting the expression strategy and increasing GPP supply in *Escherichia coli*. Journal of Agricultural and Food Chemistry, 68(31): 8381-8390.

Wang X, Zhan T Y, Liu Y, et al. 2018c. Large-size transparent wood for energy-saving building applications. ChemSusChem, 11(23): 4086-4093.

Wang Y M, Wang X M, Liu J L. 2012. Study on antibacterial mechanism of Cu-az preservative on wood white rot fungi. Applied Mechanics and Materials, 195-196: 330-333.

Wang Y R, Jia R, Sun H Y, et al. 2021d. Wood mechanical properties and their correlation with microstructure in Chinese fir clones. IAWA Journal, 42(4): 497-506.

Wang Y R, Liu C W, Zhao R J, et al. 2016. Anatomical characteristics, microfibril angle and micromechanical properties of cottonwood(*Populus deltoids*)and its hybrids. Bionmass and Bioenergy, 93(10): 72-77.

Wang Y, Hsieh Y L. 2008. Immobilization of lipase enzyme in polyvinyl alcohol(PVA)nanofibrous membranes. Journal of Membrane Science, 309: 73-81.

Wang Z X, Han X S, Han X W, et al. 2021e. MXene/wood-derived hierarchical cellulose scaffold composite with superior electromagnetic shielding. Carbohydrate Polymers, 254: 117033-117041.

Wawer I, Zielinska A. 1997. 13C-CP-MAS-NMR studies of flavonoids. I. Solid-state conformation of quercetin, quercetin

5′-sulphonic acid and some simple polyphenols. Solid State Nuclear Magnetic Resonance, 10(1-2): 33-38.

Weigenand O, Humar M, Danie G l, et al. 2008. Decay resistance of wood treated with amino-silicone compounds. Holzforschung, 62(1): 112-118.

Wen J Q, Li X, Li H Q, et al. 2015. Enhanced visible-light H_2 evolution of g-C_3N_4 photocatalysts via the synergetic effect of amorphous NiS and cheap metal-free carbon black nanoparticles as co-catalysts. Applied Surface Science, 358: 204-212.

Weng L H, Zhang L N, Ruan D, et al. 2004. Thermal gelation of cellulose in a NaOH/thiourea aqueous solution. Langmuir, 20(6): 2086-2093.

Wiley J H, Atalla R H. 1987. Band assignments in the Raman spectra of celluloses. Carbohydrate Research, 160: 113-129.

Willems W. 2017. Thermally limited wood moisture changes: relevance for dynamic vapour sorption experiments. Wood Science and Technology, 51(4): 751-770.

Williams M L, Landel R F, Ferry J D. 1955. The temperature dependence of relaxation mechanisms in amorphous polymers and other glass-forming liquids. Journal of the American Chemical Society, 77(14): 3701-3707.

Williams M, Lowndes L, Regan S, et al. 2015. Overexpression of *CYCD1; 2* in activation-tagged *Populus tremula* × *Populus alba* results in decreased cell size and altered leaf morphology. Tree Genetics & Genomes, 11(4): 66.

Winkelshirley B. 2001. Flavonoid biosynthesis. A colorful model for genetics, biochemistry, cell biology, and biotechnology. Plant Physiology, 126(2): 485-493.

Wu Y, Bhat P, Close T, et al. 2008. Efficient and accurate construction of genetic linkage maps from the minimum spanning tree of a graph. PLoS Genet, 4(10): e1000212.

Wu Y, Wang S, Zhou D, et al. 2009. Use of nanoindentation and silviscan to determine the mechanical properties of 10 hardwoodspecies. Wood and Fiber Science, 41(1): 64-73.

Xia S P, Song Z L, Jeyakumar P, et al. 2019. A critical review on bioremediation technologies for Cr(Ⅵ)-contaminated soils and wastewater. Critical Reviews in Environmental Science and Technology, 49(12): 1027-1078.

Xia W, Cao P, Zhang Y, et al. 2018. Construction of a high-density genetic map and its application for leaf shape QTL mapping in poplar. Planta, 248(5): 1173-1185.

Xiang Z, Song Y M, Xiong J, et al. 2019. Enhanced electromagnetic wave absorption of nanoporous Fe_3O_4 @ carbon composites derived from metal-organic frameworks. Carbon, 142: 20-31.

Xiao W, Jiang X P, Liu X, et al. 2021. Adsorption of organic dyes from wastewater by metal–doped porous carbon materials. Journal of Cleaner Production, 284: 124773.

Xiao Z, Xie Y, Militz H, et al. 2010. Effect of glutaraldehyde on water related properties of solid wood. Holzforschung, 64(64): 483-488.

Xie Y, Hill C A, Xiao Z, et al. 2010. Water vapor sorption kinetics of wood modified with glutaraldehyde. Journal of Applied Polymer Science, 117(3): 1674-1682.

Xie Y, Hill C A S, Jalaludin Z, et al. 2011. The dynamic water vapour sorption behaviour of natural fibres and kinetic analysis using the parallel exponential kinetics model. Journal of Materials Science, 46(2): 479-489.

Xie Y J, Xu J J, Militz H, et al. 2016. Thermo-oxidative decomposition and combustion behavior of Scots pine (*Pinus sylvestris* L.) sapwood modified with phenol- and melamine-formaldehyde resins. Wood Science and Technology, 50: 1125-1143.

Xing X T, Zhang Z. 2002. Genetic control of air-dried wood density, mechanical properties and its implication for veneer timber breeding of new triploid clones in *Populus tomentosa* Carr. Forestry Studies in China, 4(2): 52-60.

Xu C, Fu X, Liu R, et al. 2017. PtoMYB170 positively regulates lignin deposition during wood formation in poplar and confers drought tolerance in transgenic *Arabidopsis*. Tree Physiology, 37: 1713-1726.

Xu X, Chen Y M, Wan P Y, et al. 2016. Extraction of lithium with functionalized lithium ion-sieves. Progress in Materials Science, 84: 276-313.

Yamaguchi M, Mitsuda N, Ohtani M, et al. 2011. Vascular-related nac-domain7 directly regulates the expression of a broad range of genes for xylem vessel formation. The Plant Journal, 66: 579-590.

Yamaguchi M, Ohtani M, Mitsuda N, et al. 2010. VND-INTERACTING2, a NAC domain transcription factor, negatively regulates xylem vessel formation in *Arabidopsis*. The Plant Cell, 22: 1249-1263.

Yamamoto H. 2004. Role of the gelatinous layer on the origin of the physical properties of the tension wood. Journal of Wood Science, 50(3): 197-208.

Yamamoto H, Okuyama T, Sugiyama K, et al. 1992. Generation process of growth stress. Ⅳ: action of the cellulose microfibril upon the generation of the tensile stresses. Journal of the Japan Wood Research Society, 17: 107-113.

Yamashita S, Yoshida M, Yamamoto H. 2009. Relationship between development of compression wood and gene expression. Plant Science, 176(6): 729-735.

Yan Y, Li Z, Koffas M A G. 2008. High-yield anthocyanin biosynthesis in engineered *Escherichia coli*. Biotechnology and Bioengineering, 100(1): 126-140.

Yang C, Gao X, Jiang Y, et al. 2016. Synergy between methylerythritol phosphate pathway and mevalonate pathway for isoprene production in *Escherichia coli*. Metabolic Engineering, 37: 79-91.

Yang G, Liang Y J, Xiong Z R, et al. 2021. Molten salt-assisted synthesis of Ce_4O_7/Bi_4MoO_9 heterojunction photocatalysts for Photo-Fenton degradation of tetracycline: Enhanced mechanism, degradation pathway and products toxicity assessment. Chemical Engineering Journal, 425: 130689.

Yang J, Song H Y, Xu O W, et al. 2022. Preparation of g-C_3N_4@bismuth dihalide oxide heterojunction membrane and its visible light catalytic performance. Applied Surface Science, 583: 152462.

Yang L, Hou Y, Zhao X, et al. 2015. Identification and characterization of a wood-associated NAC domain transcription factor PtoVNS11 from *Populus tomentosa* Carr. Trees, 29: 1091-1101.

Yang L, Zhao X, Ran L, et al. 2017. PtoMYB156 is involved in negative regulation of phenylpropanoid metabolism and secondary cell wall biosynthesis during wood formation in poplar. Scientific Reports, 7: 41209.

Yang T T, Ma E N, Cao J Z. 2019. Synergistic effects of partial hemicellulose removal and furfurylation on improving the dimensional stability of poplar wood tested under dynamic condition. Industrial Crops and Products, 139: 111550.

Yang Y, Huang Q B, Payne G F, et al. 2019. A highly conductive, pliable and foldable Cu/cellulose paper electrode enabled by controlled deposition of copper nanoparticles. Nanoscale, 11(2): 725-732.

Yang Y, Zeng Z T, Zeng G M, et al. 2019. Ti_3C_2 Mxene/porous g-C_3N_4 interfacial Schottky junction for boosting spatial charge separation in photocatalytic H_2O_2 production. Applied Catalysis B-Environmental, 258: 117956.

Yao C K, Yuan A L, Zhang H H, et al. 2019. Facile surface modification of textiles with photocatalytic carbon nitride nanosheets and the excellent performance for self-cleaning and degradation of gaseous formaldehyde. Journal of Colloid and Interface Science, 533: 144-153.

Yao H B, Fang H Y, Tan Z H, et al. 2010. Biologically inspired, strong, transparent, and functional layered organic-inorganic hybrid films. Angewandte Chemie-International Edition, 49(12): 2140-2145.

Yao W, Zhao K, Cheng Z, et al. 2018. Transcriptome analysis of poplar under salt stress and over-expression of transcription factor NAC57 gene confers salt tolerance in transgenic Arabidopsis. Frontiers in Plant Science, 9: 1121.

Yazaki Y. 2015. Wood colors and their coloring matters: a review. Natural Product Communications, 10: 505-512.

Ye B Y, Han X X, Yan M D, et al. 2017. Fabrication of metal-free two dimensional/two dimensional homojunction photocatalyst using various carbon nitride nanosheets as building blocks. Journal of Colloid and Interface Science, 507: 209-216.

Yin J, Guo J, Lyu J, et al. 2021. Cell wall changes under compression combined with steam treatment in relation to wood hygroscopicity. IAWA Journal, 42(2). 158-171.

Yin J, Yuan T, Lu Y, et al. 2017. Effect of compression combined with steam treatment on the porosity, chemical compositon and cellulose crystalline structure of wood cell walls. Carbohydrate Polymers, 155: 163-172.

Yin Y, Bian M, Song K, et al. 2011. Influence of microfibril angle on within-tree variations in the mechanical properties of Chinese fir(*Cunninghamia lanceolata*). IAWA Journal, 32(4): 431-422.

Younes M, Asghar O, Pouya M. 2013. Effect of artificial weathering on the wood impregnated with nano-zinc oxide. World Applied Sciences Journal, 22(9): 1200-1203.

Youssef A M. 2014. Morphological studies of polyaniline nanocomposite based mesostructured TiO_2 nanowires as conductive packaging materials. Rsc Advances, 4(13): 6811-6820.

Yu L, Peng F, Xie J, et al. 2019. Pharmacological properties of geraniol - a review. Planta Medica, 85(1): 48-55.

Zabel R A, Morrell J J. 2020. Wood Microbiology. San Diego: Academic Press.

Zang Y, Xia M, Zheng Z, et al. 2019. Development of a high-efficiency trans-cinnamic acid bioproduction method by pH-controlled separation technology. Journal of Chemical Technology & Biotechnology, 94(7): 2364-2371.

Zeng Y, Himmel M E, Ding S Y. 2017. Visualizing chemical functionality in plant cell walls. Biotechnology for Biofuels, 10(1): 263.

Zha W, Zhang F, Shao J. et al. 2022. Rationally engineering santalene synthase to readjust the component ratio of sandalwood oil. Nat Commun, 13: 2508.

Zhan T Y, Jiang J L, Lu J X, et al. 2016a. Dynamic viscoelastic properties of Chinese fir under cyclical relative humidity variation. Journal of Wood Science, 61: 465-473.

Zhan T Y, Jiang J L, Lu J X, et al. 2019a. Frequency-dependent viscoelastic properties of Chinese fir (*Cunninghamia lanceolata*)under hygrothermal conditions. Part 1: moisture adsorption. Holzforschung, 73(8): 727-736.

Zhan T Y, Jiang J L, Lu J X, et al. 2019b. Frequency-dependent viscoelastic properties of Chinese fir (*Cunninghamia lanceolata*) under hygrothermal conditions. Part 2: moisture desorption. Holzforschung, 73(8): 737-746

Zhan T Y, Jiang J L, Peng H, et al. 2016b Dynamic viscoelastic properties of Chinese fir (*Cunninghamia lanceolata*)during moisture desorption processes. Holzforschung, 70(6): 547-555.

Zhan T Y, Jiang J L, Peng H, et al. 2016c. Evidence of mechano-sorptive effect during moisture adsorption process under hygrothermal conditions: characterized by static and dynamic loadings. Thermochimica Acta, 633: 91-97.

Zhang H, Fu S, Chen Y. 2020a. Basic understanding of the color distinction of lignin and the proper selection of lignin in color depended utilizations. International Journal of Biological Macromolecules, 147: 607-615.

Zhang H, Wu J, Zhang J, et al. 2005. 1-Allyl-3-methylimidazolium chloride room temperature ionic liquid: a new and powerful nonderivatizing solvent for cellulose. Macromolecules, 38(20): 8272-8277.

Zhang J, Long Y, Wang L, et al. 2018a. Consensus genetic linkage map construction and QTL mapping for plant height-related traits in linseed flax(*Linum usitatissimum* L.). BMC Plant Biology, 18(1): 160.

Zhang J, Nieminen K, Alonso-Serra J, et al. 2014a. The formation of wood and its control. Current Opinion in Plant Biology, 17: 56-63.

Zhang J, Wang X, Zhang X, et al. 2022. Sesquiterpene synthase engineering and targeted engineering of α-santalene overproduction in *Escherichia coli*. Journal of Agricultural and Food Chemistry, 70(17): 5377-5385.

Zhang J, Xie M, Tuskan G A, et al. 2018b. Recent advances in the transcriptional regulation of secondary cell wall biosynthesis in the woody plants. Frontiers in Plant Science, 9: 1535.

Zhang L, Liu B B, Zhang J, et al. 2020b. Insights of molecular mechanism of xylem development in five black poplar cultivars. Frontiers in Plant Science, 11: 620.

Zhang L, Meng L, Wu W, et al. 2015. GACD: integrated software for genetic analysis in clonal F1 and double cross populations. Journal of Heredity, 106(6): 741-744.

Zhang M L, Yang Y, An X Q, et al. 2021a. A critical review of g-C_3N_4-based photocatalytic membrane for water purification. Chemical Engineering Journal, 412: 128663.

Zhang S, Gu P C, Ma R, et al. 2019a. Recent developments in fabrication and structure regulation of visible-light-driven g-C_3N_4-based photocatalysts towards water purification: a critical review. Catalysis Today, 335: 65-77.

Zhang S P, Song X Z, Liu S H, et al. 2019b. Template-assisted synthesized MoS_2/polyaniline hollow microsphere electrode for high performance supercapacitors. Electrochimica Acta, 312: 1-10.

Zhang W, Li J, Liu T, et al. 2021b. Machine learning prediction and optimization of bio-oil production from hydrothermal liquefaction of algae. Bioresource Technology, 342(9): 126011.

Zhang X, Chen S, Xu F. 2017. Combining Raman imaging and multivariate analysis to visualize lignin, cellulose, and hemicellulose in the plant cell wall. Journal of Visualized Experiments, 124: 55910.

Zhang X, Zhang X R, Yang P, et al. 2021c. Transition metals decorated g-C_3N_4/N-doped carbon nanotube catalysts for water splitting: a review. Journal of Electroanalytical Chemistry, 895: 115510.

Zhang Z, Sèbe G, Rentsch D, et al. 2014b. Ultralightweight and flexible silylated nanocellulose sponges for the selective removal of oil from water. Chemistry of Materials, 26(8): 2659-2668.

Zhao G Q, Zou J, Hu J, et al. 2021. A critical review on graphitic carbon nitride (g-C_3N_4)-based composites for environmental remediation. Separation and Purification Technology, 279: 119769.

Zhao H P, Li G F, Tian F, et al. 2019. g-C_3N_4 surface-decorated $Bi_2O_2CO_3$ for improved photocatalytic performance: Theoretical calculation and photodegradation of antibiotics in actual water matrix. Chemical Engineering Journal, 366: 468-479.

Zhao R J, Yao C L, Cheng X B, et al. 2014. Anatomical, chemical and mechanical properties of fast-growing *Populus* × *euramericana* cv. '74/76'. IAWA Journal, 35(2): 158-169.

Zheng C J, Yang Z H, Si M Y, et al. 2021. Application of biochars in the remediation of chromium contamination: fabrication, mechanisms, and interfering species. Journal of Hazardous Materials, 407: 124376.

Zheng H, Duan H, Hu D, et al. 2015. Sequence-related amplified polymorphism primer screening on Chinese fir [*Cunninghamia lanceolata*(Lamb.)Hook]. Journal of Forestry Research, 26(1): 101-106.

Zhong R, Lee C, Ye Z H. 2010. Functional characterization of poplar wood-associated NAC domain transcription factors. Plant Physiology, 152: 1044-1055.

Zhong R, Lee C, Zhou J, et al. 2008. A battery of transcription factors involved in the regulation of secondary cell wall biosynthesis in *Arabidopsis*. The Plant cell, 20(10): 2763-2782.

Zhong R, Mccarthy R L, Lee C, et al. 2011. Dissection of the transcriptional program regulating secondary wall biosynthesis during wood formation in poplar. Plant Physiology, 157: 1452-1468.

Zhou S, Liu P, Wang M, et al. 2016. Sustainable, reusable, and superhydrophobic aerogels from microfibrillated cellulose for highly effective oil/water separation. ACS Sustainable Chemistry and Engineering, 4(12): 6409-6416.

Zhou S, Wang Z, Liaw S S, et al. 2013. Effect of sulfuric acid on the pyrolysis of Douglas fir and hybrid poplar wood: Py-GC/MS and TG studies. Journal of Analytical & Applied Pyrolysis, 104(10): 117-130.

Zhou S J, Fu Z, Xia L J, et al. 2021. *In situ* synthesis of ternary hybrid nanocomposites on natural Juncus effusus fiber for adsorption and photodegradation of organic dyes. Separation and Purification Technology, 255: 117671.

Zhou W, Bi H, Zhuang Y, et al. 2017. Production of cinnamyl alcohol glucoside from glucose in *Escherichia coli*. Journal of Agricultural and Food Chemistry, 65(10): 2129-2135.

Zhou X W, Ren S H, Lu M Z, et al. 2018. Preliminary study of cell wall structure and its mechanical properties of *C3H* and *HCT* RNAi transgenic poplar sapling. Scientific Reports, 8(1): 10508-10517.

Zhou X W, Yang S, Lu M Z, et al. 2020. Structure and monomer ratio of lignin in *C3H* and *HCT* RNAi transgenic poplar saplings. Chemistry Select, 5(24): 7164-7169.

Zhu M, Song J, Li T, et al. 2016. Highly anisotropic, highly transparent wood composites. Advanced Materials, 28(26): 5181-5187.

Zhu Q, Chu Y, Wang Z, et al. 2013. Robust superhydrophobic polyurethane sponge as a highly reusable oil-absorption material. Journal of Materials Chemistry A, 1(17): 5386-5393.

Zhu S, Wu J, Du G, et al. 2014. Efficient synthesis of eriodictyol from *L*-tyrosine in *Escherichia coli*. Applied and Environmental Microbiology, 80(10): 3072-3080.